生命科学专论

动物病毒反向遗传学
（第二版）

刘光清　主编

上海市闵行区高层次人才队伍建设专项资金资助

科学出版社
北京

内 容 简 介

本书不仅系统介绍动物病毒反向遗传学的原理、发展历程、研究方法以及在病毒学研究领域中的应用等；而且详细介绍各科动物病毒反向遗传操作系统构建的一般原理或策略，并结合具体实例进行详细阐述。与第一版相比，本书不仅更新了各科动物病毒反向遗传学研究领域的部分内容，而且新增加了动物病毒的反向遗传学研究进展，使得本书能反映当前动物病毒反向遗传学研究领域的新发展，也使得该书更具有参考价值。

本书既注重对理论的阐述又注重与科研实践的结合，因此，既适于从事病毒学基础研究的科研人员，又适于从事抗病毒药物与新型疫苗研发的技术人员，以及高等院校从事病毒学和相关专业教学与科研的广大师生参考阅读。

图书在版编目(CIP)数据

动物病毒反向遗传学/刘光清主编.—2版.—北京：科学出版社，2014.10
ISBN 978-7-03-042071-8

Ⅰ.①动… Ⅱ.①刘… Ⅲ.①动物病毒-遗传学 Ⅳ.①S852.65

中国版本图书馆 CIP 数据核字(2014)第 227337 号

责任编辑：李秀伟　李　悦　景艳霞/责任校对：赵桂芬
责任印制：赵　博/封面设计：陈　敬

科学出版社 出版
北京东黄城根北街 16 号
邮政编码：100717
http://www.sciencep.com

北京凌奇印刷有限责任公司印刷
科学出版社发行　各地新华书店经销

*

2009 年 2 月第 一 版　　开本：787×1092　1/16
2014 年 10 月第 二 版　　印张：37 1/4
2025 年 1 月第六次印刷　　字数：883 000

定价：198.00 元
(如有印装质量问题，我社负责调换)

《动物病毒反向遗传学》（第二版）编著者名单

主　编： 刘光清

副主编： 王桂军　郑海学　蔡雪辉

编写人员名单（以姓氏汉语拼音排序）：

蔡雪辉	博士	研究员	中国农业科学院哈尔滨兽医研究所
陈　柳	博士	副研究员	浙江省农业科学院畜牧兽医研究所
陈鸿军	博士	副研究员	中国农业科学院上海兽医研究所
陈宗艳	博士	副研究员	中国农业科学院上海兽医研究所
独军政	博士	副研究员	中国农业科学院兰州兽医研究所家畜疫病病原生物学国家重点实验室
窦永喜	博士	副研究员	中国农业科学院兰州兽医研究所家畜疫病病原生物学国家重点实验室
高玉龙	博士	副研究员	中国农业科学院哈尔滨兽医研究所
郭建宏	博士	副研究员	中国农业科学院兰州兽医研究所家畜疫病病原生物学国家重点实验室
景志忠	博士	研究员	中国农业科学院兰州兽医研究所家畜疫病病原生物学国家重点实验室
李传峰	博士	副研究员	中国农业科学院上海兽医研究所
刘长明	博士	研究员	中国农业科学院哈尔滨兽医研究所
刘光清	博士	研究员	中国农业科学院上海兽医研究所
刘芹芳	博士后		美国马里兰大学
孟春春	博士	副研究员	中国农业科学院上海兽医研究所
祈小乐	博士	副研究员	中国农业科学院哈尔滨兽医研究所
王玢瑸	博士		中国农业科学院上海兽医研究所
王桂军	博士	教授	安徽农业大学
王晓钧	博士	研究员	中国农业科学院哈尔滨兽医研究所
韦祖樟	博士	副教授	广西大学
翁长江	博士	研究员	中国农业科学院哈尔滨兽医研究所
云　涛	博士	副研究员	浙江省农业科学院畜牧兽医研究所
郑　浩	博士	副研究员	中国农业科学院上海兽医研究所
郑海学	博士	副研究员	中国农业科学院兰州兽医研究所家畜疫病病原生物学国家重点实验室

第二版前言

六年前，我们编写了我国第一部《动物病毒反向遗传学》专著，得到了国内同行的鼓励和广大读者的热心支持，同时也提出了一些宝贵意见。"21世纪是生命科学的世纪"，分子病毒学、分子免疫学、分子遗传学及相关学科的发展十分迅猛。在此过程中，作为研究病毒分子生物学的重要利器，反向遗传学技术发挥了重要作用。相应地，病毒的反向遗传学技术也日趋完善，不仅理论和技术发展日新月异，与其他学科的交叉和融合也越来越深入，应用也更为广泛。

为适应此学科的发展和读者的需要，我们在《动物病毒反向遗传学》第一版的基础上，删繁就简、弃故纳新，进一步丰富和完善了动物病毒反向遗传学的理论、增加了一些新的研究进展。同时，我们也根据读者的工作需求，增添了各病毒科代表病毒的反向遗传学内容，使之更具参考性和指导性；另外还注重增加了动物DNA病毒反向遗传学的新理论和新技术，如增加了DNA病毒感染性克隆的构建策略、痘病毒科的反向遗传操作等内容，尽量能满足不同层次、不同领域科研人员的工作需求。

《动物病毒反向遗传学》第二版涉及的病毒种类及研究内容比较多，因此，我们组织了一批在各个领域比较有经验的专家进行本书的撰写工作。他们所承担的编写任务分别如下：蔡雪辉研究员、韦祖璋博士和刘光清研究员编写第七章；蔡雪辉研究员和刘光清研究员编写第十章；陈鸿军博士与刘芹芳博士编写第十一章；陈柳博士和郭建宏博士编写第二十章；独军政博士和陈宗艳博士编写第十六章；窦永喜博士和孟春春博士编写第十二章；王晓钧研究员和高玉龙博士编写第十七章；景志忠研究员编写第二十一章；刘长明研究员编写第十八章；郑浩博士和李传峰博士编写第六章；祁小乐博士编写第十五章；王桂军教授编写第十九章；刘光清研究员和王玢琎博士编写第八章；韦祖璋博士编写第七章；翁长江研究员和郑海学博士编写第五章；刘光清研究员和云涛博士编写第九章；郑海学博士和刘光清研究员编写第一章~第四章；刘光清研究员编写第十三、第十四章。在此，我们对上述专家致以衷心感谢！

在第二版书稿付梓之际，我们首先对参与本书第一版编写的全体专家致以崇高的敬意！正是在他们的基础上，第二版才能得以顺利完成。同时，我还要感谢我的研究生：缪秋红、梁瑞英、金红岩、朱杰等同学的帮助，他们在承担繁重科研任务的同时，为本书的文字、图表和参考文献等进行了认真的校对和修改，使本书的质量得到了保证。另外还要感谢中国农业科学院上海兽医研究所各级领导和同事们对我工作的理解和支持，为本书的编写提供了良好的工作环境。在此，我们表示衷心感谢！

在编写本书过程中，我们深感知识储备和能力的不足，也深知日新月异发展的病毒学知识的浩瀚，挂一漏万，本书一定会存在一些缺点或不足，我们真诚希望广大读者和专家提出宝贵的修改意见！

刘光清
2014年夏于上海

第一版前言

反向遗传学技术已广泛应用于病毒学研究的各个领域，极大地推动了病毒学基础与应用研究的快速发展。可以说，利用反向遗传学技术开展病毒学研究已成为当前生命科学领域的一大热点和亮点。目前，国内外许多实验室都已经开展或即将开展这方面的研究。在此背景下，广大科研人员及在校师生迫切需要一本能系统和全面介绍病毒反向遗传学原理、方法和应用的参考书。遗憾的是，国内外尚无此方面的专著出现，一些关于反向遗传学的理论、技术或方法仅散见于一些科研论文或书籍中，很不系统，也很零碎，不便于学习和掌握。鉴于此，我们组织了一批工作在科研第一线，并有从事反向遗传学研究经历的青年科研工作者编著了本书。

本书共二十章，分总论（第一章至第四章）和各论（第五章至第二十章）两部分。其中，总论部分系统介绍了反向遗传学的原理、发展历程、研究方法以及在病毒学研究领域中的应用等；各论部分则详细介绍了各科动物病毒反向遗传操作系统构建的一般原理或策略，并以具体实例予以详细阐述。此外，本书还介绍了近年来反向遗传学技术在动物病毒学研究中的新进展，为读者了解相关病毒的最新研究动态提供了有益的资料。

如前所述，目前国内外尚无关于动物病毒反向遗传学的专著。因此，本书将是第一部系统介绍动物病毒反向遗传学的专著，其创新性不言而喻。概括来说，本书有以下特点：①系统性：本书不仅对动物病毒反向遗传学的一般原理、方法以及构建原则等进行了系统阐述，而且对各病毒科的反向遗传学操作进行了举例和说明，很容易被读者学习和掌握。②实用性：本书大部分作者都具有从事动物病毒反向遗传学研究的经历，具有丰富的实践经验和扎实的理论基础，在撰写本书时，常有些心得体会贯穿其间，对于读者有一定启发作用和参考价值。③新颖性：本书首次系统介绍了动物病毒反向遗传学的理论和应用情况，对于广大读者来说具有较强的可读性。此外，本书所引用的参考文献多来自近年来国内外著名学术期刊中的研究论文，体现了反向遗传学技术在动物病毒学研究中的新进展，有较高的参考价值。

在本书编写过程中，我们得到了浙江省农业科学院陈剑平院长等领导和同事们的大力支持与帮助，并获得浙江省农业科学院人才奔腾计划项目的资助，在此谨表谢意。此外，我还要感谢恩师谢庆阁研究员和童光志研究员的指导和鼓励，他们不仅在百忙之中审阅了本书，而且还欣然为之作序！

由于水平有限，本书距离我心中的理想专著尚有一定差距，谬误之处也一定很多，敬请广大读者和专家提出批评与指正！

刘光清

2008 年春于杭州

目　录

第二版前言
第一版前言
第一章　反向遗传学概述 ………………………………………………………………… 1
第一节　反向遗传学产生的背景 ………………………………………………… 1
第二节　反向遗传学的概念 ……………………………………………………… 3
第三节　反向遗传学的原理 ……………………………………………………… 4
第四节　反向遗传学研究的方法 ………………………………………………… 5
结语 ………………………………………………………………………………… 7
参考文献 …………………………………………………………………………… 7
第二章　动物病毒反向遗传学发展历程 ……………………………………………… 9
第一节　正链 RNA 病毒反向遗传学发展历程 ………………………………… 9
第二节　负链 RNA 病毒反向遗传学发展历程 ………………………………… 12
第三节　双股 RNA 病毒反向遗传学发展历程 ………………………………… 15
第四节　反转录病毒反向遗传学的发展历程 …………………………………… 17
第五节　DNA 病毒反向遗传学发展历程 ……………………………………… 18
结语 ………………………………………………………………………………… 21
参考文献 …………………………………………………………………………… 21
第三章　反向遗传学系统构建的原理与方法 ………………………………………… 25
第一节　反向遗传学研究系统建立的基础 ……………………………………… 25
第二节　反向遗传学研究系统建立的前提 ……………………………………… 37
第三节　反向遗传学系统构建的策略 …………………………………………… 43
第四节　RNA 病毒的拯救过程 ………………………………………………… 61
第五节　拯救病毒的鉴定 ………………………………………………………… 65
第六节　影响病毒拯救的可能因素 ……………………………………………… 69
第七节　DNA 病毒反向遗传学系统的构建策略 ……………………………… 74
结语 ………………………………………………………………………………… 77
参考文献 …………………………………………………………………………… 78
第四章　反向遗传学在动物病毒研究中的应用 ……………………………………… 82
第一节　在病毒基因组结构与功能研究中的应用 ……………………………… 82
第二节　在病毒基因组复制与表达机制研究中的应用 ………………………… 84
第三节　在病毒分子致病机理研究中的应用 …………………………………… 85
第四节　在病毒与宿主相互作用研究中的应用 ………………………………… 87
第五节　在新型疫苗和抗病毒药物研究中的应用 ……………………………… 89

第六节　在研发新型病毒载体中的应用 …………………………………………… 93
结语 ……………………………………………………………………………………… 98
参考文献 ………………………………………………………………………………… 98

第五章　小 RNA 病毒科的反向遗传学 ……………………………………………… 104
第一节　小 RNA 病毒科的基本特征 …………………………………………………… 104
第二节　小 RNA 病毒基因组结构特征及表达产物 …………………………………… 105
第三节　小 RNA 病毒科的繁殖与复制 ………………………………………………… 113
第四节　猪脑心肌炎病毒反向遗传学系统的建立 ……………………………………… 117
第五节　口蹄疫病毒反向遗传学系统的建立 …………………………………………… 121
第六节　反向遗传学在小 RNA 病毒科研究中的应用 ………………………………… 127
结语 ……………………………………………………………………………………… 136
参考文献 ………………………………………………………………………………… 136

第六章　黄病毒科的反向遗传学 …………………………………………………… 150
第一节　黄病毒科的基本特征 …………………………………………………………… 150
第二节　黄病毒基因组结构及其表达产物 ……………………………………………… 151
第三节　黄病毒科的繁殖与复制 ………………………………………………………… 156
第四节　乙型脑炎病毒反向遗传学系统的建立 ………………………………………… 158
第五节　猪瘟病毒反向遗传学系统的建立 ……………………………………………… 164
第六节　牛病毒性腹泻病毒反向遗传学系统的建立 …………………………………… 168
第七节　反向遗传学在黄病毒科研究中的应用 ………………………………………… 171
结语 ……………………………………………………………………………………… 182
参考文献 ………………………………………………………………………………… 182

第七章　动脉炎病毒科反向遗传学 ………………………………………………… 186
第一节　动脉炎病毒科的基本特征 ……………………………………………………… 186
第二节　动脉炎病毒基因组结构及其表达产物 ………………………………………… 186
第三节　动脉炎病毒的繁殖 ……………………………………………………………… 192
第四节　猪繁殖和呼吸综合征病毒反向遗传学系统的建立 …………………………… 194
第五节　马动脉炎病毒反向遗传学系统的构建 ………………………………………… 198
第六节　反向遗传学在动脉炎病毒科研究中的应用 …………………………………… 200
参考文献 ………………………………………………………………………………… 206

第八章　杯状病毒科的反向遗传学 ………………………………………………… 211
第一节　杯状病毒科的基本特征 ………………………………………………………… 211
第二节　杯状病毒基因组结构及表达产物 ……………………………………………… 212
第三节　杯状病毒科的繁殖与复制 ……………………………………………………… 216
第四节　兔出血症病毒反向遗传学系统的建立 ………………………………………… 218
第五节　猫杯状病毒反向遗传学系统的建立 …………………………………………… 223
第六节　鼠诺瓦克病毒反向遗传学系统的建立 ………………………………………… 226
第七节　反向遗传学在杯状病毒科研究中的应用 ……………………………………… 230

结语·· 232
　　参考文献·· 233
第九章　甲病毒科的反向遗传学·· 236
　　第一节　甲病毒科的基本特征·· 236
　　第二节　甲病毒基因组结构特征及其表达产物··· 237
　　第三节　甲病毒的繁殖·· 239
　　第四节　甲病毒反向遗传学系统的建立·· 241
　　第五节　反向遗传学在甲病毒科研究中的应用··· 243
　　结语·· 250
　　参考文献·· 250
第十章　冠状病毒科的反向遗传学·· 255
　　第一节　冠状病毒科的基本特征··· 255
　　第二节　冠状病毒基因组结构及其表达产物·· 256
　　第三节　冠状病毒的繁殖与复制··· 259
　　第四节　猪冠状病毒反向遗传学系统的建立·· 261
　　第五节　鸡传染性支气管炎病毒反向遗传学系统的建立····································· 265
　　第六节　反向遗传学在冠状病毒科研究中的应用··· 268
　　结语·· 275
　　参考文献·· 275
第十一章　正黏病毒科反向遗传学·· 279
　　第一节　正黏病毒科的基本特征··· 279
　　第二节　正黏病毒基因组结构特征及编码产物··· 281
　　第三节　正黏病毒的繁殖与复制··· 282
　　第四节　流感病毒反向遗传学系统的建立··· 284
　　第五节　反向遗传学在正黏病毒科研究中的应用··· 296
　　结语·· 304
　　参考文献·· 304
第十二章　副黏病毒科的反向遗传学··· 310
　　第一节　副黏病毒科的基本特征··· 310
　　第二节　副黏病毒基因组结构及其表达产物·· 311
　　第三节　副黏病毒的繁殖与复制··· 314
　　第四节　新城疫病毒反向遗传学系统的建立·· 315
　　第五节　犬瘟热病毒反向遗传学系统的建立·· 322
　　第六节　小反刍兽疫病毒反向遗传学系统的建立··· 325
　　第七节　反向遗传学在副黏病毒科研究中的应用··· 329
　　结语·· 334
　　参考文献·· 335

第十三章　弹状病毒科的反向遗传学 ... 339
第一节　弹状病毒科的基本特征 ... 339
第二节　弹状病毒基因组结构及其表达产物 ... 340
第三节　弹状病毒的繁殖与复制 ... 341
第四节　狂犬病病毒反向遗传学系统的建立 ... 344
第五节　水疱性口炎病毒反向遗传学系统的建立 ... 347
第六节　反向遗传学在弹状病毒研究中的应用 ... 349
结语 ... 354
参考文献 ... 354

第十四章　丝状病毒科的反向遗传学 ... 358
第一节　丝状病毒科的基本特征 ... 358
第二节　丝状病毒的基因组结构及其表达产物 ... 359
第三节　丝状病毒的增殖过程 ... 361
第四节　丝状病毒反向遗传学系统的建立 ... 363
第五节　反向遗传学在丝状病毒研究中的应用 ... 367
结语 ... 369
参考文献 ... 370

第十五章　双 RNA 病毒科的反向遗传学 ... 372
第一节　双 RNA 病毒科的基本特征 ... 372
第二节　双 RNA 病毒基因组结构及其编码产物 ... 373
第三节　双 RNA 病毒的繁殖 ... 375
第四节　鸡传染性法氏囊病病毒反向遗传学系统的建立 ... 377
第五节　传染性胰坏死病毒反向遗传学系统的建立 ... 379
第六节　反向遗传学在双 RNA 病毒科研究中的应用 ... 379
结语 ... 383
参考文献 ... 383

第十六章　呼肠孤病毒科的反向遗传学 ... 388
第一节　呼肠孤病毒科的基本特征 ... 388
第二节　呼肠孤病毒科基因组结构及其表达产物 ... 389
第三节　呼肠孤病毒的复制与繁殖 ... 393
第四节　呼肠孤病毒反向遗传学系统的建立 ... 394
第五节　蓝舌病毒反向遗传学系统的建立 ... 399
第六节　轮状病毒反向遗传学系统的建立 ... 403
第七节　反向遗传学在呼肠孤病毒科研究中的应用 ... 410
结语 ... 414
参考文献 ... 414

第十七章　反转录病毒科的反向遗传学 ... 420
第一节　反转录病毒科的基本特征 ... 420

第二节	反转录病毒基因组结构及其表达产物	421
第三节	反转录病毒的繁殖与复制	428
第四节	马传染性贫血病毒反向遗传学系统的建立	431
第五节	禽白血病反向遗传学系统的建立	433
第六节	网状内皮增生病毒反向遗传学系统的建立	434
第七节	反向遗传学在反转录病毒科研究中的应用	435
结语		442
参考文献		442

第十八章　圆环病毒科的反向遗传学　445

第一节	圆环病毒科的基本特征	445
第二节	圆环病毒基因组结构特征及其表达产物	446
第三节	圆环病毒的繁殖与复制	449
第四节	猪圆环病毒反向遗传学系统的建立	451
第五节	鸡传染性贫血病毒反向遗传学系统的建立	455
第六节	反向遗传学在圆环病毒科研究中的应用	456
结语		460
参考文献		460

第十九章　腺病毒科的反向遗传学　464

第一节	腺病毒科的基本特征	464
第二节	腺病毒基因组结构及其表达产物	465
第三节	腺病毒的繁殖与复制	469
第四节	腺病毒反向遗传学系统的建立	472
第五节	猪腺病毒的反向遗传学系统的建立	479
第六节	禽腺病毒的反向遗传学系统的建立	480
第七节	反向遗传学在腺病毒科研究中的应用	481
结语		488
参考文献		488

第二十章　疱疹病毒科的反向遗传学　493

第一节	疱疹病毒科的基本特征	493
第二节	疱疹病毒基因组结构及编码产物	497
第三节	疱疹病毒科的增殖与复制	502
第四节	鸡马立克病毒反向遗传学系统的建立	507
第五节	鸭瘟病毒反向遗传学系统的建立	512
第六节	伪狂犬病病毒反向遗传学系统的建立	517
第七节	牛传染性鼻气管炎病毒反向遗传学系统的建立	520
第八节	反向遗传学在疱疹病毒科研究中的应用	524
结语		528
参考文献		528

第二十一章	痘病毒科的反向遗传学	537
第一节	痘病毒科的基本特征	537
第二节	痘病毒基因组结构及编码产物	542
第三节	痘病毒的繁殖与复制	557
第四节	痘病毒反向遗传学系统的建立	561
第五节	反向遗传学在痘病毒科研究中的应用	567
参考文献		573

第一章 反向遗传学概述

第一节 反向遗传学产生的背景

反向遗传学（reverse genetics）是相对于经典遗传学而言的一门方法学，在认识反向遗传学之前，首先要了解遗传学产生与发展的过程。所谓"遗传"，是指生物通过各种方式保证生命在自然界中延续，并使子代与亲代保持某些相似特征的现象。人们很早就开始探讨有关亲代和杂交子代之间的性状遗传规律，但一直未取得突破性进展。直到1866年奥地利学者Mendel根据他的豌豆杂交实验结果发表了《植物杂交试验》的论文，提出两个影响深远的基本遗传法则，即分离法则（定律）（图1-1）和自由组合法则（定律）（图1-2），这两条法则后来被称为孟德尔定律，奠定了现代遗传学的基础（Cann，2005）。1909年英国遗传学家Bateon提出了"遗传学"（genetics）这一学科名称，并对其进行了定义，认为遗传学是研究生物的遗传和变异，即研究亲子之间异同的生物学分支学科。其研究范围包括：遗传物质的本质、遗传物质的传递和遗传信息的实现三个方面。自此，遗传学正式成为一门学科。100余年来，遗传学家们都是在围绕这三个方面进行研究。

1909年，在Morgan的领导下，一批科学家以果蝇作为遗传研究的材料，在广泛和深入研究的基础上，提出了第三条经典遗传规律，即连锁和交换规律。但此时的基因被认为只是一个交换、重组和突变时无法再分的单位，其物理和化学性质、结构等仍然是个谜。1930~1952年，美国一个噬菌体研究小组经过一系列的实验，最终确定：DNA是遗传物质（赵寿元和乔守怡，2001）。这一阶段的遗传学被称为经典遗传学，其研究核心是通过研究生物的性状或表型，进而研究遗传物质的本质及遗传信息的传递规律。回顾经典遗传学的发展历程，不难发现早期的遗传学家都是通过观察和研究生物表型和性状的改变来探索生物遗传的规律，解释遗传的本质，所使用的一些研究方法主要是研究系谱和杂交育种，上述一些遗传规律或法则就是运用这些研究方法得到的。

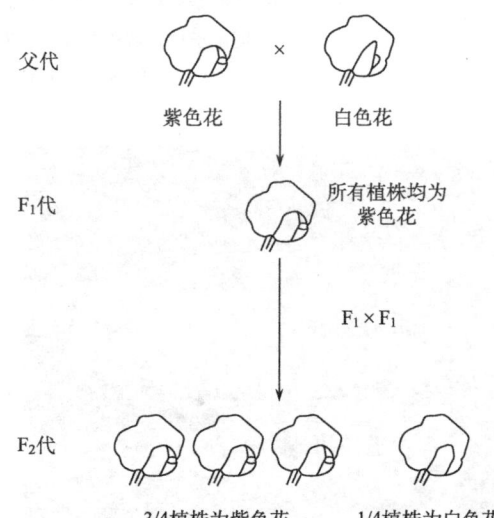

图 1-1 孟德尔分离定律示意图

孟德尔的分离定律可表述为一对等位基因在杂合状态（Aa）下，互不干预，保持其独立性，在形成配子时各自（A或a）分配到不同配子中。在一般情况下，F_1代配子分离比为 1:1，F_2代基因型分离比为 1:2:1，子二代表现型分离比是 3:1

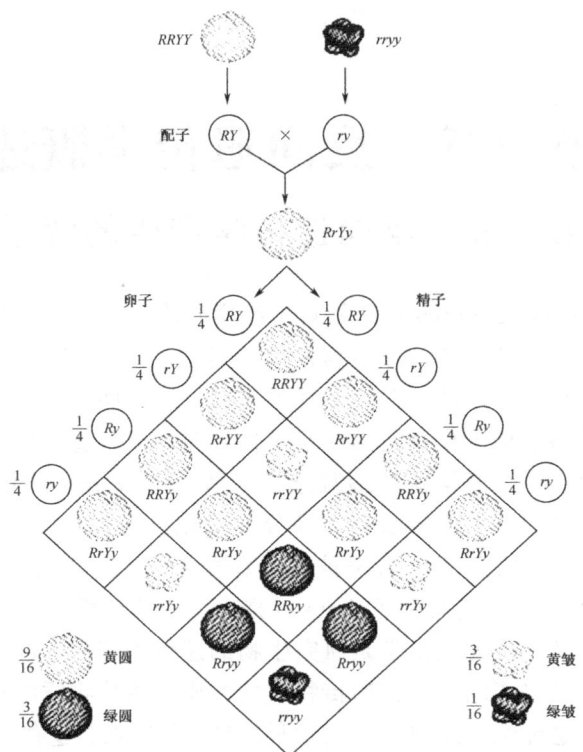

图 1-2 孟德尔自由组合定律示意图

侧交证明杂交种 F_1 代的非等位基因在配子形成时可以自由组合到不同配子中。孟德尔设计了双交和三交实验，均证实所研究的豌豆的 7 对性状是独立遗传的

图 1-3 Watson 和 Crick 提出 DNA 的双螺旋结构模型

1953 年 Watson 和 Crick 提出了 DNA 的双螺旋结构模型（图 1-3），Crick 继而于 1958 年又提出"中心法则"。这些理论不仅让人们了解到遗传信息的分子结构，也阐明遗传信息的传递途径，从而开创了遗传学的新纪元，也标志着遗传科学进入一个新阶段，即分子遗传学阶段。分子遗传学是建立在微生物学和经典遗传学的基础之上，借助生物大分子的研究来阐明生物的遗传和变异规律的遗传学分支学科。经典遗传学与分子遗传学都是遵循"性状→基因"的研究路线，从分析生物个体的表型入手，研究决定这些表型性状的基因及其调控序列。可以说分子遗传学是遗传学发展的高级阶段，经典遗传学的许多原理已

经或正在被分子水平的实验所验证，有的得到进一步发展，有的被修正或摈弃，许多经典遗传学无法解决的问题或无法破译的奥秘也在不断被解决或揭示。分子遗传学的诞生不仅发展了经典遗传学，也为反向遗传学的产生奠定了理论基础。

随着分子遗传学的发展，许多以基因为操作对象的实验方法或技术也在不断被建立与发展。例如，1967年吴瑞博士建立了第一种DNA测序方法，即引物-延伸测序策略；Smith等（1970）发现了限制性内切核酸酶在分子遗传中的作用，为基因工程奠定了基础；1972年，以Berg为代表的一批美国科学家发明了人工重组DNA技术，并得到了第一个重组DNA分子；1974年，人们首次实现异源真核生物的基因在大肠杆菌中的表达；1975年，美国的Temin和Baltimore在RNA肿瘤病毒中发现了反转录酶，它以RNA为模板，反转录生成DNA，等等（吴乃虎，2003）。如此一系列基因工程技术的建立与发展不仅方便了人们在分子水平上对生物遗传规律的研究，也为开展反向遗传学研究提供了技术支撑。

如前文所述，经典遗传学遵循"性状→基因"的研究路线探讨遗传物质的本质及遗传信息的传递规律。但事实证明，要进一步探索生命世界的奥秘，从根本上揭示生命的遗传规律，仅走这一条研究路线是不够的。随着越来越多生物体基因的发现及其序列的测定，人们发现可以直接从基因入手开展遗传学研究，即采用"基因→性状"的研究路线。由于这种研究生物遗传学的思路是与经典遗传学研究中所使用的思路逆向而行，所以称之为反向遗传学。目前反向遗传学已经广泛应用于生命科学研究的各个领域中，如反向疫苗学、转基因动（植）物、寄生虫学以及微生物学等。当今比较流行的RNA干扰（RNA interference，RNAi）、基因敲除（gene knockout）、反义RNA（antisense RNA）、基因过表达（gene overexpression）、定点诱变（site-directed mutagenesis）或体外诱变（*in vitro* mutagenesis）等都属于反向遗传学范畴。

第二节　反向遗传学的概念

广义的反向遗传学泛指从生物基因组及其所含生物信息出发，采用"基因→性状"的研究路线，对生物体进行遗传和变异规律的研究，揭示生物的表现型与基因型之间的关系，探讨生命遗传规律的分子遗传学分支学科。从方法学角度而言，反向遗传学是在获得生物基因信息的基础上，对基因进行操作，来研究生物基因结构和功能的策略。其所涉及的技术包括：基因的定点突变、基因插入/缺失和基因置换等。目前，反向遗传学已成为最能有力推动植物学、动物学及微生物学研究的前沿学科之一。

狭义的反向遗传学仅是指对微生物（包括细菌和病毒）的反向遗传操作和研究，尤其是RNA病毒的反向遗传学操作。这是由于RNA病毒的基因组一般比较小，更有利于反向遗传操作。目前已有许多病毒的反向遗传学研究系统被建立起来，成功实现了病毒的体外"拯救"。在此基础上，人们可以很方便地从基因组入手研究病毒的分子特征、致病机理、病毒与宿主之间的相互作用以及开展新型疫苗的研究等工作，从而开创了分子病毒学研究领域的新局面。

第三节 反向遗传学的原理

由于几乎所有的基因工程技术都是以 DNA 为操作对象，因此 DNA 病毒的反向遗传操作相对容易，许多 DNA 病毒的基因组结构与功能、基因的复制与表达机制、分子致病机理等不断被揭示，其研究领域也因此得到不断扩展和纵深。相比之下，RNA 病毒的分子生物学研究则显得较为滞后。因为非反转录 RNA 病毒的复制周期并不经历 DNA 阶段，其基因组分别以各自特有的 RNA 形式存在于自然界中，RNA 的分子结构特征决定了它的不稳定性和易降解性，病毒 RNA 一旦脱离病毒核衣壳的保护就难以存在。因此，在体外操作 RNA 病毒基因组比较困难。而反向遗传操作技术的发明改变了这种状况，通过将病毒 RNA 转换为 cDNA，在 DNA 分子水平上研究 RNA 病毒成为可能，RNA 病毒的研究也因此取得巨大进展。

RNA 病毒反向遗传学研究的核心是构建感染性 cDNA 分子克隆，即在获得病毒基因组序列的基础上，借助载体构建病毒的全长 cDNA 分子克隆，同时将 RNA 聚合酶的启动子元件也导入该分子克隆中，通过体外转录过程，合成病毒 RNA，然后用该转录物侵染宿主或敏感细胞系，拯救出与母本病毒具有相同特性的活病毒。这种病毒拯救过程是针对正链 RNA 病毒而言。由于负链 RNA 病毒裸露的基因组或由其 cDNA 转录而来的 RNA 没有感染性，它们必须与核衣壳蛋白、RNA 依赖性 RNA 聚合酶等形成核糖核蛋白复合物（RNP），才能进行正常的复制和病毒粒子的包装。因此，建立负链 RNA 病毒的反向遗传学研究系统，不仅要构建含有病毒全基因组的 cDNA 分子克隆，而且要构建一些辅助质粒，其中含有 RNA 复制酶及核蛋白的编码序列，然后将这些重组质粒共同转染宿主细胞，经过内转录过程实现负链 RNA 病毒的拯救，如 Schnell 等（1994）将含狂犬病病毒 NP、P 和 L 基因的重组表达质粒与含病毒全长反义基因组的质粒共转染能稳定表达 T7 RNA 聚合酶的细胞系，在细胞内形成 RNPs，然后在 T7 RNA 聚合酶的作用下进行转录和翻译，并装配成完整的病毒粒子，实现了狂犬病病毒的拯救（Mertens and Diprose，2004）。早期的禽流感病毒的拯救则需要共转染 12 个质粒，其中包括能转录 8 个基因片段的 8 个转录质粒，以及表达 PB2、PB1、PA 和 NP 蛋白的 4 个表达质粒，后来建立起转录/翻译载体后才把质粒数减少到 8 个。由于这种拯救病毒来自于病毒基因组的 cDNA 分子，因此，可以在 DNA 水平上对病毒基因组进行操作，研究拯救病毒基因型的改变对病毒表型的影响，进而对病毒基因组结构与功能、表达与调控进行研究，甚至还可以研究病毒的致病机制、分子免疫机理等。另外，依赖于反向遗传学系统，研究者还能设计出一种能输送治疗基因的载体，甚至研制出一种毒力减弱的活病毒疫苗以预防由 RNA 病毒引起的许多疾病，这种研究疫苗的方法被称为反向疫苗学（reverse vaccinology）（Sommerfelt，1999）。

理论上所有的 RNA 病毒都可以通过构建感染性克隆来开展病毒的分子生物学研究，然而，这种研究策略取决于病毒是否有体外增殖系统（主要是敏感细胞系）。因为，所构建的感染性克隆必须首先能在体外培养系统内实现病毒的拯救，然后才能进行反向遗传操作。事实上，许多 RNA 病毒都缺乏敏感细胞系，如丙型肝炎病毒、诺瓦克病毒、兔出血症病毒，等等。显然，利用感染性克隆技术研究这些病毒的致病机理、遗传变异和毒力进化等是行不通的。但是，利用反向遗传学技术在研究这些病毒的基因组复制或表达机制等方面仍具有明显的技术优势，这就需要引入复制子（replicon）的概念。通常复制子是指 DNA 中能发生独立复制的一段 DNA 序列，在该序列中不仅有复制原点和复制终点，而且含有调节 DNA 复制的一些顺式元件。在真核生物中，DNA 的复制是从许多起始点同时开始的，所以每个 DNA 分子上有许多个复制子。每个复制子都含有一个复制起点。原核生物的染色体和质粒、真核生物的细胞器 DNA 都是环状双链分子，它们都是单复制子，都在一个固定的起点开始复制，复制方向大多数是双向的，少数是单向复制。就 RNA 病毒而言，复制子是指保留了病毒基因组复制所必需的非结构蛋白编码基因和非编码区的顺式作用元件的一种缺陷型基因组，它能够在宿主细胞内有效复制；但由于缺失了结构蛋白编码基因，因此复制子在细胞内无法形成感染性的病毒颗粒。图 1-4 是黄病毒科昆津病毒复制子的结构示意图，该复制子以外源基因置换了病毒的结构蛋白编码基因，而保留了所有的非结构蛋白和两侧的非编码区（5'/3' UTR），为便于筛选能支持复制子持续性复制的细胞系，在非结构蛋白的下游还插入一个抗性基因。由于抗性基因的表达受控于外加的内部核糖体结合位点元件（IRES），而外源基因的表达则利用昆津病毒的表达元件来实现。因此，这种复制子又被称为选择性（双顺反子）复制子系统。

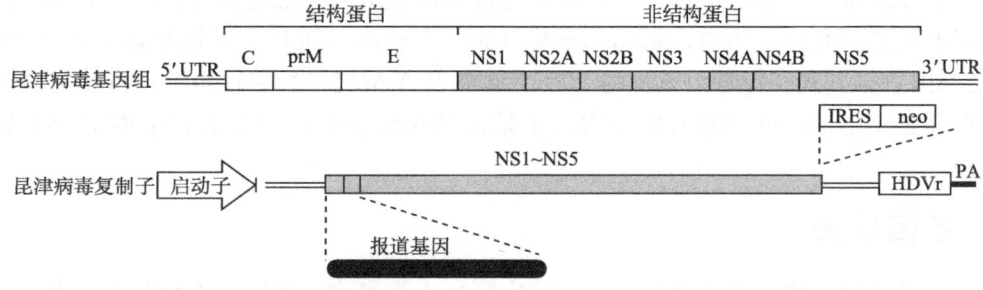

图 1-4　昆津病毒复制子结构示意图（引自 Pijlman et al.，2006）

复制子在 RNA 病毒研究中应用非常广泛，而且它的应用不受培养系统限制。因为可以将 RNA 病毒复制子构建成重组质粒，然后将质粒直接转染细胞系，通过报道基因的瞬时或稳定表达来评价反向遗传操作对 RNA 病毒的复制或表达的影响。此外，复制子系统对研究一些生物安全级别比较高的病毒，如口蹄疫病毒、新城疫病毒和禽流感病毒等也提供了一个很方便的操作平台，研究这些病毒的复制和表达调控的分子机理等不需要操作具有感染性的病毒就可以实现。但复制子在 RNA 病毒研究领域中的应用，更多地体现在新型病毒载体和新型疫苗的研制以及基因治疗等方面。

第四节　反向遗传学研究的方法

病毒的反向遗传学研究系统建立后，人们可以根据不同的研究目标，采用不同的研究技术开展研究，比较常用的方法有以下几种。

一、基因突变

基因突变是通过改变基因组中特定序列，从而使其相应的表型发生改变，根据对功能的不同影响，来确定基因的功能及其他遗传因素特性（梁国栋，2003）。DNA 突变可以是单个碱基发生改变，也可以是多个碱基发生改变。DNA 突变技术多用于研究病毒基因组的结构与功能，也可以研究病毒的受体。例如，Leippert 等（1997）在口蹄疫病毒（foot-and-mouth disease virus，FMDV）基因组的 RGD 序列内部及其附近区段分别制造了 13 个点突变，然后观察这些突变对病毒感染性的影响，结果证明 FMDV 的 RGD 序列在病毒吸附过程中具有重要作用。

二、基因重组

当两种以上病毒感染同一种宿主细胞时，会发生遗传物质核酸片段的交换，这被称为基因重组。其结果是产生稳定的新基因组合的子代，它们具有两亲代所没有的特性。自然界中，这种变异对病毒的进化是有利的。在实验室里，我们也可以人为地对病毒基因组进行重组，拯救出一种新病毒，观察其表型的变化及其与基因型改变的关系等。基因重组方法常应用于基因组为多节段的 RNA 病毒的反向遗传学研究中，如禽流感病毒、呼肠孤病毒等。利用这种方法，可以进行基因组结构与功能研究、病毒的致病性研究及新型疫苗研究等。例如，Subbarao 等（2003）利用 8 质粒病毒拯救系统，以"6+2"的基因重排方式获得毒力减弱的 H5N1 型重组 A 型流行性感冒病毒，将其制备成灭活疫苗并免疫小鼠，可刺激实验动物产生较强的免疫应答，能抵抗野生型 H5N1 病毒的侵袭。

三、基因缺失

基因缺失是指将病毒基因组中某一特定区段人为删除，然后利用反向遗传操作系统进行病毒拯救，观察基因缺失对病毒侵染性、病毒复制或病毒结构蛋白表达等的影响，借此可以了解靶基因的结构和功能。还可以利用基因缺失方法，将病毒的毒力基因进行敲除，获得毒力减弱的毒株，为研制基因工程疫苗作准备。例如，研究资料表明，FMDV 的前导蛋白（leading protein，L）可能是 FMDV 的一种毒力因子，Chinsangaram 等（1998）利用反向遗传技术成功构建了缺失 L 基因的基因工程毒株，将其制成疫苗后，进行动物实验。结果表明它与灭活疫苗具有同等的免疫效力，不仅能保护实验动物免受强毒的攻击，而且具备不散毒的优点。此外，利用该方法还可以研制病毒载体系统，目前使用的复制缺陷型腺病毒载体就是通过缺失 E1 区建立起来的。

四、基因置换

基因置换即用外源基因置换病毒基因组中的某个基因，借以研究被替换基因的功能或病毒的致病机理等。例如，用猪水泡病病毒（swine vesicular disease virus，SVDV）基因组的 3'NCR 替换 FMDV 基因组的 3'NCR，获救的嵌合病毒在 FMDV 的敏感细胞系中将丧失复制能力。与缺失 3'NCR 的 FMDV 相比，这种嵌合的 FMD 病毒在延长转染细胞时间后，能使病毒 RNA 的合成维持在较低水平，但是在敏感细胞上连续传代以后，不能收获可见的病毒粒子，表明 FMDV 的 3'NCR 在完成 FMDV 的完整复制循环过程中起关键作用，而且 FMDV 与 SVDV 的 3'NCR 不能交换发挥功能（Sáiz et al., 2001）。

此外，还有其他的一些方法常用于反向遗传学研究，如基因敲除、基因沉默等。在实际的反向遗传学操作中，上述方法常常是联合使用的。例如，在进行 H5N1 流感病毒疫苗致弱株的研发时，需要对高致病性 H5N1 的 HA 裂解位点进行删除 4 个碱性氨基酸，同时还要突变 2 个碱性氨基酸为非碱性氨基酸，然后把获得的修饰过的 HA 与具有高产性能的流感病毒毒株的内部基因（如对鸡胚高度适应的 PR8 株）重排，从而拯救获得毒力减弱的高产 H5 疫苗候选株（卢建红等，2005）。

结　语

随着反向遗传学不断走向成熟和基因工程技术的不断发展，一些重大病毒传染病的神秘面纱已被逐渐揭开，它们在宿主体内的表达调控机制和致病机理也得以澄清，新型疫苗的研制也迈入新的里程。有理由相信，在反向遗传学操作系统这一技术平台上，还将会有更多的 RNA 病毒被人们所了解和掌握，从而为消灭它们奠定坚实的基础。一切事物都有其两面性，在使用反向遗传学技术时应注意以下几个方面：①从理论上讲，运用反向遗传学技术拯救的病毒与母本毒株具有相似的生物学特性，但感染性有可能增强（Huang et al., 2004），在使用时应严加防范。②利用反向遗传学技术获得的病毒，由于基因突变或重组，有可能产生一种自然界中不存在的新病毒或新的基因型，要防止这种变异病毒逃逸实验室，危害生物安全。③通过反向遗传学技术获得的病毒在动物体内的"命运"不一定与母本病毒一样，有可能朝不同的方向变异和演化，因而其致病性可能有差异，在利用其研究病毒的致病机理时应予以注意（Dzianott and Bujarski, 1989）。④虽然反向遗传学为快速制造流感疫苗和了解发病机理提供了巨大的优势，但这一技术优势也为恐怖分子研制威胁人类的病原体提供了潜在的可能，一旦失控，对人类来说可能将是一场灾难。

参 考 文 献

梁国栋. 2003. 最新分子生物学实验技术. 北京：科学出版社.
卢建红，龙进学，邵卫星，等. 2005. 用反向遗传操作技术产生致弱的 H5 亚型重组流感病毒. 微生物学报，45：53-56.
特怀曼. 2000. 高级分子生物学要义. 陈淳，徐心等译. 北京：科学出版社.
王亚馥，戴灼华. 2001. 遗传学. 北京：高等教育出版社.
吴乃虎. 2003. 基因工程原理. 北京：科学出版社.
杨业华. 2000. 普通遗传学. 北京：高等教育出版社.
赵寿元，乔守怡. 2001. 现代遗传学. 北京：高等教育出版社.
Chinsangaram J, Mason P W, Grubman M J. 1998. Protection of swine by live and inactivated vaccines

prepared from a leader proteinase-deficient serotype A12 foot-and-mouth virus. Vaccine, 16: 1516-1522.

Dzianott A M, Bujarski J J. 1989. Derivation of an infectious viral RNA by autocatalytic cleavage of in vitro transcribed viral cDNAs. Proceedings of the National Academy of Sciences of the United States of America, 86: 4823-4827.

Huang Z, Elankumaran S, Abdul S A. 2004. Recombinant castle disease virus (NDV) expressing VP2 protein of infectious Bursal disease virus (IBDV) protect s against IBDV. Virol, 78 : 10054-10063.

Leippert M, Beck E, Weiland F, et al. 1997. Point mutations within the βG-Hβ loop of foot-and-mouth disease virus O1K affect virus attachment to target cells. Journal of Virology, 71: 1046-1051.

Rappppuoli R. 2000. Reverse vaccinology. Current Opinion in Microbiology, 3: 445-450.

Schnell M J, Mebatsion T, Conzelman K K. 1994. Infectious rabies virus from cloned cDNA. The EMBO Journal, 13: 4195-4203.

Subbarao K, Chen H, Swayne D, et al. 2003. Evaluation of a genetically modified reassortant H5N1 influenza A virus vaccine candidate generated by plasmid-based reverse genetics. Virology, 305: 192-200.

Sáiz M, Gómez S, Martínez-Salas E, et al. 2001. Deletion or substitution of the aphthovirus 3′NCR abrogates iffectivity and virus replication. The Journal of General Virology, 82: 93-101.

第二章 动物病毒反向遗传学发展历程

反向遗传学研究是在遵循"中心法则"的基础上，利用基因工程技术对生物基因组结构与功能进行研究。因此，它的诞生及发展与基因工程技术的发展历程密切相关。1972年，重组 DNA 技术被发明，1976年，第一例 DNA 病毒的反向遗传操作系统被建立起来，Goff 和 Berg（1976）通过转染含有人工突变的 SV40 DNA，实现了 SV40 的体外"拯救"。由于缺乏将 RNA 转变为 DNA 的手段，对 RNA 病毒基因组的操作一直难以进行。直到 1975 年，Temin 等发现了 RNA 病毒的反转录酶，使得人们在体外操作 RNA 病毒基因组成为可能。1978 年，Taniquchi 等把 Qβ RNA 基因组的全长 cDNA 克隆到 PCR I 载体中，转化大肠杆菌后能检测到子代 Qβ 噬菌体的基因组 RNA，与自然情况下细菌感染 Qβ 噬菌体后的情形类似，这一突破性进展为以后其他 RNA 病毒的反向遗传学研究奠定了基础。

第一节 正链 RNA 病毒反向遗传学发展历程

1981 年第一例动物 RNA 病毒的感染性克隆构建成功，这是 Racaniello 和 Baltimore（1981）的杰出贡献，他们把脊髓灰质炎病毒（*Poliovirus*，PV）基因组的全长 cDNA 克隆到 pBR322 载体中，用该重组质粒转染哺乳动物细胞后，可以产生具有感染性的病毒粒子，从此拉开动物 RNA 病毒反向遗传学研究的序幕。随后其他一些正链 RNA 病毒的反向遗传操作系统也不断被成功构建。但是在构建黄病毒的感染性克隆时，科研人员遇到一些麻烦。因为黄病毒科中一些病毒基因组的 cDNA 亚克隆至宿主细菌后常不能稳定地增殖（被称为不稳定克隆），并容易发生基因重排，被插入外源序列，碱基缺失或发生碱基突变等现象。结果导致很难构建出完整的黄病毒全长 cDNA 克隆，或即使全长克隆构建成功，在后续的病毒拯救过程中也是困难重重。在这种情况下，黄病毒科的反向遗传操作系统的建立遇到了瓶颈。虽然产生不稳定克隆的机制还不完全清楚，但是人们已经找到相应的对策。其中分段克隆是最常用的一种方法，即将黄病毒的全基因组分成两段或多个片段构成重组质粒，然后在体外连接成全长 cDNA 分子，再进行体外转录和病毒的拯救。例如，Sumiyoshi 等（1992）采用该方法成功拯救了日本乙型脑炎病毒（Japanese encephalitis virus，JEV）（图 2-1）。另外，也可以选择严谨复制型质粒和适宜的宿主菌来克隆黄病毒的基因组，如墨莱溪谷脑炎病毒（Murray Valley encephalitis virus，MVEV）的拯救就是使用了一种被称为 pMC18 的低拷贝质粒载体。又例如，登革热病毒 II 型的感染性全长 cDNA 的构建则是在酵母菌中实现的，在体外转录之前，该全长 cDNA 分子克隆在大肠杆菌（STBL2）中增殖以获得大量重组质粒，而 STBL2 也是一种稳定的宿主菌，能够耐受一些毒性序列。此外，长距离 RT-PCR 技术的建立为解决该问题提供了一条很好的途径，即不需要构建黄病毒的全长

cDNA 分子克隆，只需利用长距离 RT-PCR 系统一次性扩增出病毒的全长基因组，然后以之为转录模板，实现病毒的体外拯救，目前已经有多个成功的例子被报道。

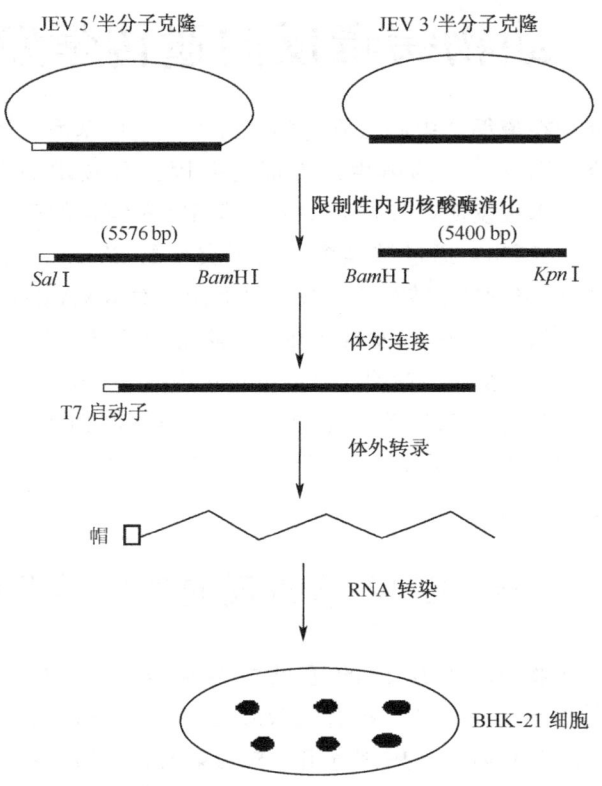

图 2-1　日本乙型脑炎病毒体外拯救策略（Sumiyoshi et al.，1992）

小 RNA 病毒科口疮病毒属和心病毒属中的一些成员，如 FMDV 和脑心肌炎病毒（Encephalomyocarditis virus，EMCV）基因组中含有一种特殊的结构——多聚胞嘧啶序列［poly（C）］，其长度为 100~420 个核苷酸残基，几乎全部由胞嘧啶残基组成。有资料表明，该结构与病毒的感染性密切相关。目前，还难以从病毒基因组中直接克隆出这一区段的真实序列。因此，长期以来 poly（C）区段一直是构建该类病毒感染性 cDNA 的主要障碍。经过人们不懈的努力，目前有两种策略可以绕过这一障碍。第一种策略是利用末端转移酶（TdT）的活性，在 S 片段的 3′端和 IRES 的 5′端分别加上聚合 G 尾巴和聚合 C 尾巴，然后使用 T4 DNA 连接酶将二者连接起来，即可得到含有一定数目胞嘧啶的 poly（C）序列。FMDV 的第一个感染性 cDNA 就是采用这种方法建立起来的（图 2-2）(Zibert et al.，1990)。第二种策略是首先将 S 片段和 IRES 片段克隆到克隆载体中，然后人工合成一段 poly（C）序列，并在其两端加上限制性内切核酸酶接头，再插入到 S 片段和 IRES 片段之间，最终也能得到含有一定长度 poly（C）序列的完整 5′NCR。采用这种方法，Rieder 等（1993）成功构建了 A 型 FMDV 的感染性克隆。

在已知的 RNA 病毒中，冠状病毒的基因组最大，全长为 27~31kb。构建该类病毒

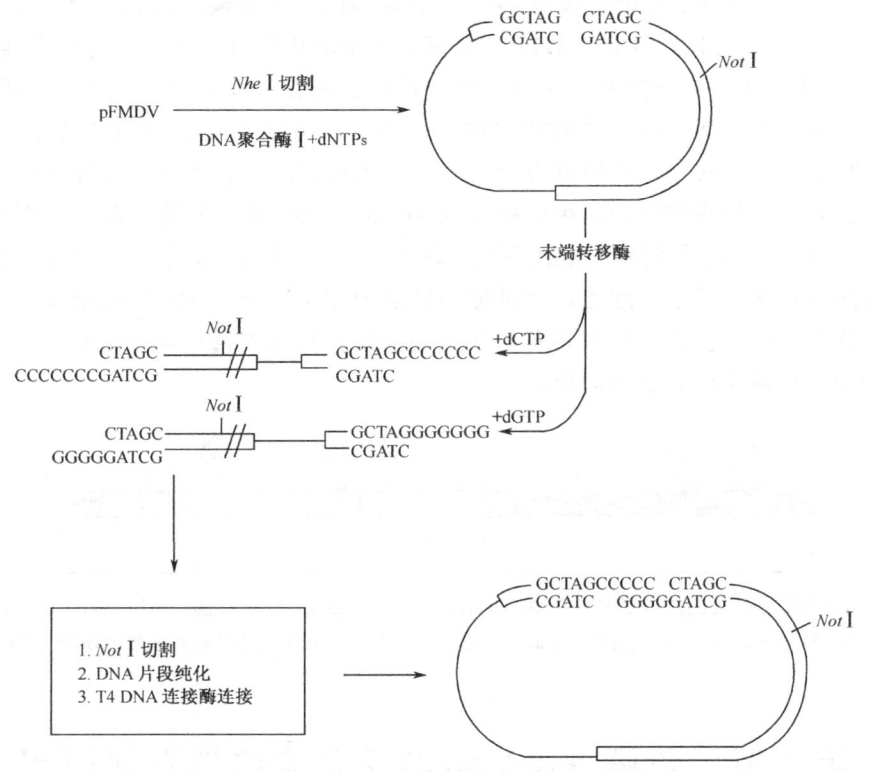

图 2-2　利用末端转移酶在 FMDV 基因组中插入 poly（C）区段（Rieder et al.，1993）

的反向遗传研究系统过程中载体的选择很关键。因为一般用于构建感染性克隆的中拷贝、低拷贝质粒载体容量有限，难以容纳冠状病毒的全基因组。因此，冠状病毒的感染性克隆在很长时间内没有被建立起来。细菌人工染色体（bacterial artificial chromosome，BAC）载体的发明克服了这一障碍，因为 BAC 系统能容纳较大的外源基因，而且易于人工操作和筛选。2000 年，Almazán 等利用 BAC 系统首次成功构建出猪传染性胃肠炎病毒（Transmissible gastroenteritis coronavirus，TGEV）的全长 cDNA 分子克隆，并实现了病毒拯救（图 2-3）。这是反向遗传学发展史中的一个突破性进展，TGEV 感染性克隆的成功构建表明 RNA 病毒的反向遗传学操作将不再受基因组大小的限制。2006 年，St-Jean 等利用 BAC 系统又成功拯救出具有神经毒力的人冠状病毒（Human coronavirus，HCoV），表明这一构建策略已经趋向成熟。此外，还可以利用痘病毒作为载体克隆冠状病毒的全基因组，因为痘病毒载体具有如下特点：①可容纳至少 26kb 的外源基因，且不会影响病毒自身的复制和感染性；②插入的外源基因可在痘病毒体内稳定存在并复制；③构建重组痘病毒载体方法简单，便于操作。Casais 等（2001）率先利用痘病毒作为载体成功构建了鸡传染性支气管炎病毒（Infectious bronchitis virus，IBV）的反向遗传研究系统，为建立其他冠状病毒的感染性克隆提供了范例。其后，Thiel 等（2001）也将人冠状病毒的全长 cDNA 克隆到痘病毒载体中，并能稳定地增殖病毒 cDNA。然后从重组痘病毒基因组中将 HCoV 的全长 cDNA 分离出来，以之为模板进行反转录，获得病毒 RNA，再转染 MAR-5 细胞，拯救出 HCoV。小鼠肝炎病毒（Mouse hepatitis virus，MHV）是冠状病毒科中另外一个比较有代表性的病毒，其基因组为 31.4kb，不能在大肠杆菌中稳定增殖。因此，构建其反向遗传操作系统也比较困难。2002 年，Yount 等在体外采取顺次连接的方法获得了 MHV 的全长 cDNA，以其为模板进行体外转录，获得具有感染性的全长 RNA。这种策略虽然可行，但是所有过程都是在体外进行操作，因此病毒 RNA 的得率很低，拯救病毒的效率受到很大影响。2005 年，Coley 等将体外装配好的 MHV 的全长 cDNA 分子克隆至痘苗病毒载体中，然后用痘苗病毒感染靶细胞，通过体内转录的方法实现了 MHV 的拯救，用该方法拯救出的病毒不仅滴度高，而且具有很强的侵染性，与母本毒相似。至此，冠状病毒的反向遗传学研究系统已完全走向成熟。

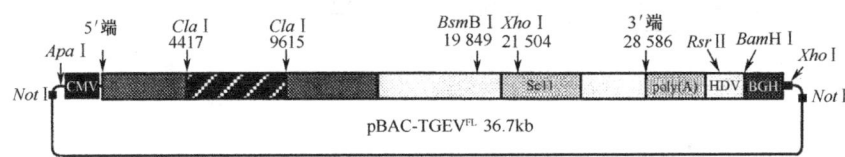

图 2-3　以细菌人工染色体为载体构建的 TGEV 的全长 cDNA 分子克隆（Almazán et al.，2000）
TGEV 全长 cDNA 5′端上游含有 CMV 启动子，3′端含有 HDV 内切核酸酶序列和 BGH 元件

第二节　负链 RNA 病毒反向遗传学发展历程

负链 RNA 病毒是一类很重要的病原微生物，其中包括一些对人或动物具有重要致病性的病毒，如流感病毒（Influenza virus）、新城疫病毒（Newcastle disease virus，NDV）、腮腺炎病毒（Epidemic parotitis virus，EPV）、呼吸道合胞病毒（Respiratory syncytial virus，RSV）、副流感病毒（Parainfluenza virus）、狂犬病病毒（Rabies virus）、埃博拉病毒（Ebola virus）及汉坦病毒（Hantaan virus）等。相对于正链 RNA 病毒而言，负链 RNA 病毒的反向遗传学研究显得比较滞后。因为负链 RNA 病毒裸露的基因组或由其 cDNA 转录而来的 RNA 没有感染性，它们必须与核衣壳蛋白、RNA 依赖性 RNA 聚合酶等形成核糖核蛋白复合物（RNP），才能进行正常的复制和病毒粒子的包装，而这在体外是难以实现的。除此之外，构建负链 RNA 病毒的全长 cDNA 要求必须具有精确的基因组末端序列，因此在体外拯救具有感染性的负链 RNA 病毒十分困难。

根据负链 RNA 病毒基因组的复制模式，要实现其体外拯救，首先要建立核糖核蛋白（ribonucleoprotein，RNP）复合体的表达体系，将其与病毒的反义全长基因组一起导入细胞系中，借助宿主的 RNA 聚合酶系统，体内转录生成病毒 RNA，然后与 RNP 形成复合体启动病毒的复制与装配过程，最终拯救出活病毒。在此理论的指导下，Luytjes 等（1989）首先通过体外转录过程获得流感病毒的其中一个 RNA 节段，然后将该转录物与纯化的病毒核蛋白和聚合酶组成有活性的 RNP，再与辅助流感病毒共同转染细胞。由于辅助流感病毒不仅能帮助 RNP 进行复制和转录，而且能提供流感病毒的另外 7 个 RNA 节段。因此，他们成功拯救出一种嵌合的流感病毒。尽管这种拯救的病毒不是来自于病毒的全基因组，但是开创了负链 RNA 病毒反向遗传学研究的先河，为以后其他负链 RNA 病毒的拯救提供了指导性参考。

相比之下，不分节段的负链 RNA 病毒的反向遗传研究系统比较容易建立。对于弹状病毒（*Rhabdovirus*）、副黏病毒（*Paramyxovirus*）和丝状病毒（*Filovirus*）而言，只要构建 1 个含有病毒全基因组的重组质粒和 3 个含有病毒复制相关蛋白（NP、P、L）序列的重组质粒，然后将这些重组质粒共同转染宿主细胞就能实现病毒的拯救。埃博拉病毒的拯救除了需要反式提供三个辅助质粒 L、NP、VP35（与 P 蛋白功能类似）外，还需要共转染质粒提供 VP30。1994 年，Schnell 等将含有编码 N、P、L 的三个重组质粒与含有狂犬病病毒全基因组 cDNA 的重组质粒共同转染细胞，结果成功拯救出重组狂犬病病毒（图 2-4）。这也是人类第一次完全从 cDNA 分子中获得负链 RNA 病毒，这一突破性进展意味着从 cDNA 分子中拯救所有的负链 RNA 病毒皆有可能。采用同样的策略，水疱性口炎病毒（Vesicular stomatitis virus，VSV）（Whelan et al.，1995）、人副流感病毒 3 型（Human parainfluenza virus type 3）（Durbin et al.，1997）、新城疫病毒（Newcastle disease virus，NDV）（Peeters et al.，1999）、埃博拉病毒（Ebola virus）（Neumann et al.，2002），及禽肺病毒（Avian pneumovirus，APV）（Naylor et al.，2004）等负链 RNA 病毒的反向遗传学研究系统陆续被建立。

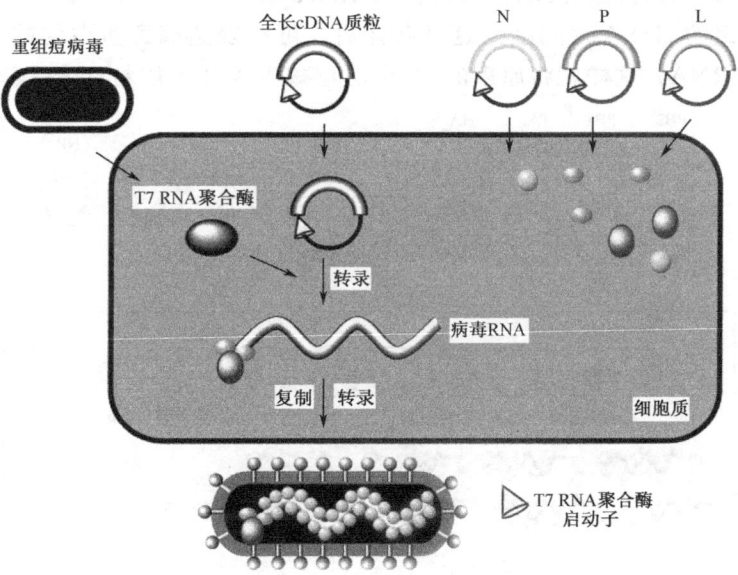

图 2-4　不分节段负链 RNA 病毒的体外拯救策略

负链 RNA 病毒反向遗传学研究中的另外一个突破性进展是 Bridgen 和 Euiot（1996）首次不借助辅助病毒从 cDNA 克隆中拯救出一种分节段的负链 RNA 病毒——布尼奥病毒（*Bunyaviruses*）。其构建策略是首先构建含有布尼奥病毒基因组 3 个节段的全长 cDNA 的重组质粒，而且全长 cDNA 序列的两侧分别具有 T7 启动子和丁型肝炎病毒的核酶序列，然后转染预先表达 T7 RNA 聚合酶和布尼奥病毒蛋白的细胞，结果三种全长反基因组在细胞内进行转录并复制，最后包装成具有感染性的病毒粒子。

1994 年，Neumann 等首次建立可用于流感病毒拯救的聚合酶 I 系统，他用报道基因将流感病毒的蛋白编码区替换后，反向插入到聚合酶系统的启动子与终止子之间，然后用该重组质粒转染预先感染辅助病毒的靶细胞，成功拯救出含有报道基因的嵌合病毒。这种拯救方法虽然依赖于辅助病毒，并需要进行大量的筛选工作，但它在流感病毒早期的反向遗传研究中却发挥了非常重要的作用，借助该系统人们才得以研究病毒的基因组结构及编码产物的功能。1999 年，Neumann 等又利用 RNA 聚合酶 I 系统分别构建了含有 A 型流感病毒的 8 基因片段的转录质粒和能表达病毒所有结构蛋白的 9 个质粒；然后把这 17 个质粒共转染细胞，结果成功拯救出 A 型流感病毒；这是分节段流感病毒体外拯救技术的一大进步，因为它彻底摆脱了辅助病毒，避免了大量的筛选工作，只需要 DNA 重组和体外转染过程就可以实现病毒的拯救。2002 年，Neumann 等对其拯救系统又进行了改进，把所要转染的重组质粒减少至 12 个，进一步提高了质粒的转染效果和病毒的拯救效率（图 2-5），表明副流感病毒的反向遗传学技术已趋于成熟。鉴于 Neumann 的拯救系统需要共同转染 12 个重组质粒，不仅在构建过程中工作量依然较大，而且转染效率偏低。2000 年，Hoffmann 和 Webster 在前人的基础上，发明了一种"双向载体"，即首先在 CMV 启动子与 poly（A）加尾信号之间正向插入病毒的基因组 cDNA，然后在其两端再反向插入 RNA 聚合酶 I 启动子和终止子（图 2-6）。流感病毒基因组的 cDNA 序列插入这种载体后，可在表达病毒蛋白的同时也能转录生成病毒的负链 RNA，这样就将原来的 12 个质粒减少为 8 个质粒，大大提高转染效率。

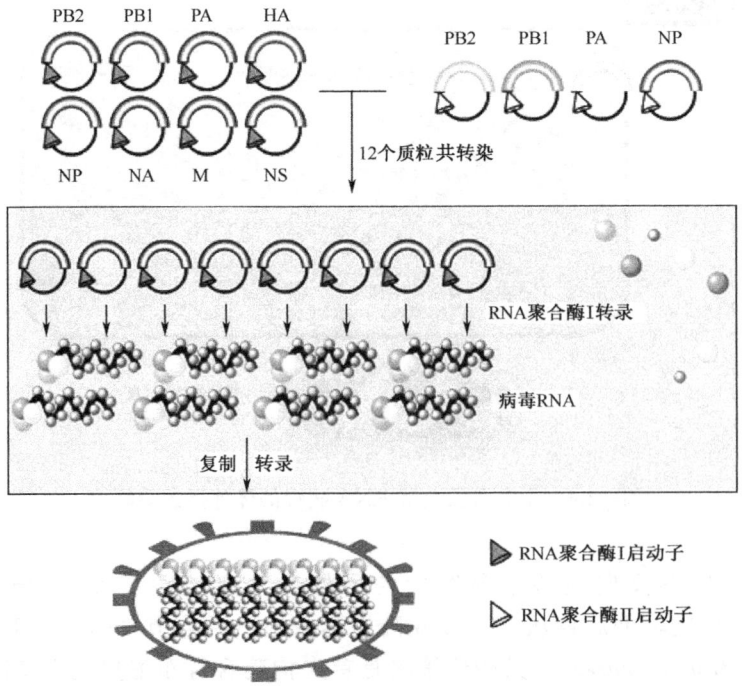

图 2-5　拯救 A 型流感病毒的 12 质粒系统

目前，多数实验室都是采用这种"8 质粒系统"进行流感病毒的反向遗传学研究。至此，各科负链 RNA 病毒的反向遗传学研究系统已全部被建立起来，负链 RNA 病毒的研究也由此揭开新的篇章。

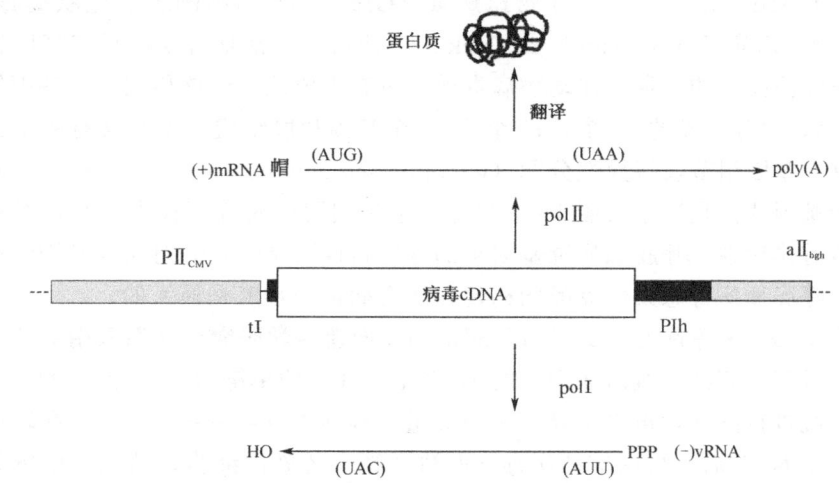

图 2-6　双向 polI-polII 转录系统（引自 Hoffmann and Webster，2000）

PII$_{CMV}$ 为聚合酶 II 启动子；aII$_{bgh}$ 为牛生长激素编码区；PIh 为聚合酶 I 启动子；tI 为聚合酶 I 终止子

第三节　双股 RNA 病毒反向遗传学发展历程

传染性胰坏死病毒（Infectious pancreatic necrosis virus，IPNV）和传染性法氏囊病病毒（Infectious bursal disease virus，IBDV）是双股 RNA 病毒科中两个重要成员，其基因组均由两个片段的双股 RNA 组成（A 片段和 B 片段）。该科病毒反向遗传研究系统构建的方法有两种，一种是首先在体外分别构建含有 A、B 片段的全长 cDNA 分子克隆，然后以全长 cDNA 为模板进行体外转录，获得病毒 RNA 的 2 个片段，再将 2 种 RNA 等量混合，利用脂质体转染敏感细胞系，可拯救出活病毒。利用该方法，Mundt 和 Vakharia（1996）从 Vero 细胞中成功拯救出 IBDV。Yao 和 Vakharia（1998）利用类似的方法成功建立了 IPNV 的反向遗传研究系统。另一种构建策略是构建分别含有 A、B 片段的真核表达质粒，并使靶基因受控于 RNA 聚合酶 II 启动子，然后将此两种重组质粒共同转染敏感细胞系，这样也能拯救出活病毒，而且拯救效率比第一种方法高。因此，这种策略是目前比较常用的建立双 RNA 病毒反向遗传研究系统的方法。2003 年，浙江大学在国内首次建立了 IBDV 反向遗传系统，其策略是将 IBDV 基因组 A、B 片段直接构建到 pCI 载体的多克隆位点处，然后将构建的两个重组质粒共转染细胞，成功拯救出 IBDV，但该方法的拯救效率较低，不利于后续的研究（黄耀伟等，2003）。其主要原因可能是病毒基因组 A、B 片段在靶细胞内不能获得精确的转录本 cRNA，其末端的冗余序列有可能影响病毒 RNA 的复制，从而影响病毒的拯救效率。因此，对该系统进行了改进，即分别在 A、B 片段的两端加上具有自我剪切功能的核酶序列，保证了 IBDV 基因组的两个片段在靶细胞内转录后，能获得精确的末端基因组，从而保证了病毒基因组的高效复制能力，使病毒的拯救效率大大提高。

呼肠孤病毒科（*Reoviridae*）中的禽呼肠孤病毒（Avian reovirus，ARV）、蓝舌病病毒（Blue tongue virus）、草鱼呼肠孤病毒（Grass carp reovirus）、轮状病毒（Rotavirus）、非洲马瘟病毒（African horse sickness virus）等都是对动物具有高度致病性并能引起严重经济损失的病毒，在动物病毒学中占有重要地位。该科病毒的基因组皆为线性双股 RNA，由分节段的 10 个、11 个或 12 个基因片段组成。由于含有的基因片段比较多，且具有基因组节段特异性分配（genomic segments assortment）特点，即呼肠孤病毒的各个基因片段是严格按照 1:1 的比例包装到同一病毒颗粒中，并且对外来的同源基因节段有排斥性。呼肠孤病毒基因组的这些特性限制了我们对病毒基因组的修饰或操作，因此呼肠孤病毒感染性克隆的构建在所有病毒中难度是最大的。

1990 年，Roner 等首先尝试呼肠孤病毒的反向遗传学研究。他们采用的策略是首先通过体外转录获得病毒（血清 3 型）的 10 个基因片段的单链 RNA，然后利用兔网织红细胞翻译系统进行翻译，再将翻译产物与等量的病毒单链或双链 RNA 共同转染小鼠成纤维细胞。培养 8h 后，再用辅助病毒（血清 2 型）感染该细胞，结果从中拯救出呼肠孤病毒（血清 3 型），这表明呼肠孤病毒的反向遗传研究系统还是有希望建立起来的。利用该系统，可以通过控制转染的 10 种 RNA 的性质获得一种具有新表型的呼肠孤病毒。例如，Ronder 等（1997）将呼肠孤病毒不同温度敏感株的 ssRNA 节段混合后进行转染，获得基因重排的新病毒，并且鉴定出一种识别信号，该信号是将外源基因节段引入呼肠孤病毒基因组中所必需的。2001 年，Ronder 和 Jaklik 合成一段反义寡核苷酸（oligodeoxyribonucleotide，ODRN），令其与野生型呼肠孤病毒的 S2 RNA 杂交，然后用 RNaseH 切除该 RNA 节段，并用 *CAT* 基因替换，获得重组的 S2-CAT RNA。野生型 S2-RNA 编码的蛋白质由细胞系反式提供，最后将重组的 S2-RNA 与野生型的其他 9 种 RNA 节段混合共同转染小鼠成纤维细胞（预先感染过辅助病毒），结果获得能高水平表达 CAT 蛋白的呼肠孤病毒，标志着呼肠孤病毒的反向遗传研究又前进了一大步。但是，这种策略仍然比较复杂，而且拯救效率很低。2006 年，Komoto 等又提出了一种新的构建呼肠孤病毒反向遗传研究系统的方法。其策略是首先构建含有人轮状病毒 SA11 株 *VP4* 基因的重组质粒，该质粒同时含有 T7 RNA 聚合酶启动子、T7 RNA 聚合酶终止子以及丁型肝炎病毒核酶序列，然后将该重组质粒转染 COS-7 细胞（转染前用能表达 T7 RNA 聚合酶的重组痘苗病毒侵染 1h）。转染 24h 后，再用 KU 株作为辅助病毒感染 24h，结果拯救出以 KU 株为骨架的含有 SA11 株 VP4 RNA 节段的重组病毒，同时通过沉默突变在 *VP4* 基因中制造了一种遗传标记。这表明不仅可以利用该系统成功拯救出呼肠孤病毒，而且可以对其进行基因操作。2007 年，Boyce 和 Roy 首先从蓝舌病毒（BTV）感染的细胞中纯化出 BTV 核心颗粒；然后，在以核心颗粒中的基因组（dsRNA）为模板，转录获得 BTV 10 个基因节段的+RNA，以之转染细胞，可成功拯救出蓝舌病毒，为进一步建立 BTV 的感染性克隆奠定了基础。Kobayashi 等（2007）采用 T7 RNA 聚合酶系统构建呼肠孤病毒感染性克隆，将含有 MRV 全基因组的 10 个重组质粒共转染预先感染携带 T7 RNA 聚合酶基因的重组禽痘病毒的细胞，成功拯救出具有感染性的呼肠孤病毒。2010年，又将该系统进行完善，将MRV的感染性克隆由10个质粒精简至4个质粒（图2-7），这不仅方便了对呼肠孤病毒基因组的操作，同时也提高了病毒的拯救效率（Kobayashi et al.，2010）。至此，呼肠孤病毒的反向遗传操作技术才算真正走向成熟，并被应用到呼肠孤病毒的研究。

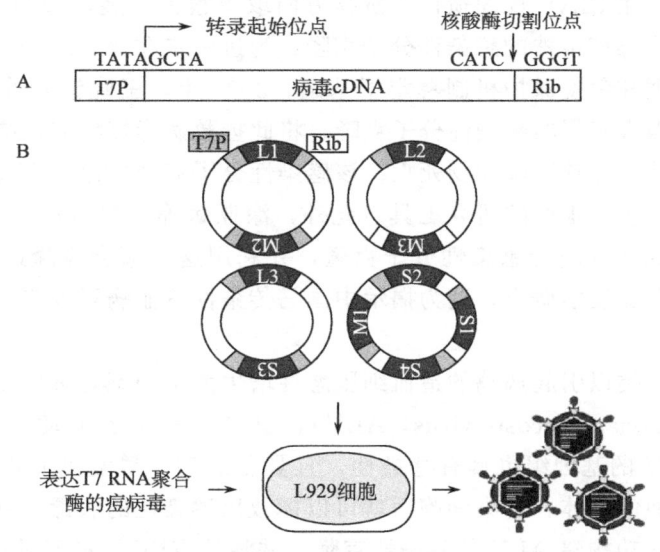

图2-7 呼肠孤病毒反向遗传学系统构建策略（Kobayashi et al.，2010）
A. 每个基因节段的首尾分别加上T7启动子和核酸酶的核心序列，保证基因末端序列的精确性；B. 基于4质粒的MRV感染性克隆转染敏感细胞后，拯救出病毒

第四节 反转录病毒反向遗传学的发展历程

反转录病毒科（*Retroviridae*）是一个成员众多的病毒科，其最基本的特征是在生命周期中有一个从RNA到DNA的复制过程，该过程与通常所谓的转录过程相反，即反转录过程，而且反转录生成的DNA可以整合至宿主细胞染色体中，以"前病毒"DNA的形式暂时或长期存在。相对于RNA病毒来说，该类病毒感染性克隆的构建比较容易，只需要提取其前病毒DNA，然后以之为模板扩增出病毒的全基因组，并克隆至适当的载体中，再转染敏感细胞系，就可拯救出活病毒。以马传染性贫血病毒（Equine infectious anemia virus，EIAV）为例，1990年，Whetter等从持续性感染EIAV Malmquist株的Cf2Th细胞中获得EIAV的全长分子克隆，然后转染马真皮细胞系，获得了具有感染性的EIAV病毒粒子（CL22-V）；但拯救病毒同其母本毒株一样，都不具有致病性。这是EIAV真正意义上的第一个反向遗传操作系统。随后，Payne等（1994）也成功构建EIAV的全长克隆（pSPEIAV19）并拯救成功，但这仍是一个弱毒株的感染性克隆。显然，这不能满足深入研究EIAV基因组结构与功能及其致病机理的要求。为此，Payne等（1998）又将无毒力感染性分子克隆的LTR和env序列替换成

强毒株的 LTR 和 env，从而获得 1 株具有致病性的感染性分子克隆。1998 年，Cook 等将无致病力感染性分子克隆的 3′端约 3.3kb 的片段替换为强毒株的相应区段，结果也获得具有致病性的感染性分子克隆，从而为开展 EIAV 的基础研究提供了一个很好的技术平台。

近年来，我国在 EIAV 反向遗传学研究方面取得很大进展，如 2003 年，王柳等成功构建了 EIAV 弱毒疫苗株的感染性分子克隆，为进一步在分子水平上阐明我国 EIAV 疫苗株的减毒机理和免疫保护机制奠定了基础。2005 年，王晓钧等首次构建了 1 株完全来源于 EIAV 强毒基因的感染性分子克隆，将此拯救病毒接种驴，结果可引起典型的马传染性贫血症状并导致实验动物死亡。该感染性分子克隆的建立为进一步研究病毒毒力与基因的关系提供了很好的研究工具。此外，涂亚斌等（2004）、何翔等（2003）还构建了一系列 EIAV 的嵌合感染性分子克隆，并利用这些嵌合克隆进行系统的动物接种、分子生物学及免疫学研究，这为揭示中国马传染性贫血病毒疫苗的减毒机制奠定坚实的物质基础。

禽白血病是一类以引起病鸡的造血细胞恶性增生为主的家禽重要传染病，其病原为禽白血病病毒（Avian leucosis virus，ALV），也是一种重要的动物反转录病毒。与 EIAV 一样，ALV 的基因组也具有感染性，且具备启动子等复制元件，因此只要将其全基因组插入普通的载体，转染细胞后就可以拯救出感染性的病毒。目前，国内、国外已有多个实验室成功构建 ALV 的感染性克隆，并将其应用于 ALV 研究的许多领域。

第五节 DNA 病毒反向遗传学发展历程

DNA 病毒有双链 DNA（dsDNA）病毒和单链 DNA（ssDNA）病毒之分，其基因组比较稳定，可以直接在 DNA 水平上进行操作，所以不需要构建该类病毒的感染性克隆，就可以进行相关的反向遗传操作。例如，可以应用基因突变、基因重组、基因缺失、基因沉默或基因敲除等技术手段对 DNA 病毒特定的基因进行相应操作或改造。例如，在扩增出 DNA 病毒基因组以后，可以采用定点突变技术将病毒的核酸序列改变，构建病毒突变株的基因组文库，在此基础上可以筛选出与母本株功能有差别的突变株，借此可以研究 DNA 病毒基因组结构与功能的关系。利用基因缺失和同源重组技术可以将病毒基因组中的毒力基因去除，构建基因缺失疫苗，其突出特点是疫苗株不易返祖而重新获得毒力，如牛传染性气管炎病毒（Kit et al.，1990）和伪狂犬病毒的 gE 基因缺失疫苗株（Mettenleiter et al.，1994），猴和人免疫缺陷病毒的 nef 基因缺失突变株（郭万柱等，2000）以及牛白血病病毒的 px 基因缺失株（Bramson et al.，2004）等均已构建成功。最近，我国又成功构建了猪伪狂犬双基因缺失和三基因缺失疫苗株（郭万柱等，2000），并进行了田间试验，获得令人满意的结果，其中伪狂犬病毒 TK^-/gG^- 双基因缺失弱毒苗已获得国家新兽药证书。这充分显示反向疫苗学是研制新型疫苗的一条有效途径。

利用反向遗传学技术还可以将 DNA 病毒改造成各种有用的基因工程载体。例如，已知腺病毒是通过其纤维蛋白羧基端的 RGD 基序与细胞表面的病毒特异性受体 CAR

结构域结合而感染宿主细胞的。但是一些细胞表面，尤其是成熟肌肉细胞表面缺少腺病毒的受体，因此用腺病毒载体向该类细胞转移外源基因时，其转染效率就很低，更不具靶向性。但是，若利用基因工程技术对纤维蛋白基因修饰后就可以提高腺病毒载体的转染效率及载体系统的靶向性。例如，Bramson 等（2004）将腺病毒纤维蛋白基因的 H-1 环用多聚赖氨酸取代可显著增强 HD2Ad 在成年肌肉细胞中的转导效率。以腺病毒载体发展过程为例，目前，它已经经历了 3 个发展阶段，第一个阶段（也称为第一代腺病毒载体）是将腺病毒的 E1、E3 基因表达盒去除，使插入外源基因的长度可达 8kb。E1 区的缺失造成腺病毒的复制缺陷及病毒外壳蛋白的产生。但是它能够在反式提供 E1 区基因蛋白的细胞中得到增殖。因此，它可以用于外源基因的转移与表达。但是，由于腺病毒载体本身的免疫原性，常常导致外源基因的表达受到抑制，而且不能重复使用该载体转移基因，大大限制了腺病毒载体的应用（Biermann et al., 2001）。第二个阶段（也称为第二代腺病毒载体）是在第一代腺病毒载体的基础上进一步去除 E2 区和（或）E4 区，以减弱病毒蛋白的表达，降低载体的免疫原性，延长外源基因的表达过程。通过建立能反式提供 E1 和 E4 因子的细胞系，人们构建了缺失 E1/E4 的第二代腺病毒载体（Lou et al., 1996）。相对于第一代载体，它的安全性和表达外源基因的能力都有很大提高。但是该类载体仍具有一定的免疫原性，对外源基因的长期稳定表达和载体的重复使用仍有不利影响。第三个阶段（也称为第三代腺病毒载体）是去除腺病毒基因组中全部编码序列，只保留两端 TR（terminal repeats）及包装信号，其他功能由辅助病毒提供。例如，1995 年 Mitani 等用报道基因替换腺病毒基因组中 L1、L2 等必需区域，以野生型腺病毒作为辅助病毒，成功包装出具有同样转导性的重组病毒，这种重组病毒不仅结构稳定而且可以扩增及纯化。第三代腺病毒载体不仅具备前两代腺病毒载体的特点，而且具有如下优点：①容纳外源基因的能力更高，可达 37kb 左右。②由于缺失结构蛋白的编码基因，转染宿主细胞后不存在病毒蛋白表达，降低了重组病毒的免疫原性和细胞毒性。③表达外源基因的时间明显延长，可达 1 年以上。④借助不同血清型的辅助病毒可以实现腺病毒血清型的转换。

尽管不通过构建 DNA 病毒的感染性克隆，就可以利用基因工程技术对某些 DNA 病毒进行一定的修饰或改造，但是这些操作也具有一定的局限性，不便于从病毒整体角度分析所进行的修饰或操作对病毒的生物学特性、致病特性以及免疫学特性等方面的影响，甚至在操作方面因过于烦琐和不确定性因素而影响反向操作的效果。因此，构建 DNA 病毒的感染性克隆仍是开展 DNA 病毒基础或应用研究不可或缺的工具或操作平台。事实上，早在 1979 年，就有人尝试了多瘤病毒的体外拯救工作。Israe 等（1979）首次将多瘤病毒的基因组（双链 DNA）插入到 pBR322 载体中，在大肠杆菌中进行扩增，再将其基因组切割下来导入小鼠或敏感细胞系，结果均能拯救出具有感染性的多瘤病毒。

圆环病毒是目前已知病毒中基因组最小的一类单股 DNA 病毒，其大小仅为 1800bp 左右。构建该科病毒的感染性克隆比较容易，只需用 PCR 方法把病毒的全基因组扩增出来，克隆到适当载体中，然后直接转染宿主细胞，就可以实现病毒的拯救。也可以在体外用 T4 DNA 连接酶将圆环病毒的全基因组环化，然后转染细胞。为了提高病毒的拯救效率，还可以将其全基因组串联克隆在同一载体中。例如，猪圆环病毒Ⅱ型（Type 2 porcine circovirus，PCV2）感染性克隆的构建就采取了这一策略。Fenaux等（2002）将PCV2全基因组的2个拷贝串联到pSK+载体中（图2-8），然后转染PK-15细胞，成功拯救出PCV2，该病毒对猪具有致病性。此外，他们还构建了非致病性PCV1的感染性分子克隆，并在此基础上用PCV2的ORF2置换PCV1的ORF2，构建了一种嵌合病毒，进一步研究表明该病毒对猪的致病性减弱，但是能诱导机体产生特异性的抗体反应，可望研制成一种有效的基因工程疫苗（Fenaux et al.，2003；2004）。

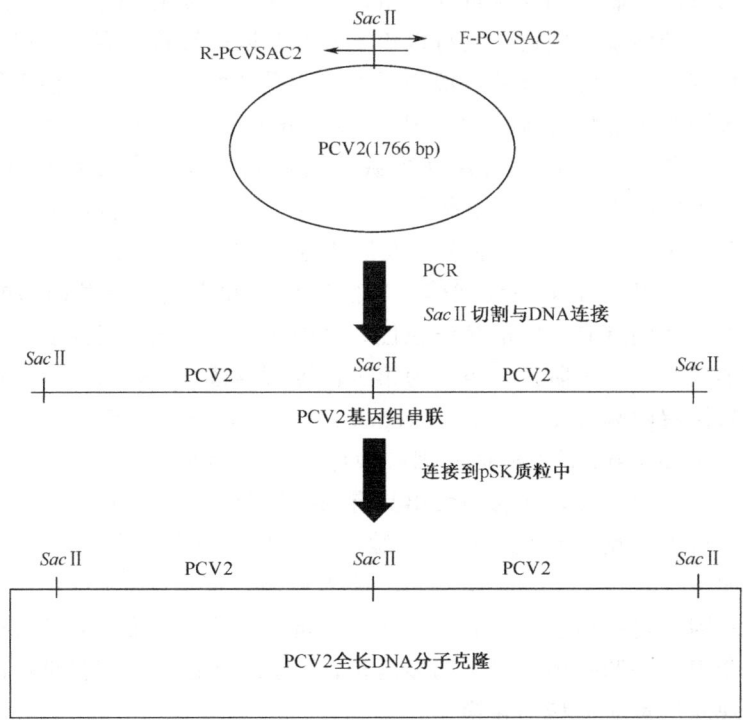

图2-8　猪圆环病毒Ⅱ型感染性克隆构建策略（Fenaux et al.，2004）

但是，上述策略对一些基因组较大的DNA病毒是不适用的，如单纯疱疹病毒Ⅱ型（HSV-Ⅱ）的基因组为144kb，羊痘病毒的基因组约150kb，人腺病毒的基因组也有36kb。因此，按常规方法构建此类病毒的感染性克隆是困难的。随着基因工程技术的飞速发展，人工染色体的成功构建为大型DNA病毒反向遗传操作系统的建立提供了帮助。例如，酵母人工染色体（yeast artificial chromosome，YAC）可以容纳外源DNA片段的大小一般可达200~500kb，有的可达1Mb以上。以F质粒（F-plasmid）为基础构建而成的细菌人工染色体（bacterial artificial chromosome，BAC），常被用来克隆150kb大小的DNA片段。此外，还有来源于P1的人工染色体（PAC）和来源于哺乳动物的人工染色体等，这些大容量载体的成功构建为DNA病毒感染性克隆的建立奠定良好的技术平台。借助这些载体，一些基因组巨大的DNA病毒的感染性克隆得以成功构建，如疱疹病毒科中的伪狂犬病毒（PrV）、鸡马立克病毒（MDV）和鸭瘟病毒

(DEV) 等。其构建策略基本一样，即都是先将细菌人工染色体重组到病毒基因组中，获得重组病毒后，再将其转变为可以在细菌中操作的 BAC 分子克隆化病毒。以伪狂犬病病毒的感染性克隆构建以及最近报道的 DEV 的感染性克隆为例（Wang and Osterrieder，2011），其构建的大致流程是：首先扩增的 DEV gC 基因（UL44）两侧的同源臂，然后将其克隆到 PUC19 载体中，继而在同源臂之间再插入 mini-F 载体、eGFP 基因，以及氯霉素抗性基因的表达盒，构建转移载体 PDEVgC-pHA2。将该载体与 DEV (2085 株) 基因组 DNA 共转染鸡胚成纤维细胞（CEF），待出现细胞病变后，收获重组病毒，利用所含绿色荧光蛋白经 3 轮噬斑筛选纯化出含有 BAC 的重组病毒（2085-GFPΔgC）。再将该重组病毒的基因组 DNA 导入大肠杆菌 MegaX 细胞中，经氯霉素抗性筛选出阳性克隆 2085BAC。最后，将提取的重组质粒（2085BAC）导入大肠杆菌 GS1783 细胞，获得阳性克隆菌株 p2085。该菌株即为含有 DEV 全基因组的 BAC 操作系统。在此系统基础上，可以根据研究者的需要，对 DEV 的基因组进行操作。该系统的成功建立为研究 DEV 的致病机理、基因功能以及重组载体疫苗等提供了一个良好的操作平台。最近，Liu 等（2011）报道了另外一种拯救 DEV 的方法，即首先将 DEV 基因组酶切成 25～40kb 的 DNA 片段，然后对各个 DNA 片段末端补平，磷酸化后加上接头，最后克隆到 fosmid 载体（pCC1FOS），构建出含有 DEV 全基因组的 DNA 文库。将此 DNA 文库转染 DEF 细胞可以成功拯救出与母本毒具有类似生物学特性的 DEV。在此基础上，他们还利用同源重组方法，将 H5N1 的 HA 基因表达盒插入 DEV 基因组中，构建了一种重组病毒（rDEV-us78HA），用该病毒以 10^6 PFU 的剂量免疫雏鸭，3 天以后就可以为动物提供可同时对抗 DEV 和 H5N1 感染的保护力，充分展现出 DEV 具有作为疫苗载体的良好特性（Liu et al.，2011）。

结　　语

作为一门新兴学科，反向遗传学已经广泛应用于生命科学研究的各个领域，而且随着分子生物学和基因工程技术的不断发展，它的研究范围还在不断地拓展和延伸。就动物病毒而言，反向遗传学更是一门重要的研究方法学，借助于反向遗传学研究技术，动物病毒的许多研究领域都取得了重大进展。例如，在病原分子生物学研究方面，FMDV、NDV、AIV 等许多重要动物病毒的基因组结构和功能就是借助于反向遗传学技术被不断破译的；PV、PRRSV、CSFV 等病毒致病机理的诠释也得益于反向遗传学技术；一些 RNA 病毒遗传变异的分子机制更是依赖于反向遗传学技术才得以阐明。甚至近年来比较热门的反向疫苗学也是在反向遗传学技术的基础上发展起来的。总之，反向遗传学在动物病毒学研究领域中正在发挥越来越重要的作用，已成为一种不可或缺的重要研究工具。

参 考 文 献

郭万柱，徐志文，王小玉，等. 2000. 新型伪狂犬病病毒基因缺失株的构建及生物学特性研究（初报）. 四川农业大学学报，18：1-4.

何翔, 邵一鸣, 薛飞, 等. 2003. 感染性马传染性贫血病毒嵌合克隆的构建. 病毒学, 19: 128-132.

黄耀伟, 李龙, 李建荣, 等. 2003. 传染性法氏囊病病毒感染性克隆的快速构建. 生物化学与生物物理学报, 35 (4): 338-344.

涂亚斌, 王柳, 仇华吉, 等. 2004. 马传染性贫血强/弱毒嵌合病毒的体外构建. 病毒学, 20: 179-181.

王柳, 童光志, 仇华吉, 等. 2003. 马传染性贫血病毒弱毒疫苗株感染性分子克隆的构建. 中国农业科学, 36: 1560-1565.

王晓钧, 魏丽丽, 相文华. 2005. 中国马传染性贫血病毒驴强毒株感染性分子克隆的构建. 中国农业科学, 38: 1898-1904.

Almazán F, González J M, Pénzes Z, et al. 2000. From the Cover: Engineering the largest RNA virus genome as an infectious bacterial artificial chromosome. Proceeding of the National Academy of Sciences of the United States of America, 97: 5516-5521.

Biermann V, Volpers C, Hussmann S, et al. 2001. Targeting of High Capacity Adenoviral Vectors. Human Gene Therapy, 12: 1757-1769.

Boyce M, Roy P. 2007. Recovery of infectious bluetongue virus from RNA. Journal of Virology, 81 (5): 2179-2186.

Bramson J L, Grinshtein N, Meulenbroek R A, et al. 2004. Helper-dependent adenoviral vectors containing modified fiber for improved transduction of developing and mature muscle cells. Human Gene Therapy, 15: 179-188.

Bridgen A, Elliot R M. 1996. Rescue of a segmented negative-strand RNA virus entirely from cloned complementary DNAs. Proceedings of the National Academy of Sciences of the United States of America, 93: 15400-15404.

Casais R, Thiel V, Siddell S G, et al. 2001. Reverse genetics system for theavian coronavirus infectious bronchitis virus. Journal of Virology, 75: 12359-12369.

Coley S E, Lavi E, Sawicki S G, et al. 2005. Recombinant mouse hepatitis virus strain A59 from cloned, full-length cDNA replicates to high titers *in vitro* and is fully pathogenic *in vivo*. Journal of Virology, 79: 3097-3106.

Cook R F, Leroux C, Cook S J, et al. 1998. Development and characterization of an *in vivo* pathogenic molecular clone of equine infectious anemia virus. Journal of Virology, 72: 1383-1393.

Durbin A P, Hall S L, Siew J W, et al. 1997. Recovery of infectious human parainfluenza virus type 3 from cDNA. Virology, 235: 323-332.

Fenaux M, Halbur P G, Haqshenas G, et al. 2002. Cloned genomic DNA of type 2 porcine circovirus is infectious when injected directly into the liver and lymph nodes of pigs: characterization of clinical disease, virus distribution, and pathologic lesions. Journal of Virology, 76: 541-551.

Fenaux M, Opriessnig T, Halbur P G, et al. 2004. A chimeric porcine circovirus (PCV) with the immunogenic capsid gene of the pathogenic PCV type 2 (PCV2) cloned into the genomic backbone of the nonpathogenic PCV1 induces protective immunity against PCV2 infection in pigs. Journal of Virology, 78: 6297-6303.

Fenaux M, Opriessnig T, Halbur P G, et al. 2003. Immunogenicity and pathogenicity of chimeric infectious DNA clones of pathogenic porcine circovirus type 2 (PCV2) and nonpathogenic PCV1 in weanling pigs. Journal of Virology, 77: 11232-11243.

Goff S P, Berg P. 1976. Construction of hybrid viruses containing SV40 and lambdaphage DNA segments and their propagation incultured monkey cells. Cell, 9: 695-705.

Hofmann E, Webster R G. 2000. Unidirectional RNA polymerase I-polymerase II transcription system for the generation of influenza a virus from eight plasmids. The Journal of General Virology, 81: 2843-2847.

Israel M A, Chan H W, et al. 1979. Molecular cloning of polyoma virus DNA in Escherichia coli: oncogenicity testing in hamsters, Science, 205 (4411): 1140-1142.

Kit S, Otsuka H, Kit M. 1990. Gene-deleted IBRV marker vaccine. Veterinary Record, 127: 363-364.

Kobayashi T, Antar A A, Boehme K W, et al. 2007. A plasmid-based reverse genetics system for animal double-stranded RNA viruses. Cell Host Microbe, 1: 147-157.

Kobayashi T, Ooms L S, Ikizler M, et al. 2010. An improved reverse genetics system for mammalian orthoreoviruses. Virology, 398 (2): 194-200.

Komoto S, Sasaki J, Taniguchi K. 2006. Reverse genetics system for introduction of site-specific mutations into the double-stranded RNA genome of infectious rotavirus. Proceedings of the National Academy of Sciences of the United States of America, 103: 4646-4651.

Liu J, Chen P, Jiang Y, et al. 2011. A duck enteritis virus-vectored bivalent live vaccine provides fast and complete protection against H5N1 avian influenza virus infection in ducks. Journal of Virology, 85 (21): 10989-10998.

Lou J, Manske P R, Aoki M. 1996. Adenovirusmediated gene transfer into tendon and tendon sheath. Journal of Orthopaedic Research, 14: 513-517.

Luytjes W, Krystal M, Enami M, et al. 1989. Amplification, expression, and packaging of foreign gene by influenza virus. Cell, 59: 1107-1113.

Mettenleiter T C, Klupp B G, Weiland F, et al. 1994. Characterization of a quadruple glycoprotein-deleted pseudorabies virus mutants for us as a biologically safe live virus vaccine. The Journal of General Virology, 75: 1723-1733.

Mitani K, Graham F L, Caskey C T, et al. 1995. Rescue, propagation, and partial purification of a helper virus- dependent adenovirus vector. Proceedings of the National Academy of Sciences of the United States of America, 9: 3854- 3858.

Mundt, Vakharia V N. 1996. Synthetic transcripts of double-stranded Birnavirus genome are infectious. Proceedings of the National Academy of Sciences of the United states of America, 93: 11131-11136.

Naylor C J, Brown P A, Edworthy N, et al. 2004. Development of a reverse-genetics system for Avian pneumovirus demonstrates that the small hydrophobic (SH) and attachment (G) genes are not essential for virus viability. The Journal of General Virology, 5: 3219- 3227.

Neumann G, Feldmann H, Watanabe S, et al. 2002. Reverse genetics demonstrates that proteolytic processing of the Ebola virus glycoprotein is not essential for replication in cell culture. Jaurnal of Virology, 76: 406-410.

Neumann G, Watanabe T, Ito H, et al. 1999. Generation of influenza A viruses entirely from cloned cDNAs. Proceedings of the National Academy of Sciences of the United States of America, 96: 9345-9350.

Neumann G, Zobel A, Hobom G. 1994. RNA polymerase I-mediated expression of influenza viral RNA molecules. Virology, 202: 477-479.

Payne S L, Qi X M, Shao H, et al. 1998. Disease induction by virus derived from molecular clones of equine infectious anemia virus. Journal of Virology, 72: 483-487.

Payne S L, Rausch J, Rushlow K, et al. 1994. Characterization of infectious molecular clones of equine infectious anaemia virus. The Journal of General Virology, 75: 425-429.

Peeters B P, de Leeuw O S, Koch G, et al. 1999. Rescue of Newcastle disease virus from cloned cDNA: evidence that cleavability of the fusion protein is a major determinant for virulence. Journal of Virology, 73: 5001-5009.

Racaniello V R, Baltimore D. 1981. Cloned poliovirus complementary DNA is infectious in mammalian cells. Science, 214: 916-919.

Rieder E, Bunch T, Brown F, et al. 1993. Genetically engineered foot-and-mouth disease viruses with poly (C) tracts of two nucleotide are virulent in mice. Journal of Virology. 67: 5139-5145.

Roner M R, Joklik W K. 2001. Reovirus reverse genetics: Incorporation of the CAT gene into the reovirus genome. Proceedings of the National Academy of Sciences of the United States of America, 98, 8036-8041.

Roner M R, Nepliouev I, Sherry B, et al. 1997. Construction and characterization of a reovirus double temperature-sensitive mutant. Proceedings of the National Academy of Sciences of the United States of America, 94: 6826-6830.

Roner M R, Sutphin L A, Joklik W K. 1990. Reovirus RNA is infectious. Virology, 179: 845-852.

Schnell M J, Mebatsion T, Conzelmann K K. 1994. Infectious rabies viruses from cloned cDNA. The EMBO Journal, 13: 4195-4203.

St-Jean J R, Desforges M, Almazán F, et al. 2006. Recovery of a neurovirulent human coronavirus OC43 from an infectious cDNA clone. Journal of Virology, 80: 3670-3674.

Sumiyoshi H, Hoke C H, Trent D W. 1992. Infectious Japanese encephalitis virus RNA can be synthesized from in vitro-ligated cDNA templates. Journal of Virology, 66: 5425-5431.

Taniguchi T, Palmieri M, Weissmann C. 1978. QB DNA-containing hybrid plasmid giving rise to QB phage formation in the bacterial host. Nature, 274: 223-228

Thiel V, Herod J, Schelle B, et al. 2001. Infectious RNA transcribed in vitro from a cDNA copy of the human coronavirus genome cloned in vaecinia virus. Journal of General Virology, 82: 1273-1281.

Wang J, Osterrieder N. 2011. Generation of an infectious clone of duck enteritis virus (DEV) and of a vectoredDEV expressing hemagglutinin of H5N1 avian influenza virus. Virus Research, 159: 23-31.

Whelan S P, Ball L A, Barr J N, et al. 1995. Efficient Recovery of Infectious Vesicular Stomatitis Virus Entirely from cDNA Clones. Proceedings of the National Academy of Sciences of the United States of America, 92: 8388-8392.

Whetter L, Archambault D, Perry S, et al. 1990. Equine infectious anemia virus derived from a molecular clone persistently infects horses. Journal of Virology, 64, 5750-5756.

Yao K, Vakharia V N. 1998. Generation of infectious pancreatic necrosis virus from cloned cDNA. Journal of Virology, 72: 8913-8920.

Yount B, Denison M R, Weiss S R, et al. 2002. Systematic assembly of a full-length infectious cDNA of mouse hepatitis virus strain A59. Journal of Virology, 76: 11065-11078.

Zibert A, Maass G, Strebel K, et al. 1990. Infectious foot-and-mouth disease viruses derived from a cloned full-length cDNA. Journal of Virology, 64: 2467-2473.

第三章 反向遗传学系统构建的原理与方法

第一节 反向遗传学研究系统建立的基础

RNA 病毒的反向遗传学研究是从病毒基因组入手研究基因的结构与功能、研究病毒的致病机理以及其他相关内容。其核心是建立病毒的感染性克隆，并通过一定的方法和途径实现病毒的遗传拯救，即病毒的人工构建。因此，在建立感染性克隆之前，首先要了解病毒的基因组结构特点，要清楚病毒的表达调控模式，这些背景知识是构建一切病毒感染性克隆的理论基础，在此基础上才能采取正确的策略构建感染性克隆，进而在人工条件下实现病毒的拯救。

病毒是一种典型的细胞内寄生性生物，一旦进入宿主细胞，它就充分利用细胞内的转录和翻译装置进行自身的转录和翻译过程；同时复制基因组，与表达产物一起装配成病毒颗粒，最后从细胞中释放出来或发生转移，完成病毒的生命周期。这是所有病毒复制都要遵循的一个过程，属于普遍性规律。但是，具体到不同类别的病毒，其完成复制周期的策略和机制却有很大差异，具有丰富的多样性。一般而言，某种病毒究竟采取何种复制和表达策略，主要取决于其遗传物质的性质和病毒基因组转化为病毒 mRNA 的途径。据此，Baltimore 首次将病毒的复制方式分为 6 组，后来又增添了以嗜肝 DNA 病毒和花椰菜花叶病毒为代表的第七组（图 3-1）。为了使大家对不同组别的病毒复制策略有所了解，下面将对各组中具有代表性病毒的复制模式分别予以描述。

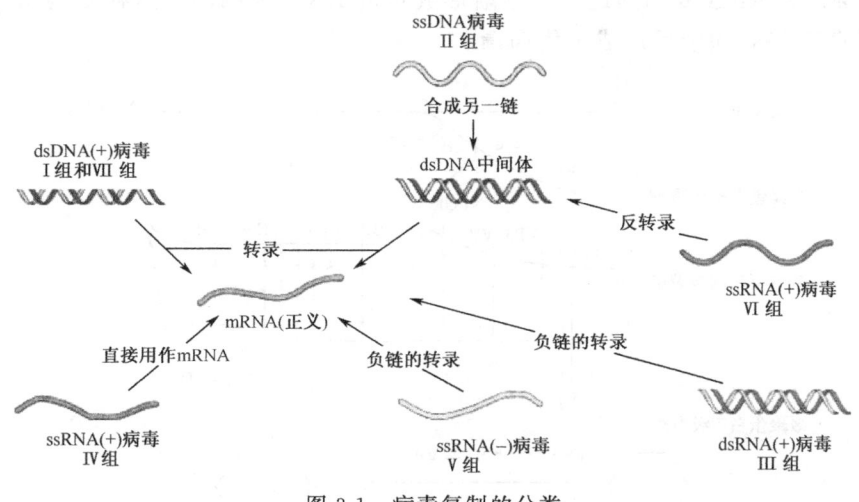

图 3-1 病毒复制的分类

一、以微核糖核酸病毒为代表的单股正链 RNA 病毒（IV 组）的复制

单股正链 RNA 病毒的碱基序列与 mRNA 完全相同，可直接起病毒 mRNA 的作用。因此，该类病毒称为正义 RNA 病毒，其裸 RNA 具有感染性。该类病毒基因组复制的特点是先合成（一）RNA，再以之作为合成（+）RNA 的模板（图 3-2）。

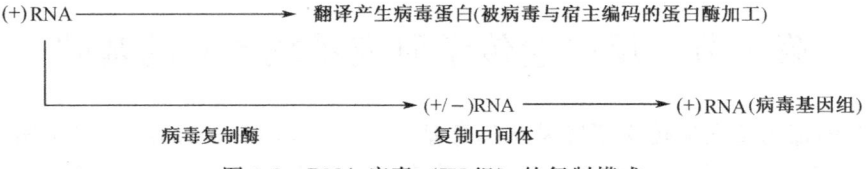

图 3-2　RNA 病毒（IV 组）的复制模式

以口蹄疫病毒为例，单股正链 RNA 病毒的复制过程是：首先，进入细胞的病毒 RNA 利用细胞的翻译起始因子和核糖体合成病毒蛋白。病毒 RNA 翻译蛋白呈多核糖体型，即一条 RNA 链上同时结合数个到几十个核糖体，启动多条蛋白肽链的合成。在肽链延伸的同时，聚蛋白已开始裂解。聚蛋白裂解有初级裂解和次级裂解两个过程。前者发生在 L 和 P1 及 P1-2A 和 2B 间，后者由 $3C^{pro}$ 催化裂解；首先裂解成 P1、2BC 和 P3 前聚蛋白；次级裂解进一步将 P1 裂解为 VP1、VP3 和 VP0，把 2BC 裂解成成熟的 2B 和 2C，裂解 P3 变为 3AB、3CD 中间体或 3A、3B、3C 和 3D（图 3-3）。病毒蛋白合成到一定水平，启动 RNA 复制。亲本 RNA 移入滑面内质网，复制复合体与该细胞器的膜紧密相连。病毒蛋白 3B（VPg）尿苷酸化后，与 poly（A）连接形成负链 RNA 合成的引物，$3D^{pol}$（病毒 RNA 聚合酶）催化合成负链 RNA（图 3-3）。新生的负链 RNA 作为模板合成正链 RNA。正链 RNA 的合成速度比负链 RNA 的合成速度快，一条负链 RNA 上可同时启动多条正链 RNA 的合成。在病毒复制早期，新生成的正链 RNA 分子进入蛋白翻译和 RNA 复制的过程，逐渐形成正链 RNA 复制池，这样复制出呈数量级增长的正链 RNA，包装后形成子代病毒。

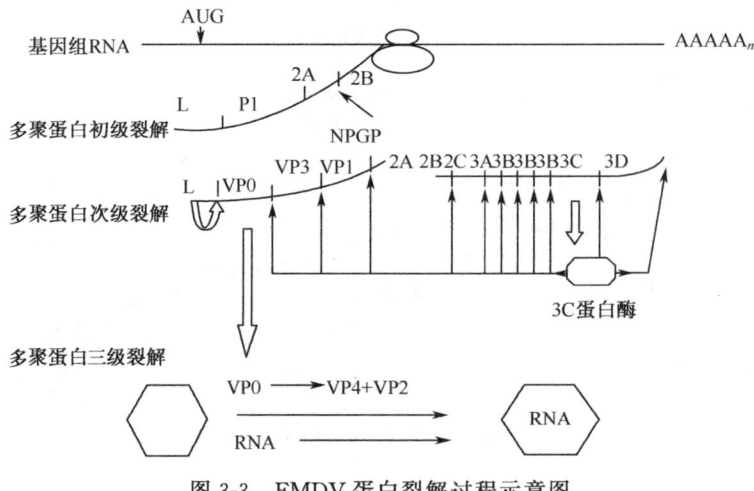

图 3-3　FMDV 蛋白裂解过程示意图

病毒粒子装配取决于病毒蛋白的合成加工、RNA 的复制堆积和一些细胞元件。在装配之前，结构聚蛋白 P1 裂解并形成原粒。原粒是 VP0、VP1 和 VP3 通过弱化学键凝集而成。原粒组装成五聚体，12 个五聚体包装一个 RNA 分子形成前病毒粒子。感染细胞内总有一些五聚体形成空衣壳 75S，反过来 75S 又解离成 12S 亚单位。前病毒粒子没有感染性，形成具有感染性的病毒粒子需要结构蛋白进一步的成熟裂解。当衣壳中的 VP0 裂解为 VP4 和 VP2，前病毒粒子变为成熟的病毒粒子。在完整的成熟病毒粒子衣壳中，总会包装几个分子的病毒 RNA 聚合酶（3D），有不超过 2 个分子的 VP0 未发生裂解。最后，绝大多数子代病毒粒子因细胞破裂而被释放。一个完整的病毒复制周期是从病毒感染细胞开始到成熟子代病毒释放为止（谢庆阁，2004）（图 3-4）。

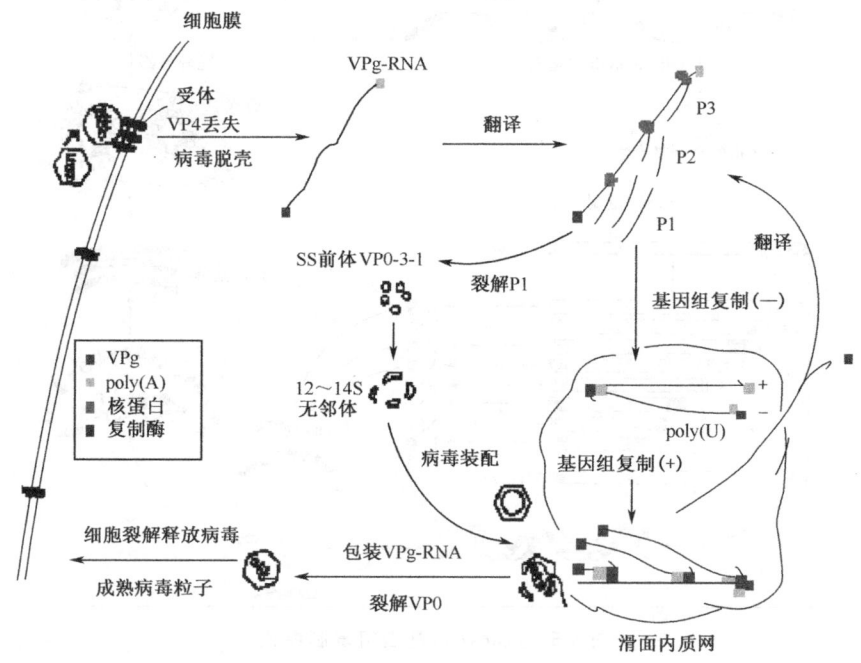

图 3-4　小 RNA 病毒基因组的复制模式图

有些正链 RNA 病毒在复制过程中，出现亚基因组 RNA（sub-genomic RNA，sgRNA）。这些 sgRNA 均具有来自病毒基因组 5′端非编码区的引导序列。引导序列与 mRNA 序列间的连接区高度保守。各 sgRNA 的 3′端相同，形成一个共 3′端的嵌套式结构。这些 sgRNA 编码病毒的结构蛋白。例如，PRRSV 的结构蛋白就是通过形成 6 个亚基因组而表达。以冠状病毒为例，此类病毒的复制模式是：病毒进入宿主细胞后，直接以病毒基因组 RNA 为翻译模板，首先表达出病毒 RNA 聚合酶（RdRp）。再利用 RdRp 完成负链 sgRNA 的转录、各种结构蛋白 mRNA 的合成，以及病毒基因组 RNA 的复制。其中，各结构蛋白的 mRNA 是以不等物质的量合成的，而且不存在转录后修饰剪切的过程，而是以一种"不连续转录"（discontinuous transcription）过程合成的，即通过 RNA 聚合酶和一些转录因子识别特定的转录调控序列（transcription regulating sequence，TSR），有选择地从负义链 RNA 转录获得成熟 mRNA。结构蛋白和基因组

RNA 的复制完成以后，在细胞内质网中装配生成新的冠状病毒颗粒，并通过高尔基体分泌至细胞外，完成其生命周期（Stadler et al., 2003）（图 3-5）。

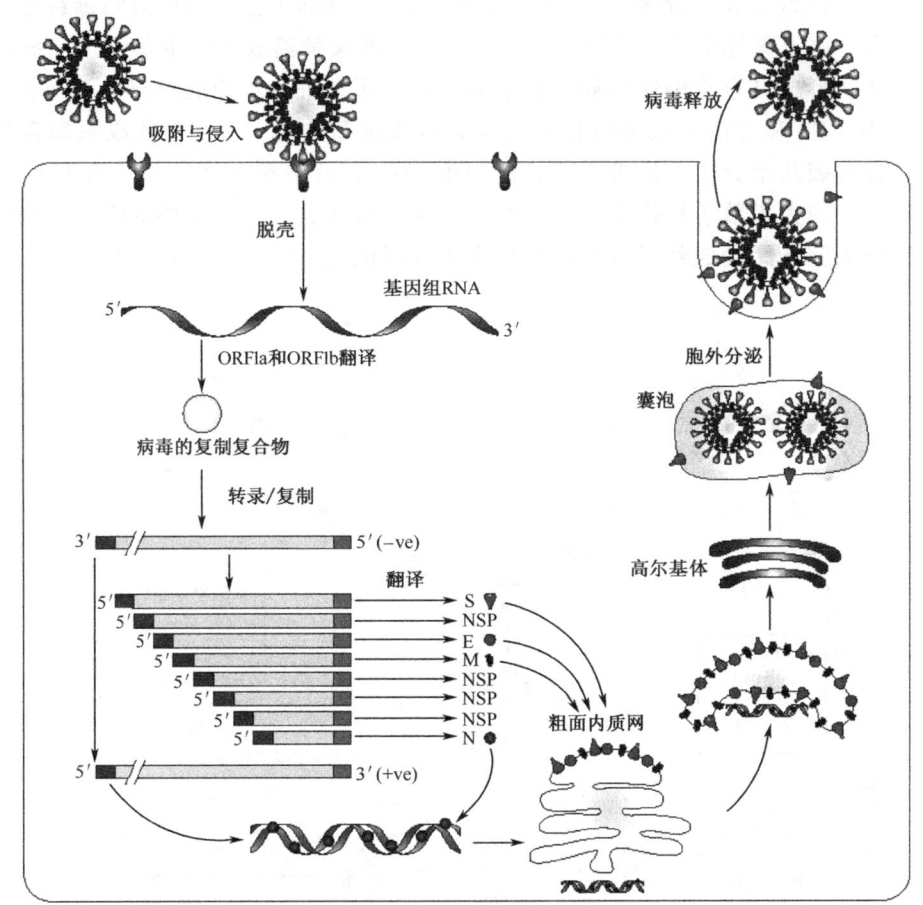

图 3-5　冠状病毒基因组复制模式

二、以弹状病毒为代表的负链 RNA 病毒（V 组）的复制

单股负链 RNA 病毒的复制，如新城疫病毒、狂犬病病毒等，其复制特点是病毒颗粒中的 ssRNA 进入寄主细胞后不能直接作为 mRNA，而是先以负链 RNA 为模板由转录酶转录出与负链 RNA 互补的 RNA，再以这个互补 RNA 作为 mRNA 翻译出遗传密码所决定的蛋白质（图 3-6）。

单股负链 RNA 病毒基因组含有 6 个基因，其排列顺序为 3′-N-P-M-G-(X)-L-5′。以弹状病毒为例，其复制过程是，首先依靠 G 蛋白吸附在宿主细胞上，经胞吞作用进入细胞内，病毒被膜再与吞噬小体（endosome）膜融合，进而将核衣壳释放到细胞质中，以（-）RNA 基因组为模板的转录过程开始启动。转录酶是病毒自身编码的 L 蛋白和 P 蛋白。转录过程是从基因组的 3′端启动子开始，依次转录出先导 RNA 序列以及编码 N 蛋白、P 蛋白、M 蛋白、G 蛋白和 L 蛋白的 mRNA，由于只有一个启动子，在

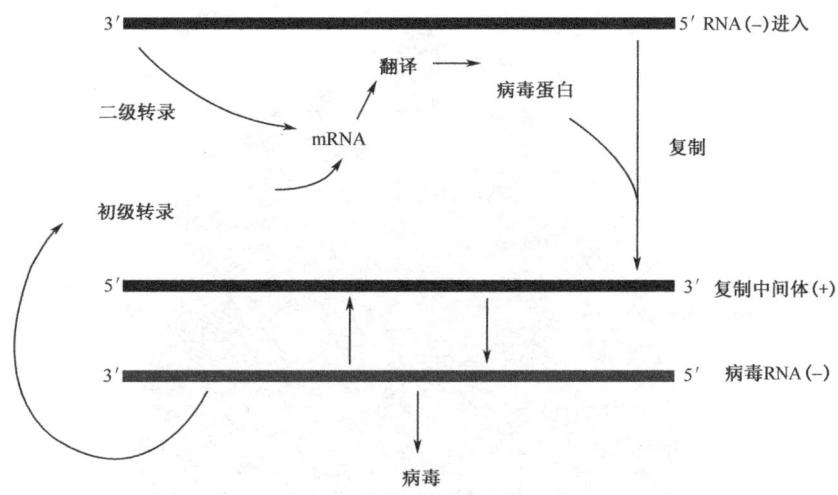

图 3-6 负链 RNA 病毒基因组复制模式图

每个基因结合处有暂停的弱化效应，效率相应弱化 20%～30%，因此 mRNA 的合成量按照转录基因顺序而依次递减，即 N>P>M>G>L。合成 mRNA 时病毒的 RNA 聚合酶就会在每条 mRNA 分子上加上帽子结构和 poly（A）尾巴，这 5 条 mRNA 再翻译生成 5 个病毒蛋白质。

当细胞内的 N 蛋白质量累积得足够高时，N 蛋白特异地与先导 RNA 结合，使得 RNA 聚合酶无法识别末端信号，转录过程转为复制过程，复制出全长的正股 RNA，再以之为模板复制出完整的负链病毒 RNA 分子。G 蛋白合成时将插入内质网膜，并在内质网膜与高尔基体内发生糖基化（glycosylation）作用，最后出现在细胞表面。M 蛋白随后聚集在带有 G 蛋白的细胞膜内侧，新合成的全长负链病毒 RNA 与 N 蛋白、L 蛋白和 NS 蛋白组成核衣壳，核衣壳与细胞膜上的 M 蛋白接触时卷曲而呈螺旋状，由细胞膜出芽而获得被膜（Fu，1997）（图 3-7）。

负链分节段 RNA 病毒基因组的复制过程与单股负链 RNA 病毒稍有不同。以流感病毒为例，首先是病毒颗粒与宿主细胞受体的吸附，进入细胞和脱壳，释放出 RNP。然后 RNP 被转运至细胞核内，开始病毒 RNA 的转录和复制，病毒 RNA 既可作为转录 mRNA 的模板又可作为复制病毒 cRNA 的模板。启动转录时，病毒的内切核酸酶（PB2）能识别和切割宿主细胞 mRNA 的帽子结构并把它连在病毒 mRNA 的 5′端，这种帽子结构可以作为转录引物，合成病毒的 mRNA，然后 PB2 与帽子结构分离，与 PB1 和 PA 一起继续向下移动以延伸 mRNA 链。PB1 在引物的第一个核苷酸处，使核苷酸链延长，mRNA 链延伸至一串尿嘧啶寡核苷酸处，即病毒 RNA 5′端前 17～22 个核苷酸处终止，此处为加 poly（A）尾巴的地方。病毒 mRNA 前体的 3′端有一个长达 180～200nt 的 poly（A）尾巴，它能稳定 mRNA 并促进 mRNA 从细胞核转入细胞质。前体的 5′端有帽子结构。因此，mRNA 的序列与病毒 RNA 的序列是不完全互补的。病毒 RNA 的复制需要两步，第一步是以病毒 RNA 为模板合成与其互补的 RNA（cRNA）；第二步是以 cRNA 为模板再合成病毒 RNA。放射性核素标记物示踪研究发

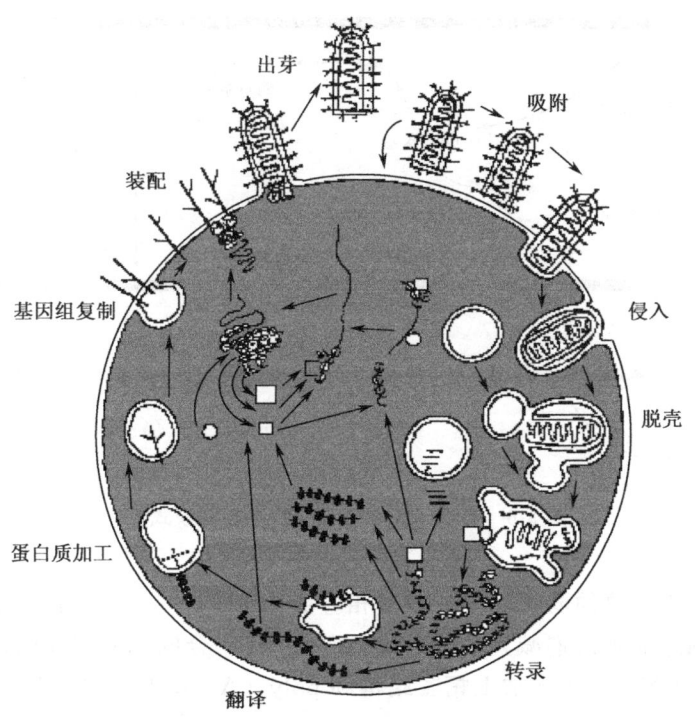

图 3-7 弹状病毒基因组复制模式图

现,在感染早期没有蛋白质合成的情况下,仅能合成 mRNA。合成无 poly(A)尾巴的 cRNA 则需要病毒蛋白的合成,以起到修饰 RNA 聚合酶的作用,从而使转录的 RNA 变为无 poly(A)尾巴的完整 cRNA。每一节段的病毒 RNA 均分别有各自的两类 cRNA 和复制出的病毒 RNA。因此,病毒 RNA 的合成与转录一样,也是在宿主细胞中进行的(Portela and Digard, 2002)(图 3-8)。

三、以呼肠孤病毒为代表的双链 RNA 病毒（III 组）的复制

双链 RNA 病毒基因组有两个特点,一是它的基因组为 10~12 条双链 RNA 分子;二是它有双层衣壳,而没有囊膜。病毒的 RNA-RNA 聚合酶存在于核衣壳中,在该聚合酶的作用下病毒基因组转录正链 RNA,并从核衣壳逸出。正链 RNA 既能作为 mRNA,又能作为病毒基因组的模板。mRNA 翻译结构蛋白,在装配内层衣壳后,正链 RNA 进入,并形成双链 RNA。然后又重复上述过程,最后获得外层衣壳(图 3-9)。

以呼肠孤病毒为例,其基因组由 10~12 个节段 dsRNA 组成,分为 L、M、S 三个组,呼肠孤病毒粒子携带有病毒特异的 RNA 依赖性 RNA 聚合酶(转录/复制酶),病毒的 dsRNA 基因组在转录/复制酶的催化下以全保留的方式进行复制。首先,呼肠孤病毒通过 σ1 蛋白附着在细胞表面并与受体结合,经过胞吞作用进入细胞,然后在蛋白酶的作用下脱去外壳蛋白 σ3,形成次病毒颗粒(subviral particle, SVP)或称为中间次病毒颗粒(intermediate subviral particle, ISVP)。被降解的次病毒颗粒进入细胞后,

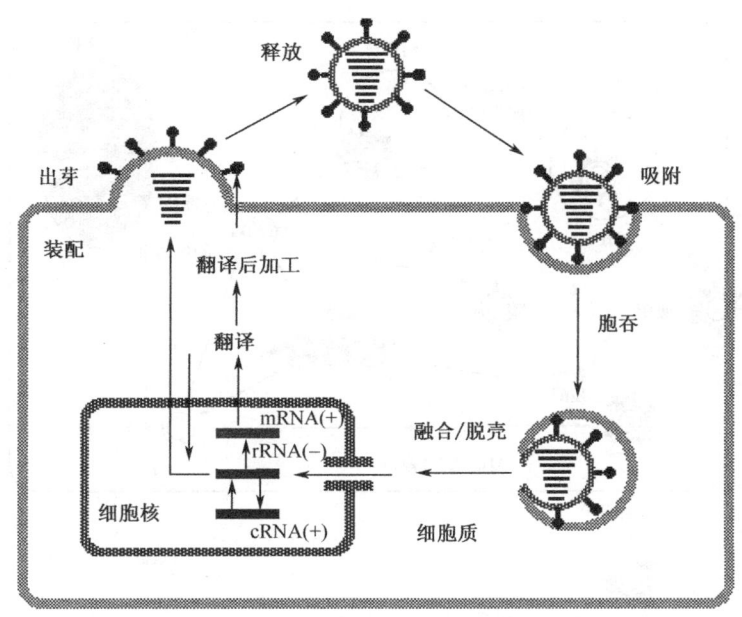

图 3-8 流感病毒基因组复制模式图

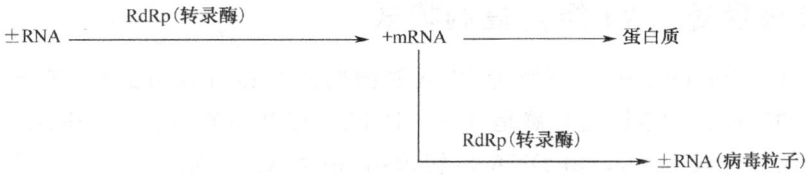

图 3-9 双链 RNA 病毒（III 组）的复制模式

即进行转录。呼肠孤病毒的转录分为初级转录和二级转录两个阶段。初级转录在亚颗粒内进行，以（一）RNA 为模板转录出 mRNA，该 mRNA 既可翻译出所编码的蛋白质，同时又能被新合成的病毒衣壳蛋白包装成子代亚颗粒。（＋）mRNA 在新生亚颗粒内作为模板合成（一）RNA，从而形成（±）dsRNA，并进一步被装配成次病毒颗粒。同时更多的衣壳蛋白将这种含（±）ds RNA 的次病毒颗粒装配形成类似 ISVP 结构。第二次转录就是在这种颗粒中进行，此次转录出的大量 mRNA 没有帽子结构，它们只是作为翻译模板或同时也可能作为亚颗粒中（一）RNA 合成的模板。第一次转录形成的 mRNA 除部分翻译成病毒蛋白质外，大部分被新生的衣壳蛋白包裹形成对 RNase 敏感的病毒亚颗粒，这种颗粒是带有 λ3 的，因此具有复制酶活性，它以颗粒中的（＋）RNA 为模板合成（一）RNA，与颗粒中的（＋）mRNA 构成 dsRNA，亚颗粒转变为对 RNase 不敏感的次病毒颗粒。这种次病毒颗粒进一步添加外壳形成成熟的完整的病毒颗粒（Mertens and Diprose，2004）（图 3-10）。

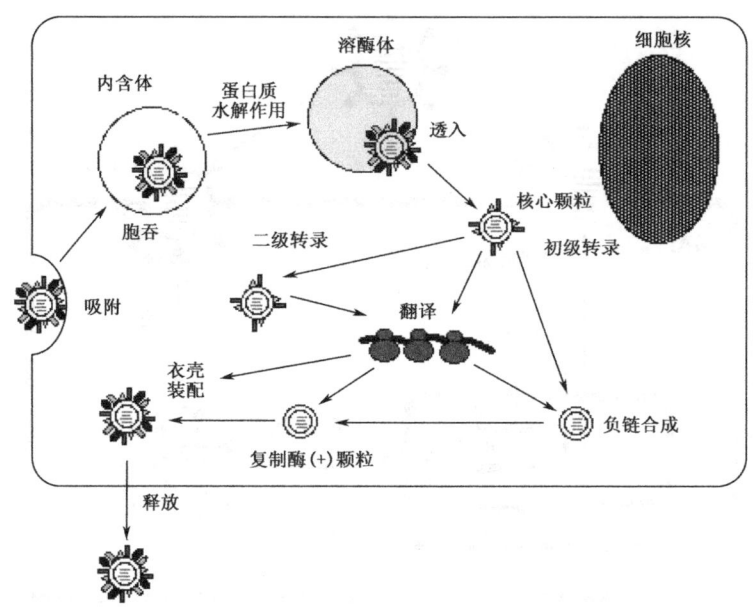

图 3-10 呼肠孤病毒基因组复制模式图

四、反转录病毒（Ⅵ组）复制模式

反转录病毒（retrovirus）又称为 RNA 肿瘤病毒（oncornavirus）。该类病毒基因组具有其独特的特征：①基因组虽然是（＋）RNA，但并不直接作为 mRNA，而是在侵染早期将基因表达成 DNA，由 DNA 再转录出 mRNA。②独一无二的二倍体基因组，电子显微镜下可见近 5′端的两条 RNA 稳定地连在一起，该区域内有反转录酶与之结合的信号及基因组被装配进毒粒的信号。③有特异的 RNA，如宿主的 tRNA 或小的 rRNA 与之相连，其功能为反转录时的引物。④基因组（＋）RNA 由细胞 mRNA 合成机器合成并加工。⑤基因组两端是末端丰余序列，即 R 区，分别紧邻 5′端帽子结构下游和 3′端 poly（A）$_n$ 的上游。R 区对合成病毒 DNA 至关重要。反转录病毒基因组复制过程可分为两个阶段：第一阶段，病毒进入胞浆后，以 RNA 为模板，在依赖 RNA 的 DNA 多聚酶和 tRNA 引物的作用下，合成负链 DNA（RNA：DNA），正链 RNA 被降解，进而以负链 DNA 为模板形成双股 DNA（DNA：DNA），转入细胞核内，整合到宿主 DNA 中，成为前病毒。第二阶段，前病毒 DNA 转录出病毒 mRNA，翻译出病毒蛋白质。同样从前病毒 DNA 转录出病毒 RNA，在胞浆内装配，以出芽方式释放。被感染的细胞仍持续分裂将前病毒传递至子代细胞（Sommerfelt，1999）（图 3-11）。

以 EIAV 为例，其基因组复制过程如下：EIAV 的 gp90 蛋白与靶细胞表面的受体结合后，gp45 的融合区发挥功能，介导病毒的脂质双层膜与细胞质膜融合，将病毒核心释放到细胞浆，但并不降解；衣壳蛋白、核衣壳蛋白仍然包裹基因组 RNA，形成核心复合体，复合体中含有反转录酶、整合酶。RNA 进入细胞后，DNA 即在胞浆内合成。首先，在反转录酶作用下，以病毒 RNA 为模板，在 RNA 近 5′端，以位于引物结

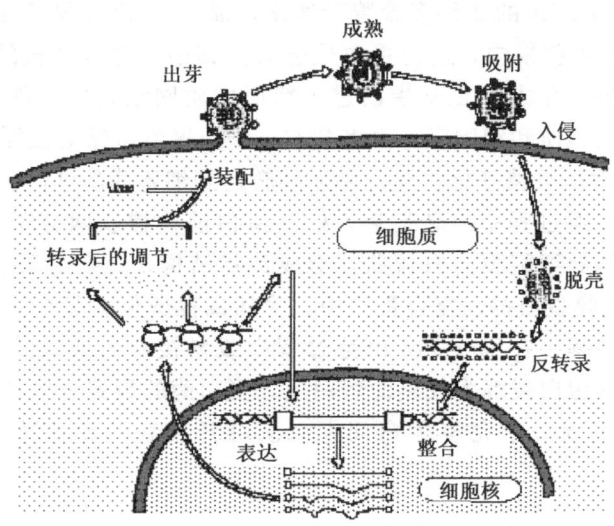

图 3-11 反转录病毒基因组复制模式图

合位点（PBS）的 Lys3 tRNA 为引物开始合成负链 DNA，并向 5′端的方向前进。当反转录酶到达 RNA 的 5′端，并超出模板时，反转录过程暂时停止，此时合成的负链 DNA 仍附着在 tRNA 引物上。随后负链 DNA 和引物复合体跳跃到 RNA 3′端的 R 处，负链 DNA 继续向着 RNA 的 5′端前进，合成全长的负链 DNA，形成 DNA-RNA 杂交分子。同时反转录酶的 RNase H 活性发挥作用，在 RNA 的 3′端 U3 区上游的聚嘌呤段处，水解产生一个切口，以切口上游的 RNA 为引物，以负链 DNA 为模板，合成正链 DNA，并向负链 DNA 的 5′端方向前进，停止于负链 DNA 的起始处。随后反转录酶降解引物 tRNA 和病毒 RNA，正链 DNA 跳跃到负链 DNA 的 3′端，合成全长的正链 DNA，正负链 DNA 合成后，形成双链。由于反转录酶同时具有依赖 RNA 的 DNA 聚合酶活性、RNase H 活性和依赖 DNA 的 DNA 聚合酶活性，因此，可独立完成反转录过程。在此过程中，线性双股 DNA 的每一末端增长，形成 LTR，该病毒 DNA 被称为前病毒。

结合在核心复合体的新合成的病毒线状双股 DNA 被转运到细胞核，穿过核膜进入核内。在整合酶催化下整合到宿主细胞 DNA 中。在整合过程中，整合酶从线性前病毒 DNA 的 3′端切除 2 个碱基，留下 3′—OH，这一反应也可能发生在进入细胞核之前；同时随机地水解宿主染色体某一处的 DNA 双链，造成 5′端凸出的黏端切口。5′端带有 —PO₄ 的细胞染色体 DNA 和 3′端带有 —OH 的病毒 DNA 连接在一起，宿主细胞的 DNA 修复系统补平缺口，并替换 5′端两个错配的碱基。前病毒插入位点两侧的细胞 DNA 为短重复序列，这是整合转座子的基本特征。细胞基因组中许多位点可整合前病毒 DNA，而且在同一细胞不同位点可插入多个前病毒分子，在同一细胞中，前病毒一旦整合则不能移位。

整合的前病毒是病毒 RNA 转录的模板，转录过程受病毒转录因子 Tat 蛋白和细胞转录因子的调节，由宿主细胞的 RNA 聚合酶 II 合成病毒的 mRNA。病毒 mRNA 生成后即被加工，所有 mRNA 的 3'端多聚腺苷酸化，部分 mRNA 被剪接。病毒 mRNA 在 Rev 的作用下转运到细胞浆中，进行蛋白质合成。其中一部分全长的病毒 mRNA 被包装到子代病毒粒子中。合成的 Env 蛋白进入粗面内质网池之后，移入高尔基体进行糖基化修饰并转运到细胞质和细胞膜。大多数 Gag-Pol 聚蛋白保留在细胞质中，但有一部分按 Env 聚蛋白的途径被糖基化并经分泌途径转运到细胞膜的外侧。在 Gag 和 Gag-Pol 多聚蛋白向细胞膜转运过程中或转运后，Gag 蛋白前体捕获两分子的单链病毒 RNA，组装成核衣壳并且诱导细胞膜向内弯曲，形成芽状结构，为病毒释放做准备。在 Gag-Pol 出芽过程中，囊膜蛋白掺入复合蛋白中，将病毒粒子包裹起来。病毒粒子从细胞膜上挤出，完成出芽过程。在 Gag-Pol 出芽过程中或紧接着出芽以后，病毒的蛋白酶将 Gag 和 Gag-Pol 前体蛋白裂解为成熟的蛋白质，蛋白酶的裂解导致核心浓缩形成成熟病毒粒子。这样病毒完成一个完整生命周期，又可开始新一轮的感染（Coffin, 1996）（图 3-12）。

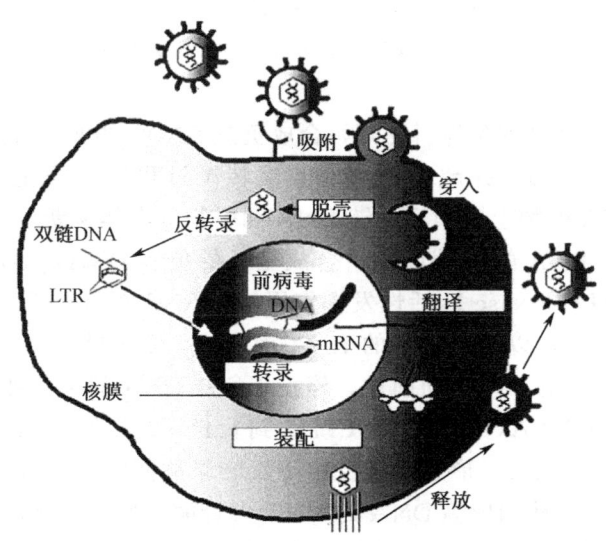

图 3-12　反转录病毒基因组复制模式图

五、以疱疹病毒为代表的双链 DNA 病毒（I 组）的复制

基因组为双链 DNA 的病毒有痘病毒科、疱疹病毒科、腺病毒科等。这类病毒不仅结构复杂，基因组编码能力也大，具有较强的独立复制能力，因为它们可以编码宿主细胞内的一些酶，如胸腺激酶、磷酸激酶、蛋白酶和 DNA 聚合酶等。

以疱疹病毒为例，该科病毒的基因组为线性双链 DNA，装配在病毒颗粒中的 DNA 首尾靠近似环状，一旦侵入细胞则会很快环化。基因组大小约 150kb，由一长和一短两部分组成，二者以共价键相连，各组分两末端都有反向重复序列。病毒凭借受体侵染细胞后，发生胞吞过程，病毒颗粒进入细胞内，借助于细胞骨架转至核孔部位，然后病毒脱掉衣壳，释放出 DNA，并进入细胞核内。已经证明疱疹病毒采用滚环式机制复制（rolling circle replication），未能找到 θ 复制型。HSV-1、HSV-2 都各有 3 个 DNA 复制起始点，一个位于基因组的 UL 组分的中间位置，另两个位于 US 组分的两侧。病毒 DNA 的合成需要以下 7 种病毒基因产物协同作用：U_L30、U_L42、U_L9、U_L29、U_L5、U_L8 和 U_L52。在细胞核内，病毒 DNA 被宿主 RNA 聚合酶 II 转录生成 mRNA，mRNA 再转运至细胞质中利用细胞蛋白质合成机器翻译出蛋白质。基因组的表达有严格的时间次序，按先后依次为 α 基因群、β 基因群和 γ 基因群；α 基因群的转录由病毒颗粒中的 α-TIF 转录因子激活。β 基因群的转录受 α 蛋白质的激活；γ 基因群的表达不仅需要 α 基因产物的调控、诱导和激活，而且依赖病毒 DNA 合成。翻译的蛋白质部分进入细胞核预先装配成空衣壳，然后 DNA 基因组进入其中，完成病毒核衣壳的装配。这种核衣壳通过出芽方式，由细胞核进入细胞质形成囊泡，囊泡再穿过高尔基体运至细胞膜附近，当它穿过细胞膜并释放出来时，又被装配上一层外膜，形成成熟病毒颗粒（莽克强，2005）（图 3-13）。

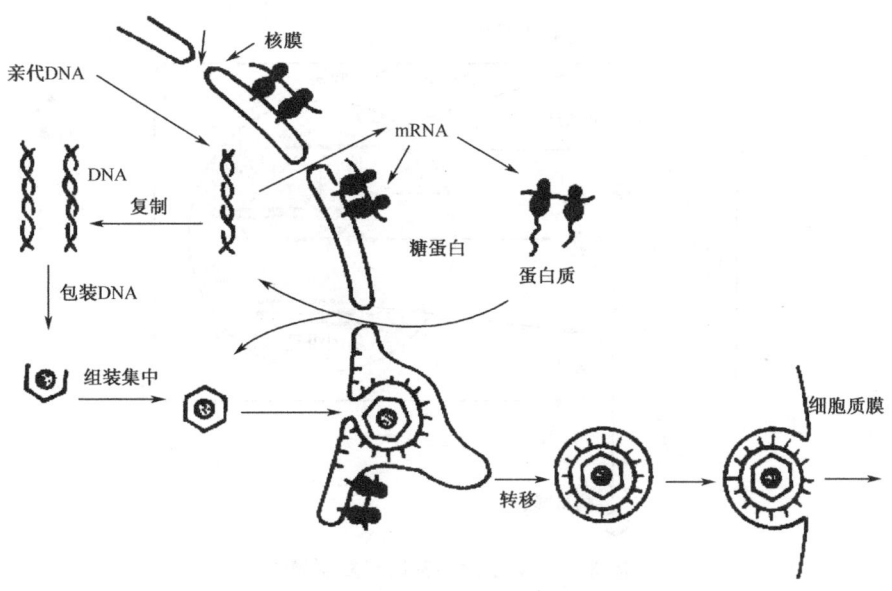

图 3-13 疱疹病毒基因组复制模式图

六、以细小病毒为代表的单链 DNA 病毒（II 组）的复制

在脊椎动物病毒中，细小病毒科是病毒颗粒最小、最简单的一类具有单链 DNA 基因组的病毒，它可分为自主性细小病毒，如小鼠细小病毒以及依赖性细小病毒，如腺联病毒等，前者是线状单链 DNA 分子，后者为环状单链 DNA 分子，这两类病毒均有各自的复制特点。

以猪细小病毒（*Porcine parvavirus*，PPV）为例，PPV DNA 完全依赖于宿主 DNA 的复制机制进行自身复制，且几乎只能在细胞周期 S 期的晚期和 G_2 期的早期进行。由于 PPV DNA 的 3′ 端自我回折产生 DNA 聚合酶复制所需的引物，故其复制不需要 DNA 环化，也不需要 RNA 引物。在宿主细胞 DNA 聚合酶的作用下，首先合成基因组的互补链，形成双链复制型 DNA 分子（replication form DNA，RFDNA），再以 RFDNA 为模板，合成子代病毒基因组或进行 mRNA 的转录。PPV 基因组的转录分别由早期启动子 P4 和晚期启动子 P40 从基因组的 225nt 和 2035nt 处起始转录，产生两种原始转录物：PT4 和 PT40，二者共同终止于 poly（A）尾巴。此两种转录物再经过 4 种不同的剪接方式，产生 4 种次级转录物 R1（4.7kb）、R2（3.3kb）、R3（2.9kb）和 R4（2.9kb）。其中 R1 是 PT4 不经过剪接的产物，直接编码非结构蛋白 NS1。R2 是 PT4 的 C 型剪接产物，编码非结构蛋白的 NS2。R3 是 PT4 的 D 型剪接产物，编码调节蛋白 NS3。PT40 经过 B 型剪接产生约 2.9kb 的 VP1 mRNA，经过 A 型剪接产生约 2.9kb 的 VP2 mRNA；VP1 mRNA 和 VP2 mRNA 从不同位置的起始密码子开始翻译，共同终止于一个终止密码子处，产生两种结构蛋白 VP1 和 VP2。VP2 翻译后经加工与切割后又产生 VP3（图 3-14）（Kasamatsu and Nakanishi，1998）。

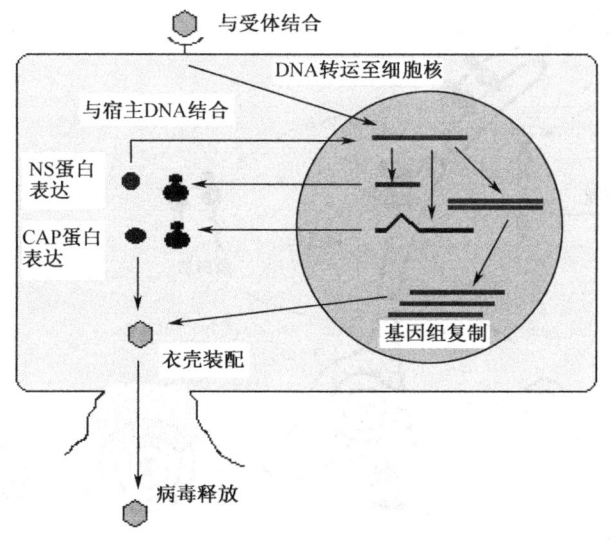

图 3-14　细小病毒基因组复制模式

鸡传染性贫血病毒（Chicken infectious anemia virus，CIAV）和猪圆环病毒的基因组也是单链 DNA，与细小病毒不同的是它们的基因组为单股、负链的环状 DNA 分子。该类病毒基因组的复制又具有不同的特点。以鸡传染性贫血病毒为例，其基因组为一环状单股负链 DNA，长约 2.3kb，包括 3 个部分或完全重叠的可读框（ORF），分别编码 VP1、VP2 和 VP3 三个蛋白。VP1 为 CIAV 的衣壳蛋白，VP2 为 CIAV 的非结构蛋白，VP3 又称为凋亡蛋白，它易与染色质中的组蛋白或非组蛋白结合，破坏 DNA 的超螺旋结构，引起 DNA 的断裂和凝集。病毒复制、转录和翻译的过程是：在感染细胞中，单链 DNA 先以滚环方式复制成双链复制中间体，再以其中 1 条链为模板转录成 1 条非剪接多顺反子 mRNA，其上含有 3 个部分重叠的基因，每个基因都有各自的起始和终止密码子，共翻译 3 种蛋白质，分别称为 VP1、VP2 和 VP3（Noteborn and Koch，1995）（图 3-15）。

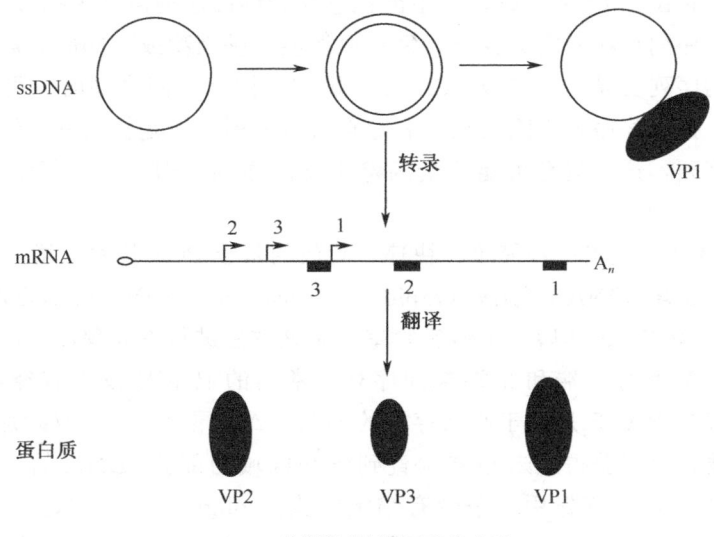

图 3-15　鸡传染性贫血病毒复制模式图

第二节　反向遗传学研究系统建立的前提

病毒的反向遗传学研究是建立在感染性 cDNA 分子克隆的基础上进行的。因此，构建感染性 cDNA 分子克隆就显得至关重要。而获得病毒的忠实性全长 cDNA 序列则是构建感染性分子克隆的前提。随着各种分子生物学技术和基因工程技术的发明与发展，获得病原微生物的基因组序列已非难事，目前已有大量病毒的基因组序列被测定，并被多个核酸序列数据库收集，如欧洲生物信息学研究所（European Bioinformaties Institute，EBI）的 EMBL 数据库（http://www.ebi.ac.uk），美国国家生物技术信息中心（National Center for Biotechnology Information，NCBI）的 GenBank 数据库（http://www.ncbi.nih.gov/Genbank/ GenBankSearch.html）和日本国立遗传学研究所（Japan National Institute of Genetics Center for Information Biology）的 DDBJ 数据库（http://www.ddbj.nij.ac.jp）。因此，可以很方便地从这些数据库中获得一些病毒的参考序列，并据此设计 PCR 引物，扩增并克隆病毒的基因组全序列。值得指出的是，在克隆病毒基因组过程中要尽可能地忠实于原序列，而且要求能获得基因组末端的精确结构，既不要缺失任何一个核苷酸，也不要轻易添加或改变其基因序列。

一、用 RACE 方法扩增基因组的末端序列

病毒基因组的末端序列常含有一些重要的与病毒的复制及表达调控等生命过程密切相关的元件或序列，对该区的任何改变，包括核苷酸的丢失、插入或改变，都有可能导致病毒感染性的降低或丧失。因此，除非必需，否则要尽可能地维持核酸序列的忠实性。虽然在核酸数据库中，可以获得一些病毒的基因组序列，但是也只能把它作为参考

序列，可以根据它设计 PCR 引物，但不能把它作为标准序列。因为病毒（尤其是 RNA 病毒）的基因组序列存在一定的变异，每一血清型、基因型或不同的分离株之间都可能存在或多或少的序列变异。用一般 PCR 方法扩增基因组中间序列时，可以通过扩增彼此重叠的区域，把引物序列去除而获得病毒自身的序列，但是扩增基因组末端序列时则不能去除引物序列，这样就有可能改变病毒本身的序列。因此，一般不采用常规 PCR 扩增末端序列。

Forman（1989）提出一种简单、快速、有效的基于 PCR 技术扩增 cDNA 末端序列的策略，即快速扩增 cDNA 末端法（rapid amplification of cDNA end，RACE），也称为锚定 PCR 法（A-PCR）。其后，很多实验室又对该方法进行不同程度的改进，使用此方法可准确地扩增基因的 5′端和 3′端未知序列。常用的 RACE 技术有经典 RACE 和新 RACE 两种。经典 RACE 是用于原来存在的 poly（A）尾（3′端）或附加的同聚物（5′端）退火的引物，可以获得从未知末端直到已知区域的部分 cDNA 的延伸。例如，为获得 3′端 cDNA 克隆，首先用一条带有锚定接头的 oligo-（dT）（Q_T-Q_0）作为引物，进行反转录获得带有锚定引物的 cDNA 第一链。再根据基因组内部已知序列设计一条特异的上游引物（GSP），然后使用 GSP 与下游的锚定引物（Q_0）进行 PCR 扩增，即可得到 3′端的真实序列（图 3-16）。

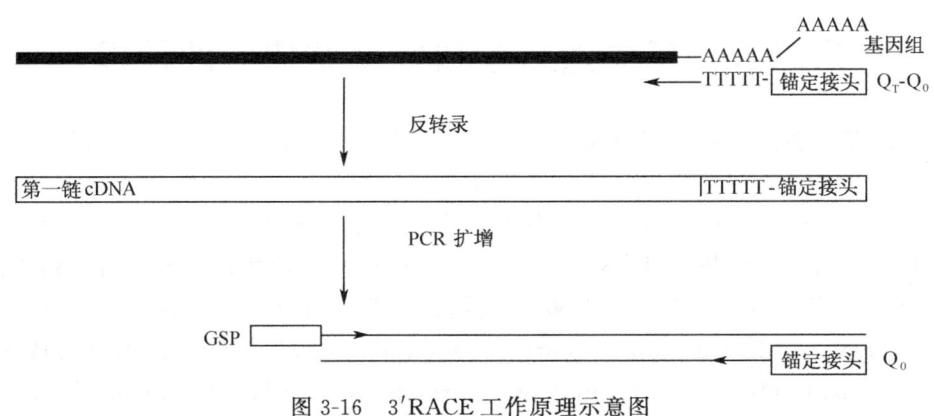

图 3-16　3′RACE 工作原理示意图

为获得 5′端部分 cDNA 克隆，需要用一条特异引物（GSP-RT）进行反转录获得 cDNA 第一链；再给 cDNA 第一链加上同聚物尾巴；然后再以与同聚物互补的锚定引物（Q_T）为上游引物，与特异性下游引物（GSP1）一起进行第一次扩增，获得含有 5′端序列的产物。最后以纯化的 PCR 产物为模板，用特异引物 Q_0 和 GSP2 进行第二次 PCR 扩增，获得 5′端的真实序列（图 3-17）。

新 RACE 与经典 RACE 不同之处在于：锚定引物在反转录之前就连接到 mRNA 的 5′端。因此，只要通过目的 mRNA 全长进行反转录，锚定序列就会整合到第一链 cDNA。该方法获得全长 cDNA 5′端的概率高于经典 RACE 方法。Clontech 公司推出的 SMART（switching mechanism at 5′end of the RNA transcript，SMART）（图 3-18）技术也是一种改良的新 RACE 方法。该方法的最大优点在于避免了常规方法

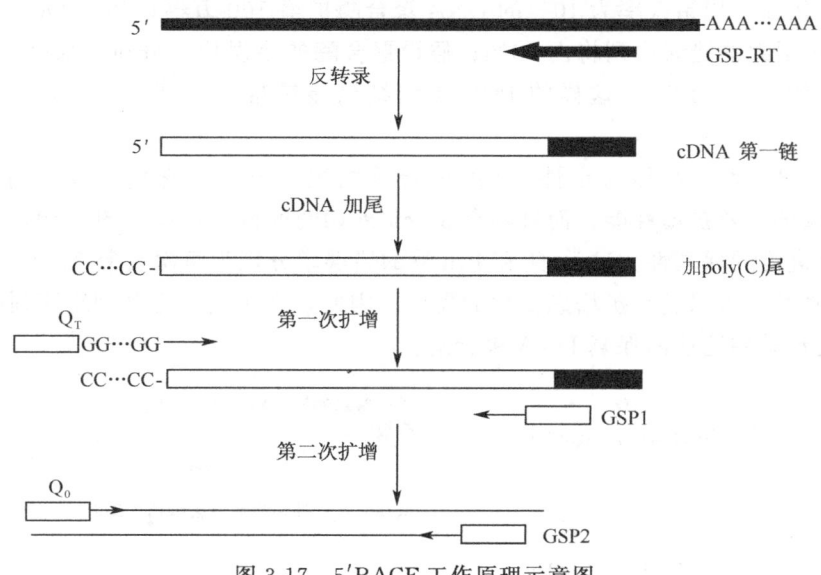

图 3-17　5'RACE 工作原理示意图

中烦琐的加接头的问题，可以直接以 cDNA 第一链为模板，进行 PCR 扩增，使得 RACE 变得既简单又快捷。该方法的技术核心是通过反转录反应可以获得全长 cDNA 第一链，并利用其反转录酶特有的末端转移酶活性，转移 3～5 个胞嘧啶残基。然后与试剂盒中带有 dG 尾巴的引物（SMART II. A oligonucleotide）退火，并以其为模板继续延伸。最终获得含有 SMART 序列的全长 cDNA 第一链。用该 cDNA 为模板，以特异性引物（GSP）和试剂盒中特有的通用引物进行 PCR 扩增，可以获得有完整的 5'端序列（Zhu et al., 2011）。

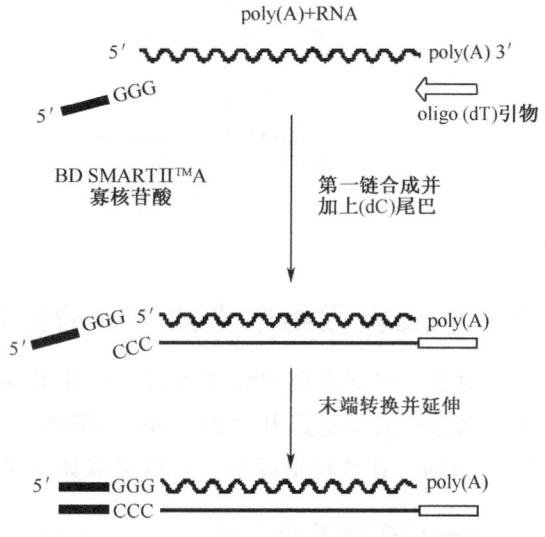

图 3-18　SMART cDNA 合成机制示意图

二、获得基因组的忠实序列

聚合酶链反应（PCR）是一种在体外高效扩增 DNA 序列的技术，广泛应用于靶基因的获取、疫病的检测、物种的分子鉴定等生命科学研究中的许多领域。特异性、有效性和忠实性是检验 PCR 扩增效率的三个指标。对于疾病检测、物种分子鉴定来说，PCR 的产量和特异性比忠实性更重要。如果研究的是个别 DNA 分子或不均一群体中的稀有突变以及靶基因的获取，PCR 的忠实性就是最重要的。一般的 *Taq* DNA 聚合酶没有 3'→5'外切酶的校正功能，而聚合酶引起的错误一旦被引入，在随后的循环中就会呈指数扩增。例如，用错误率为 10^{-4} 的 DNA 聚合酶扩增 100 万倍以后，200bp 长的扩增产物中 PCR 引起的错误序列将占 33%；假设聚合酶的错误均一分布，那么平均每对碱基的错误率为 1.7×10^{-3}。这样的 PCR 扩增结果显然难以保证病毒基因组序列的忠实性。

Vent 和 Pfu 等一些热稳定性 DNA 聚合酶相继被分离，它们不仅具有常规 Taq DNA 聚合酶的高效扩增性能，而且具有 $3'\rightarrow5'$ 外切酶的校正功能（图 3-19），所扩增的靶序列具有高度的保真性。Vent 酶和 Pfu 酶的错误率分别为每次复制 7×10^{-7} 和 4.5×10^{-5} 错误/碱基，可以满足扩增忠实性的需要。因此，在扩增病毒基因组序列的过程中，应该尽可能地采用这些高保真 DNA 聚合酶。

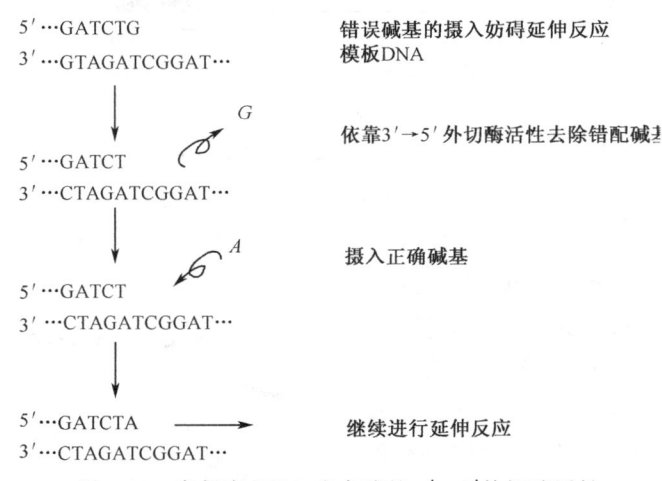

图 3-19　高保真 DNA 聚合酶的 $3'\rightarrow5'$ 外切酶活性

三、病毒基因组中未知序列的扩增

对于一些新发现的病毒而言，构建其感染性分子克隆的意义更大，但是难度也更大。因为有关新病毒基因组序列的资料很少，甚至没有，所以无法设计用于扩增的 PCR 引物。在这种情况下，可以采取如下策略克隆病毒的基因组序列。

（一）构建基因文库

基因文库是指采用体外克隆技术得到的一个重组 DNA 分子群体。按组成基因文库的重组 DNA 片段的供体来源，基因文库可分为 DNA 文库和 cDNA 文库两大类。在 DNA 文库中，重组的 DNA 片段来源于某种特定生物个体的基因组 DNA。其方法是将提取的基因组 DNA 片段经过机械剪切或适当的限制性内切核酸酶消化处理，形成一定大小的 DNA 片段；然后将这些 DNA 片段克隆到适当的载体上，导入适当的宿主细胞中使重组 DNA 片段克隆化，即可获得一个包含该生物个体基因组全部信息的基因文库（图 3-20）。该方法适用于基因组为 DNA 的病毒，如金奇等（1999）通过对禽减蛋综合征病毒（*Egg drop syndrome virus*，EDSV）中国分离株 AAV2 的基因组进行部分限制性内切核酸酶酶切分析，构建了其完整的基因文库，并在此基础上获得AAV2的基因组全序列。

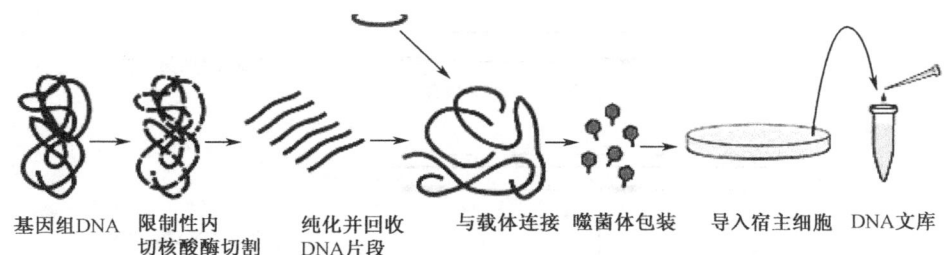

图 3-20　DNA 噬菌体文库构建方法

全长 cDNA 文库中重组 DNA 片段的原始供体来源于细胞中表达的 mRNA。将 mRNA 反转录后获得 cDNA，再给 cDNA 分子加上接头并克隆到适当的载体中，即可获得全长 cDNA 文库，该文库能提供完整的 mRNA 信息。cDNA 文库构建的主要步骤包括：制备 mRNA 样品；以 mRNA 为模板链，通过反转录酶作用将其合成互补的单链 cDNA，反转录引物可以是 oligo (dT)，也可以是随机引物；双链 cDNA 的合成。目前常用的是链置换法，即首先利用大肠杆菌 RNase H 将杂交双链中的 mRNA 在内部发生随机降解，形成多段仍与 cDNA 第一链互补杂交的短 RNA 片段。这些互补的 RNA 片段可被大肠杆菌 DNA 聚合酶作为引物，引导合成出与 cDNA 第一链互补的cDNA第二链。这种合成反应在第一链 cDNA 模板的多处同时引发，随着合成产物的延伸，除了 5′端的 RNA 引物外，所有作为引物的 RNA 片段均被新合成的互补链置换。通过 DNA 连接酶作用，将模板上分段合成的互补链连接成一条完整的 DNA 链，最后通过分离去除残存的 5′端 RNA 片段，并用 T4 聚合酶削平 3′端凸出的单链形式的 DNA，即可获得一个双链形式的 cDNA 片段；在双链 cDNA 两端加上合成的接头，然后克隆到载体中，并导入相应的宿主细胞中；对建立的 cDNA 文库进行鉴定和筛选（沈倍奋，2001）（图 3-21）。

对于基因组为 RNA 的病毒来说，通过构建 cDNA 文库可以获得病毒基因组序列。从 cDNA 文库中获得未知基因的方法有如下几种：用 PCR 方法从文库中快速克隆基因。使用该方法的前提是要能确定病毒基因组中的某些保守性区段，然后据此设计 PCR 的引物，再从 cDNA 文库中扩增出目的基因。使用核酸探针从 cDNA 文库中钓取目的基因。使用该方法的前提条件是获得能够满足实验要求的核酸探针，就病毒而言，可以利用种属间某些保守基因的同源性设计引物，如病毒的 RNA 依赖性 RNA 聚合酶一般在同一科和属中具有较高的序列同源性。该方法能避免 PCR 扩增的非特异性扩增，是一种比较准确可靠的基因克隆方法。反式 PCR 方法克隆新基因；该方法是在双链 cDNA 合成后，将其尾-尾连接形成环化的 cDNA，然后用位于已知序列内的限制性内切核酸酶识别位点造成缺口或用 NaOH 处理使之变性。再用两条特异性引物对重新线性化或变性 cDNA 进行扩增可获得已知基因两侧的未知基因序列。该方法的优势在于它采用了特异引物进行 PCR，不易产生非特异性扩增。

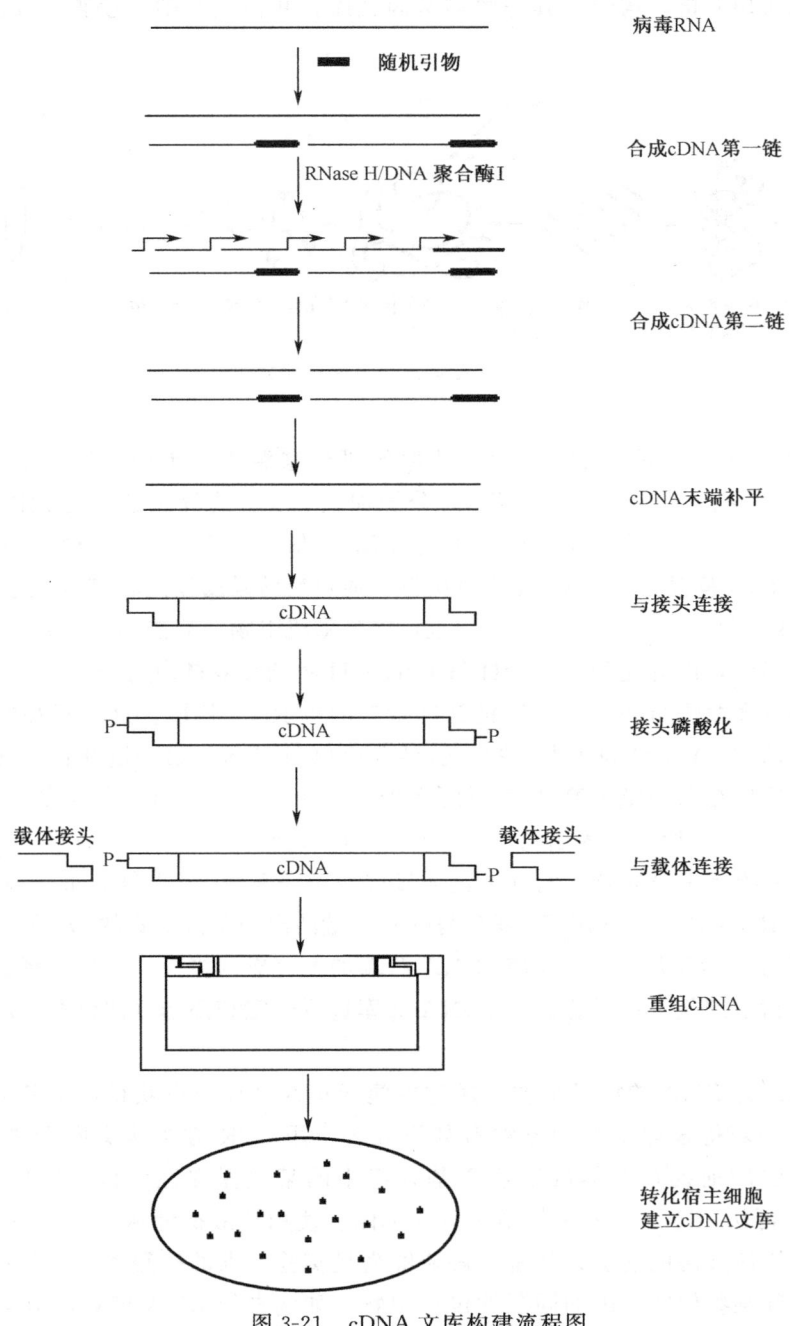

图 3-21 cDNA 文库构建流程图

(二) 随机 (RT) PCR 法扩增未知病毒基因组

采用 RACE 方法构建基因组文库方法，对某种未知病毒的基因组进行克隆固然可行，但是其技术难度比较大，操作步骤也比较烦琐；而且要在知道其部分序列的情况下，才能对文库进行筛选。因此其应用受到限制，对于一些基因组未知的病毒来说更是如此。实践证明，随机 PCR 方法可以有效扩增未知病毒的基因组。随机 PCR 方法是由 Froussard（1992）设计的一种能有效扩增未知基因的方法，其基本策略是：首先用带有锚定序列的随机引物反转录合成病毒 cDNA 第一链，接着合成双链 cDNA，然后在 cDNA 的两端加上接头，再以接头引物和锚定引物对双链 cDNA 进行扩增，从而获得未知基因的序列（图 3-22）。与构建 cDNA 文库的方法相比，随机 PCR 法不仅可以对未知基因进行扩增，而且具有操作简单、能对微量 RNA 进行高效扩增等优点。

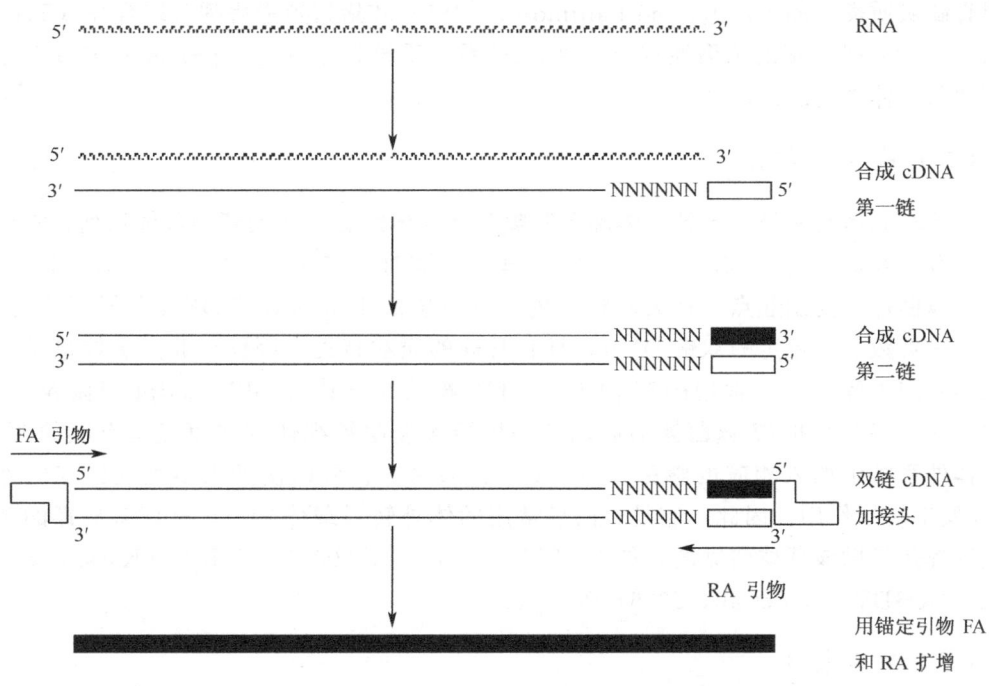

图 3-22　随机 PCR 方法扩增未知基因技术路线

第三节　反向遗传学系统构建的策略

一、载体的选择

病毒基因组转换为 cDNA 后，要克隆到适当的载体中，以便进行体外转录或转染过程。一般而言，载体的选择要根据病毒的种类、所采用的转录方式以及病毒的拯救策略来进行。常用来构建动物病毒反向遗传学研究系统的载体有以下几种。

（一）质粒载体

质粒载体即以质粒为基础改建的基因克隆载体，该类载体具有以下几个共同特点：保留质粒自我复制的复制起点；有便于筛选表型性状的抗生素抗性基因；能满足基因克隆的多克隆位点；质粒的分子质量较小而拷贝数较高。根据质粒的复制类型可将质粒载体分为高拷贝数质粒载体和低拷贝数质粒载体。因此，要根据具体的实验要求，选用恰当的载体。常用的大肠杆菌质粒载体有 pBR322、pUC 和 pGEM 系列载体等。其中 pGEM 质粒载体含有来自噬菌体的启动子，因此它既能作为标准的克隆载体，又可以作为体外转录载体，能高效合成 RNA。因此，常被用作反向遗传学研究的载体，如猪瘟病毒（CSFV）（胡建和等，2004）、西尼罗河病毒（WNV）（Yamshchikov et al.，2001）等病毒感染性克隆的构建都采用该系列载体。前两种质粒载体不含有来自噬菌体的启动子，很少被用来构建病毒的感染性克隆。但是，也有人曾以 pBR322 为载体成功构建脊髓灰质炎（Racaniello and Baltimore，1981）和猪繁殖障碍呼吸综合征（Truong et al.，2004）等病毒的感染性克隆。由 pUC 系列质粒载体衍生的 pSP 和 pSP65 等也是常用的两个体外转录载体。

（二）噬菌粒载体

噬菌粒载体是一类由质粒载体和单链噬菌体载体结合而成的新型载体系列，它们的长度一般比较短，约为 3000bp，易于体外操作；同时，该载体既具有质粒的复制起点，又具有噬菌体的复制起点，在大肠杆菌内，可以按照正常的双链 DNA 分子形式复制，产生高拷贝数的、稳定的双链 DNA，具有常规的质粒特性。因此，此类载体也是一种常用的基因工程载体。常用的有 pUC119/118 噬菌粒载体和 pBluescript 噬菌粒载体。其中，后者将 T3 和 T7 噬菌体的启动子序列插入噬菌粒载体的多克隆位点区的两侧，当在体外系统中加入相应的噬菌体 RNA 聚合酶时，就可以使插入多克隆位点的外源 DNA 发生转录作用。因此，它是目前最常用的体外转录载体之一。有许多病毒的感染性克隆都是借助该载体建立的，如 FMDV（Liu et al.，2004）、EMCV（Kassimi et al.，2002）、RHDV（Liu et al.，2006）等。

（三）病毒载体

实践证明，一些具有 DNA 基因组或在其生命周期中出现 DNA 阶段的感染真核生物的病毒，经过基因工程手段改造后，可以发展成为用于转移外源基因的工程载体。与其他类型载体相比，病毒载体具有如下优点：含有能够被真核细胞识别的有效启动子。伴随病毒感染宿主细胞的过程，基因组得到持续性复制，并达到很高的表达水平。有些病毒具有控制自己复制的顺式元件和反式作用因子，经改造后能在细胞内长时间高水平表达外源基因。有些病毒在复制过程中，能将其基因组稳定地整合到宿主染色体中。目前，此类载体在基因治疗和疫苗研究等方面已经得到广泛应用，并显示出良好的应用前景。常用的病毒载体主要有 SV40 病毒载体、反转录病毒载体、腺病毒载体、痘病毒载体、乳头瘤病毒载体等。在 RNA 病毒反向遗传学研究中常使用的病毒载体，主要是痘苗病毒载体和反转录病毒载体。例如，德国的 Thiel 等（2001）曾利用痘病毒克隆载体技术成功构建了 HCoV 229E、IBV、MHV 等病毒的感染性克隆（图 3-23）。痘病毒载体被反向遗传学研究者青睐的最主要特点是，它能容纳至少 26kb 的外源基因，适用于大 cDNA 分子的克隆。此外，重组痘病毒基因组比较稳定、具有感染性、在培养细胞中能达到与非重组病毒同等的滴度。因此，该载体尤其适用于一些基因组比较大的

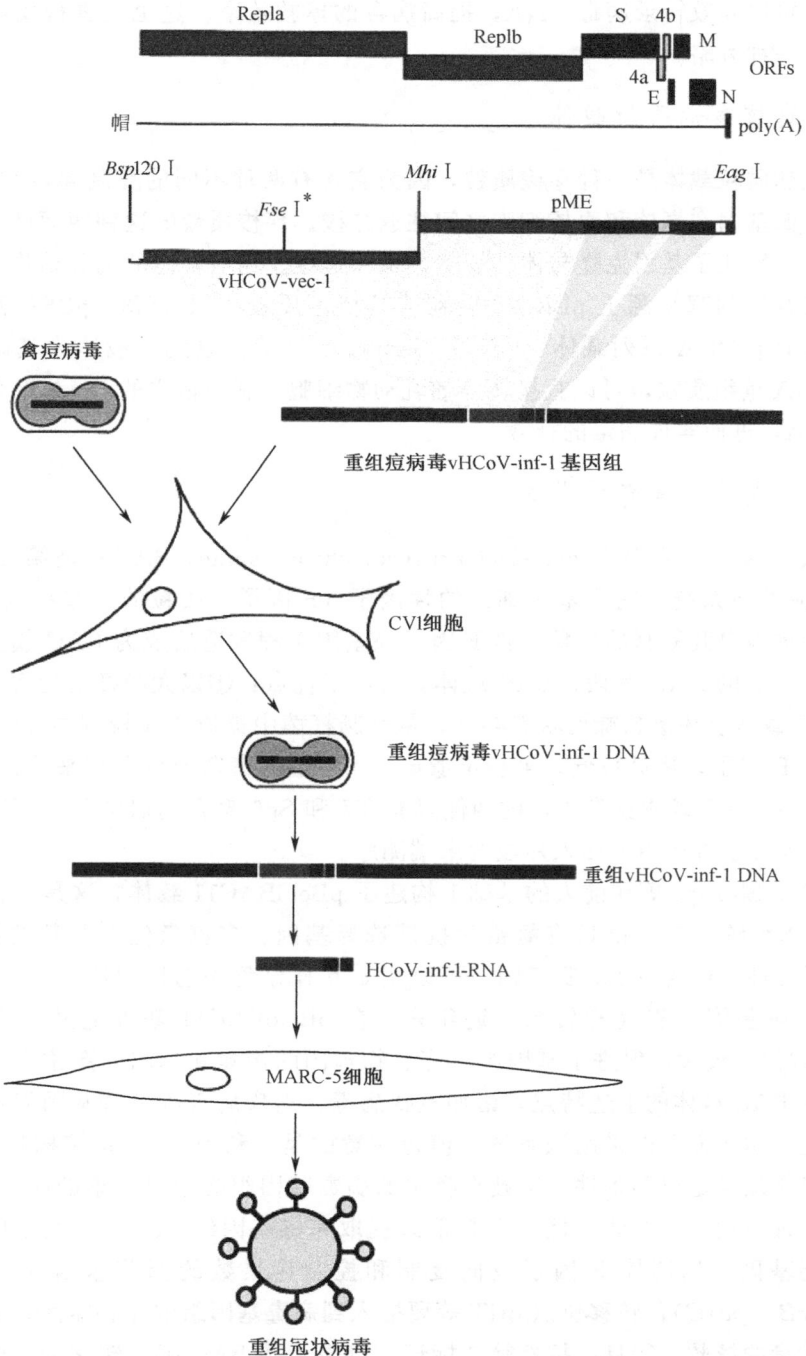

图 3-23 利用痘病毒载体构建人冠状病毒反向遗传学研究系统的策略

RNA 病毒感染性克隆的构建。借助于反转录病毒载体或痘苗病毒载体还可以建立能稳定表达 T7 RNA 聚合酶的细胞系。当携带有 T7 启动子和病毒 cDNA 的重组质粒被导入细胞中时，可以高效转录病毒 RNA，提高病毒的拯救效率。这也是进行反向遗传学研究常采用的一种策略。

（四）真核表达质粒载体

真核表达质粒载体是一种穿梭质粒，因为它含有两种不同的复制起点和选择标记，能够携带外源基因在真核和原核细胞之间往返穿梭。穿梭质粒的这种两面性在基因工程中十分有用，简化了基因克隆与体外表达的操作过程。当前常用的哺乳动物细胞表达载体的细菌质粒序列都来源于 pBR322 质粒或其衍生质粒，如 pXf3、pBRd 和 pML 等。常用的载体有 pcDNA 系列载体、pCMV-Script、pCI 等。以此类载体为基础构建的病毒全长 cDNA 重组质粒，可以直接转染哺乳动物细胞，利用宿主的 RNA 聚合酶系统合成病毒 RNA，进而实现病毒的拯救。

（五）细菌人工染色体载体

细菌人工染色体载体（bacterial artificial chromosome，BAC）是第二代大片段 DNA 的克隆载体系统。它是基于细菌的性因子（F 因子）质粒的一些特点构建的，F 因子是细菌内能自我复制的质粒。将 F 因子经基因工程改造后成为 BAC 载体，可用于克隆长达 100kb 的 DNA 片段。BAC 载体具有如下优点：①以大肠杆菌为寄主，转化率高。②BAC 载体以环形超螺旋状态存在，从大肠杆菌中提取质粒较方便。③BAC 的复制子来源于 F 因子，拷贝数低，可稳定遗传。④可通过菌落原位杂交来筛选目的基因，方便快捷。⑤ BAC 载体克隆位点的两侧具有 T7 和 Sp6 聚合酶启动子，可以用于转录获得 RNA 探针或直接用于插入片段的末端测序。

1992 年，Shizuya 等在前人的基础上构建了 pBeloBAC11 载体，这是一种比较成熟的 BAC 载体系统。它不仅具有氯霉素抗性选择基因、多克隆位点及其两侧的 T7 及 SP6 启动子元件，还含有 *LacZ* 基因，可以用 α-互补显色法选择阳性 BAC 重组子。因而适合大片段基因的克隆和转录。近年来，在 pBeloBAC11 基础上又衍生出十几种 BAC 系列载体，极大地促进了基因组文库、物理图的构建和基因的图位克隆等方面的研究。鉴于 BAC 载体的上述特点，诸如冠状病毒、疱疹病毒等一些基因组比较大的病毒的反向遗传学研究可以采用该系统。值得注意的是，利用 BAC 系统构建 DNA 病毒感染性克隆必须满足以下条件：①被克隆化的病毒基因组必须以完整的闭环形式存在，这样才能保证转化大肠杆菌后能以质粒形式提取病毒基因组；②BAC 质粒的一些必需的重要功能基因，如调控 F 因子单向复制和控制拷贝数的调节基因（*oris*、*repE*、*parA*、*parB*、*parC*），转移位点 oriT 等要插入到病毒基因组的非必需区，如此才能不影响重组病毒的拯救；③具有抗性筛选标记，以便筛选 BAC 阳性转化子。由于疱疹病毒是采取滚环复制机制，在复制过程中存在闭合环状 DNA 形式，因此，可以用 BAC 作为载体，实现此类病毒在大肠杆菌中的分子克隆化。近年来，已经有许多疱疹病毒，如 VAC、HCMV、HSV-1 和 PRV 等均已成功构建了基于 BAC 载体的感染性克隆（沈萍，2000)。

(六) 酵母人工染色体

酵母人工染色体 (yeast artificial chromosome，YAC) 是利用酿酒酵母 (Saccharomyces cerevisiae) 的染色体复制元件构建的载体，其工作环境也是在酿酒酵母中。在YAC 载体中最常用的是 pYAC4。由于酵母的染色体是线状的，因此其工作状态也是线状的。但是，为了方便制备 YAC 载体，YAC 载体以环状的方式存在，并增加了普通大肠杆菌质粒载体的复制元件和选择标记，以便保存和增殖。YAC 载体的复制元件是其核心组成成分，它在酵母中复制的必需元件包括复制起点序列即自主复制序列 (autonomously replicating sequence，ARS)、用于有丝分裂和减数分裂功能的着丝粒 (centromere，CEN) 和两个端粒 (telcmere，TEL)。YAC 载体为能够满足自主复制、染色体在子代细胞间的分离及保持染色体稳定的需要，必须含有以下元件：端粒重复序列 (telomeric repeat，TER)、着丝粒、自主复制序列 (autonomously replication sequence，ARS) 和标记基因。

YAC 载体的选择标记主要采用营养缺陷型基因，如色氨酸、亮氨酸和组氨酸合成缺陷型基因 trp 1、leu 2 和 his 3 和尿嘧啶合成缺陷型基因 ura3 等，以及赭石突变抑制基因 sup4。与 YAC 载体配套工作的宿主酵母菌 (如 AB1380) 的胸腺嘧啶合成基因带有一个赭石突变 ade 2-1。带有这个突变的酵母菌在基本培养基上形成红色菌落，当带有赭石突变抑制基因 sup4 的载体存在于细胞中时，可抑制 ade 2-1 基因的突变效应，形成正常的白色菌落。利用这一菌落颜色转变的现象，可用于筛选载体中含有外源 DNA 片段插入的重组子。

YAC 载体虽然功能强大，但有一些弊端。这主要表现在 3 个方面：首先，在 YAC 载体的插入片段会出现缺失 (deletion) 和基因重排 (rearrangement) 的现象。其次，容易形成嵌合体。嵌合就是在单个 YAC 中的插入片段由 2 个或多个独立基因组片段连接组成。嵌合克隆占总克隆的 5%～50%。最后，YAC 染色体与宿主细胞的染色体大小相近，影响了 YAC 载体的广泛应用。YAC 染色体一旦进入酿酒酵母细胞，由于其大小与内源的染色体大小相近，就很难从中分离出来，不利于进一步分析。但是 YAC 的一个突出优点是，酵母细胞比大肠杆菌对不稳定的、重复的和极端的 DNA 有更强的容忍性。另外，YAC 在功能基因和基因组研究中是一个非常有用的工具。由于高等真核生物的基因大多数是多外显子结构并且有很长的内含子，大型基因组片段可通过 YAC 载体转移到动物或动物细胞系中，进行功能研究。

(七) 人类人工染色体

人类人工染色体 (human artificial chromosome，HAC) 是一种小型染色体，可作为载体搭载一些基因，并作为人类细胞中额外的染色体 (第 47 个)，使这些基因表现于人类体内。此种人工染色体可载有 600 万～1000 万的碱基对。HAC 最早发表于 1997年。人类人工染色体 (HAC) 由着丝粒、端粒和复制起点组成。通过对天然染色体的改造或者从头构建的方法可以获得多种类型 HAC。HAC 可以携带大片段基因组 DNA，是建立转基因动物模型的重要手段，在基因治疗方面也有着广阔的应用前景。

（八）哺乳动物人工染色体

哺乳动物人工染色体（mammalian artificial chromosome，MAC）是指从哺乳动物细胞中分离出复制起始区、端粒，以及着丝粒构建而成的克隆载体。它可以克隆大于1000kb的外源DNA片段。

（九）P1派生人工染色体

P1噬菌体载体是在P1噬菌体的基础上构建的克隆载体，用于克隆真核基因组DNA。P1派生人工染色体（P1-derived artificial chromosome，PAC）是将BAC和P1噬菌体载体二者优点结合起来的克隆体系，可以克隆100～300kb的外源DNA片段。其优点在于：①含有卡那霉素抗性基因，便于筛选。②由于其在宿主细胞中以单拷贝的形式存在，避免了多拷贝造成的不稳定。

二、RNA聚合酶系统的选择

构建RNA病毒全长cDNA分子之前，还要考虑RNA聚合酶系统及其启动子的选择问题。一般而言，RNA病毒的拯救策略决定了RNA聚合酶系统的选择。根据RNA聚合酶的来源，可以将其分为两大类：原核细胞RNA聚合酶和真核细胞RNA聚合酶系统。

（一）原核细胞RNA聚合酶系统

1. 原核细胞的转录过程

转录（transcription）：是指以DNA为模板合成mRNA链的过程。在该过程中，首先是RNA聚合酶结合到基因起始转录处（该段DNA序列被称为启动子），然后在相关转录因子的参与下，启动下游基因的转录。在此过程中，启动子能否被RNA聚合酶识别十分关键，启动子与RNA聚合酶以及其他转录因子的相互作用是转录调控的关键环节（图3-24）。

目前，在表达载体上应用最广泛的大肠杆菌天然启动子有4种，即Plac、Ptrp、Pl和Prec[A]。一般启动子序列围绕在其周围，有的启动子序列在其上游，还有的在其下游，这样会产生具有不同5′端的转录本，即有的含有启动子序列，而有的不含有启动子序列。在利用不同启动子来制备病毒5′端病毒基因组序列时，一定要注意这些情况。从起始位点开始，RNA聚合酶沿着模板链不断合成RNA，直到遇到终止子序列，这样从转录启动子到终止子的一段序列被称为转录单元（图3-25）。最后，被转录成RNA的一个碱基对是转录终止位点。与转录起始位点相似，有的在终止子序列的上游，有的在其中间位置，而有的在其下游位置，不同启动子产生的转录本具有不同的3′端序列。在建立RNA病毒的反向遗传系统时，同样也要考虑病毒基因组3′端序列的精准问题。

例如，在利用T7 RNA聚合酶时，经常在基因组5′端引入最易被T7聚合酶识别的启动子核心序列（5′ TAA TAC GAC TCA CTA TAG G 3′），这样转录将产生5′端含

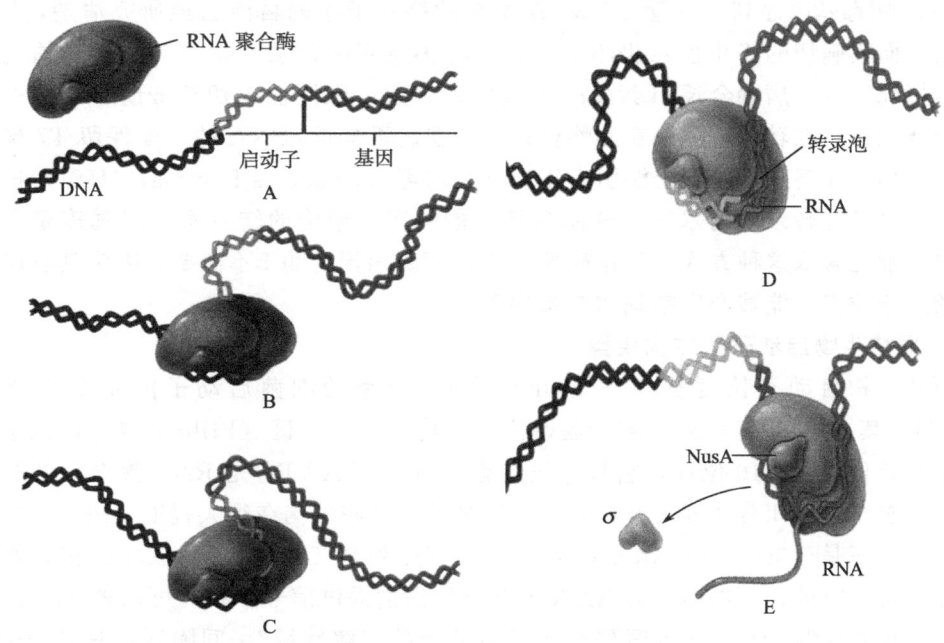

图 3-24 原核转录起始延伸基本过程示意图

A. RNA 聚合酶全酶（α2ββ′σ）非特异地与靶 DNA －55 到 ＋20 处结合；B. 全酶单向寻找启动子；C. 当发现启动子，全酶和启动子形成闭合复合物；D. 闭合复合物发生构象变化，在起始位点处 DNA 解链，形成一个转录泡，一个短的 RNA 片段形成；E. σ 亚基从全酶游离，RNA 聚合酶离开启动子，相关蛋白结合到聚合酶上，延伸转录本

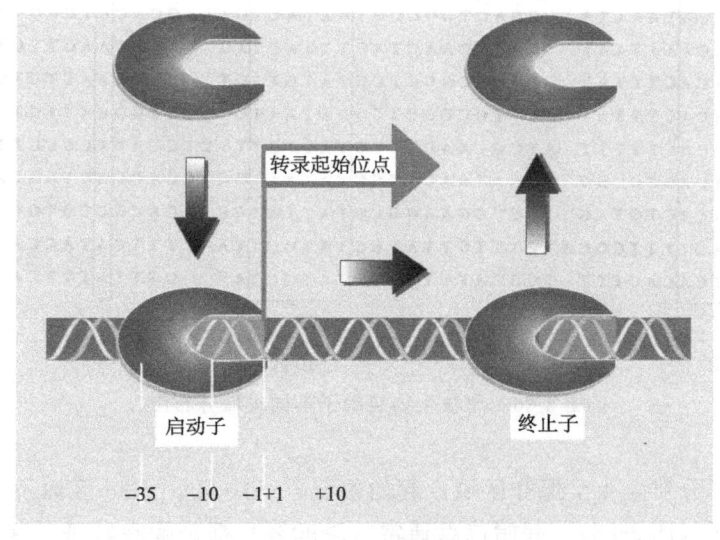

图 3-25 转录的起始和终止示意图

一个 G 的病毒基因序列。尽管 T7 RNA 聚合酶终止子序列目前已经研究清楚，约 100 个碱基，而其确切的终止位点仍不清楚，这样很难判断转录产物 3′端的具体情况。针对这种情况，可在病毒全长 cDNA 的 3′端引入合适的限制性内切核酸酶识别序列，通过酶切线性化，在转录时强制在此终止；有的在病毒全长 cDNA 的 3′端保留 T7 聚合酶终止子序列，在终止子序列上游引入丁型肝炎病毒（Hepatitis D virus，HDV）核酶核心序列，这样在转录产物水平，核酶自切也能够产生精确的转录本。用真核聚合酶 II 系统时一般也采取这种方式产生精确的 3′端，而真核聚合酶 I 不需要，因为其有保守性很好的终止位点，能够产生精确的 3′端序列。

2. 原核生物启动子的结构模型

原核生物启动子长度从 20~200bp 不等。典型的细菌启动子由 4 个部分组成（图 3-26），其一是 CAT 序列，转录起始位点；其二是－10 区（Pribnow 框），位于相对于转录起始位点的－10 位置，它有一段共有序列 TATAAT，是 RNA 聚合酶的结合位点，允许复合体由闭合转变为开放，这一序列的核苷酸结构在很大程度上决定了启动子的强度；其三是－35 区（Sextama 框），其共有序列是 TTGACA，该序列在高效启动子中是非常保守的，其功能是为 RNA 聚合酶的识别提供信号。我们可以将－35 区序列看作是"识别域"，而－10 区序列组成了启动子的"解旋域"。间隔区，是在 Pribnow 框和 Sextama 框之间的碱基序列，研究表明其序列并不特别重要，但这两个序列之间的距离十分重要。

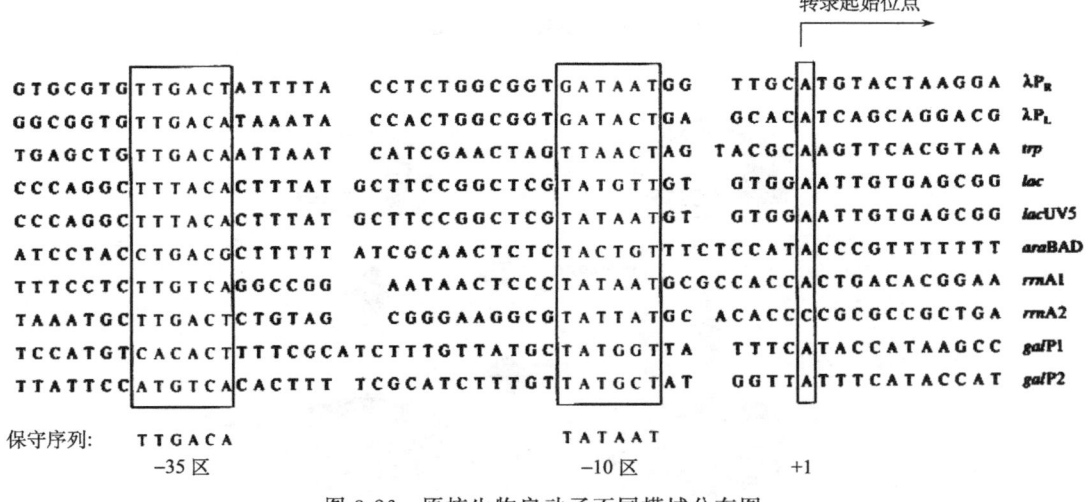

图 3-26 原核生物启动子不同模域分布图

上述 4 个部分对应 4 个保守区域：起始位点、－10 区、－35 区以及－10 区和－35 区之间的间隔区（图 3-26）。起始位点通常（＞90%）都是嘌呤碱基。起始位点经常作为 CAT 序列的中心，但是仅凭这个三联体的保守性还不足构成专有信号；在起始位点上游，几乎所有的启动子中都含有一个 6bp 的区域。六聚物的中心通常靠近起始点上游的 10bp。已知启动子中从－18~－9 的碱基是多种多样的；六聚物据其位置常被称为-10区。它的同源序列为 TATAT，可被总结为如下形式：$T_{80}A_{95}T_{45}A_{60}A_{50}T_{96}$（下标数字表示碱基出现最大频率的百分数）。据此推测：-10区序列中开始的高度保守的TA 和最后一个几乎完全保守的 T 是最重要的碱基；另外一个保守六聚体是以起始位点上游-35bp 为中心的，称为-35 区。其共有序列为 TTGACA，详细形式为 $T_{82}T_{84}G_{78}A_{65}C_{54}A_{45}$（下标数字表示碱基出现最大频率的百分数）；在 90% 启动子中，-35 区和-10 区之间的分隔距离为 16~18bp。个别例外的可以小于 15bp 或者大于 20bp。尽管间隔区的真实序列并不重要，但其距离大小保持两个位点恰当分隔，从而适合 RNA 聚合酶的几何结构方面是很重要的。理想的启动子包含的-35 区六聚体应位于启动点上游 7bp，并与-10 区六聚体相隔 17bp。

转录启动子是建立 RNA 病毒反向遗传系统最重要的元件之一。经典的反向遗传学策略是以通过体外 RNA 聚合酶（T7 或 SP6 RNA 聚合酶）进行 RNA 转录为基础。在构建病毒全长 cDNA 时仅需要在其 5′端引入用来转录的启动子序列，在全长 cDNA 3′端引入某一限制性内切核酸酶识别序列，保证转录出尽量忠实于病毒基因组的 RNA，然后转染宿主细胞用来拯救 RNA 病毒。体外拯救方法常用的启动子有大肠杆菌 λ 噬菌体的 Pm（Pr 改造产物）启动子以及噬菌体 SP6、T3 和 T7 启动子。由于对 T7 噬菌体的基因组研究和了解得较多，T7 启动子是噬菌体启动子，故 T7 启动子被经常使用。在建立病毒反向遗传系统时也用 SP6 启动子，T3 启动子很少使用。

3. T7 RNA 聚合酶、T7 启动子和终止子

T7 RNA 聚合酶是 T7 噬菌体编码的惟一的 RNA 聚合酶，由 883 个氨基酸组成。T7 RNA 聚合酶可以识别所有晚期转录启动子，其中最强的是基因 10 启动子（φ10）。φ10 启动子与大肠杆菌 *E. coli* RNA 聚合酶相比更为简单，所识别的启动子仅是一个高度保守的 23bp 的序列（-17~+6），与真核生物启动子无任何同源序列。φ10 启动子和 T7 RNA 聚合酶之间的相互识别具有专一性，而且不需要其他转录因子的协助。T7 RNA 聚合酶表达系统的这种独特的作用方式，可以用于其他类型细胞的基因表达研究。研究表明，该系统在大肠杆菌、革兰氏阳性细菌、酵母和高等真核生物中都适用。在 37℃ 条件下，T7 RNA 聚合酶以约 22nt/s 的速度合成 RNA，是埃希氏大肠杆菌 *E. coli* RNA 聚合酶合成速度的 5 倍。T7 RNA 聚合酶在基因工程中应用潜力很大，在建立病毒拯救系统中，不仅广泛用于正链 RNA 病毒，也常用于负链 RNA 病毒。T7 噬菌体的转录产物可分为 3 组，对应的启动子也分为 3 组（表 3-1），第 I 组负责早期转录物，第 II 组和第 III 组负责晚期转录物。它们的一个共同的特征就是各组转录产物的转录起始位点尽管不同，然而通常却在相同的位点终止转录（Te、Tφ 和 T7 末端）。晚期转录的终止位点 Tφ 是最强的一个终止子，其终止效率为 90%，其余越过 Tφ 的转录物指导合成少量头部蛋白和尾部蛋白。T7 RNA 聚合酶可以识别所有晚期转录启动子，这些启动子有着强烈的相似性。第 II 组的 10 个启动子较弱，分别有 2~7 个碱基不同于保守序列，第 III 组的 5 个启动子相对较强，其中编码主要头部蛋白的基因 10 启动子 φ10 是最强的启动子（表 3-1）。

表 3-1 一些 T7 噬菌体的启动子序列

启动子	核苷酸序列
	保守序列
	−10　　　　1
	TAATACGACTCACTATAGGGAGA
	第Ⅱ组启动子
	−20　　　　−10　　　　1
Φ1.1A	AACGCCAAAT CAATACGACTCACTATAGAGGGA CA
Φ1.1B	TTCTTCCGGT TAATACGACTCACTATAGGAGAA CC
Φ1.3	GGACTGAAG TAATACGACTCAGTATAGGGACA AT
Φ1.5	AGTTAACTGG TAATACGACTCACTAAAGGAGGT AC
Φ1.6	TGGTCACGCT TAATACGACTCACTAAAGGAGAC AC
Φ2.5	AGCACCGAAG TAATACGACTCACTATTAGGGAA GA
Φ3.8	CGTGGATAAT TAATTGAACTCACTAAAGGGAGA CC
Φ4C	CCGACTGAGA CAATACGACTCACTAAAGAGAGA GA
Φ4.3	AGTCCCATTC TAATACGACTCACTAAAGGAGAC AC
Φ4.7	TTCATGAATA CTATTCGACTCACTATAGGAGAT AT
	第Ⅲ组启动子
	−20　　　　−10　　　　1
Φ6.5	GTCCCTAAAT TAATACGACTCACTATAGGGAGA TA
Φ9	GCCGGGAATT TAATACGACTCACTATAGGGAGA CC
Φ10	ACTTCGAAAT TAATACGACTCACTATAGGGAGA CC
Φ13	GGCTCGAAAT TAATACGACTCACTATAGGGAGA AC
Φ17	CCGTAGGAAA TAATACGACTCACTATAGGGAGA GG

4. 原核细胞 RNA 聚合酶的两种终止模式

一旦 RNA 聚合酶开始转录，酶就沿模板向前移动合成 RNA，直到遇到一个终止子（terminator），酶停止向正在生长的 RNA 链添加核苷酸，结束产物合成，从 DNA 模板上解离（目前还不清楚最后两个事件的发生顺序）。终止过程需要所有维持 RNA-DNA 杂交的氢键断裂，然后 DNA 重新形成双螺旋。活细胞中合成的 RNA 分子的终止位点很难确定。RNA 分子的 3′端可能是通过初始转录物的剪切形成的，因此并不能代表 RNA 聚合酶终止的实际位点。终止位点的最好证明是通过体外的 RNA 聚合酶终止系统获得的。因为一些参数（如离子强度）可以强烈影响酶的终止能力，所以体外实验的终止位点并不能证明天然终止子也是同样位点。但当体内和体外产生相同末端时就能确定真正的 3′端。现已确定，细菌和其噬菌体内的终止子是终止反应所需的序列（体内或体外）。它们在终止效率和对辅助蛋白质的依赖方面有很大不同，至少在体外如此。许多终止子需要一个发夹来形成终止转录 RNA 的二级结构，提示终止依赖于 RNA 产物，并不仅仅简单地由转录中 DNA 序列决定。

根据体外实验中 RNA 聚合酶是否需要辅助蛋白参与终止，可将 E. coli 中的终止子分为两种类型：①在体外，没有任何其他因子参与，核心酶也能在某些位点终止转录，这些位点被称为"内源性终止子"（intrinsic terminator）。②"ρ-依赖型终止子"：体外需要 ρ 因子的辅助，并且突变实验显示体内该因子参与了终止过程。T7 终止子序列目前已经清楚，一般在 pET 系列载体中都含有该元件。

(二) 真核细胞 RNA 聚合酶系统

1. 真核生物进行转录的分子基础

关于真核细胞转录的研究，早在 50 年前就有相关报道出现。例如，Weiss 等发现在鼠肝细胞核内的 RNA 聚合酶具有活性。该研究开拓了转录作为细胞分化、多细胞组织器官的发育及细胞对外界信号和刺激应答等重要过程的一个科研领域。然而，实验证明从鼠肝细胞核中纯化 RNA 聚合酶非常困难，而从细菌提取物中纯化 RNA 聚合酶却相对简单。因此，开展原核转录的研究相对较为容易。Jacob 等通过对细菌基因表达调控的研究，并于 1965 年获得诺贝尔生理学或医学奖，将原核细胞转录的研究推向一个高潮。

有种错误的认识，即认为细菌中鉴定的基因结构和转录机制应该与所有细胞的一样。然而，目前我们知道，在真核细胞如酵母和人的细胞中，染色体 DNA 与蛋白质相连并且被包装在核小体内，其染色质呈高度有序的形式，而这些在细菌中却观察不到。此外，真核细胞的转录机制要比在细菌中复杂得多，并且还含有其他额外的调控水平。关于 RNA 聚合酶机制和调控的理解对认识细胞中基因表达控制中最重要的调控水平的转录调控是很重要的。相对于细菌，真核细胞有 3 种不同形式的 RNA 聚合酶（I～III），这三种酶已经被分别鉴定。所有的蛋白编码基因是转录调控的主要靶标，都由 RNA 聚合酶 II 转录。20 世纪 80 年代，对真核细胞 RNA 聚合酶持续的研究工作表明，RNA 聚合酶由多个亚单位组成。然而，不同于细菌的 RNA 聚合酶，纯化的真核聚合酶没有表现出对提纯 DNA 的选择性转录功能。细菌 RNA 聚合酶是由一个 4 个亚单位组成的核心酶和一个可变的被称为 σ 的第五亚单位共同组成。σ 亚单位要通过核心聚合酶来识别启动子，从而起始转录。

然而奇怪的是这种类似 σ 的因子在真核生物中却得不到证实。真核生物转录进一步的深入研究需要重组构建无细胞体系，该体系具有独立的 RNA 聚合酶 II 的功能，具有对外源 DNA 的特异启动子转录的能力。1979 年，Weil 等报道，从人源组织培养细胞中提取分离物，与纯化的 RNA 聚合酶 II 一起，能够特异地启动病毒启动子的转录。对该提取物的生化分离揭示了多种 RNA 聚合酶 II 转录因子的存在。由于它们参与几乎所有基因的转录，故被称为通用转录因子。许多研究都涉及 RNA 聚合酶 II 通用转录因子（TFIIB，TFIID，TFIIE，TFIIF 和 TFIIH）的详细特征鉴定。在这 5 种通用转录因子的辅助下，真核细胞 RNA 聚合酶 II 首先识别基因的起始位点，解离双链 DNA 模板，然后利用核苷三磷酸作为底物进行单链的复制从而形成 RNA，当 RNA 聚合酶 II 沿着 DNA 转位时，最终再连接为双链 DNA（图 3-27）。启动子的概念最初是从原核细胞转录的研究中衍生出来的，但是真核生物启动子的研究要比原核生物启动子更广。

Kornberg 等将先进的生物化学技术和结构测定相结合，利用酵母分离物如与模板 DNA、产物 mRNA、底物核苷酸和调控蛋白等相结合的具有功能的大量复合物，从而实现来自酵母 RNA 聚合酶原子水平的重组构建，阐明转录过程的分子基础。证实转录是发生在细胞内的过程，其通过一种被称为 RNA 聚合酶的酶，激活细胞内储存遗传信息的 DNA 产生合成互补的 mRNA，最后核糖体将 mRNA 翻译成具有功能的各种细胞

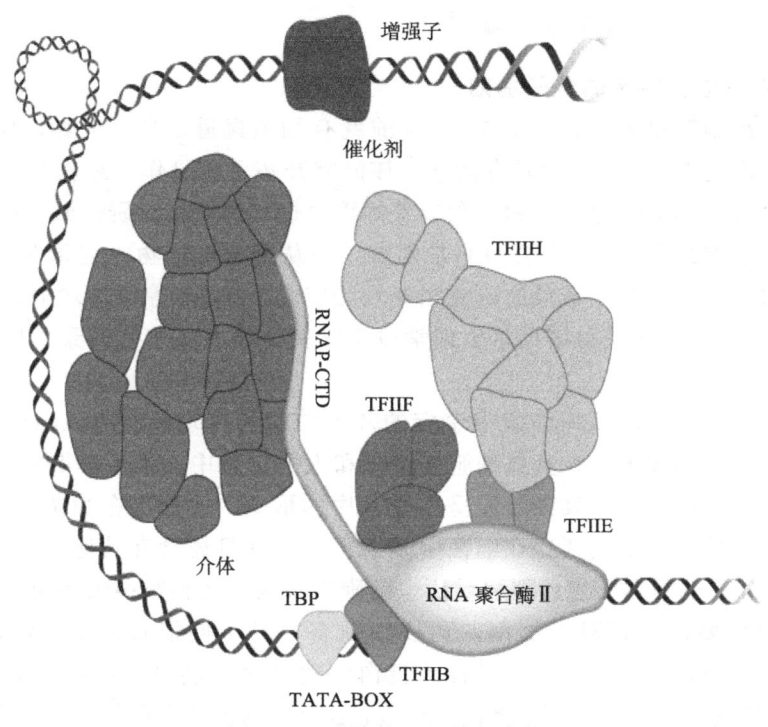

图 3-27 真核转录起始复合物

蛋白。转录是整个生命过程中最为核心的过程之一，被精密复杂的调控系统控制着。

通过 Kornberg 对真核生物转录机制的研究，对启动子识别、转录起始的机制有了理解；当加入一个核苷酸 DNA-RNA 螺旋是如何易位的；新合成的 RNA 链是如何脱离 DNA 模板的；以及精确选择进入的核苷酸的结构基础是碱基互补。而且，RNA 聚合酶 II 的结构（图 3-28）是在转录调节中研究确定通用转录因子和介体（mediator）精确运转的研究基础。这为利用真核转录启动子系统建立病毒拯救系统奠定了理论基础。

2. 真核生物启动子的结构模型及转录方式

真核生物启动子可定义为位于转录起始位点附近启动转录必需的序列。对真核基因的启动子序列进行比较分析，发现它们的基本结构特征是，在转录起点上游有一段富含 AT 碱基对的 TATA 盒（hogness 盒），TATA 盒有 7 对共有碱基序列：5′ TATA (AT) A (A/T) 3′，其功能与原核生物启动子的 -10 区序列相似，决定 RNA 聚合酶 II 的位置，在很多情况下也会影响基因的转录水平。在哺乳动物、昆虫以及高等植物的细胞基因组 DNA 中，TATA 盒都是位于帽位点上游 20~30bp 处，但在低等真核生物如酿酒酵母中，TATA 盒是位于帽位点上游 80~100bp 处。许多真核基因启动子在距帽位点 80~220bp 的上游序列处都存在着上游元件，它们可以极大地提高基本启动子的低水平转录活性。有两种上游元件，一种是一般上游元件，如 CCAAT 盒和 GC 盒，它们在真核基因启动子中是普遍存在的。另一种上游元件被称为启动子特有的上游元件，它们或许是启动子特有的，或者仅局限于某种基因家族特有，如 β-珠蛋白基因家族

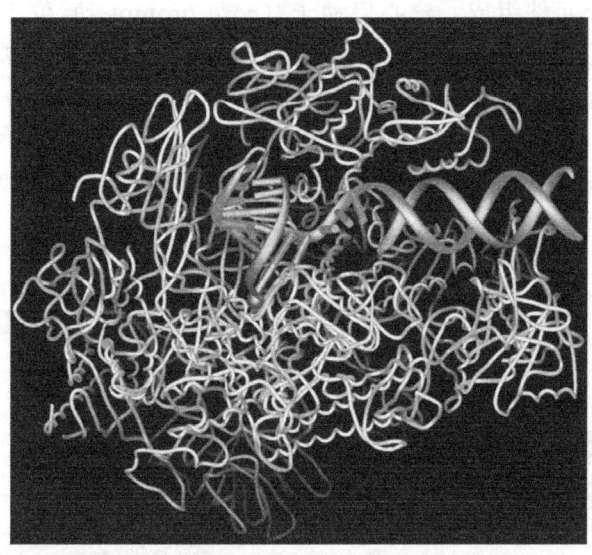

图 3-28　RNA 聚合酶 II 转录复合物的结构

特有的-100 盒。

RNA 聚合酶 I 和 II 的启动子 (promoter) 大多数位于转录起点上游，但 RNA 聚合酶 III 有一些启动子位于转录起点下游。识别启动子的 3 种真核 RNA 聚合酶在核内有不同的位置，与它们的职责相对应。RNA 聚合酶 I 存在于核仁，负责转录编码 rRNA 的基因，具有最强的转录活性，它负责大多数细胞内 RNA 的合成。RNA 聚合酶 II 位于核质内（细胞核的一部分，不包括核仁），负责合成不均一核 RNA（hnRNA），是 mRNA 的前体。RNA 聚合酶 III 在核质内，合成 tRNA 和小 RNA。

在构建反向遗传系统时，常常要考虑病毒的复制位置（是在细胞质中复制，还是在细胞核中复制）。为了提高病毒的拯救效率，需要建立细胞质复制病毒的拯救系统选择细胞质的转录系统（如细胞质表达的 T7 RNA polymerase，RNA 聚合酶 II），细胞核复制的病毒往往选择在细胞核的转录系统（RNA 聚合酶 I）。然而实验证实并不是如此，细胞核复制的病毒如流感病毒 A 能够被 T7 系统拯救，也能被 pol I 系统拯救。从第一例负链 RNA 病毒被拯救出来，目前已经有近 20 年，病毒拯救系统经历着不断的改进和完善。2006 年，Flatz 等建立了完全依赖 pol I 启动的系统，成功拯救出具有感染性的沙粒病毒科的淋巴脉络炎病毒，证明 pol I 转录系统同样对细胞质复制的负链 RNA 病毒起到转录作用。这种方法的建立为直接通过转染质粒，拯救其他相似病毒，如沙拉病毒 (Lassa fever virus, LFV) 和南美出血热病毒 (South American hemorrhagic fever viruses, SAHFV) 提供参考。因此，该拯救系统或许不完全依赖细胞内的复制成分，当病毒基因组在细胞核被转录后，能够有效地转运到细胞质中，与病毒其他蛋白形成具有感染性的病毒 (Paule and White, 2000)。

3. RNA 聚合酶 I 及其启动子

RNA 聚合酶 I 只转录 rRNA 基因，它只有一类启动子，人类细胞中的启动子已被深入研究。它由两个元件组成，核心启动子（core promoter）位于起始位点周围，从 −45 延伸到 +20，它本身就足以起始转录（图 3-29）。但其效率可被位于 −180～−107 的上游控制元件（upstream control element，UCE）显著提高。与一般启动子相比，这两个区域都富含 GC 碱基对，且它们约有 85% 是一致的。RNA 聚合酶 I 的特点是：只在细胞核内转录，转录产物具有精确的 5′端和 3′端，但没有加帽和加 poly（A）尾巴的后加工过程。

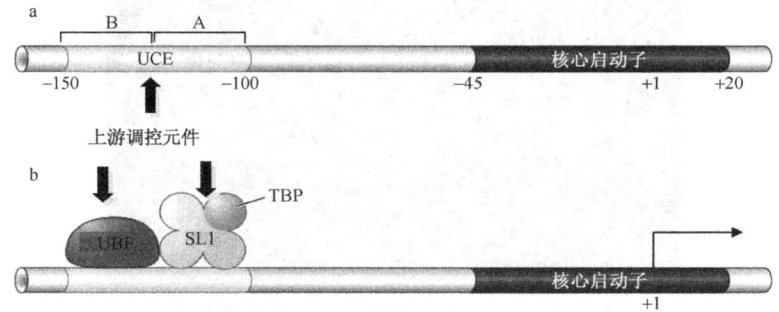

图 3-29　RNA 聚合酶 I 识别启动子的过程

UBF 首先结合在 UCE 的上游，SL1 随后结合在 UCE 的后半部，然后 SL1 介导 RNAP I 识别并结合核心启动子以启动转录

　　RNA 聚合酶 I 需要两个辅助因子。UBF1 是一个单链多肽，它与核心启动子上富含 GC 的元件即 UCE 结合。SL1 因子本身对启动子没有特异性，一旦 UBF1 结合，SL1 就可以协同结合到此覆盖的 DNA 延伸区域。两个因子都结合后，RNA 聚合酶 I 就与核心启动子结合起始转录（Grummt，2003）。

　　RNA 聚合酶 I 转录产物 5′端不加帽，3′端不加尾（没有冗余序列）。它能够转录多长的基因目前还不清楚。Flatz 等通过拯救病毒实验证明，可以转录约 7.6kb 的目的基因片段。RNA 聚合酶 I 用于负链 RNA 的拯救的研究经历一个不断完善和改进的过程。1994 年，Hobom 等利用 RNA 聚合酶 I 合成病毒 RNA，从而把流感病毒的反向遗传学研究推向一个新的阶段（Grummt，2003）。RNA 聚合酶 I 系统在建立拯救 RNA 病毒系统方面扮演着重要角色。RNA 聚合酶 I 是细胞核内含量丰富的酶，它能转录出精确的 rRNA（类似于流感病毒的 vRNA）。此外该酶还能在特定的启动子/终止子序列处启动/终止转录。RNA 聚合酶 I 的转录产物在 5′端和 3′端没有冗余的核苷酸。RNA 聚合酶 I 系统比 RNP 直接转染系统更为有效，因为它能进行体外转录、蛋白质纯化和体外 RNP 装配。但是该系统和上述系统一样，存在病毒产毒量特别低的缺点。

　　随着狂犬病病毒的感染性 cDNA 克隆的诞生和一个分节段的负链 RNA 病毒——布尼亚病毒的反向遗传学研究的成功，从克隆的 cDNA 产生流感病毒的技术难关终于在 1999 年得到克服。Neumann 研究小组构建了含 A/WSN/33（H1N1）全部 8 个基因片段的克隆，所有基因片段均置于人 RNA 聚合酶 I 启动子和鼠源 RNA 聚合酶终止子序列之间，另外 9 个真核表达质粒负责病毒蛋白的合成，此即 17 质粒系统，在转染细胞上清中，病毒粒子产毒量达 1×10^7 个/mL（Neumann et al.，1994）。随后，该小组对

17质粒系统进行了改进，将负责蛋白质合成的真核表达质粒改为 4 个，分别负责 PA、PB1、PB2 和 NP 的合成，以供病毒 RNA 的转录和复制之用。该系统被称为 12 质粒系统，转染上清中能产生高达 1×10^8 个/mL 的病毒粒子。其转染效率较高，原因在于 293T 细胞具有很高的转染效率，并且细胞中具有足够的 RNA 聚合酶Ⅰ和较高的转录效率，能随着细胞增殖保证 RNA 聚合酶Ⅰ的供给。

Hoffmann 等对 RNA 聚合酶Ⅰ系统进行了改进。编码病毒基因片段的 cDNA 以负链方向克隆于 RNA 聚合酶Ⅰ启动子和终止子序列之间，构建好的表达盒又正向插于 RNA 聚合酶Ⅱ启动子和牛生长激素 poly（A）信号之间。这样，RNA 聚合酶Ⅰ负责转录产生负链病毒 RNA，而 RNA 聚合酶Ⅱ负责 mRNA 的合成，从同一模板便可同时产生病毒 RNA（vRNA）和 mRNA，无须另外的质粒负责蛋白质合成。这个系统被称为 8 质粒系统，有助于不能高效转染的细胞系产生重配病毒。另外，这个系统避免了在一个或多个基因片段产生致死性突变的病毒样颗粒的产生。8 质粒拯救系统相对于 17 质粒系统和 12 质粒系统，减少了表达各病毒蛋白的质粒，使拯救时需要转染细胞的质粒数大大减少，因此提高了病毒拯救效率（Geisbert et al.，2002）。相当于 RNA 聚合酶Ⅰ加上辅助病毒系统，但由于没有使用辅助病毒，而是把聚合酶Ⅱ和 RNA 聚合酶Ⅰ系统结合建立拯救系统，从而避免了复杂的病毒筛选工作，没有外源（辅助）基因的干扰，可以按预期计划获得目的重配病毒。

随后，Neumann 等（2005）探索了减少转染所需质粒数量，以期提高转染效率。他们将负责病毒 RNA 合成的元件克隆到 1 个质粒上，而把负责蛋白质合成的基因分别克隆到另外的载体上，再进行不同的组合，使转染所需质粒的数量减少为 1~6 个。与以前由每个质粒提供 RNA 聚合酶Ⅰ和Ⅱ转录盒不同，他们把负责合成病毒 RNA 的 8 个 RNA 聚合酶Ⅰ转录盒组合到 1 个质粒上；同样把负责病毒聚合酶单元合成的 PB2、PB1、PA 和 NP 分别克隆到 pCAWS 载体上，5 个质粒共转染后，病毒能在 Vero 细胞上大量增殖，$TCID_{50}$ 每毫升能达到 6.3×10^5。这种改进克服了传统的鸡胚源疫苗的局限性，也改变了既往的 17 质粒系统或 12 质粒系统、8 质粒系统在疫苗允许细胞（如 Vero 细胞）上转染效率低的缺点，有利于高效快速地制备流感疫苗。

由于 RNA 聚合酶Ⅰ转录活性具有特异性，在不同宿主和细胞中表现不同活性。为了提高以 RNA 聚合酶Ⅰ转录系统为基础的拯救系统的效率，可以克隆病毒宿主细胞的 RNA 聚合酶Ⅰ的启动子来建立病毒拯救系统。布尼病毒的拯救采用的是鼠的 RNA 聚合酶Ⅰ启动子和终止子，表现出较高的拯救效率。未见正链 RNA 病毒拯救采用 RNA 聚合酶Ⅰ系统的报道，采用的也是鼠源的。对于 polⅠ系统，在病毒基因组 3′端加入 3′端核酶（3′ terminal ribozyme）是不必要的，因为，polⅠ不像 T7 转录终止子，polⅠ终止子位点高度精确。然而，核酶（ribozyme）的切割效率是有限的，它要求在转录本的 3′端有必要的修饰。

4. RNA 聚合酶Ⅲ及其启动子

RNA 聚合酶Ⅲ（polⅢ）是真核生物催化合成 tRNA 和 5S rRNA 及一些核小 RNA 和胞质 RNA 必需的酶。RNA 聚合酶Ⅲ能够识别 tRNA 基因中一些高度保守的特征性 DNA 序列而启动下游 DNA 的转录，这些序列被称为 RNA 聚合酶Ⅲ启动子。

RNA聚合酶III启动子不仅广泛存在于真核细胞tRNA、U6核小RNA（SNR6）和H1等的基因中，也是病毒催化合成一些小片段RNA如腺病毒RNA所必需的。RNA聚合酶III启动子因其能在体内外高效快速地转录某些小片段基因，已被人们广泛地应用于核酶和反义RNA技术中，在众多的RNA聚合酶启动子中独树一帜，这与其独特的结构有关。不像其他RNA聚合酶启动子，U6和H1启动子不含有内部启动子序列，几乎所有的必需元件都位于转录起始位点的上游，能够高效转录起始位点下游小于400bp的序列。转录产物第一个碱基是G，转录终止信号是5个连续的胸腺嘧啶（T），因此转录产物的尾部含有2~4个T，而无poly（A）尾。这些特点可使该转录系统方便地应用于在哺乳动物细胞内表达siRNA。由于转录产物都较小，一般不在病毒拯救方面应用。

5. RNA聚合酶II及其启动子

RNA聚合酶II位于核质内，主要负责mRNA的转录，它所识别的启动子一般包括转录起始点及其上游100~200bp序列，包含有若干具有独立功能的DNA序列元件。启动子中的元件可以分为两种：核心启动子元件（core promoter element），是指RNA聚合酶起始转录所必需的最小的DNA序列，包括转录起始点及其上游-25bp/-30bp处的TATA盒。核心元件单独起作用时只能确定转录起始位点和产生基础水平的转录。上游启动子元件（upstream promoter element），包括通常位于-70bp附近的CAAT盒和GC盒以及距转录起始点更远的上游元件（图3-30）。这些元件与相应的蛋白因子结合能提高或改变转录效率。不同基因具有不同的上游启动子元件组成，其位置也不相同，就使得不同的基因表达分别有不同的调控。目前真核载体商品绝大多数都是利用RNA聚合酶II启动子和终止子构建的载体。例如，人的巨细胞病毒（Human cytomegalovirus，hCMV）、猿猴病毒40（Simian virus 40，SV40）、人的延伸因子-1α亚基（Human elongation factor 1 α-subuit，hEF-1α）等。

大多数RNA聚合酶II启动子具有一个被称为TATA盒（TATA box）的序列，通常位于起始位点上游约25bp处。它组成唯一的上游启动子元件，此元件距起始位点有相对固定的位置，它可以在所有真核生物中找到。这个8bp的保守序列完全由AT碱基对组成（在两个位置可以变化），只在很少情况中出现GC对。TATA盒倾向于被富含GC对的序列环绕，可能是TATA盒起作用的一个因子。TATA盒与细菌启动子中的-10区序列几乎一致；它的位置在-25区而不是-10区，事实上，这可能是一个例外。

应用RNA聚合酶II拯救RNA病毒的研究也非常多。例如，Neumann等在进行禽流感病毒拯救时，就利用RNA聚合酶II作为辅助系统。Lee等（2005）利用CMV启动子进行猪繁殖呼吸综合征病毒（PRRSV）的拯救。Ward等利用CMV作为启动子，在终止子上游和poly（A）尾处引入HDV核酶，转录出序列精确的病毒全长RNA，结果能够产生病毒粒子，但对细胞和动物不具有感染性。有人认为这种方式还有待改进，认为CMV的转录本5'端有帽子结构，影响了病毒RNA的感染性，于是在病毒基因组cDNA的5'端和3'端同时引进HDV核酶，这样产生5'端不加帽，3'端不含有冗余序列的病毒RNA，并在实验中取得不错的效果。然而，利用pol II系统可能带来一级转录

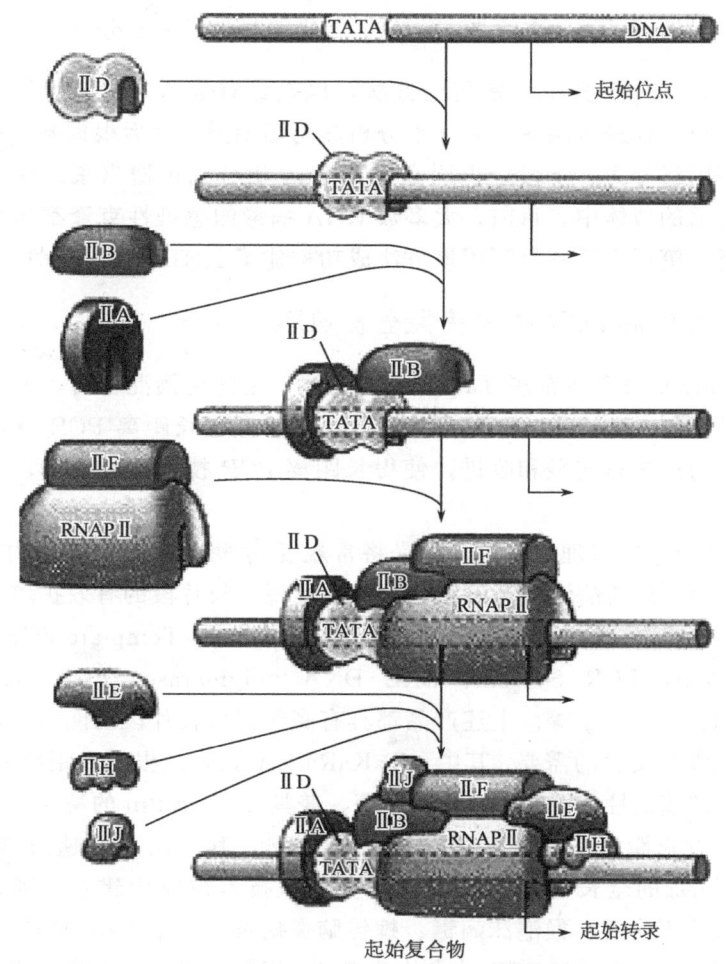

图 3-30 RNA Pol II 起始复合物的形成过程
TFIID 首先和 TATA 盒结合，其余 6 个转录因子再陆续结合，构成起始复合物

本被剪辑的风险，这也可能阻止这个拯救系统对特异病毒的成功应用，另外，如上文所述，核酶（ribozyme）的切割效率是有限的，它要求在转录本的 3′端有必要的修饰，否则切割效率低，还有许多病毒基因组两端含有冗余序列可能也是导致该系统拯救效率低的原因。

三、全长 cDNA 分子装配策略

在体外精确构建 RNA 病毒的全长 cDNA 分子是实施病毒拯救的一个关键环节，也是进行 RNA 病毒反向遗传学研究的操作平台。在构建过程中所出现的每一个小小的失误，都有可能影响反向遗传操作系统的质量，甚至导致失败。因此，要对其予以高度重视。一般而言，构建全长 cDNA 分子有如下几种策略。

（一）采取分段克隆、逐步拼接方法构建全长 cDNA 分子

这是构建全长 cDNA 分子最常用的方法，也是最有效的方法。其基本原理是，首先对病毒的基因组序列进行测序，并详细分析其酶切图谱；然后根据基因组中的单一酶切位点，将全基因组分为若干段，再用高保真 Taq 酶分别扩增出来。最后，将扩增片段逐一克隆到合适的载体中。目前，大多数 RNA 病毒的感染性克隆都是采用此方法构建成功的。最近，笔者实验室也利用该方法成功构建了 RHDV 的感染性克隆。

（二）应用长距离 PCR 技术获得全长 cDNA 分子

1994 年，Barnes 发现将常规 Taq 与 Pfu 按照一定的比例混合后，可以在低错配率前提下，有效地扩增长达 22kb 的特异性片段，由此开创长距离 PCR 技术的先河。后来，又有许多人对此进行实践和改进，使得长距离 PCR 技术逐渐成熟，并广泛应用于许多研究领域。

长距离 PCR 技术的原理很简单，它是将常规 Taq 酶的高效扩增能力与 Pfu、Vent 等高保真酶的 $3'\rightarrow 5'$ 外切酶活性巧妙结合起来，实现了长片段的有效扩增。目前已有多种商品化的长距离 PCR 扩增试剂盒问世，如 Expand Long Template PCR system、Expand High Fidelity PCR System、EXL DNA polymerase、PCR Supermix High Fidelity、TaKaRa LA Taq 等。上述产品都具有高效扩增长片段的能力，而且忠实性也很好，可以满足多数实验的需要。其中，TaKaRa LA Taq 是根据长距离 PCR 原理研制的具有 $3'\rightarrow 5'$ 外切酶活性的耐热 DNA 聚合酶，兼具 Taq 和 Pfu 的特性，因而其扩增效率更为突出。随着长距离 RT-PCR 技术的不断成熟，其应用范围越来越广。近年来，已有多种 RNA 病毒的全长 cDNA 分子克隆凭借该技术被成功建立。例如，柯萨奇病毒、鸡传染性法氏囊病毒、猴泡沫病毒、蜱传脑炎病毒、日本乙型脑炎病毒，以及烟草花叶病毒等。利用长距离 RT-PCR 技术构建 RNA 病毒的感染性克隆，不仅可节约大量时间和试剂，也可避免常规构建方法中的一些烦琐、重复的过程，简化了构建流程，提高了构建效率。如果条件成熟，在一天内就可获得 RNA 病毒的全长 cDNA 分子。对于黄病毒科的成员来说，由于其基因组中含有对大肠杆菌的毒性序列，因此，用常规的构建策略建立其感染性克隆比较困难。而用长距离 RT-PCR 技术可以不经过基因克隆过程就能得到病毒的全基因组序列，且不必考虑毒性序列的影响。所以，用长距离 RT-PCR 方法构建类似病毒的感染性克隆，不失为一个良好的选择。值得注意的是，尽管长距离 RT-PCR 技术在理论上可以扩增长达 40kb 以上的序列，但是，由于一些病毒基因组的二级结构比较复杂，G/C 含量比较高，或者病毒含量低等原因，并不是所有 RNA 病毒的基因组都能一次性扩增出来。对此，可以采用重叠 PCR 方法予以解决。即首先将病毒的全基因组分成若干重叠的区段分别扩增出来，然后使用 2 个以上重叠 PCR 产物为模板，进行长距离 PCR 扩增，如此重复下去，可以扩增出病毒的全长 cDNA 序列。例如，蜱传脑炎病毒（Gritsun and Gould，1995）、登革热病毒（范宝昌等，2001）等的全长基因组就是采用这种方法得到的。

（三）采用体外拼接方法构建全长 cDNA 分子

如前文所述，有些 RNA 病毒基因组中含有对宿主菌有毒性的序列，或构成的重组克隆不稳定，往往导致构建的全长 cDNA 分子克隆不能在工程菌中稳定增殖，或出现较高的差错率，对感染性克隆的感染性存在影响。也有一些基因组比较大的 RNA 病毒（如冠状病毒等），使用常规的载体，无法构建病毒全长的 cDNA 分子克隆。对此，也可以采用体外拼接法构建病毒的全长 cDNA 分子。即首先将病毒的全长基因组分成若干段，并分别克隆于载体中，然后用限制性内切核酸酶将各个基因片段从重组质粒中释放出来。最后，用 T4 DNA 连接酶将各个片段依次相连，获得病毒基因组的全长 cDNA 分子。此种方法已经应用于多种 RNA 病毒的反向遗传学研究，如日本乙型脑炎病毒、登革热病毒、冠状病毒等。此种方法虽然克服了上述障碍，但是工作量比较大，构建的全长 cDNA 分子不能增殖，每一次应用都需要重新构建，使用起来很不方便。因此，目前很少采用该方法构建 RNA 病毒的全长 cDNA 分子。

第四节　RNA 病毒的拯救过程

全长 cDNA 分子装配完成以后，就可以进行病毒 RNA 的合成以及病毒的拯救等工作。总体而言，病毒 RNA 的合成方法有两种，即体外转录法和体内转录法。

一、体外转录

体外转录（*in vitro* transcription）是 RNA 聚合酶以 DNA 为模板合成 RNA 的过程。事实上体外转录是利用纯化的转录组分来模拟体内的转录过程，这种转录组分主要包括：纯化的噬菌体 RNA 聚合酶、含噬菌体 RNA 聚合酶启动子的 DNA 模板和三磷酸核苷酸等。根据这一原理，在构建好全长 cDNA 以后，就可以在体外制备病毒 RNA。其操作步骤如下所述。

（一）转录模板的制备

用单一限制性内切核酸酶消化全长 cDNA 克隆，得到线性化的重组质粒 DNA，并将其纯化。如果怀疑有 RNA 酶的存在，可以用蛋白酶 K（100μg/mL）、SDS（0.5%）、50mmol/L Tris-HCl（pH 7.5）、5mmol/L $CaCl_2$ 在 37℃下，处理 30min。然后用饱和酚∶氯仿∶异戊醇（25∶24∶1）抽提反应物，再以无水乙醇沉淀 DNA，纯化模板。纯化有时会损失部分模板 DNA，因此，建议纯化前的 DNA 使用量要比预计转录需要的模板量多出 30% 左右。

注意：线性化的 cDNA 分子末端应该是 5′凸出末端或平滑末端。若酶切后产生的是 3′凸出端，在转录反应过程中，RNA 聚合酶可能会延伸到相反链上，产生大量与载体 DNA 杂交的长片段 DNA。

（二）体外转录反应

按照以下组分配制反应液：

5×转录缓冲液	4μL
rNTPs（25mmol/L ATP，CTP，GTP，UTP）	6mL
线性 DNA 模板	1μg
RNA 聚合酶	10U
加无 RNase 水至终体积为	20mL

轻轻地将上述反应液混匀，在37℃温育 2～4h。

注意：在富含 GC 的模板上可能会导致转录提前终止，在这种情况下，降低反应温度可以增加全长体外转录产物的比例。

（三）转录物 RNA 的纯化

在转录反应完成以后，用 RNase-Free DNase 降解转录产物中残余的模板 DNA。处理过程如下：

按 1U/μg 模板 DNA 的用量加入 RNase-Free DNase；

在 37℃温育 15min；

用饱和酚：氯仿：异戊醇（25：24：1）抽提反应物，高速离心 2min；

将上清转移到洁净离心管中，再以氯仿：异戊醇（24：1）抽提反应物，高速离心 2min；

将上清转移到洁净离心管中，加入 1/10 倍体积的 NaAC（3mol/L，pH 5.2）和 2.5 倍体积的无水乙醇并混匀，冰浴 2～5min 后高速离心 10min。

弃去无水乙醇，用 75％乙醇洗涤沉淀，真空干燥 RNA 后，用无核酸酶水溶解。－70℃保存备用。

（四）RNA 完整性的检测

由于在体外转录过程中，所产生的转录产物 RNA 是不均一混合体，可能含有各种长度的 RNA，也有可能出现不完全转录现象，使所得到的体外转录物比预计的要短，甚至也有可能出现转录失败的现象。为了确保下一步细胞转染的成功，必须对体外转录物 RNA 的完整性进行检测。检测的方法有多种，常用的是琼脂糖凝胶电泳法、RT-PCR 法和 Northern 杂交法，用其中任何一种都可以达到检测的目的。

1. 琼脂糖凝胶电泳法

按照如下配方配制电泳缓冲液：RNA 载样缓冲液（50％甘油，0.4％溴酚蓝，1mmol/L EDTA，1mg/mL 溴化乙锭）；RNA 上样缓冲液（10.0mL 去离子甲酰胺，3.5mL 37％ 甲醛，2.0mL MOPS 缓冲液）；MOPS 缓冲液（0.2mol/L MOPS，50mmol/L 乙酸钠，5mmol/L EDTA，pH 8.0）。

电泳方法：

先用蒸馏水清洗电泳槽和梳子等，再用无水乙醇擦洗干净，最后用 DEPC 处理的水冲洗干净；

称取 0.75g 琼脂糖溶解于 50mL MOPS 缓冲液中，制备胶板；

RNA 样品处理：取 1～2μL RNA 加到 20μL RNA 上样缓冲液中，然后再加 5μL RNA 载样缓冲液，混匀后在 65～70℃变性 10min。RNA Marker 也用同样的方法处理；

上样后，以 5V/cm 的速度进行电泳；

在紫外透射仪下观察 RNA 的完整性。

2. RT-PCR 法

首先取体外转录产物 RNA 直接作为 PCR 反应的模板，用 RNA 病毒 5′NCR 和 3′NCR 的克隆引物分别进行扩增，如果不能扩增出目的基因，则可排除转录产物中模板 DNA 的残留。然后再取体外转录产物 RNA 作为反转录模板，用 RT-PCR 法检测 5′NCR 和 3′NCR 的扩增情况，如果均有目的基因扩增出来，则可证明所得到的 RNA 是完整的。

3. Northern 杂交法

Northern 杂交是一项用于检测特异性 RNA 的技术，RNA 混合物首先按照大小和分子质量通过变性琼脂糖凝胶电泳加以分离。分离出来的 RNA 被转移到硝酸纤维素膜或尼龙膜上。然后，用放射性同位素标记或酶标记的 DNA 探针与固定的 RNA 进行杂交。探针通过配对序列仅与特异的 RNA 结合。杂交 RNA 的大小和密度可通过放射自显影技术或酶促颜色检测来显示，根据这一原理，可以依据 FMDV 5′NCR 和 3′NCR 的核苷酸序列，设计并合成两段特异性探针，通过 DNA-RNA 的杂交反应来确定体外转录物的存在及其完整性。该方法的灵敏性很高，特异性也很好。但是，它需要特殊的设备，操作步骤烦琐，要求很严格，而且放射性标记探针对人体也是有危害的。所以，如果没有必要，一般只选用前两种方法。

（五）RNA 转染敏感细胞

经过体外转录过程所得到的病毒 RNA 是否具有感染性，最终还需要通过实验来证明。最直接简单的方法是将转录物 RNA 直接导入动物体内，以验证其感染性。例如，将庚型肝炎病毒（Hepatitis G virus，HGV）的体外转录物 RNA 直接肝内注射感染恒河猴，并进行传代感染实验，结果表明体外转录物 RNA 具有感染性（Yanagi et al.，1997）。但是这种方法对 RNA 的纯度及浓度都有较高的要求，在接种途径及接种剂量方面也需要不断摸索。因此，大多数研究者还是偏向于通过转染敏感细胞系来确定转录物 RNA 的感染性。哺乳动物细胞的转染技术在 20 世纪 60 年代末和 70 年代初期即已引入。大致有以下几种方法，即磷酸钙共沉淀法、电穿孔转染法、DEAE-葡聚糖转染法和脂质体转染法等。选择何种方法取决于两个因素：所要求的表达时限，即瞬时表达或稳定表达；被转染细胞的类型。在这些不同的方法中，核酸转导的效率、转导的机制、可重复性及使用的方便性等方面都存在差异。下面就对每种转染技术做一简要叙述。

1. 磷酸钙共沉淀法

磷酸钙共沉淀法是用于产生稳定转染效果的方法。将氯化钙、核酸和磷酸缓冲液混合，形成包含核酸且极小的不溶性磷酸钙颗粒。磷酸钙-核酸复合物黏附到细胞膜并通过胞饮作用进入靶细胞的细胞质中。影响磷酸钙转染效率的主要因素是沉淀中的核酸的量、沉淀与细胞膜接触时间的长短、是否用甘油或 DMSO 冲击及冲击时间的长短等，同时在实验中使用的每种试剂都必须小心校准，保证质量。

2. 电穿孔转染法

电穿孔方法是应用高压电场在细胞上穿孔，瞬时地或稳定地将核酸导入细胞，其原理是核酸通过所穿的孔而扩散进入细胞中，然后细胞恢复正常功能，从而使导入基因得到表达。因为该技术不依赖细胞的特性，所以几乎适用于各种类型的细胞。进行电穿孔转染时要注意以下几点：①外加电场的强度。电压过低，培养细胞质膜的改变不足以允许核酸分子通过；电压过高，细胞会受到不可逆转的损害。大多数哺乳动物细胞系，250～750V/cm 的电压可使瞬时表达达到最高水平，通过电穿孔，20%～50% 的细胞可以存活。②电脉冲的长度。通常单个电脉冲可以通过细胞。电脉冲的长度、形状和强度由所供电容量和电转化池的大小决定。电穿孔所需电脉冲的最佳时间长度是 20～100ms。③核酸的构象和浓度。线状核酸比环状核酸的表达水平高，浓度从 1～40μg/mL 都可获得有效转染。

3. DEAE-葡聚糖转染法

DEAE-葡聚糖转染法适用于培养细胞的瞬时转染。带正电的 DEAE-葡聚糖与带负电的核酸形成复合物，结合在细胞表面，通过使用 DMSO 或甘油的渗透休克将核酸复合体导入。该方法适用于克隆基因的瞬时表达，不能使细胞稳定转染。对于 BSC-1、CV-1、COS 等细胞系而言，该方法非常有效，但对其他类型的细胞转染效果不太理想。

4. 脂质体转染法

该方法适用于将核酸（DNA 或 RNA）转染进入组织培养细胞，其机制是：阳离子脂质与核酸混合后可以形成阳离子脂质体从而将核酸包裹于其中的水相。这种脂质体-核酸复合物可以吸附于细胞膜并将核酸转移到细胞内。现已证明阳离子脂质体转染法与磷酸钙共沉淀法和 DEAE-葡聚糖转染法相比，其转染效率比后者高 5～100 倍，而且重复性好。影响脂质体转染 DNA/RNA 成功的 3 个主要参数是：脂质体、DNA/RNA 的浓度、脂质体-DNA/RNA 复合物的孵育时间。脂质体转染法是目前人们普遍采取的方法，许多公司都有自己独特的脂质体转染试剂，研究者可以根据自己的需要选择合适的转染试剂。值得指出的是，有些适于 DNA 转染的脂质体试剂并不一定适于 RNA 的转染或者转染效率并不太高，此时应该选用专门用于 RNA 转染的试剂如 Invitrogen 公司的 DMRIE-C 试剂，或对 DNA、RNA 转染均有效的转染试剂如 Promega 公司的 Tfx™-10 Reagents 等。

根据之前构建感染性 cDNA 的经验，脂质体转染法（DMRIE-C 试剂）是一种比较好的转染方法，而且 RNA 的需要量较小，只需要 2.5～5.0μg 的 RNA 就可实现高效率的转染，其重复性也很好。在转染过程中，优化 RNA 与脂质体的量的比例是实现高效转染的关键，RNA 和脂质体试剂的浓度过高或过低都会导致转染效率的降低，甚至损伤细胞。另外，还要注意细胞的密度，合适的细胞密度在转染时融合度为 70%～90%。在转染实验中，为了使结果的判断更具客观性，要同时设阴性对照和阳性对照。

二、体内转录法

体内转录（*in vivo* transcription）是指将重组 DNA 导入宿主体内以后，利用宿主的 RNA 聚合酶系统，以 DNA 为模板合成病毒 RNA 的过程。该种策略比体外转录法简单一些，避免体外转录合成 RNA 的过程。同时，DNA 的转染也比 RNA 转染方便，不需要考虑环境中 RNase 的存在。不过，若采用该策略，在构建全长 cDNA 时，要考虑体内转录的正确终止，以确保获得精确的病毒 RNA 的末端结构。现在普遍采用的办法是在全长 cDNA 的 3′端加上丁型肝炎病毒的核酶序列，利用其自我剪切功能去除非病毒 RNA 序列。

此外，还有一种利用宿主 RNA 聚合酶系统进行体内转录的方法，即利用 T7 RNA 聚合酶系统实现体内转录过程。其具体方法如下：首先构建含有 T7 启动子的全长 cDNA 重组质粒；然后构建能稳定表达 T7 RNA 聚合酶的细胞系；最后将全长 cDNA 重组质粒导入稳定表达 T7 RNA 聚合酶的细胞。在 T7 RNA 聚合酶的作用下，病毒 RNA 被大量合成。

上述方法中，T7 RNA 聚合酶还可以通过构建含有 T7 RNA 聚合酶基因的重组痘苗病毒侵染细胞系，使细胞系表达 T7 RNA 聚合酶。由于与真核细胞 RNA 聚合酶相比，T7 RNA 聚合酶能增强外源基因表达的特异性和提高表达量。因此，由重组痘苗病毒提供 T7 RNA 聚合酶，再进行体内转录的方法被普遍采用。目前已经有多种 RNA 病毒采用该策略实现了病毒的拯救。值得注意的是，痘苗病毒侵染细胞时，会产生致细胞病变效应，使得细胞在病毒完成拯救过程之前就死亡，显然这不是我们所希望的。因此，该方法不适合一些致病性较弱的 RNA 病毒的拯救。1998 年，Agapov 等报道以致病性的辛德毕斯病毒（SINV）为载体，构建能表达 T7 RNA 聚合酶的侵染性复制子，然后以它侵染细胞，不仅能很好表达 T7 RNA 聚合酶，而且细胞没有 CPE 产生。用含有 T7 启动子的门戈病毒的全长 cDNA 重组质粒转染细胞，可以实现门戈病毒的拯救。此外，还有用反转录病毒、禽痘病毒和杆状病毒等作为载体，在细胞内表达 T7 RNA 聚合酶，这些尝试都极大丰富了体内转录法拯救 RNA 病毒的内容，为 RNA 病毒的拯救拓宽了新的思路。

第五节　拯救病毒的鉴定

经过体外或体内转录过程，病毒 RNA 进入宿主细胞体内，利用宿主的翻译装置，合成自身的结构蛋白、复制酶以及其他蛋白等，基因组在复制酶的指导下也完成复制过程。最后，蛋白装配成衣壳，包裹基因组，生成病毒粒子，并释放出来，最终完成病毒的拯救过程。为了验证这种病毒是否由感染性克隆产生的特异性病毒，可以从如下几个方面进行鉴定。

一、RT-PCR 方法检测基因组

首先，根据母本毒基因组序列，设计一对特异性引物。然后，收获细胞培养物，抽提细胞 RNA，按照常规的 RT-PCR 方法，进行扩增鉴定。如果是用 RNA 接种实验动物拯救病毒，则取发病动物的组织进行研磨，再抽提总 RNA，进行 RT-PCR 鉴定。该方法能够对拯救病毒从分子水平上进行鉴定，同时可以检测拯救病毒与母本病毒之间在基因组序列上的差异，可帮助分析二者之间生物学特性的变化。

二、电子显微镜观察

电子显微镜具有很高的分辨率，不仅可以观察到病毒颗粒的完整形态，甚至能达到分子水平，观察到病毒的核酸分子。同时，取感染培养物做成电子显微镜标本后染色检查，也是一个比较快速可靠的方法。因此，在病毒培养和病毒鉴定工作中经常应用电子显微镜检测作为鉴定的手段和依据。有关电子显微镜技术的原理和方法，请参阅病毒学实验指导或有关专著。

三、病毒感染力的滴定

用上述方法对拯救病毒进行鉴定以后，可进而测定其感染力即毒力。常用的方法有 3 种，即用实验动物测定 LD_{50}（半数致死量）或在鸡胚上测定半数鸡胚感染量（EID_{50}）；在组织培养细胞上测定 TCD_{50}，又称为 $TCID_{50}$（半数细胞培养物感染剂量）；病毒蚀斑，又称为空斑。

（一）$TCID_{50}$ 方法

该方法适用于所有可引起 CPE 的病毒。该滴定方法有两种，一种是在单层细胞上接种病毒，另一种是将病毒与细胞混合接种组织培养瓶（如伪狂犬病病毒）。下面介绍适用于单层细胞的滴定方法：

用维持液将病毒做连续 10 倍稀释。

待细胞生长密度不低于 1×10^6 个/mL 时，吸去培养液，用维持液将单层细胞洗一次。

用系列稀释病毒接种细胞，每一稀释度接种 4 个孔。

对照孔和病毒感染孔均加 $100\mu L$ 维持液。

在 37℃，含有 5% CO_2 的培养箱中培养。

每天观察并记录出现 CPE 的空数。

当细胞病变不再发展时，用 Reed-Muench 法计算病毒的 $TCID_{50}$。

（二）病毒蚀斑方法

病毒蚀斑方法又称为空斑实验，是指病毒在已长成的单层细胞上形成的局限性病灶。将适当稀释的病毒悬液接种敏感的单层细胞，在单层细胞上覆盖一层固体介质，如琼脂糖等，当病毒在最初感染的细胞内增殖后，由于固体介质的限制，只能进而感染和破坏邻近的细胞。经过几个这样的增殖周期，就将形成一个局限性的肉眼可见的变性细胞区，直径小到 1~2mm，大至 3~4mm，这就是蚀斑。为了便于观察，常在覆盖的琼脂中加入使细胞着色的染料。这些染料或者染死细胞而不染活细胞，如台盼蓝；或者染活细胞而不着染死细胞，如中性红。中性红是蚀斑技术中最常应用的一种染料。这种染料在中性时呈红黄色，偏碱时变黄，偏酸时呈玫瑰色。

病毒蚀斑技术的原理，实际上就是将病毒悬液做连续的 10 倍稀释，然后接种于已经长成单层的敏感细胞上，并覆盖中性红琼脂，待其出现蚀斑后记数，即可算出病毒悬液中每毫升所含的蚀斑单位。例如，在接种 0.2mL 病毒悬液的细胞瓶中出现 36 个蚀斑，则每毫升病毒悬液的蚀斑形成单位就是 $1/0.2 \times 36 = 180$ 个，亦即 180PFU/mL。

蚀斑技术操作步骤如下。

配制下列溶液：

溶液甲

10×Earle 氏液	10 mL
200mmol/L 谷氨酰胺	2mL
胎牛血清	4mL
7.5% NaHCO$_3$	4 mL
0.1% 中性红	3mL
10 000U/mL 双抗	2mL
ddH$_2$O	加水至 100 mL

溶液乙

低熔点琼脂糖粉	3g
ddH$_2$O	加水至 100mL

试验方法：

待细胞生长密度不低于 1×10^6 个/ml 时，吸去培养液，用维持液将细胞洗一次。

用 Hank's 液（pH 7.2~7.4）连续 10 倍稀释病毒。

每一稀释度接种 2 个培养瓶，于 37℃ 孵育 1h。

孵育期间配制工作液：将溶液甲、乙于 120℃ 20min 高压灭菌，然后在 45℃ 水浴中，等量混合甲、乙溶液。

将培养皿放在水平桌面上，加入融化后冷却至 42~44℃ 的琼脂覆盖层，厚度约 3mm，避光保存。

等琼脂凝固后，将平皿翻转，在 37℃，5%CO$_2$ 的培养箱中培养。

培养适当时间后计算空斑数。

四、与母本病毒的区别鉴定

在构建感染性克隆时，常在病毒全长 cDNA 序列中引入一个合适的标记，以区别于野生型病毒。该标记不仅要求在拯救病毒的稳定连续传代过程中能稳定存在，而且不能影响病毒的感染性。因此，该标记也被称为"遗传标记"（genetic marker）。这种标记可以是一个或数个限制性内切核酸酶识别位点，也可以是报道基因，或其他标志基因序列。其中，通过沉默突变引入酶切位点是经常采用的添加遗传标记的方法。

根据引入遗传标记的策略，可以采取不同的鉴定方法。例如，碱基突变可以通过序列测定鉴定；引入酶切位点可以用酶切的方法鉴定；引入报道基因可以通过检测报道基因来进行鉴定。总之，鉴定遗传标记是区别拯救病毒与野生型病毒的一个重要环节，也是能证明反向遗传研究系统成功建立的最有力证据之一。

五、在宿主体内复制和表达的检测

为了进一步证明感染性克隆在宿主细胞内进行了正常复制和表达，同时也为了与母本病毒的复制和表达做一比较和分析，还需要对特异性蛋白的表达和基因组复制的情况进行定量检测。此时所采取的检测手段有以下几种方法。

（一）间接免疫荧光检测

间接免疫荧光是检测病毒抗原表达的一种常用方法。以 FMDV 为例，操作步骤如下：

收取载有转染细胞的载玻片，用 PBS 缓冲液洗涤 1 或 2 次。

冷丙酮—20℃固定 30min。

用 PBS 漂洗 5 次。

滴加 FMDV 兔阳性血清，37℃湿盒中孵育 30min。

再用 PBS 漂洗 5 次。

加 FITC 羊抗兔 IgG，于 37℃湿盒中，孵育 30min。

用甘油封片于 Olympus 荧光显微镜下观察。

（二）双抗体（夹心）ELISA

这是检测待检标本中抗原的一种常用方法。其主要操作过程是：将已知抗体吸附于载体上；加入待检标本溶液，使溶液中的抗原与吸附的抗体结合；加入酶标记的特异性抗体；加入酶作用底物，产生显色反应。

（三）血细胞凝集试验

许多病毒能吸附于某些种类的哺乳类或禽类的红细胞表面产生凝集现象。不同的病毒所凝集的血细胞种类以及发生凝集所要求的温度、酸碱度等可能有所不同，据此可以对一些病毒进行鉴定，如 RHDV 能凝集人的 O 型红细胞，NDV 可以吸附于鸡、鸭、人、豚鼠等的红细胞表面，并引起红细胞凝集。因此可用 HA 和 HI 来鉴定病毒。

（四）Northern 杂交

Northern 杂交是一种对基因表达进行特异性和定量检测的方法。其原理是，首先在变性琼脂糖凝胶中将 RNA 分子按照大小分开，然后将其转移至硝酸纤维素膜上，再用已标记的核酸探针与固定的 RNA 进行杂交，杂交 RNA 的大小和数量可以通过放射自显影或酶促反应的颜色来显示。该检测方法的操作步骤大致如下：通过 RNA 电泳，将 RNA 转移至硝酸纤维素膜上；将膜置于 UV 交连仪中自动交连，使 RNA 固定于膜上；制备核酸探针；预杂交、杂交和洗膜；将 X 射线底片覆盖于膜上，曝光；冲洗 X 射线底片，扫描记录结果。

（五）定量 RT-PCR

定量 PCR（quantitative RT-PCR，QRT-PCR）是指用同位素或荧光标记的探针通过自显影技术或检测荧光强度来对扩增的模板 DNA 进行定量的 PCR 技术。它能对 PCR 扩增产物进行定量，进而确定目的基因的初始拷贝数。其中荧光实时定量 PCR 技术是使用最广泛、效果最可靠的一种监测技术。与其他定量 PCR 技术相比，具有如下两个明显优势：不仅操作简便、快速高效，高通量，而且具有很高的敏感性、重复性和特异性。由于该技术是在封闭的体系中完成扩增并进行实时测定，大大降低了污染的可能性并且无须在扩增后进行操作。

实时定量 RT-PCR 方法能够检测各种组织细胞中基因的表达丰度，进而可分析基因的表达调控，以及定量分析病毒基因组在组织细胞中的转录水平等。因此，在反向遗传学研究中，该技术也是一种经常用到的检测方法，其结果能够准确反映病毒基因组在组织细胞内的表达与复制水平。有关实时定量 RT-PCR 技术的原理和操作步骤请参考有关书籍，在此不再赘述。

（六）一步生长曲线

一步生长曲线（one-step growth curve）是研究病毒复制的一个经典实验，最初是德国物理学家 Max Delbruck 为研究噬菌体的复制而建立的一种实验方法，由于它能准确反映出噬菌体的增殖规律，后来被广泛应用于动物、植物病毒的复制研究中。其基本方法是以适量病毒接种于敏感细胞，待病毒吸附后，或高倍稀释病毒-细胞培养物，或以抗病毒抗血清处理病毒-细胞培养物以建立同步感染，然后继续培养，定时取样测定培养物中的病毒效价。然后以培养时间为横坐标，以病毒的感染效价为纵坐标，绘制出病毒的特征性增殖曲线。该曲线反映出 3 个重要特征参数：潜伏期、裂解期、裂解量。其中，潜伏期是毒粒吸附于细胞到受感染细胞释放出子代病毒所需要的最短时间，不同病毒的潜伏期长短不一。裂解量是每个受感染细胞所产生的子代病毒颗粒的平均数目，其值等于潜伏期受感染细胞的数目除以稳定期受感染细胞所释放的全部子代病毒数目，即等于稳定期病毒效价与潜伏期病毒效价之比（沈萍，2000）。

第六节 影响病毒拯救的可能因素

一、5′端冗余序列的影响

对植物病毒而言，基因组 5′端有 14～17 个冗余序列，就会丧失转录本的感染性。Dawson 等也描述了若在 5′端含有 6 个非病毒碱基，该病毒转录本的感染性也将丧失（Flatz et al.，2006）。但 AIMV（Alfalfa mosaic virus）RNA 的转录本例外，在 5′端含有 15 个冗余序列，转录本仍具有感染性。然而，应该注意当该转录本与其他 AIMV

RNA 共转染时，该转录本的翻译能够满足病毒获得感染性。

　　Commandeur 等（1991）把 BNYVV（Beet necrotic yellow vein virus）的 cDNA 序列克隆在 CaMV 35S 转录启动子的下游能够恢复病毒生物学活性，这是利用 CaMV（Cauliflower mosaic virus）35S 启动子进行体内拯救病毒。该病毒 cDNA 在跗基节（planta）细胞内转录本（体内生成的转录本）的 5'端至少带有 40 个冗余核苷酸。然而，在体外生成的转录本 5'端也带相同的冗余核苷酸，分别转染相同的植物，结果体外生成的转录本没有感染性。尽管，这一现象无法用理论去解释，但这也显示出体内转录的优越性，这是关于讨论体内转录优越性的早期报道。

　　有趣的是，与植物病毒相比，动物病毒转录本的感染性受 5'端非病毒核苷酸的影响较小，动物病毒转录本 5'端能够带有较多数目的冗余序列（10～82nt），仍具有感染性。在早期的动物病毒感染性克隆，在体内的转录本都带有较多的冗余序列。尽管，已经有许多例子直接或间接地比较了转录本 5'端冗余序列对植物病毒和动物病毒转录本感染性的影响。值得注意的是，这种影响反映出在动物宿主细胞内用于转录的核酸酶具有较高的"成熟"能力，能延长转录本使其具有感染性，或者说，动物病毒的 RdRp 与转录本模板的识别和结合具有较好的容忍性。

　　通常观察到的 5'端非病毒核苷酸抑制病毒转录本的生物学活性应该有其内在原因。在上述许多例子中，在不同的转录本中，不同数目的 5'端非病毒核苷酸被检测出，却很难消除 5'端非病毒核苷酸对病毒转录本的生物学活性的影响。这可能是 5'端非病毒核苷酸本身起重要作用，如转录本 5'端所带的冗余核苷酸长度相似而序列不同，结果转录本的感染性表现不同（Grummt，2003；Neumann et al.，1994）。然而，这通常被设想为 5'端冗余序列严重阻遏了病毒从（－）RNA 3'端的（＋）RNA 合成的起始。在体内这些冗余序列干扰基因翻译似乎不可能，因为，这些冗余序列不拥有起始密码子，而在这种情况下体外转录本与野生型的 RNA 没有区别。许多病毒拯救时，通常都具有冗余序列，其编码的核苷酸在（－）RNA 的 3'端，如 Sindbis 病毒（*Sindbis virus*）、黄花叶病毒（*Cucumber mosaic virus*）。这可能与 5'端带有一个非病毒核苷酸、转录本的感染性变高的现象有联系，因此这也可能反映出复制酶与 RNA 序列相互作用的容忍水平。

二、3'端冗余序列的影响

　　转录本 3'端的 poly（A）尾对于维持其感染性也扮演着重要角色。EMCV RNA 的 ploy（A）已经被报道，对于其感染性是必需的。Hruby 和 Roberts（1976）发现，随着 poly（A）增长，感染性将被提升。然而，EMCV 维持其感染性的 poly（A）最小长度仍不清楚。Burness 等（1977）研究表明，至少含有 13 个 A，全长 EMCV 的 RNA 才能够具有感染性。Cui 和 Porter（1995）报道在 3'端 poly（A）＋10～＋15 的区域对 EMCV RNA 依赖的 RNA 聚合酶（RNA-dependent RNA polymerase，$3D^{pol}$）结合病毒 RNA 的 3'端元件很重要，并且指出，如果 3'端 poly（A）尾少于 15 个 A，EMCV 的 cDNA 将不具有感染性。然而，Naviaux 等报道，他们拯救出的两株病毒的 cDNA 仅含有 14 个 A。Kassimi 等（2002）研究表明，仅具有 7 个 A 的 poly（A）尾即可使 EMCV 的 cDNA 具有感染性。现有资料表明，对于微 RNA 病毒科的其他病毒，这种结论相似。含有少于 10 个 A 的与含有 40 个 A 型的 FMDV RNA 在感染性方面没有区别。Panda 等（2000）报道，仅含有 5 个 A 的 Hepatitis E virus（HEV）的 3′尾的全长 cDNA 具有感染性。相似的例子，Guilford 等（1991）实验表明，尽管使 CMPV（Clover mosaic potexvirus）的 poly（A）尾变短，其感染性将比野生型病毒 RNA 的感染性小，但完全去除 poly（A），其感染性并不丧失。这些结论对 poly（A）在病毒感染性中扮演的角色提出质疑。原因可能是没有加 A 碱基化的转录本 RNA 更容易被 Rnase 降解，也可能是 poly（A）提高了 3D^{pol} 与 3′端位元件特异性结合，从而激发病毒 RNA 的复制，或者激发帽依赖性翻译。进一步深入研究 poly（A）在 RNA 病毒基因组 RNA 感染性中的作用机制是必要的。

相对而言，3′端的非病毒核苷酸序列少于 7 个核苷酸时对转录物的生物活性影响较小。而长的就有可能导致转录物感染性的降低或丧失，例如，BMV 带 82～2700nt、TMV 带 945nt 冗余序列时，它们转录本的感染性都丧失了。对于有些病毒，当在体内转录时，转录本 3′端被细胞酶加 poly（A）尾，即使 3′端带有 30nt 的冗余序列，仍具有感染性。Sarnow（1989）研究了 3′端非病毒核苷酸序列对脊髓灰质炎病毒转录物感染性的影响，与 5′端冗余序列对感染性影响类似，是否因为 3′端冗余序列的结构影响转录本的活性，其内在原因不清楚。实验中转录本的 5′端序列都是 pppGGUUAA 的形式，而 3′端序列不同。当存在 17 个 C 碱基的冗余序列时，引起转录物感染性下降到病毒 RNA 感染性的 2%。当 poly（A）尾下游存在 4 个多余的核苷酸（CGCG）时，转录物的感染性是病毒 RNA 感染性的 10%。若在该转录本加 poly（A）尾，其感染性与病毒 RNA 的感染性一样。当仅含有 12 个 A，则感染性也仅为病毒 RNA 的 10%，若把该 12 个 A 的 poly（A）尾延长，则感染性与病毒 RNA 的感染性一样，在病毒基因组 poly（A）尾下游存在 4 个多余的核苷酸时，转录物的感染性并不丧失，但是当存在 17 个 C 碱基时可以引起转录物感染性的下降。这表明，T7 RNAP 能以单链模板持续转录而延伸转录本。这些结果表明，长的非同聚核酸序列在转录本 3′端将降低转录本的感染性，而长的同聚核酸序列在 3′端则会提高 RNA 的感染性。A 碱基序列的长度对产生感染性 RNA 很重要。早期研究表明，poly（A）尾短于 20 个将导致 RNA 的感染性降为 1/20。带有短 poly（A）的 RNA 分子是不稳定的，在复制和翻译之前容易被降解，不易作为翻译模板或起始（−）RNA 的合成。

有趣的是，也有相反的结论，Dzianott 等（1984）的研究表明 BMV 转录物的 3′端含有 19 个非病毒核苷酸时其感染性比含有 6 或 7 个非病毒核苷酸时的感染性要高，其原因可能是较长的冗余序列在体内可能会更好地保护转录物抵抗核酸酶的消化作用。CMV 转录本也出现相似的情况。携带有似 tRNA 结构的基因组转录本 3′端有冗余序列，其具有较强感染性，这表明假定具有阻遏转录的氨酰化作用，对病毒感染的起始阶段不是必需的，或者是直到 3′端冗余序列变成可氨酰化，宿主细胞酶才加工和/或降解该冗余序列。

三、poly（C）序列的影响

对于心肌病毒属（*Cardiovirus*）和口蹄疫病毒属（*Aphtovirus*），在 5′端非编码区含有一段长的聚合 C 碱基片段 poly（C），这阻碍了病毒全长 cDNA 的构建，甚至难以繁殖含有病毒全长 cDNA 重组质粒。poly（C）在这些病毒生命周期中的确切作用还不清楚。即使在 poly（C）区域有大范围的片段删除部分，来源于 EMCV、门戈病毒（*Mengovirus*）和 FMDV 分离株的 cDNA 也能够在组织培养物中繁殖。在 HeLa 细胞上，没有一株 EMCV 和门戈病毒的重组分离株在复制动力学中表现出片段依赖性变化，或者在直接操作的一步生长曲线的终端滴度中表现出变化。Kassimi 等（2002）的实验结果表明，来源于 EMCV-2887A 的 cDNA 的 poly（C）仅含有 27 个 C，它的转录本能够在 BHK21 细胞中繁殖，并且与野生毒表现出相似的终端滴度。在 BHK21 细胞中，对于 EMCV 有效繁殖，长的 poly（C）不是必需的。然而，在嗜斑形成实验中，重组病毒形成的嗜斑要比野生型的小。这个结果与 Hahn 和 Palmenberg（1995）的实验结果一致，Hahn 等报道，对于 EMCV 病毒而言，poly（C）长度与重组病毒蚀斑形成的大小相关联，含有较短 poly（C）的 EMCV 形成的嗜斑较小。在动物实验中，Duke 等（1990）报道，在门戈病毒中，poly（C）的删除导致病毒（通过大脑途径注射）在老鼠体内的毒力减弱。对于 EMCV，Kassimi 等（2002）的实验表明含有 27 个 C 的重组拯救病毒在鼠体内（通过腹腔内途径感染）的毒力减弱很少。

四、帽子结构的影响

通常有些 RNA 病毒基因组 5′端具有帽子结构（m^7GpppG），如果在转录本 RNA 的 5′端加上该结构，能保证转录物的感染性；如果缺少该结构，转录物就可能没有感染性或感染性很低。这可能是因为其能增强转录的起始，或者能增加其稳定性，减少细胞核酸酶的降解。但也有例外，某些转录本无论加不加帽结构，都能表现较高的感染性。

一个典型的例子是 TRV 的转录本。TRV 转录本具有感染性，TRV RNA1 的转录本需要帽子结构，而 TRV RNA2 的转录本则不需要（Angenent and Posthumus，1989）。作为基本原理，TRV 复制酶的有效合成可能需要加帽的 TRV RNA1 的转录本，然后这个复制酶把不加帽的 TRV RNA2 的转录本作为模板产生亚基因组壳蛋白的 mRNA 和子代 RNA2。

五、VPg 的影响

大量研究证明，一些重要的单股正链 RNA 病毒，包括感染动物的小 RNA 病毒科、杯状病毒科，以及感染植物的马铃薯 Y 病毒科（*Potyviridae*）、伴生病毒科和黄症病毒科等的成员，其基因组的一个共同特征是，RNA 的 5′端与一种被称为 VPg 的小蛋白分子共价连接。VPg 是病毒基因组编码的一种非结构蛋白，它不仅能稳定基因组的结构，而且在病毒的生命活动中发挥着非常重要的作用。

虽然，杯状病毒的 NS5 基因和小 RNA 病毒的 3B 基因所编码的产物都是 VPg 蛋白，但是其功能截然不同。对于杯状病毒而言，VPg 蛋白是维持其感染性所必需的，用蛋白酶 K 消化纯化病毒 RNA（去除与其连接的 VPg 蛋白），将使其丧失感染性（Herbert et al.，1997）。但同样的处理，对小 RNA 病毒基因组的感染性却没有影响，证明 VPg 蛋白不是小 RNA 病毒侵染宿主所必需的因素。产生这种矛盾现象的根本原因就是 VPg 蛋白在病毒的生命周期中发挥了不同的作用。去除杯状病毒科水泡疹病毒基因组末端连接的 VPg 蛋白,可使其丧失感染性,提示该蛋白在病毒的感染起始阶段可能发挥了关键性作用。对猫杯状病毒(*Feline calicivirus*,FCV)的研究证据表明,VPg 蛋白发挥了类似帽子结构的功能,在起始病毒蛋白的翻译方面起着重要作用。其具体机制是 VPg 蛋白首先与 eIF4E(一种帽子结构结合因子),然后再招募其他一些细胞因子,形成翻译起始复合体,启动 FCV 的翻译过程。支持该机制的更直接的证据来自于从感染 FCV 的细胞中可以直接获取 VPg-eIF4E 复合物(Goodfellow et al.,2005)。类似现象在杯状病毒科的鼠诺瓦克病毒(*Murine norovirus*,MNV)中也存在,使用重组的 4E-BP1(eIF4E 结合蛋白)阻止 VPg-eIF4E 的形成,或沉默细胞中的 eIF4E 都将使猫杯状病毒的翻译受到明显抑制,但加入重组的 eIF4E,又可恢复病毒的翻译过程,这些结果充分证明 VPg 与 eIF4E 的相互作用对病毒的翻译十分重要(Chaudhry et al.,2006)。此外,还有研究表明,VPg 还可与 eIF4G 相互作用,这种作用与其与 eIF4E 的相互作用是独立的,提示在以 VPg 蛋白为核心的翻译起始复合物中也有 eIF4G 存在(Hebrard et al.,2010)。作为一种重要的 RNA 解旋酶,eIF4A 也被证明参与 FCV 或 MNV 翻译起始复合物的形成,使用突变体替代 eIF4A,或添加其抑制剂都能抑制病毒的翻译和复制过程(Huang et al.,2010)。此外,来自于人诺瓦克病毒的研究还证明在杯状病毒的翻译起始复合物中还有 eIF3 因子,其重要组分 eIF3D 与 VPg 蛋白直接相互作用。所有这些证据都表明杯状病毒的 VPg 蛋白可以与多种细胞因子相互作用,进而形成在病毒的翻译和复制过程中发挥关键作用的复合物(图 3-31)。

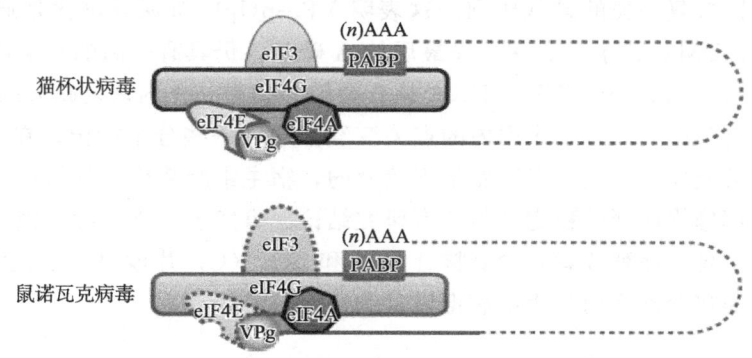

图 3-31　杯状病毒的 VPg 与 eIF4E 等细胞因子形成翻译起始复合物的示意图

所有杯状病毒和大多数 RNA 病毒都只编码一个 VPg 蛋白,且都与病毒 RNA 连接。但是口蹄疫病毒(Foot and mouth disease virus,FMDV)编码 3 个 VPg 蛋白,它们除了充当蛋白引物参与病毒 RNA 复制以外,还具有其他一些功能。例如,将 FMDV 的 3 个 VPg 编码区删除 2 个,将仅表达 1 个 VPg 蛋白的重组病毒感染猪,其致病力与其母本毒相比显著降低。Arias 等(2010)的研究证明,VPg 参与病毒的成熟或释放过程,仅表达 1 个拷贝 VPg 的重组病毒虽然可以在细胞中进行正常复制,但是不能产生细胞病变或收获子代病毒。对植物病毒的研究结果显示,VPg 蛋白可以通过与病毒蛋白酶相互作用调节病毒多聚蛋白质的裂解过程，也就是说 VPg 加工成熟病毒蛋白质过程中发挥了一定作用。例如，田菁花叶病毒（*Sesbania mosaic virus*，SeMV）的蛋白酶单独存在时，对多聚蛋白前体不能进行裂解，但与 VPg 蛋白融合后则可以有效发挥裂解活性（Liu et al.，2010）。另外一方面，VPg 蛋白还可以与多聚蛋白前体结合，使其构象朝利于蛋白酶裂解的方向发生变化。尽管其中的详细机制还不清楚，但是 VPg 蛋白参与调节病毒蛋白的成熟过程，这是毋庸置疑的。研究表明，VPg 蛋白不仅与病毒核酸相连接，同时还可以与病毒的衣壳蛋白相互作用，如 FCV 的 VPg 可以与衣壳蛋白 VP1 直接相互作用，这就提示衣壳蛋白包裹病毒核酸的过程可能是以 VPg 为"桥梁"完成的（Arias et al.，2010）。有证据表明，在成熟的病毒颗粒中病毒 RNA 始终与 VPg 蛋白以共价相连的方式共同存在，这也说明 VPg-RNA 复合物是一起被包裹到病毒衣壳中的（Merits et al.，2002）。

六、非病毒核苷酸的影响

在所有拯救病毒例子中，通过子代 RNA 序列测定或者分子杂交技术检测，证实病毒在细胞内可依靠复制酶，将其被去除或添加至 5′端和 3′端的序列恢复到野生病毒 RNA 的长度。早期报道表明，宿主细胞核酸酶参与降解非病毒序列，将更好地使转录进入复制循环。相对而言，病毒 RdRp 通过其内在的共同结合位点，启动延长的转录本复制，这将导致在子代链中降解冗余序列。体内转录时，通过直接或随机地产生病毒 RdRp 的合适模板的辅助，即使宿主 RNA 聚合酶错误启动转录也将导致相同的结果。报道显示 CB3 转录本的 5′端缺失两个尿嘧啶碱基（U）时，仍然具有感染性，而且在复制过程中可以恢复丢失的碱基序列。这表明 VPg-pUpU 被尿苷酰化是通过模板而不依赖加工过程。BMV 转录本 3′端缺失最后的 A 碱基，仍具有较高的感染性，这可能是因为利用宿主内的 ATP 和 CTP，tRNA 核苷酸转移酶能在体内恢复缺失的碱基。

相对端位冗余序列而言，序列内的点突变经常形成一些分子标记，在子代 RNA 中仍然存在。这可能反映出这些点突变是不致命的，宿主细胞系统不具纠错的能力。重组病毒中较长内部修饰序列的稳定性很少有研究结论。事实上，当病毒基因组中插入非病毒基因或者人工延长序列或者减少寡核苷酸 A 和 poly（C）片段时，子代病毒 RNA 在长度和序列方面将会产生向野生型病毒恢复和修饰的趋势。

第七节 DNA 病毒反向遗传学系统的构建策略

一直以来，对一些基因组比较大的 DNA 病毒，如 MDV、PRV 等在分子水平上进行操作都比较困难。后来以末端重合的多个黏粒克隆重建疱疹病毒获得成功，为反向操作其基因组提供了分子平台。但是该方法需要辅助病毒参与，并在真核细胞中进行重组以拯救病毒；或使用末端重叠黏粒库转染细胞，重组构成 DNA 病毒的全基因组，以产生子代病毒等一系列过程。该策略虽然经典，但是其中的载体构建和重组病毒的筛选等过程不仅工作量巨大，而且费时、费力，效率也很低。1997 年以来，随着大 DNA 片段克隆载体 BAC 及相关操作技术的出现，疱疹病毒等基因组较大的一些 DNA 病毒的反向遗传学发展到一个新的阶段，有力地推动 MDV、PRV 等病毒的基因组学研究。1997年，Messerle 等首次将 BAC 克隆及突变技术运用在基因组为 220kb 的鼠细胞巨化病毒，成功地将传染性疱疹病毒的全基因组作为 mini-F 质粒克隆到大肠杆菌中。2000 年，BAC 技术开始运用于 MDV 感染性克隆的构建，Schumacher 等成功地获得无致病力的 584Ap80C 的感染性克隆。此后，国内、国外学者先后建立了基于 BAC 技术的一系列的 PRV、MDV、DEV 等疱疹病毒的感染性克隆（Cui et al., 2009；Muylkens et al., 2010；Sun et al., 2010），为开展这些病毒的致病机制和分子生物学研究等提供了良好的技术平台。

一、构建原理

1. 经典策略

该策略可分为两个步骤：第一步，构建重组转移载体，该质粒载体主要包括如下元件：1 个或多个表达外源基因的表达盒，即含有启动子、外源基因和终止子的表达框架；帮助筛选重组病毒的标记基因，如 *GFP*、*gpt* 和 *LacZ* 等基因；两侧是病毒特异的 DNA 同源序列。第二步，将重组转移载体导入病毒感染的细胞中，在选择压力下，使病毒的基因组 DNA 与重组转移载体中的同源序列在细胞内发生同源重组，从而将外源基因整合至病毒基因组的特定部位，拯救出重组病毒。

2. 基于 BAC 质粒的拯救策略

随着大 DNA 片段克隆载体 BAC 及相关操作技术的出现，基因组巨大的 DNA 病毒感染性克隆的构建策略发生根本性转变，DNA 病毒的反向遗传操作也发展到一个新的阶段。通过构建 DNA 病毒的 BAC 重组质粒，就可以在大肠杆菌中对 DNA 病毒的基因组进行反向遗传操作，这比早期的末端重合黏粒系统具有更快速、有效而且可靠的优点。在此，需要一种载体：pBeloBACII，它是一种大肠杆菌单拷贝质粒载体，大小只有 7.4kb，保留了与 F 因子的自主复制拷贝数控制以及质粒分配等基本功能相关的基因。这个载体具有容量大（可以插入高达 300kb 的 DNA 片段）、遗传特性稳定、易于操作等优点，通常被用于大分子病毒的克隆和构建细菌人工染色体。以伪狂犬病病毒为例，构建基于 BAC 质粒的 PRV 感染性克隆的原理是：首先，选择伪狂犬病病毒的某个基因作为同源重组序列，以绿色荧光蛋白基因（*EGFP*）或其他基因作为筛选标记，构建带 LoxP 位点的重组质粒，再将 BAC 质粒线性化，插入该重组质粒中，构建转移载体；将转移载体与 PRV 的基因组 DNA 共转染敏感细胞系（如 Vero）。在选择压力下，通过细胞内同源重组，获得在 PRV 靶基因中插入 BAC 质粒和筛选标记的重组病毒。最后，用噬斑法纯化拯救病毒，并进行必要的鉴定。该方法通过一次同源重组就能将筛选标记 BAC 质粒和 LoxP 位点插入到伪狂犬病病毒的基因组中，省却了多次重组带来的烦琐筛选过程。

二、筛选方法

构建 DNA 病毒的感染性克隆过程中，如何筛选出人工重组病毒十分关键。最常用的方法是通过化学底物及颜色变化等筛选重组病毒，即插入报道基因法，将 β-半乳糖苷酶（LacZ）基因或者绿色荧光蛋白基因等与外源基因同时导入 DNA 病毒基因组中，通过在培养液中加入 X-gal 或借助于荧光显微镜等手段筛选重组病毒。此外，也可以通过重组插入抗性基因如 *gpt* 或其他抗生素基因，利用选择压力来筛选重组病毒，该方法由于使用营养缺陷或抗生素压力，提高了重组效率，大大提高了拯救重组病毒的概率。

三、外源基因的表达效率

一般而言，插入的外源基因要有完整的表达元件，如启动子、外源基因的完整阅读框和终止子。启动子、终止子可以根据敏感细胞系或宿主来选择，如 CMV、SV40 等，一般来说，启动子距表达基因起始密码子越近，表达效果越好，若有必要还可以对外源基因的密码子进行优化，以提高蛋白质的表达效率。

四、外源基因的敲除

在同源重组过程中，通常会将筛选标记或 BAC 插入到重组病毒的基因组中，出于研发疫苗或其他研究的需要，有时需要将这些外源基因删除。传统的方法是利用同源重组，通过反向筛选方法，将报道基因删除，该方法不仅费时、费力而且效率十分低下。

定位重组系统的发明为删除 DNA 病毒感染性克隆中的外源基因提供了良好的思路。其中，Cre-LoxP 系统是目前使用最为广泛的一种定位重组系统。它是来源于 P1 噬菌体的一个 DNA 重组体系，由 Cre 酶和相应的 LoxP 位点组成。其中，Cre 重组酶是一种由 343 个氨基酸组成的单体蛋白。它不仅具有催化活性，而且与限制性内切核酸酶相似，能识别特异的 DNA 序列，即 LoxP 位点，使 LoxP 位点间的基因序列被删除或重组。Cre 重组酶有 70% 的重组效率，不借助任何辅助因子，可作用于多种结构的 DNA 底物，如线形、环状甚至超螺旋 DNA。它是一种位点特异性重组酶，能介导两个 LoxP 位点（序列）之间的特异性重组，使 LoxP 位点间的基因序列被删除或重组。LoxP (locus of X-over P1) 序列：来源于 P1 噬菌体，是由两个 13bp 反向重复序列和中间间隔的 8bp 序列共同组成，8bp 的间隔序列同时也确定了 LoxP 的方向。Cre 在催化 DNA 链交换过程中与 DNA 共价结合，13bp 的反向重复序列是 Cre 酶的结合域。其序列如下：5′-ATAACTTCGTATA ATGTATGC TATACGAAGTTAT-3′。Cre 重组酶介导两个 LoxP 位点间的重组是一个动态、可逆的过程，可以分成以下三种情况：①如果两个 LoxP 位点位于一条 DNA 链上，且方向相同，Cre 重组酶能有效切除两个 LoxP 位点间的序列；②如果两个 LoxP 位点位于一条 DNA 链上，但方向相反，Cre 重组酶能将两个 LoxP 位点间的序列倒位；③如果两个 LoxP 位点分别位于两条不同的 DNA 链或染色体上，Cre 酶能介导两条 DNA 链的交换或染色体易位。

基于 Cre-LoxP 系统的工作特征，可以在构建重组 DNA 病毒时，通过同源重组，首先要在抗性标记基因两侧引入同向的 LoxP 序列，在筛选出所需要的重组病毒以后，再用该重组病毒感染表达 Cre 重组酶的敏感细胞系，通过识别 LoxP 位点将抗性标记基因切除。或者，将 *Cre* 基因置于可诱导的启动子控制下，通过诱导表达 Cre 重组酶而将 LoxP 位点之间的基因切除（诱导性基因敲除）（图 3-32）。

此外，还可以利用 Red/ET 重组系统删除抗性基因，这是一种基于 λ 噬菌体 Red

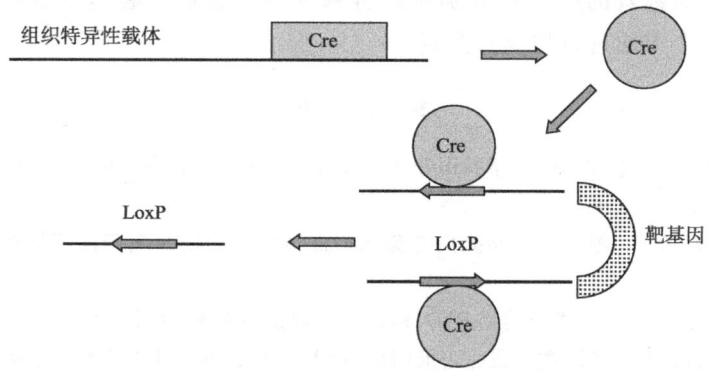

图 3-32　Cre-LoxP 系统删除外源基因的工作原理

操纵子（Redα/Redβ/Redγ）和 Rac 噬菌体 RecE/RecT 重组系统的 DNA 工程技术。通过该技术可以简单、快速地对任意大的 DNA 分子进行插入、敲除、突变等多种修饰，而且还可对长达 80kb 的 DNA 片段进行亚克隆。由于重组反应的整个过程都是在大肠杆菌细胞内部完成，因此不存在碱基突变危险。马立克病毒感染性克隆中的卡那霉素和氯霉素抗性基因就是利用该技术进行删除的。

五、构建重组病毒注意事项

一些学者在研究中发现，BAC 质粒的插入会显著降低病毒的繁殖能力，这可能与毒株选择插入的位点等多种因素有关，也可能与带 BAC 质粒序列的病毒基因组在细菌中进行增殖有关。例如，Baigent 等（2006）研究火鸡疱疹病毒的细菌人工染色体时发现，通过电转化获得的两个含有完整病毒基因组的 BAC 克隆转染细胞后拯救出来的病毒，在体外培养时的增殖速度不仅与亲本病毒存在差异而且这两个克隆之间也存在明显差别。Smith 等（2011）研究发现在 gG 基因中插入 BAC 质粒的重组病毒不仅生长速度比亲本病毒慢，而且在传代过程中会发生 BAC 质粒的丢失，同时会导致插入位点周围病毒序列的删除。因此，外源基因在 DNA 病毒基因组中插入位点的选择非常重要。一般选择病毒复制的非必需区，如疱疹病毒的 TK、gG、gE 基因等，是目前应用较多的同源序列。

结　语

RNA 病毒感染性克隆不仅是对 RNA 病毒实施反向遗传学操作的基石，也是反向遗传学研究的核心内容之一。因此，构建 RNA 病毒的感染性克隆是反向遗传学研究中的一个重要环节。在构建环节中，要注意以下几点：了解 RNA 病毒的基因组结构特点和病毒的复制表达模式是构建感染性克隆的基础；获得病毒基因组的忠实性全序列是构建感染性克隆的前提；全长 cDNA 分子的装配要采取适当的策略和载体；在组装全长 cDNA 分子过程中，注意引入恰当的遗传标志，以利于将来的检测；采取恰当的策略实施病毒的拯救；对拯救的病毒要分别从病毒基因组的复制、表达以及病毒的生物学特性、致病性等多个方面进行检测和鉴定。

参 考 文 献

范宝昌，赵卫，胡志君，等. 2001. 扩增我国登革 2 型病毒全长 cDNA 分子的融合 PCR 方法. 军事医学科学院院刊，2：137-139.

胡建和，刘湘涛，郭东升，等. 2004. 猪瘟病毒兔化弱毒株全长 cDNA 克隆的感染性鉴定. 病毒学报，20：143-147.

黄耀伟，李龙，于涟. 2004. 人类及动物 RNA 病毒的反向遗传系统. 生物工程学报，2004，20：311-318

金奇，曾力宇，杨帆，等. 1999. 禽减蛋综合征病毒 AAV-2 株全基因组文库的构建及核苷酸序列分析. 中国科学（C辑），29：543-548.

莽克强. 2005. 基础病毒学. 北京：化学工业出版社：91-98.

沈倍奋. 2001. 分子文库，北京：科学出版社.

沈萍. 2000. 微生物学. 北京：高等教育出版社

谢庆阁. 2004. 口蹄疫. 北京：中国农业出版社.

Agapov E V, Frolov I, Lindenbach B D, et al. 1998. Noncytopathic Sindbis virus RNA vectors for heterologous gene expression. Proceedings of the National Academy of Sciences of the United States of America, 95 (22): 12989-12994.

Angenent G C, Posthumus E, Bol J F. 1989. Biological activity of transcripts synthesized *in vitro* from full-length and mutated DNA copies of tobacco rattle virus RNA 2. Virology, 173: 68-76.

Arias A, Perales C, Escarmis C, et al. 2010. Deletion mutants of VPg reveal new cytopathology determinants in a picornavirus. PLoS One, 5: e10735.

Baigent S J, Petherbridge L J, Smith L P, et al. 2006. Herpesvirus of turkey reconstituted from bacterial artificial chromosome clones induces protection against Marek's disease. The Journal of General Virology, 87 (Pt 4): 769-776.

Barnes W M. 1994. PCR amplification of upto 35-kb DNA with high fidelity and high yield from λ bacteriophage templates. Proceedings of the National Academy of Sciences of the United States of America, 91: 2216-2220.

Burness A T, Pardoe I U, Duffy E M, et al. 1977. The size and location of the poly (A) tract in EMC virus RNA. The Journal of General Virology, 34: 331-344.

Cann A J. 2005. Principles of Molecular Virology, 4th Edition. UK: Elsevier Pte Ltd.

Chaudhry Y, Nayak A, Bordeleau M E, et al. 2006. Caliciviruses differ in their functional requirements for eIF4F components. Journal of Biological Chemistry, 281: 25315-25325.

Coffin J M. 1996. Retroviridae: The viruses and their replication. *In*: Fields B N, Knipe D M, Howley P M. Fields Virology. Third. Philadelphia: Lippincott-Raven Publichers: 1767-1830.

Commandeur U, Jarausch W, Li Y, et al. 1991. cDNAs of beet necrotic yellow vein virus RNAs 3 and 4 are rendered biologically active in a plasmid containing the cauliflower mosaic virus 35S promoter. Virology, 185: 493-495.

Cui H Y, Wang Y F, Shi X M, et al. 2009. Construction of an infectious marek's disease virus bacterial artificial chromosome and characterization of protection induced in chickens. Journal of Virological Methods, 156: 66-72.

Cui T, Porter A G. 1995. Localization of binding site for encephalomyocarditis virus RNA polymerase in the 3′-noncoding region of the viral RNA. *Nucleic Acids Research*, 23: 377-382.

Duke G M, Osorio J E, Palmenberg A C. 1990. Attenuation of Mengo virus through genetic engineering of the 5′ noncoding poly (C) tract. Nature, 343 (6257): 474-476.

Flatz L, Bergthaler A, De La Torre J C, et al. 2006. Recovery of an arenavirus entirely from RNA polymerase I/II-driven cDNA. Proceedings of the National Academy of Sciences of the United States of America, 103: 4663-4668.

Forman M A. 1989. Creating full-length cDNA from small fragments of genes: Amplification of rare transcripts using a signle gene-specific oligonucleotide primer. *In*: Innis M, et al. PCR protocols and application: A laboratory manual. New York: Academic press: 28-38.

Froussard P. 1992. A random-PCR method (rPCR) to construct whole cDNA library from low amounts of RNA1. Nucleic Acids Research, 20: 2900-2908.

Fu Z. 1997. Rabies and rabies research: past, present and future. Vaccine, 15: 20-24

Goodfellow I, Chaudhry Y, Gioldasi I, et al. 2005. Calicivirus translation initiation requires an interaction between VPg and eIF4E. EMBO Reports, 6: 968-972.

Gritsun T S, Gould E A. 1995. Infectious transcripts of tick-borne encephalitis virus, generated in days by RT-PCR. Virology, 214: 611-618.

Grummt I. 2003. Life on a planet of its own: regulation of RNA polymerase I transcription in the nucleolus. Genes & Development, 17: 1691-1702.

Guilford P J, Beck D L, Forster R L. 1991. Influence of the poly (A) tail and putative polyadenylation signal on the infectivity of white clover mosaic potexvirus. Virology, 182: 61-67.

Hahn H, Palmenberg A C. 1995. Encephalomyocarditis viruses with short poly (C) tracts are more virulent than their mengovirus counterparts. Journal of Virology, 69 (4): 2697-2699.

Hebrard E, Poulicard N, Gerard C, et al. 2010. Direct interaction between the rice yellow mottle virus (RYMV) VPg and the central domain of the rice eIF (iso) 4G1 factor correlates with rice susceptibility and rymv virulence. Mdecular Plant-Microbe Interactions, 23: 1506-1513.

Herbert T P, Brierley I, Brown T D. 1997. Identification of a protein linked to the genomic and subgenomic mRNAs of feline calicivirus and its role in translation. The Journal of General Virology, 78 (5): 1033-1040.

Hoffmann E, Webster R G. 2000. Unidirectional RNA polymerase I-polymerase II transcription system for the generation of influenza A virus from eight plasmids. The Journal of General Virology, 81: 2843-2847.

Hruby D E, Roberts W. 1976. Encephalomyocarditis virus RNA: variations in polyadenylic acid content and biological activity. Journal of Virology, 19: 325-330.

Huang T S, Wei T, Laliberte J F, et al. 2010. A host RNA helicase-like protein, AtRH8, interacts with the potyviral genome-linked protein, VPg, associates with the virus accumulation complex, and is essential for infection. Plant Physiology, 152: 255-266.

Kaiser W J, Chaudhry Y, Sosnovtsev S V, et al. 2006. Analysis of protein-protein interactions in the feline calicivirus replication complex. The Journal of General Virology, 87 (Pt 2): 363-368.

Kasamatsu H, Nakanishi A. 1998. How do animal DNA viruses get to the nucleus? Annual Review of Microbiology, 52: 627-686.

Kassimi L B, Boutrouille A, Gonzague M, et al. 2002. Nucleotide sequence and construction of an infectious cDNA clone of an EMCV strain isolated from aborted swine fetus. Virus Research, 83: 71-87.

Lee C, Calvert J G, Welch S-K W, et al. 2005. A DNA-launched reverse genetics system for porcine reproductive and respiratory syndrome virus reveals that homodimerization of the nucleocapsid protein is essential for virus infectivity. Virology, 331: 47-62.

Liu G, Liu Z, Xie Q, et al. 2004. Generation of an infectious cDNA clone of an FMDV strain isolated from swine. Virus Research, 104: 157-164.

Liu G, Zhang Y, Ni Z, et al. 2006. Recovery of infectious rabbit hemorrhagic disease virus from rabbits after direct inoculation with *in vitro*-transcribed RNA. Journal of Virology, 80: 6597-6602.

Liu Y, Wang C, Mueller S, et al. 2010. Direct interaction between two viral proteins, the nonstructural protein 2C and the capsid protein VP3, is required for enterovirus morphogenesis. PLOS Pathogens, 6 (8): e1001066.

Merits A, Rajamäki M-L, Lindholm P, et al. 2002. Proteolytic processing of potyviral proteins and polyprotein processing intermediates in insect and plant cells. The Journal of General Virology, 83 (5): 1211-1221.

Mertens P P, Diprose J. 2004. The bluetongue virus core: a nano-scale transcription machine. Virus Reseach. 101: 29-43.

Messerle M, Crnkovic I, Hammerschmidt W, et al. 1997. Cloning and mutagenesis of a herpesvirus genome as an infectious bacterial artificial chromosome. Proceedings of the National Academy of Sciences of the United States of America, 94: 14759-14763.

Muylkens B, Coupeau D, Dambrine G, et al. 2010. Marek's disease virus microrna designated mdv1-pre-mir-m4 targets both cellular and viral genes. Archives of Virology, 11: 1823-1837.

Neumann G, Fujii K, Kino Y, et al. 2005. An improved reverse genetics system for influenza A virus generation and its implications for vaccine production. Proceedings of the National Academy of Sciences of the United States of America, 102: 16825-16829.

Neumann G, Zobel A, Hobom G. 1994. RNA polymerase I-mediated expression of influenza viral RNA molecules. Virology, 202: 477-479.

Noteborn M H M, Koch G. 1995. Chicken anemia virus infection: molecular basis of pathogenicity. Avian Pathology, 24: 11-31.

Panda S, Ansari I, Durgapal H, et al. 2000. The *in vitro*-synthesized RNA from a cDNA clone of hepatitis E virus is infectious. Journal of Virology, 74: 2430-2437.

Paule M R, White R J. 2000. Survey and summary: transcription by RNA polymerases I and III. Nucleic Acids Research, 28: 1283-1298.

Portela A, Digard P. 2002. The influenza virus nucleoprotein: a multifunctional RNA-binding protein pivotal to virus replication. The Journal of General Virology, 83: 723-734.

Racaniello V R, Baltimore D. 1981. Cloned poliovirus complementary DNA is infectious in mammalian cells. Science, 214: 916-919.

Rezaian M A, Williams R H, Gordon K H, et al. 1984. Nucleotide sequence of cucumber-mosaic-virus RNA 2 reveals a translation product significantly homologous to corresponding proteins of other viruses. European Journal of Biochemistry, 143: 277-284.

Sarnow P. 1989. Role of 3'-end sequences in infectivity of poliovirus transcripts made *in vitro*. Journal of Virology, 63: 467-470.

Schumacher D, Tischer BK, Fuchs W, et al. 2000. Reconstitution of Marek's disease virus serotype 1 (MDV-1) from DNA cloned as a bacterial artificial chromosome and characterization of a glycoprotein B-negative MDV-1 mutant. Journal of Virology, 74 (23): 11088-11098.

Shizuya H, Birren B, Kim U, et al. 1992. Cloning and stable maintenance of 300-kilobase-pair fragments of human DNA in *Escherichia coli* using an f-factor-based vector. Proceedings of the National Academy of Sciences of the United States of America, 89: 8794-8797.

Smith L P, Petherbridge L J, Baigent S J, et al. 2011. Pathogenicity of a very virulent strain of marek's disease herpesvirus cloned as infectious bacterial artificial chromosomes. Journal of Biomedicine and Biotechnology, 2011: 412-829.

Sommerfelt M A. 1999. Retrovirus receptors. The Journal of General Virology, 80: 3049-3064.

Stadler K, Masignani V, Eickmann M, et al. 2003. SARS——Beginning to understand a new virus. Nature Reviews Microbiology, 1: 209-218.

Sun A J, Xu X Y, Petherbridge L, et al. 2010. Functional evaluation of the role of reticuloendotheliosis virus long terminal repeat (ltr) integrated into the genome of a field strain of marek's disease virus. Virology, 397: 270-276.

Thiel V, Herold J, Schell B et al. 2001. Infectious RNA transcribed *in vitro* from a cDNA copy of the human coronavirus genome cloned in vaccinia virus. The Journal of General Virology, 82: 1273-12811.

Truong H M, Lu Z, Kutish G F, et al. 2004. A highly pathogenic porcine reproductive and respiratory syndrome virus generated from an infectious cDNA clone retains the *in vivo* virulence and transmissibility properties of the parental virus. Virology, 325: 308-319.

Yamshchikov V F, Wengler G, Perelygin A A, et al. 2001. An infectious clone of the west nile flavivirus. Virology, 281: 294-304.

Yanagi M, Purcell R H, Emerson S U, et al. 1997. Transcripts from a single full-length cDNA clone of hepatitis C virus are infectious when directly transfected into the liver of a chimpanzee. Proceedings of the National Academy of Sciences of the United States of America, 94: 8738-8743.

Zhu Y Y, Machleder E M, Chenchik A, et al. 2001. Reverse transcriptase template switching: A SMART™ approach for full-length cDNA library construction. Biology Techniques, 30: 892-897.

第四章 反向遗传学在动物病毒研究中的应用

反向遗传学是一门新兴的分子生物学研究方法或技术，它的诞生极大地促进了生命科学研究的发展，尤其是在 RNA 病毒研究领域所起的作用越来越重要。利用该技术，人们可以有目的地在分子水平上操作 RNA 病毒或 DNA 病毒。突破了以往对 RNA 病毒只能进行单基因研究的局限性，使得人们可以在病毒基因组的整体水平上研究病毒的基因组结构、基因功能；研究病毒与宿主之间的相互作用；研究病毒的致病机理、分子免疫机制；研究新型疫苗或抗病毒药物，等等。可以说反向遗传学已经渗透到病毒学研究的各个领域，并日益发展成为一种强大而有效的研究手段。本章将从以下几个方面来阐述反向遗传学技术在动物病毒研究中的作用。

第一节 在病毒基因组结构与功能研究中的应用

在反向遗传操作技术平台上，可以采取基因敲除、插入、置换或构建嵌合病毒等方法对病毒基因结构或功能进行研究。例如，长期以来，人们一直怀疑小 RNA 病毒的 poly（C）序列与病毒的感染性密切相关，但是一直没有具有说服力的实验证据出现。借助于 FMDV 感染性 cDNA 的成功构建，研究者发现含有截短 poly（C）序列的感染性 cDNA 在 HeLa 细胞上表现出与野毒株相似的生长特性，但是当该序列的长度少于 30 个核苷酸时，病毒在鼠体上的毒力显著减弱。为了进一步确定 poly（C）序列的长度与 FMDV 感染性的关系，Rieder 等（1993）分别构建了含有 2 个、6 个、16 个、25 个、35 个胞嘧啶残基的感染性 cDNA，通过细胞转染实验和实验动物接种发现，这些 cDNA 的转录本显示出相似的感染性，但是含有 6 个以上 C 的病毒 RNA 在细胞上生长得更快，并能很快达到类似于野毒的病毒滴度，随后分离到的病毒与自然毒不能区别。而且他们还发现这些含有截短 poly（C）序列的基因工程毒株，在细胞培养物中连续传代后，其 poly（C）序列能够迅速延长并恢复到类似于野毒株的 poly（C）序列长度（75~140nt）。

杯状病毒的基因组是单股正链 RNA 分子，其 5′端共价结合一种被称为 VPg 的小蛋白。由于杯状病毒基因组中既没有帽子结构，又不含小 RNA 病毒所特有的内部核糖体进入位点（internal ribosomal entry site，IRES），而它又仍能进行正常复制，提示 VPg 可能在病毒 RNA 翻译起始过程中起重要作用。利用反向遗传学技术，Mitra 等（2004）将 FCV 的 VPg 缺失后发现这种缺失突变不仅会使 FCV 的 RNA 翻译效率急剧下降，而且还会导致 FCV 丧失感染性。进一步研究证明 VPg 是通过第 21 位 Tyr 的脲苷酰化与病毒 RNA 共价结合的。若将该氨基酸突变对 FCV 而言，将是致死性的，提示此 Tyr 是关键性氨基酸。同时也证明 VPg 在杯状病毒的生命周期中起重要作用。

利用反向遗传学技术研究蛋白质的结构与功能的关系在动脉炎病毒科中也得到很好的体现。例如，Dobbe 等（2001）在建立马动脉炎病毒侵染性克隆的基础上，用其他 RNA 病毒的基因分别替换 EAV 糖蛋白（GP5）和囊膜蛋白（M），构建了几种嵌合病毒，然后分别转染细胞，用荧光显微镜检测杂交种 GP5 和 M 蛋白向高尔基氏复合体输送情况。结果只能看到含 PRRSV 或 LDV GP5 蛋白胞外功能区的嵌合复合体（GP5-M 异源二聚体）。进一步研究发现，虽然这两种嵌合病毒的毒性被降低，但是它们仍能感染 BHK-21 细胞或 RK-13 细胞，而 PRRSV 和 LDV 是不能在此两种细胞上生长的。由此说明 EAV GP5 蛋白的胞外区并不是决定该病毒组织嗜性的主要区域。PRRSV 的核衣壳蛋白（nucleocapsid）是病毒粒子中含量最高且十分重要的结构蛋白，它通过二硫键不仅可自身形成同源二聚体，也可与 M 或 GP5 形成异源二聚体。Lee 等（2004）利用反向遗传学技术证明，N 蛋白自身的同源二聚体化或与其他结构蛋白的异源二聚体化对维持 PRRSV 的感染性很重要（Lim et al.，1999）。而 N 蛋白的第 23 位和第 90 位的 Cys 在形成这些二聚体过程中则起至关重要的作用，一旦发生突变将使病毒丧失感染性。此外，还证明 N 蛋白的 C 端在维持蛋白构象上起重要作用，其 N 端是由 Arg、Lys 和 His 3 种氨基酸组成的，它们可能和 RNA 基因组的相互作用有关。在上述结构基础上，N 蛋白可以组装成一种高度有序的结构，包括二聚体、三聚体、四聚体，甚至五聚体，这些都是 N 蛋白装配成核衣壳的分子基础。

RNA 病毒基因组的末端一般都具有非编码区，这些区域常形成一些特殊的高级结构，对于维持病毒 RNA 的稳定性、支持病毒的复制或参与病毒表达调控等方面均起重要作用。系统研究非编码区的结构与功能对诠释病毒的表达调控机制和致病机理等具有重要意义。例如，Liu 等（2001）曾利用反向遗传学技术系统研究了鼠冠状病毒（MHV）3′非编码区（3′NCR）的结构与功能。其研究结果发现只保留 MHV 3′NCR 的 poly（A）尾巴及其上游的约 55nt 可保证基因组负链 RNA 的生成，自 3′端的 305～435nt 区段对正链 RNA 的生成具有调节作用。但要维持基因组的复制则需要保留 poly（A）上游至少 436 个核苷酸。其中 MHV 3′NCR 的 182～240nt 区段可形成一个假结节，该结构的形成可能与基因组的复制有关。黄病毒科基因组非编码区的研究也充分利用了反向遗传学技术。例如，已知登革热 4 型病毒（Den4）3′NCR 含有 384nt，其中末端的 81 个核苷酸能形成病毒复制所必需的高级结构，在此结构之前又有 2 个保守性基序（CS）（82～105nt 区段和 117～143nt 区段），它们在病毒复制过程中可能参与与宿主蛋白或自身蛋白之间的相互作用。在侵染性克隆的基础上，将 Den4 3′NCR 的 83～172nt 区段删除，或者将 107～172nt 区段删除，对病毒来说都是致死性突变，但是删除 117～143nt 或 208～234nt 区段对病毒的活性则没有明显影响。将 Den2 病毒 3′NCR 的部分序列（约 93nt）替换为西尼罗河病毒（WNV）3′NCR 的相应区段，所得到的嵌合病毒仍保持在细胞中复制的能力，但复制水平低于野生型病毒复制水平。若用 WNV 3′NCR 的茎-环结构区（stem-loop，SL）置换 Den2 的 3′SL 区，则 Den2 病毒的复制能力丧失。进一步研究发现 Den2 3′SL 中的 7～17 位核苷酸和 63～73 位核苷酸是形成茎-环结构的关键性部位，该结构对保证病毒的复制能力十分重要，若予以替换病毒将不能复制（Men et al.，1996）。

Sun 等（2009）以整合 REV-LTR 片段的 MDV 野毒株 GX0101 为亲本毒，构建了 BAC 感染性克隆，利用 Red/ET 介导的突变技术，用卡那霉素基因代替 REV-LTR 序列。通过比较 GX0101 BAC 病毒和缺少了 REV-LTR 序列的 GX0101 LTR BAC 病毒的致病性，发现 REV-LTR 的插入不是增强 GX0101 毒株的致病性和致肿瘤能力，而是增强该毒株横向传播的能力。

第二节 在病毒基因组复制与表达机制研究中的应用

利用反向遗传学技术研究病毒基因组的复制与表达机制是一种最直接、最有效的途径。根据病毒基因组的结构特点和编码产物，可以有选择地对靶基因进行定点突变、基因缺失或基因置换等，然后分析这些基因操作对病毒基因组的复制和表达水平的影响，进而可研究其调控的分子机制。例如，小 RNA 病毒的基因组非编码区往往含有一些重要的与病毒复制和翻译有关的顺式元件，而这些结论基本上都是借助反向遗传学技术得到的。例如，3′非编码区（3′NCR）末端序列的精确性对于维持脊髓灰质炎病毒的复制与感染是必需的；将口蹄疫病毒（FMDV）5′NCR 中的内部核糖体进入位点（IRES）元件进行突变或置换，其蛋白质的翻译效率将降低或丧失；将 FMDV 5′NCR 中特有的 poly（C）序列的长度改变或删除，也将影响病毒的复制效率和感染性。FMDV 的非结构蛋白 3A 在病毒复制起始时与宿主细胞成分发生互作，并诱导细胞内膜增生，这是病毒 RNA 复制的一个前提条件。Knowles 等（2001）构建了删除 3A 部分序列的 O/TW/97 株的感染性克隆，发现拯救病毒在细胞中仅能产生少量的 RNA，提示 3A 蛋白与病毒 RNA 的复制能力有关。另外，FMDV 的 3C 蛋白（酶）在多聚蛋白前体以及 RNA 复制过程中也扮演着极其重要的角色。例如，在病毒 RNA 复制起始阶段 VPg 发生尿苷酸化，3C 蛋白则通过剪切组蛋白 H3 可能影响宿主细胞的转录而有利于病毒基因组的复制（Grubman et al.，2008）。

副黏病毒的基因组往往遵循"6 碱基原则"，否则病毒基因组就不能进行有效复制、表达和病毒的装配。该原则就是利用反向遗传学方法首先在仙台病毒中发现的，随后借助于感染性克隆在新城疫病毒和麻疹病毒中也发现这一规律，这对体外拯救副黏病毒具有重要的指导意义。

大量研究证明，登革热病毒基因组的非编码区与病毒的复制和毒力有关。例如，Cahour 等通过构建一系列登革热病毒的缺失突变体，发现其 5′NCR 二级结构的长茎区第 55～第 72 位碱基是病毒复制所必需的，若将该区碱基缺失，病毒将不能复制。而 5′NCR 的 82～87 位碱基则与病毒的致病力有关，这些碱基的删除可降低病毒对宿主的致病性。Hanley（2004）的研究发现，IV 型登革热病毒的 3′NCR 末端的 81 个碱基能形成病毒复制所必需的二级结构，在该二级结构之前还有一些保守的顺式作用元件：CS-1（82～105nt）、CS2-A（117～143nt）和 CS2-B（208～234nt），它们可能在病毒复制过程中发挥调控作用，这些元件的删除或突变对病毒的复制能力都将产生一定影响。类似的结果在其他血清型的登革热病毒中也有发现，如 Zeng 等（1998）通过将西尼罗河病毒的 3′NCR 置换 DEN2 的 3′NCR，拯救病毒的复制能力明显降低，进一步研究发现

DEN2 的 3′NCR 的第 7～第 17 位和第 63～第 73 碱基对病毒的复制非常关键。

由于丙型肝炎病毒（HCV）缺乏敏感细胞系，人们常采用先构建 HCV 复制子，再建立含有 HCV 复制子细胞系的策略来研究 HCV 的复制和表达机理。在此过程中，人们发现 HCV NS3 的 E1201G、T1280I 和 NS5A 的 S2197P 突变是影响复制子在细胞中复制能力的重要因素。它们是在抗 G418 细胞内发生的适应性突变，这种突变可通过直接或间接影响与复制相关的酶的活性，或者通过改变病毒复制复合体与宿主细胞蛋白因子间的相互作用来提高突变复制子的复制能力（Krieger et al., 2001）。

Han 等（2007）通过对 PRRSV *Nsp2* 基因进行一系列缺失突变，发现该蛋白质的第 13～第 35 位氨基酸是病毒复制的非必需区，其中的高度变异区（324～813aa）甚至能耐受100～200aa 的缺失。Chen 等通过对 Nsp2 蛋白中的 B 细胞表位进行缺失分析，发现该表位对 PRRSV 的复制并不必要，但对于调节宿主的免疫反应有着重要的作用。

第三节　在病毒分子致病机理研究中的应用

利用反向遗传学技术研究 RNA/DNA 病毒致病机制的最大优点在于：可以对病毒基因组中致病性基因进行快速、精确的定位。例如，Sumiyoshi 等（1995）利用反向遗传学技术证明乙型脑炎病毒 E 蛋白的第 138 位氨基酸是该病毒致病的关键性基因，若该氨基酸为酸性氨基酸时，病毒表现出强毒性；若为碱性氨基酸，则病毒表现为弱毒性。研究表明，JEV 的核心蛋白上存在核定位信号（NLS），使得核心蛋白可以与核输入受体蛋白结合并进入细胞核。JEV 核心蛋白的这种核定位功能不仅对病毒在细胞中的复制起重要作用，在 JEV 诱导脑炎的致病过程中也起关键性作用。运用反向遗传学研究手段，Mori 等（2005）进一步研究发现核心蛋白的 Gly[42] 和 Pro[43] 是保证核心蛋白具有核定位功能的关键氨基酸，若将其用 Ala 置换，虽然仍能从宿主细胞中拯救出病毒，但是不能在 Vero 或 C6/36 细胞核中检测到核心蛋白，而且病毒在 Vero 细胞中的增殖能力被削弱。将这种病毒突变体经脑内接种老鼠，可表现出高水平的神经毒性，但是经腹腔接种则不能从小鼠脑内分离到病毒。

禽流感病毒（AIV）是一种基因组分节段的负链 RNA 病毒，因此可以利用基因重排或重组的研究方法，研究 AIV 各个基因及其编码产物的功能。例如，Seo 和 Webster（2001）用 1997 年香港 H5N1 的 *NS1* 置换 H1N1 的 *NS1* 基因，所得到的重组病毒对猪的致病性大为提高，由此认为 *NS1* 在决定 H5N1 对哺乳动物的致病力方面起重要作用。利用同样的技术，国内不仅进一步证明 NS1 是决定 H5N1 亚型禽流感宿主范围和致病性的重要功能性基因，而且找到起决定性作用的关键氨基酸（NS1～149）。此外，他们还发现 *PB2* 基因的第 701 位核苷酸可能是 H5N1 亚型禽流感病毒跨宿主感染哺乳动物的一个重要分子标记。石火英和刘秀梵（2006）利用反向遗传学技术对禽流感病毒的基因组进行重排，获得 3 株 H9N2 亚型重组病毒，然后分别研究它们的致病性。结果表明置换母本毒的 HA 基因，能改变传播途径特性和传播效率，从而证明 HA 基因在病毒传播中可能起关键性作用。Subbarao 等（2003）利用定点突变技术将 AIV H5N1 亚型的 HA 基因的裂解位点缺失，结果所拯救的病毒不仅可在鸡胚中大量增殖，而且对鸡胚和易感动物的致病力大大下降,说明 HA 的裂解位点与病毒的宿主嗜性和致病力密切相关。

埃博拉病毒(EBOV)是人类迄今为止所发现的死亡率最高的一种病毒。目前关于它的详细致病机制还不很清楚,反向遗传学技术为探索这一问题提供了良好的技术手段。Volchkov 等于 2001 年成功建立该病毒的反向遗传研究系统,并在此平台上对 EBOV 囊膜糖蛋白(GP)的编辑位点进行突变,结果拯救到的病毒突变体不再表达非结构糖蛋白(sGP),GP 的表达量虽然增加,但仅以非成熟前体聚集在内质网内。进一步研究发现,该病毒突变体的细胞毒性大大超过野生型病毒,说明 EBOV 通过转录后的 RNA 编辑以及 sGP 的表达可以下调由 GP 引起的细胞毒性。

很久以来,人们猜测 FMDV 非结构蛋白中的 3A 蛋白与病毒的组织嗜性有关,因为在研究 FMDV 减毒疫苗过程中,人们发现 FMDV 在鸡胚上连续传代后能被致弱,用聚丙烯酰胺凝胶电泳对 FMDV 的蛋白质进行分析,结果显示 3A 蛋白的大小发生明显改变。后来又发现这些改变是 3A 蛋白的 C 端发生 19 或 20 个密码子的缺失所致。类似的缺失现象也出现在 O/TAW/97 分离株中。这种缺失使得 FMDV 对牛的感染性降低,但是这种缺失又使 FMDV 对猪的感染性增强,改变了传统的 FMDV 以感染牛为主的疫情状况。为了进一步证实该推测,Beard 和 Mason(2000)用反向遗传学技术,以猪源 FMDV(OTai 分离株)的 *3A* 基因置换对牛有强致病性的 FMDV(A12 株)的相应基因,构建了 3 株嵌合病毒,然后感染牛源细胞,结果发现嵌合病毒在牛源细胞上的生长受到限制。Núñez 等(2001)进一步研究发现将 FMDVC-S8c13A 蛋白的一个氨基酸改变(Q44→R)将会使 FMDV 对豚鼠具有感染性,而且可以产生典型的临床表现。从而证明 3A 与 FMDV 的宿主嗜性的改变密切相关。

利用反向遗传学技术研究病毒的致病机制在其他一些病毒研究中也有充分的体现。例如,Kanno 等(2001)在构建 SVDV 强、弱毒株感染性克隆的基础上,通过制备一系列重组病毒和定点突变病毒,发现 VP1-132 和 2A-20 是决定 SVDV 毒力表型的两个关键性氨基酸,其中后者是主要毒力决定性位点。通过构建嵌合病毒,Brandt 等(2001)发现传染性法氏囊病毒(IBDV)的 VP2 是决定病毒细胞嗜性的关键蛋白。进一步对 VP2 的氨基酸序列进行分析,认为该蛋白质的第 253 位、第 279 位、第 284 位和第 330 位氨基酸是关键性位点。Mundt(1999)利用反向遗传学技术对 VP2 的第 253 位、第 284 位和第 330 位氨基酸分别进行了定点突变,然后研究这种改变对拯救病毒细胞嗜性的影响,其结果证明了 Brandt 的推测。Loon 等(2002)对 VP2 也进行定点突变研究,其结果显示对 VP2 单位点突变(Q253H 或 D279N)均不能使 vvIBDV UK661 株适应细胞培养,但 A284T 突变则能使 UK661 株在细胞上生长,但是病毒滴度不高。Lim 等(1999)对 VP2 进行了双位点突变(A284T 和 D279N),结果发现 vvIBDV HK46 株能够在 CEF 中生长和复制,将收获的突变病毒接种 SPF 鸡,其致病力下降,法氏囊没有明显病变。这些研究结果都证明 VP2 蛋白不仅决定 IBDV 的宿主嗜性,而且可能是 IBDV 的毒力相关性因子。Boot 等(2000)用 IBDV 超强毒株的 *VP2* 基因置换弱毒株的 *VP2*,拯救出嵌合病毒 mCEF94-vvVP2。然后用它接种 SPF 鸡,结果只能引起鸡的法氏囊病变,但是不能致死,说明 VP2 是 IBDV 的唯一致病性因子。使用类似的研究方法，将弱毒株的 *VP3* 基因替换成超强毒株的 *VP3*，然后再接种 SPF 鸡，发现法氏囊也可产生中等强度的病变，提示 *VP3* 也是 IBDV 的一个致病基因。

在研究黄热病毒减毒疫苗毒力致弱机理过程中，发现 YF17D 减毒株的 E 蛋白区存在 12 个氨基酸变异，这些突变是造成疫苗减毒的分子基础。Schlesinger 等（1985）进一步确定其中的 52 位（R-G）、305 位（F-V）和 380 位（R-T）共同导致疫苗的减毒。类似的研究在日本乙型脑炎病毒致病机理研究中也有体现，利用反向遗传学技术研究 JEV 减毒疫苗 ML-17 株的减毒机理，发现其 Prm 区的 127 位氨基酸突变（Met-Ile）能显著降低病毒的神经侵袭力。对一株自然分离的弱毒株进行研究分析，发现 NS3 区的 109 位和 122 位氨基酸以及 3'NCR 碱基的突变导致该毒株毒力的降低。

随着 NDV 反向遗传学系统的建立，NDV 致病机制的研究领域也取得突破性进展。例如，Peeters 等利用反向遗传技术证明 F 蛋白的裂解位点与病毒的毒力有关，若将 NDV Lasota 株 F0 裂解位点的氨基酸序列突变为强毒株的序列，Lasota 株的致病力将明显增强。有学者在鸡体内系统研究了 F、HN 以及 P 蛋白与 NDV 致病性之间的关系，其研究结果表明不仅 F 蛋白和 HN 蛋白是 NDV 致病的重要分子基础，HN 蛋白与 F 蛋白之间的相互作用对 NDV 的致病力也具有很大影响。此外，P 基因编码的 V 蛋白和 W 蛋白也与 NDV 的致病力密切相关。

将 REV LTR 插入 MDV 超强毒株 Md5 的细菌人工染色体克隆（BAC）（rMd5-RM1-LTR），将 rMd5-RM1-LTR 病毒和 rMd5 病毒在鸭胚成纤维细胞传 40 代，然后进行致病性研究。对易感鸡分别接种 rMd5-RM1-LTR、rMd5BAC 母本病毒、野生 Md5 株或 RM1 株。结果证明，rMd5-RM1-LTR 病毒经细胞培养 40 代毒性减弱，而没有插入 RM1LTR 的 rMd5BAC 传 40 代后仍然保持了其致病性。采用 PCR 方法从接种 rMd5-RM1-LTR 鸡的软层细胞分离的 MDV 中检测到 RM1LTR 的插入，但仅能在接种后 1 周检测到。数据显示，于孵化时接种病毒后 1 周在 MDV 基因组中出现的 RM1LTR 插入能有效减弱 MDV Md5 株的致病性（Monath et al., 2002）。

第四节 在病毒与宿主相互作用研究中的应用

病毒感染宿主细胞的基本前提是与细胞表面的受体相结合，然后借助于吞噬或胞饮等作用进入细胞，实现病毒内化过程，并开始其自身的增殖过程。病毒与受体之间的这种相互作用是特异性结合反应。受体不仅介导了病毒的侵染过程，而且决定了病毒的宿主组织细胞嗜性范围。因此，寻找和鉴定病毒的受体是病毒分子生物学研究的一项重要内容。研究病毒受体的方法很多，经典的有免疫共沉淀方法、亲和层析方法、病毒覆盖蛋白结合方法（VOPBA）以及酵母双杂交技术等，目前已经有许多病毒的受体通过上述方法得到鉴定。反向遗传学技术的兴起为开展病毒受体研究提供了新的思路和方法。利用该方法研究病毒受体的优点是：①可以对病毒受体的结合域进行快速而精确的定位；②可以动态研究病毒与受体之间的相互作用、观察和分析病毒-受体之间相互作用与病毒致病机制之间的关系；③可以利用缺失、突变或重组技术改变受体吸附位点，建立减毒毒株，为研制新型疫苗奠定基础。

大量研究表明，硫酸乙酰肝素（HS）是 FMDV 侵染细胞的受体分子之一。若改变 FMDV 外壳蛋白上 1 个或 2 个氨基酸残基而使之带正电荷，可使病毒结合 HS 的能力增强。例如，已用反向遗传学技术证明改变 VP3 的第 56 位组氨酸是结合 HS 的关键性氨基酸，它的改变不仅可以使 FMDV 快速适应组织细胞培养，而且能增强病毒对细胞的致病力。Sa-carvalho 等（1997）构建了一种嵌合病毒，即把两个不同血清型的 O1 株编码核衣壳蛋白的 cDNA 序列插入 A12 株的感染性 cDNA 分子中，构建成一种新型杂交种病毒，它能表现出原来亲本的基因型，通过不断增加核衣壳蛋白基因的长度比例，研究并分析嵌合病毒在细胞中的生长情况及其毒力的变化，发现 FMDV 基因组上带正电荷的 2134 位和 3056 位氨基酸是吸附肝素所必需的，在体外通过与肝素结合选择出的 O 型 FMDV 毒株，在自然宿主中致病性却减弱了。用 C 型 FMDV 的衣壳蛋白基因替换 O1K 感染性 cDNA 的衣壳蛋白基因构造了一种嵌合病毒，并使用定点突变技术对其实施突变，将嵌合病毒在细胞培养物中连续传代，发现组织适应性病毒对肝素的亲和性提高。整联蛋白是另外一类已经明确的 FMDV 受体，该家族中的许多成员包括 αvβ1、αvβ3、αvβ5、αvβ6 等都是通过识别精氨酸-甘氨酸-天冬氨酸（RGD）三肽而结合 FMDV，该短肽位于 FMDV 的 VP1 蛋白中，呈现于病毒衣壳的表面，是高度保守的序列。为了进一步研究该序列在病毒感染过程中的作用，Leippert 等（1997）利用反向遗传学技术，分别在 RGD 序列内部及其附近区段制造了 13 个点突变。体外转录生成 RNA 后，转染 BHK-21 细胞，结果发现在 RGD 序列内部发生点突变的 RNA 转染细胞后，不能产生感染性的病毒粒子，在 RGD 附近区段发生突变的 RNA 则能产生感染性病毒。为了进一步证明这些没有感染性的病毒只是由于在细胞吸附位点上有缺陷，他们又将在 RGD 序列内部发生点突变的 RNA 与表达有野生型 P1 蛋白的 RNA 共转染细胞，结果产生有感染性的病毒粒子，因而也证明 RGD 序列在病毒吸附过程中具有重要作用。Rieder 等（1994）的研究结果还表明，FMDV RGD 后的一些氨基酸，如 RGD +1 位和 RGD +4 位的氨基酸对受体识别也很重要，它们可以决定整联蛋白的特异性。例如，FMDV RGD +1 位氨基酸是亮氨酸（RGDL）时，其结合的受体是 α5β1 和 αvβ3，若为精氨酸（RGDR），则 FMDV 仅与 αvβ3 结合，而不能与 α5β1 结合。RGD +4 位氨基酸常为亮氨酸，有时也可能是异亮氨酸，此时病毒对 αvβ6 具有高亲和力。利用反向遗传学技术，人们还证明 FMDV 可能利用第三类受体侵染细胞。例如，Zhao 等（2003）将猪源 FMDV 基因组中的 RGD 序列突变为 KGE 序列，然后将含有此突变位点的 P1 编码区置换牛源 FMDV 的对等基因，获得嵌合病毒。将该嵌合病毒接种猪后，仍能引起猪发病，且回收病毒基因组序列中仍保留 KGE 序列。这提示 FMDV 有可能利用了一种新型的受体。

利用反向遗传学技术研究受体在其他许多病毒中也有深刻体现。例如，Dobbe 等（2001）将猪繁殖与呼吸综合征病毒（PRRSV）的 GP5 和 M 蛋白转运到高尔基复合体上的过程及其在病毒装配中的作用进行研究，确认了 GP5 蛋白在受体识别中的作用。人副流感病毒（hPIV）虽然和仙台病毒（SeV）同属副黏病毒科，但是其受体依附位点并不完全一致。3 个血清型的人副流感病毒的受体结合位点都是位于神经氨酸酶催化部位，而仙台病毒除此之外还具有一个额外的受体结合位点。通过序列比对分析，发现它们在第二个受体结合位点附近有 2 个氨基酸差异（521 位和 523 位）。Bousse 和 Takimoto（2006）将 hPIV HN 的 Asn_{523} 突变为 SeV HN 的 Asp，然后利用反向遗传学技术，用 hPIV 突变的 HN 基因置换 SeV 的 HN 基因，结果获得一种重组病毒，它在 hPIV 的 HN 基因上产生了第二个受体结合位点，该位点的产生对于重组病毒的生长和融合活性都没有明显影响。其研究说明副黏病毒 HN 基因的 523 位氨基酸是形成第二个受体结合位点的关键性氨基酸，它在副黏病毒科中存在一定程度的变异，并由此影响了病毒受体的选择性结合。1918 年流感的世界性大流行曾经夺走了约 5000 万人的性命，关于其来源一直是人们探究的重要课题。人们怀疑该次流感的大流行可能是 HA 蛋白上的受体结合位点发生变异，致使流感病毒突破种间屏障从鸟类传染给人类。为了证明这一假设，Glaser 等（2005）首先比较分析了禽流感病毒与 1918 年人流感病毒（A/New York/1/18）的 HA 基因序列，发现它们仅在第 190 位氨基酸存在差异。于是，利用反向遗传学技术将 A/New York/1/18 株 HA 基因的 Asp_{190} 突变为禽流感的 Glu_{190}，发现该病毒突变体优先结合鸟类受体，而结合人类受体的能力降低了。

第五节　在新型疫苗和抗病毒药物研究中的应用

近年来 RNA 疫苗的出现，是反向遗传学的又一巨大贡献。所谓 RNA 疫苗，就是以 RNA 病毒为载体，用一种或多种异源基因来取代病毒的结构蛋白编码基因，保留病毒复制酶基因，使其保持自主复制的能力。通过 RNA 聚合酶系统在体外合成含有外源基因的重组病毒 RNA，然后将其免疫动物，可以刺激机体产生免疫反应。目前已用于开发 RNA 疫苗的病毒主要有甲病毒（*Alphaviruses*）、黄病毒、小 RNA 病毒、副黏病毒、杯状病毒等。这类疫苗具有以下优点：①基因组小，便于操作；②外源基因的表达效率高；③能同时诱导体液免疫和细胞免疫；④安全性好，避免了 DNA 整合到宿主染色体中的危险性。应用反向遗传技术研究新型疫苗的思路主要有：①首先寻找病毒基因组中的毒力决定性基因或关键位点，通过对毒力决定性基因的缺失或修饰得到一种无毒或减毒毒株，以此制备新型的减毒活疫苗。例如，缺失 FMDV 细胞吸附位点的编码序列或前导蛋白酶的编码序列可得到 FMD 的减毒毒株，将其做成减毒活疫苗免疫动物可获得较好的免疫效果。②将不同血清型、不同病毒的免疫原基因嵌合在一起，通过该嵌合突变体在体内的自主复制得到具有感染性的嵌合病毒，进而开发出多价疫苗。例如，在 DEN4 感染性克隆的基础上构建型间嵌合体，表达 DEN1、DEN2、DEN3 的结构蛋白，以之为基础做成多价疫苗，能为实验动物提供保护作用。③可以采用基因重组或重排的基因工程方法，将强毒株的致病基因替换成弱毒株相应的低致病性或无致病性基因，从而获得既安全且有良好免疫原性的重组病毒，在此基础上可以研发出安全而有效的新型疫苗，如禽流感的减毒活疫苗就是通过提供非表面抗原基因的供体毒株和流行毒株重配来研制的。其要点是将目的亚型 AIV 的 HA 基因和 NA 基因分别克隆至载体中，AIV 另外 6 个基因片段由长期使用证明无毒性的 AIV 亚型提供。图 4-1 列出该种疫苗研制的技术路线。

随着口蹄疫病毒感染性克隆的成功构建，人们对 FMDV 基因组的背景有了清楚的

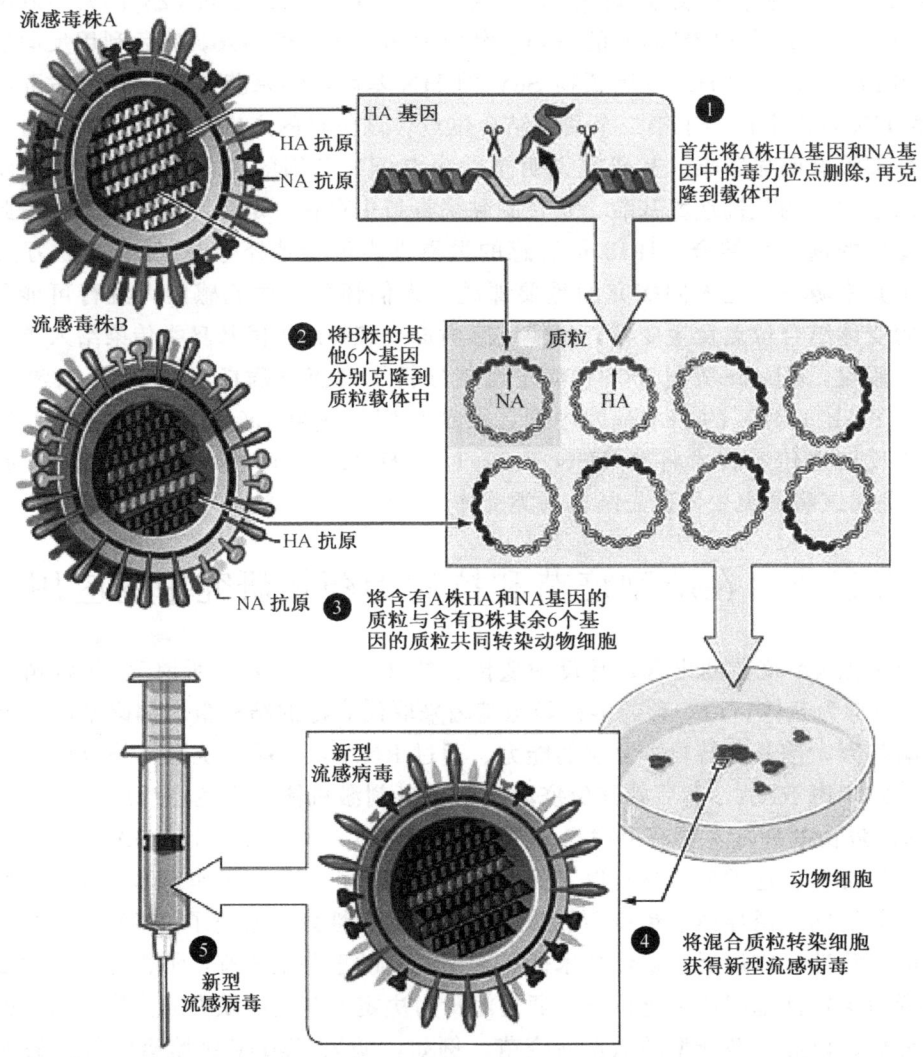

图 4-1 利用反向遗传学技术构建禽流感减毒毒株的技术路线

认识，对各基因的功能也基本了解。在此基础上，兽医科学家不再局限于仅利用免疫原性基因来构建基因疫苗，而是通过构建 FMDV 的全长 cDNA，利用体外转录系统得到感染性转录本，然后以之转染敏感细胞系或动物体，得到感染性病毒粒子（又称为感染性克隆），在此基础上利用基因缺失、突变、嵌合等反向遗传技术将这种感染性病毒致弱，使其对宿主细胞蛋白表达系统的抑制作用解除，但保留了野毒的免疫原性及其正常的增殖能力。将这种毒力丧失或毒力致弱的病毒制成核酸疫苗后免疫动物，可获得与自然毒相同的免疫效果，我们称这种类型的基因疫苗为感染性克隆疫苗。与以往的基因疫苗相比，感染性克隆基因疫苗既继承了基因疫苗的优点，又克服了基因疫苗表达量低的缺憾。理论上基因疫苗可以源源不断地高水平表达免疫原，事实上目前的基因疫苗很难达到预期的表达水平，其关键在于外源基因能真正进入细胞或细胞核的量很少，免疫原的表达量大打折扣。感染性克隆疫苗则不然，因为它作为一种毒力减弱的活毒进入机体内，具有正常的生活周期，却又没有致病性或致病力很弱，所以它在体内的表达量要远远高于以往的基因疫苗。

首先尝试 FMDV 感染性克隆疫苗研究的是美国的 Mckenna 等（1995），他们在 FMDV A12 株感染性 cDNA 基础上构建了缺失 RGD 序列的 FMDV，以之免疫牛获得较好的免疫效果。1997 年 Ward 等也进行了类似的研究，即将所制备的缺失了细胞吸附位点编码序列的基因工程毒导入实验动物体内，动物表现出较强的免疫应答，所产生的中和抗体可保护实验动物抵御强毒的攻击。这种利用基因缺失技术所得到的弱毒疫苗事实上也可以称为基因缺失疫苗，在其他动物病毒中已经有成功应用的先例。已有的研究结果表明，FMDV 前导蛋白（leading protein，L）是一种功能独特的蛋白酶，它不仅能将自身从聚合蛋白上切割下来，而且能切断宿主细胞的起始因子 eIF4G，抑制宿主细胞蛋白起始翻译的过程，而且新近研究还表明 L 可能是病毒的一种毒力因子。所以人们又开始尝试构建缺失 L 蛋白酶基因的基因工程毒，以期研制出更为理想的 FMD 基因疫苗。1998 年，Chinsangaram 和 Almeida 几乎同时进行了这方面的研究工作（Chinsangaram et al.，2001），他们不仅成功构建缺失 L 基因的基因工程毒，而且与化学灭活苗做比较，进行了动物接种实验。结果表明，该毒株具有与灭活苗同等的免疫效力，它不仅能保护实验动物免受强毒的攻击，而且具备不散毒的优点。因此，这种人工致弱的基因工程毒具有发展成为新一代弱毒疫苗的潜在优势。Fowler 等（2008）以 FMDV A12-119 株为骨架，以 O/C 型的相应区段置换 VP1 的 G-H 环以研制标记疫苗。其结果表明，利用嵌合病毒制备的灭活疫苗能够对猪体产生完全保护，在牛体接种疫苗后可诱导中和抗体的产生，并在免疫后 21 天仍可完全保护动物免受病毒的攻击。

类似的研究还体现在其他动物疫病新型疫苗研究方面。例如，Huang 等（2000）在构建 DEN2 疫苗株 PDK-53 感染性克隆的基础上，将 DEN1 疫苗株 PDK-13 的结构基因置换 DEN2 的结构基因，得到一种嵌合的登革热病毒（DEN2/DEN1）。该嵌合病毒继承了登革热减毒毒株的一些特性，如形成的噬斑较小、在 LLC-MK2 细胞上具有温度敏感性、在 C6/36 细胞上不能有效复制、对小鼠毒力减弱等。此外，DEN2/DEN1 病毒诱导小鼠产生的针对 DEN1 的中和抗体水平要高于母本疫苗株 PDK-13 所诱导产生的抗体水平，显示该嵌合病毒可以用于 DENV-1 病毒的候选疫苗株。Guirakhoo 等（2000）也曾将 DENV-2 的 *prM* 和 *E* 基因插入到黄病毒疫苗株（YF17D）的感染性 cDNA 中，构建了一种嵌合二价疫苗。该疫苗不仅对小鼠没有神经毒性，而且接种猴子以后可以产生高水平的中和抗体，并能对抗 DENV-2 野毒株的攻击，使实验动物得到完全保护。其结果表明该嵌合病毒有望发展成为一种新型 DEN 疫苗。在此研究的基础上，他又尝试将 DEN1-4 型野生病毒的 *prM* 和 *E* 基因置换黄热病毒（YF17D）的对应基因，得到新的嵌合病毒。该杂交种病毒可以在 Vero 细胞中稳定增殖且能保持无神经毒力特性，将其单剂量接种短尾猴 6 个月后，再用强毒攻击，结果所有的免疫猴都产生了抗 4 型 DEN 病毒的抗体，且 92% 的猴子被保护（Guirakhoo et al.，2004）。

其他一些黄病毒，如西尼罗河病毒、日本乙型脑炎病毒和黄热病毒的减毒活疫苗的研制也大多采用反向遗传方法，如 Monath 等（2002）以黄热 17D 减毒株为骨架，嵌合西尼罗河病毒prmM/E构建了一种安全性好、能刺激产生有效抗体的减毒活疫苗ChimeriVax-WN02。目前该疫苗在美国已进入II期临床试验阶段（Monath et al., 2002）。巴斯德公司以黄热YF17D为骨架嵌合了SA14-14-2株的 *prM/E* 基因，所获得的疫苗具有非常好的安全性和免疫效果。目前该疫苗已经在澳大利亚和泰国进行注册（Monath et al., 2003）。

鉴于PRRSV的Nsp2蛋白编码区存在一些与病毒复制无关的区域，国内外学者先后都在尝试利用反向遗传学技术研发PRRSV的标记疫苗或重组疫苗。例如，Fang等（2008）用绿色荧光蛋白（GFP）基因置换Nsp2编码区中的抗原决定簇，构建了能表达Nsp2-GFP融合蛋白的重组PRRSV。动物实验结果表明，该重组病毒可以用血清学方法与野毒株区别，这为以后的标记疫苗的研制提供了依据。最近，上海兽医研究所利用反向遗传操作技术，以猪繁殖与呼吸综合征病毒弱毒疫苗（HuN4-F112）的全基因组为骨架，在其 *nsp2* 基因非必需区删除75个核苷酸后，在此位点插入来自新城疫病毒 *NP* 基因末端抗原优势区，拯救出一株新的重组病毒。该病毒不仅继承了母本毒良好的免疫原性，而且能激发猪产生特异的新城疫抗体，借此可以区分免疫动物和自然感染动物。Tan等（2011）在PRRSV N蛋白编码区也鉴定出一些不影响PRRSV复制能力的位点，并可以插入一些外源标签，为开发PRRSV新型标记疫苗提供参考信息。Wang等（2008）通过将PRRSV强毒MN184株的结构蛋白部分和弱毒疫苗Ingelvac PRRSMLV的非结构蛋白进行嵌合，获得毒力减弱的MN184，这为研制新型PRRSV弱毒疫苗提供了一个良好思路。

作为反向遗传学系统的一种独特形式，RNA病毒的复制子不仅在研究RNA病毒的复制和表达调控等方面发挥重要作用，它在发展和评估抗病毒药物中也非常有用。这一点在筛选抗HCV药物方面有充分体现，因为一些抗病毒药物的靶子通常是与病毒复制的关键酶，如NS2/NS3蛋白酶、NS3解旋酶和NS5B RNA聚合酶等，这些蛋白酶的表达与否可通过复制子RNA的表达水平进行评价。另外，在复制子系统中往往插有报道基因，因此通过报道基因的表达可以方便地筛选抗病毒药物。利用复制子模型进行抗病毒药物筛选有如下优势：①当待筛药物为核苷类似物时，必须将其转变为激活的磷酸化形式方能与纯化的病毒蛋白相作用，对化合物进行体外磷酸化的化学修饰，操作复杂耗时长，而利用复制子系统时，只需将核苷类似物直接加入细胞环境，待其吸收后即能在生物环境下自行磷酸化。②生物环境下的HCV病毒蛋白多倾向于形成一种高度有序的多聚蛋白复合体，许多暴露在单个病毒蛋白表面的化合物结合位点，在细胞培养条件下却被掩埋在蛋白复合体内部。因此，一些体外证明对某个特定的病毒蛋白有作用的药物，应用于细胞条件下时却不能有效地阻断病毒RNA复制，而利用复制子系统则能避免这一现象。

目前针对HCV药物的研究基本上都是利用复制子系统进行的。例如，研究表明，IFN-α能明显抑制HCV RNA复制，其抑制作用与IFN-α的剂量及作用时间有关。PKR等干扰素刺激基因（IFN-Ast imu lated gene，ISG）可能介导了IFN-α的抗病毒作用。Frese等（2001）证实IFN-α对HCV复制的抑制不依赖于MxA蛋白。IFN-γ也能有效地抑制HCV RNA的复制，并与IFN-α有协同抗HCV的作用，说明IFN-γ在特异性和非特异性抗 HCV 细胞免疫方面发挥重要作用。

Cui 等（2009）构建了 MDV 814 株全基因组感染性克隆，将拯救的重组病毒（MDV 814 BAC）免疫 1 日龄 SPF 鸡后，能够抵抗 MDV 强毒的攻击，表明该拯救病毒株具有研发预防鸡马立克氏病新型疫苗的潜力。Silva 等（2010）从 MDV BAC 分子克隆化病毒中敲除主要致瘤基因 *meq*，获得一株毒力完全致弱的重组病毒，该毒株不仅对鸡体重增长无任何不良反应，而且能有效保护易感鸡抵抗超强毒 MDV 686 的攻击，其保护效果明显优于商品化疫苗（CVI988/Rispens），提示该病毒有望被开发成更加高效的 MDV 疫苗。

第六节 在研发新型病毒载体中的应用

与传统活病毒载体（如腺病毒、痘病毒等）相比，以 RNA 病毒（如甲病毒）作为载体具有如下优点：①基因组较小利于操作；②多数 RNA 病毒只在细胞质中进行增殖和转录，避免了宿主系统的核剪切作用，能高效表达免疫原；③外源基因的表达不受宿主的控制；④RNA 病毒作为载体不会发生与宿主染色体的整和现象；⑤有些病毒载体自身的结构蛋白较少，引起的载体免疫反应较低；⑥宿主谱广，几乎适用于所有的哺乳动物和禽类。其构建原理是利用源自病毒的能够自主复制的 RNA，其结构蛋白基因由外源抗原基因取代，保留了非结构蛋白（复制酶基因）及复制信号。RNA 复制酶可使 RNA 载体在细胞质中高水平复制，并实现外源抗原基因的高水平表达。目前小 RNA 病毒、黄病毒、甲病毒等正链 RNA 病毒都尝试了作为载体表达异源病毒蛋白的研究取得重大进展（表 4-1）。

表 4-1 部分已经成功用于表达外源基因的病毒载体

正链 RNA	负链 RNA
辛德毕斯病毒（SINV）	流感病毒（Flu virus）
委内瑞拉马脑炎病毒（VEEV）	狂犬病病毒（RV）
塞姆利基森林病毒（SFV）	水疱性口炎病毒（VSV）
脊髓灰质炎病毒（PV）	呼吸道合胞体病毒（RSV）
昆津病毒（KUNV）	仙台病毒（Sendai virus）
西尼罗河病毒（WNV）	猿猴病毒（SV）
登革热病毒（DEV）	新城疫病毒（NDV）
马立克病毒（MDV）	伪狂犬病病毒（PRV）

以甲病毒为例，RNA 病毒载体有 3 种类型（图 4-2）。①复制缺陷型载体：携带病毒非结构蛋白基因，即病毒复制酶基因和外源基因的载体 RNA，与携带病毒结构蛋白基因的辅助载体 RNA 共同包装成甲病毒颗粒，构建的甲病毒颗粒具有感染宿主细胞的能力。由于病毒结构蛋白基因不能表达，不能产生子代病毒颗粒，因此只能获得短暂的转基因表达，又可称之为"自杀性载体"。②复制型载体：与"复制缺陷型载体"相反，

这种载体携带有编码病毒结构蛋白的亚基因组启动子，感染宿主细胞后可产生子代病毒颗粒。由于目的基因插在全长的甲病毒基因组中，在病毒复制过程中获得表达。有复制能力的病毒颗粒感染宿主细胞可产生明显的病毒复制。③序贯式表达的 DNA/RNA 载体：其原理是将重组甲病毒复制子的 cDNA 序列插入到真核生物启动子（如 CMV 早期启动子）的下游，构建重组体（pCMV/REP），再将外源性目的 DNA 插入这个 pCMV/REP 系统中，然后直接转染宿主细胞，通过宿主细胞核中 RNA 聚合酶转录重组体，产生的正链 RNA 转运到细胞质中，翻译合成病毒的复制酶；随后在复制酶作用下启动正链 RNA 的复制或转录，生成新的子代正链 RNA；同时转录外源基因，翻译合成外源蛋白。

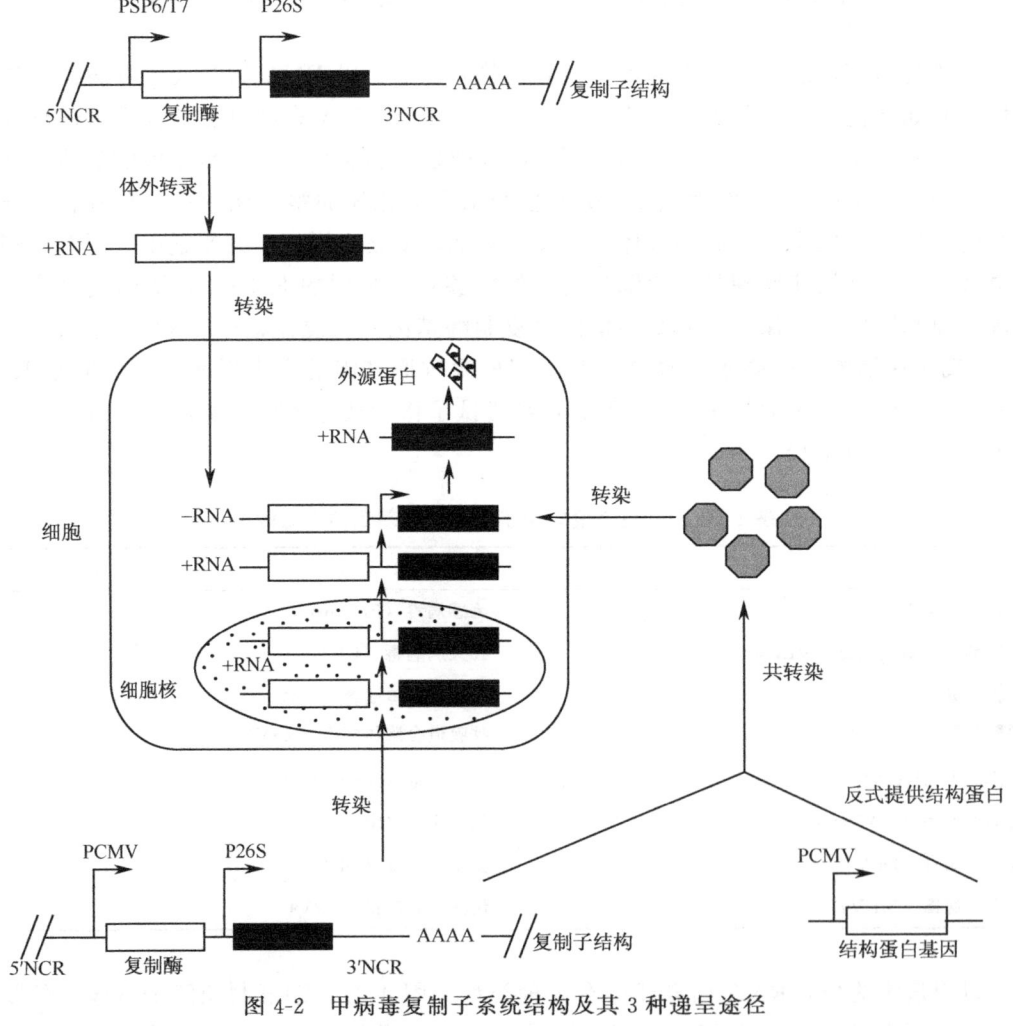

图 4-2 甲病毒复制子系统结构及其 3 种递呈途径

迄今，甲病毒属中的辛德毕斯病毒（SINV）、委内瑞拉马脑炎病毒（VEEV）和塞姆利基森林病毒（SFV）均已被成功开发为病毒载体，并被广泛应用于外源基因的表达和新型疫苗的研究等。例如，Pushko 等（1997）首先构建了基于东方马脑炎病毒的载体系统，成功表达了流感病毒血凝素（HA）基因或拉沙病毒（Lassa virus）核衣壳蛋白（N）基因。此后，用该系统又陆续成功表达了埃博拉病毒（EBOV）的 *NP* 和 *GP* 基因（Pushko et al.，2000），马尔堡病毒（MBGV）的 *GP*、*NP* 和 *VP40* 等基因（Pushko et al.，2001；Geisbert et al.，2002），诺瓦克病毒的衣壳基因等（Harrington et al.，2002）。1989 年，Xiong 等在建立辛德毕斯病毒感染性克隆的基础上，将 *CAT* 基因置于病毒亚基因组启动子下游，替换 SINV 的结构基因部分。结果拯救出可以在宿主细胞内高水平表达 CAT 多肽的重组病毒。由此奠定了将辛德毕斯病毒开发成载体的基础。此后，人们对辛德毕斯病毒载体不断完善和发展，逐渐将其发展成为复制-包装型载体和 RNA 复制子载体两种形式。目前该病毒载体已广泛应用于新型疫苗和基因治疗等领域中。

黄病毒属中的昆津病毒（KUNV）、登革热病毒（DEV）、西尼罗河病毒（WNV）等也都相继被成功改造为病毒载体，并得到初步应用（图 4-3）。例如，Varnavski 等（2000）利用 KUNV 复制子载体分别成功表达了 *CAT*、*GFP*、*β-Gal* 等报道基因以及 HCV 的 NS3、VSV 的 *G* 基因等。Ward 等（2003）利用 KUNV 复制子表达了由 7 个 HCV 的 CTL 表位和 1 个流感病毒的 CTL 表位构成的多表位基因，将该复制子 RNA 免疫小鼠可以诱导产生细胞免疫应答。Pang 等（2001）利用 DEV 复制子表达了 HIV 的 *gp120* 和 *gp160* 基因，其中 *gp120* 基因可以在 DEV 复制子系统中长期稳定表达，为研制 DEN 和 HIV 的二价基因疫苗奠定了基础。Richard（1996）用 HCV 的结构蛋白基因置换黄热病毒的结构基因，随着 FV 的复制，HCV 的结构蛋白也得到良好表达，并能检测到 E1/E2 二聚体，但是没有预期的 HCV 病毒样颗粒出现，原因不清楚。

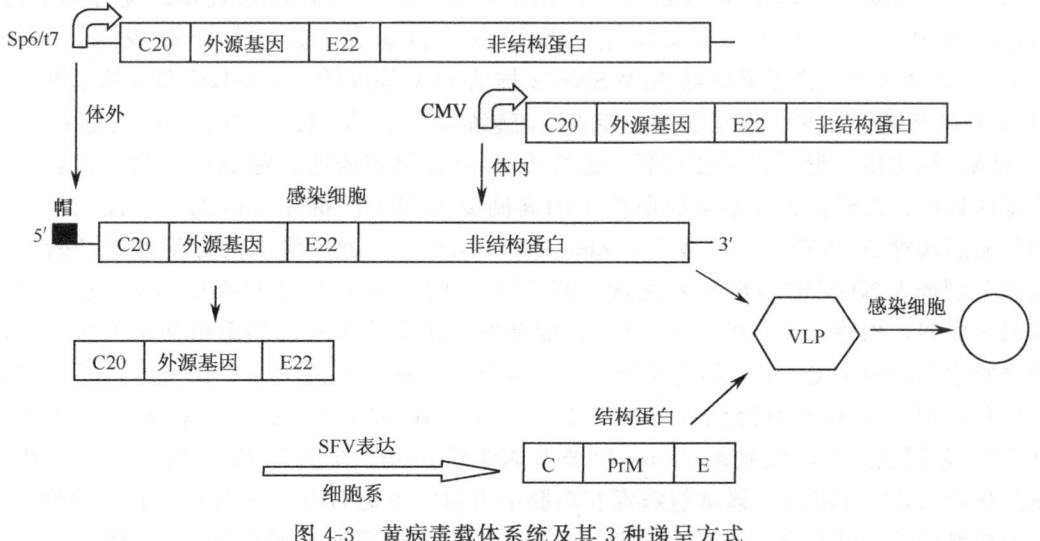

图 4-3 黄病毒载体系统及其 3 种递呈方式

脊髓灰质炎病毒减毒毒株是公认的比较安全的疫苗株。它不仅安全性好、使用方便（可以口服），而且可以同时诱导细胞免疫和体液免疫。若将其研制成输送外源基因的疫苗载体，它将具有其他病毒载体不可比拟的优势。Burke 等（1988）首先进行了该项研究工作，该研究是将外源小分子抗原基因直接插入 PV 的中和抗原表位或将其替换来实现外源基因的表达。由于 PV 的中和抗原表位是呈现于病毒颗粒表面的，易于宿主免疫系统的识别，因此选择该位点表达外源基因，可以很好地诱导免疫应答。Murdin 等（1995）利用此策略成功表达了沙眼衣原体的主要外周蛋白（MOMP），它可以在兔子体内诱导强烈的免疫应答反应，其抗体滴度远远高于接种同等剂量纯化后的 MOMP 或人工合成的中和抗原表位。由于 PV 的 P1 编码区缺失后，病毒仍能自我复制，因此可以用外源基因置换 P1 而获得表达。例如，Moldoveanu 等（1995）利用 PV 复制子系统成功表达 HIV 的 *gag* 和 *env* 基因，所获得的重组病毒颗粒可以诱导小鼠产生较强的免疫应答。用 PV 表达外源基因还可以利用小 RNA 病毒的表达策略予以实现。因为小 RNA 病毒在表达自身蛋白时，首先合成一个多聚蛋白前体，然后再由自身编码的蛋白酶相继水解产生各个成熟蛋白质。据此，可以在 PV 多聚蛋白的 P1 区氨基端、P1/P2 交界处、P2/P3 交界处或 P3 的羧基端插入外源基因以及蛋白酶的水解位点，随着 PV 多聚蛋白的加工和裂解，外源蛋白不仅得到表达，也得以释放，而子代病毒仍能进行正常的包装和感染，并进行新一轮生命过程。目前这是一种比较常用的表达策略，已有多种外源基因利用此策略得到表达。例如，Crotty 等（2001）在 PV 的 P1/P2 交界处分别插入并表达了 SIV 的 *gag* 和 *env* 基因。此外，还可以在 PV 基因组中适当位点插入 EMCV 来源的 IRES 元件，构建成双表达病毒载体。例如，可以在 P1/P2 交界处插入 EMCV 的 IRES 序列和外源基因，使得 PV 自身蛋白和外源蛋白同时得到表达。

  NDV 弱毒疫苗长期以来一直用于家禽防疫，该疫苗不仅安全、高效，而且可同时诱导动物的体液免疫、黏膜免疫和细胞免疫应答，能在体内持续增殖，并长期高效表达抗原基因。因此，NDV 弱毒疫苗株在理论上具备研发出良好病毒载体的优势和潜力。目前，国内、国外已有许多实验室开展了该项目研究，并取得丰硕成果。例如，Nakaya 等（2001）将流感病毒 A/WSN/33 株的 *HA* 基因插入到 NDV 弱毒株基因组的 *M* 基因和 *P* 基因之间，构建了一种能表达流感病毒 *HA* 基因的重组新城疫病毒 rNDV/B1-HA。该重组病毒不仅可在鸡胚中连续传 10 代并稳定表达流感 HA 蛋白，而且重组病毒的致病力很弱。免疫小鼠后所产生的高滴度的 HA 的抗体可以保护小鼠抵抗致死剂量流感病毒 A/WSN/33 的攻击。Zhao 和 Peeters（2003）将人的分泌性碱性磷酸酶基因分别插入 NDV 的 *NP* 和 *P* 之间、*M* 和 *F* 之间、*H* 和 *L* 之间或 *L* 和基因组 5′端非编码区之间，构建了不同的重组 NDV。结果表明含有外源基因的重组病毒的生长滴度和复制水平较野生型 NDV 均有不同程度的降低，且病毒滴度高峰的出现也滞后于野生型病毒，但外源基因均得到较好的表达。Engel-Herbert 等（2002）把绿色荧光蛋白（GFP）基因插入新城疫病毒 Clone-30 株基因组的 *F* 基因与 *HN* 基因之间，获得重组新城疫病毒 rNDV/GFP1，该重组病毒在鸡胚中可稳定表达 GFP，而且在鸡胚中的增殖以及对鸡胚的致病性与亲本毒株没有明显差异。哈尔滨兽医研究所也以 NDV 弱毒 LaSota 疫苗为载体分别成功表达传染性法氏囊病毒超强毒株的 *VP2* 基因和 H5N1 亚型禽流感病毒的 *HA* 基因，然后将拯救的重组病毒免疫 SPF 雏鸡，结果可诱导较高水平的中和抗体产生，能够抵抗母源强毒株的攻击（Ge et al., 2007）。有学者以经典的 NDV 疫苗株 Clone30 为载体，成功高水平表达高致病性 AIV 的 H5 蛋白。将这种重组病毒（ND-VH5m）免疫鸡，不仅可以刺激机体产生针对 NDV 的抗体，也可以产生针对 AIV H5 的特异性抗体。更令人振奋的是它可以同时对抗 NDV 和 AIV 致死剂量的攻击，为研发新型的 NDV 和 AIV 双价标记疫苗开辟了一条崭新的思路。

近年来，还有一些学者尝试将狂犬病病毒（RV）研发成病毒载体，因为 RV 基因组 G 和 L 之间有一个长达 400nt 的间隔序列，该区域能够耐受碱基缺失、截短或外源基因的插入而不影响病毒的生长和复制。Mebatsion 等（1996）首次将 CAT 基因插入或置换该区，构建了两个能高效表达 CAT 的重组 RV。该重组病毒连续传 25 代后 CAT 基因仍能稳定表达，并具有良好酶活性。展现出 RV 具有开发成病毒载体的潜力。随后，Siler 等（2002）利用 RV 反向遗传操作系统构建了重组丙型肝炎病毒 E2 蛋白的 RV，将灭活的重组病毒免疫小鼠可诱导机体产生针对 E2 蛋白的细胞免疫应答。McGettigan 等（2003）将 RVG 蛋白的第 333 位 Arg 突变为 Glu，同时删除了细胞质区 43 个氨基酸，构建了安全性更好的第 2 代 RV 载体。在此基础上，还将 HIV 的 Gag 蛋白插入到 P 基因上游，获得了携带 HIV gag 基因的重组 RV，灭活后免疫小鼠，对小鼠的致死率降低 50%，但诱导的细胞免疫应答水平并没有降低（Mckenna et al.，2004）。类似地，用 HIV 的外壳蛋白（Env）置换狂犬病病毒的 G 蛋白，构建出一种可表达 env 基因的重组狂犬病病毒。动物实验结果显示该重组病毒可以有效刺激动物产生 HIV 的抗体（Mckenna et al.，2007）。同样，将炭疽杆菌的保护性抗原（PA）基因插入到狂犬病病毒基因组中所构建的重组 PA 基因的狂犬病病毒能有效刺激小鼠产生免疫应答（Smith et al.，2006）。

近年来，以 HVT 和 MDV-1 为载体的重组疫苗研究一直是国内外学者研究的热点。但由于病毒基因组庞大，常规的真核细胞重组技术费时费力，研究进展一直比较缓慢。基于 BAC 的 MDV 感染性克隆的成功构建解决了这一问题，利用细菌中的一些定位重组系统：如 Red/ET 重组修饰系统、Cre/LoxP 重组修饰系统、Tn 转座子介导的随机插入和突变技术等，使得以 MDV BAC 为载体表达多个外源保护性抗原变得更加容易。目前，以疱疹病毒为载体的疫苗研究已有许多报道。例如，Rosas 等（2007）应用 BAC 技术，成功构建了表达西尼罗河病毒（WNV）prM 和 E 蛋白的重组马疱疹病毒 1 型（EHV-1）BAC 疫苗，该重组 EHV-1 能够稳定地表达 WNV 的 prM 和 E 蛋白，免疫马后能诱导产生 WNV E 蛋白特异的 IgG（T）、IgGb 以及中和抗体。Rosas 等（2008）将马流感病毒（EIV）的 H3 基因插入到马疱疹病毒 1 型（EHV-1）疫苗株 RacH 细菌人工染色体克隆中，所构建的 EHV-1 活载体疫苗能稳定表达 EIV H3 基因，接种小鼠和犬后，能诱导产生强烈的流感病毒特异反应，使用犬流感病毒强毒攻击后，免疫动物的临床症状明显减轻，排毒明显减少。Liu 等（1994）利用传染性细菌人工染色体（BAC）克隆技术构建 HVT 载体。改造携带 HTV 基因组的 BAC，使其表达高致病性 H7N1 病毒的 HA 基因，将其转染鸡胚成纤维细胞（CEF）拯救病毒，获得 HTV 重组体（rHVT-H7HA）。对 1 日龄雏鸡接种 rHVT-H7HA 后，能诱导 H7 特异性抗体，可使攻毒鸡获得对 H7N1 的特异性保护。接种 rHVT-H7HA 的鸡中可检测到核蛋白特异性抗体。因此，能区分受感染动物和接种疫苗的动物。rHVT-H7HA 不仅能对高致病性 H7N1 病毒和马立克病毒强毒的攻毒提供保护，还能作为 DIVA 疫苗使用。

结　语

自 RNA 病毒的第一例感染性克隆被成功构建以来，目前，已有数十种 RNA 病毒的反向遗传学操作系统被成功建立。在此基础上，人们得以利用反向遗传学技术开展 RNA 病毒各方面的研究，包括病毒基因组的结构与功能、病毒的致病机理、病毒与宿主之间的相互作用以及将 RNA 病毒开发成载体用于基因治疗或研制新型疫苗等。层出不穷的研究成果表明，以感染性克隆为基石的反向遗传学技术已成为一门强大的研究 RNA 病毒的利器，在它的帮助下病毒的奥秘正在被一一揭开，相信它在未来的生命科学研究领域也必将发挥更重要的作用。

参 考 文 献

石火英，刘秀梵. 2006. 利用反向遗传技术研究 H9N2 亚型 AIV 传播途径的分子机制. 微生物学报，46：48-54.

望朔，彭小忠. 2007. 丙型肝炎病毒亚基因组复制子模型及其应用. 医学研究杂志，36：12-14.

Beard C W，Mason P W. 2000. Genetic determinants of altered virulence of Taiwan FMDV. Journal of Virology，74：987-991.

Boot H J，Agnes H M，Arjan J W. 2000. Rescue of very virulent and mosaic infectious bursal disease virus from cloned cDNA：VP2 is not the sole determinant of the very virulent phenotype. Journal of Virology，74：6701-6711.

Bousse T，Takimoto T. 2006. Mutation at residue 523 creates a second receptor binding site on human parainfluenza virus type 1 hemagglutinin-neuraminidase protein. Journal of Virology，80：9009-9016.

Brandt M，Yao K，Liu M，et al. 2001. Molecular determinants of virulence, cell tropism, and pathogenic phenotype of infectious bursal disease virus. Journal of Virology，75：11974-11982.

Burke K L，Dunn G，Ferguson M，et al. 1988. Antigen chimaeras of poliovirus as potential new vaccines. Nature，332：81-82.

Chinsangaram J，Koster M，Grubman M J. 2001. Inhibition of L-deleted of foot-and-mouth disease virus replication by α/β-interferon involves double-strand RNA-dependent protein kinase. Journal of Virology，75：5498-5503.

Crotty S，Miller C J，Lohman B L，et al. 2001. Protection against simian immunodeficiency virus vaginal challenge by using Sabin. poliovirus vectors. Journal of Virology，75：7435-7452.

Cui H Y，Wang Y F，Shi X M，et al. 2009. Construction of an infectious Marek's disease virus bacterial artificial chromosome and characterization of protection induced in chickens. Journal of Virological Methods，156：66-72.

Dobbe J C，van der Meer Y，Spaan W J M，et al. 2001. Construction of chimeric arteriviruses reveals that the ectodomain of the major glycoprotein is not the main determinant of equine arteritis virus tropism in cell culture. Virology，288：283-294.

Engel-Herberta I，Ortrud W，Jens P，et al. 2002. Characterization of a recombinant Newcastle disease virus expressing the green fluorescent protein. Journal of Virological Methods，108：219-281.

Fang Y, Christopher-Hennings J, Brown E, et al. 2008. Development of genetic markers in the nonstructuralprotein 2 region of a US type 1 porcine reproductiveand respiratory syndrome virus: implications for futurerecombinant marker vaccine development. The Journal of General Virology, 89: 3086-3096.

Fowler V L, Paton D J, Rieder E, et al. 2008. Chimeric foot-andmouthdisease virus: evaluation of their efficacy as potentialmarker vaccines in cattle. Vaccine, 26 (16): 1982-1989.

Frese M, Pietschmann T, Moradpour D, et al. 2001. Interferon-alpha inhibits hepatitis C virus subgenomic RNA replication by an MxA-independent pathway. The Journal of General Virology, 82 (Pt 4): 723-733.

Ge J Y, Deng G H, Wen Z Y, et al. 2007. Newcastle disease virus-based live attenuated vaccine completely protects chickens and mice from lethal challenge of homologous and heterologous H5N1 avian influenza viruses. Journal of Virology, 81: 150-158.

Geisbert T W, Pushko P, Anderson K, et al . 2002. Evaluation in nonhuman primates of vaccines against Ebola virus. Emerging infectious Diseases, 8: 503-507.

Glaser L, Stevens J, Zamarin D, et al. 2005. A single amino acid substitution in 1918 influenza virus hemagglutinin changes receptor binding specificity. Journal of Virology, 79: 11533-11536.

Grubman M J, Moraes M P, Diaz-San Segundo F, et al. 2008. Evading the host immune response: how foot-and-mouthdisease virus has become an effective pathogen. FEMS Immunology & Medical Microbiology, 53 (1): 8-17.

Guirakhoo F, Pugachev K, Zhang Z, et al. 2004. Safety and efficacy of chimeric yellow dengue virus tetravalent vaccine formulations in nonhuman primates. Journal of Virology, 78: 4761-4775.

Guirakhoo F, Weltzin R, Chambers T J, et al. 2000. Recombinant chimeric yellow fever-dengue type 2 virus is immunogenic and protective in nonhuman primates. Journal of Virology, 74: 5477-5485.

Han J, Liu G, Wang Y, et al. 2007. Identification of nonessential regions of the nsp2 replicase protein of porcine reproductive and respiratory syndrome virus strain VR-2332 for replication in cell culture. Journal of Virology, 81 (18): 9878-9890.

Harrington P R, Yount B, Johnston R E, et al . 2002. Systemic, mucosal, and heterotypic immune induction in mice inoculated with Venezuelan equine encephalitis replicons expressing Norwalk viruslike particles. Journal of Virology, 76 : 730-742.

Huang C Y H, Butrapet S, Pierro D J, et al. 2000. Chimeric dengue type (vaccine strain PDK-53) Dengue type 1 virus as a potential candidate dengue type 1 virus vaccine . Journal of Virology, 74: 3020-3028.

Kanno T, Mackay D, Wilsden G, et al. 2001. Virulent of swine vesicular disease virus is determined at two amino acids in capsid protein VP1 and 2A protease. Virus Research, 80: 101-107.

Knowles N J, Davies P R, Henry T, et al. 2001. Emergence in Asiaof foot-and-mouth disease viruses with altered host range: characterization of alterations in the 3A protein. Journal of Virology, 75 (3): 1551-1556.

Krieger N, Lohmann V, Bartenschlager R. 2001. Enhancement of hepatitis CvirusRNA replication by cellculture-adaptive mutation. Journal of Virology, 75: 4614- 4624.

Lee C, Rogan D, Erickson L, et al. 2004. Characterization of the porcine reproductive and respiratory syndrome virus glycoprotein 5 (GP5) in stably expressing cells. Virus Research, 104: 33-38.

Leippert M, Beck E, Weiland F, et al. 1997. Point mutations with the betea G-beta H loop of foot-and-mouth virus O1K affect virus attachment to target cells. Journal of Virology, 71: 1046-1051.

Li Y, Reddy K, Reid S M, et al. 2011. Recombinant herpesvirus of turkeys as a vector-based vaccine against highly pathogenic H7N1 avian influenza and Marek's disease. Vaccine, 29 (2011): 8257-8266.

Li Z, Chen H, Jiao P, et al. 2005. Molecular basis of replication of duck H5N1 influenza viruses in a mammalian mouse model. Virology, 79: 12058-12064.

Lim B L, Cao Y C, Yu T, et al. 1999. Adaption of very virulent infectious bursal disease virus to chicken embryonic fibroblasts by site-directed mutagenesis of residues 279 and 284 of viral coat protein VP2. Journal of Virology, 73: 2854-28621.

Liu B, Dai J, Wang X, et al. 1994. Propagation of the HTV in primary human embryonic kidney and lung cell culture. Wei Sheng Wu Xue Bao, 34 (4): 328-331.

Liu Q, Johnson R F, Leibowitz J L. 2001. Secondary structural elements within the 3′ untranslated region of mouse hepatitis virus strain JHM genomic RNA. Journal of Virology, 75: 12105-12113.

Loon A A, Haas N D, Zeyda I. 2002. Alteration of amino acids of very virulent infectious bursal disease virus results in tissue culture adaption and attenuation in chickens. The Journal of General Virology, 83: 121-1291.

Mays J K, Silva R F, Kim T, et al. 2012. Insertion of reticuloendotheliosis virus long terminal repeat into a bacterial artificial chromosome clone of a very virulent Marek's disease virus alters its pathogenicity. Avian Pathology, 41: 259-265.

McGettigan J P, Pomerantz R J, Siler C A, et al. 2003. Second-generationrabies virusbased vaccine vectorsexpressing human immunodeficiency virus type 1 gag have greatly reduced pathogenicity but arehighly immunogenic. Journal of Virology, 77: 237-244.

McKenna P M, Aye P P, Dietzschold B, et al. 2004. Immu nogenicitystudy of glycoproteindef icient rabies virus expressing simian/human immunodeficiency virus SHIV89. 6 Pen velope in a rhesus macaque. Journal of Virology, 78: 13455-13459.

McKenna P M, Koser M L, Carlson K R, et al. 2007. Highly at tenuated rabies virus-based vaccine vectors expressing simian-hum an immunodeficiency virus 89. 6P Env and simian immu nodeficiency virus mac239 Gag are safe in rhesusm acaquesand protect from an AIDSlike disease. The Journal of Infectious Disease, 195: 980-988.

Mckenna T S, Lubroth J, Rieder E, et al. 1995. Receptor binding site-deleted foot-and-mouth virus protects cattle from FMD. Journal of Virology, 69: 5787-5790.

Mebatston T, Schnell M J, CoxJames H, et al. 1996. Highly stable expression of a foreign genen from rabies virus vect rs. Proceedings of the National Academy of Sciences of the United States of America, 93: 7310-7314.

Men R, Bray M, Clark D, et al. 1996. Dengue type 4 virus mutants containing deletions in the 3′ noncoding region of the RNA genome: analysis of growth restriction in cell culture and altered viremia pattern and immunogenicity in rhesus monkeys. Journal of Virology, 70: 3930-3937.

Mitra T, Sosnovtsev S V, Green K Y. 2004. Mutagenesis of tyrosine 24 in the VPg protein is lethal for feline calicivirus. Journal of Virology, 78: 4931-4935.

Moldoveanu Z, Porter D C, Lu A, et al. 1995. Immune responses induced by administration of encapsidated poliovirus replicons which express HIV-1 gag and envelope proteins. Vaccine, 13 (11): 1013-1022.

Molla A, Jang S K, Paul A V, et al. 1992. Cardioviral internal ribosomal entry site is functional in a genetically engineered dicistronic poliovirus. Nature, 356: 255-257.

Monath T P, Guirakhoo F, Niehols R, et al. 2003. Chimeric live, attenuated vaccine against Japanese encephalitis (ChimiciVax-JE): Phase 2 clinical trials for safety and immunogenicity, effect of vaccine dose and sehedule, and memory response tochallenge with inactivated Japanese encephalitis antigen. The Journal of Infectious Disease, 188: 1213-1230.

Monath T P, MeCarthy K, Bedford P, et al. 2002. Clinieal proof of principle for chimeri vax: recombinant live, attenuated vaccines againstflavi virus infections. Vaccnne, 20: 1004-1008.

Mori Y, Okabayashi T, Yamashita T, et al, 2005. Nuclear localization of Japanese encephalitis virus core protein enhances viral replication. Journal of Virology, 79: 3448-3458.

Mundt E. 1999. Tissue culture infectivity of different strains of infectious bursal disease virus is determined by distinct amino acids in VP2. The Journal of General Virology, 80: 2067-20761.

Murdin A, Su H, Klein M, et al. 1995. Poliovirus hybrids expressing neutralization epitopes from variable domains I and IV of the major outer membrane protein of Chlamydia trachomatis elicit broadly cross-reactive C. trachomatis-neutralizing antibodies. Infection and Immunity, 63: 1116-1121.

Nakaya T, Cros J, Park M S, et al. 2001. Recombinant Newcastle disease virus as a vaccine vector. Journal of Virology, 75 (23): 11868-11873.

Núñez J I, BaranowskiE, Molina N, et al. 2001. A single amino acid substitution in nonstructural protein 3A can mediate adaptation of foot-and-mouth disease virus to the guinea pig. Journal of Virology, 75: 3977-3983.

Pang X, Zhang M, Dayton A I. 2001. Development of dengue virus replicons expressing HIV21 *gp120* and other heterologous genes: a potential future tool for dual vaccination against dengue virus and HIV. BMC Microbiology, 1: 1-9.

Pushko P, Geisbert J, Parker M, et al. 2001. Individual and bivalent vaccines based on alphavirus replicons protect guinea pigs against infection with Lassa and Ebola viruses. Journal of Virology, 75: 11677-11685.

Pushko P, Parker M, Ludwig G V, et al. 1997. Replicon2helper systems from attenuated Venezuelan equine encephalitis virus: expression of heterologous genes *in vitro* and immunization against heterologous pathogens *in vivo*. Virology, 239: 389-401.

Pushko P, Bray M, Ludwig G V, et al. 2000. Recombinant RNA replicons derived from attenuated Venezuelan equine encephalitis virus protect guinea pigs and mice from Ebola hemorrhagic fever virus. Vaccine, 19: 142-153.

Richard V. 1996. Hepatitis C epidemiology in the world. Medecine Tropicale: Revue du Corps de Sante Colonial, 56 (4): 393-399.

Rieder E, Bunch T, Brown F, et al. 1993. Genetically engineered foot-and-mouth disease viruses with poly (C) tracts of two nucleotide are virulent in mice. Journal of Virology, 67: 5139-5145.

RiederE, Baxt B, Mason P W. 1994. Animal-derived antigenic variants of foot-and-mouth disease virus type A12 have low affinity for cells in culture. Journal of Virology, 68: 5296-5299.

Rosas C T, Tischer B K, Perkins G A, et al. 2007. Live-attenuated Recombinant Equine Herpesvirus Type 1 (EHV-1) Induces a Neutralizing Antibody Response against West Nile Virus (WNV). Virus Research, 125 (1): 69-78.

Rosas C, Van de Walle G R, Metzger S M, et al. 2008. Evaluation of a vectored equine herpesvirus type

1 (EHV-1) vaccine expressing H3 haemagglutinin in the protection of dogs against canine influenza. Vaccine, 26: 2335-2343.

Sa-carvalho D, Rieder E, Bast B, et al. 1997. Tissue culture adaptation of foot-and-mouth disease virus selects viruses that bind to heparin and are attenuated in cattle. Journal of Virology, 71: 5115-5123.

Schlesinger J J, Brandriss M W, Walsh E E. 1985. Protection against 17D yellow fever encephalitis in mice by passive transfer of monoclonal antibodies to the nonstructural glycoprotein gp48 and by active immunization with gp48. The Journal of Immunology, 135 (4): 2805-2809.

Seo S H, Webster R G. 2001. Cross-reactive, cell-mediated immunity and protection of chickens from lethal H5N1 influenza virus infection in Hong Kong Poultry Markets. Journal of Virology, 75: 2516-2525.

Siler C A, McGettigan J P, Dietzschold B, et al. 2002. Live and killed rabies virus-based vectors as potential hepatitis C vaccines. Virology, 292: 24-34.

Silva R F, Dunn J R, Cheng H H, et al. 2010. A MEQ-deleted Marek's disease virus cloned as a bacterial artificial chromosome is a highly efficacious vaccine. Avian Disease, 54 (2): 862-869.

Smith M E, Koser M, Xiao S, et al. 2006. Rabies virus glycoprotein as acarrier for anthrax protective antigen. Virology, 353 (2): 344-356.

Subbarao K, Chen H, Sway N D, et al. 2003. Evaluation of agenetically modified reassortant H5N1 influenza a virus vaccine candidate generated by plasmid _ based reverse genetics. Virology, 305: 192-200.

Sumiyoshi H, Tignor G H, Shope R E. 1995. Characterization of a highly attenuated Japanese encephalitis virus generated from molecularly cloned cDNA. The Journal of Infectious Disease, 171: 1144-1151.

Sun A J, Lawrence P, Zhao Y G, et al. 2009. A BAC clone of MDV strain GX0101 with REV-LTR integration retained its pathogenicity. Chinese Science Bulletin, 54: 2641-2647.

Tan F, Wei Z, Li Y, et al. 2011. Identification of nonessential regions in nucleocapsid protein of porcine reproductive and respiratory syndrome virus for replication in cell culture. Virus Research, 158 (1-2): 62-71.

Varnavski A N, Young P R, Khromykh A A. 2000. Stable high-level expression of heterologous genes *in vitro* and *in vivo* by noncytopathic DNA2based Kunjin virus replicon vectors. Journal of Virology, 74: 4394-4403.

Veits J, Wiesner D, Fuchs W, et al. 2006. Newcastle disease virus expressing H5 hemagglutinin gene protects chickens against Newcastle disease and avian influenza. Proceedings of the National Academy of Sciences of the United States of America, 103: 8197-8202.

Volchkov V E, Muhlberger L V, Muhlberger L V, et al. 1994. Recovery of infectious ebola virus from complementary DNA: RNA editing of the GP gene and viral cytotoxicity. Science, 291: 1965-1969.

Wang Y, Liang Y, Han J, et al. 2008. Attenuation of porcine reproductive and respiratory syndrome virus strain MN184 using chimeric construction with vaccine sequence. Virology, 20; 371 (2): 418-429.

Ward G, Rieder E, Wason P W. 1997. Plasmid DNA encoding replicating FMDV genomes induces antiviral immune responses in swine. Journal of Virology, 71: 7442-7447.

Ward S M, Tindle R W, Khromykh A A, et al. 2003. Generation of CTL responses using Kunjin replicon RNA. Immunology & Cell Biology, 81: 73-78.

Xiong C, Levis R, Shen P, et al. 1989. Sindbis virus: an efficient, broad host range vector for gene expression in animal cells. Science, 243: 1188-1191.

Zeng L, Falgout B, Markoff L. 1998. Identification of specific nucleotide sequences within the conserved 3′-SL in the dengue type 2 virus genome required for replication. Journal of Virology, 72 (9): 7510-7522.

Zhao H, Peeters B P H. 2003. Recombinant Newcastle disease virus as a viral vector: effect of genomic location of foreign gene on gene expression and virus eplication. The Journal of General Virology, 84: 781-7881

Zhao Q, Pacheo J M, Mason P W. 2003. Evaluation of genetically engineered derivatives of a Chinese strain of foot-and-mouth disease virus reveals a novel cell-binding site which functions in cell culture and in animals. Journal of Virology, 77: 3269-3280.

第五章 小 RNA 病毒科的反向遗传学

第一节 小 RNA 病毒科的基本特征

一、小 RNA 病毒科的分类

根据基因型和血清型可以将小 RNA 病毒科（*Picornaviridae*）分为 17 个属：口疮病毒属（*Aphthovirus*）、水栖哺乳动物病毒属（*Aquamavirus*）、禽嗜肝病毒属（*Avihepatovirus*）、心病毒属（*Cardiovirus*）、常见分枝小 RNA 病毒属（*Cosavirus*）、双顺反子小 RNA 病毒属（*Dicipivirus*）、肠道病毒属（*Enterovirus*）、马鼻病毒属（*Erbovirus*）、肝炎病毒属（*Hepatovirus*）、关节样病毒属（*Kobuvirus*）、火鸡病毒属（*Megrivirus*）、双埃柯病毒属（*Parechovirus*）、爱知病毒（*Salivirus*）、萨佩罗病毒属（*Sapelovirus*）、赛内卡病毒属（*Senecavirus*）、捷申病毒属（*Teschovirus*）和震颤病毒属（*Tremovirus*）（Adams et al., 2013；Luo et al., 1989）。该科病毒与人和动物的关系十分密切，有不少是能引起人和动物发病的烈性病毒，如脊髓灰质炎病毒（*Poliovirus*，PV）、甲型肝炎病毒（*Hepatitis A virus*，HAV）、脑心肌炎病毒（*Encephalomyocarditis virus*，EMCV）、口蹄疫病毒（Foot-and-mouth disease virus，FMDV）等对人类和动物的健康构成严重威胁。

二、小 RNA 病毒的病毒粒子结构

小 RNA 病毒的病毒粒子呈球形，无囊膜，病毒粒子直径约 30nm（图 5-1A～C）。脊髓灰质炎病毒粒子负染电镜照片如图 5-1D 所示。不少小 RNA 病毒以及病毒与受体或小分子配体的复合物晶体结构或冰冻电镜结构已有报道，其中包括门戈病毒（Cornilescu et al., 2008）、人鼻病毒（Kim et al., 1989）、柯萨奇病毒（Xiao et al., 2005）、塞内卡谷病毒（Venkataraman et al., 2008）、口蹄疫病毒（Fry et al., 2005）、马鼻病毒（Fry et al., 2010）、猪水泡病病毒（Fry et al., 2003）、脊髓灰质炎病毒（Belnap et al., 2000）、人肠道病毒等（Plevka et al., 2012）。

病毒衣壳呈正二十面体结构，由每个结构蛋白的 60 个拷贝组成。衣壳的基本组成单位是由 VP1、VP2、VP3 和 VP4 组成的原聚体（图 5-1E）。VP4 位于衣壳的内表面并且与病毒的 RNA 结合。5 个原聚体组装成一个五聚体，12 个五聚体组装成衣壳。二十面体有 12 个顶点、20 个面和 30 条棱，以顶点为轴，72°旋转 5 次复位，以面为轴，120°旋转 3 次复位，以棱为轴，180°旋转 2 次复位，因此，将顶、面、棱称为 5、3、2 重轴。5 个 VP1 蛋白相对于顶对称，VP2 和 VP3 相对于面对称。在门戈病毒和泰勒脑脊髓炎病毒中，5 个 VP1 蛋白形成一个有 5 个分支的星形结构的平台，每个分支的末端由凸出的结构组成，这些结构在门戈病毒的衣壳表面是最暴露的部分。星的每个分支被凹陷分隔开来，这个凹陷即为 VP1 和 VP3 蛋白之间的接触区域，该凹陷类似于脊髓

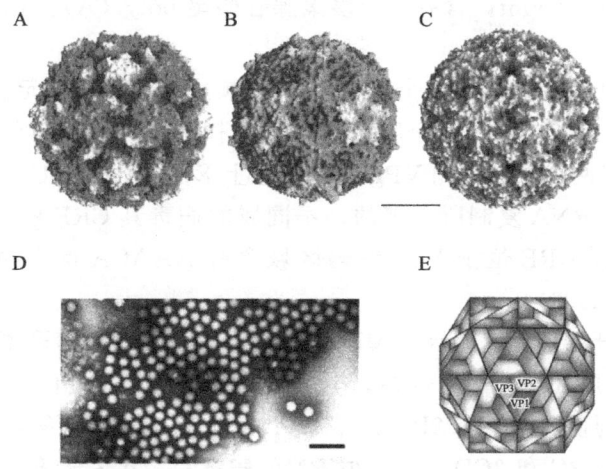

图 5-1 小 RNA 病毒结构（Maclachlan et al., 2011）
A. 脊髓灰质炎病毒粒子（PV-1）；B. 门戈病毒粒子；C. 口蹄疫病毒粒子（FMDV-O）（标尺代表 10nm）；D. 脊髓灰质炎病毒负染电镜照片（标尺代表 100nm）；E. 小 RNA 病毒粒子结构蛋白分布示意图，其中 VP1、VP2 和 VP3 位于粒子表面，VP4 位于二十面体五角顶点的内表面

灰质炎病毒衣壳上所发现的峡谷样结构。由于排列在凹陷周围的氨基酸比其他暴露在表面的氨基酸的保守性高，同时计算机模拟发现，在靠近凹陷底端的"口袋"中能容纳一个唾液酸残基，因此这个凹陷可以作为受体的结合位点（Carocci and Bakkali-Kassimi, 2012）。

第二节 小 RNA 病毒基因组结构特征及表达产物

一、小 RNA 病毒基因组结构特征

小 RNA 病毒基因组为单股正链 RNA，基因组全长 7500～8500bp。病毒 RNA 自身具有感染性，病毒 RNA 转染细胞即可产生有感染性的病毒粒子。病毒基因组的两端有两个独立的非编码区（noncoding region，NCR），5'NCR 长 500～1200nt，不含帽子结构，与 VPg 蛋白以共价键相连接。在 EMCV 和 FMDV 5'NCR 的下游有一段不同长度的 poly（C）区域，这是 EMCV 和 FMDV 所特有的，在病毒的致病性中有重要作用（Fields et al., 2007）。5'NCR 含有丰富的二级结构，几个 RNA 茎-环（stem-loop）结构组成小 RNA 病毒的核糖体进入位点（internal ribosome entry site，IRES），起始小 RNA 病毒的翻译。脊髓灰质炎病毒、人鼻病毒和柯萨奇病毒的 5'NCR 由 6 个茎-环结构组成，茎-环 II～VI 组成 IRES；其他小 RNA 病毒如 EMCV、FMDV 的 5'NCR 含有更多的 RNA 茎-环结构。根据小 RNA 病毒的 IRES 一级结构和二级结构的保守性，IRES 可以分为 5 类，肠道病毒属和人鼻病毒属的 IRES 属于 I 类，EMCV 和口蹄疫属病毒的 IRES 属于 II 类，甲肝病毒属和捷申病毒属的 IRES 属于 III 类（Lin et al.,

2009)。3′NCR 长 30~650nt，含有一个多聚腺苷酸尾 poly（A）。3′NCR 有助于病毒负链 RNA 的合成。

小 RNA 病毒的基因组包含一个高度有序的顺式激活 RNA 元件（cis-active RNA element，CRE）。CRE 茎-环中两个腺苷可以作为模板，允许病毒编码的 RNA 依赖的 RNA 聚合酶 3D^{pol} 将两个尿苷加到 VPg 的酪氨酸上形成 VPgpUpU$_{OH}$。VPg 和/或 VPg-pUpU$_{OH}$ 是起始病毒 RNA 复制所必需的。不同属的病毒其 CRE 所处的位置不尽相同，如对于 EMCV 来说，CRE 位于 VP2 编码区域含有 AAACA 保守序列的茎-环结构中（Steil and Barton，2009）。

一旦病毒蛋白开始翻译，基因组编码区域就会翻译成一个多聚蛋白，然后被加工成前体，最终被加工成 12 个病毒蛋白，其中包括 4 个结构蛋白（VP4、VP2、VP3、VP1）和多个非结构蛋白（2A、2B、2C、3A、3B、3C、3D）。参与病毒蛋白加工的蛋白酶包括病毒蛋白酶 3C 和 3CD（所有小 RNA 病毒）、2A（脊髓灰质炎病毒、人鼻病毒和柯萨奇病毒）和 L（口蹄疫病毒）。最近，在 EMCV 上发现了一个程序化的核糖体移码现象，这导致了 2B*蛋白的产生（Loughran et al.，2011）。这一发现表明 EMCV 基因组并非一个而至少是两个可读框，共编码 13 个成熟病毒蛋白。

二、小 RNA 病毒基因组编码产物

小 RNA 病毒 RNA 编码一个大的多聚蛋白（L-1ABCD-2ABC-3ABCD），最终被切割成 12 个成熟的蛋白（EMCV 产生 13 个病毒蛋白）。小 RNA 病毒蛋白及其前体的命名与它们在多聚蛋白中的位置有关，如前导蛋白 L、前体 P1，前体 P1 最终被水解成衣壳组成蛋白 1A、1B、1C、1D，也被称为 VP4、VP2、VP3、VP1。P2 和 P3 是非结构蛋白的前体，最终被加工为 2A、2B、2C 和 3A、3B（也称为 VPg）、2B*（EMCV 蛋白）、3C 蛋白酶和 RNA 依赖性的 RNA 聚合酶 3D（图 5-2）。

（一）非结构蛋白及其功能

1. L 蛋白

L 蛋白又被称为小 RNA 病毒的"保护蛋白"（security protein）（Agol and Gmyl，2010）。它们并不是病毒存活所必需的蛋白，其主要功能可能是拮抗宿主细胞的先天免疫从而加速病毒在感染宿主内的传播（Calenoff et al.，1995；Piccone et al.，1995；Kong et al.，1994）。小 RNA 病毒的 L 蛋白在序列、功能和生物化学特性上都有较大的差异性。例如，口蹄疫病毒属及马鼻病毒属的 L 蛋白是木瓜酶样半胱氨酸水解酶，具有催化活性（Guarne et al.，1998；Gorbalenya et al.，1991）。由于其自身具备的催化活力，L 蛋白能够从正在被翻译的多肽链的 N 端自剪切下来。然而，心病毒属病毒的 L 蛋白却不具备催化活力，而且心病毒属病毒之间 L 蛋白存在显著差异。EMCV 的 L 蛋白由 67 个氨基酸残基组成，包含有一个 N 端锌指结构、一个谷氨酸/天冬氨酸富集的酸性结构域和一个丝氨酸/苏氨酸富集结构域；TMEV 的 L 蛋白的 47 位苏氨酸残基和 41 位酪氨酸残基可以被磷酸化，这两个残基在其他小 RNA 病毒的 L 蛋白中并不保守。此外，TMEV 的 L 蛋白上存在一个 C 端区域，而 EMCV 的 L 蛋白却缺乏此区域

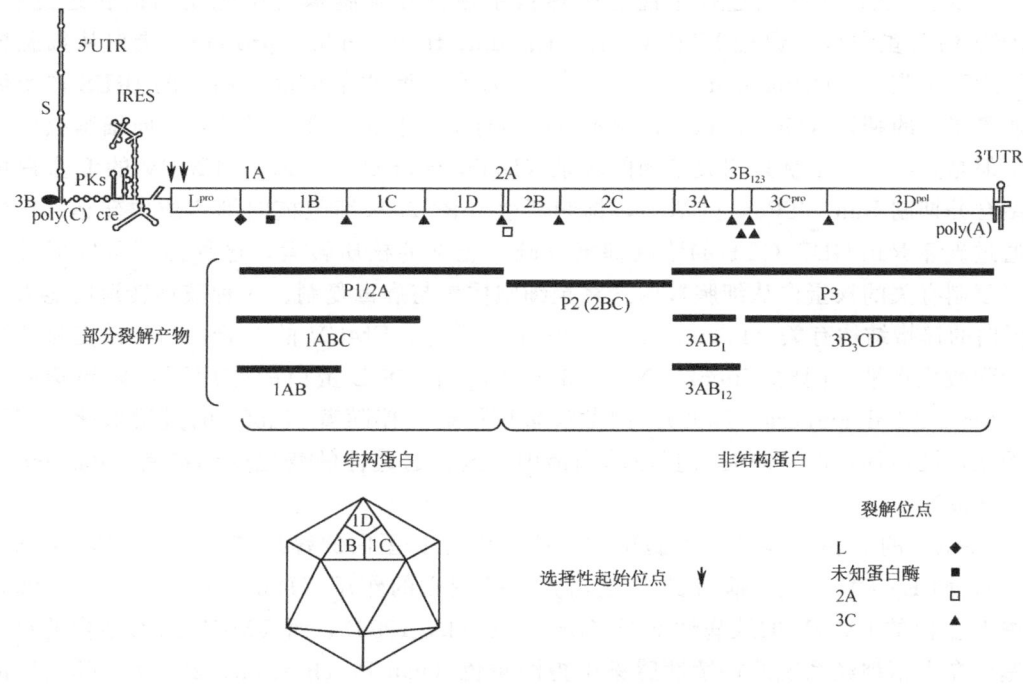

图 5-2 FMDV 的基因组结构及其编码产物

(Borghese and Michiels, 2011)。

  L 蛋白在抑制宿主的先天性免疫上发挥重要作用。不仅可以通过调节 NF-κB 的功能下调 IFN-β/α 及干扰素刺激基因 *PKR*、$2',5'$-OAS 及 MX1 的 mRNA 水平（de Los Santos et al., 2006, 2007）；可以破坏 NF-κB 依赖的基因表达（Zhu et al., 2010）；还能够抑制 poly (I:C)-诱导的 IFN-λ1 启动子活力, 这种抑制效应与 L 蛋白的酶活和 SAP 结构域有关（Wang et al., 2011a）；还可以通过降低 IRF3/7 的蛋白水平来抑制 dsRNA 诱导的 I 型干扰素的转录（Wang et al., 2010）；最近有报道称 FMDV 的 L 蛋白具有去泛素化酶的活性, 能够负调节 I 型干扰素信号通路（Wang et al., 2011b）。L 蛋白就是通过以上功能帮助 FMDV 逃避宿主的先天免疫的。泰勒鼠脑脊髓炎病毒的 L 蛋白也可以抑制 IFN-α/β 的产生, L 蛋白的此功能与该蛋白上的锌指结构有关（van Pesch et al., 2001）。

  L 蛋白对小 RNA 病毒蛋白的翻译至关重要。FMDV 的 L 蛋白可以通过裂解 eIF4G 或一些宿主细胞因子来阻止帽子依赖的宿主蛋白的翻译, 但是 IRES 依赖的病毒蛋白的翻译并不受影响（Gradi et al., 2004; Borman et al., 1997; Ohlmann et al., 1996; Lamphear et al., 1995; Ziegler et al., 1995）。心病毒属病毒 EMCV 的 L 蛋白缺失会导致无细胞提取物系统中翻译效率的降低（Dvorak et al., 2001）。Gemin5 是一个可以结合 FMDV 和 HCV 的 IRES 结构的 RNA 结合蛋白, 是病毒蛋白翻译的负调节因子（Pacheco et al., 2009）。最近发现 FMDV 的 L 蛋白可以通过切割 Gemin5 来协助病毒蛋白的翻译（Pineiro et al., 2012）。

小RNA病毒在感染过程中能够破坏宿主蛋白在细胞核与细胞质间的转运过程。TMEV的L蛋白可以促进PTB（polypyrimidine tract-binding protein）蛋白从细胞核中转运至细胞质（Delhaye et al., 2004），PTB在细胞质中可以与病毒的IRES作用促进病毒蛋白的翻译（Gosert et al., 2000）；同时L蛋白还能促进IRF3向细胞核中转运，但是并不激活干扰素相关基因的转录（Delhaye et al., 2004）。EMCV的L蛋白可以结合并抑制Ran-GTPase的活力，抑制新生mRNA从细胞核向细胞质中转运；L蛋白通过破坏Ran-GDP/GTP的浓度梯度来破坏正常的核质转运，这种抑制可以促进与病毒复制有关的核蛋白从细胞核内迁移至细胞质参与病毒复制。这种破坏转运的能力与L蛋白的锌指结构有关（Porter et al., 2006）。另外，EMCV的L蛋白可以改变核孔蛋白的磷酸化水平，同时Nup62、Nup153和Nup214在L蛋白的作用下可以超磷酸化（Porter and Palmenberg, 2009）。门戈病毒感染时，伴随着Nup62的过磷酸化，细胞核的通透性增加，而在缺失L蛋白的病毒中，这种通透性的变化受到抑制（Bardina et al., 2009）。

TMEV的L蛋白能诱导细胞凋亡，该作用与L蛋白的锌指结构有关（Fan et al., 2009）；而EMCV和门戈病毒的L蛋白具有抗凋亡的作用（Romanova et al., 2009）。缺失L蛋白的FMDV的致病性下降（Brown et al., 1996），而TMEV的L蛋白的锌结合基序在中枢神经系统的持续性感染中扮演角色（van Pesch et al., 2001）。TMEV的L蛋白具有抑制宿主应激颗粒形成的能力（Borghese and Michiels, 2011）。

2. 2A蛋白

2A蛋白是小RNA病毒的第二个病毒"保护蛋白"。不同病毒的2A蛋白在序列上差别较大。它的功能与上面提到的L蛋白有相似之处。心病毒TMEV、HAV和PV的2A蛋白并不是病毒生存所必需的（Igarashi et al., 2010; Michiels et al., 1997; Harmon et al., 1995）。但是在病毒的致病机制中起着重要作用。

除心病毒属病毒和HAV以外，其他小RNA病毒的2A蛋白具有蛋白水解酶活性，可以切割帽子依赖的翻译起始分子。例如，肠道病毒或鼻病毒感染时，2A蛋白酶可以裂解帽结合复合物中的eIF-4G组分，从而关闭宿主细胞的蛋白翻译（Krausslich et al., 1987）。EMCV的2A蛋白具有RNA结合特性（Gorbalenya et al., 1978），可以抑制宿主帽子依赖的翻译，从而促进病毒蛋白IRES依赖的翻译过程（Aminev et al., 2003）。最新的研究表明PV的2A蛋白可以促进不依赖eIF2的IRES介导的病毒蛋白翻译过程（Redondo et al., 2011）。

小RNA病毒感染时，病毒的2A蛋白会影响一些宿主蛋白在细胞中的定位，宿主细胞中一些被称为核糖体进入位点顺式作用因子（IRES *trans*-acting factor, ITAF）的蛋白可以结合病毒RNA的5'NCR，其中有些蛋白能够促进病毒蛋白的翻译（Hunt et al., 1999; Blyn et al., 1997; Hellen et al., 1993; Meerovitch et al., 1993）。SRp20就是这样一个ITAF蛋白。在PV和柯萨奇病毒感染过程中，SRp20蛋白会从细胞核中重新定位于细胞质中参与病毒复制（Fitzgerald and Semler, 2011; Bedard et al., 2007）；PV的2A蛋白酶是造成SRp20在细胞内重新分布的原因，这种重新分布与2A的蛋白酶活性相关。虽然感染人鼻病毒16时，SRp20并没有重新定位于细胞质，但是单独转染病毒 2A 蛋白却能造成 SRp20 定位于细胞质。在表达 PV 的 2A 蛋白的 HeLa 细胞中，一些特定的核孔蛋白（Nup98、Nup153 和 Nup62）会被不同程度地裂解，从而造成核孔复合物完整性的降低（Fitzgerald et al.，2013）。感染 PV 的细胞核膜通透性增加，2A 蛋白能够影响核孔复合物的结构，从而控制蛋白核质转运的作用（Belov et al.，2004）。PV 的 2A 蛋白可以影响 mRNA、核糖体 RNA 和 U 剪切体小核 RNA 从细胞核向细胞质中的转运，但是对 tRNA 的转运没有影响；表达病毒 2A 蛋白的细胞中，RNA 核输出受到抑制，并伴随着核孔蛋白 Nup98、Nup153 和 Nup62 的裂解以及它们细胞定位的改变（Castello et al.，2009）。鼻病毒的 2A 蛋白也可以裂解核孔蛋白 Nup62 来破坏核质转运受体蛋白依赖的核质转运（Park et al.，2010）。

小 RNA 病毒的 2A 蛋白还能裂解其他一些宿主蛋白。例如，PV 和柯萨奇病毒的 2A 蛋白可以通过裂解 PABP 蛋白来抑制宿主蛋白的翻译（Joachims et al.，1999；Kerekatte et al.，1999）。人鼻病毒和柯萨奇病毒的 2A 蛋白能够裂解细胞骨架蛋白 cytokeratin 8（Seipelt et al.，2000），柯萨奇病毒的 2A 蛋白还能够裂解 dystrophin（Badorff et al.，2000）、TATA-box 结合蛋白（Yalamanchili et al.，1997）、cAMP-应答元件结合蛋白 1（Chau et al.，2007），剪接体形成过程中涉及的 GEMIN3（DDX20）（Almstead and Sarnow，2007）可以被 PV 的 2A 蛋白裂解。鼻病毒的 2A 蛋白可以通过裂解干扰素产生过程中所需要的 IPS-I 来逃避 I 型干扰素的免疫应答（Drahos and Racaniello，2009）。PV 的 2A 蛋白可以通过裂解 DNA 依赖的蛋白激酶的催化亚基来抑制宿主的免疫应答（Graham et al.，2004）。

最近的研究表明，缺失大部分 2A 基因的 EMCV 毒株感染 BHK-21 细胞时，BHK-21 细胞通过半胱天冬酶 3 的活化途径凋亡，这种细胞凋亡与 2A 蛋白切断帽子依赖性翻译的功能无关，因此 EMCV 的 2A 蛋白在抑制细胞凋亡中是非常重要的。此外，2A 蛋白的缺失极大地影响了 EMCV 在体内和体外的毒力。研究还发现缺失大部分 2A 基因的 EMCV 毒株依然能够感染小鼠并在其体内复制。然而，这个病毒不再引起任何的临床症状。因此，2A 蛋白对于 EMCV 在小鼠上的致病性是非常必要的（Carocci et al.，2011）。

3. 2B/2BC 蛋白

2B 蛋白是一个具有膜蛋白性质的病毒蛋白。PV 的 2B 蛋白含有两个跨膜区，蛋白质的 N 端和 C 端位于细胞质内（Martinez-Gil et al.，2011），它能够以同源多聚体的方式形成跨膜腔道（van Kuppeveld et al.，2002a/b）。柯萨奇病毒的 2B 蛋白可以定位在内质网（van Kuppeveld et al.，1997）和高尔基体上（de Jong et al.，2003），能够影响细胞的渗透性，并降低这些细胞器中钙离子的浓度水平，同时还能够抑制蛋白质通过高尔基体的转运。肠道病毒的 2B 蛋白与柯萨奇病毒的 2B 蛋白性质类似。然而，HAV、FMDV 和 EMCV 的 2B 蛋白表现出不同的细胞内定位，不影响钙离子的稳态和蛋白质的转运（de Jong et al.，2008）。2B 蛋白的表达能够抑制不同刺激造成的半胱天冬酶的激活和细胞凋亡（Campanella et al.，2004）。

EMCV 的 2B 蛋白能够通过改变钙离子在细胞质中的分布激活 NLRP3 炎性小体；PV 和 EV71 的 2B 蛋白亦能够造成 NLRP3 的重新分布（Ito et al.，2012）。

EMCV 的 2B 蛋白含有一个甚至多个疏水区，但是没有像所有肠道病毒的 2B 蛋白中发现的阳离子双亲 α 螺旋。尽管 EMCV 2B 蛋白在细胞内低表达时并不明显地定位在内质网，但是它能降低内质网而不是高尔基体内的钙离子水平，关于钙离子水平降低的潜在机制并不了解。

HAV 的 2B 蛋白不仅能够通过抑制 RIG-I 和 MDA-5 来抑制 IFN-β 的表达，还可以通过与 3ABC 蛋白协同作用来影响 MAVS、TBK1 及 IKKε 的活力，致使 IRF-3 不被激活，从而抑制 IFN-β 的合成（Paulmann et al.，2008）。

大部分 2B 和 2C 的前体蛋白 2BC 在病毒感染过程中保持着不裂解的状态。其存在对于病毒的复制是必需的（Paul et al.，1998）。2BC 能够比 2B 蛋白更大程度上造成细胞膜通透性增加（Aldabe et al.，1996）。

4. 2C 蛋白

PV、HAV 和鼻病毒的 2C 蛋白能够与病毒负链 RNA 的 3′端特异性地结合（Banerjee and Dasgupta，2001；Banerjee et al.，2001）。因此，2C 蛋白可以作为病毒复制复合物的一个组分参与病毒基因组的复制。最新的研究发现 FMDV 的 2C 蛋白可以与宿主细胞的 Beclin-1 和 vimentin 相互作用，这些相互作用可以调节病毒的复制（Gladue et al.，2013；Gladue et al.，2012）。2C 和前体蛋白 2BC 对细胞质中膜的重排过程（Suhy et al.，2000；Teterina et al.，1997）及病毒的核衣壳化过程（Liu et al.，2010）是必需的。FMDV 的 2BC 蛋白可以阻止蛋白质从内质网向高尔基体和细胞表面的转运（Moffat et al.，2005）。

2C 蛋白具有 AAA+家族的 ATP 酶活性，虽含有螺旋酶基序，但是不具有螺旋酶的活性（Sweeney et al.，2010）。麦芽糖结合蛋白融合表达的 PV 的 2C 蛋白具有 ATP 酶和 GTP 酶活性并能与 RNA 结合（Rodriguez and Carrasco，1993）。肠道病毒 EV71 的 2C 蛋白可以抑制 IKKβ 活化从而阻止 NF-κB 的激活（Zheng et al.，2011）。2C 蛋白还具有良好的免疫原性（Lubroth and Brown，1995）。

5. 3A 蛋白

3A 分子质量大约为 10kDa，是一个膜结合蛋白，与病毒的复制、毒力以及宿主范围有关，对小 RNA 病毒逃避宿主的免疫反应具有重要作用。FMDV 的 3A 蛋白可以形成二聚体，二聚体结构的形成与病毒的复制相关（Gonzalez-Magaldi et al.，2012），3A 蛋白包含一个疏水结构域，能够锚定在膜结构上，与复制复合体的定位有关（Fujita et al.，2007；Towner et al.，1996）。当 PV 的 3A 蛋白与 2BC 蛋白共表达时，3A 蛋白与 ER 的标志蛋白在细胞中共定位（Li et al.，2011）；瞬时表达的 3A 蛋白可以破坏宿主的分泌途径（Doedens et al.，1997），并降低 I 型 MHC 分子的表达（Deitz et al.，2000）。3AB 分子有非特异性的 RNA 结合活性，它能够和 3CD 蛋白及病毒 RNA 的 5′首蓿叶结构形成复合物促进病毒 RNA 合成（Xiang et al.，1995）。

PI4KIIIβ 蛋白是多个小 RNA 病毒复制过程所必需的。Aichi 病毒、牛关节样病毒、脊髓灰质炎病毒、柯萨奇病毒 B3 及人鼻病毒 14 的 3A 蛋白与 PI4KIIIβ 相互作用。另外多个病毒的 3A 蛋白与高尔基体接头蛋白 ACBD3/GPC60 相互作用募集 PI4KIIIβ 至病毒复制位点促进病毒复制，破坏 3A 与 PIK4IIIβ 相互作用能够增加 Aichi 病毒对 PIK93

的敏感性（Greninger et al., 2012; Sasaki et al., 2012）。EMCV 能够劫持宿主细胞的自噬进行复制，研究表明 EMCV 的 3A 蛋白和 VP1 蛋白能够与自噬体样结构共定位（Zhang et al., 2011）。

肠道病毒、柯萨奇病毒及脊髓灰质炎病毒的 3A 蛋白可以与鸟嘌呤核苷酸交换因子 GBF1 相互作用，这个蛋白是宿主蛋白分泌途径中膜转运的主要调节因子（Teterina et al., 2011; Lanke et al., 2009; Wessels et al., 2006）。

6. 3B 蛋白

3B 蛋白又称为 VPg 蛋白，是共价结合在病毒基因组 5′端的蛋白引物，起始病毒 RNA 的复制。前体蛋白 3AB 可促进病毒 RNA 聚合酶 3D 的活性和促进 3CD 的自身切割。小 RNA 病毒中 FMDV 编码 3 个拷贝的 3B 蛋白。3B 蛋白的拷贝数对于 FMDV 的毒力和可以感染的宿主范围至关重要（Pacheco et al., 2003）。

7. 2B* 蛋白

Loughran 等（2011）验证了 EMCV 中程序化核糖体移位的存在，这种移位使得一个含有 129 个氨基酸残基的蛋白被翻译出来，这个之前未知的蛋白质被称为 2B* 蛋白。2B* 蛋白的 12 个 N 端氨基酸残基与 2B 蛋白相同，+2 阅读框移位发生在一个 GGUUUUU 的保守序列。2B* 蛋白的合成过程对基因表达的调控十分重要，并且可能在病毒的生命周期中发挥一些调控作用。

8. 3C 蛋白

3C 蛋白是一个半胱氨酸蛋白酶，其结构与糜蛋白酶样蛋白酶结构相似（Allaire et al., 1994）。3C 和它的前体 3CD 在病毒蛋白的水解过程中发挥着重要作用，3C 蛋白几乎参与所有病毒蛋白前体的水解过程。鉴于 3C 蛋白在前体蛋白加工过程中的重要性，针对该蛋白进行的抗病毒药物设计对研发抗病毒制剂具有重要意义（Kim et al., 2012; Yun et al., 2012; Costenaro et al., 2011; Wang and Liang, 2010; Wanga and Chen, 2007）。

3C 蛋白还具有结合病毒 RNA 的能力（Peters et al., 2005; Zell et al., 2002; Kusov and Gauss-Muller, 1997）。PCBP 是参与 PV 复制的一个宿主细胞蛋白，它可以特异性地结合在病毒的 5′UTR 的 5′首苜叶结构上和 IRES 的第 4 个茎-环结构上。PV 的 3CD 蛋白也能够结合在病毒 5′UTR 的首苜叶结构上，而这种结合能够大大增强 PCBP 结合在首苜叶结构上的能力，并导致 PCBP 从 IRES 第 4 个茎-环上脱落下来，这表明 PCBP 与病毒 5′UTR 的相互作用受 3CD 蛋白调节（Gamarnik and Andino, 2000）。在病毒感染过程中，PV 的 3CD 蛋白以及 EMCV 的 3BCD 蛋白可以进入细胞核导致宿主细胞 mRNA 转录终止，3C 蛋白的水解功能可能与这一过程有关（Sharma et al., 2004; Aminev et al., 2003）。

3C 或 3CD 蛋白在逃避宿主免疫反应过程中发挥着举足轻重的作用。最近的研究显示，小 RNA 病毒的 3C 或 3CD 蛋白可以切割先天性免疫信号通路的很多信号分子和接头分子，如 MDA5（Barral et al., 2007）、RIG-I（Papon et al., 2009）、MAVS（Mukherjee et al., 2011）、TRIF（Lei et al., 2011）、NEMO（Wang et al., 2012）等。肠道病毒 EV71 的 3C 蛋白除了在小鼠上选择性抑制 I 型干扰素的产生外（Lee et al.,

2012)，还可以降解 IRF7，从而拮抗 RIG-I 或 TLR3 介导的 I 型干扰素应答促进的 IRF3 和 IRF7 激活（Lei et al.，2013）。

小 RNA 病毒的 3C 蛋白能够通过降解一些宿主细胞蛋白来促进其增殖。例如，EMCV、HAV 和 PV 的 3C 蛋白能够特异性地水解宿主细胞中的 PABP 蛋白来关闭宿主蛋白翻译，以便于病毒蛋白的翻译和病毒复制的进行（Kobayashi et al.，2012；Zhang et al，2007；Kuyumcu-Martinez et al.，2004）。FMDV 的 3C 蛋白可以诱导核 RNA 结合蛋白 Sam68 的降解，降解后的 Sam68 重新分布在细胞质中。Sam68 能够和 FMDV 基因组的 5′UTR 的 IRES 相互作用从而调节病毒蛋白的翻译（Lawrence et al.，2012）。在 PV 感染过程中，PCBP2 会被病毒的 3C/3CD 蛋白裂解为两部分。缺少 KH3 结构域的 PCBP2 丧失了它在蛋白翻译过程中的作用，但是仍然在病毒 RNA 复制过程中起作用。因此病毒可以通过裂解 PCBP2 来调控病毒蛋白翻译与 RNA 复制过程之间的转换（Perera et al.，2007）。在肝病毒属病毒中也发现了类似裂解 PCBP2 的现象（Papon et al.，2009）。FMDV 的 3C 蛋白还可以裂解翻译起始因子 eIF4A-I（Li et al.，2001）。

肠道病毒 EV71 的 3C 蛋白可以裂解细胞核中与 3′mRNA 前体加工有关的 CstF-64，破坏宿主细胞 mRNA 的多腺苷酸化（Weng et al.，2009）。AUF1 是宿主细胞中与 mRNA 衰减有关的 RNA 结合蛋白，它参与 RNA 病毒的感染过程。病毒感染过程中，内源性的 AUF1 会从细胞核中转移至病毒复制复合物附近。研究还发现感染 PV 或人鼻病毒时，病毒 3CD 蛋白可以不同程度地裂解不同亚型的 AUF1，裂解后的 AUF1 组装 mRNA 降解复合物的能力可能会被破坏（Rozovics et al.，2012）。

PV 的 3CD 蛋白可以与宿主 hnRNP C1 蛋白相互作用来促进正链 RNA 的合成（Brunner et al.，2005）。PV 的 3CD 蛋白可以诱导激活宿主 Arf GTPase 在膜上的聚集，感染病毒时 Arf GTPase 在细胞中会出现明显的定位变化，这可能与病毒利用其调节膜结构以便形成复制复合物有关（Norder et al.，2011；Belov et al.，2007）。

9. 3D 蛋白

3D 蛋白是 RNA 依赖的 RNA 聚合酶，可以催化引物介导的新生 RNA 链的延长反应（图 5-3）。另外该蛋白也催化 UMP 与 VPg 蛋白间的共价结合。而尿苷修饰的 VPg 可以作为蛋白引物来起始病毒 RNA 的合成（Ferrer-Orta et al.，2009）。EMCV 的 3D 蛋白是 EMCV 复制复合体的组成成分，而且 3D 基因高度保守，可以作为免疫和感染动物的鉴别诊断抗原。

有不少关于 3D 蛋白的酶学和结构生物学（图 5-3）（Chen et al.，2013；Kempf et al.，2013；Bentham et al.，2012；Jiang et al.，2011；Kok and McMinn，2009；Gruez et al.，2008）以及一些针对其酶活的抑制剂（Thibaut et al.，2011；Gazina et al.，2011；Durk et al.，2010；Hung et al.，2010；Chen et al.，2009）研究的报道，这些对于研究开发小 RNA 病毒的抑制剂具有重要意义。柯萨奇病毒 B3 的 3D 蛋白能够被泛素化，可能在病毒基因组的转录调控上起作用（Si et al.，2008）。HAV 的 3CD 蛋白可以降解 TRIF，这个过程除了依赖 3C 蛋白酶活性外，3D 蛋白上的一些特定的序列也起着重要的作用（Qu et al.，2011）。

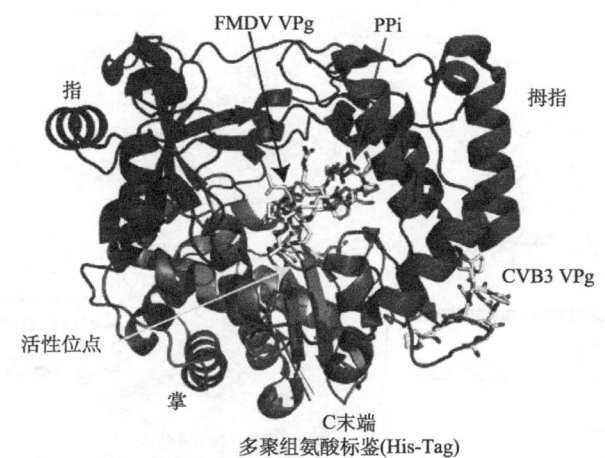

图 5-3 柯萨奇病毒 B3 的 3D 蛋白与 VPg 和焦磷酸复合物的晶体结构示意图（Norder et al., 2011）（见文后彩图）

（二）结构蛋白及其功能

在病毒蛋白酶的切割作用下，结构蛋白的前体 P0 被裂解成 VP0、VP1 和 VP3，VP0 又在 3C 蛋白酶的作用下裂解成 VP2 和 VP4，这 4 种结构蛋白参与小 RNA 病毒衣壳的组成。

VP1 蛋白影响着病毒毒力，因为病毒通过 VP1 蛋白与病毒的细胞受体相结合，并且 VP1 蛋白对病毒的吸附和穿入是必不可少的。病毒衣壳蛋白的突变也可以影响病毒的装配和释放。此外，VP1 还与病毒粒子表面的拓扑结构、抗原性有关。VP1 蛋白是小 RNA 病毒重要的保护性抗原。EMCV 的 *VP1* 基因核苷酸的变异可造成病毒血凝活性的丧失、病毒受体结合位点的改变，从而导致 EMCV 在致糖尿病型和非糖尿病型之间的转变，表明 *VP1* 基因对 EMCV 的致病性发挥重要作用。EMCV VP1 蛋白的第 100 位氨基酸能够通过影响病毒在感染小鼠脑中的复制，特别是在神经细胞中的复制，从而影响 EMCV 对小鼠的致病性。

VP2 蛋白上存在细胞表位，有一定的免疫活性；VP3 蛋白上也散布着一些抗原表位。此蛋白与病毒的细胞嗜性高度相关；VP4 蛋白处于病毒衣壳的内部，抗原性最弱。

第三节 小 RNA 病毒科的繁殖与复制

病毒的生命周期大致可以分为吸附、脱壳、复制、组装和释放 5 个过程。小 RNA 的生命周期如图 5-4 所示。

一、吸附和穿入

病毒起始感染的第一步就是病毒颗粒吸附在易感细胞膜表面的受体或辅助受体分子

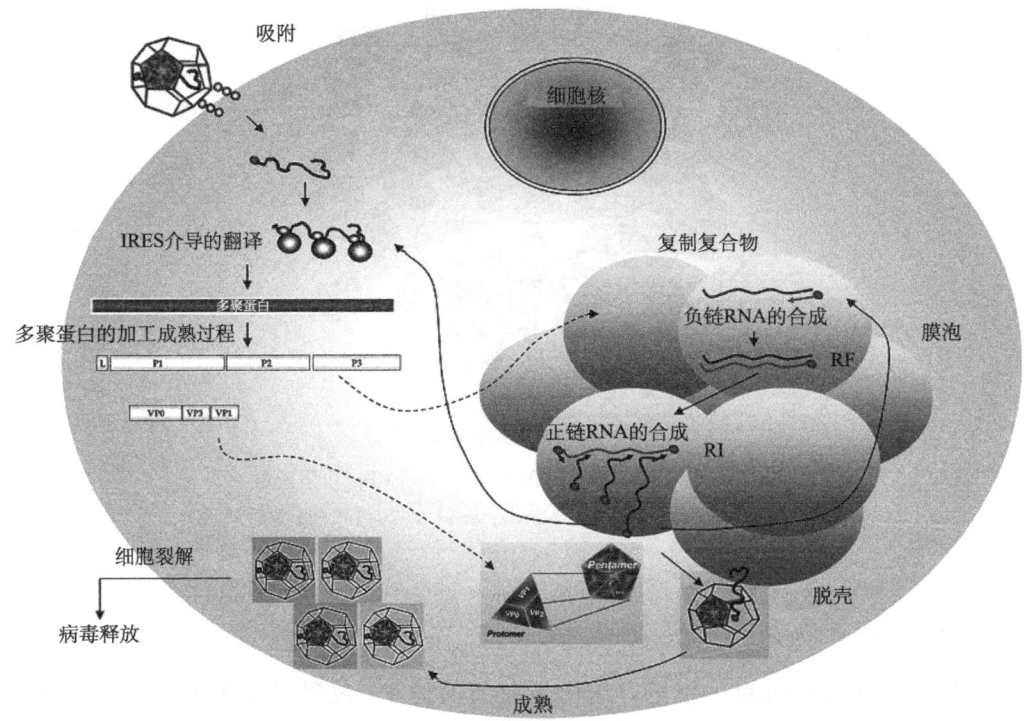

图 5-4　小 RNA 病毒的生命周期（Carocci and Bakkali-Kassimi，2012）

上（Fields et al.，2007）。病毒与受体分子的相互作用以及病毒受体的分布被认为是病毒可感染宿主范围、组织嗜性和发病机理的决定性因素。FMDV 的入胞需要受体介导的胞吞和内体的酸化（Madshus et al.，1984），而 PV 病毒粒子与细胞受体的相互作用就足以诱导衣壳蛋白的构象改变，从而导致 VP1 蛋白的 N 端的一个双亲性的螺旋插入细胞膜上形成一个腔道，通过该腔道将病毒 RNA 释放到细胞质中（图 5-5）（Hogle，2002）。

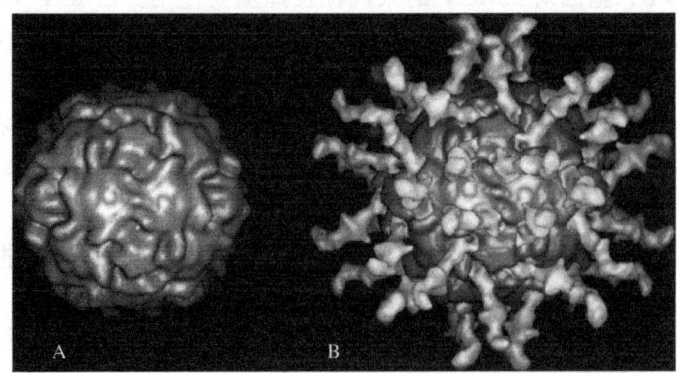

图 5-5　脊髓灰质炎病毒与受体结合示意图（见文后彩图）
A. 裸脊髓灰质炎病毒粒子；B. 结合受体的脊髓灰质炎病毒

二、翻译

病毒基因组 RNA 进入细胞质中被翻译。小 RNA 病毒基因组的 5′端虽然没有帽子结构，但是它与 VPg 病毒蛋白相连接。VPg 在翻译中所起的作用目前还不清楚，细胞内的一种酶（Gulevich et al.，2002）可以将其从病毒 RNA 上裂解下来，然后基因组翻译出基因组复制和产生子代病毒所需要的病毒蛋白。

小 RNA 病毒基因组的 5′端有一个 IRES，它们的翻译属于 IRES 依赖型而非帽子依赖型。IRES 翻译不需要 eIF4F 复合物的形成。EMCV 的 IRES 需要与一些宿主蛋白结合后才能募集 40S 核糖体亚基以及几个翻译起始因子（eIF-1A，eIF-GTP-met-tRNA 和 eIF3），并在起始密码子处开始翻译。在 AUG 起始密码子处 60S 核糖体亚基连接这个复合物，起始因子被释放，并进行延伸。

三、多聚蛋白的加工

多聚蛋白在翻译的同时就会以顺式切割的方式被裂解，并进一步被病毒编码的蛋白酶通过顺式或反式的方法加工成熟。小 RNA 病毒基因组编码 L、2A、3C 和 3CD 蛋白酶。口蹄疫病毒属病毒的 L 蛋白具有催化活性，因此它是第一个通过自剪切的方式被释放的病毒蛋白。对于 L 蛋白不具备催化活性的心病毒属病毒来说，L 蛋白的释放是由 3C 蛋白完成的。对于肠道病毒和鼻病毒来说，病毒蛋白的第一次裂解发生在 P1 和 P2 之间，是由病毒 2A 蛋白催化的。而对于肝病毒属和双埃柯病毒属的病毒来说，2A 蛋白不具有蛋白酶活性，P1 和 P2 之间的裂解是由 3C 蛋白酶完成的。对于所有小 RNA 病毒来说，3C 蛋白酶都是完成病毒蛋白成熟所需的主要蛋白，它主要用于裂解 2C 和 3A 蛋白之间的肽键，对于肝病毒属和双埃柯病毒属的病毒来说，3C 也裂解 2A 和 2B 之间的肽键。另外，3C 蛋白还参与 P1 和 P2 的前体蛋白的裂解。3C 和 2A 蛋白酶在新生多聚蛋白上具有活力并且可以通过自剪切方式从多聚蛋白上释放下来。成熟的蛋白通过反式作用方式裂解多聚蛋白的其他部分（Fields et al.，2007）（图 5-6）。

在 EMCV 的 3C 蛋白合成之前，在翻译期间多聚蛋白的加工发生在 2A 和 2B 之间。在这两个蛋白之间的结合处的 NPG（P）序列导致核糖体的跳跃。在 2A 蛋白的谷氨酸和 2B 蛋白的脯氨酸之间没有肽键的形成，结果产生两个分离的多肽。

四、复制

膜复制复合体的形成。小 RNA 病毒基因组的复制发生在细胞质。小 RNA 病毒感染可以导致细胞质内膜的增加和重排。内质网和高尔基体被重排，胞质内会充满双层膜样囊泡（Schlegel et al.，1996）。病毒的复制就在囊泡的表面进行（Cho et al.，1994）。已知 PV 的 3A 和 2BC 蛋白能够定位到内质网并可以诱导这些囊泡的形成。

人们认为组成囊泡的脂质来源于内质网。然而，这些囊泡也可能是通过自噬途径产生（Kirkegaard，2009）。实际上，在 PV 感染过程中，复制复合体的囊泡与这些自噬途径中产生的囊泡类似，它们都具有双膜结构，双膜结构中包含有细胞质组分如 LC3 和 LAMP1。最近在 EMCV 和 FMDV 感染过程中也发现类似的现象。EMCV 感染细胞

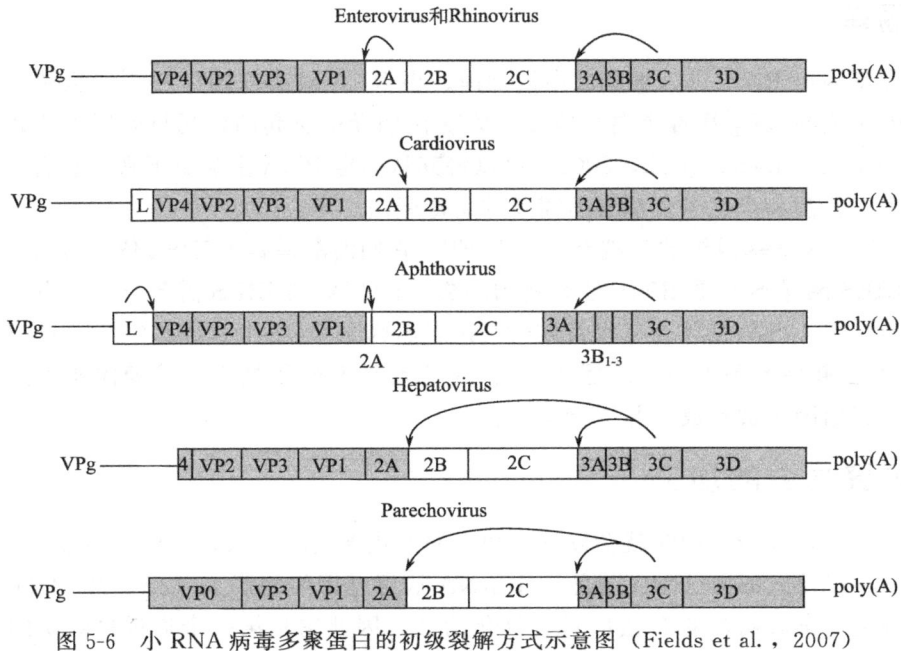

图 5-6 小 RNA 病毒多聚蛋白的初级裂解方式示意图（Fields et al.，2007）

时，3A 蛋白、VP1 蛋白和 LC3 共定位在双膜结构的表面（Zhang et al.，2011）。FMDV 感染细胞时，其 2B、2C、3A 蛋白和 LC3、LAMP1 共定位，同时 VP1 与 Atg5 也存在共定位现象（O'Donnell et al.，2011）。有报道表明，抑制自噬的产生会抑制 EMCV 的复制，而促进自噬会导致病毒滴度增加（Zhang et al.，2011；Svitkin et al.，1998）。这表明，小 RNA 病毒可能通过劫持自噬途径来补充病毒复制所需要的膜结构（Kirkegaard，2009）。

负链 RNA 的合成。负链 RNA 的合成是病毒 RNA 复制的第一步。人们普遍认为病毒的翻译必须停止，病毒的负链 RNA 才能开始转录。控制翻译向复制转换的机制目前还没有完全确定，但是最近有关 PV 的研究表明 3CD 蛋白酶裂解宿主蛋白 PCBP2 有助于负链 RNA 的合成（Daijogo and Semler，2011）。小 RNA 病毒负链 RNA 合成的起始机制目前争论较多。在对 PV 的研究中提出的模型认为病毒基因组通过宿主细胞的 PCBP 和病毒的 3CD 蛋白的环化起始合成。其中 3CD 蛋白结合在病毒 5′UTR 的苜蓿叶结构上。对于 EMCV 而言，相互作用可能发生在多聚 C 的 S 部分。因此病毒基因组 5′端和 3′端暂时地通过蛋白相互作用形成核蛋白复合物来允许 3Dpol 蛋白利用多聚 A 尾巴或 cre 结构的 AAACA-motif 尿苷化 VPg 蛋白。

cre 是病毒基因组中的一个 RNA 茎-环结构，在 EMCV 中它位于 VP2 蛋白的编码序列中。茎-环结构中含有 AAACA，前两个 A 残基作为合成 VPg-pU 和 VPg-pUpU（尿苷酰化作用）的模板，以便合成后作为复制的起始。这个保守区域的突变将会引起病毒复制明显下降。有趣的是，基因组中的 cre 的位置并不重要，反式提供这个序列也可以起到相应的作用。VPg-pUpU 与 3′端的 poly（A）相匹配，可以作为 3Dpol 蛋白合成负链 RNA 的引物。负链的延长会形成双链 RNA 结构，该结构被称为复制型（replication form，RF）（Montagnier and Sanders，1963）。RF 形成之后，就开始新的正义 RNA 的合成。

正义 RNA 链的合成。小 RNA 病毒有义链从 RF 起始合成的机制并未阐明。人们提出两个主要的关于 VPg-pUpU 合成的假说。第一个假说是有义链的合成起始会用到在负链合成过程中就已经被尿苷酰化了的 VPg 蛋白，这个假说已经被证明。第二个假说认为 VPg-pUpU 在正义 RNA 链的 poly（A）尾巴上产生用以合成负链，并且 cre 区的尿苷酰化作用对有义链的合成是必不可少的。

人们推测 RF 结构需要解链以便有义链的合成。2C 病毒蛋白具有 ATP 酶的活性和假定的解旋酶域（即使解旋酶活性从未被报道），并对正义 RNA 链的合成很重要。有报道称 2C 蛋白与宿主细胞的 p38 蛋白一同结合到负链 RNA 的 3′端。这种相互作用可能会使 RF 不稳定。宿主细胞的解旋酶和核蛋白也可能需要参与该过程，因为 RF 结构转染无核的小鼠 L 细胞时并不具有感染性（Detjen et al.，1978）。

五、病毒粒子前体的组装、衣壳化以及病毒粒子的释放

病毒生命周期的最后一步就是新合成病毒 RNA 的衣壳化，病毒前体的成熟及释放。衣壳化和成熟的机制依然没有被阐明并且是病毒循环中研究最少的步骤。病毒粒子的形成过程首先是通过 3C 蛋白酶裂解 P1 前体形成 VP0、VP1、VP3 蛋白，这些蛋白自动组装形成前体，5 个前体组成一个五聚体，12 个五聚体自动组装形成二十面体的衣壳。目前，对小 RNA 病毒的 RNA 衣壳化提出两种模型：第一个模型认为是前体先组装成空的衣壳；第二种模型提出五聚体直接围绕着新合成的病毒 RNA 上组装。小 RNA 病毒只组装连接着 VPg 蛋白的正义单链 RNA（Novak and Kirkegaard，1991）。另外，只有最新合成的 RNA 才能被衣壳化表明复制过程同衣壳化之间存在着一定的联系（Nugent et al.，1999）。

第四节　猪脑心肌炎病毒反向遗传学系统的建立

目前有文献报道的小 RNA 病毒反向遗传学系统包括鸭肝炎病毒（Pan et al.，2011；Yun et al.，2010）、塞弗病毒-3（Saffold virus）（Himeda et al.，2011）、FMDV（Bai et al.，2009；Hema et al.，2009；Xin et al.，2009）、柯萨奇病毒（Liu et al.，2011；Gullberg et al.，2010）、肠道病毒 71（Sadeghipour et al.，2013；Shang et al.，2013；Zaini et al.，2012a；2012b）等。反向遗传系统的构建主要是基于 T7 或 SP6 转录系统，另外还有一些是基于 RNA 聚合酶 I 系统。本节介绍猪脑心肌炎病毒反向遗传学研究系统的构建过程。

为了简化实验操作程序，加大实验的可重复操作性，首先将 EMCV BJC3 全基因组序列分成两部分进行克隆、连接，得到全长质粒。实验应用低拷贝质粒 pWSK29 作为载体。EMCV BJC3 感染性克隆的构建策略如图 5-7 所示。

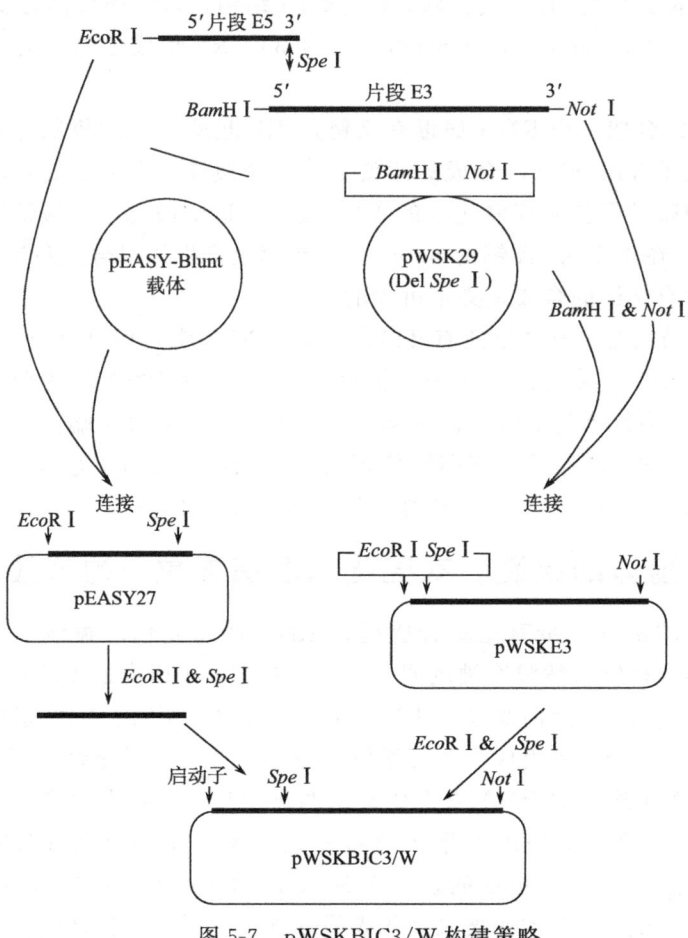

图 5-7　pWSKBJC3/W 构建策略

一、引物设计

根据 EMCV BJC3 株全基因组序列，用 Primer 5 软件设计 2 对引物，其中在全长扩增的上游引物 EMCT7F 中加入 T7 RNA 聚合酶启动子核心序列。克隆、检测及载体突变用引物具体序列见表 5-1。

二、cDNA 合成

用 250μL 第 6 代病毒细胞培养物提取总 RNA 溶于 12.5μL 无核酸酶的水中。加入下游引物 EMC3R 或 EMC5R 用反转录酶 Superscript TMIII 得到高丰度的 cDNA。

三、3′半长基因组的克隆

用 TaKaRa LA Taq 酶扩增 3′半长基因组，扩增产物经琼脂糖凝胶电泳回收后连接至 pMD18-T 载体。

表 5-1　EMCV BJC3 基因组全长 cDNA 的扩增和鉴定用引物

引物名称	方向	引物位置*	引物序列(5′→3′)
EMCSP6F	F	1~22	GG*AATTC*CATTTAGGTGACACTATAGAATTGAAAGCCGGGGGTGGGAGAT
EMC5R	R	2632~2656	A*GGCGCGCC*TAAAGTCAGCAGTTGCGTCTGCGTTC
EMC3F	F	2272~2294	C*GGGATCCCG*CAAGTTCCTCATTGCCTACACCC
EMC3R	R	poly(A)	GACTAGTC*GCGGCCGC*TTTTTTTTTTTTTTTTTT
Spe-Upper	F	—	CAACTCAAAGGAAAGGTCTAGTAATTATCATTGAC　(A→T)
Spe-Lower	R	—	GTCAATGATAATTACTAGACCTTTTCCTTTGAGTTG
DetF	F	1840~1861	CACCGCTTCTATTCAGCCAGTA
DetR	R	2690~2701	AGCCACCTTCGTTTGGTTCTCA
3DP1	F	7264~7289	GGTGAGAGCAAGCCTCGCAAAGACAG
3DP2	R	7525~7549	CCCTACCTCACGGAATGGGGCAAAG

* 在EMCV BJC3基因组中的位置。

四、5′半长基因组的克隆

5′半长基因组应用 PrimeSTAR™ HS DNA Polymerase 扩增后连接至 pEASY-BluntT 载体。

五、pWSK29 载体的突变

根据 pWSK29 载体序列分析发现其多克隆位点（multiple clonings ites，MCS）之外尚有一个 *Spe*I 位点，妨碍下一步的亚克隆。因此，先用 Quik Change Multisite-directed Mutagenesis Kit 将其改造。

六、pWSKBJC3/W 全长质粒的连接及测序

如图 5-7 所示，首先构建好 pWSKE3 半长质粒，然后完成全长质粒 pWSKBJC3/W 的连接。连接产物经 PCR 鉴定后，送上海英俊生物技术有限公司测序。

七、病毒的拯救

取 15μL pWSKBJC3/W 全长质粒 DNA，用倍量的 *Not* I 限制性内切核酸酶消化，使其完全线性化。紫外分光光度计测定和计算浓度。线性化质粒的浓度应达到 0.5~1μg/μL。根据 Ambion 公司的 mMessage mMachine High Yield Transcription Kit 说明书所述，利用 SP6 RNA 聚合酶转录产生的 RNA 转录体 BJC3/SP6，1μg 线性化模板的 20μL 反应体系中，产生大约 40μL RNA 转录体。将大约 5μg RNA 转染 BHK-21 细胞，转染后 36h，传代。如此，连续盲传 3 代后，可以观察到明显的细胞病变效应（CPE）（图 5-8），与 EMCV-BJC3 病毒感染所导致的病变形态相同（图 5-8）。将转染后产生的恢复病毒的细胞上清在 BHK-21 细胞上连续传代，传代 5 次后病毒滴度达到 10^8 $TCID_{50}$/mL，与亲本病毒滴度没有明显差异。将拯救的病毒命名为 rBJC3/SP6。

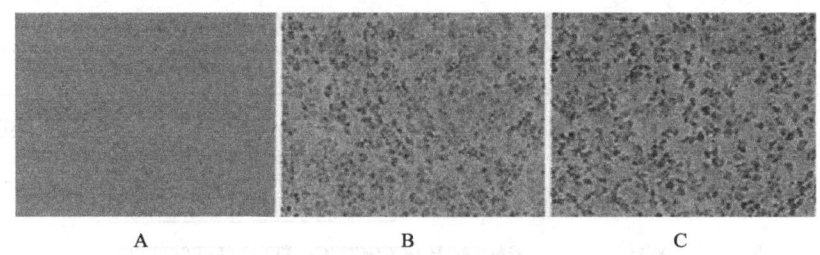

图 5-8　rBJC3/SP6 在 BHK-21 细胞上产生的细胞病变（见文后彩图）
A. 正常的 BHK-21 细胞；B. EMCV-BJC3 感染的 BHK-21 细胞；C. rBJC3/SP6 感染的 BHK-21 细胞

八、间接免疫荧光检测拯救病毒蛋白表达

用抗 EMCV VP1 蛋白单抗作为一抗，荧光标记的兔抗鼠 IgG 作为二抗，进行 IFA 检测恢复病毒 rBJC3/SP6 的生物学特性。结果显示，第 5 代恢复病毒 rBJC3/SP6 接种 BHK-21 细胞 10h 后，细胞质内即出现可见的特异性荧光，细胞对照则未见荧光（图 5-9）。

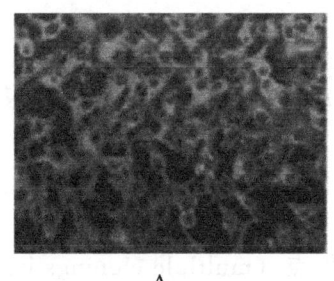 

图 5-9　间接免疫荧光检测 rBJC3/SP6 感染 BHK-21 细胞结果（见文后彩图）
A. 感染 rBJC3/SP6 的 BHK-21 细胞；B. 正常的 BHK-21 细胞

九、RT-PCR 检测拯救病毒的基因组

rBJC3/SP6 体外传 5 代后，提取病毒总 RNA，应用表 3-1 中 3DP1 和 3DP2 特异引物对其进行 RT-PCR，检测到一条约 286bp 大小的条带（图 5-10）。

图 5-10　EMCV RT-PCR 检测结果

十、拯救病毒在 BHK-21 细胞中的生长曲线

分别以 $100TCID_{50}$ 的恢复病毒 rBJC3/SP6（第 5 代）和亲本病毒 BJC3（第 6 代）感染 BHK-21 细胞，两种病毒导致的细胞病变过程和程度基本相同。对不同时间点的细胞上清进行病毒滴度（$TCID_{50}$）测定显示，两种病毒在 BHK-21 细胞中的生长动力曲线是相似的（图 5-11）。

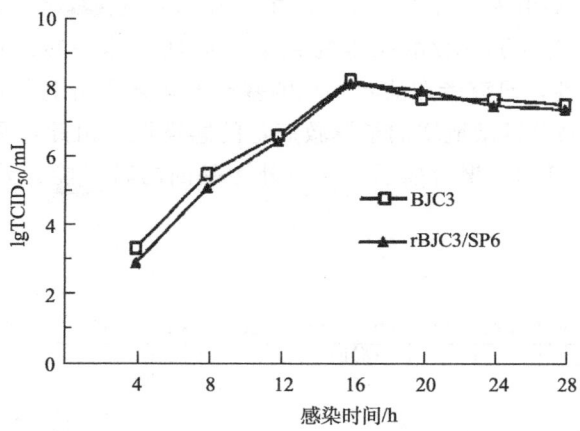

图 5-11　rBJC3/SP6 和 BJC3 在 BHK-21 细胞中的生长曲线比较

第五节　口蹄疫病毒反向遗传学系统的建立

作为单股正链 RNA 病毒，FMDV 的反向遗传操作比较简单。Zibert 等（1990）首次成功构建 O 型 FMDV 的感染性克隆以来，至今已经发展了 5 种不同形式的反向遗传操作系统。

（1）体外转录拯救系统（图 5-12）：Zibert 等（1990）应用体外转录系统首次成功拯救第一粒 O 型 FMDV，开创了该病毒分子水平研究的新局面。研究者在构建该病毒基因组全长感染性克隆时，在病毒基因组 5′端引入 SP6 启动子，SP6 RNA 聚合酶体外转录 cDNA 生成 cRNA，cRNA 经磷酸钙介导转染 BHK-21 细胞，获得感染性的 FMDV，该拯救病毒对牛肾细胞和乳鼠具有高的感染性。Rieder 等（1993）又构建了含 T7 RNA 启动子的病毒基因组全长 cDNA，然后用 T7 RNA 聚合酶体外转录系统拯救了一系列含不同 C 碱基的 A12 FMDV 病毒，并证明 poly（C）的长短对乳鼠的毒力没有影响。liu 等（2004）采用体外转录拯救系统在国内率先建立 O/CHA/99 株 FMDV 的感染性克隆。

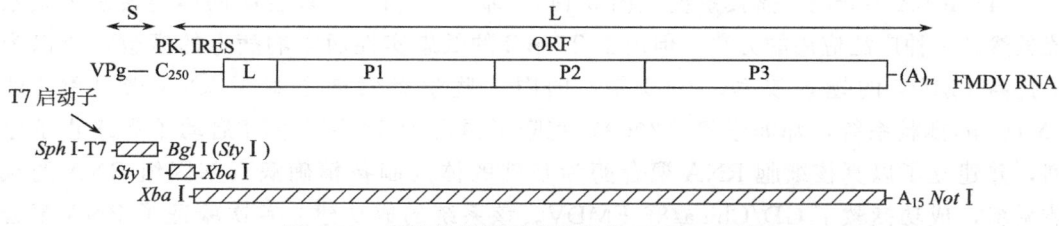

图 5-12　利用体外转录系统拯救 FMDV 的策略

（2）RNA 聚合酶 II 拯救系统（图 5-13）：为了发展 FMDV DNA 疫苗候选株，Ward 等（1997）首次建立了基于 RNA 聚合酶 II 的 FMDV 基因工程病毒拯救系统。他们将 A12 的基因组 5′端引入 CMV 启动子，在 3′端 poly（A）尾巴后加入 BGH 终止子（图 5-13）。结果利用该系统拯救的病毒的感染性远低于体外转录拯救病毒的感染性。为了增加病毒的感染性，研究者在前者质粒的基础上在终止子上游和 poly（A）尾巴处引入 HDV 核酶，结果只轻微地增加了拯救病毒的感染性。由此可见 RNA 聚合酶 II 拯救系统不如噬菌体 T7 RNA 聚合酶强大，对外源基因的转录能力差，导致拯救的病毒具有极低的感染性。

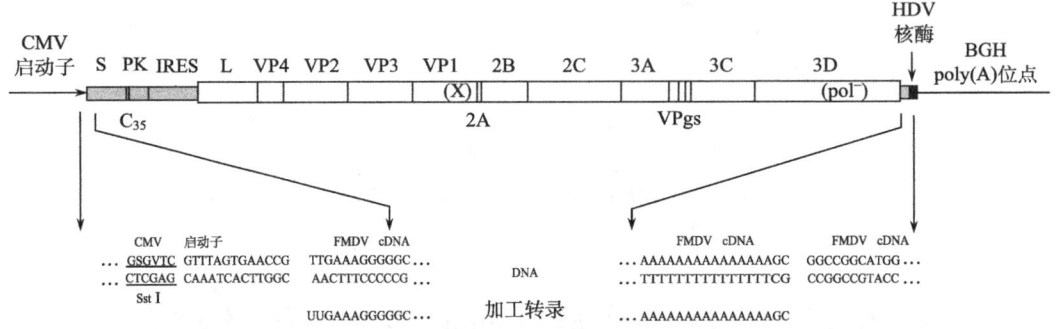

图 5-13　利用 RNA 聚合酶 II 拯救系统拯救 FMDV 的策略

（3）基于 T7 RNA 聚合酶的体内转录拯救系统：虽然基于 T7 RNA 聚合酶的体内转录拯救系统已被广泛地应用于许多正链和负链 RNA 病毒的反向遗传操作中，但该方法在 FMDV 的拯救中启用很晚，这主要归因于体外转录拯救系统在 FMDV 反向遗传学中的成功应用。Zhao 等（2003）采用体外转录和 T7 RNA 聚合酶质粒与全长质粒共转染的体内转录方法拯救了口蹄疫嵌合病毒，进行了 FMDV 第三类受体的研究。FMDV 的反向遗传学研究在国内起步比较晚，但许多实验室都建立了基于 T7 RNA 聚合酶的体内拯救系统。郑海学等（2008）研究者利用反转录病毒基因转移技术建立了稳定表达 T7 RNAP 的 BHK 细胞系（BHKT7）成功拯救了 OH99 FMDV。另外，在国内的许多实验室也利用表达 T7 RNA 聚合酶的质粒与含病毒基因组全长的质粒共转染分别拯救了 A 型、Asia1 型、O 型 FMDV，为不同型口蹄疫病毒分子生物学的研究奠定坚实的基础。

（4）RNA 聚合酶 I 拯救系统（图 5-14）：基于 T7 RNA 聚合酶的体内转录拯救系统虽然是一种广泛应用的方法，但由于 T7 pol 的低忠实性而影响病毒的拯救，所以为了提高 FMDV 的拯救效率，2009 年，国内一些学者发展了基于 RNA 聚合酶 I 的 FMDV 的拯救系统，郑海学等（2009）克隆了鼠源 RNA 聚合酶 I 启动子和终止子序列，并建立了以真核细胞 RNA 聚合酶为基础的体内制备精确病毒基因组 RNA 的载体系统，成功拯救了 GD/China/86 FMDV。该系统的成功建立首次验证了 RNA 聚合酶 I 可以正确转录 8.2kb 的正链 RNA 病毒，为 FMDV 复制、致病性以及新型疫苗的研究提供了一个有用的工具，也为难以适应甚至没有适应细胞的病毒拯救提供一个可行参考方案。

（5）RNA 聚合酶 I 和 II 联合的拯救系统（图 5-15）：郑海学等在前期 RNA 聚合酶 I

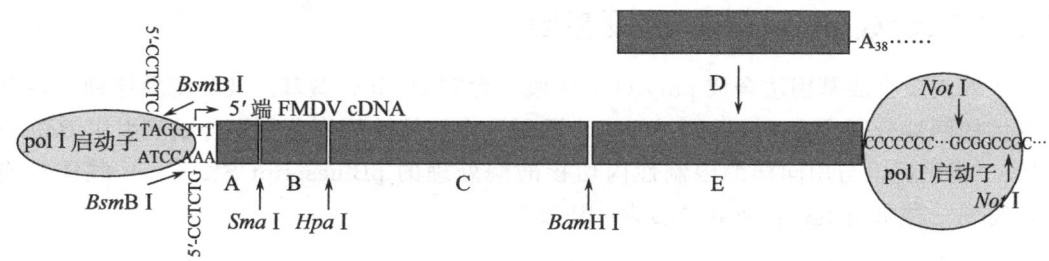

图 5-14 利用 RNA 聚合酶 I 拯救系统拯救 FMDV 的策略

拯救系统的基础上，为进一步提高拯救系统的效率，在 FMDV 的 5′端和 3′端嵌入端粒酶在转录水平上产生精确的病毒 RNA，然后把该重组的 cDNA 插入鼠源 RNA 聚合酶 I 启动子和终止子序列内，再把鼠源 RNA 聚合酶 I 转录盒正向插入 RNA 聚合酶 II 转录盒，从而得到 RNA 聚合酶 I 和 II 结合的拯救系统（Zheng，2013）。该系统不仅能够在细胞上拯救病毒，也能在模式动物和宿主动物上直接拯救病毒。

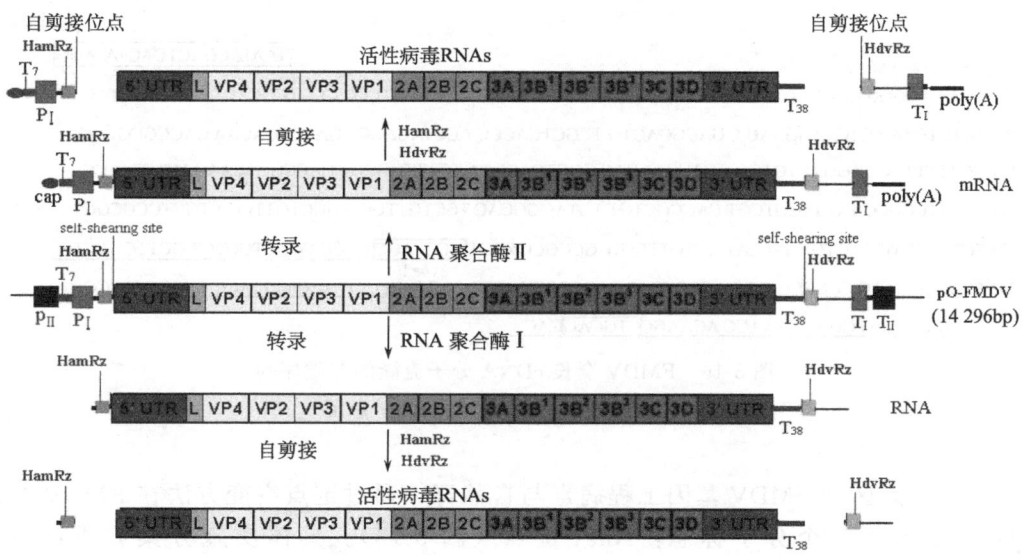

图 5-15 利用 RNA 聚合酶 I 和 II 联合系统拯救 FMDV 的策略

自此，RNA 病毒的 5 种转录拯救系统已全部应用于 FMDV 的反向遗传学研究中，但这些系统中应用最为广泛的还是体外转录拯救系统。本节简要介绍 FMDV 感染性克隆构建的过程。

一、引物设计与合成

根据参考毒株 China99 的基因序列，设计涵盖 FMDV 基因组序列的 5 对引物，其中 S 片段上游引物 5′端引入 T7 启动子核心序列，为了扩增基因组 3′端真实序列和 poly(A) 尾巴，设计了 E1、E2 和 E3 三条专用引物。

二、人工合成 poly（C）区段基因

采取人工合成基因法合成 poly（C）区段（含有 29 个 C 碱基）及其侧翼序列，在合成基因的两端分别含有 *Bam* H I 和 *Pst* I 限制性内切核酸酶位点。将合成基因用 *Bam* H I/*Pst* I 消化后，与用同样的限制性内切核酸酶处理的 pBluescript SK（+）载体相连接，得到一种重组质粒，将其命名为 pBlC29。

三、FMDV 基因组全序列的扩增

根据所设计的特异性反转录引物，用 SuperScript II 反转录酶合成 cDNA 第一链，然后用 Pfu DNA 聚合酶分别扩增覆盖基因组的 5 个片段。其中 E 片段采用 3′-RACE 方法来扩增。其反应程序如下：以反转录引物 E2 进行反转录，合成 cDNA 第一链，以之作为模板，使用引物 E1 和 E3 进行 PCR 反应，反应条件是：首先 94℃变性 5min，再按以下条件进行 30 个循环：94℃，1min；55℃，1min；72℃，2min。最后 72℃延伸 5min。取 5μL PCR 产物进行凝胶电泳鉴定。

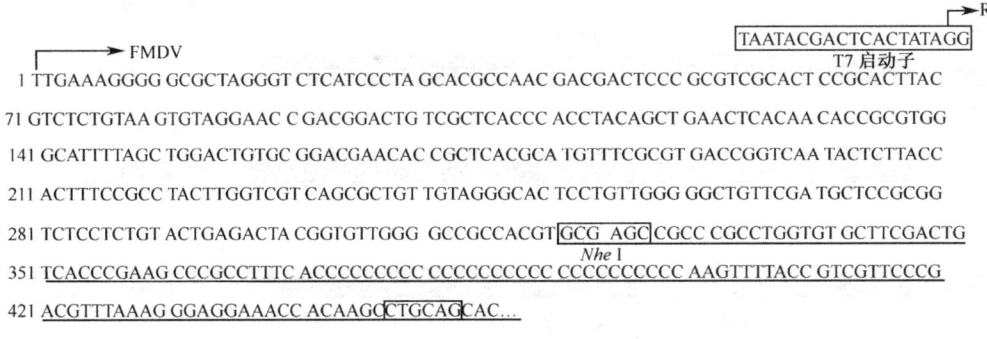

图 5-16 FMDV 全长 cDNA 分子克隆的 5′端序列
及在 S 片段引入 *Nhe* I 位点的示意图

为了将来区别 FMDV 基因工程病毒与自然毒，通过定点突变方法在 FMDV 基因组的 5′端引入一个分子标志：*Nhe* I 位点（图 5-16）。具体实施方案如下：根据 FMDV 基因组序列设计一对引物 S1 和 S2，其中引物 S2 中含有 *Nhe* I 识别位点。以 S2 为反转录引物，合成 cDNA 第一链，然后取 2μL 作为 PCR 反应的模板，扩增 S 片段。用 *Spe* I/*Nhe* I 分别消化 S 片段和 pBlC29，然后用快速连接试剂盒将二者相连，构建成重组质粒 pBlSC29。再用 *Pst* I/*Hind* III 分别消化 pBlSC29 和 L 片段，并用快速连接试剂盒将二者相连，得到重组质粒 pBlSC29L。用 *Bss* H II 消化 pBluescript SK（+）载体，同时用引物 S1 和 L2 从 pBlSC29L 中扩增出 SC29L 片段，并用 *Asc* I 进行消化之，最后使用快速连接试剂盒将二者连接，得到 5′半分子，将其命名为 pBlT7SC29L。

四、3′半分子的构建

首先用 Not I/Xba I 分别消化 E 片段和 pBluescript SK（+）载体，使用快速连接试剂盒将二者相连接，得到重组载体 pBlE。用 Xba I/Bgl II 再消化 D 片段和 pBlE，也用快速连接试剂盒将二者相连接，得到重组载体 pBlDE；最后用 Hind III/Bgl II 分别消化 C 片段和 pBlDE，并用快速连接试剂盒将二者相连接，得到重组载体 pBlCDE，即 3′半分子。

五、全长 cDNA 分子的装配及鉴定

首先用 Not I/Hind III 分别消化 pBlCDE 和 pBlT7SC29L，然后用 DNA 片段纯化试剂盒纯化消化后的 CDE 片段和 pBlSC29L，最后用快速连接试剂盒将二者相连接，得到含有 FMDV 基因组全长 cDNA 的重组质粒，命名为 pBlT7FMDV。全长 cDNA 分子构建的技术路线见图 5-17。以 pBlT7FMDV 重组质粒为模板，用 S 片段上游引物和 E 片段下游引物进行全基因组序列的扩增，同时用 Spe I 和 Not I 对 pBlT7FMDV 进行酶切鉴定，最后对全长 cDNA 分子进行测序并与 FMDV 基因组序列进行比对。

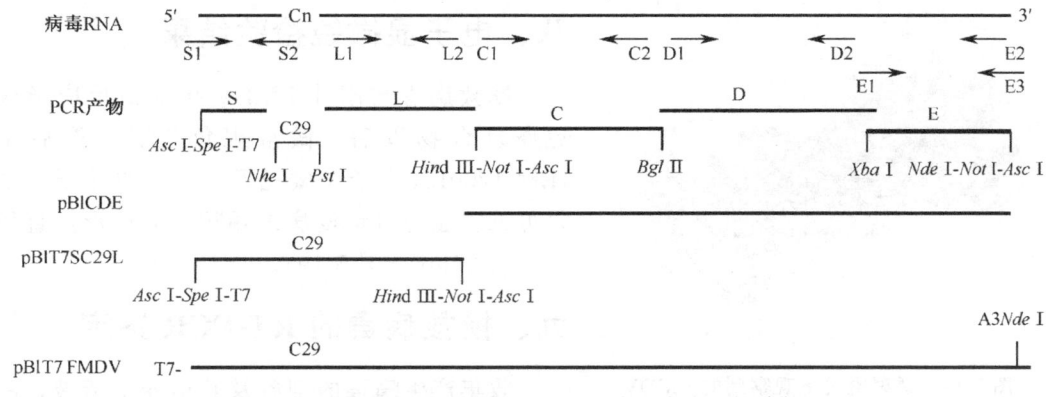

图 5-17　FMDV 基因组全长 cDNA 分子克隆的构建策略

六、体外转录物 RNA 的制备及电泳

采用 RiboMAX™ Large Scale RNA Production Systems-T7 系统进行体外转录，反应体系：rNTP 6μL（25mmol/L），5×缓冲液 4μL，T7 RNA 聚合酶混合液 2μL；用 NdeI 线性化的 pBlFMDV 重组质粒 8μL（2μg）。总体积为 20μL，将反应液充分混匀后，于 37℃孵育 2~4h。反应结束后，用酚/氯仿/异戊醇抽提方法纯化转录产物。然后用含有甲醛的变性琼脂糖凝胶进行电泳分析。结果可见大小约 8.2kb 的条带，其分子质量与预期大小一致，表明转录物 RNA 是完整的。

七、转染 BHK 细胞结果

用体外转录物 RNA 转染 BHK-21 细胞后，24h 后可见细胞出现 CPE 现象，细胞变

圆，呈葡萄状分布，最后细胞崩解成碎片（图 5-18A）。将细胞培养物连续传代，细胞病变出现的时间缩短，病变更加典型，传至第三代细胞在接种后 6h 即可见明显的 CPE 现象，培养 12h 可使 80% 细胞单层脱落形成空斑。对照细胞单层完整，形态规则（图 5-18B）。

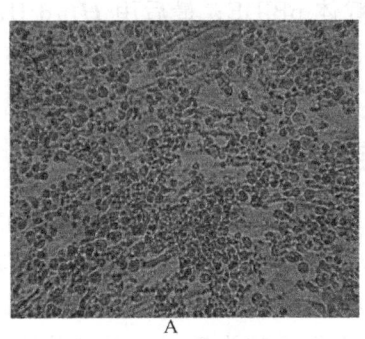 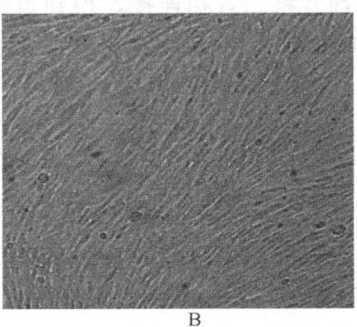

图 5-18 体外转录物 RNA 转染 BHK-21 细胞结果（见文后彩图）
A. 转染 24h 后所产生的 CPE；B. 正常的 BHK-21 细胞

八、电子显微镜检验结果

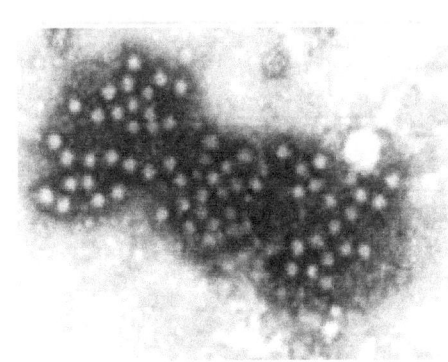

拯救病毒与阳性 FMDV 抗血清反应形成免疫复合物以后，做常规负染色，然后于 JEM-1200EX 电子显微镜下观察病毒粒子，结果可见明显的口蹄疫病毒颗粒，为球形，直径大小约 25nm（图 5-19）。

九、拯救病毒的 RT-PCR 鉴定

图 5-19 透射电镜下观察到的 FMDV 病毒粒子形态（标尺：25nm）

收集产生病毒的细胞及其培养上清液，制备总 RNA。用 FMDV 的特异引物进行 RT-PCR 扩增，扩增产物用琼脂糖凝胶电泳分析。结果表明所扩增的目的产物与预期大小一致，扩增产物大小分别为 400bp（S）、650bp（L）、3200bp（C）、2500bp（D）和 1500bp（E）（图 5-20）。

十、免疫荧光检测

将用体外转录转染的 BHK 细胞及未经转染的 BHK 细胞用免疫荧光染色，在免疫荧光显微镜下可见用转录物转染的 BHK 细胞中有特异荧光产生，而未转染的空白细胞中没有特异荧光出现，表明细胞中有 FMDV 的蛋白质存在，同时也佐证了拯救病毒获得成功。

十一、拯救病毒与自然毒株的区别鉴定

使用引物 S1、S2 从基因工程病毒基因组中扩增出 S 片段，长度约为 372bp，将其

克隆到 pGEM-T Easy 载体中,通过蓝、白斑筛选出阳性重组质粒 pGEM-S,然后使用 Nhe I 消化 pGEM-S,由于 pGEM-T Easy 载体序列 (3015bp) 中没有 Nhe I 的识别位点,因此用 Nhe I 消化的结果是将其线性化产生一条 3387bp 的目的带。对 pGEM-S 进行序列测定,结果表明基因工程病毒中保留有引入的分子标志: Nhe I 识别位点。

十二、空斑形成实验结果

应用空斑形成实验研究了拯救口蹄疫病毒在 BHK 细胞上噬斑形成特点,对其滴度进行测定,同时与其母本毒作比较。结果表明,拯救

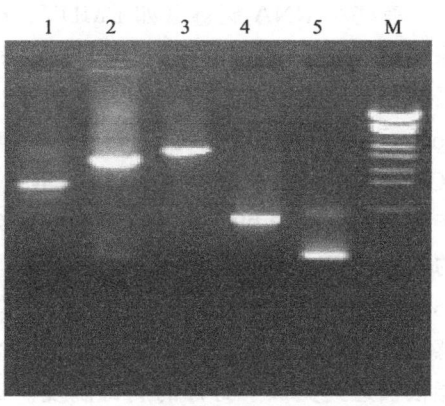

图 5-20 拯救病毒 RT-PCR 鉴定结果
1. E 片段; 2. D 片段; 3. C 片段;
4. L 片段; 5. S 片段; M. λ-EcoT14 I digest

病毒可在 BHK 细胞上很好地形成噬斑,根据空斑数计算病毒的滴度,计算结果为 2.2×10^4 PFU/μg。与其母本毒相比,它们在噬斑形成方面没有明显的差异,病毒滴度也相近(3×10^5 PFU/μg)。

十三、乳鼠毒力实验结果

拯救病毒在 BHK 细胞上连续传代 4 次后,接种 3 日龄乳鼠,结果在接种 30h 后,乳鼠表现出典型的呼吸困难、后肢麻痹等症状,在第 36h 出现第一只乳鼠死亡。最后根据统计结果,计算出 LD_{50} 为 $10^{-7.3}$,与其母本毒 OLZ/02 株相比($10^{-8.3}$)稍微有点低,但在致病性上难以区别。

第六节 反向遗传学在小 RNA 病毒科研究中的应用

一、在病毒功能基因组学研究中的应用

利用生物信息学软件对小 RNA 病毒的基因组结构进行预测分析,发现在小 RNA 病毒基因组的 5'UTR 含有一个类似三叶草形的二级结构,推测该结构在维持基因组的稳定、翻译和复制等方面发挥着重要的作用。为验证该假说,Sharma 等(2005)利用反向遗传学技术对 PV 基因组 5'端三叶草结构的功能进行了系统研究。其研究结果表明,RNA 的二级结构被破坏以后不仅稳定性降低,而且抑制了负链 RNA 的有效合成。不过,令人惊讶的是正链 RNA 的合成并不依赖于三叶草的二级结构。相反,改变 5'端序列的一级结构对负链 RNA 的合成没有影响或者影响很小,而正链 RNA 的合成量显著减少,感染性病毒粒子的产量也明显下降。分析其原因可能是负链模板 3'端的保守序列(3'-AAUUUUGUC-5')改变以后,导致起始正链 RNA 合成的引物 VPg-pUpU 不能与模板链结合。Aichi virus 是小 RNA 病毒科中的新成员,在其基因组的 5'端也含有一个由 42nt 组成的茎-环结构,Sasaki 等(2001)通过对这一结构进行一系列的点突变分析,认为该结构是病毒 RNA 复制及产生感染性病毒粒子的重要元件。

有些小 RNA 病毒（如 FMDV、EMCV 等）基因组的 5′UTR 有一段含有约 90％胞嘧啶碱基的 poly（C）序列。长期以来，人们一直怀疑该序列与病毒的感染性有密切关系，但是一直没有具有说服力的实验证据。借助于感染性 cDNA，研究者发现含有截短 poly（C）序列的 FMDV 在 HeLa 细胞上表现出与野毒株相似的生长特性。但是当 poly（C）序列的长度少于 30nt 时，病毒对小鼠的致病力显著减弱，有趣的是它能刺激机体产生高滴度的中和抗体，并能对抗致死性病毒的攻击。为了进一步确定 poly（C）序列的长度与 FMDV 感染性的量性关系，Rieder 等（1993）分别构建了含有 2 个、6 个、16 个、25 个、35 个胞嘧啶残基的感染性 cDNA，通过细胞转染和动物接种发现，这些感染性克隆具有相似的感染性，但是含有 6 个 C 以上的病毒在细胞上生长得更快，并能很快达到类似于野毒的病毒滴度。此外，他们还发现这些含有截短 poly（C）序列的拯救病毒在细胞培养物中连续传代后，其 poly（C）序列能够迅速延长并恢复到类似于野毒株的 poly（C）序列长度（75~140nt）。

众所周知，小 RNA 病毒基因组中的 IRES 元件主要功能是介导病毒 RNA 的翻译起始过程。Luz 和 Beck（1991）应用反向遗传学技术发现有一种分子质量约 57kDa 的细胞蛋白（p57）能与 FMDV IRES 的 5′端和 3′端相互作用，如果缺失 IRES 的 5′端会部分抑制病毒的翻译过程，若缺失 IRES 的 3′端则会几乎完全抑制翻译的进行。p57 结合位点唯一保守的基序是：UUUC，该基序是 IRES 5′端结合位点的关键元件，即使只发生单个的嘧啶-嘌呤的颠换都会抑制 p57 的结合。此外，也有研究表明 IRES 序列在病毒的致病性方面起一定作用，如 Evans 等（2005）在其研究中发现对 PV 疫苗株（Sabin 株）的 IRES 元件实施突变，可以降低病毒的神经性毒力。

为了研究 FMDV RGD 序列在病毒感染过程中的作用，Leippert 等（1997）在 FMDV 基因组的 RGD 序列内部及其附近区段分别制造了 13 个点突变，然后用这些突变体 RNA 转染 BHK-21 细胞。结果发现，在 RGD 序列内部发生点突变的 cRNA 转染细胞后，不能产生感染性的病毒粒子，而在 RGD 附近区段发生突变的 RNA 则能产生感染性病毒。为了进一步证明这些没有感染性的病毒只是由于在细胞吸附位点上有缺陷，他们又将在 RGD 序列内部发生点突变的 cRNA 与表达有野生型 P1 蛋白的 cRNA 共转染细胞，结果产生感染性的病毒粒子，因而也证明 FMDV RGD 序列在病毒吸附过程中具有重要作用。

小 RNA 病毒基因组的 3′端含有一段非编码区（UTR）和一个 poly（A）尾巴，它们在维持病毒的复制和病毒的感染性等方面起重要作用，缺失其中之一或全部都会导致病毒在敏感细胞中的感染性。与全长病毒 RNA 相比，移去 3′端序列能降低基因组在体外的翻译效率。如果缺失 3′UTR 的大部分区段或完整的 poly（A）序列，都将完全抑制病毒的复制，这一结果与心肌炎病毒缺失 3′UTR 的结果一致。但是缺失肠道病毒或鼻病毒的 3′UTR 并不能完全阻断病毒的复制。PV 的 3′UTR 能与 3CD 结合，心肌炎病毒的 3′UTR 则能直接与 $3D^{pol}$ 结合。另外，在肠道病毒间交换 $3D^{pol}$ 可导致 RNA 的缺陷性复制。这些现象在 FMDV 中不存在，SVDV 的 3′UTR 也不能用 FMDV 的 3′UTR 替换，表明 FMDV 的 $3D^{pol}$ 与其基因组 RNA 之间在复制过程中存在一种特殊的相互作用关系。Rohll 等（1995）证明 PV 的 3′UTR 对于基因组的有效率复制是很重要的，令人惊讶的是 Todd 等（1997）获得了缺失 3D^{pol}编码区 poly（A）尾巴之间的 3'UTR 序列的人工小 RNA 病毒，表明 poly（A）可能是 3'UTR 中唯一的负责忠实起始负链 RNA 合成的顺式元件。这种现象很令人迷惑，因为最近研究表明基因组通过 PABP 环化后，可能把其他一些顺式作用元件带到复制起始的位置，尽管这些发现具有争议性，但 3'UTR 有缺失的病毒在细胞中不能良好生长。最近的研究表明将 O1K 3'UTR 缺失 74 个碱基后，并不能重新获得该病毒。用 SVDV 基因组的 3'UTR 替换 FMDV 基因组的 3'UTR，或者缺失该区段但是保留完整的 poly（A）尾巴，病毒在敏感细胞系中都会丧失复制能力。与缺失 3'UTR 的 FMDV 相比，用 SVDV 的 3'UTR 替换的嵌合 FMDV 病毒在延长转染细胞时间后，能使病毒 RNA 的合成维持在较低的水平，但是在敏感细胞上连续传代以后，不能得到可见的病毒粒子，表明 FMDV 的 3'UTR 在完成 FMDV 完整复制循环过程中起关键作用而且 FMDV 与 SVDV 的 3'UTR 不能交换发挥功能。

研究表明，FMDV 的 L 蛋白酶至少有 2 种功能：① 能够将自身从聚合蛋白的 N 端自动裂解下来；② 切割宿主细胞起始因子 4F 复合物的 p220 亚基，进而关闭宿主蛋白质的合成过程。根据肠道病毒属和鼻病毒属的研究结果，p220 亚基的裂解似乎对小 RNA 的复制很重要。但是，Piccone 等（1995）利用反向遗传学技术证明 L 蛋白并不是 FMDV 复制所需要的关键蛋白质，无论是在细胞水平，还是在动物体内，L 基因对病毒复制的影响都很有限。

小 RNA 病毒 RNA 的复制由共价结合在病毒基因组 5'端的 VPg 蛋白引物启动。其他小 RNA 病毒都只编码单一拷贝的 VPg 蛋白，而口蹄疫病毒却编码 3 个拷贝的 VPg 蛋白。虽然三拷贝的 VPg 蛋白对维持 FMDV 的感染不是必需的，但是自然感染的 FMDV 毒株中 VPg 拷贝数都不少于 3 个。有报道显示，在 FMDV 全长感染性 cDNA 克隆中缺失三拷贝 VPg 蛋白的编码序列后，转录出的 RNA 没有感染性。缺失 VPg 编码序列会降低 FMDV RNA 的复制水平。缺失三拷贝 VPg 蛋白的前两个 VPg 蛋白就会严重影响 FMDV 在猪细胞上的复制，也会降低 FMDV 在猪体上的感染。为了研究 FMDV 基因组中 VPg 的数目对 FMDV 的致病力和宿主范围的影响，Pacheco 等（2010）在 FMDV A24 Cruzeiro 全长 cDNA 感染性克隆的基础上分别在 3 个 VPg 蛋白编码区域随机插入 57 个核苷酸（19 个氨基酸），破坏了目标蛋白原有的氨基酸序列，构建的另外两个病毒则是不仅在转染后去掉 57 个核苷酸转座子而且缺失部分 VPg 编码区域（第一个 VPg 的 3'端或者第二个 VPg 的 5'端）。结果显示，5 株突变病毒和母本病毒具有相似的生长曲线、RNA 复制动力以及相似的嗜斑大小，而且在小牛上的致病性也和母本毒株 FMDV A24-WT 相似。此结果表明，3 个 VPg 蛋白任何一个蛋白单独改变对病毒的体内生长以及体外致病力都没有显著的影响。

二、在病毒致病机理研究中的应用

许多研究表明，不同血清型的 FMDV 都可以利用整联素受体侵染细胞，因为在 FMDV 的 *VP1* 基因中含有一个高度保守的能与整联素结合的受体吸附位点，即 Arg-Gly-Asp（RGD）基序。但 FMDV 仅具有 RGD 序列并不能保证它就可以作为受体的结合位点，该序列还必须位于衣壳蛋白的 βG-βH 环上，否则将不能被整联素识别。最近

Storeya 等（2007）的研究证明了这一观点。他们通过序列分析发现一株分离自纳米比亚的 FMDV（NAM/307/98）*VP1* 基因中含有两个 RGD 序列，第一个 RGD 序列位于 βG-βH 环上，第二个 RGD 则位于 βG-βH 环的上游。为了验证第二个 RGD 序列是否可以充当受体的结合位点，Storeya 等通过基因突变和构建嵌合病毒的方法对该基序进行研究，其研究结果表明该基序不具备吸附受体的功能，由此也证明病毒颗粒的空间构象是保证病毒侵染性的必要条件。

在 FMDV A12 株感染性 cDNA 的基础上，Zhao 等（2003）用 O/CHA/90 的衣壳蛋白编码基因替换 A12 的衣壳蛋白基因构造了嵌合型病毒，以之转染细胞并连续传代，发现在二十面体病毒粒子的五倍轴附近的氨基酸决定了病毒的宿主范围并且影响病毒在猪体内的致病性。这些氨基酸残基包括芳香性氨基酸在内，位于 108～174 位氨基酸，带正电的氨基酸位于 *1D* 基因的 83～172 位氨基酸。为了探讨这些氨基酸是否参与病毒非整联素依赖性的细胞结合活动，将嵌合病毒 *1D* 基因中的整联素结合位点 RGD 序列替换成 KGE 序列，通过细胞培养，发现含有 KGE 序列的嵌合病毒在细胞培养物中的生长对 HS 不具有依赖性，将其中的一个嵌合病毒感染猪，发现该病毒可以产生微弱的致病性，并能在猪体内维持 KGE 序列。

近年来的研究表明，RNA 的复制需要一些附加的 RNA 结构（除了基因组两端的非编码区），这些结构远离 RNA 的末端，而存在于几个不同的小 RNA 病毒基因组的编码区，最初的证据来自于人鼻病毒 14（HRV-14），其 P1 编码区即含有这样的元件，它是保证病毒有效复制所需要的结构元件。而相反的证据则来自于 PV，因为将其整个 P1 编码区缺失也不能阻断 RNA 的复制。进一步的研究表明在 HRV-14 的 *1D*（*VP1*）基因含有特定的茎-环结构，被命名为顺式作用复制元件。随后在其他小 RNA 病毒基因组中也发现了类似的 CRE 元件。这些元件分别位于基因组的不同区域，来自于 HRV-14、HRV-2、心病毒和 PV 的 CRE 分别位于 1D、2A、1B 和 2C 编码区。然而，当移去 CRE 结构时，却不能阻断基因的功能。例如，当突变 PV 2C 编码区的 CRE 结构时可以阻断 RNA 的复制，但是当野生型 PV 的 CRE 被引入 P1 编码区时，突变的 PV 基因组的复制能力又可以部分恢复。研究表明，PV 和 HRV-2 的 CRE 结构在体外可以作为 VPg 尿苷酸化的模板。Mason 等（2002）认为 CRE 结构的这一活性在 RNA 复制过程中是关键的一步，将 O1K 感染性 cDNA 的 L 蛋白和衣壳蛋白的编码区缺失或用 CAT 基因替换，然后通过电转化转染 BHK-21 细胞，检测 CAT 和 3C 蛋白的表达，蛋白的表达依赖于转录本的复制能力。结果表明 Lb 的全部编码区及 94% 的编码区可以全部缺失而对 RNA 的复制几乎没有影响。因此可以断定在 FMDV 基因组的这一编码区没有顺式复制元件。

拥有一个大的 3A 蛋白和 3 个拷贝的 3B 蛋白（VPg）是 FMDV 有别于其他小 RNA 的两个显著特征。近年来的研究表明，3A 蛋白可能与 FMDV 的致病性和宿主的嗜性有关。1997 年，中国台湾暴发了一次严重的口蹄疫，其流行毒株只感染猪而不感染牛，对分离病毒（O/TAW/97）的基因组序列进行分析，发现在 3A 蛋白编码区发生了 10 个氨基酸缺失（93aa～102aa），人们推测该缺失可能导致 FMDV 对牛致病性减弱。后来，Beard 和 Mason（2000）用反向遗传学技术证明了这一推断。Knowles 等（2001）

又报道 FMDV 3A 蛋白还存在另外一种缺失（133aa～143aa），该缺失也可能降低 FMDV 对牛的致病性。为了深入研究 3A 的缺失突变与 FMDV 致病性之间的关系，他们利用基因工程技术构建了含有不同 3A 缺失突变体的 FMDV，然后研究它们在牛源细胞和猪源细胞中的增殖和复制情况。结果发现，这些缺失突变病毒在猪源细胞中都能很好地生长，但是在牛源细胞中生长很差，仅能产生少量的 RNA。然而，用 A12 株的完整 3A 蛋白置换 O/TAW/97 的 3A 所得到的嵌合病毒在两种细胞中都能很好地生长，再次证明 3A 蛋白与病毒的致病性有密切联系。利用类似的研究手段，构建只含有 1 个拷贝 3B 蛋白的 FMDV，其对猪源细胞的致病性减弱，在牛源细胞中的复制能力也很差，将拯救的病毒接种猪，发现它对猪仅有较弱的致病性。这说明 3B 蛋白的拷贝数对病毒的致病性和宿主的嗜性范围也有重要影响。

L^{pro} 位于 ORF 的 5′端，而且可以从翻译的多聚蛋白肽上水解下来，表明得到一种缺失 L^{pro} 的病毒是有可能的，Piccone 等（1998）通过基因工程技术得到这种病毒（A12-LLV2）。由于 L^{pro} 可以通过水解 eIF4G 关闭宿主蛋白质的合成，因此，理论上缺失 L^{pro} 的病毒对细胞的致病性应该比自然病毒要低。但事实上缺失 L^{pro} 的病毒在 BHK 细胞中的复制速率只比自然病毒稍微慢些，其生成噬斑的数量是自然病毒的 1/10，噬斑稍微变小。但二者对乳鼠的致病性却没有太大差异。值得注意的是，在进行牛舌面接种时，缺失 L^{pro} 的病毒使牛舌发生病变的能力是自然病毒的 1/100 000，而且不能引起牛发病。此外，给牛或猪大剂量接种缺失 L 蛋白的病毒时，与其同居的对照组动物并不发病，表明这种基因工程毒不能从接种动物传播给其他动物。但自然病毒会使同居动物发生典型的口蹄疫症状。所有这些结果都表明 FMDV 的毒力与 L^{pro} 有关，而且 L^{pro} 是 FMDV 引起发病与传播的一个重要基因。

为了确定 SVDV 的毒力决定位点，Kanno 等（2001）通过对强毒株（J1′73）进行定点突变和与弱毒株（H/3′76）进行重组，发现 SVDV 的 2842nt（编码 Vp1～132aa）和 3355nt（编码 2A-20aa）是决定致病力的关键性位点，其中 2A-20aa 是最主要的毒力位点。在此基础上，Sakoda 等（2001）研究了强毒株、弱毒株的 2A 蛋白酶的活性，发现虽然二者的 2A 蛋白酶在裂解 1D/2A 时同等有效，但是在诱导翻译起始因子 eIF4GI 的裂解时，2A 蛋白酶活性弱毒株要低于强毒株，且认为强毒株 2A 蛋白酶能更有效地抑制帽子依赖性翻译，即宿主蛋白的合成。由此，可进一步认为 2A 蛋白在决定 SVDV 致病力方面起重要作用。

Cello 等（2002）在化学合成感染性 PV 过程中，发现所合成的病毒对小鼠的神经毒性高度致弱，通过与野生型 PV 的基因序列比对，他们认为是碱基突变所致，其中第 103 位核苷酸突变（A→G）最为关键。有学者利用反向遗传学技术将人工合成病毒的 G_{103} 回复突变为野生型 PV 的 A_{103}，再感染小鼠，发现其神经毒力得以恢复。进一步分析其原因，认为该碱基对 PV 在中枢神经细胞中的复制起重要作用。关于小 RNA 病毒的复制，人们已经知道 VPg 蛋白的尿苷酰化是病毒复制的第一步，在该过程中，Nayak 等（2006）发现 FMDV 5′UTR 和 3C 蛋白中的一些碱基可以提高 VPg 蛋白的尿苷酰活性，并能有效影响病毒的复制。

肠道病毒 71 型（EV71）曾经在中国台湾大流行，引起 78 人死亡，但是其致病机制一直未知。Kung 等（1998）通过病毒基因组序列比较发现，与 1986 年流行的 EV71 毒株相比，1998 年流行毒株的 3D 蛋白的第 251 位氨基酸发生突变，由原来的 T 变成 V 或 I。Kung 等（2010）用荧光素酶报道基因替换 EV71 的衣壳蛋白编码基因，构建 EV71 的感染性克隆，以此复制子系统来研究病毒的表型。结果显示，在 35℃条件下，与野生型病毒相比，3D I251T 突变株不会改变荧光素酶的活性；但是在 39.5℃条件下，3D I251T 突变株的荧光素酶活性会明显降低。而且，在 39.5℃条件下，3D I251T 突变株不仅在体外能减少 EV71 病毒的复制，在小鼠体内也能降低 EV71 的致病力。此结果表明，也许可以通过突变 3D 蛋白的第 251 位氨基酸来致弱临床分离株，为研发 EV71 疫苗奠定基础。

与脊髓灰质炎病毒一样，EV71 宿主范围很窄，人类是其唯一的天然宿主。在实验条件下短尾猴、恒河猴、非洲绿猴也可以感染 EV71，但是包括啮齿类动物在内的其他种属动物都不易感。由于猴子价值昂贵，用猴子作为实验动物来研究 EV71 的致病性，大大降低了对此病毒的研究速度。因此，寻找更经济、更便于操作的小动物作为实验动物模型用于研究 EV71 的致病性及疫苗研发至关重要。最近得到一个小鼠适应 EV71 毒株，Chua 等（2008）用感染性克隆技术研究了 EV71 适应小鼠的分子机制。结果显示，将 VP2 蛋白的第 149 位氨基酸 K 突变为 I 有助于 EV71 在 CHO 细胞上的感染，但是不能增加 EV71 对小鼠的致病性，而将 VP1 蛋白第 145 位氨基酸 G 突变为 E 则能有效提高 EV71 对小鼠的致病性。

对从临床上分离得到的 HEV71-B5 在 CHO 细胞传代并继续在小鼠上传到第 5 代的病毒在 Vero 细胞上传代 2 次得到的毒株对新生小鼠具有高度致死率。该毒株存在 6 个突变，其中两个位于 5′UTR，两个突变位于 VP1 阅读框中，另外一个位于 $3D^{pol}$ 上的同义突变。在亚血清型 B3 的 HEV71 病毒的感染性克隆上研究突变位点的致病性发现，VP1 上 K244E 的突变是小鼠适应性毒株和毒力的主要影响因素（Zaini et al., 2012）。

HEV71 不仅可以引起手足口病，还可以引起急性神经疾病，目前，HEV71 神经毒性的遗传决定因子还不清楚。肠道病毒相关研究表明，基因组非翻译区既能控制病毒蛋白的翻译、病毒的复制，同时对病毒的神经毒性也有显著的影响。为了研究非翻译区在 HEV71 神经毒性方面发挥的作用，Kok 等（2012）用鼻病毒 2 基因组的 5′UTR 替换 HEV71 的 5′UTR，构建感染性克隆，拯救的病毒由于翻译效率降低，在神经来源和非神经来源的细胞上都表现出比亲本毒稍低的生长活性。但是，缺失 HEV71 的 3′UTR 附近的 17 个核苷酸可以显著抑制 HEV71-HRV2 在 SH-SY5Y 神经细胞上的生长。这个研究结果与先前在柯萨奇病毒上得到的结果相似，缺失柯萨奇病毒 B3-HRV2 5′UTR 嵌合毒株 3′UTR 的茎-环结构域 Z（SLD Z）可以显著抑制病毒生长。Kok 等的研究结果还显示，嵌合病毒生长抑制作用的细胞特异性是由于在病毒生命循环的不同时期 UTR 顺式作用元件协同作用的结果。这株嵌合毒株有助于了解 HEV71 的复制与神经毒性的关系，也有助于控制 HEV71 的复制。

三、在新型病毒载体研究中的应用

从理论上讲，小 RNA 病毒科的多数成员都可以开发成病毒载体，用于表达外源蛋白或构建嵌合病毒等。但是，迄今研究和应用最多的只有脊髓灰质炎病毒载体。这与脊髓灰质炎减毒活疫苗（OPV）的成功研制及其免疫特点有很大关系。因为 OPV 的安全性好，使用数十年，极少有毒力返强的情况发生，免疫效力持久（一般有效保护期为 3 年），可以同时诱导机体的体液免疫、细胞免疫和黏膜免疫。此外，由于 PV 具有强烈的神经嗜性，可以考虑利用 PV 作为载体在神经元细胞中表达一些治疗性基因，以治疗神经性疾病。因此，OPV 很有希望被开发成一种使用安全、方便、适于表达多种外源基因的病毒载体。

根据脊髓灰质炎病毒基因组表达与复制的特点，可以采取如下策略表达外源基因：①在多聚蛋白编码区，将较小的抗原表位或基因片段插入 PV 的中和抗原表位，构建成嵌合病毒，使外源基因在病毒衣壳表面表达。Kitson 等（1991）曾以 FMDV Vp1 的抗原位点 1（βg-βH 环）分别置换 PV βg-βH 环的第 141～第 154 位、第 147～第 156 位、第 140～第 160 位、第 40～第 49 位以及抗原位点 3 等相应区段，构建了 5 种杂合病毒，实验结果表明在 PV Vp1 第 140～第 160 位表达的 FMDV 表位可以诱导豚鼠产生位点特异性中和抗体，而且能够保护豚鼠抵抗 FMDV 的攻击。采用类似策略，Murdin 等（1995）将沙眼衣原体主要外膜蛋白（MOMP）的表位 I 和 IV 插入到 PV 的 VP1 编码区，构建成嵌合病毒，接种兔子后可以诱导强烈的免疫应答，产生的中和抗体与多种血清型的衣原体有交叉反应，可以为实验动物提供足够保护。此外，人鼻病毒、甲肝病毒、人乳头瘤病毒以及艾滋病病毒等的抗原表位都曾以 PV 为载体获得较好的表达。②研究表明，PV 缺失结构蛋白编码区以后仍能进行正常的复制，但是不能包装成病毒粒子。若将外源基因置换 P1 区，并反式提供 P1 蛋白，则外源蛋白不仅能够被表达，而且可以装配成有感染性的缺损干扰颗粒（DIP）。用 PV 复制子成功表达的基因有很多，Smythies 等（2005）用幽门螺杆菌的 B 亚基置换 PV 的衣壳蛋白（VP2-VP3-VP1）基因，构建了能表达 B 亚基的复制子，通过反式提供 P1 蛋白，该复制子能够包装成假病毒，再次感染宿主细胞，使目的基因在宿主细胞中得到表达，因而可以将该假病毒用作疫苗。接种小鼠后表现出较好的免疫原性，能保护 80% 的小鼠不被强毒攻击（图 5-21）。此外，鼠白介素、氯霉素乙酰转移酶（CAT）、HIV 的 Gag 蛋白和 Env 蛋白、破伤风毒素 C 片段等，有些蛋白不仅表达量高，而且具有较好的免疫原性。③ 由于 PV 基因组只有一个 ORF，在表达时首先翻译出一个多聚蛋白，然后由蛋白酶裂解成各个功能性蛋白（结构蛋白和非结构蛋白）。据此，可以将外源蛋白插入到一些蛋白质的裂解位点之间，随着 PV 多聚蛋白的表达而得到表达，在蛋白酶的作用下可以从多聚蛋白中释放出来，而 PV 仍能进行正常的复制和包装。利用此策略，目前已经实现多种抗原的表达，如 Mandl 等（1998）曾将鸡卵清蛋白的 CTL 表位插入到 P1 和 P2 的结合区，构建了一种重组病毒，它在培养物中能稳定地高水平表达目的蛋白（图 5-22）。用该重组病毒接种小鼠可以有效刺激机体产生 CTL 反应，并诱导动物产生保护性免疫。van Kuppeveld 等（2002a/b）也在 PV 的 P1/P2 结合处成功表达了人乳头瘤病毒的 L1 蛋白，该蛋白质释放出来后能够组装成 VLP，用此重组病毒接种实验动物可产生较强的抗 HRP-16 的免疫力。用类似研究方法，在 PV 的 P2 和 P3 之间插入 HBV 的 CTL 表位，所构建的重组病毒不仅能在 HeLa 细胞内有效复制，而且表现出与母源毒株相似的感染性，但是重组病毒的基因组稳定性不太好，在细胞系中连传数代有可能丢失部分插入片段，这与所插入的核苷酸序列有很大关系。此外，携带 SIV 主要免疫蛋白（gag、pol、env、nef 和 tat）的多种重组 PV 也被构建成功，接种猕猴后，均能诱导机体产生高水平的抗体和 CTL 反应，能够为实验动物提供一定的保护，可预防或延缓病毒的感染过程。④ 充分利用小 RNA 病毒基因组中 IRES 元件启动蛋白翻译的功能，将 PV 改造成可以表达外源基因的病毒载体。即将 IRES 元件选择性地插入到 PV 基因组某个位点，然后将外源基因插入其后。随着 PV 基因组的复制和表达，外源蛋白也能获得表达。例如，将 IRES 插入到 PV ORF 上游，使其负责病毒蛋白的表达，在 PV IRES 的下游则插入了 CAT 基因，使外源基因也获得表达。

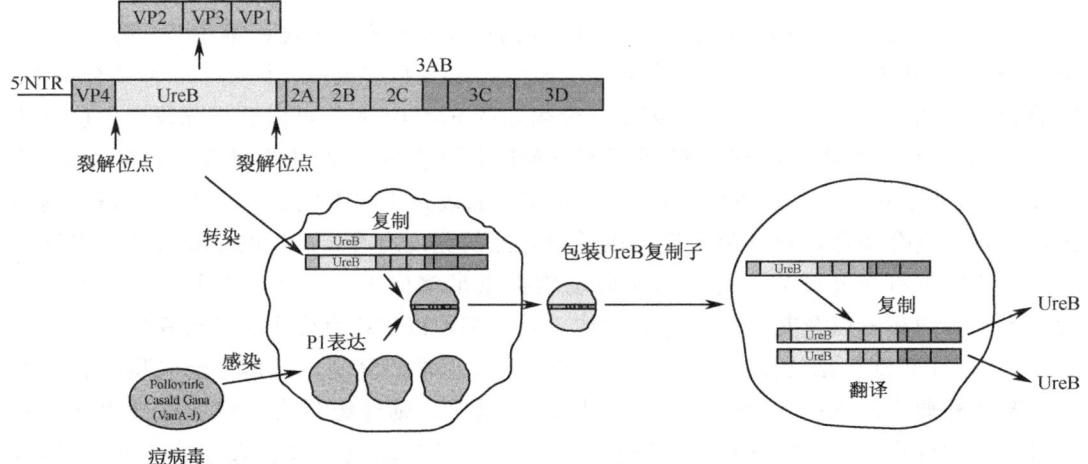

图 5-21　构建含有幽门螺杆菌 B 亚基 PV 复制子的策略

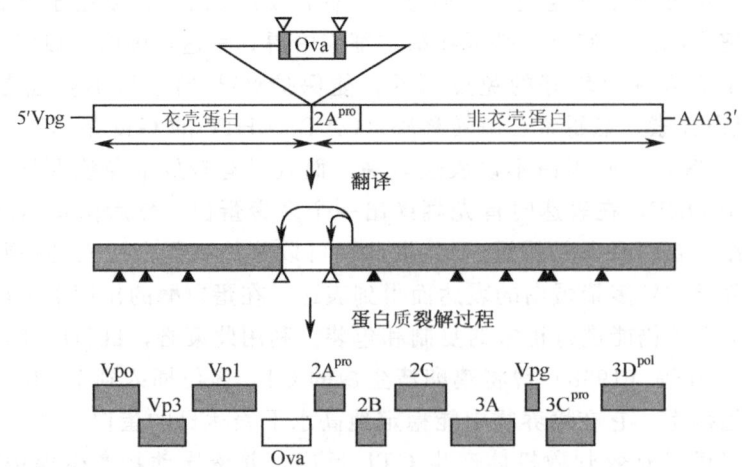

图 5-22　用 PV 载体表达鸡卵清蛋白的策略（Mandl et al.，1998）

上述研究策略同样适用于其他小 RNA 病毒，如 McInerney 等（2000）曾用 *CAT* 基因置换 FMDV 的 *L* 基因和 *P1* 基因，转染 BHK-21 细胞后，能检测到 CAT 和 3C 蛋白的表达，而不影响 FMDV 缺失突变体的复制。Li 等（2012）尝试在 FMDV 的感染性克隆的 3A 蛋白的 C 端引入长度为 11 个氨基酸的 HSV 片段和长度为 8 个氨基酸的 FLAG 表位。重组病毒能够顺利地表达这两个标签，同时重组病毒免疫小鼠可以产生针对这两个标签的抗体。至于这种方法能够引入的最长的外源标签的长度而同时保持感染性克隆的稳定性还需要进一步研究。

对能表达 EGFP 的 EMCV 的感染性克隆的研究表明，带有 EGFP 的病毒感染性克隆在 BHK-21 上仍能产生细胞病变，同时拯救的病毒仍具有致病性。感染性克隆在 BHK-21 上的复制动力学与母毒差别不大。重组病毒在被感染细胞上能够产生绿色荧光，传至 5 代后 EGFP 的表达随着传代次数的增加而降低。但是这种带有荧光的感染性克隆可以用于研究病毒扩散及致病性（Hammoumi et al.，2006）。

四、在新型疫苗研究中的应用

随着 RNA 病毒感染性克隆技术的发明和应用，人们发现可以利用基因缺失、突变、嵌合等反向遗传技术获得致病力丧失或减弱但保留了野毒的免疫原性及其正常的增殖能力的基因工程病毒，将其制成疫苗后免疫动物，可获得与自然毒相同的免疫效果，有人称这种基因工程疫苗为感染性克隆疫苗。与以往的基因疫苗相比，感染性克隆疫苗不仅继承了基因疫苗的优点，而且克服了基因疫苗表达量低的缺憾。因为，理论上基因疫苗可以源源不断地高水平表达免疫原，事实上目前的基因疫苗很难达到预期的表达水平，其关键在于外源基因能真正进入细胞或细胞核的量很少，免疫原的表达量大大减少。感染性克隆疫苗则不然，因为它是作为一种毒力减弱的活毒进入机体内的，具有正常的生活周期，却没有致病性或致病力很弱，所以它在体内的表达量要远远高于以往的基因疫苗。基于此理论，Mckenna 等（1995）尝试构建了 FMDV 的感染性克隆疫苗，他们在 FMDV A12 株感染性 cDNA 基础上构建了缺失 RGD 序列的 FMDV，以之免疫牛获得较好的免疫效果。Ward 等（1997）也进行了类似研究，即将缺失了细胞受体吸附位点的 FMDV 注射到实验动物体内，动物能表现较强的免疫应答，所产生的中和抗体可保护实验动物遭受强毒的攻击。也有人利用定点突变的方法将在 FMDV 的细胞受体结合位点及其毗邻序列改变，使病毒的致病性丧失，接种动物后，也能激发免疫反应，但是并不能导致第二轮感染的发生。

有证据表明，FMDV 的前导蛋白不仅具有蛋白酶功能，而且还可能是病毒的一种毒力因子。据此，Chinsangaram 等（1998）构建了一种缺失 *L* 基因的基因工程病毒，然后将这种突变病毒制备成疫苗免疫实验动物。结果表明，该毒株具有与灭活苗同等的免疫效力，它不仅能保护实验动物免受强毒的攻击，而且具备不散毒的优点，提示这种人工致弱的病毒有希望发展成为一种新型的弱毒疫苗。

研究发现，流行毒株在培养细胞上产生大量的稳定的抗原比较困难，也比较耗时。因此，在原有细胞适应株感染性克隆操作平台的基础上用流行毒株衣壳蛋白的外部编码区域 1B-1D/2A 替换原有毒株的衣壳蛋白外部编码区域，此嵌合毒株保留有母本毒株的抗原特征，因此可以结合到细胞受体上，在培养细胞上产生高滴度的病毒。结果显示，嵌合病毒和母本病毒具有相似的嗜斑形态、复制动力、抗原特征。此研究还在家猪体内评价了此嵌合毒株的免疫效果，结果显示，此嵌合毒株在家猪体内能激发良好的体液免疫反应，大部分实验动物可以抵抗同源重组FMDV的攻击，而且免疫剂量只有疫苗株的一半。此感染性克隆操作技术非常适用于FMDV突然暴发的情况以及毒株抗原性发生变异的地区。Li等（2001）发现FMDV的3A蛋白上存在一个B细胞表位，通过构建感染性克隆，缺失3A蛋白的第91~第104位氨基酸，此感染性克隆拯救的突变病毒的感染性、抗原性、其在BHK-21细胞上的复制动力学以及在小鼠上的致病性都与母本毒相似。但是突变株只在BHK-21细胞上复制，在原代牛肾细胞上复制能力极差，这就提示此突变株有望成为候选疫苗株（Li et al.，2011）。

结　　语

小RNA病毒虽然是RNA病毒中最小的类群，但其家族成员众多，至今仍不断有新的成员出现。该科病毒与人和动物的关系也十分密切，有不少是能引起人或动物发病的烈性病毒，对人类和动物的健康构成严重威胁。因而，人们对该科病毒的研究十分重视，研究得也比较深入、透彻。其中以脊髓灰质炎病毒和口蹄疫病毒最具有代表性，这些病毒的研究成果不仅推动了相应疾病的有效控制，也促进了其他RNA病毒相关研究的发展。在小RNA病毒研究过程中，反向遗传学技术发挥了极其重要的作用。之前许多无法解决的关键性问题，如病毒基因的确切功能、病毒的致病机理、病毒与宿主之间的相互作用、病毒的遗传变异等，在反向遗传学技术的帮助下均取得突破性进展，为人们了解和控制相应疫病的发生和流行提供了理论依据和指导性意见。可以预见，随着该技术的广泛应用，小RNA病毒的神秘面纱将逐一被揭开，一些曾经困扰人类和动物健康的重要病毒性传染病也将最终得到控制或被消灭。

参 考 文 献

Adams M J, King A M, Carstens E B. 2013. Ratification vote on taxonomic proposals to the International Committee on Taxonomy of Viruses. Archives of Virology, 158: 2023-2030.

Agol V I, Gmyl A P. 2010. Viral security proteins: counteracting host defences. Nature reviews. Microbiology, 8 (12): 867-878.

Aldabe R, Barco A, Carrasco L. 1996. Membrane permeabilization by poliovirus proteins 2B and 2BC. The Journal of Biological Chemistry, 271 (38): 23134-23137.

Allaire M, Chernaia M M, Malcolm B A, et al. 1994. Picornaviral 3C cysteine proteinases have a fold similar to chymotrypsin-like serine proteinases. Nature, 369 (6475): 72-76.

Almstead L L, Sarnow P. 2007. Inhibition of U snRNP assembly by a virus-encoded proteinase. Genes & Development, 21 (9): 1086-1097.

Aminev A G, Amineva S P, Palmenberg A C. 2003. Encephalomyocarditis virus (EMCV) proteins 2A and 3BCD localize to nuclei and inhibit cellular mRNA transcription but not rRNA transcription. Virus Research, 95 (1-2): 59-73.

Aminev A G, Amineva S P, Palmenberg A C. 2003. Encephalomyocarditis viral protein 2A localizes to nucleoli and inhibits cap-dependent mRNA translation. Virus Research, 95 (1-2): 45-57.

Badorff C, Berkely N, Mehrotra S, et al. 2000. Enteroviral protease 2A directly cleaves dystrophin and is inhibited by a dystrophin-based substrate analogue. The Journal of Biological Chemistry, 275 (15): 11191-11197.

Bai X, Li P, Cao Y, et al. 2009. Engineering infectious foot-and-mouth disease virus in vivo from a full-length genomic cDNA clone of the A/AKT/58 strain. Science in China. Series C Life Sciences / Chinese Academy of Sciences, 52 (2): 155-162.

Banerjee R, Dasgupta A. 2001. Interaction of picornavirus 2C polypeptide with the viral negative-strand RNA. The Journal of General Virology, 82 (Pt 11): 2621-2627.

Banerjee R, Tsai W, Kim W, et al. 2001. Interaction of poliovirus-encoded 2C/2BC polypeptides with the 3′ terminus negative-strand cloverleaf requires an intact stem-loop b. Virology, 280 (1): 41-51.

Bardina M V, Lidsky P V, Sheval E V, et al. 2009. Mengovirus-induced rearrangement of the nuclear pore complex: hijacking cellular phosphorylation machinery. Journal of Virology, 83 (7): 3150-3161.

Barral P M, Morrison J M, Drahos J, et al. 2007. MDA-5 is cleaved in poliovirus-infected cells. Journal of Virology, 81 (8): 3677-3684.

Beard C W, Mason P W. 2000. Genetic determinants of altered virulence of Taiwanese of foot-and-mouth disease virus. Journal of Virology, 74: 987-991.

Bedard K M, Daijogo S, Semler B L. 2007. A nucleo-cytoplasmic SR protein functions in viral IRES-mediated translation initiation. The EMBO Journal, 26 (2): 459-467.

Belnap D M, McDermott B M, Filman D J, et al. 2000. Three-dimensional structure of poliovirus receptor bound to poliovirus. Proceedings of the National Academy of Sciences of the United States of America, 97 (1): 73-78.

Belov G A, Habbersett C, Franco D, et al. 2007. Activation of cellular Arf GTPases by poliovirus protein 3CD correlates with virus replication. Journal of Virology, 81 (17): 9259-9267.

Belov G A, Lidsky P V, Mikitas O V, et al. 2004. Bidirectional increase in permeability of nuclear envelope upon poliovirus infection and accompanying alterations of nuclear pores. Journal of Virology, 78 (18): 10166-10177.

Bentham M, Holmes K, Forrest S, et al. 2012. Formation of higher-order foot-and-mouth disease virus 3D (pol) complexes is dependent on elongation activity. Journal of Virology, 86 (4): 2371-2374.

Blyn L B, Towner J S, Semler B L, et al. 1997. Requirement of poly (rC) binding protein 2 for translation of poliovirus RNA. Journal of Virology, 71 (8): 6243-6246.

Borghese F, Michiels T. 2011. The leader protein of cardioviruses inhibits stress granule assembly. Journal of Virology, 85 (18): 9614-9622.

Borman A M, Kirchweger R, Ziegler E, et al. 1997. eIF4G and its proteolytic cleavage products: effect on initiation of protein synthesis from capped, uncapped, and IRES-containing mRNAs. RNA, 3 (2): 186-196.

Brown C C, Piccone M E, Mason P W, et al. 1996. Pathogenesis of wild-type and leaderless foot-and-mouth disease virus in cattle. Journal of Virology, 70 (8): 5638-5641.

Brunner J E, Nguyen J H, Roehl H H, et al. 2005. Functional interaction of heterogeneous nuclear ribonucleoprotein C with poliovirus RNA synthesis initiation complexes. Journal of Virology,

79 (6): 3254-3266.

Calenoff M A, Badshah C S, Dal Canto M C, et al. 1995. The leader polypeptide of Theiler's virus is essential for neurovirulence but not for virus growth in BHK cells. Journal of Virology, 69 (9): 544-5549.

Campanella M, de Jong A S, Lanke K W, et al. 2004. The coxsackievirus 2B protein suppresses apoptotic host cell responses by manipulating intracellular Ca^{2+} homeostasis. The Journal of Biological Chemistry, 279 (18): 18440-18450.

Carocci M, Bakkali-Kassimi L. 2012. The encephalomyocarditis virus. Virulence, 3 (4): 351-367.

Carocci M, Cordonnier N, Huet H, et al. 2011. Encephalomyocarditis virus 2A protein is required for viral pathogenesis and inhibition of apoptosis. Journal of Virology, 85 (20): 10741-10754.

Castello A, Izquierdo J M, Welnowska E, et al. 2009. RNA nuclear export is blocked by poliovirus 2A protease and is concomitant with nucleoporin cleavage. Journal of Cell Science, 122 (Pt 20): 3799-3809.

Cello J, Paul A V, Wimmer E. 2002. Chemical synthesis of poliovirus cDNA: generation of infectious virus in the absence of natural template. Science, 297: 1016-1018.

Chang Y, Zheng H, Shang Y, et al. 2009. Recovery of infectious foot-and-mouth disease virus from full-length genomic cDNA clones using an RNA polymerase I system. Acta Biochimica et Biophysica Sinica, 41 (12): 998-1007.

Chau D H, Yuan J, Zhang H, et al. 2007. Coxsackievirus B3 proteases 2A and 3C induce apoptotic cell death through mitochondrial injury and cleavage of eIF4GI but not DAP5/p97/NAT1. Apoptosis: an International Journal on Programmed Cell Death, 12 (3): 513-524.

Chen C, Wang Y, Shan C, et al. 2013. Crystal structure of enterovirus 71 RNA-dependent RNA polymerase complexed with its protein primer VPg: implication for a trans mechanism of VPg uridylylation. Journal of Virology, 87 (10): 5755-5768.

Chen T C, Chang H Y, Lin P F, et al. 2009. Novel antiviral agent DTriP-22 targets RNA-dependent RNA polymerase of enterovirus 71. Antimicrobial Agents and Chemotherapy, 53 (7): 2740-2747.

Chinsangaram J, Mason P W, Grubman M J. 1998. Protection of swine by live and inactivated vaccines prepared from a leader proteinase-deficient serotype A12 foot-and-mouth virus. Vaccine, 16: 1516-1522.

Cho M W, Teterina N, Egger D, et al. 1994. Membrane rearrangement and vesicle induction by recombinant poliovirus 2C and 2BC in human cells. Virology, 202 (1): 129-145.

Chua B H, Phuektes P, Sanders S A, et al. 2008. The molecular basis of mouse adaptation by human enterovirus 71. The Journal of General Virology, 89 (Pt 7): 1622-1632.

Cornilescu C C, Porter F W, Zhao K Q, et al. 2008. NMR structure of the mengovirus Leader protein zinc-finger domain. FEBS Letters, 582 (6): 896-900.

Costenaro L, Kaczmarska Z, Arnan C, et al. 2011. Structural basis for antiviral inhibition of the main protease, 3C, from human enterovirus 93. Journal of Virology, 85 (20): 10764-10773.

Daijogo S, Semler B L. 2011. Mechanistic intersections between picornavirus translation and RNA replication. Advances in Virus Research, 80: 1-24.

de Jong A S, de Mattia F, Van Dommelen M M, et al. 2008. Functional analysis of picornavirus 2B proteins: effects on calcium homeostasis and intracellular protein trafficking. Journal of Virology, 82 (7):3782-3790.

de Jong A S, Wessels E, Dijkman H B, et al. 2003. Determinants for membrane association and permeabilization of the coxsackievirus 2B protein and the identification of the Golgi complex as the target organelle. The Journal of Biological Chemistry, 278 (2): 1012-1021.

de Los Santos T, de Avila Botton S, Weiblen R, et al. 2006. The leader proteinase of foot-and-mouth disease virus inhibits the induction of beta interferon mRNA and blocks the host innate immune response. Journal of Virology, 80 (4): 1906-1914.

de Los Santos T, Diaz-San Segundo F, Grubman M J. 2007. Degradation of nuclear factor kappa B during foot-and-mouth disease virus infection. Journal of Virology, 81 (23): 12803-12815.

Deitz S B, Dodd D A, Cooper S, et al. 2000. MHC I-dependent antigen presentation is inhibited by poliovirus protein 3A. Proceedings of the National Academy of Sciences of the United States of America, 97 (25): 13790-13795.

Delhaye S, van Pesch V, Michiels T. 2004. The leader protein of Theiler's virus interferes with nucleocytoplasmic trafficking of cellular proteins. Journal of Virology, 78 (8): 4357-4362.

Detjen B M, Lucas J, Wimmer E. 1978. Poliovirus single-stranded RNA and double-stranded RNA: differential infectivity in enucleate cells. Journal of Virology, 27 (3): 582-586.

Doedens J R, Jr Giddings T H, Kirkegaard K. 1997. Inhibition of endoplasmic reticulum-to-Golgi traffic by poliovirus protein 3A: genetic and ultrastructural analysis. Journal of Virology, 71 (12): 9054-9064.

Drahos J, Racaniello V R. 2009. Cleavage of IPS-1 in cells infected with human rhinovirus. Journal of Virology, 83 (22): 11581-11587.

Durk R C, Singh K, Cornelison C A, et al. 2010. Inhibitors of foot and mouth disease virus targeting a novel pocket of the RNA-dependent RNA polymerase. PloS One, 5 (12): e15049.

Dvorak C M, Hall D J, Hill M, et al. 2001. Leader protein of encephalomyocarditis virus binds zinc, is phosphorylated during viral infection, and affects the efficiency of genome translation. Virology, 290 (2): 261-271.

Evans D M, Dunn G, Minor P D, et al. 2005. Increased neurovirulence associated with a single nucleotide change in a noncoding region of the Sabin type 3 poliovaccine genome. Nature, 314: 548-550.

Fan J, Son K N, Arslan S Y, et al. 2009. Theiler's murine encephalomyelitis virus leader protein is the only nonstructural protein tested that induces apoptosis when transfected into mammalian cells. Journal of Virology, 83 (13): 6546-6553.

Ferrer-Orta C, Agudo R, Domingo E, et al. 2009. Structural insights into replication initiation and elongation processes by the FMDV RNA-dependent RNA polymerase. Current Opinion in Structural Biology, 19 (6): 752-758.

Fields B N, Knipe D M, Howley P M. 2007. Fields' virology. 5th edn. Philadelphia: Wolters Kluwer Health/Lippincott Williams & Wilkins.

Fitzgerald K D, Semler B L. 2011. Re-localization of cellular protein SRp20 during poliovirus infection: bridging a viral IRES to the host cell translation apparatus. PLoS Pathogens, 7 (7): e1002127.

Fitzgerald K D, Chase A J, Cathcart A L, et al. 2013. Viral proteinase requirements for the nucleocytoplasmic relocalization of cellular splicing factor SRp20 during picornavirus infections. Journal of Virology, 87 (5): 2390-2400.

Fry E E, Knowles N J, Newman J W, et al. 2003. Crystal structure of Swine vesicular disease virus and implications for host adaptation. Journal of Virology, 77 (9): 5475-5486.

Fry E E, Newman J W, Curry S, et al. 2005. Structure of Foot-and-mouth disease virus serotype A10 61 alone and complexed with oligosaccharide receptor: receptor conservation in the face of antigenic variation. The Journal of General Virology, 86 (Pt 7): 1909-1920.

Fry E E, Tuthill T J, Harlos K, et al. 2010. Crystal structure of equine rhinitis A virus in complex with its sialic acid receptor. The Journal of General Virology, 91 (Pt 8): 1971-1977.

Fujita K, Krishnakumar S S, Franco D, et al. 2007. Membrane topography of the hydrophobic anchor sequence of poliovirus 3A and 3AB proteins and the functional effect of 3A/3AB membrane association upon RNA replication. Biochemistry, 46 (17): 5185-5199.

Gamarnik A V, Andino R. 2000. Interactions of viral protein 3CD and poly (rC) binding protein with the 5′ untranslated region of the poliovirus genome. Journal of Virology, 74 (5): 2219-2226.

Gazina E V, Smidansky E D, Holien J K, et al. 2011. Amiloride is a competitive inhibitor of coxsackievirus B3 RNA polymerase. Journal of Virology, 85 (19): 10364-10374.

Gladue D P, O'Donnell V, Baker-Branstetter R, et al. 2013. Foot-and-mouth disease virus modulates cellular vimentin for virus survival. Journal of Virology, 87 (12): 6794-6803.

Gladue DP, O'Donnell V, Baker-Branstetter R, et al. 2012. Foot-and-mouth disease virus nonstructural protein 2C interacts with Beclin1, modulating virus replication. Journal of Virology, 86 (22): 12080-12090.

Gonzalez-Magaldi M, Postigo R, de la Torre B G, et al. 2012. Mutations that hamper dimerization of foot-and-mouth disease virus 3A protein are detrimental for infectivity. Journal of Virology, 86 (20): 11013-11023.

Gorbalenya A E, Chumakov K M, Agol V I. 1978. RNA-binding properties of nonstructural polypeptide G of encephalomyocarditis virus. Virology, 88 (1): 183-185.

Gorbalenya A E, Koonin E V, Lai M M. 1991. Putative papain-related thiol proteases of positive-strand RNA viruses. Identification of rubi- and aphthovirus proteases and delineation of a novel conserved domain associated with proteases of rubi-, alpha- and coronaviruses. FEBS letters, 288 (1-2): 201-205.

Gosert R, Chang K H, Rijnbrand R, et al. 2000. Transient expression of cellular polypyrimidine-tract binding protein stimulates cap-independent translation directed by both picornaviral and flaviviral internal ribosome entry sites *in vivo*. Molecular and Cellular Biology, 20 (5): 1583-1595.

Gradi A, Foeger N, Strong R, et al. 2004. Cleavage of eukaryotic translation initiation factor 4GII within foot-and-mouth disease virus-infected cells: identification of the L-protease cleavage site in vitro. Journal of Virology, 78 (7): 3271-3278.

Graham K L, Gustin K E, Rivera C, et al. 2004. Proteolytic cleavage of the catalytic subunit of DNA-dependent protein kinase during poliovirus infection. Journal of Virology, 78 (12): 6313-6321.

Greninger A L, Knudsen G M, Betegon M, et al. 2012. The 3A protein from multiple picornaviruses utilizes the golgi adaptor protein ACBD3 to recruit PI4KIIIbeta. Journal of Virology, 86 (7): 3605-3616.

Gruez A, Selisko B, Roberts M, et al. 2008. The crystal structure of coxsackievirus B3 RNA-dependent RNA polymerase in complex with its protein primer VPg confirms the existence of a second VPg binding site on Picornaviridae polymerases. Journal of Virology, 82 (19): 9577-9590.

Guarne A, Tormo J, Kirchweger R, et al. 1998. Structure of the foot-and-mouth disease virus leader protease: a papain-like fold adapted for self-processing and eIF4G recognition. The EMBO Journal,

17 (24): 7469-7479.

Gulevich A Y, Yusupova R A, Drygin Y F. 2002. VPg unlinkase, the phosphodiesterase that hydrolyzes the bond between VPg and picornavirus RNA: a minimal nucleic moiety of the substrate. Biochemistry Biokhimiia, 67 (6): 615-621.

Gullberg M, Tolf C, Jonsson N, et al. 2010. Characterization of a putative ancestor of coxsackievirus B5. Journal of Virology, 84 (19): 9695-9708.

Hammoumi S, Cruciere C, Guy M, et al. 2006. Characterization of a recombinant encephalomyocarditis virus expressing the enhanced green fluorescent protein. Archives of Virology, 151 (9): 1783-1796.

Harmon S A, Emerson S U, Huang Y K, et al. 1995. Hepatitis A viruses with deletions in the 2A gene are infectious in cultured cells and marmosets. Journal of Virology, 69 (9): 5576-5581.

Hellen C U, Witherell G W, Schmid M, et al. 1993. A cytoplasmic 57-kDa protein that is required for translation of picornavirus RNA by internal ribosomal entry is identical to the nuclear pyrimidine tract-binding protein. Proceedings of the National Academy of Sciences of the United States of America, 90 (16): 7642-7646.

Hema M, Chandran D, Nagendrakumar S B, et al. 2009. Construction of an infectious cDNA clone of foot-and-mouth disease virus type O 1 BFS 1860 and its use in the preparation of candidate vaccine. Journal of Biosciences, 34 (1): 45-58.

Himeda T, Hosomi T, Asif N, et al. 2011. The preparation of an infectious full-length cDNA clone of Saffold virus. Journal of Virology, 8: 110.

Hoffmann E, Neumann G, Kawaoka Y, et al. 2000. A DNA transfection system for generation of influenza A virus from eight plasmids. Proceedings of the National Academy of Sciences of the United States of America, 97 (11): 6108-6113.

Hogle J M. 2002. Poliovirus cell entry: common structural themes in viral cell entry pathways. Annual Review of Microbiology, 56: 677-702.

Hung H C, Chen T C, Fang M Y, et al. 2010. Inhibition of enterovirus 71 replication and the viral 3D polymerase by aurintricarboxylic acid. The Journal of Antimicrobial Chemotherapy, 65 (4): 676-683.

Hunt S L, Hsuan J J, Totty N, et al. 1999. Unr, a cellular cytoplasmic RNA-binding protein with five cold-shock domains, is required for internal initiation of translation of human rhinovirus RNA. Genes & Development, 13 (4): 437-448.

Igarashi H, Yoshino Y, Miyazawa M, et al. 2010. 2A protease is not a prerequisite for poliovirus replication. Journal of Virology, 84 (12): 5947-5957.

Ito M, Yanagi Y, Ichinohe T. 2012. Encephalomyocarditis virus viroporin 2B activates NLRP3 inflammasome. PLoS Pathogens, 8 (8): e1002857.

Jiang H, Weng L, Zhang N, et al. 2011. Biochemical characterization of enterovirus 71 3D RNA polymerase. Biochimica et Biophysica Acta, 1809 (3): 211-219.

Joachims M, Van Breugel P C, Lloyd R E. 1999. Cleavage of poly (A) -binding protein by enterovirus proteases concurrent with inhibition of translation *in vitro*. Journal of Virology, 73 (1): 718-727.

Kanno T, Mackay D, Wilsden G, et al. 2001. Virulence of swine vesicular disease virus is determined at two amino acids in capsid protein VP1 and 2A protease. Virus Research, 80: 101-107.

Kempf B J, Kelly M M, Springer C L, et al. 2013. Structural features of a picornavirus polymerase involved in the polyadenylation of viral RNA. Journal of Virology, 87 (10): 5629-5644.

Kerekatte V, Keiper B D, Badorff C, et al. 1999. Cleavage of Poly (A) -binding protein by coxsackievirus 2A protease in vitro and in vivo: another mechanism for host protein synthesis shutoff? Journal of Virology, 73 (1): 709-717.

Kim S S, Smith T J, Chapman M S, et al. 1989. Crystal structure of human rhinovirus serotype 1A (HRV1A). Journal of Molecular Biology, 210 (1): 91-111.

Kim Y, Lovell S, Tiew K C, et al. 2012. Broad-spectrum antivirals against 3C or 3C-like proteases of picornaviruses, noroviruses, and coronaviruses. Journal of Virology, 86 (21): 11754-11762.

Kirkegaard K. 2009. Subversion of the cellular autophagy pathway by viruses. Current Topics in Microbiology and Immunology, 335: 323-333.

Kitson J D A, Burke K L, Pullen L A, et al. 1991. Chimeric polioviruses that include sequences derived from two independent antigenic sites of foot-and-mouth disease virus induce neutralizing antibodies against FMDV in guines pigs. Journal of Virology, 65: 3068-3070.

Knowles N J, Davies P R, Henry T, et al. 2001. Emergence in Asia of foot-and-mouth disease virus with altered host range: characterization of alterations in the 3A protein. Journal of Virology, 75: 1551-1556.

Kobayashi M, Arias C, Garabedian A, et al. 2012. Site-specific cleavage of the host poly (A) binding protein by the encephalomyocarditis virus 3C proteinase stimulates viral replication. Journal of Virology, 86 (19): 10686-10694.

Kok C C, McMinn P C. 2009. Picornavirus RNA-dependent RNA polymerase. The International Journal of Biochemistry & Cell Biology, 41 (3): 498-502.

Kok C C, Phuektes P, Bek E, et al. 2012. Modification of the untranslated regions of human enterovirus 71 impairs growth in a cell-specific manner. Journal of Virology, 86 (1): 542-552.

Kong W P, Ghadge G D, Roos R P. 1994. Involvement of cardiovirus leader in host cell-restricted virus expression. Proceedings of the National Academy of Sciences of the United States of America, 91 (5): 1796-1800.

Krausslich H G, Nicklin M J, Toyoda H, et al. 1987. Poliovirus proteinase 2A induces cleavage of eucaryotic initiation factor 4F polypeptide p220. Journal of Virology, 61 (9): 2711-2718.

Kung Y H, Huang S W, Kuo P H, et al. 2010. Introduction of a strong temperature-sensitive phenotype into enterovirus 71 by altering an amino acid of virus 3D polymerase. Virology, 396 (1): 1-9.

Kusov Y Y, Gauss-Muller V. 1997. In vitro RNA binding of the hepatitis A virus proteinase 3C (HAV 3Cpro) to secondary structure elements within the 5′ terminus of the HAV genome. RNA, 3 (3): 291-302.

Kuyumcu-Martinez N M, Van Eden M E, Younan P, et al. 2004. Cleavage of poly (A) -binding protein by poliovirus 3C protease inhibits host cell translation: a novel mechanism for host translation shutoff. Molecular and Cellular Biology, 24 (4): 1779-1790.

Lamphear B J, Kirchweger R, Skern T, et al. 1995. Mapping of functional domains in eukaryotic protein synthesis initiation factor 4G (eIF4G) with picornaviral proteases. Implications for cap-dependent and cap-independent translational initiation. The Journal of Biological Chemistry, 270 (37): 21975-21983.

Lanke K H, van der Schaar H M, Belov G A, et al. 2009. GBF1, a guanine nucleotide exchange factor for Arf, is crucial for coxsackievirus B3 RNA replication. Journal of Virology, 83 (22): 11940-11949.

Lawrence P, Schafer E A, Rieder E. 2012. The nuclear protein Sam68 is cleaved by the FMDV 3C protease redistributing Sam68 to the cytoplasm during FMDV infection of host cells. Virology, 425 (1): 40-52.

Lee Y P, Wang Y F, Wang J R, et al. 2012. Enterovirus 71 blocks selectively type I interferon production through the 3C viral protein in mice. Journal of Medical Virology, 84 (11): 1779-1789.

Lei X, Sun Z, Liu X, et al. 2011. Cleavage of the adaptor protein TRIF by enterovirus 71 3C inhibits antiviral responses mediated by Toll-like receptor 3. Journal of Virology, 85 (17): 8811-8818.

Lei X, Xiao X, Xue Q, et al. 2013. Cleavage of interferon regulatory factor 7 by enterovirus 71 3C suppresses cellular responses. Journal of Virology, 87 (3): 1690-1698.

Leippert M, Beck E, Weiland F, et al. 1997. Point mutations within theβG-$H\beta$ loop of foot-and-mouth disease virus O1K affect virus attachment to target cells. Journal of Virology, 71: 1046-1051.

Li P, Bai X, Cao Y, et al. 2012. Expression and stability of foreign epitopes introduced into 3A nonstructural protein of foot-and-mouth disease virus. PloS One, 7 (7): e41486.

Li S, Gao M, Zhang R, et al. 2011. A mutant of Asia 1 serotype of Foot-and-mouth disease virus with the deletion of an important antigenic epitope in the 3A protein. Canadian Journal of Microbiology, 57 (3): 169-176.

Li W, Ross-Smith N, Proud C G, et al. 2001. Cleavage of translation initiation factor 4AI (eIF4AI) but not eIF4AII by foot-and-mouth disease virus 3C protease: identification of the eIF4AI cleavage site. FEBS Letters, 507 (1): 1-5.

Lin J Y, Chen T C, Weng K F, et al. 2009. Viral and host proteins involved in picornavirus life cycle. Journal of Biomedical Science, 16: 103.

Liu F, Liu Q, Cai Y, et al. 2011. Construction and characterization of an infectious clone of coxsackievirus A16. Virology Journal, 8: 534.

Liu Y, Wang C, Mueller S, et al. 2010. Direct interaction between two viral proteins, the nonstructural protein 2C and the capsid protein VP3, is required for enterovirus morphogenesis. PLoS Pathogens, 6 (8): e1001066.

Loughran G, Firth A E, Atkins J F. 2011. Ribosomal frameshifting into an overlapping gene in the 2B-encoding region of the cardiovirus genome. Proceedings of the National Academy of Sciences of the United States of America, 108 (46): E1111-1119.

Lubroth J, Brown F. 1995. Identification of native foot-and-mouth disease virus non-structural protein 2C as a serological indicator to differentiate infected from vaccinated livestock. Research in Veterinary Science, 59 (1): 70-78.

Luo M, Vriend G, Kamer G, et al. 1989. Structure determination of Mengo virus. Acta Crystallographica. Section B, Structural Science, 45 (Pt 1): 85-92.

Luz N, Beck E. 1991. Interaction of a cellular 57-kilodalton protein with the internal translation initiation site of foot-and-mouth disease virus. Journal of Virology, 65: 6486-6494.

Maclachlan N J, Dubovi E J, Fenner F. 2011. Fenner's veterinary virology. 4th ed. Boston: Academic.

Madshus I H, Olsnes S, Sandvig K. 1984. Different pH requirements for entry of the two picornaviruses, human rhinovirus 2 and murine encephalomyocarditis virus. Virology, 139 (2): 346-357.

Mandl S, Sigal L J, Rock K L, et al. 1998. Poliovirus vaccine vectors elicit antigen-specific cytotoxic T cells and protect mice against lethal challenge with malignant melanoma cells expressing a model antigen. Proceedings of the National Academy of Sciences of the United States of America, 95: 8216-8221.

Martinez-Gil L, Bano-Polo M, Redondo N, et al. 2011. Membrane integration of poliovirus 2B viroporin. Journal of Virology, 85 (21): 11315-11324.

Mason P W, Bezborodova S V, Henry T M. 2002. Identification and characterization of a cis-acting replicatin element (cre) adjacent to the internal ribosome entry site of foot-and-mouth disease virus. Journal of Virology, 76: 9686-9694.

McInerney G M, King M Q, Ross-Smith N A, et al. 2000. Replication-competent foot-and-mouth disease virus RNAs lacking capsid coding sequences. The Journal of General Virology, 81: 1699-1702.

Mckenna T S C, Lubroth J, Rieder E, et al. 1995. Receptor binding site-deleted foot-and-mouth virus protects cattle from FMD. Journal of Virology, 69: 5787-5790.

Meerovitch K, Svitkin Y V, Lee H S, et al. 1993. La autoantigen enhances and corrects aberrant translation of poliovirus RNA in reticulocyte lysate. Journal of Virology, 67 (7): 3798-3807.

Meng T, Kolpe A B, Kiener T K, et al. 2011. Display of VP1 on the surface of baculovirus and its immunogenicity against heterologous human enterovirus 71 strains in mice. PloS One, 6 (7): e21757.

Michiels T, Dejong V, Rodrigus R, et al. 1997. Protein 2A is not required for Theiler's virus replication. Journal of Virology, 71 (12): 9549-9556.

Moffat K, Howell G, Knox C, et al. 2005. Effects of foot-and-mouth disease virus nonstructural proteins on the structure and function of the early secretory pathway: 2BC but not 3A blocks endoplasmic reticulum-to-Golgi transport. Journal of Virology, 79 (7): 4382-4395.

Montagnier L, Sanders F K. 1963. Replicative form of encephalomyocarditis virus ribonucleic acid. Nature, 199: 664-667.

Mukherjee A, Morosky S A, Delorme-Axford E, et al. 2011. The coxsackievirus B 3C protease cleaves MAVS and TRIF to attenuate host type I interferon and apoptotic signaling. PLoS Pathogens, 7 (3): e1001311.

Murdin A D, Su H, Manning D S, et al. 1995. A poliovirus hybrid expressing a neutralization epitope from the major outer membrane protein of chlamydia trachomatis is highly immunogenic. Infection and Immunity, 61 (10): 1116-1121.

Nayak A, Goodfellow I G, Woolaway K E, et al. 2006. Role of RNA structure and RNA binding activity of foot-and-mouth disease virus 3C protein in VPg uridylylation and virus replication. Journal of Virology, 80: 9865-9875.

Norder H, De Palma A M, Selisko B, et al. 2011. Picornavirus non-structural proteins as targets for new anti-virals with broad activity. Antiviral Research, 89 (3): 204-218.

Novak J E, Kirkegaard K. 1991. Improved method for detecting poliovirus negative strands used to demonstrate specificity of positive-strand encapsidation and the ratio of positive to negative strands in infected cells. Journal of Virology, 65 (6): 3384-3387.

Nugent C I, Johnson K L, Sarnow P, et al. 1999. Functional coupling between replication and packaging of poliovirus replicon RNA. Journal of Virology, 73 (1): 427-435.

O'Donnell V, Pacheco J M, LaRocco M, et al. 2011. Foot-and-mouth disease virus utilizes an autophagic pathway during viral replication. Virology, 410 (1): 142-150.

Ohlmann T, Rau M, Pain V M, et al. 1996. The C-terminal domain of eukaryotic protein synthesis initiation factor (eIF) 4G is sufficient to support cap-independent translation in the absence of eIF4E. The EMBO Journal, 15 (6): 1371-1382.

Pacheco A, Lopez de Quinto S, Ramajo J, et al. 2009. A novel role for Gemin5 in mRNA translation. Nucleic Acids Research, 37 (2): 582-590.

Pacheco J M, Henry T M, O'Donnell V K, et al. 2003. Role of nonstructural proteins 3A and 3B in host range and pathogenicity of foot-and-mouth disease virus. Journal of Virology, 77 (24): 13017-13027.

Pacheco J M, Piccone M E, Rieder E, et al. 2010. Domain disruptions of individual 3B proteins of foot-and-mouth disease virus do not alter growth in cell culture or virulence in cattle. Virology, 405 (1): 149-156.

Pan M, Yang X, Du J, et al. 2011. Recovery of duck hepatitis A virus 3 from a stable full-length infectious cDNA clone. Virus Research, 160 (1-2): 439-443.

Papon L, Oteiza A, Imaizumi T, et al. 2009. The viral RNA recognition sensor RIG-I is degraded during encephalomyocarditis virus (EMCV) infection. Virology, 393 (2): 311-318.

Park N, Skern T, Gustin K E. 2010. Specific cleavage of the nuclear pore complex protein Nup62 by a viral protease. The Journal of Biological Chemistry, 285 (37): 28796-28805.

Paul A V, Mugavero J, Molla A, et al. 1998. Internal ribosomal entry site scanning of the poliovirus polyprotein: implications for proteolytic processing. Virology, 250 (1): 241-253.

Paulmann D, Magulski T, Schwarz R, et al. 2008. Hepatitis A virus protein 2B suppresses beta interferon (IFN) gene transcription by interfering with IFN regulatory factor 3 activation. The Journal of General Virology, 89 (Pt 7): 1593-1604.

Perera R, Daijogo S, Walter B L, et al. 2007. Cellular protein modification by poliovirus: the two faces of poly (rC) -binding protein. Journal of Virology, 81 (17): 8919-8932.

Peters H, Kusov Y Y, Meyer S, et al. 2005. Hepatitis A virus proteinase 3C binding to viral RNA: correlation with substrate binding and enzyme dimerization. The Biochemical Journal, 385 (Pt 2): 363-370.

Piccone M E, Rieder E, Mason P W, et al. 1995. The foot-and-mouth disease virus leader proteinase gene is not required for viral replication. Journal of Virology, 69 (9): 5376-5382.

Piccone M E, Zellner M, Kumosinski T F, et al. 1998. Identification of the L proteinase of foot-and-mouth disease virus. Journal of Virology, 6949: 4950-4956.

Pineiro D, Ramajo J, Bradrick S S, et al. 2012. Gemin5 proteolysis reveals a novel motif to identify L protease targets. Nucleic Acids Research, 40 (11): 4942-4953.

Plevka P, Perera R, Cardosa J, et al. 2012. Crystal structure of human enterovirus 71. Science, 336 (6086): 1274.

Porter F W, Bochkov Y A, Albee A J, et al. 2006. A picornavirus protein interacts with Ran-GTPase and disrupts nucleocytoplasmic transport. Proceedings of the National Academy of Sciences of the United States of America, 103 (33): 12417-12422.

Porter F W, Palmenberg A C. 2009. Leader-induced phosphorylation of nucleoporins correlates with nuclear trafficking inhibition by cardioviruses. Journal of Virology, 83 (4): 1941-1951.

Qu L, Feng Z, Yamane D, et al. 2011. Disruption of TLR3 signaling due to cleavage of TRIF by the hepatitis A virus protease-polymerase processing intermediate, 3CD. PLoS Pathogens, 7 (9):e1002169.

Redondo N, Sanz M A, Welnowska E, et al. 2011. Translation without eIF2 promoted by poliovirus 2A protease. PloS One, 6 (10): e25699.

Rieder E, Bunch T, Brown F, et al. 1993. Genetically engineered foot-and-mouth disease viruses with poly (C) tracts of two nucleotide are virulent in mice. Journal of Virology, 67: 5193-5145.

Rodriguez P L, Carrasco L. 1993. Poliovirus protein 2C has ATPase and GTPase activities. The Journal of Biological Chemistry, 268 (11): 8105-8110.

Rohll J B, Moon D H, Evans D J, et al. 1995. The 3' untranslated region of picornavirus RNA: features required for efficient genome replication. Journal of Virology, 69: 7835-7844.

Romanova L I, Lidsky P V, Kolesnikova M S, et al. 2009. Antiapoptotic activity of the cardiovirus leader protein, a viral "security" protein. Journal of Virology, 83 (14): 7273-7284.

Rozovics J M, Chase A J, Cathcart A L, et al. 2012. Picornavirus modification of a host mRNA decay protein. Microbiology, 3 (6): e00431-00412.

Sadeghipour S, Bek E J, McMinn P C. 2013. Ribavirin-resistant mutants of human enterovirus 71 express a high replication fidelity phenotype during growth in cell culture. Journal of Virology, 87 (3): 1759-1769.

Sakoda Y N, Ross-Smith, Inoue T, et al. 2001. An attenuating mutation in the 2A protease of swine vesicular disease virus, a picornavirus, regulates cap- and internal ribosome entry site-dependent protein synthesis. Journal of Virology, 75: 10643-10650.

Sasaki J, Ishikawa K, Arita M, et al. 2012. ACBD3-mediated recruitment of PI4KB to picornavirus RNA replication sites. The EMBO Journal, 31 (3): 754-766.

Sasaki J, Kusuhara Y, Maeno Y, et al. 2001. Construction of an infectious cDNA clone of Aichi virus (a new member of the family Picornaviridae) and mutational analysis of a stem-loop structure at the 5' end of the genome. Journal of Virology, 75: 8021-8030.

Schlegel A, Jr Giddings T H, Adinsky M S, et al. 1996. Cellular origin and ultrastructure of membranes induced during poliovirus infection. Journal of Virology, 70 (10): 6576-6588.

Seipelt J, Liebig H D, Sommergruber W, et al. 2000. 2A proteinase of human rhinovirus cleaves cytokeratin 8 in infected HeLa cells. The Journal of Biological Chemistry, 275 (26): 20084-20089.

Shang B, Deng C, Ye H, et al. 2013. Development and characterization of a stable eGFP enterovirus 71 for antiviral screening. Antiviral Research, 97 (2): 198-205.

Sharma N, O'Donnell B J, Flanegan J B. 2005. 3'-Terminal sequence in poliovirus negative-strand templates is the primary cis-acting element required for VPgpUpU-Primed positive-strand initiation. Journal of Virology, 79: 3565-3577.

Sharma R, Raychaudhuri S, Dasgupta A. 2004. Nuclear entry of poliovirus protease-polymerase precursor 3CD: implications for host cell transcription shut-off. Virology, 320 (2): 195-205.

Si X, Gao G, Wong J, et al. 2008. Ubiquitination is required for effective replication of coxsackievirus B3. PloS One, 3 (7): e2585.

Smythies L E, Novakb M J, Waitesc K B, et al. 2005. Poliovirus replicons encoding the B subunit of Helicobacter pylori urease protect mice against H. pylori infection. Vaccine, 23: 901-909.

Steil B P, Barton D J. 2009. Cis-active RNA elements (CREs) and picornavirus RNA replication. Virus Research, 139 (2): 240-252.

Storeya P, Theron J, Mareea F F, et al. 2007. A second RGD motif in the 1D capsid protein of a SAT1 type foot-and-mouth disease virus field isolate is not. essential for attachment to target cells. Virus

Research, 124: 184-192.

Suhy D A, Jr Giddings T H, Kirkegaard K. 2000. Remodeling the endoplasmic reticulum by poliovirus infection and by individual viral proteins: an autophagy-like origin for virus-induced vesicles. Journal of Virology, 74 (19): 8953-8965.

Svitkin Y V, Hahn H, Gingras A C, et al. 1998. Rapamycin and wortmannin enhance replication of a defective encephalomyocarditis virus. Journal of Virology, 72 (7): 5811-5819.

Sweeney T R, Cisnetto V, Bose D, et al. 2010. Foot-and-mouth disease virus 2C is a hexameric AAA+ protein with a coordinated ATP hydrolysis mechanism. The Journal of Biological Chemistry, 285 (32): 24347-24359.

Teterina N L, Bienz K, Egger D, et al. 1997. Induction of intracellular membrane rearrangements by HAV proteins 2C and 2BC. Virology, 237 (1): 66-77.

Teterina N L, Pinto Y, Weaver J D, et al. 2011. Analysis of poliovirus protein 3A interactions with viral and cellular proteins in infected cells. Journal of Virology, 85 (9): 4284-4296.

Thibaut H J, Leyssen P, Puerstinger G, et al. 2011. Towards the design of combination therapy for the treatment of enterovirus infections. Antiviral Research, 90 (3): 213-217.

Todd S, Towner J S, Brown D M, et al. 1997. Replication-competent picornaviruses with cpmplete genomic RNA 3′noncoding region deletions. Journal of Virology, 71: 8868-8874

Towner J S, Ho T V, Semler B L. 1996. Determinants of membrane association for poliovirus protein 3AB. The Journal of Biological Chemistry, 271 (43): 26810-26818.

van Kuppeveld F J M, de Ong A, Dijkman H B P M, et al. 2002. Studies towards the potential of poliovirus as a vector for the expression of HPV 16 virus-like-particles. FEMS Immunology and Medical Microbiology, 34: 201-208.

van Kuppeveld F J, Hoenderop J G, Smeets R L, et al. 1997. Coxsackievirus protein 2B modifies endoplasmic reticulum membrane and plasma membrane permeability and facilitates virus release. The EMBO Journal, 16 (12): 3519-3532.

van Kuppeveld F J, Melchers W J, Willems P H, et al. 2002. Homomultimerization of the coxsackievirus 2B protein in living cells visualized by fluorescence resonance energy transfer microscopy. Journal of Virology, 76 (18): 9446-9456.

van Pesch V, van Eyll O, Michiels T. 2001. The leader protein of Theiler's virus inhibits immediate-early alpha/beta interferon production. Journal of Virology, 75 (17): 7811-7817.

Venkataraman S, Reddy S P, Loo J, et al. 2008. Structure of Seneca Valley Virus-001: an oncolytic picornavirus representing a new genus. Structure, 16 (10): 1555-1561.

Wang D, Fang L, Li K, et al. 2012. Foot-and-mouth disease virus 3C protease cleaves NEMO to impair innate immune signaling. Journal of Virology, 86 (17): 9311-9322.

Wang D, Fang L, Li P, et al. 2011a. The leader proteinase of foot-and-mouth disease virus negatively regulates the type I interferon pathway by acting as a viral deubiquitinase. Journal of Virology, 85 (8): 3758-3766.

Wang D, Fang L, Liu L, et al. 2011b. Foot-and-mouth disease virus (FMDV) leader proteinase negatively regulates the porcine interferon-lambda1 pathway. Molecular Immunology, 49 (1-2): 407-412.

Wang D, Fang L, Luo R, et al. 2010. Foot-and-mouth disease virus leader proteinase inhibits dsRNA-induced type I interferon transcription by decreasing interferon regulatory factor 3/7 in protein levels. Biochemical and Biophysical Research Communications, 399 (1): 72-78.

Wang H M, Liang P H. 2010. Picornaviral 3C protease inhibitors and the dual 3C protease/coronaviral 3C-like protease inhibitors. Expert Opinion on Therapeutic Patents, 20 (1): 59-71.

Wanga Q M, Chen S H. 2007. Human rhinovirus 3C protease as a potential target for the development of antiviral agents. Current Protein & Peptide Science, 8 (1): 19-27.

Ward G, Rieder E, Wason P W. 1997. Plasmid DNA encoding replicating FMDV genomes induces antiviral immune responses in swine. Journal of Virology, 71: 7442-7447.

Weng K F, Li M L, Hung C T, et al. 2009. Enterovirus 71 3C protease cleaves a novel target CstF-64 and inhibits cellular polyadenylation. PLoS Pathogens, 5 (9): e1000593.

Wessels E, Duijsings D, Lanke K H, et al. 2006. Effects of picornavirus 3A Proteins on Protein Transport and GBF1-dependent COP-I recruitment. Journal of Virology, 80 (23): 11852-11860.

Wessels E, Duijsings D, Niu T K, et al. 2006. A viral protein that blocks Arf1-mediated COP-I assembly by inhibiting the guanine nucleotide exchange factor GBF1. Developmental Cell, 11 (2): 191-201.

Xiang W, Harris K S, Alexander L, et al. 1995. Interaction between the 5′-terminal cloverleaf and 3AB/3CDpro of poliovirus is essential for RNA replication. Journal of Virology, 69 (6): 3658-3667.

Xiao C, Bator-Kelly C M, Rieder E, et al. 2005. The crystal structure of coxsackievirus A21 and its interaction with ICAM-1. Structure, 13 (7): 1019-1033.

Xin A, Li H, Li L, et al. 2009. Genome analysis and development of infectious cDNA clone of a virulence-attenuated strain of foot-and-mouth disease virus type Asia 1 from China. Veterinary Microbiology, 138 (3-4): 273-280.

Yalamanchili P, Banerjee R, Dasgupta A. 1997. Poliovirus-encoded protease 2APro cleaves the TATA-binding protein but does not inhibit host cell RNA polymerase II transcription in vitro. Journal of Virology, 71 (9): 6881-6886.

Yun S H, Lee W G, Kim Y C, et al. 2012. Antiviral activity of coxsackievirus B3 3C protease inhibitor in experimental murine myocarditis. The Journal of Infectious Diseases, 205 (3): 491-497.

Yun T, Ni Z, Liu G Q, et al. 2010. Generation of infectious and pathogenic duck hepatitis virus type 1 from cloned full-length cDNA. Virus Research, 147 (2): 159-165.

Zaini Z, Phuektes P, McMinn P. 2012a. A reverse genetic study of the adaptation of human enterovirus 71 to growth in Chinese hamster ovary cell cultures. Virus Research, 165 (2): 151-156.

Zaini Z, Phuektes P, McMinn P. 2012b. Mouse adaptation of a sub-genogroup B5 strain of human enterovirus 71 is associated with a novel lysine to glutamic acid substitution at position 244 in protein VP1. Virus Research, 167 (1): 86-96.

Zell R, Sidigi K, Bucci E, et al. 2002. Determinants of the recognition of enteroviral cloverleaf RNA by coxsackievirus B3 proteinase 3C. RNA, 8 (2): 188-201.

Zhang B, Morace G, Gauss-Muller V, et al. 2007. Poly (A) binding protein, C-terminally truncated by the hepatitis A virus proteinase 3C, inhibits viral translation. Nucleic Acids Research, 35 (17): 5975-5984.

Zhang Y, Li Z, Ge X, et al. 2011. Autophagy promotes the replication of encephalomyocarditis virus in host cells. Autophagy, 7 (6): 613-628.

Zhao Q, Pacheco J M, Mason PW. 2003. Evaluation of genetically engineered derivatives of a chinese strain of Foot-and-Mouth disease virus reveals a novel cell-binding site which functions in cell culture and in animals. Journal of Virology, 77: 3269-3280.

Zheng H. 2013. Engineering foot-and-mouth disease viruses with improved growth properties for vaccine development. PLoS ONE, 8 (1): p. e55228.

Zheng Z, Li H, Zhang Z, et al. 2011. Enterovirus 71 2C protein inhibits TNF-alpha-mediated activation of NF-kappaB by suppressing IkappaB kinase beta phosphorylation. Journal of Immunology, 187 (5):2202-2212.

Zhu J, Weiss M, Grubman M J, et al. 2010. Differential gene expression in bovine cells infected with wild type and leaderless foot-and-mouth disease virus. Virology, 404 (1): 32-40.

Ziegler E, Borman A M, Kirchweger R, et al. 1995. Foot-and-mouth disease virus Lb proteinase can stimulate rhinovirus and enterovirus IRES-driven translation and cleave several proteins of cellular and viral origin. Journal of Virology, 69 (6): 3465-3474.

第六章　黄病毒科的反向遗传学

第一节　黄病毒科的基本特征

一、黄病毒的分类

黄病毒属曾被归为披膜病毒科（*Togaviridae*），1984 年国际病毒命名和分类委员会根据黄病毒属成员在病毒粒子结构、增殖特征和基因序列等方面都不同于其他披膜病毒而将其从披膜病毒科（*Togaviridae*）中独立出来，成为新科即黄病毒科（*Flaviviridae*）。1991 年国际病毒命名和分类委员会又根据披膜病毒科瘟病毒属的基因组结构类似黄病毒而将其归入黄病毒科，同时又将丙型肝炎病毒群列入该科，1994 年国际病毒命名和分类委员会将丙型肝炎病毒群改为类丙型肝炎病毒属（殷震和刘景华，1997）。

因此，黄病毒科有 3 个属：黄病毒属（*Flavivirus*），包括黄热病病毒、登革热病毒、流行性乙型脑炎病毒、西尼罗河病毒、跳跃病病毒、韦塞尔布朗病病毒、Murray 脑炎病毒、火鸡脑膜脑炎病毒等 70 余种已知病毒，其中 38 种病毒与人类疾病有关；瘟病毒属（*Pestivirus*），包括牛病毒性腹泻-黏膜病病毒、猪瘟病毒、绵羊边界病病毒；类丙型肝炎病毒属（Hepatitis C-like viruses），目前仅有丙型肝炎病毒。近年来发现了一种与人类肝炎有关的新型病毒——庚型肝炎病毒（Hepatitis G virus，HGV），其病毒核酸为单股正链 RNA，基因组结构类似于黄病毒科病毒成员而归属此科，与丙型肝炎病毒在结构上有一定的同源性。

二、黄病毒的基本特性

完整病毒颗粒呈圆形，直径为 40～60nm，分子质量约为 6.0×10^7 kDa。病毒核酸为线性单股正链 RNA，占病毒粒子质量的 4%～8%。G+C 的物质的量的百分比（mol%）含量为 48%。病毒粒子仅含一单链感染性 RNA，长为 9.5～12.3kb，含有一个大的可读框架以及 5′非编码区和 3′非编码区。其中 3′端无 poly（A）尾结构。可读框首先编码成一个多聚体蛋白，然后多聚体蛋白在病毒和细胞酶作用下以共翻译或后翻译的方式加工成所有的病毒结构和非结构蛋白。该科病毒均有囊膜，病毒粒子表面含有两种病毒蛋白，即囊膜蛋白 E 和膜蛋白 M。E 蛋白含有病毒的抗原决定簇，在病毒的吸附和进入宿主细胞中起着重要的作用。未成熟的病毒粒子中含有 prM 蛋白，此蛋白是 M 蛋白的前体，通过分泌途径可被切割形成成熟的 M 蛋白，除了 E 蛋白和 M 蛋白，另外一种结构蛋白 C 组成病毒的核衣壳（Lindenbach et al.，2007）（图 6-1）。

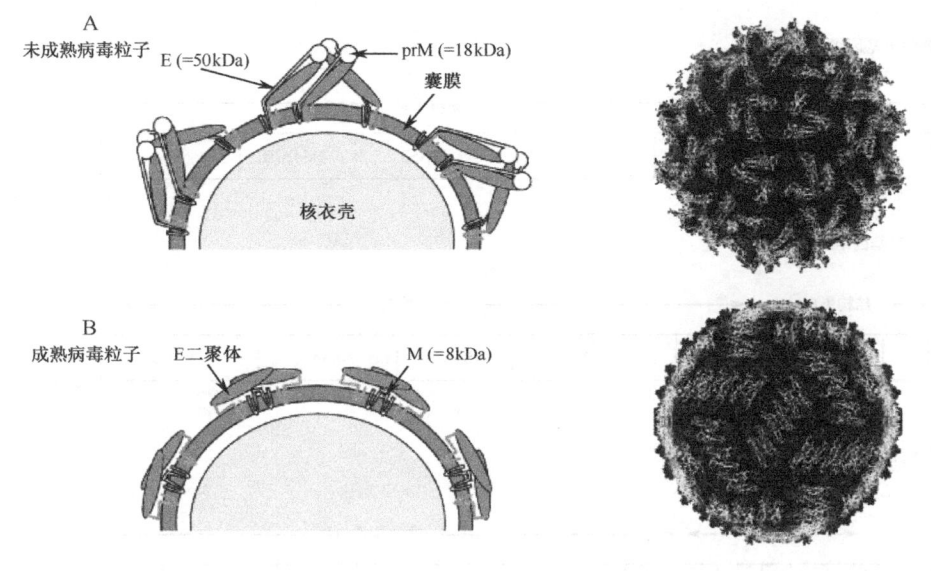

图 6-1 黄病毒颗粒结构示意图（Lindenbachetal et al., 2007）

第二节 黄病毒基因组结构及其表达产物

一、黄病毒基因组的结构特征

黄病毒基因组为单股正链 RNA，长为 9.5～12.3kb，具有感染性，在细胞内首先作为 mRNA 翻译产生 RNA 复制所需的酶类。在黄病毒感染的细胞中没有发现类似于甲病毒的次级基因组 RNA。一般认为，黄病毒基因组 RNA 就是病毒特异性 RNA，其基因组 RNA 5′端有 I 型帽子结构，即形成 $m^7GpppAmp$，但缺少与帽子结构相关的内部甲基化腺嘌呤残基。甲病毒的帽子结构是 O 型，大多数脊椎动物 mRNA 在倒数第二位上有一个甲基化腺嘌呤残基。戴帽是通过一个或多个病毒酶来完成的。黄病毒的 3′端没有发现 poly（A）尾，而是以一个十分保守的核苷酸序列代替。该保守序列可能是 3′端二级结构的一部分，可能对 RNA 复制和核壳化十分重要。

黄病毒的基因组结构很相似，基因组中只含有一个大的 ORF，黄热病病毒的全序列已经全部测定，共 11 862bp。cDNA 序列分析表明，病毒 RNA 只含有一个长的 ORF，从框架 2 的第一个 ATG 开始，末端有紧接着的 3 个终止密码子。这个 ORF 几乎相当于病毒 RNA 全长，除去 5′端 118 个核苷酸和 3′端 511 个核苷酸的非编码区。此外，在病毒 RNA 内再无其他长的 ORF，在互补链上也无长的 ORF。Murray 山谷脑炎病毒和登革热病毒 2 型的部分序列分析表明也只有一个长的 ORF。Murray 山谷脑炎病毒的 5′端非编码区为 97 个核苷酸，比黄热病病毒短 20 个核苷酸。

黄病毒属和类丙型肝炎病毒属基因组大致可分为两个区段：5′端约 25% 编码病毒结构蛋白，3′端约 75% 编码病毒非结构蛋白。猪瘟病毒与之不同，猪瘟病毒的 5′端还编码一个小分子质量的非结构蛋白 N^{pro}（图 6-2）（周鹏程等，1999）。

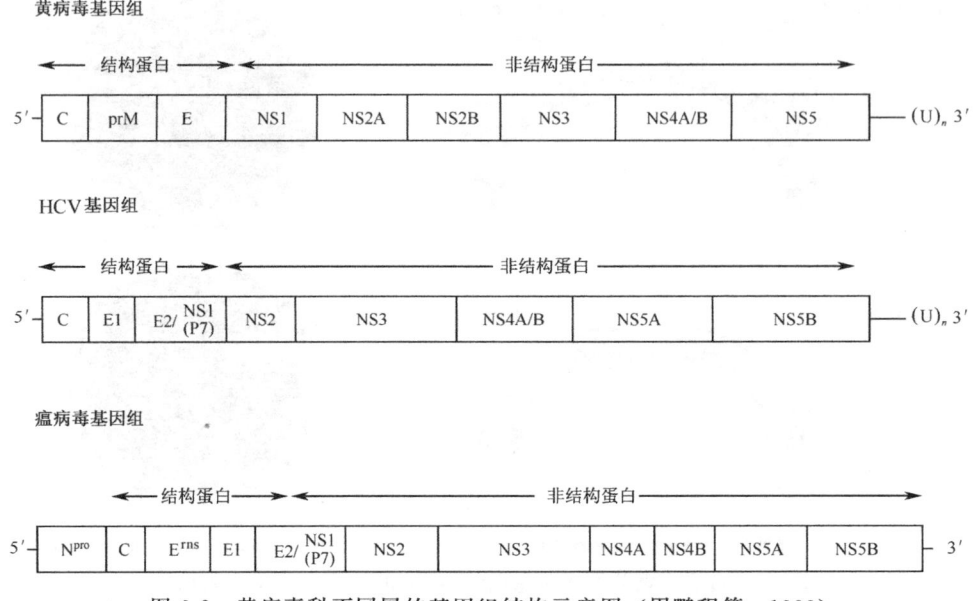

图 6-2 黄病毒科不同属的基因组结构示意图（周鹏程等，1999）

二、黄病毒基因组的编码产物

黄病毒的基因组 RNA 就是病毒特异性的 mRNA，它可翻译成 3 或 4 个结构蛋白，以及 7 或 8 个非结构蛋白。以黄病毒为例，病毒在编码的过程中，首先翻译产生一个多聚蛋白前体，然后多聚蛋白前体在病毒或宿主蛋白酶作用下被加工成 3 个结构蛋白（C、prM、E）和 7 个非结构蛋白（NS1、NS2A、NS2B、NS3、NS4A、NS4B、NS5）（图 6-3）。其中 prM 是 M 蛋白的前体形式，可被进一步加工为成熟的 M 蛋白。结构蛋白在病毒的组装过程中起着重要作用，非结构蛋白 NS3 的解螺旋酶和 NTpase 酶活性以及 NS5B 的 RdRp 酶活性在病毒的复制过程中起着重要的作用，对其他非结构蛋白功能的研究，目前也取得一定的进展。

（一）结构蛋白

在黄病毒科，除瘟病毒属病毒基因组的翻译起始于非结构蛋白 N^{pro} 以外，其他黄病毒基因组的翻译起始于衣壳蛋白。衣壳蛋白呈碱性，在 120 个氨基酸中 23%～25% 是 Arg 或 Lys。其阳电荷可能是在 RNA 核壳化时部分中和阴电荷。碱性氨基酸分布在多肽序列的全长中，而在甲病毒的衣壳蛋白中碱性氨基酸则集中在 N 端 1/2 处。衣壳蛋白中最为保守的区段位于 38 和 55 之间（以 YF N 端计算）。与其他病毒的核衣壳蛋白一样，其基本功能是为病毒基因组提供一个保护性屏障，C 蛋白的抗原表位对 T、B 细胞介导的免疫反应至关重要，可能是宿主细胞免疫反应的重要靶蛋白。西尼罗河病毒的 C 蛋白能够诱导 caspase-9 和 caspase-3 介导的细胞凋亡，对于病毒感染导致宿主产生的一系列的症状如西尼罗河热、西尼罗脑炎以及瘫痪起到一定的作用（Yang et al.，

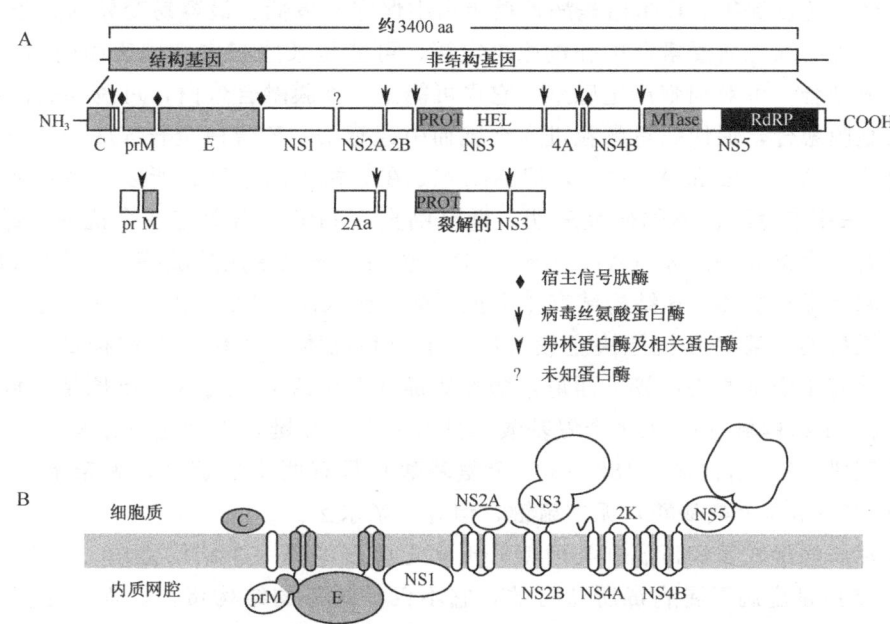

图 6-3　黄病毒基因组的编码产物及其加工模式图

2002)。Liu 等（1998）的研究表明 CSFV C 蛋白可作为人的热激蛋白基因（heat shock protein 70 gene，hsp70）启动子的转录激活因子，相反也可作为 SV40 启动子的阻遏因子，从而证实核衣壳蛋白 C 也有转录调控作用，同时它可能在病毒粒子的成熟过程中发挥重要作用。HCV 核心蛋白序列的确定是通过将 HCV 多蛋白的疏水性轮廓和黄病毒及瘟病毒进行比较，并结合体外表达研究得来的。已研究发现 HCV 核心蛋白能调控很多基因，包括肿瘤相关基因 $p53$、细胞周期相关基因和细胞凋亡相关基因等的转录，核心蛋白对转录的调控可能与 HCV 致病机理有关（如肝癌）。

在黄病毒衣壳蛋白之后为 prM 蛋白（对应着猪瘟病毒和丙型肝炎病毒的 E1 蛋白），是 M 蛋白的前体，具有良好的抗原功能区（Monath，1994）。在病毒成熟过程中，prM 蛋白参与包膜糖蛋白 E 的转运，使其形成正确的三维结构（Wright et al.，1989）。黄热病病毒的 prM 蛋白有好几个糖基化位点（Asn-X-Ser/Thr），其中 3 个位于与 M 没有同源的区段，而且均相当靠近，即 Asn-13、Asn-29 和 Asn-51。另外，还有 Asn-145，这一区段与 M 是共同的。但是，该区段是疏水的，要插入双层类脂膜内，所以，难以糖基化。prM 的 N 端也是疏水的，可能是信号肽。在病毒的包装过程中，M 的 C 端可能与 E 蛋白和/或核衣壳特异性地相互作用。M 蛋白能导致病毒的感染性增加，并形成病毒颗粒的表面结构。在瘟病毒和丙肝病毒中，普遍认为在天然状态下 E1 和包膜蛋白 2（E2）形成非共价的聚合物，E1/E2 复合物也可能是稳固病毒颗粒构型的主要结构蛋白，并起到稳固 E2 穿膜的作用。对于 M 蛋白的其他功能，知之甚少。

黄病毒的 M 蛋白之后为 E 蛋白（对应着另外两个病毒属的 E1 蛋白），E 蛋白是成熟病毒粒子表面的主要胞膜蛋白，也是病毒的主要保护性抗原蛋白，能诱导感染动物产生中和抗体和免疫保护。E 蛋白是病毒糖蛋白中保守性最低、最容易变异的分子，它含有黄热病病毒的病毒血凝素和中和抗原决定簇，可能是某些宿主细胞表面受体的配体，当它与受体结合，可对细胞产生感染。它也可能是一种膜融合蛋白，可诱导病毒颗粒的包膜与细胞膜融合，促使病毒颗粒进入细胞而引起感染。E 蛋白全长 493 个残基，有 2 个糖基化位点 Asn-309 和 Asn-470，但 Asn-470 在 C 端的疏水区，所以，糖基化主要在 Asn-309。采用单克隆抗体的研究表明，壁虱脑炎（TBE）病毒有 3 个抗原性结构域。A 结构域有 3 个抗原决定簇（A1、A2、A3），它们对还原变性是敏感的，A3 可以产生最强的中和性保护抗体。B 结构域有 4 个抗原决定簇（B1、B2、B3、B4），它们对还原变性是有抵抗的，某些 B 抗原决定簇可以产生中和抗体，但不如 A 结构域那么强。C 结构域只含有 1 个抗原决定簇。西尼尔脑炎病毒（WNEV）也有 3 个抗原结构域（R1、R2、R3）。R1 结构域（1～121 个氨基酸）具有一个二硫键，以稳定其结构，它具有最长的亲水区段；R2 结构域（186～333 个氨基酸）具有两个二硫键，无亲水区段；R3 结构域（367～486 个氨基酸）无二硫键，但有一亲水区。

瘟病毒属病毒较黄病毒属和类丙型肝炎病毒属多编码一个结构蛋白——E^{rns}（旧称 E0）。E^{rns}蛋白是瘟病毒属病毒所特有的，它不仅是病毒的结构蛋白，而且是多功能蛋白。它具有多种活性，包括抗凝集活性、神经细胞毒活性、RNase 活性，此外，它还在病毒与宿主间的相互作用中起着重要的作用。E^{rns}蛋白的这些特性有助于瘟病毒逃避宿主的免疫反应和建立胎盘持续感染。

（二）非结构蛋白

与黄病毒科的另外两个病毒属不同，瘟病毒属编码的第一个非结构蛋白是其合成的多聚蛋白 N 端的第一个蛋白产物 N^{pro}，该蛋白由 164 个或 168 个氨基酸残基组成，是瘟病毒所特有的蛋白，在瘟病毒属中比较保守。Rümenapf 等（1998）证明 N^{pro} 是一种新型的半胱氨酸蛋白酶（cysteine protease），与类枯草杆菌蛋白酶（subtilisin like protease）相似，又被称为前导蛋白酶（leader protease），属于蛋白酶中木瓜样胱氨酸蛋白酶（papin like cystein proteases，PCPS）家族。N^{pro} 具有与木瓜样半胱氨酸蛋白酶活性中心相似序列，Cys69、His130 是蛋白酶活性中心。它具有自体蛋白水解酶（autoprotease）活性，有自切割功能，能以自催化方式从正在翻译的多聚蛋白上切割下来，成为成熟的病毒蛋白。Stark 等（1993）的研究结果表明 N^{pro} 的切割位点在保守的基序 Cys168～Ser169 中，上游为一高度保守的疏水序列，下游为核衣壳蛋白 C 的信号肽序列；第 169 位氨基酸残基除可为 Ser 外，也可为 Ala、Gly，均不影响 N^{pro} 的蛋白酶切割活性。病毒蛋白具有半胱氨酸蛋白酶活性至今为止还是一种特例。与 N^{pro} 同家族的口蹄疫病毒的前导蛋白除了具备从多聚蛋白上进行自切割的功能外，它还能降解真核起始因子 4G 的一个 220kDa 的亚基，从而关闭了帽依赖的宿主细胞蛋白的合成（Devaney et al.，1988）。是否 N^{pro} 蛋白也具有这种功能还未得到验证。目前发现 N^{pro} 是病毒复制非必需的（Tratschin et al.，1998），并且可能与猪瘟病毒逃避免疫系统的初级免疫反应和病毒的致病性相关（Mayer et al.，2004；Ruggli et al.，2003）。

黄病毒科的 NS1 非结构蛋白在蛋白质的大小、性质及相应功能上存在着较大差异。

黄病毒属的 NS1 是一个高度保守的糖蛋白，含有 2 个氮连接的糖基化位点，后者在 YF 和 MVE 是保守的。NS1 可能位于细胞膜上，其功能尚不清楚，可能与病毒的包装有关，而不是 RNA 的复制。在 DEN-2 和 YF 中，NS1 是一种可溶性的 CF 抗原。在瘟病毒和类丙型肝炎病毒基因组中与黄病毒 NS1 对应的是一个小分子质量的多肽，即 P7 蛋白，它是病毒结构和非结构蛋白之间的连接小肽，除了以单体 P7 形式存在以外，P7 还能与在多聚蛋白中相邻的结构蛋白 E2 形成 E2P7 融合蛋白。P7 不存在于病毒粒子中，对其功能在 BVDV 和 HCV 的研究中有了一定的进展。缺失 P7 蛋白，不影响 BVDV 病毒 RNA 复制但产生的子代病毒不具有感染性，但感染性病毒能通过 P7 蛋白的反式互补获得，这些结果说明 P7 对病毒粒子的感染性是必需的。近年来，Carrère-kremer 等（2002）发现 HCV P7 蛋白是一种多处发生的膜蛋白，它跨膜两次，并且 N 端和 C 端都朝向细胞外环境。Harada 等（2000）和 Carrère-kremer（2002）也推断 HCV P7 蛋白是一群小蛋白病毒离子孔道蛋白（viroporin）的成员，这群蛋白能介导阳离子进出细胞膜并且在病毒粒子的释放和成熟过程中起着重要的作用。Pavlovic 等（2003）进一步证实 HCV P7 蛋白能形成离子通道并且这一离子通道信号可被金刚烷胺和长烷基链的亚氨基糖衍生物抑制。

目前关于黄病毒非结构蛋白 NS2 蛋白的功能了解得还不是很清楚。NS2 从多聚蛋白前体的释放由两个蛋白酶水解切割完成。其 N 端由细胞信号肽酶介导切割后与 E2/P7 分离开来，而 C 端即 NS2 和 NS3 连接处由 NS2 蛋白本身编码的丝氨酸蛋白酶切割。黄病毒 NS2 蛋白还可进一步加工成两个成熟的非结构蛋白 NS2A 和 NS2B。NS2 蛋白本身对病毒复制非必需，但 NS2 对 NS2～3 蛋白的切割功能对病毒复制是必需的，cp 型 BVDV 毒株 Oregon 在 NS2～3 二联体之间能够进行有效切割，聚蛋白第 1555 位 Ser（位于 NS 蛋白）变成 ncp 型病毒中的 Phe 会使切割效率降至 50%，并且突变体复制缓慢，这提示 NS2 功能的正常发挥影响 NS2～3 的切割，从而影响 NS3 蛋白解旋酶和 NTPase 活性的发挥，进而影响病毒的复制，因此，NS2 蛋白对 BVDV 复制具有一定的调节作用。瘟病毒 NS2 有一个保守的富含 Cys 残基的区域，该区域可形成"锌指"结构，其后有一段保守的螺旋区，这种类似的结构存在于许多能与核酸结合的基因调控蛋白中。由此推测，NS2 可能与瘟病毒基因组结合来调控基因表达。针对 HCV NS2 的研究发现，NS2 蛋白能够干扰 CIDE-B 诱导的细胞死亡途径，因此 NS2 蛋白在 HCV 的免疫逃避中起到一定的作用（Erdtmann et al.，2003）。

NS3 和 NS5 都十分亲水，可能都涉及 RNA 的复制。NS3 和 NS5 是黄病毒中最为保守的蛋白。NS3 蛋白是一种免疫优势蛋白，所有感染动物均产生抗 NS3 抗体，但抗 NS3 抗体不具有病毒中和性。NS3 蛋白是一个多功能蛋白，具有 3 种酶活性，即丝氨酸蛋白酶活性（serine protease）、核苷三磷酸酶活性（nucleoside triphosphatase，NTPase）和 RNA 激活的解旋酶活性（RNA helicase），其中丝氨酸蛋白酶活性区域位于蛋白质的 N 端。NTPase、解螺旋酶活性中心区位于蛋白质的中部。NS3 的丝氨酸蛋白酶主要负责切割下游的非结构蛋白。而 NS3 蛋白的 NTPase/helicase 则主要参与病毒 RNA 的复制。除了与致细胞病变有关之外，NS3 蛋白也被证实与细胞转化有关。NS5A 和 NS5B 两种非结构蛋白都包括在复制酶复合体中，参与病毒基因组 RNA 的复制。已有实验证实 NS5B 具有 RNA 依赖的 RNA 聚合酶（RdRp）活性，具有特征性的 Gly-Asp-Asp（GDD）活性区。BVDV 等病毒的 RdRp 晶体结构已基本阐明。其晶体结构与其他种类的聚合酶相似，呈右手型，具有 3 个亚结构域：掌型亚结构域（palm subdomain）、拇指型亚结构域（thumb subdomain）和手指型亚结构域（finger subdomain）。掌型亚结构域又可以分为 A、B、C、D、E 5 个基序，其中有 4 个基序存在于各类的聚合酶中，包括 DNA 依赖的 RNA 聚合酶（DdRp）、DNA 依赖的 DNA 聚合酶（DdDp）和 RNA 依赖的 DNA 聚合酶（RdDp）。

对于 NS4A 的功能，目前已发现它在多聚蛋白的翻译后加工和病毒复制中具有十分重要的作用。NS4A 在多聚蛋白翻译后加工中，充当 NS3 蛋白酶的辅助因子，共同参与催化切割 NS4B/5A 和 NS5A/5B。它还与其他蛋白如 NS5B5A 形成一个对非离子去污剂稳定的复合体，因而可以说明它可能参与形成多聚蛋白组成的复制复合体来指导病毒 RNA 的合成。NS4A 蛋白不仅在多聚蛋白前体的水解过程中扮演十分重要的角色，同时也在 NS5A 蛋白的成熟过程中发挥着重要作用。Tanji 等（1995）发现 HCV NS5A 具有两种磷酸化程度不同的成熟蛋白形式：P58 和 P56，而只有在 NS4A 的辅助作用下才能产生 P58，其作用机理目前仍不清楚。另外，HCV NS4A 还能抑制 NS3 蛋白向核内的运输，部分抑制由野生型 P53 诱导的 NS3 蛋白在细胞核的积聚（Ishido et al.，1997；Muramastu et al.，1997）。正因上述 NS4A 在多聚蛋白加工中与 NS3 的重要作用，NS4A 蛋白也有可能被作为一种新的发展抗病毒药物的靶蛋白。关于 NS4B 功能的研究不多。NS4B 可能与病毒致细胞病变有关。

第三节 黄病毒科的繁殖与复制

一、病毒的易感细胞与宿主

黄病毒科不同属成员，感染宿主的范围和传播方式差异较大。黄病毒属成员，大多数由节肢昆虫传播，如蚊传病毒和蜱传病毒，能感染人和多种动物，是多宿主病原。来源于节肢昆虫、禽及哺乳动物的原代和继代细胞，在体外也能支持病毒的复制。例如，乙型脑炎病毒，通过蚊传播，能感染马、猪、野生水禽等多动物和人，体外培养时能感染不同动物来源的原代或继代细胞，如蚊细胞 C6/36、鸡胚成纤维细胞、鼠细胞 BHK-21、猴细胞 Vero 等，复制增殖。黄病毒感染脊椎动物细胞，大多数细胞类型呈现细胞病变，也有少数不显示细胞病变；感染节肢昆虫细胞，一般不显示细胞病变。瘟病毒属成员中，猪瘟病毒和边界病毒感染宿主单一，分别为猪和羊。虽然牛病毒性腹泻病毒可感染牛、羊和猪等多种动物，但主要感染牛发病，有典型的临床症状，并导致显著的经济损失。在体外培养中，病毒也只能在少数动物来源的细胞中复制和增殖。例如，猪瘟病毒，一般用猪肾来源的 PK-15、SK6 和牛原代睾丸细胞来增殖，但病毒感染细胞不引起细胞病变；牛病毒性腹泻病毒则用牛源细胞 MDBK 和 BT 来培养，但有的分离株感染细胞能引起细胞病变，有的分离株感染不引起细胞病变，据此，可将牛病毒性腹泻病毒分成两个生物型：细胞病变型（cytopathogenic，CP）和非细胞病变型（noncytopathogenic，NCP）。

二、病毒的侵入

黄病毒科病毒进入宿主细胞的过程，包含多个步骤：黏附、与受体分子结合、内化和融合。黄病毒粒子表面存在两种蛋白：M 和 E，虽然针对 M 蛋白的抗体对病毒具有中和作用，但与靶细胞受体相互作用并介导病毒进入的是 E 蛋白。黄病毒能利用不同类型细胞上的多种受体，如凝集素、$\alpha_v\beta_3$ 整联蛋白、GRP78、CD14 和硫酸乙酰肝素等，可能还存在尚未鉴定的受体。黄病毒的内化是通过网格蛋白小窝进入前溶酶体内吞泡，在内吞泡中低 pH 环境下，病毒表面 E 蛋白二聚体发生解离形成单体，继而形成 E 蛋白三聚体，促进病毒囊膜与内吞泡融合，将病毒核衣壳释放到细胞质中。在细胞质中，核衣壳是不稳定的，C 蛋白与病毒基因组分离，病毒基因组利用宿主翻译系统翻译出病毒蛋白（图 6-4）。瘟病毒粒子表面存在 3 种蛋白：E^{rns}、E1 和 E2，虽然 E^{rns} 和 E2 都能结合到细胞上，但决定病毒嗜性的主要是 E2 蛋白。猪瘟病毒 E2 蛋白的吸附可竞争性抑制猪瘟病毒和 BVDV 对靶细胞的感染；不需要 E^{rns}，E1 和 E2 包裹的假猪瘟病毒就能有效进入靶细胞。牛 CD46 是 BVDV 的的受体，有研究认为 LDL 也是 BVDV 的受体。在与受体结合后，BVDV 通过网格蛋白依赖的内吞作用进入细胞，病毒与细胞膜的融合也需要低 pH 条件的诱导。

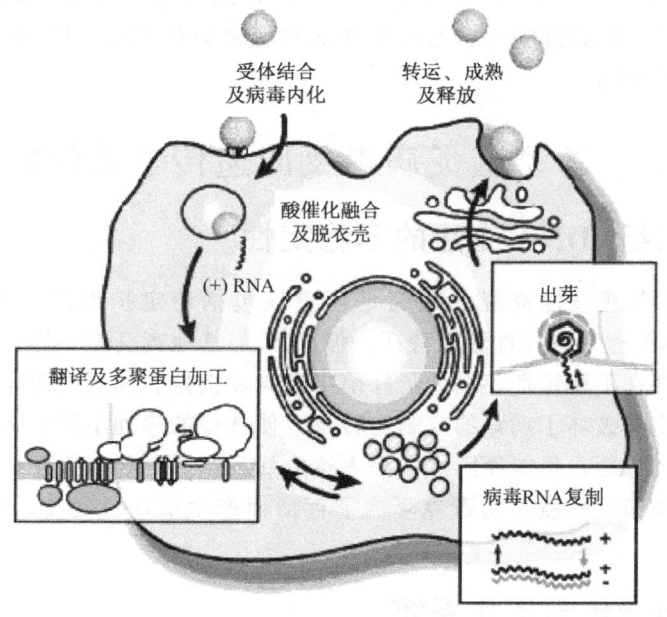

图 6-4　黄病毒的生命周期

三、病毒基因组的翻译与复制

病毒基因组进入宿主细胞后，在宿主翻译系统作用下，翻译出病毒多聚蛋白，多聚蛋白在宿主蛋白酶和病毒编码蛋白酶作用下，裂解成病毒蛋白单体，但核糖体启始翻译病毒基因组的机制是不同的。在黄病毒中，核糖体通过帽依赖的方式起始病毒基因组翻译；而在瘟病毒中，核糖体则通过 IRES 起始病毒基因组的翻译。通过与小的疏水性非结构蛋白相互作用，病毒的复制酶与病毒基因组结合于细胞内膜上，在一些宿主蛋白的参与下，形成病毒的复制复合体。病毒基因组的复制是一种半保留复制，复制复合体以病毒基因组 RNA 为模板，合成负链基因组 RNA，然后以负链基因组为模板合成病毒正链基因组 RNA。但病毒基因组的合成是不对称的，正链合成是负链的 10 多倍。正链基因组能作为 mRNA 翻译病毒蛋白，也可作为模板复制负链基因组，还可作为遗传物质由病毒结构蛋白包裹形成子代病毒。负链基因组仅作为复制正链基因组的模板，且多存在于双链基因组的复制型和部分双链的复制中间体中。病毒感染细胞后 3~6h，可检测到病毒基因组的合成，约 12h，开始向细胞外释放感染性病毒。

四、病毒粒子的组装与释放

病毒粒子在与内质网相关的细胞内膜上组装。C 蛋白与病毒基因组 RNA 结合形成核衣壳，核衣壳与内膜上的囊膜蛋白作用，形成病毒粒子，然后进入内质网，通过细胞的外排途径将病毒释放到细胞外。在病毒释放过程中，囊膜糖蛋白获得糖基化修饰。黄病毒在从细胞内释放到细胞外时，prM 蛋白裂解成 pr 片段和 M 蛋白，pr 片段释放至病毒粒子外，M 蛋白位于成熟的病毒粒子中，同时 E 蛋白发生构象变化，形成同源二聚体，成熟病毒粒子释放到细胞外。瘟病毒在从细胞表面释放时，E2 蛋白构象也发生变化，从而病毒粒子成熟。

第四节　乙型脑炎病毒反向遗传学系统的建立

一、JEV 基因组 cDNA 克隆的不稳定性

研究 RNA 病毒感染性克隆的理想平台应该包括稳定扩增的 cDNA 克隆以及由 cDNA 转录的 RNA 有高特异性感染特征。但 JEV 与其他黄病毒一样，其基因组 cDNA 全长或部分克隆存在不稳定性，在大肠杆菌中易自发重排、插入外源序列、缺失核苷酸或发生点突变，变异破坏了病毒的复制与转录，使获得的序列不具有感染性。造成不稳定克隆的原因有多方面，可能原因之一是表达的病毒基因产物对大肠杆菌有毒性，结果不是载有克隆的细菌死亡就是病毒克隆为了存活而产生适应性突变，造成"E.coli 偏好性选择"。

二、JEV 反向遗传学操作系统

JEV 基因组为单股正链 RNA，全长约 11kb，病毒基因组具有感染性，将基因组 RNA 转染敏感细胞，如 BHK-21 细胞，可获得感染性病毒。由于 JEV cDNA 克隆在宿主菌中存在不稳定性，为克服这一问题，人们提出一系列解决方案，成功构建出感染性克隆。①体外拼接/转录法：这一策略避开了 E.coli 培养环节，体外扩增拼接的全长病毒基因组不经过 E.coli 培养而直接进行体外转录，将获得的 RNA 转染细胞从而拯救病毒。Sumiyoshi 等（1995）在体外将 JEV 基因组的两个半段 cDNA 在体外连接成全

长，从连接的全长 cDNA 中转录出的 RNA 转染 BHK-21 细胞，拯救出病毒。这是首个在体外获得 JEV 感染性 RNA 的方法，开启了 JEV 的反向遗传学研究。随着长距离 RT-PCR 的产生将 JEV SA14 株基因组反转录后，利用 PCR 直接扩增 5′端加有 T7 启动子的全长基因组，经体外转录 RNA 转染细胞，获得了感染性病毒。体外拼接获得的全长 cDNA 的效率低，使其难以广泛应用。而全基因组扩增方法难以进行体外操作，不利于对病毒序列进行反向遗传操作，且扩增的 PCR 片段越长，产生突变的概率也越高。②插入内含子法：将内含子插入到 JEV cDNA 中结构基因编码区，由于内含子能够阻止对宿主菌有毒害作用蛋白的产生，故获得能在细菌中稳定生长的质粒，而内含子在真核细胞表达时又被切除，产生与病毒原来序列相同的 RNA，有学者分别在 JEV 基因组 356 位核苷酸和 2217 位核苷酸处插入内含子，获得了在 CMV 启动子控制下稳定的 JEV 全长 cDNA 克隆，将全长 cDNA 克隆质粒直接转染 BHK-21 细胞，获得感染性 JEV。③降低细菌启动子活性。造成 JEV cDNA 克隆不稳定的原因之一是病毒序列在细菌中表达的产物对宿主菌有毒性。通过软件预测和试验分析 JEV 基因组中的细菌启动子活性序列，并通过将基因组 90 位核苷酸由 A 突变为 C 来降低启动子活性，在酵母穿梭载体 pRS313 中构建出在 37℃ 稳定扩增的全长感染性克隆。从感染性克隆中拯救出的突变病毒在体外的生长曲线和空斑形态与亲本病毒一致。这显示，基因组 90 位核苷酸的突变，具有降低启动子活性而稳定克隆在细菌中扩增的作用，对病毒复制与基因组的表达没有影响。④选用低拷贝质粒，如细菌人工染色体（bacterial artificial chromosome，BAC）和 pBR322 等，作为承载病毒基因组 cDNA 的载体。这种策略得到的重组质粒是以牺牲高产量 DNA 为代价的，称之为"中性稳定（metastable）克隆"。这种优点在于全长克隆中的病毒序列未改变，拯救出的病毒可能与亲本病毒更能保持一致，通过在 BAC 中构建出 JEV K87P39 株全基因组 cDNA 克隆，拯救出感染性病毒。下面以此为例介绍 JEV 感染性克隆的构建过程。

（一）病毒与载体

JEV K87P39 株从蚊体中分离出，在乳鼠脑内传过 5 代，在 BHK-21 细胞上进行空斑纯化 1 次，挑取单个大空斑接种 BHK-21 细胞，扩增一次，收获病毒，称之为 CNU/LP2。

载体 pBAC/SV 用来克隆病毒的亚基因组 cDNA 和构建病毒基因组全长 cDNA 克隆。pBAC/SV 来源于质粒 pBeloBAC11，含有 pACNR/NADL 中 491bp Not I—Aat II（T4 DNA 聚合酶处理）片段、pSINrep 中 9215bp Sac I（T4 DNA 聚合酶处理）—Ssp I（T4 DNA 聚合酶处理）片段和 pBeloBAC11 中 6875bp Sfi I（T4 DNA 聚合酶处理）—Not I 片段。

（二）基因组的克隆与修饰

通过分析 GenBank 中登录的 16 条 JEV 全长基因组序列，根据保守序列设计合成引物，用于反转录和 PCR。以 Trizol LS 提取病毒 RNA，以 3 条引物反转录病毒基因组合成 cDNA，再以 3 对引物扩增获得 3 段基本覆盖全基因组的重叠 cDNA 片段 JVF、

JVM 和 JVR（图 6-5），再用对应的酶酶切 pBAC/SV 和 3 条片段，将 3 条片段分别克隆到 pBAC/SV 中，以获得克隆质粒 pBAC/JVF、pBAC/JVM 和 pBAC/JVR。针对 pBAC/JVR 中出现对应病毒基因组 8906 位核苷酸的变异（T→C），重新克隆了病毒基因组 8827～9142 核苷酸 315bp 的 *Apa* I—*Hin*d III 片段，置换了 pBAC/JVR 中含突变位点的片段，获得质粒 pBAC/JVRR。

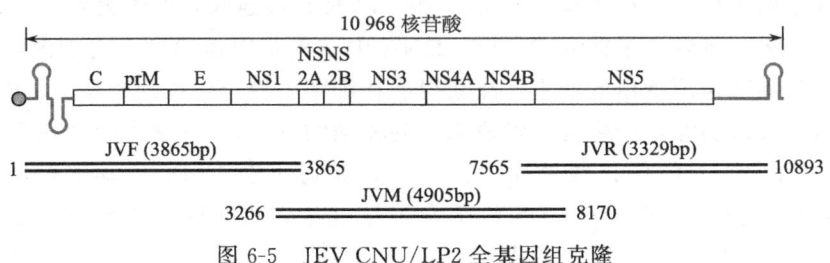

图 6-5 JEV CNU/LP2 全基因组克隆

为了在基因组 5′端加入 SP6 启动子序列并使该启动子准确起始病毒基因组的合成，通过 PCR 扩增出两个含重叠序列的片段，再通过融合 PCR 方法将两个片段连接扩增获得一条含载体序列——SP6-JEV 5′非编码区部分序列的片段。以 *Pac* I 和 *Pme* I 双酶切该融合片段并和 pBAC/JVF 连接，获得 JEV 5′端加有 SP6 启动子的质粒 pBAC^{SP6}/JVF。

为了能单酶切线性化构建的全长 cDNA 克隆，并使转录出的 RNA 3′端接近病毒基因组 3′端，在病毒基因组 cDNA 克隆 3′端加入 *Xho* I 或 *Xba* I。通过 PCR 方法，扩增了一在基因组 3′端连接 *Xho* I 酶切位点的片段，并利用片段中含有的与 pBAC/JVR 中一相同酶切位点（病毒基因组 cDNA 中）和一同尾酶位点（病毒基因组 cDNA 外），将含 *Xho* I 酶切位点的片段连入 pBAC/JVRR 中，获得 pBAC/JVRR/*Xho*I。由于病毒基因组 9131～9136 核苷酸处存在一 *Xba* I 位点，为了灭活该位点，先通过定点 PCR 突变方法扩增出一含病毒基因组 9314 位点核苷酸由 A 沉默突变为 T 的片段，并通过相同的双酶切，将突变片段引入 pBAC/JVRR 中，获得在病毒基因组 cDNA 中不含 *Xba*I 的克隆 pBAC/JVRRx。再通过与在 3′端引入 *Xho*I 相同的策略，在 pBAC/JVRRx 中的病毒基因组 cDNA 3′端引入 *Xba*I，获得质粒 pBAC/JVRRx/*Xba*I。也构建了在 pBAC/JVRRx 基础上，病毒基因组 cDNA 3′端引入 *Xho*I 的质粒 pBAC/JVRRx/*Xho*I。

（三）基因组全长 cDNA 分子克隆的构建

在 pBAC^{SP6}/JVF、pBAC/JVM、pBAC/JVRR/*Xho*I、pBAC/JVRRx/*Xba*I 和 pBAC/JVRRx/*Xho*I 基础上，Yun 等构建 3 个 SP6 启动子控制下病毒基因组全长克隆（图 6-5）。首先，使用 *Bsp*EI-*Xba*I 酶切 pBAC^{SP6}/JVF 获得 8970bp 片段，*Bsp*EI-*Mlu*I 酶切获得 4717bp 片段，*Xba*I-*Mlu*I 酶切 pBAC/SV 获得 3670bp 片段，将 3 个片段连接在一起，获得了含基因组前两个克隆片段的质粒 pBAC^{SP6}/JVFM。随后，用 *Pac*I-*Sap*I 酶切 pBAC^{SP6}/JVFM 获得 8142bp 片段，*Pac*I-*Bsr*GI 酶切 pBAC^{SP6}/JVFM 获得 4801bp 片段，将这两个片段与 *Sap*I-*Bsr*GI 酶切 pBAC/JVRR/*Xho*I 获得的 5620bp 片段相连接，获得了全长克隆 pBAC^{SP6}/JVFL/*Xho* I；两个片段与 *Sap* I-*Bsr*G I 酶切 pBAC/

JVRRx/XhaI 获得的 5622bp 片段相连接，获得了全长克隆 pBAC^{SP6}/JVFLx/XbaI；两个片段与 SapI-BsrGI 酶切 pBAC/JVRRx/XhoI 获得的 5622bp 片段相连接，获得全长克隆 pBAC^{SP6}/JVFLx/XhoI。

此外，Yun 等运用与在基因组 5′端加 SP6 启动子相同的策略，通过融合 PCR 的方法，含载体序列——T7-JEV 5′非编码区部分序列的片段的克隆 pRS2^{T7}/5′JV。通过酶切，以含 T7 启动子的片段分别置换出 pBAC^{SP6}/JVFL/XhoI、pBAC^{SP6}/JVFLx/XbaI 和 pBAC^{SP6}/JVFLx/XboI 中的 SP6 片段，获得 T7 启动子控制下的全长克隆 pBAC^{T7}/JVFL/XhoI、pBAC^{T7}/JVFLx/XbaI 和 pBAC^{T7}/JVFLx/XboI（图 6-6）。

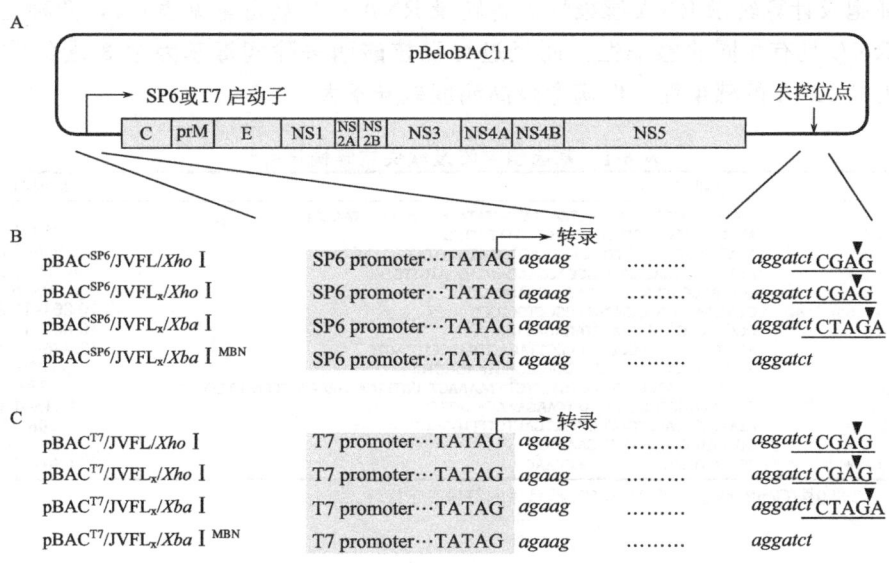

图 6-6　JEV CNU/LP2 全基因组克隆构建策略（Yun et al.，2003）

为了构建含遗传标记的全长克隆，Yun 等将基因组 8171 位核苷酸由 A 突变为 C，以在该处形成一 XhoI 酶切位点。通过携带突变位点引物扩增出一病毒片段，然后通过 MluI-ApaI 酶切该片段获得的 665bp 片段与 ApaI-BsrGI 酶切 pBAC^{SP6}/JVFLx/XbaI 获得的 4802bp 片段和 BsrGI-MluI 酶切 pBAC^{SP6}/JVFLx/XbaI 获得的 5874bp 片段相连接，获得基因组序列中含 XhoI 酶切位点的突变全长克隆 pBAC^{SP6}/JVFLx/gm/XbaI。

（四）体外转录与细胞转染

根据 pBAC^{SP6}/JVFL/XhoI、pBAC^{SP6}/JVFLx/XbaI 和 pBAC^{SP6}/JVFLx/XboI 中病毒基因组 3′端连接的酶切位点，以 XhoI 或 XbaI 线性化全长克隆，有的线性化克隆以绿豆核酸酶将酶切产生的 3′凸出末端进行平端化，以去除病毒基因组 3′端的非病毒序列。以 100～200ng 线性化的 DNA 为模板，以 Gibco-BRL 的 SP6 RNA 聚合酶进行体外转录。通过在转录体系中加入［^{3}H］UTP，测定了合成 RNA 的量，并通过琼脂糖电泳检测转录 RNA 的效果，将 RNA 分装并保存于－80℃。

以电转染方式将合成的 RNA 转染 BHK-21 细胞。亚融合的细胞，在胰酶消化前，用冰冷的无 RNase 的 PBS 洗 3 次，以 2×10^7 个/mL 的浓度将细胞重悬于 PBS 中，400μL 细胞液与 2μg RNA 混合置入电转化杯中，以 980 V、99μs 的脉冲长度脉冲 5 次，然后将电转染混合物加入 10mL 新鲜培养基中，10 倍系列稀释后铺加在 6 孔板中未转染细胞（5×10^5 个/mL）的单层上。细胞吸附 6h 后，覆盖含 0.5% 琼脂糖的 MEM，37℃培养 3~4 天，统计病毒产生空斑的数量，计算转录 RNA 感染性。

T7 启动自控制下的全长克隆 pBAC^{T7}/JVFL/*Xho*I、pBAC^{T7}/JVFLx/*Xba*I 和 pBAC^{T7}/JVFLx/*Xbo*I 也按上述方法进行线性化，并以 T7 RNA 聚合酶进行体外转录，电转染细胞及计算转录 RNA 感染性。各转录 RNA 产生病毒量见表 6-1，两种启动子转录出的 RNA 具有相同的感染性，而经过绿豆核酸酶去除病毒基因组 3′端的非病毒序列，可提高 RNA 的感染性，但病毒最高滴度差异不大。

表 6-1 基因组克隆及缺失克隆构建引物

引物	序列（5′-3′）	基因组序号[a]
F1	TTAACCTGTAATACGACTCACTATAGTATACGAGATTAGCTAAAGT	1~21(+)
F1_r	ATATCCCGGGGCCTATTATCTTGGTGTTTCTTGG	1 950~1 982(−)
F2	ATATCCCGGGAAGTTTGACACCAACGCCGAAGATGGC	1 976~2 007(+)
F2_r	ATATCCCGGGACGCGTTGGCACGAACACGAGCATGTTGCC	6 569~6 598(−)
F3	CGATACGCGTAACATGGCAGTAGAAACAGC	6 593~6 618(+)
F3_r	GTTCTTACTCTCTAGATAACCGGCTGCTCCC	10 804~10 834(−)
F4	GGGAGCAGCCGGTTATCTAGAGAGTAAGAAC	10 804~10 834(+)
F4_r	ATATGAATTCCCCGGGGGCGGTTAGAGGCATCCTCTAGTC	12 486~12 512(−)
890_Npro	ATATGCGGCCGCCATCCGATGAAGGGAGTAAGGGTGCT	890~913(+)
890_Npro_r	ATATTACGTATGCGGCCGCTGTTTTGTATAAAAGTTCATTTGAAAACAACTCCATGTGCC	381~421(−)
890_Capsid	GGATGCGGCCGCACCTGAATCAAGAAAGAAATTGG	1 115~1 136(+)
890_Capsid_r	ATATTACGTATGCGGCCGCTTCTGACTCTTTTGGGGC	968~985(−)
890_SalI	GGACGTCGACAAACTTTGAATTGG	37~60(+)
890_SnaBI_r	CCACAGTACGTATTTACCACCCAAC	3 508~3 532(−)

a. BVDV-2 890 株(GenBank 登录号：U18059)，括号里的符号表示极性。

（五）拯救病毒的生物学特性

将拯救出的 JVFL/*Xho*I（来自 pBAC^{SP6}/JVFL/*Xho*I）、JVFLx/*Xho*I（来自 pBAC^{SP6}/JVFLx/*Xho*I）、JVFLx/*Xba*I（来自 pBAC^{SP6}/JVFLx/*Xba*I）、JVFLx/*Xba*IMBN（来自 pBAC^{SP6}/JVFLx/*Xba*IMBN）和亲本株 CNU/LP2 接种 BHK-21 细胞进行空斑试验。如图 6-7 A 所示，JVFL/*Xho*I、JVFLx/*Xho*I、JVFLx/*Xba*I、JVFLx/*Xba*IMBN 具有与 CNU/LP2 相同大小的空斑。将拯救病毒和亲本株 CNU/LP2 以低（0.01PFU/细胞）、中（1PFU/细胞）和高（10PFU/细胞）滴度感染 BHK-21 细胞，绘制生长曲线。如图 6-7 B 所示，各拯救病毒生长曲线的动力学特性与母本毒相似，说明各拯救病毒与母本毒株增殖能力大致相同。

分析拯救病毒和亲本病毒感染 BHK-21 细胞后病毒蛋白的表达和病毒 RNA 的水平。Western 杂交显示，各拯救病毒和亲本病毒产生的特异性蛋白的量相同，特异性蛋白条带一致（图 6-7C）。Northern 杂交显示，各拯救病毒和亲本病毒产生的病毒基因组的量也无差异（图 6-7D）。

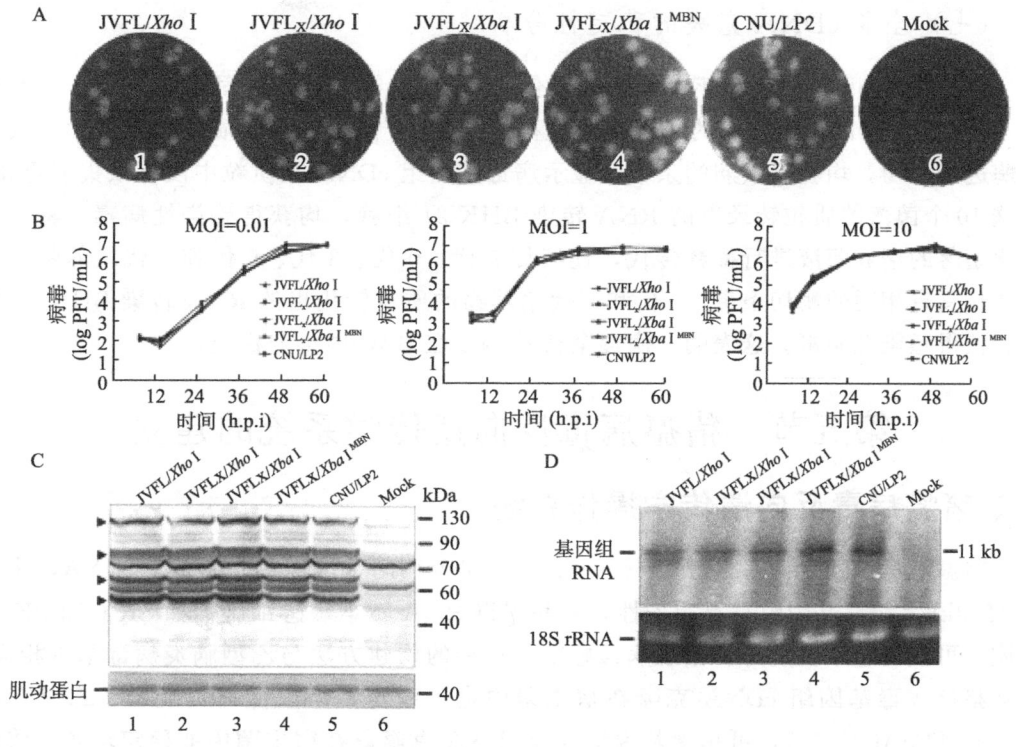

图 6-7 病毒的表型特征分析（Yun et al., 2003）

（六）遗传标记检测

从 pBAC^{SP6}/JVFLx/gm/XbaI 克隆拯救出病毒 JVFLx/gm/XbaIMBN，JVFLx/gm/XbaIMBN 具有与 JVFLx/XbaIMBN 相同的表型特征。将 JVFLx/gm/XbaIMBN 和 JVFLx/XbaIMBN 在 BHK-21 细胞传代后，提取 1 代和 3 代病毒基因组，RT-PCR 扩增出一包含病毒基因组 8171 位核苷酸的 2580bp 片段。来自 JVFLx/gm/XbaIMBN 的片段能被 XhoI 切成两条，而来自 JVFLx/XbaIMBN 的片段不被 XhoI 所酶切（图 6-8）。这表明，JVFLx/gm/XbaIMBN 携带所构建的 XhoI 位点。

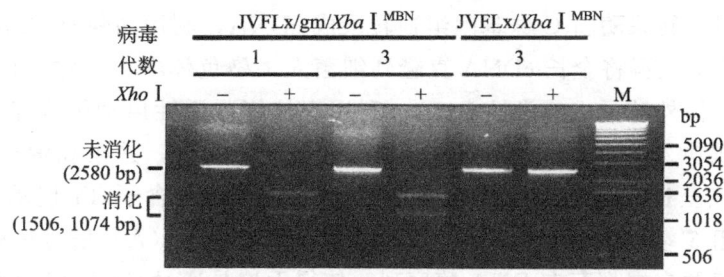

图 6-8 病毒遗传标记鉴定（Yun et al., 2003）

（七）全长 cDNA 克隆的稳定性分析

全长克隆 pBAC^{SP6}/pJVFLx/XbaI 转化的 DH10B 细菌，在半固体培养基上 37℃生长 15～20h，长出大小一致的小菌落。随机挑选 10 个菌落，提取质粒，以多种核酸内切酶进行酶切，均获得预期的条带，显示病毒基因组 cDNA 在质粒中没有缺失或重排。从这 10 个菌落的质粒转录出的 RNA 转染 BHK-21 细胞，均获得感染性病毒。将 2 个转化菌落的培养菌液进行稀释传代，连续传 9 代。0 代、3 代、6 代和 9 代培养物提取的质粒具有相同的酶切条带，0 代和 9 代培养物的质粒转化出的 RNA 转染 BHK-21 细胞，获得感染性病毒。这表明，病毒全长 cDNA 在 BAC 中十分稳定。

第五节 猪瘟病毒反向遗传学系统的建立

一、猪瘟病毒反向遗传学操作系统

猪瘟病毒（Classical swine fever virus, CSFV）的基因组为单股正链 RNA，全长约 12.3kb，病毒基因组具有感染性，将基因组 RNA 转染敏感细胞，如 SK-6 和 PK-15 细胞，可获得感染性病毒。猪瘟病毒感染性克隆的构建方法与乙型脑炎病毒基本相同。虽然猪瘟病毒基因组 cDNA 克隆在宿主菌中也不稳定，但以低拷贝质粒为载体，如 pOK12 和 pACYC177，可构建基因组全长 cDNA 克隆，在宿主菌中能稳定增殖。将猪瘟病毒疫苗株 C 株反转录成 cDNA，分成 9 段克隆了全基因组序列，并在 pOK12 质粒来源的载体 pPRK 中装配成 T7 启动子控制下的全长 cDNA 克隆质粒，经体外转录成 RNA 并转染 SK-6 细胞，拯救出感染性病毒，成为首个猪瘟病毒感染性克隆。在 P15A 来源的 pACYC177 载体中构建中等毒力株 Alfort/187 的全长基因组 cDNA 克隆，体外转录 RNA 转染 SK-6 细胞和 PK-41 细胞，拯救出感染性病毒，且 SK-6 细胞显示出更好的拯救效果。通过构建出表达 T7 噬菌体 RNA 聚合酶的 SK-6 细胞系，将 T7 启动子控制下的 C 株全长克隆质粒经线性化后或不线性化转染该细胞系，可拯救出感染性病毒，且比体外转录成 RNA 再转染细胞来拯救病毒的效率高。将强毒株 Eystrup 和弱毒疫苗株 Riems 分别在 pACNR1180 载体中构建出全长 cDNA 克隆，并证实都具有感染性。与上述病毒基因组分成多个片段克隆再拼接成全长 cDNA 不同，通过全基因组扩增策略，即通过反转录酶将 C 株基因组逆转录成 cDNA，利用高保真 DNA 聚合酶扩增全长基因组 cDNA，再将全长 cDNA 克隆到细菌人工染色体中，构建全长 cDNA 克隆。从全长克隆中，体外转录出感染性 RNA。利用真核细胞活性启动子构建的猪瘟病毒感染性克隆也获成功。将猪瘟病毒石门株全基因组分 6 段克隆，并在 pBR322 载体中组装成全长克隆，该全长克隆基因组 5′端存在 CMV 启动子-内含子-T7 启动子-HamRZ 序列修饰，基因组 3′端存在 HDVRZ-T7 终止序列-SV40 poly（A）信号序列修饰（图 6-9）。病毒基因组两末端都存在 RNA 酶序列，使得无论是通过 CMV 启动子还是通过 T7 启动子，转录出的 RNA 通过 RNA 酶作用，均可获得完整的病毒基因组 RNA。该全长克隆质粒直接转染 PK-15 细胞，或通过 T7 启动子在体外转录出 RNA 再转染 PK-15 细胞，均拯救出病毒，但是，将全长克隆直接转染细胞拯救病毒的效率更高。下面以 CSFV Eystrup 株和 Riems 株的感染性克隆为例，介绍 CSFV 感染性克隆构建的基本过程（图 6-10）。

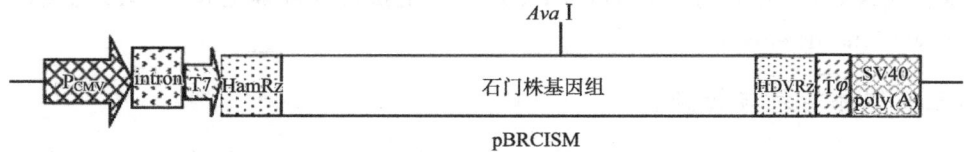

图 6-9 猪瘟病毒石门株双启动子感染性克隆的结构示意图（Li et al.，2013）

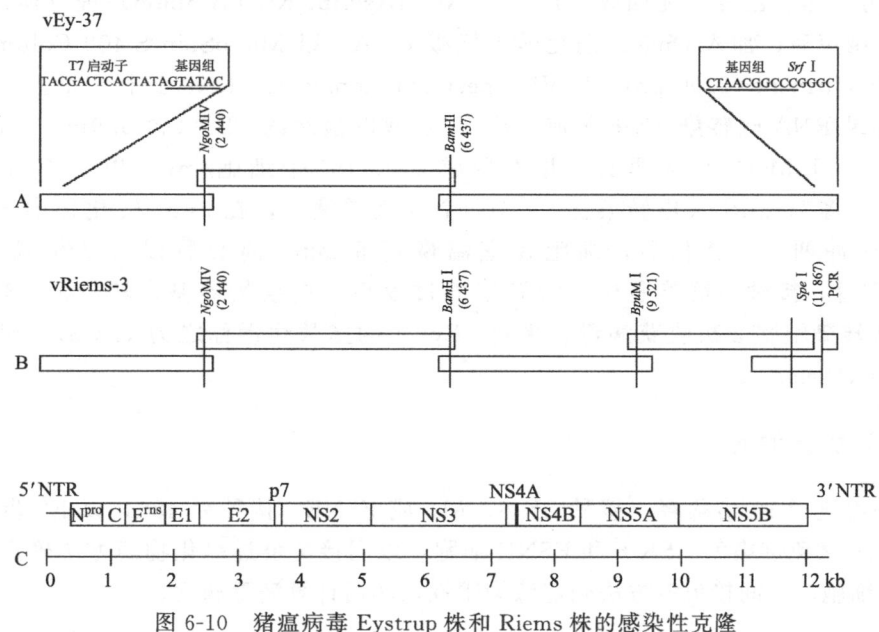

图 6-10 猪瘟病毒 Eystrup 株和 Riems 株的感染性克隆

（一）病毒与载体

CSFV 弱毒株 Riems 在 SK-6 细胞上传代 1 次，称之为 Riems/IVI。CSFV 强毒株 Eystrup 从实验感染猪血清中分离后，在 SK-6 细胞上传代 3 次。pCR-TopoXL 载体用于病毒 PCR 片段克隆，pACNR1180 载体用于病毒全长 cDNA 克隆的构建。

（二）病毒基因组的克隆及全长基因组克隆的构建

用 Trizol 从病毒感染的细胞中提取 RNA，与 CSFV Alfort/187 株基因组 6434~6454 处核苷酸互补的引物 PR1（5′-CCT CAG GTT AGA TGG ATC CTC-3′）或与基因组末端 21nt 核苷酸互补的引物 URSX 1（5′-TTCCTC GAG CCCGGGCCG TTAG-GAAAT TAC CTT-3′）进行反转录，URSX1 引物 5′端还加有 12 个核苷酸以在病毒基因组 cDNA 末端形成一 Srf I 位点。cDNA 以 MicroSpin S-400 columns 进行纯化，按

照图 6-10 所示，以 LT PCR Kit 或 Pfu Turbo Polymerase 进行 PCR 扩增，基因组 5′端片段扩增的上游引物 5′端加有 T7 启动子序列，以便于从全长 cDNA 中转录出 RNA。扩增出的 PCR 片段克隆到 pCR-TopoXL 载体中，按照图 6-9 所示策略和内切酶在低拷贝载体 pACNR1180 中，将两病毒 cDNA 片段分别拼接成病毒全长 cDNA 克隆，分别得到 pEy-37 和 pRiems-3。

（三）体外转录与转染

pEy-37 和 pRiems-3 以 Srf I 酶切进行线性化，Srf I 的酶切使线性化的病毒基因组 cDNA 3′端与病毒序列完全一致，不带额外的核苷酸。线性化的 pEy-37 和 pRiems-3 以酚-氯仿抽提和乙醇沉淀回收，再以 T7MEGAscript Kit（Ambion）进行体外转录。转录反应结束后，加入 DnaseI 消化转录模板 DNA，以 MicroSpin S-400 Column 纯化 RNA，以 Ultrospec 2100 pro UV-Vis Spectrophotometer 对 RNA 进行定量。

将转录 RNA 电转染 SK-6 细胞。SK-6 细胞以预冷的 PBS（含 0.9mmol/L $CaCl_2$ 和 0.5mmol/L $MgCl_2$）洗两次，并重悬成 2×10^7 个细胞/mL。以 A Gene Pulser（Bio Rad）将 1mg RNA 电转染含 8×10^6 个细胞悬液中，在 2mm 转化杯中 500 μF、200V 电脉冲两次。转化后，细胞在室温恢复 5 min，离心后以含 7％ 马血清的 EMEM 重悬，接种到培养瓶中。37℃ 培养过夜后，更换培养基。转染后 48～72h，通过冻融转染细胞 2 次收获病毒。来自 pEy-37 的拯救病毒称之为 vEy-37，pRiems-3 的称之为 vRiems-3。

（四）病毒滴定

对病毒进行 10 倍稀释，接种 SK-6、Mφ 或 FSNE。接种后 48h，以 E2 蛋白单抗 HC/TC 26 做免疫染色。SK-6 和 FSNE 细胞，以间接免疫过氧化物酶方法确定感染阳性；Mφ 细胞，以间接免疫方法确定感染阳性，然后计算病毒滴度。

（五）vEy-37 的毒力分析

为了比较 vEy-37 与其亲本株 Eystrup 的毒力，vEy-37 和 Eystrup 以 $10^{4.0}$ $TCID_{50}$ 分别接种 3 头 35kg 的 SPF 猪。每头接种 5mL，通过鼻、口腔各一半方式接种。接种后，每天观察临床症状，测量体温，每周采血两次。两种病毒接种猪在 6 天内，都出现严重的猪瘟症状，包括发烧至 40℃ 以上、严重白细胞减少症。所有动物也出现明显的中枢神经症状，如头摇晃、发癫。接种后 4 天内，所有猪的 B 淋巴细胞和 T 淋巴细胞下降 15％～20％。接种后第 4 天，vEy-37 接种的一头死亡，这种伤亡在高致病性的 CSFV 中猪会偶尔出现。剖检发现，死亡猪咽喉广泛出血。其他实验猪在第 7 天都垂死，临床分数达 16～20，全部宰杀。这表明 vEy-37 保留了其亲本株 Eystrup 的强毒特征。

（六）vRiems-3 的免疫保护效果

将 vRiems-3 通过鼻、口腔方式接种 3 头 35kg 的 SPF 猪，每头接种 5mL（含 $10^{4.0}$

TCID$_{50}$）。接种后，实验猪没有出现临床症状，T淋巴细胞未出现明显的上升或下降，B淋巴细胞出现暂时下降，但在接种后第7天恢复。接种后2~3周，3头猪都产生抗CSFV抗体。第21天时，以vEy-37接种攻击，但实验猪都未出现临床症状，且有2头猪CSFV抗体出现升高。

（七）病毒遗传稳定性分析

为了评估vEy-37的稳定性，将vEy-37在SK-6细胞上传代10次，10代病毒称为vEy-37 VP10。令人惊奇的是，经过2~4次传代，病毒在SK-6细胞上的滴度升高100倍，随后保持稳定。测定vEy-37 VP10的全基因组序列，发现在病毒多聚蛋白476/477氨基酸残基（E^{rns}蛋白中）发生突变（vEy-37 Ser/Thr变成vEy-37 VP10 Arg/Ile）。将vEy-37 VP10中的突变位点引入pEy-37，获得了突变克隆pEy-E^{rns}RI，并按照本节体外转录与转染中的方法拯救出病毒vEy-E^{rns}RI。vEy-E^{rns}RI在SK-6细胞上的滴度能达到$10^{7.5}$ TCID$_{50}$/mL，而vEy-37在SK-6细胞上的滴度只能达到$10^{3.7}$ TCID$_{50}$/mL。而在Mφ和FSNE细胞上，vEy-E^{rns}RI和vEy-37的滴度接近。vEy-E^{rns}RI接种3头猪，也都出现猪瘟症状，且有一头猪攻毒后4天死亡，但另外2头能够恢复，而且其中一头比较消瘦。PBL也出现下降，但在两头存活猪中能很快恢复。这表明，vEy-E^{rns}RI虽然具有一定毒力，但比vEy-37的毒力低。

（八）病毒生长曲线

将vEy-37、vEy-37 VP10、vEy-E^{rns}RI和vRiems-3以0.01 MOI感染24孔板中的SK-6细胞，按图6-11中所示时间点通过冻融方式收获病毒，并在SK-6细胞上滴定各点的滴度，绘制出图6-11所示病毒生长曲线。由图可见，vEy-37和vRiems-3的生长速度接近，vEy-37 VP10和vEy-E^{rns}RI的生长速度接近，后两者比前两者生长要快、顶点滴度也高。

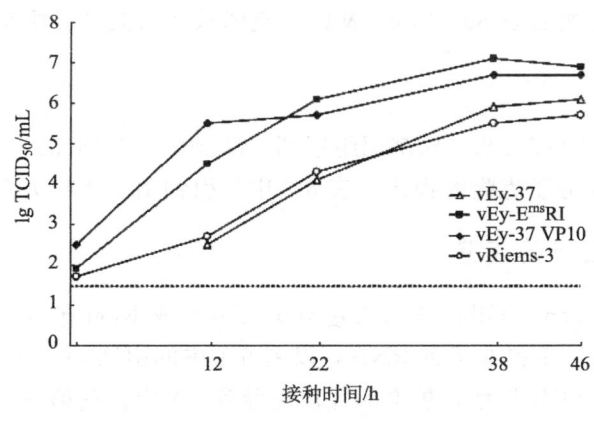

图6-11　病毒的生长曲线

第六节 牛病毒性腹泻病毒反向遗传学系统的建立

一、牛病毒性腹泻病毒反向遗传学系统

牛病毒性腹泻病毒（Bovine viral diarrhea virus，BVDV）的基因组为单股正链 RNA，全长约 12.5kb，病毒基因组具有感染性，将基因组 RNA 转染敏感细胞，如 MDBK 细胞，可获得感染性病毒。牛病毒性腹泻病毒与猪瘟病毒同属瘟病毒属，病毒基因组的组织结构相同，对应基因编码的蛋白质也具有相近的生物学功能。牛病毒性腹泻病毒感染性克隆构建方法与猪瘟病毒相同，许多研究方法和策略都能互用。牛病毒性腹泻病毒基因组 cDNA 克隆在宿主菌中也不稳定，基因组全长 cDNA 克隆都以低拷贝质粒载体来构建。将 BVDV CP7 株基因组 cDNA 片段在 pACYC177 载体中拼接成基因组全长 cDNA，并置于 T7 启动子控制下，经体外转录 RNA 并转染 MDBK 细胞，拯救出感染性病毒。这是 BVDV 的首个感染性克隆。随后，将 NADL 株和 BVDV-2 NY′93/C 的基因组 cDNA 片段在 pACYC177 载体也拼接成 T7 启动子下的全长 cDNA，体外转录 RNA 转染 MDBK 细胞，都获得感染性病毒。与早期先构建病毒基因组噬菌体文库，再从文库中筛选片段构建全长克隆不同，将 BVDV-2 890 株基因组反转录成 cDNA，分成 4 个相互重叠的片段扩增克隆，并在 pA 载体中组装成全长 cDNA，体外转录 RNA 转染细胞产生感染性病毒。与猪瘟病毒 C 株基因组扩增策略相同，通过反转录酶将 CP7 株基因组反转录成 cDNA，利用高保真 DNA 聚合酶扩增全长基因组 cDNA，再将全长 cDNA 克隆到细菌人工染色体中，构建全长 cDNA 克隆。从全长克隆中，体外转录出感染性 RNA。下面以 BVDV-2 890 株为例，介绍 BVDV 感染性克隆的构建过程。

（一）病毒、细胞与载体

病毒为 BVDV-2 野毒株 890（v890WT），克隆载体为低拷贝质粒 pA。

（二）引物

根据已测定的 BVDV-2 890 株基因组序列（GenBank U18059），合成表 6-1 中的引物，用于全长 cDNA 分子克隆的构建，表 6-2 中的引物用于质粒突变。

（三）病毒基因组的克隆

以 TRIZOL Reagent（Gibco-Life Technologies）或 Rneasy Mini Kit（Qiagen）从 v890WT 感染的牛细胞中提取病毒 RNA，以表 6-1 中的引物如图 6-12 所示将病毒基因组分为 4 段进行 RT-PCR 扩增，扩增的片段克隆到 pA 中。在第一片段中，通过在引物中加入 T7 启动子序列，使 T7 启动子置于病毒基因组 5′端，以便于起始病毒基因组转录。在第 4 个片段中，通过在引物中增加额外序列，在基因组 3′端形成一个 Sma I 酶切位点，便于对构建的全长克隆进行线性化。

表 6-2 定点突变引物

引物	序列 (5′–3′)[a]	基因组序列[b]
MutI	AGAACTAGTGGATCCC**GCGC**GTAATACGACTCACTA	−(+)
MutI_r	TAGTGAGTCGTATTAC**GCGC**GGATCCACTAGTTCT	−(−)
MutII	ACCAAGATAATAGGCCC**AGGA**AAGTTTGACACCAACGCC	1 961~1 999(+)
MutII_r	GGCGTTGGTGTCAAACTTT**TCCT**GGGCCTATTATCTTGGT	1 961~1 999(−)
890_ORF	GCTGACACACAGTG**AT**ATTGAGGTTGTGGTC	3 619~3 649(+)
890_ORF_r	GACCACAACCTCAAT**AT**CACTGTGTGTCAGC	3 619~3 649(−)
890_NS5	GGCTGACTTATATCACCTAATT**G**GCAGTGTTGATAGTATAAAAG	10 024~10 068(+)
890_NS5_r	CTTTTTATACTATCAACACTGC**C**AATTAGGTGATATAAGTCAGCC	10 024~10 068(−)

a. 突变的碱基变成粗体并有下划线;
b. BVDV-2 890株(Gen Bank登录号：U18059),括号里的符号表示极性。
资料来源：Mischkale等,2010。

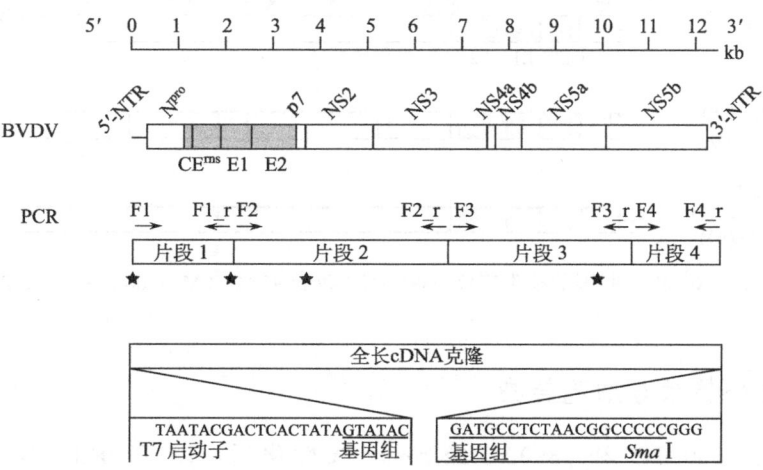

图 6-12 BVDV-2 890株感染性克隆构建策略 (Mischkale et al., 2010)

测定克隆片段序列，与 U18059 相比，存在 8 处不同序列，一处两个核苷酸缺失，另 7 处氨基酸变异。用表 6-2 中的引物，对其中两处变异位点（一处位于 p7 编码区，存在两个核苷酸缺失，能导致病毒可读框移码；另一个位于 NS5a，导致编码氨基酸发生变异）分别进行定点突变，以消除这两处突变。由于在病毒基因组 3′ 端加入 Sma I 线性化酶序列，对病毒基因组内部（病毒基因组 1978 位核苷酸）的一个 Sma I 位点，也采用 PCR 方法进行定点突变，同义突变消除该 Sma I 位点。

（四）全长克隆及缺失克隆的构建

按照图 6-13 所示，将扩增获得的 4 个相互重叠的基因组片段在 pA 载体中拼接起来，形成全病毒基因组 cDNA 克隆 p890FL。对 p890FL 中病毒 cDNA 序列再次测定分析，发现在病毒多聚蛋白 648 位氨基酸处存在一细菌序列插入，分析发现其为细菌 IS10 元件。而分析 v890FL 病毒序列显示，细菌序列不存在于病毒 RNA 中。作者使用大肠杆菌 MDS42 菌株取代 DH10B 菌株作为转化菌来提高克隆的稳定性，因为 MDS42 菌株中不含细菌移动元件。

在 p890FL 的基础上，构件了 N^{pro} 缺失的克隆 p890ΔN^{pro}。通过两对引物 890_Sal I/890

_N^{pro}_r 和 890_N^{pro}/890_SnaBⅠ扩增出两片段，先后通过酶切片段与 p890FL，获得了 p890ΔN^{pro}。在构建过程中，通过利用病毒 cDNA 序列中的 SalⅠ和 SnaBⅠ位点，再通过在两片段中引入 NotⅠ位点使两个片段能相连，构建了如图 6-13 所示的 N^{pro} 缺失区域。

在 p890FL 的基础上，构件了 C 缺失的克隆 p890ΔC。p890ΔC 构建策略与 p890ΔN^{pro} 的构建策略相同，使用了两对引物 890_SalⅠ/890_Capsid_r 和 890_Capsid/890_SnaBⅠ。

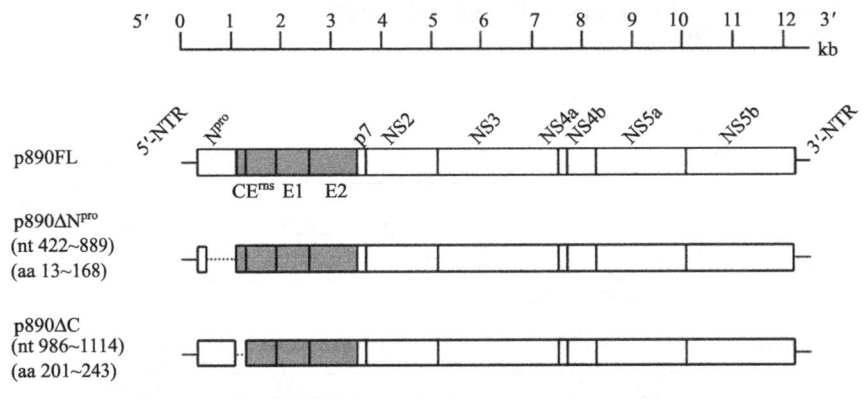

图 6-13 N^{pro} 和 C 基因的缺失克隆 p890ΔN^{pro} 和 p890ΔC（Mischkale et al.，2010）

（五）体外转录与细胞转染

p890FL、p890ΔN^{pro} 和 p890ΔC 经 SmaⅠ线性化后，以 T7 RiboMax Large-Scale RNA Production System（Promega）进行转录。经琼脂糖凝胶电泳后溴化乙锭染色确定转录 RNA 的量。以胰酶消化下牛胚肾细胞（MDCK），并以无 Ca^{2+}/Mg^{2+} 的 PBS 洗两次，将 1~5 μg RNA 电转染细胞，使用 GenePulser Transfection Unit（Biorad）在 850 V、25 mF、156 ω 条件下脉冲两次。

KOP-R 转染 p890FL 转录出的 RNA 后 72h，以 NS3 特异性单抗进行免疫荧光染色，100% 的细胞都呈阳性。转染上清传代，拯救获得感染性 v890FL 病毒。第二次传代扩增的病毒用作体内和体外特性分析。

p890ΔN^{pro} 转录的 RNA 转染干扰素阴性细胞 MDBK 后，72h 以 NS3 特异性单抗进行免疫荧光染色，100% 的细胞也呈阳性。转染细胞传代，获得感染性病毒 v890ΔN^{pro}。

p890ΔC 转录的 RNA 转染 KOP-R 细胞，48h 后免疫染色证实转染细胞都存在病毒亚基因组的自主复制和病毒蛋白表达，但转染上清不能获得感染性病毒。将 p890ΔC 转录的 RNA 转染稳定表达 BVDV-1 结构蛋白 C-E^{rns}-E1-E2 的细胞 WT-R2，72h 后免疫染色证实存在病毒的自主复制，转染上清及其在 WT-R2 细胞上的传代存在感染性假病毒 v890ΔC-trans，但不能在非互补的 KOP-R 细胞上传代。

（六）重组病毒的复制动力学分析

为了比较 v890FL、v890ΔN^{pro} 和亲本株 v890WT 的生长动力曲线，将 3 株病毒分别以 1 MOI 感染 KOP-R 细胞，收集感染后 0h、8h、12h、24h、48h、72h 和 96h 上清，并测定上清中病毒 $TCID_{50}$，绘制出如图 6-14 所示的病毒生长曲线。由图 6-14 可见，v890FL 与 v890WT 的生长特征接近，而 v890ΔN^{pro} 的生长速度明显偏低，这表明 N^{pro} 影响病毒在 KOP-R 中生长。

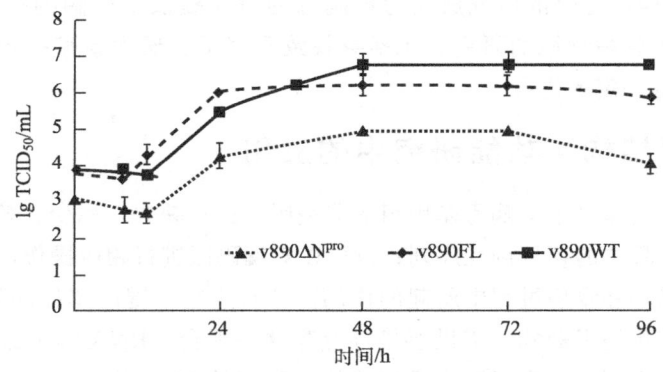

图 6-14　重组病毒的生长曲线（Mischkale et al.，2010）

为了比较 v890FL 与亲本株 v890WT 的毒力差异，将二者以鼻腔接种 6~8 月龄 BVDV 抗体和抗原均为阴性犊牛。接种后，两组都呈现出 BVDV 感染临床症状，抑郁、进食减少、轻微腹泻和呼吸症状。所有实验动物都出现双相体温升高为特征的发烧（图 6-15），但两组最高体温存在差异，v890WT 的最高平均体温为 41℃，而 v890FL 组的最高平均体温为 39.7℃。两组实验动物也都出现白细胞减少症，但 v890FL 组恢复快。v890FL 组病毒血症持续 3~7 天，而 v890WT 组存在时间延长，为 2~10 天。两组在接种后 2~10 天均能检测到鼻腔带毒。上述结果表明，与 v890WT 相比，v890FL 毒力有所下降。

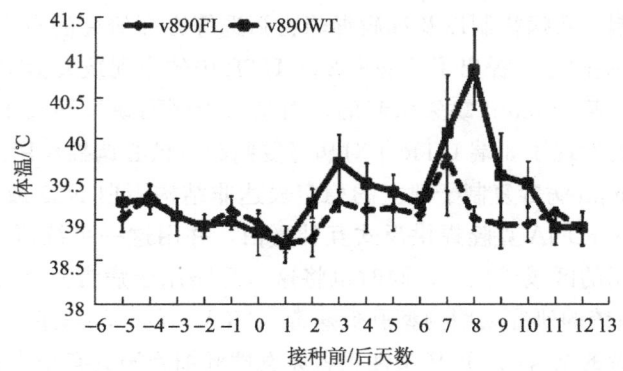

图 6-15　犊牛接种病毒前后的体温变化（Mischkale et al.，2010）

第七节　反向遗传学在黄病毒科研究中的应用

通过构建 RNA 病毒的基因组 cDNA，并由此获得感染性克隆，在此基础上结合缺失、突变、插入或嵌合等各种改造手段对病毒基因组进行反向遗传学研究,可以探讨病毒的复制、转录和表达调控;病毒毒力及其决定性因子;病毒与宿主细胞的相互作用、基因产物功能等各个方面的内容,从而阐明病毒的致病机理,为进一步的疫苗开发奠定基础。此外,在基因组中插入外源基因还可以使 RNA 病毒成为疫苗和基因治疗的载体。RNA 病毒感染性克隆的研究成功为黄病毒的研究提供了广阔的空间。黄病毒的感染性克隆较早用于各种领域的研究,包括寻找致病因子、研发新型疫苗和新 RNA 病毒载体,目前已取得一定的进展。

一、在基因组结构和功能研究中的应用

在感染性克隆的基础上对病毒基因组的非编码区进行缺失、诱变、替换等操作可以了解病毒生命活动过程中的各种调控序列;也可以对编码区进行相应操作,进而研究病毒蛋白在病毒的生命循环和致病过程中所起的作用。针对这些关键的调控序列以及病毒蛋白,可以有目的地设计抗病毒药物。借助感染性克隆这一平台,RNA 病毒致病机理的研究取得很大进展。研究表明,瘟病毒属中重组或缺失引起的 NS3 蛋白在宿主细胞中高水平表达是细胞产生致细胞病变的原因(Kümmerer et al., 2000)。对 CSFV N^{pro} 进行研究发现,N^{pro}是病毒复制所不必需的,用泛素(ubiquitin)基因替换 CSFV Alfort/187 全长 cDNA 克隆中的 N^{pro} 基因得到的重组病毒的生长特性与母本毒株基本相同,但重组病毒感染的靶细胞产生 CPE (Tratschin et al., 1998)。同时发现,与野毒株相比,缺失 N^{pro} 基因的病毒能够诱导 IFN-I 产生,并且 N^{pro} 基因缺失的中毒株CSFV Alfort/187 和强毒株 Eystrup 毒力减弱(Mayer et al., 2004;Ruggli et al., 2003)。这些研究结果说明 N^{pro} 能够抑制细胞产生 CPE 和 IFN,推测与病毒的毒力相关。

RNA 复制子是具有体内外基因转移能力的自主复制的 RNA,可在局部瞬时高水平表达外源基因,已广泛地应用于新型疫苗、导向载体制备等领域。此外,RNA 复制子也是一种可用于病毒复制、致病机制以及抗病毒药物筛选等方面研究的有力工具。Proutski 等(1999)在前人研究基础上,提出了黄病毒 3′端 UTR 中的序列缺失影响到病毒的复制,其机制不是由于序列中某些 motif 缺失引起的,而是由于序列缺失导致了 RNA 二级结构的重排,并且通过研究发现了 3′端 UTR 中对病毒复制起着核心调控作用的序列。Khromykh 等(1998)利用 Kunjin 病毒复制子建立的稳定表达非结构蛋白 NS5 或突变体的细胞系为 NS5 基因缺失的全长 cDNA 克隆提供反式互补蛋白,并用这一系统研究了 NS5 蛋白在病毒复制中起关键作用的区域或位点。同时也将这一思路用于病毒其他非结构蛋白的研究。利用 HCV 复制子系统的研究表明丙型肝炎病毒(HCV)的 NS3 蛋白与细胞 p53 抑癌因子可以互相结合,两者的结合与 HCV 阳性患者原发性肝细胞癌具有很大关系(Deng et al., 2006)。Baginski 等(2000)研究发现一种小分子物质能够特异性地抑制瘟病毒属病毒包括 BVDV-1、BVDV-2、BDV 和 CSFV 的复制,通过与耐药病毒株进行氨基酸序列比对发现耐药毒株 NS5B 蛋白(具有 RdRp 酶活性)序列上有一个位点发生突变,由此推测病毒的耐药性与之有关。随后 Baginski 等通过反向遗传学技术在野毒 BVDV-1 病毒全长 cDNA 克隆中引入这一个突变,最终病毒株由药物敏感株转变为耐药株,由此证明了 Baginski 等的推测,这一研究成果为抗瘟病毒药物的设计提供了一个新的靶标。

JEV 基因组由一个长可读框及其两侧的 5′UTR 和 3′UTR 组成。UTR 在病毒复制与翻译中的作用一直是研究的热点，而反向遗传技术在其研究中发挥了极其重要的作用。在 JEV 感染性克隆 pBAC^{SP6}/JVFLx/XbaI 基础上，结合 RNA 结构分析，对 5′UTR 和 3′UTR 保守序列进行系列突变，构建出多个突变体克隆。通过分析突变体克隆是否具备感染性、拯救突变病毒的复制速度、体外生长曲线及空斑形态，揭示了由一个位于 5′UTR 和两个位于 3′UTR 组成的一串 3 个不连续互补序列（three discontinuous complementary sequences，TDCS）在病毒 RNA 复制中发挥重要调节作用。在 JEV 感染性克隆 pBAC^{SP6}/JVFLx/XbaI 基础上，对 3′UTR 中保守的 6 个区域进行系列缺失或替换，构建突变克隆并拯救病毒。结果表明，保留靠近 3′端的两个保守区域即能支持病毒基因组复制和感染性病毒的产生，靠近阅读框终止密码子的 4 个保守区域虽为病毒 RNA 复制非必需，但能影响病毒复制效率。

猪瘟病毒基因组 RNA 5′端不含帽结构，病毒基因组的起始翻译由 IRES 介导。为研究 IRES 的结构与功能，利用双顺反子报告系统，分析系列缺失或突变 IRES 起始基因翻译的活性。在此基础上，将 IRES 部分缺失和突变引入全长感染性克隆中，仅 IRES 结构域 S2 突变的克隆拯救出病毒，而其他克隆均未拯救出病毒。突变病毒在细胞中的生长速度比亲本病毒慢。传代后，突变位点可稳定存在。这表明，能通过突变 IRES 来降低病毒基因组的起始翻译效率，获得的突变病毒生长速度也降低。

猪瘟病毒基因组中，缺失部分基因序列的亚基因组，在细胞中能自主复制，但不能产生感染性病毒粒子，称之为复制子。为了研究猪瘟病毒基因组的复制，在 Paderborn 株感染性克隆 pBeloPader10 基础上，利用定向重组方法，构建了缺失 C-E^{rns}-E1-E2 编码序列的复制子克隆 rPad1 和缺失 C-E^{rns}-E1 编码序列的复制子克隆 rPad2，在缺失处含报道蛋白海参荧光素酶基因的重组克隆 rPad1RL 和 rPad2RL。4 个克隆体外转录 RNA 转染细胞，都能检测到 NS3 蛋白在转染细胞中的表达。rPad2RL 转录 RNA 转染的细胞中，荧光素酶的量高于 rPad1RL 转录 RNA 转染的细胞中的量。这显示，结构蛋白为猪瘟病毒基因组复制非必需，但 E2 能提高病毒基因组复制。在 rPad2RL 克隆中，将弱毒疫苗株 Riems 和强毒疫苗株 Koslov 的 NS2～3 编码序列和 N5B 编码序列分别替换 Paderborn 株相应序列，构建嵌合克隆。NS2～3 编码序列置换的嵌合克隆（rPad2RL.R2/3 和 rPad2RL.K2/3）转录 RNA 转染细胞，通过荧光素酶的检测，不具有复制功能。N5B 编码序列置换的嵌合克隆中，Koslov 株置换的嵌合克隆（rPad2RL.K5B）转录的 RNA 转染细胞，荧光素酶的表达比 rPad2RL 的表达显著升高；而 Riems 株置换的嵌合克隆（rPad2RL.R5B）与 rPad2RL 相比，荧光素酶的表达量则出现下降。这显示替换区域对病毒基因组的复制存在重要影响，同时由于替换序列间存在一些变异，对这些位点的深入分析，则可确定影响病毒基因组复制的关键位点。

猪瘟病毒 NS2～3 前体的高效裂解，能影响病毒复制和致病性。将细胞 Jiv-90 编码区引入猪瘟病毒 Alfort-p447 感染性克隆的 N^{pro} 和 C 基因间，获得重组病毒 Alfort-Jiv。不需要辅助病毒，Alfort-Jiv 感染 SK-6 和 PK-15 细胞能出现细胞病变，而亲本病毒 Alfort-p447 则不能。与 Alfort-p447 感染细胞中仅存在少量 NS3 单体不同，在 Alfort-Jiv 感染细胞中，NS3 单体大量存在，病毒基因组的量也显著升高。这表明，Jiv 可反式调节 NS2 自裂合酶活性，促进 NS2～3 前体的裂解。而 Alfort-Jiv 接种仔猪，呈现高度致弱的特征，但能诱导高水平中和抗体。这表明，猪瘟病毒 NS2～3 前体的高效裂解，能提高病毒基因组的复制，诱导细胞产生病变，但对病毒对机体的致病力却具有减弱作用。

N^{pro} 蛋白是猪瘟病毒的一种先导性蛋白。在黄病毒科中，仅有瘟病毒属成员具有该蛋白。为了研究 N^{pro} 蛋白在病毒复制中的作用，Tratschin 等（1998）在 vA187-1 的感染性克隆中，删除 N^{pro} 基因序列，并在缺失处插入泛素基因序列，并拯救出感染性病毒 vA187-Ubi。vA187-Ubi 在 SK-6 细胞上的生长特性与亲本株 vA187-1 相似，这表明 N^{pro} 蛋白为病毒复制非必需蛋白。研究结果显示，猪瘟病毒 N^{pro} 具有抑制宿主细胞天然免疫的功能。他们在 pA187-1 和 pEy-37 基础上，构建了缺失 N^{pro} 基因的 vA187-ΔN^{pro} 和 vEy-ΔN^{pro}，结合已有的重组病毒 vA187-ΔN^{pro}-Ubi，试验显示 N^{pro} 缺失病毒不能抑制 poly（IC）诱导 SK-6 细胞凋亡，也不能抑制 poly（IC）诱导巨噬细胞合成 I 型干扰素，且 N^{pro} 缺失病毒的感染能诱导巨噬细胞和 PK-15 细胞合成 I 型干扰素。这与野毒株感染能保护 SK-6 细胞免受 poly（IC）诱导的凋亡作用，也能在巨噬细胞上干扰 poly（IC）诱导 I 型干扰素合成显著不同。在 PK-15 细胞上，N^{pro} 缺失病毒能干扰水泡性口炎病毒（Vesicular stomatitis virus，VSV）的复制，而野生株病毒则不能。

猪瘟病毒 C 蛋白能与病毒基因组结合，形成病毒核衣壳，在感染性病毒粒子的形成中具有重要作用。为了分析 C 蛋白的结构与功能，在猪瘟病毒 Alfort/Tübingen 株感染性克隆 p477 基础上，通过构建在 C 蛋白 N 端基因序列截短、中间区域删除、多个 C 基因串联或在两个 C 基因间插入外源序列 YFP 基因的不同克隆，或者通过构建 C 基因缺失克隆并与在 SK-6 细胞中表达不同 C 端截短的 C 蛋白和 E^{rns} 蛋白的反式互补作用，鉴定了不同位点氨基酸对 C 蛋白在形成感染性病毒粒子中的影响，证实了 C 蛋白具有高度的可塑性，并认为 C 蛋白可通过组蛋白样蛋白与 RNA 相互作用的途径来包装基因组 RNA。而随后的研究则显示，C 蛋白并非为形成病毒粒子所必需。在 p477 克隆中，缺失 C 蛋白编码序列，同时将可读框中 2177 位天冬酰胺密码子突变成酪氨酸密码子。从 C 基因缺失的克隆中拯救出病毒，该病毒感染的细胞及形成的病毒粒子中，均不存在 C 蛋白。C 蛋白缺失不影响病毒热稳定性、病毒粒子大小、形态和密度。但缺失病毒接种猪，呈现弱毒特征。

猪瘟病毒 C 蛋白能与细胞 SUMOylation 通路中的 SUMO-1 和 UBC9 蛋白相互作用，通过酵母双杂交技术，进一步鉴定了 C 蛋白中 K220 介导 C 蛋白与 UBC9 相互作用，K179、K180、K221 介导 C 蛋白与 SUMO-1 相互作用。为了评估 C 蛋白与 SUMOylation 通路相互作用对病毒生长及毒力的影响，在强毒株 Brescia 感染性克隆 pBIC 上，对 C 蛋白中 K 残基进行系列突变，将 K 突变成 A。完全失去与 SUMOylation 通路相互作用的突变病毒（CoreΔS179/180/220/221v）在猪原代巨噬细胞上的生长能力出现下降，滴度显著降低，而其他突变病毒则显示出与亲本毒株相同的生长特性。突变病毒接种猪，突变介导与 SUMOylation 通路相互作用的赖氨酸的病毒，毒力都出现下降，特别是 CoreΔS179/180/220/221v 和 CoreΔS220/221v（K220 和 K221 双突变病毒），它们失去了对猪的致病力。这两个突变病毒接种猪，不产生猪瘟病毒抗体，对 Brescia 攻毒也不具保护作用。这显示，C 蛋白能与 SUMOylation 通路相互作用，对病毒在宿主体内的复制与扩增具有重要作用。

E^{rns} 是病毒的一种囊膜糖蛋白，具有核酸酶活性，以同源二聚体形式存在于病毒粒子表面。研究表明，RNase 含 2 个同源的由 8 个氨基酸残基组成的结构域，结构域中组氨酸残基为 RNase 活性必需。将 RNase 结构域中组氨酸密码子 CAT（分别位于病毒基因组密码子的 297 位和 346 位）突变成赖氨酸密码子 AAA，并引入 C 株感染性克隆中。拯救的突变病毒感染 SK-6 细胞，显示出细胞病变，而亲本毒感染 SK-6 细胞不引起细胞病变。分析显示，突变病毒感染可诱导 SK-6 细胞凋亡。这表明，E^{rns} 的 RNase 对病毒在体外细胞中的生长是非必需的，但可能在病毒的持续性感染中发挥重要作用。

猪瘟病毒 p7 蛋白是一种小的疏水性非结构蛋白。在猪瘟病毒强毒株 Brescia 感染性克隆 pBIC 的基础上，通过同码删除 *p7* 基因不同区域，获得的缺失克隆转录的 RNA 转染 SK-6 细胞，未能产生感染性病毒，且 3 个缺失克隆中有 2 个转录的 RNA 在细胞中不能复制，这显示 p7 蛋白在病毒复制中具有重要作用。通过甘氨酸扫描方法，在 pBIC 上对 *p7* 基因序列进行系列突变，依次将 *p7* 基因中的连续 3～6 个密码子突变为甘氨酸。14 个突变克隆中，8 个能拯救出重组病毒，5 个不能拯救病毒的克隆转录的 RNA 在 SK-6 细胞中能复制。在猪原代巨噬细胞上，除一个重组病毒生长速度与亲本株 Brescia 相近外，其他 7 个重组病毒滴度出现不同程度下降。将重组病毒接种猪，4 个重组病毒表现出与亲本株相同的强毒特征，接种猪病毒血症滴度高且均死亡；3 个重组病毒毒力出现下降，接种猪出现温和的症状，病毒血症也降低；1 个重组病毒则呈现弱毒特征，接种猪不表现临床症状，也不出现病毒血症。这确定了 p7 蛋白不同区域对病毒生长和毒力的影响。

BVDV 可分成两种生物型：细胞病变型（cytopathogenic，CP）和非细胞病变型（noncytopathogenic，NCP）。细胞病变型分离株感染细胞，能引起细胞病变；非细胞病变型分离株感染细胞，细胞不出现病变。CP 型和 NCP 型分离株感染细胞，都存在 NS2～3 前体，但 NCP 型分离株感染的细胞只在早期产生 NS3 单体，CP 型感染细胞中 NS3 单体则始终存在。

对 CP 型和 NCP 型分离株基因组比较分析发现，CP 型分离株基因组存在 RNA 重组现象，包括细胞序列的插入、病毒序列的重复及病毒序列的重排等，因此认为基因组 RNA 的重组导致 NS2～3 裂解，产生 NS3。例如，细胞病变型 CP7 株在 *NS2* 基因中存在一个 27 核苷酸序列的重复，而非细胞型 NCP7 株基因组中，该序列并不重复。为了证实该假说，在构建的细胞病变型株 CP7 的感染性克隆中，将含重复序列的小片段用 NCP7 中对应片段置换，构建的嵌合克隆拯救出的病毒为 NCP 型。这证实了病毒基因组中重复序列与病毒 CP 型的关系。在建立的 NADL 株感染性克隆中，删除 *NS2* 基因中插入的 270 个核苷酸长的细胞 mRNA 序列，从构建的缺失全长克隆也拯救出感染性病毒。与 CP 型 NADL 不同，该病毒感染 MDBK 细胞不出现细胞病变。这也证实病毒基因组的重组能导致 NS2～3 裂解成 NS2 和 NS3 单体，使病毒成为 CP 型。CP 型感染细胞，存在 NS2 和 NS3 单体，也存在它们的前体 NS2～3；而 NCP 型感染细胞，NS2 和 NS3 以前体 NS2～3 存在。这显示 NS2 和 NS3 单体不为产生感染性病毒所必需，那

NS2～3前体呢？在删除细胞mRNA插入的NADL克隆中，在NS2和NS3基因间插入一泛素单体基因，构建克隆转录RNA转染细胞，重组的病毒基因组能在细胞中复制，并使细胞出现病变，但病变细胞不能扩展形成空斑，也未能获得感染性病毒。在转染细胞中，存在NS3单体，但未发现NS2-Ubi-NS3或NS2～3。为了排除泛素的插入对NS2的影响，在删除细胞mRNA插入的NADL克隆中，插入EMCV中的IRES构建双顺反子基因组。IRES存在NS2与NS3间的双顺反子基因组RNA转染细胞后，分开表达NS2和NS3单体，不存在NS2～3前体，基因组也只能在转染细胞中复制，而不能包装形成病毒粒子。而NS2与NS3相邻的双顺反子基因组RNA转染细胞后，存在NS2～3前体，则能包装形成病毒粒子。这表明，NS2～3前体不参与病毒基因组复制，但为病毒粒子组装所必需。但后来研究显示，不存在NS2～3前体，BVDV也能形成感染性病毒粒子。在NCP型BVDV-1株的全长感染性克隆pNCP7-5A中，对E2-NS4A序列全部或部分以cp BVDV-1株Osloss中的对应序列进行置换。在所构建的嵌合克隆中，含有Osloss NS2-ub*-NS3-4A的克隆能拯救出感染性病毒，但病毒滴度低。对NS2蛋白酶活性位点进行突变分析显示，NS2蛋白酶的灭活并不妨碍感染性病毒粒子的产生。将突变NS2蛋白酶的嵌合病毒N7/OsNS2-4A (H/A, C/A) 在细胞上进行传代，发现细胞病变逐渐增强，病毒滴度上升，6代上清中病毒N7/OsNS2-4A (H/A, C/A) sc滴度可达 3×10^7 $TCID_{50}$/mL。N7/OsNS2-4A (H/A, C/A) sc感染细胞，存在大量的NS3单体，没有NS2～3。对N7/OsNS2-4A (H/A, C/A) sc基因组序列分析显示，与嵌合克隆中病毒序列相比，出现13个位点核苷酸突变，其中5个是可读框中的沉默突变，1个突变位于3'UTR中，7个突变导致E^{rns}、E2、p7、NS2、NS3和NS5A中氨基酸变异。为了鉴别突变与病毒生长增强间的联系，将3'UTR中的突变和导致氨基酸变异的7个突变位点分别单独或联合引入pN7/OsNS2-4A (H/A, C/A) 中，NS2、NS3和NS5A中单独或联合突变，对病毒生长没有明显影响；3'UTR中的突变，使病毒生长增强20倍；虽然NS2中的突变对病毒生长没有影响，但3'UTR和NS2中的联合突变，使病毒的生长增强1000倍。在NS2和3'UTR突变基础上，同时引入E^{rns}、E2和p7中的突变，能进一步提高病毒生长50倍；但单独引入突变，对病毒生长没有影响；NS3和NS5A单独或联合引入，使病毒生长也没有显著影响。在pN7/OsNS2-4A (H/A, C/A) 克隆中，删除E2基因构建病毒复制子，并在复制子中引入3'UTR的突变或NS2与3'UTR的联合突变。3'UTR突变的引入，使病毒复制子复制能力增强5倍，而NS2突变的联合引入，对复制子复制能力没有进一步增强作用。这表明3'UTR的突变与病毒的复制相关，而NS2中的突变可能与病毒粒子组装相关。在含有NS2、3'UTR、E^{rns}、E2和p7的突变的克隆pN7/OsNS2-4A (H/A, C/A) (R1268Q, 3'UTR, T403S, P883L, T1104I) 中，以EMCV的IRES置换NS2和NS3间的ub*基因构建双顺反子基因组，使NS2和NS3在不同可读框中表达。转录的双顺反子基因组RNA转染细胞后，能产生感染性病毒颗粒。这进一步说明，不需要NS2～3前体，BVDV也能形成感染性病毒粒子。

二、在致病机制研究中的应用

病毒感染性克隆的应用，使先前针对单个基因的研究上升到病毒基因组整体水平，其结果能更真实地反映病毒的情况。早在 1990 年 Chambers 等利用黄热病病毒系统证实 NS3 丝氨酸蛋白酶的切割活性对于病毒复制是必需的，他们发现将酶活性区的丝氨酸替换成丙氨酸后，RNA 转录本丧失感染性，同样，若将多聚蛋白体上 NS3 蛋白特定的切割位点突变去除也会影响黄热病病毒的复制（Chambers et al.，1995）。对于 NS1 蛋白，除了可能在病毒组装和释放过程中起到一定的作用以外，Muylaert 等（1996）的研究还发现 NS1 蛋白 N 端连接的糖基化可能与病毒 RNA 的复制有关，消除这一糖基化位点可以降低病毒 RNA 的复制，从而使其毒力减弱。Sumiyoshi 等（1995）在对体外恢复的几个乙型脑炎病毒感染性克隆中发现，致弱的病毒株 SA_{14}-14-2 与强毒株 SA_{14} 在 138 位存在着一个氨基酸的差异，强毒株为 Glu，而弱毒株为 Lys，因为这一位点又与糖基化位点相邻，由此 Sumiyoshi 等推测这一氨基酸的差异与病毒毒力相关。瘟病毒属的猪瘟病毒（CSFV）有一个具有 RNase 活性的蛋白 E^{rns}，297 位和 346 位的两个组氨酸在 E^{rns} 蛋白的氨基酸序列上高度保守，是 RNA 酶催化活性所必需的，在全长感染性克隆的基础上，通过改变或缺失这两个位置上的组氨酸，发现病毒毒力减弱，表明 E^{rns} 可能与 CSFV 致病有关（Meyers et al.，1999）。Risatti 等（2005）构建了以 CSFV 强毒 Brescia 株为背景，交换有疫苗株 CS E2 基因的嵌合病毒，发现嵌合病毒毒力减弱，从而得出 E2 是病毒毒力基因这一结论。最新的研究发现 CSFV E2 几个位点的糖基化与病毒毒力有关（Chambers et al.，1995）。此外，Risatti 等（2007）研究发现除 E2 蛋白外，其他结构蛋白皆与毒力无关，但基因组上还有其他因素影响病毒毒力。与 Risatti 等的研究结果不同的是，van Gennip 等（2004）证实单一的 E2 蛋白不能影响 CSFV 病毒毒力，E2 需与结构蛋白 E^{rns} 协同作用才能影响 CSFV Brescia 株的毒力。

乙型脑炎病毒疫苗株 SA14-14-2 是典型的弱毒株，对成年小鼠不具神经毒力，而 Nakayama 株是 JEV 典型的强毒株，对小鼠有较高的神经毒力和神经侵袭力。为研究病毒毒力的分子基础，在 Nakayama 株感染性克隆基础上，分别以 SA14-14-2 株基因组中 5′CprME 和 prME 序列替换 Nakayama 株基因组中对应序列，拯救出嵌合病毒 JE-X/5′CprME（S）和 JE-X/prME（S）。JE-X/5′CprME（S）对成年小鼠不具有神经侵袭力，神经毒力也出现下降；而 JE-X/prME(S)却呈现强毒特征，对小鼠具有高神经毒力和神经侵袭力，与 Nakayama 株相近。这显示，仅 SA14-14-2 株的 prME 并不能赋予重组病毒的弱毒特性，5′UTR 和 C 基因与病毒毒力相关。

乙型脑炎病毒 E 蛋白是病毒粒子表面重要蛋白，与靶细胞受体相互作用，介导病毒融合，对病毒毒力有重要影响。从猪血清样品中分离出一株 JEV Mie/41/2002 株，该株病毒与 Beijing-1 株相比，对小鼠的毒力显著下降，但在细胞上的生长速度要快，形成的空斑更大。在 E 蛋白上，Mie/41/2002 与 Beijing-1 共有 8 个位点氨基酸的变异，分别位于 123 位、129 位、222 位、227 位、327 位、366 位、397 位和 473 位。为了研究 E 蛋白及这些差异位点对病毒生长特性和毒力的影响，构建了 JEV Mie/41/2002 的感染性克隆，并分别以 Beijing-1 株中 E 蛋白全基因序列、E 蛋白 N 端一半基因序列和 C 端一半基因序列替换 Mie/41/2002 株中对应序列，拯救出嵌合病毒 rJEV（EB1-M41）、rJEV（nEB1-M41）和 rJEV（cEB1-M41）。通过比较在 Vero 和 N18 细胞上的生长曲线和空斑形态及对小鼠的毒力，发现 rJEV（EB1-M41）的生长特性和毒力与

Beijing-1相似，与Mie/41/2002有较大差异。rJEV（nEB1-M41）生长特性与rJEV（EB1-M41）相近，而rJEV（cEB1-M41）与Mie/41/2002相近。这显示，E蛋白N端4个氨基酸的变异对病毒生长特性和毒力存在影响。为确定各位点对病毒的影响，在Mie/41/2002感染性克隆上对4个差异位点进行分别突变，并拯救出突变病毒。分析发现，E蛋白123位由Ser突变为Arg的突变病毒，显著增强了在N18细胞上的生长速度和对小鼠的毒力。因此，E蛋白123位被认为可决定JEV的生长特性和毒力。

N^{pro}蛋白虽然为病毒复制非必需蛋白，但与病毒毒力存在关系，Mayer等（2004）在vA187-1及其感染性克隆中删除N^{pro}基因序列并在缺失处插入泛素基因序列而拯救出感染性病毒vA187-Ubi基础上，将vA187-1和vA187-Ubi接种猪，vA187-1接种猪呈现出温和的猪瘟症状，而vA187-Ubi接种猪未显示临床症状，且能抵抗强毒株Eystrup的攻击。这表明，N^{pro}基因缺失能致弱猪瘟病毒。Mayer等（2004）进一步在强毒株Eystrup的感染性克隆pEy-37基础上，将弱毒株Riems的N^{pro}基因和鼠泛素基因分别替代Eystrup的N^{pro}基因，获得重组病毒vEy-N^{pro}Riems和vEy-N^{pro}-Ubi。动物实验显示，vEy-N^{pro}Riems与vEy-37都呈强毒特性，而vEy-N^{pro}-Ubi接种猪尽管淋巴细胞数量出现轻微的短暂下降，但没出现临床症状。这显示弱毒株N^{pro}基因不能降低Eystrup株毒力，N^{pro}基因缺失能致弱Eystrup株毒力。

E^{rns}的RNase对病毒在体外细胞中生长是非必需的，但在病毒的持续性感染中发挥重要作用。Meyers等（1999）在Alfort/Tübingen株感染性克隆中，将297位和346位组氨酸突变成赖氨酸、亮氨酸或删除。除297位组氨酸密码子删除克隆未能拯救出病毒外，拯救出单位点突变、双位点突变、346位组氨酸删除共8个突变病毒。突变病毒都不具有RNase活性，但在细胞中生长速度与亲本株相近。将突变病毒接种猪，346位组氨酸删除或突变的病毒均失去致病力，接种猪不呈现临床症状；297位组氨酸单位点突变病毒接种后，猪呈现发烧、厌食、发呆、腹泻等临床症状，但都能恢复，病程较短，也不出现死亡，与亲本毒株相比，毒力显著下降。这表明，E^{rns}的RNase活性对病毒毒力有重要影响。E^{rns}蛋白含有9个半胱氨酸残基，其中8个半胱氨酸残基形成分子内二硫键，剩余一个半胱氨酸残基（位于E^{rns}蛋白的171位，全基因组密码子的438位）在二聚体中形成分子间二硫键。在Alfort/Tübingen株克隆基础上，将E^{rns}基因中的171位半胱氨酸密码子删除、突变为苯丙氨酸或丝氨酸密码子，构建了3个突变克隆，且都拯救出病毒。突变病毒在SK-6细胞上具有与亲本株相近的生长特征，突变位点能稳定存在于突变病毒中。突变病毒表达的E^{rns}不形成同源二聚体，具有RNase活性。突变病毒接种猪，呈弱毒特征，能诱导产生高滴度中和抗体。这表明，171位半胱氨酸形成分子间二硫键为E^{rns}蛋白二聚化所必需，而E^{rns}蛋白是否二聚化不影响病毒在体外培养细胞中的生长，但对致病力有影响。

NCP BVDV通过感染妊娠初期的母牛并能在其胎儿中形成终生性的持续感染，而CP BVDV感染并不能形成持续性感染。这种差异推测认为CP感染胎儿能诱导产生强烈的IFN-Ⅰ反应，而NCP感染胎儿不能诱导产生IFN-Ⅰ反应。研究显示，N^{pro}和E^{rns}都能干扰宿主细胞的IFN反应。为了研究N^{pro}和E^{rns}是否与形成持续性感染相关，Meyers等（1999）在BVDV-2株New York'93克隆中，通过删除E^{rns}中RNase活性位点的关键氨基酸灭活其 RNase 活性，或通过删除 N^{pro} 基因大部分编码序列来缺失 N^{pro}，或既缺失 N^{pro} 又灭活 E^{rns} 的 RNase 活性的双突变，并拯救出病毒。将突变病毒及亲本野毒株通过鼻腔或肌肉途径接种妊娠母牛，野毒株和单突变病毒都能跨越胎盘感染胎儿，导致胎儿带毒、流产或死亡；而双突变病毒则不能跨越胎盘，胎儿未出现死亡，也不带毒。突变病毒及亲本野毒株通过子宫内接种妊娠母牛，都能感染胎儿，监测显示，野毒株感染不产生 IFN，而突变病毒都诱导产生 IFN，但双突变病毒诱导产生更高水平的 IFN。双突变病毒感染胎儿，经过较长的持续期，最终导致感染胎儿流产。这显示，双突变病毒感染胎儿，不能形成持续性感染。以上研究结果表明，N^{pro} 及 E^{rns} 的 RNase 活性在病毒的垂直传播及形成持续性感染中都具有重要作用。

三、在病毒载体研究中的应用

目前构建的 RNA 病毒载体有复制型重组病毒载体和病毒复制子载体两类，复制型病毒载体保留了病毒的全基因组序列，具有自主复制、表达和包装的能力；病毒复制子载体则用外源序列取代原有的病毒结构基因，保留了病毒的调控单元和非结构蛋白基因，只具有复制和转录的能力，而不能自主包装，这类载体除可用来研究外源基因的功能以外，还可作为研制 RNA 病毒疫苗的载体。RNA 病毒载体为疫苗的研制提供了一个新的策略，较 DNA 病毒载体在很多方面更具有优势，如 RNA 病毒基因组一般较小（7～19kb），更利于对 cDNA 克隆的构建和操作；病毒复制产生的双链 RNA 能增强免疫作用；多数感染哺乳动物的 RNA 病毒只在细胞质中转录和增殖，可防止宿主对外源性 RNA 的核剪切造成的损害；能高效表达特异性病毒蛋白；病毒在细胞质复制且没有 DNA 相，避免病毒 DNA 整合到宿主细胞 DNA 上，引发宿主遗传变异的风险小（Khromykh，2000）。

此外，黄病毒还具有很多作为基因递送载体（gene delivery）的优势：黄病毒是正链病毒，其裸 RNA 基因组可直接作为 mRNA 由宿主细胞翻译成病毒蛋白；结构蛋白小而少，作为疫苗载体时不易掩盖外源蛋白的作用；重组概率低，迄今尚未发现黄病毒之间有遗传重组现象；黄病毒能在宿主细胞中进行长期稳定的复制和表达外源蛋白，对人体细胞无毒性，可建立稳定的包装细胞系。除了可作为抗原递送载体外，黄病毒载体还可用于递送治疗基因。由于基因组小，黄病毒载体更适合递送分子质量较小的抗原或抗原决定簇，因此，黄病毒载体在研制各种预防性和治疗性疫苗中的应用较为普遍。

与小 RNA 病毒属（脊髓灰质炎病毒）和甲病毒属（辛德毕斯病毒）等其他正链 RNA 病毒相比，黄病毒作为载体的应用尚处于初级阶段，但目前很多黄病毒的感染性克隆以及基于感染性克隆所构建的复制子载体系统均已成功获得并应用于疫苗和基因治疗的研究，尤其是对 Kunjin 病毒复制子的研究最为深入。例如，利用 Kunjin 病毒复制子表达艾滋病病毒 HIV-1 Gag 抗原并免疫小鼠能引起机体产生抗 Gag 抗原特异的抗体和 $CD8^+$ T 细胞免疫（Harvey et al.，2003）；同样，利用 Kunjin 病毒复制子表达人乳头瘤病毒 HPV-16 的肿瘤特异性抗原 E7 能诱导机体产生保护性的 CTL 反应，因而有望用于靶向治疗表达 E7 抗原的肿瘤（Herd et al.，2004）。黄病毒载体作为一种新型的 RNA 病毒载体为抗原递呈提供了一种新方法和新选择。

四、在新型疫苗研制中的应用

感染性克隆的研究为 RNA 病毒疫苗的研制和开发开辟了新途径，目前已用于研制多种新型疫苗，包括以下几个种类：①减毒活疫苗，传统的方法将病毒进行适应性培养可以得到减毒活疫苗，但传统方法比较被动和盲目，也存在一定的侥幸。随着分子生物学的发展和反向遗传学的应用，人们能够定向地将病毒致病性基因进行定点诱变、嵌合和缺失突变等操作而获得减毒的疫苗候选株，由于该减毒疫苗病毒基因成分稳定，减少了传统减毒疫苗在传代培养中产生回复突变的危险。对于猪瘟病毒，目前已有针对猪瘟病毒多个基因缺失疫苗的研制。其策略是若缺失的是病毒增殖非必需基因，可以直接进行缺失处理如 N^{pro} 基因（Mayer et al.，2004），此类疫苗株不具有毒性或毒力下降；但对于病毒增殖必需成分如 $E2$、E^{rns} 基因，需要通过基因互补的方法在稳定表达这一基因的细胞内拯救出完整病毒粒子（van Gennip et al.，2000；Widjojoatmodjo et al.，2000），此类疫苗的研制往往以疫苗 C 株为研究平台，虽然得到的是完整的病毒粒子但不能自主包装，因此较常规疫苗株更具有安全性。此外，在以感染性克隆为基础的新型减毒疫苗的研究中，3'UTR 缺失突变疫苗取得令人振奋的研究进展。②嵌合疫苗，在基因组感染性克隆的基础上，将不同病毒抗原基因嵌合在一起，利用这个嵌合的克隆在体内产生有感染性的病毒粒子，就能够开发出多联疫苗。比较具有代表性的是 DEN 的各种多价疫苗的研制，目前已通过 DNA 改组（shufling）技术将 4 个型 DEN 的保护性抗原组合在一起，替换减毒改造后的全长 cDNA 克隆中的相应部分，制备出针对 4 个型登革热病毒的改组疫苗（Bray et al.，1996）。用 BVDV 的 E^{rns} 或 E2 蛋白编码基因替换同属 CSFV C 株的相应基因，分别在细胞上恢复得到了两株嵌合病毒 Flc11 和 Flc9，这两株嵌合病毒免疫猪可以抵抗致死量的猪瘟强毒攻击，同时它们能诱导机体产生不同于野毒株感染的抗体反应，可用来区别自然感染猪群和免疫猪群。③核酸疫苗，利用体外合成的感染性 RNA 而非减毒的病毒本身是近年来提出的疫苗研究新策略，即所谓 RNA 疫苗。除此之外，利用感染性克隆作为现有减毒活疫苗的种子，可以减少生产批次间的差异，保持疫苗的稳定性和安全性。

乙型脑炎病毒 NS5 蛋白 N 端具有甲基转移酶活性域，能催化病毒基因组 5'端帽和内部碱基的 N-7 和 2'-O 的甲基化，K-D-K-E 基序是甲基转移酶活性域中的催化帽结构和内部腺苷酸甲基化的活性位点。而在西尼罗河病毒、痘病毒和鼠肝炎病毒中，2'-O 甲基转移酶缺失型的病毒对 IFIT 介导的抗病毒活性更敏感。为消除 JEV NS5 蛋白 2'-O 的甲基化功能，在 JEV 感染性克隆 pAJE70 基础上，将 K-D-K-E 基序中的 E 突变成 A，拯救的突变病毒对小鼠呈现高度弱毒特性，但接种小鼠能诱导良好的体液免疫和细胞免疫，能抵抗强毒攻击，对 IFN 和 IFIT 的抗病毒活性更敏感。因此，通过反向遗传操作消除病毒 2'-O 的甲基化功能是快速研制病毒弱毒疫苗的合理方法。

传统的猪瘟疫苗，如 C 株和来源于 C 株的 Riems 株，免疫后不能与野毒感染相区分，这对猪瘟病毒的控制和根除不利。为了开发免疫后能与野毒感染相区分（differentiating infected from vaccinated animals，DIVA）的猪瘟疫苗，在 Riems 株感染性克隆 pRiems-3 基础上，针对猪瘟病毒 E2 蛋白 N 端的 3 个保守的抗原区域 A、B 和 C，通过融合 PCR 的方法，利用边界病毒 Gifhorn 株中的对应区域进行替换，构建了嵌合克隆 pRiems-ABC-Gif、pRiems-A-Gif 和 pRiems-BC-Gif。从 pRiems-ABC-Gif 和 pRiems-BC-Gif 的体外转录物中拯救出感染性病毒 vRiems-ABC-Gif 和 vRiems-BC-Gif，从 pRiems-A-Gif 的体外转录物中未能拯救出病毒。3 个商业检测猪瘟病毒抗体的阻断 ELISA 试剂盒中的猪瘟病毒 E2 单抗和猪瘟病毒 HC/TC26 单抗通过免疫组化来鉴别嵌合病毒。4 个 E2 单抗均不识别 vRiems-ABC-Gif，但能与 vRiems 和 vRiems-BC-Gif 相互作用。将 vRiems-ABC-Gif 口服免疫猪，对强毒株 Eystrup 的攻击仅具有部分保护效果；而通过肌肉注射免疫猪，则能完全保护猪抵抗 Eystrup 的攻击。vRiems-ABC-Gif 免疫猪，3 个商业 E2 抗体检测 ELISA 盒检测显示，抗体均为阴性。这表明，通过肌肉注射接种，vRiems-ABC-Gif 能提供良好的免疫效果，且能与野毒感染相区分，这种差异的免疫效果利用商业试剂盒都能检测出。这表明，通过反向遗传操作，将具有结构相似而抗原表位不同的两种种属相近的病毒蛋白片段进行置换，能构建嵌合标记疫苗。

为了研发猪瘟 DIVA 疫苗，在 C 株感染性克隆 pPRK-flc34 中，通过定点突变 PCR 方法，对 E2 蛋白 A 区域中的表位 TAVSPTTLR 进行系列突变，改变密码子引入新的 N 糖基化位点或同码缺失密码子，以期屏蔽或改变该表位的免疫原性。拯救的突变病毒接种兔，引入糖基化位点的突变病毒仍能诱导高水平的抗 A 区域抗体；而 TAVSPTTLR 表位中缺失 P 残基的突变病毒诱导抗 A 区域抗体水平显著降低，不识别该表位及其两侧的氨基酸组成的短肽。这表明，通过反向遗传操作，删除保守表位中的密码子来改变表位的免疫原性，可研制猪瘟 DIVA 疫苗。

BVDV 基因组中，删除结构蛋白基因序列，可获得能在细胞中具有自主复制功能的复制子。利用 BVDV 复制子及其包装细胞系，研制包装复制子来开发新型 BVDV 疫苗。在 NCP BVDV 株 NCP7 感染性克隆 pA/BVDV/INS⁻ 中，分别部分缺失结构蛋白 C、E^{rns} 和 E1 编码序列并引入全长克隆中，构建出缺失克隆 NCP7ΔC、NCP7ΔE^{rns} 和 NCP7ΔE1。经体外转录 RNA 转染细胞，3 个带有结构基因缺失的亚基因组均具有复制能力。将这 3 个复制子转染结构性表达 BVDV 结构蛋白 C-E^{rns}-E1-E2 的辅助细胞系 PT_805 细胞中，则能产生病毒样包装复制子。包装复制子能感染辅助细胞系 PT_805 细胞，继续产生包装复制子；也能感染非互补性细胞，并在细胞中复制，但不能产生病毒样的包装复制子，具有单轮感染特性。将 NCP7ΔC 的包装复制子免疫牛，免疫牛未出现临床症状，不出现病毒血症和白细胞减少症，也不散布包装复制子，能产生较高水平的抗体和中和抗体。二次免疫后，能产生高水平的中和抗体。异源毒株攻毒，不产生任何 BVDV 感染的临床症状，也不出现白细胞减少症和病毒血症，也不散毒。这表明，包装复制子具有良好的免疫保护效果和极强的安全性。

为了开发 BVDV DIVA 疫苗，则可通过瘟病毒中不具有交叉反应抗原的置换来实现。瘟病毒属病毒具有相同的基因组组织结构，相同基因编码蛋白具有相似的功能，不同病毒相同基因间可以互换，获得感染性嵌合病毒。在瘟病毒中，E2 能诱导中和抗体，是主要保护性抗原，E^{rns} 和 NS3 也能诱导较强的抗体反应，但不具有抗体中和活性。在 BVDV NADL 株感染性克隆中，将其 E^{rns} 基因分别替换成瘟病毒中新成员 giraffe 瘟病毒、reindeer 病毒和 pronghorn antelope 瘟病毒中的 E^{rns} 基因，构建的嵌合克隆经体外转录 RNA

并转染细胞，拯救出嵌合病毒 NADL/G-E^{rns}、NADL/R-E^{rns} 和 NADL/P-E^{rns}。免疫组化分析显示，NADL/R-E^{rns} 能与 BDV 和 BVDV 的单抗结合；NADL/G-E^{rns} 不与 BDV 单抗结合，但能与 BVDV 的单抗结合；NADL/P-E^{rns} 既不与 BDV 单抗结合，也不与 BVDV 的单抗结合。将 NADL 和嵌合病毒 NADL/G-E^{rns} 与 NADL/P-E^{rns} 分别制备成灭活疫苗，5 次免疫 BVDV 阴性牛。两次免疫后，3 种疫苗都能产生相近的中和抗体水平。对免疫动物 E^{rns} 抗体竞争 ELSA 检测显示，NADL 和 NADL/G-E^{rns} 疫苗免疫血清对 BVDV E^{rns} 单抗有抑制作用，而 NADL/P-E^{rns} 疫苗免疫血清对 BVDV E^{rns} 单抗无抑制作用。这表明 NADL/P-E^{rns} 疫苗免疫后不产生针对 BVDV E^{rns} 抗体，可开发成 BVDV 的 DIVA 疫苗，结合 BVDV E^{rns} 抗体检测技术，应用于 BVDV 的根除。

五、研究重构病毒代替细胞和实验动物模型

某些病毒如 HCV 由于没有合适的细胞复制模型和实验动物模型，严重阻碍了这类病毒的研究和相关疾病药物的研发。HCV 复制子仅能在 Huh7 等极少数细胞中短暂复制且滴度低，研究者多用大猩猩作为实验动物模型。先前构建的 HCV 感染性克隆的恢复也由于病毒在细胞上增殖的滴度低而采用直接向猩猩等实验动物体内注射由感染性 cDNA 转录获得的 RNA 来进行病毒的拯救。Wakita 等（2005）首次报道在体外细胞培养体系由 HCV 感染性克隆成功恢复感染性病毒粒子以来，目前已有多家研究机构也在细胞系上成功恢复 HCV 病毒粒子，并用于 HCV 的研究（Bartenschlager and Sparacio, 2007; Lindenbach et al., 2006; 2005; Zhong et al., 2005）。感染性克隆的构建和病毒粒子在体外细胞上的成功拯救是 HCV 研究领域的重要进展，必将对深入研究 HCV 的生命循环、致病机制、抗 HCV 药物筛选等产生深远影响。

结　语

黄病毒科病毒是一类能引起人类和多种动物发病并能造成严重危害的病毒，其研究一直受到人们的高度重视，该科病毒的相关研究进行得也比较深入。尤其是反向遗传学技术的出现与发展，更加促进了黄病毒的应用和基础研究。无论是在病毒基因组的结构、功能、致病机理方面，还是在病毒载体、新型疫苗和抗病毒药物研发等方面均取得突破性进展。此外，黄病毒的研究成果也丰富了反向遗传学研究内容，促进了反向遗传学技术的发展。例如，黄病毒基因组的不稳定性曾为构建感染性克隆带来难题，但是随着该问题的解决，也丰富和发展了构建不同 RNA 病毒感染性克隆的方法和技术。再如，利用关于黄病毒基因组复制机理和感染机制的研究成果，我们可以利用多种反向遗传学技术去研究新的基因工程疫苗或病毒载体，大大丰富了反向遗传学的研究内容。

参 考 文 献

黄耀伟, 李龙, 于涟. 2004. 人类及动物 RNA 病毒的反向遗传系统. 生物工程学报, 20: 311-318.
殷震, 刘景华. 1997. 动物病毒学. 第二版. 北京: 科学出版社.
周鹏程, 陈建国, 丁明孝. 1999. 黄病毒科病毒编码的非结构蛋白及其功能. 微生物学免疫学进展, 2: 61-70.

Baginski S G, Pevear D C, Seipel M, et al. 2000. Mechanism of action of a pestivirus antiviral compound. Proceedings of the National Academy of Sciences of the United states of America, 97 (14): 7981-7986.

Bartenschlager R, Sparacio S. 2007. Hepatitis C virus molecular clones and their replication capacity *in vivo* and in cell culture. Virus Research, 127 (2): 195-207.

Bray M, Men R H, Lai C J. 1996. Monkeys immunized with intertypic chimeric dengue viruses are protected against wild-type virus challenge. Journal of Virology, 70 (6): 4162-4166.

Carrère-Kremer S, Montpellier-Pala C, Cocquerel L, et al. 2002. Subcellular localization and topology of the p7 polypeptide of hepatitis C virus. Journal of Virology, 76 (8): 3720-3730.

Chambers T J, Nestorowicz A, Rice C M. 1995. Mutagenesis of the yellow fever virus NS2B/3 cleavage site: determinants of cleavage site specificity and effects on polyprotein processing and viral replication. Journal of Virology, 69 (3): 1600-1605.

Chambers T J, Weir R C, Grakoui A, et al. 1990. Evidence that the N-terminal domain of nonstructural protein NS3 from yellow fever virus is a serine protease responsible for site-specific cleavages in the viral polyprotein. Proceedings of the National Academy of Sciences of the United states of America, 87 (22): 8898-8902.

Deng L, Nagano-Fujii M, Tanaka M, et al. 2006. NS3 protein of Hepatitis C virus associates with the tumour suppressor p53 and inhibits its function in an NS3 sequence-dependent manner. The Journal of General Virology, 87 (Pt 6): 1703-1713.

Devaney M A, Vakharia V N, Lloyd R E, et al. 1988. Leader protein of foot-and-mouth disease virus is required for cleavage of the p220 component of the cap-binding protein complex. Journal of Virology, 62 (11): 4407-4409.

Erdtmann L, Franck N, Lerat H, et al. 2003. The hepatitis C virus NS2 protein is an inhibitor of CIDE-B-induced apoptosis. The Journal of Biological Chemistry, 278 (20): 18256-18264.

Harada T, Tautz N, Thiel H J. 2000. E2-p7 region of the bovine viral diarrhea virus polyprotein: processing and functional studies. Journal of Virology, 74 (20): 9498-9506.

Harvey T J, Anraku I, Linedale R, et al. 2003. Kunjin virus replicon vectors for human immunodeficiency virus vaccine development. Journal of Virology, 77 (14): 7796-7803.

Herd K A, Harvey T, Khromykh A A, et al. 2004. Recombinant Kunjin virus replicon vaccines induce protective T-cell immunity against human papillomavirus 16 E7-expressing tumour. Virology, 319 (2): 237-248.

Ishido S, Muramatsu S, Fujita T I, et al. 1997. Wild-type, but not mutant-type, p53 enhances nuclear accumulation of the NS3 protein of hepatitis C virus. Biochemical and Biophysical Research Communications, 230 (2): 431-436.

Khromykh A A, Kenney M T, Westaway E G. 1998. Trans-Complementation of flavivirus RNA polymerase gene NS5 by using Kunjin virus replicon-expressing BHK cells. Journal of Virology, 72 (9): 7270-7279.

Khromykh A A. 2000. Replicon-based vectors of positive strand RNA viruses. Current Opinion in Molecular Therapeutice, 2 (5): 555-569.

Kolykhalov A A, Agapov E V, Blight K J, et al. 1997. Transmission of hepatitis C by intrahepatic inoculation with transcribed RNA. Science, 277 (5325): 570-574.

Kümmerer B M, Tautz N, Becher P, et al. 2000. The genetic basis for cytopathogenicity of pestiviruses.

Veterinary Microbiology, 77 (1-2): 117-128.

Lanford R E, Lee H, Chavez D, et al. 2001. Infectious cDNA clone of the hepatitis C virus genotype 1 prototype sequence. Journal of General Virology, 82: 1291-1297.

Lindenbach B D, Evans M J, Syder A J, et al. 2005. Complete replication of hepatitis C virus in cell culture. Science, 309 (5734): 623-626.

Lindenbach B D, J T H, Rice C M. 2007. Flaviviridae: the viruses and their replication//fields virology. 5th ed. Philadelphia: Lippincott-Raven Publishers.

Lindenbach B D, Meuleman P, Ploss A, et al. 2006. Cell culture-grown hepatitis C virus is infectious *in vivo* and can be recultured *in vitro*. Proceedings of the National Academy of Sciences of the United states of America, 103 (10): 3805-3809.

Liu J J, Wong M L, Chang T J. 1998. The recombinant nucleocapsid protein of classical swine fever virus can act as a transcriptional regulator. Virus Research, 53 (1): 75-80.

Mayer D, Hofmann M A, Tratschin J D. 2004. Attenuation of classical swine fever virus by deletion of the viral N-pro gene. Vaccine, 22 (3-4): 317-328.

Meyers G, Saalmuller A, Buttner M. 1999. Mutations abrogating the RNase activity in glycoprotein E (rns) of the pestivirus classical swine fever virus lead to virus attenuation. Journal of Virology, 73 (12): 10224-10235.

Mishin V P, Cominelli F, Yamshchikov V F. 2001. A 'minimal' approach in design of flavivirus infectious DNA. Virus Research, 81 (1-2): 113-123.

Monath T P. 1994. Dengue: the risk to developed and developing countries. Proceedings of the National Academy of Sciences of the United states of America , 91 (7): 2395-2400.

Muramatsu S, Ishido S, Fujita T, et al. 1997. Nuclear localization of the NS3 protein of hepatitis C virus and factors affecting the localization. Journal of Virology, 71 (7): 4954-4961.

Muylaert I R, Chambers T J, Galler R, et al. 1996. Mutagenesis of the N-linked glycosylation sites of the yellow fever virus NS1 protein: effects on virus replication and mouse neurovirulence. Virology, 222 (1): 159-168.

Pavlovic' D, Neville D C, Argaud O, et al. 2003. The hepatitis C virus p7 protein forms an ion channel that is inhibited by long-alkyl-chain iminosugar derivatives. Proceedings of the National Academy of Sciences of the United States of America, 100 (10): 6104-6108.

Proutski V, Gritsun T S, Gould E A, et al. 1999. Biological consequences of deletions within the 3'-untranslated region of flaviviruses may be due to rearrangements of RNA secondary structure. Virus Research, 64 (2): 107-123.

Risatti G R, Borca M V, Kutish G F, et al. 2005. The E2 glycoprotein of classical swine fever virus is a virulence determinant in swine. Journal of Virology, 79 (6): 3787-3796.

Risatti G R, Holinka L G, Sainz I F, et al. 2007. N-linked glycosylation status of classical swine fever virus strain Brescia E2 glycoprotein influences virulence in swine. Journal of Virology, 81 (2): 924-933.

Ruggli N, Tratschin J D, Schweizer M, et al. 2003. Classical swine fever virus interferes with cellular antiviral defense: evidence for a novel function of N (pro). Journal of Virology, 77 (13): 7645-7654.

Rumenapf T, Stark R, Heimann M, et al. 1998. N-terminal protease of pestiviruses: identification of putative catalytic residues by site-directed mutagenesis. Journal of Virology, 72 (3): 2544-2547.

Shi P Y, Tilgner M, Lo M K, et al. 2002. Infectious cDNA clone of the epidemic west nile virus from New York City. Journal of Virology, 76 (12): 5847-5856.

Stark R, Meyers G, Rumenapf T, et al. 1993. Processing of pestivirus polyprotein: cleavage site between autoprotease and nucleocapsid protein of classical swine fever virus. Journal of Virology, 67 (12): 7088-7095.

Sumiyoshi H, Tignor G H, Shope R E. 1995. Characterization of a highly attenuated Japanese encephalitis virus generated from molecularly cloned cDNA. The Journal of Infectious Disease, 171 (5): 1144-1151.

Tanji Y, Hijikata M, Satoh S, et al. 1995. Hepatitis C virus-encoded nonstructural protein NS4A has versatile functions in viral protein processing. Journal of Virology, 69 (3): 1575-1581.

Tratschin J D, Moser C, Ruggli N, et al. 1998. Classical swine fever virus leader proteinase N-pro is not required for viral replication in cell culture. Journal of Virology, 72 (9): 7681-7684.

van Gennip H G P, Bouma A, van Rijn P A, et al. 2002. Experimental non-transmissible marker vaccines for classical swine fever (CSF) by trans-complementation of E^{rns} or E2 of CSFV. Vaccine, 20 (11-12): 1544-1556.

van Gennip H G P, van Rijn P A, Widjojoatmodjo M N, et al. 2000. Chimeric classical swine fever viruses containing envelope protein E^{rns} or E2 of bovine viral diarrhoea virus protect pigs against challenge with CSFV and induce a distinguishable antibody response. Vaccine, 19 (4-5): 447-459.

van Gennip H G P, Vlot A C, Hulst M M, et al. 2004. Determinants of virulence of classical swine fever virus strain Brescia. Journal of Virology, 78 (16): 8812-8823.

Wakita T, Pietschmann T, Kato T, et al. 2005. Production of infectious hepatitis C virus in tissue culture from a cloned viral genome. Nature Medicine, 11 (7): 791-796.

Westaway E G, Speight G, Endo L. 1984. Gene order of translation of the flavivirus Kunjin: further evidence of internal initiation *in vivo*. Virus Research, 1 (4): 333-350.

Widjojoatmodjo M N, van Gennip HG P, Bouma A, et al. 2000. Classical swine fever virus E^{rns} deletion mutants: trans-complementation and potential use as nontransmissible, modified, liveattenuated marker vaccines. Journal of Virology, 74 (7): 2973-2980.

Wright P J, Cauchi M R, Ng L. 1989. Definition of the carboxy termini of the three glycoproteins specified by dengue virus type 2. Virology, 171 (1): 61-67.

Yanagi M, Purcell, R H, Emerson S U, et al. 1997. Transcripts from a single full-length cDNA clone of hepatitis C virus are infectious when directly transfected into the liver of a chimpanzee. Proceedings of the National Academy of Sciences of the United States of America, 94 (16): 8738-8743.

Yang J S, Ramanathan M P, Muthumani K, et al. 2002. Induction of inflammation by West Nile virus capsid through the caspase-9 apoptotic pathway. Emerging Infectious Diseases, 8 (12): 1379-1384.

Zhong J, Gastaminza P, Cheng G F, et al. 2005. Robust hepatitis C virus infection *in vitro*. Proceedings of the National Academy of Sciences of the United states of America, 102 (26): 9294-9299.

第七章　动脉炎病毒科反向遗传学

第一节　动脉炎病毒科的基本特征

一、病毒的分类

国际病毒分类委员会（ICTV）第 10 次国际病毒大会上新设立的动脉炎病毒科（Arteriviridae）属于单股正链 RNA 病毒，套式病毒目（Nidovirales）。动脉炎病毒科的成员有马动脉炎病毒（Equine arteritis virus，EAV）、猪繁殖与呼吸综合征病毒（Porcine reproductive and respirtory syndrome virus，PRRSV）、鼠乳酸脱氢酶升高症病毒（Lactate dehydrogenase elevating virus，LDV）及猴出血热病毒（Simian hemmorrhagic fever virus，SHFV）。同时根据血清学和遗传特性的差异，可将 PRRSV 分为欧洲型（1 型）和美洲型（2 型）。

二、病毒的颗粒结构

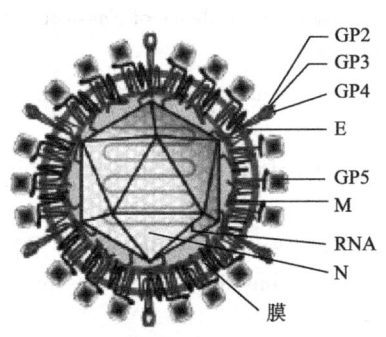

图 7-1　动脉炎病毒粒子结构图
(Gorbalenya et al.，2006)
E：囊膜糖蛋白；M：基质蛋白；N：核衣壳蛋白

动脉炎病毒粒子呈球形，具有囊膜，直径为 40~60nm。内有一个二十面对称的核衣壳，其直径为 25~35nm。外绕脂质双层膜，表面有明显的凸起（图 7-1）。在蔗糖中浮力密度为 $1.13 \sim 1.17 \mathrm{g/cm^3}$，沉降系数为 214~130S。病毒在 −70℃或 −20℃下能够得到稳定保存，但是在 −4℃条件下会慢慢地失去感染性。PRRSV 对 pH 较敏感，在 pH6.0~7.5 比较稳定，升高或者降低 pH 都能使病毒的感染性降低，脂溶剂和去垢剂处理可使病毒失活（Snijder and Meulenberg，1998）。

第二节　动脉炎病毒基因组结构及其表达产物

一、病毒的基因组结构

动脉炎病毒基因组为不分节段的单股正链 RNA，长为 12.7~15.7kb，具有 5′端帽状结构和 3′poly（A）尾（图 7-2）。其 5′端非翻译区（untranslated region，5′UTR）长为 156~221 核苷酸（nucleotide，nt），3′端 UTR 长为 59~150nt。蛋白编码区包含至少 10 个部分首尾重叠的可读框（open reading frame，ORF），近 5′端占基因组总长 3/4 的 ORF1 编码包括 RNA 依赖性 RNA 聚合酶（RNA-dependent RNA polymerase，RdRp）等具有病毒复制与转录功能的非结构蛋白（non-structural proteins，Nsp），合

称为复制和转录酶复合体（replicase and transcriptase complex，RTC）。ORF1 可进一步划分为 ORF1a 和 ORF1b，ORF1a 编码的复制酶多聚蛋白 pp1a，具有蛋白水解酶功能。ORF1b 采用－1 程序性核糖体移码（－1 ribosomal frameshifting）机制来翻译多聚蛋白 pp1ab。据推测，有两个信号促使程序性－1 移码的发生，第一个信号是滑动序列（slippery sequences）即－1 核糖体的移码位点；第二个信号位于滑动序列下游的 RNA 假结（pseudoknot）结构或者茎-环（stem-loop，ST）结构。基因组近 3′端至少有 8 个 ORF 编码病毒的结构蛋白。病毒通过非连续性转录产生至少 6 个亚基因组 mRNA（subgenomic mRNA，sgmRNA）来编码结构蛋白。sgmRNA 与病毒基因组 RNA 共享 5′UTR、3′UTR 以及 poly（A）。感染细胞中的 RNA 组分按大小排列为 mRNA1~7。除 ORF7 外，mRNA 在结构上呈现为多顺反子（polycistronic），即每一个下游 ORF 序列都存在于上游 ORF 的 mRNA 分子中。但除 mRNA2 外，每一条 mRNA 在功能上表现为单顺反子（monocistronic），即只有位于最上游的 ORF 可以从一条 mRNA 中表达，而 mRNA2 因同时编码 GP2a 和 GP2b，则呈现为双顺反子（bicistronic），GP5 和 ORF5a 可能是由同一条亚基因组编码的。

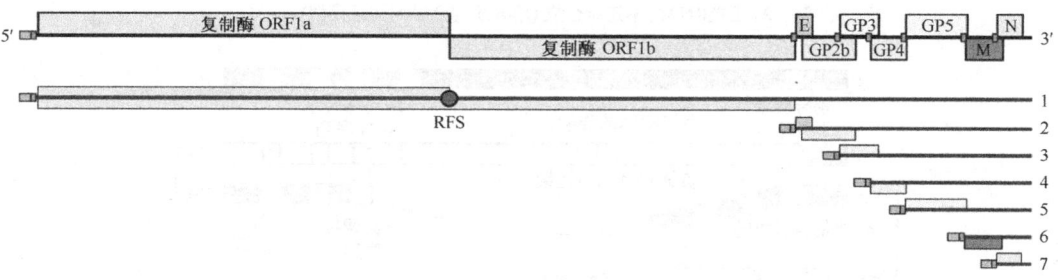

图 7-2　动脉炎病毒的基因组（12.7kb）结构图（Gorbalenya et al.，2006）

动脉炎病毒的 5′UTR 存在于每条 mRNA 上游的 ORF 前，故又称为前导序列（leader）。PRRSV 的 leader 3′端最后 6 个碱基为特异性保守序列（5′-UUAACC-3′），称为前导序列连接位点。这一保守序列同时存在于基因组中下游的每个 ORF 之前，每个下游的 5′-UUAACC-3′被相应地称为编码体序列连接位点。5′UTR 的 LJS 与下游的每个 ORF 前的 BJS 相互配对，从而介导 leader 与下游序列的非连续性跳跃连接。非连续性连接产生的是 mRNA，因此这个过程实际上是病毒基因的转录，即所谓的非连续性转录（图 7-3）。因其参与调节转录过程，这个六碱基保守序列被称为"转录调控序列"（transcription-regulating sequence，TRS）。目前关于套式病毒的非连续转录机制主要有两种模型：第一种模型是前导序列-引发转录模型（leader-primed transcription model），这个模型认为非连续性转录事件发生在正链 RNA 合成过程中。基因组 RNA 首先复制出全长负链 RNA，再以负链 RNA 为模板合成亚基因组 RNA。在这个过程中，新合成的正链亚基因组 RNA 在模板负链 RNA 前导序列的转录调控序列（leader TRS）处停止转录，前导序列和 RdRp 复合物一起从模板上脱离下来，随后再结合到负链模板的转录调节序列（body TRS）上，以前导序列作为引物继续合成病毒的亚基因组 mRNA（subgenomic mRNA，sg mRNA）。第二种模型为负链 RNA 非连续性转录模型（discintinuous minus-strand synthesis）。这个模型认为非连续性转录事件发生在负链 RNA 的合成过程中；亚基因组的合成是以正链基因组 RNA 为模板，聚合酶复合物和新合成负链亚基因组 RNA 遇到正链模板 body TRS，亚基因组 RNA 合成弱化（attenuation），聚合酶复合物和新合成负链亚基因组 RNA 3′的反义调控序列（anti-body TRS）直接就跳到基因组中前导序列的 3′端转录调控序列，继续完成亚基因组合成。这样就合成一系列的负链 sgmRNA，负链的亚基因组 RNA 可以作为合成正链 sgmRNA 的模板，合成正链的 sgmRNA。其中，负链 RNA 非连续性转录模型得到比较多的实验数据的佐证，被广泛认可。

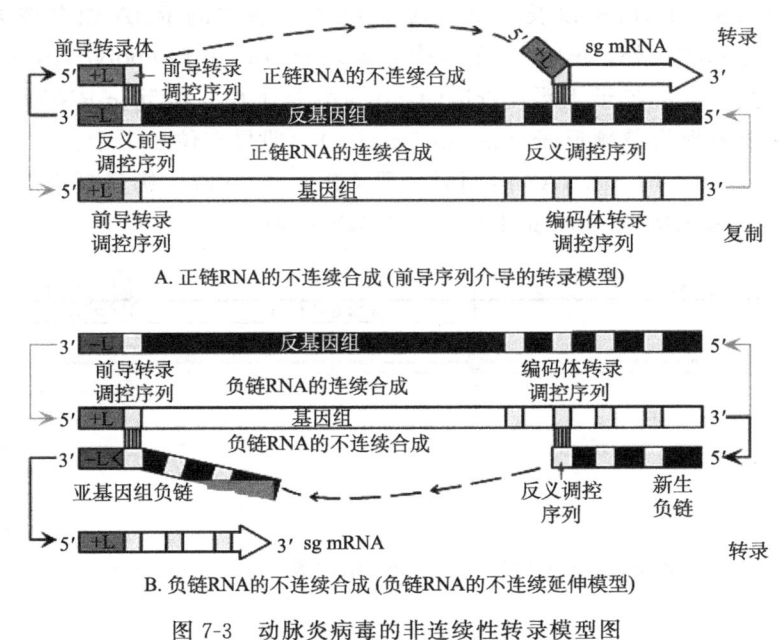

图 7-3　动脉炎病毒的非连续性转录模型图

二、动脉炎病毒基因组的表达产物

动脉炎病毒 ORF1a 编码具有切割功能的蛋白水解酶，整个 pp1a 可自身酶解加工成 Nsp1~8。Nsp1 具有木瓜蛋白酶样半胱氨酸蛋白酶活性（papain-like cysteine proteinse，PCP），它能介导自身从多聚蛋白中切割出来。动脉炎病毒 Nsp1 至少包括 3 个结构域：PCP1α，PCP1β，Zinc Finger（ZF），特别的是 EAV 的 PCP1α 没有 PCP 活性，Nsp1 的蛋白酶活性主要由 PCP1β 负责。PCP1β 催化活性位点是 Cys164 和 His230，切割位点为 Gly260/Gly261。在 2 型 PRRSV 中，Nsp1α 和 Nsp1β 的切割位点在 M180/A181 之间，而 Nsp1β 和 Nsp2 之间的切割位点则在 G383/A383 之间。在 EAV 中，PCP1β 不但控制着 Nsp1 和 Nsp2 之间的切割，而且与 PCP1α 一起行使着非蛋白水解酶的活性。研究表明，PCP1α 和 PCP1β 与 EAV 转录的控制有关，这两个区域可能在亚基因组合成中有着与 RNA 或蛋白质结合的活性，对亚基因组的合成是必需的。Beura 等（2012）证明表达 Nsp1α 和 Nsp1β 能影响细胞内 1 型干扰素启动子的活化，从而降低 1 型干扰素的产生，说明了 Nsp1α 和 Nsp1β 还具有拮抗干扰素的作用。

Nsp2 是 PRRSV 编码的最大的蛋白质，它至少含有 4 个结构域：N 端的 CP/OUT 结构域，中间的高变区，跨膜区以及 C 端的富含半胱氨酸的区域。Nsp2 的半胱氨酸蛋白酶（cysteine proteinse，CP2）具有顺式（cis-）或者反式（trans-）的切割活性，介导 Nsp2/Nsp3 切割。动脉炎病毒 Nsp2 的 CP 结构域还被鉴定是具有去泛素化酶作用的卵巢肿瘤（OUT）家族的一个成员。在 EAV 中，CP2 的催化活性位点为 Cys271 和 His332，Nsp2/Nsp3 的切割位点在 Gly831/Gly832，而在 1 型 PRRSV 中，Nsp2/3 的切割位点则在 Cly1463/Ala1464。Nsp2 的 N 端和 C 端也很保守，但中间高变区长度差异大，因此不同的动脉炎病毒的 Nsp2 切割产物变化比较大，在 EAV 中为 573 个残基，在 PRRSV 中约为 1195 个残基。另外 Nsp2 的 CP2/OUT 结构域的去泛素化活性能够抑制 IFN-β 的产生和 IFN-β 通路的信号传递，从而拮抗干扰素的产生。其中 Nsp2 已被证明能够诱导很强的体液免疫反应（Sun et al.，2010a；Frias-Staheli et al.，2007）。研究表明，Nsp2 含有多个 B 细胞表位，这些表位能够激发机体在病毒感染早期就能产生很高的抗体（De Lima et al.，2006）。在 Nsp2 编码区有一段保守序列位点，ORF1a 可以在该位点通过－2PRF 的机制翻译 Nsp2TF 蛋白，突变分析表明刺激元件序列对有效的－2 程序性移码是必需的，突变阻止 Nsp2TF 的表达能够影响病毒的复制（Fang et al.，2012）。

动脉炎病毒的 Nsp4 具有 3C 样丝氨酸蛋白酶活性（3C-like serine proteinases，3CLSP）。EAV 的 3CLSP 结构域具有 204 个残基，分子质量为 21kDa（Fang et al.，2012）。X 射线晶体结构显示 3CLSP 折叠成两个 β 桶结构。两个 β 桶结构含有一个催化中心（His-1104/Asp-1130/Ser-1185）和一个底物连接袋（substrate-binding pocket），这是一个典型 3C 样丝氨酸蛋白酶活性的催化结构域（Snijder et al.，1996；van Aken et al.，2006）（图 7-4）。在 EAV 复制酶中，3CLSP 至少有 8 个切割位点，5 个在 ORF1a 的 C 端，3 个位于 ORF1b 编码的多聚蛋白中（Lee et al.，2006）（图 7-5）。4 个已知的切割位点是 Glu/Gly，3 个是 Glu/Ser，1 个是 Gln/Ser，所有的这些切割位点在动脉炎病毒中高度保守（van Dinten et al.，1999）（图 7-4）。EAV Nsp4 可以通过两条途径对 pp1a（Nsp3～Nsp8）进行加工。在主要加工途径中，对 Nsp4/Nsp5 连接位点的切割可以产生 Nsp3～Nsp4 和 Nsp5～Nsp8 加工中间体，接着后者的 Nsp7/Nsp8 位点被切割，产生的 Nsp5～Nsp7 中间体和 Nsp8，其中 Nsp5/6 和 Nsp6/7 位点保持完整。在次要加工途径中，Nsp4/5 未能得到切割，而蛋白酶则切割 Nsp3～Nsp8 和 Nsp4～Nsp8 中间体的 Nsp5/6 和 Nsp6/7 位点（图 7-4）（Wassenaar et al.，1997）。目前，关于使用两种蛋白水解途径对病毒的生活周期的意义所知甚少，控制着选择这两条途径的分子机制也有待研究。但是免疫荧光和电子显微镜研究表明，EAV 复制酶亚单位和病毒 RNA 共定位于感染细胞的核周边，它们与双膜小泡的形成有关，DMV 来源于内质网，由动脉炎病毒感染后诱导产生，通过 α 病毒驱动的表达系统表达 EAV ORF1a 编码 Nsp2～Nsp7 也能诱导相似的 DMV 形成，于是推测 Nsp2、Nsp3、Nsp5 含有的疏水结构域介导 EAV 复制酶复合物锚定到胞内囊膜上，从而形成所谓的双膜小泡（DMV）（Snijder et al.，

2001）。3CLSP 将 ORF1b 编码的多肽 pp1b 切割成 Nsp9～Nsp12 4 个非结构蛋白，这些蛋白形成复制酶复合体对动脉炎病毒基因组的复制和亚基因组转录起到重要的作用（van Dinten et al.，1999）。Nsp9 具有 RNA 依赖的 RNA 聚合酶（RNA-dependent RNA polymerase，RdRp）活性，RdRp 主要起到 RNA 的复制转录的作用。Nsp10 的 C 端含有超家族 1（superfamily1，SF1）解旋酶（helicase，Hel）结构域，N 端含有锌结合结构域，具有 ATP 酶（ATPase）和解旋酶活性（van Dinten et al.，1996）。ZBD 中有 13 个保守的 Cys 和 His 残基，这些残基与锌结合有关。使用 EAV 感染性克隆通过对 Nsp10 特别是 ZBD 结构中的 13 个 Cys 和 His 突变发现，Nsp10 对病毒的亚基因组合成和基因组的复制与病毒粒子的生物发生有关。另外，Nsp11 具有套式病毒特异的内切核糖核酸酶功能蛋白结构域（NendoU）。NendoU 是套式病毒复制酶 C 端的最保守区域，冠状病毒的 NendoU 是 Mn^{2+}

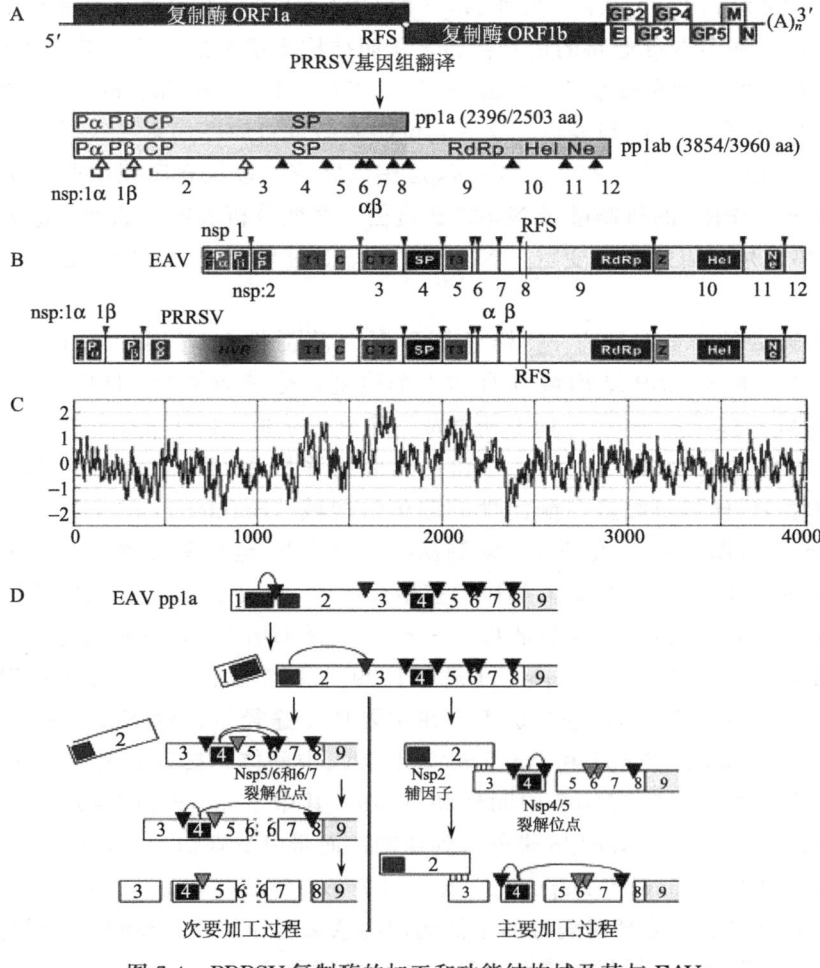

图 7-4　PRRSV 复制酶的加工和功能结构域及其与 EAV
复制酶的比较（Fang and Snijder，2010）

A. PRRSV 基因组结构；B. PRRSV 和 EAV 复制酶加工图谱的比较；
C. 复制酶蛋白 pp1ab 疏水结构的分析；D. EAV Nsp3～8 替代加工模型

依赖性的，能产生 2′～3′环状磷酸化末端和切割 GU 或 GUU 序列中的尿苷酸，具有催化作用的 3 个残基（His162、His178 和 Lys224）在所有的 NendoU 家族中高度保守。在动脉炎病毒中，Nsp11 是否具有内切核糖核酸酶的活性还需进一步验证，但是冠状病毒 NendoU 活性所需的所有残基在动脉炎病毒中是高度保守的，这都表明动脉炎病毒 Nsp11 可能有这种生物活性。有研究发现对 EAV 中的 NendoU 结构域进行点突变和部分缺失，对病毒的复制和亚基因组转录以及感染性病毒的产生都有不同程度的影响（Gorbalenya et al.，2006；Posthuma et al.，2006）。

动脉炎病毒的基因组近 3′端至少有 7 个 ORF 来编码病毒的结构蛋白。在 PRRSV 中，ORF2a、ORF2b、ORF3 和 ORF4 分别编码 GP2a、GP2b、GP3、GP4 等囊膜蛋白，ORF5、ORF6 和 ORF7 分别编码病毒囊膜蛋白 GP5、膜基质蛋白 M 和核衣壳蛋白 N。GP2a 和 GP4 的分子质量分别为 29～30kDa 和 30～35kDa 的 I 型整合膜蛋白，N 端有一段信号肽序列，C 端锚定在膜上，蛋白表面分别有 2 个和 4 个 N-糖基化位点。GP3 分子质量为 45～50kDa，有 7 个 N-糖基化位点，是一个高度糖基化蛋白。GP3 是 EAV 和欧洲型 PRRSV 病毒颗粒组成成分，而美洲型 PRRSV，GP3 是否为结构蛋白还存在争议（Mardassi et al.，1998）。小囊膜蛋白 E（GP2b）由 mRNA2 中的第 6 个碱基开始的内部 ORF2b 编码，而在美洲和欧洲株 PRRSV 中，E 蛋白分别由 73 个和 70 个氨基酸组成，分子质量为 10kDa，在 N 端有一个肉豆蔻基化位点和一个酪蛋白 II 磷酸化位点。E 蛋白含有两个半胱氨酸（Cys48 和 Cys54），但 E 蛋白不能形成二硫键连接的同源二聚体。蛋白高度疏水，在疏水的 C 端结构域有一段碱性的氨基酸，在胞内与膜连接。据报道该蛋白镶嵌在病毒囊膜中可能起到离子通道的作用，在感染过程促进病毒的脱壳而把基因组释放到细胞质中（Lee and Yoo，2006）。E 蛋白可以与 GP2-GP3-GP4 蛋白三聚体相互作用，形成的异聚多亚基对病毒的感染起到关键的作用（Wieringa et al.，2003）。

病毒粒子表面主要囊膜蛋白由 M 蛋白和 GP5 组成。通过与已知拓扑结构的 LDV GP5 和 M 蛋白同源比较，推测出 M 蛋白为 18～19kDa III 型跨膜蛋白，蛋白跨膜 3 次，膜外结构域由 13～18 个氨基酸组成，膜内结构域由 81～87 个氨基酸组成。GP5 分子质量约为 25kDa，其结构与 M 蛋白非常相似，其 N 端是有一段 28 个或 32 个氨基酸组成的可切割的信号肽，引导蛋白形成 3 次跨膜结构，膜外结构域由 30 个氨基酸组成，C 端的膜内结构域有 50～72 个氨基酸。通过大量不同毒株的 PRRSV GP5 蛋白的氨基酸序列进行比较发现，GP5 有一个高变异区（32aa～40aa）、两个多变区（57aa～70aa 和 121aa～130aa）、三个保守区（41aa～56aa，71aa～120aa，131aa～200aa），并含有 2～5 个糖基化位点。肽段图谱分析显示，PRRSV 的中和表位分布于 GP5 膜外结构域的 36aa～52aa 位，用猪多克隆抗血清和单克隆抗体鉴定了 GP5 有一个非中和表位 A 和一个中和表位 B。非中和表位 A（27aa～30aa）具有高变异性，为免疫优势表位，中和表位 B 位于 37aa～45aa 位，这几个氨基酸在所有毒株中都是保守的，但是表位 B 并不是免疫优势表位，感染病毒的猪首先产生抗表位 A 的抗体，而后才产生中和表位的 B 抗体。因此，推测表位 A 可以作为一个诱饵（decoy），从而使中和抗体产生延迟（Ostrowski et al.，2002）。同时有研究发现，存在于表位 B 周围有多个 N 多糖能够降低 GP5 中和决定簇的免疫原性并能够降低病毒对中和抗体的易感性（Wei et al.，2012a；Ansari et al.，2006)。而 GP5 蛋白的内在特性如诱饵表位和高度糖基化屏蔽了关键的中和位点，从而延迟或者降低了中和抗体的产生，也降低病毒与中和抗体的反应。因而 GP5 蛋白的内在特性可能是 PRRSV 免疫逃避的分子机制之一。

N 蛋白是一种碱性磷酸蛋白质，占病毒子蛋白质总量的 40%。1 型 PRRSV 的 N 蛋白由 123 个氨基酸组成，而 2 型 PRRSV 的 N 蛋白有 128 个氨基酸组成。N 蛋白构成病毒的主要抗原，免疫原性极强，其主要的抗原决定簇分布在蛋白质的中央。研究表明 N 蛋白的主要抗原决定簇为构象型表位，其 C 端氨基酸可形成稳定的 β 折叠，对维持 N 蛋白的抗原性是必需的（Meulenberg et al.，1998)。N 蛋白与病毒基因组 RNA 相连，其主要功能是基因组包装。研究发现 N 蛋白以共价和非共价的方式自身相互作用形成病毒核蛋白组装的基础（Zhang et al.，2012）。在病毒感染初期，N 蛋白主要集中在感染细胞核的周围区域，但也有报道称 N 蛋白在感染细胞核和核仁中聚积。研究表明，N 蛋白中含有类似于核定位信号的保守的碱性决定簇。核定位信号可与输入蛋白 α 和 β (importin α 和 β) 相互作用来介导 N 蛋白进入细胞核。入核后的 N 蛋白可与小核仁 RNA 连接的纤维蛋白相互作用，并且 N 蛋白能够结合 28S RNA 和 18S RNA，推测 N 蛋白与核糖体的生物发生有关（Rowland et al.，1999）。

第三节 动脉炎病毒的繁殖

动脉炎病毒具有严格的细胞嗜性。在体内，动脉炎病毒仅能感染单核/巨噬细胞谱系细胞；在体外，SHFV 和 PRRSV 只能感染非洲绿猴肾细胞系 MA-104 细胞及其衍生细胞系 MARC-145 细胞；目前为止，还没有找到合适的传代细胞系来培养 LDV；与其他动脉炎病毒不同的是，EAV 有着较宽的体外传代细胞感染谱，能够感染 BHK-21、Vero、MARC-145 和 RK-15 等体外传代细胞系。将 PRRSV 的基因组 RNA 转染非容许性细胞，如 BHK-21 和 Vero 细胞等，能够获得感染性的病毒粒子；通过聚乙二醇介导，PRRSV 粒子进入非容许性细胞后，病毒可以在细胞内进行复制并产生感染性病毒粒子；将用生物素-荧光素进行标记后的病毒粒子感染细胞，在共聚焦显微镜下进行细胞定位观察发现病毒颗粒先结合到细胞表面，进一步与细胞网格蛋白形成内吞体，然后向细胞质内移动，最后脱壳释放出核酸。PRRSV 进入细胞是一个受体介导的细胞内吞过程，病毒粒子在细胞内的脱壳和基因组释放需要 H^+ 介导，降低酸性环境，则病毒粒子被局限于内吞体中，感染性病毒核酸不能释放出来，这与绝大多数囊膜病毒的侵入过程相似（图 7-5）（Zhang et al.，2012；Snijder and Meulenberg，1998），同时这也暗示动脉炎病毒的细胞嗜性不同，很可能取决于病毒囊膜蛋白能否与细胞受体相互作用进而介导病毒进入细胞。

在动脉炎病毒中，对 PRRSV 的细胞受体以及与受体相互作用的病毒囊膜蛋白研究较多。目前，在猪肺泡巨噬细胞（PAM）表面上鉴定出至少 3 种 PRRSV 细胞受体，研究较多的是硫酸乙酰肝素（Hs）、唾液酸黏附素（Sn）和 CD163（van Gorp et al.，2008）。但是，哪一种受体与病毒囊膜蛋白相互作用来介导 PRRSV 入侵细胞尚存争议。来自欧洲的一个研究小组认为 Hs、Sn 和 CD163 分子分别在介导病毒结合、

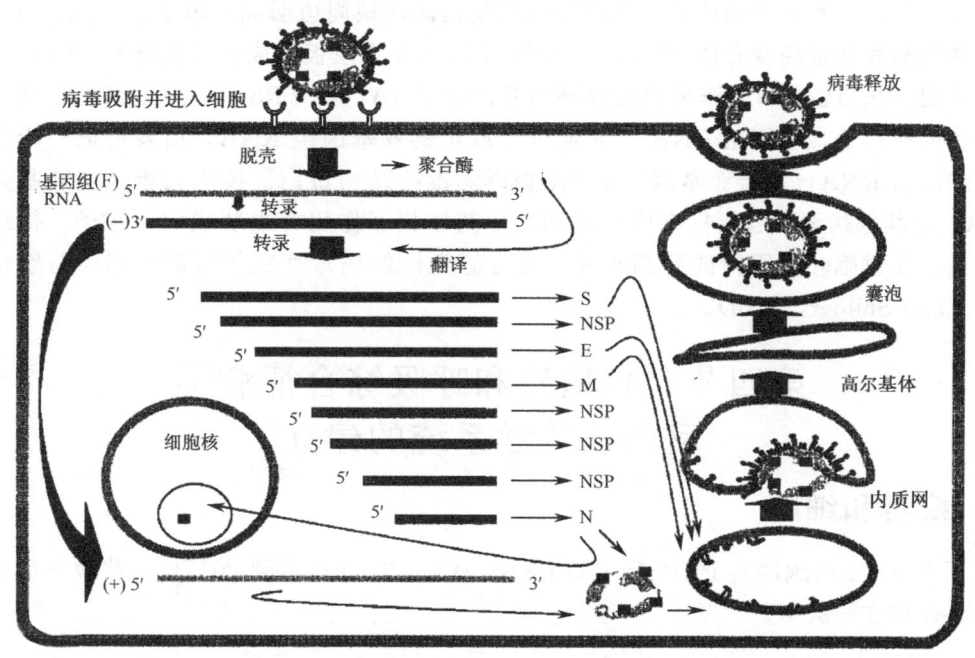

图 7-5 动脉炎病毒的增殖过程示意图（Zhang et al.，2012；Snijder and Meulenberg，1998）

内化和脱壳释放基因组 RNA 到细胞质中进行复制的过程中扮演不同的角色。在这个过程中，PAM 表面的 Hs 与病毒的 M 蛋白结合，使病毒粒子在细胞表面聚集，接着 Sn 通过与病毒的 GP5/M 复合物相互作用来介导病毒内化进入披网格蛋白囊泡（clathrin-coated vesicles），在 CD163 的作用下，在酸化的囊泡中释放病毒基因组 RNA，从而完成病毒入侵（Delputte and Nauwynck，2004）。换言之，CD163 并非病毒受体，而是作为一个辅助因子帮助病毒颗粒脱壳释放基因组。该研究小组还表明，非易感细胞共表达 Sn 和 CD163，与单独表达 CD163 相比，能够显著提高病毒对这些非易感细胞的感染性（Nauwynck et al.，1999）。另外一个研究小组的证据表明 CD163 为 PRRSV 的细胞唯一受体。主要依据如下：MARC-145 细胞表面不表达 Sn，但其却是唯一的体外传代细胞系；PAM 和 MARC-145 细胞表面均表达 CD163；将表达的 CD163 的载体转染到非容许性细胞系 BHK-21、Vero 和 PK-15 等细胞，PRRSV 可与 CD163 相互作用来侵入细胞进行复制，这个过程不需要猪 Hs 和 Sn 等分子的存在（Welch and Calvert，2010）。CD163 还能与 GP2a 和 GP4 相互作用形成复合体，GP2 和 GP4 表面的糖元可有效地促进病毒蛋白和受体的结合。最近的研究表明，敲除 Sn 基因的转基因猪，与对照正常的小猪一样对 PRRSV 易感，说明 PRRSV 的吸附和内在化并不需要 Sn 的存在，暗示着 Sn 在 PRRSV 感染过程中并没有起到决定性的作用（Prather et al.，2013）。

PRRSV 通过披网格蛋白介导的内吞作用内化。病毒内吞并被转运到内体，病毒囊膜和内体膜融合后进入细胞质脱壳释放出基因组。基因组 ORF1 通过－1PRF 机制翻译出一个多聚蛋白（pp1a 和 pp1ab），并加工至少 13 个非结构蛋白成熟，这些非结构蛋白具有蛋白水解酶和复制酶活性。某些非结构蛋白能在核周边形成双膜小泡（DMV），接着，复制酶和转录酶复合体（RTC）以基因组 RNA 为模板合成全长负链 RNA 的合成。新合成的全长负链 RNA 作为模板复制出基因组 RNA。在 TRS 和一些病毒蛋白或者细胞蛋白的作用下，基因组 RNA 可非连续合成负链亚基因组 RNA，后者可进一步合成正链基因组 RNA，正链亚基因组 RNA 翻译病毒的结构蛋白。核衣壳蛋白包装基因组 RNA，与其他病毒囊膜蛋白在内质网和高尔基体相互作用并组装成病毒粒子。待组装完毕后，通过胞吐作用释放到细胞外。具有感染性的病毒性粒子可继续感染易感细胞（Fang and Snijder，2010）。

第四节 猪繁殖和呼吸综合征病毒反向遗传学系统的建立

一、病毒和细胞

用 MA104 细胞增殖 PRRSV（APRRSV 株），在 CPE 达到 80% 后，将收集的病毒液分装保存在 -80℃。

二、扩增病毒基因组

按 QIAgen Viral RNA Mini Kit 说明书的操作方法来提取病毒 RNA，并保存于 -70℃。根据 GeneBank 上序列号为 AF184212 和 U87932 的基因序列，设计一套扩增 PRRSV 全基因组的 PCR 引物（表 7-1）。其中引物 STL 含有 T7 启动子核心序列和两个非病毒核苷酸 G，之后紧接着就是病毒基因组的核苷酸序列。下游引物 Qvt 中还加入病毒原始序列中不存在的单酶切位点 Vsp I 和 Xho I，用于 cDNA 模板的线性化。以病毒 RNA 为模板，用 Qvt 为 RT 引物来合成 cDNA 第一链。取 2uL RT 产物作为 PCR 模板，PCR 扩增条件是：95℃ 2min；然后，95℃ 30s，64℃ 30s，68℃ 1min/kb，运行 30 个循环；最后 68℃ 孵育 10min。用 1% 的琼脂糖凝胶鉴定 PCR 产物。

表 7-1 用于 RT-PCR 和 PCR 突变的引物

名称	序列	位点	应用
Qvt	GAGTGACGAGGACTCGAGCGCATTAATTTTTTTTTTTT	15 412	RT-PCR
STL	ACATGCATGCTAATACGACTCACTATAGGTATGACGTATAGGTGTTGGC	1	PCR
R2573*	CTGCCCAGGCCATCATGTCCGAAGTC	2 573	PCR
F1973*	CGCCACAACGGAGGGAATCAC	1 973	PCR
R5609	CGCGGGGGCCACTGGTGTAATGAT	5 501	PCR
F5124	GCGGCACCGGCACTAACGAT	5 016	PCR
R9753	GTACCCGCACACTCTCGACTTCTTCCCCTCAT	9 645	PCR
F7682	CTTTCCGTTGAGCAGGCCCTTGGTATGA	7 574	PCR
PSA2F	TTAATTAATTTAAATGGCGCGCCAATGAAATGGGGTCCATGC	12 072	Mutagenesis
PSA1R	GGCGCGCCATTTAAATTAATTAATCAATTCAGGCCTAAAGTTGG	12 072	Mutagenesis
MLU5F	TGTCCTGGCGCTACGCGTGCACCAGATACA	14 194	Mutagenesis
MLU5R	TGTATCTGGTGCACGCGTAGCGCCAGGACA	14 194	Mutagenesis

*F代表正向引物；R代表反向引物。

将纯化的 RT-PCR 产物克隆到 pCR-ZeroBlunt-TOPO Vector（Invitrogen，USA）载体中。用 QIAprep Miniprep Spin Kit（QIAgen Inc，USA）试剂盒抽提质粒，使用酶切鉴定阳性克隆，然后测序。

三、PRRSV 全长 cDNA 分子克隆的构建

用 5 对特异性引物，分别扩增 TB1（STL/SR2573）、TB2（SF797/ SR6589）、TB3（SF4344/SR9573）、TB4（SF7682/SR13334）和 TB5（SF11210/Qvt）5 个片段（图 7-6）。再将各个 PCR 片段克隆到 pZero-Blunt 或 pCR-XL 载体中，转化 TOP10 感受态细胞，提取重组质粒，接着进行酶切和序列测定。最后，将测序结果拼接，获得全长基因组序列后，分析全长基因组序列和克隆载体的限制性酶切图谱，并依此设计各片段的连接顺序。如图 7-6 所示，通过基因组 5388 位点的 KpnI 酶切位点将 TB2 和 TB3 连接起来获得亚克隆 TB23，通过基因组 2177 位 MluI 位点将 TB1 和 TB23 连接，获得覆盖基因组 5′半分子的亚克隆 TB123。使用基因组 13 117 位点的 SpeI 酶切位点将 TB4 和 TB5 连接，得到覆盖基因组 3′半分子的亚克隆 TB45。利用 7800 位点的 PmeI 酶切位点，将两个中间克隆连接，最后克隆到 pBluescript SK（+）载体（Stratagene）中，从而得到全长的 cDNA 克隆 AP-RRSV。全长克隆 5′端引入 T7 启动子，紧接其后是普遍认为能够增强 RNA 体外转录水平的非病毒序列 [2 个核苷酸（图 7-6）]。3′端的引入酶切位点 VspI 或 XhoI 能够线性化 cDNA 模板。最后，用酶切和测序鉴定全长 cDNA 序列。

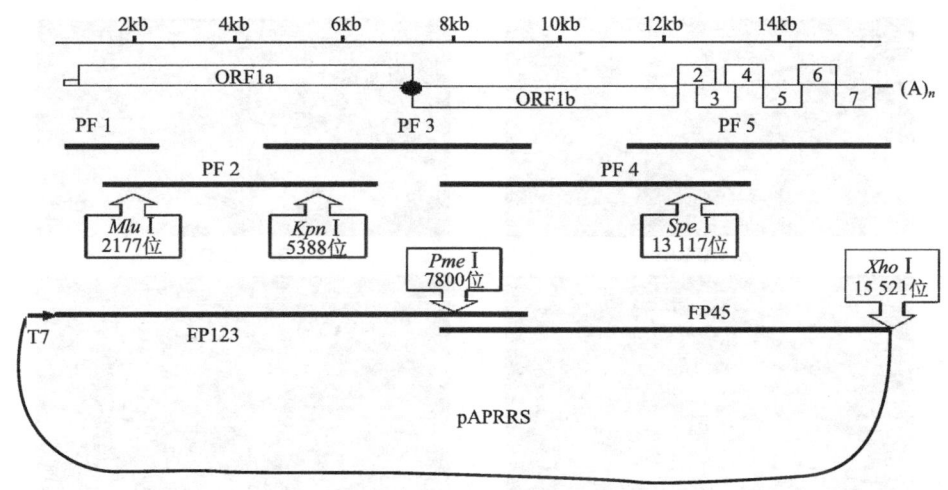

图 7-6 PRRSV 的基因组结构和全长 cDNA 克隆的构建策略

四、在全长 cDNA 克隆中引入遗传标记

根据各个亚克隆的核苷酸序列和限制性酶切位点，如图 7-6 所示，构建 APRRSV 全长的 cDNA 克隆。为了区分 APRRSV 和亲本病毒，用突变 PCR 的方法将 APRRSV ORF5 编码区的 14 035 位点 T 突变为 G 和 14 037 位点 A 突变为 G，构建带有 MluI 酶切位点的

质粒 pORF5M。为了将非结构蛋白和结构蛋白之间的编码区重叠区分开，在 ORF1 的末端和 ORF2 的上游插入 Pac I、Swa I 和 Asc I 3 个酶切位点，构建了质粒 pCSA。

五、病毒拯救

首先，用 Xho I 进行单酶切线性化 PRRSV 全长 cDNA 分子克隆，再以纯化的线性化质粒为模板，按照 T7 mMessagem Machine Kit（Ambion）说明，进行体外转录，合成病毒 RNA。转录反应结束后，用 DNase 消化质粒模板，将 RNA 保存于−70℃。用 DMRIE-C 转染试剂（Invitrogen）将体外转录的 RNA 转染 MA-104 细胞，置 37℃、5% CO_2 培养箱中培养和观察。结果显示，在转染 2 天或 3 天后，pAPRRS、pORF5M 和 pCSA 的体外转录本均产生典型的 CPE。而阴性对照 BTSX，即使转染细胞 14 天后也没有出现 CPE。

六、间接免疫荧光

将拯救病毒以 0.1 MOI 感染单层 MA-104 细胞，感染后 36h 弃去培养基。用冰甲醇固定 10min，1% BSA 室温封闭 30min，用 PRRSV 的 N 蛋白的特异性单抗室温孵育 2h，再加入 FITC 标记羊抗鼠的二抗室温孵育 1h，PBS 洗 3 遍后，在荧光显微镜下观察。IFA 结果显示，拯救的病毒 vAPRRS、vORF5ME 和 vCSA 都能特异地与 PRRSV N 蛋白反应。说明感染性克隆得到了拯救（图 7-7）。

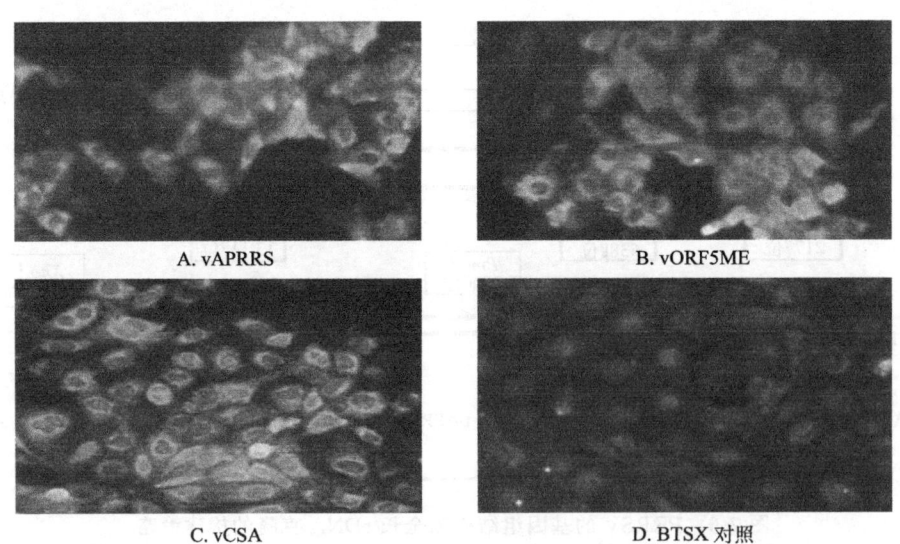

图 7-7 拯救病毒的免疫荧光分析（见文后彩图）

七、拯救病毒与野生型病毒的区别鉴定

为了证明重组病毒是否含有人为导入的突变，对拯救的病毒 RNA 进行 RT-PCR，将 PCR 产物进行酶切鉴定和测序，最后用亲本病毒序列和突变的质粒 DNA 进行比对。

如图 7-8 所示，vORF5ME 和 vCSA 的 RT-PCR 产物的核苷酸序列与亲本质粒序列一致，说明突变克隆产生了重组病毒。

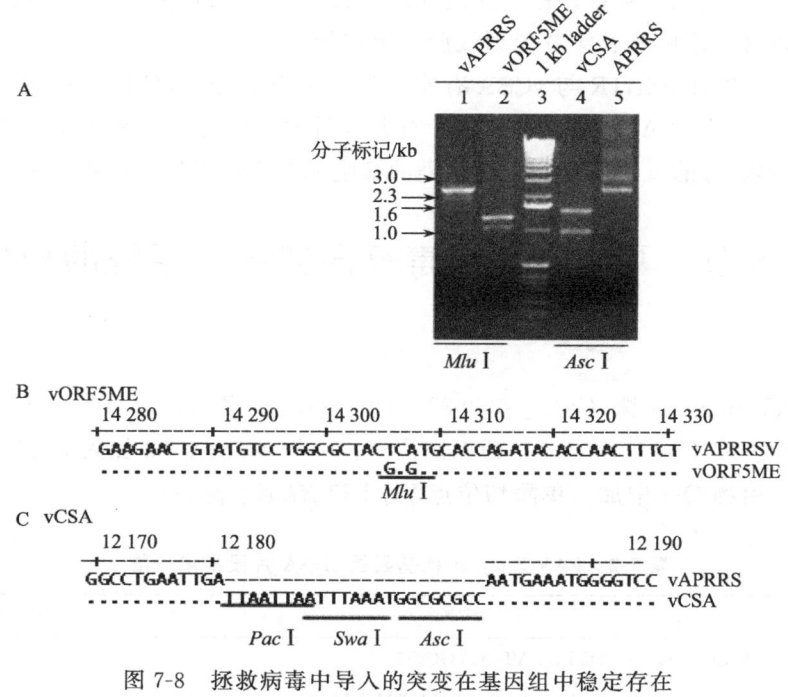

图 7-8　拯救病毒中导入的突变在基因组中稳定存在
A. *Mlu* I/*Asc* I 酶切重组病毒的 RT-PCR 产物

八、Northern 杂交分析病毒亚基因组

为了研究插入的序列是否能以亚基因组 RNA 形式表达，特别是插入 ORF1 和 ORF2 之间的 PSA 接头是否能以一个亚基因组的方式转录。对拯救的病毒进行 Northern 杂交分析。具体步骤如下：将拯救病毒以低感染剂量（0.1 MOI）感染单层 MA-104 细胞，在感染 48h 后弃去培养基，加入 7.5mL RNAWiz（Ambion），提取细胞总 RNA，将 RNA 溶解到 200μL 无核酸酶的水中，冻存于 −70℃ 备用。参照 BrightStar Psoralen-Biotin 试剂盒（Ambion）说明书标记探针 PSA1R 并置于 −70℃ 保存备用。然后，进行 RNA 变性琼脂糖（1%）电泳，杂交。具体步骤是：在 15μg 的细胞总 RNA 中加入 45μL 含有甲醛的上样缓冲液，混匀后 65℃ 变性

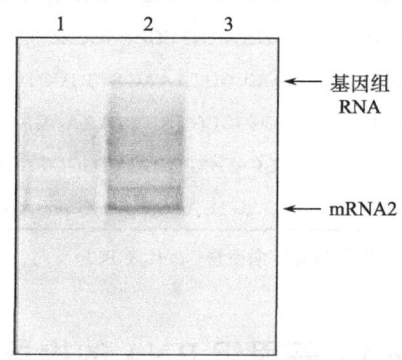

图 7-9　Northern 杂交分析拯救病毒感染细胞中的总 RNA
1. vAPRRS；2. vCSA；3. 阴性对照

15min；40V电泳过夜后，将RNA转印到BrightStar-Plus（Ambion）膜上；再将转印膜移入预热的杂交液（Ambion）中，42℃预杂交30min，使用1mL预热的杂交液稀释20pmol/L探针，加入杂交管，在杂交仪（HYBAID）中42℃杂交过夜。将洗涤后的膜密封在杂交袋内，置膜于暗盒中X射线胶片上成像。

结果显示，探针PSA1R与vCSA有着较强的杂交信号，表明vCSA的mRNA2含有PSA接头。探针PSA1R与vAPRRSV有着微弱的杂交信号，这是因为PSA1R探针含有14个亲本病毒的核苷酸序列。而感染的细胞无杂交信号出现（图7-9）。

第五节 马动脉炎病毒反向遗传学系统的构建

一、引物

根据EAV Bucyrus株（NC_002532）的全基因组序列，设计了7对引物（表7-2）。其中，引物EF1加入了 *Not* I 的识别位点，引物NT3E1 T3加入RNA聚合酶启动子核心序列，引物Qst中加入单酶切位点 *Vsp* I 和 *Xho* I（表7-2）。

表7-2 EAV Bucyrus株基因组cDNA片段扩增引物

引物名称	引物序列	在基因组中的位置
EF1	5'-GCTCGAAGTGTGTATGGTGCC-3'	1~21
NT3E1	5'-AGCGGCCGCAATTAACCCTCACTAAGG AATTAACCCTCACTAAAGG-3'	1~21
ER2431	5'-GGGTGAGGTAAACAGTCGCTC-3'	2 431~2 452
EF64	5'-TTGTGGGCCCCTCTCGGTAAATCCTAG-3'	64~91
ER3185	5'-CGCCACGCACGCCCAGTATCC-3'	3 185~3 196
EF1838	5'-ATGGCCATCTCTTGCTTTGCTCCTTAG-3'	1 838~1 865
ER5422	5'-GATGTGGGGCGCTCTCAGTTT-3'	5 422~5 443
EF5144	5'-GAAAATCGCCGGCACTACCTATCAG-3'	5 144~5 169
ER9100	5'-GGCGGCAAACTTTTCCTCGGCTTCA-3'	9 100~9 125
EF6197	5'-CGGGCGTACTTAAAAGAGGAGATTGG-3'	6 197~6 223
ER10785	5'-GCAGCGTGGCATGGGTAGAAAG-3'	10 785~10 811
Qst	5'-GAGTGACGAGGACTCGAGCGATTAATTTTTTTTTTTT-3	ploy（A）

注：F代表PCR正向引物；R代表PCR反向引物

二、EAV基因组RNA的提取

将含有EAV Bucyrus株接种到生长至70%的培养BHK-21细胞上，待细胞病变致80%的细胞脱落时收获病毒培养液。按QIAgen Viral RNA Mini Kit说明提取病毒RNA，RNA用Nuclease-Free Water溶解，保存于-70℃。

三、EAV 基因组的扩增

以 Qst 为 RT 引物，合成 cDNA 第一链。RT 反应体系 20μL，包括引物 1μL，Nuclease-Free Water 5μL，dNTP（2.5mmol/L）2μL，vRNA 5μL，混匀，65℃水浴 5min，随后迅速置冰上冷却，稍加离心使溶液至管底，加 5×First-Strand Buffer 4μL 和 0.1mol/L DTT 2μL，混匀，42℃水浴 2min，加 1μL SuperScript™ II RT，用移液器缓慢吹打混匀，42℃水浴 50min。反应结束后 70℃水浴 15min 灭活转录酶，置于冰水冷却后加 1μL RNase H，37℃反应 20min。合成的 cDNA 保存于 −20℃。PCR 体系为 50μL，包括 10×Pfu Turbo Hotstart Reaction Bufffer 5μL，dNTP（2.5mmol/L）4μL，Pfu Turbo Hotstart DNA Polymerase 1.2μL，上游、下游引物各 1μL（5μmol/L），cDNA 2μL，补充水至 50μL。按常规 PCR 条件扩增，退火温度和延伸时间以每对引物的 Tm 值及其扩增片段的长度作出相应调整。

四、全长 cDNA 克隆的构建

利用设计的 6 对特异性引物，经 RT-PCR 扩增获得 6 个片段，根据 6 个片段的测序结果和 pBluescript II KS（＋）载体的限制性酶切图谱，设计各片段连接顺序及连接方法，按图 7-10 所示策略，将 6 个片段克隆到 pCR-Blunt II -TOPO 后。构建全长 cDNA，并将全长 cDNA 克隆到 pBluescript II KS（＋）载体中。

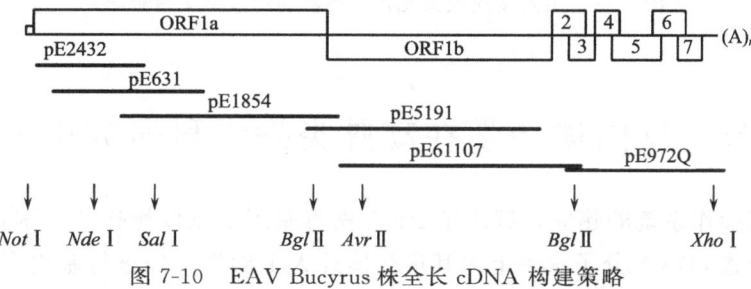

图 7-10　EAV Bucyrus 株全长 cDNA 构建策略

用限制性内切核酸酶 *Bam*H I（5144bp 和 9149bp）、*Bgl* II（5216bp 和 10 704bp）、*Sma* I（5513bp 和 7633bp）以及在 5′端引入 *Not* I 和在 3′端 poly（A）尾引入 *Xho* I 进行酶切鉴定。酶切鉴定结果（图 7-11）显示，成功构建了 EAV 的全长 cDNA 克隆。

五、拯救病毒

用 *Xho* I 进行单酶切线性化全长 cDNA 克隆，对线性化的克隆进

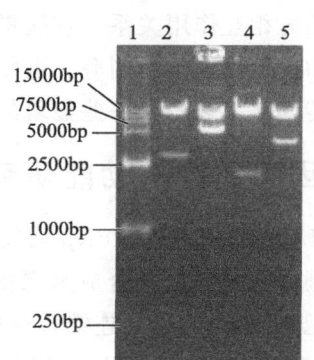

图 7-11　EAV Bucyrus 株全长 cDNA
克隆的酶切鉴定

1. DL15 000 DNA marker；2～5. 用 *Not* I，*Xho* I，*Bgl* II，*Sma* I 和 *Bam*H I 酶切全长 cDNA 克隆

行纯化回收。以纯化后的线性化质粒为模板，进行体外转录以合成 RNA。将体外转录的 RNA 转染 MA-104 细胞，置 37℃、5% CO_2 培养箱中培养观察。

观察结果显示，转染 3 天后，体外转录本均产生典型的 CPE。而阴性对照即使转染细胞 6 天后也没有出现 CPE。

六、间接免疫荧光检测病毒蛋白的表达

用 FITC 标记的抗 M 单抗体对拯救的病毒进行免疫荧光实验分析。具体方法是：将病毒以 0.1 MOI 感染单层 BHK-21，感染后 36h 弃去培养基。用冰甲醇固定 10min，1% BSA 室温封闭 30min，用 EAV M 蛋白的特异性单抗室温孵育 2h，再加入 FITC 标记羊抗兔的二抗室温孵育 1h，PBS 洗 3 遍后，在荧光显微镜下观察。IFA 结果显示，拯救的病毒都能特异地与 EAV 的 M 蛋白的抗体反应（图 7-12），证明拯救病毒获得了成功。

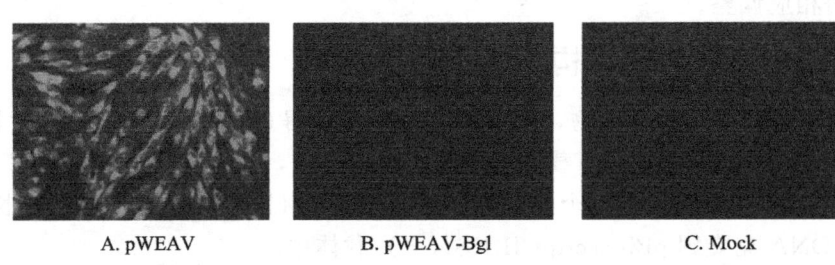

图 7-12　用间接免疫荧光检测拯救病毒（见文后彩图）

第六节　反向遗传学在动脉炎病毒科研究中的应用

反向遗传操作系统的建立，解决了 RNA 病毒基因组难以操作这一困扰研究者多年的难题。在病毒 cDNA 分子水平上对其进行体外人工操作，如进行基因点突变、缺失、插入、颠换、转位和互补等改造，以此来研究 RNA 病毒的基因复制与表达调控机理、病毒与宿主间的相互作用关系、抗病毒策略、基因治疗研究以及构建新型病毒载体来表达外源基因和进行疫苗的研制等。近年来，科学家通过对 EAV 和 PRRSV 感染性克隆进行反向遗传操作，取得了一些显著的研究成果。

一、在基因组结构与功能研究中的应用

病毒 RNA 的合成需要 RdRp 酶复合物结合到病毒 RNA 末端的顺式作用序列和结构元件（复制信号）上，并合成病毒的正链 RNA 或者负链 RNA。除了合成子代基因组 RNA，动脉炎病毒通过非连续转录机制合成病毒的共 3′端和 5′端的亚基因组 RNA。RdRp 酶复合物在病毒的基因组 3′端起始动脉炎病毒的基因组复制和亚基因组合成，因此至少有部分调节信号存在于病毒基因组 5′UTR 和 3′UTR。对 PRRSV 5′UTR 进行比较发现，近 5′端的 30 个核苷酸是高度保守的，特别是近 5′端的 10 个核苷酸，无论是 1 型还是 2 型 PRRSV 都高度保守。为了研究 5′端这段保守序列对病毒复制的作用，将 5′

端序列按顺序逐一缺失，直至将 5′端的 15 个核苷酸缺失，产生 8 个突变克隆。将突变克隆的转录体转染细胞发现，随着核苷酸的逐个缺失，病毒的感染性慢慢降低。当 5′端的缺失达到 9 个核苷酸时，突变体转染细胞不能产生病毒粒子。说明近 5′端的 7 个核苷酸对病毒的复制是非必需的（Choi et al.，2006）。通过 5′UTR 的二级结构分析，发现 PRRSV 基因组 5′UTR 中存在一个型间保守的茎-环结构，命名为 SL2。以 2 型 PRRSV 感染性克隆为平台进行反向遗传操作，将 N-SL2 的一级核苷酸序列进行一系列突变、缺失、替换，以改变该结构的二级结构，从而解析该结构在病毒的复制过程中所发挥的影响。结果显示：PRRSV 基因组 5′UTR 中的 N-SL2 茎-环结构为病毒亚基因组 mRNA 不连续性转录所必需，却不会影响病毒基因组 RNA 复制；另外证实该结构发挥作用的关键元件是其茎结构而非其"三核苷酸环结构"，并只有保持该茎结构的完整性，才能保证病毒的复制及拯救（Lu et al.，2011）。在感染性克隆 pAPRRS 的基础上研究发现，病毒 3′UTR 的 5′端前 66 个碱基是病毒感染性非必需的，但是缺失会降低病毒在 MARC-145 细胞上的复制效率；缺失 67 个碱基的突变体会降低亚基因组的合成丰度，并且不能拯救病毒（Sun et al.，2010b）。使用 LV 毒株感染性克隆，将 3′UTR 的 5′端的 7 个核苷酸进行缺失，突变克隆仍能产生子代病毒，当缺失 32 个核苷酸时，病毒 RNA 不能复制，也没有感染性的病毒产生（Verheije et al.，2001）。对感染性克隆进行突变发现，PRRSV 3′UTR 的 3′端的 4 个核苷酸（5′-$^{15\,517}$AAUU$^{15\,520}$-3′）中的 5′-AU-3′对病毒的感染性发挥着重要的调控作用。而对于 3′UTR 的 3′端的 5 个核苷酸序列（5′-$^{15\,503}$AACCA$^{15\,507}$-3′），其中至少 3 个，且必须包括最后的两个碱基 5′-CA-3′，对病毒的感染性是必不可少的。PRRSV 3′端核苷酸初级序列较其周围的二级结构对病毒复制与感染性更加重要。说明病毒 3′端的保守序列对 PRRSV 复制与感染性发挥关键的调控作用，很可能为病毒复制复合体的组装提供一个连接区域。通过计算机结构预测、化学和酶探针实验以及对 EAV 全长感染性克隆突变分析，鉴定了 EAV 3′UTR 中有两个 RNA 区域对 EAV 病毒复制是必需的，第一个区域定位于 3′UTR 上游（12 610～12 654nt），这个区域大多为单链，仅含有一个小的茎-环结构。第二个结构域定位于 3′UTR（12 661～12 690nt），这个区域折叠成一个茎-环结构，定位于 3′端的茎-环结构在开始负链 RNA 合成的过程中可能起到信号识别作用（Beerens and Snijder，2007）。

在亚基因组合成的过程中，转录调控序列（TRS）是合成动脉炎病毒亚基因组的关键元件。病毒通过前导（leader）TRS 和 body TRS 的相互作用调节亚基因组的转录。使用 EAV 感染性克隆，将 leader TRS 和 body TRS 进行点突变，发现单一 body TRS 中的核苷酸的点突变会影响单个相对应的亚基因组 RNA 的转录，leader TRS 突变会影响所有的亚基因组 RNA 的转录。而当 leader TRS 与一个 body TRS 中的单个碱基同时进行相同的点突变时，相对应的亚基因的转录水平得到一定程度恢复。研究还发现，不同的 body TRS 对转录调控序列碱基的特异性要求是不同的，将 RNA6 的 body TRS 和 RNA7 的 body TRS 第 6 个位点 C 分别进行突变，对它们相应的 sgmRNA 的转录的影响是不同的（Pasternak et al.，2006）。

PRRSV 的 GP2a、GP3 和 GP4 蛋白表面分别有 2 个、7 个和 4 个 N-糖基化位点。根据不同的毒株，GP5 有 2～5 个糖基化位点。在感染性克隆的基础上，通过丙氨酸扫描法（alanine scanning）将糖基化位点 NXS/T 突变为 AXS/T，发现 GP2N184 和 GP3N42、N50、N131 对病毒的感染性是必需的（Das et al., 2011）。对 GP5 膜外结构域的 3 个 N-糖基化位点（N34、N44、N51）进行突变分析发现，N44 突变能导致全长 cDNA 不能拯救出病毒，N33、N55、N33/N55 突变使病毒的生长滴度降低。研究还表明，突变病毒对抗体的敏感性增强，突变病毒感染猪比野毒株产生更高水平的抗体，这表明 GP5 膜外区多糖的缺失能够提高病毒对中和抗体的易感性和其附近中和表位的免疫原性（Ansari et al., 2006）。但是，通过序列比对发现，PRRSV 野毒株中存在这些糖基化位点缺失突变株。暗示着将糖基化位点中的氨基酸 N→A 突变可能改变病毒蛋白结构，从而影响病毒的感染性。在感染性克隆 pARRSV 和 pAJXM 的基础上，将糖基化位点中 N 突变成自然突变株中存在的氨基酸或者突变成与 N 结构相似的氨基酸破坏糖基化位点。研究结果表明，单个突变 GP2、GP3、GP4 或 GP5 蛋白的任何一个糖基化位点，并不影响病毒的感染性；突变 GP2、GP3 和 GP4 蛋白表面的糖基化位点，也不能提高突变病毒对血清的易感性（Wei et al., 2012b）；将 GP5 表面所有的糖基化位点突变，仍能拯救出病毒，但突变病毒在细胞上的感染性大大降低，且病毒无法在猪体内进行复制；该研究同样发现 GP5 糖基化缺失提高了突变病毒对中和抗体的易感性。但是，N44 糖基化的缺失并不能影响病毒对中和表位的免疫原性（Wei et al., 2012a）。ORF5a 蛋白是最近发现的小蛋白，它与 GP5 蛋白 N 端编码区部分重叠（Johnson et al., 2011）。在 EAV 中，ORF5a 蛋白对于病毒感染性是非必需的，但病毒感染性粒子的产生降低到原先的 1/100，说明 EAV 的 ORF5a 蛋白对病毒的感染性粒子的产生起到重要的作用（Firth et al., 2011）。但是，在 1 型、2 型 PRRSV 感染性克隆（pARRSV，pAJXM 和 pMSHE）的基础上，将 ORF5a 基因的起始密码子突变失活，未能拯救出感染性的病毒粒子，说明 PRRSV 的 ORF5a 蛋白对病毒活力是必需的，且表明 ORF5a 蛋白在两种病毒的复制过程中起到不同的作用。EAV GP5 蛋白有 4 个抗原决定簇位点，这些位点分布在 aa49（位点 A），aa64（位点 B）、aa67～90（位点 C）、位点 99～106（位点 D）。为进一步分析 GP5 蛋白的中和决定簇，使用 EAV 感染性克隆构建了 20 株重组病毒：其中包括 10 株不同实验室、野毒株、疫苗株 EAV ORF5 嵌合病毒和 1 株 LV PRRSV GP5 N 端膜外区的嵌合病毒，以及 9 株 GP5 蛋白特异位点突变的突变株。用 EAV 特异的单克隆抗体和 EAV 株特异的多克隆马血清确定每一个重组的嵌合/突变株 EAV 的中和表型，并分别与提供替代 ORF5 的亲本病毒比较。试验数据表明，GP5 膜外结构域含有 EAV 中和抗体的关键决定簇；每个中和位点之间（A～D）在构象上是相互作用的；GP5 蛋白膜外结构域单个氨基酸的替代通常会导致重组病毒的中和表型的不同，这一点类似于 EAV 野毒株的中和表型，与持续性感染 EAV 的带毒种马产生的变异株的中和表型不同（Balasuriya et al., 2004）。

N 蛋白的主要功能是连接基因组 RNA 和其他结构蛋白的包装过程。N 蛋白是最保守的病毒蛋白，研究发现，2 型 PRRSV N 蛋白 N 端 5～13 位、39～42 位、48～52 位氨基酸及 C 端最后 4 个氨基酸都是非必需的，这些氨基酸的缺失并不影响病毒粒子的感染性。而另外一项研究表明，将 N 蛋白 C 端的 6 个氨基酸缺失，并没有影响突变的感染性克隆产生子代病毒，更多的氨基酸缺失导致病毒的感染性缺失。这些结果说明 N 蛋白具有柔韧性，可以进行适当的遗传操作。2型PRRSV N蛋白含有3个保守的半胱氨酸（Cys23、Cys75、Cys90）。通过分析突变表达的N蛋白发现，N—N通过Cys23之间的共价连接形成同源二聚体，并且N蛋白的Cys23对基因组复制和病毒感染性是必需的（Wootton and Yoo，2003）。但是N蛋白的半胱氨酸在动脉炎病毒之间不保守，1型PRRSV和LDV含有两个半胱氨酸，而在EAV和SHFV，N蛋白没有半胱氨酸。在感染性克隆的基础上，将半胱氨酸突变成丙氨酸，发现N蛋白中所有的半胱氨酸突变不影响病毒的感染性，说明半胱氨酸介导的N共价同源二聚体对病毒的感染性是非必需的（Zhang et al.，2012）。N蛋白含有NLS位点，在病毒感染早期能够进入细胞核。将NLS位点中的43和44 K替换为G，突变的NLS PGGGNKK能够限制N蛋白在细胞质中，将突变的NLS导入全长的感染性cDNA中，转染细胞后，NLS突变克隆产生感染性病毒粒子，但是NLS突变病毒的生长滴度比野毒株低100倍。将NLS突变病毒感染猪，猪体内存在时间较短的病毒血症，但是病毒却能产生较高的中和抗体，表明N蛋白的细胞核定位可能与PRRSV在体内的致病性及宿主应答有关（Lee et al.，2006）。

二、利用反向遗传技术构建病毒嵌合体

构建病毒嵌合体的目的是研究相同病毒不同毒株或不同病毒中的同一蛋白质功能之间的互补作用，以此鉴定蛋白质的结构和功能。为研究鉴定动脉炎病毒的细胞嗜性蛋白，利用EAV反向遗传系统操作，将PRRSV和LDV的GP5的囊膜外结构域替代到EAV感染性克隆的相应区域，构建的EAV嵌合克隆转染细胞后能够产生子代病毒，并保留对BHK-21和RK-13细胞的感染性，但不能感染猪或者鼠的巨噬细胞。将1型PRRSV的感染性cDNA克隆M蛋白膜外结构域的编码序列替换为LDV、EAV和PRRSV VR2332的相应基因组序列，所得到的PRRSV嵌合体都产生嵌合病毒，但嵌合病毒仍然保持对猪细胞的感染性，不能感染BHK-21细胞。以上两项研究结果表明M蛋白和GP5蛋白膜外结构域并不决定动脉炎病毒的细胞嗜性（Dobbe et al.，2001；Verheije et al.，2002）。以2型PRRSV感染性克隆为基础，将基因1型PRRSV的囊膜蛋白基因 ORF2～ORF5 替换到2型感染性克隆相对应区域，拯救出的嵌合子病毒表现出与亲本骨架病毒相似的病毒学特征，表明1型PRRSV的相应囊膜蛋白能在2型PRRSV中发挥功能。在此研究结果的基础上，以2型PRRSV感染性克隆为基础，将EAV的小囊膜蛋白GP2/GP3/GP4编码区替换PRRSV相对应的GP2/GP3/GP4区域，将嵌合克隆pARRS-EAV234转染细胞后能够拯救出嵌合病毒，并发现嵌合病毒vPRRSV-EAV234扩大了对传代细胞系的感染谱。嵌合病毒除了能够感染MARC-145细胞外，还能感染PRRSV非容许性的体外传代细胞BHK-21和Vero细胞，但是，嵌合病毒不能感染PRRSV易感的肺泡巨噬细胞（PAM）。说明决定动脉炎病毒细胞嗜性的蛋白为GP2/GP3/GP4复合物（Tian et al.，2012）。

为了深入了解PRRSV的生物学特性和毒力上升的机制，最有效的方法之一就是利用反向遗传操作系统对其基因组结构和生物学特性进行相应的研究，从而获取其基因功能与结构的相关性。将MN184毒株与MLV嵌合来致弱强毒株MN184，发现MLV的5′UTR/ORF1复制酶编码区和结构蛋白编码区ORF2～ORF7/3′UTR均能致弱强毒株MN184。通

过构建异源嵌合病毒致病力试验发现高毒力株 FL12 的毒力决定子主要位于 Nsp3～8 和 GP5 中（Kwon et al.，2008）。2006 年暴发的高致病性 PRRSV 的 Nsp2 编码区不连续性地缺失了 30 个氨基酸，形成此次流行的 PRRSV 独特的遗传标志。为鉴定该 30 个氨基酸缺失是否与病毒毒力上升有关。将高致病性毒株 JXwn06 感染性毒株的 Nsp2 缺失部分替换为低致病性毒株（HB-1/3.9）相对应的区域，嵌合病毒对小猪保持高致病性。而以该低致病性毒株（HB-1/3.9）为骨架，将其 Nsp2 中相应的 30 个氨基酸缺失，嵌合病毒与亲本病毒一样，仍然对猪保持低致病性。这些研究说明 Nsp2 的 30 个氨基酸缺失并不是导致高致病性 PRRSV 毒力上升的主要原因（Zhou et al.，2009）。

将 1 型 PRRSV 5′UTR 替换到 2 型 PRRSV 感染性克隆 pAPRRS 的骨架中，构建 pAPLV5。转染 MARC-145 细胞后，经过两次传代，拯救出嵌合病毒 vAPLV5。研究还发现，嵌合病毒和亲本病毒有着相似的生长特性、空斑形态、基因组负链复制和亚基因组转录，说明嵌合病毒与亲本毒差异不显著，说明嵌合病毒与亲本病毒有着相似的病毒学和生物学特性（Gao et al.，2013）。同样地，将 1 型 PRRSV 3′UTR 替换到 2 型 PRRSV 感染性克隆 pAPRRS 的骨架中，也能够拯救出嵌合病毒，并且嵌合病毒有着与亲本病毒一样的病毒学和生物学特性（Sun et al.，2010b）。这也说明了 1 型 5′UTR 和 3′UTR 在功能上可完全替代 2 型的 5′UTR。这两个研究表明虽然 PRRSV UTR 的一级结构相差很大，但一些局部保守的结构域是发挥功能的关键。

三、用于载体表达外源序列

动脉炎病毒感染性克隆也可以作为新型的病毒系统来表达外源基因有两个可能：一是能够产生带有外源基因的感染性重组载体/病毒，二是产生能够带有外源基因且有复制能力但是不能增殖的复制子载体。目前，对 PRRSV 和 EAV 的感染性克隆作为外源基因表达载体进行了大量研究，很多外源基因得到成功表达。

为了研究动脉炎病毒重叠基因的排列在病毒生活周期中的重要性以及加快对病毒基因组的遗传操作，在 EAV 感染性克隆的基础上，将 ORF4、ORF5 和 ORF6 之间的重叠区序列复制，通过插入一个 *Afl* II 酶切位点将这几个 ORF 分开，构建的 3 个突变感染性克隆均能产生重组病毒，重组病毒能够与亲本病毒一样正常复制，导入的突变也稳定存在（de Vries et al.，2000）。接着利用 ORF5 和 ORF6 之间的 *Afl* II 位点插入鼠肝炎病毒（MHV）M 蛋白 N 端的 9 个氨基酸，使之与 EAV M 蛋白膜外结构域融合表达。拯救得到的重组病毒生长缓慢，但是连续传 3 代，外源基因仍能稳定存在。在不破坏任何 EAV 基因的情况下，也可通过添加一个 sgRNA 来表达外源基因。具体做法是，将 *GFP* 基因连接在 EAV 特异的 TRS 下游，组成一个表达盒，接着在 EAV 感染性克隆的 ORF5 和 ORF6 之间插入表达盒，重组克隆能够拯救出具有复制能力的重组病毒，*GFP* 基因也得到表达。然而，重组病毒经过几次传代后，出现 *GFP* 基因逐渐丢失的突变株。将编码流感病毒血凝素蛋白（HA）的 9 个氨基酸编码序列插入 PRRSV ORF7 的 5′端或 3′端，获得重组病毒成功表达了带有 HA 标签和 N 蛋白的融合蛋白，但是病毒生长缓慢，并且从第 2 代起 HA 标签开始缺失，从第 4 代起完全丢失。对重组克隆进一步改造发现，可通过插入自身切割酶序列提高携带 *HA* 基因标签的重组病毒遗传稳定性和复制能力。具体做法是，将口蹄疫病毒（FMDV）蛋白酶 2A 的编码序列插在 HA 标签与 N 蛋白序列之间，含有编码了 33 个外源氨基酸序列（HA 9 个氨基酸，FMDV1D 7 个氨基酸，FMDV2A 17 个氨基酸）突变克隆能够产生重组病毒，HA-2N 融合蛋白被蛋白酶水解释放出 HA 表位。重组病毒传 4 代后仍能保持其感染性和遗传稳定性（de Vries et al.，2001）。

用 BAC 为载体构建的 PRRSV 感染性克隆，将 PRRSV 基因组的结构蛋白的编码序列部分缺失，并将含有 EMCV IRES 驱动的 LUC 基因的表达盒插入缺失位点来监测病毒的复制，产生一组自我复制、自我限制的 PRRSV 复制子来表达 LUC。研究结果发现，当缺失结构蛋白编码区（ORF2～6）大部分序列（12 163～14 500nt），重组克隆能够有效地复制，同时也鉴定了病毒基因组 3′端的 911 个核苷酸含有对病毒复制必需的最小顺式元件。将 BAC 作为载体构建的 PRRSV 感染性克隆进一步改造，使 PRRSV 感染性 cDNA/重组病毒能够表达 EGFP 报道基因。首先，将 EMCV IRES 驱动的 LUC 基因的表达盒插入 ORF7 编码区第 37 个核苷酸下游，紧接对病毒复制必需的病毒基因组 3′端 911 个核苷酸的顺式元件。这样，EGFP 基因受 EMCV IRES 驱动，但是它的表达依赖于病毒的复制。其次，将自身切割的牛病毒性腹泻病毒的蛋白酶 N^{pro} 基因与 EGFP N 端基因融合，使 EGFP 的 N 端能被 N^{pro} 正确切割。重组克隆的 RNA 转录本能产生子代病毒，转染的细胞都表达 EGFP，产生荧光。

在感染性克隆 pCMV129 的基础上，在 ORF1a 和 ORF2b 之间插入两个酶切位点以及 ORF6 的转录调控序列（TRS），将 PCV2 ORF2 编码序列插入这两个位点中，获得稳定表达 PCV-ORF2 重组病毒（Pei et al.，2009）。用同样的方法，将指示性蛋白 Rluc、GFP、RFP 和几个干扰素基因克隆到相应的位置，也获得重组病毒。表达指示蛋白的重组病毒能够在 MARC-145 细胞和 PAM 复制。表达干扰素基因的重组病毒复制能力较低，重组病毒产生的干扰素也能够抑制 PRRSV 再次感染，具有良好的抗病毒作用（Sang et al.，2012）。

四、疫苗研究

EAV 和 PRRSV 都是全球性的动物传染病。特别是最近十年来出现的 PRRSV，几乎影响全世界的养猪业。尽管投入大量的工作来控制 PRRSV 的感染，但是这种疾病还是没有得到很好的控制。目前，只有非常有限几种灭活和弱毒疫苗投入到市场，这些疫苗主要是对单个 PRRSV 分离株研制而成，不能完全保护所有遗传个样的野毒株。因此，疫苗免疫效率和安全性还需进一步改进，急需研制新型的 PRRSV 疫苗。

通过突变 LV 株感染性克隆，产生 3 株重组病毒，并评估这些重组病毒猪体内的安全性和有效性。在 3 个重组病毒中，其中一株重组病毒在结构蛋白 GP2 中含有两个氨基酸的替代，该突变能促进重组病毒在 CL-2621 细胞系中生长。在另外一个重组病毒的 M 蛋白膜外结构域的基因组序列被 LDV 相应的基因组序列替代。最后一个重组克隆缺失了 N 蛋白 C 端的 6 个氨基酸。将这 3 个重组病毒免疫 8 周龄猪并评估这些病毒在体内的稳定性和安全性。结果表明，在整个病毒血症期间，导入的突变能够稳定存在。其次，免疫重组病毒猪的病毒血症时间缩短，引入实验猪群中的哨兵猪感染重组病毒后，它们的病毒血症时间也相应地缩短。最后，接种猪能够保护同源株（欧洲型）毒株的攻击（Verheije et al.，2003）。

在感染性克隆的基础上，将 EAV GP5 蛋白中和表位编码区缺失，获得的重组病毒生长比野毒株慢，但是在细胞中能够复制到正常的病毒滴度。小马接种重组病毒后不产生临床症状，产生的抗体能够在体外有效中和突变病毒，但是与野毒株反应很弱。然而，免疫的重组病毒小马能够得到完全保护，免受 EAV 野毒株的攻击。感染重组病毒动物产生的血清不能与 EAV GP5 特异的肽段 ELISA 反应，而感染野毒株 EAV 的动物能够与 EAV GP5 特异的肽段 ELISA 反应。因此可以从血清学上区别标志病毒和野毒株感染的动物。

通过 PRRSV 反向遗传操作，使用 1 型感染性克隆 pSD01～08，将 GFP 基因插入 Nsp 编码区中，并缺失 Nsp2 中的一个 B 细胞表位（ES4）。建立 GFP 和 ES4 表位 ELISA，并将该方法初步应用于检测重组病毒感染猪血清中针对该 GFP 和 ES4 表位的特异性抗体。发现亲本毒株不能够产生针对 GFP 的抗体，但能够产生 ES 表位的抗体。相反，重组病毒能够产生针对 GFP 的抗体，但不能产生 ES 表位的抗体（Fang et al.，2008）。一些科学家也进行了相似的研究，使用 pCMV-P129 感染性克隆，将 Nsp2 C 端缺失 131 氨基酸并相应地插入 GFP、FLAG 或荧光素酶。其中插入 GFP 的克隆能够拯救出重组病毒，使用 GFP 和 131 氨基酸包被的 ELISA 能够在血清学上区分亲本毒和重组毒（Kim et al.，2009）。使用 pFL12 感染性克隆，将 Nsp2 中表位 44 和表位 45 缺失并获得突变病毒。以表位 44 肽段建立的 ELISA 来分析血清发现，突变病毒感染猪不能产生针对表位 44 的抗体，但是亲本毒株产生的血清能够与表位 44 强烈反应。在同一感染性克隆上，将 M 蛋白中的抗原表位进行缺失，也获得了在血清学上区别亲本病毒的标志病毒。在高致病蓝耳病弱毒疫苗 HuN4-F114 株感染性克隆的基础上，将 Nsp 中病毒复制的非必需区部分序列进行缺失，并在该缺失位置插入新城疫病毒 NP 部分基因作为阳性标志。将拯救的重组病毒 HuN4-F114-NDV-N 进行动物实验研究发现，该重组病毒能够刺激免疫动物产生抗新城疫病毒 NP 蛋白的抗体，但不能产生针对 Nsp2 缺失氨基酸的抗体。而野生型病毒不能产生抗新城疫病毒 N 蛋白的抗体，但能产生 Nsp2 缺失氨基酸抗体。说明该重组病毒可以作为一种双标识疫苗，可以区分疫苗毒和野生毒株（Xu et al.，2012）。

参 考 文 献

Ansari I H, Kwon B, Osorio F A, et al. 2006. Influence of N-linked glycosylation of porcine reproductive and respiratory syndrome virus GP5 on virus infectivity, antigenicity, and ability to induce neutralizing antibodies. The Journal of Virology, 80: 3994-4004.

Balasuriya U B, Dobbe J C, Heidner H W, et al. 2004. Characterization of the neutralization determinants of equine arteritis virus using recombinant chimeric viruses and site-specific mutagenesis of an infectious cDNA clone. Virology, 321: 235-246.

Beerens N, Snijder E J. 2007. An RNA pseudoknot in the 3′end of the arterivirus genome has a critical role in regulating viral RNA synthesis. The Journal of Virology, 81: 9426-9436.

Beura L K, Subramaniam S, Vu H L, et al. 2012. Identification of amino acid residues important for anti-IFN activity of porcine reproductive and respiratory syndrome virus non-structural protein 1. Virology, 433: 431-439.

Choi Y J, Yun S I, Kang S Y, et al. 2006. Identification of 5′ and 3′ cis-acting elements of the porcine reproductive and respiratory syndrome virus: acquisition of novel 5′ AU-rich sequences restored replication of a 5′-proximal 7-nucleotide deletion mutant. The Journal of Virology, 80: 723-736.

Das P B, Vu H L, Dinh P X, et al. 2011. Glycosylation of minor envelope glycoproteins of porcinereproductive and respiratory syndrome virus in infectious virus recovery, receptor interaction, and immune response. Virology, 410: 385-394.

De Lima M, Pattnaik A K, Flores E F, et al. 2006. Serologic marker candidates identified among B-cell linear epitopes of Nsp2 and structural proteins of a North American strain of porcine reproductive and respiratory syndrome virus. Virology, 353: 410-421.

De Vries A A, Glaser A L, Raamsman M J, et al. 2000. Genetic manipulation of equine arteritis virus using full-length cDNA clones: separation of overlapping genes and expression of a foreign epitope. Virology, 270: 84-97.

De Vries A A, Glaser A L, Raamsman M J, et al. 2001. Recombinant equine arteritis virus as an expression vector. Virology, 284: 259-276.

Delpute P L, Nauwynck H J, 2004. Porcine arterivirus infection of alveolar macrophages is mediated by sialic acid on the virus. Journal of Virology, 78: 8094-8101.

Dobbe J C, Van Der Meer Y, Spaan W J, et al. 2001. Construction of chimeric arteriviruses reveals that the ectodomain of the major glycoprotein is not the main determinant of equine arteritis virus tropism in cell culture. Virology, 288: 283-294.

Fang Y, Christopher-Hennings J, Brown E, et al. 2008. Development of genetic markers in the nonstructural protein 2 region of a US type 1 porcine reproductive and respiratory syndrome virus: implications for future recombinant marker vaccine development. The Journal of General Virology, 89: 3086-3096.

Fang Y, Snijder E J, 2010. The PRRSV replicase: exploring the multifunctionality of an intriguing set of nonstructural proteins. Virus Research, 154: 61-76.

Fang Y, Treffers E E, Li Y., et al. 2012a. Efficient -2 frameshifting by mammalian ribosomes to synthesize an additional arterivirus protein. Proceedings of the National Academy of Sciences of the United States of America, 109: E2920-2928.

Firth A E, Zevenhoven-Dobbe J C, Wills N M, et al. 2011. Discovery of a small arterivirus gene that overlaps the GP5 coding sequence and is important for virus production. The Journal of General Virolgy, 92: 1097-1106.

Frias-Staheli N, Giannakopoulos N V, Kikkert M, et al. 2007. Ovarian tumor domain-containing viral proteases evade ubiquitin- and ISG15-dependent innate immune responses. Cell Host Microbe, 2: 404-416.

Gao F, Yao H, Lu J, et al. 2013. Replacement of the heterologous 5′ untranslated region allows preservation of the fully functional activities of type 2 porcine reproductive and respiratory syndrome virus. Virology, 439: 1-12.

Gorbalenya A E, Enjuanes L, Ziebuhr J, et al. 2006. Nidovirales: evolving the largest RNA virus genome. Virus Research, 117: 17-37.

Johnson C R, Griggs T F, Gnanandarajah J, et al. 2011. Novel structural protein in porcine reproductive and respiratory syndrome virus encoded by an alternative ORF5 present in all arteriviruses. The Journal of General Virology, 92: 1107-1116.

Kim D Y, Kaiser T J, Horlen K, et al. 2009. Insertion and deletion in a non-essential region of the nonstructural protein 2 (Nsp2) of porcine reproductive and respiratory syndrome (PRRS) virus: effects on virulence and immunogenicity. Virus Genes, 38: 118-128.

Kwon B, Ansari I H, Pattnaik A K, et al. 2008. Identification of virulence determinants of porcine reproductive and respiratory syndrome virus through construction of chimeric clones. Virology, 380: 371-378.

Lee C, Hodgin S D, Calvert J G, et al. 2006. Mutations within the nuclear localization signal of the porcine reproductive and respiratory syndrome virus nucleocapsid protein attenuate virus replication. Virology, 346: 238-250.

Lee C, Yoo D. 2006. The small envelope protein of porcine reproductive and respiratory syndrome virus possesses ion channel protein-like properties. Virology, 355: 30-43.

Lu J, Gao F, Wei Z, et al. 2011. A 5'-proximal stem-loop structure of 5' untranslated region of porcine reproductive and respiratory syndrome virus genome is key for virus replication. Journal of Virology, 8: 172.

Mardassi H, Gonin P, Gagnon C A, et al. 1998. A subset of porcine reproductive and respiratory syndrome virus GP3 glycoprotein is released into the culture medium of cells as a non-virion-associated and membrane-free (soluble) form. Journal of Virology, 72: 6298-6306.

Meulenberg J J, Van Nieuwstadt A P, Van Essen-Zandbergen A, et al. 1998. Localization and fine mapping of antigenic sites on the nucleocapsid protein N of porcine reproductive and respiratory syndrome virus with monoclonal antibodies. Virology, 252: 106-114.

Nauwynck H J, Duan X, Favoreel H W, et al. 1999. Entry of porcine reproductive and respiratory syndrome virus into porcine alveolar macrophages via receptor-mediated endocytosis. The Journal of General Virology, 80 (Pt 2): 297-305.

Ostrowsk M, Galeota J A, Jar A M, et al. 2002. Identification of neutralizing and nonneutralizing epitopes in the porcine reproductive and respiratory syndrome virus GP5 ectodomain. Journal of Virology, 76: 4241-4250.

Pasternak A O, Spaan W J, Snijder E J. 2006. Nidovirus transcription: how to make sense…? The Journal of General Virology, 87: 1403-1421.

Pei Y, Hodgins D C, Wu J, et al. 2009. Porcine reproductive and respiratory syndrome virus as a vector: immunogenicity of green fluorescent protein and porcine circovirus type 2 capsid expressed from dedicated subgenomic RNAs. Virology, 389: 91-99.

Posthuma C C, Nedialkova D D, Zevenhoven-Dobbe J C, et al. 2006. Site-directed mutagenesis of the Nidovirus replicative endoribonuclease NendoU exerts pleiotropic effects on the arterivirus life cycle. Journal of Virology, 80: 1653-1661.

Prather R S, Rowland R R, Ewen C, et al. 2013. An intact sialoadhesin (Sn/SIGLEC1/CD169) is not required for attachment/internalization of the porcine reproductive and respiratory syndrome virus. Journal of Virology, 87: 9538-9546.

Rowland R R, Kervin R, Kuckleburg C, et al. 1999. The localization of porcine reproductive and respiratory syndrome virus nucleocapsid protein to the nucleolus of infected cells and identification of a potential nucleolar localization signal sequence. Virus Research, 64: 1-12.

Sang Y, Shi J, Sang W, et al. 2012. Replication-competent recombinant porcine reproductive and respiratory syndrome (PRRS) viruses expressing indicator proteins and antiviral cytokines. Viruses, 4: 102-116.

Snijder E J, Meulenberg J J. 1998. The molecular biology of arteriviruses. The Journal of General Virology, 79 (Pt 5): 961-979.

Snijder E J, Van Tol H, Roos N, et al. 2001. Non-structural proteins 2 and 3 interact to modify host cell membranes during the formation of the arterivirus replication complex. The Journal of General Virology, 82: 985-994.

Snijder E J, Wassenaar A L, Van Dinten L C, et al. 1996. The arterivirus Nsp4 protease is the prototype of a novel group of chymotrypsin-like enzymes, the 3C-like serine proteases. The Journal of Biological Chemistry, 271: 4864-4871.

Sun Z, Chen Z, Lawson S R, et al. 2010a. The cysteine protease domain of porcine reproductive and respiratory syndrome virus nonstructural protein 2 possesses deubiquitinating and interferon antagonism functions. Journal of Virology, 84: 7832-7846.

Sun Z, Liu C, Tan F, et al. 2010b. Identification of dispensable nucleotide sequence in 3′ untranslated region of porcine reproductive and respiratory syndrome virus. Virus Research, 154: 38-47.

Tian D, Wei Z, Zevenhoven-Dobbe J C, et al. 2012. Arterivirus minor envelope proteins are a major determinant of viral tropism in cell culture. Journal of Virology, 86: 3701-3712.

Van Aken D, Benckhuijsen W E, Drijfhout J W, et al. 2006. Expression, purification, and *in vitro* activity of an arterivirus main proteinase. Virus Research, 120: 97-106.

Van Dinten L C, Rensen S, Gorbalenya A E, et al. 1999. Proteolytic processing of the open reading frame 1b-encoded part of arterivirus replicase is mediated by Nsp4 serine protease and Is essential for virus replication. Journal of Virology, 73: 2027-2037.

Van Dinten L C, Wassenaar A L, Gorbalenya A E, et al. 1996. Processing of the equine arteritis virus replicase ORF1b protein: identification of cleavage products containing the putative viral polymerase and helicase domains. Journal of Virology, 70: 6625-6633.

Van Gorp H, Van Breedam W, Delputte P L, et al. 2008. Sialoadhesin and CD163 join forces during entry of the porcine reproductive and respiratory syndrome virus. The Journal of General Virology, 89: 2943-2953.

Verheije M H, Kroese M V, Rottier P J, et al. 2001. Viable porcine arteriviruses with deletions proximal to the 3′ end of the genome. The Journal of General Virology, 82: 2607-2614.

Verheije M H, Kroese M V, Van Der Linden I F, et al. 2003. Safety and protective efficacy of porcine reproductive and respiratory syndrome recombinant virus vaccines in young pigs. Vaccine, 21: 2556-2563.

Verheije M H, Welting T J, Jansen H T, et al. 2002. Chimeric arteriviruses generated by swapping of the M protein ectodomain rule out a role of this domain in viral targeting. Virology, 303: 364-373.

Wassenaar A L, Spaan W J, Gorbalenya A E, et al. 1997. Alternative proteolytic processing of the arterivirus replicase ORF1a polyprotein: evidence that Nsp2 acts as a cofactor for the Nsp4 serine protease. Journal of Virology, 71: 9313-9322.

Wei Z, Lin T, Sun L, et al. 2012a. N-linked glycosylation of GP5 of porcine reproductive and respiratory syndrome virus is critically important for virus replication *in vivo*. Journal of Virology, 86: 9941-9951.

Wei Z, Tian D, Sun L, et al. 2012b. Influence of N-linked glycosylation of minor proteins of porcine reproductive and respiratory syndrome virus on infectious virus recovery and receptor interaction. Virology, 429: 1-11.

Welch S K, Calvert J G. 2010. A brief review of CD163 and its role in PRRSV infection. Virus Research, 154: 98-103.

Wieringa R, De Vries A A, Rottier P J. 2003. Formation of disulfide-linked complexes between the three minor envelope glycoproteins (GP2b, GP3, and GP4) of equine arteritis virus. Journal of Virology, 77: 6216-6226.

Wootton S K, Yoo D. 2003. Homo-oligomerization of the porcine reproductive and respiratory syndrome virus nucleocapsid protein and the role of disulfide linkages. Journal of Virology, 77: 4546-4557.

Xu Y Z, Zhou Y J, Zhang S R, et al. 2012. Stable expression of foreign gene in nonessential region of nonstructural protein 2 (Nsp2) of porcine reproductive and respiratory syndrome virus: applications for marker vaccine design. Veterinary Microbidogy, 159: 1-10.

Zhang R, Chen C, Sun Z, et al. 2012. Disulfide linkages mediating nucleocapsid protein dimerization are not required for porcine arterivirus infectivity. Journal of Virology, 86: 4670-4681.

Zhou L, Zhang J, Zeng J, et al. 2009. The 30-amino-acid deletion in the Nsp2 of highly pathogenic porcine reproductive and respiratory syndrome virus emerging in China is not related to its virulence. Journal of Virology, 83: 5156-5167.

第八章 杯状病毒科的反向遗传学

第一节 杯状病毒科的基本特征

一、杯状病毒科的分类

根据病毒的形态、抗原特性、宿主谱以及病毒基因组的序列和结构特征等，1981年，国际病毒分类委员会（the International Committee on Taxonomy of Viruses，ICTV）将原来的杯状病毒属，调整为杯状病毒科，当时仅有一个杯状病毒属，并没有将人杯状病毒与动物杯状病毒分开。1998年，国际病毒分类委员会将杯状病毒科的病毒分为4个属，分别是：①兔病毒属（*Lagovirus*），以兔出血症病毒（Rabbit hemorrhagic disease virus，RHDV）为代表；②诺瓦病毒属（*Norovirus*），以诺瓦克病毒属（*Norwalkvirus*，NLV）为代表；③扎幌样病毒属（*Sapovirus*），以扎幌病毒（Sapporovirus）为代表；④水疱疹病毒属（*Vesivirus*），以猪水疱疹病毒（Swine vesicular exanthem virus，SVEV）为代表。其中，兔病毒属和水疱疹病毒属的病毒主要感染动物，而诺瓦克病毒属和扎幌样病毒属的病毒主要感染人，二者又常合称为人类杯状病毒（Human caliciviruses，HuCV）。

二、杯状病毒科的毒粒结构

杯状病毒颗粒无囊膜，呈球形，直径为35～40nm，核衣壳上整齐地排列着32个暗色中空的杯状结构（图8-1）。这些杯状的表面结构是由90个壳粒以 $T=3$ 的二十面体对称形式组成（图8-1）。壳粒是由病毒衣壳蛋白的二聚体构成，分为3个区：上部的两叶结构；中央茎区和下部的壳状区。但也有些杯状病毒颗粒表面缺乏典型的杯状凹陷，只有小凹陷的小圆状结构，如NLV、雪山因子（snow mountain，SMA）等。

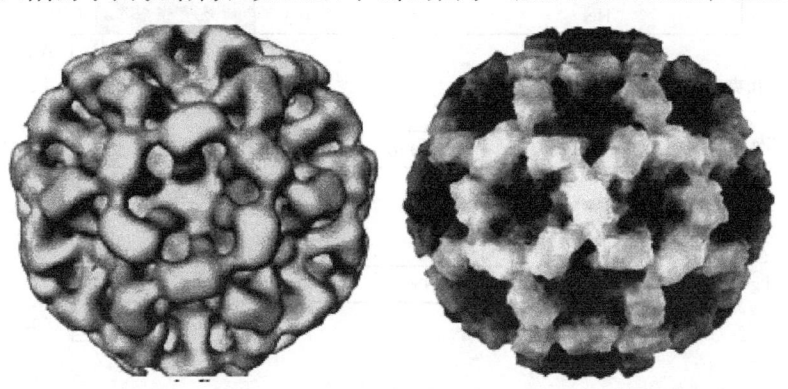

图8-1 诺瓦克病毒衣壳表面规则排列的嵌杯状结构（见文后彩图）

第二节 杯状病毒基因组结构及表达产物

一、杯状病毒科基因组结构特征

杯状病毒的基因组为单股正链 RNA，长为 7.4～7.7kb，基因组 5′端无帽子结构，但与一个小分子质量的蛋白共价连接，该蛋白又被称为 VPg 蛋白，是由病毒基因组编码的非结构蛋白之一。据报道，VPg 是杯状病毒维持感染性所必需的，与其他单股正链 RNA 病毒的基因组相比，杯状病毒的 5′端非编码区（NCR）普遍较短，如 RHDV 的 5′NCR 仅由 9 个核苷酸组成，基因组 3′端均有 poly（A）结构（Meyers et al.，2000）。

杯状病毒的基因组结构相似，基因组含有 2～4 个可读框架（ORF）（图 8-2）。其中 RHDV 和欧洲褐色兔综合征病毒（EBHSV）含有 2 个 ORF（ORF1、ORF2），FCV 和 VESV 含有 3 个 ORF（ORF1、ORF2、ORF3）。在编码产物上它们有些差异，如兔病毒属的 ORF1 是一个比较大的编码框，约占整个基因组的 94%，其编码产物不仅包括非结构蛋白，而且含有病毒的衣壳蛋白。而水疱疹病毒属和诺瓦克病毒属的 ORF1 含有约 5500 个核苷酸，占全长基因组的 80%，仅编码非结构蛋白前体，其衣壳蛋白由 ORF2 编码。在南安普顿病毒（SHV）基因组中还发现了 ORF4，它位于 ORF2 和 ORF3 之间，编码一个含有大约 110 个氨基酸的蛋白质，其生物学功能尚不清楚。ORF3（相当于 RHDV 的 ORF2）编码一个分子质量约 10kDa 的蛋白质（VP10/12），研究表明它是杯状病毒的一个次级结构蛋白，其精确生物学功能也不清楚，但是对 FCV 的 VP12 蛋白的研究结果表明，该蛋白质的存在可能利于衣壳蛋白的正确装配和提高装配效率（Sosnovtsev et al.，2005）。

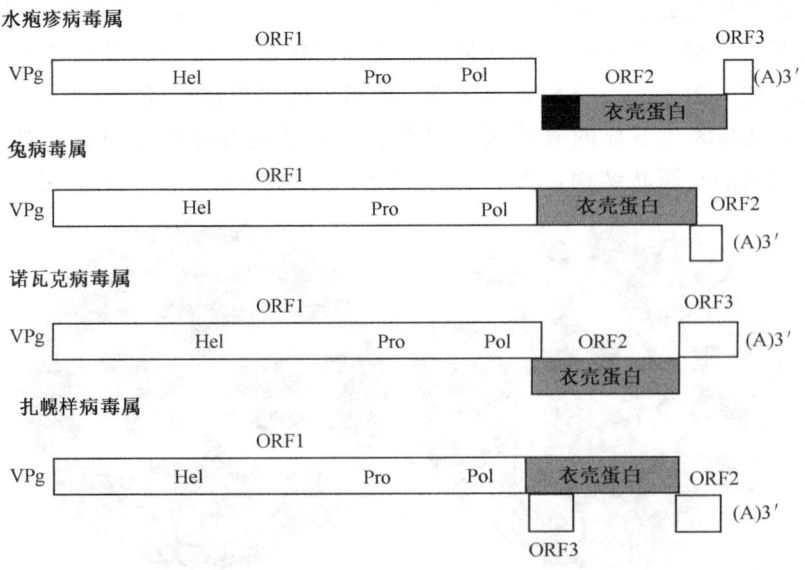

图 8-2 杯状病毒科不同属病毒的基因组结构示意图

除了全长基因组以外，在杯状病毒颗粒中还有许多丰富的亚基因组 mRNA 分子，其大小为 2.2~2.4kb。它与基因组 RNA 具有相同的 5′端序列及 3′端，亚基因组中含有衣壳蛋白的编码序列，可以自我翻译形成衣壳蛋白，并能装配成病毒颗粒。不同杯状病毒之间，衣壳蛋白具有较高的氨基酸序列同源性，尤其是在氨基端和羧基端，而且在衣壳蛋白中都含有一个大约 250 个氨基酸的保守区域，该区域在病毒的复制或病毒颗粒装配过程中发挥重要作用（Wirblich et al.，1994）。

杯状病毒各成员之间在基因组结构上还有一点明显的差异，即有些病毒的读码框之间存在重叠现象，其结果是导致移框现象。例如，诺瓦克病毒属中的 SHV，在 ORF1 与 ORF2 之间有 14nt 的重叠，造成 2nt 的移框，ORF2 与 ORF3 之间有 1nt 的重叠，因而使 ORF1 与 ORF3 处于同一个读码框架中。水疱疹病毒中的 FCV，ORF2 的起始密码位于 ORF1 的终止密码后，相对于 ORF1 发生－1 位的框架移位，但与 ORF1 的终止密码不发生重叠。ORF3 的起始密码与 ORF2 的终止密码有 4 个核苷酸重叠，相对于 ORF1，表现出＋1 的框架移位。兔病毒属中的 RHDV，ORF2 与 ORF1 有 20nt 的重叠，造成 1nt 的移框（Clakle and Lanmbden，1997）。

二、杯状病毒科基因组编码产物

杯状病毒基因组 RNA 本身可以作为合成病毒多肽的 mRNA。mRNA 转录具有多个起始位点，如 FCV 有 3 个、RHDV 有 2 个起始位点，可转录出 2 或 3 条不同分子质量的 mRNA 分子。以 RHDV 为例，其功能蛋白编码区 ORF1 的翻译产物经过加工切割后至少形成 8 个成熟的蛋白质分子（图 8-3），分别是 P16、P23、2C-like NTPase、P29、VPg、3C-like 蛋白酶、RNA 复制酶（RdRp）和 VP60 等，其排列顺序为 NH$_2$-P11－P28－P35（NTPase）-P32－P14（VPg）－P70（Pro-Pol）－P60（VP1）-COOH。在这些蛋白质中，已经得到初步鉴定的有 2C-like 蛋白酶、VPg、3C-like 蛋白酶、RdRp 和 VP60，其余蛋白质的生物学功能还不清楚（Meyers et al.，2000）。

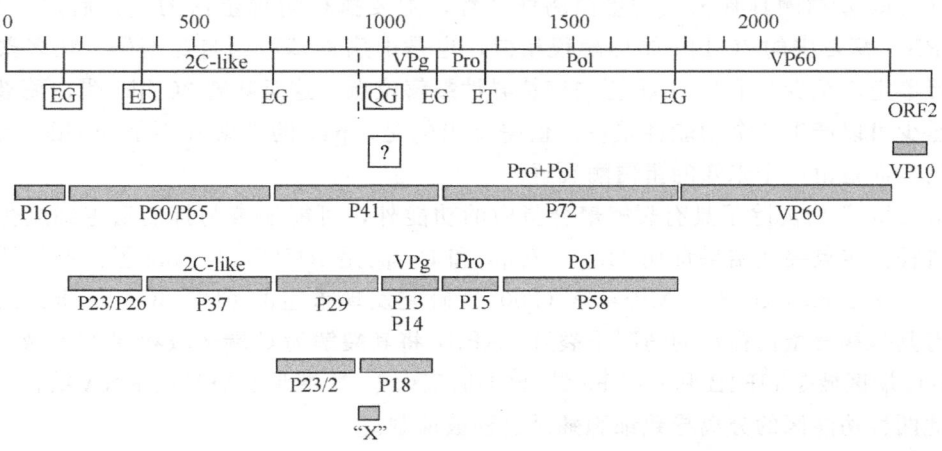

图 8-3　RHDV 3C 蛋白酶裂解位点及其裂解产物示意图（Meyers et al.，2000）

（一）非结构蛋白

1. 2C-like 蛋白酶

Alonso 等（1996）通过将 RHDV 基因组与小 RNA 病毒基因组的比较分析，发现 P37 与 2C NTPase 具有较高的序列同源性，推测 P37 可能具有类似 2C NTPase 的功能。继而，对 P37 的 C 端氨基酸序列进行精细分析，结果发现该蛋白质含有 2 个 NTP-结合蛋白特有的保守序列：$_{522}$GAPGIGKT$_{529}$（A 位点）和 $_{566}$DE$_{567}$（B 位点）。其中 A 位点是 NTP 结合所必需的，B 位点可以螯合 Mg^{2+}，然后与结合在 A 位点的 NTP 形成磷酸盐化合物。此外，P37 还与 ATP 的水解有关，提示 P37 可能是解旋酶超家族 III 中的一个成员（Marin et al.，2000）。

2. VPg

VPg 是杯状病毒基因组编码的另外一种重要的非结构蛋白，它与 RNA 分子的 5′端共价结合。酵母双杂交实验结果表明 VPg 可以与宿主细胞中的翻译起始因子 eIF3 相互作用并形成翻译复合物。如果 VPg 缺失将会导致病毒感染性的丧失，同时也将使 FCV 的 RNA 翻译效率急剧下降（Lellis et al.，2002）。Machin 等（2001）证明 RHDV 的 VPg 是通过第 21 位酪氨酸（Tyr）的脲苷酰化后与病毒 RNA 共价结合的，同时 Mitra 等（Sosnovtsev and Green，2000）通过定点突变分析发现 VPg 第 24 位酪氨酸的突变是致死性的，提示此 Tyr$_{24}$ 是关键性氨基酸。

有关 FCV 的研究证明（Sosnovtsev and Green，2000），FCV 的 VPg 对病毒 RNA 的翻译是必需的，若用蛋白酶 K 裂解掉与基因组 RNA 偶联的 VPg，则 RNA 的翻译功能受到严重损伤。研究表明，VPg 能够与 eIF4E 或 eIF3 相互作用，提示它在起始病毒 RNA 5′端 ORF 翻译过程中，发挥类似帽子结构的功能（Goodfellow et al.，2005）。另外，VPg 还能与 VP1 相互作用，提示它在包裹病毒 RNA 过程中发挥作用（Kaiser et al.，2006）

3. 3C-like 蛋白酶

3C-like 蛋白酶具有胱氨酸蛋白酶样活性，主要执行病毒蛋白的翻译后加工功能，与小 RNA 病毒中的 3C-like 蛋白酶很相似，也是由病毒基因组自身编码。在多聚蛋白中已经鉴定出至少 7 个 3C-like 蛋白酶特异性裂解位点。这意味着 3C-like 蛋白酶裂解的结果至少可以产生 8 个功能性蛋白。值得指出的是，p41 的裂解并不是 3C-like 蛋白酶执行的，而是由一个未知的蛋白酶裂解。

3C-like 蛋白酶除了具有裂解聚合蛋白的功能外，可能还参与抑制宿主细胞蛋白的翻译过程。定点突变结果证明 His$_{27}$、Asp$_{44}$ 和 Cys$_{104}$ 是 RHDV 3C-like 蛋白酶的活性位点（Kaiser et al.，2006），Mitra 等（2004）研究发现重组的 FCV 3C-like 蛋白酶可以在没有其他病毒蛋白存在的情况下裂解 PAPB，将其裂解为 C 端区域和 N 端区域，由于 PAPB C 端区域是 eIF4B 和 dERF3 结合的功能区域，N 端是 PAPB 与 RNA 结合的功能区，此两种功能区的分离导致细胞翻译过程被抑制。

4. RNA 聚合酶（RdRp）

RNA 依赖性 RNA 聚合酶（RdRp）又被称为 3D 蛋白，它具有维持 RNA 聚合酶功能的基本基序，如 LKDNALL、GLPSG 和 YGDD 等（Sosnovtsev et al.，2002）。研究

证明体外表达的 RdRp 在有二价阳离子和核糖核酸存在的情况下，能够以 RNA 为模板合成子代 RNA。同时 RdRp 的 N 端区域（第 1～第 63 位氨基酸）含有 2 个 β 片层结构和 3 个长环状结构，其中一个 β 片层与"指形"区域的一个 β 片层结构配对，另一个 β 片层结构与"拇指形"区域的 β 片层结构配对，这一功能区将不能直接相互作用的"拇指"区和"指形"区连接起来（Ng et al.，2002）。

（二）结构蛋白

RHDV ORF1 编码的多聚蛋白前体被 3C-like 蛋白裂解后释放出一个分子质量约为 60kDa 的蛋白质，该蛋白质是 RHDV 的主要结构蛋白——VP60。杯状病毒科其他成员 FCV 和 NLV 的 VP60 则由 ORF2 独立编码。以 RHDV 为例，VP60 的立体结构由 180 个完全相同的亚单位组成，众多的亚基之间相互作用形成具有三维构象的衣壳蛋白。该组装过程与各个亚基的 N 端序列有关，因为研究发现 N 端序列缺失后，VP60 就再不能装配成空衣壳（Bárcena et al.，2004）。同时大量的研究结果证明 RHDV 的衣壳蛋白与病毒的致病性和免疫原性密切相关。

FCV 的 ORF2 编码衣壳蛋白，衣壳蛋白的前体分子质量为 73kDa，经蛋白酶切割 N 端的 120 个氨基酸去除后，成为分子质量约 60kDa 的成熟蛋白。这种衣壳蛋白能自我装配成病毒样粒子（VLP）。ORF2 既含有保守序列，也含有容易变异的序列，可以分为 6 个区域（A～F）。其中，A 区为 FCV 的 1～120 位氨基酸，该区段非常保守，属于衣壳蛋白的引导肽，可被 FCV 编码的蛋白酶切割；B 区为 121～396 位氨基酸，该区域在所有的杯状病毒科中都非常保守，被认为是形成病毒核心结构的区域；C 区（397～411 位氨基酸）和 E 区（426～521 位氨基酸）是相对容易变异的区域，含有病毒的抗原决定簇；而 E 区又可以进一步划分为两个高度变异的区域——5′高变区（5′HVRE）和 3′高变区（3′HVRE），它们被中间的保守区域分隔开。在 E 区的高变区含有 FCV 的主要 B 细胞表位，可刺激机体产生病毒中和抗体。目前，已经在 FCV 的衣壳蛋白中至少鉴定出 7 个中和抗原表位，其中 2 个就位于 E 区；D 区位于 412～435 位氨基酸，属于高度保守性区域；F 区包括 522～668 位氨基酸，属于中度保守性区域，该区域部分暴露于病毒衣壳表面（Radford et al.，2003）。

VP10 是由 RHDV 基因组 3′端的 ORF2 编码（相对于 FCV、NLV 相同位置的 ORF3），其翻译效率约为 ORF1 的 20%。ORF1 的终止密码子的存在对于 VP10 的表达很关键，ORF2 的起始密码（AUG）位于 ORF1 终止密码的前 3～5 位核苷酸。有研究表明，ORF1 3′端的 69～84 个核苷酸对 VP10 的表达很关键（Meyers，2003）。Luttermann 和 Meyers（2007）研究发现 FCV ORF2 3′端长达 69 个核苷酸病毒的序列中含有 2 个关键性基序，其中，第一个基序在所有的杯状病毒中都保守，它可与 18S rRNA 的部分序列互补。有关 NV VP10 的研究发现，VP10 不仅具有调节衣壳蛋白 VP1 表达功能，而且可以提高 VP1 的稳定性，使它避免被蛋白酶降解（Bertolotti-Ciarlet et al.，2003），同时进一步的研究表明 ORF3（相当于 RHDV 的 ORF2）序列中第 108～第 152 位氨基酸与 ORF3～ORF2 蛋白质之间的相互作用有关。Sosnovtsev 等（2005）的研究结果证明 FCV 相应编码框的缺失将使病毒丧失感染性，说明该蛋白质对病毒粒子的产生与成熟很关键。

第三节 杯状病毒科的繁殖与复制

一、病毒的侵入

杯状病毒侵染细胞，首先需要与细胞膜表面的受体结合，然后通过细胞内吞作用进入细胞。由于多数杯状病毒不能在细胞上增殖，因此病毒受体的鉴定进展比较缓慢。近期研究表明，FCV对氯奎比较敏感，提示酸化环境是病毒感染细胞所必需的。Stuart和Brown（2006）进一步用试验证实：FCV经由内涵素介导的细胞内吞作用感染细胞，细胞质内的酸化环境有利于病毒基因组脱壳后进入细胞质。Makino等（2006）首次报道在猫肾细胞中存在FCV功能性受体（fJAM-A），该受体是一种结合黏附素分子（junctional adhesion molecule 1，JAM-1），属于免疫球蛋白超家族。它在维持细胞间的紧密连接以及建立细胞极性等方面发挥重要作用。fJAM-A在猫体内的各个组织中广泛分布，主要定位在上皮细胞或内皮细胞之间的细胞连接中。同时有研究发现fJAM-A在猫体内的分布与FCV的发病机理密切相关，fJAM-A分布较多的位置，FCV发病剧烈（Radford et al.，2003）。根据X射线衍射数据（Meyers，2003），杯状病毒的VP1可以分为S区和P区，其中P区是衣壳蛋白的表面凸出区，它又可以进一步分为P1亚区和P2亚区。FCV的中和表位位于P2亚区。P2亚区也是衣壳蛋白凸出的最外层，将P2亚区的氨基酸突变后，病毒将不能与可溶性fJAM-1受体分子结合。Bhella等（2008）描述了FCV与受体结合的三维结构（图8-4）。在一些对FCV非敏感细胞系内，如仓鼠肺细胞、293T细胞等体内表达JAM-1后，可转变成对FCV敏感的细胞，并能维持病毒的增殖（Bhella et al.，2008）。

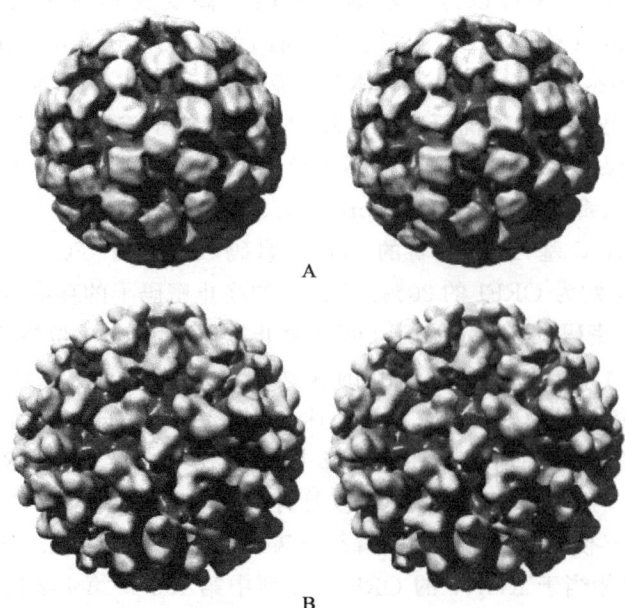

图8-4 猫杯状病毒与受体结合的三维结构示意图（Bhelle et al.，2008）（见文后彩图）
A. FCV颗粒；B. 与JAM-1结合的FCV

最近研究证明，RHDV 的受体是兔上呼吸道和消化道上皮细胞表面的一种三糖（Fucα2Galβ4GlcNAcβ-R），它是 H2 型组织血型抗原（HBGA）家族的一个成员（图 8-5）。虽然该抗原在其他哺乳动物中广泛存在（包括人类），但是它在各组织中的分布具有明显种属差异性。RHDV 能够与 H2 型组织血型抗原（HBGA）结合，并且该特殊抗原的糖基化过程又需要在 α-1,2-岩藻糖基转移酶（FUT2）的催化下才能完成。据报道，兔体内有 3 种不同的基因：*FUT1*、*FUT2* 和 *Sec1*，它们都负责编码岩藻糖基转移酶。其中，*Sec1* 和 *FUT2* 两种基因只有在上皮细胞中才可以表达相应的蛋白，而 *FUT1* 的 mRNA 仅在脑组织中能够检测到。*Sec1* 则是一个假基因，与兔 *FUT2* 基因具有直接同源性（Hitoshi et al.，1996）。*FUT2* 主要催化岩藻糖基通过 α-1,2 糖苷键连接到 H2 型组织抗原前体的半乳糖基团，使其糖基化，成为 RHDV 的功能性受体。

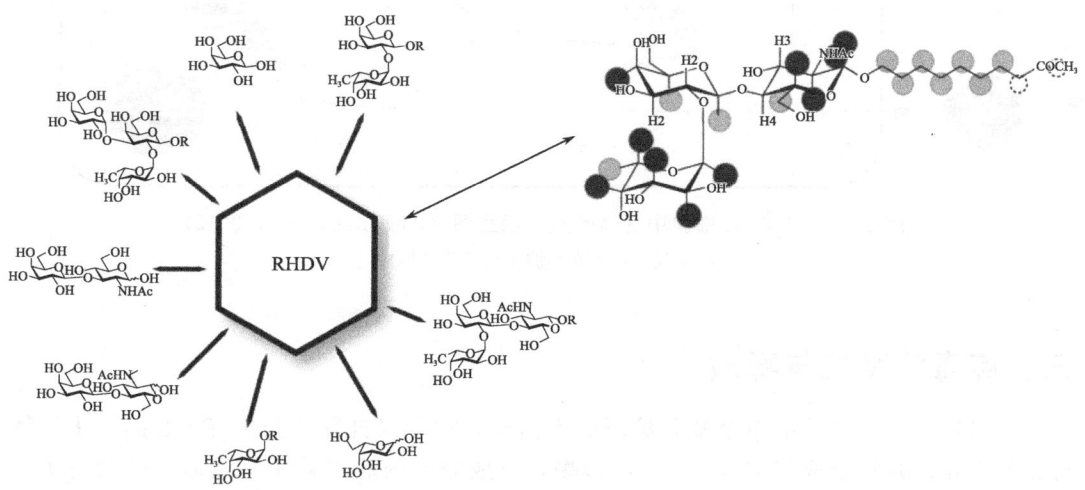

图 8-5　RHDV 与受体结合的模式示意图

二、病毒的繁殖

病毒侵入细胞后，在酸性环境下发生脱衣壳过程，释放出 RNA，进入细胞质。它可以直接作为 mRNA 合成病毒蛋白。由于杯状病毒基因组既不具有帽子结构，也不含有内部核糖体进入位点元件，因而其翻译起始机制很独特，即以 VPg 为帽子替代物启动蛋白质的翻译过程。最近的研究表明，VPg 可以与真核翻译起始因子 eIF3、eIF4GI、eIF4E 以及 S6 核糖体蛋白等结合，充分证明 VPg 在杯状病毒的翻译起始过程中起重要作用（Meyers，2003）。随着翻译的起始，病毒 RNA 首先翻译出 2 条多肽。其中，第一条多肽是一种多聚蛋白前体，它可以被自身编码的 2C 样蛋白酶裂解成多个非结构蛋白和衣壳蛋白。病毒蛋白合成达到一定水平时，启动 RNA 复制。病毒自身编码的 RNA 聚合酶首先以正链 RNA 为模板链合成负链 RNA，再以之为模板合成正链 RNA。最后，衣壳蛋白包裹核酸分子形成病毒粒子，随着细胞的裂解而释放（图 8-6）。目前，关于杯状病毒在细胞中的具体复制过程还不清楚。

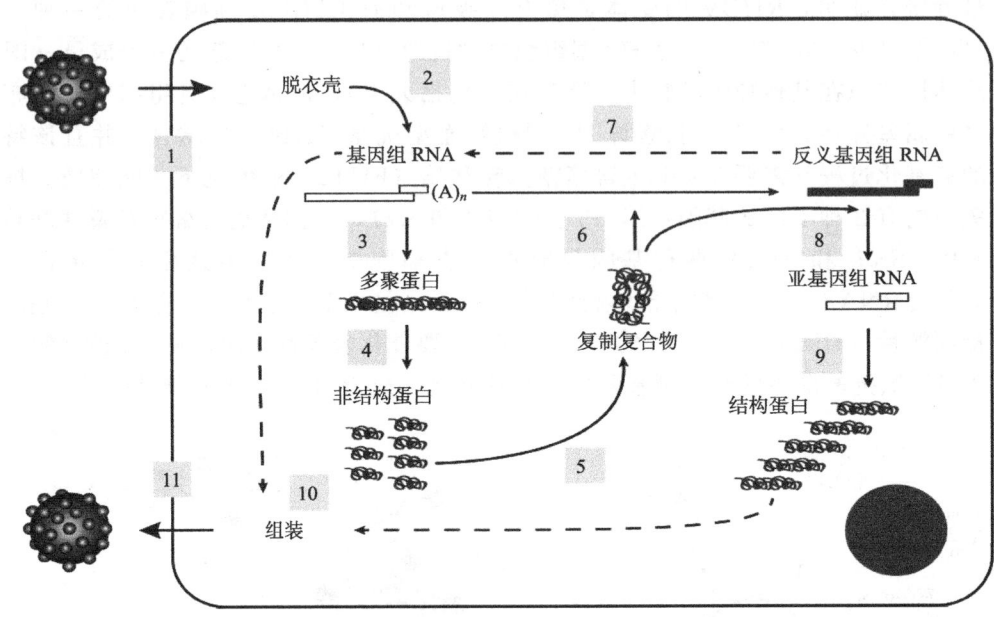

图 8-6　RHDV 在细胞中的增殖过程示意图（Abrantes et al.，2012）
数字代表病毒在细胞中增殖步骤顺序

三、病毒的装配与释放

杯状病毒的衣壳是由单个基因编码的蛋白质，它可以自发装配成 $T=3$ 的二十面体对称的衣壳，并将合成好的病毒 RNA 包裹，形成完整的病毒粒子。然后，随着宿主细胞的裂解释放出来，完成病毒的复制周期。

第四节　兔出血症病毒反向遗传学系统的建立

一、兔出血症病毒基因组的结构特征

兔出血症病毒（RHDV）的基因组为单股正链 RNA，长约 7.4kb，基因组 5′端没有帽子结构，但与一个小分子质量的蛋白共价连接，该蛋白又被称为 VPg 蛋白，是由基因组编码。据报道，VPg 是杯状病毒维持感染性所必需的。与其他单股正链 RNA 病毒的基因组相比，兔出血症病毒的 5′端非编码区（NCR）普遍较短，如 RHDV 的 5′NCR 仅由 9 个核苷酸组成，基因组 3′端均有 poly（A）结构。

兔出血症病毒的基因组中含有 2 个开放性阅读框架（ORF）。其中，ORF1 是一个比较大的编码框，约占整个基因组的 94%，其编码产物不仅包括非结构蛋白，而且含有病毒的衣壳蛋白。ORF2 编码一个分子质量约 10Da 的蛋白质（VP10/12），研究表明它是一个次级结构蛋白，其精确生物学功能也不清楚。RHDV 的 ORF2 与 ORF1 有 20nt 的重叠，造成 1nt 的移框。在感染细胞中，除了全长基因组以外，在兔出血症病毒颗粒中还有许多丰富的亚基因组 mRNA 分子，其大小为 2.2~2.4kb。它

与基因组 RNA 具有相同的 5′端及 3′端序列，亚基因组中含有衣壳蛋白的编码序列，可以自我翻译出衣壳蛋白，并能装配成病毒颗粒。不同杯状病毒之间，衣壳蛋白具有较高的氨基酸序列同源性，尤其是在氨基端和羧基端。而且在衣壳蛋白中都含有一个大约 250 个氨基酸的保守区域，该区域在病毒的复制或病毒颗粒装配过程中发挥重要作用。

二、兔出血症病毒反向遗传学系统

（一）RHDV 全长 cDNA 分子的构建

RHDV 基因组为一单股正链 RNA 分子，全长约 7.4kb，基因组中无复杂结构。因此，获得其全长基因组相对比较容易。目前，已有多个 RHDV 分离株的全基因组序列得到测定，并登录在 GenBank 中。

对于 RHDV 全长 cDNA 分子的构建，一般采用分段克隆与拼接的策略。例如，在构建 RHDV JX97 株的全长 cDNA 时，就是将其全基因组分为 3 段，分别予以扩增。为了便于体外转录，并使合成的 RNA 具有精确的末端结构，常在扩增 5′端序列时，通过 PCR 引物在 5′端加上 T7/SP6 启动子，同时在 cDNA 的 3′端则通过 PCR 引物加上一个单一的限制性内切核酸酶识别位点，并且在构建全长 cDNA 分子时，还引入一个限制性内切核酸酶识别位点作为区别野毒株的标志（Liu et al.，2006）。

构建 RHDV 感染性克隆的载体可以选择一些常见的转录载体，如 pGEM 系列载体、pSKBluescripts SK（＋/－）、pSP 系列载体等。根据这些载体的多克隆位点，可以有选择地将一些酶切位点通过引物加在扩增的基因片段中，然后将 RHDV 的全长 cDNA 序列依次组装在载体中。如果采用直接转染 DNA 质粒的方法拯救 RHDV，则可以选择一些真核表达质粒作为载体，如 pcDNA3.1、pCI 等，这些载体中都含有 CMV 启动子，可以利用细胞内的 II 型 RNA 聚合酶启动全长 cDNA 的转录。在构建以真核表达质粒为载体的全长 cDNA 分子时，为保证合成的 RNA 具有精确的末端结构，常常要在 cDNA 的 5′端或 3′端插入具有自我切割功能的椰头状核酶或丁型肝炎核酶序列。

（二）病毒的拯救

根据构建的全长 cDNA 分子克隆，可以采取两种方法拯救 RHDV。一种是体外转录法，即利用 T7/SP6 RNA 聚合酶系统在体外合成 RNA，然后利用脂质体介导的方法或电转化方法将 RNA 导入细胞体内。由于体外转录物为单股正链 RNA，因此一方面它可以作为翻译的模板链，借助于宿主的翻译系统，合成病毒的功能性蛋白（如 RNA 聚合酶、2C 蛋白酶）和结构蛋白（如衣壳蛋白）等；另一方面，它又可以作为合成负链 RNA 的模板，在 RNA 聚合酶的催化下，复制产生病毒基因组 RNA。随后，衣壳蛋白将病毒 RNA 分子包裹，形成完整 RHDV 粒子，并进一步成熟和增殖，随着宿主细胞的裂解而释放，最终完成 RHDV 的遗传拯救过程。值得指出的是，RHDV 基因组的 5′端不具有帽子结构，而是共价连接一种 VPg 蛋白，该蛋白质可能在病毒早期起始翻译的过程中起重要作用。因此,若在体外转录合成病毒 RNA 过程中加入帽子类似物,则可以保证 RNA 的感染性。

另外一种拯救 RHDV 的方法是体内转录法,即将携带有病毒全基因组 cDNA 序列的重组质粒导入宿主体内,利用宿主的 RNA 聚合酶系统或经由其他方式导入宿主体内的噬菌体 RNA 聚合酶,在体内合成病毒 RNA,并进一步翻译和复制,实现病毒的拯救。与上述拯救方法相比而言,该方法操作方便,成本低,体系稳定。根据选择 RNA 聚合酶系统的不同,可以将体内转录法分为两种。① 基于痘苗病毒表达 T7 RNA 聚合酶的体内转录方法:该方法要求首先构建含有杯状病毒基因组全长 cDNA 序列的真核表达质粒,其中在 cDNA 的 5′端插入 T7 启动子,3′端插入具有自身裂解功能的核酶序列。其次,要构建携带有 T7 RNA 聚合酶编码序列的重组痘病毒,需要进行病毒拯救时,可以先将重组质粒导入细胞,然后再用重组痘苗病毒感染该细胞,这样就可以实现病毒的体内拯救过程。由于痘病毒感染细胞后可能会产生细胞病变,而这种病变有可能干扰试验结果。此时可以选择另外一种替代办法,即首先构建能稳定表达 T7 RNA 聚合酶的传代细胞系,然后再用重组质粒转染细胞,同样也能拯救出病毒。② 利用宿主的 RNA 聚合酶 II 系统进行病毒的拯救:该方法也要求构建含有病毒基因组全长 cDNA 序列的重组真核表达质粒,所不同的是启动子为 CMV 启动子。该病毒拯救方法比较简便,只要将重组质粒导入宿主细胞,利用宿主的 RNA 聚合酶就可以进行 RNA 的转录和翻译,最终实现病毒的拯救。最近,Liu 等 (2006) 利用 pcDNA3.1 成功构建了 RHDV 的感染性 cDNA,通过反向遗传学技术拯救 RHDV 的策略如图 8-7 所示。

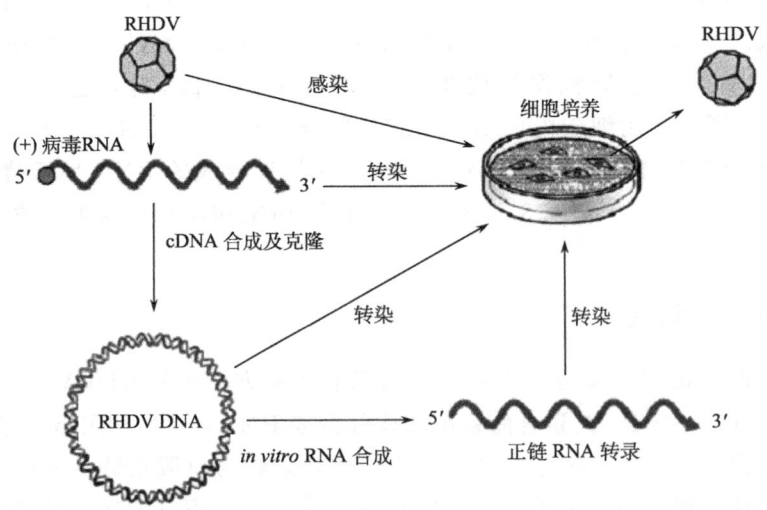

图 8-7　利用反向遗传学技术拯救 RHDV 的策略示意图 (Liu et al., 2006)

(三) 感染性克隆的鉴定

(1) 转染敏感细胞:在 RK-13 细胞生长至 70%~90%时,用 OPTI-MEM 培养基清洗细胞，同时按照 1:2 的比例将 RNA（5μg）与 DMRIE-C 转染试剂混合，然后将该复合物加至清洗过的细胞中，在含有 5% CO_2 的培养箱中，37℃孵育 4h 后，用含有 10%胎牛血清的 DMEM 更换转染培养基，继续培养，观察细胞病变的出现情况。结果 24h 后可见细胞出现 CPE 现象，细胞变圆，呈葡萄状分布，最后细胞崩解成碎片。将细胞培养物连续传代，细胞病变出现的时间缩短，病变更加典型，传至第三代细胞，可在接种后 6h 即可见明显的 CPE 现象，培养 12h 可使 80%细胞单层脱落形成空斑。而对照细胞单层完整，形态规则（图 8-8）。

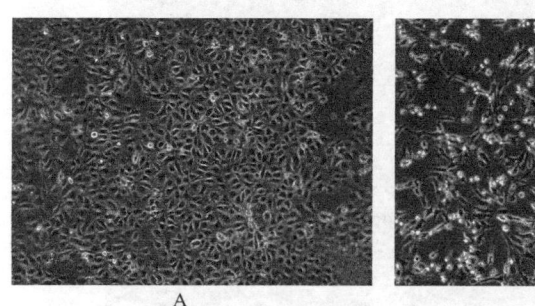

图 8-8 体外转录物 RNA 转染 RK-13 细胞所产生的 CPE（Liu et al.，2006）（见文后彩图）
A. 正常的 RK-PCR 细胞；B. 感染 RHDV 的 RK-13 细胞

（2）RT-PCR 方法：首先收获细胞培养物或被转染动物的发病组织，抽提病毒总 RNA，然后用特异引物进行 RT-PCR，如果能扩增到特异性条带，则可证明被检细胞或组织中含有拯救的病毒。例如，在对 RHDV 感染性克隆进行鉴定时，就用 RT-PCR 方法分别从被转染兔的肝脏以及转染细胞中扩增出一条约 400bp 的条带，经测序证明为 RHDV 的基因序列。

（3）拯救病毒与野生型病毒的区别鉴定：由于在构建感染性克隆的时候，预先在病毒 cDNA 序列中插入了一个"遗传标志"（genetic marker），因此，可以通过对该"遗传标志"的检测，将由感染性克隆衍生的病毒与野生型病毒区别开来。例如，RHDV 感染性克隆中含有的遗传标志是 *Eco*RV 识别位点。在鉴定时，首先用一对特异引物将含有该酶切位点的片段扩增出来，然后用 *Eco*RV 消化该片段，结果可产生预期的两个小片段。而野生型病毒的相应扩增片段中不含有 *Eco*RV 酶切位点，则不能被切割，从而将二者区别开来（图 8-9）。

（4）拯救病毒的电子显微镜鉴定：

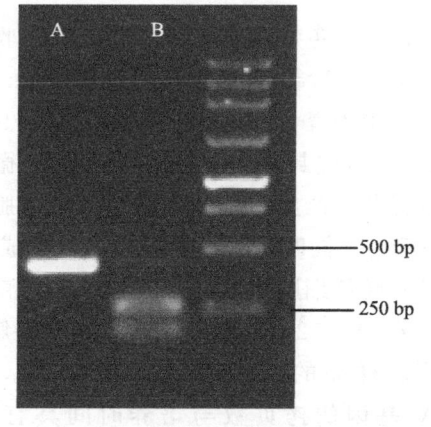

图 8-9 RHDV 感染性克隆衍生病毒与野生型病毒的区别鉴定（Liu et al.，2006）
A. 用 *Eco*RV 消化野生型病毒 RT-PCR 产物的结果；
B. 用 *Eco*RV 消化感染性克隆衍生病毒 RT-PCR 产物的结果

将拯救的病毒接种传代细胞，扩大培养，然后收集细胞培养物，用差速离心法纯化病毒，再与10倍稀释的RHDV抗血清等量混合，37℃感作2h，3000r/min离心20min，用PBS重悬沉淀后做常规负染色，然后于JEM-1200EX电子显微镜下观察病毒粒子。结果可见明显的RHDV病毒样颗粒，直径大小约30nm（图8-10）。

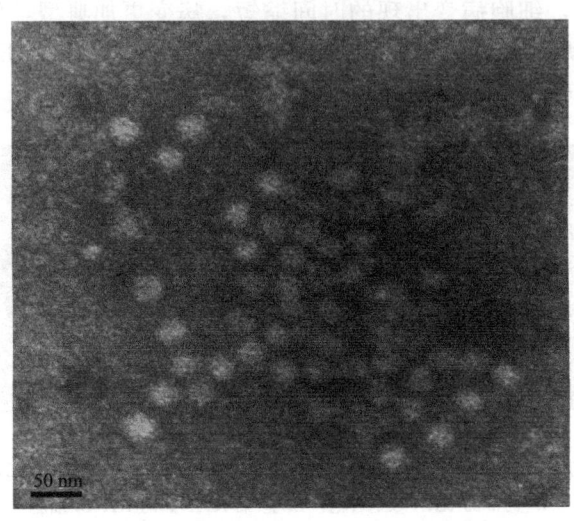

图8-10　RHDV感染性克隆衍生病毒的电子显微镜照片（150 000×）（Liu et al.，2006）

（5）病毒滴定：首先用病毒维持液10倍系列稀释病毒，然后将长成单层的RK-13细胞的培养液倒掉，接种系列稀释的病毒液，每个稀释度至少4个孔，每孔25μL，对照孔和感染病毒孔加入100μL维持液，在含有5% CO_2 的培养箱中，于37℃孵育。每天观察并记录出现CPE的情况，当细胞病变不再发展时，用Reed-Muench公式计算病毒滴度。

（6）间接免疫荧光检测病毒抗原：收取载有转染细胞的载玻片，用PBS缓冲液漂洗1或2次，冷丙酮-20℃固定30 min，漂洗后吸干残液，滴加RHDV兔阳性血清，37℃湿盒中孵育30min，再用PBS漂洗5次，加FITC羊抗兔IgG，于37℃湿盒中孵育30min，用甘油封片于Olympus荧光显微镜下观察。可见用转录物转染的RK-13细胞中有特异荧光产生，而未转染的空白细胞中没有特异荧光出现，表明细胞中有RHDV的蛋白存在，同时也佐证拯救病毒获得成功。

（7）转染细胞中RHDV基因组增殖的动力学特征：用体外转录物转染RK-13细胞，培养48~72h后收集转染细胞的裂解上清，根据荧光定量RT-PCR试剂盒的说明书，测定样品的RHDV基因拷贝数。结果表明，体外转录物RNA转染细胞后，RHDV基因的拷贝数与培养时间具有相关性，在转染后的18 h RHDV的滴度为3.49×10^9基因拷贝/mL，在第28h RHDV的滴度达到峰值（1.52×10^{10}基因拷贝/mL），随后病毒基因组的拷贝数逐渐降低，这充分说明RHDV可在RK-13细胞系中高效转录和复制。

第五节 猫杯状病毒反向遗传学系统的建立

一、猫杯状病毒基因组的结构特征

猫杯状病毒（FCV）基因组为单股正链RNA，长约7700个碱基。与RHDV相同，其5′端无帽状结构，但有一个与感染性相关的VPg与其共价结合，3′端有poly（A）尾巴。但是不同的是，FCV基因组中含有3个可读框（ORF1～ORF3），其中，ORF1编码一条由1763个氨基酸组成的多聚蛋白前体，在翻译后加工过程中，该多聚蛋白可被进一步裂解为至少6个非结构蛋白：P5.6，P32，P39，P30，VPg和RdRp，在FCV基因组编码区的两侧分别有一个短的非编码区（5′/3′NTR）（图8-11）。

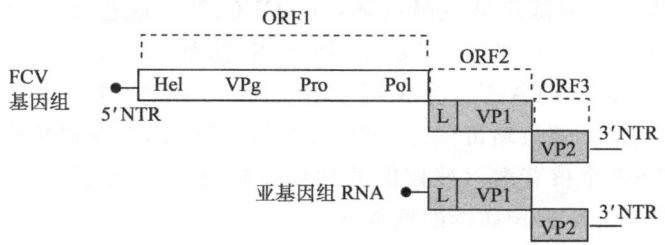

图8-11 猫杯状病毒基因组结构示意图

ORF2编码一个分子质量约为73kDa的衣壳蛋白前体（preVP1），它可被病毒编码的蛋白酶水解N端的125个氨基酸，产生成熟的衣壳蛋白（VP1）。在VP1上至少含有7个中和表位；ORF2既含有保守序列，也含有容易变异的序列，据此可以分为6个区域（A～F）（Seal et al.，1993）。其中，B、D、F区域在不同FCV分离株中相对保守；C、E区是相对容易变异的区域；E区又可以进一步划分为两个高度变异的区域——5′高变区（5′HVRE）和3′高变区（3′HVRE），它们被中间的保守区域分隔开。在E区的高变区含有FCV的主要B细胞表位，可刺激机体产生病毒中和抗体。

ORF3与ORF2重叠4个核苷酸，即发生一4nt的移码。因此，VP2的翻译是在VP1的翻译终止以后，再重新起始翻译（Sosnovtsev et al.，2005）。体外瞬时翻译实验证明，VP2的翻译效率是VP1的1/20。然而VP2的翻译竟然不依赖于起始密码子，当将其改变为其他碱基时，VP2仍然可以被正常翻译。系列突变实验证明，ORF2 3′端的69个核苷酸对ORF3的翻译十分关键。该段序列中含有2个关键基序：第一个基序在杯状病毒中都是保守的，位于AUG上游33～61nt，它与18S rRNA的部分序列互补，VP2之所以能以重新起始翻译的方式进行表达，可能是由于该基序能阻止翻译后的核糖体与杂交的18S rRNA解离；第二个基序位于ORF3起始密码子上游的20～15nt处，其保守性稍微低些。

在感染细胞中，除病毒基因组RNA外，还含有大量长约2.4kb的亚基因组RNA，5′端也与VPg共价结合，与基因组RNA具有相同的3′端。据报道，亚基因组的编码产物不仅是FCV衣壳蛋白的重要来源，而且是病毒颗粒组装不可缺少的成分，它的存在对维持病毒的感染性十分重要（Neill, 2002）。

二、猫杯状病毒反向遗传学系统

（一）FCV 全长 cDNA 分子的构建

FCV 的基因组为一单股正链 RNA 分子，没有特殊结构，可采用 RT-PCR 技术从 FCV 阳性样本中直接扩增全基因组。然后根据 FCV 的单一限制性内切核酸酶识别位点，将 FCV 全长 cDNA 序列组分若干段组装到靶载体中。一般来说，载体的选择主要根据拯救病毒的策略来确定，如 FCV 的第一个感染性克隆 pQ14 是通过体外转录合成病毒 RNA，然后转染 CRFK 细胞以实现病毒拯救，其采用的转录载体是 pSPORT1；同时 Thumfart 和 Meyers（2002）拯救 FCV 疫苗株 2024 时，也是通过转染 RNA 来完成，其使用的载体是一种低拷贝克隆载体：pACYC177。这些感染性克隆的共同特点是，在 FCV 基因组 cDNA 的 5′端通过 PCR 引物加上 T7 启动子：5′-GGGGTACCAATACGACTCACTATA-3′；在 3′端 poly（A）结构之后加上一个单一限制性内切核酸酶位点（图 8-12）。该策略可保证 FCV 体外转录物 RNA 获得精确的 5′端，而 3′端则多少都会残留 1～3 个核苷酸（残留的酶切位点）。但从文献报道来看，FCV 3′端残留多余的核苷酸似乎并不影响病毒的拯救。

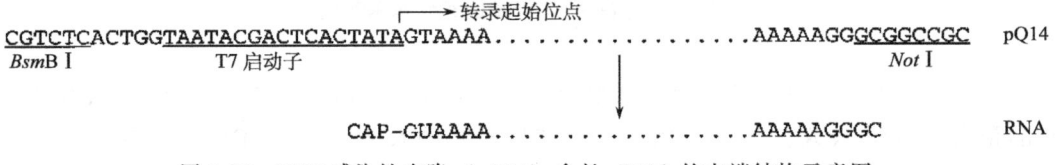

图 8-12 FCV 感染性克隆（pQ14）全长 cDNA 的末端结构示意图

最近，国内李伍新（2008）采取体内转录法成功拯救出 FCV CH-GD 株，其构建策略是首先扩增出 FCV CH-GD 株的全基因组，然后将其插入真核表达载体 pcDNA-HdvRz 的 CMV 启动子下游，构建了 FCV CH-GD 株的全长 cDNA：pFCV-HdvRz。该重组质粒的特点是在 FCV 基因组 5′端的上游具有 HamRz 的核心序列（58nt），其自身剪切位点在 3′端的 C 处；在 FCV 基因组 3′端的下游具有丁型肝炎核酶（HdvRz）的核心序列（88nt），其自身剪切位点在 5′端 G 处（图 8-13），利用该策略拯救的 FCV 不仅具有精确的基因组末端结构，还大大提高拯救病毒的效率。

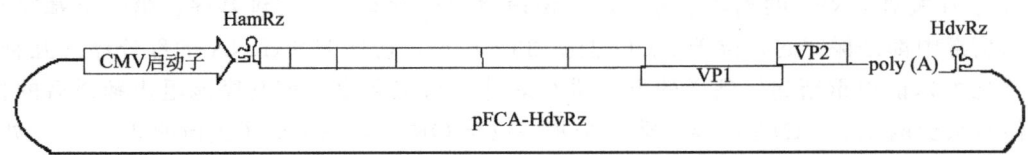

图 8-13 FCV 感染性克隆（pFCV-HdvRz）全长 cDNA 结构示意图（李伍新，2008）

（二）猫杯状病毒的拯救与鉴定

（1）细胞转染：研究证明，FCV 可以在猫肾细胞（CRFK）中良好培养和增殖。因此，无论采用何种策略拯救 FCV，都必须先转染敏感细胞系，观察基因组在细胞内是否能包装成具有感染性的病毒粒子。FCV 感染猫肾细胞后，5h 就能发生变化，8h 就能产生典型 CPE。其具体表现是：细胞圆缩、聚集，产生葡萄串样病变，最后细胞脱落、崩解（图 8-14）。如果第一代不能产生 CPE，可以收集细胞液，再盲传数代，直至获得具有感染性的 FCV。李伍新曾将转染细胞盲传 6 代才获得能产生典型 CPE 的 FCV。

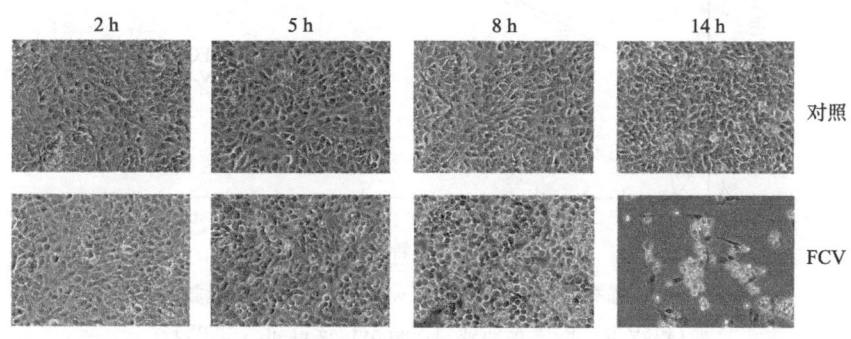

图 8-14　FCV 在猫肾细胞中产生典型 CPE（Sosnovtsev et al.，2005）

（2）抗原表达检测：在转染细胞的基础上，要对拯救病毒的特异性进行验证，最简单且有效的方法是对病毒特定抗原的表达进行检测。目前，最常用的检测方法有间接免疫荧光法和蛋白免疫电泳分析法等，所检测的靶蛋白通常是 FCV 的衣壳蛋白。

（3）电子显微镜鉴定：FCV 具有典型的杯状病毒形态特征，因此，可以使用电子显微镜从形态学角度对拯救的病毒进行鉴定。FCV 病毒颗粒呈二十面体对称，直径 35~40nm，无囊膜结构，衣壳由 32 个中央凹陷的杯状壳粒组成（图 8-15）。

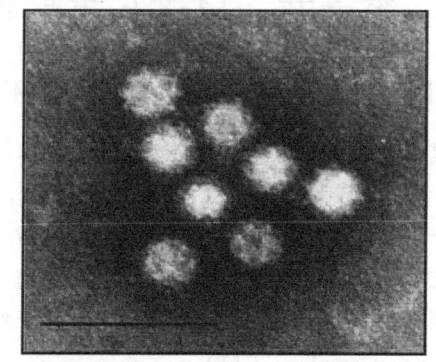

图 8-15　FCV 在电子显微镜下的形态（横线代表 100nm）（Sosnovtsev et al.，2005）

（4）病毒复制的检测：一般用 RT-PCR 方法检测感染细胞中 FCV 基因组 RNA。但是该方法仅能证明 DNA 在细胞内发生了转录，并不能充分证明 FCV 已在细胞中进行复制，更不能有效评价拯救的 FCV 与母本毒是否拥有相似的复制动力学特征，而这在研究病毒的复制机理等方面很重要。因此，还需要用定量 RT-PCR 方法对 FCV 感染细胞不同时期的基因组进行定量检测，绘制其复制动力学曲线并与母本毒进行比较分析。

(5) 病毒的生长曲线：在杯状病毒科中，FCV 是少有的能在细胞中培养和增殖的病毒，这为在体外研究 FCV 的致病机理等提供了良好的平台。因此，可以通过测定 FCV 的半数组织感染剂量（$TCID_{50}$）或蚀斑形成单位对拯救病毒的滴度进行测定，在此基础上绘制出病毒的一步生长曲线（图 8-16），为研究拯救病毒的生物学特性奠定了基础，同时也给杯状病毒科病毒的研究提供参考平台。

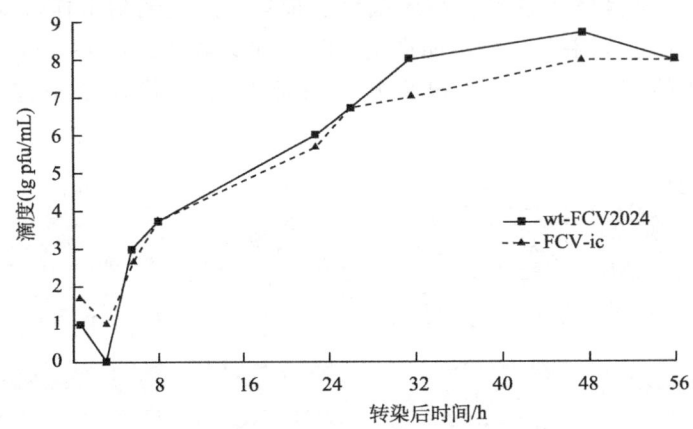

图 8-16　猫杯状病毒疫苗株（wt-FCV2024）与拯救病毒（FCV-ic）的生长曲线（Sosnovtsev et al., 2005）

第六节　鼠诺瓦克病毒反向遗传学系统的建立

一、鼠诺瓦克病毒基因组的结构特征

鼠诺瓦克病毒（MNV）基因组大体结构与杯状病毒科其他属类似（图 8-17），但 MNV 含有 4 个可读框（ORF1~ORF4），其中，ORF1 占据了基因组的绝大部分，编码一个多聚蛋白前体，前体裂解释放出 7 个非结构蛋白（NS1~NS7），ORF2 和 ORF3 编码衣壳蛋白（VP1 和 VP2），最新研究表明，存在 ORF3、ORF4 与 ORF2 重叠，但是使用不同的阅读框，编码产物定位于线粒体，参与调节天然免疫反应和细胞凋亡（McFadden et al., 2011）。

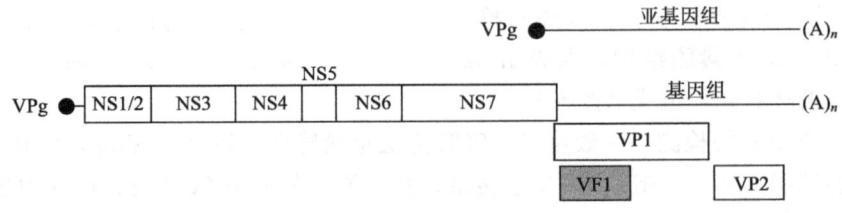

图 8-17　鼠诺瓦克病毒基因组结构示意图

二、鼠诺瓦克病毒反向遗传学研究系统

（一）全长 cDNA 分子的构建

MNV 基因组为一单股正链 RNA 分子，也可采用 RT-PCR 技术从病毒阳性样本中直接扩增全基因组。然后根据 MNV 的单一限制性内切核酸酶识别位点，将基因组全长 cDNA 序列组分若干段组装到靶载体中。载体的选择主要根据拯救病毒的策略来定。

（二）病毒的拯救与鉴定

在 MNV 全长 cDNA 分子克隆的基础上，主要有以下几种方式拯救病毒。Vernon 等首次实现了鼠诺瓦克病毒的拯救（Ward et al.，2007），主要采用了两种方式：基于 RNA 聚合酶 II 启动子产生 cDNA，然后通过转导的方式传递病毒 cDNA 到 HepG2 细胞产生感染性克隆；另外同样基于 RNA 聚合酶 II，质粒直接转染 HEK293T 细胞获得感染性克隆（图 8-18）。

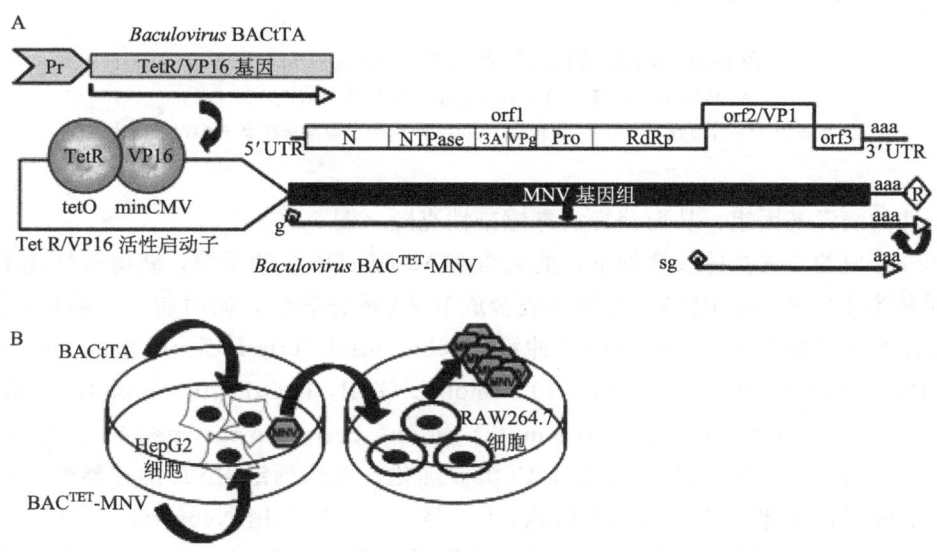

图 8-18　基于 RNA 聚合酶 II 系统拯救 MNV 的策略（Ward et al.，2007）

此外，该策略还引入四环素诱导表达调控系统（McCormick et al.，2002），重组的 MNV 杆状病毒表达系统在 SF9 细胞中增殖，浓缩得到 10^9 pfu/mL 的病毒，转导 HepG2 细胞后，发现并不能产生细胞病变（图 8-19 B），Ian 等（2012）继而共转导杆状病毒，细胞在 24h 内产生了典型的 CPE（图 8-19 C），将双转导 HepG2 的细胞裂解液接 RAW264.7 细胞后，出现了典型的 MNV CPE（图 8-19 D）。

Ian 等（2012）采用基于 T7 RNA 聚合酶合成病毒基因组，这种方式也有两种常用的方法拯救病毒，一种是基于 MNV cDNA 体外转录产生病毒基因组 RNA，体外加帽，然后将合成的产物转染细胞拯救 MNV；另一种方式是转染含有 MNV 基因组的质粒到能表达 T7 聚合酶的细胞中，T7 聚合酶识别转染质粒上的 T7 启动子，在细胞内产生具

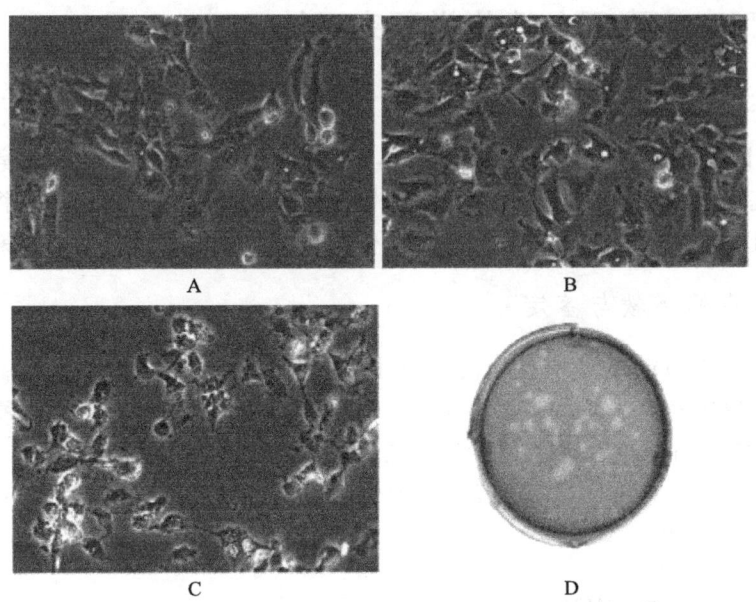

图 8-19 MNV 的拯救结果（McCormick et al.，2002）
A. 转染 100pfu BACtTA 杆状病毒；B. 转导 BAC^{TET}-MNV；
C. 共转染 24h 后细胞 CPE；D. 共转染 HepG2 细胞的裂解液再感染 RAW264.7 细胞

有感染性的病毒基因组，从而获得病毒感染性克隆（图 8-20）。

体外合成的方法具体步骤如下：酶切含有 MNV cDNA 的质粒，获得线性化 DNA，用试剂盒体外合成病毒 RNA，电泳检查合成 RNA 的完整性，同时制备加帽反应体系，100μL 体系中含有 10μL 10× 加帽缓冲液（500mmol/L Tris-HCl pH 8.0，60mmol/L KCl，12.5mmol/L MgCl$_2$），10μL 10 mmol/L GTP，0.5μL 20 mmol/L S-adenosyl methionine，2.5 μL Scriptguard (100 units) 和 4μL Scriptcap enzyme (40 units)；反应体系在 37℃下反应 1h，反应产物用 LiCi 沉淀纯化，电泳确定 RNA 的完整性，将加帽的 MNV 转录产物电转 Raw264.7 细胞，Ian 等（2012）采用 Neon transfectionsystem（Invitrogen）电转细胞，转染前将单层细胞刮下，悬浮在 DMEM 加 10% FCS 的培养基中，测定细胞浓度，1200g 离心 5min，重悬细胞，控制细胞浓度为 $8×10^6$ 个细胞/mL，再次离心除去培养基，500μL PBS 清洗细胞，离心除去 PBS，加入 130μL 重悬液（Neon transfection system kit，Invitrogen），细胞浓度为 $6×10^7$ 个细胞/mL，然后加入 1.3μg 加帽的 MNV 转录产物，电转条件为 1700V 25ms，电转结束后，分散细胞到正常培养基中，在 10% CO$_2$，37℃条件下培养 24~72h，收取细胞，反复冻融破碎细胞，释放病毒，测定裂解液的 TCID$_{50}$ 或进行噬斑实验，此方法得到的重组病毒通过测序鉴定遗传标记。

Ian 等（2012）采用 BHK-21 细胞（或 BSR-T7），该细胞易于转染并支持 MNV 的复制，但缺少病毒受体，因此病毒在该系统中，仅能单次复制，该方法相比电转不需要特殊仪器，常用于检测突变对病毒的影响，并允许多重转染，有利于开展对病毒的研究，拯救情况通过测定 $TCID_{50}$ 或进行噬斑实验；此外，值得一提的是，293T 细胞能有效拯救病毒，而且转染效率良好。

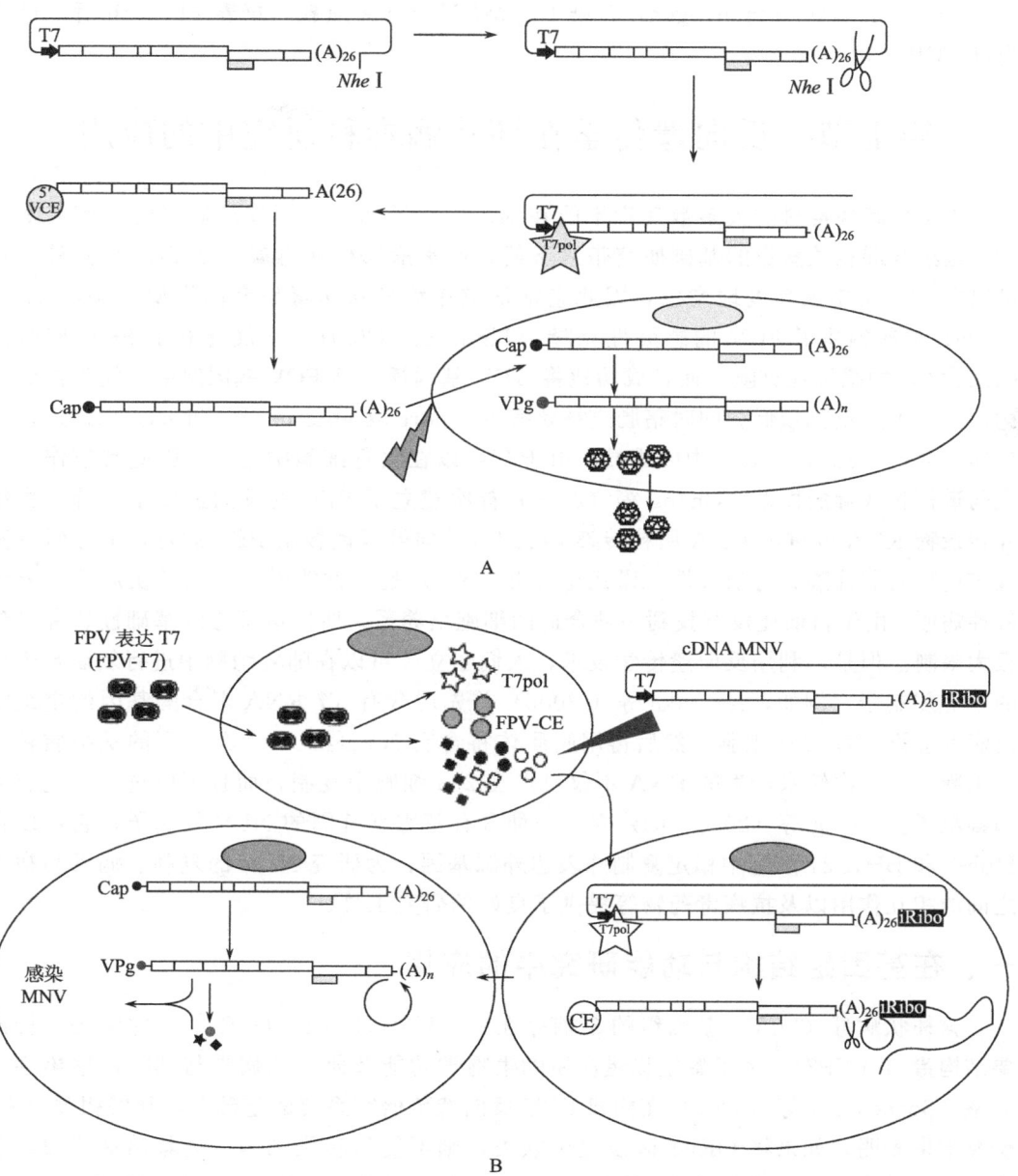

图 8-20 利用体外转录与加帽方法拯救 MNV 的策略（A）和基于 DNA 转染拯救 MNV 的策略（B）

直接转染 MNV cDNA 到表达 T7 RNA 聚合酶的细胞的方法中，采用 BSR-T7 细胞，它能持续表达 T7 RNA 聚合酶，但是由于表达水平低，不足以成功拯救 MNV，因此接种了禽痘病毒（FPV）作为辅助病毒，提供充足的 T7 RNA 聚合酶；具体方法如下：培养 BHK-21 细胞于 35mm 培养皿中，除去培养基，接种 700μL FPV-T7，每皿细胞病毒滴度（MOI）约为 0.5PFU，在 10% CO_2，37℃条件下培养 1h，让 FPV-T7 感染细胞，然后加入完全培养基培养 1h，利于 T7 RNA 聚合酶表达，然后用 Lipofectamine 2000 (Invitrogen) 转染 1μg MNV cDNA 质粒，培养 24～72h 后，检测病毒 $TCID_{50}$。

第七节 反向遗传学在杯状病毒科研究中的应用

由于杯状病毒科的大多数病毒不能在细胞中培养增殖，不仅给病毒的分离带来困难，也给开展相关病毒的基础研究带来不便。但水疱疹样病毒属（如 FCV）例外，它可以在 CRFK 中高滴度地增殖，因此它常常被作为杯状病毒研究的模型。Sosnovtsev (1995) 首次构建了 FCV 的感染性克隆。Thumfart (2004) 不仅建立了 FCV 疫苗株（2024 株）的感染性克隆，而且成功地将 *GFP* 基因插入到 FCV 基因组中，使之得到表达，但是表达量比较低。同时猪肠道杯状病毒（porcine enteric calicivirus，PEC）是扎幌样病毒属（*Sapovirus*）中的成员，由于其可以在猪肾细胞中生长，因此常被作为研究肠道杯状病毒的模型。Chang 等（2005）首次建立了 PEC 的反向遗传学系统，将体外转录物 RNA 或重组 DNA 质粒转染 PK 细胞，均可以拯救出 PEC 病毒，但是研究发现该过程对胆汁酸具有依赖性。诺瓦克病毒（NV）是一种能引起人肠道疾病的重要致病性病原，由于目前还没有找到一种合适的细胞培养系，所以该病毒的基础性研究受到很大限制。但是，利用反向遗传学技术，人们建立了可以在哺乳细胞中进行复制与表达的 NV 复制子。例如，Asanaka 等（2005）首先用含有 T7 RNA 聚合酶基因的重组痘苗病毒感染 HEK293 细胞，然后再用脂质体将含有 NV 全长 cDNA 序列的重组质粒导入细胞，结果内转录产生的 RNA 不仅可以在 293 细胞中复制，而且可以进一步包装成病毒粒子。Chang 等（2008）则建立了一种含有新霉素基因的 NLV 复制子，它可以在 Huh-7 和 BHK-21 细胞中稳定复制并表达外源基因，为研究 NLV 的复制、病毒与宿主之间的相互作用以及抗病毒药物等提供了良好的研究工具。

一、在基因组结构与功能研究中的应用

猫杯状病毒（FCV）基因组的 3′端存在一个较小的 ORF（ORF3），它编码一种次要结构蛋白（VP2）。为了鉴定该蛋白质的生物学功能及研究该病毒与其病毒感染性的关系，Sosnovtsev 等（2005）在构建 FCV 反向遗传研究系统的基础上，开展相关研究。研究结果表明，如果将 ORF3 区段完全缺失，则不能从转染细胞中拯救出活病毒；若将 ORF3 的末端（5′端或 3′端）序列缺失，或者在 ORF3 内部引入终止密码子，虽然不能拯救出感染性的病毒，但是病毒基因组仍然可以复制。进一步的研究发现，如果在真核细胞中能反式提供完整的 VP2，则仍能从细胞中拯救出感染性病毒。这些研究表明 VP2 对于病毒的复制、病毒颗粒的产生以及成熟是很关键的，而且该编码区可能还含有一些未知的顺式元件。杯状病毒基因组的 5′端都共价偶连一个分子质量约为 12.6kDa 的 VPg 蛋白，已经证明它可以与多种细胞因子相互作用，在病毒复制中起重要作用。从 FCV 感染性克隆中拯救出活病毒，必须提供帽子类似物以代替 VPg 的作用。为了确定

VPg 蛋白中的关键氨基酸位点，Mitra 等（2004）采用定点突变方法证明，若将 Tyr-24 突变为 Ala，则不能拯救出具有感染性的 FCV，同样将该氨基酸突变为 Ser、Phe、Thr 等，对 FCV 来说都将是致死的，同样不能拯救具有感染性的 FCV，由此，他认为 Tyr-24 是 VPg 的关键氨基酸位点，并推测 VPg 可能是利用该 Tyr 形成共价键以便与 RNA 结合。

许多单股正链 RNA 病毒的基因组 3′端都含有一个 poly（A）尾巴，研究表明 RNA 病毒的 poly（A）尾巴与病毒的复制及侵染性有密切联系。杯状病毒基因组的 3′端也有一段 poly（A）尾巴序列。刘光清等的研究结果证明，将 RHDV 的 poly（A）删除或截短后，对病毒的复制、表达和侵染性没有明显影响，但是 RNA 的稳定性受到一定影响。令人惊讶的是，删除 poly（A）尾巴的 RHDV 在细胞内增殖过程中，可以重新获得 poly（A）尾巴（Liu et al.，2008a）。此外，其研究小组利用反向遗传学技术还证明 RHDV 的次级结构蛋白（VP10）不是 RHDV 进行复制所必需的结构蛋白，但是该蛋白质的缺失使病毒的致病力受到一定影响（Liu et al.，2008b）。

Chang 等（2008）利用诺瓦克病毒的复制子系统对病毒的复制和表达机制进行初步探讨，发现来源于 FCV 的衣壳蛋白的前导序列（LC）可以显著增加 NV VP1 和 GFP 的表达。此外，他们还发现在 ORF3 上存在一个与病毒复制有关的重要 RNA 元件。

二、在致病机制研究中的应用

感染性克隆是研究病毒致病机制的良好工具，已经在其他 RNA 病毒研究领域中得到很好的应用。对于杯状病毒而言，虽然已经有多种病毒的感染性克隆被成功构建，但是应用于病毒发病机制以及病毒与宿主之间相互作用等方面的研究还未见公开报道。最近，刘光清等（2013）在 RHDV 感染性克隆的基础上，将衣壳蛋白（VP60）编码基因删除后，构建了一种能够在细胞中自主复制的复制子系统。将来自于复制子的 RNA 转染细胞，发现细胞仍然能产生细胞凋亡现象，提示 RHDV 诱导宿主细胞凋亡可能是 RHDV 重要致病机制之一，而凋亡因子有可能是病毒的非结构蛋白。

在杯状病毒中，FCV 是容易发生抗原变异的病毒之一。研究表明，FCV 容易发生变异的氨基酸序列位于衣壳蛋白中（C 区和 E 区），人们推测该区域含有 FCV 的主要抗原决定簇。为验证这一推测，Neill 等（2000）以 FCV Urbana 株的感染性 cDNA 克隆为骨架，分别用 3 种抗原性截然不同的 FCV 分离株（CFI、KCD 和 NADC）衣壳蛋白的 E 区置换 Urbana 株的相应基因序列，构建 3 种不同的嵌合 cDNA 分子克隆。结果有 2 种嵌合病毒获得拯救，而嵌合病毒的抗原性均发生较大的变异。此外，还构建了一种含有 NADC 衣壳蛋白 D 区和 E 区的嵌合病毒，该病毒也显示了很大的抗原变异性。其试验结果不仅证明 FCV 的抗原性发生变异后，仍能成功拯救出病毒，而且证明衣壳蛋白的高变区（E 区）在形成构象型抗原表位过程中起主要作用，在中和病毒方面，这种构象型表位比线性表位所起的作用更重要。

研究发现 FCV 衣壳蛋白前体的 N 端有一段长 124 个氨基酸的引导肽（LC），在翻译后加工过程中必须切除 LC，才能产生成熟的衣壳蛋白。但 LC 在 FCV 的生命周期中是否有其他作用还不清楚。为探讨此问题，Abente 等（2013）在 FCV 感染性克隆的基础上，对 LC 编码区进行一系列突变和缺失。研究结果表明，在 LC 区有 3 个保守的半胱氨酸非常重要，这些氨基酸的改变将直接影响到拯救病毒的表型变化和增殖特性。如果缺失保守半胱氨酸，则不能从猫肾细胞中拯救出产生 CPE 的 FCV。进一步的研究发现，宿主细胞的膜连蛋白 A2 可与 LC 结合。因此，推测 LC 可能介导病毒与宿主细胞间的相互作用，并由此改变细胞的完整性，从而有利于病毒的扩散。

鼠诺瓦克病毒（MNV）在 RAW264 细胞上连续传代后，致病力减弱，推测可能是病毒的致病基因发生突变。通过序列分析，初步判断可能与 2 个碱基的突变有关（2151nt 和 5941nt）。为了验证其推测，利用 MNV 的感染性克隆构建了不同的突变体，然后分别实施了病毒拯救，其结果表明 5941nt 的突变（位于 VP1）是致死性的，而 2151nt 位点的突变只能使病毒致病性减弱。

三、在病毒载体研究中的应用

杯状病毒为单股正链 RNA 病毒且基因组比较小，非常适于改造成能表达外源基因的病毒载体。Thumfart 和 Meyers（2002）曾经以 FCV 的全长 cDNA 为骨架，将 GFP 基因插入到衣壳蛋白编码区，然后转染细胞。结果得到一种能够自主复制的缺损性复制子，且 GFP 基因可以得到表达。如果反式提供结构蛋白，则该复制子可被包装成一种假病毒颗粒。该研究表明将杯状病毒改造成 RNA 病毒载体是可行的，它不仅对研究病毒的复制和致病机理等有用，而且开辟了一条研发新型杯状病毒疫苗的途径。

将 GFP 基因插入到诺瓦克病毒 NTPase 和 3A 样蛋白编码区中间，利用蛋白酶的裂解活性产生功能性的绿色荧光蛋白。转染结果发现，可以拯救到与野生型病毒相似的重组病毒，且该重组病毒仍具有感染性。

虽然，关于杯状病毒载体的研究还不是很多，但是目前的一些研究仍能说明将杯状病毒改造成 RNA 病毒载体是可行的，它不仅对研究病毒的复制和致病机理等有用，而且开辟了一条研究新型疫苗的途径。

结　语

在 RNA 病毒家族中，杯状病毒是一类不易引起人们重视的病毒。随着其重要成员——诺瓦克病毒（NV）的发现，人们才开始重视该科病毒的研究。因为它可以引起人类的非细菌性胃肠炎，对人类的健康威胁极大。然而遗憾的是该科的大多数病毒都不能在体外培养，给病毒的分离和研究带来很大不便。反向遗传学技术的兴起给研究这些病毒带来希望，凭借该技术手段人们不仅成功建立了能在体外培养的杯状病毒的反向遗传学操作系统，而且建立了能在哺乳细胞中稳定复制的 NV 复制子系统，为进一步开展杯状病毒的分子生物学等方面的研究提供了良好的技术平台。尽管利用反向遗传学技术开展杯状病毒研究所取得的进展还很有限，但是可以预言在未来的研究中，该技术必将发挥越来越重要的作用。

参 考 文 献

李伍新. 2008. FCV 拯救系统的建立及 GFP 的表达. 吉林大学硕士学位论文.

Abente E J, Sosnovtsev S V, Sandoval-Jaime C, et al. 2013. The feline calicivirus leader of the capsid protein is associated with cytopathic effect. Journal of Virology, 87: 3003-3017.

Abrantes J, Van Der Loo W, Le Pendu J, et al. 2012. Rabbit haemorrhagic disease (RHD) and rabbit haemorrhagic disease virus (RHDV): a review. Veterinary Research, 43: 12.

Alonso J M, Casais R, Boga J A 1996. Processing of rabbit hemorrhagic disease virus polyprotein. Journal of Virology, 70: 1261-1265.

Arias A, Urena L, Thorne L, et al. 2012. Reverse genetics mediated recovery of infectious murine norovirus. Journal of Visualized Experiments, (64): 41-45.

Asanaka M, Atmar R L, Ruvolo V, et al. 2005. Replication and packaging of Norwalk virus RNA in cultured mammalian cells. Proceedings of the National Academy of Sciences of the United States of America, 102: 10327-10332.

Bertolotti-Ciarlet A, Crawford S E, Hutson A M, et al. 2003. The 3′ end of Norwalk virus mRNA contains determinants that regulate the expression and stability of the viral capsid protein VP1: a novel function for the VP2 protein. Journal of Virology, 77: 11603-11615.

Bhella D, Gatherer D, Chaudhry Y, et al. 2008. Structural insights into calicivirus attachment and uncoating. Journal of Virology, 82: 8051-8058.

Chang K O, George D W, Patton J B, et al. 2008. Leader of the capsid protein in feline calicivirus promotes replication of Norwalk virus in cell culture. Journal of Virology, 82: 9306-9317.

Chang K O, Sosnovtsev S V, Belliot G, et al. 2005. Reverse genetics system for porcine enteric calicivirus, a prototype sapovirus in the *Caliciviridae*. Journal of Virology, 79: 1409-1416.

Clakle I N, Lanmbden P R, 1997. The molecular biology of Caliciviruses. The Journal of General Virology, 78: 291-301.

Goodfellow I, Chaudhry Y, Gioldasi I. 2005. Calicivirus translation initiation requires an interaction between VPg and eIF4E. EMBO Reports, 6 (10): 968-972.

Hitoshi S, Kusunoki S, Kanazawa I, et al. 1996. Molecular cloning and expression of a third type of rabbit GDP-L-fucose: β-D-galactoside 2-α-L-fucosyltransferase. The Journal of Biological Chemistry, 271: 16975-16981.

Bárcena J, Verdaguer N, Roca R, et al. 2004. The coat protein of Rabbit hemorrhagic disease virus contains a molecular switch at the N-terminal region facing the inner surface of the capsid. Virology, 322: 118-134.

Kaiser W J, Chaudhry Y, Sosnovtsev S V, et al. 2006. Analysis of protein-protein interactions in the feline calicivirus replication complex. The Journal of General Virology, 87: 363-368.

Lellis A D, Kasschau K D, Whitham S A, et al. 2002. Loss-of-susceptibility mutants of Arabidopsis thaliana reveal an essential role for eIF (iso) 4E during potyvirus infection. Current Biology, 12: 1046-1051.

Liu G Q, Ni Z, Yun T, et al. 2008a. Rabbit hemorrhagic disease virus poly (A) tail is not essential for the infectivity of the virus and can be restored *in vivo*. Archives of Virology, 153: 939-944.

Liu G Q, Ni Z, Yun T, et al. 2008b. A DNA-launched reverse genetics system for rabbit hemorrhagic disease virus reveals that the VP$_2$ protein is not essential for virus infectivity. The Journal of General Virology, 89: 3080-3085.

Liu G, Zhang Y, Ni Z, et al. 2006. Recovery of infectious rabbit hemorrhagic disease virus from rabbits after direct inoculation with *in vitro*-transcribed RNA. Journal of Virology, 80: 6597-6602.

Luttermann C, Meyers G. 2007. A bipartite sequence motif induces translation reinitiation in feline calicivirus RNA. The Journal of Biological Chemistry, 282: 7056-7065.

Machin A, Alonso J M Martin, Parra F. 2001. Identification of the amino acid residue involved in rabbit hemorrhagic disease virus VPg uridylylation. The Journal of Biological Chemistry, 276: 27787-27792.

Makino A, Shimojima M, Miyazawa T, et al. 2006. Junctional adhesion molecule 1 is a functional receptor for feline calicivirus. Journal of Virology, 80: 4482-4490.

Marin M S, Casais R, Alonso J M M. et al. 2000. ATP binding and ATPase activities associated with recombinant rabbit hemorrhagic disease virus 2C-like polypeptide. Journal of Virology, 74: 10846-10851.

Mc Cormick C J, Rowlands D J, Harris M. 2002. Efficient delivery and regulable expression of hepatitis C virus full-length and minigenome constructs in hepatocyte-derived cell lines using baculovirus vectors. The Journal of General Virology, 83: 383-394.

McFadden N, Bailey D, Carrara G, et al. 2011. Norovirus regulation of the innate immune response and apoptosis occurs via the product of the alternative open reading frame 4. PLoS Pathog, 7: e1002413.

Meyers G. 2003. Translation of the minor capsid protein of a calicivirus is initiated by a novel termination-dependent reinitiation mechanism. The Journal of Biological Chemistry, 278: 34051-34060.

Meyers G, Wirblich C, Thiel H J, et al. 2000. Rabbit hemorrhagic disease virus: genome organization and polyprotein processing of a calicivirus studied after transient expression of cDNA constructs. Virology, 276: 349-363.

Mitra T, Sosnovtsev S V, Green K Y. 2004. Mutagenesis of tyrosine 24 in the VPg protein is lethal for feline calicivirus. Journal of Virology, 78: 4931-4935.

Neill J D, Sosnovtsev S V, Green K Y. 2000. Recovery and altered neutralization specificities of chimeric viruses containing capsid protein domain exchanges from antigenically distinct strains of feline calicivirus. Journal of Virology, 74: 1079-1084.

Neill J D. 2002. The subgenomic RNA of feline calicivirus is packaged into viral particles during infection. Virus Research, 87: 89-93.

Ng K K, Cherney M M, Vazquez A L, et al. 2002. Crystal structures of active and inactive conformations of a caliciviral RNA-dependent RNA polymerase. The Journal of Biological chemistry, 277: 1381-1387.

Nystr M K, Le Gall-Recul G, Grassi P, et al. 2011. Histo-blood group antigens act as attachment factors of rabbit hemorrhagic disease virus infection in a virus strain-dependent manner. PLoS Pathog, 7: e1002188.

Radford A D, Dawson S, Ryvar R, et al. 2003. High genetic diversity of the immunodominant region of the feline calicivirus capsid gene in endemically infected cat colonies. Virus Genes, 27: 145-155.

Seal B S, Ridpath J F, Mengeling W L. 1993. Analysis of feline calicivirus capsid protein genes: identification of variable antigenic determinant regions of the protein. The Journal of General Virology,

74 (Pt 11): 2519-2524.

Sosnovtsev S V, Belliot G, Chang K O, et al. 2005. Feline calicivirus VP2 is essential for the production of infectious virions. Journal of Virology, 79: 4012-4024.

Sosnovtsev S V, Garfield M, Green K Y. 2002. Processing map and essential cleavage sites of the nonstructural polyprotein encoded by ORF1 of the feline calicivirus genome. Journal of Virology, 76: 7060-7072.

Sosnovtsev S V, Green K Y. 2000. Identification and genomic mapping of the ORF3 and VPg proteins in feline calicivirus virions. Virology, 277: 193-203.

Stuart A D, Brown T D. 2006. Entry of feline calicivirus is dependent on clathrin-mediated endocytosis and acidification in endosomes. Journal of Virology, 80: 7500-7509.

Thumfart J O, Meyers G. 2002. Feline calicivirus: recovery of wild-type and recombinant viruses after transfection of cRNA or cDNA constructs. Journal of Virology, 76: 6398-6407.

Ward V K, Mccormick C J, Clarke I N, et al. 2007. Recovery of infectious murine norovirus using pol II-driven expression of full-length cDNA. Proceeding of the National Acadey of Sciences of the United states of America, 104: 11050-11055.

Wirblich C, Meyers G, Ohlinger V F, et al. 1994. European brown hare syndrome virus: relationship to rabbit hemorrhagic disease virus and other caliciviruses. Journal of Virology, 68: 5164-5173.

第九章 甲病毒科的反向遗传学

第一节 甲病毒科的基本特征

一、病毒的分类

2005年国际病毒分类委员会（ICTV）第8次报告中指出甲病毒属（*Alphavirus*）属于披膜病毒科，该科成员还有风疹病毒属，其中甲病毒属是一种"虫媒病毒"，即传播媒介均为节肢昆虫。甲病毒属的许多成员对人和动物都有一定致病性，是一类重要的人畜共患病病原。例如，东方/西方型马脑炎病毒（*Eastern/Western equine encephalitis virus*，E/WEEV）、委内瑞拉马脑炎病毒（*Venezuelan equine encephalitis virus*，VEEV）、辛德比斯病毒（*Sindbis virus*，SINV）、塞姆利基森林病毒（*Semliki forest virus*，SFV）等。研究根据彼此间的血清学关系，将甲病毒属中的病毒分为6个亚组，其中有4个亚组：EEV、Middelburg virus、VEE和Ndumu virus仅含有一种病毒，另外SF亚组含有4种病毒，WEE亚组含有5种病毒。

二、病毒的特征

甲病毒颗粒呈球形，直径为60~70nm，大致由3部分组成：核壳蛋白、双层类脂膜和含有RNA的核心。病毒颗粒一般含有3种糖蛋白：E1、E2和E3。其中E1和E2常形成异源二聚体，构成病毒颗粒囊膜表面的纤突，具有红细胞吸附活性，在病毒颗粒表面，每3个纤突构成一个三聚体。整个病毒粒子共含有240个纤突，形成80个三聚体，在毒粒表面排列成$T=4$的二十面体晶格（图9-1）。病毒的双层类脂膜来自于宿主细胞的细胞质膜，紧密包裹着核衣壳。由于脂类的组成取决于病毒感染的细胞类型，甲病毒主要感染神经细胞，因此其类脂的成分主要为磷脂和胆固醇（比例约为2:1）。

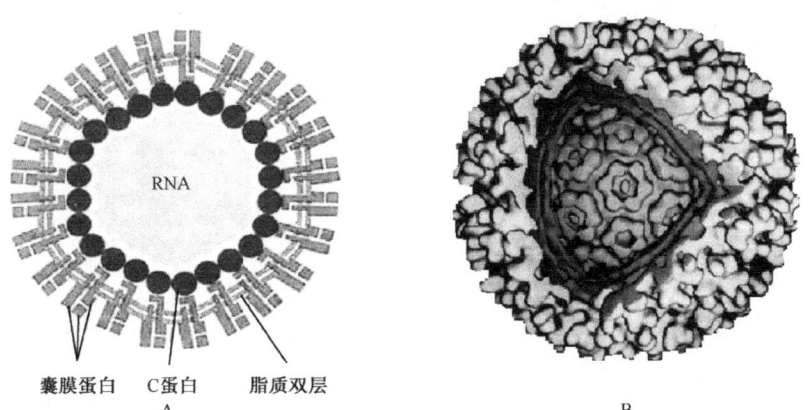

图9-1 甲病毒颗粒的三维结构及其局部剖面图（Riezebos-Brilman et al.，2006）

第二节 甲病毒基因组结构特征及其表达产物

一、甲病毒基因组的结构特征

甲病毒的基因组是一种单股正链RNA分子，由约12 000个核苷酸（nt）组成，在其两端分别具有帽子结构和poly（A）尾巴。甲病毒属各成员的RNA组成基本一致，均含有29%的腺嘌呤（A）、20%~22%的尿嘧啶（U）、25%的鸟嘌呤（G）和25%的胞嘧啶（C）。

甲病毒属和风疹病毒属的基因组均分为2个编码区段，各含有一个长的可读框架（非结构性ORF和结构性ORF）（图9-2）。非结构性ORF占据整个基因组5'端的2/3区段，编码病毒的4种非结构蛋白（Nsp1~Nsp4），主要是病毒的复制酶和转录酶，3'端的1/3基因组编码病毒的结构蛋白，即核心蛋白和糖蛋白（E1~E3），这一区域又被称为亚基因组RNA，或被称为26S mRNA。两个区段之间的连接区为非编码序列，甲病毒属该连接区长为40~50nt，其中一段长24nt的保守序列，具有启动子功能，负责结构蛋白mRNA的转录起始。

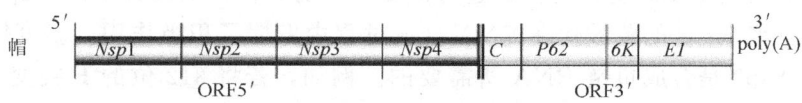

图9-2 甲病毒基因组结构示意图

基因组的5'端有一段长为60~80nt的非编码区，该区域含有2段保守性序列。第一个保守区位于5'帽子结构之后的44个核苷酸，形成一个茎-环（stem-loop）结构，具有启动子功能，在基因组复制过程中起始负链RNA的合成（Ou et al.，1983）；第二个保守区紧随第一保守区之后，由51nt组成，也能形成一个茎-环结构，但其功能还不清楚。3'端也有一段长为121~152nt的非编码区，在该区末端poly（A）尾巴上游有一个保守区，由19个核苷酸组成，故称为19核苷酸保守区。据研究该保守区段对基因组的转录有重要作用（Ou et al.，1982）。此外，在3'UTR内还有一段长度为40~60碱基的重复序列。在所有甲病毒属成员中，3'UTR都具有重复序列，但是重复序列的长度、碱基的排列顺序、重复序列之间的距离以及重复序列与终止密码子的距离都各不相同。因此，甲病毒基因组3'UTR内的重复序列可作为甲病毒属内鉴定的分子依据（Strauss and Strauss，1986）。

二、甲病毒基因组的编码产物

（一）非结构蛋白

甲病毒感染细胞后，基因组RNA可以作为mRNA首先翻译出一条多聚蛋白，该多聚蛋白又被分级水解成4种非结构蛋白，即Nsp1、Nsp2、Nsp3和Nsp4。

Nsp1可能是启动负链RNA的合成所必需的。因为将该蛋白的第348位氨基酸

(A) 突变为 T 后,病毒的负链 RNA 合成停止,但正链 RNA 的合成仍然进行(Wang et al.,1991)。有研究表明 Nsp1 可能是一种酶或者是一种酶的成分,它负责在转录过程中给基因组 RNA 或亚基因组 RNA 加帽。Stollar(1987)不仅在甲病毒感染的细胞中发现了一种新的甲基转移酶,而且发现该酶的活性中心位于 Nsp1 内。随后的一些定点突变实验和体外表达实验结果也证明了这一推断。此外,Nsp1 还具有胍基转移酶活性和修饰 Nsp2 蛋白酶活性的功能。

Nsp2 具有 RNA 解旋酶活性和蛋白水解酶活性(Gorbalenya et al.,1989)。它负责裂解非结构蛋白前体多肽以产生成熟蛋白质。此外,Nsp2 对起始 26S 亚基因组 mRNA 的合成也起重要作用。研究发现 Nsp2 的 RNA 解旋酶活性中心位于 N 端,在转录和复制过程中负责 RNA 的解链。Nsp2 的 C 端含有核定位信号,在感染 SFV 的细胞内,约 50% 的 Nsp2 聚集在细胞核内,此外 Nsp2 在细胞核内发挥的作用尚不清楚。

Nsp3 具有两个明显不同的功能区,其中 N 端功能区长度为 322~329 个氨基酸,具有较高的序列保守性。相反,C 端功能区的长度和序列变异性较大,其长度从 134~246 个氨基酸不等,研究发现该区域可以耐受较大范围的缺失突变,人们猜测这两个功能区在病毒复制过程中可能发挥不同的作用。Barton 等(1991)从感染甲病毒(6h 后)的细胞中分离出病毒复制复合物,通过对该复合物的分析,发现其中的 Nsp3 被高度磷酸化,据此推测 Nsp3 的磷酸化在 RNA 合成过程中发挥了积极作用。温度敏感性突变结果也显示 Nsp3 是合成负链 RNA 所需要的。例如,若将 312 位的 F 突变为 S,病毒 RNA 的合成将终止(Hahn et al.,1989)。此外,Nsp3 的存在对 Nsp2 蛋白酶的裂解活性也有一定影响。

Nsp4 被认为具有 RNA 聚合酶功能,因为它含有病毒 RNA 聚合酶特有的 GDD 基序,将该区域的一些氨基酸突变将导致 RNA 合成终止。另外,Nsp4 在细胞中的代谢很不稳定,一旦其含量增高将被迅速降解。Wellink 和 Kammen(1988)首次指出由于 Nsp4 氨基末端的氨基酸是酪氨酸,根据 N 端法则途径,该氨基酸很容易被降解并影响蛋白质的半衰期,但是,若 Nsp4 与 RNA 复制酶复合物联系在一起则能抵御蛋白酶的降解。因此,在病毒感染初期的 RNA 聚合酶复合体中 Nsp4 具有较高的含量而且十分稳定。

(二)结构蛋白

病毒基因组结构区 RNA 经转录首先翻译出一条被称为 P130 的多聚蛋白前体,经翻译后的加工和水解,生成 5 个多肽。首先产生的是核心蛋白(C),余下的蛋白前体在蛋白酶作用下又裂解成 3 种糖蛋白(E1、E2 和 E3)和一种分子质量为 6kDa 的蛋白质。这些蛋白质的排列顺序为 5'-C-E3-E2-6K-E1-3'。

C 蛋白由 264 个氨基酸组成,每 3 个核壳蛋白分子形成一个结构亚单位的三聚体。其氨基端 1~113 个氨基酸残基在 X 射线晶体结构中处于无序状态,而羧基端 114~264 个氨基酸残基为装配颗粒的关键序列,可形成一种类似糜蛋白酶的结构。氨基末端的结构域(1~10 位和 75~132 位氨基酸残基)含有 RNA 结合位点,这些结合区域与大核糖体亚基结合区域有部分重合。因此 C 蛋白可以和病毒基因组 RNA 结合,这对起始核蛋白的装配和刺激 RNA 的合成很重要（Weiss et al.，1989）。

核蛋白从新生肽链上被释放下来以后，糖蛋白 E2 被插入到内质网上，其中 E2 蛋白 N 端的 40 个氨基酸残基具有易位信号的功能，C 端则就具有终止信号功能和 E2 蛋白的膜锚定作用（Bonatti et al.，1979）。PE2 是 E2 和 E3 的前体，在形成外膜凸起的过程中裂解产生 E2 和 E3（图 9-3）。

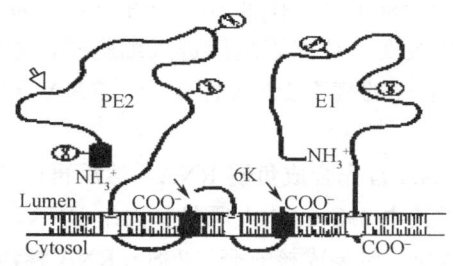

图 9-3　甲病毒结构蛋白裂解示意图（Strauss and Strauss，1994）

E1 和 E2 形成异源二聚体，3 个二聚体又组成一个基本结构单位，二者共同作用构成病毒囊膜上的纤突。E1 和 E2 上都有抗原决定簇，其中，E2 的免疫原性较强，是病毒的主要抗原位点。另外，E2 的膜内区与核衣壳相结合，膜外区是一段带有许多电荷的结构域，几乎完全暴露于病毒颗粒表面，具有甲病毒主要的中和性位点。跨膜区具有信号肽或终止转录序列功能。E2 蛋白含有 4～6 个软脂酸链，定点突变分析结果表明 C_{396}、C_{416} 和 C_{417} 是 3 个保守性的棕榈酰化位点（Ivanova and Schlesinger，1993）。在上述位点中，至少有一个氨基酸与膜结合，将 E2 固定于脂质包膜。而 E1 蛋白 N 端的第 40～第 96 位氨基酸残基高度保守，具有细胞融合特性，可吸附红细胞，蛋白质的 C 端则是锚定位点。另外有研究表明 EEEV 的 E1 蛋白的 104～109 位氨基酸残基是抗原决定簇，该区段还能与细胞受体相互作用引起融合区构象改变，并引起病毒的穿入。

E3 蛋白的氨基端是一种未被切割的信号序列，该蛋白质的前 16～19 个氨基酸是疏水氨基酸，该区段具有信号肽功能，可以结合 26SRNA 翻译复合物搬运至细胞膜。同时 E3 蛋白的糖基化位点发生在第 11 位氨基酸，在甲病毒中高度保守，E3 在类脂膜外与 E1、E2 相连共同构成病毒颗粒表面的纤突。

6K 蛋白是一种位于 E2 和 E1 之间的分子质量为 6kDa 的蛋白质，它是结构蛋白中疏水性最强的蛋白质，功能比较单一，主要充当 E1 跨膜转运的信号肽。

第三节　甲病毒的繁殖

甲病毒感染宿主范围非常广，可以感染低等的蚊、蜱等吸血昆虫，也可以感染包括鸟、动物和人在内的高级生物。普遍认为，甲病毒是通过细胞表面的受体而侵入宿主细胞的，一般而言，不同的甲病毒可能使用不同的受体感染细胞，但也有可能使用相同的受体进入细胞。目前，有些甲病毒的受体已被鉴定出来，如 SINV 可以与哺乳动物细胞表面的层黏连蛋白（laminin，LN）结合，进而感染细胞。但也有一些受体尚未被发现，或已经被发现却没有被鉴定是何种物质，如 Simth 和 Tignor（1980）发现 VEE 可以与蚊子细胞表面的一种分子质量为 32kDa 的蛋白质结合，提示它有可能是一种受体蛋白，但是何种物质尚没有结论。

甲病毒与受体的结合依赖于低 pH 环境以及病毒与细胞间相对的电荷状态。病毒利用其囊膜表面的纤突与细胞受体结合，然后通过胞饮作用进入细胞质，在细胞质中再被包裹形成酸性吞噬小体（endosome）。在低 pH 条件下，病毒囊膜与吞噬小体膜融合，从而导致病毒糖蛋白的构象改变，核衣壳随后进入细胞质，并脱壳释放出基因组 RNA。病毒进入细胞约 1h 后，脱衣壳的病毒 RNA 即作为 mRNA 合成 4 种非结构蛋白，以起始病毒的复制。

在复制过程中，病毒 RNA 首先合成负链 RNA，然后再以负链 RNA 为模板转录合成 49S mRNA 和 26S mRNA。其中 49S mRNA 既是基因组 RNA，又是合成非结构蛋白的模板，此外它还与核心蛋白结合，包装成核衣壳。26S mRNA 翻译出一条多聚蛋白前体，通过自身裂解和其他蛋白酶的水解，依次释放出衣壳蛋白和其他结构蛋白（图 9-4）。

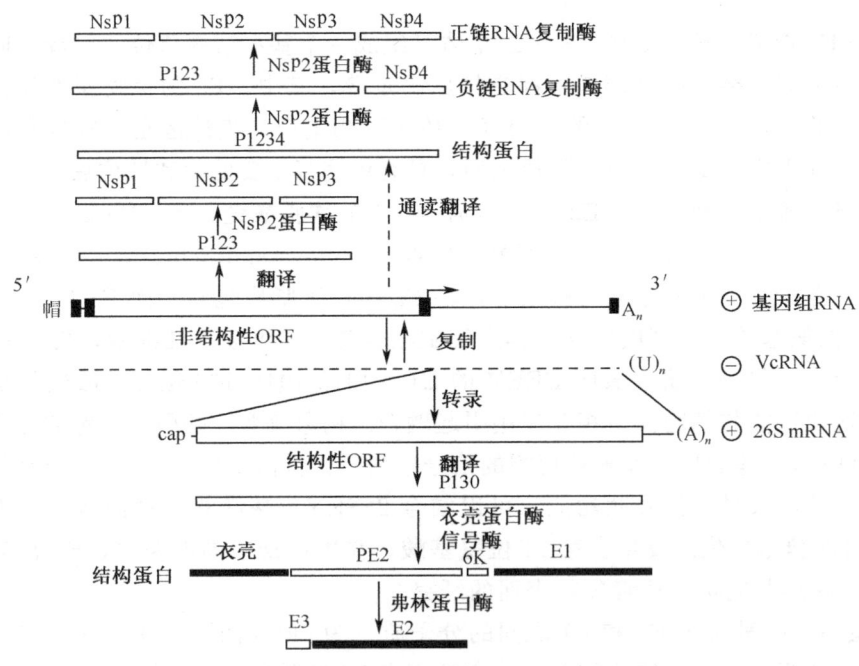

图 9-4　甲病毒的复制和翻译示意图

在病毒感染后 5~6h，负链合成即关闭，而正链的合成可在稳定的速率下继续数小时。在整个感染周期中，26S mRNA 占绝对优势，其与 49S mRNA 的物质的量比为 3∶1。然而，在感染早期，26S mRNA 的产量占优势，在感染后期则是 49S mRNA 的含量占优势。

C 蛋白产生后，很快与病毒 RNA 结合，组装成核衣壳，结构蛋白也被糖基化，通过内质网和高尔基体转运到细胞质膜，在转运过程中酯酰化，成为一种穿膜蛋白。然后与核衣壳包装成病毒颗粒，最后由细胞表面出芽释放病毒（Berglund et al.，1996）（图 9-5）。

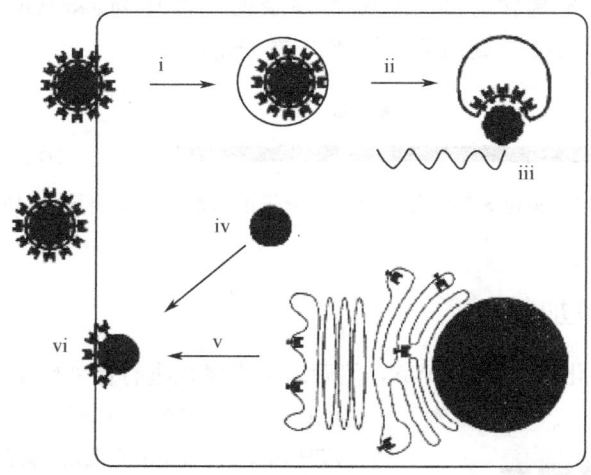

图 9-5 甲病毒的增殖过程（Berglund et al.，1996）
i. 病毒经受体介导的胞吞作用进入细胞；ii. 病毒囊膜与吞噬小体膜融合；iii. 病毒脱壳释放出核酸；iv. C 蛋白与病毒 RNA 结合装配成衣壳；v. 穿膜蛋白与核衣壳形成病毒颗粒；vi. 病毒利用细胞的出芽机制释放出来

第四节 甲病毒反向遗传学系统的建立

甲病毒是一类十分重要的病毒，因为该病毒的宿主谱非常广，不仅可以引起多种动物发病，而且可以感染人，对人类的健康构成很大威胁。因此，该类病毒的研究得到世界各国极大的重视，研究成果也较深入。目前关于甲病毒的复制、表达和致病机理等方面的研究均取得了较大进展。这主要获益于甲病毒感染性克隆的成功构建和应用，利用反向遗传操作技术，人们不仅深入开展甲病毒的分子生物学研究，而且成功地将甲病毒改造成一系列病毒载体，广泛应用于基因治疗、自杀性 DNA 疫苗、基因的表达以及其他分子生物学领域。Rice 等（1987）构建了甲病毒属的第一个感染性克隆（SINV），随后 VEEV（Kinney et al.，1993；Davis et al.，1989）、SFV（Liljestrom et al.，1991）、RRV（Kuhn et al.，1991）等甲病毒的感染性克隆纷纷被建立起来，由此掀起了甲病毒反向遗传学研究的新高潮。在此，我们将以辛德比斯病毒（SINV）为例，阐述构建甲病毒感染性克隆的一般原则和方法。

一、全长 cDNA 分子的构建

在测定 SINV 全基因组序列时，Strauss 和 Strauss （1986）曾用 *Hin*dIII 将 SINV 的基因组消化成 4 个片段。在此基础上，Rice 等（1987）将上述 4 个片段逐一克隆到质粒载体：Proteus1 中，装配成全长 cDNA 分子。Proteus1 是 Rice 等构建的一种载体，含有来自于 pBR322 的复制原件和 β-内酰氨酶以及来自于 SP6 噬菌体的 SP6 RNA 聚合酶启动子。其 cDNA 的 5′端与 SP6 启动子序列融合在一起，但是其间含有不同长度的冗余碱基；cDNA 的 3′端含有 35 个 A 和多余的一段序列：5′-GGG AAT TCG AGC TC-3′，该序列含有 SstⅠ位点用于线性化质粒（图 9-6）。

```
SP6启动子              SINV 基因组                   SstⅠ识别位点
⇒ GATTG ████████████████████████ TTTCA35 GGGAATTCGAGCTC
```

图 9-6　构建 SINV 全长 cDNA 分子的策略（Rice et al.，1987）

二、体外转录和加帽

首先用 SstⅠ线性化重组质粒 DNA，然后以之为模板进行体外转录反应。其反应体系包括如下一些成分：$MgCl_2$（6 mmol/L，pH 7.6）、NTP mix（各 1mmol/L）、亚精胺（2mmol/L）、牛血清白蛋白（100μg/mL）、二硫苏糖醇（5mmol/L）、RNase 抑制剂（500U/mL）、SP6 RNA 聚合酶（400U/mL）、DNA 模板（10～100μg），将上述各试剂充分混匀后，于 38℃反应 1h。如果要给体外转录产物加上帽子结构，可以在上述反应液中再加入 1mmol/L 帽子类似物 [m^7G（5′）ppp（5′）G 或 m^7G（5′）ppp（5′）A]。通过上述反应，Strauss 和 Strauss 获得了预期的全长 RNA 产物（图 9-7）。将转录物 RNA 与野毒株（HRsp 株）RNA 分别用 ^{32}P 标记，并用 RNase T2 完全消化，

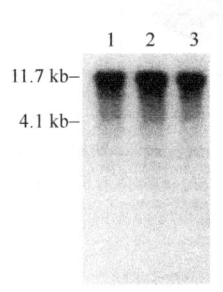

图 9-7　体外转录产物在变性凝胶中的电泳图（Strauss and Strauss，1986）
1、2、3 分别为加 m^7G（5′）ppp（5′）G、m^7G（5′）ppp（5′）A 和不加帽子类似物的 RNA

然后用双向色谱法分析，发现二者的图谱没有差异。这也进一步证实体外转录是成功的。

三、RNA 转染

在转染前一天，将 CEF 细胞接种于 35mm 平皿中，待细胞长至 80% 融合度时（约 10^6 个细胞），用不含血清的 EMEM 洗涤细胞一次。然后添加 1.5mL 含有 50mmol/L Tris-HCl 和 DEAE 葡聚糖的 MEM 孵育细胞 15～60min，然后吸弃培养基，加入 200μL RNA 液体（转录产物用 PBS 稀释）再孵育 15～60min，间或摇晃培养皿若干次。为了对拯救病毒进行定量分析，Strauss 和 Strauss（1986）在转染 RNA 的细胞上铺设了一层 1.2% 的琼脂糖凝胶，然后用中性红进行染色。实验结果表明，不仅成功拯救出 SINV，而且其形成蚀斑的特性与母本毒株（HRsp 株）相似。该实验同时还证实帽子结构的存在不是 SINV 维持感染性所必需的，但是该结构的存在能显著提高病毒的感染力（具有帽子结构的 RNA 形成 PFU 的能力是不具备帽子结构的 RNA 的 100 倍）。

四、拯救病毒的蛋白分析

Strauss 和 Strauss（1986）用免疫沉淀方法对 SINV 野毒株、拯救病毒在细胞中的表达产物进行检测和比较。结果发现，其表达的结构蛋白和非结构蛋白都是相同的，而

且都能与相应的阳性血清发生免疫沉淀反应（图9-8）。

通过上述实验过程，Strauss 和 Strauss 成功建立了 SINV 的感染性克隆。他认为体外转录 RNA 拯救的病毒具有与母本毒株相似的生物学特性，在其研究过程中，发现：①帽子结构可以提高 RNA 的感染性。②在体外合成 RNA 时，由于加入了帽子类似物 $m^7G(5')ppp(5')G$，所以转录物的 $5'$ 端含有一个多余的 G，此外 $3'$ 端也含有一段冗余序列。然而尽管如此，转录物仍然具有感染性，并认为在病毒复制过程中这些多余的碱基和序列都会选择性地缺失。③转录物的 $5'$ 端含有 8 个多余的 G 时，其感染性将丧失，说明 SINV 基因组 $5'$ 端对多余碱基还是比较敏感的，但是有研究表明 PV 基因组 $5'$ 端具

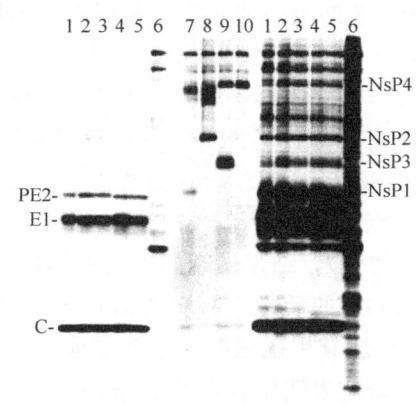

图 9-8 SINV 结构蛋白和非结构蛋白的
SDS-PAGE 电泳及免疫沉淀电泳图谱
(Strauss and Strauss, 1986)
1. HR 株病毒；2～5. 来自于不同体外转
录物的拯救病毒；6. 空白细胞；
7～10. 针对 SINV NsP1、NsP2、NsP3 与
NsP4 的免疫沉淀反应

有长达 58 个核苷酸的冗余序列时仍具有感染性。④在构建 SINV 全长 cDNA 分子时，发现如果基因组序列发生关键性的点突变，将使体外转录 RNA 丧失感染性，由此也证明保证基因组序列的忠实性将是构建感染性克隆的一个关键环节。

第五节 反向遗传学在甲病毒科研究中的应用

在 RNA 病毒家族中，甲病毒是反向遗传学研究开展比较早的一类病毒，其第一个感染性克隆于 1987 年就被构建成功。随后甲病毒属中又有多个成员的感染性克隆被顺利构建，为甲病毒的反向遗传学研究提供了良好的技术平台。借助于感染性克隆，甲病毒的分子生物学研究也取得了大量研究成果，不仅阐明了基因组的结构、复制和表达机制，而且揭示了甲病毒的致病机理及变异的分子基础等。但是关于甲病毒反向遗传学研究的最突出成就还在于将甲病毒改造成一种有用的病毒载体，该载体不仅被应用于甲病毒自身的研究，而且被广泛应用于其他多种病毒的研究之中，有力推动了基因工程疫苗和基因输送技术的发展。

一、在病毒基因组结构与功能研究中的应用

甲病毒的非结构蛋白在病毒的转录、复制和亚基因组的合成等过程中起重要作用，该结论得自于人们对非结构蛋白的一系列研究结果。例如，Sawicki 和 Sawicki（1993）先后发现和证明 SINV 温度敏感（ts）缺失株的 Nsp4 和 Nsp2 分别具有重新激活负链 RNA 合成的功能，其原因在于这些蛋白质中的一些关键氨基酸发生了点突变，如 ts17 株 Nsp2 的 Ala_{517} 突变为 Thr，ts133 株 Nsp2 的 Asn_{700} 突变为 Lys 等，这些突变可以严

重降低 Nsp2 的蛋白酶活性以及识别内部启动子的功能。利用重组甲病毒同时表达突变的 Nsp4 和 Nsp2，其再激活负链 RNA 合成的效率高于表达单独突变体的重组病毒，提示这些蛋白突变体具有识别正链 RNA 模板的功能，而正常 Nsp 识别的是负链 RNA。

研究表明，SFV 的 Nsp1 具有甲基转移酶（MT）活性和鸟苷酰转移酶（GT）活性，提示 SFV mRNA 合成过程中存在加帽过程。为确定 Nsp1 中影响加帽过程的关键氨基酸位点，Ahola 等（1997）对 Nsp1 进行一系列突变（D64、D90、R93、C135、C142 和 Y249），结果发现所有突变体的 MT 活性和 GT 活性均显著降低。但 H38 的突变只抑制 GT 的活性，MT 的活性不受影响。进一步的研究结果还显示 D64、D90 与 Nsp1 与 S-腺苷甲硫氨酸（甲基供体）结合的必需氨基酸。

已有研究表明甲病毒的 Nsp4 蛋白具有 RNA 聚合酶活性，负责基因组与亚基因组的合成。但是其发生机理一直不清楚。为阐明该问题，Li 和 Stollar（2007）以 SINV 为模型开展了相关研究，他们用反向遗传学技术不仅鉴定出 Nsp4 蛋白与基因组 RNA 启动子结合的关键氨基酸序列（$_{531}$LGKPLPAD$_{538}$），而且发现它还通过另一基序（$_{329}$LVRRLT$_{334}$）与亚基因组的启动子结合。若将 Nsp4 特定氨基酸突变，亚基因组 RNA 的合成能力将丧失，但是基因组 RNA 的合成不受影响。

在甲病毒 Nsp4 的 N 端含有一个保守的 5 氨基酸序列：Pro$_{180}$-Asn-Ile-Arg-Ser$_{184}$，序列比对分析发现，该序列中以 Arg$_{183}$ 的保守性最高，无论是 SINV 还是 SFV 在该位置都是 Arg。为了探究该氨基酸的生物学意义，Fata 等（2002）利用反向遗传学技术将 Arg 分别用 Ser、Ala 和 Lys 替换，然后分析这些突变病毒的复制和表型的影响。结果表明 Arg$_{183}$ 在有效起始负链 RNA 的合成以及参与复制酶的合成等方面起关键性作用，该位点的突变将导致病毒的复制能力严重受损。

研究表明，SFV 在感染细胞过程中要经历一个膜融合过程，在该过程中 E1 蛋白充当中介作用，因为 E1 含有一段高度疏水的融合肽环，与 i 链和 j 链紧密相连，形成 ij 环。在膜融合反应过程中，ij 环能转换成稳定的同型三聚体，抵抗蛋白酶的裂解。序列比较分析发现，在所有甲病毒和黄病毒的 ij 环中存在一个保守的氨基酸残基（H230），推测该位点在膜融合过程中具有重要作用。为证明该假设，Chanel-Vos 和 Kielian（2004）利用 SFV 的感染性克隆，构建了一个突变体（E1H230A），即将 E1 蛋白的第 230 位的组氨酸突变为丙氨酸。然后用突变体 RNA 转染细胞，发现虽然可以产生病毒粒子，但是这些病毒颗粒并没有感染性。此外，细胞与细胞之间的融合过程也被阻断。对 E1 的一个可溶性片段进行研究，发现突变蛋白在类脂依赖性的构象转换过程中也存在缺陷，这些研究结果均证明 E1 的 ij 环以及保守的 H230 在甲病毒的膜融合过程中承担关键性作用。E2 蛋白在介导病毒与细胞受体结合等方面起重要作用，为鉴定 E2 蛋白各个区段的功能，Navaratnarajah 和 Kuhn（2007）以 SINV 为模型，用插入突变等方法进行了研究。他们发现在 E2 的 C 端（311~380 位）插入一段氨基酸序列，将显著影响 E2 蛋白向细胞膜的转导，在 E2~7 的插入突变将导致无感染性病毒颗粒产生，而在 E2~33 的插入突变将导致 E2 蛋白的表达量降低。

甲病毒的 E1 和 E2 蛋白形成异源二聚体是病毒装配所必需的，若将 E1 或 E2 的一些关键氨基酸突变，将促进 E1 和 E2 之间的相互作用，进而提高病毒的产量。Kim 等（2000）

在构建 SIN/RRV 嵌合病毒的基础上，对这两个糖蛋白分别进行点突变，发现跨膜区之间的相互作用对病毒的组装十分重要，如将 E1 蛋白跨膜区的 Cys_{433} 突变为 Arg，将导致 E1 蛋白不能棕榈酰化，进而改变 E1 的构象，影响它与 E2 蛋白的相互作用。

Davis 等（1995）在构建 VEEV 全长 cDNA 分子克隆的基础上，将 PE2 的裂解信号突变，然后用其体外转录物转染细胞，结果产生的是一些不能存活的病毒颗粒，但是也能产生少数能够存活的回复突变颗粒。通过对回复突变体的生物学特性和分子克隆进行分析，发现 E2 的第 243 位或者 E1 的第 253 位氨基酸是关键性位点，具有抑制突变的能力，即能够恢复 PE2 裂解信号的突变。此外，在其研究过程中还发现，VEEV 的裂解信号发生突变伴随 E1 的第 253 位氨基酸的点突变，将使 VEEV 对成年鼠的致病力高度减弱或无致病力。这些实验证据充分说明 VEEV 的 E2 和 E1 在功能上具有密切的联系。

甲病毒基因组完成复制以后，E2 蛋白的胞内区开始与核蛋白相互作用，为进一步装配病毒粒子做准备。研究发现，若将 E2 蛋白的 K391 缺失将阻断病毒在哺乳动物细胞内的包装，但是在昆虫细胞内病毒的装配不受影响，这说明 E2 蛋白的胞内区在这两种细胞系内是与不同的生化环境或脂质双层相互作用，而且相互作用的部位也不相同。进一步研究结果表明，E2 蛋白的第 391～第 400 位氨基酸是影响病毒装配的关键性区段（Ryan et al.，1998）。

二、在病毒致病机理研究中的应用

甲病毒属中的一些成员（如辛德比斯病毒）具有神经毒力，可以引起人和动物的脑膜炎，研究这些病毒的致病机理在公共卫生中具有重要意义。NSV 和 S. A. AR86 分别是 SINV 中具有神经毒性的代表性毒株，对小鼠有 100% 的致死性。应用反向遗传学技术对这些毒株进行研究，发现 NSV 的 E1 和 E2 蛋白在神经毒力方面起重要作用，其中 E2 蛋白中的第 55 位氨基酸（His）和第 172 位氨基酸（Arg）是关键性位点，它们不仅决定 SINV 的神经毒性，而且影响病毒在神经系统及神经细胞中的复制效率（Tucker et al.，1997）。进一步研究表明，病毒基因组中的其他区域也存在一些相关的神经毒力相关性位点。例如，将来自于 NSV 的糖蛋白与来自于无神经毒力的非结构蛋白嵌合在一起，构建成一种杂合病毒，其对成年鼠的致死率只有 44%，说明在非结构蛋白编码区可能含有一些调节神经毒力的位点。S. A. AR86 是一株对各种年龄的动物都有神经毒性的病毒，但是其 E2 蛋白中的第 55 位氨基酸并不是组氨酸，提示该病毒基因组中可能还含有其他的神经毒力决定位点。为证明这一推测，Heise 等（2000）利用反向遗传学技术对 S. A. AR86 基因组进行了定点突变研究，发现 Nsp1 蛋白中的 Thr_{538} 是影响病毒神经毒力的一个关键性氨基酸，将该氨基酸突变为异亮氨酸后，S. A. AR86 的神经毒性显著减弱，接种小鼠只引起较弱的临床症状，对小鼠没有致死性；相反，将无神经毒力 SINV 的 Ile_{538} 突变为 Thr 时，则转变为有神经毒力的病毒，将其接种小鼠可引起严重的临床症状，包括肢体麻痹、结膜炎等，可以导致 89% 的小鼠死亡。Thr_{538} 的突变除了可以致弱 SINV 的神经毒力，还可以促进非结构蛋白的翻译后的加工过程，上调病毒 26S RNA 的合成。

资料表明 SINV 既可以在哺乳动物细胞内增殖，也可以感染昆虫细胞。据此，人们猜测两种不同的细胞环境对 SINV 的装配可能具有不同的影响。因为细胞膜组成成分的差异可能会影响 E2 的尾巴与核壳蛋白的相互作用。为证明这一假说，West 等（2006）在 E2 的尾巴（E2 蛋白的第 408～第 415 位氨基酸），即 E2 与核壳蛋白结合的关键部位制造了一系列置换和缺失突变，然后分别在脊椎动物和无脊椎动物细胞内研究了这些突变对病毒装配功能的影响。结果发现，E2 的第 408、第 410、第 411 和第 413 位氨基酸置换可以降低感染性病毒粒子的产生，但是并不能阻断病毒在哺乳动物细胞内的装配；但是 E2 胞外区的一些氨基酸缺失（Δ406～407，Δ409～411，Δ414～417）则导致病毒在哺乳动物细胞内不能装配。然而，这些缺失突变体在昆虫细胞内却能装配出病毒样颗粒，但是没有感染性。这些实验结果不仅提示蛋白质之间的相互作用对病毒的装配很重要，而且揭示 SINV 在昆虫细胞系和哺乳动物细胞系内的病毒组装确实存在根本上的差异。

已知甲病毒可以诱导宿主细胞凋亡，但是其凋亡机制一直不清楚。为此，Joe 等（1998）系统研究甲病毒的 3 个主要结构蛋白：核壳蛋白、E1 蛋白前体（E1+6K）和 E2 蛋白前体（P62）在诱导细胞凋亡过程中发挥的作用。结果表明 P62 的胞内区和胞外区都不是病毒诱导细胞凋亡所必需的，但是 E3 的信号序列与 E2 的跨膜区域或 E1 的跨膜区域融合时，所诱导细胞凋亡的效率与全长 P62 或 E1+6K 的诱导效率相同，能够杀死 AT3 细胞，表明甲病毒囊膜糖蛋白的跨膜区域是诱导细胞凋亡的关键区域。

甲病毒在节肢动物细胞内增殖过程中可以强烈影响细胞的生物学特性，产生细胞病变，最终导致细胞死亡。研究表明，SINV 主要是通过抑制细胞内 mRNA 和 rRNA 的转录过程而干扰一些生物大分子的合成。其中，Nsp2 蛋白发挥了很重要的作用，因为对 Nsp2 的 C 端序列进行定点突变可导致病毒对细胞的致病性降低，所以可以在细胞内发生持续性感染。Garmashova 等（2006）最近的研究也证明：①Nsp2 是病毒产生 CPE 的关键蛋白；②Nsp2 引起 CPE 的部分原因是它关闭了细胞的转录过程；③Nsp2 抑制细胞 RNA 转录的功能取决于其 C 端序列的完整性；④Nsp2 的细胞毒性依赖于该蛋白质的正确加工，改变 P123 前体蛋白质的加工方式将使 Nsp2 的致细胞病变功能丧失。

三、在病毒载体研究中的应用

由于甲病毒在复制过程中，非结构蛋白和结构蛋白是由不同的 RNA 翻译产生的，其中结构蛋白由亚基因组 mRNA 翻译，若将结构基因缺失或用外源基因置换则不影响病毒基因组的复制。同时，外源基因在 26S 启动子的作用下还可以得到大量表达。据此，人们设想可以将甲病毒改造成有用的病毒载体。

构建甲病毒载体的基本策略是：首先将病毒基因组 RNA 转换成 cDNA，并将该 cDNA 序列置于 T7/SP6 启动子下游，再将外源基因插入亚基因组启动子下游，构建成重组病毒 DNA，然后用质粒 DNA 转染靶细胞。将重组甲病毒导入细胞的途径有 3 种（Tubulekas et al.，1997）（图 9-9）：① 用重组质粒 DNA 直接转染宿主细胞；② 先以重组质粒 DNA 为模板，在体外转录合成 RNA，然后用脂质体或电穿孔等方法将 RNA 导入宿主细胞；③利用辅助载体（编码的结构蛋白）将复制子 RNA 包装到病毒样颗粒中，制备重组病毒后再感染细胞。

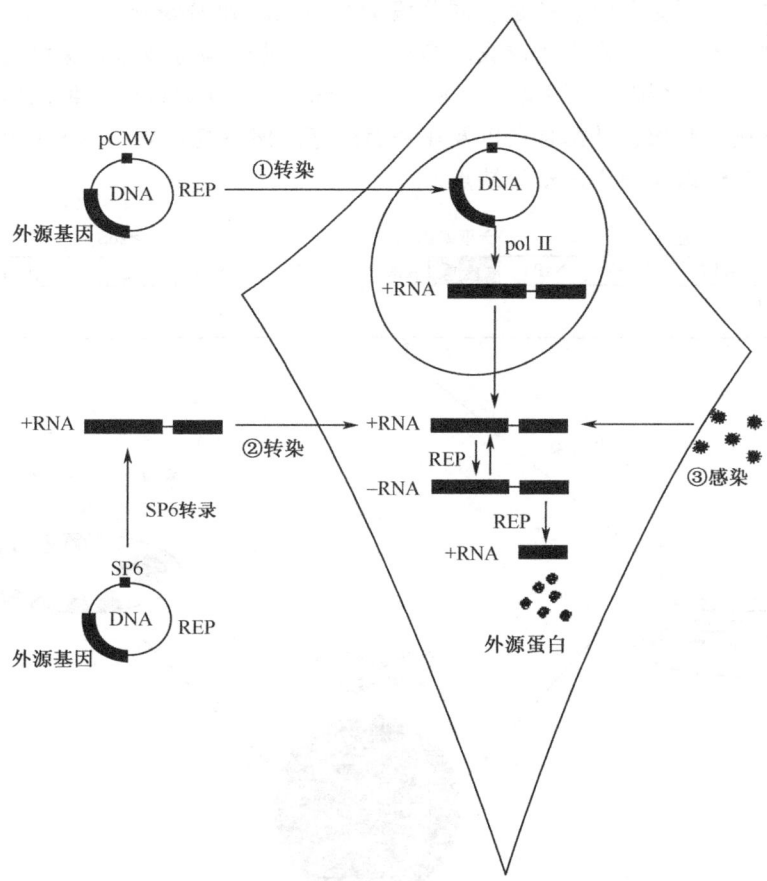

图 9-9　重组甲病毒导入细胞的 3 种途径 (Tubulekas et al., 1997)
① 质粒 DNA 转染途径；② 体外转录 RNA 转染途径；③ 病毒颗粒感染途径

将外源基因插入结构基因上游或下游，均能获得能表达靶基因的重组病毒，而且该重组病毒具有感染性，可以再次侵染细胞，因此可以高效表达目的基因。利用该策略成功表达的基因有很多，如丁型肝炎病毒的抗原基因、风疹病毒的结构基因等。但是该策略也有局限性，因为甲病毒耐受外源基因插入的长度是有限的，一般不能超过 2kb，否则将会影响甲病毒基因组自身的复制和繁殖，在适者生存的自然选择压力下，容易发生回复突变，丢失异源基因。为解决该缺陷，人们考虑可以采用外源基因替换结构基因的办法，既能保证 RNA 的正常复制，又能实现较大的目的基因的高效表达。用此策略构建的载体又被称为复制子载体。使用这种载体成功表达的基因也很多，如 Xiong 等 (1989) 用 SINV 复制子成功表达了 CAT 报道基因，Liljestrom 和 Garoff (1991a) 用 SFV 复制子先后成功表达了转铁蛋白受体、鼠二氢叶酸还原酶、禽溶菌酶等。但是，该类型载体由于缺少结构基因，因此不能包装 RNA 形成病毒颗粒，并感染新的宿主细胞，结果又限制了外源蛋白的表达量。针对这一问题，Liljestrom 等 (1991) 采取利用辅助病毒反式提供结构蛋白的方法实现了复制子的包装，获得具有感染性的重组病毒，结果可大大提高外源蛋白的表达量。同阶段 DiCiommo 和 Bremner（1998）对 RNA 复制子系统又进行了改造，将之改造成以 DNA 为基础的甲病毒载体，又称为 DNA-RNA 系统（图 9-10）。该系统是利用宿主的 RNA 聚合酶 II 系统进行甲病毒载体的体内转录过程，进而合成复制酶、外源蛋白以及亚基因组等。该系统摈弃了 RNA 复制子必须进行体外转录、加帽以及操作困难等缺点。

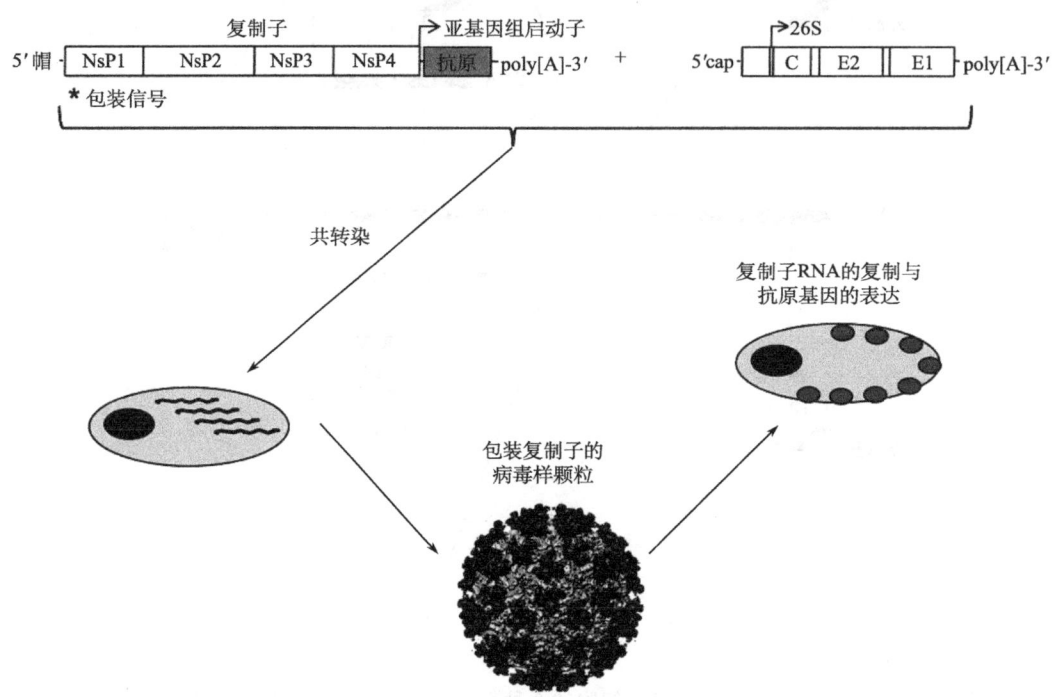

图 9-10 以 DNA 为基础的甲病毒载体系统（Diciommo and Bremner，1998）

甲病毒载体不仅在表达外源基因方面具有很大的优势，在基因治疗方面也具有极大的发展潜力，尤其是导向性甲病毒载体的成功开发，为靶向性基因治疗提供新的思路和方法。所谓靶向性载体，就是利用基因工程技术将靶向元件组装到病毒的外壳蛋白中，它可以引导载体携带抗肿瘤药物运输至癌变部位，该策略不仅能提高治疗效果，而且可以减小不良反应。因此，靶向载体系统研究是近年来肿瘤治疗中备受关注的一个领域。Ohno 等（1997）在导向性甲病毒载体研究方面取得较好的进展，将 IgG 结合位点基因插入到 SINV 的包膜蛋白（E2）编码区，使之融合表达，不仅阻断病毒与宿主细胞天然受体的结合，而且可以特异细胞抗原的单克隆抗体结合，从而使甲病毒载体具有导向性。利用该载体已经成功地将报道基因定向运输到 CD4 以及 EGF 受体阳性的细胞中。但是由于该系统需要纯化的单克隆抗体，为该载体的使用带来很大限制。对此，Sawai 和 Meruelo（1998）做了一些改进工作。其方法是首先将人绒毛膜促性腺激素（HCG）的 α 和 β 基因与 SINV 的包膜蛋白融合表达，构建成一种嵌合的辅助性 RNA。然后将它与 SINV 载体共转染细胞，结果获得含有嵌合包膜蛋白的重组 SINV。该重组病毒对 HCG 受体的细胞如绒毛膜肿瘤细胞具有靶向性，可将治疗基因定向导入靶细胞。

四、在新型疫苗研究中的应用

研究表明，甲病毒作为载体不仅能高效表达外源蛋白，而且表达产物可以诱导强烈的细胞免疫和体液免疫，更为突出的是甲病毒载体能诱导宿主细胞凋亡，激活宿主细胞的抗病毒反应（如诱导 CTL 效应、诱导干扰素和 $CD8^+$ 细胞的产生等），加强表达产物的免疫效果，即具有免疫佐剂功能。因此，该载体常被用于核酸疫苗研究。例如，Fleeton 等（1999）以 FV 为载体成功表达了跳跃病病毒（LIV）的 PrME 和 NS1 基因，将收获的重组病毒免疫小鼠不仅可以诱导产生高水平的免疫应答，而且能对抗 LIV 原型株（LI/31）和抗体逃逸株（LI/I）的攻击。

如前所述，甲病毒载体可以被改造成复制子型载体，即它可以携带外源基因在宿主细胞中高水平地自我复制，并实现外源基因的高效表达。以该类型载体研制的疫苗又被称为"RNA 复制子疫苗"，该种疫苗具有如下特点和优点：①甲病毒具有广泛的宿主谱，可以感染多种细胞，因而适用范围广。目前已被广泛应用于防治多种人和动物的传染病以及肿瘤的治疗等，如猪瘟、流感、艾滋病、人乳头瘤病、布鲁氏杆菌病结核以及黑色素瘤、宫颈癌、乳腺癌，等等；②安全性好。由于缺乏结构蛋白，重组甲病毒在感染细胞内只经过一轮复制，不能产生具有感染性的复制子。此外，RNA 复制子不需要进入细胞核就能复制，所以不会因与宿主染色体整合而致癌。③甲病毒载体因为缺少结构蛋白，所以不会刺激机体产生针对载体的免疫反应，这是其他病毒载体所不能比拟的。④免疫效果好。甲病毒复制子表达的免疫原可以同时作为内源性抗原和外源性抗原，通过 MHC-I/II 类分子递呈给免疫细胞，双重激活细胞免疫和体液免疫反应。另外，甲病毒复制子还能诱导宿主细胞凋亡，所产生的凋亡小体被 DC 摄取后，能够激发强烈的 CTL 和 $CD8^+$ 细胞的产生。⑤抗原的表达效率高。据报道，在单细胞中 4h 内，抗原的表达量可占细胞总蛋白的 25% 以上，远远高于 DNA 疫苗。

国外关于甲病毒 RNA 复制子疫苗的研究开展得比较早，所取得的成绩也是令人鼓舞的。例如，Oñate 等（2005）曾以 SFV 复制子为载体成功表达了布鲁氏杆菌的 Cu、Zn 和超氧化物歧化酶（SOD），将它作为疫苗免疫小鼠后可以保护动物抵抗致病性布鲁氏杆菌（2308 株）的攻击。Johanning 等（1995）用 SFV 表达的 SIV 的包膜蛋白（Env）免疫猴子，能诱导中等水平的中和抗体和低水平的细胞免疫，用高致病力的 SIV 接种猴子后，动物虽然表现一定的休克综合征，但症状较轻，均能耐过并存活；而非免疫对照组动物被攻击后，均表现出严重的致死性综合征，且在 12~13 天内死亡，免疫动物体血液内病毒的荷载量是未免疫动物的 1/10。尽管其实验结果还不是很理想，但该疫苗能保护实验动物对抗强毒的攻击，仍然为人们战胜艾滋病带来了希望。

VEE 是另外一种极具潜力的可用作疫苗载体的甲病毒，尤其是在预防黏膜性疾病方面。Davis 等（1996）的研究为此提供了证据，他们将携带流感病毒 HA 基因的 VEE 经脚掌皮下接种小鼠后，HA 基因在引流淋巴结得到表达，而且诱导产生 IgG 和 IgA 抗体。免疫两次后，经鼻腔接种致病性流感病毒，病毒在肺部的复制受到限制，在鼻腔上皮细胞中的增殖能力也显著下降，而且小鼠得到完全保护，不表现任何症状，显示出 VEE 载体疫苗在诱导黏膜免疫方面具有一定的优势。应用类似的研究策略，Balasuriya 等（2002）构建了含有马动脉炎病毒（EAV）*GL* 和 *M* 基因的 VEEV 重组病毒，将这种重组病毒接种马以后，可以诱导中和抗体的产生，用 EAV 强毒（ky84）攻击后仅有较弱的临床表现，马也没有排毒现象。最近，有人用 VEEV 复制子载体又成功表达了 RSV 的 Fa 和 Ga/b 蛋白，构建了针对 RSV A 亚型和 B 亚型的双价疫苗，免疫小鼠后可以诱导中和抗体的产生，同时也能刺激较强的细胞免疫反应。攻毒实验结果表明，该疫苗可以为实验动物提供完全保护。

随着对甲病毒载体系统研究的不断深入，人们越来越看好它在新型疫苗研究中的应用。近年来，又有许多研究成果出现。例如，在 2007 年，Greer 等以复制缺陷型甲病毒载体成功表达副流感病毒 3 型（PIV3）的血细胞凝集素和神经氨酸酶。该表达产物不仅具有高度的免疫原性，而且可以诱导针对 PIV3 的中和抗体反应。用重组病毒作疫苗免疫仓鼠后可以抵抗经黏膜接种的 PIV3 病毒感染，同时还可以阻止病毒在鼻腔和肺部的复制。Thornburg 等（2007）也用 VEEV 复制子载体表达了牛痘病毒的结构蛋白，用它可以保护小鼠免受强毒株的攻击。

利用甲病毒载体开展动物新型疫苗的研究在国内逐渐展开，并取得较好进展。例如，Li 等（2007）利用 SFV 复制子载体成功表达了猪瘟病毒的 *E2* 基因，将其制备成疫苗后，免疫猪能抵抗致死剂量猪瘟强毒的攻击；Sun 等（2007）利用 SFV 复制子表达了猪水疱疹病毒的外壳蛋白基因（*1BCD*），探讨了其用于自杀性 DNA 疫苗的可能性，其研究结果表明该疫苗可以诱导动物产生 SVDV 的特异性抗体和特异性 T 淋巴细胞的增殖，显示出它具有发展成为 SVD 候选基因疫苗的潜力；Fu 等（2012）则利用 SFV 复制子进行了鸭病毒性肝炎自杀性核酸疫苗的研究，其研究也表明携带 *VP1* 基因的复制子疫苗能够诱导足够的体液免疫和细胞免疫，可以为实验动物提供 100% 的保护；Wang 等（2013）也利用该系统开展小反刍兽疫的核酸疫苗研究，结果证明其构建的 DNA 疫苗能够刺激免疫动物产生较高的中和抗体水平。

结　语

甲病毒是一类宿主谱广泛且可感染多种昆虫、动物和人的虫媒病毒，在公共卫生方面具有重要的研究意义。该病毒属的反向遗传学研究开展得比较早，早在 1987 年，第一例甲病毒的感染性克隆就被成功建立。在此基础上，人们得以使用各种反向遗传学技术开展甲病毒的基因组结构和功能、致病机理、新型疫苗等多方面的研究，并在许多领域取得突破性进展。其中，最为瞩目的是甲病毒载体的成功研制和应用，不仅极大地促进了甲病毒免疫学和疫苗学的快速发展，也为基因治疗、外源蛋白的表达以及其他传染病新型疫苗的研究等开辟了一条新的思路和方法。

参 考 文 献

Ahola T, Laakkonen P, Vihinen H, et al. 1997. Critical residues of Semliki Forest virus RNA capping enzyme involved in methyltransferase and guanylyltransferase-like activities. Journal of Virology, 71 (1): 392-397.

Balasuriya U B, Heidner H W, Davis N L, et al. 2002. Alphavirus replicon particles expressing the two major envelope proteins of equine arteritis virus induce high level protection against challenge with virulent virus in vaccinated horses. Vaccine, 20 (11-12): 1609-1617.

Barton D J, Sawicki S G, Sawicki D L. 1991. Solubilization and immunoprecipitation of alphavirus replication complexes. Journal of Virology. 65 (3): 1496-1506.

Berglund P, Tubulekas I, Liljestrom P. 1996. Alphaviruses as vectors for gene delivery. Trends in Biotechnology, 14 (4): 130-134.

Bonatti S, Cancedda R, Blobel G. 1979. Membrane biogenesis. *In vitro* cleavage, core glycosylation, and integration into microsomal membranes of sindbis virus glycoproteins. The Journal of Cell Biology, 80 (1): 219-224.

Chanel-Vos C, Kielian M. 2004. A conserved histidine in the ij loop of the Semliki Forest virus E1 protein plays an important role in membrane fusion. Journal of Virology, 78 (24): 13543-13552.

Davis N L, Brown K W, Greenwald G F, et al. 1995. Attenuated mutants of Venezuelan equine encephalitis virus containing lethal mutations in the PE2 cleavage signal combined with a second-site suppressor mutation in E1. Virology, 212 (1): 102-110.

Davis N L, Brown K W, Johnston R E. 1996. A viral vaccine vector that expresses foreign genes in lymph nodes and protects against mucosal challenge. Journal of Virology, 70 (6): 3781-3787.

Davis N L, Willis L V, Smith J F, et al. 1989. *In vitro* synthesis of infectious venezuelan equine encephalitis virus RNA from a cDNA clone: analysis of a viable deletion mutant. Virology, 171 (1): 189-204.

DiCiommo D P, Bremner R. 1998. Rapid, high level protein production using DNA-based Semliki Forest virus vectors. The Journal of Biological Chemistry, 273 (29): 18060-18066.

Fata C L, Sawicki S G, Sawicki D L. 2002. Alphavirus minus-strand RNA synthesis: identification of a role for Arg183 of the Nsp4 polymerase. Journal of Virology, 76 (17): 8632-8640.

Fleeton M N, Sheahan B J, Gould E A, et al. 1999. Recombinant Semliki Forest virus particles encoding the prME or NS1 proteins of louping ill virus protect mice from lethal challenge. The Journal of General Virology, 80 (Pt 5): 1189-1198.

Fu Y, Chen Z, Li C, et al. 2012. Protective immune responses in ducklings induced by a suicidal DNA vaccine of the VP1 gene of duck hepatitis virus type 1. Veterinary Microbiology, 160 (3-4): 314-318.

Garmashova N, Gorchakov R, Frolova E, et al. 2006. Sindbis virus nonstructural protein Nsp2 is cytotoxic and inhibits cellular transcription. Journal of Virology, 80 (12): 5686-5696.

Gorbalenya A E, Koonin E V, Donchenko A P, et al. 1989. Two related superfamilies of putative helicases involved in replication, recombination, repair and expression of DNA and RNA genomes. Nucleic Acids Research, 17 (12): 4713-4730.

Greer C E, Zhou F, Legg H S, et al. 2007. A chimeric alphavirus RNA replicon gene-based vaccine for human parainfluenza virus type 3 induces protective immunity against intranasal virus challenge. Vaccine, 25 (3): 481-489.

Hahn Y S, Strauss E G, Strauss J H. 1989. Mapping of RNA- temperature-sensitive mutants of Sindbis virus: assignment of complementation groups A, B, and G to nonstructural proteins. Journal of Virology, 63 (7): 3142-3150.

Heise M T, Simpson D A, Johnston R E. 2000. A single amino acid change in nsP1 attenuates neurovirulence of the Sindbis-group alphavirus S. A. AR86. Journal of Virology, 74 (9): 4207-4213.

Ivanova L, Schlesinger M J. 1993. Site-directed mutations in the Sindbis virus E2 glycoprotein identify palmitoylation sites and affect virus budding. Journal of Virology, 67 (5): 2546-2551.

Joe A K, Foo H H, Kleeman L, et al. 1998. The transmembrane domains of Sindbis virus envelope glycoproteins induce cell death. Journal of Virology, 72 (5): 3935-3943.

Johanning F W, Conry R M, LoBuglio A F, et al. 1995. A Sindbis virus mRNA polynucleotide vector achieves prolonged and high level heterologous gene expression *in vivo*. Nucleic Acids Research, 23 (9): 1495-1501.

Kim K H, Strauss E G, Strauss J H. 2000. Adaptive mutations in Sindbis virus E2 and Ross River virus E1 that allow efficient budding of chimeric viruses. Journal of Virology, 74 (6): 2663-2670.

Kinney R M, Chang G J, Tsuchiya K R, et al. 1993. Attenuation of Venezuelan equine encephalitis virus strain TC-83 is encoded by the 5'-noncoding region and the E2 envelope glycoprotein. Journal of Virology, 67 (3): 1269-1277.

Kuhn R J, Niesters H G M, Hong Z, et al. 1991. Infectious RNA transcripts from Ross River virus cDNA clones and the construction and characterization of defined chimeras with sindbis virus. Virology, 182 (2): 430-441.

Li M L, Stollar V. 2007. Distinct sites on the Sindbis virus RNA-dependent RNA polymerase for binding to the promoters for the synthesis of genomic and subgenomic RNA. Journal of Virology, 81 (8): 4371-4373.

Li N, Qiu H J, Zhao J J, et al. 2007. A Semliki Forest virus replicon vectored DNA vaccine expressing the E2 glycoprotein of classical swine fever virus protects pigs from lethal challenge. Vaccine, 25 (15): 2907-2912.

Liljestrom P, Garoff H. 1991. A new generation of animal cell expression vectors based on the Semliki Forest virus replicon. Nature Biotechnology, 9 (12): 1356-1361.

Liljestrom P, Lusa S, Huylebroeck D, et al. 1991. *In vitro* mutagenesis of a full-length cDNA clone of Semliki Forest virus: the small 6, 000-molecular-weight membrane protein modulates virus release. Journal of Virology, 65 (8): 4107-4113.

Navaratnarajah C K, Kuhn R J. 2007. Functional characterization of the Sindbis virus E2 glycoprotein by transposon linker-insertion mutagenesis. Virology, 363 (1): 134-147.

Ohno K, Sawai K, Iijima Y, et al. 1997. Cell-specific targeting of Sindbis virus vectors displaying IgG-binding domains of protein A. Nature Biotechnology, 15 (8): 763-767.

Oñate A A, Donoso G, Moraga-Cid G, et al. 2005. An RNA vaccine based on recombinant Semliki Forest virus particles expressing the Cu, Zn superoxide dismutase protein of Brucella abortus induces protective immunity in BALB/c mice. Infection and Immunity, 73 (6): 3294-3300.

Ou J H, Trent D W, Strauss J H. 1982. The 3'-non-coding regions of alphavirus RNAs contain repeating sequences. Journal of Molecular Biology, 156 (4): 719-730.

Ou J-H, Strauss E G, Strauss J H, et al. 1983. The 5'-terminal sequences of the genomic RNAs of several alphaviruses. Journal of Molecular Biology, 168 (1): 1-15.

Rice C M, Levis R, Strauss J H, et al. 1987. Production of infectious RNA transcripts from Sindbis virus cDNA clones: mapping of lethal mutations, rescue of a temperature-sensitive marker, and *in vitro* mutagenesis to generate defined mutants. Journal of Virology, 61 (12): 3809-3819.

Riezebos-Brilman A, de Mare A, Bungener L, et al. 2006. Recombinant alphaviruses as vectors for antitumour and anti-microbial immunotherapy. Journal of Clinical Virology: the Official Publication of the Pan American Society for Clinical Virology, 35 (3): 233-243.

Ryan C, Ivanova L, Schlesinger M J. 1998. Mutations in the Sindbis virus capsid gene can partially suppress mutations in the cytoplasmic domain of the virus E2 glycoprotein spike. Virology, 243 (2): 380-387.

Sawai K, Meruelo D. 1998. Cell-specific transfection of choriocarcinoma cells by using Sindbis virus HCG expressing chimeric vector. Biochemical and Biophysical Research Communications, 248 (2): 315-323.

Sawicki D L, Sawicki S G. 1993. A second nonstructural protein functions in the regulation of alphavirus negative-strand RNA synthesis. Journal of Virology, 67 (6): 3605-3610.

Smith A L, Tignor G H. 1980. Host cell receptors for two strains of Sindbis virus. Archives of Virology, 66 (1): 11-26.

Stollar V. 1987. Approaches to the study of vector specificity for arboviruses-model systems using cultured mosquito cells. Advances in Virus Research, 33: 327-365.

Strauss E, Strauss J. 1986. Structure and replication of the alphavirus genome. In: Schlesingers S, Schlesinger M. The Togaviridae and Flaviviridae. New York: Springer: 35-90.

Strauss J H, Strauss E G. 1994. The alphaviruses: gene expression, replication, and evolution. Microbiological Reviews, 58 (3): 491-562.

Sun S Q, Liu X T, Guo H C, et al. 2007. Protective immune responses in guinea pigs and swine induced by a suicidal DNA vaccine of the capsid gene of swine vesicular disease virus. The Journal of General Virology, 88 (Pt 3): 842-848.

Thornburg N J, Ray C A, Collier M L, et al. 2007. Vaccination with Venezuelan equine encephalitis replicons encoding cowpox virus structural proteins protects mice from intranasal cowpox virus challenge. Virology, 362 (2): 441-452.

Tubulekas I, Berglund P, Fleeton M, et al. 1997. Alphavirus expression vectors and their use as recombinant vaccines: a minireview. Gene, 190 (1): 191-195.

Tucker P C, Lee S H, Bui N, et al. 1997. Amino acid changes in the Sindbis virus E2 glycoprotein that increase neurovirulence improve entry into neuroblastoma cells. Journal of Virology, 71 (8): 6106-6112.

Wang Y F, Sawicki S G, Sawicki D L. 1991. Sindbis virus NSP1 functions in negative-strand RNA synthesis. Journal of Virology, 65 (2): 985-988.

Wang Y, Liu G, Shi L, et al. 2013. Immune responses in mice vaccinated with a suicidal DNA vaccine expressing the hemagglutinin glycoprotein from the peste des petits ruminants virus. Journal of Virological Methods, 193 (2): 525-530.

Weiss B, Nitschko H, Ghattas I, et al. 1989. Evidence for specificity in the encapsidation of Sindbis virus RNAs. Journal of Virology, 63 (12): 5310-5318.

Wellink J, Kammen A. 1988. Proteases involved in the processing of viral polyproteins. Archives of Virology, 98 (1-2): 1-26.

West J, Hernandez R, Ferreira D, et al. 2006. Mutations in the endodomain of Sindbis virus glycoprotein E2 define sequences critical for virus assembly. Journal of Virology, 80 (9): 4458-4468.

Xiong C, Levis R, Shen P, et al. 1989. Sindbis virus: an efficient, broad host range vector for gene expression in animal cells. Science (New York, N. Y.), 243 (4895): 1188-1191.

第十章 冠状病毒科的反向遗传学

第一节 冠状病毒科的基本特征

一、冠状病毒的分类

冠状病毒在分类地位上属于尼多病毒目（*Nidovirales*）冠状病毒科（*Coronaviridae*）冠状病毒属（*Coronavirus*）。冠状病毒属既包括一些能引起人类疾病的病毒，也包括一些能引起其他哺乳动物和禽类疾病的病毒，这些病毒在致病性上有一定的动物种属特异性。成熟的冠状病毒颗粒直径为60～220nm，其形态学上最显著的特征在于病毒包膜（envolope）外有一种明显的棒状膜外子粒，酷似中世纪欧洲帝王的王冠（图10-1）。据此，国际病毒分类委员会将这类病毒分类为冠状病毒科。根据血清型的不同，可将冠状病毒属的成员分为3组。第1组包括：犬冠状病毒（Canine coronavirus）、猫肠道冠状病毒（Feline coronavirus）、人冠状病毒229E（Human coronavirus 229E）、猪流行性腹泻病毒（Porcine epidemic dearrhoea virus）和猪传染性胃肠炎病毒（Transmissible gastroenteritis virus）5个种；第2组包括：鼠肝炎病毒（Murine hepatitis virus）、牛冠状病毒（Bovine coronavirus）、人冠状病毒OC43（Human coronavirus OC43）、猪凝血性脑炎病毒（Porcine hemagglutinating enceohalomyelitis virus）、鸟嘴海雀病毒（Puffinosis virus）和大鼠冠状病毒（Rat coronavirus）6个种；第3组包括：禽传染性支气管炎病毒（Avian infectious bronchitis virus）和火鸡冠状病毒（Turdey bluecomb virus）2个种。而新近出现的SARS冠状病毒其系统发生关系不属于目前已知的冠状病毒中的任何一组，为一独立的分支。

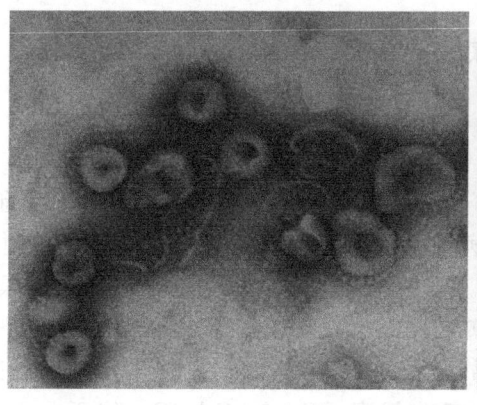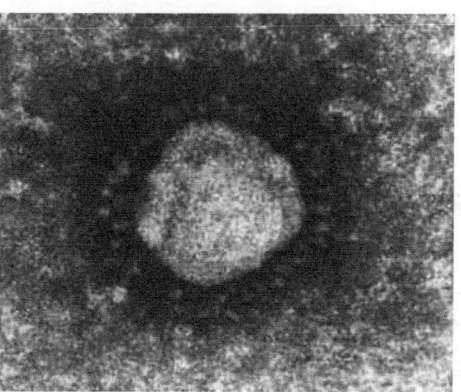

图10-1 电子显微镜下的冠状病毒形态

二、冠状病毒颗粒特征

冠状病毒科病毒形态为多形性，有球形、椭圆形等，病毒颗粒直径大小为75～160nm。病毒具有包膜，包膜表面附有纤突，纤突曼梨形，纤突长度为12～24nm，在电子显微镜下观察，其表面纤突看上去像是皇冠或呈日冕样形态，冠状病毒因此而得名。病毒包膜内部是螺旋形核衣壳，螺旋直径为11～13nm，有的核衣壳呈索状，直径为9nm，在包膜下边有一轮胎样拟核，直径约为50nm。有的冠状病毒颗粒内部呈"长舌状"或"长颈瓶"状结构，该结构与病毒包膜连接在一起。冠状病毒基因组为线形、单股正链RNA，相对分子质量为$(5.5～6.1)\times10^6$，$5'$端有帽子结构，$3'$端有poly（A）尾巴，具有感染性（图10-2）。

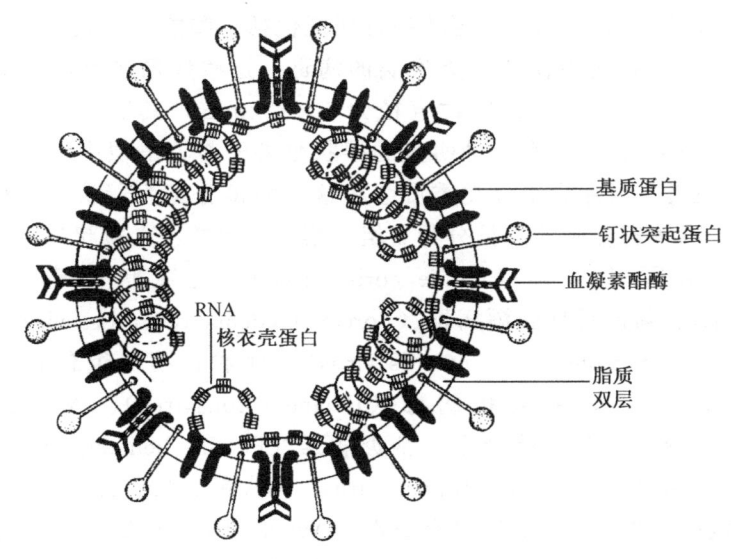

图10-2 冠状病毒颗粒模式图

第二节 冠状病毒基因组结构及其表达产物

一、冠状病毒的基因组特征

冠状病毒的基因组为单股正链RNA分子，基因组大小为27～31kb，是目前已知RNA病毒中基因组最大的一类病毒。冠状病毒科病毒基因组含有多个可读框，并具有典型的$5'$帽子结构和$3'$poly（A）尾巴结构。概括而言，冠状病毒基因组的结构具有如下结构特征（图10-3）：①$5'$UTR长度为209～528nt，紧接帽子结构之后是60～68nt的先导序列，此外可能还含有一个小的读码框，由AUG起始，编码3～11个氨基酸。②$3'$UTR长为288～506nt，均含有一个保守性基序：GAAAGAGC，位于poly（A）尾巴上游73～80nt处。此外，$3'$UTR还可形成一些茎-环结构和发夹结构，对病毒的转录和复制起重要调节作用。③所有的冠状病毒都含有一个巨大的ORF1（分为ORF1a和ORF1b），约占整个基因组长度的60%，大约20kb，负责编码病毒RNA依赖性RNA聚合酶和非结构蛋白。在ORF1a与ORF1b之间的重叠区有43~76个碱基，由1~7个碱基的滑动序列（slippery sequence）和一个假结（pseudoknot）组成，这些序列是核糖体移码阅读所需要的。④基因组3′端的1/3为结构基因，编码如下结构蛋白：S糖蛋白、小分子膜蛋白（E）、膜蛋白（M）和核衣壳蛋白（N），其排列顺序为5′-S-E-M-N-3′。在每个编码基因的上游都含有基因间（IG）序列（UCUAAC），是亚基因组mRNA转录的起始位点。

二、冠状病毒基因组的表达产物及其功能

（一）结构蛋白

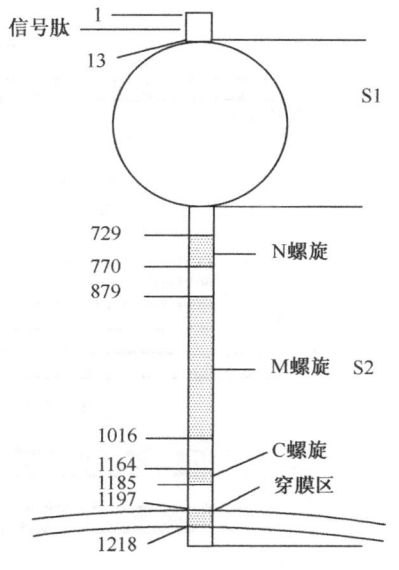

图10-3 冠状病毒S蛋白结构模式图

S蛋白是一种糖蛋白，由1400~1800个氨基酸组成，构成冠状病毒包膜上的凸起部分。它主要由两个结构域组成。氨基端部分形成一个球状结构域，羧基端部分形成一个穿膜的棒状结构（图10-4，图10-5）。S蛋白前体在宿主细胞质中合成，然后被加工成S1和S2。S1中含有受体结合位点，一旦它与受体结合，就会导致S1和S2之间的结合力减弱，使S1和S2分离，从而暴露出S2上的3个螺旋使其可以穿过宿主细胞膜，进而使病毒外壳膜和细胞膜发生融合（Li et al., 2003；Matsuyama and Taguchi, 2002）。

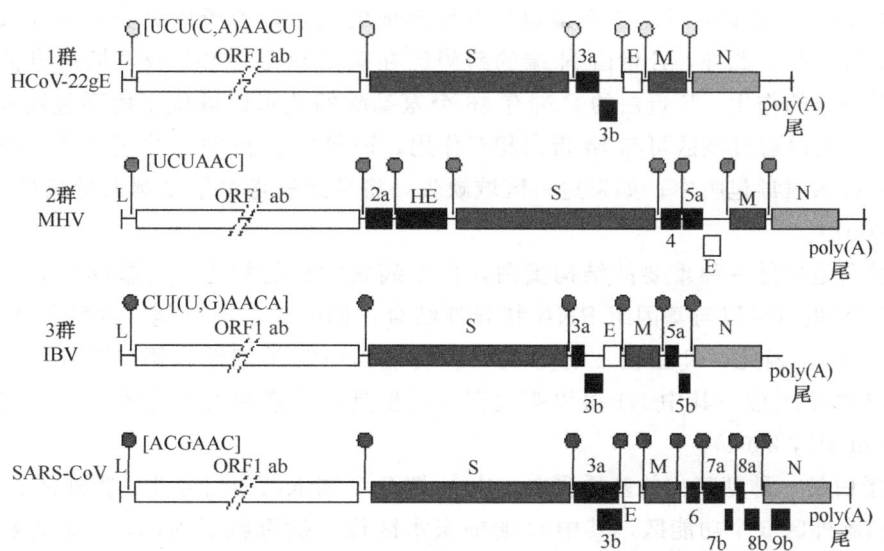

图10-4 冠状病毒属不同类型病毒的基因组结构比较（Thiel et al., 2003）

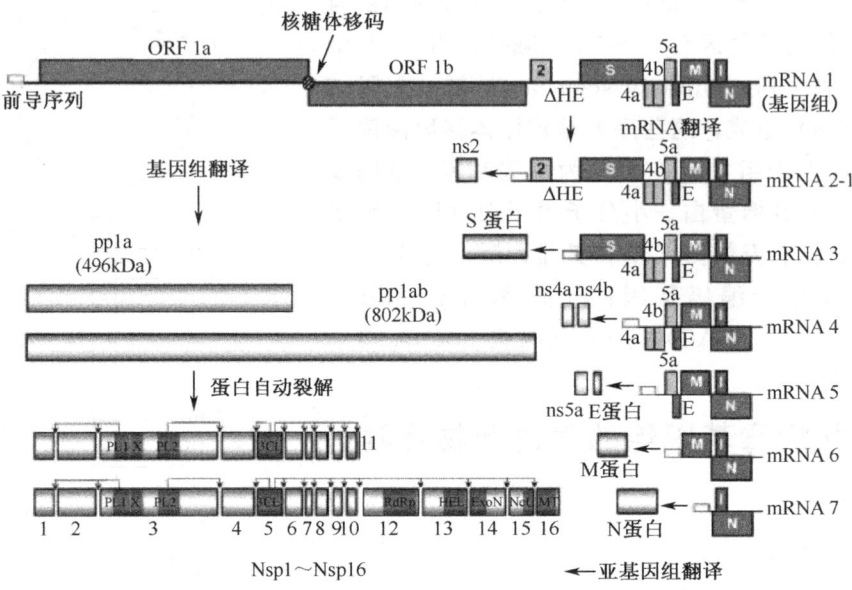

图 10-5 冠状病毒的基因组结构及其基因表达

S 糖蛋白中还含有多种抗原表位，其中包括病毒的中和抗原表位，可刺激宿主产生中和抗体。S 蛋白也能诱导机体产生细胞毒性 T 细胞反应，产生严重的组织损伤。此外，S 蛋白在与 M 蛋白相互作用的同时，能被有效地包装到病毒包膜中，所以 S 蛋白对冠状病毒的包膜形成必不可少，甚至对病毒的出芽和胞外分泌等过程也起一定作用。

E 蛋白是冠状病毒中最小的一种结构蛋白（76aa），分子质量仅为 9～12kDa。E 蛋白 N 端的疏水性氨基酸可能是病毒包膜开始形成的支点，若予以突变，将导致病毒不能进行正常组装。此外，E 蛋白 N 端的跨膜区在病毒脱壳、出芽及早期病毒的复制等方面也起一定的作用。E 蛋白的 C 端有 46 个氨基酸的疏水区域位于病毒包膜外，形成胞外区。E 蛋白通过该区可与 M 蛋白相互作用，而形成 E 和 M 蛋白复合体，进而使 M 蛋白组装进入病毒包膜中；如果这一区域缺失，将导致病毒粒子复制大量减少（Maeda et al.，2001）。

N 蛋白是另外一种重要的结构蛋白，位于病毒颗粒的核心，与核酸结合形成核衣壳。由于 N 蛋白可以与基因组 RNA 特异性结合，同时也可与其他一些结构蛋白（M、E）相互作用，因此，N 蛋白在病毒颗粒组装过程中起关键性作用。此外，N 蛋白有 N1 和 N2 两个表位，其中 N1 可以刺激宿主产生具有高亲和力的抗体，但没有中和活性（Liu et al.，2001）。

M 蛋白是一种糖基化的基质蛋白，由 N 端至 C 端依次为信号肽、膜外区、跨膜区、极性区和胞外区 5 个功能区。其中 C 端的亲水区位于病毒粒子内部，与病毒核壳体相互作用，对于维持核心结构起关键性作用（Escors et al.，2001b）。

M 蛋白能与 S 蛋白、E 蛋白及 N 蛋白等相互作用形成复合体，共同组装成病毒颗粒。在病毒装配期间，M 蛋白将核衣壳连接到囊膜上，因此，它参与病毒包膜的形成。

研究表明，当 M 蛋白不能组装到病毒颗粒中或表达于病毒包膜时，病毒的出芽过程将终止，提示 M 蛋白在病毒的组装和出芽过程中起重要作用（Escors et al.，2001a）。

（二）非结构蛋白

主要由 ORF1（ORF1a 和 ORF1b）编码，其中 ORF1a 编码一条含有 4382 个氨基酸的多聚蛋白质（pp1a）。由于 ORF1a 和 ORF1b 之间有一段重叠，含有一段滑动序列（slippery sequence）：$^{13\ 392}$UUUAAAC$^{13\ 398}$结构及一个假结结构，核糖体可移码到 -1 阅读框，恰好发生在 ORF1a 翻译终止密码子的上游。因此 pp1a 可以延伸翻译 ORF1b，产生一条长 7073aa 的多聚蛋白 pp1ab。pp1a 和 pp1ab 再被病毒编码的蛋白酶（主要是 3C 样蛋白酶和木瓜蛋白酶样蛋白酶）切割，产生至少 15 个功能性成熟蛋白质。其中，pp1a 的裂解产物为 Nsp1～Nsp11，pp1ab 的裂解产物为 Nsp1～Nsp10 和 Nsp12～Nsp16。在这些裂解产物中主要是一些非结构蛋白酶，在病毒的转录与复制过程中起重要作用（Sawicki et al.，2007）。

其中，比较重要的一些非结构蛋白酶主要有：① 3C-like 蛋白酶（3CL^{pro}），是冠状病毒的主要蛋白酶，主要介导多聚蛋白（RNA 聚合酶前体）的翻译后加工，释放出病毒的关键复制功能酶如 RdRp 和螺旋酶等。因此，它在病毒的复制中起重要作用。② 木瓜蛋白酶样蛋白酶（PL2^{pro}），含有典型的锌指结构，与 α 和 β 功能区折叠相关。③ RNA 依赖 RNA 聚合酶（RdRp），主要负责病毒 RNA 的合成。④ 螺旋酶，具有解开双链 RNA 和 DNA 的活性，在病毒的生命周期中发挥着许多重要的作用。此外，还有其他一些蛋白酶产生。例如，$3'→5'$核酸外切酶（ExoN）、尿嘧啶核苷酸特异的核酸内切酶（NendoU）、依赖 S-腺苷甲硫氨酸的 $2'$-O-核糖甲基转移酶（$2'$-O-MT）、ADP-核糖-$1'$-磷酸酶（ADRP）和环磷酸二酯酶（CPD）等，均是病毒复制过程中所必需的。

第三节　冠状病毒的繁殖与复制

一、与细胞受体结合

冠状病毒侵入宿主细胞的第一步是通过 S 蛋白与特异性细胞受体结合来完成的。研究表明，病毒参与受体识别的特定位点处于 S 蛋白 S1 球部的内部，当 S1 与受体结合后，它与 S2 蛋白之间的结合力减弱，导致 S1 与 S2 分离，暴露出 S2 上的 3 个螺旋（N、M、C 螺旋），并发生折叠，改变其构象，以利于病毒包膜与宿主细胞膜发生融合。其结果是使病毒穿过细胞膜，进入细胞质，进行下一步的复制与繁殖过程。

目前一些冠状病毒的细胞受体已经得到鉴定，如血管紧张素转换酶 2（ACE2）是 SARS 冠状病毒的功能性受体，受体结合位点（RBD）位于 S 蛋白的 270～510 位氨基酸，其中第 454 位氨基酸（天冬氨酸）是关键性位点（Turner et al.，2004）。氨基肽酶 N（APN）是 I 群冠状病毒的通用受体，存在于粒细胞、单核细胞等多种细胞膜；鼠癌胚抗原分子则是 MHV 的受体，由 N 端的免疫球蛋白样多变区、3 个免疫球蛋白样恒定区、1 个跨膜区和 1 个细胞尾组成，其中 N 端的 108 个氨基酸是受体作用必需的序列（Delmas et al.，1994）。

二、病毒蛋白的合成与基因组的复制

病毒进入细胞后,首先在细胞质内脱壳,从正链基因组 RNA 的 5′端翻译出复制酶,然后,在复制酶的作用下,通过不连续转录模式转录生成基因组 RNA 和 6～8 条亚基因组 mRNA(图 10-6)。关于转录模式目前有 3 种假说:①先导引物转录模式。即前导序列自负链基因组 RNA 模板的 3′端开始转录,然后前导序列从模板链上脱落,再与模板中位于其下游的 IG 相结合,作为引物转录亚基因组 RNA。亚基因组 RNA 又可以作为模板合成负链亚基因组 RNA。②负链跳跃模式。以病毒基因组 RNA 为模板合成负链 RNA 时,RNA 聚合酶会在基因间序列停止发挥作用,而跳跃至先导序列的 3′端(模板的 5′端),产生负链亚基因组 RNA。然后,再以负链亚基因组 RNA 和负链基因组 RNA 作为模板,转录生成亚基因组 RNA 和基因组 RNA。③亚基因组 mRNA 与正进入细胞的病毒体结合作为合成亚基因组(一)RNA 的模板,这种亚基因组(一)RNA 反过来再作为合成亚基因组 mRNA 的模板。这种模型与冠状病毒的不连续合成不相符合,而且,并不是所有的冠状病毒均含有与病毒体结合的 mRNA。然而这种模型可以解释某些冠状病毒复制周期的某些时期。因此,有些学者认为这 3 种转录模式并不互相排斥,可能发生于不同的转录阶段。

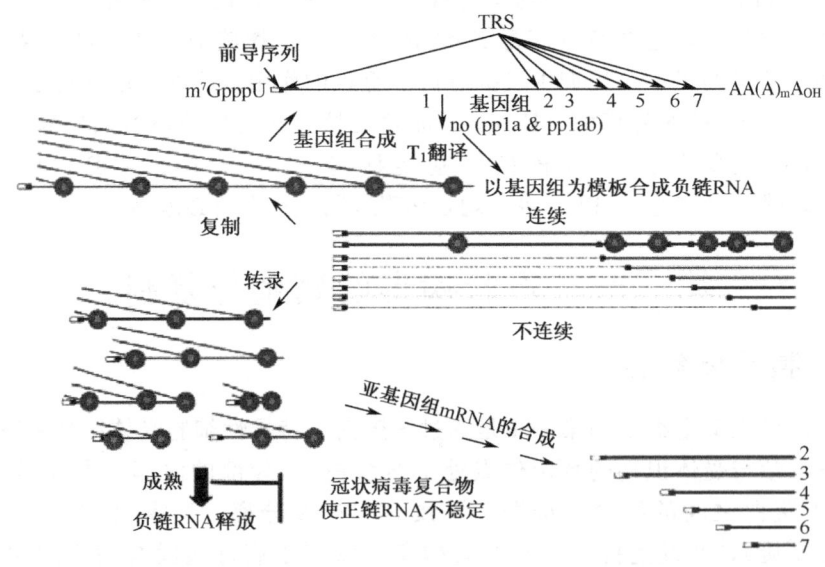

图 10-6 SARS 冠状病毒基因组转录与复制示意图

转录生成的基因组 RNA 和亚基因组 mRNA 进入细胞质后,开始翻译过程。首先是基因组 RNA 进行翻译,产生病毒 RNA 复制所需的各种蛋白酶。然后是亚基因组 mRNA 进行翻译,产生 S 蛋白、M 蛋白和 E 蛋白等结构蛋白。

三、病毒的装配与释放

病毒颗粒的包装在粗糙内质网进行,形成囊泡;再移入高尔基复合体中。病毒组装时,

N蛋白先与病毒RNA结合形成复合体,再通过与M蛋白、E蛋白的相互作用被包裹到病毒的衣壳中,核衣壳与带有M糖蛋白的细胞内膜融合发芽,随后在出芽过程中,糖蛋白突起也插入病毒粒子中,在M蛋白作用下,成熟的病毒体从平滑的囊泡释放出来(图10-7)。

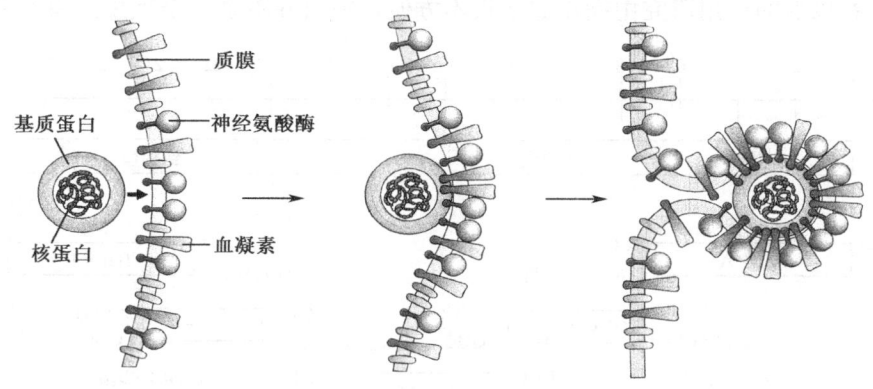

图10-7　冠状病毒经出芽机制释放到细胞外的过程

第四节　猪冠状病毒反向遗传学系统的建立

虽然,单股正链RNA病毒的感染性克隆最先被构建成功,而且大多数正链RNA病毒也先后成功获得拯救。但是,冠状病毒的体外拯救直到2000年才得以完成,其主要原因有两点:①该科病毒的基因组比较大,没有合适的载体容纳长达27~30kb的全长cDNA分子。②冠状病毒的基因组中含有毒性序列,在细菌中很不稳定,常发生一些片段的丢失或突变,给病毒的拯救带来很大困难。

随着长距离RT-PCR技术的发展和细菌人工染色体的发明,Almazán等(2000)首次找到解决上述难题的办法。其策略是:①从缺损性TGEV颗粒中克隆病毒的基因组序列,并完成全长cDNA的组装,由于这种全长cDNA分子含有3′部分缺失,其中包括毒性序列,所以它比较稳定。在完成全长cDNA克隆的最后一步,再将缺失的序列予以恢复。②选择BAC来装配全长cDNA分子克隆,因为它是一种低拷贝载体(1或2拷贝/细胞),而且可以容纳长达300kb的外源基因。③在TGEV全长cDNA序列的上游插入CMV启动子,利用体内转录法实施病毒的拯救。实验结果证明,其方法是可行的,该方法不仅成功实现了TGEV的遗传拯救,而且证明TGEV的嗜性和毒力在DNA水平是可以被修饰和改变的。至此,构建冠状病毒的感染性克隆已不再存在技术上的障碍。值得指出的是,虽然利用Almazán等的方法可以拯救出冠状病毒,但仍需面对毒性序列问题。为此,González等(2002)对基于BAC系统的拯救策略进行改进,他们使用在毒性序列中间插入内含子的方法,巧妙地克服了TGEV基因组序列的不稳定问题。2000年,Yount等采取另外一种策略也成功拯救出具有感染性的TGEV。其特点是不需要任何载体,而是巧妙地利用引物介导PCR法在TGEV中制造了一些点突变,产生了数个$BglI$识别位点,然后使用酶切-连接方法,完成TGEV全长cDNA

分子在体外的组装（图10-8）。Scobey 等（2003）利用该策略又成功拯救了 SARSV-CoV，表明采用体外连接和转录的方法拯救冠状病毒是可行的（Scobey et al.，2013）。但是该策略受到体外连接效率限制、对核酸的纯度要求比较高，不易获得大量的转录模板，而且在以后的应用研究中操作起来很不方便，因而并不是一个理想的操作平台。

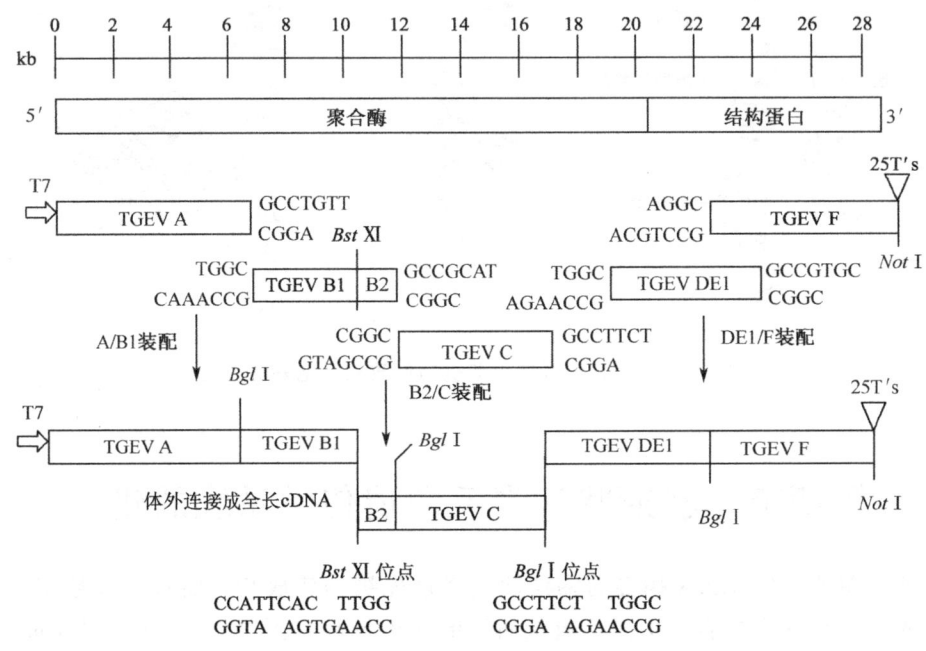

图 10-8　Yount 等构建 TGEV 全长 cDNA 的策略（Yount et al.，2000）

尽管 TGEV 的感染性克隆已经构建出来，但是使用同样的策略拯救冠状病毒科的其他成员，如人冠状病毒（HCoV）、鼠冠状病毒（MHV）和鸡传染性支气管炎病毒（IBV）等却没有成功，表明构建冠状病毒感染性克隆的方法还不是很成熟。2001年，Thiel 等尝试用痘病毒作为载体构建 MHV 的感染性克隆，并认为痘病毒的如下优点适于拯救冠状病毒：①痘病毒载体也具有容纳大片段外源基因的能力，而且可感染组织细胞，并在其中稳定地复制和增殖。②利用同源重组技术，将外源 DNA 片段插入痘病毒载体中，避免了在细菌中增殖重组质粒的过程，无需担心毒性序列的缺失或突变。③利用该策略获得的重组病毒直接来自于体外转录物（RNA），容易获得与母本毒接近的生物学特性，这对于后续的研究十分重要。事实证明，其策略是可行而且有效的。借助于痘病毒载体，不仅构建了 HCoV 的感染性克隆，而且很容易地实现了病毒的遗传拯救，所获得的重组病毒与母本毒株具有相似致病性（图10-9）。

无疑，Thiel 等构建冠状病毒感染性克隆的策略是一种比较简单、易行的方法，为拯救其他冠状病毒提供了一个良好的思路。例如，Casais 等（2001）利用痘病毒载体成功建立了 IBV 的反向遗传学操作系统，所不同的是，Casais 等不是用体外转录物 RNA 转染细胞，而是将携带 T7 RNA 聚合酶基因的痘病毒预先感染 CK 细胞，然后再用含有 IBV 全长 cDNA 的重组痘病毒 DNA 转染该细胞，获得高滴度的重组病毒。2005年，

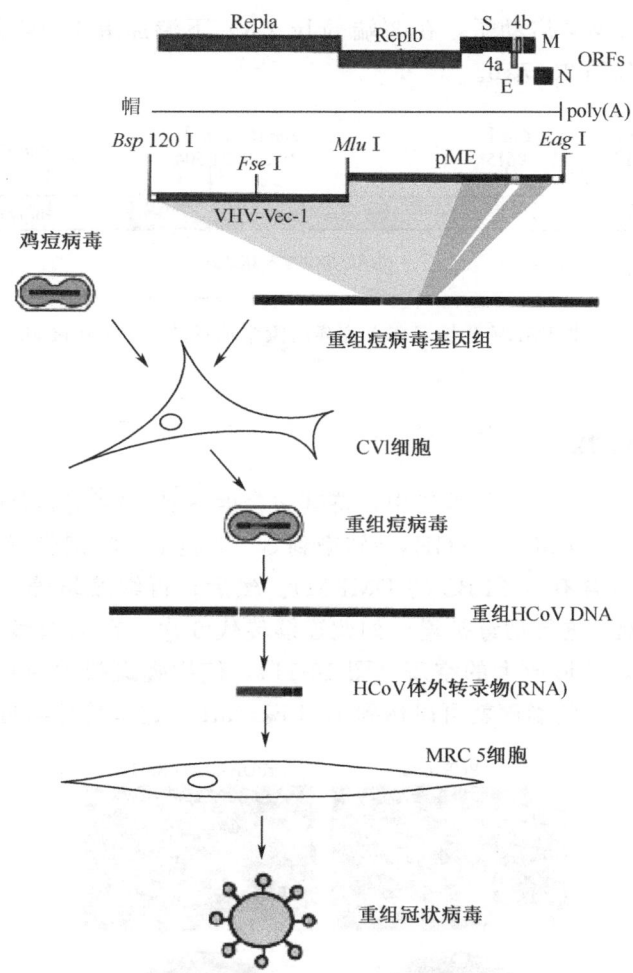

图 10-9 利用痘病毒载体拯救人冠状病毒的策略 (Thiel et al.，2001)

Coley 等也成功构建基于痘病毒载体的 MHV 的感染性克隆，标志着构建冠状病毒感染性克隆的技术已经走向成熟。

St-Jean 等（2006）和 Almazán 等（2006）又分别利用 BAC 系统成功构建了具有神经毒性的 HCoV 和 SARS-CoV 的反向遗传操作系统，说明 BAC 载体在构建冠状病毒感染性克隆方面与痘病毒载体一样有效。本节将以猪流行性腹泻病毒为例，简要阐述利用 BAC 载体构建冠状病毒感染性克隆的过程。

一、主要材料

猪肾细胞（ST）；TGEV 毒株；PUR-MAD、PUR-C11；质粒；PBelBAC11；菌株：DH101B。

二、TGEV 全长 cDNA 质粒构建

如图 10-10 所示策略，将 TGEV 的全基因组 cDNA 逐段插入 PBelBAC11 质粒中，

同时在其 5′端加上 CMV 启动子，在 3′端 poly（A）下游加上 HDV 和 BGH 元件。所构建的重组质粒全长约 36.7kb。

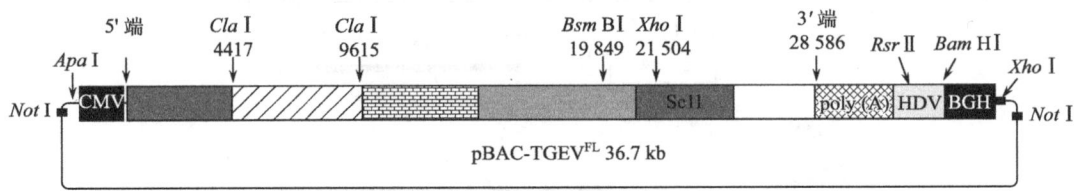

图 10-10　构建 TGEV 全长 cDNA 克隆的策略示意图（Yount et al.，2000）

三、TGEV 的拯救

将 ST 细胞分种于 60mm 培养皿中，待其融合度达到 60％时，使用 Lipofectin2000 试剂将 15μg 的重组质粒 pBAC-TGEV^{FL} 转染到 ST 细胞中，将细胞置于 37℃，培养 6h 后更换新鲜培养基（含有 8％FBS 的 DMEM）。然后，再继续培养 2 天，收获培养上清，再接种 ST 细胞，进行病毒扩增，如此连续传代 6 次。在显微镜下可以观察到 ST 细胞出现大量融合，并形成大的空斑（图 10-11），使用噬斑技术对拯救的病毒进行滴定，发现在第四代病毒的滴度就可以达到 10^8 PFU/mL，这些特征与母本毒相似。

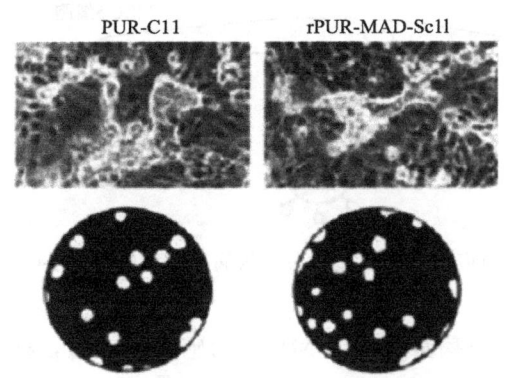

图 10-11　拯救的 TGEV（右）与母本毒株（左）的生物学特性比较（Yount et al.，2000）

四、拯救病毒的鉴定

使用针对 TGEV M 蛋白和 N 蛋白的单抗，对重组病毒分别进行 IFA 和蛋白免疫电泳检测，结果发现在感染细胞中有特异性的绿色荧光或蛋白条带出现，证明拯救 TGEV 是成功的。使用 RT-PCR 方法检测拯救病毒的基因组，然后对扩增的 PCR 产物进行测序，发现在 ORF1a 和 S 基因中制造的所有点突变遗传标记都是存在的（图 10-12），进一步证明拯救的 TGEV 来自于转染质粒。由此证明 TGEV 的反向遗传操作平台被成功建立。

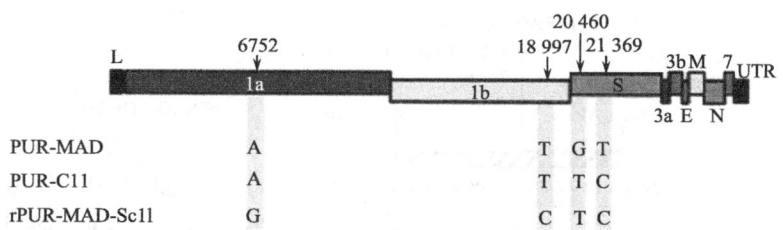

图 10-12 在 TGEV 全长 cDNA 克隆中引入的遗传标志

第五节 鸡传染性支气管炎病毒反向遗传学系统的建立

Casais 等（2001）首次将 IBV 的全长基因组 cDNA 插入痘病毒基因组中，然后转染鸡胚肾原代细胞成功拯救出 IBV。Youn 等（2005）采取体外转录 RNA 转染细胞的方法，成功拯救了适应 Vero 的 Beaudette 株 IBV，并用 *eGFP* 基因置换 *ORF5a*，成功拯救出表达 GFP 的重组 IBV。随后，有许多学者利用 IBV Vero 适应毒株的感染性克隆开展了一系列研究，发现了一些与 IBV 的致病力和组织嗜性有关的基础研究。我国学者 Zhou 等（2013）首次成功构建 IBV 疫苗株 H120 株的感染性克隆，为进一步研发 IBV 疫苗载体和免疫机理等提供了良好平台，同时也说明 IBV 的反向遗传学技术已经非常成熟。

一、细胞与毒株

鸡胚肾原代细胞（CK）：用 11 日龄的 SPF 鸡胚制备；IBV Beaudette US 株（Beau-US）：适应 Vero 细胞系的毒株；IBV Beaudette CK 株（Beau-CK）：适应 CK 细胞的毒株；痘病毒：在猴肾成纤维细胞（CV-1）中增殖；禽痘病毒（FPV）HP1.441 和 rFPV-T7（表达 T7 RNA 聚合酶的痘病毒）：在鸡胚原代成纤维细胞（CEF）中增殖。

二、构建全长 cDNA 的策略

将 IBV Beau-CK 株的全基因组分为 3 段，分别插入相应的质粒载体：获得 pFRAG-1，pFRAG-2 和 pFRAG-3 3 个重组质粒。其中，pFRAG-1 相对应于 IBV 的 1~6495bp 区段，5′端加上 T7 启动子和 3 个 G 碱基；pFRAG-2 相对应于 IBV 的 5752~14 474b 区段；pFRAG-2 相对应于 IBV 的 13 806~27 608bp 区段，随后为长 28 个腺嘌呤的 poly（A）尾巴以及丁型肝炎核酸酶序列和 T7 终止子。将此 3 个重组质粒中的 FRAG-1、FRAG-2、FRAG-3 3 个基因片段用特异性限制性内切核酸酶切割下来，顺次插入痘病毒载体 v*Not*I/tK 中，具体连接策略参考图 10-13。

三、拯救重组痘病毒

将 CV-1 细胞分种于培养皿，待其融合度达到 70% 时，接种 FPV HP1.441，培养 60min 后，再用 Lipofectin 转染 5μg 的 v*Not*I/tK，在 37℃ 培养 1~2h，收获培养物再

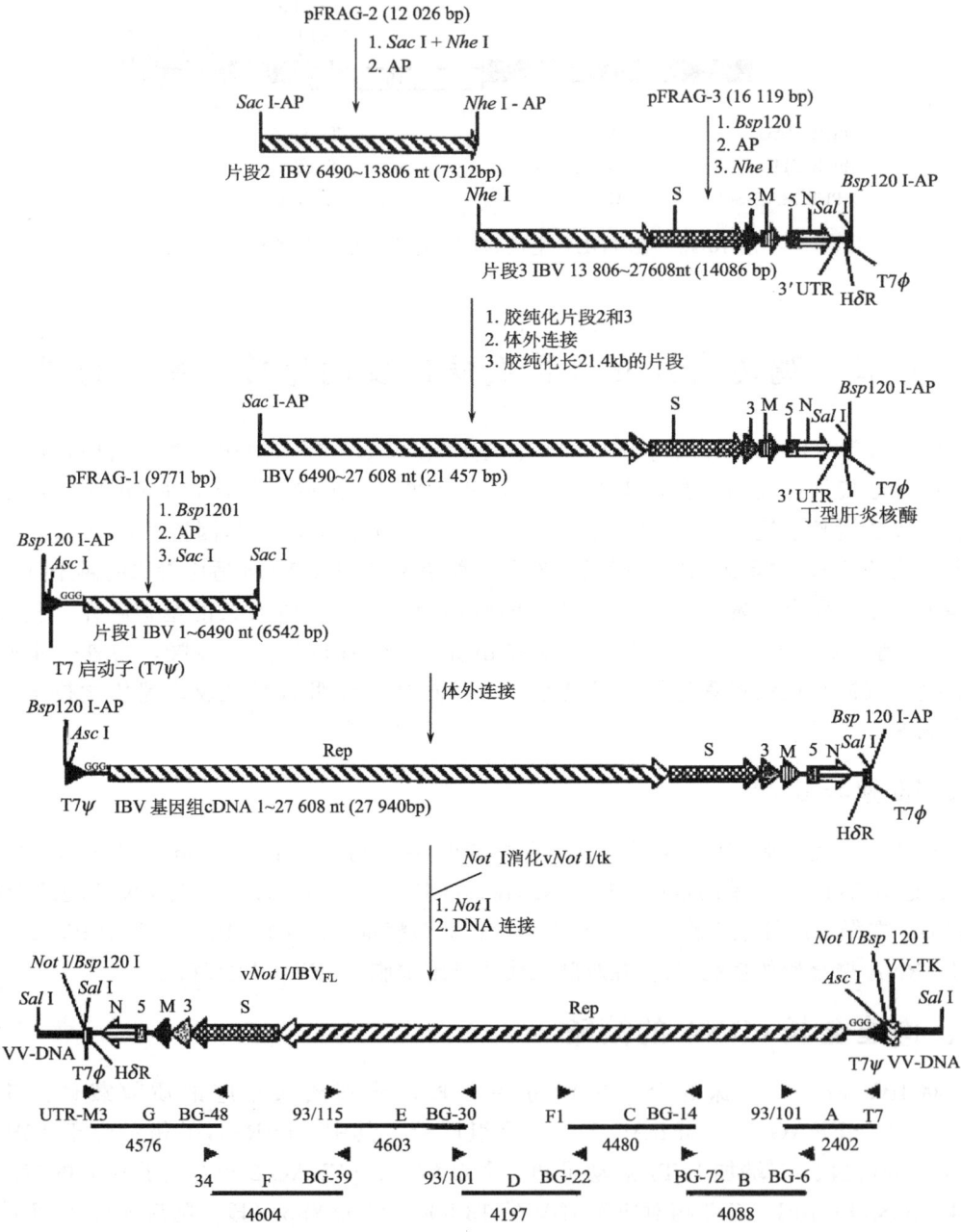

图 10-13 构建 IBV 全长 cDNA 的策略示意图 (Casais et al., 2001)

接种新鲜 CV-1 细胞,继续培养 7～14 天观察 CPE。用噬斑纯化拯救的病毒,并用 PCR 方法和 Southern 杂交检测和鉴定重组病毒。

四、IBV 的拯救

将 CK 细胞分种于培养皿,待其融合度达到 50% 时,感染 rFPV-T7 45～60min。

再转染 10μg vNot I/IBVFL 基因组 DNA 和 5μg pCi-Nuc，在 37℃ 培养 16h，更换新鲜培养基，继续培养至第 3 天，收获细胞培养物低速（2500r/min）离心 3min，使用 0.22μm 滤器除去痘病毒（rFPV-T7），然后再继续在 CK 细胞中传代扩增病毒，直至 IBV 特异性病变出现。

五、拯救病毒的鉴定

首先使用 Northern 杂交方法，用一段长 309bp 的探针（对应于 IBV 3′UTR 端序列）检测 IBV 的亚基因组，结果显示拯救病毒和母本毒均有 6 条特异性杂交带出现（gRNA、mRNA2-6）。

将拯救的病毒感染 Vero 细胞，18h 后用兔抗 IBV 特异性多克隆抗体对拯救病毒抗原的表达进行检测。结果显示，由于拯救病毒还不适应 Vero 细胞，所有它只能感染 Vero 细胞，但是并不能形成合胞体（图 10-14）。

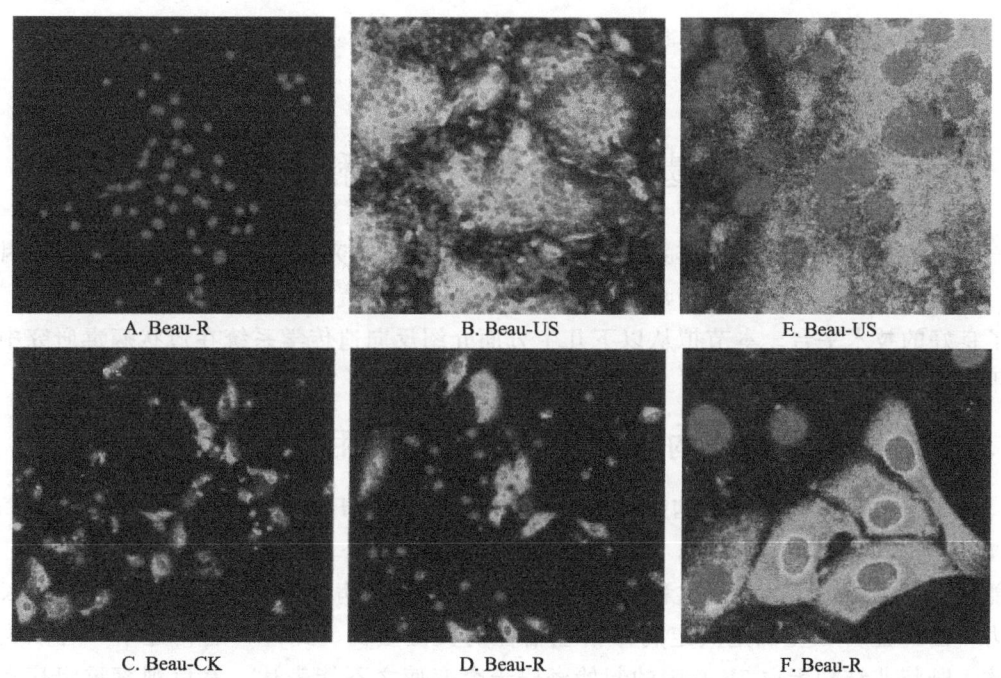

图 10-14　用间接免疫荧光检测拯救病毒对 Vero 细胞的感染（Casais et al.，2001）（见文后彩图）

六、拯救病毒中遗传标记的检测

用 RT-PCR 方法对 rIBV Beau-R 中的遗传标记进行扩增，并使用特异性限制性内切核酸酶和测序方法进行检测。结果如图 10-15A 所示，所扩增的 1544bp 的 PCR 产物中含有 BstB I 位点（可被裂解为 525bp 和 1019bp 两个片段），该酶切位点是 C19 666 突变为 U 所产生的，在野生型病毒中不存在 BstB I 识别位点。此外，Casais 等（2001）还在 27 087bp 制造了一个点突变（A 突变为 G），经测序鉴定该点突变也是存在的（图

10-15B 和 C)。由此充分证明，拯救病毒获得了成功。

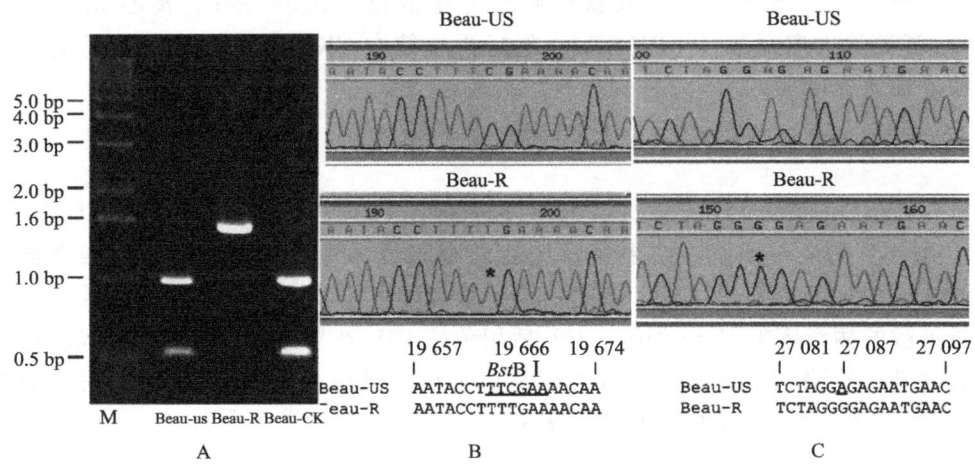

图 10-15　拯救病毒基因组中遗传标记的检测（Casais et al., 2001）

第六节　反向遗传学在冠状病毒科研究中的应用

冠状病毒反向遗传学操作系统的成功构建为全面研究病毒的基因组结构、基因功能、蛋白质的表达与调控、病毒的致病机制以及新型疫苗或病毒载体的研发，等等，提供了良好的技术平台。本节拟从以下几个方面介绍反向遗传学系统在冠状病毒研究中的应用情况。

一、在病毒基因组结构与功能研究中的应用

Haijema 等（2003）在构建猫传染性腹膜炎病毒（Feline infectious peritonitis virus，FIPV）的感染性克隆时，用 MHV 的 S 基因的胞外区置换 FIPV 的相应区段，结果能从鼠源细胞系中拯救出这种嵌合病毒，但是该重组病毒失去了在猫源细胞中生长的能力，由此证明 S 基因是决定病毒宿主嗜性的关键蛋白。此外，还构建了一种缺失突变体，既将非结构蛋白 7b 基因的起始密码子突变使之不能表达，然后观察重组病毒的复制能力是否受到影响。结果表明 7b 蛋白不是 FIPV 复制的必需基因。

为了研究病毒自身编码的外切核酸酶（ExoN）、内切核酸酶（NendoU）和核糖甲基转移酶（$2'$-O-MT）在冠状病毒 RNA 合成中的作用，Almazán 等（2006）利用 SARSV-CoV 的复制子系统，构建了一些缺失上述蛋白酶编码基因的突变体，然后分别转染 293T 和 BHK 细胞，并与母本毒株作比较。结果发现，感染母本毒的细胞中有 N 基因大量表达，但是转染所有缺失突变体的细胞中检测不到 N 基因的 mRNA，说明这 3 种蛋白酶对于 SARSV-CoV 基因组 RNA 的合成十分关键重要。此外，其研究结果还显示，所有突变体基因组的正链 RNA 的产量下降到母本病毒的 1/10，提示此 3 种酶对病毒 RNA 的转录和复制也很重要。

在冠状病毒 N 蛋白羧基端的区域 III 内含有大量带负电荷的氨基酸，一些研究表明这些氨基酸可能通过调节 N 蛋白与 M 蛋白羧基端的相互作用而参与病毒的装配过程。为证明这一观点，Verma 等（2006）将一系列带正电荷的氨基酸（如 Ala 等）置换 MHVN 蛋白中的阴性氨基酸，结果发现 Asp440、Asp441 是两个关键性氨基酸，若二者均突变为 Ala，都不能拯救出病毒。将 Asp441 突变为 Arg 时，拯救病毒形成的蚀斑比较小，病毒的产量也比较低。这些结果表明 N 蛋白的 Asp440、Asp441 是两个参与病毒装配的关键性氨基酸。

冠状病毒基因组在复制过程中，使用了一种不连续转录的模板转换机制将 5′端引导序列加至亚基因组 mRNA 的 5′端。Wu 等（2006）用反向遗传学技术证明，牛冠状病毒基因组 5′端长约 65nt 的区段对病毒 RNA 的不连续转录很关键。

冠状病毒的 E 蛋白是一个功能尚不十分清楚的次级结构蛋白。有人认为它是病毒复制所必需的一种蛋白，因为将鼠肝炎病毒（MHV）的 E 蛋白基因缺失后，病毒的复制能力明显降低。Ye 和 Hogue（2007）利用 MHVA59 的感染性克隆对 E 蛋白的生物学功能进行研究，发现将 E 蛋白的跨膜区打断，将破坏该蛋白的功能活性，导致病毒的产量下降。Kuo 等（2007）在用 1~3 群冠状病毒的 *E* 基因置换 MHV 的 *E* 基因时，发现 2、3 群的 E 蛋白可以很容易互相置换，表明不同冠状病毒的 E 蛋白具有类似的生物学功能。

二、在病毒致病机制研究中的应用

在冠状病毒的生命周期中，N 蛋白的表达量很高，能够特异性地包裹病毒基因组形成纤丝状核衣壳，此外还参与病毒 RNA 的转录、复制以及调节宿主细胞的新陈代谢等过程。因此，人们推测 N 蛋白在维持病毒的感染性等方面一定起重要作用。为证明这一点，Tan 等（2006）利用定点突变等反向遗传操作技术，对 N 蛋白的关键性区段进行研究。结果发现，将 IBV N 蛋白氨基端的 Arg76 或 Tyr94 突变为 Ala，将显著降低 N 蛋白与核酸的结合力，进而导致病毒 RNA 失去对 Vero 细胞的感染力。其研究不仅确定核衣壳表面与 RNA 结合的关键氨基酸，而且在分子水平证明 N 蛋白与 RNA 的直接结合对维持病毒的感染性十分重要。

应用反向遗传学技术对 MHV、TGEV 和 IBV 等冠状病毒的研究结果表明，S 蛋白是决定病毒的宿主嗜性和致病力的主要因素。例如，使用 TGEV 强毒的 *S* 基因置换疫苗株的对等基因，可使之恢复对肠道的嗜性和致病力（Sanchez et al.，1999）。

MHV 的 JHM 株是一株具有神经毒性的高致病性毒株，但很少引起肝炎，而 A59 株则主要引起温和的肝炎而具有较弱的神经毒性，通过将前者的 *S* 基因置换后者的相应区段，发现可使 A59 株获得较强的神经毒性，然而其引起肝炎的能力却被削弱了（Phillips et al.，1999）。类似地，用另外一株对肝有高亲和力的 MHV-2 株的 S 蛋白替换 A59 的 S 蛋白，却能使 A59 获得对肝脏的高致病性。2003 年，Casais 等也发现用 IBV 强毒株 M41-CK 的 S 蛋白的胞外区置换弱毒株的相应区段，所获得的嵌合病毒具有 M41-CK 的细胞嗜性。这些研究结果都证明 S 蛋白在决定组织嗜性和致病性等方面都起关键决定性作用。

MHV-JHM株的许多分离株往往具有不同的神经毒性，这与刺突糖蛋白S1区的一段高变区有关。例如，MHV-4或MHV_{SD}的S蛋白具有最长的变异区（HVR），在缺乏CEACAM受体的情况下，它可以诱导细胞间的融合及病毒的传播。将HVR进行突变或缺失将影响病毒的神经毒性（MacNamara et al.，2005）。

已经证明，将S1区的受体结合区（RBD）或S2区的七肽重复区突变也会影响MHV的神经毒性。RBD的突变将会影响S蛋白与宿主细胞的相互作用，使病毒不能正常进入细胞；七肽重复区的突变则可能通过改变病毒的融合机制而影响病毒的嗜性。例如，JHM株RBD的一个氨基酸突变（S310G）就可以增强病毒的神经毒性（Ontiveros et al.，2003）。MHV A59株受体结合区域的氨基酸置换（Q159L）使得病毒感染肝细胞的能力丧失，但HR1区的另一处突变（E1035D）能够消除Q159L突变（Navas-Martin et al.，2005）。

此外，S1区的突变还会改变病毒的宿主谱，若将S蛋白N端（RBD下游）的21个氨基酸置换或插入7个氨基酸，MHV就会感染仓鼠、猫和猴的细胞（Thackray and Holmes，2004）。

HE是另外一种暴露于病毒颗粒表面的糖蛋白，其在病毒生命周期中所发挥的具体作用还不是很清楚，但人们怀疑它可能是病毒的一个重要毒力因子。最近，Kazi等（2005）利用反向遗传学技术，在MHV A59株感染性克隆的基础上分别构建了一系列重组有HE基因的嵌合病毒，然后研究病毒宿主嗜性和致病力的变化，其研究结果表明，S蛋白在决定组织嗜性方面起主导作用，但HE基因可增强病毒的致病力并促进病毒在部分组织中的传播。

E蛋白是一种小的内在性囊膜糖蛋白，一般认为它在病毒颗粒的装配过程中发挥重要作用。但是，Kuo和Masters（2003）将MHV E蛋白缺失后，仍然能拯救出重组病毒，表明E蛋白并不是病毒组装所必需的。不过，它可能在产生感染性病毒颗粒方面起重要作用，因为缺失E蛋白的重组病毒表现出很差的复制能力和感染能力。令人不解的是，E蛋白的突变对TGEV而言却是致死性的（Ortego et al.，2002）。

冠状病毒的一些复制酶蛋白对病毒的嗜性和致病性可能也有一定的影响。其影响可能是通过与$5'/3'$NCR、特异性细胞因子等的相互作用来实现。通过对冠状病毒的复制酶基因进行反向遗传学操作，结果表明复制酶蛋白确实对病毒的毒力等有一定的影响。例如，将Nsp14（具有外切核酸酶活性）的一个氨基酸突变将显著降低重组A59的毒力，但是病毒的复制却没有受到影响，其致弱机制不清楚（Sperry et al.，2005）。

与其他RNA病毒一样，所有的冠状病毒除了编码复制酶和结构蛋白以外，还编码一些功能不清的次要的小非结构蛋白，如ORFs2a、ORFs4、ORFs5a、ORFs7等的编码产物，统称为群特异性蛋白（group-specfic proteins），它们往往不是病毒复制所必需的，那么它们是否在病毒的致病过程中发挥作用？对此，有人利用反向遗传学技术对这些问题进行了探讨。例如，de Haan等（2002）将MHV JHM株的ORFs2a、ORFs4、ORFs5a全部缺失后，发现拯救病毒对鼠的致病力明显降低。最近，Sperry等（2005）构建了一株缺失ORFs2a的重组MHV，发现该病毒仍具有较高的复制能力，但是致病力却明显减弱，证明ORF2a是决定MHV毒力的一个重要因子。TGEV ORF7的编码产物也不是病毒复制所必需的,但是将该蛋白缺失后,不仅能降低病毒的毒性,而且减少了重组病毒在肺和肠道内的复制,说明基因 7 在体内可以同时影响病毒的复制和致病性。类似地,将 FIPV 的 ORFs3a、ORFs3b、ORFs3c、ORFs7a 或 ORFs7b 缺失后,病毒仍能进行有效的复制,但是对猫的致病性都下降(Haijema et al.,2004)。这些结果充分证明,这些蛋白质中的一种或几种在病毒致病方面起一定的作用。

利用靶向性重组策略可对冠状病毒的嗜性进行修饰。冠状病毒通过 S 蛋白黏附宿主细胞。与细胞受体 APN 相互作用,S 蛋白也负责 2 组冠状病毒进入细胞。通过靶向性重组对 S 蛋白进行修饰,从而改变病毒细胞嗜性,TGEV 的肠道和呼吸道嗜性因 S 基因结构的不同而不同,Sanchez 等(1999)用 TGEV 肠道株的 S 基因替代 TGEV 呼吸道株的 S 基因,转染细胞后分离到病毒嗜性和毒力都经过修饰的病毒株。

Cavanagh 等(2007)用反向遗传学方法证明 IBV ORF1 编码的 15 个蛋白中有至少一个蛋白是决定 IBV 致病力的因素,ORF3 或 5 也可能与病毒的致病力有关。使用致病毒株 M41 的 S 蛋白置换非致病毒株 Beaudette 株相应的蛋白,所获得重组病毒仍然没有致病性,但是能保护雏鸡对抗 M41 株的攻击。

三、在研发新型病毒载体研究中的应用

冠状病毒是已知 RNA 病毒中基因组最大的病毒,长达 27~32kb。其中含有许多病毒复制非必需片段。因此,可以利用反向遗传学技术手段,将一些非必需区段缺失或置换为异源基因,从而将冠状病毒改造成一种新型 RNA 病毒载体。冠状病毒具有如下优点:①基因组为单链 RNA 分子,不存在与宿主 DNA 整合的危险;②能够容纳相对较大的一些外源基因;③通过对 S 蛋白的改造,可以使冠状病毒的组织细胞嗜性发生转变,这一点对于开发靶向性基因治疗载体十分有用;④冠状病毒特有的不连续转录模式,利于将多个异源基因导入病毒载体中;⑤通过反式提供结构基因,可以将多基因病毒载体包装成假病毒颗粒,而且可以进一步感染人的树突状细胞(DC)等细胞,并使异源基因在其中表达;⑥对于 HCoV 而言,其受体表达于树突状细胞(DC)和巨噬细胞上,因此该类型病毒载体可以携带外源基因直接到达抗原提呈细胞,同时诱导 T 细胞免疫和体液免疫。⑦冠状病毒常经肠道或呼吸道的黏膜表面感染机体,因此可以将抗原输送到肠道或呼吸道,诱发强烈的黏膜免疫。

目前有两种类型的冠状病毒载体系统,即辅助病毒依赖性表达系统(helper dependent expression system)和单基因组病毒载体表达系统(single genome cornavirus vectors)(图 10-16)。在冠状病毒感染性克隆出现之前,人们主要是采取第一种策略来表达外源基因。例如,利用 MHV 表达 CAT、HE、IFN-γ 等,但是该系统不太稳定,表达的 CAT 只能在前 2 代检测到,HE 也是只有在前 3 代才能明显看得到。将表达 CAT 和 HE 的重组 MHV 接种小鼠,在接种后的 1~2 天可以从脑内监测到 HE 或 CAT 特异的亚基因组 mRNA。但从第 3 天之后,就不能检测出靶基因的表达。这些结果表明利用缺损性微基因组(defective minigenome,DI)作为载体,只能在病毒感染的早期表达外源基因。应用第一种策略表达外源基因的冠状病毒还有 IBV、HCoV-229E、TGEV 等。

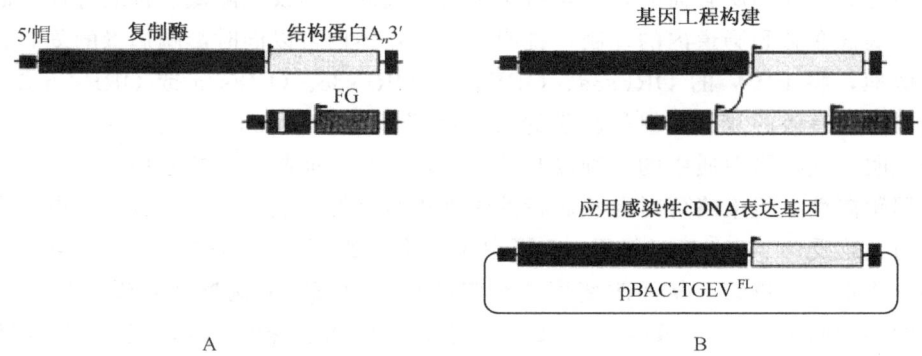

图 10-16 用冠状病毒表达外源基因的两种策略 (Enjuanes et al., 2001)
A. 辅助病毒依赖性表达系统，包括辅助病毒和携带外源基因 (FG) 的微基因组；
B. 单基因组病毒载体表达系统，利用定向重组技术或感染性 cDNA 克隆 (pBAC-TGEV^{FL}) 构建

反向遗传学的出现，启示人们可以利用定向 DNA 重组方法构建病毒载体。因为使用该方法可以在冠状病毒基因组中任意制造突变，以改变病毒的组织嗜性、致病性以及插入外源基因等。例如，Sanchez 等（1999）曾经将呼吸型 TGEV 的 S 基因与肠型 TGEV 的 S 基因进行互换，从而改变病毒的细胞嗜性。Fischer 等（1997）也曾利用该方法将 GFP 插入到 MHV 的 S 与 E 基因之间，使之获得表达。

随着一系列冠状病毒感染性克隆的成功构建，人们又开始尝试利用其特异的不连续转录机制，把冠状病毒改造成多基因表达载体。其构建的基本策略是：首先把转录调控序列（TRS）与靶基因串联在一起，构成转录盒，然后将它插入到病毒基因组中，靶基因会随着基因组转录而转录，并获得表达。例如，2003 年 Thiel 等对 HCoV-229E 进行改造，他们将 3 个报道基因——CAT、LUC 和 GFP 分别置于 TRS 下游，并插入到病毒基因组中，然后将病毒载体的体外转录物（RNA）与核蛋白 mRNA 一起转染到 BHK-21 细胞中，结果所有的报道基因都获得表达（图 10-17）。此外，其研究还证明该病毒载体 RNA 可以包装到病毒样颗粒中，并输送到人的树突状细胞中，使外源基因得到表达。de Haan 等（2003）利用类似的策略也探讨了用 MHV 作为载体表达外源基因的可能性，其研究结果与 Thiel 等（2003）报道的一致，另外还发现外源基因的表达与所插入的位置有关，当 LUC 基因插入位点接近基因组的 3′ 端时，表达量比较高。

Curtis 等（2002）利用 TGEV 的感染性克隆，将 ORF3a 置换为 GFP，获得一种重组病毒，该病毒既可以在 BHK-21 细胞中有效复制，又可以表达 GFP，证明用 TGEV 表达外源基因也是可行的。随后，Curtis 等又构建了缺失 E 或 M 基因的复制子系统，该系统可以携带 GFP 在靶细胞中表达，但是因缺失 E 或 M 蛋白而不能出芽，因此就不能产生有感染性的病毒颗粒。为了能在体外将携带报道基因的 TGEV 复制子包装成病毒颗粒，Curtis 等把 E 蛋白克隆到委内瑞拉马脑炎病毒载体中，通过反式提供 E 蛋白，可以获得有感染性的病毒颗粒。其研究为开展 TGEV 的复制、装配及研发新型疫苗等研究提供了良好的操作平台。

为了探索将 IBV 开发为疫苗病毒载体的可能性，Bentley 等（2013）利用反向遗传

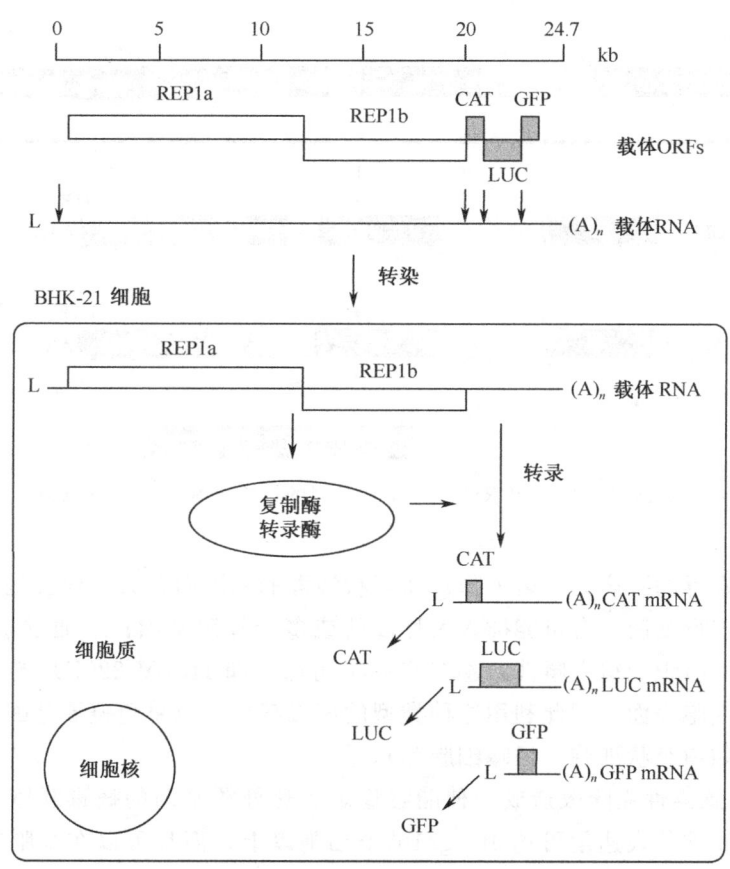

图 10-17 基于冠状病毒不连续转录机制构建多基因
RNA 表达载体的策略（Thiel et al.，2003）

学技术，用 eGFP 或 hRluc 分别置换 IBV 的基因 5 编码区、基因间隔区（IR）或者 ORFs3a 和 3b 编码区，然后进行重组病毒的拯救。结果发现，用 hRluc 置换基因 5 编码区构建的重组病毒具有感染性，该病毒感染鸡肾细胞（CK）后可以连续传代至少 8 次，而置换 IR 或 ORFs3a 和 3b 的重组病毒则分别只能传代 7 次或 5 次。此外，其研究还发现，hRluc 的密码子优化以后可以增加重组病毒的稳定性，将其置换基因 5 所构建的重组病毒可以传代 10 次以上。这为开发 IBV 疫苗载体提供了实验依据。

Cruz 等（2010）利用反向遗传学方法，将 PRRSV 的 *GP*5 和 *M* 基因插入 TGEV 基因组中，构建了一株重组 TGEV（图 10-18）。将该重组病毒制备成疫苗免疫猪，可以刺激机体产生中和抗体和细胞免疫反应，同时，免疫动物能产生更快、更强的体液免疫，当用 PRRSV 强毒攻击时，可以为动物提供部分保护。

四、在冠状病毒新型疫苗研究中的应用

应用反向遗传操作手段，开发一些新型病毒疫苗，也将是冠状病毒疫苗发展的一个重要方向。其理论依据至少有以下 4 点：①研究资料表明，将病毒的一些非复制必需区

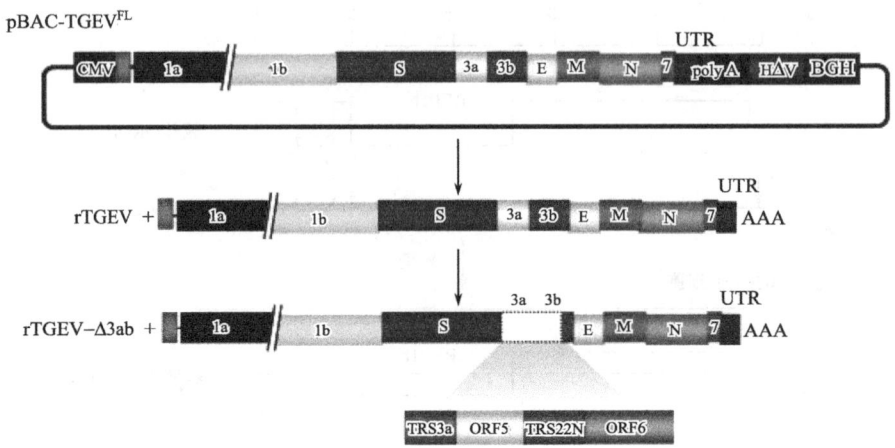

图 10-18 以 TGEV 表达 PRRSV M 和 N 基因的策略示意图（Cruz et al., 2010）

缺失，可以使病毒的致病力显著下降；②冠状病毒的基因组较大，而且是利用独特的不连续转录机制进行复制，有可能插入大片段的或多个外源基因；③通过修饰囊膜蛋白，可以改变病毒的组织或宿主嗜性。④有些冠状病毒（如 HCoV 229E）的受体表达于一些重要的免疫细胞表面，因此利用这种类型的病毒载体可以将免疫原基因直接递呈给这些免疫细胞（如树突状细胞、巨噬细胞等）。

将 TGEV 感染性克隆改造成一种能够稳定表达外源基因的病毒载体，通过对报道基因的检测，发现其表达量可达 $40\mu g/10^6$ 个细胞以上，而且可以在细胞中稳定增殖至少 20 代。此外，其研究结果还显示，该重组病毒的致病性仍然存在，是母本毒的 $1/100\sim 1/10$，有意义的是它能有效刺激机体针对异源基因和病毒载体的特异性生乳免疫反应（lactogenic immune response），提示该病毒载体有望为仔猪提供保护，使其避免黏膜感染。Haijema 等（2004）曾将 FIPV 的一些群特异性基因（包括 ORF3abc 和 ORF7ab）缺失，构建了一种既能在细胞中很好增殖，对猫又没有明显致病性的重组病毒。用该病毒接种实验猫，可以诱导产生高水平的免疫应答，所产生的中和抗体能保护猫对抗致死剂量 FIPV 的攻击。2007 年，DeDiego 等构建了一株缺失 E 蛋白基因的重组 SARS-CoV，该病毒不仅可以在 Vero E6、Huh-7 和 CaCO-2 细胞中稳定增殖，而且可以在仓鼠的呼吸道中增殖，但是病毒含量是野毒的 $1/1000\sim 1/100$，仅能引起微弱的肺部炎症，表明该重组病毒是一种致弱毒株，有可能研发成一种活的 SARSV-CoV 弱毒疫苗。

Cavanagh 等（2007）利用反向遗传学技术将 IBV 的 ORF3 和 ORF5 缺失后，获得一株无致病性的重组病毒。该毒株可以在鸡胚中良好地复制，并能够达到母本毒株的滴度，但是其侵染性却要差得多。在此基础上，他又用致病性 IBV（M41 株）的 S 基因置换该重组病毒的 S 基因，发现该毒株仍没有致病性，甚至大剂量接种 18 日龄鸡胚，也观察不到明显的致病性。以这种重组病毒为疫苗接种实验鸡，可以诱导机体产生对抗 M41 攻击的免疫保护反应。其结果证明用反向遗传学手段改造病毒以研发新型冠状病毒疫苗是完全可行的。IBV 新的血清型的不断出现给临床防控带来新的挑战，这要求及时调整疫苗研发策略以生产出更为安全和有效的疫苗。显然，应用反向遗传学技术对 IBV 的基因组进行修饰是构建新的 IBV 疫苗株的最佳途径。Wei 等（2013）即用 H120 株 S 基因的跨膜区置换 IBV Beaudette 株相应的基因区段，构建了一株重组 IBV（rBeau-H120，S1e），将其转染 Vero 细胞可产生与母本毒株相似的生物学特性，如产生典型的合胞体等。在转然后 24h，病毒的滴度（$TCID_{50}$）能达到 105.9。用这种病毒接种鸡，发现 rBeau-H120（S1e）对鸡没有致病性，而免疫后 7 天使用 IBV M41 对雏鸡进行攻击时，80%的雏鸡能获得保护。提示该重组病毒具有开发为新型疫苗的潜力。

结　语

目前所知，冠状病毒科（Coronaviridae）只感染脊椎动物，与人和动物的许多疾病有关。自 1980 年在德国召开第一届国际冠状病毒讨论会以来，日益受到医学、兽医学和分子生物学家的广泛重视。这类病毒具有胃肠道、呼吸道和神经系统的嗜性，冠状病毒的一些特点，使其可用于构建冠状病毒表达载体。冠状病毒 mRNA 的不连续转录机制又为分子病毒学家提供了另外一种 RNA 拼接机制。可见冠状病毒科在分子病毒学中也有相当重要的地位。冠状病毒主要引起人类普通感冒。最近，一种新的冠状病毒引起 SARS 的流行，对于冠状病毒的感染，目前仍没有有效的预防和治疗方法。人类只有对它们的基因组结构与功能、转录和翻译、病毒感染的分子机理以及基因表达的调控等过程有一个比较清楚的认识，才能找到有效的抗病毒靶标。研制出病毒疫苗和抗病毒药物。

NA 转录物有传染性，子代病毒可在相应的细胞中连续传代。因此可将冠状病毒基因组人工改造为可携带感染性 cDNA 的表达载体，用于研制新的疫苗以及用于基因治疗。冠状病毒主要引起胃肠病变及呼吸系统病变，有的还引起神经组织病变，对于其基因组功能及病毒的发生和致病机制的深入研究，有助于研制适宜的抗病毒药物和疫苗，也有利于揭示和跟踪冠状病毒流行趋势，为预防像 SARS 这样的突发性传染病建立良好的预报预警机制。

参 考 文 献

Almazán F, Dediego M L, Galan C, et al. 2006. Construction of a severe acute respiratory syndrome coronavirus infectious cDNA clone and a replicon to study coronavirus RNA synthesis. Journal of Virology, 80 (21): 10900-10906.

Almazán F, Gonzalez J M, Penzes Z, et al. 2000. Engineering the largest RNA virus genome as an infectious bacterial artificial chromosome. Proceedings of the National Academy of Sciences of the United States of America, 97 (10): 5516-5521.

Bentley K, Armesto M, Britton P. 2013. Infectious bronchitis virus as a vector for the expression of heterologous genes. PloS One, 8 (6): e67875.

Casais R, Dove B, Cavanagh D, et al. 2003. Recombinant avian infectious bronchitis virus expressing a heterologous spike gene demonstrates that the spike protein is a determinant of cell tropism. Journal of Virology, 77 (16): 9084-9089.

Casais R, Thiel V, Siddell S G, et al. 2001. Reverse genetics system for the avian coronavirus infectious bronchitis virus. Journal of Virology, 75 (24): 12359-12369.

Cavanagh D, Casais R, Armesto M, et al. 2007. Manipulation of the infectious bronchitis coronavirus genome for vaccine development and analysis of the accessory proteins. Vaccine, 25 (30): 5558-5562.

Coley S E, Lavi E, Sawicki S G, et al. 2005. Recombinant mouse hepatitis virus strain A59 from cloned, full-length cDNA replicates to high titers *in vitro* and is fully pathogenic *in vivo*. Journal of Virology, 79 (5): 3097-3106.

Cruz J L, Zuniga S, Becares M, et al. 2010. Vectored vaccines to protect against PRRSV. Virus Research, 154 (1-2): 150-160.

Curtis K M, Yount B, Baric R S. 2002. Heterologous gene expression from transmissible gastroenteritis virus replicon particles. Journal of Virology, 76 (3): 1422-1434.

de Haan C A, Masters P S, Shen X, et al. 2002. The group-specific murine coronavirus genes are not essential, but their deletion, by reverse genetics, is attenuating in the natural host. Virology, 296 (1): 177-189.

de Haan C A, van Genne L, Stoop J N, et al. 2003. Coronaviruses as vectors: position dependence of foreign gene expression. Journal of Virology, 77 (21): 11312-11323.

DeDiego M L, Alvarez E, Almazan F, et al. 2007. A severe acute respiratory syndrome coronavirus that lacks the E gene is attenuated *in vitro* and *in vivo*. Journal of Virology, 81 (4): 1701-1713.

Delmas B, Gelfi J, Kut E, et al. 1994. Determinants essential for the transmissible gastroenteritis virus-receptor interaction reside within a domain of aminopeptidase-N that is distinct from the enzymatic site. Journal of Virology, 68 (8): 5216-5224.

Enjuanes L, Sola I, Almazan F, et al. 2001. Cornavirus derived expression systems. Jounal of Biotechology, 88: 183-204.

Escors D, Camafeita E, Ortego J, et al. 2001a. Organization of two transmissible gastroenteritis coronavirus membrane protein topologies within the virion and core. Journal of Virology, 75 (24): 12228-12240.

Escors D, Ortego J, Laude H, et al. 2001b. The membrane M protein carboxy terminus binds to transmissible gastroenteritis coronavirus core and contributes to core stability. Journal of Virology, 75 (3): 1312-1324.

Fischer F, Stegen C F, Koetzner C A, et al. 1997. Analysis of a recombinant mouse hepatitis virus expressing a foreign gene reveals a novel aspect of coronavirus transcription. Journal of Virology, 71 (7): 5148-5160.

González J M, Penzes Z, Almazan F, et al. 2002. Stabilization of a full-length infectious cDNA clone of transmissible gastroenteritis coronavirus by insertion of an intron. Journal of Virology, 76 (9): 4655-4661.

Haijema B J, Volders H, Rottier P J. 2003. Switching species tropism: an effective way to manipulate the feline coronavirus genome. Journal of Virology, 77 (8): 4528-4538.

Haijema B J, Volders H, Rottier P J. 2004. Live, attenuated coronavirus vaccines through the directed deletion of group-specific genes provide protection against feline infectious peritonitis. Journal of Virology, 78 (8): 3863-3871.

Kazi L, Lissenberg A, Watson R, et al. 2005. Expression of hemagglutinin esterase protein from recombinant mouse hepatitis virus enhances neurovirulence. Journal of Virology, 79 (24): 15064-15073.

Kuo L, Hurst K R, Masters P S. 2007. Exceptional flexibility in the sequence requirements for coronavirus small envelope protein function. Journal of Virology, 81 (5): 2249-2262.

Kuo L, Masters P S. 2003. The small envelope protein E is not essential for murine coronavirus replication. Journal of Virology, 77 (8): 4597-4608.

Li W, MooreM J, Vasilieva N, et al. 2003. Angiotensin-converting enzyme 2 is a functional receptor for the SARS coronavirus. Nature, 426 (6965): 450-454.

Liu C, Kokuho T, Kubota T, et al. 2001. DNA mediated immunization with encoding the nucleoprotein gene of porcine transmissible gastroenteritis virus. Virus Research, 80 (1-2): 75-82.

MacNamara K C, Chua M M, Phillips J J, et al. 2005. Contributions of the viral genetic background and a single amino acid substitution in an immunodominant $CD8^+$ T-cell epitope to murine coronavirus neurovirulence. Journal of Virology, 79 (14): 9108-9118.

Maeda J, Repass J F, Maeda A, et al. 2001. Membrane topology of coronavirus E protein. Virology, 281 (2): 163-169.

Matsuyama S, Taguchi F. 2002. Receptor-induced conformational changes of murine coronavirus spike protein. Journal of Virology, 76 (23): 11819-11826.

Navas-Martin S, Hingley S T, Weiss S R. 2005. Murine coronavirus evolution *in vivo*: functional compensation of a detrimental amino acid substitution in the receptor binding domain of the spike glycoprotein. Journal of Virology, 79 (12): 7629-7640.

Ontiveros E, Kim T S, Gallagher T M, et al. 2003. Enhanced virulence mediated by the murine coronavirus, mouse hepatitis virus strain JHM, is associated with a glycine at residue 310 of the spike glycoprotein. Journal of Virology, 77 (19): 10260-10269.

Ortego J, Escors D, Laude H, et al. 2002. Generation of a replication-competent, propagation-deficient virus vector based on the transmissible gastroenteritis coronavirus genome. Journal of Virology, 76 (22): 11518-11529.

Phillips J J, Chua M M, Lavi E, et al. 1999. Pathogenesis of chimeric MHV4/MHV-A59 recombinant viruses: the murine coronavirus spike protein is a major determinant of neurovirulence. Journal of Virology, 73 (9): 7752-7760.

Sanchez C M, Izeta A, Sanchez-Morgado J M, et al. 1999. Targeted recombination demonstrates that the spike gene of transmissible gastroenteritis coronavirus is a determinant of its enteric tropism and virulence. Journal of Virology, 73 (9): 7607-7618.

Sawicki S G, Sawicki D L, Siddell S G. 2007. A contemporary view of coronavirus transcription. Journal of Virology, 81 (1): 20-29.

Scobey T, Yount B L, Sims A C, et al. 2013. Reverse genetics with a full-length infectious cDNA of the Middle East respiratory syndrome coronavirus. Proceedings of the National Academy of Sciences of the United States of America, 110 (40): 16157-16162.

Sperry S M, Kazi L, Graham R L, et al. 2005. Single-amino-acid substitutions in open reading frame (ORF) 1b-nsp14 and ORF 2a proteins of the coronavirus mouse hepatitis virus are attenuating in mice. Journal of Virology, 79 (6): 3391-3400.

St-Jean J R, Desforges M, Almazan F, et al. 2006. Recovery of a neurovirulent human coronavirus OC_{43} from an infectious cDNA clone. Journal of Virology, 80 (7): 3670-3674.

Tan Y W, Fang S, Fan H, et al. 2006. Amino acid residues critical for RNA-binding in the N-terminal domain of the nucleocapsid protein are essential determinants for the infectivity of coronavirus in cultured cells. Nucleic Acids Research, 34 (17): 4816-4825.

Thackray L B, Holmes K V. 2004. Amino acid substitutions and an insertion in the spike glycoprotein extend the host range of the murine coronavirus MHV-A59. Virology, 324 (2): 510-524.

Thiel V, Herold J, Schelle B, et al. 2001. Infectious RNA transcribed *in vitro* from a cDNA copy of the human coronavirus genome cloned in vaccinia virus. The Journal of General Virology, 82 (Pt 6): 1273-1281.

Thiel V, Karl N, Schelle B, et al. 2003. Multigene RNA vector based on coronavirus transcription. Journal of Virology, 77 (18): 9790-9798.

Turner A J, Hiscox J A, Hooper N M. 2004. ACE2: from vasopeptidase to SARS virus receptor. Trends in Pharmacological Sciences, 25 (6): 291-294.

Verma S, Bednar V, Blount A, et al. 2006. Identification of functionally important negatively charged residues in the carboxy end of mouse hepatitis coronavirus A59 nucleocapsid protein. Journal of Virology, 80 (9): 4344-4355.

Wei Y Q, Guo H C, Dong H, et al. 2013. Development and characterization of a recombinant infectious bronchitis virus expressing the ectodomain region of S1 gene of H120 strain. Applied Microbiology and Biotechnology, 98: 1727-1735.

Wu H Y, Ozdarendeli A, Brian D A. 2006. Bovine coronavirus 5'-proximal genomic acceptor hotspot for discontinuous transcription is 65 nucleotides wide. Journal of Virology, 80 (5): 2183-2193.

Ye Y, Hogue B G. 2007. Role of the coronavirus E viroporin protein transmembrane domain in virus assembly. Journal of Virology, 81 (7): 3597-3607.

Youn S, Leibowitz J L, Collisson E W. 2005. *In vitro* assembled, recombinant infectious bronchitis viruses demonstrate that the 5a open reading frame is not essential for replication. Virology, 332 (1): 206-215.

Yount B, Curtis K M, Baric R S. 2000. Strategy for systematic assembly of large RNA and DNA genomes: transmissible gastroenteritis virus model. Journal of Virology, 74 (22): 10600-10611.

Zhou Y S, Zhang Y, Wang H N, et al. 2013. Establishment of reverse genetics system for infectious bronchitis virus attenuated vaccine strain H120. Veterinary Microbiology, 162 (1): 53-61.

第十一章 正黏病毒科反向遗传学

第一节 正黏病毒科的基本特征

一、病毒分类

根据2012年国际病毒分类委员会（ICTV）最新分类，正黏病毒科（*Orthomyxoviridae*）包括6个属（Abed et al., 2004），分别是A型（甲型）流感病毒属、B型（乙型）流感病毒属、C型（丙型）流感病毒属、艾萨病毒属（*Isavirus*）、索戈托病毒属（*Thogotovirus*）和卡兰约（卡兰非尔-约翰斯顿环礁）病毒属（*Quaranjavirus*）（表11-1）。其中，对人类和动物危害最严重的是A型流感病毒（以下若无特殊指代，将主要讲述的是A型流感病毒相关内容）。

表 11-1 正黏病毒分类

属	种	感染宿主
甲型流感病毒属（*Influenzavirus A*）	A型流感病毒	人和其他哺乳动物、禽、鸟类
乙型流感病毒属（*Influenzavirus B*）	B型流感病毒	人、海豹
丙型流感病毒属（*Influenzavirus C*）	C型流感病毒	人、猪
艾萨病毒属（*Isavirus*）	鲑鱼传染性贫血病毒	鲑鱼
索戈托病毒属（*Thogotovirus*）	多里病毒（Dhori virus）	脊椎动物、无脊椎动物（蜱、蚊、海虱）
	索戈托病毒（Thogoto virus）	
卡兰约病毒属（*Quaranjavirus*）	约翰斯顿环礁病毒（Johnston Atoll virus）	无脊椎动物（蜱）
	卡兰非尔病毒（Quaranfil virus）	人、无脊椎动物
未定型	Cygnet river virus	鸭
	Lake chad virus	无脊椎动物

A型流感病毒毒株数量庞大，为了便于区分，在核蛋白抗原性的基础上，再根据血凝素（hemagglutinin，HA）与神经氨酸酶（neuraminidase，NA）的抗原性进行亚型分类（图11-1）。目前已知的血凝素抗原亚型共有17种（H1~H17），神经氨酸酶共有10种（N1~N10），除了最近从蝙蝠体内分离出的H17N10亚型以外（Calder et al., 2010a; Campbell et al., 2004），16种HA和9种NA表面抗原常发生重排，从而配对产生出100多种亚型，如H1N1（Chen et al., 2012）、H5N1（Corti et al., 2011）、H7N9（Gao et al., 2013b; Zhu et al., 2013a）。

根据世界卫生组织1980年通过的流感病毒毒株命名法修正案，流感毒株的命名包含6个要素：型别/宿主/分离地区/毒株序号/分离年份（HnNn），其中对于人类流感病毒，省略宿主信息，对于乙型和丙型流感病毒省略亚型信息。例如，A/Swine/Iowa/15/30（H1N1）表示的是核蛋白为 A 型，1930 年在美国 Iowa 分离的以猪为宿主的 H1N1 亚型流感病毒毒株，其毒株序号为 15，这也是人类分离的第一支流感病毒毒株（de la Luna et al.，1993a）。

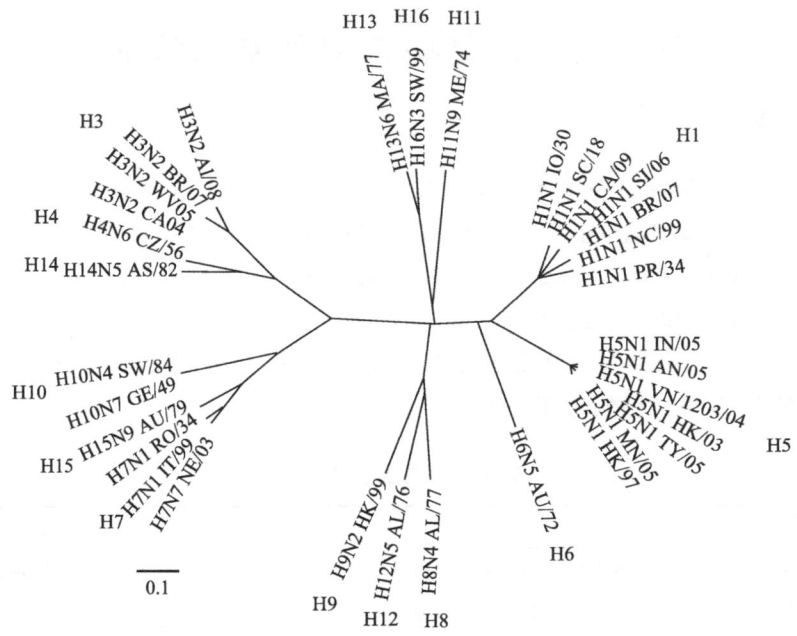

图 11-1　A 型流感病毒 H1～H16 亚型

二、颗粒结构

A 型流感病毒的病毒粒子具有多型性，常呈球形或丝状（图 11-2A）。球状的病毒

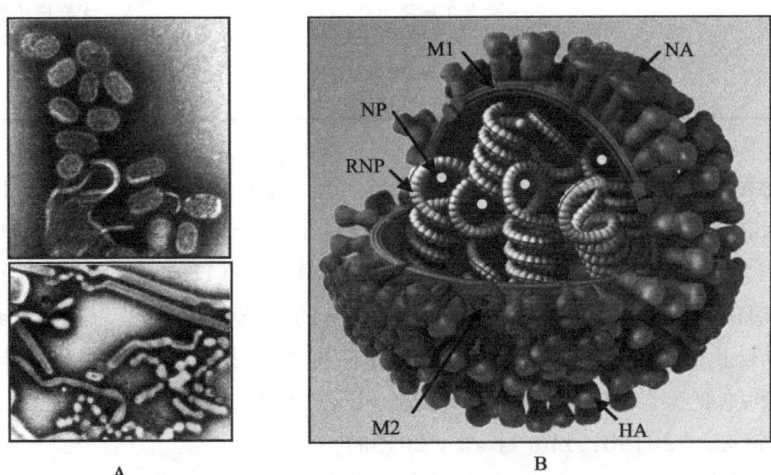

图 11-2　流感病毒形态与结构（引自 http://www.cdc.gov/flu/images）

子直径为50~120nm,而丝状的病毒子直径为20nm,长度为200~3000nm(Calder et al.,2010b;Campbell et al.,2004)。甲型与乙型流感病毒无形态学差异;丙型流感病毒表面膜蛋白的排列特殊,呈六面体(Enami and Palese,1991)。流感病毒结构自内而外可分为核芯、基质蛋白以及囊膜三部分。病毒的核芯包含了存储病毒信息的遗传物质以及复制这些信息必需的酶。流感病毒的遗传物质是单股负链RNA(ss-RNA),与核蛋白(NP)相结合,并与RNA聚合酶体(PB2,PB1和PA)缠绕成致密的核糖核蛋白体(RNP)。基质蛋白构成病毒外壳骨架,主要由基质蛋白(M1)和离子通道膜蛋白(M2)组成。囊膜是包裹在基质蛋白之外的一层磷脂双分子层膜,来源于宿主细胞膜。囊膜中除了磷脂分子之外,还有两种非常重要的病毒糖蛋白:血凝素和神经氨酸酶。这两类蛋白形成病毒刺突,长度为10~40nm。一个成熟的流感病毒粒子表面大致分布有400~500个血凝素和100个神经氨酸酶(图11-2B)。

第二节 正黏病毒基因组结构特征及编码产物

A型和B型流感病毒基因组长度为12 000~15 000nt,由8个节段(segment)组成,每个节段两端有长度不等的末端重复区(UTR)(Feng et al.,1995;Ferko et al.,2006)。这在扩增流感病毒的cDNA时被利用到,即根据所有节段3′端的共同12nt序列设计引物用于反转录(Uni-12引物:5′-AGCAAAAGCAGG-3′),在扩增每个不同节段时,在引物设计时增加代表不同节段的特殊UTR区碱基。

A型流感病毒编码产生12种以上的功能蛋白,第1~第3节段编码病毒RNA依赖的RNA聚合酶(分别对应PB2、PB1和PA);第4节段编码血凝素(HA);第5节段编码核蛋白(NP),第6节段编码神经氨酸酶(NA);第7节段编码基质蛋白(M1/M2);第8节段编码非结构蛋白(NS1/NEP)。丙型流感病毒缺少第6节段,其第4节段编码的血凝素(HEF)同时具有神经氨酸酶功能。除了上述编码产物,A型流感病毒的第2节段还可能表达PB1-F2和PB1-N40。第3节段除编码PA以外,还可以编码PA-X和不同的PA截短体,如PA-N155和PA-N182等。Influenza Virus Sequence Annotation Tool软件可以用来预测一株病毒的PA-X蛋白。关于各蛋白功能不是本章重点,简要列举见表11-2。

表11-2 A型流感病毒编码蛋白特征

RNA节段 (核苷酸数/nt)	基因产物 (氨基酸数/aa)	病毒颗粒含量	功能
RNA1 (2341)	PB2 (759)	30~60	病毒RNA聚合酶组分,具有识别和切割宿主mRNA 5′端帽状结构引物的作用
RNA2 (2341)	PB1 (757)	30~60	病毒RNA聚合酶催化组分,主要负责催化新合成RNA链的延伸反应
	PB1-F2 (87~90)	0	致感染细胞凋亡
	PB1-N40	?	功能未知

续表

RNA节段 （核苷酸数/nt）	基因产物 （氨基酸数/aa）	病毒颗粒含量	功能
RNA3 (2233)	PA (716)	30~60	病毒RNA聚合酶组分，具有内切核酸酶、蛋白酶、激酶、解旋酶等多种活性
	PA-X (252)	?	
	PA-N155	?	
	PA-N182	?	
RNA4 (1742~1778)	HA (566)	500	表面糖蛋白，形成三聚体，单体由HA1和HA2亚基组成，其中HA1负责吸附，与宿主细胞受体结合，HA2参与膜融合
RNA5 (1565)	NP (498)	1000	多功能RNA结合蛋白，与3种病毒RNA多聚酶成分相互作用形成核糖核蛋白体（RNP）
RNA6 (1413)	NA (454)	100	表面糖蛋白，形成四聚体，NA蛋白可以水解细胞膜上糖受体末端的N-乙酰神经氨酸，防止子代病毒的自我凝集，促病毒释放
RNA7 (1027)	M1 (252)	3000	病毒颗粒中含量最丰富（占总蛋白质的40%），位于双层类脂膜内面，与HA、NA和NP相互作用，促病毒组装
	M2 (97)	20~60	形成四聚体，组成选择性H^+通道，用以控制病毒蛋白在内吞体和高尔基体中的pH，同时防止病毒粒子酸化
RNA8 (890)	NS1 (230)	0	多功能蛋白，抑制先天性免疫反应，抑制细胞mRNA翻译
	NS2/NEP (121)	130~200	调节RNP核外输出

第三节 正黏病毒的繁殖与复制

一、细胞内复制过程

（一）内吞入核

流感病毒通过血凝素与宿主细胞表面唾液酸受体（α2,3和α2,6）相互作用，吸附于易感细胞表面。随后被胞饮形成内吞体。在低pH条件下（pH 5.0），位于HA2蛋白氨基末端的融合肽移位，发生构象改变，激活融合过程，从内吞体中释放出核糖核蛋白（RNP），由病毒ss（－）RNA、聚合酶蛋白复合体（PB2、PB1和PA）及核蛋白（NP）组成，RNP从细胞质转移至细胞核，在核内启动基因组转录和复制过程。在病毒拯救过程中，内吞、融合和入核等步骤均由脂质体辅助完成（图11-3）。因此，选择较为低毒、融合性能好的脂质体是提高拯救效率的关键点之一（Haltiner et al., 1986; Hatta and Kawaoka, 2003）。

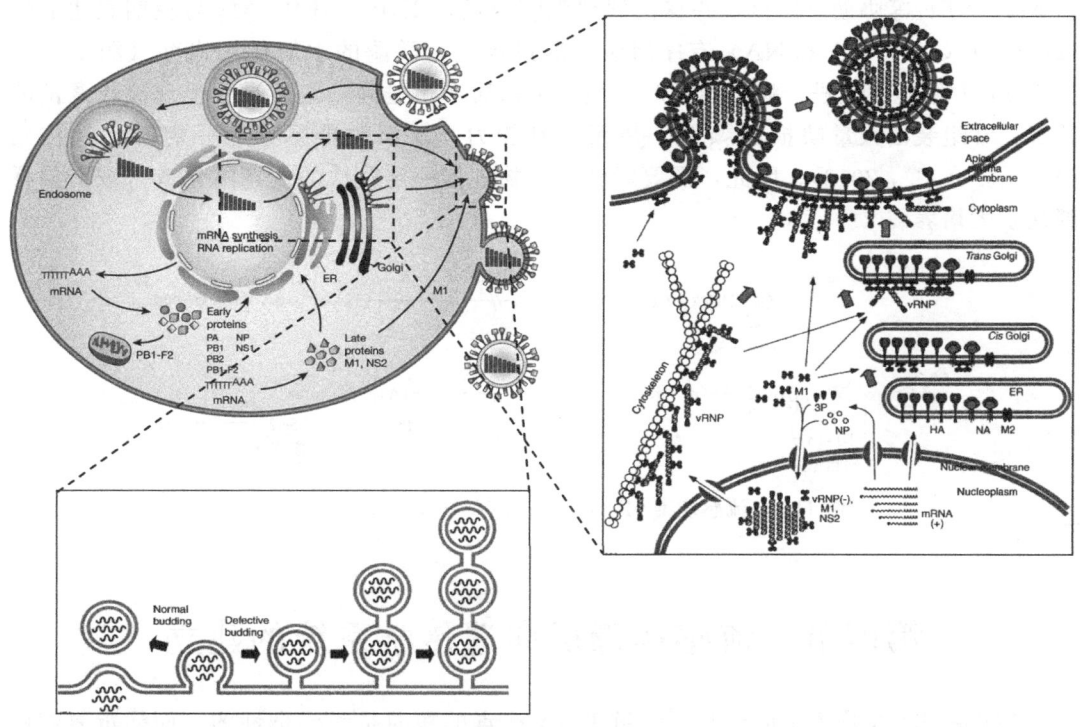

图 11-3 流感病毒的复制过程 (Haltiner et al., 1986)

(二) 转录复制

病毒核蛋白在病毒 RNA 入核过程中脱落，病毒 RNA 聚合酶 PB2 亚基具有 "夺帽" 功能，即将宿主 mRNA 5′端的帽子结构和一小段 RNA 序列（10～13nt）切割并连接到病毒 RNA 上，病毒 RNA 聚合酶 PB1 亚基以此作为引物，催化 mRNA 链合成、延伸至病毒（-）RNA 的 5′端终止，该区域有 5～7 个连续 U 序列，是转录的终止信号。新合成的早期蛋白（PB2、PB1、PA、NP、NS1、PB1-F2 和 NEP）mRNA 出核孔，由粗面内质网上的核糖体启动翻译，翻译后修饰的成熟早期蛋白 PB2、PB1、PA、NP 和 NEP 再次入核，一方面启动所有节段 mRNA 的大量合成，另一方面将基因组（-）RNA 复制形成完全互补的（+）RNA（cRNA），再以此为模板，拷贝获得大量子代（-）RNA（Luo，2012）。

在第四节中讲述的基于 RNA 聚合酶 I 启动子的流感病毒拯救系统，利用人巨细胞病毒 CMV 启动子引发核内的 RNA 聚合酶 II 启动 PB2、PB1、PA 和 NP 早期表达，同时利用人源 RNA 聚合酶 I 启动子（polI）指导宿主细胞核内的 RNA 聚合酶 I 合成病毒 8 个节段的 cRNA，从而在体内形成流感病毒复制所必需的 RNP。

(三) 组装出芽

新合成的 PB2、PB1、PA 和 NP 紧密包裹病毒基因组，形成核糖核蛋白（RNP），在 M1、NEP 等协助下出核，并移位到细胞膜附近，RNP、NEP、M2 与晚期表达的病毒膜蛋白（M1、HA 和 NA）有序组装，通过神经氨酸酶的水解作用出芽（图 11-4）。在人 293T 细胞系上进行病毒拯救时，由于蛋白质产量过高，组装过程呈现比较紊乱的状况，常组装出大量缺损型颗粒，并无复制能力，反而对再感染有一定的干扰作用（Heaton et al.，2013），因此，需要对转染产物进行一定代次的病毒纯化或采取有限稀释法扩大培养。

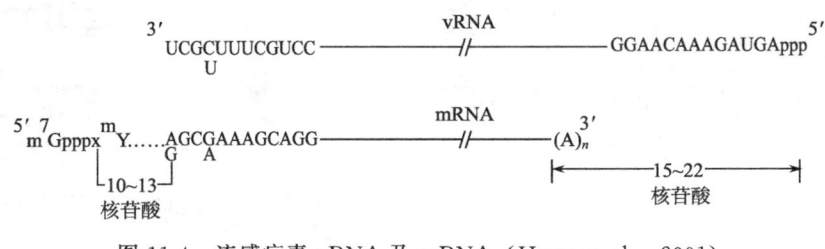

图 11-4 流感病毒 vRNA 及 mRNA（Hatta et al.，2001）

第四节 流感病毒反向遗传学系统的建立

与正链 RNA 病毒不同的是，负链 RNA 病毒的核酸是无感染性的，而病毒复制的基本要素是形成 RNP。由此可见，在进行流感病毒反向遗传学操作时，如何成功获得功能性 RNP 是病毒拯救的最根本原则。

一、重建 RNP 转染系统

美国科学院院士 Peter Palese 研究团队利用体外转录的病毒 RNA 和分离纯化的 PB2、PB1、PA、NP 蛋白在体外形成 RNP，通过预感染辅助流感病毒提供的其余病毒蛋白和 RNA 片段，将体外重建的 RNP 转染细胞，经筛选获得流感病毒（表 11-3）（Hoffmann et al.，2000b）。具体实例是：将 NS 基因替换为氯霉素乙酰转移酶基因，经检测发现，该重组基因不仅在细胞内复制和表达，并能包装到病毒颗粒中，由此同时发现：流感病毒 RNA 5′端的 26nt 和 3′端的 22nt 是 vRNA 转录、复制、包装到病毒粒子中所必需的基因功能区。

表 11-3 流感病毒重建 RNP 方法

重建 RNP	辅因子
RNA＋CsCl 纯化的 NP 和 P 蛋白（PB2、PB1、PA 复合物）	流感病毒
	利用重组 DNA 病毒重组表达 NP 和 P 蛋白
RNA＋CsCl 纯化的 NP＋RNP 核芯	RNP 核芯
RNA＋核酶消化后的 RNP 核芯	流感病毒
RNA＋原核表达 NP	胞内共表达 NP 和 P 蛋白

Seong 等（1992）在此基础上利用核酶消化后的 RNP 核芯替代蛋白纯化产物，重建的 RNP 拯救病毒获得成功。

De La Luna 等（1993b）利用重组质粒表达的 3 种聚合酶蛋白和 NP（蛋白）能使携带氯霉素乙酰转移酶报道基因的类流感病毒 RNA 在 293T 细胞中衣壳化、转录和复制。值的一提的是，重组质粒的病毒基因编码区上游是截短的人 RNA 聚合酶 I 启动子，下游是丁肝病毒的核酶切割序列。这一系统的优点是：不需要辅助病毒或分离纯化的病毒蛋白（图 11-5）。

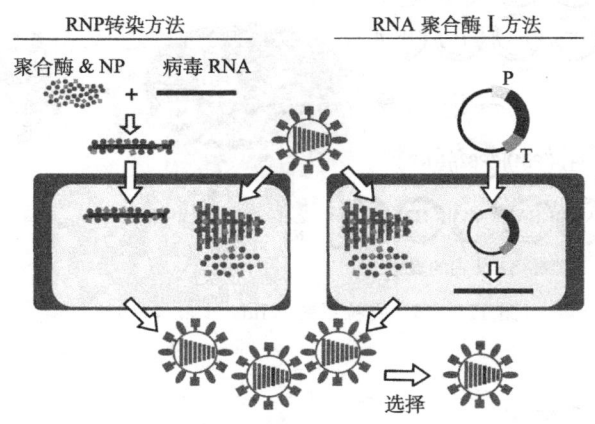

图 11-5　利用辅助病毒拯救流感病毒（Corti et al.，2011；Iida et al.，1985）

有些早期研究利用重组痘病毒提供的 T3 或 T7 RNA 聚合酶在哺乳动物细胞内表达了聚合酶蛋白与 NP 蛋白，形成聚合酶复合体，亦可成功复制类流感病毒 RNA。

二、基于 T7 RNA 聚合酶启动子的拯救系统

荷兰著名流感专家 Fouchier 研究团队（de Wit et al.，2007）构建了一种载体：pSP72-PT7-HDVR-TT7，含有 T7 RNA 聚合酶启动子、丁肝病毒核酶序列和 T7 RNA 聚合酶终止序列，在 T7 RNA 聚合酶启动子下游引入 2 个 G，用于增强转录活性。将病毒 RNA 按照负义方向逐个插入该载体，与含有核定位信号的 T7 RNA 聚合酶表达载体共转染 293T、MDCK 和 QT6 细胞，均拯救获得高浓度的 A/NL/219/03（H7N7）流感病毒。与 RNA 聚合酶 I 启动子不同的是，T7 启动子-T7 RNA 聚合酶共表达系统则可以在多种细胞中进行拯救操作。

三、基于 RNA 聚合酶 I 启动子的拯救系统

（一）17 质粒系统

著名流感科学家 Kawaoka 研究团队建立了完全依赖于质粒的流感病毒转染拯救方法，即利用 17 个质粒同时转染，同一基因的 RNA 和对应的蛋白质由不同质粒编码。在 17 质粒病毒拯救系统中，有 8 个质粒用以编码病毒基因组 RNA，其余 4～9

个质粒编码病毒蛋白。编码 PB2、PB1、PA 与 NP 片段的两端分别为人 RNA 聚合酶 I 启动子（polI）和小鼠 RNA 聚合酶 I 终止子（t1）。尽管 17 质粒系统的病毒拯救效率高（病毒滴度可达 $3\times10^4 \sim 5\times10^7$ PFU/mL），但构建 17 个质粒的工作较为烦琐（图 11-6）。

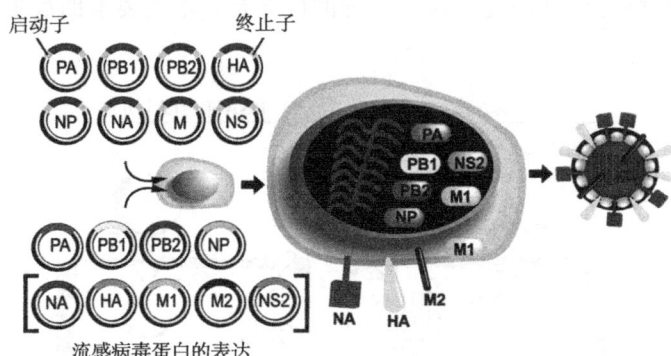

图 11-6　17 质粒系统（Iida et al.，1985）

（二）12 质粒系统

Fodor（1999）建立了 12 质粒系统，其中 8 个含人源 polI 启动子和丁型肝炎病毒核酶序列元件的转录质粒（transcription plasmid），分别复制流感病毒的 8 个节段，而 RNA 聚合酶复合体（3P 和 NP）由真核表达质粒（pGT 载体）转录（图 11-7）。

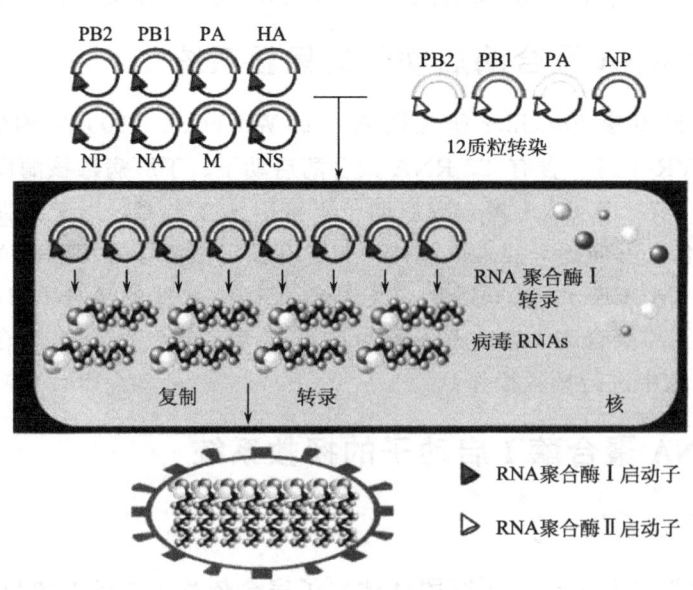

图 11-7　12 质粒系统

(三) 8 质粒系统

美国科学院院士 Robert 研究团队构建了含有 pol I-pol II 双向启动子载体，即众所周知的 pHW2000 载体（图 11-8）（Katsura et al.，2012；Karron et al.，2009）。简言之，即在 polII-polyA 表达盒内部插入 polI-t1 表达盒，利用细胞自身的 RNA 聚合酶 I 和 II 对同一 cDNA 片段同时进行复制（+cRNA）和转录（mRNA）（图 11-9）。利用这一系统拯救获得的 A/WSN/33（H1N1）和 A/Teal/HK/W312/97（H6N1）病毒，转染细胞上清中病毒量可达 $2×10^5 \sim 2×10^7$ PFU/mL。

时至今日，利用该载体成功构建的流感病毒已不胜枚举。该方法也广泛用于重组流感疫苗的研制工艺中，即由供体病毒（PR8、AA60 等）提供 6 个内部基因片段，疫苗候选株提供 HA 和 NA 基因片段，共转染 Vero 细胞，在 pHW2000 载体的双向启动下，拯救获得 "6+2" 重组流感病毒的疫苗种子。

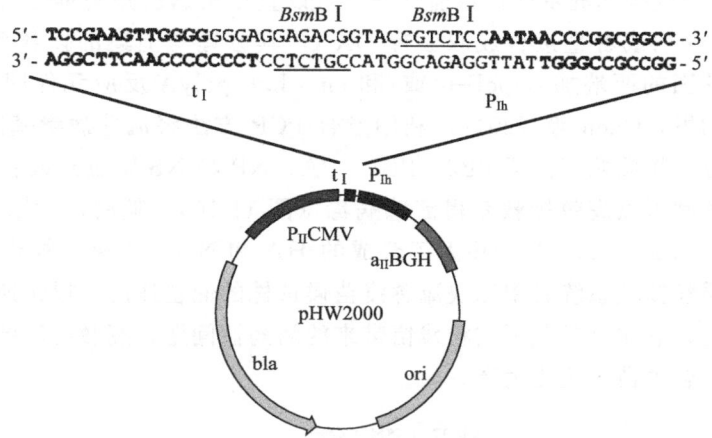

图 11-8 pHW2000 载体（Katsura et al.，2012；Karron et al.，2009）

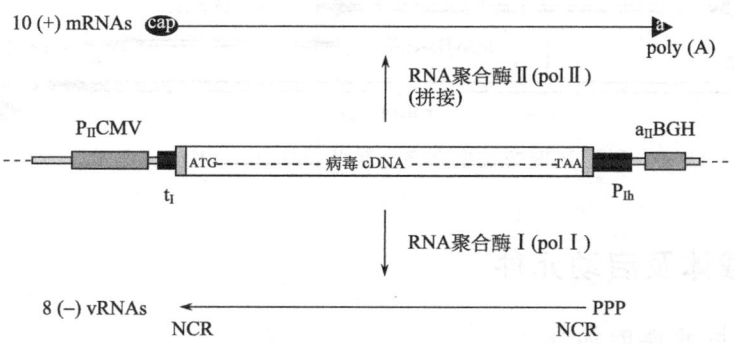

图 11-9 pol I-pol II 双向启动子必需元件（Katsura et al.，2012；Karron et al.，2009）

（四）单质粒系统

为了提高双向启动元件在 Vero 细胞的转染和拯救效率，发展单质粒系统不失为良策之一。最早尝试单质粒系统的是 Kawaoka 研究团队构建成三质粒、双质粒和单质粒系统。随后，Zhang 等（2013）利用沙门氏菌穿梭载体构建获得鸡 polI 和 CMV 双向启动的单一质粒。为了克服质粒容载量过大、重复片段过多导致的质粒发生同组或者缺失等不稳定性现象，改进一些方法完全可以避免，如选择 DNA 容载量大、可容纳重复不稳定片段或者同源重组酶活性低的大肠杆菌感受态细胞（如 Stbl 系列、ccdB Survival™ 2 T1R、DH10B 等）、选用低拷贝复制原点的克隆载体（p15Aori）或在低温条件下（25～30℃）扩增细菌等方法。

（五）无质粒系统

随着 DNA 合成技术的发展，目前已完全可以直接根据已知病毒的测序结果合成产生 8 个裸 DNA 序列或者直接合成双股裸 DNA，其原理与上述的拯救系统如出一辙，即只要在每个基因的两端加入 polI-t_1 或/和 cmv-bgh polyA 反应元件即可双向启动表达。根据这一构思，Chen 等（2012）利用融合 PCR 方法将流感病毒基因与 polI-t1 元件连接，在部分依赖质粒（保留 PB2、PB1、PA、NP 和 NS 质粒）或者完全不依赖质粒的情况下，依然可以高效拯救获得流感病毒（图 11-10）。随后，J Crag Ventor 研究所（Krumbholz et al.，2011）利用人工合成的 HA 和 NA，快速拯救获得 H7N9 等疫苗候选株。无质粒拯救系统有望加快流感疫苗候选株的储备速度，以快速应对突发的流感大流行；而且，它完全避免了质粒残留带来的耐药性问题，拯救的流感病毒无须去除质粒污染，更适合疫苗工艺化生产。

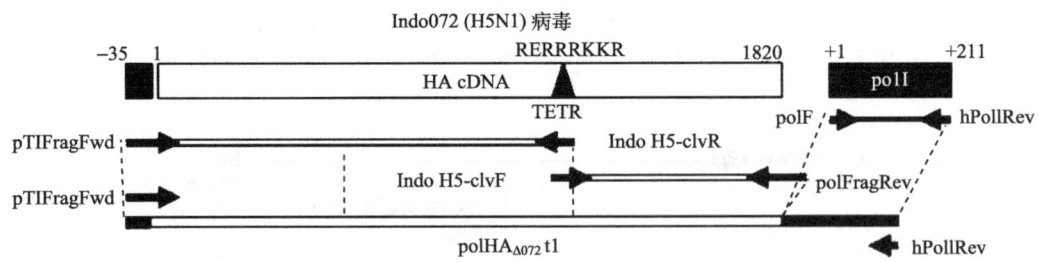

图 11-10　利用 PCR 方法融合突变获得 polHAt1（Krenn et al.，2011）

四、克隆载体及启动元件

（一）表达载体的选择

用于双向启动的亚克隆载体其实并没有特殊要求，含有 CMV 强启动子的载体常作为首选进行人工改造，如 pcDNA3.0 载体。pHW2000 双向启动载体的基本骨架就来自于该载体。也有利用 pCAGGS 载体插入鸡 polI-t1 转录元件，构建成适用于鸡或鸡胚的拯救载体。PR8 疫苗供体的 6 个内部基因质粒，常用 pDZ 载体，这个载体结合了 pCAGGS 的 polⅡ（鸡 β-actin 启动子）和 pHW2000 的人源 polI/t1 元件，拯救效率更佳。总而言之，只要双向启动元件存在，即使利用 TA 克隆载体也是可行的。

（二）RNA 聚合酶 I 启动子（polI）及终止序列（t1）

RNA 聚合酶 I 主要功能是合成核糖体 RNA（rRNA），其启动子有种属特异性，由核心启动子和上游调控元件（UCE）组成（Laver，1984）。核心区域在转录起始位点的上游-40nt 处。在不同物种间，转录起始位点周围是高度保守的 AT 富集区（Learned et al.，1986）。但区别在于上游调控区与种属特异性转录因子结合，因此序列区别很大。UCE 区大致在转录起始位点的-130~235bp 处（Lee et al.，2004），通过结合组装因子来刺激转录并调节转录起始因子与启动子结合。转录终止需要终止因子 TTF-I，在小鼠和大鼠体内，该蛋白与高度保守的 18bp 终止序列结合（AGGTCGA CC AGA/T T/AN TCCG），因为具备 *Sal* 酶切位点，所以被称为"Sal 盒"。人源的 t1 终止序列较短（GGGTC GACC AG）（Lekcharoensuk et al.，2012；Li et al.，2009）。

转录终止因子 TTF-I 具有高度种属特异性，如利用人源细胞提取物却不能辅助鼠源的 RNA 聚合酶 I 启动子终止转录，反之亦然。但人源的 RNA 聚合酶 I 启动子能在进化相近的物种中启动转录，如猴源的 COS-1（Ling and Arnheim，1994）或 Vero 细胞（Lipatov et al.，2005），则可以像 293T 细胞一样具备活性（Neumann et al.，1999b）。同样，对于鼠源 polI，在 BHK-21 细胞上也具有活性。

为了验证 polI 启动子是否可以转录流感 cRNA，Zobel 等（1993）和 Neumann 等（1994）分别构建含有 RNA 聚合酶转录单元的质粒（图 11-11），序列中包含鼠 polI 的核心启动子部分、UCE 序列和两种鼠源终止序列。编码 HA 的基因片段或两端为 HA 非编码区的 CAT 报道基因片段插入到启动子和终止序列之间，经转染发现：可编码活性 HA 或 CAT。测序和核酶 S1 分析显示，病毒转录物 3′端和 5′端序列精确，产物具有良好转录和复制活性，可以组装到成熟的病毒粒子。该聚合酶启动子还用于 Thogoto 病毒转录（Luytjes et al.，1989）。

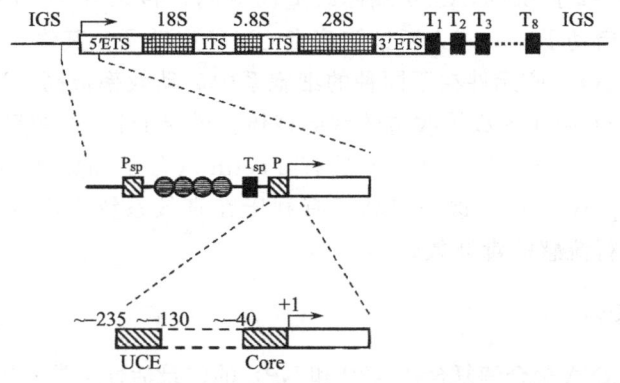

图 11-11 RNA 聚合酶 I 启动子位置（Kampmann et al.，2011）

虽然从理论上讲，polI 和 TIF-I 的特异性限制了 hpolI/mt1 元件在其他种类细胞系中的拯救活性，但也有实验证明：人源 polI 拯救载体可在某些 MDCK、PK-15 等细胞中拯救获得流感病毒，只是拯救效率是本种源的细胞系的 1/1000～1/10。

鉴于此，目前还有几种 RNA 聚合酶 I 启动子被利用进行流感病毒拯救：①对于禽流感病毒，克隆了鸡 RNA 聚合酶 I 启动子序列，在禽源细胞上通过转染双向聚合酶 I/聚合酶 II 启动子质粒成功构建了重组流感病毒；②对于猪流感病毒，克隆猪 RNA 聚合酶 I 启动子序列；③对于犬流感病毒，克隆了犬 RNA 聚合酶 I 启动子序列，含有该元件的载体在 MDCK 细胞上的病毒拯救效率大大提高。还有诸如针对 Vero 细胞的猴源polI 等。因为 t1 序列高度保守，构建过程中大多采用来自于鼠源 t1 终止序列。以下是各 polI 基因的 GenBank 登录号，在此不再一一赘述（表 11-4）。

表 11-4 用于流感病毒拯救的 polI 启动子序列及终止序列

物种	polI 启动子序列	终止序列 Sal 盒
人（hpolI）	U13369.1	ACCGGAGTACTGGTCGACCTCCGAAGTTGGGGGGG
猴（vpolI）	NW_001149581.1	ACCGGAGTACTGGTCGACCTCCGAAGTTGGGGGGG
鸡（gpolI）	DQ112354.1	ACCGGAGTACTGGTCGACCTCCGAAGTTGGGGGGG
鼠（mpolI）	M17314.1	ACCGGAGTACTGGTCGACCTCCGAAGTTGGGGGGG
猪（spolI）	L31782.1	ACCGGAGTACTGGTCGACCTCCGAAGTTGGGGGGG
犬（cpolI）	AB430549.1	CTGGTCGACCGGATCCACCAGGAGGG

（三）RNA 聚合酶 II 启动子（polII）及终止序列（polyA）

pHW2000 载体基于 pcDNA3.0 载体改造而成的，转录 mRNA 的启动子是目前被认为最强的组合型启动子）——人巨细胞病毒 CMV 启动子，其终止序列为牛生长激素（αBGH）的 poly（A）。该元件在不同种的细胞系中启动效率极高（Mok et al.，2011）。

目前也有利用 pCAGGS 载体改造的双向载体，转录 mRNA 的启动子为 CMV IE 增强序列和鸡 β-actin 启动子，在启动子下游有 β-actin 内含子和兔 β-globin 内含子，终止信号为兔 β-globin poly（A）。这一启动子有利于在真核系统中高效表达，适用于在鸡细胞或者鸡胚中进行流感病毒拯救。

（四）报道基因

为了测定病毒 RNA 聚合酶复合物（3P 和 NP）的转录活性，常选用一些仅由 polI 启动的报道基因载体作为聚合酶转录活性的定量指标。这些报道基因有：*GFP*、*Gluc*、*RLuc*、*CAT*、*LacZ* 等，如 pHW72-GFP（Hoffmann et al.，2000a）（图 11-12 和图 11-13）。

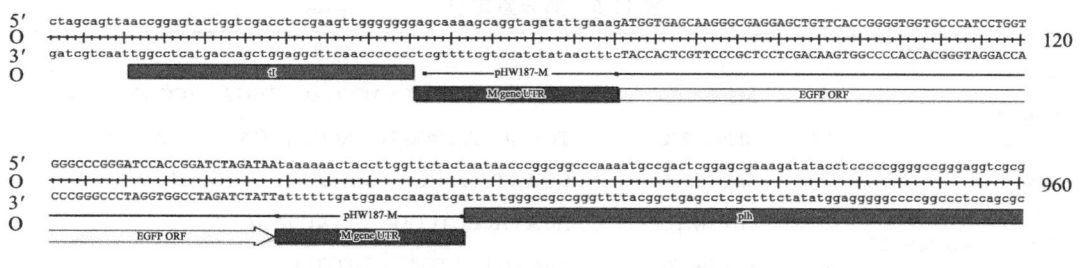

图 11-12 pHW72-GFP 报道基因载体

<u>ACCGGAGTACTGGTCGACCTCCGAAGTTGGGGGGG</u>(T1终止信号)<u>AGCAAAAGCAGGGTGACAAAAACATA</u> (NS的3′UTR区域) <u>GGATCC</u> (*Bam*HI)<u>AGCCACC</u> <u>ATGGGA</u> (Kozak序列) <u>...GACTAA</u> (Gluc编码区) <u>GCGGCCGC</u>(*Not*I) <u>TGA</u> <u>TAAAAAACACCCTTGTTTCTACT</u> (NS的5′UTR 区域) <u>AATAACCCGGCG GCCCA AAATG CCGACTCGGAGCGAAAGATATACCTCCCCCGGGGC</u> (人polI启动子) ...

图 11-13 pNSfluGluc 报道基因载体 (Murakami et al., 2008)

五、具体操作步骤

(一) 流感病毒 8 个片段的保真性扩增

获得保真性的全基因组序列是反向遗传学操作成功的最关键因素。为了提高流感病毒目的基因序列保真性扩增的效率，选择合适的 PCR 技术，选择最佳的试剂，以确保每个片段的保真性 PCR 扩增和克隆是必要的。

1. 获取基因组 cDNA

流感病毒 3′端和 5′端是高度保守的，因此，设计完全保守的 12 个核苷酸序列作为反转录引物即可获得基因组 cDNA，对 A 型流感病毒而言，反转录引物是：Uni12 (M) AGCRAAAGCAGG (R = A/G)，而对于 B 型流感病毒则是：Buni11W AGCAGAAGCGS (S=C/G)。因此，对于流感病毒的末端重复序列 (UTR)，已不需要利用 3′RACE 和 5′RACE 技术进行确定。

2. 分离株初步分子鉴定

对于未知的分离株，需要先进行初步的分子鉴定。WHO 流感分子诊断手册 (*WHO Information for Molecular Diagnosis of Influenza Virus in Humans*. 2011) 里有很多通用引物可供参考。例如，对于野外采集的未知样品，利用针对甲型流感病毒 M 基因的引物 (M30F2/08-M264R3/08) 或者针对 HA 的引物 (HA-1134F；Bm-NS-890R) 进行鉴定，乙型流感 Victoria 系用 HA Bvf224/HA Bvr507；乙型流感病毒 Yamagata 系用 HA BYf226/HA BYr613 (表 11-5)。另外，针对不同亚型和不同基因片段亦有操作性较强的特异性引物可供参考，在此不再赘述。

表 11-5 部分鉴定引物

目的基因	引物名称	引物序列（5′-3′）
甲型 M	M30F2/08	ATGAGYCTTYTAACCGAGGTCGAAACG（Y=C/T）
	M264R3/08	TGGACAAANCGTCTACGCTGCAG（N=A/C/T/G）
甲型 HA	HA-1134F	GGAATGATHGAYGGNTGGTATGG（H=A/C/T）
乙型 Victoria 系 HA	HA Bvf224	ACATACCCTCGGCAAGAGTTTC
	HA Bvr507	TGCTGTTTTGTTGTTGTCGTTTT
乙型 Yamagata 系 HA	HA BYf226	ACACCTTCTGCGAAAGCTTCA
	HA BYr613	CATAGAGGTTCTTCATTTGGGTTT

3. 基因扩增及克隆

根据基因组 cDNA 中初步确定的部分序列设计上下游引物，利用 3′端和 5′端序列的高度保守性，分段扩增和测序，从而获得准确的基因组全长序列。这里，PCR 所使用的 DNA 聚合酶有很多种，而且在生物工程技术的不断改进下，DNA 聚合酶的扩增效率和保真性也在逐步提高，因此，具体选择视不同实验室的条件而定，一些常见酶的基本信息列举见表 11-6，以供参考。

表 11-6 用于扩增流感病毒片段的常见 DNA 聚合酶举例

DNA 聚合酶	扩增大小/kb	产量	保真性	GC 富集序列扩增效率
Taq DNA polymerase (Regular)	＜5	++++	×1	—
Klen *Taq* LA	＞20	+	×1	—
Takara *Taq* LA	＞10	++	×2	—
AccuPrime™ GC-Rich DNA Polymerase	＜5	++	×2	+++
Roche Expand *High Fidelity* PCR System (dNTPack)	＜5	+++	×3	+
AccuPrime™ *Taq* DNA Polymerase High Fidelity	＜20	++++	×9	+
PfuUltra Hotstart DNA Polymerase	＜19	++	×18	+
Cloned Pfu DNA Polymerase AD	＜9	++	×18	+
Platinum® *Pfx* DNA Polymerase	＜12	++	×25	+
Phusion® High-Fidelity PCR Master Mix	＜20	++++	×50	++++
Q5 Enzyme	＜20	++	×100	++++

+：表注 25%；—：表示无效

A 型流感病毒具有一套相对成熟的通用引物用于各片段扩增和亚克隆（表 11-7），当然，不同毒株的 UTR 序列并非如表 11-6 中的序列那么保守，且需要根据具体的全序列来确定不同的酶切位点，*Bsm*BⅠ替代的限制性内切核酸酶有：*Bbs*Ⅰ、*Bsa*Ⅰ或 *Acr*Ⅰ等，也可以进行突变去掉基因组中 *Bsm*BⅠ的位点。

表 11-7 A 型流感病毒的通用引物

节段	引物名称	引物序列 (5'→3')
节段 1	上游：Ba-PB2 1F	TATTGGTCTCAGGGAGCGAAAGCAGGTC
	下游：Ba-PB2 2341R	ATATGGTCTCGTATTAGTAGAAACAAGGTCGTTT
节段 2	上游：Bm-PB1 1F	TATTCGTCTCAGGGAGCGAAAGCAGGCA
	下游：Bm-PB1 2341R	ATATCGTCTCGTATTAGTAGAAACAAGGCATTT
节段 3	上游：BmPA-1F	TATTCGTCTCAGGGAGCGAAAGCAGGTAC
	下游：BmPA-2233R	ATATCGTCTCGTATTAGTAGAAACAAGGTACTT
节段 4	上游：Bm-HA-1	TATTCGTCTCAGGGAGCAAAAGCAGGGG
	下游：Bm-NS-890R	ATATCGTCTCGTATTAGTAGAAACAAGGGTGTTTT
节段 5	上游：Bm-NP-1F	TATTCGTCTCAGGGAGCAAAAGCAGGGTA
	下游：BmNP-1565R	ATATCGTCTCGTATTAGTAGAAACAAGGGTATTTTT
节段 6	上游：Ba-NA-1	TATTGGTCTCAGGGAGCAAAAGCAGGAGT
	下游：Ba-NA-1413R	ATATGGTCTCGTATTAGTAGAAACAAGGGAGTTTTTT
节段 7	上游：Bm-M-1F	TATTCGTCTCAGGGAGCAAAAGCAGGTAG
	下游：Bm-M-1027R	ATATCGTCTCGTATTAGTAGAAACAAGGTAGTTTTT
节段 8	上游：Bm-NS-1F	TATTCGTCTCAGGGAGCAAAAGCAGGGTG
	下游：Bm-NS-890R	ATATCGTCTCGTATTAGTAGAAACAAGGGTGTTTT

在 8 个流感病毒片段的克隆中，聚合酶基因的亚克隆有时不易获得，尤其是 *PB1* 基因。其实，这一问题的解决途径有很多，如利用基因内部已经明确的一段序列设计引物，再使用 3′端和 5′端保守的 UTR 区域作为引物，融合 PCR 获得准确的基因片段。

4. 中间宿主体内的某些流感分离株

由于流感病毒感染谱很广，在不同宿主中，部分基因易产生适应性突变，而在不同亚型感染同一宿主时，也极易发生基因重配现象，如在猪体内"三元"重排产生的 pdmH1N1 病毒。因此，对于临床野毒株出现这种混合型的"中间体"状态，除了常规 RT-PCR 以外，目前也可以利用 Deep sequencing 技术快速解析全基因组序列，甚至还可以利用这项技术监测这些突变体在某种宿主体内的演变过程，从而获得较为准确的流行病学数据（Muramoto et al.，2013；Muraki and Hongo，2010；Nayak et al.，2009；Muraki et al.，2007）。

（二）拯救细胞系的选择

在将 8 个节段克隆到拯救载体，测序完全吻合以后，下一步则需要分别或者共转染细胞系，进行流感病毒的拯救工作。在病毒拯救之前，可以先检测病毒聚合酶的活性，使用的报道基因见本节"报道基因"小节。在利用 *Gluc* 报道基因时，通常使用 pCMV-SEAP 载体进行本底转染效率对比，即数据的纵坐标为 Gluc 值/SEAP 值（Nayak et al.，1985）。根据使用载体的 polI 来源不同，使用的细胞系也有所不同。但目前最主要的病毒拯救体系是基于人 polI 来源，常用的也是 293T 细胞或/和 MDCK 混合物（表 11-8）。

表 11-8　各种细胞系转染效率

细胞系	polI 来源	polII 来源	转染率
293T	hpolI	CMV	100%
293T/MDCK	hpolI	CMV	293T 100%
Vero	hpolI	CMV	20%~50%
	vpolI	CMV	
COS-1	hpolI	CMV	50%~75%
HBEpC	hpolI	CMV	5%
PK15	spolI	CMV	20%
PK15/MDCK	spolI	CMV	20%
MDCK	kpolI	CMV	10%~50%
DF1	ckpolI	β-actin	20%
CEK	ckpolI	β-actin	20%
QT6	T7		未知
RAW264.7	mpolI	CMV	5%
BHK-21	mpolI	CMV	未知

（三）转染方法的选择

转染使用的脂质体有很多种不同的选择，如 Lipofectin® Reagent、Lipofectamine™ 2000、TransIT-LT1、TransFectin Lipid Reagent（Bio-Rad）等。针对不同细胞系也有各自不同的 Protocol。对于多质粒共转染的病毒拯救实验，目前较为低毒，相对高效的转染试剂是 Mirus 公司生产的 Trans IT® 系列脂质体。

（四）操作步骤

流感病毒拯救具体操作步骤见 *J Visualized Experiments* 杂志相关视频报道（Nayak et al.，2004）。

六、实例

以 A/California/04/2009（H1N1）毒株为例，该毒株是在 2009 年大流感早期分离得到的，对人体或哺乳动物还没有完全适应，与 A/California/09/2009（H1N1）和后续很多分离毒株的拯救效率相比，该毒株的拯救活性很低，常规转染 35mm 培养皿的 293T/MDCK 细胞，收获 72~96h 的转染上清，病毒滴度一般低于 1×10^3 $TCID_{50}$/mL，在 MDCK 细胞和 9 日龄鸡胚中盲传后的病毒依然不高，一般 HA 值为 16~32，病毒效价为 1×10^5 $TCID_{50}$/mL 左右。然而，将该毒株经 DBA 小鼠鼻腔接种传代 1 次后，分离的小鼠肺适应株，经全长基因组的克隆和病毒拯救后，获得的病毒效价则至少提高 1 万倍。这不仅与 HA 的受体结合位点转变相关，与其他多种病毒蛋白的适应性突变都有密切关系（Murakami et al.，2008b）。这一现象并不偶然，相对于 A/Shanghai/2/2013（H7N9）和 A Anhui/1/2013（H7N9），A/Shanghai/1/2013（H7N9）毒株的拯救活性要低很多（未发表数据）。

对于难以拯救或者效率极低的一些分离株，建议以 PR8 这样高效的 8 质粒拯救系统作为重排病毒的骨架，采用"7+1"的拯救方法，筛查和确定可能出问题的基因片段，反复检查该基因序列的保真性；进行转染后，可以将细胞及转染上清混合在一起盲传，盲传的对象可以选择 MDCK、鸡胚或者是本种源的流感病毒易感细胞系，可盲传 2 次以上。

有很多人类流感分离株由于宿主适应性的问题，在 MDCK 或鸡胚中的复制能力很差，为了使这类病毒成功拯救，采用上述的方法，对分离株进行鸡胚或哺乳动物初适应，确定适应后的表型变化，然后有目的地对某些基因进行点突变，尽可能保证还原病毒本身特征、复制高性能和研究目的的统一性。以 A/California/04/2009（H1N1）为例，若研究病毒聚合酶活性，则可对 HA 的 D131E、S186P 和 A198E 等位点进行适应性突变；若研究 HA 蛋白的功能，则突变 PA 的 E298K 位点，不改变 HA 的蛋白表型，而且显著增加病毒拯救概率；也可以基因溯源，确定分离株的宿主来源，利用本种源的载体（如 spolI 或者 ckpolI）和细胞系拯救获得原始病毒。

七、B 型流感病毒

Hoffmann 博士等（2002）利用上述反向遗传系统在 COS 7-MDCK 细胞系中成功拯救获得 B/Yamanashi/166/98。随后还有：B/Lee/40（Neumann and Kawaoka，2002）、B/Beijing/1/87（Dauber et al.，2004）、B/Yamagata/1/73（Neumann and Kawaoka，2002）等毒株被成功拯救，为 B 型流感病毒的蛋白功能、致病性和弱毒疫苗研究提供了良好平台。其基本原理与 A 型流感基本相同，不再赘述。

八、C 型流感病毒

有两个 C 型流感病毒的反向遗传操作系统被分别建立起来：C/Johannesburg/1/66（Neumann et al.，1999a）、C/Ann Arbor/1/50 毒株（Neumann et al.，1994）。操作原理与 A 型流感病毒一致，即共转染 11~16 质粒到 293T 细胞中，其中 7 种为转录载体（pPolI/PB2、pPolI/PB1、pPolI/P3、pPolI/HE、pPolI/NP、pPolI/M、pPolI/NS），加上 4 种 pcDNA 表达质粒（PB2、PB1、P3 和 NP）或 9 种 pcDNA 或 pCAGGS 表达质粒（PB2、PB1、P3、HE、NP、M1、CM2、NS1 和 NS2）。

九、索戈托病毒

索戈托病毒（THOV）是一种蜱传正黏病毒，病毒基因组由 6 条负链 RNA 节段构成。利用痘病毒表达的 T7 RNA 聚合酶来转录病毒结构蛋白表达质粒（pG7-PB2、pBS-PB1、pBS-PA、pBS-GP、pG7-NP 和 pBS-M），病毒基因组 RNA 由 RNA 聚合酶 I 启动子启动转录，将这 12 质粒转染到 293T 细胞后，可高效拯救获得 THOV。

第五节 反向遗传学在正黏病毒科研究中的应用

流感病毒反向遗传操作系统自建立以来，十几年间，已广泛应用于正黏病毒的病原学、致病性、传播机制、免疫机制和防控研究等各个方面，其中，关于病原学、致病性方面的研究内容在第一版中已经归纳总结过，而且每年在基础研究方面的文献也是数不胜数，推陈出新。因此，在本版中不再单独综述基础研究领域内容。2012～2013年，流感界三位著名科学家：Yoshihiro Kawaoka、Ron A. M. Fouchier和陈化兰研究小组分别在雪貂和豚鼠中获得可空气传播的高致病性H5N1病毒。而利用反向遗传操作技术可以很轻易地人造出这类病毒，因此，这一研究在全世界引起极大的轰动和恐慌。为了突出反向遗传技术在应用研究中的具体操作技巧，从以下几个方面举例简要概述。

一、疫苗种毒增殖性能的分子改造

（一）重配基因节段

1. Vero 细胞适应株

如前所述，反向遗传技术已广泛用于重组流感疫苗的研制工艺中，即由供体病毒PR8提供6个内部基因片段，疫苗候选株提供HA和NA基因片段，共转染293T/MDCK或Vero细胞，在pHW2000载体的双向启动下，拯救获得"6+2"重组流感病毒的疫苗种子。这一技术产生的某些病毒种毒效价并不高。然后，由于供体病毒本身在Vero细胞的拯救效率就很低，而293T细胞的拯救效率虽高，但存在潜在的生物安全性问题，因此目前仅用于实验室疫苗的基础研究工作。为了提高疫苗候选株的拯救效率和增殖性能，通过用Vero细胞适应的A/England/1/53病毒（Eng53/v-a）的NS基因来替换PR8 NS基因，获得含有H1N1、H3N2、H6N1和H9N2 HA和NA组合的重组病毒，这些病毒的生长性能显著提高（Pena et al.，2011）。

2. MDCK细胞及鸡胚适应株

许多人类H5N1病毒在鸡胚和MDCK细胞上要么不完全适应，要么呈现极高的致病性，导致疫苗种毒的效价无法达到灭活疫苗的要求。而利用反向遗传技术则解决了这一难题。生产H5N1灭活疫苗种毒的经典例子是WHO认可的英国国家生物标准与鉴定所（NIBSC）公司生产的NIBRG系列疫苗，以NIBRG-14为例，大量研究表明，该疫苗候选种毒在鸡胚中的增殖性能大大提高。目前已经获得WHO认可的重组H5N1/PR8越来越多（表11-9），已经覆盖了H5N1多个基因簇。

表11-9 H5N1重组反向疫苗候选株

原始病毒来源	Clade	商品名	发明人	供应商
A/duck/Singapore/97	0	NIB-40	NIBSC, UK	NIBSC, UK
A/Hong Kong/213/2003	1	NIBRG-12	NIBSC, UK	NIBSC, UK
A/Vietnam/1194/2004	1	NIBRG-14	NIBSC, UK	NIBSC, UK

续表

原始病毒来源	Clade	商品名	发明人	供应商
A/Cambodia/R0405050/2007	1	NIBRG-88	NIBSC, UK	NIBSC, UK
A/Indonesia/5/2005	2.1	CDC-RG2	CDC, USA	Requires Indonesian govt. permission
A/turkey/Turkey/1/2005	2.2	NIBRG-23	NIBSC, UK	NIBSC, UK
A/chicken/India/NIV33487/2006	2.2	IBCDC-RG7	NIV, India CDC, USA	NIV, India CDC, USA
A/bar headed goose/Qinghai/1A/2005	2.2	SJRG-1632222	ST. JUDE, USA HKU, China NIAID, USA	ST. JUDE, USA
A/duck/Laos/3295/2006	2.3.4	CBER-RG1	CBER/FDA, USA	CBER/FDA, USA
A/Anhui/1/2005	2.3.4	IBCDC-RG5	CDC, USA	CDC, USA
A/chicken/Vietnam/NCVD-016/2008	7	IDCDC-RG12	CDC, USA	CDC, USA

（二）基因点突变

流感疫苗候选株单一基因点突变亦能导致病毒的繁殖性能显著增强，流感的非编码区和多种基因都有一定的作用，尤其是PB2 (Perez et al., 2010; Samji, 2009; Percy et al., 1994)、PA (Seong and Brownlee, 1992a; Seong and Brownlee, 1992b; 未发表数据)、HA (Shi et al., 2012; Seong et al., 1992)、NS1 (Song et al., 2008; 2007)等。这一策略的基本核心原则是：在保证繁殖能力和适应性显著增强的同时，替换的某个或者某些片段的一些氨基酸不能改变病毒表面抗原表型。

二、病毒组装元件及重组流感病毒

流感病毒的组装过程非常复杂，利用冷冻电子显微镜技术（cryo-EM），可直观而立体地展现vRNP组装过程（Song et al., 2013）。而对于研究基因组组装的分子机制，反向遗传技术则是必备工具。利用该技术已确定了每个节段的最小组装序列（图11-14）。目前被使用插入其他基因的节段有PB2、PB1、NA、M、NS (Stech and Klenk, 2005)。

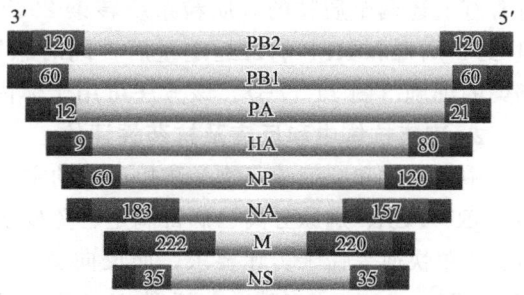

图11-14 流感病毒最小包装序列
两端为3′ UTR和5′ UTR，
数字部分为最小包装序列长度

这样一来，流感病毒已经不再单纯地是一种病原体，已然成为一种可开发的基因工程载体，根据目前已经插入外源基因的类别，重组流感病毒有以下几个主要用途。

1. 流感病毒感染动态观察

在早期，外源基因重组到流感病毒的主要靶位是 NA 节段，如将氯霉素抗性基因 (*CAT*)（Steel et al., 2009）、HIV GP41 的 GP2/HGP2 表位（Steel et al., 2010）插入到流感病毒 NA 节段中，有利于流感病毒的动态观察。除了 NA 的非编码区，Marsolais 等（2009）将 LCMV 表位插入到 NA 茎部缺失区，将重组病毒接种小鼠，可动态定位流感病毒在肺内的感染过程（图 11-15）。

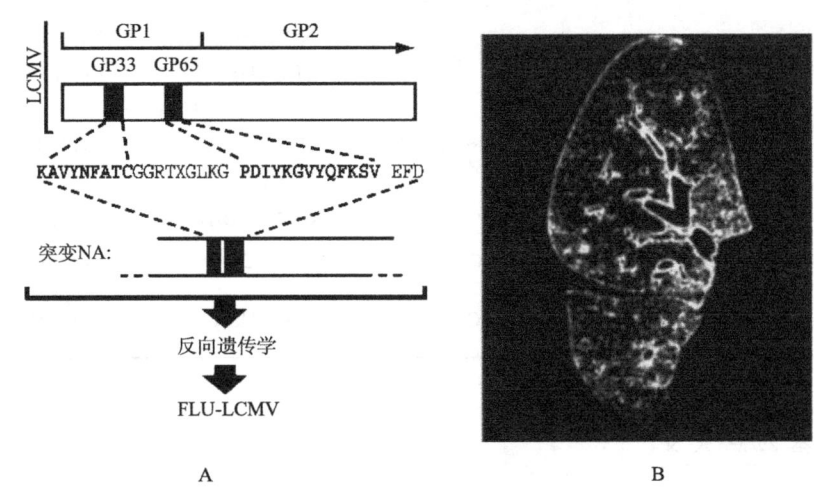

图 11-15　LCMV GP33/GP65 表位插入流感病毒 NA 茎部（Tang，2012）
A. 构建过程；B. 重组流感病毒感染肺部

将绿色荧光蛋白（GFP）、红色荧光蛋白（RFP）等示踪蛋白基因插入到第 8 节段 NS 中，简要过程是：在反向遗传 NS 质粒中，突变 NS2 spliced 位点（G56A，C548A），在 NS1 的末端引入 FMDV 的 2A 裂解位点（QLLNFDLLKLAGDVESNPGP）、*Aar*I 酶切位点，并保留 NS 的包装信号，同时将 NEP 移入 PB1 下游，同样引入 2A 裂解位点序列和 PB1 包装信号（图 11-16），将 GFP、RFP 插入到 NS1 下游（注意防止移码），将含有上述两个质粒的 8 质粒系统转染 293T 细胞（图 11-17A），进行拯救，获得的重组 GFP 病毒和 RFP 病毒经定量后，同时感染 MDCK 细胞，利用共聚焦显微镜定位共感染的细胞（图 11-17B）。该方法可用于体内外验证流感病毒的重排机制研究。

2. 流感抗体中和反应及抗药性评估

中和抗体和抗流感药物是防控流感的主要途径，但这两种治疗策略的检测方法主要包括：qRT-PCR、病原分离、病毒滴定、免疫学实验等。这些方法无法满足高灵敏度、高通量、简单快速等临床实际要求，而反向遗传学技术则大显身手。即通过在基因组中插入 GFP（Tian et al., 2012）、分泌型 Gluc 或者 C 端修饰内质网滞留序列（KDEL）的细胞质定位型 Gluc（Tong et al., 2012）来动态监测流感病毒的清除率。以 Gluc 重组大流感 H1N1 Ca04 病毒为例，利用重组原理，拯救获得 GluCa04，根据 *M2* 基因的耐药性不同，分为 GlucCa04 Res 和 GlucCa04 Sen，随着 Amantadine 作用浓度的升高，作用 16h，检测 Gluc 的相对值，可见 GlucCa04 Res 具有明显的抗药性（图 11-18）。

pDP-NS1-GFP

*accggagtactggtcgacctccgaagttgggggg*AGCAAAAGCAGGGTGACAAAAACATAATGGATTCCAACACTGTGTCAAGCTTTCAgGTA
　　t1终止信号　　　　　　　　　　　NS1全长　　　　　　　　　　　　　　　　　　　　　G56A
···//···ATGTaAAAAATG···//···AGAAGTTcttCTGAACTTCGACCTCCTCAAGTTGGCGGGTGACGTTGAGTCCAACCCCGGGccc
　　C548A　　　　　　　　　　　　　　　　　　　　FMDV 2A裂解位点序列
atggagaaaatagtgcttcttttttgcaatagtcagtcttgttaaaagt ATGGTG···//···GTGCTCC
　　H9 HA信号肽　　　　　　　　　　　　　　　　　GFP序列
AATGGGTCGTTACAATGCAGAATTTGCATTTAAAGAGATAAGAACTTTCTCGTTTCAGCTTATTTAATGATAAAAAACACCCTTGTTTCTACT
　　　　　　　　　　　　　　　　　　NS包装信号
Cgtccccggcccggc···//···*gccgggttatt*
hp011启动子

pDP-PB1-NS2

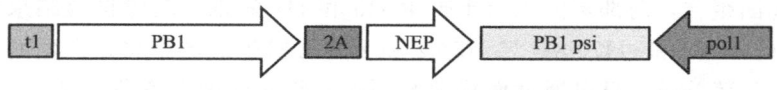

图 11-16　NS 和 PB1 节段的重组过程

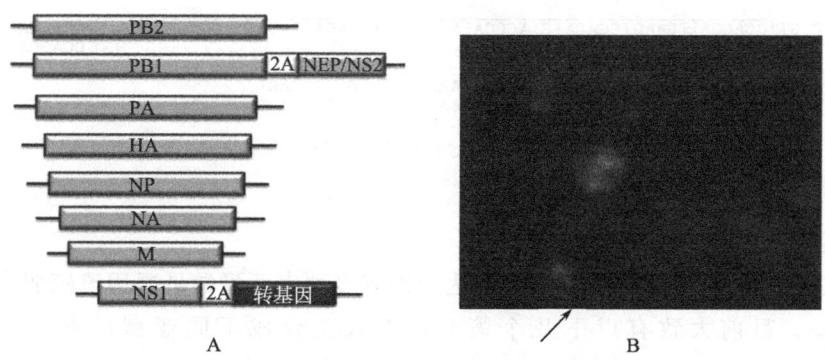

图 11-17　重组流感病毒拯救系统及感染共定位

A. 重组病毒拯救系统；B. GFP 和 RFP 病毒共定位

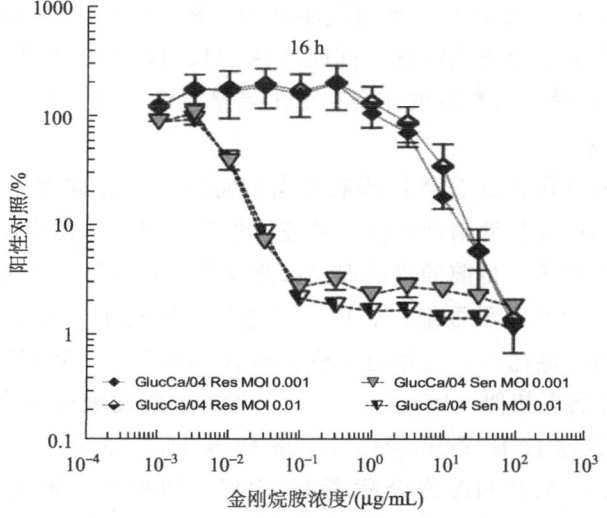

图 11-18　Gluc 重组 Ca04 病毒

3. 分子标签疫苗

为了实现疫苗接种动物与自然感染动物的鉴别诊断（differentiation of infected from vaccinated animals，DIVA），在基因组中加入分子标签不失为一种良好策略。目前在流感疫苗候选株使用的标签有两类：①整个基因节段，如 N8 亚型 NA；②抗原表位序列，如在 PB1 的末端插入 H3 HA tag（Toyoda，1997）（图 11-19），也可以用其他病原蛋白的 B 细胞表位或 domain 作为标签。以 N8 NA 为例，在美国尚未发现 H5N1 亚型或 H7N8 亚型禽流感病毒，将 H5 和 H7 亚型病毒 HA 基因与异源的 N1 或 N8 亚型病毒 NA 基因组合，内部基因来自于野生 H5 和 H7 病毒。攻毒试验结果显示：禽流感重配疫苗（rH5N1 和 rH7N8）与 H5N2 和 H7N2 野生病毒相比，产生的抗体水平相似，保护率无显著差异，且可通过血清学鉴别诊断临床感染和疫苗接种（Uraki et al.，2013）。

```
ATCATGAAGATCTGT TCCACCATTGAAGTCGACATGTACCCATACGATGTTCCAGATTACGCTTCTAGGATCTGT TCCACCATTGAAGAG 2340
ATCATGAAGATCTGT                                                                 TCCACCATTGAAGAG 2280

CTCGGACGGCAAAATAGTGAATTTAGCTTGTCCTTCATGAAAAAATGCCTTGTTTCTACT  2401
CTCGGACGGCAAGGGAGTGAATTTGGCTTGTCCTTCATGAAAAAATGCCTTGTTTCTACT  2341
```

图 11-19　PB1 末端插入 H3 HA 表位（Toyoda，1997）

4. 多亚型重组疫苗

能够通过单一的流感病毒子同时表达两种或多种表面蛋白是通用流感弱毒疫苗的努力方向之一。目前大致有以下几个策略：①人工合成不同亚型的嵌合 *HA1* 基因（Victor et al.，2012），保持 HA2 的一致性，在同一病毒子中表达展示；②人工缺失 HA1，由仅保留可以产生通用抗体的 HA 茎部（Steel et al.，2010），通过 HA1 的表达互补，产生感染病毒子；③利用基因组人工重排方式，由 NS 节段共表达 NS1 和其他亚型 HA，如表达 H5N1 的 H9N2 重组流感病毒（图 11-20）（Wagner et al.，2000）；④通过拯救含有 9 个节段的流感病毒，同时表达 H1、H3 *HA* 基因（Watanabe et al.，2008）。随着分子生物学的不断发展，会有更多策略被用于研发流感的新型多亚型疫苗。

5. 嵌合流感病毒

目前利用流感病毒作为嵌合载体研制疫苗种毒的研究方向并不受推崇，主要原因是：嵌合病毒传代不稳定、繁殖性能差、免疫原性不佳等。但作为反向遗传学技术的延伸，在此有必要稍作简述。目前的进展概括起来主要包括以下几个方面：

（1）A-B 型流感病毒二联重组：利用反向遗传操作技术，构建携带有 B 型流感病毒 B/Yamagata/16/88 毒株 NA 的重组流感病毒 A/WSN/33（WSN），嵌合病毒的生长活性与野生型 WSN 病毒相似（Watson et al.，2013）。构建表达嵌合 HA 蛋白的重组 A 型流感病毒，胞外区来自 B/Yamagata/16/88 病毒 HA，而胞质区和跨膜区来自 A/WSN 病毒 HA。这一 A/B HA 嵌合病毒在 MDCK 细胞中滴度很低。经传代后，在 MDCK 细胞中，该病毒的滴度可达到野生型 WSN 病毒的水平。测序结果显示：HA 单一氨基酸改变（H545Y）引起了病毒生长活性的提高。

（2）其他病原的重要保护性抗原：目前国际上有些实验室正在利用流感载体表达人

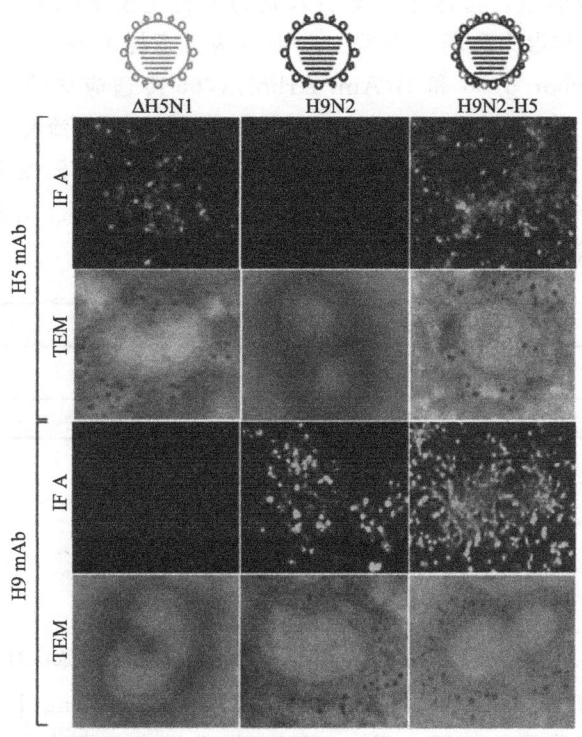

图 11-20 表达 H5 HA 的 H9N2 病毒 (Wagner et al., 2000)（见文后彩图）

和动物其他病原的重要保护性抗原，随后几年可能会开发出一些潜在的疫苗候选株。

6. 共表达细胞因子

为了提高流感疫苗的免疫原性，有研究在 NS 节段中表达人 *IL-2* 基因，该致弱的冷适应 A 型流感病毒毒株能够显著提高体液免疫和细胞免疫应答，且只有免疫重组 IL-2 病毒的小鼠才能完全抵抗致病性野生型病毒的攻击，并且引发很强的病毒特异性 $CD8^+$ T 细胞应答（Wise et al., 2011）。

三、致弱流感疫苗的分子修饰与病毒拯救

（一）FluMist

作为流感病毒反向疫苗的典范，本节着重介绍 FluMist。通过连续低温传代，获得了一株冷适应毒株 A/Ann Arbor/6/60（H2N2），简称 AA_{60} ca。该毒株甚至可以在 25℃ 中高效复制。Jin 等（2003）随后发现该毒株 PB2 存在一个突变（N265S），PB1 存在 3 个氨基酸突变（K391E、E581G、A661T），NP 存在一个突变（D34G）（图 11-21）。该毒株在 39℃ 不能生长。B 型流感病毒冷适应株 B/Ann Arbor/1/66 是 FluMist 的主要供体病毒，与绝大多数野生型致病性病毒不同，B/Ann Arbor/1/66 在 37℃ 是温度敏感的，对雪貂不致病。突变分析表明，NP 的 2 个位点（A114 和 H410）和 PA 的 1 个位点（M431）决定了温度敏感性，而这些位点再加上 M1 的 2 个位点（N159 和

V183）决定了毒力致弱型。将这些突变引入到另一野生型 B/Yamanashi/166/98 毒株，同样得到温度敏感型和毒力致弱型表型。基于该两个毒株的特征，MedImmune 公司在 2003 年将 A/Ann Arbor/6/60 和 B/Ann Arbor/1/66 冷适应株的 6 个内部基因作为反向遗传疫苗的基础，利用季节性流感的 H1N1、H3N2 和 B 型流感流行毒株 HA 和 NA 作为表面基因来源，利用 8 质粒系统分别拯救获得 3 种冷适应温度敏感的疫苗种子，再等比例混合，开发出世界上第一种冷适应温度敏感弱毒疫苗，主要通过鼻腔内免疫。2011 年被欧洲药品管理局批准上市，商品名为 Fluenz。

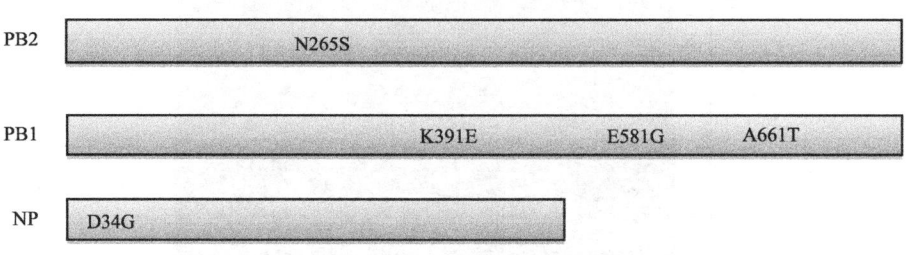

图 11-21 AA_{60} ca 毒株分子特征

利用 AA_{60} ca 作为 6 个内部节段的供体，2006 年 6 月，MedImmune 公司开发了 H5N1 冷适应弱毒疫苗（A/VietNam/1203/2004 和 A/Hong Kong/213/2003），该 H5N1 弱毒疫苗已被美国国立卫生院（NIH）批准进入 I 期临床试验（Yamanaka et al.，1991）；Karron 等（2009）研究结果发现：该 H5N1 弱毒疫苗较 H1、H3 和 B 型流感弱毒疫苗更低毒，血清中具有较强的 ELISA 抗体，但并不产生有效的 HI 抗体或中和抗体。同样的免疫结果也在表达 H5N1 HA 的 WF10att 中存在。

（二）其他温度敏感疫苗候选株

通过反向遗传操作技术在禽流感病毒 A/Guinea Fowl/Hong Kong/WF10/99（H9N2）的 *PB2* 和 *PB1* 基因中引入同样的温敏突变，并在 *PB1* 基因末端加入 H3 HA 的一段表位，在体内获得致弱表型的病毒 WF10att（Toyoda，1997）。同样地，突变 A/turkey/Ohio/313053/04（H3N2）毒株 PB2 和 PB1 相应位点，成功致弱获得 H3N2 亚型猪流感疫苗候选株 Ty04att（Nayak et al.，1985）。而以高致病性禽流感病毒 H5N1 亚型毒株为骨架，利用同样的方法突变致弱的 H5N1 亚型疫苗毒，也可使接种鸡获得对 H5N1 亚型强毒株 100％保护，而且在鸡体内无病毒残留。这些弱毒疫苗候选株均具备临床应用潜力。

（三）其他致弱方式

1. HA 裂解位点突变

利用反向遗传技术构建了 A/WSN/33 的突变株 WSN-E，将 HA 的裂解位点进行修饰（图 11-22），使其依赖弹性蛋白酶的水解作用。与野生型病毒（WSNwt）依赖胰酶不同，这一突变株严格依赖弹性蛋白酶。在相应酶存在的细胞培养中，这两种病毒都生长良好。与致死性野生毒不同，10^6 PFU 的 WSN-E 病毒对小鼠完全没有致病性，而

10^5 PFU 接种量即可对致死性攻击产生完全保护。这一方法可使所有流行毒株有望成为弱毒株,而不改变毒株本身的任何遗传特征(Ye et al.,2010)。

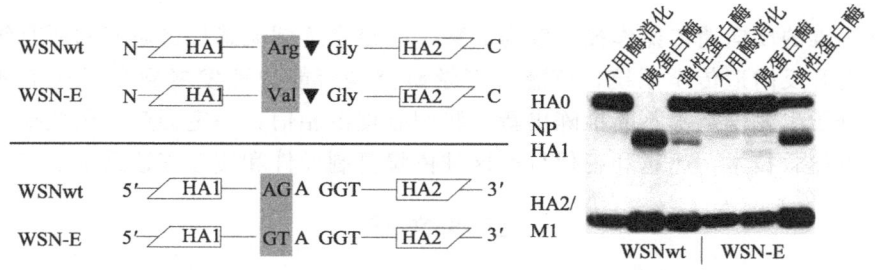

图 11-22　HA 裂解位点突变为弹性蛋白酶水解位点(Ye et al.,2010)

2. NS1 截短体

将 PR8 病毒的 NS 基因分为 NS1～NS126、NS1～NS99 和 NS1～NS73 三种截短体(图 11-23)(Zhang et al.,2009),利用这 3 种截短体 NS 节段,拯救获得不同截短体的 PR8/VN1203 HALo＋NA 重配病毒,结果 NS1～99 截短体产生的病毒 VN HALo/627E/NS1～NS99 生长性能最佳,在动物体内明显致弱,从而成为一种良好的疫苗候选毒株。该截短体也在嵌合病毒重配中使用到。这样重配获得的病毒含有高致病性 H5N1 强毒株 HA(未突变裂解位点),但对小鼠或鸡却没有明显的致病性。

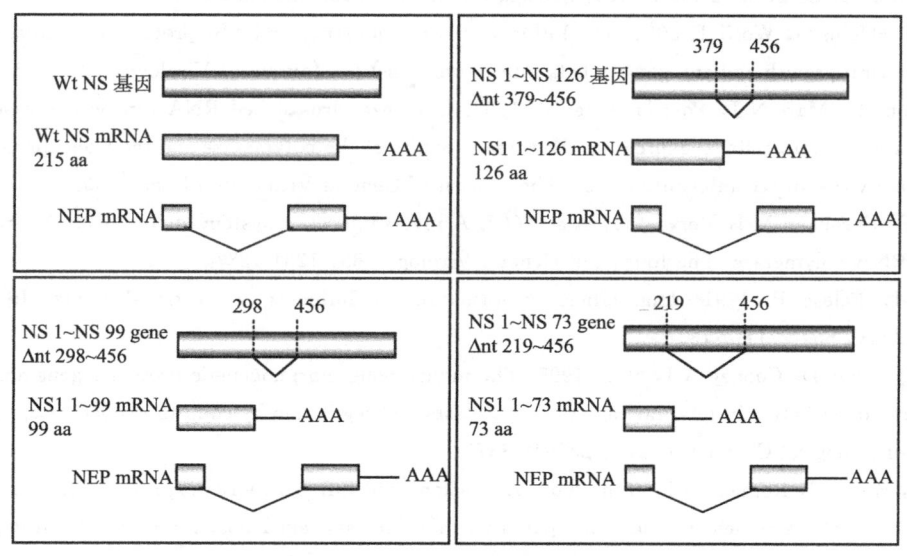

图 11-23　NS1 截短体用于病毒拯救(Zhang et al.,2009)

3. 其他策略

还有其他很多策略用于流感病毒疫苗候选株的致弱,如 M2 截短体(Zheng et al.,2012)、构建 PB2 缺失毒株(Zhu et al.,2013b;Zobel et al.,1993)等。这些流感毒株均在体内外实验中证实可以显著致弱野生毒株。

结 语

流感病毒的反向遗传操作技术较为成熟,已经渗透到流感病毒研究的所有领域。很难想象,离开反向遗传学系统,流感病毒学研究是否能快速发展到今天这个地步。当然,随着分子生物学技术不断推陈出新,我们有理由相信,一定会产生更便捷、更高效的流感病毒拯救技术,超越和替代目前这种依赖复制元件和质粒表达系统的拯救体系。

参 考 文 献

Abed Y, Goyette N, Boivin G. 2004. A reverse genetics study of resistance to neuraminidase inhibitors in an Influenza A/H1N1 virus. Antiviral Therapy, 9: 577-581.

Calder L J, Wasilewski S, Berriman J A, et al. 2010. Structural organization of a filamentous Influenza A virus. Proceedings of the National Academy of Sciences of the United States of America, 107: 10685-10690.

Campbell J N, Epand R M, Russo P S. 2004. Structural changes and aggregation of Human influenza virus. Biomacromolecules, 5: 1728-1735.

Chen H, Ye J, Xu K, et al. 2012. Partial and full PCR-based reverse genetics strategy for Influenza viruses. PLoS One, 7: e46378.

Corti D, Voss J, Gamblin S J, et al. 2011. A neutralizing antibody selected from plasma cells that binds to group 1 and group 2 Influenza A hemagglutinins. Science, 333: 850-856.

Dauber B, Heins G, Wolff T. 2004. The Influenza B virus nonstructural NS1 protein is essential for efficient viral growth and antagonizes beta interferon induction. Jouranl of Virology, 78: 1865-1872.

De La Luna S, Mart N J, Portela A, et al. 1993. Influenza virus naked RNA can be expressed upon transfection into cells co-expressing the three subunits of the polymerase and the nucleoprotein from Simian virus 40 recombinant viruses. The Journal of General Virology, 74: 535-539.

De Wit E, Spronken M I, Vervaet G, et al. 2007. A reverse-genetics system for Influenza A virus using T7 RNA polymerase. The Journal of General Virology, 88: 1281-1287.

Enami M, Palese P. 1991. High-efficiency formation of Influenza virus transfectants. Journal of Virology, 65: 2711-2713.

Feng J Q, Chen D, Cooney A J, et al. 1995. The mouse bone morphogenetic protein-4 gene analysis of promoto utilization in fetal rat calvarial osteoblasts and regulation by coup-tfi orphan receptor. Journal of Biological Chemistry, 270: 28364-28373.

Ferko B, Kittel C, Romanova J, et al. 2006. Live attenuated Influenza virus expressing human interleukin-2 reveals increased immunogenic potential in young and aged hosts. Journal of Virology, 80: 11621-11627.

Financsek I, Mizumoto K, Mishima Y, et al. 1982. Human ribosomal RNA gene: nucleotide sequence of the transcription initiation region and comparison of three mammalian genes. Proceedings of the National Academy of Sciences, 79: 3092-3096.

Flandorfer A, Garc A-Sastre A, Basler C F, et al. 2003. Chimeric influenza A viruses with a functional influenza B virus neuraminidase or hemagglutinin. Journal of Virology, 77: 9116-9123.

Flick R, Pettersson R F. 2001. Reverse genetics system for Uukuniemi virus (Bunyaviridae): RNA polymerase I-catalyzed expression of chimeric viral RNAs. Journal of Virology, 75: 1643-1655.

Fodor E, Crow M, Mingay L J, et al. 2002. A single amino acid mutation in the PA subunit of the Influenza virus RNA polymerase inhibits endonucleolytic cleavage of capped RNAs. Journal of Virology, 76: 8989-9001.

Fodor E, Devenish L, Engelhardt O G, et al. 1999. Rescue of Influenza A virus from recombinant DNA. Journal of Virology, 73: 9679-9682.

Fodor E, Mingay L J, Crow M, et al. 2003. A single amino acid mutation in the PA subunit of the Influenza virus RNA polymerase promotes the generation of defective interfering RNAs. Journal of Virology, 77: 5017-5020.

Fordyce S L, Bragstad K, Pedersen S S, et al. 2013. Genetic diversity among pandemic 2009 Influenza viruses isolated from a transmission chain. Virology Journal, 10: 116.

Gao Q, Chou Y-Y, Doğanay S, et al. 2012. The Influenza A virus PB2, PA, NP, and M segments play a pivotal role during genome packaging. Journal of Virology, 86: 7043-7051.

Gao Q, Lowen A C, Wang T T, et al. 2010. A nine-segment influenza a virus carrying subtype H1 and H3 hemagglutinins. Journal of Virology, 84: 8062-8071.

Gao R, Cao B, Hu Y, et al. 2013. Human infection with a novel avian-origin Influenza A (H7N9) virus. New England Journal of Medicine, 368: 1888-1897.

Garcia-Sastre A, Muster T, Barclay W S, et al. 1994. Use of a mammalian internal ribosomal entry site element for expression of a foreign protein by a transfectant Influenza virus. Journal of Virology, 68: 6254-6261.

Ghedin E, Laplante J, Depasse J, et al. 2011. Deep sequencing reveals mixed infection with 2009 pandemic Influenza A (H1N1) virus strains and the emergence of oseltamivir resistance. Journal of Infectious Diseases, 203: 168-174.

Grummt I, Kuhn A, Bartsch I, et al. 1986a. A transcription terminator located upstream of the mouse rDNA initiation site affects rRNA synthesis. Cell, 47: 901-911.

Grummt I, Rosenbauer H, Niedermeyer I, et al. 1986b. A repeated 18 bp sequence motif in the mouse rDNA spacer mediates binding of a nuclear factor and transcription termination. Cell, 45: 837-846.

Hper D, Hoffmann B, Beer M. 2011. A comprehensive deep sequencing strategy for full-length genomes of Influenza A. PLoS One, 6: e19075.

Haltiner M M, Smale S T, Tjian R. 1986. Two distinct promoter elements in the human rRNA gene identified by linker scanning mutagenesis. Molecular and Cellular Biology, 6: 227-235.

Hatta M, Kawaoka Y. 2003. The NB protein of Influenza B virus is not necessary for virus replication in vitro. Journal of Virology, 77: 6050-6054.

Hatta M, Neumann G, Kawaoka Y. 2001. Reverse genetics approach towards understanding pathogenesis of H5N1 Hong Kong Influenza A virus infection. Philosophical Transactions of the Royal Society B Biological Sciences, 356: 1841-1843.

Heaton N S, Leyva-Grado V H, Tan G S, et al. 2013. In vivo bioluminescent imaging of Influenza A virus infection and characterization of novel cross-protective monoclonal antibodies. Journal of Virology, 87: 8272-8281.

Hoffmann E, Mahmood K, Yang C-F, et al. 2002. Rescue of Influenza B virus from eight plasmids. Proceedings of the National Academy of Sciences, 99: 11411-11416.

Hoffmann E, Neumann G, Hobom G, et al. 2000. "Ambisense" approach for the generation of Influenza

A virus: vRNA and mRNA synthesis from one template. Virology, 267: 310-317.

Hoffmann E, Neumann G, Kawaoka Y, et al. 2000c. A DNA transfection system for generation of Influenza A virus from eight plasmids. Proceedings of the National Academy of Sciences, 97: 6108-6113.

Hoffmann E, Webster R G. 2000. Unidirectional RNA polymerase I-polymerase II transcription system for the generation of Influenza A virus from eight plasmids. Journal of General Virology, 81: 2843-2847.

Honda A, Ishihama A. 1997. Transcription and replication of influenza virus genome. Nihon rinsho. Japanese Journal of Clinical Medicine, 55: 2555-2561.

Hosaka Y. 1997. Structure and function of influenza virus nucleoprotein (NP). Nihon rinsho. Japanese Journal of Clinical Medicine, 55: 2599-2604.

Hrincius E R, Hennecke A-K, Gensler L, et al. 2012. A single point mutation (Y89F) within the nonstructural protein 1 of Influenza A viruses limits epithelial cell tropism and virulence in mice. The American Journal of Pathology, 180: 2361-2374.

Huang T, Palese P, Krystal M. 1990. Determination of Influenza virus proteins required for genome replication. Journal of Virology, 64: 5669-5673.

Iida C T, Kownin P, Paule M R. 1985. Ribosomal RNA transcription: proteins and DNA sequences involved in preinitiation complex formation. Proceedings of the National Academy of Sciences of United States of America, 82: 1668-1672.

Jin H, Lu B, Zhou H, et al. 2003. Multiple amino acid residues confer temperature sensitivity to Human influenza virus vaccine strains (FluMist) derived from cold-adapted A/Ann Arbor/6/60. Virology, 306: 18-24.

Kampmann M-L, Fordyce S L, Avila-Arcos M C, et al. 2011. A simple method for the parallel deep sequencing of full Influenza A genomes. Journal of Virological Methods, 178: 243-248.

Karron R A, Talaat K, Luke C, et al. 2009. Evaluation of two live attenuated cold-adapted H5N1 Influenza virus vaccines in healthy adults. Vaccine, 27: 4953-4960.

Krumbholz A, Philipps A, Oehring H, et al. 2011. Current knowledge on PB1-F2 of Influenza A viruses. Medical Microbiology and Immunology, 200: 69-75.

Laver W. 1984. Antigenic variation and the structure of Influenza virus glycoproteins. Microbiological Sciences, 1: 37-43.

Learned R M, Learned T K, Haltiner M M, et al. 1986. Human rRNA transcription is modulated by the coordinate binding of two factors to an upstream control element. Cell, 45: 847-857.

Lee C-W, Senne D A, Suarez D L. 2004. Generation of reassortant influenza vaccines by reverse genetics that allows utilization of a DIVA (Differentiating Infected from Vaccinated Animals) strategy for the control of avian influenza. Vaccine, 22: 3175-3181.

Lekcharoensuk P, Wiriyarat W, Petcharat N, et al. 2012. Cloned cDNA of A/swine/Iowa/15/1930 internal genes as a candidate backbone for reverse genetics vaccine against Influenza A viruses. Vaccine, 30: 1453-1459.

Li J, Ishaq M, Prudence M, et al. 2009. Single mutation at the amino acid position 627 of PB2 that leads to increased virulence of an H5N1 avian influenza virus during adaptation in mice can be compensated by multiple mutations at other sites of PB2. Virus Research, 144: 123-129.

Ling X, Arnheim N. 1994. Cloning and identification of the pig ribosomal gene promoter. Gene, 150: 375-379.

Lipatov A S, Andreansky S, Webby R J, et al. 2005. Pathogenesis of Hong Kong H5N1 influenza virus NS gene reassortants in mice: the role of cytokines and B-and T-cell responses. Journal of General Virology, 86: 1121-1130.

Luo M. 2012. Influenza virus entry. Advances in Experimental Medicine and Biology, 726: 201-221.

Luytjes W, Krystal M, Enami M, et al. 1989. Amplification, expression, and packaging of a foreign gene by influenza virus. Cell, 59: 1107-1113.

Marsolais D, Hahm B, Walsh K B, et al. 2009. A critical role for the sphingosine analog AAL-R in dampening the cytokine response during influenza virus infection. Proceedings of the National Academy of Sciences of United States of America, 106: 1560-1565.

Mok C K P, Yen H L, Yu M Y M, et al. 2011. Amino acid residues 253 and 591 of the PB2 protein of Avian influenza virus A H9N2 contribute to mammalian pathogenesis. Journal of Virology, 85: 9641-9645.

Murakami S, Horimoto T, Yamada S, et al. 2008. Establishment of canine RNA polymerase I-driven reverse genetics for Influenza A virus: its application for H5N1 vaccine production. Journal of Virology, 82: 1605-1609.

Muraki Y, Hongo S. 2010. The molecular virology and reverse genetics of Influenza C virus. Japanese Journal of Infectious Disease, 63: 157-165.

Muraki Y, Murata T, Takashita E, et al. 2007. A mutation on influenza C virus M1 protein affects virion morphology by altering the membrane affinity of the protein. Journal of Virology, 81: 8766-8773.

Muramoto Y, Noda T, Kawakami E, et al. 2013. Identification of novel influenza A virus proteins translated from PA mRNA. Journal of Virology, 87: 2455-2462.

Nayak D, Chambers T, Akkina R. 1985. Defective-interfering (DI) RNAs of Influenza viruses: origin, structure, expression, and interference, 114: 103-151.

Nayak D P, Balogun R A, Yamada H, et al. 2009. Influenza virus morphogenesis and budding. Virus Research, 143: 147-161.

Nayak D P, Hui E K-W, Barman S. 2004. Assembly and budding of influenza virus. Virus Research, 106: 147-165.

Neumann G, Watanabe T, Ito H, et al. 1999a. Generation of Influenza A viruses entirely from cloned cDNAs. Proceedings of the National Academy of Sciences of United Sciences, 96: 9345-9350.

Neumann G, Zobel A, Hobom G. 1994. RNA polymerase I-mediated expression of influenza viral RNA molecules. Virology, 202: 477-479.

Pena L, Vincent A L, Ye J, et al. 2011. Modifications in the polymerase genes of a swine-like triple-reassortant influenza virus to generate live attenuated vaccines against 2009 pandemic H1N1 viruses. Journal of Virology, 85: 456-469.

Percy N, Barclay W S, Garcia-Sastre A, et al. 1994. Expression of a foreign protein by Influenza A virus. Journal of Virology, 68: 4486-4492.

Perez J T, Varble A, Sachidanandam R, et al. 2010. Influenza A virus-generated small RNAs regulate the switch from transcription to replication. Proceedings of the National Academy of Sciences of United States of America, 107: 11525-11530.

Samji T. 2009. Influenza A: understanding the viral life cycle. The Yale Journal of Biology and Medicine, 82: 153.

Seong B, Brownlee G. 1992a. Nucleotides 9 to 11 of the Influenza A virion RNA promoter are crucial for activity *in vitro*. Journal of General Virology, 73: 3115-3115.

Seong B L, Brownlee G. 1992b. A new method for reconstituting influenza polymerase and RNA *in Vitro*: A study of the promoter elements for cRNA and vRNA synthesis *in Vitro* and Viral Rescue *in Vivo*. Virology, 186: 247-260.

Seong B L, Kobayashi M, Nagata K, et al. 1992. Comparison of two reconstituted systems for in vitro transcription and replication of influenza virus. Journal of Biochemistry, 111: 496-499.

Shi M, Jagger B W, Wise H M, et al. 2012. Evolutionary conservation of the PA-X open reading frame in segment 3 of Influenza A virus. Journal of Virology, 86: 12411-12413.

Song H, Nieto G R, Perez D R. 2007. A new generation of modified live-attenuated avian influenza viruses using a two-strategy combination as potential vaccine candidates. Journal of Virology, 81: 9238-9248.

Song J M, Lee Y J, Jeong O M, et al. 2008. Generation and evaluation of reassortant influenza vaccines made by reverse genetics for H9N2 Avian influenza in Korea. Veterinary Microbiology, 130: 268-276.

Song M-S, Baek Y H, Pascua P N Q, et al. 2013. Establishment of Vero cell RNA polymerase I-driven reverse genetics for Influenza A virus and its application for pandemic (H1N1) 2009 influenza virus vaccine production. Journal of General Virology, 94: 1230-1235.

Stech J, Klenk H. 2005. A new approach to an influenza life vaccine: haemagglutinin cleavage site mutants generated by reverse genetics. Berliner und Munchener tierarztliche Wochenschrift, 119: 186-191.

Steel J, Lowen A C, Pena L, et al. 2009. Live attenuated influenza viruses containing NS1 truncations as vaccine candidates against H5N1 highly pathogenic avian influenza. Journal of Virology, 83: 1742-1753.

Steel J, Lowen A C, Wang T T, et al. 2010. Influenza virus vaccine based on the conserved hemagglutinin stalk domain. MicroBiology, 1: e00018-00010.

Tang D-C C. 2012. Perspectives on replication-incompetent nasal influenza virus vaccines, 11: 907-909.

Tian J, Qi W, Li X, et al. 2012. A single E627K mutation in the PB2 protein of H9N2 Avian influenza virus increases virulence by inducing higher glucocorticoids (GCs) level. PLoS One, 7: e38233.

Tong S, Li Y, Rivailler P, et al. 2012. A distinct lineage of Influenza A virus from bats. Proceedings of the National Academy of Sciences of United States of America, 109: 4269-4274.

Toyoda T. 1997. Structure-function relationship of the influenza virus RNA polymerase subunits. Nihon rinsho. Japanese Journal of Clinical Medicine, 55: 2593-2598.

Uraki R, Kiso M, Iwatsuki-Horimoto K, et al. 2013. A novel bivalent vaccine based on a PB2-knockout influenza virus protects mice from pandemic H1N1 and highly pathogenic H5N1 virus challenges. Journal of Virology, 87: 7874-7881.

Victor S T, Watanabe S, Katsura H, et al. 2012. A replication-incompetent PB2-knockout influenza A virus vaccine vector. Journal of Virology, 86: 4123-4128.

Wagner E, Engelhardt O G, Weber F, et al. 2000. Formation of virus-like particles from cloned cDNAs of Thogoto virus. Journal of General Virology, 81: 2849-2853.

Watanabe T, Watanabe S, Kim J H, et al. 2008. Novel approach to the development of effective H5N1 influenza A virus vaccines: use of M2 cytoplasmic tail mutants. Journal of Virology, 82: 2486-2492.

Watson S J, Welkers M R, Depledge D P, et al. 2013. Viral population analysis and minority-variant detection using short read next-generation sequencing. Philosophical Transactions of the Royal Society B: Biological Sciences, 368: 20120205.

Wise H M, Barbezange C, Jagger B W, et al. 2011. Overlapping signals for translational regulation and packaging of Influenza A virus segment 2. Nucleic Acids Research, 39: 7775-7790.

Yamanaka K, Nagata K, Ishihama A. 1991. Temporal control for translation of Influenza virus mRNAs. Archives of Virology, 120: 33-42.

Ye J, Sorrell E M, Cai Y, et al. 2010. Variations in the hemagglutinin of the 2009 H1N1 pandemic virus: potential for strains with altered virulence phenotype? PLoS Pathogens, 6: e1001145.

Zhang X, Kong W, Ashraf S, et al. 2009. A one-plasmid system to generate influenza virus in cultured chicken cells for potential use in influenza vaccine. Journal of Virology, 83: 9296-9303.

Zheng D, Yi Y, Chen Z. 2012. Development of live-attenuated influenza vaccines against outbreaks of H5N1 influenza. Viruses, 4: 3589-3605.

Zhu H, Wang D, Kelvin D J, et al. 2013a. Infectivity, ransmission, and pathology of Human-isolated H7N9 influenza virus in ferrets and pigs. Science, 341 (6142): 183-186.

Zhu X, Yu W, Mcbride R, et al. 2013b. Hemagglutinin homologue from H17N10 bat influenza virus exhibits divergent receptor-binding and pH-dependent fusion activities. Proceedings of the National Academy of Sciences of United States of America, 110: 1458-1463.

Zobel A, Neumann G, Hobom G. 1993. RNA polymerase I catalysed transcription of insert viral cDNA. Nucleic Acids Research, 21: 3607-3614.

第十二章 副黏病毒科的反向遗传学

第一节 副黏病毒科的基本特征

一、病毒的分类

副黏病毒科（*Paramyxoviridae*）的病毒分布广泛，与许多动物和人类的疾病有关。根据副黏病毒的特性及其相关的血清学关系，目前将副黏病毒科分为2个亚科共计7个属：①新城疫样病毒属（*Avulavirus*），包括新城疫病毒和禽副黏病毒2～9型；②亨德拉尼帕病毒属（*Henipavirus*），包括亨德拉病毒和尼帕病毒；③麻疹病毒属（*Morbillivirus*），包括麻疹病毒、牛瘟病毒、犬瘟热病毒以及小反刍兽疫病毒等；④呼吸道病毒属（*Respirovirus*），如仙台病毒；⑤腮腺炎病毒属（*Rubulavirus*），如腮腺炎病毒；⑥肺病毒属（*Pneumovirus*），如人呼吸道合胞病毒；⑦间质肺病毒属（*Metapneumovirus*），如禽肺病毒。前5个属归类于副黏病毒亚科（*Paramyxovirinae*），后两属归类于肺病毒亚科（*Pneumovirinae*）。

二、病毒的颗粒结构

副黏病毒一般呈圆形，直径为150～350nm，有囊膜，囊膜上有直径8～12nm的纤突。病毒粒子常因囊膜破损而形态不规则，呈多形性和长达数微米的长丝状。病毒核衣壳由基因组RNA和辅助蛋白（NP蛋白、P蛋白、L蛋白）组成，呈螺旋样对称卷曲在囊膜内。副黏病毒的囊膜由3种蛋白组成，即基质蛋白M以及F、HN两种纤突糖蛋白（图

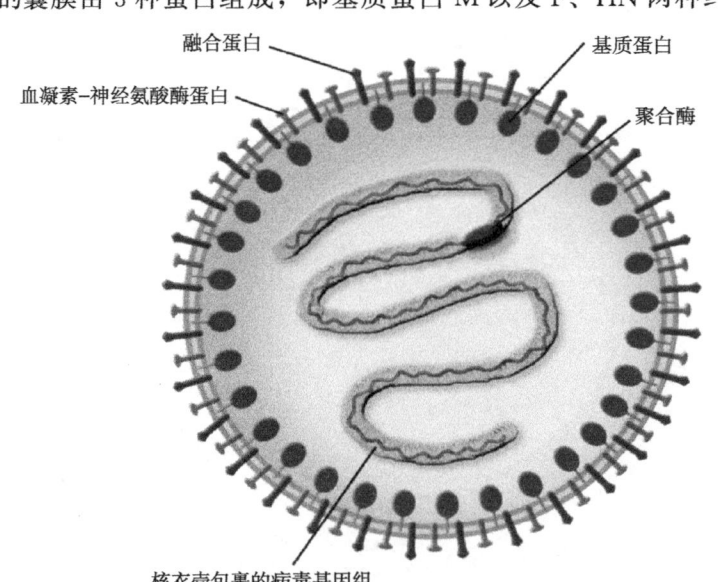

图 12-1 副黏病毒毒粒结构示意图

12-1)。另外，副黏病毒还可以通过 P 基因的 "RNA 编辑"产生一些有重要功能的附属蛋白，如 V 蛋白、W 蛋白、C 蛋白等。成熟病毒粒子中含有 70% 的蛋白质、20%～25% 的脂质、6% 的糖类和 0.5% 的 RNA（Knipe and Peter，2007）。

第二节　副黏病毒基因组结构及其表达产物

副黏病毒的基因组由一条单股负链不分节段的 RNA 分子组成，长度为 15 000～19 000bp，禽肺病毒含有 8 个基因、呼吸道合胞病毒含有 10 个基因（图 12-2）。病毒基因组的 3′端和 5′端的非编码区分别是由 50 个核苷酸组成的引导序列（leader）和尾随序列（trailer），在病毒的复制和转录过程中起重要的调控作用。在每个基因的 5′端均有基因启始区（GS），在 3′端含有基因终止区（GE），在两个基因之间还有基因间隔区（GI），上述调控序列在各属间有高度的同源性。大部分副黏病毒的基因组共编码三大类蛋白，即组成 RNP 的蛋白（NP/P/L）、囊膜蛋白（F/HN/H/G）和基质蛋白（M），此外还可以通过 RNA 编辑产生一些附属蛋白（V/W/C）（Conzelmann，1998）。

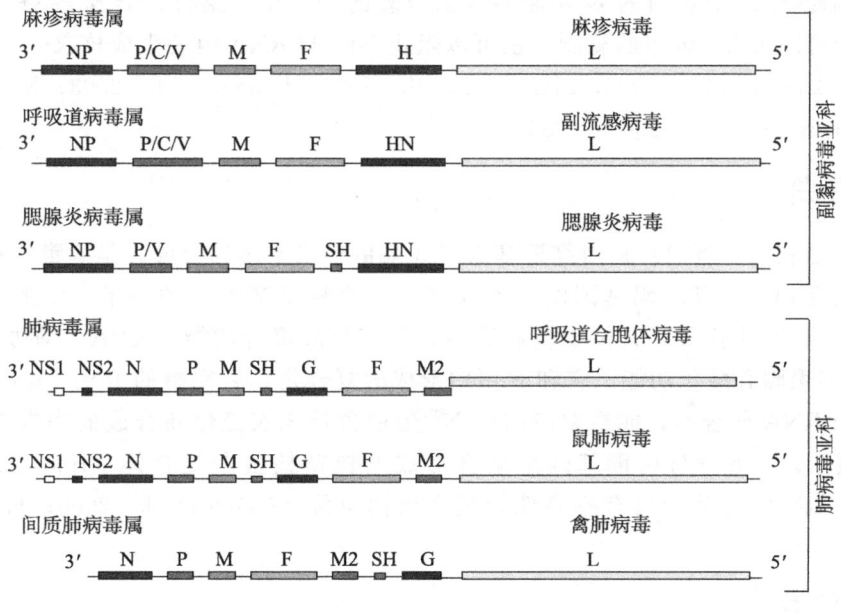

图 12-2　6 种副黏病毒的基因组结构示意图

一、NP 蛋白

核衣壳蛋白（NP）是所有副黏病毒科中除肺病毒属外第一个被翻译出的蛋白质，其由 489～553 个氨基酸组成，分子质量为 53～57kDa。NP 为 RNA 结合蛋白，它包裹病毒基因组 RNA 和反义 RNA 形成一个螺旋的核衣壳在转录和复制过程中充当模板，并能使 RNA 免受细胞内的 RNA 酶降解。核衣壳蛋白分子之间还可以相互作用，单独表达副黏病毒的核衣壳蛋白能形成核衣壳样结构。根据功能划分可以将核衣壳蛋白划分为两个区域：①核衣壳核心，为核衣壳蛋白的约前 400 个氨基酸，在所有副黏病毒中均含有一段高度保守的基序，F-X4-Y-X3-ϕ-S-ϕ-A-M（X 代表任意的氨基酸，ϕ 代表芳香族氨基酸）。核心区域参与核衣壳的自我组装，RNA 结合以及 RNA 的复制。②核衣壳尾部，位于核衣壳蛋白的 C 端，有 100 个左右的非保守氨基酸，在核衣壳蛋白形成螺旋结构中提供了柔性卷曲功能。尾部参与核衣壳蛋白与 L 蛋白及 P 蛋白的相互作用，对病毒基因组的复制有一定调控作用。

二、P 蛋白

磷蛋白（P 蛋白）是一种在 N 端的丝氨酸和酪氨酸位点高度磷酸化的蛋白，而且在副黏病毒科中长度变异比较大，其大小为 400~600 个氨基酸。P 蛋白含有一段高度变异区，可能与其在病毒生活周期中功能的多样性有关。该蛋白是 RNA 依赖的 RNA 聚合酶的两个亚单位之一，它与 L 蛋白形成的复合物具有完整的酶活性。P 蛋白可使 N 蛋白处于可溶状态，并使后者特异地与病毒 RNA 结合，形成 RNA 复制和转录的活性前体。P 蛋白的 C 端是 L-P、P-P 和 P-NP-RNA 之间相互作用的主要区域，该区域对病毒 RNA 的转录起重要调控作用。P 蛋白的 N 端能够与未组装的 N（N^o）结合，形成 P-NP^o 复合物，该复合物既可以激活基因组的复制，也可以阻止 NP^o 与 RNA 组装生成核衣壳（Morin et al.，2013；Bourhis et al.，2006；Blanchard et al.，2004；Longhi et al.，2003；Morin et al.，2013；Tarbouriech et al.，2000a；2000b）。

三、L 蛋白

聚合酶蛋白（L 蛋白）是由靠近基因组 5′端的转录本编码合成，是病毒颗粒中分子质量最大的蛋白质，其编码基因的长度几乎占整个病毒基因组的一半。L 蛋白含量很低，大约只有 50 个拷贝，其位于核衣壳内，具有核酸聚合功能、RNA 5′端加帽功能、RNA 3′端多聚腺苷酸化功能。它和 P 蛋白形成的复合物具有完整的 RNA 聚合酶活性。L-P 形成的 RNA 聚合酶，能根据游离的 N^o 蛋白含量来衣壳化新合成的病毒 RNA。N 蛋白、P 蛋白、L 蛋白与病毒基因组结合形成的核糖核蛋白复合体（ribonucleoprotein complexes，RNP）是病毒具有感染性的最小结构单位（Ogino et al.，2005；Harcourt et al.，2001）。

四、M 蛋白

基质蛋白（M 蛋白）是病毒粒子中含量最高的蛋白，其分子质量为 38.5~41.5kDa，是一种强碱性的疏水蛋白质（等电点为 14~17）。它位于囊膜内表面（非糖蛋白），一部分镶嵌在囊膜内，另一部分与核衣壳相邻，共同构成病毒囊膜的支架。在感染过程中，基质蛋白通过其兼性的 α 螺旋插入到双层脂膜的内层进而释放出 RNP。基质蛋白还可以通过与细胞膜、病毒囊膜糖蛋白的胞质区以及核衣壳的相互作用而参与病毒的出芽和释放，对形成具有感染性的病毒粒子至关重要。在一些持续性感染的副黏病毒中，若 M 蛋白活力丧失，则病毒粒子便不能正常释放（Liljeroos et al.，2011；Iwasaki et al.，2009；Schmitt and Lamb，2004；Takimoto and Portner，2004）。

五、F蛋白

融合蛋白（F蛋白）是副黏病毒重要的毒力蛋白和保护性抗原，由540～580个氨基酸组成。融合蛋白属于I型膜整合蛋白，N端为可被切割的信号肽序列，C端为疏水性的跨膜区；在信号肽和跨膜区之间有两个高度的疏水重复区HRA、HRB，两个区域间隔约250个氨基酸。融合蛋白以纤突形式呈现于囊膜外，由3条F蛋白单体铰合而成，分为头部、颈部和柄部3个区，侧面呈倒置的锥形，从顶部看呈正三角形。F蛋白能介导病毒囊膜与靶细胞膜融合，进而使病毒穿入细胞质脱去核衣壳进行复制，是病毒感染的必需蛋白。融合蛋白N端的信号肽序列能够引导新生多肽链穿过内质网膜，并通过C端的跨膜区将新生肽链锚丁在膜上，等待装配为成熟的病毒粒子（Colman and Lawrence，2003；McGinnes et al.，2003；Peisajovich and Shai，2003）。

在病毒粒子中融合蛋白以前体蛋白F0的形式合成，被裂解为F1和F2后才能发挥活性作用。裂解F0蛋白是副黏病毒感染和致病的前提，整个过程需要两个酶连续作用才能完成。首先是蛋白酶在C端的精氨酸残基处进行裂解，然后羧肽酶移除碱性氨基酸。根据序列的不同，副黏病毒的F蛋白分为多碱性氨基酸和单碱性氨基酸两大类裂解方式。多碱性氨基酸的位点被弗林蛋白酶所识别，在新合成的F0多肽自高尔基体转运过程中将其裂解；而单碱性氨基酸位点被存在于呼吸系统上皮Clara细胞分泌的类凝血因子Xa的酶识别并裂解（Rockwell et al.，2002；Nakayama，1997；Klenk and Garten，1994）。

六、吸附蛋白

吸附蛋白是副黏病毒重要的毒力蛋白和保护性抗原。呼吸道病毒属、腮腺炎病毒属和新城疫样病毒属的吸附蛋白既具有血凝素活性（HA），又具有神经氨酸酶（NA）活性，所以又被称为HN蛋白（张艳梅等，2005）。HN蛋白属于穿膜一次的II型膜整合蛋白，按功能可将其分为4部分：N端细胞质内嗜水性尾部、N端疏水性膜穿入部分、近膜端躯干部和C端的球形头部。成熟的HN蛋白通过躯干部的半胱氨酸残基形成四聚体结构。HN蛋白的头部是其主要功能区，包含蛋白的全部抗体识别位点以及受体结合位点和神经氨酸酶活性位点；受体结合位点位于近C端；神经氨酸酶结合域靠近躯干部。副黏病毒的HN蛋白是一种高度糖基化蛋白，其含有4～6个潜在的糖基化位点，糖基化作用对神经氨酸酶活性是必需的。血凝素活性负责病毒吸附到易感细胞上的唾液酸受体，这是病毒感染细胞的第一步；神经氨酸酶则有分解膜结合或糖结合的唾液酸的能力，它能破坏细胞受体，避免病毒粒子出芽时自我聚集，从而促进其释放。HN还可作用于病毒受体位点，使F蛋白充分接近而发生病毒与细胞膜的融合，并且这种促进F蛋白融合作用的启动功能具有种属特异性（Feng et al.，2011；胡顺林等，2007；刘玉良，2005；刘玉良等，2005）。

麻疹病毒的吸附蛋白仅有血凝素活性，故称为H蛋白，病毒的吸附依赖于H蛋白与细胞表面的受体分子CD46相互作用（刘玉良，2005）。呼吸道合胞体病毒的吸附蛋白既没有血凝素活性，也没有神经氨酸酶活性，称为G蛋白（Whelan et al.，2004）。

七、C 蛋白

除了腮腺炎病毒、新城疫病毒和肺病毒外，其余的副黏病毒都有 C 蛋白存在。它是由核糖体在翻译 P 基因时采用渗漏扫描机制选择内部的 AUG 启始翻译，合成的一系列长度为 175~215 个氨基酸且与 P 蛋白共 C 端的碱性蛋白质。研究表明 C 蛋白参与调控病毒 RNA 的合成，拮抗宿主细胞的抗病毒功能还对病毒粒子的释放起促进作用（Horikami et al., 1997；陈云霞等，2011；李少丽等，2009）。

八、V 蛋白

V 蛋白存在于仙台病毒和麻疹病毒等副黏病毒亚科中，大小为 25~30kDa。它是由于 P 基因在转录时添加一个额外"G"发生了 RNA 编辑现象而产生的一类与 P 蛋白共 N 端的富含半胱氨酸残基的小蛋白质。仙台病毒的 V 蛋白具有剂量依赖性抑制病毒基因组复制的活性，主要干扰基因组复制过程中 RNA 的衣壳化过程。

第三节 副黏病毒的繁殖与复制

一、病毒的侵染与融合

副黏病毒感染的第一步是吸附宿主细胞，这一过程是由囊膜表面糖蛋白介导，与其作用的受体多为宿主细胞表面含唾液酸。不同属的副黏病毒起吸附作用的糖蛋白有所差别：HN 蛋白（如新城疫病毒）、H 蛋白（如麻疹病毒属）、G 蛋白（肺病毒属）。病毒吸附于宿主细胞后，在另外一种 F 蛋白的介导下，将病毒囊膜与宿主细胞表面脂蛋白膜融合，具有感染性的核衣壳复合体释放到细胞质中。

二、病毒的转录与复制

副黏病毒的基因组 RNA 是负链的，不能用作转录和复制的模板。只有当基因组 RNA 与核蛋白结合形成核衣壳复合物（RNP）以后，才能被 RNA 依赖的 RNA 聚合酶识别并作为转录和复制的模板。一方面，基因组 RNA 在 RNA 聚合酶作用下，转录为一系列正链的 mRNA [3′端均带 poly（A）]，合成相应的病毒蛋白成分；与此同时，以正链 RNA 为模板生成负链的病毒基因组 RNA（图 12-3）。

因为副黏病毒复制过程中，需要 N 蛋白包裹基因组，保护其不被细胞内核酸酶降解。所以曾推测增加可溶性 N 蛋白的数量可以启动从转录到复制的转换。但关于 RSV 的研究表明，N 蛋白的增加并不能改变复制和转录的比率。有研究表明，负链 RNA 病毒的转录和复制是一对相互平衡而不是相互转换的进程（Ge et al., 2007）。

在总核苷酸数能被 6 整除（6 碱基原则，rule of six）的情况下，大多数副黏病毒都能有效复制（Harcourt et al., 2001）。但不同属的病毒遵守"rule of six"的严格程度不同，如腮腺炎病毒属、呼吸道病毒属和麻疹病毒属相对较严格，肺病毒属的 RSV 却

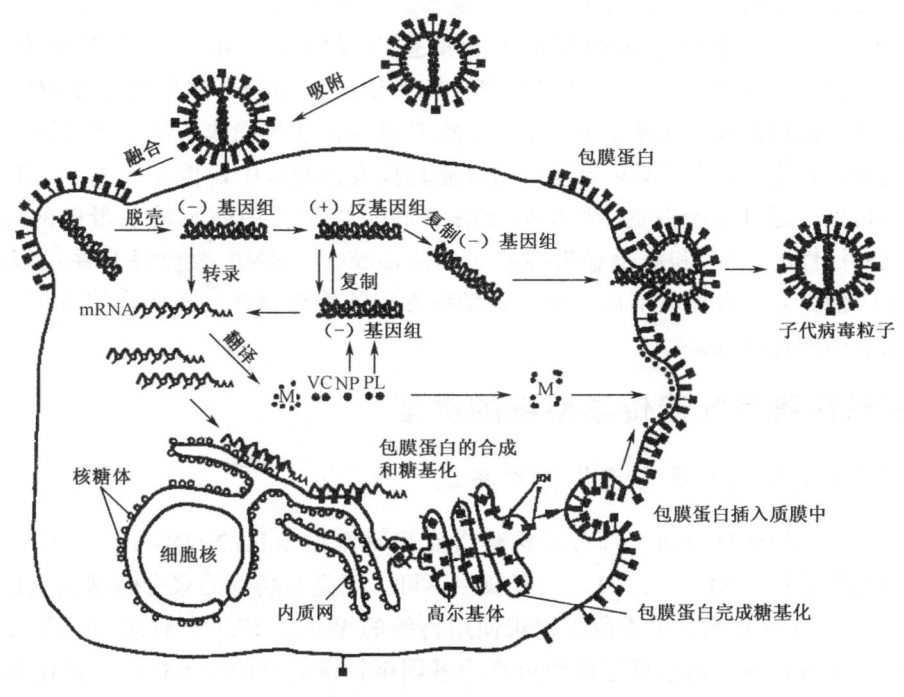

图 12-3 副黏病毒繁殖与复制示意图

完全不遵从。

三、病毒颗粒的装配与出芽

副黏病毒核衣壳的装配是在细胞质中进行的,新合成的 NP 蛋白、P 蛋白和 L 蛋白在细胞质内与复制产生的基因组 RNA 结合,形成核糖核蛋白复合体(RNP),即核衣壳。病毒粒子的囊膜形成于宿主细胞表面。病毒糖蛋白(如 NDV 的 F 蛋白和 HN 蛋白)首先被运往内质网和高尔基体并在该处被糖基化,然后糖基化的病毒糖蛋白通过替换脂质双层中许多内源的细胞蛋白质而呈现于宿主细胞表面。当核衣壳靠近细胞膜被修饰的区域时,病毒颗粒从细胞表面出芽,形成完整的带有囊膜的病毒粒子(图 12-3)。研究表明,M 蛋白在 RNP 的形成及病毒粒子的出芽过程中起到连接 RNP 和囊膜糖蛋白的桥梁作用。

第四节 新城疫病毒反向遗传学系统的建立

根据副黏病毒反向遗传学的构建过程和研究历程,可将其划分为 3 个阶段:①微型基因组反向遗传操作系统。这是所有副黏病毒在建立感染性克隆平台的前期必备工作,目前该平台依然是研究病毒的复制和翻译调控机制的有力工具。②基于 T7 RNA 聚合酶的反向遗传操作系统。此系统是将病毒的全长序列克隆置于含有 T7 启动子的转录载体中,再与 NP、P、L 3 个辅助质粒共转染预先感染有表达 T7 RNA 聚合酶的辅助病毒的细胞或稳定表达 T7 RNA 聚合酶的细胞系。通过 T7 RNA 聚合酶转录出的病毒全长 RNA 和参与病毒蛋白合成的所需聚合酶蛋白（NP、P 和 L），组装成有活性的 RNP，进而完成病毒的拯救。T7 RNA 聚合酶系统已成为当今副黏病毒拯救中应用最成熟和广泛的拯救系统。③基于 RNA 聚合酶 II 的反向遗传操作系统。此系统是将病毒的全长克隆序列置于含有 CMV 启动子的普通真核表达载体中，再与 NP、P、L 3 个辅助质粒共转染。通过细胞内的 RNA 聚合酶 II 转录出全长序列及辅助蛋白的 mRNA，再组装成有活性的 RNP 和获得感染性的子代病毒粒子。RNA 聚合酶 II 系统以其独特的优越性，使副黏病毒拯救不再借助于辅助病毒或特殊细胞系。在此介绍 NDV 反向遗传操作系统的构建过程。

一、副黏病毒反向遗传学系统的类型

（一）微型基因组反向遗传操作系统

副黏病毒的拯救分为两大部分：构建含有病毒精准全长的 cDNA 克隆和得到有活性的 3 个辅助质粒（NP、P、L），二者缺一不可。而副黏病毒的聚合酶基因（L）一般长达 6～7kb，在现有的技术手段下很难使用传统的 WB 或 IFA 来验证如此庞大的真核表达质粒是否有活性。而微型基因组可作为基因组转录复制的特异指示系统用来鉴定相关顺式元件的功能并间接反映所构建的辅助质粒是否有功能。微型基因组保留病毒的顺式作用元件和调控区〔一般为病毒基因组两端的非编码区（non-coding region，NCR）〕，多使用 CAT、X-gal、SEAP 或 GFP 等报告基因代替中间的编码区，而且都是将报告基因反向连入启动子下游，以避免非特异性表达（图 12-4）。由于两端含有必需的调控序列，与辅助质粒共转染后能与全长克隆一样复制和转录，而且报告基因的插入方向与启动子的转录方向相反，故当微型基因组转录成 RNA 后，只有在病毒的 RNA 聚合酶作用下，才能生成微型基因组反义链 RNA 进而最终表达出报告基因蛋白。再通过检测报告基因的表达，可以反映辅助质粒能否装配成功能性的（Feng et al.，2011；陈云霞等，2011；李少丽等，2009；Peeters et al.，2000）。

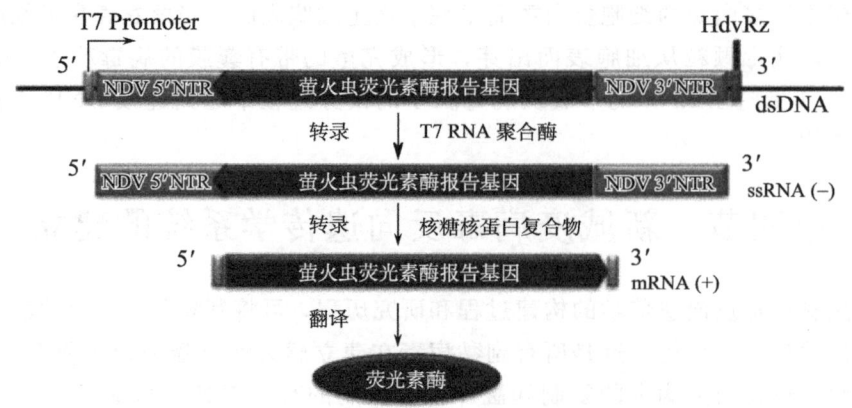

图 12-4　NDV 微基因组拯救策略示意图

起初 Peeters 等（2000）报道将碱性磷酸酶（SEAP）报道基因反向插入到转录载体 pOLTV5 中，SEAP 的两端分别添加 NDV LaSota 株的 leader 和 trailer 序列，构建了该毒株的微型基因组。随后在 trailer 与 SEAP 之间插入了一系列不同长度（相差 1 个核苷酸）的接头（adapter），得到了一组不同长度的微型基因组；随后分别与 3 个辅助质粒共转染，结果最终只有长度为 6 的整数倍的微型基因组能够检测到 *SEAP* 基因的表达，结果首次证实 NDV 的复制严格遵循"6 碱基原则"。此外 Jiang 等（2009）按照相同的思路构建了含有 *GFP* 基因的 V4 株微型基因组，他们先将微型基因组与辅助质粒共转染然后再分别感染 3 株不同的 NDV 病毒；同时设立只转染微型基因组的阴性对照组，并在 48h 后统一收集细胞上清。随后将收集到的细胞上清再感染 BHK-21 单层细胞，发现转染微型基因组并感染有病毒的实验组收集的细胞上清感作 BHK-21 细胞 48h 后有绿色荧光，而同一时间点观察的阴性对照组无荧光。上述结果表明 NDV 两端的非翻译区不仅对病毒的复制和翻译起调控功能，同时也在病毒的包装过程中扮演重要角色。

（二）基于 T7 RNA 聚合酶的反向遗传操作系统

T7 RNA 聚合酶（T7 RNA polymerase）是一种由 T7 噬菌体编码 RNA 的聚合酶，长度为 883 个氨基酸，分子质量约为 99kDa。专门催化 $5'\to 3'$ 方向的 RNA 合成过程，速度约为 20nt/s，显著高于大肠杆菌的 RNA 聚合酶。T7 RNA 聚合酶所识别的启动子（promoter）是 $-17\sim 6$ 位的一段 23bp 的高度保守序列，通常为 5'-TAATACGACTCACTATAGCGAGA-3'。T7 RNA 聚合酶具有高度启动子专一性，即只会转录 T7 启动子下游的 DNA。转录一旦开始，聚合酶就沿模板向前移动合成 RNA，直到遇到终止子（terminator）序列，便停止向新合成的 RNA 链添加核苷酸，此时合成好的 RNA 链从 DNA 模板上解离。T7 RNA 聚合酶终止子序列目前已经得到破译，其核心功能区长为 47bp，序列为 5'-CAAAAAACCCC TCAA-GACCCGTTTAGAGGCCCCAAGGGGTTATGCTA -3'。终止过程需要所有维持 RNA-DNA 杂交的氢键断裂，然后 DNA 重新形成双螺旋。镁离子（Mg^{2+}）是 T7 RNA 聚合酶的辅助因子，牛血清蛋白及精胺则是该酶的激动剂（Li et al., 2011；Wang et al., 2012；陈云霞等，2011）。基于 T7 RNA 酶其转录具有严格的转录特异性及合成高效性等优点，目前已被广泛用于构建副黏病毒的全长 cDNA 转录载体。

虽然 T7 启动子有高度的识别专一性，但如果将全长克隆置于 T7 启动子和 T7 终止子之间的情况下，其转录出的 RNA 势必带有非目标序列。副黏病毒两端的非翻译区是病毒复制和翻译的重要调控区，且副黏病毒的复制严格遵循"6 碱基原则"，故如果引入冗余序列可能会影响病毒的转录或翻译，进而对病毒拯救造成风险。为了能够转录出精准的全长序列，研究者通常在构建副黏病毒全长克隆时会在两端分别引入具有自我切割功能的核酶序列。通常在病毒序列的 3'端要添加锤头状核酶（5'-GTTGTTAACG-CAACACTGATGAGGCCG AAA GGCCGAAACTCCGTAAGGAGTC-3'）；Ham 在转录完成后能在 3'的"C"碱基后发生特异性自我剪切（Meyer et al., 2006；Myer and Young, 1998）。而在病毒序列的 5'端通常会引入丁型肝炎核酶（HDV 5'-TGGCCG-GCATGGTCCCAGCCTCCTCGCTGGCGCCGG CTGGGCAACATTCCGAGGGGAC-

CGTCCCCTCGGTAATGGCGAATGGGACCCA-3′）；HDV 在转录完成后能在 5′的 T 碱基之前发生特异性自我剪切（Peeters et al.，1999；Romer-Oberdorfer et al.，1999）。在两端添加核酶序列后，经 T7 RNA 聚合酶转录出的病毒全长 RNA 链，会在两端核酶的切割下自动去除冗余序列。

然而 T7 RNA 聚合酶是 T7 噬菌体所特有的编码产物，普通的哺乳动物细胞根本不表达该聚合酶。为了能在哺乳动物细胞中表达 T7 RNA 聚合酶，研究者们利用各种基因工程手段构建出能表达 T7 RNA 聚合酶的重组痘病毒（vTF7-3、MVA-T7、FPV-T_7）。在细胞转染全长克隆和辅助质粒之前预先感染一定量的重组痘病毒，就能使细胞持续表达外源 T7 RNA 聚合酶并能完整地转录在全长克隆 T7 启动子下游的所有 DNA 序列。随后转录出的 RNA 与辅助质粒提供的 NP 蛋白及病毒自身的 RNA 聚合酶复合物（P-L）相结合形成功能性的 RNP，此时病毒的复制启动，便会源源不断地产生新的子代病毒（陈云霞等，2011）。

虽然痘病毒表达系统具有在细胞质中转录和复制、其自身携带一整套转录体系，能容纳较大片段外源 DNA 及感染宿主范围广泛等优点，但痘病毒/T7 RNA 聚合酶系统也有局限性，首先痘病毒的复制可能干扰被拯救病毒的产生；另外在感染时会产生细胞病变效应（CPE），可能导致外源基因的表达并非是一个连续过程，造成外源病毒还未被拯救、转染的细胞已破裂的情况。因此，许多学者寻求更为安全的替代系统，如①复制缺陷型痘病毒/T7 RNA 聚合酶系统：它是一种源自 Ankara 的复制缺陷型、有严格宿主范围限制的痘病毒，感染细胞后不能产生子代病毒颗粒，不会裂解宿主细胞，从而仅作为表达 T7 聚合酶的载体；②构建稳定表达 T7 聚合酶的细胞系：T7 聚合酶的细胞系的应用极大地方便了病毒的拯救，使得往此细胞系转染含病毒基因组 cDNA 克隆和辅助表达质粒就可以拯救出病毒。将含有 T7 RNA 聚合酶的真核质粒转染 BHK-21 细胞，使用新霉素加压筛选，得到一株稳定表达 T7 RNA 聚合酶的细胞——BSR/T7-5，该细胞系目前在副黏病毒中应用最为广泛（Panda et al.，2004；Al-Garib et al.，2003）。

值得一提的是，Gao 等（2008）在基于 T7 RNA 聚合酶的平台基础上，开发出一种更加容易操作的 NDV 拯救系统。他们将 NDV 弱毒 B1 株的 3 个外部基因 *M*、*F*、*HN* 和 *GFP* 基因连入一个带有 T7 启动子的转录载体中；3 个内部基因 *NP*、*P*、*L* 和 *RFP* 连入另一个带有同样启动子的转录载体，然后将这两个含有全长序列的转录载体和 NP、P、L 3 个辅助质粒共转染至表达有 T7 RNA 聚合酶的细胞中，结果拯救出稳定表达黄色荧光的 NDV。重组病毒的生长特性与母本病毒一致，以上结果证明将 NDV 的全长基因组分成两个独立的片段再与辅助质粒共转染也能够完成感染性 RNP 的组装。副黏病毒基因组比较庞大，构建全长 cDNA 克隆需要分多次扩增拼接，而且还容易引入突变造成病毒拯救失败，如果能将病毒 RNA 分别克隆于两个质粒进行转录，这将大大简化病毒拯救的流程和提高成功系数。

（三）基于 RNA 聚合酶 II 的反向遗传操作系统

虽然 T7 RNA 聚合酶系统在副黏病毒拯救中广泛应用，但因其需要预先感染携带 T7 RNA 聚合酶的重组痘病毒或转染能表达 T7 RNA 聚合酶的特定细胞系，使得操作较为烦琐且容易造成外源病毒污染，尤其是对拯救某些具有严格细胞适应性的病毒造成很大障碍。为了解决上述难题，研究者们尝试建立一种仅借助于细胞内 RNA 聚合酶的副黏病毒拯救系统。RNA 聚合酶 II 位于细胞核的核质内，是一个由 12 个亚基组成的分子质量为 550kDa 的大蛋白，负责合成 mRNA 的前体即不均一核 RNA（hnRNA）。它是目前应用最为广泛的转录系统之一，当今商品化的真核转录载体绝大多数都是基于 RNA 聚合酶 II 这一系统所建立。最为常见的 RNA 聚合酶 II 启动子为人的巨细胞病毒（Human cytomegalovirus，hCMV）启动子和猿猴病毒 40（simian virus40，SV40）启动子。大多数 RNA 聚合酶 II 启动子具有一个被称为 TATA 盒（TATA box）的序列，位于起始位点上游约 25bp 处，此元件距起始位点的位置相对固定并可以在所有真核生物中找到。RNA 聚合酶 II 的转录产物是在 3′端切断，然后腺苷酸化新合成的 RNA，而并无明显的 RNA 转录终止信号（Meyer et al.，2006；Myer and Young，1998）。

Li 等（2011）将 NDV 的 I 系苗 Mukteswar 依照传统模式构建了利用 T7 RNA 聚合酶转录的全长克隆，转染表达 T7 RNA 聚合酶的 BSR-T7 细胞，病毒拯救获得成功。他们同时还将此毒株的全长序列置于 CMV 启动子后和牛生长激素（BGH）的 poly(A) 之间，将此质粒转染普通的 BHK-21 细胞后，在细胞内 RNA 聚合酶 II 的作用下，产生了具有精准末端的反义基因组序列，同样获得了有感染性的病毒粒子；而且比较发现后者的拯救效率显著高于前者。

二、NDV 反向遗传学系统的建立

总体而言，建立 NDV 反向遗传操作技术体系主要包括全长克隆的构建，NP、P 和 L 3 个辅助质粒的构建，及共转染拯救病毒粒子和新生病毒有关特性的鉴定等内容。

（一）全长 cDNA 分子克隆的构建

构建全长 cDNA 克隆就是通过反转录-聚合酶链反应（RT-PCR）扩增副黏病毒基因组的 cDNA 片段，利用其内部的某些限制性酶切位点，将 cDNA 片段顺次相连并克隆于合适的载体中，获得病毒基因组的全长 cDNA 克隆。将其转染适当细胞后，全长 cDNA 克隆在启动子和 RNA 聚合酶的作用下，便会转录出 cRNA 序列。

副黏病毒基因组平均长度为 15～19kb，其长度仅次于冠状病毒。因此在构建其全长 cDNA 克隆时会遇到下列问题：①缺少合适的载体。限制性酶切位点的局限性，造成很多载体不适合直接用于构建全长 cDNA 克隆；此外构建全长 cDNA 克隆的载体不仅能稳定地容纳大片段的外源序列，还要能较容易地抽提到高浓度的质粒。②难以获得精准的序列。由于 DNA 聚合酶的限制，通过 RT-PCR 扩增全长 cDNA 容易出现错配，若要得到完全保真的序列需挑取大量的克隆反复测序进行比较。③全长质粒的不稳定性。完整的副黏病毒全长 cDNA 质粒一般为 20kb 左右，如此大分子质量的质粒在复制过程中会对宿主细胞 DNA 的复制产生较大的代谢负荷，可能会导致大肠杆菌的稳定性降低，从而使全长质粒容易丢失或与宿主基因组发生重组。

随着生物技术的发展，当前使用高效的高保真反转录酶和 DNA 聚合酶大大提高了 RT-PCR 的效率、降低了错配概率。现在有些适用于扩增长片段的高保真聚合酶，可一次扩增10kb以上，Angela等在构建NDV Clone30全长克隆时，就一次性扩增出了NP、P、M、F和HN 5个基因长达9kb的片段。虽然长距离扩增得以实现，但DNA聚合酶由于扩增效率和保真性能反比，为了避免出现碱基的插入、缺失以及突变，目前研究者仍然谨慎地采用"分段克隆再拼接"的策略构建副黏病毒的全长cDNA克隆。

具体方法是将病毒的全长cDNA根据合适的酶切位点将其分成几个片段（大小在2000~3000bp为宜，过短将会造成要拼接的片段增多，过长将会使扩增的保真性降低）进行扩增。设计引物时，在引物的5′端添加合适的酶切位点，先将各片段都连入T载体进行测序。测序时每个片段至少有3个以上阳性克隆，若显示某一位点有变化，则应比较所有的测序结果，并采取"少数服从多数"的原则来确定最终的测序结果。然后将测序正确的阳性质粒按照全长cDNA上的酶切位点，酶切依次连接，最后再克隆到复制严谨性较高的低拷贝转录载体上。

由于副黏病毒基因组较长，很难根据已有的商品化载体中的多克隆位点寻找合适的单一酶切位点。因此在引物上添加酶切位点时，通常采取两种策略：①选用一些特殊的限制酶（如 Bbs I 和 Bsm B I），它们都具有切割区域较长且是"柔性"识别的特性，此外利用这些特殊酶切位点连接的片段不会引起全长序列发生变化；②在序列上人为地突变出几个新的酶切位点，这无疑方便了全长克隆的构建，与此同时也可以作为获救病毒的分子标记，但这种在全长克隆中引入新酶切位点的方法，是以突变为代价的，带有一定的盲目性，所以突变区域一般要避开编码区以及3′端与5′端的调控区，而倾向于非编码区。

一般商品化的载体中携带的多克隆酶切位点有限，而且大都并不适用于构建全长cDNA克隆，此外还需经过多次PCR添加的两端的核酶序列，以及通过PCR一次扩增出分别含有3′端与5′端的非翻译区的长片段比较困难，这都使得已经烦琐的构建过程变得更漫长。随着生物技术的快速发展，基因合成的价格已被广大研究者接受，因此使用基因合成的方法改造载体不失为一个构建感染性克隆的新途径。目前许多学者在构建全长cDNA克隆之前首先进行的工作便是合成带有核酶、转录增强信号、适用于目标毒株的酶切位点，甚至是两端难以扩增的非翻译区的一段序列。最后将此段序列置于骨架载体的启动子和终止子之间，便完成了载体改造过程，采用这种方案将大大加快构建全长cDNA克隆的速度。

由于转录具有不对称性，全长cDNA转录后产生的RNA有两种，一种为病毒基因组RNA（vRNA），另一种为与之互补的反义基因组RNA（cRNA）。当转录产物是vRNA时，辅助质粒编码的蛋白质会与之结合，形成RNP复合物启动各结构基因mRNA的转录，并在细胞内核糖体的作用下翻译成对应的蛋白质。当新合成的NP蛋白与vRNA中顺反子间隔区结合后，聚合酶（P-L复合物）将vRNA转录为cRNA并以此为模板复制出vRNA，与已合成的结构蛋白装配成子代病毒。当转录产物为cRNA时，辅助质粒编码的蛋白质会与之结合，启动vRNA的复制，其中一部分vRNA可形成功能性RNP，转录出结构基因的mRNA并最终翻译出对应蛋白质；而另一部分的vRNA可以直接与已合成的结构蛋白装配形成子代病毒粒子。因此当转录物为cRNA时病毒的拯救效率会有明显提高（胡顺林等，2007；刘玉良，2005）。

（二）辅助表达质粒的构建

在自然感染过程中，病毒颗粒中的（－）RNP 既是 mRNA 的转录模板又是（＋）RNP 的合成模板。因此从全长 cDNA 克隆到拯救出具有感染性病毒的另外一个重要环节是转录出 RNA 装配成功能性 RNP。功能性 RNP 的形成必须要有 NP 蛋白、P 蛋白和 L 蛋白的共同参与，一般选择高效的真核表达载体（如 pcDNA3.1 和 PCI）作为构建辅助质粒的骨架。在构建时 *NP* 和 *P* 基因长度仅 1kb 左右，操作相对容易，使用普通的克隆方法即可；由于 L 表达质粒长达 7kb，因此在构建过程中一般选择与全长 cDNA 克隆一样的分段克隆策略进行拼接。构建好的辅助质粒首先进行测序，然后与反向插入报道基因的微型基因组共转染细胞，如果微型基因组中的报道基因能够表达则表明辅助质粒功能正常，可以用于全长 cDNA 克隆的拯救。

（三）NDV 的拯救

目前根据全长 cDNA 克隆启动子的不同，可以将病毒拯救分为 T7 RNA 聚合酶依赖型和 T7 RNA 聚合酶非依赖型两种。而 T7 RNA 聚合酶依赖型又可细分为辅助病毒依赖型和辅助病毒非依赖型。在 T7 RNA 聚合酶依赖型中，如果 T7 RNA 聚合酶是由额外的辅助病毒提供，则在共转染质粒前需要预感染表达 T7 RNA 聚合酶的辅助病毒；若使用表达 T7 RNA 聚合酶的细胞系，则只需按转染试剂的说明书将全长 cDNA 克隆和 3 个辅助质粒共转染即可，这与 T7 RNA 聚合酶非依赖型操作相同。使用辅助病毒拯救出的病毒还需经过噬斑纯化的步骤除去杂病毒。

转染过程中 3 个辅助表达质粒之间的比例也会影响病毒的拯救效率，在已有的副黏病毒成功拯救的报道中 NP∶P∶L 的量从 20∶10∶1 到 1∶1∶2 不等，但是由于所用表达的载体和转染的试剂不一，因此没有各表达质粒之间固定的比例，要在实际操作中以不同比例优化的结果为准。但可以肯定的是由于形成 RNP 的过程主要就是对基因组进行衣壳化，因此所需 NP 表达质粒的量往往较 P 和 L 的要高。

（四）拯救病毒的鉴定

为了防止操作过程中出现野毒污染，需要对拯救病毒进行鉴定。通常的做法是在全长 cDNA 克隆中引入一个既不改变蛋白质序列又能区别亲本毒株的遗传标记（genetic marker），然后对拯救出的病毒进行鉴定，如果含有该遗传标记则表明是从全长 cDNA 拯救出的病毒。遗传标记一般选择酶切位点，而且大都选择非编码区或编码区的第三位碱基进行突变，带有酶切位点的拯救病毒，可以不用测序直接用酶切的方法与亲本病毒相区别。例如，在拯救 rLaSota 过程中，为区分拯救病毒和母本病毒，根据设计的遗传标记，使用 RT-PCR 法对拯救病毒进行了鉴定。扩增产物分别含有遗传标签 *Mlu* I 和 *Sna* B I 识别位点，可被相应的限制性内切核酸酶切开（图 12-5）。而从母本毒扩增的 PCR 产物是不能被切开的，进一步证明，病毒拯救获得成功。

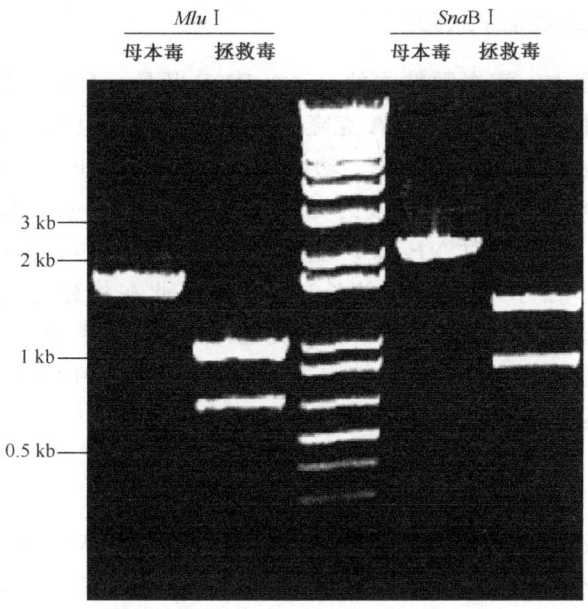

图 12-5　拯救的 rLaSota 病毒基因组中遗传标记的检测

第五节　犬瘟热病毒反向遗传学系统的建立

　　Gassen 等（2000）首次建立了 CDV 的体外拯救系统，其将含有 CDV Onderstepoort 株全长 cDNA 的重组质粒，与分别含有 N、P 和 L 蛋白编码基因的辅助质粒共转染 HeLa 细胞，成功拯救出与母本毒株具有相似生长特性的 rCDV。Plattet 等又构建了 CDV A75/17 株的感染性克隆，并将 GFP 成功插入 CDV 基因组中，拯救出能够表达 GFP 的重组病毒，为利用反向遗传学技术研究 CDV 的持续性感染和毒力减弱机理等提供了很好的操作平台。随着 RNA 病毒感染性克隆构建技术的日益成熟，越来越多的 CDV 反向遗传学操作系统被成功建立起来，并在此平台上对 CDV 开展了多方面研究，极大地推进了 CDV 及相关病毒的研究进程。在此，以 CDV Onderstepoort 株为例，简要介绍 CDV 反向遗传操作平台的建立过程。

一、细胞与毒株

　　Vero 细胞、HeLa 细胞；CDV Onderstepoort（OND-LP）株。

二、引物

　　构建 CDV 全长 cDNA 克隆及辅助质粒所使用的引物如表 12-1 所示。

表 12-1　拯救的 rLaSota 病毒基因组中遗传标记的检测

片段	引物	序列(5'-3')	内部限制性内切酶位点
N	emcn-1	CCT ACC Acc ATG GCT AGC CTT CTT AAA AGC	Nco I
	emcn-3	GGA CCT tGa TCa TAA GTT TTT TAT AAT GAG	Bcl II
P	emcp-1	CCC Tcc ATG GCA GAG GAA CAG GCC TAC CAT	Nco I
	emcp-2	GTC CTA AGa TcT TTA TAA TTG CTT TTA AGC	Bgl II
L	CDVL Nco I F	CTTTTAGCCATGGACTCTGTAT	Nco I
	CDVL BssH II R	TGGGGAAGCGCGCGAGTGACG	BssH II
	CDVL BssH II F	TCACTCGCGCGCTTCCCCAAGTAGTAGATA	BssH II
	CDVL Aat II R	AGGCCTTGACGTCAGAATTATTTCTTAGAGG	Aat II
	CDVL Aat II F	CAGAAAGACGTCAAGGCCTCAGAATTAAAGTC	Aat II
	CDVL Eco 47 III R	CTAATCAGAGCGCTATAACCTAATAATTTGAACC	Eco47 III
FL1	CDV-FL-MluT7	tca tcg acg cgt taa tac gac tca cta taA CCA GAC AAA GTT GGC TAA	Mlu I
	CDV-FL-Kpn I rev	agt caa tgg cgc gcC ATT TCC TTC GGA ATA	BssH II
FL2	CDV-FL-Kpn I for	TGG AAT ACG ATG TCA TGT TTA	
	CDV-FL-Sal I rev	tgg cgc gcC TGG GTT AAT GTC GAC ATT TG	BssH II /Sal I
FL3	CDV-FL-Sal I for	CAA ATG TCG ACA TTA ACC CAG	Sal I
	CDV-FL-Spe I rev	agt caa tgg cgc gcA CCT GTT GGC TTG CTA	BssH II
FL4	CDV-FL-Spe I for	TTA GCT TCG CTT CTA GGA ATC TCA	
	CDV-FL-Afl II rev II	agt caa tgg cgc gcC TGA GGA GAC TGC CAA	BssH II
FL5	CDV-FL-Afl II for	TAG GGA ACG CCC TTA AGA AAC T	Afl II
	CDV-FL-Hpa I rev II	agt caa tgg cgc gcG ACA TCT CTA TCT CTA	BssH II
FL6	CDV-FL-Hpa I for	TGA ACT CCG GAT GGC TTA CCA TTC	
	CDV-FL-Swa I rev	agt caa tgg cgc gcG ATT GTA CCT GAG GAA	BssH II
FL7	CDV-FL-Swa I for	TCA TGC ATC TCC TAT CAT CAG AAA	
	CDV-FL-Aos I rev	agt caa tgg cgc gcC TAT GTA TGG CAC CCT	BssH II
FL7/8	CDV-FL-Swa I for	TCA TGC ATC TCC TAT CAT CAG AAA	
	CDV-FL-Aoc I rev	agt caa tgg cgc gcT GAG CCT CTT CTA AGA TAT GT	BssH II
FL9	CDV-FL-SgiA I-tag	TTG TCT TCA ACC ACC GGC GAT TCG AAC ACC GT	SgrA I /tag: Csp451
	CDV-FL-Avr II rev	agt caa tgg cgc gcT TAT ATA ATA ACA TCT TG	BssH II
FL10	CDV-FL-Aoc I for	CTG ACA TAC CTA AGG AGA GGC TCA	
	CDV-FL-F9 rev	gcg cgc cca gcc ggc gcc agc gag gag gct ggg acc atg ccg gcc ACA AGA CAA AGC TGG GTA TGA	BssH II /Nar I
Spacer	5'-spacer	cgc cag tcg gcg gcc gca tag	Nar I (oh), Not I , BssH II (oh)
	3'-spacer	ggt cag ccg ccg gcg tat cgc gc	BssH II (oh), Not I , Nar I (oh)

三、重组质粒的构建

首先使用高保真酶扩增 CDV 的基因组序列，将 PCR 产物克隆到 T 载体中测序以后，再亚克隆到 pBS SKII 或 pEMC 载体中。其中 CDV 的 N、P 和 L 基因克隆入 pEMC，获得 3 个辅助质粒。CDV 的全长基因被分成 12 段扩增出来，最后装配在 pBS SKII 中，获得含有 CDV 全长 cDNA 的重组质粒：p（+）CDV，具体连接策略如图 12-6 所示。在 p（+）

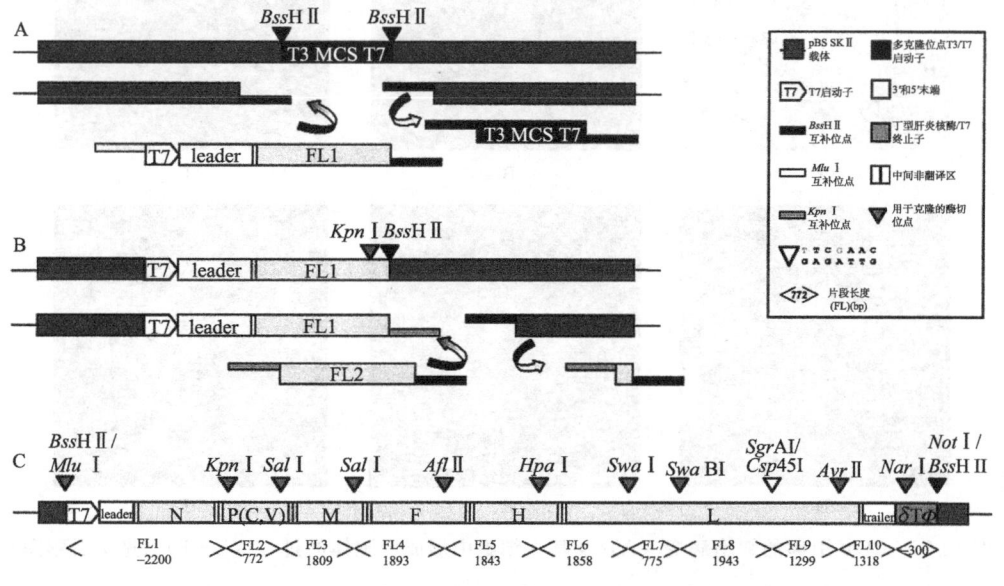

图 12-6　CDV 反向遗传操作系统构建策略示意图

CDV 中，T7 启动子位于前导序列（leader）的上游，在尾随序列（tralier）下游为丁型肝炎的核酶序列。这些元件序列的引入保证了 CDV 基因组经转录后，具有精确的末端序列，这是成功拯救 CDV 的前提。

四、病毒拯救

转染前 1 天，将 HeLa 细胞分种于 6 孔板，待其融合度达到 80% 时，更换 Optimem 培养基，培养 30min 后，用表达 T7 RNA 聚合酶的牛痘病毒（MVA-T7）感染细胞 30mim；与此同时，按如下比例准备转染试剂与质粒的混合物：将 8μL Lipofectin 试剂与 92μL Optimem 培养基预先混合，再将质粒混合物 [1.5μg pEMC-N，1.5μg pEMC-P，0.5μg pEMC-L 和 5.0μg p（+）CDV] 加入 100μL Optimem 培养基；将感染细胞的 MVA-T7 及其培养基移去后，将脂质体与质粒混合物混匀，加入细胞培养板中再补加 2mL Optimem，于 37℃ 培养 16h，更换培养基。48h 以后，每孔加入 5×10^4 个 Vero 细胞，继续培养，第 3 天取培养上清接种新鲜 Vero 细胞，扩增拯救病毒。

五、拯救病毒鉴定

在显微镜下可以观察到拯救病毒在 Vero 细胞中产生与母本毒株 OND-L 类似的合胞体。使用特异性的抗体检测 rCDV 在细胞中的表达，结果显示 CDV 所有的结构蛋白在细胞中都获得表达。同时，IFA 结果还揭示 rCDV 在感染过程中形成合胞体的进程图（图 12-7）。

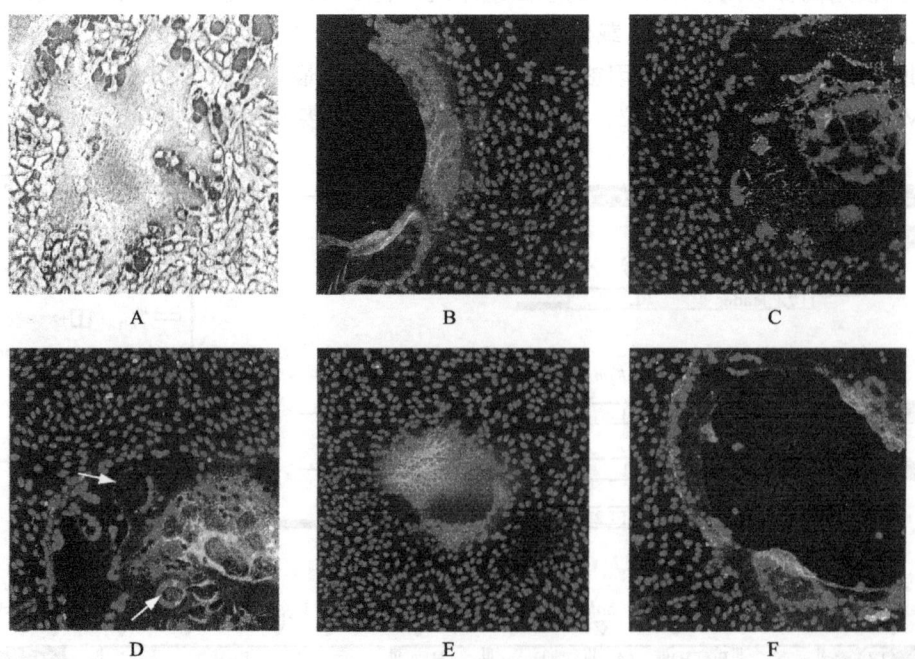

图 12-7 rCDV 引起的细胞病变（A）及其在细胞中形成合胞体的过程（B~F）（见文后彩图）

为了进一步验证拯救病毒来自于转染的质粒，Gassen 等（2000）对 L 蛋白中预先设计的基因标签（Csp45I 识别位点）进行检测（图 12-8）。首先用 RT-PCR 方法扩增含有该标签的基因序列（1733bp），然后用 Csp45I 消化该 PCR 产物，结果如预期一样，PCR 产物可以被切割为 354bp 和 1379bp 两个片段，而来自于母本毒株的 PCR 产物则不能被切开，证明拯救病毒确实来自转染质粒。通过比较 rCDV 和 OLP 的一步生长曲线，发现该重组病毒与母本毒具有相似的生物学特性，这为进一步对 CDV 进行反向遗传操作奠定了基础。

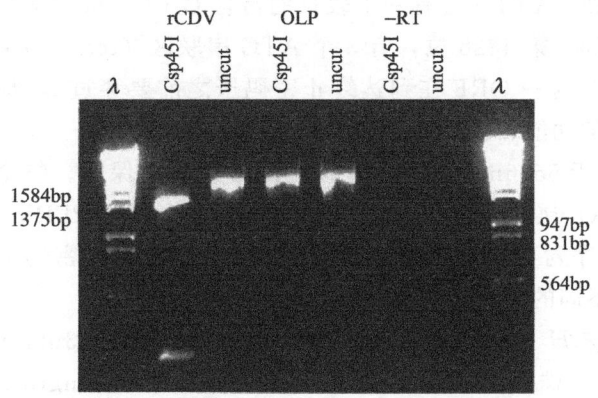

图 12-8　对 rCDV 基因组中遗传标记的检测

第六节　小反刍兽疫病毒反向遗传学系统的建立

一、小反刍兽疫病毒基因组结构特征

小反刍兽疫病毒（Peste des petits ruminants virus，PPRV）属于副黏病毒科麻疹病毒属，其基因组为单股负链无节段 RNA，基因组全长 15 948bp，RNA 链从 3′至 5′依次分布着 N-P-M-F-H-L 6 个基因，共编码核蛋白（N）、磷蛋白（P）、基质蛋白（M）、融合蛋白（F）、血凝素（H）、大蛋白（L）6 种结构蛋白和 2 种非结构蛋白（C 和 V）。PPRV 的 6 个基因之间有一定的间隔序列，除 H-L 基因之间以 CGT 分隔外，其余基因之间都以 CTT 相分隔；除 F 基因以 AGGG 序列开始外，其他基因均以 AGGA 的序列开始，且这 6 个基因都是以 AAAA 的扩展序列结束（图 12-9）。

N 基因的开放阅读框（open reading frame，ORF）开始于 108nt，结束于 1685nt。Nigeria 75/1 株 N 基因长 1674nt，有一个 poly（A）尾，在 3′端和 5′端分别有 53nt 和 43nt 的非编码序列，Nigeria 75/1 株与 Sungri/96 株 N 基因的同源性为 91.1%。在 N 基因 ORF 终止子下游的第 52 个碱基处，有一多聚的 U 序列（1739nt～1744nt），U_6GAAUCC 序列在麻疹病毒属中具有高度的保守性，是终止和多腺苷酸化的信号。序列分析发现，除了 M/F、F/H 之间连接的序列是 UGUUUUGAAUCC 外，多聚 U 序列贯通整个基因组。紧跟多聚 U 后是一个保守的三核苷酸序列（GAA），研究表明，该三核苷酸序列不仅是基因间隔区域,也是激活病毒多聚酶的重要信号。

在PPRV基因组中,在N基因三聚体的后面是P基因的起点,PPRV的P基因有两个重叠的可读框(ORF),可编码病毒结构蛋白P蛋白和非结构蛋白C、V蛋白。P基因中742nt～756nt序列(5'-TTAAAAGGGCACAG-3')在所有的麻疹病毒属中都相对保守。

M基因紧跟在P基因之后,基因全长1466nt,并且在阅读框中包含许多起始密码子(AUG),这些AUG能作为蛋白质翻译的起始密码子,M基因第1个AUG位于3438nt～3440nt,mRNA的3'端有一个较长的富含G+C(68.5%)的426nt的非翻译区。在阅读框第4326～第4328位,有3个ATG串联区(tctATGATGATGtca),启动一个长的ORF,但是这一ORF在到达终止密码子之前要穿过M基因,进入下一个基因(F),该阅读框的功能目前尚不清楚。

F基因ORF位于5526nt～7166nt,该基因序列高度保守。整个F基因长2321nt,包含了一个poly(A)尾,与麻疹病毒属的其他病毒一样,PPRV F基因内部有一个550nt富含G+C的序列(65.9%),F基因内包含4个ATG密码子,第2个密码子和第3个密码子位于不同的阅读框中。

不同PPRV毒株H基因长度不同,Nigeria75/1株为1943nt,印第安纳株H基因为1852nt,Sungri/96株为1954nt,其中Nigeria75/1株和Sungri/96株H基因同源性为90.7%,与麻疹病毒属其他病毒的同源性为33%～45%。

L基因是PPRV最后一个基因,也是最长的基因,PPRV Sungri/96株和Nigeria 75/1株L基因从启动子到终止子全长均为6643nt,两者的同源性为94.1%。

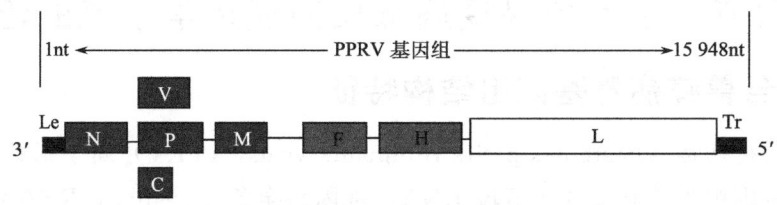

图12-9 PPRV基因组结构示意图

二、小反刍兽疫病毒反向遗传学系统的建立

在麻疹病毒属中,与其他成员相比,小反刍兽疫病毒的反向遗传操作系统建立得比较晚,Gassen等(2000)首次尝试用PPRV的H或/和F基因取代RPV的H或/和F基因,然后进行嵌合RPV的拯救,结果发现当单独取代其中一个基因时并不能在Vero细胞中成功地拯救出病毒,只有在同时置换两个基因后,才能成功拯救出嵌合病毒。提示F和H基因同时存在对于拯救麻疹病毒十分必要。Bailey等(2007)首次建立了PPRV的微型基因组,发现有效的微型基因组必须包括一些顺式元件、反基因组的启动子以及3个反式作用因子(辅助性蛋白):N、P和L。Yunus和Shaila(2012)从病毒感染细胞中提取和纯化的核糖核蛋白复合物(RNP)、N蛋白包裹的RNA模板

(N-RNA)，以及在昆虫细胞中表达的重组聚合酶复合物（L-P），将这些成分组合在一起建立了 PPRV 的体外转录系统；该系统可以在体外持续地转录出所有蛋白的 mRNA，并表现出梯度转录特性。最近，Hu 等（2012）首次构建了基于 RNA 聚合酶 II 的 PPRV 反向遗传学系统，并成功地将 GFP 基因插入 PPRV 基因组中，拯救出与母本毒具有相似复制特性的重组 PPRV，而且该重组病毒可以持续稳定。至此，PPRV 的反向遗传操作系统才算真正建立起来。在此简要介绍 PPRV 反向遗传操作系统构建的过程。

（一）重组质粒的构建

首先在 Vero 细胞中增殖 PPRV/N75/1 株，然后抽提病毒总 RNA，分 4 段扩增 PPRV 的全基因组（F1～F4），然后按照图 12-10 策略，将其依次插入 pCI 载体中，获得 PPRV/N75/1 的全长 cDNA 分子克隆。在此需要说明的是，为保证体内转录物 RNA 末端的精确性，作者将 PPRV 反基因组的 5′端和 3′端分别加上锤头状核酶（HamRz）和丁型肝炎核酶（HdvRz）核心序列，整个反基因组序列都受控于 CMV 启动子，所获得的重组质粒为 pN75/1（图 12-10）。除此之外，还分别将 PPRV 的 N、P 和 L 基因分别插入 pCAGGS 质粒，构建了相应的 3 个辅助质粒：pCA-N、pCA-P 和 pCA-L。

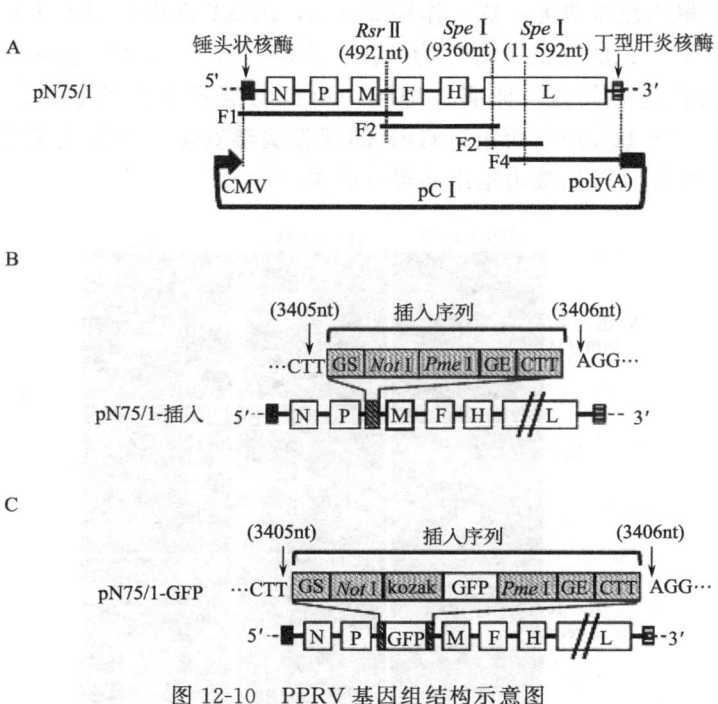

图 12-10　PPRV 基因组结构示意图

为了便于将来进行反向遗传操作，将一段含有起始基因-酶切位点-基因终止序列的外源插入片段插入到 M 基因的起始区域。GFP 基因即利用插入的酶切位点顺利地插入到 pN75/1 质粒中，获得 pN75/1-GFP 质粒（图 12-10）。

(二) PPRV 的拯救

将 BHK-21 细胞接种于 35mm 六孔板中,待融合度达到 50%～80%单层时,采用磷酸钙转染试剂 (Invitrogen) 将感染性克隆质粒 pCI-PPRV 及辅助质粒 pCI-N, pCI-P 和 pCI-L 分别以 5μg, 2.5μg, 1.25μg 和 1.25μg 的量共转染 BHK-21 细胞,转染后 8～12h,弃去转染混合物,用含 10% DMSO 的 PBS 溶液休克细胞 2.5min,加入完全 DMEM 培养液继续培养;3 天后将细胞刮下来,细胞悬液冻融两次后,取 300μL 接种于融合度约 70%的单层 Vero 细胞,感作 1h 后,再加入含 5%胎牛血清的 DMEM,5% CO_2 37℃培养 6～10 天,显微镜下观察细胞病变;待出现 CPE 时收获细胞悬液,作为种毒保存于-70℃。

(三) 拯救病毒的鉴定

拯救的子代病毒采用间接免疫荧光技术进行鉴定,Vero 细胞接种于 24 孔板中,待生长 70%～80%单层时,按 0.1 MOI 接种子代病毒,4 天后,PBS 洗涤细胞 2 次,3%多聚甲醛室温固定 30min。分别以 1:50 倍稀释的鼠抗 PPRV 全病毒高免血清和相应稀释倍数的非免疫鼠阴性血清为一抗,作用 30min,PRST 洗涤后加入 1:64 倍稀释红色荧光素 (TRTIC) 标记的兔抗鼠 IgG 为一抗,作用 30min,PBST 洗涤后用荧光倒置显微镜可以观察到红色的荧光。证明在细胞中有拯救病毒蛋白的表达,间接证明拯救 PPRV 获得成功 (图 12-11)。而重组 GFP 的拯救病毒直接就可以在荧光显微镜下通过观察绿色荧光来判断是否拯救出重组病毒 (图 12-11)。

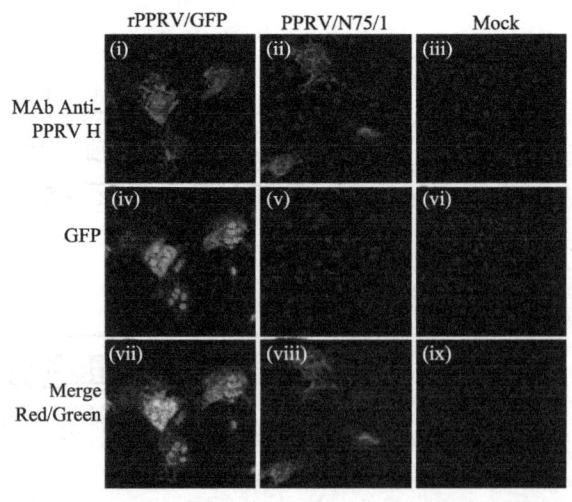

图 12-11 在荧光显微镜下观察 rPPRV 特异性蛋白及绿色荧光蛋白在细胞中的表达 (见文后彩图)

(四) 拯救病毒的稳定性及生长特性

为了检测携带外源基因重组病毒的稳定性及其在细胞中的复制能力是否受到影响,检测了两种重组病毒 (rPPRV/GFP 和 PPRV/N75/1) 在 Vero 细胞中的生长曲线,结果显示，二者没有明显差别。然后将重组病毒在细胞中连续传代增殖，结果发现 rPPRV/GFP 在 Vero 细胞中连续传代 10 次，不仅 GFP 仍然能够获得稳定表达（图 12-12A），而且其病毒的滴度与母本毒无显著差异（图 12-12B），证明所拯救的重组病毒是稳定的。

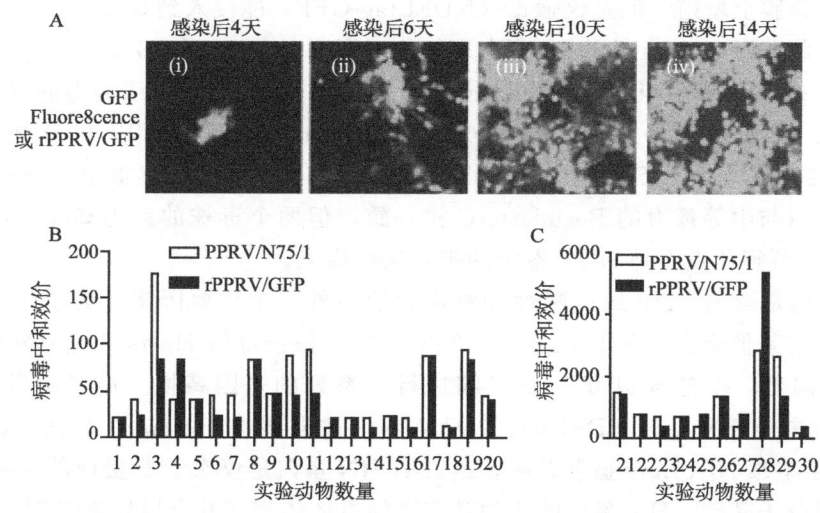

图 12-12　rPPRV/GFP 和 PPRV/N75/1 的稳定性及复制能力比较（见文后彩图）

第七节　反向遗传学在副黏病毒科研究中的应用

副黏病毒科病毒是一类十分重要的病毒，其宿主谱比较广，可引起多种动物和人发病。对于动物病毒来讲，新城疫病毒对养禽业的危害最为重大，所以人们对该病的研究历来都十分重视。副黏病毒的反向遗传研究系统建立得比较早，因此应用该系统研究副黏病毒所取得的成果也比较多，尤其是在构建新型病毒载体方面，NDV 已经被开发成为一种常用的病毒载体。

一、在致病机制研究中的应用

NDV 反向遗传研究系统的建立极大地促进了 NDV 致病机制的研究，目前总的结论是，影响 NDV 致病性的病原方面的因素是一种集成效应。F 蛋白裂解位点是决定 NDV 组织嗜性和致病力的重要因素但不是唯一因素。Peeters 等（1999）在首次建立 NDV 反向操作系统的基础上，对毒力蛋白 F 的功能进行了验证性研究。他们将 NDV 弱毒株 LaSota 的 F 蛋白的蛋白裂解位点氨基酸序列（112-GRQGRL-117）突变为强毒株的序列（112-RRQRRF-117）（获得的突变病毒命名为 NDFLtag），结果发现 LaSota 毒株变得有致病力了，脑内致病指数（ICPI）由 0 提高到 1.28。放射性免疫沉淀实验也表明，裂解位点的突变使得 F 蛋白能更有效地裂解（Peeters et al., 1999）。可见，F 蛋白裂解位点序列是 NDV 致病力的重要分子基础。然而，拯救毒 NDFLtag 的 ICPI 并没有达到与其具有相同 F 蛋白裂解位点的强毒株 Herts/33 株的 1.88 的高度，这预示着 F 蛋白之外还有与 NDV 致病力相关的因素。AL-Garib 等（2003）分别将 GFP 基因插入到弱毒 NDFL 和强毒 NDFLtag 的 NP 基因之前；随后将带有 GFP 标记的两个重组病毒接种 8 日龄和 10 日龄的 SPF 鸡胚；接种 48h 后在荧光显微镜下观察发现，两株病毒均能在尿囊膜上增殖，但是仅强毒（NDFLtag-GFP）能侵入到鸡体的内脏中。Panda 等（2004）将弱毒 LaSota 株的 F0 蛋白裂解位点序列（GGRQGR↓L）突变为中等强毒 Beaudette C 株的裂解位点（GRRQKR↓F）。测定拯救 La Sota 重组病毒的 ICPI 和静脉内致病指数（IVPI）值分别为 1.12 和 0.00，而 Beaudette C 株 ICPI 和 IVPI 测定值则分别为 1.58 和 1.45；LaSota 亲本株的 ICPI 和 IVPI 均为 0。虽然重组 LaSota 株的 F0 蛋白裂解位点与中等毒力的 Beaudette C 株一致，但两个毒株的毒力却存在明显差异，表明 F0 蛋白裂解位点不是 NDV 毒力的唯一决定因素。

  HN 蛋白是影响 NDV 组织嗜性和致病力的另外一个重要因素。为了研究与 NDV 致病力相关的其他蛋白，de Leeuw 等（2005）在获得强毒株 Herts/33 感染性克隆 FL-Herts 的基础上，在它与 NDFLtag 之间进行一系列的基因替换。重组病毒 NDFLtag (HN)^{Herts}（中等毒力毒株 NDFLtag 的 HN 基因被强毒株 Herts/33 替换）的 ICPI 和 IVPI 均比亲本毒 NDFLtag 显著升高，这说明 HN 蛋白是仅次于 F 蛋白的影响 NDV 致病力的重要分子基础。HN 蛋白的这种效应可能具体体现在其介导病毒吸附、释放以及激活 F 蛋白启动融合等过程中。进一步的研究表明，HN 蛋白的主干区域和球状头部区域都是其发挥生物学效应所必需的。Huang 等（2004）对重组 NDV 弱毒株 rLaSota 和重组中等毒力毒株 rBeaudette C（rBC）之间进行 HN 基因互换，拯救出 2 株重组病毒 rLaSo BCHN 和 rBC LaSoHN。分别与亲本毒相比，rLaSo BCHN 的致病力升高了，rBC LaSoHN 的致病力降低了，这同样说明 HN 是影响 NDV 致病力的重要蛋白。试验还发现，rLaSo BCHN 和 rBC 一样能在鸡胚全身性分布，而 rBC LaSoHN 和 rLaSota 一样仅在鸡胚呼吸道分布，这说明 HN 蛋白还与 NDV 的组织嗜性相关，这与传统观点"F 蛋白裂解位点特征决定 NDV 组织嗜性"不一致，其具体机理仍需进一步研究。其他研究者还研究发现，HN 蛋白第一、第二、第四位糖基化位点与 NDV 的病毒复制和致病力有关（Krishnamurthy et al., 2000）；不同毒株间 HN 蛋白的长度与其致病力无关。

  Huang 等（2004）以 NDV 强毒株 Beaudette C 株和弱毒株 LaSota 的感染性克隆为基础，将两株病毒的 HN 基因进行交换，并拯救出两种嵌合病毒。随后比较嵌合病毒和亲本病毒在细胞中的生长特性、神经氨酸酶（NA）活性、血凝吸附（HAd）特性、融合指数及对鸡的致病性等。结果表明：HN 基因对病毒的体外生长、感染过程中的吸附和 NA 的活性有重要的影响；替换有强毒株 HN 基因的嵌合弱毒株在毒力、致病性和组织嗜性方面有明显的增强趋势。

  目前，NDV 的 HN 蛋白共有 571aa、572aa、577aa、579aa、616aa 5 种长度。其中 571aa 和 572aa 均为强毒株所特有，616aa 则是弱毒株的特征，而其他 3 种长度则强弱毒均有。Roemer-Oberdoerfer 等（2003）以 NDV 弱毒株 Clone-30 株的感染性克隆为骨架，采用定点突变的技术拯救出 6 株不同 HN 基因长度的重组病毒，经 MDT 和 ICPI

等毒力指标测定后，证实 HN 蛋白基因的长度与 NDV 的毒力和致病性几乎没有关系。随后 de Leeuw 等（2005）利用弱毒株 LaSota 的感染性克隆为骨架，分别把强毒株 Herts/33 的 F 基因、HN 基因、F+HN 基因、HN 基因头部、HN 基因茎部替换到相应位置，并拯救出嵌合病毒。结果表明单独替换 F 基因或 HN 基因与 F 基因、HN 基因双替换的嵌合病毒比亲本病毒的毒力均有大幅上升；替换 HN 基因头部或 HN 基因茎部与整体替换 HN 基因的嵌合病毒致病力差异不大。上述结果表明，HN 蛋白是 NDV 重要的毒力因子，而且 HN 蛋白的头部和茎部均对病毒的毒力有重要影响。

HN 蛋白与 F 蛋白的相互作用是其功能效应的前提。Wakamatsu 等（2006）在鸡体内进一步研究了 F、HN、P 蛋白与 NDV 致病力的关系。中等毒力毒株 Beaudette C 株的 HN 基因被 LaSota 株替换（重组病毒为 rBC LaSoHN）后，ICPI、临床症状、病毒组织分布（脑组织虽有炎症反应，但检测不到病毒）均显示致病力降低了。但 LaSota 株的 HN 基因被 Beaudette C 株替换（重组病毒为 rLaSota BCHN）后，致病力没有升高。有意思的是，rLaSoVF 的 HN 基因被 Beaudette C 株替换（重组病毒为 rLaSoBF BCHN）后，致病力升高了。这不仅说明 HN 蛋白是 IBDV 致病力的重要分子基础，而且说明 HN 蛋白与 F 蛋白的相互作用对 IBDV 的致病力影响也较大，同源的 HN 蛋白与 F 蛋白是相关作用的最佳组合。Estevez 等（2007）将 NDV 强毒株（TkND 和 CA02）的 HA 基因分别置换中等毒力毒株 Anhinga 的相应部位，但未能提高 Anhinga 株的毒力。进而将重组病毒的 F 基因也被强毒株替换，仍不能提高 Anhinga 株的毒力，说明影响 NDV 毒力的不仅是 F 蛋白和 HN 蛋白。

Mebatsion 等（2001）以 NDV 弱毒 Clone-30 株的感染性克隆为骨架，构建出 P 基因 RNA 编辑缺陷型毒株 NDV-△6 和 NDV-V Stop。与亲本病毒相比，NDV-△6 是将 P 基因内部发生 RNA 编辑处的 6 个保守碱基缺失；NDV-V Stop 则是通过引入终止密码子使其丧失了编码 V 蛋白的能力。与野生型 NDV 相比，重组病毒 NDV-△6 和 NDV-V Stop 完全不能表达 V 蛋白，两者在 BSR 细胞、Vero 细胞和 6 日龄 SPF 鸡胚上的生长滴度分别只有亲本病毒的 1/600、1/5000 和 1/200 000 倍，且均不致死 6 日龄 SPF 鸡胚，对 10 日龄 SPF 鸡胚丧失了感染性。Park 等（2003）和 Huang 等（2003）分别证实，NDV 的 V 蛋白参与病毒拮抗细胞内干扰素活性。Park 等（2003）将 GFP 基因插入到 NDV Hitchner B1 毒株全长 cDNA 克隆的 P 与 M 基因之间，构建了重组 NDV（NDV-GFP）。在重组病毒感染细胞前，使用鸡 I 型 IFN 处理细胞或者预转染鸡 I 型 IFN 的真核表达质粒，结果显示与对照组相比处理组的 GFP 的表达均会受到明显的抑制。而当转染 NDV 的 V 蛋白或 V 蛋白 C 端时，便会使 NDV-GFP 的复制能力得以恢复。上述结果表明 NDV 的 V 蛋白具有拮抗干扰素的功能，而且其主要活性位点在 V 蛋白的 C 端。Huang 等（2003）以 NDV Beaudette C 株为研究对象，构建了 V 蛋白缺失株 rBC/V Stop。将重组病毒与亲本病毒进行比较发现，除了 IFN 有缺陷的 Vero 细胞两者的增殖情况相似外，在其正常细胞上 rBC/V Stop 的滴度显著低于亲本病毒。然而在病毒感染的同时转染 V 蛋白羧基端则能显著提高 rBC/V Stop 的滴度。以上结果表明 V 蛋白是 NDV 的一个重要致病因子，并且与病毒的复制密切有关；它还能够拮抗 IFN 的活性，并且其功能区域位于该蛋白的羧基端。

长期以来一直认为 NDV 的聚合酶蛋白不影响其毒力，但近期的研究发现，聚合酶蛋白亦可显著影响 NDV 的毒力。Rout 和 Samal（2008）分别以弱毒株 LaSota 和中等毒力的 BC 株的感染性克隆为骨架，将两者的 L 基因进行替换，结果发现嵌合有 BC 株 L 基因的 rLaSota BCL 其致病力显著增强，有力证明了 L 蛋白亦是 NDV 的决定因素之一。随后 Dortmans 等（2011）将一株鸽源 NDV 使用 SPF 鸡连续传代 5 次，将 P5 代病毒进行全基因组测序发现其一共有 3 个氨基酸的变化，两个位于 L 蛋白、一个位于 P 蛋白，此时 P5 代病毒的 ICPI 值已由亲本株 0.44 上升至 0.90。随后他们构建了亲本株的感染性克隆，在此基础上对上述 3 个点进行同样的突变。比较后发现突变株较母本病毒在毒力方面有了显著增强，而且在单层细胞上的空斑大小也有明显变化。上述结果进一步佐证了 NDV 的毒力不是仅由 F0 蛋白裂解位点决定，而是由多基因共同参与的结果。

Ludlow 等（2012）在构建 CDV SH 株感染性克隆的基础上，用反向遗传学技术将 EGFP 或者红色荧光蛋白（dTomato）插入到 CDV 基因组中，然后用拯救的病毒感染雪貂，通过检测报道基因的表达证明 CDV 感染动物以后能迅速突破血脑屏障进入脑脊液，并扩散到蛛网膜下腔，引起动物发生急性病毒性脑膜炎。此外，其研究还证明，CDV 扩散到蛛网膜下腔是通过感染血管内皮细胞和病毒感染的白细胞经血液运输来完成的。

序列比对分析结果显示，在 CDV 基因组 M 和 F 基因之间存在的非翻译区（UTR）具有较高的变异性，利用反向遗传技术将 CDV 不同毒株之间的 M-F 区段进行相互交换，发现这种改变并不影响病毒的毒力或者表型，证明该区段在功能上是可以互换的。缺失 M-3′UTR 的 CDV 虽然复制效率更高，但是致病力却严重下降，证明该区段的总长度或该区域中的某些特异性元件可能与病毒的致病力有关系（Anderson et al.，2012）。

二、在病毒载体研究中的应用

由于 NDV 转录时有极性效应，越靠近 3′端的基因其转录产物越多，相反越靠近 5′端转录产物越少。因此外源基因在靠近 3′端插入时，其转录产物的表达量会明显高于靠近 5′端插入时。但由于插入的外源基因会影响载体下游基因的表达，导致病毒的复制速度降低，使得外源基因总体表达量和载体表达的量都降低，甚至可以严重影响病毒的稳定性。故确定一个外源基因的表达量相对最多和载体自身复制影响相对最小的位置，对利用 NDV 载体开发多用途疫苗是十分必要的。

Krishnamurphy 等（2000）首次将氯霉素乙酰转移酶基因（CAT）用作报道基因插入到新城疫病毒 Beaudette C 株的 HN 和 L 基因之间的间隔区构建出重组病毒。与野生病毒相比，该重组病毒在 CEF 上的复制速度和产量均下降，但是在 CEF 上能稳定表达 CAT 活性至少 8 代以上，显示了 NDV 可以作为表达载体稳定地表达外源基因。Zhao 和 Peeters（2003）在以弱毒 LaSota 和突变为强毒的 LaSota-tag 为骨架的病毒中，分别将碱性磷酸酶（SEAP）的基因分别插入 NP 和 P 之间、P 和 M 之间、HN 和 L 之间，以及 L 之后的不同位置，构建出了 8 个重组病毒，并分别进行 SEAP 产量、病毒复制动力曲线和病毒产量的比较。结果表明在 NP-P 之间插入外源基因将会严重影响病毒的复制速度；除了在 L 以后外，其他位置均能检到较高产量的 SEAP。通过综合比较发现在 P-M 之间插入外源基因，其病毒的复制速率、产量较母本病毒减少最小，而 SEAP 的表达量相对最高。

当确定外源基因最佳插入位置后，利用 NDV 为载体的新型基因工程疫苗不断涌现。Nakaya 等（2001）构建了以 B1 株为载体表达禽流感病毒 HA 基因的双价基因工程疫苗。他们将流感病毒的 HA 基因插入 NDV 基因组中 P 和 M 基因之间，获得了含有流感病毒 HA 基因的重组病毒 rNDV/B1-HA。rNDV/B1-HA 鸡胚连续传 10 代后仍能稳定地表达 HA 蛋白。动物试验显示重组的 rNDV/B1-HA 对小鼠没有毒性，用 rNDV/B1-HA 免疫小鼠后，能检测到针对流感病毒 HA 的高滴度抗体，并能抗致死剂量的流感病毒的攻击。Huang 等（2004）把鸡传染性法氏囊病毒的 VP2 基因插入到 NDV LaSota 株基因组的 3′端，获得了 rLaSota/VP2，用该重组病毒免疫 2 日龄的 SPF 鸡，在免疫后 3 周，用 IBDV 强毒联合 NDV 强毒株攻毒，SPF 鸡的保护率达到 90%，若加强免疫一次则可以产生 100% 保护。Park 等（2006）以裂解位点突变为强毒的 B1 株为载体插入了 H7 亚型禽流感病毒的 HA 基因，插入前除了在 HA 基因前添加 GS 和 GE 序列外，还在 HA 基因之后添加了 NDV F 基因胞质区和跨膜区蛋白的编码序列，成功地拯救出了重组病毒 rNDV/F3aa-chimeric H7，电子显微镜观察显示 HA 蛋白有效地结合在病毒粒子的表面。重组病毒免疫雏鸡一次后，用 H7 HPAIV 和 NDV 强毒联合攻毒，免疫组达到 90% 的保护率。Ge 等（2007）构建了一株以弱毒 LaSota 株为骨架，表达 H5N1 亚型高致病性禽流感病毒 HA 基因的双价疫苗。他们分别将一株 H5N1 亚型 HPAIV 野毒的 HA 基因和经突变后的 HA 基因插入到 NDV 基因组的 P 和 M 之间，构建了重组病毒 rLa-H5w 和 rLa-H5m。用重组病毒分别免疫 SPF 鸡，3 周后针对 NDV 和 AIV 的 HI 抗体都达到了高峰。再使用 NDV 强毒和禽流感强毒进行攻毒保护试验，结果保护率都达到了 100%。小鼠腹腔注射免疫，3 周后同样剂量加强免疫，随后进行禽流感强毒攻毒保护实验，保护率同样可达 100%。

Wang 等（2012）利用反向遗传学技术，以 CDV 疫苗株为骨架，构建了表达狂犬病病毒免疫糖蛋白（G）的重组病毒（rCDV-RVG）。该重组病毒在 Vero 细胞中表现出与母本毒相似的生长特性。该重组病毒接种小鼠和狗以后，不仅表现出良好的安全性，而且能刺激机体产生较强的抗 RV 和 CDV 的中和抗体反应，其水平足以对抗致死性 RV 的攻击。显示出该重组病毒具有开发为抗 RV 和 CDV 感染的二联疫苗的潜力。

副黏病毒的糖蛋白经翻译修饰以后要加上 N-糖链，这是糖蛋白进行正常折叠和加工以及在细胞表面表达所必需的。为证明 N-糖基化对麻疹病毒 H 蛋白的功能及病毒毒力的影响，Sawatsky 和 von Messling（2010）首先鉴定了 CDV H 蛋白的糖基化位点，野生型病毒嵌合疫苗株 H 蛋白的糖基化位点以后，仍保持对雪貂的致死性，但是病程延长了。相反，将疫苗株的 H 蛋白插入野毒基因组中，病毒则被完全致弱。将野生型 CDV H 蛋白的糖基化位点进行连续缺失，最后使 H 蛋白不能糖基化，发现该蛋白虽然表达水平被降低，但是仍保持其功能。含有非糖基化 H 蛋白的重组病毒虽然仍具有免疫抑制能力，但是不再具有致病性。

三、在新型疫苗研究中的应用

Peeters 等（2001）在已建立的 NDV 反向遗传操作基础上，将 NDV LaSota 株的 *HN* 基因用 HN 的细胞质区、跨膜区、基质区和禽副黏病毒 4 型 *HN* 基因的免疫原性球状区基因代替，构建了含嵌合 *HN* 基因的 NDV。重组的 NDV 失去血凝活性，但免疫 4 周龄 SPF 鸡后用致死剂量 NDV 攻击可完全保护。因此，所建立的这一方法可将 NDV 重组疫苗免疫动物与自然感染动物区分开来，这为预防 ND 的标记疫苗的研制开发奠定很好的基础。

Mebatsion 等（2002）研究发现，NP 蛋白 447～455 位氨基酸是一个免疫显性表位，可以诱导动物机体产生针对该表位的抗体，而且这一区域的缺失并不影响病毒的增殖，根据这一特点，该研究组构建了缺失 NP 蛋白 443～460 位氨基酸的 NDV，该缺失病毒免疫实验动物后，受试动物不能产生针对此免疫显性表位区的抗体，因此，这一方法同样可以将 NDV 疫苗免疫动物与自然感染动物区分开来。

Mebatsion 等（2001）又在 NDV Clone-30 株的反向遗传平台上，通过 PCR 诱变使 *P* 基因编辑位点有 1 个碱基的变异（由 3′-UUUUUC CC-5′ 变为 3′-UUCUUC CC-5′）拯救出了 *P* 基因编辑缺陷性毒株 NDVP1。NDVP1 在 9～10 日龄鸡胚上的生长滴度和毒力只有野生型 NDV 的 1/100 和 1/10，其 V 蛋白的表达量也只有母本病毒的 1/20。与目前使用的 ND 胚内免疫相比，其对鸡胚的致病性和孵化率影响都显著降低。用 NDVP1 接种 18 日龄 SPF 鸡胚后，孵化率几乎没有影响，而且出壳小鸡体内有高滴度的抗体且能完全抵抗 NDV 强毒的攻击，因此可作为一个安全的鸡胚免疫疫苗候选株。

有研究证明，某些副黏病毒的 M 蛋白可以在病毒颗粒组装和释放过程中，介导封套蛋白与其内部蛋白之间的相互作用。例如，麻疹病毒的 M 蛋白突变体可以影响其与封套蛋白相互作用的强度以及病毒的装配效率。但是 CDV M 蛋白与病毒的复制和致病性关系还不清楚，为此，Dietzel 等（2011）构建了一株以野毒株为骨架，嵌合疫苗株 M 蛋白的重组病毒，该重组病毒保持了母本毒株在 Vero 细胞中生长的特性，但是也继承了疫苗株的部分特性。更重要的是，该重组病毒在雪貂身上表现出良好的减毒疫苗特征，仅表现出短暂的白细胞减少等温和的现象，提示该蛋白疫苗株的毒力减弱关系密切。

利用反向遗传技术，Parida 等（2007）将牛瘟病毒（RPV）的 N 蛋白置换为小反刍兽疫病毒（PPRV）的 N 蛋白，获得了一株嵌合病毒（RPV-PPRN）。它在细胞中可以有效复制，接种牛以后也没有不良反应，而且可以抵抗野生型 RPV 的攻击，提示它具有开发为安全有效标记疫苗的潜力。

结　　语

副黏病毒是一个家族十分庞大、与动物和人类健康均密切相关的重要病毒群。其代表性成员——新城疫病毒具有极强的致病力，它和禽流感病毒是危害养禽业的两个最重要的病原。深入了解和认识副黏病毒的致病机理、基因结构和遗传变异机制等对有效防控新城疫等疫病的发生与流行有重要意义。反向遗传技术的兴起,不仅为开展副黏病毒基础研究提供了有力的研究工具,而且还为研制副黏 RNA 病毒活载体疫苗等应用研究提供了技术平台。相信随着反向遗传操作技术的不断发展和完善,在新城疫等重要疫病的防控以及公共卫生方面将会取得更瞩目的成绩。

参 考 文 献

陈云霞,管峰,赵云玲,等. 2011. Ⅰ类新城疫病毒 NDV08-004 株微型基因组的构建及其功能鉴定. 中国动物检疫,9:27-31.

胡顺林,张艳梅,孙庆,等. 2007. 鹅源新城疫病毒拯救体系的建立. 微生物学通报,3:426-429.

李少丽,丛彦龙,王昌庆,等. 2009."拯救"NA-1 株鹅源副黏病毒微型基因组的构建. 中国兽医学报,4:418-422.

刘玉良,张艳梅,胡顺林,等. 2005. 利用反向遗传操作技术产生 ZJI 株鹅源新城疫病毒. 微生物学报,5:780-783.

刘玉良. 2005. 从 cDNA 克隆产生感染性 ZJI 株鹅源新城疫病毒. 扬州大学博士学位论文.

张艳梅,刘玉良,黄勇,等. 2005. 鹅源新城疫病毒 ZJ1 株微型基因组的构建及其初步应用. 微生物学报,45:72-75.

Al-Garib S O,Gielkens A L,Gruys E,et al. 2003. Tissue tropism in the chicken embryo of non-virulent and virulent Newcastle diseases strains that express green fluorescence protein. Avian Pathology,32:591-596.

Anderson D E,Castan A,Bisaillon M,et al. 2012. Elements in the canine distemper virus M 3′ UTR contribute to control of replication efficiency and virulence. PLoS One,7:e31561.

Bailey D,Chard L S,Dash P,et al. 2007. Reverse genetics for peste-des-petits-ruminants virus (PPRV):promoter and protein specificities. Virus Research,126:250-255.

Blanchard L,Tarbouriech N,Blackledge M,et al. 2004. Structure and dynamics of the nucleocapsid-binding domain of the Sendai virus phosphoprotein in solution. Virology,319:201-211.

Bourhis J M,Canard B,Longhi S. 2006. Structural disorder within the replicative complex of measles virus:functional implications. Virology,344:94-110.

Colman P M,Lawrence M C. 2003. The structural biology of type I viral membrane fusion. Nature Reviews Molecular Cell Biology,4:309-319.

Conzelmann K K. 1998. Nonsegmented negative-strand RNA viruses:genetics and manipulation of viral genomes. Annual Review of Genetics,32:123-162.

De Leeuw O S,Koch G,Hartog L,et al. 2005. Virulence of Newcastle disease virus is determined by the cleavage site of the fusion protein and by both the stem region and globular head of the haemagglutinin-neuraminidase protein. Journal of General Virology,86:1759-1769.

Dietzel E,Anderson D E,Castan A,et al. 2011. Canine distemper virus matrix protein influences particle infectivity,particle composition,and envelope distribution in polarized epithelial cells and modulates virulence. Journal of Virology,85:7162-7168.

Dortmans J C,Rottier P,Koch G,et al. 2011. Passaging of a Newcastle disease virus pigeon variant in chickens results in selection of viruses with mutations in the polymerase complex enhancing virus replication and virulence. Journal of General Virology,92:336-345.

Estevez C,King D,Seal B,et al. 2007. Evaluation of Newcastle disease virus chimeras expressing the hemagglutinin-neuraminidase protein of velogenic strains in the context of a mesogenic recombinant virus backbone. Virus Research, 129: 182-190.

Feng H, Wei D, Nan G, et al. 2011. Construction of a minigenome rescue system for Newcastle disease virus strain Italien. Archives of Virology, 156: 611-616.

Gao Q, Park M-S, Palese P. 2008. Expression of transgenes from Newcastle disease virus with a segmented genome. Journal of Virology, 82: 2692-2698.

Gassen U, Collins F M, Duprex W P, et al. 2000. Establishment of a rescue system for canine distemper virus. Journal of Virology, 74: 10737-10744.

Ge J, Deng G, Wen Z, et al. 2007. Newcastle disease virus-based live attenuated vaccine completely protects chickens and mice from lethal challenge of homologous and heterologous H5N1 avian influenza viruses. Journal of Virology, 81: 150-158.

Harcourt B H, Tamin A, Halpin K, et al. 2001. Molecular characterization of the polymerase gene and genomic termini of Nipah virus. Virology, 287: 192-201.

Horikami S M, Hector R E, Smallwood S, et al. 1997. The Sendai virus C protein binds the L polymerase protein to inhibit viral RNA synthesis. Virology, 235: 261-270.

Hu Q, Chen W, Huang K, et al. 2012. Rescue of recombinant peste des petits ruminants virus: creation of a GFP-expressing virus and application in rapid virus neutralization test. Veterinary Research, 43: 48.

Huang Z, Elankumaran S, Yunus A S, et al. 2004. A recombinant Newcastle disease virus (NDV) expressing VP2 protein of infectious bursal disease virus (IBDV) protects against NDV and IBDV. Journal of Virology, 78: 10054-10063.

Huang Z, Krishnamurthy S, Panda A, et al. 2003. Newcastle disease virus V protein is associated with viral pathogenesis and functions as an alpha interferon antagonist. Journal of Virology, 77: 8676-8685.

Huang Z, Panda A, Elankumaran S, et al. 2004. The hemagglutinin-neuraminidase protein of Newcastle disease virus determines tropism and virulence. Journal of Virology, 78: 4176-4184.

Iwasaki M, Takeda M, Shirogane Y, et al. 2009. The matrix protein of measles virus regulates viral RNA synthesis and assembly by interacting with the nucleocapsid protein. Journal of Virology, 83: 10374-10383.

Jiang Y, Liu H, Liu P, et al. 2009. Plasmids driven minigenome rescue system for Newcastle disease virus V4 strain. Molecular Biology Reports, 36: 1909-1914.

Klenk H D, Garten W. 1994. Host cell proteases controlling virus pathogenicity. Trends Microbiol, 2: 39-43.

Knipe D M H, Peter M. 2007. Fields Virology. In: Paramyxovidae: The Viruses and Their Replication. Fifth edn. Kluwer philadelphia: Lippincott Williams & Willkins: 1450-1469.

Krishnamurthy S, Huang Z, Samal S K. 2000. Recovery of a virulent strain of newcastle disease virus from cloned cDNA: expression of a foreign gene results in growth retardation and attenuation. Virology, 278: 168-182.

Li B Y, Li X R, Lan X, et al. 2011. Rescue of Newcastle disease virus from cloned cDNA using an RNA polymerase II promoter. Archives of Virology, 156: 979-986.

Liljeroos L, Huiskonen J T, Ora A, et al. 2011. Electron cryotomography of measles virus reveals how matrix protein coats the ribonucleocapsid within intact virions. Proceeding of National Academy of

Sciences of the United States of America, 108: 18085-18090.

Longhi S, Receveur-Brechot V, Karlin D, et al. 2003. The C-terminal domain of the measles virus nucleoprotein is intrinsically disordered and folds upon binding to the C-terminal moiety of the phosphoprotein. The Journal of Biological Chemistry, 278: 18638-18648.

Ludlow M, Nguyen D T, Silin D, et al. 2012. Recombinant canine distemper virus strain Snyder Hill expressing green or red fluorescent proteins causes meningoencephalitis in the ferret. Journal of Virology, 86: 7508-7519.

Mcginnes L W, Reitter J N, Gravel K, et al. 2003. Evidence for mixed membrane topology of the newcastle disease virus fusion protein. Journal of Virology, 77: 1951-1963.

Mebatsion T, Koolen M J, De Vaan L T, et al. 2002. Newcastle disease virus (NDV) marker vaccine: an immunodominant epitope on the nucleoprotein gene of NDV can be deleted or replaced by a foreign epitope. Journal of Virology, 76: 10138-10146.

Mebatsion T, Verstegen S, De Vaan L T, et al. 2001. A recombinant Newcastle disease virus with low-level V protein expression is immunogenic and lacks pathogenicity for chicken embryos. Journal of Virology, 75: 420-428.

Meyer P A, Ye P, Zhang M, et al. 2006. Phasing RNA polymerase II using intrinsically bound Zn atoms: an updated structural model. Structure, 14: 973-982.

Morin B, Kranzusch P J, Rahmeh A A, et al. 2013. The polymerase of negative-stranded RNA viruses. Current Opinion in Virology, 3: 103-110.

Myer V E, Young R A. 1998. RNA polymerase II holoenzymes and subcomplexes. The Journal of Biological Chemistry, 273: 27757-27760.

Nakaya T, Cros J, Park M S, et al. 2001. Recombinant Newcastle disease virus as a vaccine vector. Journal of Virology, 75: 11868-11873.

Nakayama K. 1997. Furin: a mammalian subtilisin/Kex2p-like endoprotease involved in processing of a wide variety of precursor proteins. Biochemical Journal, 327 (Pt 3): 625-635.

Ogino T, Kobayashi M, Iwama M, et al. 2005. Sendai virus RNA-dependent RNA polymerase L protein catalyzes cap methylation of virus-specific mRNA. The Journal of Biological Chemistry, 280: 4429-4435.

Panda A, Huang Z, Elankumaran S, et al. 2004. Role of fusion protein cleavage site in the virulence of Newcastle disease virus. Microbial Pathogenesis, 36: 1-10.

Parida S, Mahapatra M, Kumar S, et al. 2007. Rescue of a chimeric rinderpest virus with the nucleocapsid protein derived from peste-des-petits-ruminants virus: use as a marker vaccine. Journal of General Virology, 88: 2019-2027.

Park M S, Shaw M L, Munoz-Jordan J, et al. 2003. Newcastle disease virus (NDV)-based assay demonstrates interferon-antagonist activity for the NDV V protein and the Nipah virus V, W, and C proteins. Journal of Virology, 77: 1501-1511.

Park M-S, Steel J, Garc A-S A, et al. 2006. Engineered viral vaccine constructs with dual specificity: avian influenza and Newcastle disease. Proceedings of the National Academy of Sciences of the United States of America, 103: 8203-8208.

Peeters B P, De Leeuw O S, Koch G, et al. 1999. Rescue of Newcastle disease virus from cloned cDNA: evidence that cleavability of the fusion protein is a major determinant for virulence. Journal of Virology, 73: 5001-5009.

Peeters B P, De Leeuw O S, Verstegen I, et al. 2001. Generation of a recombinant chimeric Newcastle disease virus vaccine that allows serological differentiation between vaccinated and infected animals. Vaccine, 19: 1616-1627.

Peeters B P, Gruijthuijsen Y K, De Leeuw O S, et al. 2000. Genome replication of Newcastle disease virus: involvement of the rule-of-six. Archives of Virology, 145: 1829-1845.

Peisajovich S G, Shai Y. 2003. Viral fusion proteins: multiple regions contribute to membrane fusion. Biochimica et Biophysica Acta (BBA) -Biomembranes, 1614: 122-129.

Rockwell N C, Krysan D J, Komiyama T, et al. 2002. Precursor processing by kex2/furin proteases. Chemical Reviews, 102: 4525-4548.

Romer-Oberdorfer A, Mundt E, Mebatsion T, et al. 1999. Generation of recombinant lentogenic Newcastle disease virus from cDNA. Journal of General Virology, 80 (Pt 11): 2987-2995.

Romer-Oberdorfer A, Werner O, Veits J, et al. 2003. Contribution of the length of the HN protein and the sequence of the F protein cleavage site to Newcastle disease virus pathogenicity. Journal of General Virology, 84: 3121-3129.

Rout S N, Samal S K. 2008. The large polymerase protein is associated with the virulence of Newcastle disease virus. Journal of Virology, 82: 7828-7836.

Sawatsky B, Von Messling V. 2010. Canine distemper viruses expressing a hemagglutinin without N-glycans lose virulence but retain immunosuppression. Journal of Virology, 84: 2753-2761.

Schmitt A P, Lamb R A. 2004. Escaping from the cell: assembly and budding of negative-strand RNA viruses. Current Topics in Microbiology and Immunology, 283: 145-196.

Takimoto T, Portner A. 2004. Molecular mechanism of paramyxovirus budding. Virus Research, 106: 133-145.

Tarbouriech N, Curran J, Ebel C, et al. 2000a. On the domain structure and the polymerization state of the Sendai virus P protein. Virology, 266: 99-109.

Tarbouriech N, Curran J, Ruigrok R W, et al. 2000b. Tetrameric coiled coil domain of Sendai virus phosphoprotein. Nature Structural Biology, 7: 777-781.

Wakamatsu N, King D J, Seal B S, et al. 2006. The effect on pathogenesis of Newcastle disease virus LaSota strain from a mutation of the fusion cleavage site to a virulent sequence. Avian Diseases, 50: 483-488.

Wang X, Feng N, Ge J, et al. 2012. Recombinant canine distemper virus serves as bivalent live vaccine against rabies and canine distemper. Vaccine, 30: 5067-5072.

Whelan S P, Barr J N, Wertz G W. 2004. Transcription and replication of nonsegmented negative-strand RNA viruses. Current Topics in Microbiology and Immunology, 283: 61-119.

Yunus M, Shaila M S. 2012. Establishment of an *in vitro* transcription system for Peste des petits ruminant virus. Virology Journal, 9: 302.

Zhao H, Peeters B P. 2003. Recombinant Newcastle disease virus as a viral vector: effect of genomic location of foreign gene on gene expression and virus replication. Journal of General Virology, 84: 781-788.

第十三章 弹状病毒科的反向遗传学

第一节 弹状病毒科的基本特征

一、病毒的分类

弹状病毒科（*Rhabdoviridae*）的病毒在自然界中广为分布，其成员有100多种，能感染脊椎动物、无脊椎动物以及大量种类的植物。感染动物的弹状病毒呈子弹形或锥形，感染植物的弹状病毒常呈杆形。根据弹状病毒的特性及其相关的血清学关系，将弹状病毒科分为5个属：①狂犬病毒属（*Lyssavirus*），包括狂犬病病毒以及分离自人、蝙蝠等的一些其他病毒；②水疱病毒属（*Vesiculovirus*），包括水疱性口炎病毒和分离自蚊、螨等的 Porton-S、Maraba 病毒等；③暂时热病毒属（*Bphornorovirus*），主要为牛暂时热病毒及其相关病毒；④细胞质弹状病毒属（*Cytorhabdovirus*），如莴苣坏死黄病毒；⑤核弹状病毒属（*Nuclerorbabdovirus*），如马铃薯黄矮病病毒。

二、病毒的颗粒结构

在电子显微镜下观察，弹状病毒一般呈圆柱体，底部平，另一端钝圆，整个病毒粒子的外形呈炮弹或枪弹状。长130~200nm，直径75nm左右。弹状病毒具有双层脂质囊膜，囊膜上密布有病毒特异的囊膜突起，即纤突；呈蜂窝状排列。纤突长5~10mm，直径约3nm，囊膜包裹着一个管状核心——由紧密盘绕的螺旋对称的核衣壳组成，核衣壳盘绕成35个弯曲的螺旋线状，直径为30~70nm。从内至外，弹状病毒由核衣壳、膜蛋白、囊膜和纤突组成（图13-1）。弹状病毒具有5种主要蛋白，分别为糖蛋白（G）、基质蛋白（M）、磷酸蛋白（NS）和RNA聚合酶大蛋白（L）。在成熟的病毒粒子中还有15%~25%的脂质和3%的糖类，它们来自于宿主的细胞质膜。糖类与G蛋白和脂质结合在一起。病毒RNA与N蛋白、NS蛋白及L蛋白结合构成核糖核蛋白即核衣壳。除典型的子弹形病毒粒子外，还常可以看到截去顶端的短缩病毒粒子，呈窝头

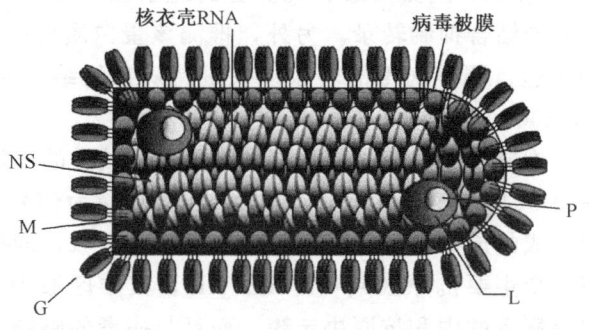

图13-1 弹状病毒颗粒模型图（Clarke et al.，2006）

状,称为"T"粒子,它含有正常病毒粒子的全部结构蛋白,但是没有转录酶活性,其RNA含量只有正常含量的1/3,所以没有感染性。

第二节 弹状病毒基因组结构及其表达产物

弹状病毒基因组为一单一分子的非感染性单股负链RNA分子,由11 162～11 932个核苷酸组成,含有5个大的可读框架,编码5种结构蛋白。基因组从3′端至5′端的排列顺序为N、P、M、G和L 5个不重叠的基因,每个基因由3′端和5′端非编码区以及中间的编码区构成。在N基因的3′端还含有不翻译的长58个核苷酸的先导序列,在各个结构基因之间还存在长短不一的间隔区(Wunner et al.,1988)。在狂犬病病毒基因组中,每个基因的5′端均有一个保守的U7结构,该结构是基因转录mRNA时加poly(A)尾巴的信号,它能诱导mRNA分子在其3′端合成poly(A)。在基因的3′端存在保守的UUGU核苷酸序列,是mRNA合成的起始位点,形成mRNA 5′帽子结构GpppAmACA。该序列位于起始密码子AUG上游8～26位核苷酸处,AACA序列在弹状病毒科内各成员间高度保守。

N蛋白即核蛋白,由422～450个氨基酸组成。每个病毒粒子含有1750个N蛋白分子。其编码基因高度保守,N蛋白有3个主要抗原位点,抗原性也高度一致。N蛋白在病毒复制过程中与核酸紧密结合,形成核糖核蛋白,可以保护核酸不被核酸酶降解。研究表明,核衣壳可以作为病毒转录和复制的模板(Whelan and Wertz,1999)。N蛋白还可以使病毒基因组RNA所处的核衣壳维持转录所需要的螺旋对称结构,在基因组转录和复制过程中,N蛋白是转录与复制过程发生切换的关键性因子。

P蛋白是一种磷酸化蛋白,由222～292个氨基酸组成,在其分子中心及氨基末端有广泛的疏水区。该蛋白与L蛋白相互作用,形成复合物,具有转录酶活性。大约950个P蛋白分子、150个L蛋白分子与核糖核蛋白共同组成病毒的核衣壳,该结构具有转录与复制活性,可以独立完成基因组RNA的转录和复制过程。因此,核衣壳是具有感染性的。

M蛋白是一种基质蛋白,由202～229个氨基酸组成,在核衣壳和病毒膜之间起连接作用。在该蛋白的第1～第72个氨基酸之间存在一个主要抗原决定簇,可以诱导病毒的免疫反应,第89～第107位氨基酸表现明显的疏水性,可能具有锚定功能。其碱性较强,可通过与核衣壳结合抑制转录。另外,推测该蛋白质可能还参与病毒的出芽、抑制宿主细胞基因的表达,调节病毒的转录以及维持病毒的结构和形态等生物学功能(Kopecky and Lyles,2003;Jayakar and Whitt,2002)。

G蛋白即糖蛋白,构成表面突起,是病毒与细胞受体结合的部位,参与病毒的吸附及内吞过程。其前体由524个氨基酸组成,前19个氨基酸为信号肽,信号肽切除后,形成由505个氨基酸组成的成熟糖蛋白。该蛋白包括3个区域,即抗原区、转膜区和细胞质区。在抗原区有3个主要抗原区域(I、II、III),其中区域III又至少含有3个抗原决定簇,它们不仅是病毒的中和抗原决定簇,而且与病毒的感染和毒力直接相关。在pH<6时,G蛋白发生构象变化,导致病毒的囊膜与内涵体囊泡的膜发生融合,使得

病毒核衣壳和 RNA 聚合酶释放到细胞质中，启动病毒的复制过程（Fredericksen and Whitt，1998）。狂犬病病毒 G 蛋白参与决定病毒毒力的强弱，已经明确证明其第 333 位氨基酸是决定病毒毒力的关键性氨基酸位点。G 蛋白的第 109～第 203 位氨基酸是一个可与乙酰胆碱受体（AchR）上的乙酰胆碱作用的结构域，这可能是决定狂犬病病毒具有神经嗜性的因素之一。

L 蛋白即 RNA 聚合酶，又被称为大转录蛋白，由 2127～2142 个氨基酸组成，每个病毒粒子含有 30～60 个 L 蛋白分子，其功能是负责病毒基因组的转录。

第三节 弹状病毒的繁殖与复制

一、病毒的侵染与胞吞

弹状病毒依靠颗粒表面的 G 蛋白与细胞受体结合，如 RV 可以与细胞膜表面的几种受体，如糖类、磷脂以及唾液酸化的神经糖苷等进行非特异性结合。病毒与细胞的特异性结合发生在神经肌接点，这里具有一种烟碱乙酰胆碱受体（Lentz et al.，1982）。病毒在该位点的聚集增加了它通过突触间隙进入轴突末梢的机会。RV 还可以与神经元细胞膜上的两种受体，即神经细胞黏附分子和 p75 神经妥乐平受体（p75NTR）（Langevin et al.，2002；Thoulouze et al.，1998）特异性结合。此外，中枢神经系统的两种神经递质［N-甲基-D-天（门）冬氨酸和 γ-氨基丁酸］受体也有可能是 RV 的受体（Gosztonyi and Ludwig，2001）。基因 1 型和 6 型 RV 对 p75 NTR 结合力强，但是 5 型 RV 及其他弹状病毒与之不结合（Tuffereau et al.，2001）。Mazarakis 等（2001）认为 RV 与该受体结合不仅可使病毒侵入细胞，而且便于向轴突快速运输。

病毒与受体结合后通过胞吞作用进入细胞内，继而病毒颗粒被细胞膜包被形成泡状囊。在酸性条件下，病毒外膜与囊膜融合，核衣壳被释放到细胞质中（图 13-2）。在宿主细胞质中进行转录、翻译、复制并组装成新的子代病毒颗粒，完成病毒的繁殖过程。

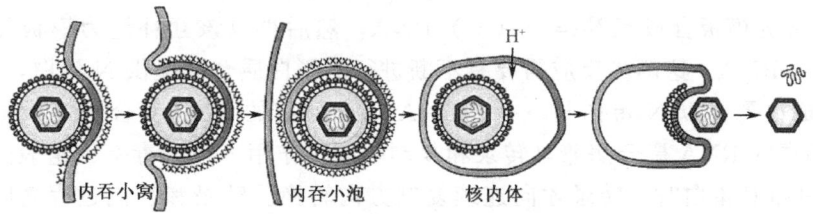

图 13-2　弹状病毒通过胞吞作用进入细胞示意图

二、基因组的转录和复制

裸露的弹状病毒基因组 RNA 是不能被 RNA 依赖的 RNA 聚合酶识别的，因此，它不能用作转录和复制的模板。但是，基因组 RNA 与核蛋白结合形成核衣壳复合物（RNP）以后，就可以被 RNA 聚合酶识别并能作为转录和复制的模板（Shoji et al.，2004）。当

RNP 处于非激活状态时，M1 蛋白均匀分布在 RNA 上，L 蛋白则结合于 RNP 的某些特定位点，以便启动转录。一旦转录开始，L 蛋白沿一定方向移动，每到达一个新的位点，即与已存在的 M1 蛋白发生作用，使 M1 发生磷酸化和使 N 蛋白从 RNA 分子上解离，导致 L 蛋白能够与模板 RNA 链结合，控制和催化 RNA 链合成的起始、延伸、终止、甲基化、加帽以及加尾等反应。由于转录的启动是在基因组 3′端第 15～第 17 位，所以转录是从基因组 3′端开始的，首先转录产生一个短的正链先导 RNA 序列，然后依次转录出 5 种分别编码 N、P、M、G 和 L 蛋白的 mRNA 分子（Finke et al.，2000）。弹状病毒基因组的转录具有一个明显的特点，即转录衰减现象，距离基因组转录起始位点越远的基因，其转录产物的量越少，其衰减顺序为 N＞P＞M＞G＞L。其原因是 RNA 聚合酶在完成前一个基因转录反应，并从模板上解离出来后，须与下一个起始信号结合，以启动下一个基因的转录，但是其结合效率要下降 20%～30%，由此导致了转录衰减现象（图 13-3）。

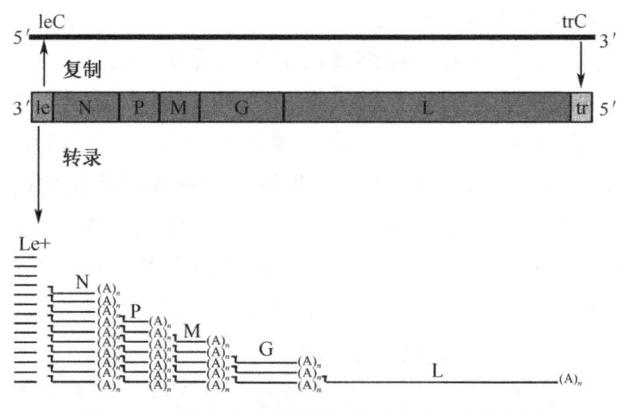

图 13-3 弹状病毒基因组转录与复制示意图

弹状病毒基因组的复制机制与正链 ssRNA 基因组不同，它首先要以基因组的（一）ssRNA 为模板合成互补链-（+）RNA，然后再以该互补链为模板复制出基因组的（一）ssRNA。这两步反应需要有不断进行的蛋白质合成提供 N 蛋白，因为（一）RNA 的合成也需要以 N 蛋白与（+）RNA 结合形成的 RNP 复合物为模板。已经证明，弹状病毒的 RNA 聚合酶兼具转录和复制的双重作用，当病毒基因组表达产生足够量的 N 蛋白和 P 蛋白时，转录才向连续复制方向转换。转录和复制过程之间的转换由 N 蛋白调节，当 N 蛋白特异地与先导 RNA 结合时，会使 RNA 聚合酶无法识别终止信号，先导 RNA 不被释放，同样 N 蛋白与 RNA 的特异性结合，也使得 RNA 聚合酶不能识别其他的起始和终止转录信号，并继续通读位于 N、P、M、G 和 L 基因两端的起始和终止信号，RNA 链继续合成并延长，最后完成病毒全长基因组的合成，合成出正链互补 RNA（Finke et al.，2003）。而病毒刚侵入细胞时，N 蛋白浓度很低，此时以转录过程为主，随着 N 蛋白浓度的增加，逐渐转换为复制过程。但是，Wu 等（2002）认为 N 蛋白对转录和复制的调控主要受 N 蛋白的磷酸化影响，当将 N 蛋白的磷酸化位点（Ser389）缺失时，基因组的转录和复制水平都明显下降。

研究表明，M 蛋白可能也参与了病毒的转录与复制的调控过程，而且调控程度与 M 蛋白的浓度相关。例如，Finke 等 (2003) 证明 M 蛋白能在抑制病毒转录的同时诱导基因组的复制，当 M 蛋白缺乏时，RV 的复制受到限制，而基因组的转录效率却增加；相反，当 M 蛋白的量增加时，基因组的转录效率下降而复制水平升高 (Ito et al., 1996)（图 13-3）。

三、病毒颗粒的装配与出芽

当完成病毒所有结构蛋白和基因组 RNA 合成以后，M 蛋白关闭所有 RNA 的合成，然后开始病毒的装配过程。首先新合成的 N 蛋白、P 蛋白和 L 蛋白在细胞质内与复制产生的基因组 RNA 结合，形成核蛋白核衣壳。该复合物再与 M 蛋白紧密结合形成螺旋结构，含有 M 蛋白的细胞质膜也与 RNP 结合，此时 M 蛋白起双重作用，是 RNA 与细胞膜之间的桥梁，为下一步的出芽做好了准备。此外，G 蛋白也参与了病毒颗粒的装配，其羧基端在组装成有侵染性的病毒颗粒时起关键作用。G 蛋白的功能域也含有病毒粒子装配的信号，可启动 G 蛋白与 RNP 复合体中的 N 蛋白或 M 蛋白的结合，同时也启动它与 M 蛋白的相互作用，从而使 RNP 共聚在细胞膜上已被 G 蛋白修饰的位置，为病毒粒子进一步通过芽生排出胞外做好必要准备 (Harty et al., 2001; Mebatsion et al., 1999)。最后装配好的病毒粒子以出芽的方式离开细胞，同时它还从宿主细胞膜获得脂质囊膜，形成成熟的病毒颗粒（图 13-4）。

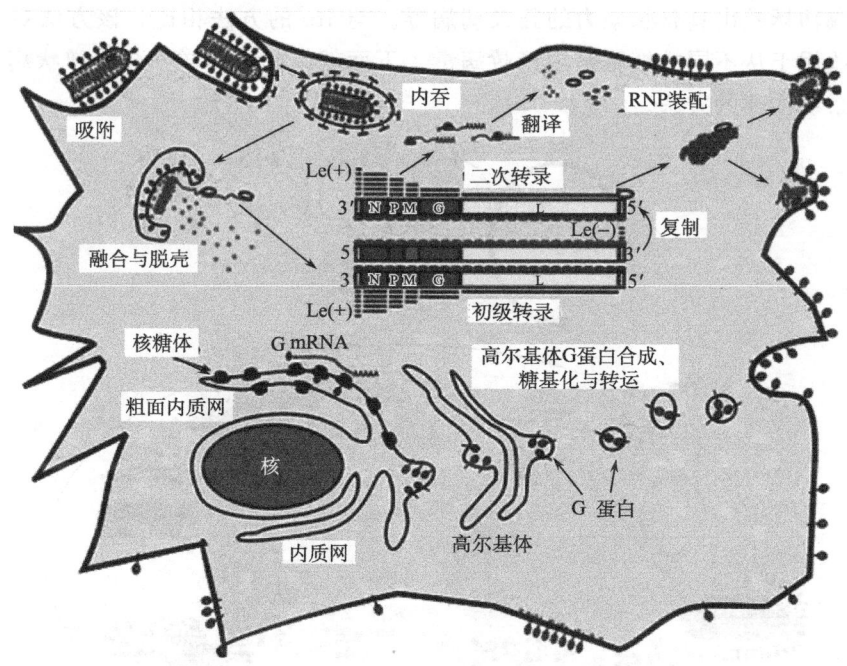

图 13-4 弹状病毒在细胞内的繁殖与复制过程

第四节 狂犬病病毒反向遗传学系统的建立

弹状病毒科的第一个反向遗传学研究系统是 Schnell 等（1994）建立的，他们使用携带 T7 RNA 聚合酶基因的痘病毒预感染细胞，然后将 4 个分别含有 RV 全长基因组 cDNA、N、P 和 L 基因的重组质粒共同转染细胞，成功拯救出具有感染性的 RV。他们的工作为开展负链 RNA 病毒的复制、转录和分子致病机制等研究开辟出一条全新的思路。利用类似的构建策略，随后又有许多负链 RNA 病毒的反向遗传学研究系统得以成功构建。例如，水疱性口炎病毒（VSV）（Lawson et al.，1995）、副黏病毒（Radecke et al.，1995）、呼吸道合胞体病毒（Collins et al.，1995）、仙台病毒等（Garcin et al.，1995）。由于该策略存在 2 种缺陷，即①痘病毒具有弱毒性，接种细胞可产生 CPE，不仅干扰病毒拯救效率的判定，也会降低病毒的拯救效率；②T7 RNA 聚合酶启动的辅助质粒的表达容易导致全长基因与辅助质粒表达基因发生同源重组（Hoffman and Banerjee，1997）。鉴于此，Ito 等（2003）对 RV 的反向遗传拯救系统进行了改进，他们首先建立一种能稳定表达 T7 RNA 聚合酶的细胞系，然后再将分别含有 RV 全长基因、N、P 和 L 基因的重组质粒共同转染该细胞，结果不仅成功拯救出 RV，而且拯救效率也大大提高（图 13-5）。Whelan 等（1995）对 RV 反向遗传操作系统的构建方法也进行了改进。他们充分利用宿主细胞的 RNA 聚合酶 II 系统，在体内完成各重组 DNA 的反转录，进而成功拯救出具有感染力的狂犬病病毒。与 Ito 的方法相比，该方法更方便、有效，而且适用于从不同的细胞系中拯救病毒。下面就以此为例详细介绍弹状病毒反向遗传学研究系统构建的方法。

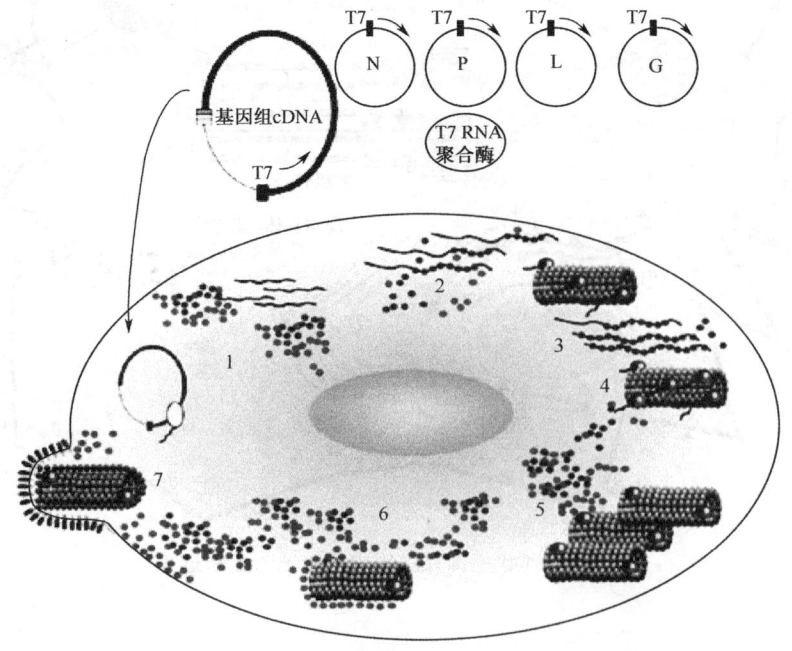

图 13-5 利用 T7 RNA 聚合酶系统拯救狂犬病病毒的策略

一、重组质粒的构建

根据弹状病毒的基因组结构及其复制特点，要完成病毒的拯救，必须构建4种重组质粒。即含有病毒基因组互补 cDNA 序列的重组质粒和 3 种分别含有 L、P 和 N 蛋白编码基因的辅助质粒。虽然 G 蛋白不是拯救 RV 所必需的，但是有报道认为若增加该蛋白的提供则有利于病毒的拯救。因此，在该研究中 Whelan 等（1995）也构建了 G 蛋白的重组质粒。为了保证全长基因组 RNA 转录本获得精确的末端结构，Whelan 等（1995）在基因组 cDNA 的两端分别加上了发夹核酶（HamRz）及丁型肝炎核酶（HdvRz）的编码序列，这些序列都位于 CMV 启动子的下游，便于将来的体内转录。表 13-1 是 Whelan 等（1995）构建 RV 弱毒株（HEP-Flury）辅助质粒所使用的引物。

表 13-1 构建 RV 反向遗传操作系统辅助质粒所使用的引物

扩增基因	引物名称	引物序列（5′→3′）
N	HN-start5N	TCGCTAGCACAATGGATGCCGACAAGATTGTG
	HN-stop3K	GGCGGTACCTTATGAGTCACTCGAATACGTTTT
P	HP-start5K	TTGGTACCATCCCAAGTATGA
	HP-stop3E	AATGAATTCGAAGACTCGGT
L	HL-Nhe5	ACCGCTAGCAAGATGCTGGATCCGGGAG
	HL-stop3	TTCATTAAGTTCCGGCTTAC
G	HG-start5A	AAGACTTAAGGAAAGATGGT
	HG-stop3	GTTCAAGGAGGACTACTGGA

为了构建 RV 的全长 cDNA 重组质粒，Whelan 等（1995）用单一的限制性内切核酸酶位点将 HEP-Flury 株的全序列分为 4 个片段（F1~F4）（图 13-6）。表 13-2 给出了

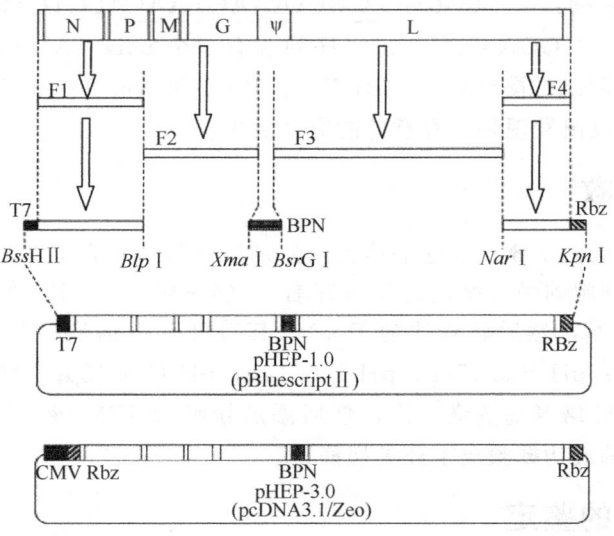

图 13-6 构建 RVHEP-Flury 株全长 cDNA 分子的技术路线

所使用的 PCR 引物序列，值得指出的是在 F1 的上游引物序列中加上病毒的前导区序列，F4 的下游引物中引入了病毒的尾随序列。

表 13-2　构建 RVHEP-Flury 株全长 cDNA 重组质粒所使用的引物

基因片断	引物名称	引物序列（5′→3′）
F1	HST7-5	CTCACTATAGGGACGCTTAACAACAAAACCAAAGA
	H-Blp3	TCTTGCATGATTTTGCTTAGTTGTC
F2	H-Blp5	CGAGGCCGACAAGCTAAGCA
	H-Xma3	CAACCCCGGGAGGAGGTTATC
F3	H-Bsr5	ATCTTGCATCTCAGTGAAGTGT
	H-KBA3	AGAATAGGCTTAAGCTTATAATGGG
F4	H-Kasafx5	ACCGGCGCCCATTATAAGCTAAAGCCT
	HepEnd3	ACCCACGCTTAACAAATAAACAATAAAGA

为了将基于 RNA 聚合酶 II 的拯救系统与基于 T7 RNA 聚合酶拯救系统做比较，Whelan 等（1995）构建了 2 种全长 cDNA 重组质粒：pHEP1.0 和 pHEP－3.0。前者是以 pBluescript II SK（+）为载体，T7 启动子及额外的 3 个核苷酸（GGG）被插入到 F1 片段的前导序列上游，HdvRz 的核心序列：5′-GGGTCGGCATGGCATCTCCACCTCCTCGCGGTCCGACCTGGGCATCCGAAGGAGGACGCACGTCCACTCGGATGGCTAAGGGAGGGCGGGTACC（Kpn I）-3′ 被置于 F4 片段尾随序列之后。后者是以 pcDNA3.1 为载体，用 CMV 启动子和 HamRz 的核心序列：5′-TGTTAAGCGTCTGATGAGTCCGTGAG-GACGAAACT ATAGGAAAGGAATTCCTATAGTCACGCTTAACA（病毒前导序列）-3′ 置换了 T7 启动子及额外的 3 个核苷酸（GGG）。为方便将来区分拯救病毒和母本毒，Whelan 等（1995）将 F2 和 F3 之间的一段不翻译的假基因序列替换为一段人工合成的核苷酸序列：5′-CCGGGGAAAAAAACTAACACCTCTCGTACGATTCTGCAGTTT GCTAGCA GGA CCG-3′。该序列含有 1 个 poly（A）信号、1 个转录起始信号和 3 个单一的限制性酶切位点：BsiW I、Pst I 和 Nhe I。所有的重组质粒构建好后都进行了测序，以便发现是否有意外的突变发生。

二、病毒的拯救

在转染的前一天，于 6 孔细胞培养板内分别接种 BSR-T7/5、BHK-21、NA、293T 和 Vero 细胞，待细胞的融合度达到 80% 左右时（$4\times10^5 \sim 6\times10^5$ 个细胞/孔），用新鲜培养基替换旧培养基，然后转染质粒 DNA，其转染量分别是：全长 cDNA 重组质粒 2.0μg；pH-N 5μg；pH-P 0.25μg；pH-L 0.1μg；pH-G 0.15μg。转染后 16～24h，弃去转染液并用 MEM 培养基洗涤一次，然后添加新鲜 DMEM 继续培养 2～5 天。结果除 Vero 细胞外，都成功拯救出了狂犬病病毒。

三、拯救病毒的鉴定

为了测定拯救病毒的滴度，在 96 孔板上接种 NA 细胞，然后按照 Whelan 等（1995）的方法感染10×稀释的病毒，34℃培养48h后，用80%的丙酮固定，以标记FITC的N蛋白的特异性单抗进行检测，在荧光显微镜下观察出现的病灶（Foci）并计算病灶形成的数量（ffu/mL）。所有的测定都进行3次。测定结果表明，拯救病毒的滴度是：$1×10^2 \sim 2×10^7$ ffu/mL。Whelan等（1995）使用RT-PCR方法对拯救的病毒进行鉴定，野生型RV的扩增产物预期应为1696bp（包括G、L和中间的假基因序列），拯救病毒的相应扩增片段应为1387bp（包括G、L和中间的人工合成基因序列）（图13-7）。使用 Pst I 消化，则产生744bp和643bp两个片段。由于母本毒的基因序列中不含有该位点，则不能被切开（图13-7）。

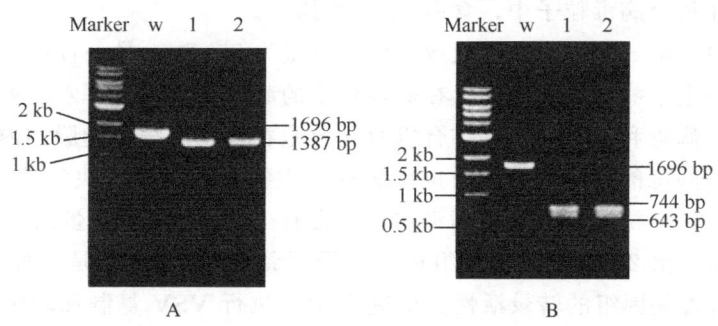

图13-7 用RT-PCR方法区别鉴定拯救病毒与母本病毒结果
A. 使用RT-PCR方法分别扩增母本病毒（w）和拯救病毒结果（1，2）；
B. 用 Pst I 消化PCR扩增产物的结果

第五节 水疱性口炎病毒反向遗传学系统的建立

一、水疱性口炎病毒基因组的结构及其表达产物

水疱性口炎病毒（VSV）基因组为单股负正链RNA，长约1100bp，其末端没有poly（A）和帽状结构。在基因组的5′端有一段非编码区，长度为59个核苷酸；3′端有一段长约47nt的先导序列，在先导序列和基因编码区之间存在特殊的AAA/AAAA序列。VSV基因组编码的产物有5种，其编码顺序为3′-N-P-M-G-L-5′；各编码基因之间存在保守的间隔序列，通常由转录起始序列、连接序列或转录终止序列组成（图13-8）。

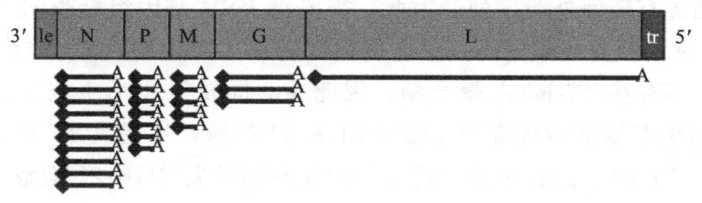

图13-8 水疱性口炎病毒基因组结构示意图

（1）N蛋白：由444个氨基酸组成，分子质量为47kDa，是一种核蛋白。其主要功能是与病毒的基因组RNA结合，保护病毒RNA免受各种核酸酶的消化和负责核衣壳

的形成。每个病毒粒子中有 1258 个拷贝。

(2) P 蛋白：由 274 个氨基酸组成，是一种磷蛋白。它主要和 RNA 聚合酶蛋白一起维持病毒基因组 RNA 的复制。每个病毒粒子中含有 466 个拷贝。

(3) M 蛋白：由 2794 个氨基酸组成，分子质量为 26kDa，是一种基质蛋白，主要分布在细胞质或/和细胞核内，具有稳定 G 蛋白三聚体的功能，推测其具有连接细胞膜上的 G 蛋白和 N 蛋白的功能。此外，该蛋白还能阻断宿主细胞的转录、核细胞质的转运和翻译等过程。M 蛋白不仅是病毒主要的毒力基因，而且能刺激宿主天然免疫相关基因的表达。在每个病毒粒子中，含有 1826 个拷贝。

(4) G 蛋白：由 557 个氨基酸组成，分子质量为 57kDa，是一种糖蛋白，组成同源聚体的棘突，锚定于病毒囊膜之中，在病毒感染的起始步骤中发挥着重要功能。主要负责病毒的吸附、病毒和细胞表面的结合以及介导胞吞作用后病毒囊膜和内吞体膜之间的融合，并且指导病毒的出芽。糖蛋白也是病毒的主要表面抗原，决定着病毒的感染力，并且是病毒的保护性抗原。在每个病毒粒子中含有 1205 个拷贝 G 蛋白。

(5) L 蛋白：由 2109 个氨基酸组成，分子质量为 241kDa，是一种 RNA 聚合酶。L 蛋白决定着病毒基因组的转录活性。研究表明，执行 VSV 复制和转录功能的是两种不同的复合物——复制酶复合物和转录酶复合物。转录酶复合物的成分现已清楚，它由 L 蛋白、P 蛋白和两种细胞蛋白——EF-1α 和热激蛋白 60（HSP60）以及细胞 mRNA 加帽结构相关的鸟苷酸转移酶组成。复制酶复合物主要是由 L 蛋白、N 蛋白和 P 蛋白组成，其中，L 蛋白是聚合酶复合物的核心成分。

二、水疱性口炎病毒反向遗传学系统建立

VSV 是一种负链 RNA 病毒，其基因组本身不具有感染性。因而，在构建 VSV 的反向遗传操作系统时，不仅要构建含有全长基因组的重组质粒，还应该同时构建含有 RNA 聚合酶复合体的辅助质粒。Lawson 等（1995）和 Whelan 等（1995）几乎同时报道了 VSV 的感染性克隆。其技术核心都是首先构建含有 VSV 全长 cDNA 的质粒（pVSVFL），然后又构建了 3 个辅助质粒：pBS-N、pBS-P、pBS-L。

需要强调的是，为了保证能成功拯救出与野毒株相似的 VSV，含有 VSV 全基因组 cDNA 序列的质粒（pVSVFL）在细胞内被转录后，所产生的 RNA 必须具有精准的末端序列，即不能掺有任何外源序列。为此，需要将 VSV 基因组全长 cDNA 序列精确插入 T7 启动子以及 δ 肝炎核酶之间，这样能保证转录后产生的 RNA 与病毒 RNA 相似。由于真核细胞中不存在 T7 RNA 聚合酶，因此在共同转染 4 个质粒以前，还需要用重组 T7 RNA 聚合酶基因的痘病毒预先感染 BHK-21 细胞，以提供 T7 RNA 聚合酶蛋白。最后，按照 10：5：4：2 的比例将上述 4 种质粒共同转染 BHK-21 细胞，通过对细胞培养物进行遗传标记、特定蛋白的检测以及病毒滴定等，结果证明成功拯救出具有感染性的 rVSV（图 13-9）。

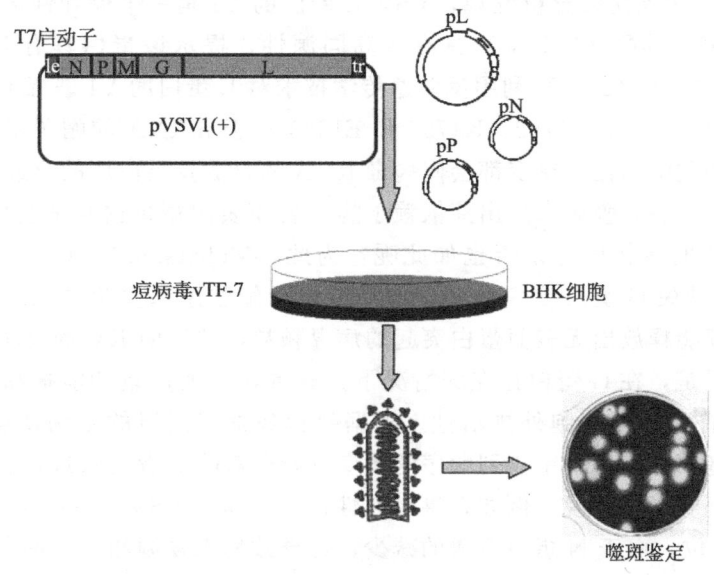

图 13-9 在 BHK 细胞中拯救 VSV 的策略

第六节 反向遗传学在弹状病毒研究中的应用

弹状病毒是一类十分重要的病毒，由于它的宿主谱比较广，可以使动物、植物和人发病。因此，人们对该病毒的研究历来都十分重视。尤其是狂犬病病毒，它能引起多种动物和人的神经性疾病，因其感染造成的病死率高达100%，雄居各类动物病毒之首。弹状病毒的反向遗传研究系统建立得比较早，因此应用该系统研究弹状病毒所取得的成果也比较多，尤其是在构建新型病毒载体方面，VSV已经被开发成为一种常用的病毒载体。本节将从4个方面阐述反向遗传学研究技术在弹状病毒研究中的应用情况。

一、在基因组结构与功能研究中的应用

为了探讨 RV G 蛋白在病毒生命周期过程中的重要作用，Foley 等（2000）将 VSV G 蛋白的胞外区和跨膜区替换 RV G 蛋白的相应区段，然后转染细胞，拯救出一种嵌合病毒（rRV-VSV-G）。该病毒所形成的病毒颗粒与 RV 相似，复制水平也接近。但是嵌合病毒的出芽过程明显滞后，导致病毒的滴度降低到 RV 病毒的 1/10。将 rRV-VSV-G 和 rRV 分别免疫小鼠，12 天后以 RV 强毒株攻击，发现用嵌合病毒免疫的动物不能被保护，该试验证明 G 蛋白是弹状病毒的一种重要免疫原性蛋白，在分子免疫学中占有重要地位。

在 mRNA 合成过程中，VSV 的 RNA 聚合酶催化合成了 5 种分别具有帽子结构和 poly（A）尾巴的 RNA 分子，其帽子结构为 $m^7GpppAmpApCpApGpNpNpApUpCp$。目前关于 VSV 在 mRNA 分子 5′端加帽的过程还不清楚，但是人们推测该过程至少需要三磷酸（酯）酶、鸟苷酸转移酶以及 ［鸟嘌呤-N-7］-和 ［核糖-2′-O］-甲基转移酶

(MTase) 活性。序列比较分析发现，VSV L 蛋白的 VI 是一个保守性区域，它与细菌的 [$2'$-O]-甲基转移酶（MTase）具有较高同源性，提示该蛋白具有上述酶的活性。为验证该假设，Li 等（2005）利用反向遗传学技术对 L 蛋白的 VI 进行了一系列的定点突变，结果证明 K1651、D1762、K1795 和 E1833 对于 mRNA 的帽子甲基化作用很关键，这 4 个氨基酸中的任一突变都会使病毒 RNA 的合成及蛋白质的合成显著减少。

研究表明，一些囊膜病毒的出芽依赖于病毒囊膜表面糖蛋白与细胞质的相互作用，那么 RV 以及其他弹状病毒是否也如此呢？为此，Mebatsion 等（1996）构建了两种 RV 突变体，即缺失 G 蛋白或 G 蛋白的胞质尾巴。细胞感染实验结果表明两种突变体感染细胞后，都能释放出无表面蛋白突起的病毒颗粒，这证明 RV 的表面蛋白并不是出芽所必需的。但是，在 G 蛋白存在的情况下，病毒颗粒的产量却能提高 6～30 倍，这提示 G 蛋白具有独立的细胞外排活性。根据弹状病毒基因组的结构特点和表达策略，人们推测蛋白基因在基因组中排列顺序的改变可能会影响病毒的致病性。Wertz 等利用基因重排技术证明了该假说。例如，将水疱性口炎病毒（VSV）基因组的 N 基因从第 1 位重排至第 2 位，由于 N 蛋白合成的减少，可导致病毒复制和病毒毒力的降低。

二、在致病机制研究中的应用

G 蛋白是 RV 的一种重要的糖蛋白，它在病毒的致病机制中起了重要作用。许多研究结果表明，G 蛋白中的第 333 位氨基酸在决定 RV 的致病性方面起关键作用（Obuchi et al.，2003），而且将该氨基酸置换以后，病毒通过外周途径感染 CNS 的能力（Tuffereau et al.，1989），以及病毒在细胞之间的传播等也受到影响。在此基础上，Takayama-Ito 等（2006a）利用定点突变等反向遗传操作技术证明了该突变引起 RV 致病力减弱的分子机制，他们指出 RV 疫苗株（HEP-Flury）毒力的返强正是由于该位点的氨基酸发生了回复性突变。Faber 等（2004）进一步研究证明，除 RV G 蛋白的第 333 位氨基酸与致病性有关外，其第 194 位氨基酸的突变也与病毒的致病力有关。他们将高度致弱的 RV 疫苗株（SPBNAG 株）在新生鼠体内连续传代 5 次以后，发现其第 333 位氨基酸并没改变，但是其第 194 位的 Asn 突变为 Lys，伴随该位点的突变，病毒的致病性增强。Faber 等认为该位点突变使病毒致病性增强的原因在于提高了病毒从细胞内向细胞外转运的速度，进而引起致病性病毒粒子内在化进程加快，利于膜融合的 pH 域值转换也加快。

Takayama-Ito 等（2006b）在上述研究的基础上，对 G 蛋白与狂犬病病毒致病力的相关性又做了深入研究。其研究结果显示与 RV 致病力密切相关的氨基酸，除了第 194 位和第 333 位氨基酸外，还有第 242、第 255 和第 268 位氨基酸，这些氨基酸的突变都将导致 RV 的致病力丧失。

我们知道经过细胞培养致弱的 RV 与街毒的主要区别在于其神经毒力存在明显差异，为了确定 RV 基因组中与神经毒力有关的主要氨基酸，Faber 等（2004）在构建 RV 强毒株（SHBRV-18）全长 cDNA 的基础上，用高度致弱、无神经毒力的 RV 疫苗株（SN0）的蛋白编码基因逐步置换强毒株的相应基因序列，构建了一系列嵌合病毒。其研究结果揭示，除了 G 蛋白是决定 RV 从外周末梢侵入中枢神经的主要基因以外，病毒的尾随序列、聚合酶基因以及假基因也与 RV 的神经毒力有关。上述研究结果均证明，G 蛋白是弹状病毒的主要致病性因子。

除了 G 蛋白与 RV 的致病力有关外，N、P 和 M 蛋白可能也会影响病毒的致病性。为证明该推测，Shimizu 等 (2004) 利用反向遗传学手段将 RV 弱毒株 (Ni-CE 株) 的 N、P 和 M 基因分别置换为母本强毒株 (Nishigahara 株) 的相应基因，然后将构建的重组病毒分别接种小鼠，结果发现，所有的重组病毒均表现出一定的致病性，由此说明上述基因在决定 RV 致病性方面也起一定的作用。

三、在病毒载体研究中的应用

将 RV 当做载体表达外源基因的一个优点是，可以将外源基因包装到病毒颗粒中，这一过程就需要用 RV G 的胞内区替代外源糖蛋白相应的区段。VSV 则与此不同，VSV 表达外源基因尽管也需要将外源基因与颗粒融合，但是它并不需要任何修饰，而只与糖蛋白的表达水平有关。另外即使 VSV 的 G 蛋白融合有外源蛋白的胞内区，它的表达水平也与野毒一样。此外，弹状病毒基因组 G、L 之间含有一段非编码区，该区域的缺失、截短或插入外源基因都不会影响病毒的拯救效率。鉴于此，人们尝试将弹状病毒开发成病毒载体。Mebatsion 等 (1996) 首先进行了该研究，他们发现无论是将 CAT 基因插入非编码区还是置换该区域，拯救的 RV 都能高效表达 CAT，其生物学特性与标准毒株相似，在细胞中连续传代 25 次，CAT 仍能稳定表达，且保持良好的酶活性。其研究结果初步显示，将弹状病毒改造成载体用于表达或运输外源基因是很有希望的。

VSV 的溶瘤特性使得其用作病毒载体的范围和前景更加广阔。所谓溶瘤作用，是指一些病毒在正常细胞内无复制或杀伤作用，但在同一机体内的肿瘤细胞中则能选择性复制和溶解肿瘤细胞，细胞裂解后释放的病毒颗粒又会感染其他肿瘤细胞，如此不断循环反复增殖从而达到杀灭大量癌细胞的作用。具有这种特性的病毒主要有新城疫病毒、流感病毒、呼肠孤病毒、水疱性口炎病毒、自主细小病毒、腺病毒、单纯性疱疹病毒和一些反转录病毒等。利用病毒的溶瘤作用，可以将其用于肿瘤的临床治疗。而 VSV 作为一种新型的溶瘤病毒还有其独特的一些优点，如利用反向遗传学技术能够比较容易地在病毒基因组中插入自杀性基因、细胞因子基因和凋亡蛋白等基因，使其溶瘤特性更强；或者对其 G 蛋白基因进行改造，从而改变其导向性；VSV 的细胞受体（磷脂酰丝氨酸）存在于几乎所有细胞膜的表面，因此，VSV 能够感染几乎所有的哺乳动物细胞，也就是说，VSV 作为溶瘤病毒载体可以用于溶解多种肿瘤细胞。此外，VSV 的基因组复制、蛋白质的翻译和病毒组装的场所都是在细胞质中进行，不会对宿主基因组产生影响，安全性更高 (Schnell et al., 1997)。

大量研究证明，VSV 对多种淋巴瘤细胞、肝癌细胞和结肠癌细胞等具有良好的溶瘤作用，用拯救或改造过的 VSV 治疗动物或人，可以明显导致癌细胞发生凋亡，抑制肿瘤生长，展现出良好的应用前景 (Shinozaki et al., 2005; 2004; Lichty et al., 2004; Ebert et al., 2003)。图 13-10 是 VSV 作为溶瘤性病毒载体治疗肿瘤的技术路线示意图。根据外源基因的插入类型或方式，可以将水疱性口炎病毒载体分为如下 3 种类型。①插入型病毒载体：该类型载体保留了病毒的全部基因信息，而在基因间隔序列之

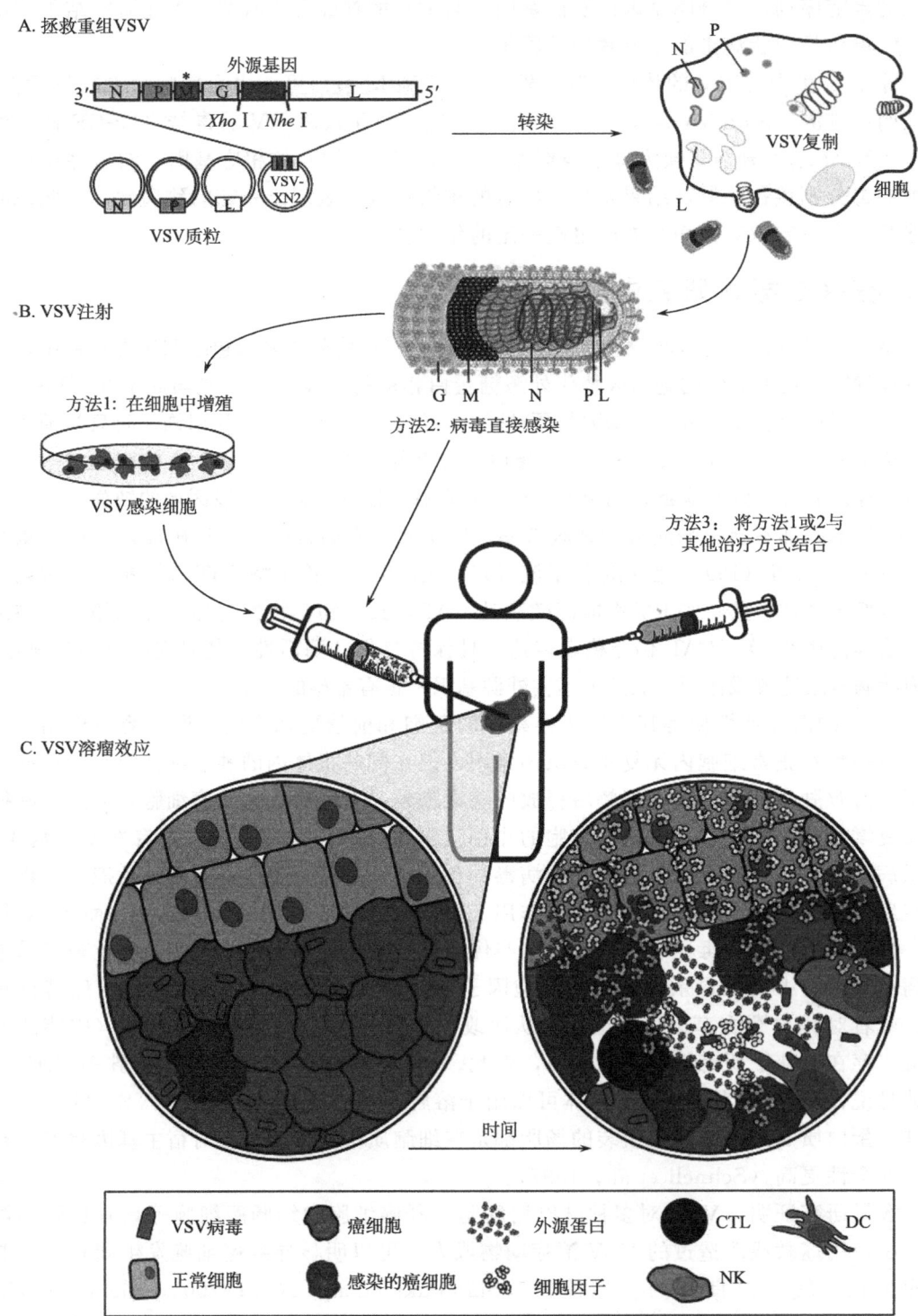

图 13-10 利用 VSV 作为载体输送外源基因的策略示意图

间插入外源基因。通过反向遗传操作获得的重组病毒能够在宿主细胞中高滴度增殖，外源基因也随之获得高水平表达，但该类型病毒载体因含有自身的毒力基因而具有一定的致病性。②复制缺陷型病毒载体：该类型病毒载体的 G 基因被删除，取而代之的是外源基因。要实现该类型重组病毒的拯救需要有能够稳定表达 G 蛋白的细胞辅助；此种情况下拯救出的病毒再感染细胞时因缺乏 G 蛋白，就不能再产生新的病毒，因而称为复制缺陷性病毒载体。尽管如此，外源基因仍能在 RNA 聚合酶的作用下持续被转录并表达。③嵌合型病毒载体，即保留 VSV 装配必需的 G 蛋白的胞内尾随序列，而将胞外区和跨膜区替换成外源基因，如此拯救出的病毒是嵌合外源基因的重组病毒，它在细胞内具有一定的增殖能力（Geisbert and Feldmann，2011）。

Roberts 等（1998）将禽流感病毒血凝素（HA）基因插入到 VSV 基因组中，成功拯救出表达 HA 的重组 VSV，重组病毒免疫小鼠后产生的免疫力可以对致死剂量禽流感病毒的攻击提供完全保护。将 HIV 的 Gag 和 Env 插入 VSV 后，拯救的重组病毒可以诱导动物产生特异性 $CD8^+$ 细胞毒性反应，并诱导机体产生抗 HIV 的中和抗体（Rose et al.，2000）。

用 HIV 的糖蛋白受体 CD4 和辅助受体 CXC R4 置换 VSV 病毒的 G 蛋白，构建的嵌合病毒只能感染 HIV 病毒感染细胞，并将其杀死，但对正常细胞没有任何影响。因此，可以用 VSV 作为载体治疗 HIV 患者，试验证实该重组病毒能够使细胞中的 HIV 滴度降至 1/10 000（Schnell et al.，1997）。将丙型肝炎病毒的核心蛋白基因（C）和两个糖蛋白基因（E1 和 E2）插入到 VSV 的基因组中，拯救出一种嵌合 VSV。用该病毒感染细胞，不仅可在细胞中检测到上述 3 种 HCV 蛋白的表达，而且能检测到由 C、E1 和 E2 3 种蛋白组装成的 HCV 病毒样颗粒（VLP）。用这种重组病毒免疫实验动物，可诱导机体产生强烈的细胞免疫应答，这为将来研制新型 HCV 疫苗开辟了一种新思路（Buonocore et al.，2002）。

四、在新型疫苗研究中的应用

反向遗传学研究系统的建立为体外操作 RNA 病毒提供了极大的便利，利用该技术不仅可以很方便地研究 RNA 病毒基因的结构和功能，也为研究新型疫苗和载体提供了良好的思路。其中，利用基因重排或基因缺失方法致弱病毒是研究新型疫苗的一种常用手段。例如，将 VSV 基因组中编码核衣壳（N）蛋白的基因缺失，可以使 VSV 在小鼠体内的复制及致病力减弱；将 VSV 的 G 蛋白位置从原来的第 4 位提前到第 1 位，将提高 G 蛋白在细胞中的表达水平，进而可以改变在动物体内诱导的免疫反应；将 G 蛋白与 N 蛋白进行基因重排所获得的 3 株重组病毒：3′-G-N-P-M-L-5′（G1N2）、3′-P-M-G-N-L-5′（G3N4）和 3′-G-P-M-N-L-5′（G1N4）均与母本毒表现出不同的生物学特性，包括致病力、免疫原性和为动物提供的保护力等，Flanagan 等（2000）用其研究结果证明，G 蛋白的易位提高了其表达水平，进而改变它在动物体内诱导的免疫应答，而 N 蛋白表达水平的减少则使病毒在动物体内的复制水平和致病力均减弱。Shoji 等（2004）将 RV HEP-Flury 株的 P 基因删除，获得了一种 RV 突变体（def-P）。该病毒在缺乏 P 蛋白的细胞系中不能增殖产生子代病毒，但是仍存在基础转录现象。另外，def-P 病毒不仅对老鼠表现出非致病性，而且能诱导产生高水平中和抗体（VNA）对抗强毒株的攻击。

如前文所述，G蛋白是狂犬病病毒的主要致病性基因，其中Arg333是关键性氨基酸。基于此，Morinoto等（1999）将G蛋白的Arg333突变为Glu，获得一株重组病毒，将其接种实验动物发现它不仅丧失了神经毒力，而且能为动物提供免疫保护。Dietzschold等（2004）用类似的方法不仅构建了3株RV重组弱毒株：SPBNGA，SPBNGA-Cyto c（+）和SPBNGA-GA，而且详细研究了这些候选疫苗株的体外增殖特性和稳定性。其研究结果显示，利用生物反应器技术可以将苗毒的产量提高到10^{10}个病毒粒子/mL，所有的重组病毒都具有热稳定性，颅内接种小鼠均不表现致病性。此外，序列分析结果也显示，此3株弱毒即使在小鼠体内连续增殖10代，也没有发生回复突变，表现出具有高度的遗传稳定性。这些研究均表明利用反向遗传学手段研发新型减毒疫苗是可行的。

在弹状病毒科中，VSV是应用得比较成功的一种病毒载体，利用它可以研究病毒的基因功能、致病机理，也可以用于研究新型疫苗的载体。Schwartz等（2007）以VSV弱毒疫苗株为载体成功表达了高致病性禽流感病毒的H基因，用该重组病毒免疫小鼠可以诱导高水平的中和抗体，而且可以对抗强毒株的攻击。

McKenna等（2003）以狂犬病病毒疫苗株为载体，构建了一个能表达HIV Env蛋白的重组狂犬病病毒，共价连接的gp140融合在RV的G糖蛋白的细胞质区，有效地包裹成为RV病毒体。结果检测到RV病毒表面有gp140 SOS蛋白，这个重组的RV病毒颗粒包含有共价连接Env，提示这将是表达HIV疫苗有效抗原的一个良好策略。2000年，美国学者应用减毒的狂犬病病毒作为表达人类免疫缺陷症病毒（HIV）包膜蛋白的载体，首次成功研制了HIV疫苗。其策略是将HIV21 *gp160* 基因插入减毒的狂犬病病毒产生重组病毒。然后将其注射小鼠，并加强注射一次HIV gp120蛋白以致敏免疫系统。结果该病毒成功地表达出gp160糖蛋白，并诱导强的抗HIV21包膜蛋白的体液免疫应答。另外，在小鼠血清中检出高滴度的抗HIV中和抗体。而一些广泛使用的重组病毒载体（表达HIV基因的痘病毒或金丝雀痘病毒）可在动物和人体中诱导细胞毒性淋巴细胞应答，但不能诱导高滴度抗HIV中和抗体及保护黑猩猩抵抗HIV攻击。

结　语

弹状病毒科是一个家族十分庞大、与人类健康又密切相关的重要病毒群。其代表性成员——狂犬病病毒具有极强的致病力，人一旦感染几乎没有治愈的可能。深入了解和认识弹状病毒的发病机理、基因结构和遗传变异机制等对于有效治疗和控制狂犬病等疫病的发生与流行具有重要意义。近年来，反向遗传学技术的兴起，尤其是狂犬病病毒等感染性克隆的成功构建为开展弹状病毒的应用研究和基础研究提供了有力的研究工具和技术平台。相信随着该研究技术的不断发展和应用，RV、VSV等弹状病毒的一些神秘面纱将被一一揭开，安全而有效的基因工程疫苗也将诞生。

参 考 文 献

Buonocore L, Blight K J, Rice C M, et al. 2002. Characterization of vesicular stomatitis virus recombinants that express and incorporate high levels of hepatitis C virus glycoproteins. Journal of Virology, 76: 6865-6872.

Collins P L, Hill M G, Camargo E, et al. 1995. Production of infectious human respiratory syncytial virus from cloned cDNA confirms an essential role for the transcription elongation factor from the 5′ proximal open reading frame of the M2 mRNA in gene expression and provides a capability for vaccine development. Proceedings of National Academy of Science of United States of America, 92: 11563-11567.

Dietzschold M L, Faber M, Mattis J A, et al. 2004. *In vitro* growth and stability of recombinant rabies viruses designed for vaccination of wildlife. Vaccine, 23: 518-524.

Ebert O, Shinozaki K, Huang T G, et al. 2003. Oncolytic vesicular stomatitis virus for treatment of orthotopic hepatocellular carcinoma in immune-competent rats. Cancer Research, 63: 3605-3611.

Faber M, Pulmanausahakul R, Nagao K, et al. 2004. Identification of viral genomic elements responsible for rabies virus neuroinvasiveness. Proceedings of National Acaclemy of Sciences of United States of America, 101: 16328-16332.

Finke S, Cox J H, Conzelmann K K. 2000. Differential transcription attenuation of rabies virus genes by intergenic regions: generation of recombinant viruses overexpressing the polymerase gene. Journal of Virology, 74: 7261-7269.

Finke S, Mueller-Waldeck R, Conzelmann K K. 2003. Rabies virus matrix protein regulates the balance of virus transcription and replication. The Journd of General Virology, 84: 1613-1621.

Flanagan E B, Ball L A, Wertz G W. 2000. Moving the glycoprotein gene of vesicular stomatitis virus to promoter-proximal positions accelerates and enhances the protective immune response. Journal of Virology, 74: 7895-7902.

Foley H D, Mcgettigan J P, Siler C A, et al. 2000. A recombinant rabies virus expressing vesicular stomatitis virus glycoprotein fails to protect against rabies virus infection. Proceedings of National Acaclemy of Sciences of United States of America, 97: 14680-14685.

Fredericksen B L, Whitt M A. 1998. Attenuation of recombinant vesicular stomatitis viruses encoding mutant glycoproteins demonstrate a critical role for maintaining a high pH threshold for membrane fusion in viral fitness. Virology, 240: 349-358.

Garcin D, Pelet T, Calain P, et al. 1995. A highly recombinogenic system for the recovery of infectious Sendai paramyxovirus from cDNA: generation of a novel copy-back nondefective interfering virus. EMBO Journal, 14: 6087-6094.

Geisbert T W, Feldmann H. 2011. Recombinant vesicular stomatitis virus-based vaccines against Ebola and Marburg virus infections. The Journal of Infectious Diseases, 204 Suppl 3: S1075-1081.

Gosztonyi G, Ludwig H. 2001. Interactions of viral proteins with neurotransmitter receptors may protect or destroy neurons. Current Topics in Microbiology and Immunology, 253: 121-144.

Harty R N, Brown M E, Mcgettigan J P, et al. 2001. Rhabdoviruses and the cellular ubiquitin-proteasome system: a budding interaction. Journal of Virology, 75: 10623-10629.

Hoffman M A, Banerjee A K. 1997. An infectious clone of human parainfluenza virus type 3. Journal of Virology, 71: 4272-4277.

Ito N, Takayama-Ito M, Yamada K, et al. 2003. Improved recovery of rabies virus from cloned cDNA using a vaccinia virus-free reverse genetics system. Microbiology and Immunology, 47: 613-617.

Ito Y, Nishizono A, Mannen K, et al. 1996. Rabies virus M protein expressed in *Escherichia coli* and its regulatory role in virion-associated transcriptase activity. Archives of Virology, 141: 671-683.

Jayakar H R, Whitt M A. 2002. Identification of two additional translation products from the matrix (M) gene that contribute to vesicular stomatitis virus cytopathology. Journal of Virology, 76: 8011-8018.

Kopecky S A, Lyles D S. 2003. The cell-rounding activity of the vesicular stomatitis virus matrix protein is due to the induction of cell death. Journal of Virology, 77: 5524-5528.

Langevin C, Jaaro H, Bressanelli S, et al. 2002. Rabies virus glycoprotein (RVG) is a trimeric ligand for the N-terminal cysteine-rich domain of the mammalian p75 neurotrophin receptor. The Journal of Biological Chemistry, 277: 37655-37662.

Lawson N D, Stillman E A, Whitt M A, et al. 1995. Recombinant vesicular stomatitis viruses from DNA. Proceedings of National Acaclemy of Sciences of United States of America, 92: 4477-4481.

Lentz T L, Burrage T G, Smith A L, et al. 1982. Is the acetylcholine receptor a rabies virus receptor? Science, 215: 182-184.

Li J, Fontaine-Rodriguez E C, Whelan S P. 2005. Amino acid residues within conserved domain VI of the vesicular stomatitis virus large polymerase protein essential for mRNA cap methyltransferase activity. Journal of Virology, 79: 13373-13384.

Lichty B D, Stojdl D F, Taylor R A, et al. 2004. Vesicular stomatitis virus: a potential therapeutic virus for the treatment of hematologic malignancy. Human Gene Therapy, 15: 821-831.

Mazarakis N D, Azzouz M, Rohll J B, et al. 2001. Rabies virus glycoprotein pseudotyping of lentiviral vectors enables retrograde axonal transport and access to the nervous system after peripheral delivery. Human Molecular Genetics, 10: 2109-2121.

MCKenna P M, Pomerantz R J, Dietzschold B, et al. 2003. Covalently linked human immunodeficiency virus type 1 gp120/gp41 is stably anchored in rhabdovirus particles and exposes critical neutralizing epitopes. Journal of Virology, 77: 12782-12794.

Mebatsion T, Schnell M J, Cox J H, et al. 1996. Highly stable expression of a foreign gene from rabies virus vectors. Proceedings of National Academy of Sciences of United States of America, 93: 7310-7314.

Mebatsion T, Weiland F, Conzelmann K K. 1999. Matrix protein of rabies virus is responsible for the assembly and budding of bullet-shaped particles and interacts with the transmembrane spike glycoprotein G. Journal of Virology, 73: 242-250.

Morimoto K, Hooper D C, Spitsin S, et al. 1999. Pathogenicity of different rabies virus variants inversely correlates with apoptosis and rabies virus glycoprotein expression in infected primary neuron cultures. Journal of Virology, 73: 510-518.

Obuchi M, Fernandez M, Barber G N. 2003. Development of recombinant vesicular stomatitis viruses that exploit defects in host defense to augment specific oncolytic activity. Journal of Virology, 77: 8843-8856.

Radecke F, Spielhofer P, Schneider H, et al. 1995. Rescue of measles viruses from cloned DNA. EMBO Journal, 14: 5773-5784.

Roberts A, Kretzschmar E, Perkins A S, et al. 1998. Vaccination with a recombinant vesicular stomatitis virus expressing an influenza virus hemagglutinin provides complete protection from influenza virus challenge. Journal of Virology, 72: 4704-4711.

Rose N F, Roberts A, Buonocore L, et al. 2000. Glycoprotein exchange vectors based on vesicular stomatitis virus allow effective boosting and generation of neutralizing antibodies to a primary isolate of human immunodeficiency virus type 1. Journal of Virology, 74: 10903-10910.

Schnell M J, Johnson J E, Buonocore L, et al. 1997. Construction of a novel virus that targets HIV-1-infected cells and controls HIV-1 infection. Cell, 90: 849-857.

Schnell M J, Mebatsion T, Conzelmann K K. 1994. Infectious rabies viruses from cloned cDNA. EMBO Journal, 13: 4195-4203.

Schwartz J A, Buonocore L, Roberts A, et al. 2007. Vesicular stomatitis virus vectors expressing avian influenza H5 HA induce cross-neutralizing antibodies and long-term protection. Virology, 366: 166-173.

Shinozaki K, Ebert O, Kournioti C, et al. 2004. Oncolysis of multifocal hepatocellular carcinoma in the rat liver by hepatic artery infusion of vesicular stomatitis virus. Molecular Therapy, 9: 368-376.

Shinozaki K, Ebert O, Woo S L. 2005. Treatment of multi-focal colorectal carcinoma metastatic to the liver of immune-competent and syngeneic rats by hepatic artery infusion of oncolytic vesicular stomatitis virus. International Journal of Cancer, 114: 659-664.

Shoji Y, Inoue S, Nakamichi K, et al. 2004. Generation and characterization of P gene-deficient rabies virus. Virology, 318: 295-305.

Takayama-Ito M, Inoue K-I, Shoji Y, et al. 2006a. A highly attenuated rabies virus HEP-Flury strain reverts to virulent by single amino acid substitution to arginine at position 333 in glycoprotein. Virus Research, 119: 208-215.

Takayama-Ito M, Ito N, Yamada K, et al. 2006b. Multiple amino acids in the glycoprotein of rabies virus are responsible for pathogenicity in adult mice. Virus Research, 115: 169-175.

Thoulouze M I, Lafage M, Schachner M, et al. 1998. The neural cell adhesion molecule is a receptor for rabies virus. Journal of Virology, 72: 7181-7190.

Tuffereau C, Desmezieres E, Benejean J, et al. 2001. Interaction of lyssaviruses with the low-affinity nerve-growth factor receptor p75NTR. Journal of General Virology, 82: 2861-2867.

Tuffereau C, Leblois H, Benejean J, et al. 1989. Arginine or lysine in position 333 of ERA and CVS glycoprotein is necessary for rabies virulence in adult mice. Virology, 172: 206-212.

Whelan S P, Ball L A, Barr J N, et al. 1995. Efficient recovery of infectious vesicular stomatitis virus entirely from cDNA clones. Proceedings of National Academy of Sciences of United States of America, 92: 8388-8392.

Whelan S P, Wertz G W. 1999. Regulation of RNA synthesis by the genomic termini of vesicular stomatitis virus: identification of distinct sequences essential for transcription but not replication. Journal of Virology, 73: 297-306.

Wu X, Gong X, Foley H D, et al. 2002. Both viral transcription and replication are reduced when the rabies virus nucleoprotein is not phosphorylated. Journal of Virology, 76: 4153-4161.

Wunner W H, Larson J K, Dietzschold B, et al. 1988. The molecular biology of rabies viruses. Review of Infectious Diseases, 10: S771-S784.

第十四章 丝状病毒科的反向遗传学

第一节 丝状病毒科的基本特征

一、病毒的分类

丝状病毒科（*Filoviridae*）是1979年新设立的一个病毒科，并于1982年得到国际病毒分类委员会正式认可，它属于单分子负链RNA病毒目。目前该病毒科只有一个属，即丝状病毒属（*Filovirus*）。它包括两种病毒，即马尔堡病毒（*Marberg virus*，MBGV）和埃博拉病毒（*Ebola virus*，EBOV）。MBGV尚没有基因亚型出现，EBOV则至少存在4个基因亚型。MBGV与EBOV之间没有抗原交叉反应，其蛋白质也存在明显差别。这两种病毒对猴及人类均具有高度致病性和传染性，被视为新发现的最具有杀伤力的病毒。世界卫生组织（WHO）将这两种病毒的危险级别定为IV级，要求必须在生物安全4级实验室（P4实验室）内操作和研究该类病毒。

二、病毒的颗粒结构

EBOV与MBGV的形态具有多样性，一般呈长丝状并且有时有分节，或呈"U"形或"6"形或环形（图14-1）（Beer et al., 1999）。以磷钨酸负染后用电子显微镜观察，可见直径为80～90nm，长度130～2600nm不等的病毒粒子。外周有囊膜，表面有长约10nm的突起（病毒的糖蛋白）。在病毒囊膜内是一个管状核芯，直径约为50nm，中央有一直径约为20nm的轴，由螺旋状核衣壳所围绕，染色观察可见内部有交叉条纹结构，所有的丝状病毒都含有一个不具有感染性的单股负链RNA。

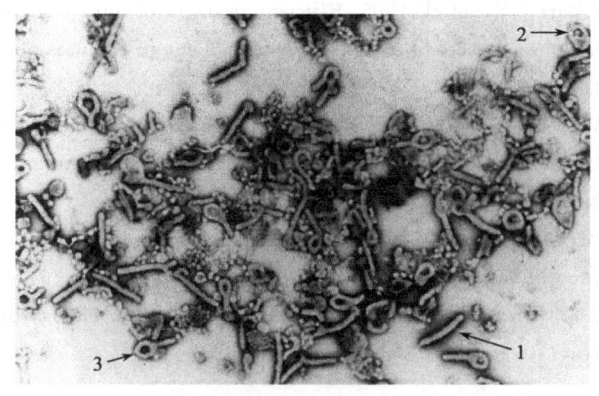

图14-1 电子显微镜下观察到的马尔堡病毒
1. 杆状形态病毒；2. 环状形态病毒；3. 钉锤状病毒

第二节 丝状病毒的基因组结构及其表达产物

丝状病毒的基因组为单股、负链、不分节段的 RNA 分子，长约 19kb，是负链 RNA 病毒中基因组最大的病毒。它除了具有一些负链 RNA 病毒共有的基因组特征以外，还具有一些有别于弹状病毒（丝状病毒曾被划归弹状病毒科）的特征：①丝状病毒的转录信号含有一个共同的基序：3′-UAAUU-5′（分别位于起始位点的 5′端和终止位点的 3′端）；②在所有的负链 RNA 病毒中，丝状病毒含有最长的 3′/5′非编码区（noncoding regions, NCR）；③在丝状病毒基因组中存在重叠基因，其中 MBGV 的重叠基因出现于 VP30 和 VP24 基因之间，EBOV 的重叠基因分别存在于 VP35＼VP40、GP＼VP30、VP24＼L 之间；这些重叠基因的长度为 18～20bp，均位于保守的转录信号内（Sanchez et al.，1993）。

丝状病毒的基因组含有 7 个基因，其排列顺序为 3′-NP-VP35-VP40-GP/sGP-VP30-VP24-L-5′。其中，NP、VP30、VP35 和 L 蛋白组成核糖核蛋白复合物（RNP），并与基因组 RNA 结合在一起，负责 RNA 的复制。其他 3 个结构蛋白：GP、VP40 和 VP24 的生物学功能还不是很清楚，EBOV 编码的可溶性糖蛋白（sGP）是目前知道的唯一一个非结构蛋白（图 14-2）（Takada and Kawaoka，2001；Feldmann and Kiley，1999）。

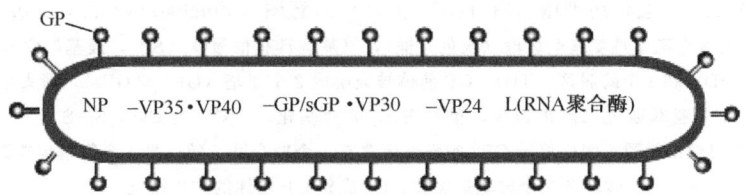

图 14-2　丝状病毒的基因组结构及其编码产物

GP 是一种 I 型跨膜蛋白，可划分为一个大的胞外区、一个长约 30aa 的跨膜区和一个短的胞质尾；长度为 4aa（EBOV）或 8aa（MBGV）。GP 前体生成以后，首先要在内质网内经历一系列的加工和修饰过程，包括去除信号肽序列、N-糖基化和寡聚化等。其次在高尔基前室和高尔基体内分别发生酰基化和 O-糖基化及成熟的 N-糖基化。最后，GP 被蛋白酶加工成一个大亚基（GP1）和一个小亚基（GP2）。成熟的 GP 构成病毒的嵴突，介导病毒侵染细胞。它依靠 GP2 C 端疏水区锚定在囊膜上，GP 的中间区段具有高度疏水性，并含有大量的 N-/O-糖基。MBGV 和 EBOV 的 GP 序列在 N 端和 C 端具有一定的保守性，C 端的 2 个 Cys 被酰基化。GP2 在距离裂解位点的第 22 位氨基酸（EBOV）或第 91 位氨基酸（MBGV）处含有几个不带电荷的疏水性氨基酸，具有类似于反转录酶病毒融合肽的结构特征（图 14-3）（Volchkov et al.，2000）。GP 蛋白分子内 Cys 的特殊排列促进了 2 个亚基分子间二硫键的形成，因此成熟的 GP1，2 是一个含有二硫键的三聚体分子。研究表明，Cys53 在维持 GP1，2 和 sGP 的结构方面起关键性作用（Volchkov et al.，1998）。

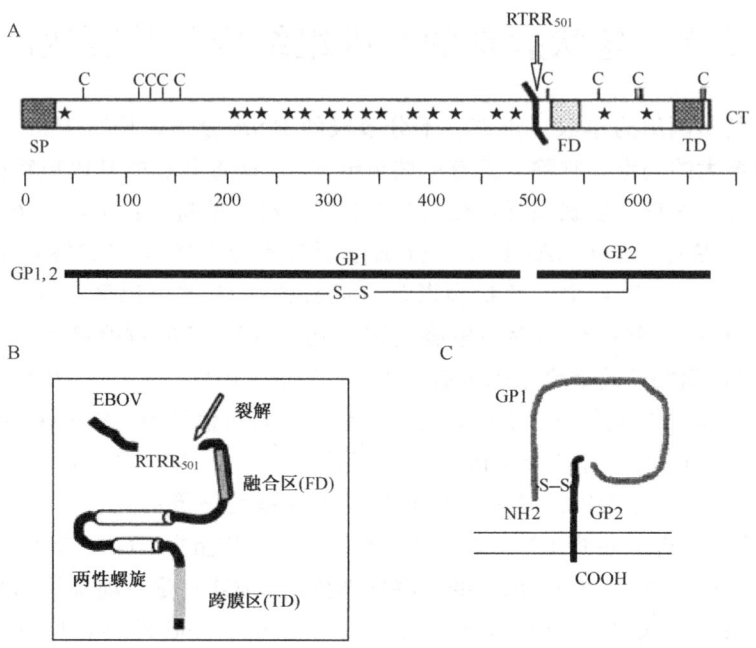

图 14-3　丝状病毒糖蛋白（GP）的结构示意图（Volchkov et al.，2002）

A. GP 含有 3 个疏水性氨基酸区段（灰色方框），氨基端具有信号肽（SP），羧基端含有 1 个融合区段（FD）和 1 个跨膜区（TD）。GP 前体被裂解成 2 个亚基（GP1 和 GP2），箭头处表示裂解位点。2 个亚基通过二硫键连接，星号表示 N-糖基化，"C"为 Cys，S—S 表示二硫键。B. GP2 的假想结构图，图中显示 GP2 的胞外区含有一个融合肽，随后是 1 个氨基端螺旋、1 个肽环和 1 个羧基端螺旋。C. 成熟 GP 单体的结构模型

　　GP 是丝状病毒最重要的一种结构蛋白，研究证明它可以与细胞膜表面的受体结合，以启动病毒的侵染与膜融合过程。例如，MBGV 可以利用无唾液酸糖蛋白感染肝细胞，EBOV 可与细胞膜表面的整联素（β1 群）结合并进入细胞。叶酸盐 α 受体（FR-α）则是 EBOV 和 MBGV 的共同受体（Chan et al.，2000）。如前所述，GP 跨膜区的羧基端含有一些高度保守的功能性区，如 CX6CC 核心序列、融合肽等，它们是病毒进入细胞并与细胞膜发生融合的关键序列。因此，GP 在介导病毒进入细胞，以及病毒的出芽等方面起重要作用。此外，GP 还能通过与内皮细胞的结合来破坏微血管的完整性，并引起血管渗漏，从而导致出血热晚期阶段的出血症状。sGP 是由 GP 的 ORF1 编码的一种可溶性糖蛋白（soluble glycoprotein），是一种非结构蛋白质。研究表明，它能通过 CD16b（中性粒细胞 Fc2γ 受体Ⅲ的一种形式）与中性粒细胞结合，并抑制其早期活性，从而使病毒逃避免疫系统的清除，为病毒的大量复制创造条件（Yang et al.，1998）。

　　NP 也是丝状病毒的一个重要结构蛋白，是构成核衣壳复合物的主要物质。它由 739 个氨基酸组成。其 N 端具有高度疏水性，便于与基因组的 RNA 结合，NP 的 C 端为亲水性区域（含有大量的 pro 残基），是与其他病毒蛋白相互结合的区域。N 端可能是与病毒的其他蛋白结合发挥作用，关于其功能人们推测可能主要负责基因组 RNA 的

壳体化（Panchal et al., 2003）。

VP40 位于病毒包膜的内表面，由大约 326 个氨基酸组成，是病毒颗粒中含量最多的一种结构蛋白。VP40 的晶体结构显示，它由 2 个结构相似的、富含 β 折叠的功能区组成，这两个功能区通过一条由 6 个氨基酸组成的柔性肽连接在一起，形成一种松散的单体分子。VP40 通过 C 端与脂质双层膜牢固地结合，一方面导致 VP40 自发形成寡聚体，便于 VP40 完全与膜结合，另一方面削弱了 VP40 功能区之间的相互作用，使 N 端游离出来与其他 VP40 分子结合。关于 VP40 在病毒生活周期中的具体作用还不是很清楚，Gomis-Ruth 等（2003）的研究提示 VP40 可能与病毒的核衣壳相连，参与病毒的转录与翻译调控等过程。此外，它还可能参与病毒的装配和出芽过程，根据 McCarthy 等（2006）的报道，在没有其他蛋白存在的情况下，EBOV 的 VP40 就可以产生病毒样颗粒（VLP）。已经证明，在 VP40 蛋白中，至少有 3 个区域是产生 VLP 所需要的，即 L 区、M 区和 I 区。

VP35 可能是 I 型干扰素（IFN）的拮抗剂，Gibb 等（2002）的研究表明，它可阻碍病毒复制过程中 dsRNA 的生成及阻碍 I 型 IFN 启动子的形成，而许多涉及宿主抗病毒反应的重要效应物分子都依赖于 I 型 IFN 的表达，因此，它很可能是埃博拉病毒的一个重要毒力因子。

VP30 是一种锌结合蛋白，其最主要的结构特征是含有保守性基序：Cys-Cys-Cys-His，可与 Zn^{2+} 结合，形成锌指结构。已经证实，VP30 是病毒转录的激活因子，它通过与病毒基因组第一个转录起始位置上游的 RNA 序列结合，调控基因的转录。研究表明，VP30 的 N 端是它与 RNA 结合的关键区域（Bamberg et al., 2005）。另外，VP30 的转录活性受该蛋白磷酸化过程的调节。VP24 是丝状病毒的第 3 个与膜相关的蛋白，具有与脂质双层膜相互作用的特性以及能寡聚化形成三聚体的作用。利用小 RNA 干扰技术，发现 MBGV VP24 被沉默后，病毒粒子的产量减少（Bamberg et al., 2005），推测 VP24 在病毒核衣壳的组装过程中起重要作用。此外，VP24 还能通过与脂质双层或 GP 蛋白的相互作用，将核衣壳输送到出芽位置，利于病毒粒子的出芽和释放。

L 蛋白是一种 RNA 依赖性的 RNA 聚合酶（RdRp），具有 RNA 聚合酶活性，它与 NP、VP35、VP30 以及 RNA 一起组成 RNP 复合物。

第三节　丝状病毒的增殖过程

美国科学家詹姆斯·坎宁等研究发现，埃博拉病毒在侵入细胞的过程中，必须借助组织蛋白酶 B（cathepsin B）和组织蛋白酶 L（cathepsin L）。即在埃博拉病毒与细胞表面的受体（如 α-叶酸）结合并黏附到细胞表面之后，需要依靠这两种酶来"溶解"自己的蛋白质外壳，然后病毒才能将其遗传物质注入细胞内部（图 14-4）（Kawaoka, 2005）。其大致过程是病毒通过内吞作用进入细胞内，形成泡状囊。在酸性条件下，病毒囊膜与囊膜融合，将核衣壳释放到细胞质中。然后，RNA 聚合酶从基因组的 3′端启动转录过程，先后生成先导 RNA（leader RNA）和 7 条多聚腺苷酸化的 mRNA。随着 NP 和 VP35 产物的积累，再激发全长正链 RNA（反义 RNA）的产生，然后再以（+）RNA

为模板合成基因组（一）RNA，完成基因组的复制过程。

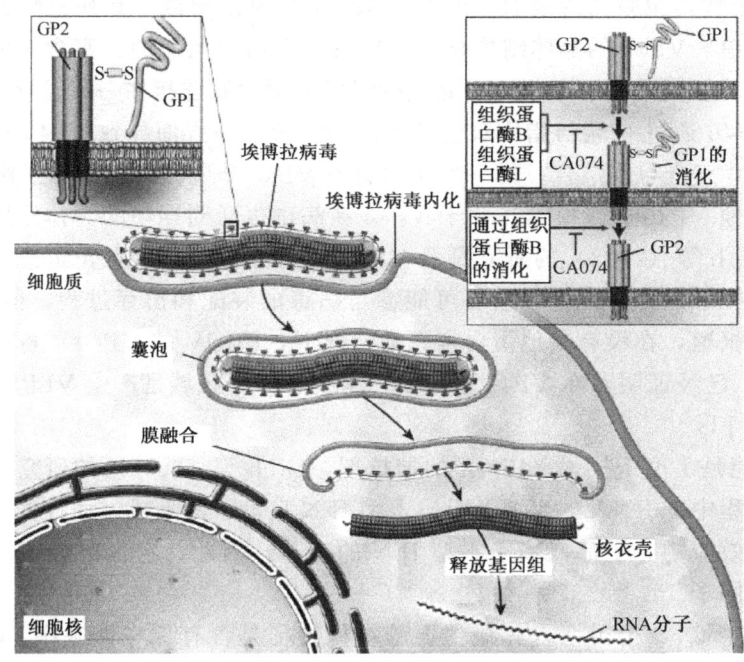

图 14-4　埃博拉病毒侵染细胞过程示意图

病毒的包装发生在细胞质膜的内表面，其中 NP 是组装核衣壳的最主要蛋白质，但同时也涉及 VP24、VP40、L 和 VP35 等结构蛋白，这些蛋白可与 RNP 以及 GP2 的胞质尾区相互作用，促进病毒颗粒的组装过程。Huang 等（2002）的体外表达研究结果表明，组装埃博拉病毒空衣壳至少需要 NP、VP35 和 VP24 3 种蛋白质。这 3 种蛋白之间不仅有密切联系，又相互作用。在这种相互作用过程中，NP 的 O-糖基化、唾液酸化以及磷酸化起着十分重要的调节作用，此外，NP 还具有促进 VP40 出芽活性的作用。虽然，有些研究提示 VP24 在衣壳装配过程中发挥一定的作用，但是它的具体功能仍不清楚。不过，一些体外研究表明 VP24 蛋白可以与细胞膜相互作用，并能发生寡聚化形成三聚体，但 VP24 的存在与否对空衣壳（VLP）的形态和产量并没有影响。因此，人们推测 VP24 可能在装配有运输能力的核衣壳或将核衣壳定向输送到出芽位置等方面发挥重要作用（Hartlieb and Weissenhorn，2006）。

研究表明，新生病毒颗粒被 GP 携带的脂质双层包裹，然后通过出芽机制释放出来。在出芽过程中，VP40 起着极其重要的作用。在 VP40 的编码序列中，已经鉴定出两个与出芽有关的重要基序：PPXY 和 PTAP，EBOV 的 PTAP 与 PPXY 相互重叠成 PTAPPEY，将该序列缺失几乎完全阻断 VLP 的释放（Licata et al.，2003）。即使仅将该基序中的 Tyr13 突变，也能削弱 EBOV 的出芽能力。在出芽过程中还涉及一些细胞因子的参与（图 14-5），如泛素连接酶 Nedd4（与 VP40 的 PPXY 相互作用）、Tsg101（囊泡分类蛋白装置的一种成分）以及 AP2 蛋白凝血因子（能与 YXXL 序列结合）等。最近的研究表明，EBOV 的 VP40 不仅聚集于脂阀（lipid rafts）的微型区域，而且寡聚化的 VP40 构成了该蛋白质的主要成分。而脂阀蛋白也是与病毒的装配和出芽有关的重要蛋白质。若将 VP40 C 端的 18 个氨基酸缺失，它与脂阀的联系将丧失（Panchal et al.，2003）。GP 是丝状病毒暴露于病毒颗粒表面的唯一一种结构蛋白，它不仅决定病毒的感染性，也影响着病毒的出芽，因为它与脂阀蛋白也有密切联系，GP 通过跨膜区 Cys 的酰基化插入脂阀蛋白的微型区域，并在基底膜聚集介导病毒的出芽。此外，GP 还能帮助 VP40 在出芽位置等价装配。

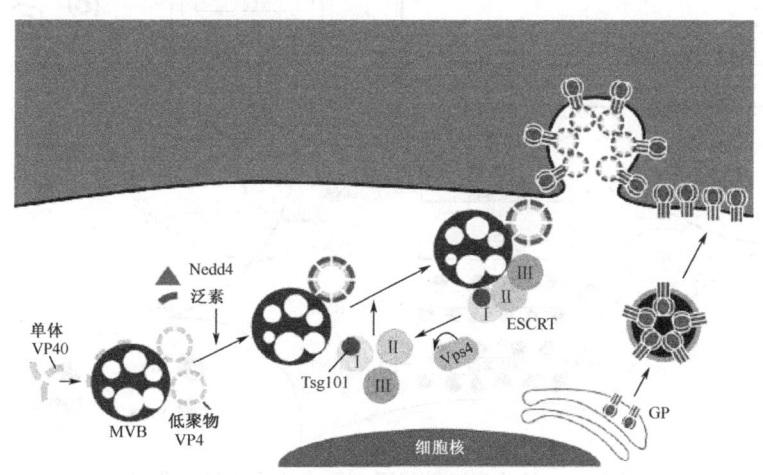

图 14-5　丝状病毒的装配与出芽模型图（Jasenosky et al.，2004）

第四节　丝状病毒反向遗传学系统的建立

丝状病毒的反向遗传学研究系统分为两种：微基因组系统（minigenome system）和感染性克隆系统（infectious clone system）。Muhlberger 等（1998）首次建立了马尔堡病毒的微基因组系统，该系统包括 MBGV 基因组的前导区、基因组的非转录尾区（trailer region）和 CAT 基因。在 MBGV 敏感细胞系内，该系统可以复制、壳体化并能够传代。随后，他们又用类似的策略构建了 EBOV 的微基因组系统，并使用该系统比较了 EBOV 与 MBGV 的转录和复制策略（Muhlberger et al.，1999）。Watanabe 等也构建了一种含有 GFP 的 EBOV 微型复制子，用系统转染细胞，在辅助结构蛋白的帮助下，可以在细胞中产生 10^3 个/mL 具有感染性的 VLP，接近拯救病毒的滴度。用电子显微镜观察产生的 VLP，发现其形态 EBOV 颗粒没有形态上的差异。

这些微基因组系统的共同特点是：①使用的是 T7 RNA 聚合酶系统；②都需要辅助病毒或编码 RNP 复合物蛋白的质粒 DNA 提供复制和转录所必需的蛋白质（图 14-6）。研究表明，只需要 NP、VP35 和 L 蛋白就能保证 MBGV 微基因组系统转录和复制，但是 EBOV 的微基因组系统则需要 NP、VP35、VP30 和 L 4 种结构蛋白，其原因可能是 VP30 具有有效提高 EBOV 微基因组转录效率的功能。鉴于 T7 启动子不能被真核细胞的 RNA 聚合酶识别，需要再导入 T7 RNA 聚合酶，为反向遗传操作带来了不便。为此，Groseth等（2005）将上述系统又做了改进，把T7启动子更换为能为RNA聚合酶Ⅰ（polⅠ）识别的启动子。通过实际应用，他认为基于polⅠ系统的微基因组系统无论是在复制和转录水平，还是在壳体化方面都比T7 RNA聚合酶系统更为有效。

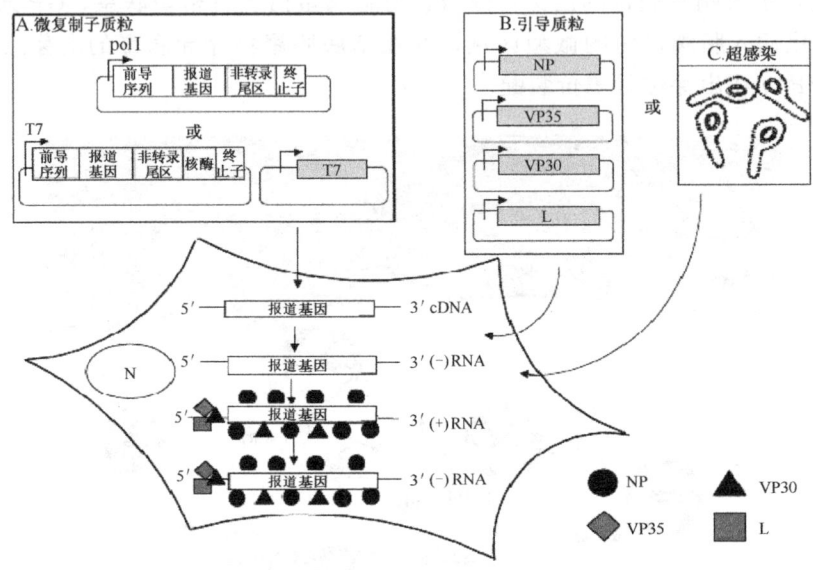

图14-6　丝状病毒微基因组系统的构建技术路线

Volchov等（2001）建立了丝状病毒的第一个感染性克隆，利用的是T7 RNA聚合酶系统，从稳定表达T7聚合酶的细胞系中成功拯救出EBOV。类似地，Neumann等（2002）通过共转染编码T7 RNA聚合酶的质粒以及含有结构蛋白编码基因的质粒也从细胞系中拯救出了具有感染性的病毒。马尔堡病毒在体外也被成功拯救并获得应用（Enterlein et al.，2006a；2006b），标志着构建丝状病毒的感染性克隆技术已经成熟。在此，以埃博拉病毒的体外拯救为例，阐述丝状病毒感染性克隆构建的一般方法。

一、cDNA克隆的构建

首先抽提病毒RNA，然后分段扩增基因组，再将各个片段克隆到PSK（＋）载体中，获得全长cDNA克隆（pTM-Rib-EBO-T7），在cDNA的3′端和5′端分别插入T7启动子和核酶序列。同时也构建分别含有NP、VP30、VP35、L和T7 RNA聚合酶编码基因的重组真核表达质粒（pCEZ-NP、pCEZ-VP30、pCEZ-vp35、pCEZ-L和pC-T7pol）。

二、EBOV的拯救

使用Vero E6细胞（非洲绿猴肾细胞），待其融合度为60%～80%时，使用转染试剂共同转染上述重组质粒（图14-7）。所转染的质粒量分别是：pTM-Rib-EBO-T7 1μg、pCEZ-NP 1μg、pCEZ-VP30 0.3μg、pCEZ-VP35 0.5μg、pCEZ-L 2μg、pC-T7pol 1μg。将转染的细胞放置37℃培养并观察。结果在转染后48h可以看到CPE出现，随后越来越明显（图 14-8）。

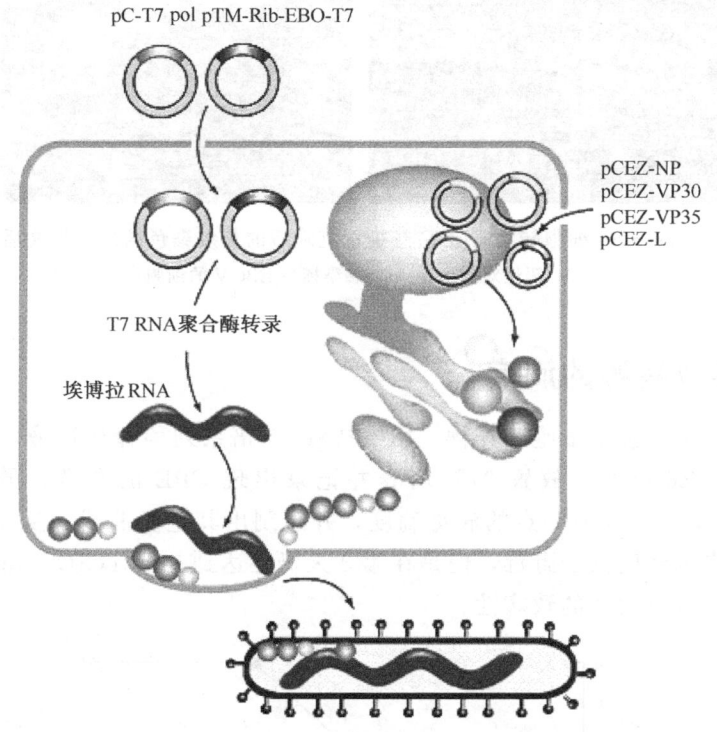

图 14-7　埃博拉病毒的体外拯救策略示意图（Neumann et al.，2002）

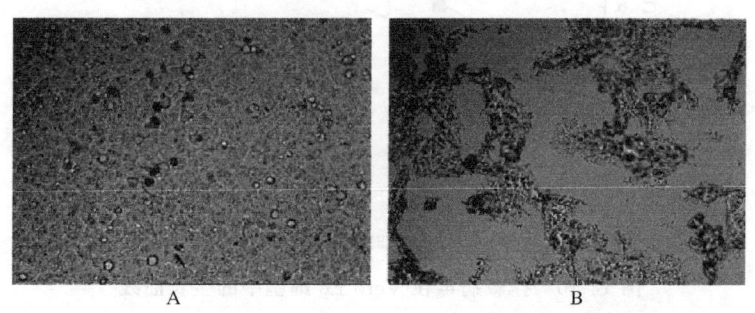

图 14-8　Vero E6 正常细胞（A）及转染感染性克隆 6 天后
出现的 CPE（B）（Neumann et al.，2002）（见文后彩图）

三、体外拯救病毒的鉴定

将转染后 3 天的 Vero E6 细胞使用 3% 多聚甲醛固定，以 γ 射线辐照灭活。然后用 0.1% 的聚乙二醇辛基苯基醚透化处理 15min，以 PBS 洗涤 3 次，加入 EBOV 阳性兔血清室温感作 1h，再以 PBS 洗涤 3 次，使用 CY3 标记的抗兔抗体染色 1h，最后再洗涤 3 次于显微镜下观察，结果如图 14-9 所示。可见细胞质中有特异性抗原表达（图 14-9）。

图 14-9　Vero E6 细胞转染 EBOV 感染性克隆后的免疫染色结果（见文后彩图）
A. 阴性对照细胞；B. 感染拯救 EBOV 的细胞

四、体外拯救病毒的滴定

在转染后 4 天，收集细胞培养物。用维持液 10 倍系列稀释病毒液，然后接种于长满单层的 Vero E6 细胞，放置 37℃ 培养并记录出现 CPE 的孔数，最后按照 Reed-Muench 方法计算出不同时间点的病毒滴度，并绘制出其生长曲线。从图 14-10 中，看到虽然拯救病毒的滴度低于野毒，但是在第 3 天仍能达到 10^{10} $TCID_{50}/mL$（图 14-10），表明拯救病毒仍具有较强的致病性。

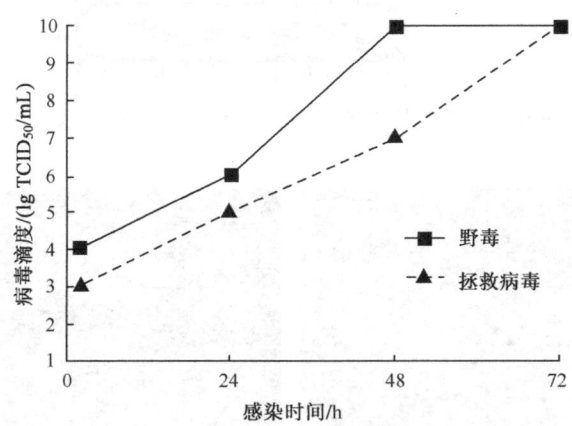

图 14-10　拯救病毒在 Vero E6 细胞中的生长曲线

五、拯救病毒的电子显微镜鉴定

丝状病毒通常具有较高的致病性，在细胞培养中也很容易培养并能达到较高的滴度。因此，很容易纯化得到丝状病毒粒子，在电子显微镜下根据其独特的形态特征，可以很容易观察到。关于该鉴定指标，有些人的研究包括了该部分实验内容，如 Volchkov、Enterlein 等，但也有些人的研究报告没有包含这一指标。

综上所述，建立丝状病毒的反向遗传学研究系统已经不存在任何技术障碍，迄今已有多个 EBOV 或 MEBV 的感染性克隆被成功建立并得到广泛应用。虽然所使用的方法可能不尽相同，但是所采用的策略基本上都是一致的。其构建要点主要有以下几点：

①需要构建基因组的全长 cDNA 分子克隆，其基因排列顺序与 RNA 相反。因此，启动子要置于 cDNA 的 3′端；②为保证体内转录本获得精确的 3′端序列，需要在全长 cDNA 分子的 5′端添加核酶序列；③需要同时转染多个含有结构蛋白编码基因的真核表达质粒，因为各个蛋白质的所需量不同，需要调整其转染比例；④使用 T7 启动子时，需要反式提供 T7 RNA 聚合酶，此时可采取预转染携带 T7 RNA 聚合酶基因的痘病毒或者建立稳定表达 T7 RNA 聚合酶或者共转染含有 T7 RNA 聚合酶编码基因的真核表达质粒等策略。

第五节 反向遗传学在丝状病毒研究中的应用

丝状病毒是一类具有高致死性的烈性病毒，对其操作要求必须在生物安全 4 级实验室内进行。这给开展该类病原的生物学特性、致病机理、病毒蛋白等方面的研究带来了很大困难。幸运的是，丝状病毒反向遗传学系统已经被成功建立，为操作和研究该病毒提供了很好的研究工具。事实上，该系统已在多个实验室得到很好的应用，并取得了一系列可喜的研究成果。

一、在病毒基因组结构与蛋白功能研究中的应用

Theriault 等（2004）应用埃博拉病毒的感染性克隆，研究了核糖核蛋白复合物中病毒蛋白在转录/复制过程中的功能特异性，他们分别将不同基因型 EBOV 的蛋白质互换或用马尔堡病毒的蛋白质置换埃博拉病毒的相应蛋白，然后比较拯救病毒的转录和复制水平的变化，结果证明丝状病毒的转录或复制没有种/基因型的特异性。此外，通过研究，他们还发现 NP 与 VP35 以及 L 与 VP35 的相互作用在转录与复制过程中起步骤性作用，而且病毒蛋白也能识别异源丝状病毒的 RNA。因此，他们认为蛋白质之间的相互作用比蛋白质与 RNA 之间的相互作用更为重要。

Muhlberger 等（1999）在首次建立 MBGV 微型基因组的基础上，以 CAT 为报道基因探讨了丝状病毒在复制与转录过程中所需要的蛋白，他们发现 NP、VP35 和 L 是 MBGV 复制和转录必需的关键蛋白质，有这 3 种蛋白存在不仅能保证病毒复制和转录的正常进行，而且可以完成病毒的衣壳的包装，提示 VP35 的功能可能类似于弹状病毒或副黏病毒的 P 蛋白。与 MBGV 相反，EBOV 的转录必须有 VP30 存在，用 MBGV 的 VP30 置换之，虽然 EBOV 仍能进行转录，但是效率却大大下降。研究表明，VP30 含有一段 Zn 离子结合区域（Cys3-His），该基序的完整对于保证 VP30 的转录活性十分重要，若将其破坏，VP30 的功能将丧失。用同样的策略，互相交换 NP、VP35 或 L 蛋白都检测不到报道基因的表达，而且无论是 MBGV 还是 EBOV 在异源微型基因组存在的情况下都不能复制，说明二者的转录复合物可能在组成与结构上存在差异。但是，通过构建嵌合微型基因组（如同时含有 EBOV 的前导基因和 MBGV 的尾随序列），发现两种病毒都可以进行基因复制、转录、包装和核酸的衣壳化。表明转录的启始和终止信号不具有种特异性，可以被两种丝状病毒所识别。

关于 VP30 在病毒基因组转录过程中所发挥的重要作用，Modrof 等（2002）利用

微型基因组系统进行了进一步研究,并提出了其作用机制。他认为VP30的转录活性是通过该蛋白的磷酸化来实现的,磷酸化位点位于VP30 N端的6个Ser和1个Thr。

研究表明,VP35通过阻断IRF-3转录因子的活性可以拮抗I型IFN的反应,目前已经明确VP35的C端含有IRF-3的抑制区。对该功能区实施突变,发现并不影响病毒的转录或复制,提示VP35的2个功能区是相互独立的。利用反向遗传学技术对含有这种突变的病毒进行拯救,发现它对细胞的致病性减弱,所激活的IRF-3以及IRF-3诱导基因的表达水平都高于野生型EBOV。据此,Hartman等(2006)推测VP35在感染的初期可能具有限制β-IFN及其他抗病毒信号产生的功能,因而降低了宿主控制病毒复制的能力,并产生适应性免疫。此外,Enterlein等(2006b)利用反义寡核苷酸技术敲除VP35,发现可以抑制EBOV在细胞中的增殖,用它接种小鼠后可以对抗EBOV野毒的攻击,提示VP35在致病性方面起一定作用。

借助于EBOV微基因组的构建,Hoenen等(2010)证明EBOV的基质蛋白VP24和VP40不仅参与调节病毒的复制,而且能调节病毒蛋白的翻译过程。其中,VP40的这种调节功能在所有的EBOV中都是保守性存在的,且独立于其结合RNA的功能。

二、在病毒致病机理研究中的应用

GP是丝状病毒最重要的一种结构蛋白,在病毒的侵染、装配和免疫等方面均发挥了极其重要的作用。为了探讨该蛋白发挥致病性的分子机理,Volchkov等(2001)运用反向遗传学技术,对GP的编辑位点进行了突变(AAAAAAA→AAGAAGA A);使拯救的病毒突变体不再产生非结构糖蛋白(sGP),而GP的合成量却增加,但多数聚集于内质网内。此时,病毒突变体的细胞毒性比野毒明显增强,提示病毒是通过转录RNA的编辑以及sGP的表达来降低GP的细胞毒性。Neumann等(2007)进一步研究了GP蛋白的裂解对病毒复制的影响,他们首先将GP蛋白中弗林蛋白酶的识别位点突变,使之不能裂解为GP1和GP2,然后用拯救的病毒突变体感染细胞,发现其感染性下降,但是病毒的复制并没有受到影响。将这种突变病毒接种于灵长类动物,发现它与野毒在发病进程、病毒血症、病毒滴度以及致死性等方面均没有明显差异。这些事实说明,GP的裂解并不是病毒进行复制所必需的。它只是一种翻译后修饰过程。

为寻找决定丝状病毒侵入细胞的关键性位点,Mpanju等(2006)利用定点突变技术,对EBOV糖蛋白(GP1)N端的15个保守性氨基酸进行分析。结果发现第88位和第159位的苯丙氨酸(Phe)可能是要找的关键性位点。为了进一步证实这一推测,他用Ala分别替换这两个氨基酸,发现不能拯救出病毒,提示该突变导致病毒不具有感染性。通过序列比对分析,发现这2个氨基酸在丝状病毒科中高度保守,因此他们认为这2个氨基酸是病毒侵入细胞的关键性位点。这一发现对于将来开发疫苗及抗病毒药物等具有重要意义。

为了研究GP蛋白的致病作用,Groseth等(2012)构建了重组的扎伊尔株EBOV(rZEBOV)、莱斯顿株EBOV(rREBOV)以及彼此互相置换GP的重组病毒rZEBOV-RGP和rREBOV-ZGP。结果发现这些重组病毒不仅可以拯救出来,而且其复制能力与母本毒也很相似,说明GP的互换是可以耐受的。然而,感染小鼠模型时发现,与接种

rZEBOV 的动物相比，接种 rZEBOV-RGP 的小鼠的致死率显著下降，且死亡时间也明显延长，说明 GP 是 ZEBOV 的关键毒力基因。与之相反，接种 rREBOV-ZGP 的小鼠不表现任何致病性，提示该重组病毒的致病力与 rREBOV 相比，已被减弱，证明 GP 基因在模型中不足以产生致死性表型。这也提示 EBOV 可能还存在其他一些毒力基因。EBOV 在豚鼠体内连续传代以后，其基因会发生变异并表现出致病性。Mateo 等（2011）应用反向遗传学技术证明，EBOV 对豚鼠致病力的改变与其结构蛋白 VP24 的氨基酸变异有关。

三、在抗病毒药物研究中的应用

EBOV 是一种致死性极高的病毒，目前尚无有效的抗病毒药物。因此，尽快筛选出能对抗该病毒感染的药物已成当务之急。而该进程却由于操作 EBOV 的高度危险性而受到阻碍。为克服该障碍，Hoenen 等（2013）利用反向遗传技术构建了一种携带荧光素酶基因的重组 EBOV，如图 14-11 所示，该重组病毒不仅不具有感染性，而且可以利用它研究病毒的侵入、病毒蛋白的表达检测等，更重要的是通过检测荧光素酶基因的表达建立一种方便、灵敏的抗药物筛选方法，这为研发抗 EBOV 新型药物提供了一个优良操作平台。

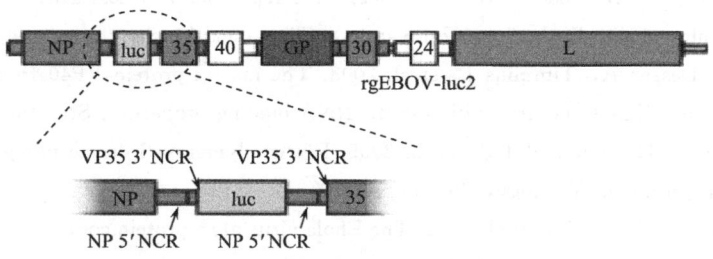

图 14-11 构建重组 EBOV-luc 的策略示意图

结　　语

近年来，马尔堡病毒病和埃博拉病毒病在非洲及其他地区多次暴发，引起国际社会的高度关注，因为该类病毒病对人类具有高度的致死性，死亡率高达 90%。双双被列为世界上最可怕的 6 种病原之列。世界卫生组织也将二者列为对人类危害最严重的病毒之中，即第 4 级病毒。因此，尽快揭开丝状病毒的致病谜团、找到控制该类疫病的办法已成为世界科学家的当务之急。而反向遗传学技术则为人们研究丝状病毒的致病性等提供了良好的技术平台，人们可以根据自己的意愿去研究病毒的任一蛋白或基因，并能解决一些悬而未决的问题。例如，病毒糖蛋白的功能、分子致病性、细胞嗜性以及与细胞之间的互作、与免疫系统的互作等，甚至还可以帮助研究者构建致弱的疫苗毒株或筛选一些抗病毒药物等。总之，反向遗传学系统已成为研究丝状病毒不可或缺的研究工具，在未来的研究中它将日益发挥出更为重要的作用。

参 考 文 献

Bamberg S, Kolesnikova L, Moller P, et al. 2005. VP24 of Marburg virus influences formation of infectious particles. Journal of Virology, 79: 13421-13433.

Beer B, Kurth R, Bukreyev A. 1999. Characteristics of Filoviridae: Marburg and Ebola viruses. Naturwissenschaften, 86: 8-17.

Boot H, Hoekman A, Gielkens A. 2005. The enhanced virulence of very virulent infectious bursal disease virus is partly determined by its B-segment. Archives of Virology, 150: 137-144.

Chan S Y, Ma M C, Goldsmith M A. 2000. Differential induction of cellular detachment by envelope glycoproteins of Marburg and Ebola (Zaire) viruses. The Journal of General Virology, 81: 2155-2159.

Enterlein S, Volchkov V, Weik M, et al. 2006a. Rescue of recombinant Marburg virus from cDNA is dependent on nucleocapsid protein VP30. Journal of Virology, 80: 1038-1043.

Enterlein S, Warfield K L, Swenson D L, et al. 2006b. VP35 knockdown inhibits Ebola virus amplification and protects against lethal infection in mice. Antimicrob Agents Chemother, 50: 984-993.

Feldmann H, Kiley M P. 1999. Classification, structure, and replication of filoviruses. Current Topics in Microbiology and Immunology Microbiology and Immunology, 235: 1-21.

Gibb T R, Norwood Jr D A, Woollen N, et al. 2002. Viral replication and host gene expression in alveolar macrophages infected with Ebola virus (Zaire strain). Clinical and Vaccine Immunology, 9: 19-27.

Gomis-Ruth F X, Dessen A, Timmins J, et al. 2003. The matrix protein VP40 from Ebola virus octamerizes into pore-like structures with specific RNA binding properties. Structure, 11: 423-433.

Groseth A, Feldmann H, Theriaul T S, et al. 2005. RNA polymerase I-driven minigenome system for Ebola viruses. Journal of Virology, 79: 4425-4433.

Groseth A, Marzi A, Hoenen T, et al. 2012. The Ebola virus glycoprotein contributes to but is not sufficient for virulence *in vivo*. PLoS Pathog, 8: e1002847.

Hartlieb B, Weissenhorn W. 2006. Filovirus assembly and budding. Virology, 344: 64-70.

Hartman A L, Dover J E, Towner J S, et al. 2006. Reverse genetic generation of recombinant Zaire Ebola viruses containing disrupted IRF-3 inhibitory domains results in attenuated virus growth *in vitro* and higher levels of IRF-3 activation without inhibiting viral transcription or replication. Journal of Virology, 80: 6430-6440.

Hoenen T, Groseth A, Callison J, et al. 2013. A novel Ebola virus expressing luciferase allows for rapid and quantitative testing of antivirals. Antiviral Research, 99: 207-213.

Hoenen T, Jung S, Herwig A, et al. 2010. Both matrix proteins of Ebola virus contribute to the regulation of viral genome replication and transcription. Virology, 403: 56-66.

Huang Y, Xu L, Sun Y, et al. 2002. The assembly of Ebola virus nucleocapsid requires virion-associated proteins 35 and 24 and posttranslational modification of nucleoprotein. Molecular Cell, 10: 307-316.

Kawaoka Y. 2005. How Ebola virus infects cells. The New England Journal of Medicine, 352: 2645-2646.

Licata J M, Simpson-Holley M, Wright N T, et al. 2003. Overlapping motifs (PTAP and PPEY) within the Ebola virus VP40 protein function independently as late budding domains: involvement of host proteins TSG101 and VPS-4. Journal of Virology, 77: 1812-1819.

Mateo M, Carbonnelle C, Reynard O, et al. 2011. VP24 is a molecular determinant of Ebola virus virulence in guinea pigs. The Journal of Infectious Disease, 204 Suppl 3: S1011-1020.

McCarthy S E, Licata J M, Harty R N. 2006. A luciferase-based budding assay for Ebola virus. Journal of Virological Methods, 137: 115-119.

Modrof J, Muhlberger E, Klenk H D, et al. 2002. Phosphorylation of VP30 impairs ebola virus transcription. The Journal of Biological Chemistry, 277: 33099-33104.

Mpanju O M, Towner J S, Dover J E, et al. 2006. Identification of two amino acid residues on Ebola virus glycoprotein 1 critical for cell entry. Virus Research, 121: 205-214.

Muhlberger E, Lotfering B, Klenk H D, et al. 1998. Three of the four nucleocapsid proteins of Marburg virus, NP, VP35, and L, are sufficient to mediate replication and transcription of Marburg virus-specific monocistronic minigenomes. Journal of Virology, 72: 8756-8764.

Muhlberger E, Weik M, Volchkov V E, et al. 1999. Comparison of the transcription and replication strategies of marburg virus and Ebola virus by using artificial replication systems. Journal of Virology, 73: 2333-2342.

Mundt E. 1999. Tissue culture infectivity of different strains of infectious bursal disease virus is determined by distinct amino acids in VP2. The Journal of General Virology, 80: 2067-2076.

Neumann G, Feldmann H, Watanabe S, et al. 2002. Reverse genetics demonstrates that proteolytic processing of the Ebola virus glycoprotein is not essential for replication in cell culture. Journal of Virology, 76: 406-410.

Neumann G, Geisbert T W, Ebihara H, et al. 2007. Proteolytic processing of the Ebola virus glycoprotein is not critical for Ebola virus replication in nonhuman primates. Journal of Virology, 81: 2995-2998.

Panchal R G, Ruthel G, Kenny T A, et al. 2003. In vivo oligomerization and raft localization of Ebola virus protein VP40 during vesicular budding. Proceedings of National Academy of Sciences of United States of America, 100: 15936-15941.

Sanchez A, Kiley M P, Holloway B P, et al. 1993. Sequence analysis of the Ebola virus genome: organization, genetic elements, and comparison with the genome of Marburg virus. Virus Research, 29: 215-240.

Takada A, Kawaoka Y. 2001. The pathogenesis of Ebola hemorrhagic fever. Trends Microbiol, 9: 506-511.

Volchkov V E, Feldmann H, Volchkova V A, et al. 1998. Processing of the Ebola virus glycoprotein by the proprotein convertase furin. Proceedings of National Academy of Sciences of United States of America, 95: 5762-5767.

Volchkov V E, Volchkova V A, Muhlberger E, et al. 2001. Recovery of infectious Ebola virus from complementary DNA: RNA editing of the GP gene and viral cytotoxicity. Science, 291: 1965-1969.

Volchkov V E, Volchkova V A, Stroher U, et al. 2000. Proteolytic processing of Marburg virus glycoprotein. Virology, 268: 1-6.

Yang Z, Delgado R, Xu L, et al. 1998. Distinct cellular interactions of secreted and transmembrane Ebola virus glycoproteins. Science, 279: 1034-1037.

Yao K, Goodwin M A, Vakharia V N. 1998. Generation of a mutant infectious bursal disease virus that does not cause bursal lesions. Journal of Virology, 72: 2647-2654.

第十五章 双RNA病毒科的反向遗传学

第一节 双RNA病毒科的基本特征

一、病毒的分类

双RNA病毒科病毒形态与呼肠孤病毒相似，曾被暂归于呼肠孤病毒科，1991年被正式归属为双RNA病毒科（Birnaviridae）。根据病毒的特性及相关的血清学关系，ICTV的第六次报告（1995）将双RNA病毒科分为3个属：①禽双RNA病毒属（Avibirnavirus），代表种为鸡传染性法氏囊病病毒（Infectious bursal disease virus，IBDV）；②水生双RNA病毒属（Aquabirnavirus），代表种为传染性胰坏死病毒（Infectious pancreatic necrosis virus，IPNV）；③昆虫双RNA病毒属（Entomobirnavirus），代表种为果蝇的X病毒（殷震和刘景华，1997）。其中IBDV和IPNV分别是鸡和鱼类重要的传染病病原，造成了极大的经济损失。

二、病毒的形态结构

双RNA病毒科病毒呈二十面体对称，球形，无囊膜，表面无突起，直径约60nm（图15-1）。病毒粒子有5种蛋白，分别是VP1、VP2、VP3、VP4、VP5，其中VP2是唯一的衣壳蛋白。病毒衣壳呈斜形对称（$T=13$对称），由32个壳粒92个形态亚单位组成，亚单位主要为三聚体丛集。双RNA病毒不含类脂成分（殷震和刘景华，1997）。

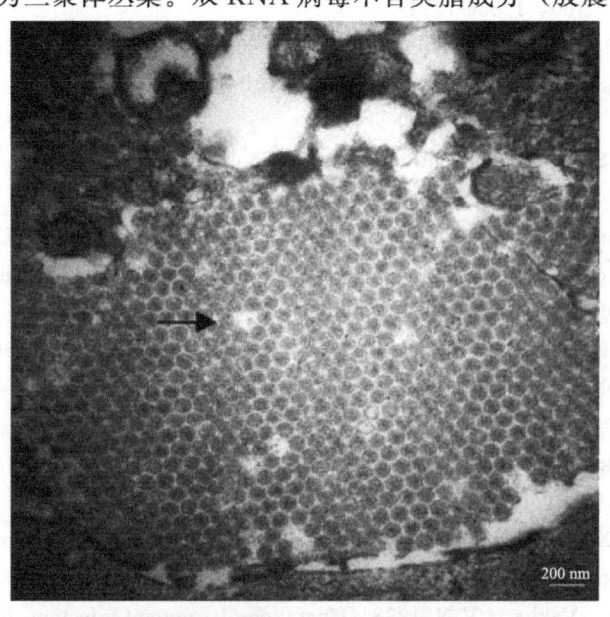

图15-1 鸡传染性法氏囊病病毒电子显微镜照片（Yu et al.，2012）

第二节　双 RNA 病毒基因组结构及其编码产物

双 RNA 病毒科的病毒基因组是双股双节段 RNA，包括正链和负链。本节主要以鸡传染性法氏囊病病毒（Infectious bursal disease virus，IBDV）为例介绍双 RNA 病毒科的病毒基因组的结构及其编码产物。

IBDV 基因组由 A 和 B 两个双股 RNA 节段组成，两个节段均包括 5′端非编码区（5′non-coding region，5′NCR）、编码区（coding region）和 3′端非编码区（3′NCR）。IBDV 的全基因组序列于 1995 年首次被确定（Mundt and Müller，1995）。A 节段长约 3.2kb，包括两个可读框架（open reading frame，ORF），小 ORF 在前，大 ORF 在后，二者部分重叠。小 ORF 编码 VP5 蛋白。大 ORF 编码一个聚合蛋白 NH_2-pVP2-VP4-VP3-COOH（108kDa），该聚合蛋白（在 IBDV 感染的细胞中能被检测到）在加工过程中被蛋白水解酶 VP4 剪切成 3 个蛋白质 pVP2、VP3、VP4。pVP2 进一步被加工为成熟的 VP2 蛋白。在 IBDV 过量感染细胞的情况下，pVP2 参与不完全病毒粒子（incomplete particals）的形成，不完全病毒粒子会干扰正常病毒的复制。B 节段长约 2.8kb，只有一个 ORF，编码 VP1 蛋白（图 15-2）。病毒基因组 A 和 B 节段的分子质量分别为 $2.5×10^6$ Da 和 $2.2×10^6$ Da。C+G 的物质的量百分比约为 RNA 总量的 55.3%。

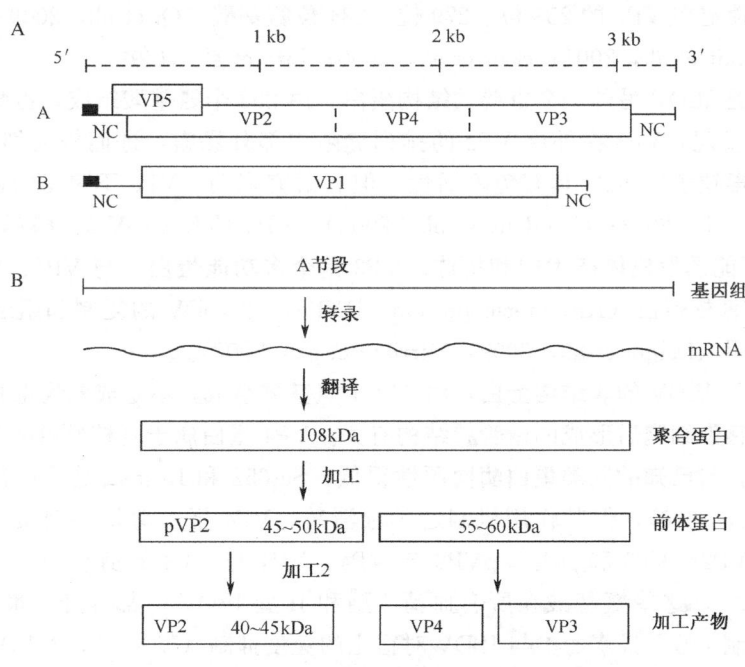

图 15-2　IBDV 基因组及其编码蛋白

VP1 蛋白是成熟 IBDV 中相对分子质量最大的蛋白质，由 878~881 个氨基酸组成，但含量很低，仅占总蛋白的 3%。该蛋白具有 RNA 依赖的 RNA 聚合酶（RdRp）活性，是病毒复制的必需蛋白。VP1 以游离和与基因组结合两种形式存在，与病毒基因组共价连接的VP1又被称为VPg。VP1在IBDV的组装中起重要作用，VP1和VP3形成的复合物是形成完整的病毒形态所必需的（Lombardo et al.，1999）。VP1 C端富含的碱性氨基酸，使其可以以VPg的形式通过鸟嘌呤与丝氨酸之间的磷酸二酯键与病毒基因组dsRNA 5′端以共价键紧密地结合，成为连接两段基因组的纽带。VP1在IBDV的遗传演化中起着重要作用，对IBDV的毒力有重要影响（Escaffre et al.，2013；Yu et al.，2012；Le Nouën et al.，2012）。

VP2蛋白构成病毒的外衣壳，是IBDV的主要结构蛋白，由441个氨基酸组成，约占病毒总蛋白的51%。VP2可诱导机体产生中和抗体，是IBDV主要的宿主保护性抗原。不同毒株的VP2在第206～第350位氨基酸区域内变化很大，故该区域被称为IBDV高变区。IBDV高变区有两个明显的亲水区，即亲水区Ⅰ（210aa～225aa）和亲水区Ⅱ（312aa～324aa），前者起稳定构象的作用，后者是与McAb（单克隆抗体，monoclonal antibody）结合所必需的。两个亲水区之间存在两个小亲水区，即247aa～254aa和281aa～292aa，也与IBDV的抗原性有关。亲水区Ⅱ后有一个富含丝氨酸的七肽区（326aa～332aa）。VP2是IBDV重要的毒力基因（van Loon et al.，2002；Brandt et al.，2001；Boot et al.，2000；Lim et al.，1999）。VP2的表达能够诱使鸡B淋巴细胞、CEF细胞、哺乳动物细胞（如Vero、COS-1、HeLa、3T3）发生凋亡（Fernandez-Arias et al.，1997）。IBDV野毒株不能适应体外细胞培养，经人工驯化后可以在CEF、DF1等细胞上增殖。决定IBDV细胞嗜性的分子基础被锁定在VP2的253位、279位、284位氨基酸（Qi et al.，2009；van Loon et al.，2002；Brandt et al.，2001；Boot et al.，2000；Lim et al.，1999）。

VP3蛋白是IBDV另外一个重要的结构蛋白，由258个氨基酸组成，占病毒蛋白总量的43%。研究发现，VP3在外层VP2的排列缝隙中部分暴露，进而构成细胞识别位点，同时使完整病毒粒子的VP3具有免疫活性。但有研究表明，VP3不是IBDV衣壳的组成成分（Luque et al.，2007；Coulibaly et al.，2005）。VP3具有IBDV的群特异性抗原（非构象依赖），不能诱发机体产生中和抗体。VP3是个多功能蛋白，与VP1、VP2、基因组dsRNA形成核糖核蛋白（Rribonucleoprotein，RNP），在IBDV的复制和组装过程中起着极为重要的作用（Delgui et al.，2009；Mirriam et al.，2002）。

VP4蛋白是IBDV的非结构蛋白，由242个氨基酸组成，不是成熟病毒粒子的组成成分，但与病毒感染细胞后形成的微管状结构有关。VP4蛋白属于真核丝氨酸蛋白酶，具有水解蛋白活性，与已知的同类蛋白酶同源性很低，Ser652和Lys692是维持其活性所必需的（Lejal et al.，2000），但其作用机制还不很清楚。VP4蛋白剪切多聚蛋白pVP2-VP4-VP3释放出pVP2、VP3和自身。pVP2与VP4、VP4与VP3的剪切位点分别是$L^{511}AA^{513}$和$M^{754}AA^{756}$，这些氨基酸在所有血清Ⅰ型和Ⅱ型IBDV中都保守。最新研究发现，VP4可通过抑制Ⅰ型干扰素而参与IBDV对宿主的免疫抑制（Li et al.，2013）。

VP5蛋白1995年才在IBDV感染的细胞中被鉴定（Mundt et al.，1995）。VP5蛋白是IBDV的非结构蛋白，由145个氨基酸组成，是富含半胱氨酸的强碱性蛋白，并在所有血清Ⅰ型毒株中高度保守。VP5蛋白对于IBDV的复制非必需，但能影响病毒的释放，并且被认为是毒力基因之一（Qin et al.，2010；2009；Yao et al.，1998）。经拓扑学预测，VP5是一个Ⅱ型跨膜蛋白，具有细胞质N端区和细胞外C端区，在69～88

位氨基酸存在一个潜在的跨膜亲水螺旋区（Lombardo et al.，2000）。VP5 的表达呈现出一定的细胞毒性，包括细胞形态学的改变、细胞膜的破裂和细胞活力的下降。VP5 蛋白与 IBDV 引起的细胞调亡过程关系密切：感染早期抑制细胞过早凋亡，有利于病毒增殖（Wei et al.，2011；Liu and Vakharia，2006）；感染晚期则促进细胞凋亡，有利于病毒的释放（Li et al.，2012）。

IPNV 基因组结构与 IBDV 极为类似，也分 A、B 两个节段。A 节段全长 3.1kb，有两个部分重叠的 ORF，两端有非编码区。大 ORF 编码一个多聚蛋白 NH_2-pVP2-VP4-VP3-COOH，该多聚蛋白在加工过程中被蛋白水解酶 VP4 剪切成 3 个蛋白 pVP2、VP3、VP4，pVP2 进一步被加工成成熟的 VP2 蛋白。小 ORF 编码一个复制非必需的 VP5 蛋白。B 节段全长 2.8kb，编码具有 RNA 依赖的 RNA 聚合酶活性的 VP1 蛋白。VP2 和 VP3 是 IPNV 的主要结构蛋白（Yao and Vakharia，1998）。

第三节 双 RNA 病毒的繁殖

一、病毒的侵染与胞吞

鸡法氏囊 B 淋巴细胞是 IBDV 的主要靶细胞。IBDV 感染后，在肠道相关巨噬细胞和淋巴细胞内复制，进入门脉循环，导致第一轮病毒血症；感染后 4h（p.i.），盲肠巨噬细胞和淋巴细胞内可检测到病毒抗原；5h（p.i.），病毒可抵达肝脏；11h（p.i.），病毒可抵达法氏囊；随后导致第二轮病毒血症，病毒随之进入其他组织器官（Mahgoub，2012）。IBDV 野毒株可在原代鸡法氏囊 B 淋巴细胞和鸡胚上增殖，经人工驯化后的减毒株才可适应 CEF、DF1 等鸡源细胞以及 Vero、BGM-70、MA-104、QM5 等非鸡源细胞，在鸡源细胞上一般 12h 可检测到病毒，24h 出现 CPE。

IBDV 侵染是由衣壳蛋白与细胞受体相互作用介导的（Lin et al.，2007；Yip et al.，2007；Liu.，2003）。已经初步证明 SIgM（Luo et al.，2010；Hirai and Calnek，1979）、cHsp90α（Yuan et al.，2012；Lin et al.，2007）、α4β1 整合素（Delgui et al.，2009）等宿主蛋白可能是受体复合物的组成成分。研究者推测，IBDV 的侵染可能需要与两种细胞受体互作，一种受体负责吸附病毒，另一种受体介导胞吞（Coulibaly et al.，2010）。IBDV 的核衣壳是单层的，其侵染过程有其特殊性。首先，病毒吸附细胞并被胞吞；然后在内吞体中 VP2 三聚体解聚，pep46（VP2 成熟过程中产生的一种双亲性短肽，由 46 个氨基酸组成）释放；pep46 可使内含体膜通透性增加，进而在膜上形成小于 10nm 的小孔。借助 VP3 的嗜膜特性，病毒的核糖核蛋白（RNP）被挤出内吞体并进入细胞质（Delgui et al.，2013；Galloux et al.，2007）。

二、病毒的转录与复制

双 RNA 病毒进入细胞后未经脱衣壳即开始基因组的转录与复制。RNP 是病毒基因组复制的"工厂"，RNP 进入胞质后，VP1 即发挥聚合酶的作用，以双链 RNA 为模板，以半保留半置换方式合成新的单链 RNA。母代双链 RNA 完全被保留下来，新合成的单链 RNA 大多直接作为 mRNA，另一些则作为合成子代 RNA 的模板，合成互补的 RNA 链，最终形成一个新的双链 RNA。与此同时，病毒会利用宿主的蛋白合成系统，以新合成的 mRNA 为模板翻译合成 VP1、VP5 以及多聚蛋白，多聚蛋白被进一步加工成 VP2、VP3、VP4 蛋白（图 15-3）。

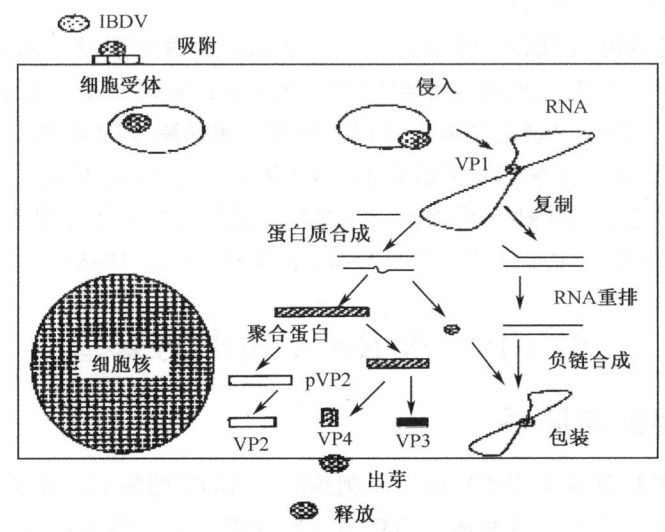

图 15-3　IBDV 在细胞内的增殖与复制过程

三、病毒颗粒的装配与出芽

含有 RNP 的囊泡通过微管被运输到近核区，与高尔基复合体接触，病毒的组装就发生在这里（Delgui et al.，2013）。VP1 蛋白与基因组 RNA 的结合也起到活化 VP3 蛋白的作用，作为"脚手架"的 VP3 对启动病毒的组装至关重要。只有在病毒组装过程中，pVP2 才能够有效地成熟为 VP2，进而完成衣壳的组装（图 15-4）（Chevalier et al.，2002）。最后，由新合成的蛋白质和双链 RNA 基因组形成新的病毒粒子，以出芽方式从细胞释放。VP5 蛋白在病毒增殖的晚期，促进细胞裂解进而有利于病毒的释放（Lombardo et al.，2000）。成熟的病毒粒子聚集在胞质中，细胞裂解时释放出大约半数的子代病毒，另一半仍与细胞结合（殷震和刘景华，1997）。

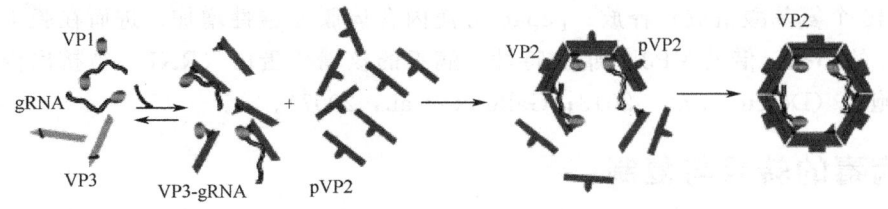

图 15-4　IBDV 衣壳装配模式图（Chevalier et al.，2002）

第四节 鸡传染性法氏囊病病毒反向遗传学系统的建立

作为双股双节段 RNA 病毒，IBDV 的反向遗传学研究系统有其特殊性。自 Mundt 和 Vakharia（1996）首次成功拯救 IBDV 以来，共发展了 3 种反向遗传学研究系统（以启动子划分）：体外转录拯救系统、基于 T7 RNA 聚合酶的体内转录拯救系统、RNA 聚合酶 II 拯救系统。

一、体外转录拯救系统

体外转录拯救系统，是指先把病毒全基因组克隆在 T7 启动子下游，利用外源 T7 RNA 聚合酶在体外把病毒基因组 cDNA 转录成 RNA，然后把 RNA 转染细胞而进行病毒拯救的系统。T7 启动子核心序列是 TAATACGACTCACTATA，它可以被 T7 RNA 聚合酶识别，启动下游的病毒基因组 cDNA 转录为 RNA。在 RNA 5′端引入帽子结构（m^7GpppG），能有效起始 RNA 的翻译和抵抗宿主细胞核酸酶从而增加转录物的稳定性，有利于提高病毒拯救效率（黄耀伟等，2004）。IBDV 基因组没有帽子结构，但其基因组 5′端带有病毒基因组连接蛋白（VPg），体外转录物的加帽可模拟 VPg，在一定程度上补偿 VPg 的损失而提高病毒拯救效率。

Mundt 和 Vakharia（1996）运用体外转录系统首次成功拯救 IBDV，开创了分节段双链 RNA 病毒分子水平研究的新局面。包含减毒株 D78 的 A 节段和疫苗株 P2 的 B 节段的重组载体，用 T7 RNA 聚合酶体外转录系统生成 cRNA。cRNA 经脂质体介导共转染 Vero 细胞而获得病毒拯救。Brandt 等（2001）在拯救减毒株 D78 的基础上，用体外转录拯救系统拯救出含有 IBDV 经典毒株 IM VP2 的嵌合病毒 rIMVP2。病毒 RNA 通过电击的方法转染 Vero 或 CEF 细胞，然后将反复冻融后的细胞悬液在鸡胚尿囊膜上传代获得嵌合病毒。

二、基于 T7 RNA 聚合酶的体内转录拯救系统

基于 T7 RNA 聚合酶的体内转录拯救系统，是指转染细胞的病毒基因组 cDNA 由内源 T7 RNA 聚合酶启动转录和复制的病毒拯救系统。直接转染 cDNA 比转染 cRNA 有更高的转染效率（Boot et al.，2001）。该系统比体外转录系统更方便、更经济。按照 T7 RNA 聚合酶来源的不同，该系统又可分为 3 类：VV/T7（痘病毒/T7 RNA 聚合酶）系统、以 FPV/T7（禽痘病毒/T7 RNA 聚合酶）为代表的替代系统、直接表达 T7 RNA 聚合酶的细胞系（黄耀伟等，2004；祁小乐等，2006）。

在 IBDV 上有应用的是 FPV/T7 体内转录拯救系统。该系统的 T7 RNA 聚合酶由可以表达该酶的重组禽痘病毒提供。将 FPV/T7 和含有 T7 启动子的重组质粒先后转染细胞，FPV/T7 先在细胞内表达 T7 RNA 聚合酶，再由 T7 RNA 聚合酶去启动外源病毒基因组的转录。

Boot 等（1999）运用 FPV/T7 转录拯救系统成功拯救了 IBDV 减毒株 CEF94。由于 vvIBDV 只适应原代法氏囊 B 淋巴细胞，所以关于 vvIBDV 的反向遗传学研究系统一

直难以建立。以 Boot 为首的研究团队运用 FPV/T7 系统成功拯救了 vvIBDV D6948 株 (Boot et al., 2000)。病毒基因组先转染 QM5 细胞, 然后在原代法氏囊 B 淋巴细胞上增殖传代。这是首次关于 vvIBDV 成功拯救的报道, 为深入研究 IBDV 毒力变异机制等奠定了基础。

FPV/T7 体内转录拯救系统有几大优点: ①该系统具有高效性, 由于 T7 RNA 聚合酶可以在真核细胞环境中发挥瞬间的启动转录的作用, 所以 T7 RNA 聚合酶启动子驱动的重组质粒共转染细胞可以实现外源基因/基因组的高效表达。在 T7 启动子下游引入内部核糖体进入位点 (IRES), 利用不依赖帽子的蛋白翻译机制, 可将目的蛋白的表达量提高 5～10 倍 (Moss et al., 1990)。②FPV/T7 不容易产生 CPE, 即不会干扰拯救病毒的转录、翻译和组装, 也不会干扰病毒拯救成功的初步判断。③FPV/T7 复制周期长, 使得合成外源产物的时间延长, 更有利于病毒拯救的成功。④安全隐患小, FPV/T7 只能在禽类及其衍生细胞中复制, 可感染哺乳动物细胞但不能传代和产生子代病毒, 不容易扩散 (Britton et al., 1996)。FPV/T7 体内转录拯救系统不需要体外转录、RNA 转染等要求较高的操作, 比体外转录系统更加方便。但最后需要把拯救病毒从 FPV/T7 中分离出来。

后来, 有研究者建立了直接表达 T7 RNA 聚合酶的细胞系用于病毒拯救。例如, 基于 BHK-21 的 BSR T7/5 细胞系, 该细胞能够稳定表达 T7 RNA 聚合酶, 运用该细胞系拯救病毒, 不需要共转染能够提供 T7 RNA 聚合酶的 FPV, 更加方便 (Garcin et al., 1995)。

三、RNA 聚合酶 II 拯救系统

RNA 聚合酶 II 拯救系统直接利用真核生物 RNA 聚合酶 II 启动子去驱动病毒转录, 一般选用 CMV 启动子、SV40 启动子、肌动蛋白启动子等。在提高外源基因表达特异性和表达量方面, 虽然真核细胞 RNA 聚合酶 II 不如噬菌体 T7 RNA 聚合酶功能强大, 但考虑到 IBDV 基因组较小, RNA 聚合酶 II 表达系统应该适用于 IBDV 的拯救。Lim 等 (1999) 将 HK46 株的基因组克隆在真核表达载体 pALTER-MAX 的 CMV 启动子下游, 拯救出了 IBDV。Qi 等 (2007) 成功构建了 RNA polymerase II 介导的 IBDV 高效反向遗传操作系统。为了在转录水平上控制基因组的精确性, 分别在减毒株 Gt 的基因组两端引入锤头状核酶结构和丁肝病毒核酶结构。然后将带有分子标签和核酶结构的 Gt 株基因组 A、B 节段分别克隆在真核表达载体 pCAGGS 的 CMV 增强子和 β 肌动蛋白启动子下游。将构建的两个重组真核表达载体在脂质体的介导下, 直接转染 DF1 细胞, 然后在 CEF 上传代, 获得了 IBDV 的拯救。该系统高效、简便、稳定, 具有良好的细胞普适性。该系统还可用于拯救不适应细胞培养的强毒株, 将上述 DF1 细胞转染产物直接注射入 3～8 周龄的 SPF 鸡的法氏囊内, 在 SPF 鸡上盲传 1 或 2 代, 即可实现 vvIBDV 的拯救 (Yu et al., 2012)。

RNA 聚合酶 II 拯救系统优点很突出: ①避免了体外长时操作 RNA 的步骤。②RNA 聚合酶 II 有校正功能, 错配率相对较低, 可保证病毒基因组的准确性。③所有的真核细胞内都有 RNA 聚合酶 II, 所以该系统有广泛的细胞适应性。④步骤简便, 既不需要转

染 RNA，又不需要额外提供 T7 RNA 聚合酶，经济实用。关于 RNA 聚合酶 II 拯救系统的机制有一个推测，即重组质粒被转染到细胞后，通过某种途径转运到细胞核内，然后被 RNA 聚合酶 II 识别并启动转录，合成的 mRNA 被转运到细胞质中，利用宿主的翻译系统翻译出早期蛋白，在早期蛋白的参与下，进一步完成病毒基因组的复制并翻译出晚期蛋白，最后病毒蛋白和基因组组装成完整病毒颗粒并释放到细胞外。

第五节 传染性胰坏死病毒反向遗传学系统的建立

Yao 和 Vakharia（1998）运用体外转录系统首次成功拯救了 IPNV，这也是首例水生动物源 RNA 病毒的拯救。IPNV WB 株基因组的 A、B 节段 cDNA 被分别克隆到 T7 RNA 聚合酶启动子的下游并连入 pUC19 载体。经线性化的重组载体 pUC19WBA 和 pUC19WBB-Sma 在体外被 T7 RNA 聚合酶转录合成病毒正链 RNA。经脂质体介导，基因组 RNA 被转染到 CHSE 细胞。转染后 4 天细胞上清中即可检测到病毒粒子的存在；转染后 10 天 CPE 可达 80%。拯救病毒在 CHSE 上盲传 3 代后，病毒滴度显著升高（Yao and Vakharia，1998）。该系统的建立为深入研究 IPNV 的致病机理以及研制新型疫苗奠定了基础。

第六节 反向遗传学在双 RNA 病毒科研究中的应用

一、在病毒组织嗜性研究中的应用

IBDV 基因组易变异，新的毒株不断出现，包括经典毒株、变异毒株、超强毒株，还有野毒经人工传代致弱的减毒株。经典毒株、变异毒株、超强毒株等自然野毒株均不适应 CEF 等细胞培养，只有减毒株能在 CEF 等细胞上增殖。关于 IBDV 细胞嗜性与毒力分子基础等研究，一直是 IBDV 研究的热点。

Yamaguchi 等（1996）通过序列比较发现，与亲代强毒株 OKYM 相比，适应细胞培养的减毒株 OKYMT 在多聚蛋白上有 5 个氨基酸突变（4 个位于 VP2，1 个位于 VP3），故推测 VP2 与 IBDV 的细胞嗜性相关。Brandt 等（2001）报道，细胞适应毒 D78 的 VP2 被经典毒 IM（不适应细胞培养）相应区段替换后，不再适应 Vero 和 CEF。Boot 等（2000）也有类似的研究结果，利用不适应细胞的 D6948 株和适应细胞的 CEF 株构建重组病毒，重组病毒 srIBDV-DACB（D6948 的 A 节段和 CEF94 的 B 节段）不能适应 QM5，而 srIBDV-CADB（CEF94 的 A 节段和 D6948 的 B 节段）可以适应 QM5，这说明决定 IBDV 细胞嗜性的关键基因在 A 节段。进而，他们又将 vvIBDV D6948 的 VP2 替换 CEF94 的相应部位，该重组毒只适应原代法氏囊 B 淋巴细胞但不适应 QM5。上述研究证明，VP2 决定 IBDV 的细胞嗜性。研究者继续对 IBDV 细胞嗜性的分子基础进行精细定位。研究发现，VP2 的 253 位和 284 位氨基酸的突变可以改变 IBDV 的细胞嗜性（Qi et al.，2009；Galloux et al.，2007；Mundt，1999）。然而，关于单点突变是否能够改变 IBDV 细胞嗜性，却存在争议。Mundt（1999）认为，单位点突变 Q253H 或 A284T 不足以影响 IBDV 的细胞嗜性。van Loon 等（2009）研究发现，单位点突变 A284T 能使 vvIBDV UK661 株适应 CEC 细胞,而 Q253H 却不能改变 vvIBDV 的细胞嗜性。Qi 等(1999)从自然毒株和突变毒株两个角度证明,VP2 的 253/284 协同突变是决定 IBDV 细胞嗜性的关键分子基础,单点突变无此效应。

关于 VP2 的 279 位氨基酸,Lim 等(1999)认为双位点突变 D279N/A284T 可使 vvIBDV HK46 株适应细胞培养。然而,Brandt 等(2001)的研究结果与此不一致,将不适应 CEF 的重组拯救毒 rIMVP2 的 VP2 中包含 279 位、284 位、330 位的片段用细胞适应毒 D78 的相应片段进行回复替换,在 CEF 上拯救不出病毒,说明 279/284/330 突变不足以使 IBDV 适应 CEF。Qi 等(1999)研究发现,单点突变 D279N、双点突变 D279N/Q253H 和 D279N/A284T 均不能改变 vvIBDV Gx 株的细胞嗜性。

关于 VP2 的 330 位氨基酸,Lim 等研究发现,单点突变 S330R 不能使 vvIBDV HK46 适应 CEF 细胞。Mundt(1999)也认为 S330R 不能使强毒适应细胞培养,单位点回复突变 R330S 也不改变 D78 适应细胞培养的特性。研究结果还发现,330 位氨基酸在影响 IBDV 细胞嗜性方面也不能对 253、284 等关键位点起协同作用(Brandt et al.,2001)。

有些氨基酸位点,虽然不能决定 IBDV 的细胞嗜性,但其突变却可能通过影响病毒的构象进而影响病毒的复制效率,譬如 VP2 的 222 位氨基酸、VP3 的 990 位氨基酸等。

二、在病毒分子致病机制研究中的应用

关于 IBDV 毒力分子基础的研究,长期以来,人们认为 VP2 是决定 IBDV 毒力的重要基因。Boot 等(2005)研究发现,重组病毒 srIBDV-DACB(vvIBDV D6948 的 A 节段和减毒株 CEF94 的 B 节段)与亲本毒 D6948 一样导致 SPF 鸡发病,法氏囊发生严重萎缩和病变,并有 20%~30% 的死亡率;srIBDV-CADB(CEF94 的 A 节段和 D6948 的 B 节段)没有引起任何临床症状和法氏囊病变,这说明,决定 IBDV 毒力的基因在 A 节段(Boot et al.,2000)。Brandt 等(2001)将经典毒 IM 的 VP2 替换减毒株 D78 的相应部位,所拯救的病毒 rIMVP2 可致鸡法氏囊淋巴滤泡严重破坏并有 20%~25% 的死亡率,说明 IBDV 毒力的分子基础主要在 VP2 上。van Loon 等(2002)将 UK661-QH-AT(将 vvIBDV 做双点突变 Q253H/A284T)感染 14 周龄鸡的试验结果显示,亲本拯救毒 UK661rev 的致死率分别为 49%,而 UK661-QH-AT 组却没有临床症状。从病理切片上来看,UK661rev 均引起很严重的法氏囊病变,而 UK661-QH-AT 感染组仅在 14 天(p.i.)引起极轻微的病变,这说明 Q253H/A284T 使 UK661 的毒力显著降低。Qi 等(1995)研究发现,双点突变 Q253H/A284T 可使 vvIBDV Gx 的致死率由 60% 以上降低为 0,在另一个 vvIBDV HLJ-0504 株上也有相同效果。Qi 等(1995)还发现,双点突变后的 vvIBDV 感染鸡后虽然不表现临床症状,但其法氏囊的损伤仍然很严重。Boot 等(2000)也有类似的发现。这说明,VP2 是 IBDV 重要的毒力基因,但不是唯一决定因素。

长期以来,B 节段或 VP1 被认为与 IBDV 的毒力无关(Boot et al.,2000)。近来,越来越多的证据表明,VP1 在 IBDV 的遗传演化中具有重要作用。Wei 等(2008)研究发现,ZJ2000 和 TL2004 均是自然节段重组病毒,具有减毒株的 A 节段和 vvIBDV 的 B

节段，但这两个毒株既有适应 CEF 培养的减毒株特征，又可以导致 SPF 鸡发病和死亡，这提示 B 节段与 IBDV 毒力有关。研究者进一步运用反向遗传操作技术证实，VP1 蛋白的 4 位和 276 位氨基酸通过影响 RNA 聚合酶活性进而影响病毒的致病性和复制效率（Escaffre et al.，2013；Yu et al.，2013；Nouen et al.，2012）。显然，IBDV 的毒力是由基因组 A、B 节段共同决定的（Escaffre et al.，2013；Wei et al.，2006）。

VP2 是决定或影响 IPNV 细胞嗜性、复制和毒力的重要基因。分子流行病学数据显示，不同毒力 IPNV 的 VP2 的 217 位和 221 位的氨基酸特征具有一定规律性：高致病力毒株为 T217/A221；中等或低致病力毒株为 P217/A221；无致病力毒株为 X217/T221（X 表示任意氨基酸）。Song 等（2005）进一步用反向遗传操作技术验证了上述推测，将强毒株 NVI15 和 NVI15-15K 的 VP2 部分片段分别被中等毒力毒株 Sp103 相应区域所替换（涉及两个氨基酸突变 T217P 和 T247A）。研究发现，VP2 的 T217P 和 T247A 可以促进强毒株在 CHSE-214 和 RTG-2 细胞上的复制，并且对大西洋幼鲑的毒力显著降低（致死率由 70% 降低到 47%）。由于 T247A 不是强、弱毒之间保守的氨基酸变化，所以推测 247 位氨基酸并不直接影响 IPNV 的毒力。另外，将拯救的强毒株 rNVI15 在 CHSE-214 细胞上传代，第 9 代后，VP2 的 221 位发生一处氨基酸突变（A221T），该突变使 rNVI15 在 CHSE-214 细胞上的复制能力显著提高，并对大西洋幼鲑毒力显著降低（致死率由 70% 以下降为 15%）。这说明，VP2 的 217 位、221 位氨基酸是 IPNV 重要的毒力位点（Song et al.，2005）。值得注意的是，在 RTG-2 细胞上传代的 rNVI15 并没有发生 221 位的氨基酸突变，Song 等（2005）推测 221 位氨基酸可能与 CHSE-214 细胞上某种受体结合有关，而 RTG-2 细胞上则没有这种受体（Song et al.，2005）。

为了研究 VP5 与 IPNV 毒力的关系，Song 等（2005）以强毒株 NVI-15 为骨架，拯救出 3 个病毒，即 rNVI15-15K（含有分子质量为 15kDa 全长 VP5）、rNVI15（含有截短的 12kDa 的 VP5）、rNVI15-ΔVP5（VP5 被敲除）。攻毒试验显示，VP5 的截短和敲除并没有影响 IPNV 对大西洋幼鲑的致死率，这说明 VP5 与 IPNV 毒力没有直接关系。

为了证明 RNA 依赖的 RNA 聚合酶的种属特异性，Yao 和 Vakharia（1998）设计了这样一组试验：将 IPNV 的 A 节段和 IBDV 的 B 节段共转染 CHSE 细胞，将 IBDV 的 A 节段和 IPNV 的 B 节段共转染 Vero 细胞，盲传 3 代后，均没有相应的病毒被拯救出来。Song 等（2005）通过节段重组病毒 rNVI15-15KVP1（由强毒株 NVI15-15K 的 A 节段和中等毒力毒株 Sp103 的 B 节段重组而成）的研究发现，VP1 对 IPNV 的体外复制以及毒力均没有直接影响。

三、在病毒抗原变异研究中的应用

在免疫压力下，IBDV 比较容易变异。IBDV 抗原分析的传统方法是交叉中和试验以及系列单抗介导的 AC-ELISA 技术。近来，将反向遗传操作技术和系列单抗介导的 IFA 技术相结合进行 IBDV 抗原监测，避免了传统方法中病毒分离和纯化等烦琐步骤（Letzel et al.，2007）。研究发现：IBDV 抗原漂变正在发生；抗原漂变相关的氨基酸突变主要发生在 VP2 的凸出区（P 区）；氨基酸的改变能够导致病毒的单克隆抗体反应谱的变化，但相应的规律仍没有被找到；以单抗反应谱为基础的病毒抗原分型与其在基因进化树上的位置没有直接关系（Durairaj et al.，2011；Icard et al.，2008；Letzel et al.，2007）。

四、在病毒基因组结构与功能研究中的应用

借助反向操作平台，Boot 等（2004）研究了 IBDV 基因组两端非编码区对病毒复制和转录的影响。IBDV 基因组 A 节段 3′端通常有 4 个胞嘧啶。Boot 等（1999）通过引物对 CEF94 毒株 A 节段编码链 3′端的长度进行修饰，然后拯救出一系列 A 节段 3′端长度不同的病毒。研究发现，A 节段 3′端有 3~6 个连续胞嘧啶的拯救病毒，其 $TCID_{50}$ 与未修饰的 CEF94 差异不显著；A 节段 3′端少于 3 个连续胞嘧啶则严重影响病毒的复制。有意思的是，拯救的病毒为保持 3′端茎-环结构的完整性，其修饰过的 3′端有回复突变的现象。IBDV I 型毒株 D78 的 A 节段的 5′NCR 和 3′NCR 被 II 型毒株 23/82 相应区段替换后，病毒的生物学特征无明显改变，这提示 A 节段非编码区与 I 型和 II 型毒株的性状差别无关（Schröder et al.，2000）。

Boot 等（2004）通过一系列突变修饰，对 CEF94 毒株 B 节段编码链 3′端的功能进行了系统研究。通过在茎-环结构不同位点引入突变，拯救出了 14 株病毒。将这些病毒在 QM5 细胞或鸡胚上传 4~10 代，序列分析发现，除了人工引入的突变外，在茎-环的其他位点出现了代偿性突变。综上：①3′NCR 的茎-环结构可防止 3′→5′外切酶对 RNA 的降解，有利于维持 RNA 的稳定，它还能够直接或间接地与病毒或宿主相关蛋白因子结合，对病毒基因组的复制和转录至关重要；②决定茎-环结构功能的是其二级结构而非原始序列；③代偿突变是由于引入的突变改变了茎-环结构的稳定性而导致病毒对环境的适应性变化。

五、在新型疫苗研究中的应用

VP5 对 IBDV 的体内或体外复制是非必需的（Qin et al.，2009；Mundt et al.，1997）。据此，可以构建缺失 VP5 的 IBD 疫苗。Mundt 等（1997）将 IBDV 嵌合病毒的 VP5 起始密码子 ATG 突变为精氨酸密码子 AGG，构建并拯救出了 VP5 缺失毒株 IBDV/VP5（Qin et al.，2009）。VP5 缺失虽然延迟了病毒的复制与释放，但不影响病毒的最终滴度。随后，Yao 等（1998）以 D78 株为骨架拯救出 VP5 缺失毒株 rD78NSΔ，该毒株体内外复制也变得缓慢，但并不影响宿主对 IBDV 的体液免疫反应强度，病毒感染后 14 天和 21 天的特异性抗体滴度，rD78 组和 rD78NSΔ 组差异不显著。Qin 等（2010）以中等毒力毒株为骨架构建的 VP5 缺失病毒 rGx-F9VP2ΔVP5 对鸡的致病力显著降低，免疫后能刺激机体产生较高滴度的抗体和较好的免疫保护，且不造成对禽流感疫苗的免疫抑制。

IBDV 血清 II 型通常只感染火鸡但对火鸡不致病。Qin 等（2009）用血清 II 型毒株 23/82 的 VP5 替换减毒株 Gt 的相应基因，并且研制了针对血清 II 型 VP5 的单克隆抗体，能够区分拯救毒 rGt2382VP5 与流行的 I 型毒株。这些 VP5 标记策略研究对于 IBDV 新型疫苗的研制有重要借鉴意义。

作为两个重要的结构蛋白之一，VP3 也被用于嵌合病毒的研究。Boot 等（2001a）分别将血清Ⅱ型 TY89 的 VP3 全长、VP3 N 端部分、VP3 C 端部分置换 CEF94 的相应部位，拯救出了 3 个双血清型嵌合病毒 mCEF-s2VP3、mCEF-s2VP3N、mCEF-s2VP3C。与 rCEF 相比，mCEF-s2VP3 和 mCEF-s2VP3N 的拯救效率较低，而 mCEF-s2VP3C 则能够被高效拯救。这表明 VP3 的 N 端部分比 C 端部分对病毒的复制影响大，这可能是由不同血清型 VP3 N 端高级结构的不同折叠造成的。mCEF-s2VP3C 病毒释放时间比 rCEF 有所延迟，但不影响最终的病毒滴度。后来，Boot 等（2002）又将血清Ⅱ型 TY89 的 VP3 C 端部分嵌合到 vvIBDV D6948 中，拯救毒致死率明显降低甚至不致死。针对血清Ⅱ型 IBDV VP3 的单克隆抗体可以鉴别拯救的嵌合毒和/与流行的Ⅰ型毒株。所以，血清Ⅱ型 VP3 C 端部分也是开发 IBDV 标记疫苗很有前景的研究对象。

通过传代方法致弱的疫苗株虽然与亲本株基因组比较接近，但存在不少氨基酸突变。与流行毒株抗原性越接近的疫苗保护效果越好。Gao 等（2011）以减毒株 Gt 为亲本骨架，其 VP2 被流行毒株替换；拯救毒 rGtHLJVP2 与流行毒株基因特点更接近，主要保护性抗原 VP2 仅在 253 位和 284 位存在两个氨基酸的突变，对鸡无致病性，免疫效果良好。相对费时费力的以盲传为特点的传统疫苗株培育方法，该策略能较快地研制出与现地流行毒株匹配的疫苗株，对于疫病的综合防控意义重大。

IBDV 可以感染哺乳动物甚至人类，但对人类是安全的，已经被用于肝炎等人类慢性病的辅助治疗（Park et al.，2010；Bakacs et al.，2004；2002）。将 IBDV 开发成为疫苗载体，有可能在公共卫生方面起到意想不到的效果。Upadhyay 等（2011）首次评估了 IBDV 表达外源表位的可能性。IBDV VP5 起始密码子后可以插入人丙型肝炎病毒（HCV）的表位短肽。在拯救的重组病毒中，HCV 囊膜糖蛋白 E 的两个表位 $HCV_{(412\sim419)}$（8 肽）和 $HCV_{(523\sim535)}$（14 肽）均能和 IBDV VP5 蛋白融合表达。

结　　语

双 RNA 病毒科病毒与禽类和水生动物的健康关系密切。其代表成员——鸡传染性法氏囊病病毒和传染性胰坏死病毒分别是鸡和鱼类重要的传染病病原，给相应产业造成了极大的经济损失。自双 RNA 病毒科病毒的反向遗传操作系统诞生以来，关于该科病毒的基因结构与功能、致病机理、遗传变异机制、免疫抑制机理等基础研究，取得了较大突破。相信随着反向遗传操作技术的不断发展和完善，在该科病毒引起的疫病防控方面将会取得更瞩目的成绩。

参 考 文 献

黄耀伟，李龙，于涟. 2004. 人类及动物 RNA 病毒的反向遗传系统. 生物工程学报，20（3）：311-318.
祁小乐，王笑梅，高宏雷，等. 2006. 鸡传染性法氏囊病病毒的反向遗传研究. 病毒学报，(3)：115-117.
殷震，刘景华. 1997. 动物病毒学. 第二版. 北京：科学出版社：48-62，582-587.
Baka C S T, Mehrishi J N. 2002. Intentional coinfection of patients with HCV infection using avian infection bursal disease virus. Hepatology，36：255.

Baka C S T, Mehrishi J. 2004. Examination of the value of treatment of decompensated viral hepatitis patients by intentionally coinfecting them with an apathogenic IBDV and using the lessons learnt to seriously consider treating patients infected with HIV using the apathogenic hepatitis G virus. Vaccine, 23: 3-13.

Berg T P V D. 2000. Acute infectious bursal disease in poultry: a review. Avian pathology, 29: 175-194.

Boot H J, Dokic K, Peeters B P. 2001b. Comparison of RNA and cDNA transfection methods for rescue of infectious bursal disease virus. Journal of Virological Methods, 97: 67-76.

Boot H J, Pritz-Verschuren S B. 2004. Modifications of the 3′-UTR stem-loop of infectious bursal disease virus are allowed without influencing replication or virulence. Nucleic Acids Research, 32: 211-222.

Boot H J, Ter Huurne A A H, Hoekman A J, et al. 2000. Rescue of very virulent and mosaic infectious bursal disease virus from cloned cDNA: VP2 is not the sole determinant of the very virulent phenotype. Journal of Virology, 74: 6701-6711.

Boot H J, Ter Huurne A A H, Hoekman A J, et al. 2002. Exchange of the C-terminal part of VP3 from very virulent infectious bursal disease virus results in an attenuated virus with a unique antigenic structure. Journal of Virology, 76: 10346-10355.

Boot H J, Ter Huurne A, Peeters B P, et al. 1999. Efficient rescue of infectious bursal disease virus from cloned cDNA: evidence for involvement of the 3′-terminal sequence in genome replication. Virology, 265: 330-341.

Boot H, Ter Huurne A, Vastenhouw S, et al. 2001a. Rescue of infectious bursal disease virus from mosaic full-length clones composed of serotype I and II cDNA. Archives of Virology, 146: 1991-2007.

Brandt M, Yao K, Liu M, et al. 2001. Molecular determinants of virulence, cell tropism, and pathogenic phenotype of infectious bursal disease virus. Journal of Virology, 75: 11974-11982.

Britton P, Green P, Kottier S, et al. 1996. Expression of bacteriophage T7 RNA polymerase in avian and mammalian cells by a recombinant fowlpox virus. The Journal of General Virology, 77: 963-967.

Chevalier C, Lepault J, Erk I, et al. 2002. The maturation process of pVP2 requires assembly of infectious bursal disease virus capsids. Journal of Virology, 76: 2384-2392.

Coulibaly F, Chevalier C, Delmas B, et al. 2010. Crystal structure of an Aquabirnavirus particle: insights into antigenic diversity and virulence determinism. Journal of Virology, 84: 1792-1799.

Coulibaly F, Chevalier C, Gutsche I, et al. 2005. The birnavirus crystal structure reveals structural relationships among icosahedral viruses. Cell, 120: 761-772.

Delgui L R, Rodr Guez J F, Colombo M I. 2013. The endosomal pathway and the Golgi complex are involved in the Infectious bursal disease virus life cycle. Journal of virology, 87: 8993-9007.

Delgui L, Oña A, Gutiérrez S, et al. 2009. The capsid protein of infectious bursal disease virus contains a functional α4β1 integrin ligand motif. Virology, 386: 360-372.

Durairaj V, Sellers H S, Linnemann E G, et al. 2011. Investigation of the antigenic evolution of field isolates using the reverse genetics system of infectious bursal disease virus (IBDV). Archives of Virology, 156: 1717-1728.

Escaffre O, Le Nou N C, Amelot M, et al. 2013. Both genome segments contribute to the pathogenicity of very virulent infectious bursal disease virus. Journal of Virology, 87: 2767-2780.

Fernandez-Arias A, Martinez S, Rodr Guez J F. 1997. The major antigenic protein of infectious bursal disease virus, VP2, is an apoptotic inducer. Journal of Virology, 71: 8014-8018.

Galloux M, Libersou S, Morellet N, et al. 2007. Infectious bursal disease virus, a non-enveloped virus, possesses a capsid-associated peptide that deforms and perforates biological membranes. Journal of Biological Chemistry, 282: 20774-20784.

Gao L, Qi X, Li K, et al. 2011. Development of a tailored vaccine against challenge with very virulent infectious bursal disease virus of chickens using reverse genetics. Vaccine, 29: 5550-5557.

Garcin D, Pelet T, Calain P, et al. 1995. A highly recombinogenic system for the recovery of infectious Sendai paramyxovirus from cDNA: generation of a novel copy-back nondefective interfering virus. The EMBO Journal, 14: 6087.

Hirai K, Calnek B. 1979. *In vitro* replication of infectious bursal disease virus in established lymphoid cell lines and chicken B lymphocytes. Infection and Immunity, 25: 964-970.

Icard A H, Sellers H S, Mundt E. 2008. Detection of infectious bursal disease virus isolates with unknown antigenic properties by reverse genetics. Avian Diseases, 52: 590-598.

Le Nouën C, Toquin D, Müller H, et al. 2012. Different domains of the RNA polymerase of infectious bursal disease virus contribute to virulence. PloS One, 7: e28064.

Lejal N, Da Costa B, Huet J-C, et al. 2000. Role of Ser-652 and Lys-692 in the protease activity of infectious bursal disease virus VP4 and identification of its substrate cleavage sites. The Journal of General Virology, 81: 983-992.

Letzel T, Coulibaly F, Rey F A, et al. 2007. Molecular and structural bases for the antigenicity of VP2 of infectious bursal disease virus. Journal of Virology, 81: 12827-12835.

Li Z, Wang Y, Li X, et al. 2013. Critical roles of glucocorticoid-induced leucine zipper in infectious bursal disease virus (IBDV) -induced suppression of type I Interferon expression and enhancement of IBDV growth in host cells via interaction with VP4. Journal of Virology, 87: 1221-1231.

Li Z, Wang Y, Xue Y, et al. 2012. Critical role for voltage-dependent anion channel 2 in infectious bursal disease virus-induced apoptosis in host cells via interaction with VP5. Journal of Virology, 86: 1328-1338.

Lin T-W, Lo C-W, Lai S-Y, et al. 2007. Chicken heat shock protein 90 is a component of the putative cellular receptor complex of infectious bursal disease virus. Journal of Virology, 81: 8730-8741.

Liu M, Vakharia V N. 2006. Nonstructural protein of infectious bursal disease virus inhibits apoptosis at the early stage of virus infection. Journal of virology, 80: 3369-3377.

Lombardo E, Maraver A, Cast N J R, et al. 1999. VP1, the putative RNA-dependent RNA polymerase of infectious bursal disease virus, forms complexes with the capsid protein VP3, leading to efficient encapsidation into virus-like particles. Journal of Virology, 73: 6973-6983.

Lombardo E, Maraver A, Espinosa I, et al. 2000. VP5, the nonstructural polypeptide of infectious bursal disease virus, accumulates within the host plasma membrane and induces cell lysis. Virology, 277: 345-357.

Luo J, Zhang H, Teng M, et al. 2010. Surface IgM on DT40 cells may be a component of the putative receptor complex responsible for the binding of infectious bursal disease virus. Avian Pathology, 39: 359-365.

Luque D, Saugar I, Rodr Guez J F, et al. 2007. Infectious bursal disease virus capsid assembly and maturation by structural rearrangements of a transient molecular switch. Journal of Virology, 81: 6869-6878.

Mahgoub H A. 2012. An overview of infectious bursal disease. Archives of Virology, 157: 2047-2057.

Mundt E, Beyer J, Müller H. 1995. Identification of a novel viral protein in infectious bursal disease virus-infected cells. Journal of General Virology, 76: 437-443.

Mundt E, Köllner B, Kretzschmar D. 1997. VP5 of infectious bursal disease virus is not essential for viral replication in cell culture. Journal of Virology, 71: 5647-5651.

Mundt E, Müller H. 1995. Complete nucleotide sequences of 5'-and 3'-noncoding regions of both genome segments of different strains of infectious bursal disease virus. Virology, 209: 10-18.

Mundt E, Vakharia V N. 1996. Synthetic transcripts of double-stranded Birnavirus genome are infectious. Proceedings of the National Academy of Sciences of the United States of America, 93: 11131-11136.

Mundt E. 1999. Tissue culture infectivity of different strains of infectious bursal disease virus is determined by distinct amino acids in VP2. The Journal of General Virology, 80: 2067-2076.

Park M J, Park J H, Kwon H M. 2010. Mice as potential carriers of infectious bursal disease virus in chickens. The Veterinary Journal, 183: 352-354.

Qi X, Gao H, Gao Y, et al. 2009. Naturally occurring mutations at residues 253 and 284 in VP2 contribute to the cell tropism and virulence of very virulent infectious bursal disease virus. Antiviral Research, 84: 225-233.

Qi X, Gao Y, Gao H, et al. 2007. An improved method for infectious bursal disease virus rescue using RNA polymerase II system. Journal of Virological Methods, 142: 81-88.

Qin L, Qi X, Gao H, et al. 2009. Exchange of the VP5 of infectious bursal disease virus in a serotype I strain with that of a serotype II strain reduced the viral replication and cytotoxicity. The Journal of Microbiology, 47: 344-350.

Qin L, Qi X, Gao Y, et al. 2010. VP5-deficient mutant virus induced protection against challenge with very virulent infectious bursal disease virus of chickens. Vaccine, 28: 3735-3740.

Santi N, Song H, Vakharia V N, et al. 2005. Infectious pancreatic necrosis virus VP5 is dispensable for virulence and persistence. Journal of Virology, 79: 9206-9216.

Schröder A, Van Loon A A, Goovaerts D, et al. 2000. Chimeras in noncoding regions between serotypes I and II of segment A of infectious bursal disease virus are viable and show pathogenic phenotype in chickens. Journal of General Virology, 81: 533-540.

Song H, Santi N, Evensen Ø, et al. 2005. Molecular determinants of infectious pancreatic necrosis virus virulence and cell culture adaptation. Journal of Virology, 79: 10289-10299.

Tacken M G, Peeters B P, Thomas A A, et al. 2002. Infectious bursal disease virus capsid protein VP3 interacts both with VP1, the RNA-dependent RNA polymerase, and with viral double-stranded RNA. Journal of Virology, 76: 11301-11311.

Upadhyay C, Ammayappan A, Patel D, et al. 2011. Recombinant infectious bursal disease virus carrying hepatitis C virus epitopes. Journal of Virology, 85: 1408-1414.

van Loon A, De Haas N, Zeyda I, et al. 2002. Alteration of amino acids in VP2 of very virulent infectious bursal disease virus results in tissue culture adaptation and attenuation in chickens. The Journal of General Virology, 83: 121-129.

Wei L, Hou L, Zhu S, et al. 2011. Infectious bursal disease virus activates the phosphatidylinositol 3-

kinase (PI3K) /Akt signaling pathway by interaction of VP5 protein with the p85α subunit of PI3K. Virology, 417: 211-220.

Wei Y, Yu X, Zheng J, et al. 2008. Reassortant infectious bursal disease virus isolated in China. Virus Research, 131: 279-282.

Yamaguchi T, Ogawa M, Inoshima Y, et al. 1996. Identification of sequence changes responsible for the attenuation of highly virulent infectious bursal disease virus. Virology, 223: 219-223.

Yao K, Goodwin M A, Vakharia V N. 1998. Generation of a mutant infectious bursal disease virus that does not cause bursal lesions. Journal of Virology, 72: 2647-2654.

Yao K, Vakharia V N. 1998. Generation of infectious pancreatic necrosis virus from cloned cDNA. Journal of Virology, 72: 8913-8920.

Yip C W, Yeung Y S, Ma C M, et al. 2007. Demonstration of receptor binding properties of VP2 of very virulent strain infectious bursal disease virus on Vero cells. Virus Research, 123: 50-56.

Yu F, Qi X, Gao L, et al. 2012. A simple and efficient method to rescue very virulent infectious bursal disease virus using SPF chickens. Archives of Virology, 157: 969-973.

Yuan W, Zhang X, Xia X, et al. 2012. Inhibition of infectious bursal disease virus infection by artificial microRNAs targeting chicken heat-shock protein 90. The Journal of General Virology, 93: 876-879.

第十六章 呼肠孤病毒科的反向遗传学

第一节 呼肠孤病毒科的基本特征

一、病毒的分类

呼肠孤病毒于20世纪60年代初期从人和动物的呼吸道或肠道中分离出，由于当时对它的致病作用不清楚，所以称它为呼吸道（R）、肠道（E）、孤儿（O）病毒，简称呼肠孤病毒。呼肠孤病毒科是一个庞大的病毒科，宿主范围较广，能感染人、脊椎动物、昆虫、植物、真菌等，其中能使人、畜致病的主要成员有：哺乳动物正呼肠孤病毒（Mammalian orthoreovirus，MRV）、轮状病毒（Rotavirus）、蓝舌病毒（Bluetongue virus）、非洲马瘟病病毒（African horse Sickness virus）等。

国际病毒分类委员会（International Committee on Taxonomy of Viruses，ICTV）2012年病毒分类第九次报告将呼肠孤病毒科病毒分为刺突呼肠孤病毒亚科（*Spinareovirinae*）和平滑呼肠孤病毒亚科（*Sedoreovirinae*），其中，刺突呼肠孤病毒亚科包括水生动物呼肠孤病毒属（*Aquareovirus*）、科罗拉多蜱传热症病毒属（*Coltivirus*）、质型多角体病毒属（*Cypovirus*）、迪诺维纳病毒属（*Dinovernavirus*）、斐济病毒属（*Fijivirus*）、昆虫非包裹呼肠孤病毒属（*Idnoreovirus*）、真菌呼肠孤病毒属（*Mycoreovirus*）、正呼肠孤病毒属（*Orthoreovirus*）和水稻病毒属（*Oryzavirus*）共9个病毒属；平滑呼肠孤病毒亚科则包括环状病毒属（*Orbivirus*）、轮状病毒属（*Rotavirus*）、东南亚十二RNA病毒属（*Seadornavirus*）、植物呼肠孤病毒属（*Phytoreovirus*）、河蟹呼肠孤病毒属（*Cardoreovirus*）和小裂呼肠孤病毒属（*Mimoreovirus*）共6个属（张忠信，2012；Attoui et al.，2012）。

二、呼肠孤病毒的基本特性

完整病毒粒子呈二十面体，无囊膜，直径为60～80nm。病毒核酸是一种长18～27kb的线性双链RNA，由分节段的9～12个基因片段组成，其中，仅有迪诺维纳病毒有9个节段，呼肠孤病毒、环状病毒、斐济病毒和质型多角体病毒有10个节段，轮状病毒、水生动物呼肠孤病毒有11个节段，水稻呼肠孤病毒和科罗拉多蜱传热症病毒有12个节段。病毒核酸由双层蛋白质衣壳包裹（侯云德，1990）。根据核酸电泳迁移率不同，呼肠孤病毒dsRNA分成3组，即3个大基因节段（L1、L2和L3）、3个中基因节段（M1、M2和M3）和4个小基因节段（S1、S2、S3和S4），其中禽类呼肠孤病毒（Avian reovirus，ARV）M3和S1与哺乳动物呼肠孤病毒（Mammalian reovirus，MRV）的M3和S1比较差异显著。MRV外衣壳由λ2（L2）、μ1（M2）（多数为断裂的片段μ1N和μ1C）、σ1（S1）和σ3（S4）组成，而ARV的外衣壳蛋白则由λC（L3）、μB（M2）、μBC（M2）、σB（S3）和σC（S1）组成。MRV的内衣壳蛋白分别由λ3（L1）、λ1（L3）、μ2（M1）和σ2（S2）组成，分别对应ARV的λB、λA、μA和σA蛋白（图16-1A、

B)。在呼肠孤病毒感染的过程中，还可以产生两种次病毒颗粒（subviral particle，SVP），即中间次病毒颗粒（intermediate subviral particle，ISVP）和核心（core）。近几年许多呼肠孤病毒的三维结构也陆续得到解剖，Zhang 等（2005）通过低温电子显微镜技术重构了 ARV 和 MRV 的三维结构，发现两者结构大体相似（图 16-1）。

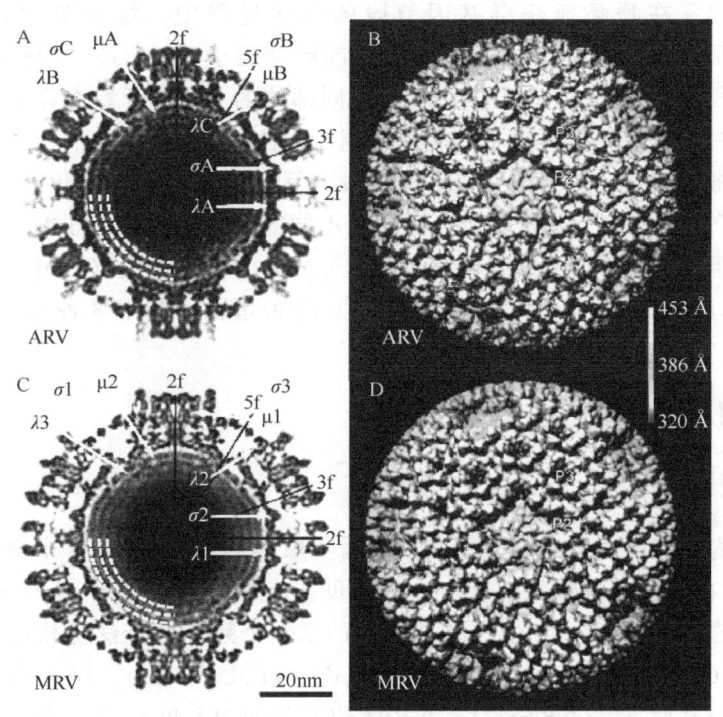

图 16-1　禽类呼肠孤病毒和哺乳动物呼肠孤病毒的
纵剖面图（A 和 C）及三维立体图（B 和 D）

第二节　呼肠孤病毒科基因组结构及其表达产物

一、基因组结构特征

呼肠孤病毒基因组为分节段的双股正链 RNA，由 9～12 个基因节段组成，每个正链基因节段的 5′端有帽子结构，而且每个 dsRNA 节段的 3′端均露出羟基，这种 dsRNA 节段完全能够抵抗单链特异的核酸酶 S1 的降解作用。每个节段的 5′端和 3′端均有一段小的非编码区（untranslated region，UTR），UTR 具有多方面的作用，包括涉及 mRNA 的包装，病毒 RNA 聚合酶的识别以及作为正、负链 RNA 合成起始的信号序列。此外，UTR 还与病毒翻译效率有关（徐耀先等，2000）。在结构特征上，正呼肠孤病毒属病毒 S 群基因组所有基因节段 5′端和 3′端都有各自的保守序列，如在 MRV S 群基因的 5′端有保守的 5′-GCUA 序列，3′端有保守的核苷酸序列 UCAUC-3′；ARV 5′端和 3′端保守的核苷酸序列分别为 5′-GCTTTTT 和 TATTCATC-3′；狒狒呼肠孤病毒

(Baboon reovirus, BRV) 5′端和 3′端保守的核苷酸序列分别为 5′-GTAAATTT 和 TCATTCATC-3′，而内尔森海湾（NelSon bay virus, NBV）为 5′-GCTTTA 和 TCATC-3′。ARV、NBV、MRV 基因的 5′端都存在保守序列 GCT，而 BRV 不存在此三核苷酸序列。但所有基因型的呼肠孤病毒 3′端都存在保守的核苷酸序列 TCATC-3′（张云等，2004）。在呼肠孤病毒基因节段的表达过程中，每个节段转录生成全长 mRNA，之后翻译成对应的蛋白。一般一个起始密码子（ATG）控制一个基因节段，但有些基因节段具有不止一个 ORF，故以不同部位的 AUG 开始翻译，编码合成相互重叠的相关蛋白，这是受多顺反子的翻译机制所调控的。

呼肠孤病毒基因组一般分为 9~12 个节段，每个节段基本上编码一个蛋白，但也有一个 RNA 分子内存在多个起始位点，因而以不同部位的起始密码子开始翻译而产生相互重叠的多个蛋白。与 RNA 分组相对应，也可分为 3 个组：大（λ）组、中（μ）组以及小（σ）组。正呼肠孤的 10 个基因节段编码 11 种蛋白，其中 8 种为结构蛋白，3 种为非结构蛋白。

二、基因组的编码产物及其功能

（一）结构蛋白

λ1：它是内衣壳的主要组分，由 L3 基因节段编码，含有 1275 个氨基酸，分子质量为 142kDa。在成熟病毒颗粒中有 120 个拷贝。能够与内衣壳的 σ2 和 λ3 以及外衣壳的 λ2 和 μ1 蛋白相互作用，λ1 蛋白氨基末端的 230 个残基对于病毒核心样颗粒（core-like particles, CLPs）的装配是必不可少的（Kim et al., 2002）。λ1 蛋白在靠近 N 端有一个核苷酸结合基序（TKGKSSG），在 194 位氨基酸中心区域有锌指基序 CCHH，印迹实验显示 λ1 蛋白可以结合 Zn^{2+}，推测 λ1 蛋白的锌指基序可能与其结合 dsRNA 有关，因此，λ1 又被称为锌结合金属蛋白（ReiniSch et al., 2000）。此外，λ1 蛋白还具有多种与转录相关的酶活性，如解旋酶、NTP 酶活性以及 ATP 酶活性（Bisaillon et al., 1997；Noble and Nibert, 1997a）。λ1 蛋白的框架结构是呼肠孤病毒科成员中具有转录活性内衣壳蛋白所共有的。

λ2：由 L2 基因节段编码，每个颗粒中有 60 个拷贝。λ2 五聚体构成核心的钉状物突起，现已证明 λ2 蛋白是外衣壳的一种成分，它与外衣壳蛋白 σ1、σ3 和 μ1 以及内衣壳的 λ1、λ3 具有很强的相互作用（Breun et al., 2001；Chandran et al., 2001；1999；Dryden et al., 1993；Starnes and Joklik, 1993）。Kim 等（2002）研究病毒颗粒的组装发现，在没有 λ2 蛋白表达的情况下，由 λ1 和 σ2 蛋白组成的 CLPs 不能与外衣壳蛋白 μ1 和 σ3 结合，这表明 λ2 蛋白对外衣壳组装起着重要的作用。此外，研究表明 λ2 蛋白具有鸟苷酸转移酶（加帽酶和两种甲基化酶）活性，它具有加帽酶共有的两个元件：GTP 结合区和类似于痘病毒戴帽酶的催化亚基。已通过突变试验证实，λ2 蛋白的 171 位和 190 位的赖氨酸（Lys）为加帽酶活性必需的（Luongo et al., 2000）。λ2 蛋白的甲基转移酶活性域定位于 λ2 蛋白的中央区，主要对 mRNA 5′端进行甲基化。

λ3：通过 L1 节段翻译合成。λ3 蛋白是内衣壳的次要组分，也定位在病毒核心中。

在病毒颗粒中含量很低，只有12个拷贝。除了与λ1、λ2和μ2蛋白相互作用外，它还具有非常重要的酶活性，它是病毒的一种转录酶，具有病毒RNA聚合酶所共有的保守GDD基序（Nibert and Schiff，2001），它与其细胞或病毒蛋白一起组成病毒RdRp酶，是病毒RdRp酶的催化亚基。痘病毒载体转染实验显示，λ3蛋白具有poly（C）依赖性poly（G）聚合酶活性（Starnes and Joklik，1993）。

μ1：由在不同呼肠孤病毒株中高度保守的 M2 基因编码。μ1和σ3蛋白是病毒外衣壳蛋白的大量组分，两者均以600拷贝形成外衣壳子粒亚单位复合物。μ1蛋白与外衣壳蛋白λ2和σ3以及内衣壳蛋白λ1相互作用，维持病毒衣壳的稳定性。经蛋白酶切割生成μ1N（4kDa）和μ1C（72kDa）两片段，在呼肠孤病毒粒子的外衣壳中，μ1大多以μ1C片段存在。经裂解后释放出μ1N片段的豆蔻酸基位点，该位点能被豆蔻酸所修饰，μ1氨基端疏水性的豆蔻酰化与呼肠孤病毒粒子侵入相关（Odegard et al.，2004）。μ1多肽链可折叠成4种不同的结构域，其构象改变保证了病毒进入细胞时能穿透细胞膜（Liemann et al.，2002）。除了参与病毒粒子和ISVP透过细胞膜以及维持病毒外壳稳定以外，μ1还能通过结合σ3蛋白来调节病毒蛋白翻译（Schmechel et al.，1997），及病毒诱导的细胞凋亡（Coffey et al.，2006）。

μ2：经 M1 节段编码的μ2蛋白是内衣壳的次要组分，在病毒颗粒中含量只有20个拷贝。虽然它不存在于病毒核心中，但能与其他次要核心蛋白λ3相互作用。目前μ2的功能尚不十分清楚，研究发现 M1 基因缺陷的 ts 突变体失去了dsRNA合成能力，表明μ2蛋白可能在病毒早期组装或RNA复制方面起作用。μ2蛋白可能是转录酶复合物和NTPase复合物的一个重要组成部分，是RdRp酶和NTPase酶的辅助因子，参与调节病毒RNA复制和转录（Noble and Nibert，1997a；Yin et al.，1996）。此外，μ2蛋白还可能调节病毒致细胞病变效应，与病毒感染导致的新生小鼠心肌炎有关（Sherry and Blum，1994；Sherry and Fields，1989）。

σ1：由 S1 节段编码合成。σ1蛋白（共36个拷贝）是病毒粒子外衣壳的次要组分，以三聚体形式存在。σ1蛋白也可能与λ2或σ3相互作用。σ1蛋白分为头部区域和尾部区域，头部由羧基端短的α螺旋、β折叠以及无规线团构成的复杂球状结构组成，其尾部由α螺旋卷曲与β折叠交替形成，位于氨基端。它是呼肠孤病毒粒子中的一种细胞吸附蛋白，有与细胞表面碳水化合物结合的结构域，在病毒侵入细胞时介导病毒与敏感细胞受体接触（Chappell et al.，2000；Chappell et al.，1997），σ1可以通过选择性识别细胞表面不同的受体，导致不同的病症和组织嗜性。σ1蛋白的头部区域负责这一过程，尾部也与病毒吸附有关。σ1蛋白寡聚化在病毒与细胞相互作用中起着关键性作用。此外，σ1蛋白也是一种血凝素（hemagglutinin，HA），能诱导机体产生中和性保护抗体和血凝抑制抗性。它在诱导细胞凋亡中也起到重要作用，不同呼肠孤病毒分离株诱导的细胞凋亡程度的不同主要是σ1或者 S1 片段的差异造成的。

σ2：通过 S2 基因节段编码，由418个氨基酸组成，含有3个亚基组分，在成熟病毒粒子中有150个拷贝。σ2蛋白在λ1核壳构象以及内衣壳形成中起着重要的作用，研究表明将λ1蛋白单独在大鼠纤维原细胞或昆虫细胞中表达，不能形成二十面体颗粒，但将σ2蛋白与之共同表达，可形成二十面体颗粒（Kim et al.，2002；Reinisch et al.，

2000；Xu et al.，1993）。功能突变分析表明，启动病毒颗粒的装配需要通过 λ2、λ3 与 σ2 间的相互作用（Hazelton and Coombs，1999）。目前，MRV σ2 和 ARV σA 蛋白都已经被证明是 NTPase 和 RNA 三磷酸酶（RNA triphosphatase，RTPase）的辅助因子（Su et al.，2007；Kim et al.，2004；Noble and Nibert，1997a），此外，S2 基因的 tS 突变体在非允许温度下表现为 dsRNA 合成缺陷，而且仅产生中空的外衣壳（Coombs，1996）。这些研究显示 σ2 蛋白在病毒 RNA 合成和病毒粒子形态发生过程中都起关键作用。σ2 蛋白也是决定不同病毒株包含体形成速率的一个重要因子，与包含体形态发生密切相关（Mbisa et al.，2000）。

σ3：由 S4 基因节段编码，含有 600 个拷贝，是病毒粒子的主要结构蛋白。它不仅是一种结构组分，而且是一种重要的功能蛋白。σ3 蛋白决定着病毒粒子对加热和 SDS 变性作用的抗性，具有增强呼肠孤病毒粒子稳定性和胞外生存能力的作用。但在病毒粒子感染过程中，σ3 蛋白必须先通过蛋白酶水解去除，之后才能暴露出在穿膜过程中起主要作用的 μ1 蛋白，以及细胞吸附蛋白 σ1 发生构象改变（Jané-Valbuena et al.，1999）。与 λ1 蛋白一样，σ3 蛋白也是一种锌结合蛋白，σ3 蛋白的 Zn^{2+} 结合功能域能够使蛋白易于折叠和结合 μ1。除了能够与 μ1 相互作用起保护作用以及维持构象稳定以外，它还具有多种调节功能：σ3 蛋白能够协同 μ1 蛋白通过构象变化行使膜穿透功能（Liemann et al.，2002）；可以抑制 dsRNA 对干扰素诱导的蛋白激酶 PKR 的激活，从而抑制细胞 RNA 与蛋白质的合成，维持病毒蛋白的翻译起始过程（Schmechel et al.，1997；Yue and Shatkin，1997）；与 μ1 蛋白一起封闭转录延伸物而调节转录（Farsetta et al.，2000）。此外，σ3 蛋白能调节 μ1 蛋白诱导的细胞凋亡以及具有 dsRNA 结合活性，可以抑制 IFN 反应，σ3 蛋白的这些功能对病毒的持续感染和病毒致病都起到一定作用（Coffey et al.，2006）。

（二）非结构蛋白

σNS：由 S3 节段翻译合成，该蛋白富含 Cys 残基，并且在 σNS 多肽序列中有 α 螺旋。σNS 蛋白对 ssRNA（包括 mRNA）有很强的亲和力，针对 ARV σNS 蛋白的研究发现，σNS 蛋白含有 A、B、C 3 个表位，其中 B 表位对于 σNS 与 ssRNA 结合是必需的（Huang et al.，2005）。温度突变体研究表明 σNS 和 μ2 是病毒 dsRNA 合成必需的，在非允许温度下，S3 节段的 ts 突变体会严重影响 RNA 合成（Becker et al.，2001）。在呼肠孤病毒形态发生过程中，σNS 结合 ssRNA 的活性可能与病毒 mRNA 压缩成为各种不同的复合物有关。在轮状病毒结构类似物 NSP2 蛋白中也证实该蛋白在病毒复制和基因组包装中起着一定作用（Taraporewala and Patton，2004）。

μNS：由 M3 基因节段编码。在感染细胞中，该蛋白存在两种形式，μNS 和 μNSc，μNSc 仅在氨基端比 μNS 少额外的 5kDa 氨基酸序列。其中 μNSc 可能是通过框内 AUG（in-frame AUG）起始翻译或 μNS 裂解产生。两种在功能上的差异还不清楚。根据 μNS 有一段氨基酸序列与肌球蛋白相似，因而推测 μNS 能够结合细胞骨架，并且与细胞结构锚定有关。大量的研究已经证实 μNS 蛋白在有病毒"合成工厂"之称的细胞内病毒包含体形成中发挥着重要作用，μNS 蛋白首先在一定部位形成框架，然后招募其他病毒蛋白或 RNA 等组分形成病毒包含体，从而开展病毒基因组复制和病毒包装

(Becker et al., 2003; Broering et al., 2002)。其中，μNS 蛋白 C 端的 471~721 位氨基酸是病毒工厂组装所必需的 (Broering et al., 2005)。μNS 也能通过结合到转录酶颗粒上阻止或者延缓外衣壳蛋白的组装，从而维持病毒 RNA 转录，因此 μNS 蛋白在调控转录方面也发挥一定的作用。

σ1S：分子质量为 14kDa，因而也被称为 P14。与结构蛋白 σ1 一样，σ1S 也由双顺反子 S1 基因节段编码。它是一种碱性蛋白，具有核苷酸结合活性，位于氨基端的一组碱性氨基酸残基高度保守。虽然 S1 基因与病毒的许多特性如病毒毒力、病毒诱导细胞凋亡等相关，但是否 σ1S 蛋白参与这些过程仍有争议 (Trask et al., 2010)。研究表明，σ1S 蛋白含有一个核定位信号序列，位于细胞质中的 σ1S 蛋白能够在活化信号介导下入核，通过损坏核纤层、影响核孔复合物分布等干扰宿主细胞核功能 (Hoyt et al., 2004)。σ1S 蛋白与病毒感染导致细胞周期停滞于 G_2/M 期相关，对细胞 DNA 合成和细胞增殖产生了一定影响。

第三节 呼肠孤病毒的复制与繁殖

无囊膜的呼肠孤病毒穿入宿主细胞可能通过两条途径，即受体介导的内吞作用和直接穿入。病毒首先通过病毒吸附蛋白 σ1 与细胞表面碳水化合物以及接头黏附分子 1 (junctional adhesion molecule, JAM1)、唾液酸 (sialic acid, SA) 以及特征未明的 p65/p95 异源二聚体等受体分子结合，然后在细胞表面 β1 整合素（与病毒 λ2 蛋白结合）辅助下通过受体介导的内吞作用内化，释放到内体中，当内体与溶酶体相遇时，二者合并形成具有酸性环境的内体性溶酶体，即消化泡，呼肠孤病毒粒子在消化泡中蛋白酶作用下脱去 σ3 外衣壳蛋白，从而暴露出膜穿孔蛋白 μ1 以及使吸附蛋白 σ1 构象发生变化，与此同时，μ1C 蛋白也转变成稳定的切割产物 δ，形成感染性的 ISVP 亚病毒颗粒 (Dryden et al., 1993; Nibert and Fields, 1992; Sturzenbecker et al., 1987)。但在病毒粒子吸附和胞吞作用之前，处于细胞外低 pH 环境中的病毒可能在蛋白水解酶作用下直接脱去外壳，成为具有感染性的 ISVPS 直接穿入细胞 (Bodkin and Fields, 1989)。呼肠孤病毒的两种蛋白在这一过程中起着重要的作用，其中位于 ISVP 表面的外衣壳蛋白 μ1 介导了 ISVP 直接穿透细胞膜，然而外衣壳蛋白 σ3 可以干扰 μ1 介导 ISVP 穿透活性。ISVP 在穿透细胞膜或与内体性溶酶体膜相互作用的过程，会进一步脱壳，最后将病毒核心释放到胞质中。可见，ISVPS 充当介导病毒进入细胞质的媒介。

病毒转录和复制发生在病毒核心中，转录依赖多种病毒蛋白酶，包括 RNA 聚合酶（具有转录酶和复制酶活性）、解旋酶以及 mRNA 5′端戴帽所需的 RNA 三磷酸酶、鸟苷酸转移酶和甲基化酶等。转录以病毒 dsRNA 中的负链为模板，按照全保留的方式转录合成（+）ssRNA (mRNA)，新生 mRNA 由 5′端转录至 2~15 个核苷酸处时就开始戴帽，但成熟呼肠孤病毒 mRNA 3′端不经多聚腺苷酸化 (Stoltzfus et al., 1973)。病毒不同节段转录起始时间不一，转录频率也不一致 (Nonoyama et al., 1974)。dsRNA 呼肠孤病毒存在初级转录 (primary transcription) 和次级转录 (secondary transcription) 两种形式。合成病毒 mRNA 经过病毒核心突起 λ2 蛋白所形成的通道释放到胞质中，很快与细胞质中的核糖体结合，开始翻译合成病毒复制和包装所需的多肽或蛋白质，翻译依赖于病毒 mRNA 5'端的甲基化修饰（Both et al.，1975）。翻译合成的病毒 μNS 蛋白能够招募其他组分并在细胞质内形成病毒包含体（Viral inclusion body，VIB）结构，接着在 VIB 内开始病毒基因组的复制和组装。病毒（+）ssRNA 还可以作为模板在复制酶催化下从 3'端起始合成负链 RNA，由两者互补形成子代 dsRNA（Silverstein et al.，1976）。

病毒核心和新病毒颗粒的组装分别在病毒核心蛋白和外衣壳蛋白合成后 30min 内完成，部分核心组装能与病毒复制同时进行（Sakuma and Watanabe，1972）。σ2 蛋白在该过程中起到重要作用，启动病毒装配需要 λ2、λ3 与 σ2 之间的相互作用（Hazelton and Coombs，1999）。病毒外衣壳蛋白组装至病毒核心需要 μ1 和 σ3 的相互作用（Shing and Coombs，1996）。最早出现的亚病毒颗粒可能由病毒 mRNA、σ3 及非结构蛋白 μNS 和 σNS 组成，随之组装的复制酶颗粒含有内衣壳、外衣壳蛋白，但不含非结构蛋白，此时其内的（+）ssRNA 对 RNase 是敏感的，当该病毒颗粒中催化合成负链 RNA 后，复制酶颗粒才产生 RNase 抗性，与此同时病毒颗粒结构出现重排，最后数个拷贝的外衣壳蛋白加在其复制酶颗粒上，形成成熟的病毒粒子（图 16-2）（徐耀先等，2000）。

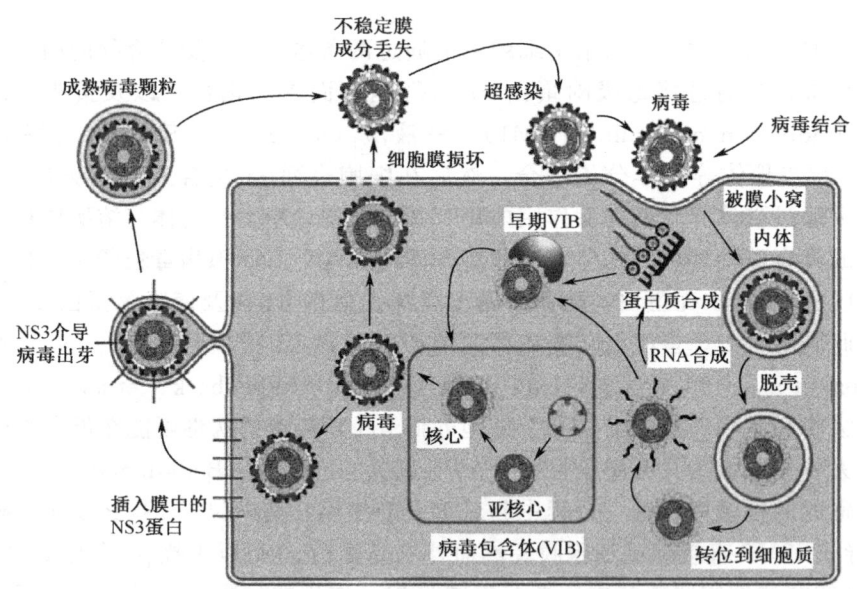

图 16-2 呼肠孤病毒的生命周期

病毒组装完成后，包含体裂解，继而释放出成熟的子代病毒颗粒（Mertens，2002）。从包含体释放的成熟病毒粒子通过感染细胞裂解或膜出芽方式释放出细胞，进行下一轮的感染。

第四节 呼肠孤病毒反向遗传学系统的建立

与其他 RNA 病毒相比，呼肠孤病毒反向遗传学系统的建立更具有难度和挑战性，总体来说，可归结为两方面的原因：首先，呼肠孤病毒不仅具有由多层壳蛋白组成的复杂的三维空间结构，而且也具有由 9～12 个 dsRNA 节段组成的烦琐的基因组结构，病毒自身的这种复杂性使得构建呼肠孤病毒感染性克隆比较困难；其次，该科病毒还存在独有的基因组节段（genomic segments，gs）特异性重分配（呼肠孤病毒基因组中某些节段比其他节段更倾向于排斥（或接受）外来的同源基因节段），这一特性使得在对病毒基因组进行反向遗传学操作时很难引入外源或被修饰的遗传信息。尽管如此，仍有少数呼肠孤病毒的感染性克隆被构建成功，Roner 等（1990）首次成功构建了一个呼肠孤病毒的感染性 RNA 系统，该系统与流感病毒用体外重建 RNPS 转染细胞，再感染辅助病毒加以拯救的策略极为相似，除了需要提纯获得 10 种基因组节段的 ssRNA 外，还需要辅助病毒来提供必要的反式作用蛋白。后来，有人在呼肠孤病毒反向遗传学系统的基础上又构建了一株双温度敏感型突变株，从而为筛选安全有效的呼肠孤病毒疫苗株奠定基础（Roner and Joklik，2001）。经过进一步的探索，Roner 和 Joklik（2001）又通过将病毒 *S2* 基因组进行改造，插入外源 *CAT* 基因以及由细胞系反式提供 σ2 蛋白而获得了表达 CAT 的呼肠孤病毒的反向遗传学系统，这一成果开创了外源基因在呼肠孤病毒中表达的先例。该系统由 3 部分组分，即 9 个野生型病毒的（+）ssRNA，重组的带有外源 *CAT* 基因的第 10 个病毒基因组 cDNA 的转录物，以及提供病毒第 10 个基因组编码产物的细胞系。在呼肠孤病毒中引入突变或插入外源基因得益于一项技术的改进，即可以除去 10 种基因组节段中的任一特定基因组节段。这一技术也可以用于其他的呼肠孤病毒成员如环状病毒、轮状病毒等的反向遗传学研究。近年来轮状病毒以及蓝舌病毒的反向遗传学系统的建立也相继获得了成功（Boyce and Roy，2007；Komoto et al.，2006）。Komoto 等（2006）建立的轮状病毒反向遗传学系统不仅需要重组痘病毒的 T7 RNA 聚合酶通过促进病毒 RNA 转录来提供病毒 mRNA，而且需要异源轮状病毒作为辅助病毒来帮助病毒拯救。而 Boyce 和 Roy（2007）通过纯化蓝舌病毒核心，以之作为病毒 ssRNA 生成体系合成并纯化得到了病毒 ssRNA，之后直接以病毒 ssRNA 转染敏感细胞，从而拯救出有感染性的蓝舌病毒粒子。这一研究结果说明病毒可以不依赖辅助病毒而直接得以拯救。但上述体系的建立还停留在通过纯化病毒 RNA 进行病毒的反向拯救或对病毒部分节段进行改造，而其他节段的 RNA 通过提纯得到，还没有经历从头构建以及转录这些步骤。近年来，Kobayasshi 等（2007）的研究又有了新的突破，他们建立的哺乳动物呼肠孤病毒的反向遗传学系统经历了从头构建的过程，并初步用于病毒蛋白突变及插入报道基因的研究。

Takeshii K 等（2007）首次报道了一种不依赖于辅助病毒和其他筛选方法的拯救呼肠孤病毒的反向遗传学系统，其系统由 10 个质粒组成，分别含有呼肠孤病毒全基因组各个节段的 cDNA 序列。将该 10 个质粒共同转染靶细胞成功拯救出了具有感染性的重组呼肠孤病毒。2010 年，他们又将呼肠孤病毒的 10 质粒反向遗传学系统，精简到 4 质粒系统，使得病毒的拯救效率和重组病毒的滴度都有了显著提高（Boehme et al.，2011；Kobayashi et al，2010）。至此，呼肠孤病毒的反向遗传学技术才真正走向成熟和完善，并逐渐应用于呼肠孤病毒的基础和应用研究之中。

一、原理

从理论角度，如果来源于质粒的转录产物能模拟病毒的正链 RNA，那么构建基于质粒的 RV 的反向遗传学系统将是可行的。为此，需要将 RV 基因组每个节段的 cDNA 克隆到质粒载体中，且在其 5′端加上 T7 RNA 聚合酶的启动子，在 3′端则加上丁型肝炎核酶序列（HDRZ）（图 16-3），然后将这些重组质粒转染表达 T7 RNA 聚合酶的细胞，就能拯救出 RV。T7 RNA 聚合酶从特定的鸟嘌呤核苷酸起始转录，而所有的 RV 转录本在其 5′端都含有 GCUA 序列，因此，使用 T7 RNA 聚合酶催化 RV 的转录可以获得精确的 5′端。而 HDRZ 的自我裂解功能则又保证转录后 RNA 具有精确的 3′端。这些 RNA 将会被宿主细胞的核糖体翻译并产生 RV 的蛋白。用含有 RV 基因组的 10 个质粒转染的细胞中，病毒基因的产物将和 RV 的 RNA 一起形成病毒复制复合物，从而介导负链 RNA 的合成，最后装配成感染性的病毒粒子。需要指出的是，拯救 RV 不需要共转染表达 RV 的复制酶及相关蛋白的质粒，即使共转染了这些质粒也不能提高病毒的拯救效率。

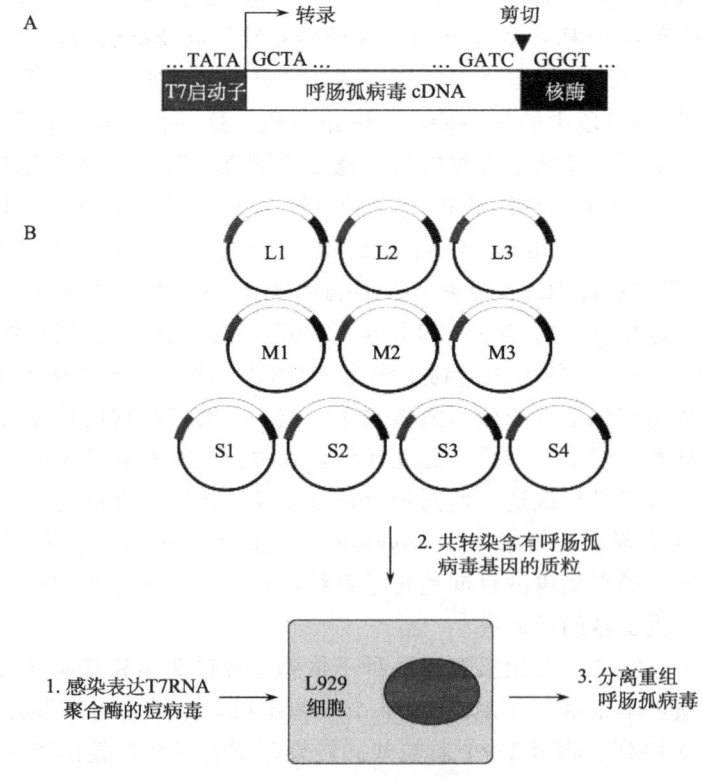

图 16-3 基于 10 质粒系统拯救呼肠孤病毒的策略

在转染质粒以后，只有很少的细胞能立即产生病毒，24h 以后，大约 10^6 个细胞才能产生 2~3 个感染中心。可能有两个方面的原因，一是能够同时转入 10 个质粒的细胞数目很少；二是从这些质粒产生的 RNA 没有 5′帽子结构，因而其翻译效率比来源于正常病毒的 RNA 要低很多。随着培养时间的延长，感染中心的的病毒不断感染周围的细胞，使得病毒产量逐步升高。因此，使用该策略拯救的病毒要经过若干轮的培养才能获到足够的重组病毒。为了证明拯救的病毒来自于质粒转染，而不是由于野毒的污染，在病毒的 L3（T1L）或 L1（T3D）节段分别引入沉默突变，然后通过序列分析就可进行鉴定。

二、质粒构建

首先将病毒的每个基因节段通过反转录，获得其 cDNA 序列，然后分别插入到目标载体中。目标载体具有氨苄抗性，转染 DH5α 大肠杆菌，利用该抗性可以扩增重组质粒。

三、第一代反向遗传学系统

首先用表达 T7 RNA 聚合酶的痘病毒（rDIs-T7pol）感染 L929 细胞，然后转染 10 个质粒，这 10 个质粒分别含有 RV 的 10 个基因节段的 cDNA 序列。重组病毒大概在转染后的 24~48h 就能获得。但是病毒的增殖高峰要在 3~5 天才能形成。其具体操作步骤如下：

（1）在转染前 1 天，将 L929 细胞铺种于 60mm 培养皿中，细胞用含有双抗的 MEM 培养基培养；

（2）待细胞的融合度达到 90% 以上时，弃去培养基，使用剂量为 $0.5TCID_{50}$ 的 rDIs-T7pol 感染细胞，然后将细胞置于 37℃ 培养 1h，期间每隔 15min 轻微摇晃培养皿几次，以便痘病毒充分感染细胞；

（3）取 750μL OPTI-MEM 于 1.5mL 微量离心管中，取 53.25μL 转染试剂（与核酸的比例为 3:1），加入离心管混匀，室温放置 20min，备用；

（4）取总量为 17.75μg 的 DNA 直接加入含有脂质体试剂的微量离心管中，充分混匀，室温放置 30min。各重组质粒的使用量分别为（a）pBacT7-S1、pT7-L1、pT7-L2 和 pT7-L3 分别为 2μg；（b）f pT7-M1、pT7-M2 和 pT7-M3 分别为 1.75μg；（c）pT7-S2、pT7-S3 和 pT7-S4 分别为 1.5μg。

（5）将（2）中含有痘病毒的培养基弃去，然后使用 2mL 完全培养基洗涤，再添加 5mL 完全培养基；

（6）将（4）中的脂质体-核酸混合物加入细胞培养皿，然后将细胞置于 37℃ 培养 5 天；

（7）将细胞培养物冻融 2 次以后，可以收获病毒，进行噬斑分析，结果显示，在转染后的 24h 病毒的滴度大约为 10PFU/mL，到 120h 病毒滴度到达峰值（10^4~10^6PFU/mL）。

（8）使用 SDS-PAGE 变性凝胶分析拯救病毒的基因组，发现其与母本毒的基因组电泳图谱没有差异；

（9）为了区别拯救病毒和野生型病毒，在 L1 基因的 2205 位碱基制造了一个沉默突变（G 突变为 A）。测序结果证明该突变在拯救病毒中确实存在，进一步证明拯救病毒获得了成功。

四、第二代反向遗传学系统

为了减少重组质粒的数目，提高病毒的拯救效率，可以将 RV 的不同基因节段的 cDNA 组合在一起，插入到同一质粒载体中。根据 T1L 株和 T3D 株感染性克隆的构建经验，可以采取表 16-1 的组合方式，将 RV 的所有基因节段插入到 4 个质粒载体中，从而获得这两株病毒的基于 4 质粒的反向遗传学系统（Kobayashi et al., 2010）。

表 16-1 构建 RV T1L 株和 T3D 株 4 质粒系统所采取的基因组合

毒株名称	基因组合
T1L	L1, M2
	L2, M3
	L3, S3
	M1, S1, S2, S4
T3D	L1, S1
	L2, M2
	L3, M1
	M2, S2, S3, S4

将这两株病毒的 4 质粒系统分别转染靶细胞，24h 后均可以获得重组病毒，而且病毒的滴度可以在 48h 达到峰值。相对于第一代操作系统，这种系统拯救病毒的效率显然要高出很多。其主要原因可能是细胞同时导入 4 质粒的概率要远远高于同时导入 10 质粒的概率。利用 4 质粒系统拯救病毒的程序与第一代几乎相同。所不同的是 4 个质粒的使用剂量是均等的，都是 $4.44\mu g$，总质粒 DNA 的用量为 $17.75\mu g$。

五、使用稳定表达 T7 RNA 聚合酶的细胞拯救病毒

为了进一步简化病毒拯救程序和提高病毒拯救效率，可以使用稳定表达 T7 RNA 聚合酶的细胞系来拯救 RV，而且该方法可以消除潜在的重组痘病毒带来的生物安全问题。简而言之，使用该方法拯救病毒是一种更为安全和有效的策略。其具体步骤如下：

（1）在转染前 1 天，将 BHK-T7 细胞铺种于 60mm 培养皿中，细胞用含有双抗的 MEM 培养基培养。

（2）取 $750\mu L$ OPTI-MEM 于 1.5mL 微量离心管中，取 $53.25\mu L$ 转染试剂（与核酸的比例为 3:1），加入离心管混匀，室温放置 20min，备用。

（3）取总量为 $17.75\mu g$ 的 DNA 直接加入含有脂质体试剂的微量离心管中，充分混匀，室温放置 30min。各重组质粒的使用量分别是：(a) pBacT7-S1、pT7-L1、pT7-L2 和 pT7-L3 分别为 $2\mu g$；(b) f pT7-M1、pT7-M2 和 pT7-M3 分别为 $1.75\mu g$；(c) pT7-S2、pT7-S3 和 pT7-S4 分别为 $1.5\mu g$。

对于 4 质粒系统而言，可以分别取 $4.44\mu g$ 质粒，使其总量达到 $17.75\mu g$，充分混

匀后，再加入含有脂质体的转染用培养中。

(4) 将 (1) 中细胞的培养基弃去，再添加 5mL 完全培养基。

(5) 将 (3) 中的脂质体-核酸混合物加入细胞培养皿，然后将细胞置于 37℃ 培养 2 天。

(6) 将细胞培养物冻融 2 次以后，可以收获病毒，准备进行其他鉴定。

六、可能出现的问题

虽然，试验证明基于质粒的反向遗传学系统可以成功拯救出感染性的 RV，但是有时也有可能遇到不能拯救出病毒的情形。此时，可能有两种原因，一种原因是病毒的基因组可能发生了致死性突变。例如，某些突变可能影响病毒蛋白的功能或核酸序列，进而导致病毒不能进行复制。对此，可以在拯救过程中，通过人为提供相应的野生型蛋白来实现病毒的再拯救；另一种原因可能是技术性因素，对此，可以从质粒的纯度、浓度、转染效率和 T7 RNA 聚合酶的活性等方面进行分析。为了便于分析，建议在病毒拯救过程中，分别设置阳性和阴性对照。

第五节 蓝舌病毒反向遗传学系统的建立

一、BTV 基因组结构特征及编码产物

BTV 基因组为分节段的线性双链 RNA (dsRNA)，由 10 个片段组成，大小长约 19.2kb。BTV 是迄今认为分子质量最大的 RNA 病毒，不同血清型每个基因片段的 5′端和 3′端保守（5′端为 GUUAAA，3′端为 ACUUAC）。BTV 基因组编码 7 种结构蛋白 (VP1～VP7) 和 4 种非结构蛋白 (NS1、NS2、NS3/NS3A、NS4)。聚丙烯酰胺凝胶电泳 (PAGE) 可将 BTV 的 10 个 dsRNA 片段分开。7 种结构蛋白组成病毒粒子，4 种非结构蛋白出现在被感染的细胞中，与病毒的复制繁殖相关。

(一) 结构蛋白

VP2 由 S2 基因编码，是 BTV 外壳蛋白的主要成分之一。BTV-1 VP2 由 961 个氨基酸组成。不同血清型 VP2 序列差异最大，是主要的 BTV 血清型特异性抗原。VP2 以三聚体形式存在于病毒粒子表面，负责 BTV 与受体的结合、血凝素反应和血清型特异中和抗体产生。重组 VP2 蛋白对红细胞表面的唾液酸糖蛋白成分血型糖蛋白 A 具有很强的吸附能力，这可能与 BTV 能结合到红细胞表面有关。不同血清型间 VP2 核酸序列从 29% (BTV-8 和 BTV-18) ～59% (BTV-16 和 BTV-22) 变化不等，而同型的不同毒株之间的变异最高可达 30%。尽管整个序列易变，但 VP2 羧基末端及中央区域相对保守，因此其诱发的中和抗体具有交叉保护作用。另外，VP2 还参与 BTV 的装配和释放。

VP5 由 S6 基因编码。VP5 与 VP2 共同构成病毒的外衣壳，VP5 是 BTV 结构蛋白中唯一的糖基化蛋白。与 VP2 相比，VP5 相对保守，但也在一定程度上存在变异。VP5 为膜穿透蛋白，介导病毒粒子从内吞体释放到细胞质中。通过对 VP5 的二级结构

进行分析，证实该蛋白主要由α螺旋组成，在N端是两性螺旋区域，后边是一个卷曲螺旋区域，具有囊膜病毒I型融合蛋白的结构特征。此外，VP5能通过pH依赖性构象改变促使膜发生融合和形成合胞体。

VP3和VP7蛋白分别由 $S3$ 和 $S7$ 基因编码，是BTV的两种主要核心蛋白，构成BTV的内层衣壳。二者均为保守蛋白，在自然条件下呈疏水性，具有群特异性抗原特性，在病毒核心结构完整性方面发挥非常重要的作用。VP7单独能够介导昆虫细胞的吸附和穿透，这个过程由RGD三肽基序介导，另外，该蛋白可与葡糖氨基聚糖类受体结合。由VP3和VP7组成的核心颗粒对不同哺乳动物细胞的感染性非常低甚至没有感染性，但是他们对库蠓细胞系（KC细胞）或成虫库蠓的感染性至少是哺乳动物细胞的100倍。VP7在所有血清型当中其序列和抗原性是高度保守的，因此该蛋白是用于建立BTV群特异性血清学检测方法的最佳选择。VP3和VP7复合物可以保护病毒的基因组dsRNA逃避宿主细胞的免疫监视，因此可通过细胞质解旋酶或RNA沉默机制抑制感染细胞分泌的I型干扰素的作用。

BTV核心颗粒是一个多酶复合体，除了VP7和VP3、10个双链RNA片段之外，还包括3个具有酶活性的次要蛋白VP1、VP4和VP6。这3种蛋白组成的转录复合物能够转录病毒的10个基因片段以及mRNA的修饰，如加帽和甲基化。

VP1由BTV基因组中最长的 $S1$ 基因编码，具有RNA依赖的RNA聚合酶活性，VP1可以寡聚核苷酸A为引物延伸RNA的合成，并且能作为BTV复制酶以正链RNA为模板合成双链RNA。VP1在27～37℃具有最佳活性，所以病毒在昆虫细胞和哺乳动物细胞中均可高效复制。VP1在病毒粒子中所占的比例很少，每个病毒粒子中大约只有12个拷贝。

VP4由 $S4$ 基因编码的加帽酶，BTV通过加帽稳定病毒的mRNA，使得病毒基因高效翻译。另外该蛋白还具有鸟苷酸转移酶、甲基转移酶I和甲基转移酶II活性。

VP6由 $S9$ 基因编码，具有ATP结合活性、RNA依赖ATP酶和解螺旋酶功能。在病毒复制时，它能使dsRNA解开，并以解开的两条链为模板进行病毒mRNA的合成。

（二）非结构蛋白

BTV编码的4个非结构蛋白NS1（S5）、NS2（S8）、NS3/NS3A（S10）、NS4（S9）中，其中两个较大的非结构蛋白NS1和NS2在感染的哺乳动物细胞中具有高水平的表达，而NS3蛋白与NS3A蛋白在哺乳细胞中含量极少，但在昆虫细胞中表达量较高，这表明它们的作用主要与BTV在昆虫细胞中的复制和传播有关。

NS1由 $S5$ 基因编码，含有552个氨基酸。对BTV感染细胞的薄切片进行电子显微镜分析发现有许多NS1蛋白多聚体组成的病毒特异性的微管（直径为52.3nm，长为1000nm），这是BTV感染后显著的细胞内形态结构。同时发现表达NS1的单链抗体能够降低BTV的细胞病变效应（CPE），表明NS1在BTV致细胞病变过程中起到一定的作用。此外，利用昆虫细胞中表达的NS1蛋白具有高度的免疫原性且易于纯化，已经被用于外源性多肽的载体，制备口蹄疫、流感和艾滋病等不同病毒的重组蛋白疫苗。

NS2 由 *S8* 基因编码，含有 357 个氨基酸，是 BTV 唯一的磷酸化蛋白。NS2 是 BTV 感染细胞中分布在细胞核附近的包含体（VIB）的主要成分。NS2 能够结合病毒的单链 RNA，能够水解核苷三磷酸为核苷一磷酸，NS2 形成病毒包含体能够吸附 VP3，表明 NS2 在病毒的复制和核心装配过程中起关键作用。

NS3/NS3A 由 *S10* 基因编码，分别由 229 个和 216 个氨基酸组成，是 BTV 编码的唯一膜蛋白，其功能可使细胞膜的通透性增加，促进病毒粒子的释放。此外，NS3 可结合到细胞蛋白 Tsg101 上，使 BTV 粒子通过出芽机制从宿主细胞释放。

NS4 蛋白是近来新发现的，由 *S9* 基因编码，由 77～79 个氨基酸组成，在不同 BTV 血清型中高度保守。NS4 在 BTV 感染早期表达，主要存在于感染细胞的核仁中。NS4 在 BTV 和宿主之间相互作用过程中起重要作用，至少对 BTV-8 来说能够抵抗宿主抗病毒反应。

二、BTV 反向遗传学系统的建立

BTV 的病毒核心粒子通过释放 ssRNA 进入细胞质而启动病毒的复制，这是建立 BTV 反向遗传学的基本理论基础。Boyce 和 Roy（2007）利用纯化的 BTV 病毒核心在体外进行转录生成 ssRNA，将其转染 BSR 细胞后，通过免疫印迹法检测到病毒蛋白质的合成，并提取其 dsRNA 进行 PAGE 电泳得到了与原 BTV dsRNA 相同的核酸带形，该实验有力地证明 BTV 的 ssRNA 具有传染性，为建立 BTV 反向遗传学系统奠定了试验基础。Boyce 等（2008）构建了携带 T7 启动子和 BTV 各个基因节段的 10 个重组 cDNA 质粒（图 16-4），通过体外转录合成 RNA，然后转染细胞，成功拯救出 BTV。本节我们就以此为例简要介绍 BTV 反向遗传学系统的建立方法。

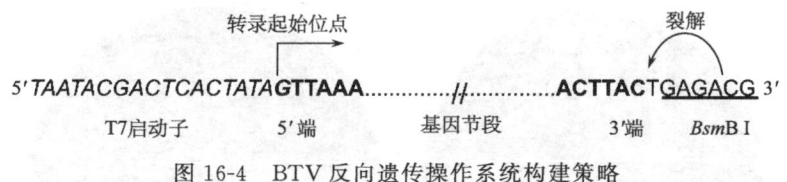

图 16-4　BTV 反向遗传操作系统构建策略

（一）转录模板的准备

将 BTV 的 10 个片段的全长 cDNA 分别与克隆载体连接，cDNA 的 5′端和 3′端分别引入 T7 聚合酶启动子序列和限制性酶切位点。对 T7 质粒用限制性内切核酸酶进行酶切后，随后用酚/氯仿法抽提纯化。消化的线性 DNA 质粒用异丙醇/乙酸钠沉淀，用 70% 乙醇洗涤两次后，溶解于 10mmol/L Tris-HCL（pH 8.0）中。

（二）体外转录

利用体外转录试剂盒，以上述线性化质粒 DNA 为模板进行体外转录，转录产物用酚/氯仿抽提法纯化，再用异丙醇/乙酸钠沉淀，使用 70% 乙醇洗涤两次后，重新溶解于 DEPC 处理的水中。用吸光光度法（A_{260}/A_{280}）和/或变性琼脂糖凝胶电泳检测转录物的纯度和完整性（图16-5）。

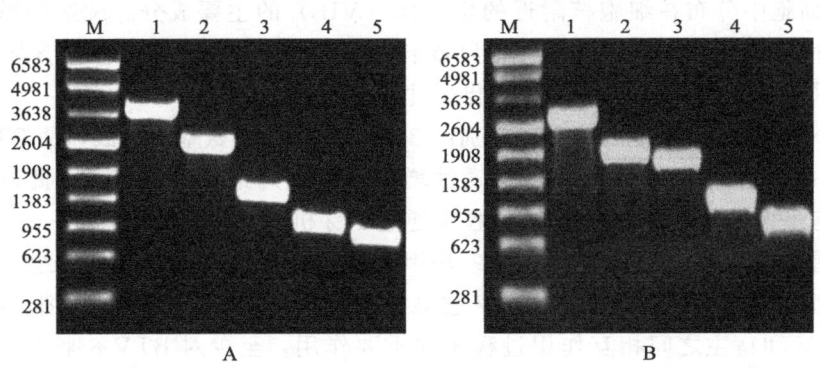

图16-5　BTV 10个基因节段的体外转录产物的电泳图谱
A：1. 节段1；2. 节段3；3. 节段5；4. 节段7；5. 节段9；
B：1. 节段2；2. 节段4；3. 节段6；4. 节段8；5. 节段10

转染前一天将BSR细胞按每孔 8×10^5 个细胞接种到12孔板。转染分两次进行，第一次转染用VP1、VP3、VP4、VP6、NS1和NS2的转录本，将其与Opti-MEM混合后按脂质体2000转染说明进行转染。细胞在35℃继续培养。18h后进行第二次转染，将10个片段的转录本与Opti-MEM混合后，用脂质体2000转染。第二次转染后6h，吸弃培养液，用含有2% FBS和1.5%低熔点琼脂糖的DMEM铺板，将细胞在35℃孵育3天，观察病毒噬斑（图16-6）。通过常规的噬斑纯化技术进行重组病毒的筛选和扩增。

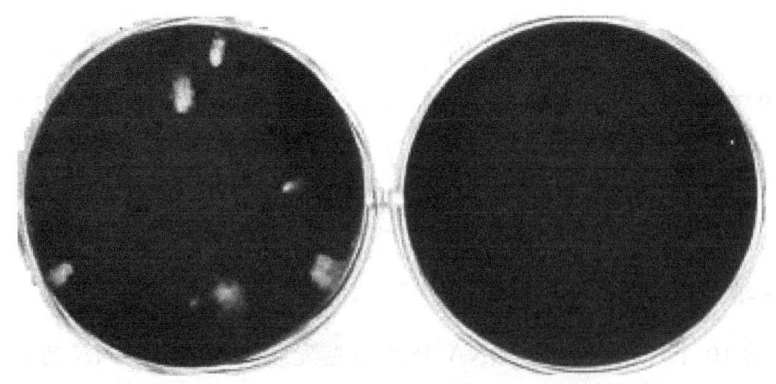

图16-6　拯救病毒（rBTV）形成的噬斑
左图为拯救病毒；右图为阴性对照

（三）拯救病毒的分子鉴定

为了进一步鉴定拯救的重组病毒，使用RT-PCR方法对噬斑纯化的rBTV的基因节段10进行扩增，然后使用 *Hae* II 进行消化，同时对PCR产物进行序列测定。检测结果显示，PCR产物可以被 *Hae* II 消化成预期的基因片段，序列测定结果进一步证明拯救病毒的基因组中含有预先设计的基因标记（图16-7）。

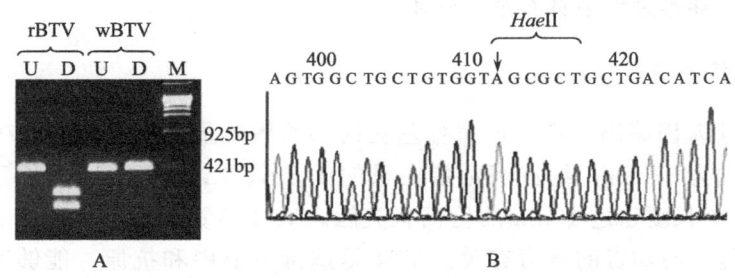

图16-7 拯救病毒的分子鉴定结果
A. 酶切电泳图谱；B. 测序结果

第六节 轮状病毒反向遗传学系统的建立

一、RV 基因组的结构特征

RV 的基因组为11个节段的双链 RNA，被包含在病毒核衣壳内。RV 的 dsRNA 没有传染性，病毒颗粒含有自身的 RNA 依赖性的 RNA 聚合酶。基因组 RNA 在病毒粒子内是高度有序的，约25%的基因组组成十二面体结构，且 VP2 与 RNA 相互作用。复制酶的活性要求 VP2 与 VP1 聚合酶的相互作用。RV 每个正链 RNA 片段 5′端以 G 开始，其次是 5′端非编码区的保守序列，紧接着是可读框（ORF），3′非编码区同样含有一段保守序列，以 C 结束，这些序列含有基因表达和基因组复制的重要信号。mRNA 的最后4种核苷酸是翻译增强子。不同基因片段的 5′和 3′非编码序列长度不一，同源毒株相同基因的非编码序列是高度保守的。3′端无多聚腺苷酸［poly（A）］信号。所有的基因在第一个 ATG 后至少含有一个 ORF，这通常是一个符合 Kozak 规则的强起始密码子。目前的证据表明，除了基因11外，所有的基因是单顺反子。RV 的基因组序列 A+U 含量丰富（58%～67%），双链 RNA 片段的碱基完全配对，有义链 5′端包含有 m⁷GpppG 帽子结构序列。RV RNA 末端序列（帽子结构、5′端和 3′端保守序列）也已在其他分节段基因组病毒被发现（如正呼肠孤病毒、环状病毒和布尼亚病毒等）。RV 的基因组 dsRNA 经聚丙烯酰胺凝胶电泳后其条带是由4个高分子质量的双链 RNA 片段（1～4）、两个中等大小片段（5 和 6）、一个独特的三重峰的片段（7～9）和两个较小的片段（10 和 11）组成。同一组不同 RV 毒株的基因片段经常会发生重排，且含有重排基因组的病毒不存在缺陷。此外，RV 尚可在基因内重组。目前尚无不同组毒株之间发生基因重组的报道。

二、RV 基因组的编码产物

RV 共编码6种结构蛋白（VP1、VP2、VP3、VP4、VP6、VP7）和6种非结构蛋白（NSP1、NSP2、NSP3、NSP4、NSP5、NSP6），其中 VP1、VP2、VP3 为病毒核心的结构成分，在基因转录和复制中起重要作用；VP4、VP6、VP7 是病毒衣壳的主要结构蛋白，在病毒的生物学和免疫学等方面有着非常重要的功能。NSP1～NSP6在病毒复制、翻译、出芽等过程中具有重要作用。

(一) 结构蛋白

VP4由第4基因编码，是一种非糖基化的胰酶敏感蛋白。VP4由775个氨基酸组成，分子质量约为87kDa，约占病毒蛋白量的1.5%。二聚体的VP4位于病毒颗粒表面，并形成60个长度超过10nm的轮辐状突触。VP4负责病毒的血凝素、受体结合和穿入细胞等功能，与病毒的毒力有关。VP4是病毒主要中和抗原，能够刺激机体产生中和抗体。VP4在胰酶作用下裂解可产生VP8和VP5两种亚单位蛋白，分子质量分别为60kDa和28kDa，二者在提高病毒传染性、诱导构象变化和稳定穗状结构中起到重要作用。其中VP8靠近氨基端（247aa），包括主要抗原位点。VP5靠近羧基端（529aa），包含了负责病毒膜融合作用的氨基酸，负责病毒的入胞过程。基于VP4的抗原特性建立了血清分型系统，人类和动物A组RV可分为28个P型。

VP6由基因7编码，含有397个氨基酸，分子质量为45kDa。VP6是RV的主要组成蛋白，位于3层衣壳的中层，占病毒蛋白总量的51%。天然VP6主要以三聚体形式（约120kDa）存在，并可进一步聚合成寡聚结构（六聚体、管状结构、病毒样颗粒等）。VP6的功能性区域为105～328位氨基酸，其中122～147位氨基酸为主要的聚合区域。VP6具有很强的抗原性和免疫原性，是诊断性实验中检测到的主要抗原，同时也是介导RV黏膜免疫的特异性抗原，可刺激机体产生分泌型IgA。VP6也是RV转录酶、复制酶的必需亚基，能激活转录酶促进mRNA的合成，同时抑制病毒复制酶的活性。根据VP6抗原性不同，将RV分为A～G 7个组。

VP7由基因9编码，占病毒蛋白总量的30%。VP7基因含有2个翻译起点，分别编码297个或326个氨基酸。VP7是一种糖基化蛋白，含2个N型糖基化位点，是一种膜内蛋白，通过其第51～第61和第61～第111位氨基酸固定于内质网膜上，并与VP4和NSP4形成多聚体，在病毒核心出芽时装配到病毒表面。VP7构成病毒3层衣壳的最外光滑层，是最主要的外衣壳蛋白和中和抗原，对于保护性免疫尤为重要。VP7还是Ca^{2+}结合蛋白，Ca^{2+}对RV外壳蛋白的稳定和病毒的成熟至关重要。完整的病毒颗粒倾向形成3层颗粒（triple-layered particles，TLP），螯合剂剥夺Ca^{2+}后，可导致成熟的RV颗粒失去VP4和VP7而形成具有转录活性的双层颗粒（double-layered particles，DLP）。根据VP7抗原特性可将RV分为20个G血清型，这与P血清型相独立。VP7作为RV一个主要保护性抗原在疫苗研制中具有重要意义。

VP1由基因1编码，是病毒RNA依赖的RNA聚合酶。VP1位于病毒内核，是RV中分子质量最大的蛋白亚基，每个病毒粒中约为12个拷贝，在RV复制过程中发挥重要作用。VP2由基因2编码，具有较强的核酸结合能力，能与病毒核酸形成蛋白复合物，主要功能是装配病毒粒子。VP3由基因2编码，也是病毒的核蛋白，能够结合ssRNA，具有鸟苷酸转移酶活性，是mRNA成熟所必需的。

(二)非结构蛋白

NSP1 由基因 5 编码，属于金属蛋白，具有富含半胱氨酸区。NSP1 从功能上可以分为 RNA 结合结构域（1aa～81aa）、细胞内定位结构域（82aa～177aa）和效应结构域（328aa-C 端），其 N 端的 RNA 结合结构域中还包括一个锌指结构域（42aa～79aa），可以与病毒 dsRNA 结合，在蛋白酶依赖的 IRF3 等的降解过程和 NSP1 稳定性的自动调节方面发挥重要作用。不同 RV 毒株间 NSP1 的序列变异较大。NSP1 可能决定 RV 的宿主范围，且具有抑制宿主抗病毒反应和细胞凋亡的作用。

NSP2 由基因 8 编码，能结合病毒 ssRNA，在病毒复制区形成过程中起关键作用。能修饰 RNA 的二级结构，与病毒聚合酶复合体（VP1+VP2）一起，使病毒 RNA 更有效地复制。NSP2 在病毒复制区内能和另一非结构蛋白 NSP5 结合，激活 NSP5 蛋白的磷酸化过程。NSP2 也间接或直接地与其他结构蛋白结合，如与 VP2 和 VP1 作用形成病毒的核衣壳。NSP2 是一个多功能酶，能与 ssRNA 结合，具有 Mg^{2+} 依赖核苷三磷酸酶（NTPase）、RNA 三磷酸酶（RTPase）和核苷二磷酸（NDP）激酶活性。

NSP3 由基因 7 编码，由 313 个氨基酸组成，分子质量约 34kDa。其 N 端为 RNA 结合区，中间为寡聚化区，C 端为真核翻译起始因子 eIF4GI 结合区。NSP3 的羧基末端可与真核生物翻译起始因子 eIF4GI 相互作用，寡聚化区可与 RoXaN（RV NSP3 相关 X 蛋白）结合。在感染最初阶段，NSP3 在 RV 引起的细胞蛋白质合成关闭现象中发挥重要作用，这一抑制作用可能与 NSP3 作为真核细胞 poly（A）结合蛋白（PABP）的结构类似物而与 eIF4GI 竞争性结合有关。

NSP4 由基因 10 编码，是一种内质网的特异性跨膜糖蛋白。该蛋白序列十分保守，能介导内质网通透性的改变，与 VP4 结合后，介导病毒外衣壳装配和病毒在内质网的出芽过程。NSP4 被认为通过调节钙离子信号转导途径而触发氯化物的分泌，其肠毒素活性位于 NSP4 第 114～第 135 位氨基酸，这部分肽链可导致肠黏膜上皮细胞内钙浓度增加，而导致宿主发生腹泻，因此该蛋白是一种病毒肠毒素。

NSP5 由基因 11 编码，是细胞质内的磷蛋白。NSP5 具有自磷酸化活性。NSP5 氨基酸序列高度保守，C 端是最保守的区域，这一区域也是 NSP5 多聚化结构域。NSP5 多聚化结构域富含丝氨酸和苏氨酸，翻译后经过磷酸化和糖基化修饰。不同翻译后修饰使 NSP5 具有不同的分子质量（26～35kDa），但在病毒感染的细胞中 NSP5 主要以 26kDa 和 28kDa 两种形式存在。NSP5 的合成在病毒感染后 2h 即可发生，在蛋白磷酸化酶、软海绵酸的存在下，形成高度磷酸化的 28kDa 和 32～35kDa 多肽，NSP2 和 NSP5 的结合取决于 NSP5 磷酸化的水平。病毒感染细胞后，NSP5、NSP2 及 VP2、VP6 一起组成病毒原质体（viroplasms）的主要成分。RNAi 研究发现，阻断 NSP5 的形成，即可抑制病毒质的形成和病毒的复制。

NSP6 与 NSP5 均由基因 11 编码，分子质量约为 12kDa。由于 NSP6 发现较晚，人们对它的认识还很有限。NSP6 合成后 2h 内即完全降解。与其他 NSP 不同，并不是所有的 RV 均编码 NSP6。NSP6 具有非序列依赖性的核酸结合能力，并且对 ssRNA 和 dsRNA 的亲和力相同。虽然一些研究表明 NSP6 定位于病毒复制区，但其在 RV 复制中的确切功能仍待研究。

三、RV 的繁殖与复制

RV 的自然细胞嗜性是小肠分化的肠上皮细胞。最近的研究发现，RV 可以在肠道外发生传播，说明 RV 可感染更广泛的宿主细胞。RV 在猴肾传代细胞的复制速度很快，当病毒用比较高的感染复数（10~20MOI）感染时，37℃作用 10~12h 或 33℃作用 18h 被发现病毒量达到最大。近来研究发现 RV 在人肠道细胞株（Caco-2 细胞）复制较慢，病毒感染细胞后 20~24h 病毒量达到最大。

当 RV 感染细胞时，刺突蛋白 VP4 首先被蛋白水解酶如胰蛋白酶裂解为 VP8*和 VP5*，这使病毒更加快速地进入细胞。病毒粒子可能以两种途径进入细胞：病毒粒子通过细胞膜直接渗透和内吞作用。一般认为直接渗透由 VP5*疏水区介导，这个区域被隐藏在未裂解的 VP4，因此带有未裂解刺突蛋白的病毒颗粒不能通过此机制进入细胞。病毒粒子通过与受体结合进入细胞，其外层在早期内体被脱壳，留下双层衣壳粒子（DLP），此时基因组转录被激活。VP1 负责生成正链 RNA，VP3 负责对其进行加帽修饰，用于 RNA 合成的核苷酸通过衣壳蛋白层的通道进入病毒粒子，转录本也经此通道排出，转录本不带 poly（A）尾巴。有些病毒蛋白也被进行翻译后修饰，VP2 和 VP3 被豆蔻酰基化，NSP5 被磷酸化和糖基化。病毒蛋白在 NSP2 和 NSP5 形成的病毒原质区（viroplasms）积聚。在病毒原质区，VP1、VP2 和 VP3 组装成病毒核心。新合成的正链 RNA 进入内核，每个病毒核心仅接受各 1 个拷贝的病毒 11 种 RNA。负链 RNA 的合成发生在正链进入病毒核心的过程中，VP1 再次作为 RNA 聚合酶发生作用。此后 VP6 被添加到病毒核心形成第二层衣壳。在双层病毒粒子内发生新一轮转录，与早期转录本相反，晚期转录本未被加帽修饰。细胞的翻译机制此时优先选择不加帽转录本，而非加帽转录本，因此，此时当病毒蛋白继续生成的时候，细胞蛋白的翻译已被关闭。病毒对 12 种蛋白质拷贝数的要求不同，如需要大量的主要衣壳蛋白（VP6），但对 VP1 需求相对较少。病毒自身控制每种蛋白质数量的复杂机制。病毒成熟的最后阶段是外层衣壳和刺突蛋白的组装，VP7 和 NSP4 在粗面内质网合成并糖基化，并被定位于内质网膜。NSP4 具有结合 VP4 和双层病毒颗粒的位点，由这些组件形成的不成熟病毒粒子进入内质网的囊泡，囊泡膜形成一个暂时的含有 VP7 的囊膜，VP7 分子的裂解使病毒粒子穿过内质网膜，此时 VP4 凸出于病毒粒子形成刺突蛋白。病毒粒子通过细胞裂解或胞吐作用从细胞释放到胃肠道，在似胰蛋白酶的作用下 VP4 被裂解成 VP5*和 VP8*，产生具有感染性的成熟病毒，进行下一个复制周期（图 16-8）。

四、RV 反向遗传学系统的建立

尽管 RV 与 BTV 均为环状病毒属的病毒，但是用于 BTV 的 T7 cDNA 反向遗传系统到目前为止并未在 RV 获得成功。已经报道用于修饰 RV 单个基因片段的方法有 3 种，它们产生重组 RV 的过程基本是相同的。简单地说，用表达 T7 聚合酶的痘病毒 rDIs-T7pol 感染细胞，然后用单个片段 cDNA 转染细胞，最后用辅助 RV 感染细胞产生重组病毒。这 3 种用于 RV 单片段替换方法最明显的区别在于筛选重组 RV 的策略不

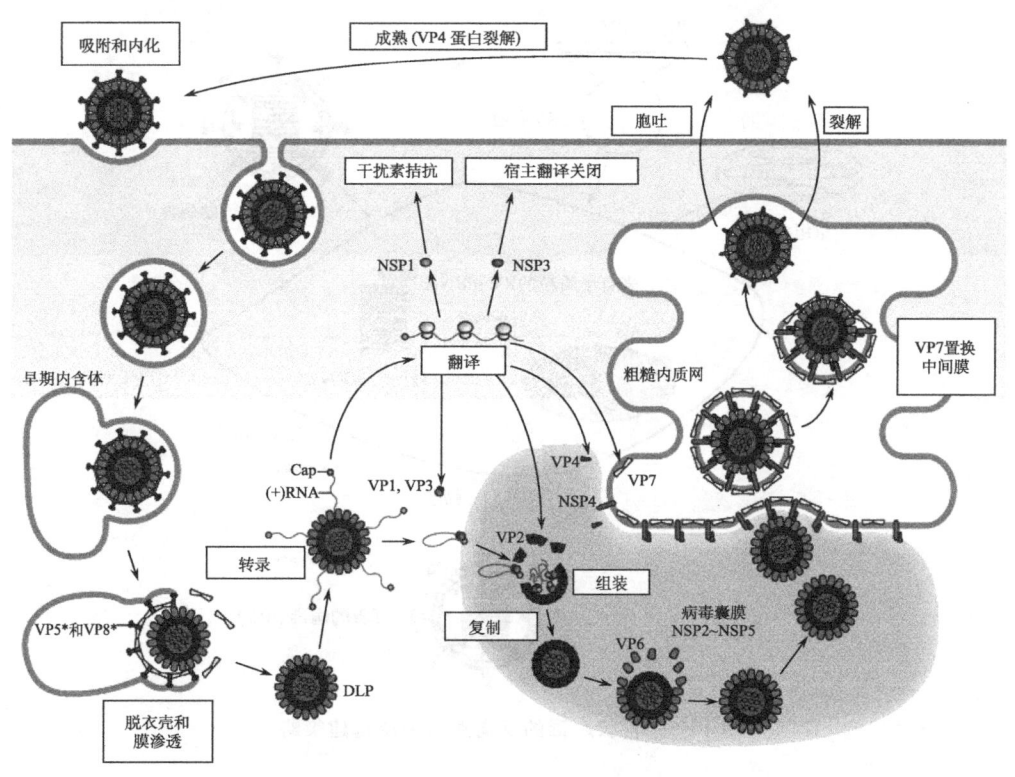

图 16-8 轮状病毒的复制周期

同，第一种 RV 反向遗传学方法于 2006 年被建立（图 16-9），这个系统基于猴 RVSA11 的全长 VP4 基因，5′端和 3′端分别加上 T7 RNA 聚合酶启动子和丁型肝炎病毒（HDV）核酶（ribozyme）序列，核酶序列下游再加上 T7 RNA 聚合酶终止子。将该质粒转染到感染表达 T7 RNA 聚合酶的 COS-7 细胞，再用人源 RV 株 KU 作为辅助病毒感染细胞。含有 SA11 VP4 片段的重组 RV 经由针对 KU 辅助病毒的中和抗体选择。第二种方法是利用 RV 在高的感染复数（MOI）连续传代时，表现出的含有部分头到尾重复的 RV 基因组片段复制特性。在这种反向遗传学系统中，编码 NSP3 蛋白的基因片段被改造成为重排片段，带有该片段的重组 RV 通过高的 MOI 传代进行筛选，这种方法似乎可以扩展到任何已观察到基因重排的片段（如编码 VP6、NSP1、NSP3、NSP4 和 NSP5 的基因），然而，用这种方法拯救重组病毒非常低效。此外，RV 在高 MOI 进行传代时其基因组的遗传不稳定。因此，这种方法有产生未预期的突变或基因组重排的倾向。

Trask 等（2010）报道的单片段更换方法结合了两个独立的筛选机制，用于快速分离重组 RV（图 16-10）。辅助 RV（tsE 株）在基因 8（编码 NSP2）中有一个温度敏感突变。该突变使得 tsE 在 39℃不能复制，NSP2 对于病毒包含体的形成是必需的，相应的，RNAi 介导的 NSP2 蛋白表达下降能够抑制病毒复制。因此，通过在升高温度传代（第一次筛选）并且通过 shRNA 沉默 NSP2 表达（第二次筛选），能够明显限制辅助

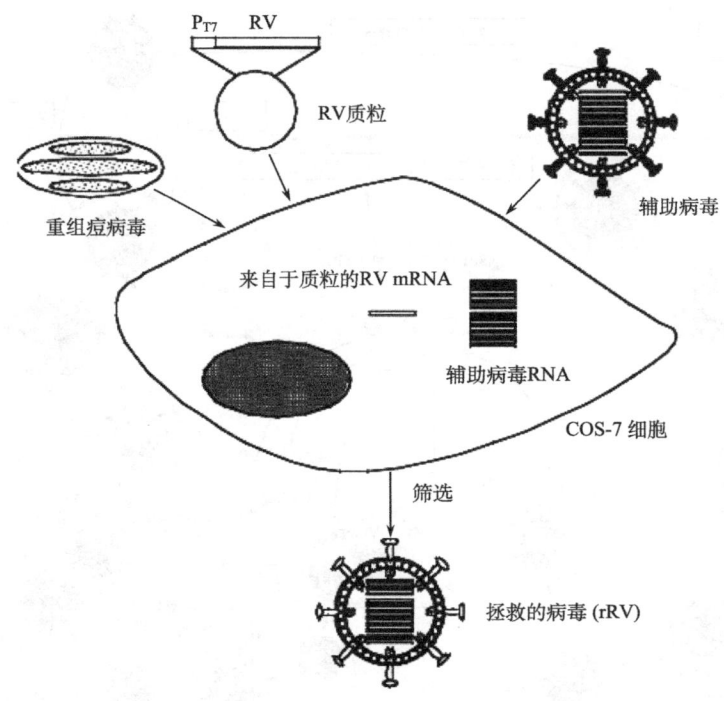

图 16-9 轮状病毒的反向遗传系统构建策略

RV 病毒的产生。通过改造编码 NSP2 cDNA 的温度敏感的突变位点，并采用转换密码子使用逃避 RNAi 沉默，由此产生的单片段重组 RV 比辅助 RV 将具有很大的复制优势。利用这种方法通过两轮筛选，将会产生 $>10^5$ PFU 的并 100% 携带单个重组片段的病毒。该方法的具体步骤如下：

1. 重组痘病毒 rDIs-T7pol 的增殖

痘病毒 rDIs-T7pol 是 DIE 株的变种，能够表达 T7 聚合酶。该病毒在许多哺乳动物细胞不能复制，但仍然可以引起明显的细胞病变效应（CPE）。rDIs-T7pol 在鸡胚成纤维细胞（CEF）上增殖并被测定滴度（$TCID_{50}$），制备该病毒储存液时要求超声处理和多次反复冻融细胞样品。

2. RV 辅助病毒的制备

用标准技术培养并定量 RV。在该反向遗传实验中用的 RV 已被实验室适应到细胞并能很好地复制。在条件温度下（一般为 30～32℃）扩增并测定温度敏感的 RV 是关键的，为了验证温度敏感的特性，在非允许温度下（通常为 39℃）测定该病毒滴度同样重要。

3. 质粒的制备

为了产生带有天然 5′端和 3′端的 RNA，在全长 RV 片段 cDNA 的 5′端和 3′端分别引入 T7 聚合酶启动子序列和 HDV 核酶序列。质粒 pBSmod 在 SmaI 酶切位点（CCCGGG）下游含有 HDV 核酶和 T7 聚合酶终止子序列，这将方便 RV cDNA 片段的插入。由 17 个核苷酸组成的上游 T7 聚合酶启动子序列通过 PCR 与 RV 基因融合，然后与 pBSmod 载体连接，转化 pBSmod 载体的细菌用带有氨苄抗性的 LB 培养基培养，抽提重组质粒。

4. 转染和辅助 RV 的感染

转染前一天，将 1.25×10^6 个 COS-7 细胞接种于 6cm 的组织培养皿中于 37℃ 5% CO_2 培养。转染当天细胞接近汇合，rDIs-T7pol 病毒以 3MOI 感染细胞，37℃ 温育 1h，在此期间，质粒转染复合物被制备。1h 吸附之后，用培养基洗 COS-7 细胞一次，加入 5mL 完全培养基，加入转染混合物，轻摇培养皿后 37℃ 温育 20h。转染 18～19h 后，辅助 RV 用终浓度为 5μg/mL 的胰酶 37℃ 温育 1h，在转染后 20h，吸弃培养液，用 DMEM 洗细胞两次以除去残留的血清和转染试剂，加入 1mL DMEM，以 3MOI 加入辅助病毒，37℃ 温育 1h，期间隔 15min 轻摇培养皿。孵育 1h 后，用 2.5mL DMEM 替换培养皿中的液体，继续 37℃ 培养（如果用温度敏感辅助 RV，则用 30℃ 培养），感染 24h 后，收集细胞并于 -80℃ 保存。

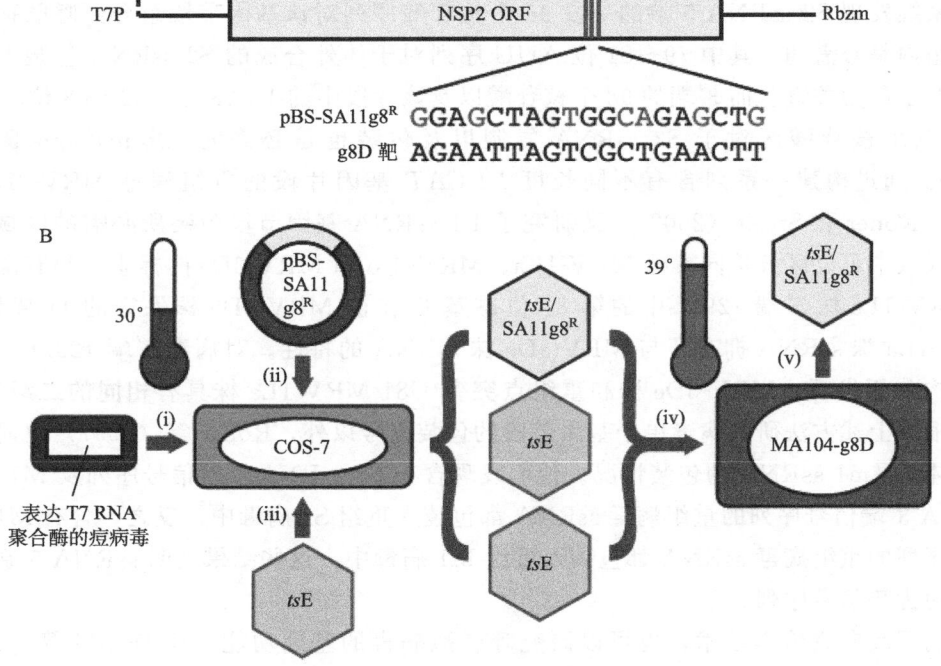

图 16-10 利用双重选择系统拯救重组 RV 过程示意图（Trask et al., 2010）
A. SA11 病毒基因 8 的质粒组件示意图；B. 双重选择下 RV 反向遗传学系统：(i) rDIs-T7pol（VV-T7）感染 COS-7 细胞；(ii) pBS-SA11g8R 质粒转染；(iii) 在 30℃ 条件下用 tsE 辅助病毒感染；(iv) 39℃在 MA104-g8D 细胞上传代；(v) 分离 tsE/SA11 g8R 病毒

MA104 细胞被用于分离重组 RV，约 1.5×10^6 个细胞接种到 10cm 的培养皿中，细胞通常在 2～3 天达到汇合。将感染细胞中得到的病毒样品冻融两次释放病毒，2000g 4℃ 离心 5min。以 2μg/mL 的终浓度加胰蛋白酶到上清液。37℃ 水浴中 1h（目的是激活 RV，提高感染性）。用 M199 培养基系 MA104 细胞两次，将胰蛋白酶处理的每个病毒上清分别加到 10cm 培养皿，37℃吸附 1h。1h 后除去上清液，加入 10mL 含有 0.5μg/mL 胰酶和 10μmol/L 胞嘧啶-β-D-阿拉伯呋喃糖苷盐酸（arac）的 M199，37℃继续培养。感染 3 天后观察 CPE，收集细胞样品冻融两次。必要时应对收集样品依照以上程序进行重复筛选。重组病毒通过 RT-PCR 和测序进行确认。通过噬斑分析测定病毒滴度，也可进行噬斑纯化病毒。

以上操作过程中因选择的筛选策略而变化，如中和抗体的选择需要在增殖 RV 的培养基中加入纯化的抗体，双重筛选则需要表达 shRNA 的 MA104 细胞系并在 39℃培养。在每一次反向遗传学实验，建议设定空白转染/辅助 RV 感染为阴性对照。

第七节　反向遗传学在呼肠孤病毒科研究中的应用

与其他病毒科相比，呼肠孤病毒的反向遗传学研究还处于较低水平，在基础研究领域应用得还不够深入，目前只有一些零散的报道。例如，Roner 等（2004）利用反向遗传学系统发现 S2 ssRNA 5′端的一段 96 个核苷酸序列对该基因节段组合到呼肠孤病毒基因组内是必需的，其中 79～81 位 AUU 序列对于体外合成的 S2 ssRNA 包装入子代病毒粒子最为关键。而 3′端的 98 个核苷酸以及该片段中的 1～28 位、59～68 位和 84～98 位三个核苷酸区对于 S2 ssRNA 复制以及包装也是必需的（Roner and Roehr，2006）。通过构建一系列含有不同长度 L1-CAT 基因片段的重组病毒 MRV-3De λ3-CAT，Roner 和 Steele（2007a）又研究了 L1 ssRNA 基因节段包装所必需的区域，以及该区域中可以区分不同毒株 MRV-1La、MRV-2Jo 和 MRV-3De 的标志性核苷酸，发现 MRV-1La 株 5′端 129nt 中的第 81 位碱基 C 在被 MRV-3De 株保守的 U 替代后，MRV-1La 株 ssRNA 拥有了与 MRV-3De 株 ssRNA 的特性。对病毒 5′端 129nt 进行二级结构分析发现，MRV-3De 株和重组点突变 U81-MRV-1La 株具有相同的二级结构。除了根据上述方法研究病毒单个基因节段的包装信号以外，Roner 等（2007）也研究了嵌合体 S2.m1 ssRNA 的包装情况。他们发现含有 S2 ssRNA 5′端信号序列及 M1 或 S2 ssRNA 3′端信号序列的重组病毒 ssRNA 都包装入重组 S2 病毒中，反之，含有 M1 5′端信号序列的重组病毒 ssRNA 都包装入重组 M1 病毒中，这些结果表明 ssRNA 5′端信号序列为优势信号序列。

利用反向遗传学技术，也可以研究呼肠孤病毒的基因功能，如 Danthi 等（2008）构建了一系列含有 μ1 蛋白突变体的病毒，以此为平台来研究 μ1 蛋白在穿膜、活化凋亡信号途径、引起细胞死亡以及导致新生鼠产生脑炎中的作用，他们发现 μ1 蛋白 δ 区域单个氨基酸的改变可以降低 μ1 蛋白的膜穿透能力，这些单个氨基酸的突变也降低了呼肠孤病毒活化前凋亡因子 NF-κB、IRF3 的能力，从而使细胞凋亡程度下降。而且，凋亡诱导能力下降的 μ1 突变体病毒对小鼠毒性减弱。这些研究从病毒整体水平证明了 μ1 蛋白与病毒诱导的细胞凋亡以及病毒致病性密切相关。呼肠孤病毒可在 RaS 通道活化的肿瘤细胞内有效增殖，为了阐明其分子机制，利用单重配（mono-reassortants）以及反向遗传学技术，Roner 和 Mutsoli（2007）根据不同血清型病毒其表型不同进行相关研究，发现呼肠孤病毒 S4 基因与病毒溶瘤特性相关。

研究证明，MRV sigma1 蛋白在体外对肠激酶的敏感性具有毒株依赖性，这种差异可能是由其尾端 249 位氨基酸的多态性造成的，即当该位点为苏氨酸（threonine）时，可被肠激酶切割，当该位点是异亮氨酸时则不能被切割，该现象在体外用表达的 sigma 蛋白和核心颗粒都已经得到了证明，但是在天然病毒中是否也如此并没有被证实。Kobayashi 等（2007）在成功建立呼肠孤病毒的感染性克隆以后，利用反向遗传学技术对此现象在完整病毒粒子中进行了验证。他们首先构建了 2 株在 sigma1 蛋白 249 位氨基酸分别为 Ile 和 The 的重组病毒（rsT3D 和 rsT3D-δ1T249I），然后将它们纯化，再用肠激酶处理。SDS-PAGE 电泳结果显示，两种纯化的病毒都能形成相似的 ISVP，电泳图谱相似，但是二者的 δ1 蛋白稳定性存在差异。用胰蛋白酶处理以后，相对于 rsT3D δ1 蛋白的条带逐渐减弱，最后消失；rsT3D-δ1T249I 的蛋白条带即使在胰蛋白酶消化 60min 以后，仍保持完整。因此，他们认为 T249I 的多态性是决定 δ1 蛋白对蛋白酶是否敏感的决定性因素。Nibert 等为，随着蛋白酶在 δ1 蛋白 249 位氨基酸附近的裂解，将释放出呼肠孤病毒与受体分子（JAM-A）结合的 δ1 蛋白的头部区段（N 端），进而将影响病毒的感染性。Kobayashi 等（2010）为了证实该推测，在构建上述重组病毒的基础上，将纯化的重组病毒按不同时间间隔用蛋白酶处理，然后用空斑实验检测病毒的滴度。结果表明，野生型病毒和 rsT3D 的感染性均丧失，病毒滴度迅速下降，而 rsT3D-δ1T249I 的感染性则没有受到明显影响，病毒滴度也很稳定。而 rsT3D 病毒滴度的变化与 δ1 蛋白被蛋白酶裂解的动态曲线呈正相关。由此可证明，用蛋白酶处理以后，病毒的感染性是否改变取决于 1 蛋白是否被蛋白酶裂解。

Wetzel 等（1997）发现 MRV T3D 株的 δ3 蛋白中的第 354 为氨基酸（Tyr）是在体外决定病毒颗粒转化为中间次生颗粒（ISVP）的关键位点，而且病毒对生长抑制剂（E64）有抵抗作用。该氨基酸毗邻在 ISVP 形成过程中 δ3 蛋白的裂解位点。通过分析重组病毒（野生型病毒重组 δ3 蛋白突变体），他们推测 Tyr354 在病毒复制过程中起重要作用。为了从分子病毒学的角度证明该氨基酸位点的重要性，Kobayashi 等（2010）构建了一种重组突变病毒：rsT3D-s3Y354H，即将 δ3 蛋白第 354 位 Tyr 突变为 His，然后与拯救的 rsT3D 做比较，分析经蛋白酶处理后二者 δ3 蛋白的水解特性。结果进一步证明，δ3 蛋白第 354 位氨基酸是一个独立的能决定病毒对蛋白酶敏感性的位点，它具有自发调节病毒在细胞内体中解离的功能。

呼肠孤病毒可以用作病毒载体表达异源基因进行基因治疗或新型疫苗的开发。Kobayashi 等（2007）曾经将 GFP 基因插入到 MRV S4 节段 δ3 蛋白的编码区，然后转染稳定表达 δ3 蛋白的细胞系，成功拯救出能够表达 GFP 的重组呼肠孤病毒，在连续传代 4 次以后，GFP 仍能被稳定表达。

Boehme 等（2011a）在使用缺失 δ1s 的 MRV 经后腿接种小鼠时，发现小鼠的存活率很高，说明该蛋白是维持 MRV 神经毒力的关键因子。进一步检测病毒的分布情况，发现缺失病毒与野生型病毒在动物脊椎内的滴度水平比较相似，提示该蛋白不是病毒侵袭中枢系统的决定性因素。虽然，两种病毒最终都可在动物脑内达到相似滴度，但是在早期，野生型病毒的滴度似乎更容易达到高峰。相比较而言，野生型病毒更容易在一些外周器官，包括心脏、肠道、肝脏和脾脏内比缺失病毒能产生更高的滴度，这些器官的感染都需要经血液输送病毒。这些结果说明，在早期动物脑内病毒滴度的差异，是血液运输途径障碍造成的。为证明这一推测，在接种病毒前，将动物的坐骨神经切断，缺失病毒经神经系统向脊椎的扩散能力减弱，但是野生型病毒在此情况下，仍能保持向脑内扩散的能力。提示野生型病毒可以通过血液向脑内扩散病毒。由此证明，δ1s 蛋白不是 MRV 经过神经系统在体内扩散病毒所必需的，但它是机体利用血液循环系统扩散病毒所必需的蛋白，δ1s 是决定其经血液扩散到达中枢神经系统（CNS）的决定性因子。

呼肠孤病毒的非结构蛋白 σ1s 可能在感染过程中使细胞处于停滞期并能诱导细胞凋亡，但是它发挥作用的详细机制还不清楚，为探究其原因，Boehme 等（2013）利用反向遗传学技术构建了一种缺失 σ1s 的病毒。转染细胞以后发现，细胞周期不受影响，细胞凋亡水平下降，而用野生型病毒感染的细胞处于 G_2/M 期的细胞增多，且凋亡现象严重，证明 σ1s 与细胞的凋亡和生活周期改变有关。继而，通过改变 σ1s 终止密码子的位置，构建了缺失一系列 C 端的突变体；通过用非极性氨基酸置换极性氨基酸也构建了一系列突变体，通过分析这些突变体的生物学特性，发现 σ1s 的基础序列：R^{14} RSR-RRLK[21] 是维持 σ1s 上述功能所必需的。值得注意的是不能改变细胞周期并诱导细胞凋亡的病毒致病性也减弱了，这也提示该蛋白与呼肠孤病毒的致病性有密切关系。

Nygaard 等（2013）研究发现其实验室分离的呼肠孤病毒 T3D、T3D（C）和 T3D（F）株在呼吸道中的复制和扩散能力存在明显差异。其中，T3D（C）株可以在肺内增殖到较高滴度并能扩散，而 α T3D（F）却不能。利用反向遗传学进一步研究发现，其 *S1* 基因的 2 处核苷酸的多态性与这种致病性差异有关。T3D（C）株 σ1 蛋白首尾两端氨基酸的多态性影响着病毒对蛋白酶的敏感性，其中 T3D（C）株第 77 位核苷酸的差异导致 *S1* 基因编码产物发生了改变，可以提高病毒在呼吸系统内的传播能力。缺失 σ1s 的病毒经鼻感染以后，不仅在肺内的滴度很低，且扩散到第二次复制地点的效率也比较低。

Komoto 等利用 RV 反向遗传系统首次构建了 VP4 中和表位氨基酸替换的人工重组 RV。血清学分析显示该重组病毒含有一个嵌合的新抗原表位。很明显，这种方法构建的嵌合 RV 将有可能用于开发新的候选疫苗。许多包膜病毒的刺突蛋白以无活性的前体形式被合成。因此，刺突蛋白前体的蛋白裂解过程对于传染性病毒粒子是必需的。无包膜病毒 RV 的 VP4 在结构功能上类似于包膜病毒刺突蛋白。VP4 作为非活性前体经胰蛋白酶裂解成 VP5* 和 VP8* 的活性形式，从而激活 RV 感染性。为了验证将 VP4 胰蛋白酶切割位点修饰成弗林蛋白酶位点后，是否影响重组病毒在无胰蛋白酶情况下的感染性，Komoto 等（2011）构建了能被胰蛋白酶和弗林蛋白酶裂解的重组 RV，然而，这个突变体的 VP4 尽管能被类弗林蛋白酶裂解，但是并不能进行多周期复制，这说明弗林蛋白酶在细胞内裂解 VP4 对 RV 的感染并无帮助。VP4 在胰蛋白酶裂解位点具有 3 个保守的碱性残基（R231、R241 和 R247）。虽然只有 R247 被认为与病毒感染性的激活有关，但这 3 个残基的高度保守性提示它们在病毒感染过程中可能起着重要的作用。Komoto 和 Taniguchi（2013）利用反向遗传学系统证明这 3 个氨基酸在 RV 的感染性方面起不同作用。

为了研究 RV 基因组能够容纳外源基因的极限大小，Navarro 等（2013）利用反向遗传在基因 8（编码 NSP2）的 3′端非编码区插入基因重复序列（类似于合成重排）和异源序列。发现该方法能够获得包含重复序列（最多 200 个碱基对）和异源序列的重组 RV，其中外源基因包括 FLAG、丙型肝炎病毒（HCV）E2 抗原表位、蟋蟀麻痹病毒（CPV）的内部核糖体序列。重组的 RV 滴度超过 10^7 PFU/mL，且连续传代过程中遗传稳定。尽管重组片段 3′非编码区比野生型片段长，但是重排 RNA 片段表达的蛋白质达到野生型水平。竞争生长实验表明，不同于自然发生序列重复的 RV 基因片段，人工重组的片段被包装到子代病毒的效率较低。因此可见，自然发生的片段重排有助于病毒的包装。该研究结果提供了发展重组 RV 表达载体的策略，有望研发以 RV 为载体的抵抗其他病原的多联基因工程疫苗。

BTV 反向遗传学的建立为研究该病毒的基因和蛋白功能、顺式作用元件功能以及减毒活疫苗、基因缺失疫苗等多个领域提供了强有力的技术平台。Celma 和 Roy（2009）对 NS3 的序列进行位点突变，利用 BTV 反向遗传学系统构建了几株 NS3 突变的重组病毒，结果发现 NS3 上某些位点的突变对新合成的病毒释放有明显的影响，尤其是与 Tsg101 蛋白的结合基序中两个残基的突变改变了 BTV 的释放方式，使大量病毒粒子集中在膜附近并未释放，另外，有一株突变病毒未观察到病毒出芽，该研究表明，NS3 可能像囊膜病毒的膜蛋白一样负责病毒粒子在细胞内的转运和出芽。他们还构建了仅表达 NS3 或 NS3A 的突变病毒，仅表达 NS3 的病毒生长良好并能从哺乳动物细胞有效释放，然而仅表达 NS3A 的病毒明显致弱。同样 NS3 N 端 13 个氨基酸残基进行了 3 个位点的突变，其中两个突变使病毒致弱并使其失去了与细胞蛋白 S100A10/p11 的相互作用，由此可见，NS3 N 端的氨基酸序列在 BTV 复制和释放过程中有重要作用。Matsuo 和 Roy（2009）利用 BTV 反向遗传系统研究了几种病毒蛋白在病毒复制早期的作用，证实 VP6、VP3、NS2 作为在病毒复制早期的重要蛋白不可或缺，NS1 和 VP7 不是必需蛋白，但是分别在促进病毒蛋白合成和稳定复制酶复合体方面起辅助作用，同时，利用表达 VP6 的互补细胞系构建了表达绿色荧光蛋白的重组病毒，表明编码 VP6 的 S9 基因部分片段能被外源基因替换。在此基础上，为了构建缺乏感染性单周期疫苗，4 株 VP6 缺失的重病毒被构建，用其中两株进行动物攻毒实验表明，该 DISC 疫苗能够抵抗 BTV 强毒的攻击，具有很好的应用前景。Ratinier 等（2011）利用 BTV 反向遗传学系统研究发现，新鉴定的第四种非结构蛋白 NS4 蛋白对 BTV 在哺乳动物和昆虫细胞上的复制并不重要，而且不影响 BTV 感染小鼠模型的毒力。然而，在干扰素诱导的抗病毒状态细胞上，NS4 在病毒-细胞相互作用方面有重要作用，至少对 BTV-8 而言可抑制宿主细胞的抗病毒应答。

由于目前没有 BTV 传播媒介（库蠓）的基因组序列资源，限制了病毒-媒介相互作用机制的相关研究。Shaw 等（2012）以遗传背景清楚的果蝇为 BTV 感染模型，利用反向遗传学构建了表达 NS3-mCherry 荧光蛋白的重组病毒，该病毒具有与野生 BTV 相似的生长特性，且在果蝇体内能够有效复制，共聚焦显微镜结果显示其在果蝇体内的分布与 BTV 在库蠓体内的分布相似，表明以果蝇作为遗传工具研究 BTV 与媒介相互作用是可行的。近来，该实验室利用反向遗传系统研究了 BTV 不同片段之间的重排现象，研究结果表明 BTV-1 和 BTV-8 之间的任意片段可发生重排，单片段的重排病毒具有与亲本病毒相似的生物学特征，并且证明 VP2 是决定 BTV 血清型的唯一病毒蛋白。同时用正向遗传手段，将 BTV-1 和 BTV-8 共感染细胞，连续 4 次传代，在 140 个噬斑中未发现亲本 BTV-1 或 BTV-8，这些噬斑均为重排病毒，而且大部分重排病毒含有异源的 VP2 和 VP5，只有 17% 的重排病毒含有同源的 VP2 和 VP5，说明不同 BTV 之间的重排没有屏障（Shaw et al.，2013）。van Gennip 等（2012a）利用人工基因合成方法合成了 BTV-6 和 BTV-8 两株病毒的全基因组，并利用反向遗传学方法成功拯救到了与野生病毒特性相同的重组病毒，随后以 BTV-6 反向遗传系统为骨架，用 BTV-1 和 BTV-8 的 *S2* 和 *S6* 基因（分别编码 VP2 和 VP5）替换，构建了 BTV6/1 和 BTV6/8 嵌合病毒，将其免疫羊只，分别产生了 BTV-1 和 BTV-8 型中和抗体，攻毒实验获得了很好的保护率（van Gennip et al.，2012b）。

结　语

呼肠孤病毒科基因组的复杂性曾经妨碍了其反向遗传学研究系统的建立，但科学家们终究还是客服重重困难，最终成功建立了呼肠孤病毒科多种成员的感染性克隆，如哺乳动物呼肠孤病毒、蓝舌病毒、环状病毒、轮状病毒等。这些病毒反向遗传操作平台的成功建立，迅速推动了相关病毒各个研究领域的研究进程。以往利用经典遗传病毒学研究方法无法解决的科学问题，现在被逐渐解决，彰显出反向遗传学技术的巨大优越性。我们相信随着呼肠孤病毒反向遗传系统的不断成熟和完善，其将为呼肠孤病毒复制、转录和表达调控；病毒毒力及其决定性因子；病毒与宿主细胞的相互作用；基因产物功能；病毒载体、疫苗研制等各方面的研究提供更为广阔的空间。

参 考 文 献

侯云德.1990.分子病毒学.北京：学苑出版社.

徐耀先，周晓峰，刘立德.2000.分子病毒学.武汉：湖北科学技术出版社.

张云，刘明，欧阳岁东，等.2004.正呼肠孤病毒及其分类学依据研究进展.动物医学进展，25：46-49.

张忠信.2012.ICTV 第九次报告对病毒分类系统的一些修改.病毒学报，28（5）：595-599.

Attoui H, Mertens P P C, Becnel J, et al. 2012. Family Reoviridae. In: King A M Q, Adams M J, Carstens E B, et al. In virus taxonomy: ninth report of the International Committee on Taxonomy of Viruses. San Diego: Elsevier Academic Press: 541-637.

Becker M M, Goral M I, Hazelton P R, et al. 2001. Reovirus sigma NS protein is required for nucleation of viral assembly complexes and formation of viral inclusions. Journal of Virology, 75 (3): 1459-1475.

Becker M M, Peters T R, Dermody T S. 2003. Reovirus sigma NS and mu NS proteins form cytoplasmic inclusion structures in the absence of viral infection. Journal of Virology, 77 (10): 5948-5963.

Bisaillon M, Bergeron J, Lemay G. 1997. Characterization of the nucleoside triphosphate phosphohydrolase and helicase activities of the reovirus lambda1 protein. The Journal of Biological Chemistry, 272

(29): 18298-18303.

Bodkin D K, Fields B N. 1989. Growth and survival of reovirus in intestinal tissue: role of the L2 and S1 genes. Journal of Virology, 63 (3): 1188-1193.

Boehme K W, Frierson J M, Konopka J L, et al. 2011a. The reovirus sigma 1s protein is a determinant of hematogenous but not neural virus dissemination in mice. Journal of Virology, 85 (22): 11781-11790.

Boehme K W, Hammer K, Tollefson W C, et al. 2013. Nonstructural protein sigma 1s mediates reovirus-induced cell cycle arrest and apoptosis. Journal of Virology, 87 (23): 12967-12979.

Boehme K W, Ikizler M, Kobayashi T, et al. 2011b. Reverse genetics for mammalian reovirus. Methods, 55 (2): 109-113.

Both G W, Banerjee A K, Shatkin A J. 1975. Methylation-dependent translation of viral messenger RNAs *in vitro*. Proceedings of National Academy of Sciences of United States of America, 72 (3): 1189-1193.

Boyce M, Celma C C P, Roy P. 2008. Development of reverse genetics systems for bluetongue virus: Recovery of infectious virus from synthetic RNA transcripts. Journal of Virology, 82 (17): 8339-8348.

Boyce M, Roy P. 2007. Recovery of infectious bluetongue virus from RNA. Journal of Virology, 81 (5): 2179-2186.

Breun L A, Broering T J, McCutcheon A M, et al. 2001. Mammalian reovirus L2 gene and lambda 2 core spike protein sequences and whole-genome comparisons of reoviruses type 1 Lang, type 2 Jones, and type 3 Dearing. Virology, 287 (2): 333-348.

Broering T J, Arnold M M, Miller C L, et al. 2005. Carboxyl-proximal regions of reovirus nonstructural protein mu NS necessary and sufficient for forming factory-like inclusions. Journal of Virology, 79 (10): 6194-6206.

Broering T J, Parker J S L, Joyce P L, et al. 2002. Mammalian reovirus nonstructural protein RNS forms large inclusions and colocalizes with reovirus microtubule-associated protein mu 2 in transfected cells. Journal of Virology, 76 (16): 8285-8297.

Celma C C, Roy P. 2009. A viral nonstructural protein regulates bluetongue virus trafficking and release. Journal of Virology, 83: 6806-6810.

Chandran K, Walker S B, Chen Y, et al. 1999. *In vitro* recoating of reovirus cores with baculovirus-expressed outer-capsid proteins mu 1 and sigma 3. Journal of Virology, 73 (5): 3941-3950.

Chandran K, Zhang X, Olson N H, et al. 2001. Complete *in vitro* assembly of the reovirus outer capsid produces highly infectious particles suitable for genetic studies of the receptor-binding protein. Journal of Virology, 75 (11): 5335-5342.

Chappell J D, Gunn V L, Wetzel J D, et al. 1997. Mutations in type 3 reovirus that determine binding to sialic acid are contained in the fibrous tail domain of viral attachment protein sigma1. Journal of Virology, 71 (3): 1834-1841.

Coffey C M, Sheh A, Kim I S, et al. 2006. Reovirus outer capsid protein micro1 induces apoptosis and associates with lipid droplets, endoplasmic reticulum, and mitochondria. Journal of Virology, 80 (17): 8422-8438.

Coombs K M. 1996. Identification and characterization of a double-stranded RNA-reovirus temperature-sensitive mutant defective in minor core protein mu2. Journal of Virology, 70 (7): 4237-4245.

Danthi P, Kobayashi T, Holm G H, et al. 2008. Reovirus apoptosis and virulence are regulated by host cell membrane penetration efficiency. Journal of Virology, 82 (1): 161-172.

Dryden K A, Wang G, Yeager M, et al. 1993. Early steps in reovirus infection are associated with dramatic changes in supramolecular structure and protein conformation: analysis of virions and subviral particles by cryoelectron microscopy and image reconstruction. The Journal of Cell Biology, 122 (5): 1023-1041.

Farsetta D L, Chandran K, Nibert M L. 2000. Transcriptional activities of reovirus RNA polymerase in recoated cores. Initiation and elongation are regulated by separate mechanisms. The Journal of Biological Chemistry, 275 (50): 39693-39701.

Hazelton P R, Coombs K M. 1999. The reovirus mutant tsA279 L2 gene is associated with generation of a spikeless core particle: implications for capsid assembly. Journal of Virology, 73 (3): 2298-2308.

Hoyt C C, Bouchard R J, Tyler K L. 2004. Novel nuclear herniations induced by nuclear localization of a viral protein. Journal of Virology, 78 (12): 6360-6369.

Huang P H, Li Y J, Su Y P, et al. 2005. Epitope mapping and functional analysis of sigma A and sigma NS proteins of avian reovirus. Virology, 332 (2): 584-595.

Jané-Valbuena J, Nibert M L, Spencer S M, et al. 1999. Reovirus virion-like particles obtained by recoating infectious subvirion particles with baculovirus-expressed sigma3 protein: an approach for analyzing sigma3 functions during virus entry. Journal of Virology, 73 (4): 2963-2973.

Kim J, Parker J S, Murray K E, et al. 2004. Nucleoside and RNA triphosphatase activities of orthoreovirus transcriptase cofactor mu2. The Journal of Biological Chemistry, 279 (6): 4394-4403.

Kim J, Zhang X, Centonze V E, et al. 2002. The hydrophilic amino-terminal arm of reovirus core shell protein lambda1 is dispensable for particle assembly. Journal of Virology, 76 (23): 12211-12222.

Kobayashi T, Antar A A, Boehme K W, et al. 2007. A plasmid-based reverse genetics system for animal double-stranded RNA viruses. Cell Host Microbe, 1 (2): 147-157.

Kobayashi T, Ooms L S, Ikizler M, et al. 2010. An improved reverse genetics system for mammalian orthoreoviruses. Virology, 398 (2): 194-200.

Komoto S, Sasaki J, Taniguchi K. 2006. Reverse genetics system for introduction of site-specific mutations into the double-stranded RNA genome of infectious rotavirus. Proceedings of National Academy of Sciences of United States of America, 103 (12): 4646-4651.

Komoto S, Taniguchi K. 2013. Genetic engineering of rotaviruses by reverse genetics. Microbiology and Immunology, 57 (7): 479-486.

Komoto S, Wakuda M, Ide T, et al. 2011. Modification of the trypsin cleavage site of rotavirus VP4 to a furin-sensitive form does not enhance replication efficiency. Journal of General Virology, 92: 2914-2921.

Liemann S, Chandran K, Baker T S, et al. 2002. Structure of the reovirus membrane-penetration protein, Mu1, in a complex with is protector protein, Sigma3. Cell, 108 (2): 283-295.

Luongo C L, Reinisch K M, Harrison S C, et al. 2000. Identification of the guanylyltransferase region and active site in reovirus mRNA capping protein lambda 2. Journal of Biological Chemistry, 275 (4): 2804-2810.

Matsuo E, Roy P. 2009. Bluetongue virus VP6 acts early in the replication cycle and can form the basis of chimeric virus formation. Journal of Virology, 83: 8842-8848.

Mbisa J L, Becker M M, Zou S, et al. 2000. Reovirus μ2 protein determines strain-specific differences in the rate of viral inclusion formation in L929 cells. Virology, 272 (1): 16-26.

Mertens P P C. 2002. Bluetongue Viruses in encyclopedia of life sciences. Nature Publishing Group, (13): 533-547.

Navarro A, Trask S D, Patton J T. 2013. Generation of genetically stable recombinant rotaviruses containing novel genome rearrangements and heterologous sequences by reverse genetics. Journal of Virology, 87 (11): 6211-6220.

Nibert M L, Fields B N. 1992. A carboxy-terminal fragment of protein mu 1/mu 1C is present in infectious subvirion particles of mammalian reoviruses and is proposed to have a role in penetration. Journal of Virology, 66 (11): 6408-6418.

Nibert M L, Schiff L A. 2001. Reoviruses and their replication In: Knipe D M, Howley P M. Fields Virology. Philadelphia: Lippincott WilliamS and WilkinS: 1679-1728.

Noble S, Nibert M L. 1997a. Characterization of an ATPase activity in reovirus cores and its genetic association with core-shell protein lambda1. Journal of Virology, 71 (3): 2182-2191.

Noble S, Nibert M L. 1997b. Core protein μ2 is a second determinant of nucleoside triphosphatase activities by reovirus cores. Journal of Virology, 71 (10): 7728-7735.

Nonoyama M, Millward S, Graham A F. 1974. Control of transcription of the reovirus genome. Nucleic Acids Research, 1 (3): 373-385.

Nygaard R M, Lahti L, Boehme K W, et al. 2013. Genetic determinants of reovirus pathogenesis in a murine model of respiratory infection. Journal of Virology, 87 (16): 9279-9289.

Odegard A L, Chandran K, Zhang X, et al. 2004. Putative autocleavage of outer capsid protein mu 1, allowing release of myristoylated peptide mu 1N during particle uncoating, is critical for cell entry by reovirus. Journal of Virology, 78 (16): 8732-8745.

Ratinier M, Caporale M, Golder M, et al. 2011. Identification and characterization of a novel non-structural protein of bluetongue virus. PLoS pathogens, 7: e1002477.

Reinisch K M, Nibert M L, Harrison S C. 2000. Structure of the reovirus core at 3.6 A resolution. Nature, 404 (6781): 960-967.

Roner M R, Bassett K, Roehr J. 2004. Identification of the 5' sequences required for incorporation of an engineered ssRNA into the Reovirus genome. Virology, 329 (2): 348-360.

Roner M R, Joklik W K. 2001. Reovirus reverse genetics: incorporation of the CAT gene into the reovirus genome. Proceedings of National Academy of Science of United States of America, 98 (14): 8036-8041.

Roner M R, Mutsoli C. 2007. The use of monoreassortants and reverse genetics to map reovirus lysis of a Ras-transformed cell line. Journal of Virological Methods, 139 (2): 132-142.

Roner M R, Nepliouev I, Sherry B, et al. 1997. Construction and characterization of a reovirus double temperature-sensitive mutant. Proceedings of National Academy of Science of United States of America, 94 (13): 6826-6830.

Roner M R, Roehr J. 2006. The 3' sequences required for incorporation of an engineered ssRNA into the Reovirus genome. Virology Journal, 3: 1.

Roner M R, Steele B G. 2007a. Features of the mammalian orthoreovirus 3 Dearing l1 single-stranded RNA that direct packaging and serotype restriction. Journal of General Virology, 88 (Pt 12): 3401-3412.

Roner M R, Steele B G. 2007b. Localizing the reovirus packaging signals using an engineered m1 and s2 ssRNA. Virology, 358 (1): 89-97.

Roner M R, Sutphin L A, Joklik W K. 1990. Reovirus RNA is infectious. Virology, 179 (2): 845-852.

Sakuma S, Watanabe Y. 1972. Incorporation of in vitro synthesized reovirus double-stranded ribonucleic acid into virus corelike particles. Journal of Virology, 10 (5): 943-950.

Schmechel S, Chute M, Skinner P, et al. 1997. Preferential translation of reovirus mRNA by a sigma3-dependent mechanism. Virology, 232 (1): 62-73.

Shaw A E, Ratinier M, Nunes S F, et al. 2013. Reassortment between two serologically unrelated bluetongue virus strains is flexible and can involve any genome segment. Journal of Virology, 87 (1): 543-557.

Shaw A E, Veronesi E, Maurin G, et al. 2012. Drosophila melanogaster as a model organism for bluetongue virus replication and tropism. Journal of Virology, 86 (17): 9015-9024.

Sherry B, Blum M A. 1994. Multiple viral core proteins are determinants of reovirus-induced acute myocarditis. Journal of Virology, 68 (12): 8461-8465.

Sherry B, Fields B N. 1989. The reovirus M1 gene, encoding a viral core protein, is associated with the myocarditic phenotype of a reovirus variant. Journal of Virology, 63 (11): 4850-4856.

Shing M, Coombs K M. 1996. Assembly of the reovirus outer capsid requires mu 1/sigma 3 interactions which are prevented by misfolded sigma 3 protein in temperature-sensitive mutant tsG453. Virus Research, 46 (1-2): 19-29.

Silverstein S C, Christman J K, Acs G. 1976. The reovirus replicative cycle. Annual Review of Biochemistry, 45: 375-408.

Starnes M C, Joklik W K. 1993. Reovirus protein lambda 3 is a poly (C) -dependent poly (G) polymerase. Virology, 193 (1): 356-366.

Stoltzfus C M, Shatkin A J, Banerjee A K. 1973. Absence of polyadenylic acid from reovirus messenger ribonucleic acid. The Journal of Biological Chemistry, 248 (23): 7993-7998.

Sturzenbecker L J, Nibert M, Furlong D, et al. 1987. Intracellular digestion of reovirus particles requires a low pH and is an essential step in the viral infectious cycle. Journal of Virology, 61 (8): 2351-2361.

Su Y P, Shien J H, Liu H J, et al. 2007. Avian reovirus core protein muA expressed in Escherichia coli possesses both NTPase and RTPase activities. Journal of General Virology, 88 (Pt 6): 1797-1805.

Taraporewala Z F, Patton J T. 2004. Nonstructural proteins involved in genome packaging and replication of rotaviruses and other members of the Reoviridae. Virus Research, 101 (1): 57-66.

Trask S D, Taraporewala Z F, Boehme K W, et al. 2010. Dual selection mechanisms drive efficient single-gene reverse genetics for rotavirus. Proceedings of National Academy of Sciences of United States of America, 107 (43): 18652-18657.

van Gennip R G P, van de Water S G P, Maris-Veldhuis M, et al. 2012. Bluetongue viruses based on modified-live vaccine serotype 6 with exchanged outer shell proteins confer full protection in sheep against virulent BTV8. PLoS One, 7 (9): e44619.

van Gennip R G P, van de Water S G P, Potgieter C A, et al. 2012. Rescue of recent virulent and avirulent field strains of bluetongue virus by reverse genetics. PLoS One, 7 (2): e30540.

Xu P, Miller S E, Joklik W K. 1993. Generation of reovirus core-like particles in cells infected with hybrid vaccinia viruses that express genome segments L1, L2, L3, and S2. Virology, 197 (2): 726-731.

Yin P, Cheang M, Coombs K M. 1996. The M1 gene is associated with differences in the temperature optimum of the transcriptase activity in reovirus core particles. Journal of Virology, 70 (2): 1223-1227.

Yue Z, Shatkin A J. 1997. Double-stranded RNA-dependent protein kinase (PKR) is regulated by reovirus structural proteins. Virology, 234 (2): 364-371.

Zhang X, Tang J, Walker S B, et al. 2005. Structure of avian orthoreovirus virion by electron cryomicroscopy and image reconstruction. Virology, 343 (1): 25-35.

第十七章　反转录病毒科的反向遗传学

第一节　反转录病毒科的基本特征

一、病毒的分类地位

反转录病毒科（*Retroviridae*）是一个成员众多的病毒科，有两个亚科即正反转录病毒（*Orthoretroviridae*）和泡沫反转录病毒（*Spumaretroviridae*）。1999年ICTV将反转录病毒科分为以下7个属：α反转录病毒属（*Alpharetrovirus*）、β反转录病毒属（*Betaretrovirus*）、γ反转录病毒属（*Gammaretrovirus*）、δ反转录病毒属（*Deltaretrovirus*）、ε反转录病毒属（*Epsilonretrovirus*）、慢病毒属（*Lentivirus*）及泡沫病毒属（*Spumavirus*）。这7个属中的病毒大多数都可以感染家畜或禽类，是一类对畜牧业威胁比较大的病毒。其中，马传染性贫血病毒（Equine infectious anemia virus，EIAV）是第一个被确认的具有传染性的反转录病毒，也是第一个被分离出来的慢病毒，其研究背景比较清楚，常被作为一种模式病毒来研究其他慢病毒。

二、病毒的基本特征

反转录病毒的基本特征是，其遗传信息不是存录在DNA，而是在RNA中。它们多具有反转录聚合酶，在感染细胞中，首先将其RNA反转录为DNA，然后再整合到宿主细胞基因组中，以"前病毒"DNA的形式暂时或长期存在，由细胞的转录机构转换为病毒的蛋白质和RNA。几乎所有反转录病毒颗粒共有极相似的结构，如图17-1所示。毒粒呈圆形，直径80～120nm，外膜表面糖蛋白突起，核衣壳为二十面体对称，呈球状至棒状，由螺旋状的核糖核酸核蛋白质构成（图17-1）。

EIAV毒粒呈球形，有囊膜病毒粒子直径为90～120nm，平均100nm。囊膜厚约9nm，囊膜外附有顶端呈纽状的纤突，病毒囊膜下面包裹一个40～60nm电子致密的锥形核心（拟核）（图17-2）。病毒粒子存在于感染细胞的细胞质、细胞表面和细胞间隙。细胞核内无EIAV病毒粒子。病毒主要在细胞质膜上以出芽的方式成熟和释放，也可从细胞质的空泡膜上出芽成熟。

ALV含有一个位于中心的直径为35～45nm的电子致密核芯，中层膜和外层膜。

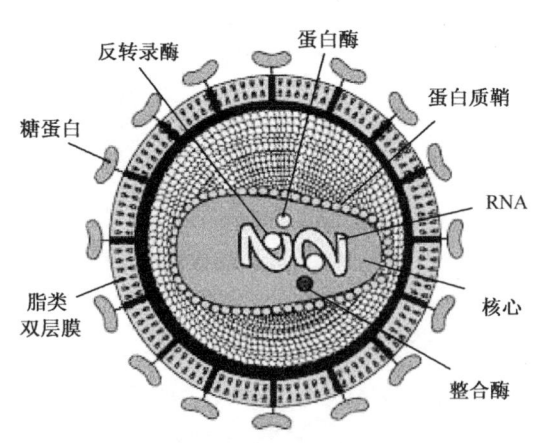

图17-1　反转录病毒颗粒基本结构示意图

这种形态代表了 C 型反转录病毒粒子的形态。病毒粒子的直径为 80～120nm，平均为 90nm。电子显微镜下可以观察到细胞膜上未成熟的病毒粒子出芽。ALV 的囊膜是脂质双层结构，其中镶嵌着是由 *env* 基因编码的 gp37 跨膜蛋白（TM）和 gp85 表面蛋白（SU）。病毒粒子的核芯含有 2 条病毒 RNA 链（图 17-3）。

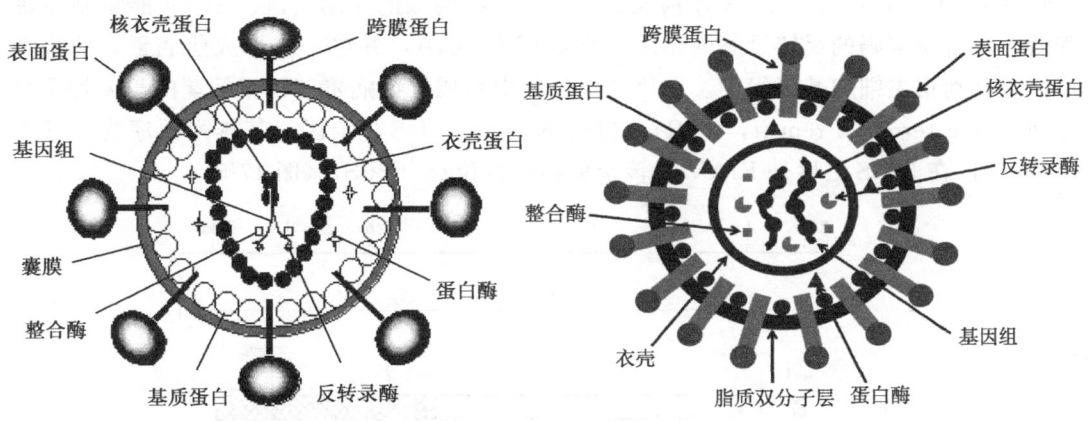

图 17-2　马传染性贫血病毒粒子结构模式图　　　　图 17-3　禽白血病病毒粒子结构模式图

REV 直径约为 100nm，表面突起长约 6nm，直径约为 10nm。病毒粒子在蔗糖密度梯度中的浮密度为 1.16～1.18g/mL，依据 REV 在超薄切片中的形态可与 ALV 相区别。

第二节　反转录病毒基因组结构及其表达产物

一、反转录病毒的基因组结构

反转录病毒的基因组具有如下共同特征：①5′端有 m^7GpppGmp 帽子结构，对于 mRNA 的翻译起重要作用。②3′端有约 200 个腺苷酸的尾巴结构及添加 poly (A)$_{200}$ 的信号序列：AAUAAA。③基因组为双倍体，即其基因组由两个亚单位组成，大小 7～11kb。在电子显微镜下观察，可见近 5′端的两条 RNA 稳定地连在一起，在该区域有反转录酶与之结合的信号及基因组被装配入毒粒的信号。④基因组上有小分子 RNA，如宿主的 tRNA 或小的 rRNA 与之相连，tRNA 3′端的 18nt 与基因组 5′端的 100～500bp 序列配对。它是病毒反转录酶以基因组为模板合成 DNA 的引物。⑤顺式活化区（cis-acting region），所有反转录病毒基因组中重要的顺式调控区基本上都位于两个末端区，而蛋白质编码区在中间。⑥基因组两末端具有末端冗余序列，即 R 区，与 R 区相邻的分别是 U5 和 U3（分别是指 5′端和 3′端的单一序列）（图 17-4）。

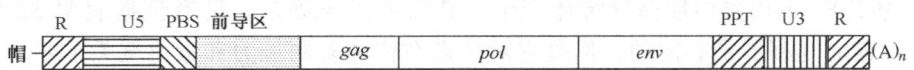

图 17-4　反转录病毒 RNA 基因组结构示意图

EIAV 是一种典型的反转录病毒，其基因组由两条相同的线状 RNA 组成，两条链通过氢键形成二聚体。病毒 RNA 编码 3 个主要结构基因 *gag*、*pol* 和 *env*，此外还有几个小可读框架（ORF S1、S2 和 S3），其中 *gag* 和 *pol* 基因部分重叠。病毒 RNA 基因组两端是完全相同的重复区（R 区），在 5′R 下游是 5′独特区（U5），3′端 R 区上游是 3′独特区（U3），R-U5 和 U3-R 构成了病毒基因组两端的非编码区。EIAV 感染宿主细胞后，在自身编码的反转录酶的作用下合成病毒 DNA，并进一步形成前病毒，前病毒可以整合到宿主细胞基因组中。在反转录过程中形成了前病毒基因组两端的长末端重复序列（long terminal repeat，LTR），包括 R、U 3、US 3 个区，其排列顺序为 5′-U3-R-US-3′，在 5′US 之后是 EIAV 反转录引物结合位点（PBS）（图 17-5）。

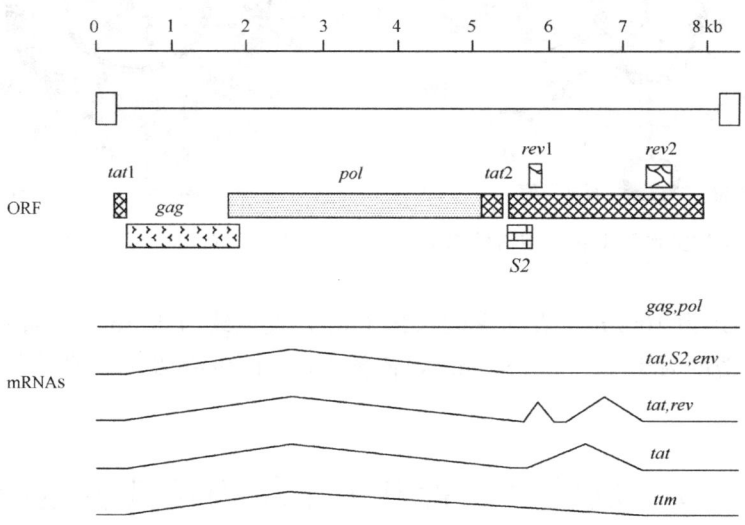

图 17-5 马传染性贫血病毒基因组结构及转录产物示意图

二、EIAV 基因组的编码产物及其功能

EIAV 含有 3 个较大的可读框架，分别编码病毒的 3 个主要结构蛋白 gag、pol 和 env。*gag*（group associated antigen）基因编码的群特异性抗原蛋白，表达以后被病毒编码的蛋白酶裂解为 4 种结构蛋白 P26、P15、P11 和 P9；*pol*（polymerase）基因编码各种酶类，分别是 C 端-蛋白酶-反转录酶-脱氧嘧啶三磷酸酶-整合酶-N 端。*env*（envelop）基因编码两种蛋白，分别是 C 端-gp90-gp45-N 端。gp45 在病毒粒子成熟过程中，由病毒蛋白酶裂解为 gp32 和 P20（Chen et al.，2005；Jouvenet et al.，2011）。EIAV 基因组除编码 3 个结构蛋白外，还编码 3 个小的调节蛋白基因。可读框（ORF）S1 编码 tat，为反式激活因子，作用于 R 区的 TAT 激活区（TAR）参与病毒基因表达的调控；ORF S2 编码蛋白能诱导抗体产生，其功能尚未确定，已有证据表明 S2 蛋白在体外对病毒的复制不是必需的，但是它对病毒在体外复制能力和毒力至关重要。

(一) gag 基因及其编码产物

gag 基因，含 gag 基因的转录产物为 8.0kb mRNA。mRNA 首先翻译成 gag 前体蛋白，分子质量为 55kDa，然后由病毒编码的蛋白酶裂解产生 EIAV 4 种主要的结构蛋白 MA（P15，124 个氨基酸）、CA（P26，235 个氨基酸）、NC（P11，76 个氨基酸）和 P9（51 个氨基酸）。gag 多聚蛋白的组成顺序为 P15-P26-*-P11-P9，其中 * 代表在前体蛋白加工过程中去除的五肽。

基质蛋白 MA/P15 位于 gag 的 N 端，由核苷酸序列推导的氨基酸序列上，其第一个氨基酸应为 Met，但是在蛋白质测序时 N 端被阻断，因此推测 MA/P15 N 端 Met 在加工过程中被去除或修饰，可以确定这一个修饰作用不是肉豆蔻酰化作用（myristylation）。其他慢病毒，如 HIV-1gag 前体蛋白 N 端都有一个肉豆蔻酸的残基，这一残基的作用是帮助 MA 与细胞膜上的 Phosphatidylinositol 4,5-biphosphate［PI（4,5）P2］结合促进病毒组装和释放（Saad et al.，2007）。将 HIV MA N 端的头 2/3 部分缺失，虽不影响 gag 多蛋白的加工、毒粒装配和出芽等，但 env 糖蛋白无法进入外膜，使病毒没有侵染性。EIAV MA 不存在肉豆蔻酰化作用，去除细胞膜上 PI（4,5）P2 也不影响病毒组装和释放，但是磷酸肌醇能够引导病毒到达内膜结构促进病毒组装和释放（Fernandes et al.，2011）。

衣壳蛋白 CA，由病毒蛋白酶将 gag 多蛋白裂解后的中部区域形成，具有高度疏水性，是衣壳的主要成分，占病毒总蛋白含量的 40%。由于 P26 抗原在不同毒株中高度保守，在病毒粒子中含量高且容易制备，而且感染马持续产生 P26 抗体。CA/P26 与 HIV-1 的 P24 蛋白同源性高，EIAV 感染马血清与 HIV-1 有交叉免疫沉淀反应。CA/P26 在 EIAV 粒子中构成围绕 RNA 基因组的核心蛋白，P26 对病毒后期的组装成熟起重要作用，还与病毒侵入后早期活动有关。P26 C 端还含有不同反转录病毒在 gag 唯一的同源区（MHR）。MHR 对整个 CA 结构十分重要，MHR 上氨基酸的突变引起结构上错误的构象会严重影响其活性。

核衣壳蛋白（NC/P11）gag 多蛋白的 C 端是 NC 蛋白，呈碱性，具有亲水性，能与基因组结合，一分子的 NC 与 4~6 个核苷酸结合。其结合的分子基础是 NC 具有两个锌指结构，这也是所有反转录病毒 NC 蛋白共有的结构特征（除了泡沫病毒）。核磁共振（NMR）分析表明，锌指结构位于中央球状结构中，N 端和 C 端相对不规则。EIAV 粒子核蛋白体包括所有的 NC，而只有少量 P26 和 P15。

P9，EIAV 除了编码反转录病毒共有的 MA、CA、NC 外，还有一个少数反转录病毒才有的附加蛋白 P9。P9 蛋白位于 gag-pol 重叠部位，在推测的 gag-pol 移框位点下游。因此当 gag-pol 融合蛋白表达时，P9 将被关闭。P9 与 EIAV 粒子的释放有关，这一功能定位于 P9 氨基酸序列的 YXXL 基序结构上。由于 P9 的这一功能作用于病毒组装晚期，因此这一功能区又被称 L 区（late domain）。其他反转录病毒，如 HIV-1 的 L 区（PTAP）招募 ESCRT-I 家族中 Tsg101 蛋白完成病毒 gag 蛋白组装，而 EIAV L 区招募 VPS E 家族中 AIP-1/ALIX 蛋白协助完成病毒组装（Chen et al.，2005；Jouvenet et al.，2011）。

(二) *pol* 基因及其编码产物

pol 基因编码病毒复制所需的各种酶类。所编码的各种酶在多聚体前体融合蛋白中的排列顺序为 5′-蛋白酶（PR）-反转录酶（RT）-dUTPase-整合酶（IN）-3′。*pol* 与 *gag* 分别位于两个 ORF 上，*pol* 与 *gag* 部分重叠，重叠部分长为 205bp。在 EIAV 转录产物中，能够编码 pol 的只有一种 8.0kb 的 mRNA。据此推测，EIAV pol 的转录与 HIV 一样是通过 *gag-pol* 的移框读码实现的。首先转录成 gag-pol 融合蛋白形式，然后经蛋白水解酶裂解产生 gag 和 pol 前体蛋白，病毒复制过程中 gag-pol 和 gag mRNA 比例稳定在 20∶1，这种比例被破坏会影响病毒组装和成熟 （Shehu-Xhilaga et al.，2001）。pol 前体蛋白的裂解产物为 EIAV 复制过程中所需要的各种酶类。

PR 由 104 个氨基酸残基组成，为 10kDa 的蛋白。成熟的 PR 是二聚体，靠自我催化裂解而释放。其功能是裂解病毒的前体蛋白，但是 PR 对前体蛋白加工不受蛋白酶体抑制剂的影响 （Patnaik et al.，2002）。PR 可水解核衣壳蛋白的锌指结构，裂解位点位于锌指结构中第一个半胱氨酸残基的 C 端，在病毒生活周期早期（反转录和整合）过程中起关键作用。

RT 具有依赖 RNA 的 DNA 聚合酶活性、依赖 DNA 的 DNA 聚合酶活性和 RNase H 活性，负责将病毒 RNA 反转录为病毒 cDNA，RNase H 在反转录过程中降解 RNA∶DNA 杂交分子。

dUTPase 在 DNA 复制中具有重要的功能，催化 dUTP 转换为 dUMP 和 PPi，这样除可供应 dUMP（合成 dM 的一个关键底物）外，还能维持低比率的 dUTP/dTTP，使尿嘧啶不会掺入新合成的 DNA 之中。dUTPase 对于病毒在分化细胞内的复制是非必需的，但对于非分化的巨噬细胞来说，病毒的有效复制需要 dUTPase。在 EIAV 感染性分子克隆中缺失 dUTPase，病毒在细胞系中的复制水平正常，但在原代马巨噬细胞中的复制水平很低。在缺失突变的 EIAV 中尿嘧啶能掺入反转录的 DNA，但野生型毒株没有这种掺入。因此推测，在非分裂细胞中细胞 dUTPase 的水平可能很低，而 EIAV 的 dUTPase 行使类似的功能，使病毒适应于在非分裂的单核巨噬细胞中复制。

IN 蛋白酶既有裂解 DNA 也有连接 DNA 的活性，因此能将病毒 DNA 整合至细胞染色体 DNA 中。IN 以二聚体形式存在，不仅是整合反应所必需也是其被包装入颗粒时所不可少的。IN 的中部有一段酸性氨基酸保守区：Asp64-Asp116-Glu152，是催化活性部分，负责切除 DNA 3′端的 TT、裂解细胞目标 DNA，使之形成 5 个碱基的交错切口末端、使底物 DNA 3′端与目标 DNA5′磷酰基连接等反应。

(三) *env* 基因及其编码蛋白

env 基因转录后经过单拼接产生了约 4.2kb 的 mRNA，经细胞翻译系统合成糖蛋白前体后裂解为 gp90 和 gp45 糖蛋白。EIAV 5′引导序列（leading sequence）作为拼接供体（SD）与 *env* 起始点上游 35bp 的拼接受体（SA）序列作用，拼接成 4.2kb 的 mRNA，编码囊膜蛋白前体（Env），进一步裂解可形成表面蛋白（SU/gp90）和跨膜蛋白（TM/gp45）。囊膜蛋白能通过与细胞受体作用而影响病毒的细胞嗜性，也是介导

细胞融合和病毒穿入细胞过程中的重要作用成分。此外，囊膜蛋白还是中和抗体和细胞毒 T 细胞的主要靶分子。

表面蛋白（gp90）位于 Env 多聚蛋白的 N 端，是一种高度糖基化的蛋白，构成病毒纤突的柄，与病毒粒子呈松散结合。该蛋白是诱导宿主产生中和抗体的主要抗原，其中和表位的特异性与糖侧链位置密切相关，抗原表位依赖于糖侧链的存在，同时也可以被糖侧链掩盖。gp90 是 EIAV 中变异比较大的一种蛋白，其变异主要集中在 Cys 环状结构和高变区（HVR）。随着研究深入，又将 gp90 的变异区细化为 8 个可变区，分别命名为 V1～V8，其中 V3 区与 HIV-1V3 袢结构（Cys 环）在功能上是相对应的。

跨膜蛋白（TM/gp5）是一种轻度糖基化的疏水性蛋白，构成病毒纤突的茎，一端与柄相连，另一端镶嵌在病毒韭膜的脂质双层之中。gp45 具有反转录病毒跨膜蛋白的一些共同特征：有两个高度疏水区，疏水区中间由 110～160 个氨基酸隔开。N 端的疏水区称为融合区，该区在病毒囊膜与细胞膜融合时发挥作用，促使膜融合。靠近 C 端的疏水区叫做穿膜锚，横跨在病毒囊膜上，起固着作用。与 gp90 相比，gp45 比较保守。gp45 是跨膜蛋白在感染细胞中的存在形式。在 EIAV 病毒粒子中，gp45 被水解为 N 端的 32～35kDa 糖基化肽段 gp35 和 C 端的 20kDa 非糖基化肽段 p20，裂解位点位于距 gp45 N 端 240 个氨基酸残基的 His—Leu 键上。gp45 的大多数免疫显性表位在 N 端，融合区至穿膜锚区域免疫原性较强，在该区域内已确定了许多免疫显性表位。相反，gp45 的 C 端与免疫马血清的反应弱而不稳定，p20 几乎没有或有很弱的不确定的免疫原性。在 gp35 区域的两个 Cys 残基是高度保守的，对维持 gp45 构象起重要作用。

（四）小 ORF 编码的非结构蛋白

EIAV 的基因组除编码 3 个主要结构蛋白 gag、pol 和 env 之外，还编码一些附加的调节蛋白，对调节病毒蛋白的表达起到不可取代的作用。EIAV 编码的调节蛋白分别是可读框架 S1 编码的 tat、S2 蛋白以及 S3 编码的 rev。

1. ORFS1 及其编码的 tat 蛋白

S1 位于 *pol* 和 *env* 之间，与 *pol* 基因处于同一可读框架，编码反式激活蛋白（trans-activator，tat 蛋白）。tat 蛋白可以与 LTR 中相应的功能区 TAR 结合，大大提高病毒基因的表达效率。EIAV tat 蛋白的一个显著特点是起始密码子在引导序列中是 CTG 而不是 ATG。tat 蛋白含有 3 个结构域，即 N 端核心区、碱性区和 C 端。其中，C 端的 26 个氨基酸对靶序列 TAR 的识别是必需的。碱性区对 TAR 的识别是必需的，但是单独碱性区不能起识别作用。因此推测，tat 的 C 端与碱性区能够形成袋状结构的空间构象，对 TAR 起到识别作用。而第 60 位氨基酸 Glu 似乎对 TAR RNA 结合也是必要的，该氨基酸的替换将导致 tat 识别功能丧失。tat 核心区的功能是具有转录激活作用。

tat 在病毒基因表达过程中起重要作用，对病毒的复制是必需的。tat 能放大 mRNA 的转录，mRNA 转录的起始是由 TATA 盒子上游的增强子与细胞转录因子相互作用来控制的。慢病毒 tat 蛋白对病毒基因表达的激活放大作用是十分强大的，与未有 tat 的情况相比，对病毒基因产物的增加可最多达到几百倍。tat 作用的靶序列，称为 tat 应答区（tat activating region），是位于新生成病毒 mRNA 5′端，是一段具有二级结构的 RNA，tat 在转录及转录后水平上发挥作用。在慢病毒中，tat 作用方式是不同的。根据 tat 作用方式可将慢病毒分为两类：一类作用的靶序列是 TAR，这类慢病毒包括 HIV、SIV、BIV 和 EIAV；另一类的作用序列是在 U3 增强子区 AP-1 位点上，也可能与 AP-1 协同作用，这类慢病毒有 MVV、CAEV 和 FIV。EIAV tat 的靶序列 TAR 与灵长类慢病毒相似，用核磁共振（NMR）和核酸酶分析方法结合对 TAR 结构突变分析，TAR 的二级结构是由 9 个碱基构成的茎和 4 个碱基构成的环所形成的茎-环结构。TAR 的二级结构完整性对 tat 反式激活作用是必需的。茎部碱基的突变会破坏碱基的配对，也就使 TAR 失去作用，而互补的突变又会恢复 TAR 的作用。茎部的环状结构以及环状结构下面非 Watson-Crick 配对碱基构成了 Tat 识别的特异性结构。TAR 结构上的碱基突变对 tat 反式激活作用在增强 CAT 表达活性上可相差几十倍。

2. ORFS2 及其编码的 S2 蛋白

该读码框位于 pol 与 env 的编码区之间的，编码 S2 蛋白，其功能目前尚不十分清楚。在所有发表的 EIAV 前病毒序列中都含有 ORFS2，并且都含有 3 个可能起作用的功能基序：GLFG（推定的核孔蛋白基序）、PXXP（推定的 SH3 区结合基序）、PRKQETKK（推定的核定位序列）。S2 存在于感染细胞的细胞质中，可能在病毒组装过程中，参与 gag 蛋白在细胞质中的聚集。研究表明，S2 基因在持续感染的马体内高度保守，缺失 S2 基因会导致病毒毒力减弱，并降低病毒的复制能力。表明 S2 基因可能是影响病毒在感染动物体内复制能力和致病性的一个重要因素，但也有研究表明缺失 S2 基因的感染性分子克隆在体外巨噬细胞内的复制不受影响，其具体作用机制尚不清楚。

3. ORFS3 及其编码的 rev 蛋白

rev 蛋白对病毒结构基因的表达和新病毒的产生所必需，由 165 个氨基酸残基构成。rev 通过与病毒 RNA 结合，在转录后水平上反式激活病毒基因的表达。EIAV 的 rev 蛋白与 HIV 的 rev 蛋白一样，可在病毒复制的晚期指导未完全拼接的病毒 mRNA 向核外转运，加强这些 mRNA 的稳定性，并能积累 mRNA，以合成病毒装配所需的结构蛋白，此外 rev 还能促进基因组 RNA 包装进病毒粒子（Blissenbach et al.，2010）。

rev 蛋白还参与病毒 mRNA 的剪接，在缺乏 rev 蛋白时，前病毒以高水平表达含 4 个外显子的 mRNA，加入 rev 蛋白后，含 4 个外显子 mRNA 的水平下降，出现一种缺乏外显子 3 的 mRNA。EIAV rev 的靶序列（RRE）位于 env 基因的两端，至少含有两个。一个位于外显子 3，另外一个位于外显子 4 的 5′端。第一个区域起主要作用，另一个区域起加强作用。rev 蛋白通过与 RRE 相互作用，使含 RRE 的编码病毒结构蛋白的转录产物（未剪接的或单一剪接的）从核转运到细胞质。EIAV 的 rev 蛋白调节途径中，顺式和反式激活序列都有其特殊性。EIAV 的 rev 蛋白与其他慢病毒 rev 蛋白很少具有同源性，结合部位和活性部位的结构明显不同，RRE 的结构也明显不同，HIV 的 RRE 是一种茎-袢结构，EIAV RRE 包含两个 rev 结合区域（RBR），这两个区域都能形成茎-环高级结构，是 rev 和 RRE 结合的必需区域（Lee et al.，2008）。

三、EIAV 的非编码区（LTR）

EIAV 等慢病毒，病毒基因组的两端称为长末端重复序列（long terminal repeat，LTR）。LTR 依次由 5′独特区（U3）、重复区（R）和 3′独特区（U5）3 个区域构成。由于 LTR 增强子区基因的插入或缺失的变化，EIAV LTR 长度一般为 320bp 左右。LTR 含有两类调节序列：一类是与细胞转录因子相互作用的上游序列；另一类是被病毒自身编码的反式激活蛋白 tat 所识别的下游序列（TAR）。

EIAV 的 U3 区长度一般为 200bp 左右。从 5′端—3′端分布着负调节区（NRE）、增强子区（ENH）、启动子 TATA 盒。ENH 是 LTR 的高变区，含有许多与病毒复制及致病力等有关的调节元件和调节基序。启动子 TATA 盒控制起始位置的精确性，是转录开始的解链位置。

R 区全长 78bp，含有转录起始位点信号和顺式激活成分。R 区存在一个 poly（A）信号序列 AATAAA，其下游 16bp 处有一对碱基 CA，通常作为 poly（A）附加位点，也是 R 与 U5 区的边界。R 区存在 EIAV tat 蛋白作用的靶序列 TAR。该靶序列位于病毒 RNA 的 5′端，由 25 个核苷酸组成。TAR 二级结构是由 9 个碱基构成的"茎"和 4 个碱基构成的"环"而形成的茎-环结构。TAR 二级结构的完整性对 tat 蛋白的反式激活作用是必需的。所以 TAR 结构上的碱基突变将会对 tat 蛋白产生很大的影响。在增强 tat 蛋白表达活性上可相差几十倍。U5 区全长 36bp，含有转录终止信号和多聚腺嘌呤添加位点，该区通常是保守的。

ALV 的基因组是单股、正链、线性 RNA 的二聚体，单体长 7～11kb。病毒体 RNA 拥有 5′LTR-5′UTR-gag-pol-env-3′UTR-3′LTR 这一典型的反转录病毒 RNA 序列。gag 基因编码病毒内部结构蛋白，包括 p19 基质蛋白（MA）、p27 衣壳蛋白（CA）、p12 核衣壳蛋白（NC）以及 p15 蛋白酶（PR）。pol 基因编码反转录酶（RT）和 p32 整合酶（IN）。其中，RT 负责以病毒 RNA 为模板产生前病毒 DNA，而 IN 则与前病毒 DNA 整合于宿主染色体有关。env 基因编码病毒囊膜糖基化蛋白，包括膜表面糖蛋白亚单位（SU）gp85 和跨膜糖蛋白亚单位（TM）gp37。gp85 蛋白，含有病毒受体决定簇，决定亚群特异性和宿主范围。gp37 蛋白，为跨膜蛋白，包含有与病毒细胞膜融合的两个重要疏水区，介导病毒与细胞的融合过程。球形结构的 gp85 直接与跨囊膜的杆状 gp37 结合，附着于病毒囊膜上。序列两端的长末端重复序列（long terminal region，LTR）由 U3 独特区、R 短重复区以及 U5 独特区三部分组成。其中，U3 区含有启动子和增强子，与病毒复制、翻译、致瘤等密切相关（图 17-6）。

REV 包括完全复制型和不完全复制型两大类病毒。完全复制的 REV 基因组约为 9.0kb，不完全复制的 T 株基因组约有 5.7kb，这主要是 gag-pol 区基因的大段缺失和 env 区少部分缺失所致。REV 全基因组有两个可读框，主要包括 gag、pol 和 env 等结构基因，两侧是 LTR。其中不完全复制的 T 株基因组的 env 区含有 1 个 0.8～0.9kb 具有转化作用的替代片段——V-rel 基因，该基因是主要的致病基因，与 T 株的急性致瘤作用有关。gag 蛋白是核心蛋白，在自身蛋白酶的作用下可裂解为几种小的成熟结构蛋白（包括衣壳蛋白），是主要的群特异性抗原；pol 蛋白具有聚合酶、反转录酶、整合

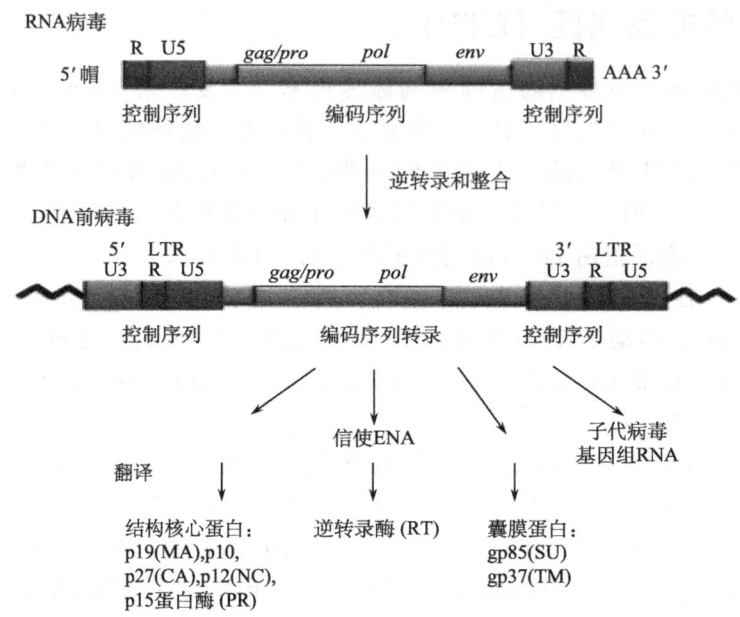

图 17-6 禽白血病病毒基因组的病毒 RNA 和前病毒 DNA 结构特点

cap. 5′端结构；AAA. 3′端多聚腺苷酸；R. 重复序列；U5：5′端独特序列；
U3. 3′端独特序列；LTR. 长末端重复序列

酶等活性；env 蛋白是囊膜蛋白，能被进一步裂解为 gp90 和 gp20，较小的 gp20 贯穿病毒的囊膜，称为穿膜蛋白（TM），较大的 gp90 通过二硫键和氢键与 TM 相连，暴露于囊膜之外，称之为表面蛋白（SU），TM 和 SU 是 env 基因编码的前体蛋白经水解后产生的（图 17-7）。

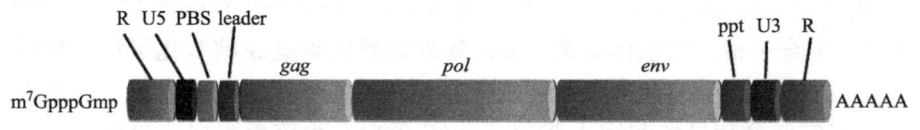

图 17-7 网状内皮增生症 RNA 基因组结构示意图

第三节 反转录病毒的繁殖与复制

一、病毒的吸附与传入

首先，反转录病毒通过病毒囊膜糖蛋白和细胞受体之间特异的相互作用吸附于易感靶细胞的表面（图 17-8），这种作用的特异性决定了反转录病毒具有严格的宿主细胞嗜性。在低 pH 环境下，病毒通过细胞的内吞作用进入细胞。然后病毒囊膜和细胞的质膜融合，将病毒核心释放到细胞质中。病毒的核心进入细胞后并不降解，衣壳蛋白及核衣壳蛋白仍包裹基因组 RNA，形成核心复合体。

二、基因组的反转录

RNA 进入细胞后，DNA 即在细胞质内合成。首先，在病毒的反转录酶作用下，以病毒 RNA 为模板，在 RNA 近 5′端，以与引物结合位点（PBS）结合的 Lys3 tRNA 为引物开始合成负链 DNA，向 5′端的方向前进。当反转录酶到达 RNA 的 5′端，并越出模板时，反转录过程暂时停止，此时合成的负链 DNA 仍附着在 tRNA 引物上。随后负链 DNA 和引物复合体跳跃到 RNA 3′端的 R 处，负链 DNA 继续向着 RNA 的 5′端前进，合成全长的负链 DNA，形

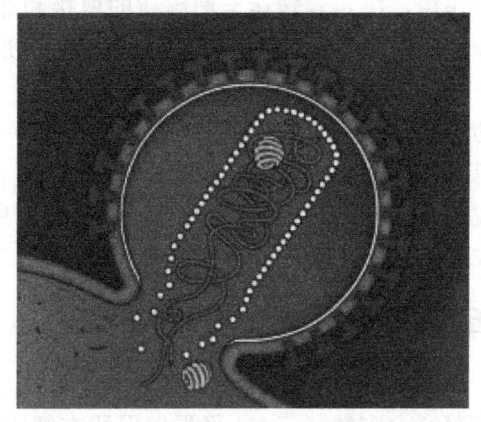

图 17-8　反转录病毒攻击靶细胞模式图

成 DNA-RNA 杂交分子。同时反转录酶的 RNase H 活性发挥作用，在 RNA 的 3′端 U3 区上游的聚嘌呤段处，水解产生一个切口，以切口上游的 RNA 为引物，以负链 DNA 为模板，合成正链 DNA，并向负链 DNA 的 5′端方向前进，停止于负链 DNA 的起始处。随后反转录酶降解引物 tRNA 和病毒 RNA，正链 DNA 跳跃到负链 DNA 的 3′端，合成全长的正链 DNA，正负链 DNA 合成后，形成双链。由于反转录酶同时具有依赖 RNA 的 DNA 聚合酶活性、RNase H 活性和依赖 DNA 的 DNA 聚合酶活性，因此，可独立完成反转录过程。在此过程中，线性双股 DNA 的每一末端增长，形成 LTR，该病毒 DNA 称为前病毒。

三、前病毒的整合

RNA 被反转录成双链 DNA，部分反转录的双链 DNA 产物与病毒的 gag 和 pol 蛋白组成核蛋白-整合前复合物（PIC），该复合物随后经过细胞质被运输到细胞核。在细胞核内，病毒 DNA 在整合酶催化下以前病毒形式持久地整合到细胞染色体 DNA 中，这是有效地合成病毒 RNA 和产生感染性病毒粒子的必需步骤。在整合过程中，整合酶从线性前病毒 DNA 的 3′端切除 2 个碱基，留下 3′—OH，这一反应也可能发生在进入细胞核之前；同时随机地水解宿主染色体某一处的 DNA 双链，造成 5′端凸出的黏端切口。5′端带有—PO₄ 的细胞染色体 DNA 和 3′端带有—OH 的病毒 DNA 连接在一起，宿主细胞的 DNA 修复系统修平缺口，并替换 5′端两个错配的碱基。前病毒插入位点两侧的细胞 DNA 为短重复序列，这是整合转座子的基本特征。细胞基因组中许多位点可整合前病毒 DNA，而且在同一细胞不同位点可插入多个前病毒分子。

四、病毒的复制

整合的前病毒 DNA 作为模板在 RNA 聚合酶 II（pol II）的指导下转录出病毒的 RNA。这需要病毒编码的 tat 蛋白和细胞转录激活蛋白的参与。病毒 mRNA 生成后即被加工，所有 mRNA 的 3′端多聚腺苷酸化，部分 mRNA 被剪接。病毒 mRNA 在 rev 的作用下转运到细胞质中，进行蛋白质合成。其中一部分全长的病毒 mRNA 以后被包装到子代病毒粒子中。病毒编码的 rev 蛋白，在 RNA 加工和转运的水平上起关键的调

节作用，决定着转运至细胞质的剪接和非剪接 RNA 的相对数量，从而影响蛋白质的翻译和 RNA 的包装。病毒转录过程中形成小、中、大 3 种不同大小的 mRNA。小 mRNA 由许多不同大小的顺反子组成，它们编码病毒的调控蛋白 tat、rev。中等大小的 mRNA 编码病毒的囊膜蛋白 E 以及一个功能不清的小蛋白 S2，同时它也具有潜在编码 tat 蛋白的功能。大 mRNA 负责合成 gag-pol 多聚蛋白，其自身编码的蛋白酶裂解形成病毒的被膜结构蛋白以及生命过程中所需的酶类。病毒的蛋白多以前体蛋白形式生成，再经加工后才能产生成熟蛋白。

五、病毒的装配与释放

合成的 env 蛋白进入粗面内质网池，之后移入高尔基体糖基化并转运到细胞质和细胞膜。大多数 gag-pol 聚蛋白保留在细胞质中，但有一部分按 env 聚蛋白的途径被糖基化并经分泌途径转运到细胞膜的外侧。在 gag 和 gag-pol 多聚蛋白向细胞膜转运过程中或转运后，Gag 蛋白前体捕获两分子的单链病毒 RNA。gag 和 gag-pol 蛋白前体与病毒 RNA 组装成核衣壳并且诱导细胞膜向内弯曲，形成芽状结构，为病毒释放做准备。在 gag-pol 出芽过程中，囊膜蛋白掺入复合蛋白当中，将病毒粒子包裹起来。病毒粒子由

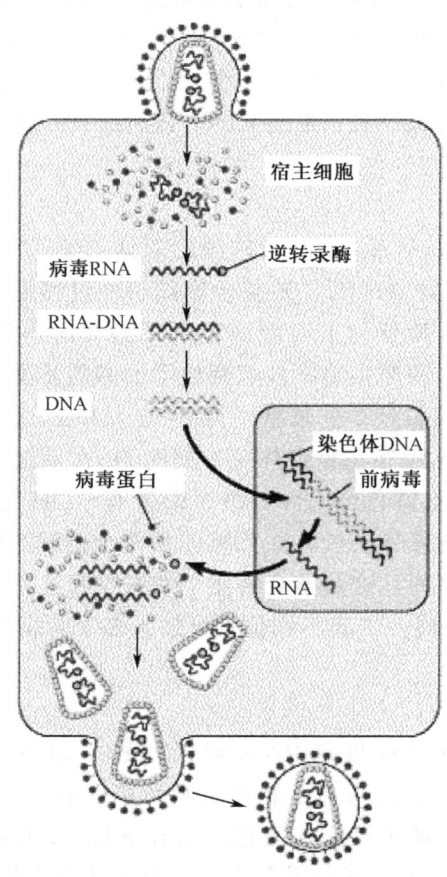

图 17-9　反转录病毒的增殖与复制过程

细胞膜上挤出，完成出芽过程。HIV 在细胞膜上完成组装与释放，而 EIAV 是在细胞质内部完成组装，这种组装方式取决于 Gag 蛋白在细胞内的聚集部位。在 gag-pol 出芽过程中或紧接着出芽以后，病毒的蛋白酶将 gag 和 gag-pol 前体蛋白裂解为成熟的蛋白质，蛋白酶的裂解导致核心浓缩形成成熟病毒粒子（图 17-9）。

第四节 马传染性贫血病毒反向遗传学系统的建立

反向遗传学技术在反转录病毒研究中发挥了重要作用，并因此取得了许多重要研究成果。其中，以 HIV 和 EIAV 的研究受益最大，所取的研究结果也最丰富。在此，以马传染性贫血病毒为例，详细阐述反转录病毒反向遗传学研究系统构建的原理和方法。

一、EIAV 全长 cDNA 分子的构建

EIAV 是一种正链 RNA 病毒，其基因组由两条相同的 RNA 分子组成，全长约 8.2kb。对于其基因组的克隆可以采取如下 3 种方法：①RT-PCR 法。即直接从血浆中提取病毒 RNA，用 RT-PCR 方法分段扩增全基因组，再将获得的各个基因片段连接起来，构建成全长 cDNA 分子。由于反转录病毒基因组的复制比较复杂，末端重复序列不容易获得而又十分重要。因此，往往需要在构建好全长 cDNA 克隆之后，再在其末端加上前病毒的 5′端和 3′端完整的 LTR 片段，以保证获得的全基因组克隆具有感染性。②直接 PCR 法。即从裂解的外周血淋巴细胞（PBMC）或其他细胞培养物中抽取细胞基因组 DNA，采用 PCR 方法直接扩增获得前病毒的 DNA 序列。该策略简单、易行，很容易获得病毒的全基因组 DNA 克隆。因此，国内、外普遍采用该方法构建反转录病毒的感染性克隆。例如，王晓钧等（2005）、王柳等（2003）等均从感染 EIAV 的驴白细胞培养物中成功扩增到了 EIAV 的前病毒 DNA 序列。③用噬菌体克隆 EIAV 前病毒 DNA。即在抽提出整合有前病毒的细胞基因组后，用特异性的限制酶进行消化，再用密度梯度离心法或凝胶纯化方法收集酶切片段并进行噬菌体克隆，然后收集阳性克隆并插入合适载体中。该策略能保证所获得的全基因组带有完整的侧翼序列，从而保证了分子克隆的感染性。早期的 EIAV 感染性克隆多采用该方法构建而成。例如，Payne 等（1994）采用此方案成功构建了 EIAV PV 株的感染性克隆。其大致步骤如下：从感染 EIAV PV 株的驹马肾细胞中，抽提细胞总基因组（含有前病毒 DNA）；用位于 LTR 内部的限制性内切核酸酶 *Mlu*I 消化前病毒 DNA，使之变成长约 8kb 的线性 DNA 分子；用凝胶法纯化并回收 DNA 片段；用 DNA 连接酶将线性 DNA 片段环化，使其 LTR 得到恢复；再用 *Scc*I 消化环形 DNA，并克隆到 λZap 载体中；用 [32]P 标记的 DNA 探针（靶序列为 gag-pol 和 env 区域）筛选噬菌体库，获得全长分子克隆。由于该方法操作烦琐、复杂，产量也不高，现在已很少采用。

二、病毒的拯救

利用脂质体、磷酸钙或电转化等方法将构建的 EIAV 全长 DNA 分子克隆转染敏感细胞，如驴胎皮肤细胞、驴白细胞等。一般转染步骤如下：①培养驴白细胞长至约

70%融合度；②将纯化的重组质粒加入100μL无血清巨噬细胞培养液中，充分混匀，制成溶液A；③取6μL脂质体加到100μL无血清巨噬细胞培养液中，充分混匀，制成溶液B；④再将溶液A、B充分混合均匀，室温静置15min；⑤加入800μL无血清巨噬细胞培养液，混匀后加到已用赛氏液洗涤3次的驴白细胞中；⑥置于37℃，CO_2培养箱中孵育3h；⑦再加1mL无血清巨噬细胞培养液，37℃培养，并在转染后的24h，将上述含有转染试剂的培养物弃去，换成无血清巨噬细胞培养液继续培养。细胞经转染后4~6天收取培养上清，一部分用于测定反转录酶活性，剩余培养物反复冻融3次，作为种毒继续传代。同时设立阴性对照（空载体）和正常细胞对照。

三、拯救病毒的鉴定

1. 细胞病变的观察

对于在培养过程中，能产生致病变效应（CPE）的一些EIAV毒株，可以用显微镜直接观察CPE出现情况。例如，EIAV驴强毒及弱毒在驴白细胞培养过程中，均能导致产生病变，主要表现为细胞变圆或呈梭形，部分细胞脱落等，如图17-10所示。

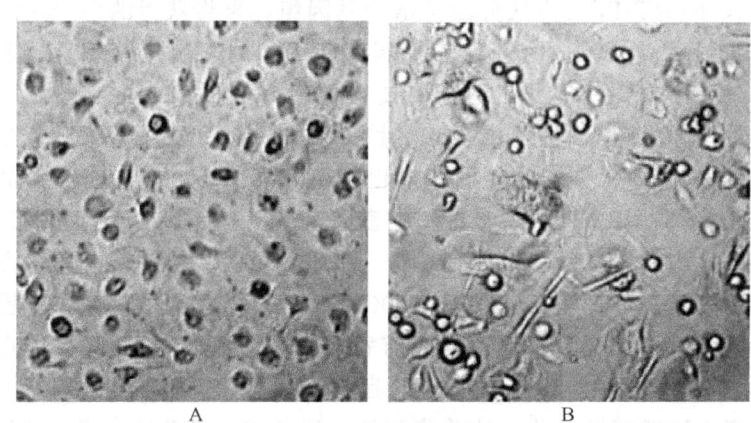

图17-10 人工拯救EIAV在驴白细胞中的致病效应（王晓钧等，2005）
A. 正常驴白细胞（×200）；B. EIAV D株拯救毒感染的驴白细胞（×2000）

2. 电子显微镜观察病毒形态

收获转染后的细胞培养物，在细胞上连传数代，利用透射电子显微镜可以在培养物中可发现直径100nm左右的带有囊膜的典型的马传染性贫血病毒粒子，如图17-11所示。

3. 反转录酶（RT）活性测定

由于反转录病毒在细胞中的复制过程中，有反转录酶（RT）表达，因而可以通过RT活性的检测来鉴定拯救病毒。其操作过程：①收取转染或病毒盲传的细胞培养上清，于4℃ 2000g离心30min；②取上清于4℃ 100 000g离心30min，弃净上清，收集沉淀物于-70℃冻存；③使用非放射性反转录酶检测试剂盒检测反转录酶活性；④结果统计，参照王晓钧等（2005）检测结果可知，从第2代开始，转染组和阳性对照组细胞培养上清均能检测出反转录酶活性，并从第2代开始活性逐渐增强，到第4代已经出现较强的 RT 活性。提示拯救病毒在细胞中进行了复制与表达。

4. 动物回归试验

将初步鉴定的病毒粒子细胞培养物接种敏感动物（马或驴），每只动物 4mL 静脉注射，在注射前、后均采取血样进行血清学检测、病理学检查，同时监测体温及临床观察等。参照袁秀芳、王晓钧等的实验结果，动物在接种拯救病毒后，均有明显的体温升高反应（可达 40℃以上），并持续稽留，血小板急剧下降。临床可见：眼结膜黄染、全身各器官组织大面积渗出性、出血性炎症，局部有坏死等。病理解剖学特征：皮下脂肪胶样萎缩、黄染，心脏冠状脂肪也胶样萎缩、出

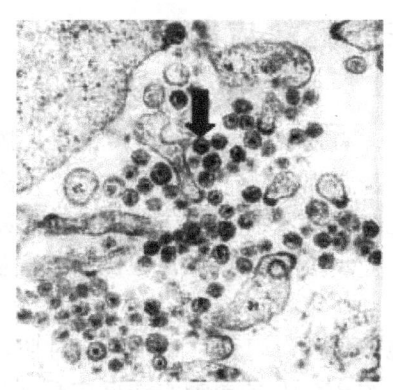

图 17-11　EIAV 驴强毒拯救病毒的电子显微镜鉴定

血，肠浆膜黄染、出血等；在发热初期采集的外周血经病毒分离鉴定均可分离到典型的马传染性贫血病毒粒子。利用 ELISA 方法可以检测到 EIAV 结构蛋白 P15、P11、P26、P9 以及 gp45 的抗体。

第五节　禽白血病反向遗传学系统的建立

反向遗传技术在 ALV 研究中得到了深入的应用，并取得了重要的研究成果，本节对 ALV 反向遗传系统构建原理和方法进行详细阐述。

一、ALV 全长 cDNA 分子的构建

ALV 基因组是单链有义 RNA，普遍采用 PCR 方法扩增前病毒基因组，然后将 PCR 产物依次连接到合适的载体上从而获得一个含有完整 ALV 前病毒基因组的重组质粒。张纪元等于 2005 年成功构建 ALV NX0101 株的感染性克隆，其步骤如下：①通过 PCR 方法获得 ALV 基因组全长，根据基因组长度分为 3 段即 NX1、NX2、NX3。②通过 EcoR I 和 $Hind$ III 双酶切片段 NX3 和载体 PUC18，连接后获得重组质粒 pC。③通过 $Hind$ III 和 Pst I 双酶切片段 NX1 和 pC，连接后获得重组质粒 pAC。④通过 Pst I 和 Kpn I 双酶切片段 NX2 和 pAC，连接后获得含完整 ALV NX0101 株前病毒基因组的重组质粒。现在多采用此方法获得 ALV 全长分子克隆。

二、细胞转染及病毒的拯救

大多采用脂质体的方法将 ALV 全长分子克隆转染 DF-1 细胞，其主要步骤如下：将 DF-1 细胞传代于 6 孔细胞培养板，待细胞达到 90% 的融合度时进行转染，参照 Lipofectamine™ 2000 说明书，取 4μg 重组质粒和 10μL Lipofectamine 混合于 500μL 无血清 DMEM 中，混匀后室温放置 20min，将混合液加入含 1.5mL 无血清 DMEM 的细胞培养孔中，使其充分混匀，6h 后换含 5% 胎牛血清的 DMEM，维持 3 天后收获病毒，反复冻融 3 次后连续在 DF-1 上传代。

三、拯救病毒的鉴定

1. 间接免疫荧光试验

将拯救的病毒连续传代后，按常规方法接种于约60%单层DF-1的96孔板中，7天后按常规方法进行间接免疫荧光检测，同时设不接种病毒的细胞对照。感染组DF-1细胞表面以及细胞质有明显的绿色荧光。

2. 禽白血病抗原检测试剂盒检测

使用IDEXX公司生产的禽白血病病毒抗原检测试剂盒（ALV-Ag），首先取出抗体包被板，设阳性对照和阴性对照，在剩余孔中加入$100\mu L$的待检细胞液室温孵育1h。用约$350\mu L$的蒸馏水洗反应孔3次然后每孔加入$100\mu L$的辣根过氧化物酶标记的p27抗体，室温孵育1h。再用$350\mu L$蒸馏水洗3次，每孔加入$100\mu L$的TMB底物显色液孵育15min，再每孔加入终止液用酶联检测仪在650nm波长下测吸光度。获得OD_{650}后，其s/p值大于0.2，说明拯救病毒成功。

3. 反转录酶（RT）活性测定

用Reverse Transcripase Assay检测病毒的反转录酶活性，首先用PEG法处理接毒的细胞液，按照试剂盒说明要求对连续传代后的拯救病毒进行反转录酶活性的检测。通过ELISA检测多次取平均数来说明病毒具有反转录酶活性，进一步说明病毒得到成功拯救。

第六节 网状内皮增生病毒反向遗传学系统的建立

作为研究病毒基因功能的重要工具，反向遗传操作技术在REV上也得以应用。本节详细阐述了REV反向遗传系统构建原理和方法。

一、REV全长cDNA分子的构建

邓小芸等于2011年成功构建REV HLJR0901株的感染性克隆，具体步骤如下：①将REV基因组分6个连续且部分重叠片段，分别命名为F1～F6。用重叠延伸PCR（SOE PCR）技术将F1、F2和F5拼接起来，将其克隆入pMD-18T载体，获得重组质粒pT-F512。②采用同样的技术用相应引物将F2、F3、F4和F6逐步融合拼接为F2346，将其克隆入pMD-18T载体，然后将其亚克隆入pBluescript II KS（+）载体，获得重组质粒pBlu-F236。③以pT-F512为模板，用PCR的方法引入无义突变$C^{2250}G$作为分子标签，命名为pT-mF512。④用EcoR I和Sph I将mF512从pT-mF512切下来，克隆于经同样酶切处理的pBlu-F236，获得含有带分子标签的REV全基因组的重组质粒。

二、重组质粒转染及病毒的拯救

由Lipofectamine™2000介导转染约60%单层的CEF细胞。同时以正常CEF为对照。转染程序如下：①用含10%PAA胎牛血清的DMEM培养液将CEF细胞饲养于六孔板内；②细胞生长至60%～70%时，用少量的Opti-MEM I reduced serum medium

(Opti-MEM)将待转染孔细胞洗一次,然后每孔加入1.5mL Opti-MEM;③将4μg重组质粒稀释于246μL Opti-MEM中,同时,取10μL Lipofectamine™ 2000稀释于240μL Opti-MEM中,轻微混匀,室温孵育5min;④将Lipofectamine™ 2000和稀释的质粒加在同一个EP管中轻微混匀,室温孵育20min;⑤将上述500μL混合液滴加于CEF单层细胞上,置37℃ CO_2 培养箱孵育;⑥转染后6h吸去细胞上清,加入2mL DMEM(含10%PAA胎牛血清和100U/mL双抗)置37℃ CO_2 继续培养;⑦转染后7天收获病毒,反复冻融3次后连续在CEF中传代,获得拯救的病毒。

三、拯救病毒的鉴定

1. 间接免疫荧光试验

将拯救的第5代病毒接种于约60%单层的CEF 96孔板中,7天后按常规方法进行间接免疫荧光检测,同时设不接种病毒的细胞对照。盲传第3代的拯救病毒,可见到特异性绿色荧光,而正常细胞对照未观察到荧光。

2. 电镜检查

将拯救的病毒接种于CEF细胞后,用细胞刷小心刮取细胞单层,用PBS重悬,3000r/s离心10min,弃上清,将沉淀用固定液固定,制作切片进行电镜观察。电镜下可观察到接毒细胞培养物上清中存在直径80~100nm有囊膜的病毒粒子与REV的形态结构一致。而未接毒细胞对照在电镜下没有观察到病毒粒子。

3. 动物回归试验

将拯救病毒的第9代($10^{5.2}$ $TCID_{50}$/mL)以200uL/只(3×10^4 $TCID_{50}$/只)腹腔注射1日龄SPF鸡,另设不感染对照组,每组30只鸡,腹腔注射0.2mL/只Hank's液。攻毒组与对照组相比法氏囊指数下降明显,从2~6周均差异显著($p<0.05$),8周时差异不显著;脾脏指数和胸腺指数,感染组和对照组均差异不显著($p>0.05$)。并用PCR和LAMP检测各脏器均含有病毒。感染后2周的主要病理损伤:法氏囊间质结缔组织增生,皮质淋巴细胞减少;脾脏中央动脉周围淋巴细胞变性,核浓缩;肝脏组织内可见淋巴细胞浸润灶散在。不感染对照相应脏器未见病理损伤。

第七节 反向遗传学在反转录病毒科研究中的应用

长期以来,反转录病毒的基础研究由于缺乏一个有效的、可操作的研究平台而受到很大限制,许多研究无法深入下去。1984年,首个EIAV弱毒株的感染性克隆获得成功构建,为研究EIAV的基因组结构与功能奠定了基础。Payne等(1994)成功构建了第一个EIAV强毒株的感染性克隆,为进一步研究EIAV的致病机理等提供了很好的技术平台。近十年来,又不断有EIAV和HIV-1的感染性克隆被成功构建,由此揭开了运用反向遗传学技术深入开展反转录病毒多方面研究的新篇章。在此,本节将从以下几个方面阐述反向遗传学技术在反转录病毒研究中的应用。

一、在基因组结构与功能研究中的应用

反转录病毒反向遗传学研究系统的建立，为研究者在 DNA 水平操作该类病毒奠定了基础。在此平台上，可以采取基因敲除、插入、置换或构建嵌合病毒等方法对病毒基因组与功能进行研究。例如，利用 HIV 的反向遗传学研究系统，将其衣壳蛋白 N 端结构域的 Trp23 或 Phe40 突变为 Ala 后，发现该位点对于保证病毒反转录酶的产量和病毒核心的组装十分重要（Tang et al.，2001）。

P9 蛋白是由 EIAV 编码的一个附加蛋白。Whetter 的研究表明，P9 与病毒组装晚期的释放有关，这一功能被定位于 P9 蛋白 23～26 位的 YXXL 基序（late domain，L 区）上。Chen 等（2001）通过构建一系列 P9 基因截短及定点突变的前病毒感染性分子克隆，进一步研究了 P9 蛋白在病毒的包装和复制过程中的作用，结果发现 P9 对 EIAV 病毒的出芽并不是绝对需要的，提示可能存在其他病毒蛋白和 P9 一起共同介导病毒的晚期出芽。Li 等（2002）分别以 HIV-1 和 RSV 的 L 区中的 PTAP 和 PPPY 替换 EIAV L 区中的 YPDL，发现 P9 L 区对病毒的出芽和感染有明显促进作用，此外，还发现在 P9 存在的情况下，HIV-1 的 PTAP 和 RSV 的 PPPY 可有效帮助 EIAV 的出芽和感染性。Chen 等的研究进一步证实，p9 蛋白 N 端的 31 个氨基酸对于维持病毒的正常复制能力很重要，若予以缺失将使病毒的复制能力丧失。Jin 等（2005a）在其研究中又首次发现，EIAV gag P9 蛋白在病毒 DNA 产生及形成前病毒过程中也起关键性作用，使人们对该蛋白又有了新的认识。Juan 等通过类似的方法发现 HIV 和 EIAV L 区域招募不同的细胞辅助蛋白促进病毒组装。

已知 rev 可在病毒复制的晚期指导未完全拼接的病毒 mRNA 向核外转运，并能加强 mRNA 的稳定性，使之积聚以合成病毒装配所需的结构蛋白（martarano）。但是介导 rev 核外运输功能的关键性氨基酸以及与 RNA 结合的功能区等细节都不是很清楚，为此，Lee 等（2008）在 EIAV 全长 DNA 克隆的基础上，对 rev 实施了一系列突变或缺失，最终找到了影响其核定位及与 RNA 结合的功能区。并指出 EIAV rev 外显子 2 的中间区域和 C 端是结合 RNA 所需要的重要区段。其中，中间区域的 57～130 位氨基酸和 C 端 144～165 位氨基酸是关键性序列。这两个区域都富含精氨酸，是结合 RNA 的特征性序列。此外，C 端的 KRRRK 基序也是引导 rev 至核内的关键序列。

邓小芸等利用 REV 反向遗传学在 REV 全基因组插入外源基因方面进行了探索。在 EGFP 插在 REV HLJR0901 基因组的 934 位点（5′端 LTR 之后 gag 基因之前）转染细胞后，EGFP 在 DF1 和 Vero 细胞上也能高效瞬时表达，这说明 REV LTR 的启动子功能具有广谱性，不仅在鸡源细胞上能够被识别，而且在哺乳细胞上也能被识别。

二、在病毒致病机制研究中的应用

反转录病毒感染性克隆的成功构建对于进一步研究病毒与宿主之间的相互作用、病毒的致病机制等也极有价值。例如，Cook 等（1998）用致病性 EIAV 的 3.3kb 片段（含有 S1、S2、S3、env 及 3′LTR 区），替换非致病性感染性克隆的相应片段，获得了具有致病性的嵌合病毒，提示上述基因与病毒的致病性有一定关系。

Payne等（1998）用致病性EIAV的LTR和env基因替换非致病性感染性克隆的相应片段，也获得了具有致病性的嵌合病毒。不仅如此，他们又将LTR和env分开置换，分别研究它们与病毒致病性的关系，结果发现LTR和env基因都与EIAV的致病性有关系，但都不是唯一的毒力基因。通过比较两个致病性截然不同的EIAV感染性克隆衍生病毒（$EIAV_{19}$和$EIAV_{17}$），Payne等还发现在rev、SU（表面区）和TM（跨膜区）分别存在8个、30个和17个氨基酸的变异。为了研究这些差异对病毒致病力的影响，采取构建嵌合病毒的方法进行研究。其结果表明，嵌合有非致病性毒株SU序列的致病性克隆失去对动物的致病力，而仅含源自非致病性克隆TM/rev序列的致病性克隆仍保持对动物的致病性，说明SU对EIAV的致病力具有一定影响。

何翔等（2003）利用定点突变及基因置换方法，对一株弱毒疫苗分子克隆株的env区进行突变，发现env的置换可以使该弱毒株重新获得对马的致病性，对关键氨基酸位点的突变也可以改变弱毒株的致病力，进一步证明env的确是EIAV的一个重要毒力决定区。

研究表明，S2基因在持续感染的马体内高度保守，缺失S2基因会导致病毒毒力减弱。例如，Li等（2003）在构建EIAV感染性分子克隆（$EIAV_{UK}$）基础上，对S2基因进行了一系列突变（通过引进1个或多个终止密码子造成S2基因截短缺失），然后研究这些突变对病毒的复制及感染性的影响，结果发现，S2基因的截短或缺失不影响拯救病毒在巨噬细胞内的复制，但将导致病毒的毒力减弱。在此基础上，他们又在动物水平上研究了S2基因的缺失对病毒致病力的影响。结果表明，拯救病毒对马的致病力明显降低。若用该缺失毒株作为疫苗接种马，则可抵抗低剂量致病性毒株（$EIAV_{PV}$株）的攻击，提示S2基因对于维持EIAV在动物体内的复制能力和致病性具有重要作用。

A亚群禽白血病病毒（ALV-A）和J亚群禽白血病病毒（ALV-J）对商品鸡致病性强，传播广泛。ALV-A主要引起淋巴白细胞组织增生（LL），较少引起骨髓成红血细胞增多症（EB），而ALV-J则主要引起骨髓白细胞组织增生（ML）和EB。Chesters等分别替换ALV-A和J的env基因获得两种嵌合病毒，探究ALV-A和ALV-J致瘤细胞谱系嗜性机制。嵌合病毒HPRS-103（A）是以ALV-J原型毒株HPRS-103为骨架但嵌有ALV-A的env基因，而嵌合病毒RCAS（J）是以ALV-A毒株RCAS为骨架而嵌有ALV-J的env基因。鸡群感染实验证实，嵌合病毒HPRS-103（A）与ALV-A毒株RAV-1相似，都引起LL和EB，而嵌合病毒RCAS（J）则与ALV-J相似，都引起ML和EB。这表明env基因是致瘤细胞谱系嗜性的主要决定因素。

ALV-J的原型毒株HPRS-103的序列特点是在3'非翻译区含有一个被称为E元件（也称为XSR）的特殊的发夹结构，为了证实E元件在ALV致病性方面所起的作用，Chesters等利用两种遗传背景明显不同的禽类种系作为实验动物，对来源于亲代前病毒的克隆病毒与缺失了E元件的HPRS-103病毒做了致病性的比较。在151系禽类中，亲代病毒的感染率为100%，而E元件缺失的病毒的感染率仅为55%，这表明E元件的缺失可明显影响病毒在体内的复制。而且E元件缺失的病毒所感染的151系禽类中没有任何一个出现肿瘤的症状，这表明E元件的确与病毒的致瘤性密切相关。另外一方面，E元件的缺失对于0系禽类的肿瘤发生只具有轻微的影响。这些结果表明，虽然

E元件本身对于ALV-J的致瘤性并不是必要的，但它在某些特定的遗传品系的禽类中确实具有致瘤性作用。

Gao等（2012）在ALV-J流行病学调查中发现国内ALV-J流行株在3′UTR缺失205bp，Wang等（2012）根据这一结果，拯救了针对HLJ09SH01的感染性病毒rHLJ09SH01和含有205bp的感染性病毒rHLJ09SH01A205，并针对两株感染性病毒进行致病性实验发现，在蛋鸡和肉鸡攻毒实验中，rHLJ09SH01比rHLJ09SH01A205有更高致瘤率和致死率。证实3′UTR缺失205bp的ALV-J在血管内皮细胞上复制能力增强，该病毒通过引起血管内皮生长因子（VEGF-A）及其受体（VEGFR-2）的高表达而诱导了高水平的血管瘤，揭示了ALV-J致瘤性增强的分子机理。

三、在开发新型病毒载体研究中的应用

反转录病毒目前已被开发成为一种广泛使用的基因转移载体，其中以慢病毒载体的使用效果最好，系统发展得也最为完善。这主要取决于慢病毒载体的以下几个特点：①慢病毒载体既可以感染处于有丝分裂期的细胞，又可以感染分裂缓慢及处于分裂终末期的细胞；②由慢病毒载体介导并整合至细胞基因组中的靶基因不仅对转录沉默作用有较强的抗性，而且可以在宿主细胞中获得长期而稳定的表达；③慢病毒载体可以兼容多个转录启动子，使得表达多种基因成为可能；④新一代慢病毒载体容纳外源基因的量大大提高（可达10kb）；⑤慢病毒载体的免疫反应小，安全性好。

（一）慢病毒载体的构建原理及基本结构

慢病毒载体最初的构建原理是将HIV基因组中的顺式作用元件（如包装信号、长末端重复序列）和编码反式作用蛋白的序列进行分离，分别改造成包装成分和载体成分：包装成分包含除顺式作用元件外几乎所有的HIV-1的基因组成分，能反式提供病毒颗粒装配所需的结构蛋白；载体成分包含顺式作用元件及靶基因。将此两种成分共转染细胞，可以产生只具有一次感染能力而无复制能力的假病毒颗粒。为了避免载体与包装前病毒DNA通过重组可能会产生野生型病毒，可将gag、pol及env基因分别克隆到两个质粒之中。根据这一原理，人们将HIV-1改造成了基于三质粒的第一代慢病毒载体系统，该系统由包装质粒、包膜质粒和转移质粒组成。其中包装质粒在CMV启动子的控制下，表达HIV-1复制所需的全部反式激活蛋白；包膜蛋白质粒含有水泡性口炎病毒的G蛋白编码基因以替代env行使包装功能，转移质粒含有所有的包装、转导及转基因表达所必需的顺式作用元件，同时还可插入目的基因及标记基因（图17-12）。

为进一步提高慢病毒载体的应用范围和生物安全性，人们又开发出了以自身失活的慢病毒载体为代表的第二代慢病毒载体系统（SINV）。与第一代载体相比，该类载体删除了HIV-1的3′端U3区、5′端U3区用外源性的启动元件（如CMV）替代，3′端U5用牛生长激素多聚腺苷酸序列（BGHpA）替代。由于该系统缺乏HIV-1的增强子和启动子序列，即使存在所有的病毒蛋白也不能转录出病毒RNA，因此更为安全。为了抵抗宿主基因对外源基因的转录沉默作用，研究者又进行了进一步改造，通过删除已知的反转录病毒沉默元件和加入正向调控元件解决了该问题，并提高了外源基因的表达。目

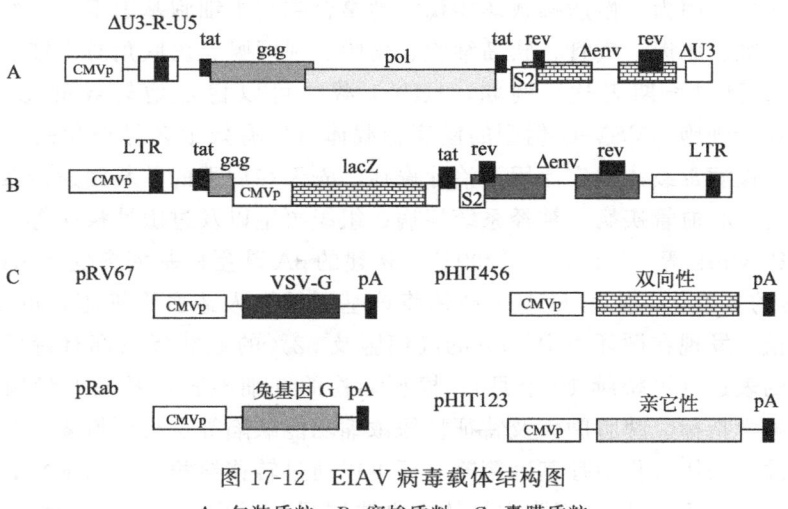

图 17-12　EIAV 病毒载体结构图
A. 包装质粒；B. 穿梭质料；C. 囊膜质粒

前由 HIV-1 派生来的慢病毒载体已经比较成熟，在体外和体内这些载体能将外源基因转移到一些非分裂细胞。但是带有 HIV-1 的患者可能不适合这种基于 HIV-1 慢病毒载体的基因治疗。基于 HIV-1 的慢病毒载体存在一些安全问题，如这些 HIV-1 载体是否会与内源性反转录病毒发生重组，这些重组是否会产生一些异常的病毒。因此基于非灵长类慢病毒载体正在逐渐被开发。KA 等（1999）首次构建了基于 EIAV 的慢病毒载体，由包装质粒、穿梭质粒和囊膜质粒组成，包装质粒表达 gag、pol 以及 rev、tat、S2，其中 gag、pol 的表达属于 rev 依赖性，最初包装质粒由 LTR 在 tat 的反式激活下启动表达蛋白，为了进一步增强病毒滴度将 5′端 U3 替换成外源性启动元件（CMV）。为了增强外源基因的表达在穿梭质粒包装信号末端添加外源启动子（CMV）。此外，在转移基因时为了防止机体对带入的 EIAV 病毒蛋白产生免疫反应，将转移质粒上的 EIAV 所有附属蛋白进行了缺失，S2 和 dUTPase 的缺失对这套载体系统的转移作用没有影响。这种载体已被证明能在体外和体内对神经细胞进行稳定和长期的转换，并且当用狂犬病病毒囊膜进行包装时会加强其对神经元和神经细胞肌肉结的侵染作用。EIAV 低水平的地方性感染进一步表明了此载体系统有可能用于许多人类疾病基因治疗。

在使用慢病毒载体进行基因治疗等研究中，人们发现有必要根据机体的需要对外源基因的表达进行调解，以保证基因治疗的安全性和有效性。为此，人们又对慢病毒载体进行了改造，将可诱导性基因插入到慢病毒载体中，开发出第三代病毒载体，又称为可调控性慢病毒载体。目前使用最多的是四环素-可诱导系统（tet-on 及 tet-off 系统）。通过加入四环素或四环素类似物——强力霉素可以调解外源基因的表达。例如，在有强力霉素存在的情况下，转染入 293T 细胞中的 GFP 表达量明显降低，若去除之则基因的表达量可增加 500 倍以上（Pawliuk et al.，2001）。

（二）慢病毒载体的应用

主要应用于基因治疗即借助于慢病毒载体将目的基因导入靶细胞中，使之稳定表达以治疗某些疾病。因为，慢病毒载体能稳定地整合到宿主细胞基因组中，使转导的基因可以在脑、肝脏、肌肉、气管、胰岛细胞、角膜、视网膜、皮肤角质干细胞以及造血干细胞等组织细胞中长期表达。例如，HIV-1 载体可以稳定地转导静息期的 $CD34^+$ $CD38^-$ 人造血干细胞。VSV-G 伪型的慢病毒载体可以有效地转导极化的原代肺泡上皮细胞。因此，慢病毒载体被广泛用于治疗癌症、先天和后天的单基因遗传紊乱、艾滋病和其他传染病、心血管疾病、神经系统疾病、组织再生以及过敏性疾病等。

例如，Pawliuk 等（Jin et al.，2005b）构建的 βA 珠蛋白基因突变体 βA-T87Q 能有效阻止 HbS 的多聚化，使用 HIV-1 载体将该基因转染人造血干细胞，可以获得表达。用它转染小鼠，发现在循环血中 99% 的红细胞及 52% 的血红蛋白都有特异性转基因的稳定而持久的表达（可持续 10 个月）。模型动物的红细胞脱水及镰刀状病变均得到改善，一些血液学指标、脾脏肿大及特征性尿浓缩功能缺陷等也得到恢复。慢病毒载体用于基因治疗除了采用转移治疗基因策略，还可以通过转移核酶、反义 RNA、跨膜蛋白、小干扰 RNA（siRNA）以及细胞内抗体等方法进行基因治疗或研究。例如，针对 HIV 病毒 RNA 或者靶向 HIV 的辅助受体（CCR5）mRNA 的 siRNA 均能控制 HIV 的感染。

慢病毒载体可以将针对 CCR5 的 siRNA 导入人外周血 T 淋巴细胞（Binley et al.，2007），抑制细胞表面 CCR5 的表达，从而控制 CCR5 嗜性的 HIV-1 病毒感染淋巴细胞。Binley 等（Zarei et al.，2002）研发了一种基于 EIAV 的慢病毒载体，它能在视网膜色素上皮细胞中持续稳定地表达血管他丁和内皮他丁，为临床治疗黄斑部位的脉络膜新生血管（CNV）即年龄相关性黄斑变性（AMD）提供了良好的技术平台。为了进一步提高 EIAV 载体在靶细胞中表达外源基因的能力，并将其在非靶细胞中的表达水平降至最低，对载体的启动子进行了改造。发现使用光感受器特异启动子可以在感光细胞中最大水平地表达光感受器特异基因，这对治疗许多眼科疾病很有帮助。因为，感光细胞往往是一些眼病的原发部位，如眼底黄色斑点症。

此外，慢病毒载体还常被应用于构建转基因动物。Pfeifer 等（Hofmann et al.，2003）率先进行了这种尝试，他们发现用携带 GFP 基因的慢病毒感染小鼠的 ES 细胞和桑椹胚后，早期的胚胎及出生后的仔鼠体内都有 GFP 表达。与此同时，Lois 等（Zarei et al.，2002）利用慢病毒载体法也成功获得了能高效表达 GFP 的转基因鼠（图 17-13）。随着人们不断探索和研究，转基因技术越来越完善和成熟，继转基因鼠之后，人们又开始了猪、牛等大动物的转基因研究。2003 年，Hofmann 等（Esslinger et al.，2003）首次利用慢病毒载体感染法成功制备了表达绿色荧光蛋白的转基因猪。其后代有 74% 整合有 GFP 基因，蛋白表达率为 94%。为探索能否在特定组织中表达靶基因，他们将人角蛋白 K14 启动子置于 GFP 上游，然后再用重组慢病毒感染法制备转基因猪，结果发现在转基因猪的皮肤基底层角质细胞中有 GFP 特异性表达。该研究具有十分重要的现实意义，因为这意味着人们可以通过转基因技术为人类器官移植提供充足的器官材料，从而解决当前供体器官短缺问题。Hofmann 等（Chesters et al.，2002）还进行了转基因牛的试验，首先在牛卵母细胞透明带下注射重组慢病毒，然后再进行体外受精和移植后，结果产出的 4 只犊牛都有靶基因稳定表达。

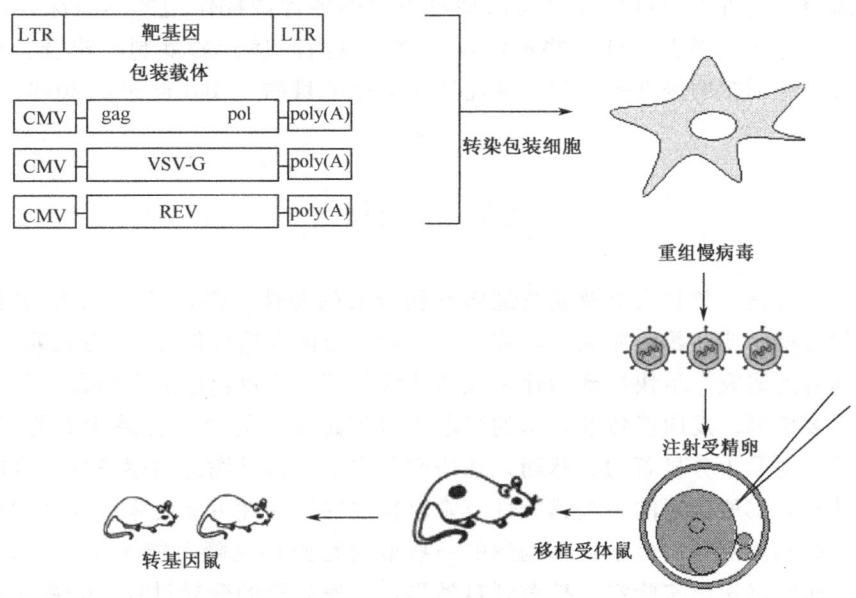

图 17-13　用慢病毒载体构建转基因动物

四、在开发新型疫苗或抗病毒药物研究中的应用

　　利用慢病毒载体在研发新型疫苗方面也具有很大用途。目前，该类病毒载体已被广泛应用于开发抗艾滋病、疟疾、结核病、病毒性肝炎、流感、埃博拉病毒等传染病的基因疫苗。例如，应用聚乙烯亚胺将有复制和整合能力缺陷的 HIV-1 导入树突状细胞，再对这些细胞进行基因修饰，使之能够有效地递呈病毒抗原表位、分泌 IL-12 以及启动能够产生干扰素和发挥有效抗 HIV-1 的特异性细胞毒性 T 细胞。最终可以诱导广泛而持久的 HIV-1 特异性细胞免疫，使感染者体内 HIV 的复制得到有效控制（Bova et al., 1988; Chesters et al., 2006）。

　　由于慢病毒载体可以在体内或体外都能转导树突状细胞（DC）并诱导 T 细胞反应，因此可以作为治疗肿瘤免疫的疫苗。在确定病毒致病基因的基础上，还可以利用反向遗传学技术将毒力基因进行缺失、替换或突变以开发新型减毒疫苗。例如，将 HIV 的 *nef* 基因缺失可以构建一株致病力减弱的 HIV，有希望据此研发出一种减毒疫苗。值得注意的是这种基因缺失有可能得到恢复，成为研发新型疫苗的最大障碍。此外，还可利用反向遗传操作技术构建携带 HIV 结构基因的重组病毒，然后研究开发新型疫苗。例如，有人已利用痘苗病毒成功地表达了 HIV-1 的 *gag*、*pol* 和 *env* 基因，所产生的蛋白能组装成无感染性的病毒样颗粒。用其作疫苗可激发较强的细胞免疫和相对较弱的体液免疫（Davidson et al., 1996）。

　　HIV 的耐药性已成为艾滋病治疗迫切需要解决的关键性问题，而反向遗传学技术则为研究该课题提供了良好的研究工具。例如，人们可以通过对病毒的蛋白酶、反转录酶或其他蛋白编码区进行定点突变，以分析病毒耐药性发生的分子机理，寻找解决抗药性的最佳途径。随着人们对病毒生命活动过程中的各种调控作用的不断深入研究和了解，还可以在分子水平上设计一些治疗性药物，以阻断病毒的复制、转录、翻译、包装、释放或对靶细胞的侵染等过程，从而达到治疗的目的（Gao et al.，2012；Wang et al.，2012）。

结　语

反转录病毒是一类对人类及动物健康威胁极大的恶性病毒，其中 HIV 引起的艾滋病有"当代瘟疫"或"超级癌症"之称，已在世界范围内造成约 1400 万人死亡。因此，加强对该病毒的研究，尽快找到治疗和预防该病的药物或疫苗已成为科研工作者迫切需要解决的重要课题。反向遗传学技术的兴起无疑促进了人们对反转录病毒的多项研究，所取得的成果也是十分显著的。然而，在研究和应用反转录病毒的感染性克隆时，必须注意以下几点：①所构建的一些感染性克隆对宿主的致病性可能更强，在使用和保存时需加注意。②利用反向遗传学技术构建的一些嵌合性感染克隆可能不是自然界存在的，使用时要严防它逃逸出实验室，扩散到自然界，加速病毒的变异过程。③慢病毒载体在基因治疗中显示出了良好的应用前景，但仍要注意其生物安全，避免将致病基因整合到宿主染色体中。

参 考 文 献

何翔，邵一鸣，薛飞，等. 2003. 感染性马传染性贫血病毒嵌合克隆的构建. 病毒学报，19：128-132.

王柳，童光志，仇华吉，等. 2003. 马传染性贫血病毒弱毒疫苗株感染性分子克隆的构建. 中国农业科学，36：1560-1565.

王晓钧，魏丽丽，相文华，等. 2005. 中国马传染性贫血驴强毒株感染性分子克隆的构建. 中国农业科学，38：1898-1904.

Blissenbach M, Grewe B, Hoffmann B. 2010. Nuclear RNA export and packaging functions of HIV-1 Rev revisited. Journal of Virology, 2010, 84 (13): 6598-6604.

Bova C A, Olsen J C, Swanstrom R. 1988. The avian retrovirus env gene family: molecular analysis of host range and antigenic variants. Journal of Virology, 62 (1): 75-83.

Chen C P, Li F, Montelaro R C. 2001. Functional roles of equine infectious anemia virus gag P9 in viral budding and infection. Journal of Virology, 75 (20): 9762-9770.

Chen C, Vincent O, Jin J. 2005. Functions of early (AP-2) and late (AIP1/ALIX) endocytic proteins in equine infectious anemia virus budding. The Journal of Biological Chemistry, 280 (49): 40474-40480.

Chesters P M, Howes K, Petherbridge L. 2002. The viral envelope is a major determinant for the induction of lymphoid and myeloid tumours by avian leukosis virus subgroups A and J, respectively. Journal of General Virology, 83: 2553-2561.

Chesters P M, Smith L P, Nair V. 2006. E (XSR) element contributes to the oncogenicity of Avian leukosis virus (subgroup J). Journal of General Virology, 87: 2685-2692.

Cook R F, Leroux C, Cook S J. 1998. Development and characterization of an *in vivo* pathogenic molecular clone of equine infectious anemia virus. Journal of Virology, 72 (2): 1383-1393.

Davidson I, Yang H, Witter R L. 1996. The immunodominant proteins of reticuloendotheliosis virus. Veterinary Microbiology, 49 (3-4): 273-284.

Esslinger C, Chapatte L, Finke D. 2003. In vivo administration of a lentiviral vaccine targets DCs and induces efficient CD8(+) T cell responses. The Journal of Clinical Investigation, 111 (11): 1673-1681.

Fernandes F, Chen K, Ehrlich L S. 2011. Phosphoinositides direct equine infectious anemia virus gag trafficking and release. Traffic, 12 (4): 438-451.

Gao Y L, Yun B L, Qin L T. 2012. Molecular epidemiology of avian leukosis virus subgroup J in layer flocks in China (vol 50, pg 953, 2012). Journal of Clinical Microbiology, 50 (6): 2183-2183.

Hofmann A, Kessler B, Ewerling S. 2003. Efficient transgenesis in farm animals by lentiviral vectors. EMBO Reports, 4 (11): 1054-1060.

Jin S, Chen C P, Montelaro R C. 2005a. Equine infectious anemia virus gag P9 function in early steps of virus infection and provirus production. Journal of Virology, 79 (14): 8793-8801.

Jin S, Zhang B S, Weisz O A. 2005b. Receptor-mediated entry by equine infectious anemia virus utilizes a pH-dependent endocytic pathway. Journal of Virology, 79 (23): 14489-14497.

Jouvenet N, Zhadina M, Bieniasz P D. 2011. Dynamics of ESCRT protein recruitment during retroviral assembly. Nature Cell Biology, 2011, 13 (4): 394-401.

Kafri T, van Praag H, Gage F H. 2000. Lentiviral vectors: regulated gene expression. Molecular Therapy, 1 (6): 516-521.

Lee J H, Culver G, Carpenter S. 2008. Analysis of the EIAV rev-responsive element (RRE) reveals a conserved RNA motif required for high affinity rev binding in both HIV-1 and EIAV. Plos One, 3 (6): e2272

Lee J H, Murphy S C, Belshan M. 2006. Characterization of functional domains of equine infectious anemia virus Rev suggests a bipartite RNA-binding domain. Journal of Virology, 80 (8): 3844-3852.

Li F, Chen C P, Puffer B A. 2002. Functional replacement and positional dependence of homologous and heterologous L domains in equine infectious anemia virus replication. Journal of Virology, 76 (4): 1569-1577.

Li F, Craigo J K, Howe L. 2003. A live attenuated equine infectious anemia virus proviral vaccine with a modified S2 gene provides protection from detectable infection by intravenous virulent virus challenge of experimentally inoculated horses. Journal of Virology, 77 (13): 7244-7253.

Patnaik A, Chau V, Li F. 2002. Budding of equine infectious anemia virus is insensitive to proteasome inhibitors. Journal of Virology, 76 (6): 2641-2647.

Pawliuk R, Westerman K A, Fabry M E. 2001. Correction of sickle cell disease in transgenic mouse models by gene therapy. Science, 294 (5550): 2368-2371.

Payne S L, Pei X F, Jia B. 2004. Influence of long terminal repeat and Env on the virulence phenotype of equine infectious anemia virus. Journal of Virology, 78 (5): 2478-2485.

Payne S L, Qi X M, Shao H. 1998. Disease induction by virus derived from molecular clones of equine infectious anemia virus. Journal of Virology, 72 (1): 483-487.

Payne S L, Rausch J, Rushlow K. 1994. Characterization of infectious molecular clones of equine infectious anaemia virus. Journal of General Virology, 75 (Pt 2): 425-429.

Saad J S, Loeliger E, Luncsford P. 2007. Point mutations in the HIV-1 matrix protein turn off the myristyl switch. Journal of Molecular Biology, 366 (2): 574-585.

Shehu-Xhilaga M, Crowe S M, Mak J. 2011. Maintenance of the Gag/Gag-Pol ratio is important for human immunodeficiency virus type 1 RNA dimerization and viral infectivity. Journal of Virology, 75 (4): 1834-1841.

Tang S X, Murakami T, Agresta B E. 2001. Human immunodeficiency virus type 1 N-terminal capsid mutants that exhibit aberrant core morphology and are blocked in initiation of reverse transcription in infected cells. Journal of Virology, 75 (19): 9357-9366.

Wang Q, Gao Y, Wang Y. 2012. A 205-nucleotide deletion in the 3′ untranslated region of avian leukosis virus subgroup J, currently emergent in China, contributes to its pathogenicity. Journal of Virology, 86 (23): 12849-12860.

Zarei S, Leuba F, Arrighi J F. 2002. Transduction of dendritic cells by antigen-encoding lentiviral vectors permits antigen processing and MHC class I-dependent presentation. Journal of Allergy and Clinical Immunology, 109 (6): 988-994.

第十八章 圆环病毒科的反向遗传学

第一节 圆环病毒科的基本特征

一、病毒的分类

根据国际病毒分类委员会（ICVT）第 8 次国际病毒分类报告，可将圆环病毒科（*Circoviridae*）分为两个属：圆环病毒属（*Circovirus*）和圆圈病毒属（*Gyrovirus*）。其中，圆环病毒属主要包括猪圆环病毒（*Porcine circovirus*）1 型和 2 型、鸽圆环病毒（*Pigeon circovirus*，PiCV）、鹅圆环病毒（*Goose circovirus*，GoCV）、鹦鹉喙羽病病毒（Psittacine beak and feather disease virus，PVFDV）、金丝雀圆环病毒（*Canary circovirus*，CaCV）、牛圆环病毒（*Bovine circovirus*，BoCV）和鸭圆环病毒（*Duck circovirus*，DuCV）等；而圆圈病毒属目前只有鸡传染性贫血病毒（Chichen anaemia virus，CAV）一个成员。曾列在圆环病毒科之内的输血性肝炎病毒（Transfusion-transmitted virus，TTV），现已更名为细环病毒（Torque teno virus，TTV），暂列为未定科的指环病毒属（*Anellovirus*），该属包括细小环病毒（Torque teno mini virus，TTMV）(Fauquet, et al., 2005)。

二、病毒的颗粒结构

圆环病毒颗粒一般呈球形或六角形，无包膜，大小为 12～27nm（图 18-1）。基因组为双向环状的单股 DNA，长度小于 2.5kb。其 ORF 由有义或双义链编码。病毒衣壳呈正二十面体。是目前已知的最小的动物病毒。以 CAV 为例，其粒子平均直径为 23～25nm，电子显微镜下呈球形或六面体形。核衣壳由 32 个结构亚单位组成，分子质量约 50kDa，基因组长 2139 个核苷酸，包括 3 个部分或完全重叠的可读框架（ORF）。病毒复制、转录和翻译的过程是：在感染细胞中，单链 DNA 先以滚环方式复制成双链复制中间体，再以其中 1 条链为模板转录成 1 条非剪接多顺反子 mRNA，其上含有 3 个部分重叠的基因，每个基因都有各自的起始和终止密码子，翻译 3 种蛋白质，分别称为 VP1、VP2 和 VP3。

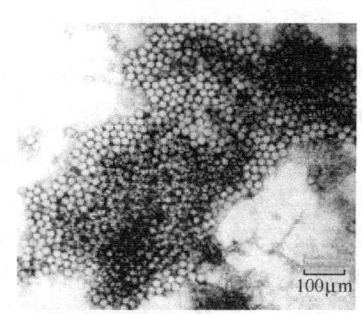
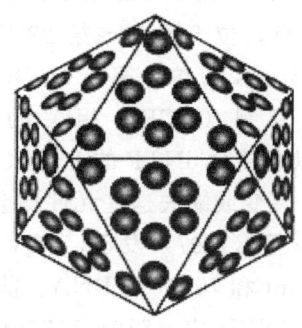

图 18-1 猪圆环病毒的病毒颗粒及结构模式图

第二节　圆环病毒基因组结构特征及其表达产物

一、基因组的结构特征

PCV 的基因组为单股、环状、双向 DNA，病毒 DNA 及其在宿主细胞内复制的中间产物均能指导病毒蛋白合成，编码 7 个潜在的开放性阅读框（ORF），目前已明确了 2 个主要的 ORF。研究发现，病毒基因组由 2 个头头相对排列的 ORF 和其间的基因间隔区组成，其中较大的经病毒正向 DNA 转录，为 Rep 基因，编码病毒复制酶相关蛋白；较小的 ORF 经病毒 DNA 互补链转录并翻译出病毒的衣壳蛋白（Cap）。PCV2 ORF3 的编码产物也已得到鉴定，主要介导圆环病毒诱导的细胞凋亡，但对病毒的复制却是非必需的。PCV 最小的 DNA 复制起始区位于第 728～第 838 位碱基，包含基因间隔区及 Rep 基因和 Cap 基因的不同翻译起始元件。复制起始区形成一个茎-环结构。其中，PCV1 的环由 12 个碱基组成，PCV2 的环由 10 个碱基组成，二者存在共同的 8 核苷酸序列（AGTATTAC），该保守基序也存在于其他圆环病毒的基因组内。环的侧翼序列为含有 11 个碱基的倒置重复序列，形成回文结构。茎-环右臂存在 4 个保守的 6 核苷酸序列，即 CGGCAG（H1、H2、H3 和 H4）。其中 H1 与 H2 相连、H3 与 H4 相连，二者间隔 5 个核苷酸。

CAV 的全基因组包括 3 个部分或完全重叠的可读框（ORF），分别编码 3 种蛋白：VP1、VP2 和 VP3。此外，CAV 基因组还含有潜在的启动子-增强子元件和 1 个 poly（A）信号。Meehan 等（1992）的研究结果表明，CAV 的启动子-增强子元件位于转录起始点上游，开始于 TATA 盒，TATA 盒上游有 sp1 的结合位点，再往上游是 4 个或 5 个（根据毒株不同而不同）长 21bp 的重复序列，这些重复序列之间有一个 126bp 的插入序列，可能参与 CAV 的感染和 DNA 的转录过程。

二、基因组的表达产物及其功能

（一）PCV 基因组的表达产物

Rep 蛋白，由 PCV 最大的可读框 ORF1 编码，分子质量为 35.6kDa（PCV1）或 35.8kDa（PCV2），由 312aa（PCV1）或 314aa（PCV2）组成。PCV1 的 Rep 蛋白仅有一个糖基化位点，位于第 20～第 22 位氨基酸；PCV2 的 Rep 则含有 3 个糖基化位点，分别位于第 23～第 25 位、第 256～第 258 位及第 286～第 288 位氨基酸。Rep 蛋白具有与典型滚环复制（RCR）相关的 3 个保守基序 I（FTLNN）、II（HLQG）、III（YCSK）以及结合 dNTP 的 P 环（P-loop）结构，这些结构对于维持 Rep 蛋白的功能至关重要，突变或缺失这些元件均会影响病毒的复制。

Mankertz 等（1997）发现，PCV1 中与复制有关的蛋白有两个，即 Rep 和 Rep′，分别对应 1250nt 和 750nt 的 RNA。前者由 ORF1（819～1757nt）编码，含有 939 个碱基，后者位于 ORF1 内（819～1175nt，1559～1706nt），长 507 个核苷酸。ORF1 的第 1176～第 1558 位碱基则为非编码区，在 mRNA 转录后加工过程中，经过剪接作用被切除，使两段序列形成一个完整的读码框而被翻译成 Rep′ 蛋白。Steinfeldt 等（2001）的研究结果表明，Rep 和 Rep′ 在 PCV1 的复制过程中是相互作用、缺一不可。Rep 转录起点位于第 766 位碱基（±10nt）。第 766～第 774 位碱基（5′-TAGTATAC-3′）高度保守，可形成一个茎-环结构为 PCV1 的复制起点。与复制起点相邻的第 785～第 813 位碱基含有一个重复序列：CGGCAGCGG/TCAG。Rep 和 Rep′ 即结合在复制型病毒基因组的复制起点和重复序列处，起始病毒的复制。

PCV1 *rep* 基因的启动子（Prep）已被定位，位于 PCV1 基因组第 640～第 796 位核苷酸，是基因间隔区（intergenic region）。*rep* 基因上游，与 PCV1 的复制区有部分重叠，含有 2 个可能的细胞因子反应元件。Rep 蛋白的表达可以抑制启动子的活性，这种负调控作用是通过 Rep 蛋白与 H1/H2 结合来实现的；而 Rep′ 蛋白及 ORF2 编码蛋白（Cap）的存在对该启动子无影响。例如，将 Rep 蛋白中与 RCR 相关的基序 Ⅱ、P 环突变及从 N 端缺失一半的阅读框，均会使 Rep 蛋白的负调控作用丧失。但令人惊讶的是，将与 RCR 相关的基序 I 突变，从 FTLNN 突变为 LTLKN，Rep 蛋白仍保留对 Prep 启动子的抑制活性，Mankertz 等（2004）以 PCV1 感染性核酸转染 PK-15 细胞，对 Rep、Rep′ 2 种 RNA 转录物的比例进行测定，发现在感染的早期（12h）两者比例相当，但 24～36h 时 Rep′ 转录物比例明显增加，随后 48～96h 时 Rep′ 逐步下降，这可能说明两种 rep 转录物在病毒复制过程中进行着精细的调控，以利于病毒的繁殖复制。

Cap 蛋白，为病毒的主要结构蛋白，构成病毒的核衣壳，由 ORF2 编码，含有 233～235 个氨基酸。Cap 蛋白只有一个糖基化位点。多次扫描结果显示，PCV1 与 PCV2 的 Cap 蛋白存在共同的抗原决定簇，但血清学实验却显示，两种血清型的 Cap 蛋白没有抗原交叉性，即 PCV2 的 Cap 蛋白抗体（或抗原）不能与 PCV1 Cap 蛋白（或抗体）发生反应，这可能是因为该抗原决定簇被整个 Cap 蛋白掩盖了。此外，PCV2 Cap 蛋白上还存在 3 个特异性抗原位点（65aa～87aa，113aa～139aa 及 193aa～207aa）。

Cap 蛋白的 N 端富含碱性氨基酸（如精氨酸），比较保守，与蛋白质的核内定位有关。Liu 等（2001）对 PCV2 *ORF2* 基因（*cap* 基因）进行一系列突变表明，Cap 蛋白的核内定位与其 N 端的 41 个氨基酸密切相关；进一步研究发现，位于 12～18 位及 34～41 位的氨基酸对 Cap 蛋白的核内定位起着决定性的作用。

Cap 基因的启动子（Pcap）位于 *Rep* 基因内部的第 1328～第 1252 位碱基，与 SV40 晚期启动子相比，Pcap 活性相对很低。

PCV2 的 *ORF2* 基因表达蛋白可以组装成病毒衣壳样颗粒，此特征与许多无囊膜病毒如多瘤病毒（PAV）、细小病毒（PPV）和戊型肝炎病毒（CHEV）相似。

ORF3 蛋白，是一种新发现的 PCV2 的蛋白。利用反向遗传学技术敲除其编码基因，发现该蛋白的缺失并不能影响病毒小鼠体内的有效复制，但病毒的致病力减弱，不能在小鼠体内产生任何明显的显微病变。此外，小鼠的外周血液淋巴细胞（PBLC）中的 $CD4^+$、$CD8^-$ 和 $CD4^+CD8^+$ T 细胞亚群数量明显减少，证明 ORF3 蛋白可能是通过其在体内诱导细胞凋亡的活性直接参与病毒的致病过程。进一步研究揭示，ORF3 是通过活化的胱门蛋白酶-8 和胱门蛋白酶-3 途径参与细胞的凋亡过程。而另据研究发现，ORF3 蛋白诱导细胞凋亡，主要是通过特异性地与 pPirh2（for p53-induced protein with a RING-H2 domain），即 E3 泛素连接酶结合，并抑制 pPirh2 的稳定性，从而增加肿瘤抑制因子 p53 的表达，最终引起细胞凋亡（Liu et al., 2007）。

ORF4 编码蛋白包含 59 个氨基酸，分子质量为 5.9kDa。该蛋白是 PCV2 在 PK-15 细胞和小鼠中复制非必需的。然而，ORF4 编码蛋白在 PCV2 复制过程中，可以抑制级联反应并具有调节 $CD4^+$、$CD8^+$ T 淋巴细胞的作用（He et al., 2013）。

（二）CAV 基因组的编码产物

CAV 基因组单链有完全重叠的 3 个可读框（ORF），分别编码衣壳蛋白 VP1、相关蛋白 VP2、细胞凋亡因子 VP3 蛋白，这 3 个蛋白均可在 CAV 感染的细胞中确切地表达（图 18-2）。

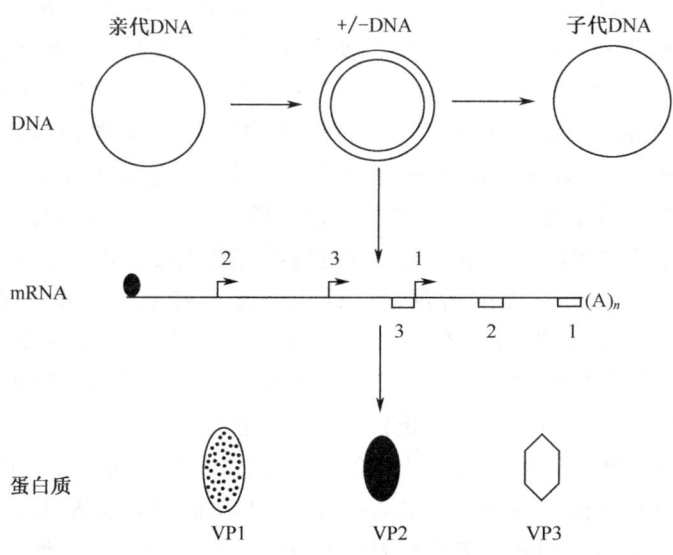

图 18-2　CAV 的核酸、转录和翻译示意图
⌐、⌐⌐ 分别代表起始和终止密码子

VP1 是纯化的 CAV 游离病毒子表面唯一的衣壳蛋白，分子质量大小为 52kDa。VP1 的 N 端含有一组氨基酸残基和二组蛋白前体，主要由精氨酸组成，能够与 DNA 链牢固地结合在一起，起保护 DNA 的作用。研究发现 VP1 在各种 CAV 分离株中存在较大差异。Farkas 等（1996）证明 CAV TK-5803 分离株的核苷酸序列与其他 CAV 分离株存在差异。这些差异导致了编码蛋白质氨基酸的改变，其中在 VP3 蛋白后半部分（C 端）有 6 个位置的氨基酸发生改变，VP2 的 C 端 1/4 部分有 4 个位置的氨基酸发生改变，而在 VP1 中有 17 个氨基酸发生改变。这一结果显示，VP3 的 N 端部分和 VP2 的 N 端 3/4 部分是非常保守的，这种保守性对维持其功能可能是至关重要的；而 VP1 的氨基酸变异较大，这可能是由于 VP1 是衣壳蛋白，其变异可以导致不同的 CAV 分离株之间 VP1 的抗原性发生改变。

VP2 为辅助性蛋白，位于感染细胞核内包含体中，游离的 CAV 病毒子中未发现明显的 VP2 蛋白存在，但在病毒感染细胞中却表达了 VP2，分子质量为 24kDa。表明其在 CAV 的核酸复制和病毒装配过程中可能起着重要作用。Noteborn 等（1998）研究发现，在杆状病毒昆虫细胞表达系统中，单独 VP1 或 VP2 的表达产物或其简单混合物不能刺激鸡产生中和抗体，而用 VP1 与 VP2 共同表达的重组病毒表达产物免疫鸡则可诱导中和抗体产生。表明 VP2 参与了 CAV 中和抗原表位的组成，并且可能是 VP1 和 VP2 共同组建了 CAV 中和性抗原位点。但其详细特性及其与宿主的相互作用有待进一步研究。

VP3 是非结构蛋白，在病毒感染细胞中表达，位于感染细胞核内包含体中，是 CAV 最早表达的蛋白。缺失 VP3 的 C 端，病毒的复制速度明显降低，提示 VP3 可能参与了病毒的转录或复制环节。此外，Noteborn 等（1994）还发现 VP3 能诱导鸡的单核细胞发生凋亡（apoptosis），其机制是通过与宿主 DNA 的相互作用而直接引起细胞凋亡。其中，主要是造血细胞和淋巴细胞的程序性死亡，从而造成感染鸡的贫血、出血及免疫抑制。因此，他们建议将 VP3 命名为凋亡素。

第三节 圆环病毒的繁殖与复制

一、吸附与侵入

Misinzo 等（2006）的研究结果表明硫酸乙酰肝素（HS）、硫酸软骨素 B（CS-B）参与了 PCV2 的吸附，而细胞表面的蛋白聚糖可能是与 PCV2 相互作用的第一个配体受体，它是病毒进入宿主细胞所必需的。此外，通过 PCV2 感染缺少氨基葡萄糖（GAG）的 CHO 细胞研究发现，PCV2 可能还需另外一个受体进入细胞。这一点与单纯性疱疹病毒、猪动脉炎病毒、腺病毒 2 型和腺联病毒 2 型等病毒很相似。对于这些病毒而言，蛋白聚糖是介导病毒吸附和聚集细胞表面抗原的复合受体。此外，用肝素琼脂糖层析技术研究发现 PCV2 和 PCV2 的病毒样颗粒（VLP）直接与肝素相互作用。Bratanich 和 Blanchetot（2006）利用 DDRT-PCR 技术对感染 PCV2 的猪与健康猪的淋巴结组织进行差异性比较分析，发现有两种基因的转录本丰度显著增高，其序列与人的 RNA 剪接因子和透明质酸介导的细胞运动受体基因有一定同源性，提示细胞在感染 PCV2 过程中，它们可能参与了病毒的吸附过程。

二、基因组复制与转录

圆环病毒的基因组是采取滚环复制（rolling circle replication，RCR）的方式进行复制的。在复制过程中，病毒首先产生双链的复制型中间体（dsDNA），该复制型中间体 2 条 DNA 链都能进行基因转录和蛋白质的表达。PCV 最小的 DNA 复制起始区（Ori）位于大小约 111nt 的基因片段内，包含基因间隔区及 *Rep* 基因和 *Cap* 基因的不同翻译起始元件。PCV1 和 PCV2 基因间隔区同源性约为 75%，而切割位点侧翼的 60 个核苷酸序列同源性大于 90%，并具有相似的功能基序。Ori 呈茎-环结构，PCV1 环包含 12 核苷酸序列（CTGTAGTATTAC），PCV2 环包含 10 核苷酸序列（TAAG-TATTAC），二者存在共同的 8 核苷酸序列（AGTATTAC），其他圆环病毒、微病毒和双粒病毒基因组均存在相似序列。环的侧翼序列为包含 11 个核苷酸的倒置重复序列，形成回文结构。茎-环结构右臂存在4个保守的6核苷酸序列：CGGCAG（H1、H2、H3和H4），其中H1与H2相连、H3与H4相连，二者间隔5个核苷酸。

PCV1基因组的复制依赖于Rep蛋白。Rep蛋白转录物中有一段内含子，如果此内含子被剪掉，则翻译出一个较短的蛋白，即Rep′蛋白。Rep蛋白单独不能启动病毒复制，必须与Rep′蛋白共同作用，才能启动PCV1的复制。研究发现，复制起始蛋白的启动子P基因位于Rep基因的上游，并与PCV1的复制起始点重叠；结构蛋白的启动子P基因则位于Rep编码区内部。Rep、Rep′蛋白都可结合包括P启动子在蛋白结合位点。此外，位于病毒复制起始处有一段111bp DNA片段内具有一个环内保守的九聚体（5′-TAGTATTAC-3′）的特征性的茎-环结构。由于在这段序列中2次出现CGGCAGCGGTCAG序列，因而推测这可能是启动滚环复制的Rep蛋白结合位点。

PCV1共有12种RNA，包括1个病毒衣壳蛋白RNA（CR），8种与复制相关的RNA（Rep、Rep′、Rep^{3a}、Rep^{3b}、Rep^{3c-1}、Rep^{3c-2}、Rep^{3c-3}和Rep^{3c-4}）和3个与NS相关的RNA（NS462、NS642、NS0）。8个与Rep相关的RNA都有相同的5′端和3′端核苷酸系列，同时和3个与NS相关的RNA都有相同的3′端核苷酸系列。Rep蛋白是引起其他7种与Rep相关RNA剪接的前转录物，而3个与NS相关RNA则是由位于ORF1内部、独立于Rep启动子的3个不同启动子转录的。PCV2在PK-15细胞中复制时共检测到9种RNA，包括1个核衣壳蛋白RNA、5个与复制相关的RNA（Rep、Rep′、Rep^{3a}、Rep^{3b}和Rep^{3c}）和3个与NS相关的RNA（NS515、NS672、NS0）。运用突变技术分析研究PCV2蛋白合成及DNA复制过程中所涉及的PCV2的每个转录单位。结果表明，在CR的5′端引入一个终止子不能影响Rep相关抗原或病毒DNA的合成，改变其他RNA的剪接位点附近的序列或者在NS0 RNA中引入终止子对病毒蛋白或DNA的复制也没有任何影响。然而，突变能产生截短的Rep或Rep′蛋白，导致蛋白的合成减少99%，并完全关闭DNA的复制。这些结果表明Rep和$Rep′$是PCV2复制所必需的基因，它们一起构成了PCV1的功能性复制起始因子。

CAV基因组的复制方式也很特殊，目前还没有一种动物病毒模式适用于它复制的情况。研究发现在感染CAV后发病的鸡体内，病毒DNA主要以单链环状形式存在于内脏器官中，其中胸腺、脾脏中含量较高。体外细胞培养方面的研究表明，CAV感染细胞中存在3种DNA主带，即开环dsDNA、线性和闭合环状dsDNA、闭合环状ssDNA。研究者在CAV感染的细胞中鉴定出了闭环复制型中间体和开环复制型中间体的存在。根据复制中间体DNA的存在，推测CAV复制模式类似于大肠杆菌噬菌体ϕX174和M13噬菌体一样的滚环式复制。

据报道，用斑点杂交法在感染后8h即可检测到CAV，其水平在感染后32h迅速上升，48h达到最高。Miller等（2005）对CAV cux-1株的研究表明，其转录的主要产物为一个长约2.1kb含poly（A）的mRNA。核酸杂交分析结果表明，2.1kb的转录物为编码1个蛋白的多顺反子mRNA没有经过任何拼接。除5′端的起始密码子外，另外两个基因内部的AUG也被作为起始密码子，这对于DNA病毒来说是独特的。据推测，在翻译过程中，核糖体扫描CAV mRNA并交替在3个ORF的起始密码子处开始翻译。S1核酶酶切图谱、引物延伸试验、克隆和序列分析结果表明，CAV从1个单一位点起始转录，且仅有1个转录终止位点。对CAV cux-1株基因组的分析表明，其转录起始点位于第324位碱基TATA盒下游30nt和第一个ORF的起始密码子上游的第26位碱基处。在转录起始位点上游存在一套完整的启动子（增强子元件），它以324nt处的TATA盒为起始。在TATA盒上游，存在1个SP1结合位点和CCAAT-TE结合位点。在其上游，有一非转录区，该区含有一组4个或5个（与不同的毒株相关）近乎完全的21nt直接重复序列，被1个12bp的插入序列所间断，终止于CCAAT盒上游的第3位碱基。实验证明，该非转录区有许多起调控作用的基元序列，具有启动子活性。

三、圆环病毒的增殖

PCV能够增殖的细胞谱很窄，只能在PK-15和Vero细胞培养物中才能完全复制，但在细胞上增殖时不引起细胞病变。而在Vero细胞连续传代时会导致病毒抗原性的改变。另在恒河猴肾细胞、原代胎猪肾细胞、BHK-21细胞以及一些传代的猪细胞系PT、ST和PET上不能生长。体内新的细胞DNA合成是PCV2合成的唯一条件，病毒在细胞静止和激活期不能复制，病毒DNA的复制需依靠细胞S期表达的蛋白而合成新的DNA，同时组织细胞的增殖提供了PCV2复制及扩散的最佳条件。在病毒的体外增殖实验中，只有当细胞已经过了有丝分裂期后，病毒才开始复制。Tischer等（1987）报道，在细胞进入S期前用300mmol/L的 D-氨基葡萄糖-盐酸处理PK-15细胞30min，可以促进病毒的增殖，使得感染PCV的细胞数量提高30%。Allan等（1999）证明PCV在源于猪骨髓、外周血液、肺洗出物和淋巴结的单核细胞/巨噬细胞中复制。牛外周血液来源的单核细胞也对PCV感染敏感。

CAV只能在培养鸡马立克病病毒及某些白血病病毒的肿瘤淋巴细胞系中生长，最常用的是MDCC、MSB1（MSB1）细胞系。将高滴度的CAV接种于MSB1细胞，48h可检测到2.0kb多顺反子病毒RNA的低水平转录，在48h可达到高峰。在感染后6h检测到VP1，12h检测到VP2，于30h才能检测到VP3；以低滴度的CAV接种，需传6～8代才能出现细胞病变，病毒在MSB1细胞中增殖缓慢，且滴度较低，仅为 10^5～$10^6 TCID_{50}/0.1mL$。还可通过1日龄雏鸡、细胞培养或鸡胚增殖CAV。在鸡体内，CAV主要在骨髓造血前体细胞和胸腺前体细胞内复制，以细胞凋亡方式引起细胞死亡。CAV还可通过鸡胚传代，给孵化5天后的鸡胚进行卵黄囊接种，14天后收集全胚，可获得高滴度病毒。

第四节 猪圆环病毒反向遗传学系统的建立

一、猪圆环病毒的基因组结构特征

猪圆环病毒的基因组是环状、单股、共价闭合、典型的双义DNA，PCV1和PCV2在基因组构成上非常相近。以PCV2为例，该病毒基因组含有1766～1769nt，是迄今为止最小的动物病毒之一。主要包含两个大的可读框架（open reading frames，ORF），ORF1和ORF2（图18-3A）。ORF1和ORF2的编码方向相反，ORF1位于病毒基因组上，而ORF2位于基因组的互补链上。除了ORF1和ORF2以外，还发现有几个小的

ORF。目前为止，除了 ORF3 和 ORF4 已被证实存在外，其他小 ORF 的表达还未得到证实。ORF3 位于 ORF1 内部，但是转录方向与 ORF1 相反，与 ORF2 同向（图 18-3A）；ORF4 位于 ORF3 内部，转录方向与 ORF3 相同。在 ORF1 和 ORF2 之间存在两段间隔序列，短的位于两个 Rep 和 Cap 的 3′端之间，长的位于两个基因的 5′端之间，后者包含病毒基因组的复制原点。该复制原点为茎-环结构，其顶端含有保守的 9 个核苷酸序列，是病毒滚环复制的剪切位点；茎-环结构的下游有 4 个重复的六聚物基序，是病毒复制酶的结合位点（图 18-3B）。

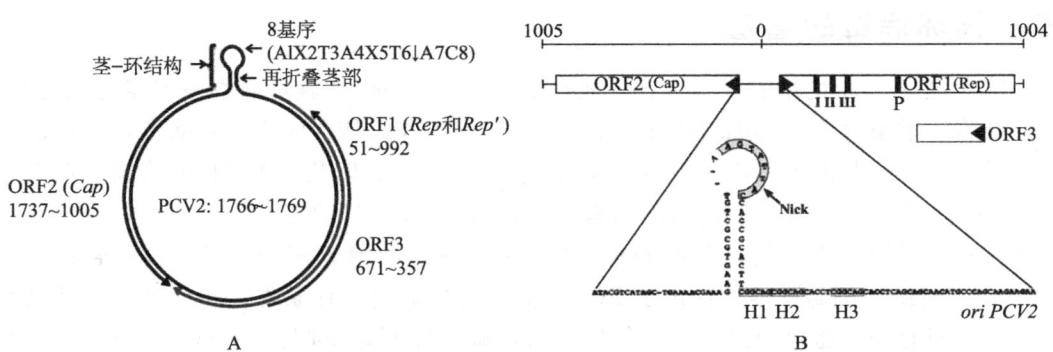

图 18-3 PCV2 基因组结构
A. PCV2 基因组示意图；B. PCV2 复制原点示意图

二、猪圆环病毒反向遗传学系统的建立

猪圆环病毒的基因组较小，约 1.7kb，采用 PCR 法可扩增全长基因组序列，因此构建感染性分子克隆相对容易。Fenaux 等（2002）就成功构建了 PCV2 的感染性克隆，并应用于该病毒的致病性研究。以 PCV2 为例，详细介绍构建猪圆环病毒感染性克隆的过程。

（一）感染性分子克隆的构建策略

由于 PCV 为 DNA 病毒，其基因组本身就具有感染性，所以只要保持其基因组的完整性，即可以构建成 PCV 的感染性克隆。目前构建 PCV2 感染性分子克隆主要有 2 种策略，载体依赖型的感染性分子克隆和非载体依赖型的感染性分子克隆。

1. 载体依赖型的感染性分子克隆

所谓载体依赖型感染性分子克隆是指在转染时 PCV2 的基因组随载体一同转染到 PK-15 细胞中。第一种构建方法，PCR 扩增获得的 PCV2 全长基因组 DNA，利用其两端的限制性内切核酸酶酶切位点将其顺式串联然后克隆到合适的载体中，通过大肠杆菌筛选阳性克隆即可获得 PCV2 的感染性分子克隆，参见图 18-4A（Fenaux et al.，2002）。第二种构建方法，通过适当的 PCR 扩增及体外连接策略将 PCV2 全基因组附带一段亚基因组片段克隆到适当的载体中，体内转染之后通过同源重组 PCV2 基因组重新环化成完整的 PCV2 基因组从而具有感染性，参见图 18-4B（Roca et al.，2004）。

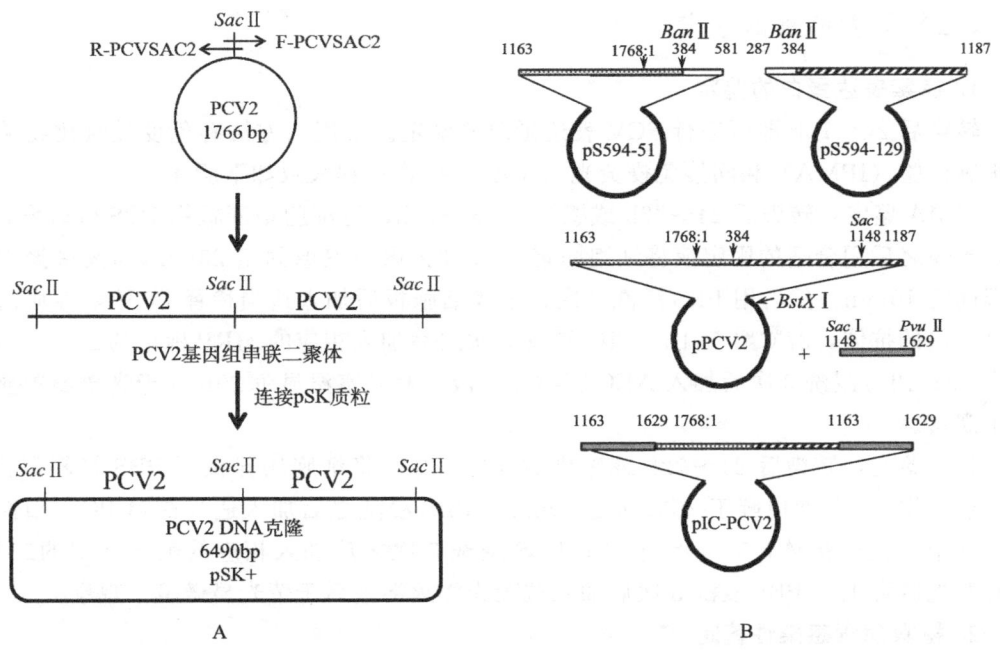

图 18-4　PCV2 感染性克隆载体依赖性构建示意图

2. 非载体依赖型的感染性分子克隆

非载体依赖型的感染性分子克隆是指转染时只将 PCV2 基因组转染到 PK-15 细胞即可拯救病毒的构建方式。PCR 扩增获得两端带有相同限制性内切核酸酶酶切位点的 PCV2 全长基因组 DNA，然后将其克隆到合适的载体中，大肠杆菌大量扩增阳性质粒之后进行限制性内切核酸酶处理，琼脂糖凝胶电泳后通过回收获取 PCV2 全长 DNA 片段，然后通过 T4 DNA 连接酶在体外将其环化，即可获得 PCV2 感染性克隆（Cheung, 2003; 2004; Guo et al., 2011; Huang et al., 2011a; b）。Saha 等（2012）获取两端带有相同限制性内切核酸酶酶切位点的纯化线性基因组直接转染 PK-15 细胞，也成功拯救出了 PCV2。通过比较未经体外环化处理和体外 T4 DNA 连接酶环化之后转染 PK-15 细胞之后拯救病毒的效率，结果发现，经环化之后转染细胞获得的阳性细胞数是未经体外环化对照组阳性细胞数的 9 倍（未发表数据）。

（二）体外转染

PK-15 细胞是用来体外拯救 PCV2 的主要靶细胞，一般采用脂质体转染的方法。操作过程大致如下：转染前一天，将 PK-15 细胞接种于合适的培养板内，浓度大约为 200 000 个/mL，待细胞长至 60%～80% 融合度时，准备转染；将脂质体与重组的载体或环化的 PCV2 基因组混合，制备转染复合物，具体操作方法按照所选用的转染试剂说明书进行；将转染复合物加入细胞板内，置于 37℃ CO_2 培养箱内孵育，转染 6h 后，可以用新鲜培养液替换转染复合物，也可以直接将新鲜培养液直接加入到含有转染复合物的培养板中，然后继续培养。

(三) 拯救病毒的鉴定

1. 病毒表达蛋白的鉴定

转染后 24~72h 即可进行 PCV 表达蛋白的鉴定。常用的方法有免疫过氧化物酶单层细胞试验（IPMA）和间接免疫荧光（IFA），操作过程大致如下所述。

IPMA 鉴定：转染后 24~72h 或感染后 48~72h，将细胞培养板用 PBS 轻轻浸洗 2 次，干燥之后用合适的固定液将细胞固定，如 33% 丙酮室温固定 20min，4% 多聚甲醛室温固定 10min；然后用 PBS 浸洗 2 次，干燥细胞板后加入适当稀释 PCV 阳性血清或某个蛋白的抗体，37℃ 孵育 1h；PBS 浸洗 3 次之后加入相应的 HRP 标记的二抗，37℃ 孵育 1h；PBS 浸洗 3 次后加入 AEC 底物显色液，避光室温显色 20min 于光学倒置显微镜下观察。

IFA 鉴定：转染后 24~72h 或感染后 48~72h，将细胞培养板用 PBS 轻轻浸洗 2 次，然后用 100% 冷甲醇于 20℃ 固定 10min，PBS 浸洗之后加入适当稀释 PCV 阳性血清或某个蛋白的抗体，37℃ 孵育 1h；PBS 浸洗 3 次之后加入相应的荧光标记的二抗，37℃ 避光孵育 1h；PBS 浸洗 3 次后加入抗荧光淬灭溶液后于荧光显微镜下观察。

2. 拯救病毒感染性鉴定

转染后 72~120h 收获细胞培养上清液（培养时间越长，上清中病毒粒子越多），切记是不含有转染复合物的上清液，因为含有转染复合物在鉴定拯救病毒是否具有感染性时会造成假阳性。将收获的上清液感染 50% 融合度的 PK-15 细胞，37℃ 培养 72h 后采用上述 IPMA 或 IFA 方法检测 PCV 的抗原。

3. 拯救病毒繁殖特性的鉴定

将拯救病毒接种 50% 单层的 PK-15 细胞，接种量为 1 个 MOI。37℃ 感作 1h 后，弃去上清，用 MEM 洗两次后加入新的营养液置于 37℃ 培养箱中培养。分别于感染后 0h、12h、24h、36h、48h、60h、72h、84h、96h、108h 和 120h 收获细胞及上清液，分别测定不同时间点拯救病毒的毒价。每个时间点重复检测 3 次。以病毒生长时间为横坐标，不同时间点的 Lg $TCID_{50}$ 平均值为纵坐标，绘制病毒的繁殖动力学曲线。

4. 拯救病毒形态学鉴定

为了观察重组毒株的形态特征，将重组病毒细胞培养物 3 次冻融后 14 000g 于 4℃ 离心 30min，取上清，加 PCV2 阳性血清（终浓度为 0.5%）4℃ 过夜，14 000g 于 4℃ 离心 30min，弃上清，用 PBS 溶解沉淀，上述条件离心 10min，弃去上清，重复上述操作 2 次之后用 PBS 将沉淀溶解悬浮，然后用 3% 的磷钨酸（pH 7.2）负染病毒，将染过的病毒悬液置于 400 目的铜网上，于电子显微镜下观察病毒粒子。

5. 拯救病毒感染动物试验

将拯救病毒通过鼻内和肌肉注射感染 25~35 日龄 PCV2 阴性猪，感染剂量为 10^5 $TCID_{50}$/头，同时设未接种对照组。攻毒后，每天测量猪的体温和直肠温度，每周采血进行 PCV2 抗体和抗原的检测，攻毒后 6 周剖杀猪，同时取血、肝、脾、肺、肾和胸腺用于病毒核酸、血清抗体和病理组织学检测。脏器标本用福尔马林溶液固定，石蜡包埋、切片，HE 染色后镜检。

第五节　鸡传染性贫血病毒反向遗传学系统的建立

一、鸡传染性贫血病毒基因组结构特征

CAV 基因组为共价闭合环状单股负义 DNA，长 2298nt 或 2319nt，两个不同序列长度的区别是在启动子增强区域存在一个额外的（第 5 个）21nt 正向重复序列（direct repeat，DR）。Todd 等（1995）报道 Cux-1 株在 MDCC-MSB1 细胞上传 30 代以后可以获得第 5 个 21nt 的 DR，所以一般认为该 DR 是 CAV 适应细胞的结果。然而，Chowdhury 等（2003）将另一株 CAV 在体外传至 129 代，也没有获得第 5 个 DR 的插入。CAV 基因组由编码区和非编码区两部分组成。编码区包含 3 个部分或完全重叠的 ORF，分别编码 VP1（52kDa）、VP2（24kDa）和 VP3（14kDa）蛋白（图 18-2）。非编码区具有一个启动子区（5 个序列一致的 21nt 的 DR）和一个 poly（A）信号（Noteborn et al.，1991）。

二、鸡传染性贫血病毒反向遗传学系统的建立

（一）感染性分子克隆的构建

Noteborn 等（1991）将 CAV 的全基因组克隆到载体 pIC20H 中，然后将基因组在体外环化后，转染 MDCC-MSB1 和 1104-X-5 细胞，可以产生典型的 CAV 细胞病变。收获此克隆化的病毒接种 1 日龄雏鸡，引起了 CAV 感染的临床症状。这是第一次关于单链环状 DNA 病毒基因组分析的报道。Brown 等（2000）将 CAV 全长基因组克隆到 pGEM-4Z 中，利用在基因组两端设计的 EcoR I 限制性内切核酸酶位点将 CAV 全长基因组释放下来（图 18-5），以线状或环化的基因组分别转染 MDCC-MSB1，均可以拯救出病毒，环化基因组获得的阳性细胞率明显高于线状基因组转化的阳性细胞率。

（二）体外转染

MDCC-MSB1 细胞是用来体外拯救 CAV 的主要细胞，一般采用电转化的方法。电转化操作过程大致如下：转染前 24h 将 MDCC-MSB1 细胞传代，用无血清 RPMI 1640 营养液洗两次，离心后用 700mL 营养液悬浮细胞，使细胞浓度达到 10^7 个/mL，在冰浴条件下加入 10mg DNA；转移至 0.4cm 的打孔电转杯中。电转染条件如下：400V，900mF，时间 3.6～4.5ms。电转结束后，室温下孵育 5min，然后

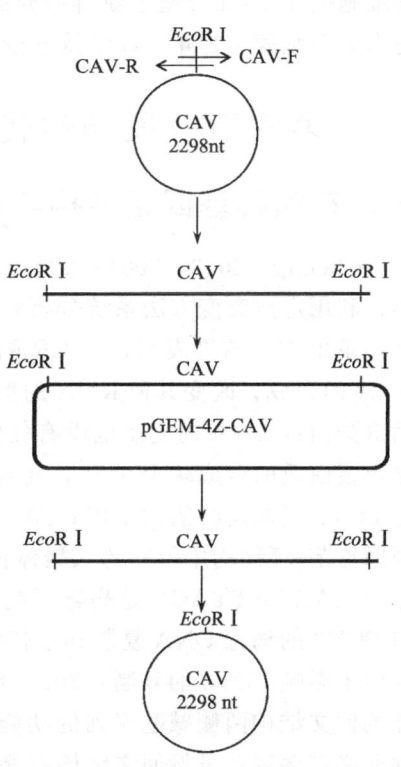

图 18-5　CAV 感染性克隆构建示意图

用 5mL 营养悬浮培养。48h 后用 IFA 检测转染效率。

(三) 拯救病毒的鉴定

细胞转染 CAV 基因组后每间隔 48h 传代，按照 1:10 分殖。通过用 IFA 检测 CAV-VP3 蛋白来判定病毒拯救成功与否。IFA 具体操作方法如下：细胞 6000g 离心 5min，用 PBS 洗两次后，再用 200mL PBS 悬浮。悬浮细胞涂片后在室温下干燥。干燥后的细胞用冰冷的 90% 甲醇固定 5min，用含 0.1% 的牛血清白蛋白及 0.1% 吐温 20 的 PBS 溶液洗涤，然后用 5% BSA/PBST 溶液在 37℃下封闭 1h。涂片经 0.1% BSA/PBST 洗涤后加入鼠抗 VP3 蛋白的单克隆抗体。经 0.1% BSA/PBST 洗涤后，加入山羊抗鼠的异硫氰酸荧光素标记抗体，37℃孵育 1h。涂片用荧光显微镜检查，参考未感染的 MDCC-MSB1 细胞背景，测定阳性细胞的比例。

(四) 拯救病毒感染性检测

将拯救病毒的细胞培养物反复冻融 3 次后，6000g 离心 10min 后，取上清，接种健康 MDCC-MSB1 细胞。用这种方法重新感染细胞，至少连续传 3 代。用 IFA 法检测病毒滴度。

每个滴定板中含有 10^5 个 MDCC-MSB1 细胞。准备 10 倍系列稀释的病毒样品，每个样品做 6 个重复。病毒滴度从 $0.05\times10^{-10}\sim0.5\times10^{-10}$，接种细胞并孵育。48h 后感染细胞按照 1:4 分殖于新鲜培养液中，观察细胞病变状况。直至连续传代培养至检测终点无细胞病变为止。在细胞病变稀释终点经 IFA 确认有无阳性细胞。

第六节 反向遗传学在圆环病毒科研究中的应用

一、在病毒基因组结构与功能研究中的应用

Cheung（2003；2004；2005）在猪圆环病毒基因功能方面研究得比较深入：2003 年，利用定点突变方法系统分析和研究 PCV2 蛋白合成及 DNA 复制过程中所涉及的每个转录单位，结果表明，在 CR 的 5′端引入一个终止子不能影响 Rep 相关蛋白和病毒 DNA 的合成，改变其他 RNA 的剪接位点附近的序列或者在 NS0 RNA 中引入终止子对病毒蛋白或 DNA 的复制也没有任何影响，然而，突变能产生截短的 Rep 或 Rep′蛋白，导致蛋白质的合成减少 99%，而且完全关闭 DNA 的复制，这些结果表明 *Rep* 和 *Rep*′是 PCV2 复制所必需的基因；2004 年，利用定点突变方法系统分析和研究了 PCV2 复制原点茎-环结构中保守的八聚体核苷酸的功能，结果表明，位于环序列中的八聚体核苷酸（AGTATTAC）是病毒复制所必需的元件。其中，A_xTA_xTAC 是该元件的核心，与 PCV2 的病毒 DNA 复制和子代病毒的生成密切相关，而 x 碱基则可以替换成其他碱基而不影响 PCV2 的复制；2005 年，采用碱基替换的突变策略研究 PCV1 复制原点茎-环的回文结构两侧碱基序列的功能，结果显示，回文结构左侧的 A 富集序列是病毒复制非必需序列，虽然回文结构右侧的 4 个六核苷酸序列在体外是 Rep 相关蛋白的结合位点，但是只有近端的六核苷酸二聚体是 PCV1 DNA 复制所必需的。

Liu 等（2006）通过构建 ORF3 缺陷的 PCV2 感染性克隆进而对 ORF3 编码蛋白的功能进行研究，结果表明，ORF3 编码的蛋白是 PCV2 复制非必需蛋白；BALB/c 鼠体内感染试验结果显示，ORF3 缺陷的 PCV2 毒株与亲本毒株都可以在小鼠体内复制，与亲本毒株相比，ORF3 缺陷毒株的毒力明显降低（Cheung，2005）。He 等（2013）对 PCV2 ORF4 进行突变研究，结果表明：ORF4 编码蛋白是 PCV2 的非结构蛋白，该蛋白是 PCV2 复制非必需蛋白，在小鼠体内具有抑制级联反应的活性以及调节 $CD4^+$ 和 $CD8^+$ 淋巴细胞的作用。

Beach 等（2010a）通过 PCV 的感染性分子克隆构建和拯救了 4 株 PCV1-PCV2 互换复制原点和 *Rep* 的嵌合毒株，体外的繁殖特性分析显示，PCV1 和 PCV2 的复制因子是可以互换的，而且，PCV1 的复制原点和 *Rep* 可以增强以 PCV2 为骨架的嵌合毒株的复制效率。

二、在病毒抗原特性研究中的应用

Lekcharoensuk 等（2004）就利用 PCV DNA 感染性克隆技术构建的一系列 PCV1/PCV2-ORF2 嵌合毒株用来鉴定 PCV2-Cap 蛋白的构象表位，研究结果表明：在 PCV2-Cap 蛋白的 47aa～85aa、165aa～200aa 和 230aa～233aa 至少存在 5 个相互重叠的构象表位。Huang 等（2011）通过构建一系列 PCV2a/2b-ORF2 嵌合和突变的 DNA 感染性克隆鉴定 PCV2 中和性单克隆抗体 8E4 的关键氨基酸，结果显示将 PCV2a/CL（LG 和 JF2）-Cap 蛋白 59 位丙氨酸突变成精氨酸，则可以导致单抗 8E4 丧失与上述 3 株病毒的反应特性，从而证明 PCV2-Cap 蛋白 59 位氨基酸是决定其中和构象表位的关键氨基酸。Liu 等（2013）同样利用 PCV2 的感染性克隆技术成功将单抗 8E4-阴性反应毒株 PCV2b/YJ（JF）突变拯救为 8E4-阳性反应毒株，该结果显示 Cap 蛋白 60 位氨基酸同样也是中和构象表位的关键氨基酸。Saha 等（2012）同样通过 PCV2 的反向遗传学操作，可以实现 IPMA＋N＋（IPMA 反应阳性中和试验反应阳性）和 IPMA＋N－（IPMA 反应阳性中和试验反应阴性）两个表型之间的互换，证明 Cap 蛋白上 131aa、151aa、190aa 和 191aa 与 PCV2-Cap 蛋白不同的抗原表型密切相关。

三、在病毒致病机制研究中的应用

猪圆环病毒广泛存在于猪群中，与多种病原同时存在的现象非常常见，所以用 PK-15 细胞分离到的 PCV2 大多不纯净，由于该病毒在 PK-15 上繁殖不会产生细胞病理变化（CPE），所以不能用蚀斑纯化的方法得到纯净的 PCV2。然而致病性研究要求病原纯净，因此 PCV2 的感染性克隆技术在其致病性研究方面得到了广泛的应用。Fenaux 等（2002）最早将 PCV2 感染性克隆技术应用于该病毒的致病性研究，他们将两个 PCV2 全基因组顺式串联到 pBluescript-SK 载体中，然后直接体内转染 SPF 猪（肝内或淋巴结内注射），可以检测到 PCV2 感染相关的疾病特征。该研究表明在 PCV2 的致病性和免疫机制相关研究中，可以用 PCV2 感染性分子克隆替代具有感染性的 PCV2 病毒。PCV2 分为 3 个基因亚型：PCV2a、PCV2b 和 PCV2c，除 PCV2c 仅分离于丹麦外，另外两种基因亚型的毒株广泛存在于世界各国。PCV2-Cap 蛋白 86aa～91aa 存在

PCV2a 和 PCV2b 亚型特异性保守的氨基酸基序。Allemandou 等（2011）构建这两个亚型特异性基序的嵌合毒株 PCV2a/2b 基序和 PCV2b/2a 基序及两株亲本毒株的感染性克隆，通过体内直接转染 SPF 猪比较这 4 个感染性分子克隆的毒力，结果显示 Cap 蛋白 86aa～91aa 是 PCV2 毒力决定因子，该基序周围的氨基酸似乎也共同参与 PCV2 毒力的形成。以上是两个利用 PCV2 感染性分子克隆体内转染研究该病毒致病性的例子，同样还有很多学者利用 PCV2 反向遗传操作在体外拯救并繁殖病毒，然后感染动物进行致病性研究。追溯血清学研究发现，第一例 PMWS 出现之前 25 年即可以在猪的血清中检测到 PCV2 的抗体，所以 PCV2 在 20 世纪 70、80 年代就在猪群中存在，Krakowka 等（2012）通过研究 1970～1971 年的病料发现，档案病料中的 PCV2 与现在流行的 PCV2 毒株 1331～1339 位碱基存在差异，其衍化的氨基酸位于 Cap 蛋白的第二个抗原表位区。通过 PCV2 感染性克隆技术，将现在流行毒株的 1331～1339 位碱基通过定点突变使其具备 1970～1971 年 PCV2 毒株的典型特征，然后于 PK-15 细胞中拯救病毒，后续的猪体内感染实验表明：与现在的 PCV2 流行毒株相比，档案 PCV2 毒株是没有毒力的。Guo 等（2012）采用感染性克隆技术构建和拯救 PCV2a 和 PCV2b 基因亚型的毒株，经过体外传代后感染猪，结果显示，PCV2b/BDH 的毒力显著高于该研究中的其他毒株。

Meehan 等（1992）成功构建了 CAV 的感染性分子克隆，分析了基因组非编码区的序列，确定了"TATA box"等一些转录激活元件的位置。Peters 等（2005）研究发现 VP2 蛋白双重特异性磷酸酶活性（DSP）基序（^{94}ICNCGQFRKH^{103}）内 2 个相邻的半胱氨酸残基（C95 和 C97）的突变对 VP2 的 DSP 有不同影响，但均可以导致病毒生长发生明显的抑制。Peters 等（2006）对 VP2 蛋白 DSP 催化活性基序内的氨基酸及预测的二级结构区内的氨基酸进行突变分析，研究发现，所有突变毒株均具有感染性，然而某些突变毒株的生长特性与亲本毒株明显不同：87 位、103 位、169 位和 186 位氨基酸的突变，病毒在细胞内的潜伏期延长；101 位、129 位、131 位、161 位、163 位和 163 位氨基酸的突变使突变毒株的潜伏期和隐蔽期都明显延长；101 位和 103 位氨基酸的突变可以导致 CAV 下调 MHC I 类分子表达的功能丧失；而 131 位氨基酸的突变则可以导致这种功能的部分丧失。上述研究结果表明，作为病毒非结构蛋白的 VP2，在病毒复制及感染过程中依然起着重要作用。在非典型的 DSP 标志性基序中，第二残基突变（K102D）导致病毒的复制效率显著降低，然而在其第一个残基的突变（R101G）则减弱了病毒的致细胞病变作用，但并没有降低病毒的复制效率。在受野生型病毒感染的细胞中，主要组织相容性复合体（MHC）I 类的表达明显下调，但受突变病毒感染的细胞中则没有此现象。表明特定的突变引入编码该蛋白的基因，可以减少病毒的复制，细胞病变和感染细胞中下调 MHC I。VP2 包含一个 NLS，跨度从第 133～第 138 氨基酸。VP2 是一种独立的 CRM1 蛋白，在出核时与细胞内的 MCM3 起联系作用。系统突变发现，133aa 或 134aa 及 136aa～138aa 的关键残基，对 VP2 进入细胞核内具有重要价值（Peters et al.，2006）。

四、在新型疫苗研究中的应用

以 PCV1 为骨架的嵌合毒株 PCV1-2a 包含 PCV2a 毒株的 Cap 蛋白，该毒株在猪体内可以复制但是毒力已经致弱，现已经作为 Fostera™ PCV 灭活疫苗的种毒应用于生产。另外一株嵌合型毒株也是以 PCV1 毒株为骨架，将 PCV2b 基因型毒株的 Cap 蛋白替换 PCV1 的 Cap 蛋白。与野生型 PCV2b 毒株相比，该嵌合毒株感染 CD/CD 猪后不表现临床症状，病毒血症和淋巴组织的病理损伤降低，由此可见，该嵌合毒株毒力已经致弱（Beach et al., 2010b）。Opriessnig 等（2011）结合 3 种病毒（PCV2b、PRRSV 和 PPV）的感染模型发现 PCV1-2b 嵌合毒株免疫之后的猪只可以抵御这 3 种病毒的感染，虽然嵌合毒株 PCV1-2b 可以通过接触传染给其他猪，但是其致病力还是很弱的，因为 PRRSV 的同时感染并没有促进嵌合毒株的复制。综上所述，嵌合型毒株 PCV1-2a 和 PCV1-2b 在诱导商品猪产生广谱性免疫保护的同时具有致病性低的特点，因此可以作为的候选疫苗株。不同于传统的体外连续代的致弱工艺，嵌合型毒株 PCV1-2 从根本上消除了毒力返强的可能性。虽然目前使用的 PCV2 疫苗产品非常有效，但是在猪群中使用安全的弱毒疫苗既可以大大降低疫苗免疫的成本又可以同时诱导细胞免疫和体液免疫应答。

在感染性 PCV2 和嵌合型 PCV1-2a 病毒表面表达异源抗原表位作为 PCV2 标记疫苗研究的另一种选择。Beach 等（2011）研究发现，PCV2-Cap 蛋白的 C 端至少可以容纳 27 个氨基酸的插入。此外，在病毒粒子表面表达短肽标签的减毒活嵌合型 PCV1-2a 毒株既可以诱导猪产生 PCV2 特异性中和抗体，同时也可以诱导产生抗表位标签的抗体。几乎同时，另一个实验室也得出类似的结论：11 个氨基酸的 V5 表位被成功插入 PCV2-Cap 蛋白的 C 端并表达于病毒粒子的表面，该重组毒株在体外的生物学特性与亲本毒株类似，既可以诱导 BALB/c 小鼠产生 PCV2 特异性抗体，也可以产生抗 V5 表位的抗体（Huang et al., 2011a）。因此，具有表位标记的 PCV2 毒株也许有希望成为标记疫苗毒株，有助于示踪疫苗在猪群中的免疫效果及区分野毒感染。

CAV 毒力研究表明，鸡感染野生型 CAV 后能够显著抑制鸡生长，平均体重减轻以及机体的胸腺和脾脏质量减轻，并在胸腺、脾骨髓中产生严重的病理变化，甚至出血。Peters 等（2007）研究发现：CAV 的 VP2 基因突变毒株仍可以感染胚胎，但与野生型毒株相比，突变毒株的致病性已明显减弱。与野生型病毒感染相比，突变株 C86R、R101G、H103Y、R129G、Q131P、R/K/K150/151/152G/A/A、D/E161/162G/G 以及 E186G 的毒力高度减弱，突变毒株 L163P 和 D169G 毒力中度衰减。从对胸腺、脾脏、骨髓等造成的损伤以及出血等症状来判断毒力的衰减。高度减毒的突变毒株感染机体后没有出现生长抑制；只在中度减毒的突变毒株 L163P 中发现造成平均体重的适度减少。这些结果表明，在 *VP2* 基因中的突变可降低 CAV 的致病性，这些突变毒株可能成为有价值的候选疫苗。Kaffashi 等（2008）为探讨鸡传染性贫血病毒（CAV）的突变毒株成为 CAV 疫苗株的潜力，结果显示：感染 14 天后，接种 E186G 或 R/K/K150/151/152G/A/A 突变毒株的鸡群的胸腺皮质厚度没有显著下降。接种 E186G 或 R/K/K150/151/152G/A/A 以及 Q131P 突变毒株的鸡群在用野生型 CAV 攻毒 14 天后，其胸腺皮质厚度与未接种突变毒株的鸡群相比有了显著增加。血清中和试验检测结果发现，感染 35 天后 E186G 突变毒株引起的抗体滴度最高，其次为 Q131P 突变体、S77N 和 R/K/K150/151/152G/A/A。这些研究表明，E186G 可以作为 CAV 的候选疫苗株。

结 语

PCV2 感染动物都可以诱导动物机体产生免疫抑制，从而使疾病复杂化，所引发的相关疾病导致的经济损失十分惊人，因此。它们所引发的疾病已经引起越来越多学者的高度关注。虽然商品化疫苗可以在很大程度上控制 PCV2 相关疾病的发病率，但是始终不能根除 PCV2，另外，PCV2 突变率和单股 RNA 病毒相当，不同毒株之间体内重组时有发生，因此 PCV2 的防治工作仍然不容忽视。我们认为未来 PCV2 的研究方向应该集中在以下几个方面：第一，虽然 PCV2 的致病性研究一直都在进行，然而始终没有复制出典型的 PMWS，所以其致病性还有待深入研究；第二，PCV2 疫苗可以诱导高水平的中和抗体，但是还是有一些病毒可以逃避中和抗体的作用，其确切的机制有待研究；第三，虽然 PCV2 的黏附受体已经得到鉴定，但是在猪体内的受体还有待鉴定及研究；第四，在 PCV2 感染猪体内，多种细胞中均可以检测到病毒，然而不是所有的细胞都可以支持 PCV2 复制，其确切机制还有待研究，研究结果有望部分阐明 PCV2 的致病机制。

由于 CAV 感染鸡也可以诱导动物机体产生免疫抑制，所以其他病原的感染会加重疾病的临床症状，经济损失很大，所以，CAV 的研究已经引起学者的重视。我们认为未来 CAV 的研究应该主要集中在以下几点：第一，CAV 潜伏感染的控制基因是什么；第二，VP3 可以诱导细胞凋亡，是病毒复制及致病性的关键，然而 VP3 在未转化的鸡细胞中凋亡的机制还不是很清楚，有待进一步研究；第三，VP2 的 DSP 活性可以作为 CAV 致弱的靶基因，通过突变可以获得致弱的突变毒株，潜在的疫苗突变毒株有待深入研究。

参 考 文 献

Allan G M, Kennedy S, McNeilly F. 1999. Experimental reproduction of severe wasting disease by co-infection of pigs with porcine circovirus and porcine parvovirus. Journal of Comparative Pathology, 121 (1): 1-11.

Allemandou A, Grasland B, Hernandez-Nignol A C. 2011. Modification of PCV-2 virulence by substitution of the genogroup motif of the capsid protein. Veterinary Research, 42: 54.

Beach N M, Juhan N M, Cordoba L. 2010a. Replacement of the replication factors of porcine circovirus (PCV) type 2 with those of PCV type 1 greatly enhances viral replication in vitro. Journal of Virology, 84 (17): 8986-8989.

Beach N M, Ramamoorthy S, Opriessnig T. 2010b. Novel chimeric porcine circovirus (PCV) with the capsid gene of the emerging PCV2b subtype cloned in the genomic backbone of the non-pathogenic PCV1 is attenuated in vivo and induces protective and cross-protective immunity against PCV2b and PCV2a subtypes in pigs. Vaccine, 29 (2): 221-232.

Beach N M, Smith S M, Ramamoorthy S. 2011. Chimeric porcine circoviruses (PCV) containing amino acid epitope tags in the C terminus of the capsid gene are infectious and elicit both anti-epitope tag antibodies and anti-PCV type 2 neutralizing antibodies in pigs. Journal of Virology, 85 (9):

4591-4595.

Bratanich A, Blanchetot A. 2006. A gene similar to the human hyaluronan-mediated motility receptor (RHAMM) gene is upregulated during Porcine Circovirus type 2 infection. Virus Genes, 32 (2): 145-152.

Brown K, Browning G F, Scott P C. 2000. Full-length infectious clone of a pathogenic Australian isolate of chicken anaemia virus. Australian Veterinary Journal, 78 (9): 637-640.

Cheung A K. 2003. The essential and nonessential transcription units for viral protein synthesis and DNA replication of porcine circovirus type 2. Virology, 313 (2): 452-459.

Cheung A K. 2004. Identification of an octanucleotide motif sequence essential for viral protein, DNA, and progeny virus biosynthesis at the origin of DNA replication of porcine circovirus type 2. Virology, 324 (1): 28-36.

Cheung A K. 2005. Mutational analysis of the direct tandem repeat sequences at the origin of DNA replication of porcine circovirus type 1. Virology, 339 (2): 192-199.

Chowdhury S M Z H, Omar A R, Aini I. 2003. Pathogenicity, sequence and phylogenetic analysis of Malaysian Chicken anaemia virus obtained after low and high passages in MSB-1 cells. Archives of Virology, 148 (12): 2437-2448.

Farkas T, Tanaka A, Kai K. 1996. Cloning and sequencing of the genome of chicken anaemia virus (CAV) TK-5803 strain and comparison with other CAV strains. The Journal of Veterinary Medical Science, 58 (7): 681-684.

Fauquet C M, Maniloff J, Maniloff J. 2005. Virus taxonomys, Ⅷ th report of ICTV. Amsterdaml: Elsevier Academic Press.

Fenaux M, Halbur P G, Haqshenas G, et al. 2002. Cloned genomic DNA of type 2 porcine circovirus is infectious when injected directly into the liver and lymph nodes of pigs: characterization of clinical disease, virus distribution, and pathologic lesions. Journal of Virology, 76 (2): 541-551.

Guo L J, Fu Y J, Wang Y P. 2012. A Porcine circovirus type 2 (PCV2) mutant with 234 amino acids in capsid protein showed more virulence *in vivo*, compared with classical PCV2a/b strain. Plos One, 7 (7): 273.

Guo L J, Lu Y H, Huang L P. 2011. First construction of infectious clone for newly emerging mutation porcine circovirus type 2 (PCV2) followed by comparison with PCV2a and PCV2b genotypes in biological characteristics *in vitro*. Virology Journal, 8: 291.

He J, Cao J, Zhou N. 2013. Identification and functional analysis of the novel ORF4 protein encoded by porcine circovirus type 2. Journal of Virology, 87 (3): 1420-1429.

Huang L P, Lu Y H, Wei Y W. 2011a. Construction and biological characterisation of recombinant porcine circovirus type 2 expressing the V5 epitope tag. Virus Research, 161 (2): 115-123.

Huang L P, Lu Y H, Wei Y W. 2011b. Identification of one critical amino acid that determines a conformational neutralizing epitope in the capsid protein of porcine circovirus type 2. BMC Microbiol, 11: 188.

Kaffashi A, Shrestha S, Browning G F. 2008. Evaluation of chicken anaemia virus mutants as potential vaccine strains in 1-day-old chickens. Avian Pathology, 37 (1): 109-114.

Krakowka S, Allan G, Ellis J. 2012. A nine-base nucleotide sequence in the porcine circovirus type 2 (PCV2) nucleocapsid gene determines viral replication and virulence. Virus Research, 164 (1-2): 90-99.

Lekcharoensuk P, Morozov I, Paul P S. 2004. Epitope mapping of the major capsid protein of type 2 porcine circovirus (PCV2) by using chimeric PCV1 and PCV2. Journal of Virology, 78 (15): 8135-8145.

Liu J B, Huang L P, Wei Y W. 2013. Amino acid mutations in the capsid protein produce novel porcine circovirus type 2 neutralizing epitopes. Veterinary Microbiology, 165 (3-4): 260-267.

Liu J, Chen I, Du Q Y. 2006. The ORF3 protein of porcine circovirus type 2 is involved in viral pathogenesis in vivo. Journal of Virology, 80 (10): 5065-5073.

Liu J, Zhu Y, Chen I. 2007. The ORF3 protein of porcine circovirus type 2 interacts with porcine ubiquitin E3 ligase Pirh2 and facilitates p53 expression in viral infection. Journal of Virology, 81 (17): 9560-9567.

Liu Q, Willson P, Attoh-Poku S. 2001. Bacterial expression of an immunologically reactive PCV2 ORF2 fusion protein. Protein Expression and Purification, 21 (1): 115-120.

Mankertz A, Caliskan R, Hattermann K. 2004. Molecular biology of Porcine circovirus: analyses of gene expression and viral replication. Veterinary Microbiology, 98 (2): 81-88.

Mankertz A, Persson F, Mankertz J. 1997. Mapping and characterization of the origin of DNA replication of porcine circovirus. Journal of Virology, 71 (3): 2562-2566.

Meehan B M, Todd D, Creelan J L, et al. 1992. Characterization of viral DNAs from cells infected with chicken anaemia agent: sequence analysis of the cloned replicative form and transfection capabilities of cloned genome fragments. Archives of Virology, 124 (3-4): 301-319.

Miller M M, Jarosinski K W, Schat K A. 2005. Positive and negative regulation of chicken anemia virus transcription. Journal of Virology, 79 (5): 2859-2868.

Misinzo G, Delputte P L, Meerts P. 2006. Porcine circovirus 2 uses heparan sulfate and chondroitin sulfate B glycosaminoglycans as receptors for its attachment to host cells. Journal of Virology, 80 (7): 3487-3494.

Noteborn M H M, Verschueren C A J, Koch G. 1998. Simultaneous expression of recombinant baculovirus-encoded chicken anaemia virus (CAV) proteins VP1 and VP2 is required for formation of the CAV-specific neutralizing epitope. Journal of General Virology, 79: 3073-3077.

Noteborn M H, de Boer G F, van Roozelaar D J, et al. 1991. Characterization of cloned chicken anemia virus DNA that contains all elements for the infectious replication cycle. Journal of Virology, 65 (6): 3131-3139.

Noteborn M H, Todd D, Verschueren C A. 1994. A single chicken anemia virus protein induces apoptosis. Journal of Virology, 68 (1): 346-351.

Opriessnig T, Shen H G, Pal N. 2011. A live-attenuated chimeric porcine circovirus type 2 (PCV2) vaccine is transmitted to contact pigs but is not upregulated by concurrent infection with porcine parvovirus (PPV) and porcine reproductive and respiratory syndrome virus (PRRSV) and is efficacious in a PCV2b-PRRSV-PPV challenge model. Clinical and Vaccine Immunology, 18 (8): 1261-1268.

Peters M A, Crabb B S, Tivendale K A. 2007. Attenuation of chicken anemia virus by site-directed mutagenesis of VP2. Journal of General Virology, 88 (Pt 8): 2168-2175.

Peters M A, Crabb B S, Washington E A. 2006. Site-directed mutagenesis of the VP2 gene of Chicken anemia virus affects virus replication, cytopathology and host-cell MHC class I expression. Journal of General Virology, 87: 823-831.

Peters M A, Jackson D C, Crabb B S. 2005. Mutation of chicken anemia virus VP2 differentially affects serine/threonine and tyrosine protein phosphatase activities. Journal of General Virology, 86: 623-630.

Roca M, Balasch M, Segales J. 2004. *In vitro* and *in vivo* characterization of an infectious clone of a European strain of porcine circovirus type 2. Journal of General Virology, 85: 1259-1266.

Saha D, Lefebvre D J, Ooms K, et al. 2012. Single amino acid mutations in the capsid switch the neutralization phenotype of porcine circovirus 2. Journal of General Virology, 93: 1548-1555.

Steinfeldt T, Finsterbusch T, Mankertz A. 2001. Rep and Rep' protein of porcine circovirus type 1 bind to the origin of replication *in vitro*. Virology, 291 (1): 152-160.

Tischer I, Peters D, Rasch R. 1987. Replication of porcine circovirus: induction by glucosamine and cell cycle dependence. Archives of Virology, 96 (1-2): 39-57.

Todd D, Connor T J, Calvert V M. 1995. Molecular-cloning of an attenuated chicken anemia virus isolate following repeated cell-culture passage. Avian Pathology, 24 (1): 171-187.

第十九章 腺病毒科的反向遗传学

第一节 腺病毒科的基本特征

一、分类特征

腺病毒（Adenovirus，Adv）最早发现于1953年，由于它们倾向于感染上皮细胞而被命名为腺病毒。腺病毒属于腺病毒科（Adenoviridae），在自然界中分布广泛。迄今为止，Adv至少有100个血清型，据国际病毒分类委员会第六次报告，人的腺病毒有47个型，牛有9个型，猪有6个型，马有1个型，犬有2个型，绵羊有6个型，山羊有1个型，小鼠有2个型，鸡有12个型，鸭有2个型，鹅有3个型，雉鸡有1个型，火鸡有3个型。根据其形态结构、免疫学特性和宿主范围，这些血清型分别划归于两个属：哺乳动物腺病毒属（Mastadenovirus）和禽腺病毒属（Aviadenovirus）（殷震和刘景华，1997），两个属之间没有共同的群抗原。

二、病毒毒粒结构

腺病毒的毒粒为直径70~90nm的无囊膜病毒，呈二十面体对称结构（图19-1）。毒粒具有252壳粒，其中，二十面体的顶角壳粒为12个五邻体（penton），每个五邻体有一条（哺乳动物腺病毒和Ⅱ群、Ⅲ群禽腺病毒）或两条（Ⅰ群禽腺病毒和F群人腺病毒）纤维突起，长度为100~370Å，这些纤维以五邻体蛋白为基底由衣壳表面伸出，纤维顶端形成头节区（knob）（张维维，1996；侯云德，1990）。在Ⅰ群禽腺病毒中，两条纤维突起长度相似的有11个血清型，而血清1型病毒，即CELO病毒的病毒粒子中的两条纤维是弯曲的，长的纤维是短的纤维的4倍（Hess and Ruigrok，1995）。五联体和纤维的头节区可与细胞表面的病毒受体结合，在病毒感染细胞过程中起着非常重要的作用，纤维上带有主要的种特异性抗原决定簇和次要的亚属特异性抗原决定簇。此外，二十面体上还有240个非顶角壳粒，称为六邻体（hexon）。病毒毒粒约由14条多肽组成，多肽Ⅱ为六邻体，Ⅲ为五邻体；ⅢA为五邻体周围蛋白；Ⅳ为纤维蛋白62kDa，Ⅴ为核心蛋白；Ⅵ为六邻体相关蛋白；Ⅶ为核心蛋白Ⅱ；Ⅷ为五邻体相关蛋白；Ⅸ为9个六邻体组的特异性蛋白；TP为DNA的末端蛋

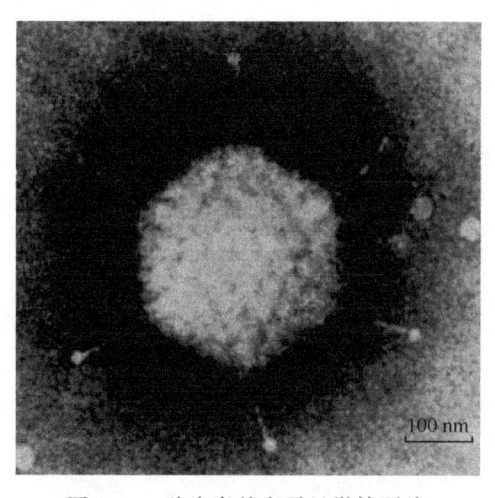

图19-1 腺病毒的电子显微镜照片

白，也是病毒 DNA 复制的引物（图 19-2）。

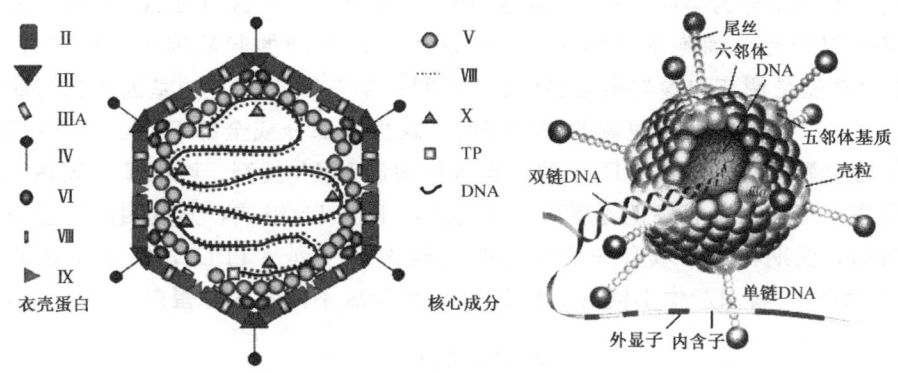

图 19-2　腺病毒结构模式图

第二节　腺病毒基因组结构及其表达产物

一、腺病毒基因组结构特点

腺病毒的基因组为线状双链 DNA（图 19-3），其基因组大小在不同种类和不同血清型之间存在差别，目前发现最小的腺病毒基因组为蛙腺病毒，其基因组只有 26 163bp（Davison et al.，2000）；最大的腺病毒基因组为 I 群禽腺病毒 8 型（FAV-8），基因组大小为 45kb（Ojkic and Nagy，2000）。病毒基因组由病毒编码的核心蛋白包绕在毒粒中，在结构上，腺病毒基因组表现出如下特征。①病毒基因组 DNA 结合着病毒编码的某些蛋白质，主要是 3 个富含精氨酸的碱性多肽：最大的是多肽 Ⅶ（17kDa），每一毒粒约含 1000 个拷贝；其次是多肽 V（45kDa），每一毒粒约含 200 个拷贝；还有一个次要蛋白质（4kDa）。由蛋白 Ⅶ 和一种被称为 mu 的小蛋白紧密地环绕在其周围，起到类组蛋白样的作用。另一种蛋白 V 将这种 DNA-蛋白质复合物连接起来，并通过蛋白 Ⅵ 与病毒衣壳连接在一起。②腺病毒的 5′端存在着末端蛋白（terminal protein，TP），大小为 55kDa。对 2 型人腺病毒 TP 的研究表明，TP 的 Ser 残基的羟基与病毒 DNA 两条互补链的 C 端的 5′磷酸之间形成磷酸二酯键。TP 与 Adv 的感染性有关，它对腺病毒 DNA 的复制起始起着重要的作用，含有 TP 的 DNA 可使感染性提高 100 倍。③末端倒置重复序列：基因组两端各有一个 40～200bp 的末端倒置重复序列（inverted terminal repeat，ITR），重复的次数和长度随病毒型和株的不同而异，并且与传代次数有关。ITR 在病毒复制过程中具有重要的作用，对不同型、不同株的 ITR 的序列比较研究发现，其中，9～22 位核苷酸高度保守，每个 ITR 可分为 AT 富集区和 GC 富集区两部分，AT 富集区长 50～52bp，位于 DNA 分子的最末端。GC 富集区长 50～110bp，同源性较差，但有两个序列较为保守，一个是 GGGCGG 序列，在 ITR 序列中至少出现一次，另外一个是在 ITR 序列的内末端或内末端附近的 TGACGT。基因组左端（194～385）载有包装信号（pakaging signal），ITR 和包装信号是腺病毒基因组复制和病毒包装必不可少的顺式作用元件（cis element）。④基因组分区。根据腺病毒 DNA 复制的起始时间，基因组分为早区（E）和晚区（L），其中，早一区（E1A、E1B）表达蛋白参与病毒基因和有关细胞基因的转录，是病毒基因活动的起始因子，早二区（E2A、E2B）主要功能是调节和参与病毒 DNA 的复制；早三区（E3）的基因产物与病毒逃避宿主免疫系统有关，为病毒复制的非必需区，缺少大部分或全部 E3 区，病毒仍能在组织培养细胞上繁殖。早四区（E4）的产物参与病毒 DNA 复制、晚区基因表达、转录物拼接和宿主细胞生物合成终止等活动。晚期区由 L1～L5 组成，其基因产物主要是病毒的结构蛋白，晚期转录区域有一个共同的三联先导序列（TPL），由主要晚期启动子（MLP）所启动，转录产生不同的 mRNA，再翻译成不同的病毒蛋白。

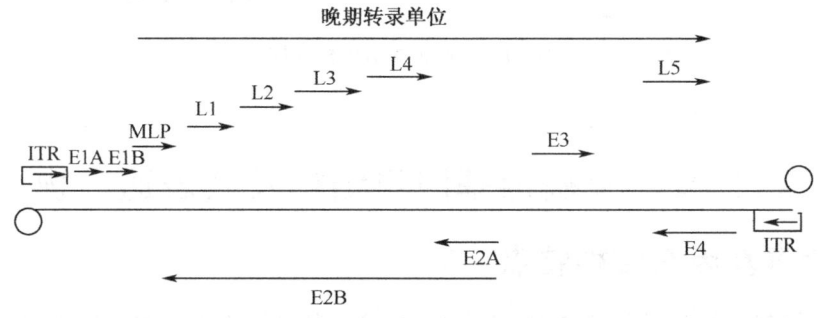

图 19-3　Ad5 基因组结构示意图

ITR. 倒置末端重复序列；E. 早期基因；L 晚期基因

二、病毒基因组表达产物及其功能

依据腺病毒的分子生物学特性，Adv 感染的早期表达（在 6h 内）的基因在基因组的 4 个区进行组织，它们分别是编码诱导病毒复制的必需蛋白的基因区 E1、E2 和 E4 以及非必需基因 E3 区；晚期区由 L1～L5 组成，其基因产物主要是病毒的结构蛋白。

（一）早期蛋白

（1）E1 区包含 *E1A* 和 *E1B* 两个转化基因，*E1A* 基因主要编码分子质量为 51kDa 和 48kDa 的蛋白质。51kDa 蛋白含有 3 个保守性的功能区，至少具有如下功能：①诱导原代细胞永生化；②刺激宿主细胞 DNA 合成和诱导休止细胞增殖；③与真核 ras 癌基因协同作用，引起细胞转化；④能与 *Rb* 抑癌基因编码的 Rb 蛋白结合；⑤反式激活细胞基因和依赖于细胞 RNA 聚合酶Ⅱ的异源性病毒基因以及依赖于细胞 RNA 聚合酶Ⅲ的腺病毒 VA RNA 基因的转录。反式激活基因转录是 51kDa 蛋白保守区 3 特有的活性，48kDa 蛋白由于缺少保守区 3，因而不能反式激活其他病毒基因的转录，但 48kDa 蛋白含有 51kDa 蛋白相同的保守区 1、2，所以它也能与 *ras* 癌基因共同转化啮齿动物细胞。

E1A 蛋白反式激活的靶位点有两个：一个是病毒基因或细胞基因的启动子 TATA 盒，另一个是 SP1 转录因子识别和结合的序列 GGCGGG，即 GC 盒。E1A 蛋白对细胞基因转录的反式激活既有正调节活性，也有负调节功能，如对细胞的胸苷酸合成酶基因、增殖细胞核抗原基因、热激蛋白 70（hsp 70）基因转录都是正调节。而对 MHC-I 基因表达是负调节，这种作用可能有利于恶性细胞绒转化细胞逃避机体免疫系统的监视。

$E1B$ 基因主要编码分子质量为 19kDa 和 52～58kDa 的蛋白质。19kDa 蛋白既能以可溶性状态分布于细胞质中，也能以膜结合蛋白的形式结合于核膜和细胞表面。出现在细胞表面的 19kDa 蛋白往往成为腺病毒的肿瘤特异性移植抗原（TSTA），能够诱导机体产生特异性的免疫反应。与 E1A 编码的 51kDa 蛋白一样，19kDa 蛋白也具有反式激活基因转录的活性，可以反式调节腺病毒 E1A、E1B、E2、E3 和 E4 以及细胞热激蛋白 70 基因的表达。此外，19kDa 蛋白可刺激转化细胞的生长，能引起红细胞产生凝集作用。在 E1B 编码的蛋白中，55kDa 蛋白为 Ad12 的肿瘤抗原，58kDa 蛋白为 Ad2 的肿瘤抗原。但 Ad12 55kDa 蛋白既存在于增殖感染的细胞中，也存在于转化细胞中。在增殖感染的细胞中，与 $E4$ 基因编码的 34kDa 蛋白共同作用，可以影响腺病毒 DNA 复制和晚期 mRNA 的转运，并能抑制宿主细胞 mRNA 从核内向细胞质的转运过程，从而关闭宿主细胞蛋白质的合成。在 Ad 转化的细胞中，55kDa 和 58kDa 蛋白也可以通过直接结合抑癌蛋白 p53 而发挥作用。

腺病毒 E1A 和 E1B 共同作用能够诱导培养细胞完全转化，但在大多数情况下，$E1A$ 基因单独却只能诱导培养细胞凋亡，E1A 的这种作用依赖于 E1A 蛋白对抑癌基因 p53 表达的激活。$E1B$ 类似于癌基因 $bcl-2$，其能够抑制 E1A 对细胞凋亡的诱导，这是因为 $E1B$ 基因编码的 55kDa 蛋白直接阻止了 p53 的活性，并且 $E1B$ 编码的 19kDa 蛋白也可抑制 p53 下游效应基因的功能，从而导致细胞产生转化。当 E1B 蛋白缺失时，SV40 T 抗原或 HPV-16/18、E6 蛋白可以代替 E1B 蛋白，并与 E1A 蛋白一起诱导细胞转化。由于 E1A 蛋白在结构和功能上类似于 myc 癌基因。因此，与 ras 癌基因一起也能使正常细胞产生恶性转化。293 人胚肾细胞（Horowitz et al.，1990）是腺病毒诱导的肿瘤细胞系，可以表达腺病毒 E1 区编码的基因产物，E1 区缺失的腺病毒能在 293 细胞系上传代或增殖。

（2）E2 区编码 DNA 结合蛋白、末端前体蛋白（pTP）和 DNA 聚合酶，病毒 DNA 的复制在这 3 个蛋白质的存在下起始。另外，还有 NFⅠ 和 NFⅢ，它们对病毒基因组的有效复制也是必需的。

DNA 结合蛋白是一个多功能蛋白，结合于 DNA 单链并激发腺病毒 DNA 的复制起始和延伸。DBP（DNA binding protein）的 N 端在腺病毒各毒株间表现出了高度的可变性，在感染早期高度磷酸化，DBP 的 C 端则比较保守。在病毒 DNA 开始复制，DBP 激发 pTP-CAT 复合物的形成，加强 NFI 对复制起始点的结合，在 DNA 的延伸期间，DBP 非特异结合于 ssDNA，增强 DNA 聚合酶的合成，从而加强 DNA 的延伸。此外，DBP 在病毒的聚集、病毒 mRNA 的稳定和转录调控中也起到了重要作用。

DNA 聚合酶促使病毒基因组的复制，对病毒 DNA 复制起始和延伸是必需的。DNA 聚合酶被组氨酸 H1 激酶磷酸化对于其在 DNA 复制起始期间发挥作用是很关键的。DNA 聚合酶 C 端含有 6 个高度保守的基序，对于保证 DNA 聚合酶的 $5'→3'$ 酶促活性是必不可少的，另外，它的校对活性，即 $3'\rightarrow 5'$ 外切活性则与 N 端 3 个保守的基序有关。在感染细胞中，DNA 聚合酶与 pTP 的相互作用有两条途径：一是形成嗜异性二聚体，二是两者在复制早期与复制中间物的 $5'$ 端结合。

pTP 为核蛋白，是腺病毒复制起始涉及的两种蛋白质之一，在 DNA 复制过程中充当引物，对于 DNA 复制起始准确性至关重要，pTP 的蛋白水解位点对基因组的准确核定位也很重要，TP-DNA 复合物的亚核定位与 pTP-DNA 复合物的定位不同，后者是紧接下来的 DNA 复制的重要模板，由于只有在成熟的病毒粒子中才出现成熟的 TP，因此，早期转录模板和第一周期的 DNA 复制通常都有一个正确的亚核定位和正确的转录激活因子，在核基质中，pTP 结合于 CAD（carbamyl phosphate synthetase, aspartate transcarbamylase, and dihydroorotase），使腺病毒复制复合物锚定于核内相应位置。pTP/TP 与基因组的结合也可以阻止 DNA 被核酸酶水解，同时也阻止其他 DNA 末端蛋白干扰 DNA 的复制。

(3) E3 区是病毒生长非必需区。目前，已鉴定了 6 个 E3 区的编码产物，分别为 6.7kDa、19kDa、11.6kDa、10.4kDa、14.5kDa 和 14.7kDa。除 6.7kDa 蛋白功能不详外，其他蛋白都与病毒逃避机体免疫反应的作用有关。

19kDa 糖蛋白（gp19）是 E3 区编码的典型的跨膜蛋白，定位在内质网。研究证实，gp19 蛋白能与 MHC-I 类抗原复合物结合，在没有腺病毒其他蛋白质或寡聚糖参与的情况下，只要 β_2 微球蛋白与 I 型抗原形成复合物，gp19 蛋白即与之结合，阻止了 I 类抗原转运到细胞表面，从而阻断了病毒短肽复合物提呈给 CTL 并对感染细胞发挥杀伤作用。

14.7kDa、10.4kDa、14.5kDa 复合物可以保护腺病毒感染细胞免受 TNF（肿瘤坏死因子）的溶解。Gooding 等（1991）在感染缺失 E3 区的腺病毒、未感染病毒和感染野型腺病毒的鼠 C3HA 细胞中加入 TNF，结果发现未感染病毒组和感染野型病毒组不产生细胞溶解，而感染 E3 区缺失病毒组产生细胞溶解，表明腺病毒 E3 区编码产物防止 TNF 对感染细胞的细胞毒作用。其中，14.7kDa 蛋白防止 TNF 对腺病毒感染的鼠 C3HA 细胞的溶解。目前，已发现 14.7kDa 蛋白能保护 15 个小鼠细胞系中 14 个被腺病毒感染细胞免受 TNF 的杀伤作用，充分说明 14.7kDa 蛋白是一个广谱的 TNF 细胞毒作用的抑制剂。

11.6kDa 蛋白为特征的核膜糖蛋白，是导致感染细胞凋亡的重要蛋白，由于具有促进感染细胞裂解的功能，被称为腺病毒致死蛋白（ADP）。

(4) E4 区编码的蛋白质产物是病毒生长所必需的。E4 蛋白在多个水平上调节细胞和病毒基因的表达，包括病毒 DNA 的复制、晚期 RNA 的加工、蛋白质合成、*E2* 基因的表达、病毒粒子的装配、宿主细胞的崩解以及腺联病毒的辅助功能等。在 E4 区可读框编码的产物中，仅有一个即 ORF3 或 ORF6 是病毒生长绝对必需的，ORF3 和 ORF6 通过主要晚期启动子增加转录的 mRNA 前体的稳定性，在转录后水平上调节病毒晚期 RNA。ORF6 与 E1B 55kDa 蛋白结合，会抑制 p53 介导的转录活性，并在胞质内选择性积累 mRNA。E4 区产物还调控腺病毒感染细胞中重要的细胞转录因子 E2F。E4 ORF4 基因产物调控细胞和病毒蛋白的磷酸化状态（Kleinberger and Shenk，1993）。

（二）晚期蛋白

晚期区域位于基因组正链的中央，在 DNA 复制之后表达，主要编码病毒粒子的结构蛋白，包括六邻体、五邻体、pⅥ、pⅧ、纤维（fiber）、核心蛋白1、核心蛋白、DBP、Ⅳa2、52kDa、100kDa，其中 CELO 病毒结构蛋白中含有两种纤维蛋白。

（1）六邻体蛋白是腺病毒的主要结构蛋白，其与五邻体蛋白和纤维蛋白一起构成腺病毒的外壳。其中，含有主要的属和亚属特异抗原决定簇和次要的抗原决定簇。

（2）五邻体蛋白腺病毒的五邻体基座与其纤维蛋白不仅在空间位置上紧密相连，而且它们在生物学功能上也彼此关联。五邻体通过其 RGD 或 LDV 基序与细胞表面的整联蛋白作用，有助于腺病毒的侵入和内化。

（3）纤维蛋白含 585aa，长 25nm，从 N 端至 C 端依次排列纤维蛋白的 3 个典型区域：Ⅰ（尾区，1~35 位）、Ⅱ（柄区，36~436 位）和Ⅲ（顶端球区，437~585 位）。纤维蛋白可以识别胞膜上的特异性受体，即病毒颗粒通过纤维蛋白与细胞膜受体结合，引起感染。纤维蛋白还可阻断大分子的合成，抑制病毒繁殖，同时纤维蛋白具有抗原性。

（4）PⅧ蛋白是主要的结构蛋白，位于衣壳的内面，与六邻体紧密相连，属六邻体相关蛋白。在腺病毒的装配过程中，PⅧ蛋白对完整病毒粒子的形成是必不可少的。PⅧ蛋白前体经过病毒编码的蛋白酶切割后才能参与形成完整的病毒粒子。

此外，100kDa 蛋白是腺病毒感染后期中含量最丰富的蛋白质。它能与最新合成的六邻体多肽结合，使后者发生卷曲并折叠成同源三聚体，同时它能使六邻体多肽从细胞质内质网转运到细胞核进行装配。100kDa 蛋白还能与腺病毒晚期 mRNA 结合，以促进病毒蛋白的合成，同时抑制宿主蛋白的合成。而Ⅳa2 为一种 DNA 结合蛋白，对晚期基因的表达起着转录激活作用。52kDa/55kDa 蛋白源于 4kDa 的磷酸蛋白前体，可能参与病毒粒子的装配。聚合酶 pol 与病毒 DNA 的复制密切相关，而Ⅳa2 对晚期基因的表达起着转录激活作用（黄文林，2002）。

第三节　腺病毒的繁殖与复制

大多数腺病毒具有比较严格的宿主范围。一种动物的腺病毒一般不感染异种动物，而且在组织培养中，也以该宿主动物来源的细胞最为敏感，上皮样细胞似乎比纤维样细胞更为敏感，故在腺病毒的分离培养中，通常用宿主动物来源的原代、继代或传代细胞（主要是肾细胞）。

一、病毒的吸附与进入

腺病毒通过纤突头节区与敏感细胞膜上的特异受体结合，人腺病毒主要与柯萨奇 B 病毒共用一种受体，因此这种受体被称为柯萨奇/腺病毒受体即 CAR，开始其感染过程。病毒纤毛基底部五邻体表面的三肽 RGD 与细胞表面的 aVβ3 和 aVβ5 整联蛋白结合，通过吞饮或直接侵入的方式进入宿主细胞并进入溶酶体，在 1~2h 内完成脱壳、核心体进入核内或DNA直接进入核内等过程，开始病毒DNA的复制。部分动物腺病毒，如BAV-3和PAV-3等进入细胞的受体还未知，但研究表明，PAV-3、BAV-3（Bangari et al.，2005a）和OAV-7（Nakayama et al.，2006）等的内在化不依赖CAR和或aVβ3。腺病毒基因组进入细胞核是一个非常高效的过程，一般可以达到40%。前者虽然进入胞质的效率与后者相当，而DNA进入细胞核的效率却只有前者的1/1000。

二、病毒的复制与转录

腺病毒DNA进入宿主细胞核之后，病毒基因组开始进行即早期和早期mRNA转录，在感染后2～3h，早期mRNA即可出现在细胞质的核糖体上，并被翻译成数种早期蛋白，包括$E2A$基因编码的SSB蛋白、$E2B$基因编码的DNA聚合酶和DNA末端结合蛋白，这些酶和蛋白质都是腺病毒DNA复制所必需的。

腺病毒的感染可诱导细胞进入细胞周期S期，以利于病毒复制。腺病毒在感染约8h后开始DNA复制，再经历大约8h达到合成的最高峰。腺病毒DNA的复制方式与噬菌体Φ29 DNA相似。其DNA合成是不同步的，从线状DNA的两个5′端开始，呈单向复制，并且向两个方向延伸直到分子的另一端，两个5′端起始的效率一样，其起始引物是病毒编码的前体末端蛋白（pTP）和与之结合的dCMP，成为pTP-dCMP复合物作为引物。但腺病毒在DNA复制时仅以一条链为模板，这样在子代DNA的合成过程中，所生成的DNA链便会逐渐置换出亲代双链中的另一条没有作为模板的链。当复制形成子代dsDNA后，被置换出的另一条亲代DNA单链通过末端重复序列互补产生锅柄样环形分子，并能够以此为模板进一步合成出另一条子代DNA链，并由两者互补形成dsDNA。腺病毒DNA复制除需要自身编码的TP、DNA聚合酶以及72kDa SSB蛋白外，还需宿主蛋白NF-1和拓扑异构酶I的参与。

感染后6～9h，DNA开始合成的同时，主要晚期启动子（MLP）启动后期基因$L1$～$L5$的转录，编码合成病毒粒子的结构蛋白，包括构成病毒粒子的五邻体、六邻体和内部蛋白，其中，五邻体、六邻体蛋白质的合成量比构成病毒衣壳的蛋白质的量要多得多，但合成内部蛋白的量并不比组成病毒内部蛋白的实际需要量多，多余的蛋白质的机能还不清楚。当病毒DNA开始复制及合成晚期mRNA时，细胞质中mRNA的积累便终止，尽管细胞的自身转录仍在继续。细胞mRNA积累的阻断提示mRNA的运输被终止，而这种终止是由E1B-55kDa多肽及E4-34kDa多肽介导的。这两个蛋白质对于病毒mRNA在细胞质中的积累也是必需的。E1B-55kDa蛋白和E4-34kDa蛋白以复合物的形式，既抑制细胞mRNA的运输，又活化病毒mRNA的转运，这种功能的行使需要对宿主细胞mRNA和病毒mRNA进行有效鉴别，但这一机制目前仍不清楚。

病毒mRNA从核内运至细胞质中即进行翻译。此时细胞内翻译排斥宿主mRNA，只翻译病毒mRNA，但宿主mRNA并未降解，将其抽提后仍可在体外的无细胞体系中正常翻译。细胞内翻译过程的选择性阻断并不依赖细胞质中宿主mRNA积累的抑制。相反，宿主β-微管mRNA的积累仍在继续，但不能翻译为蛋白质。

三、病毒的装配与释放

病毒 DNA 复制和大量腺病毒结构多肽的产生使腺病毒周期进入装配阶段。六邻体单体在胞质中合成后，即装配为三聚体的六邻体壳，这一装配需要病毒晚期蛋白 L4-100kDa 的参与，此蛋白质也刺激了病毒的晚期翻译。五邻体衣壳的装配则要慢得多，五邻体基底蛋白和纤维蛋白的装配是各自独立的，它们共同组成完整的五邻体衣壳。六邻体和五邻体衣壳在细胞核中积累到一定程度后，即发生病毒颗粒的装配。

装配的起始是空衣壳的形成，接着病毒 DNA 分子进入衣壳。DNA-衣壳的识别是由包装序列介导的，此序列是一个位于病毒染色体左端约 260bp 的顺式作用 DNA 元件。有关病毒 DNA 进入衣壳的机制有不同的解释。有的认为病毒 DNA 复制和入壳是偶联的，有的则认为这两个过程发生在不同的核区域。L1 编码的 52kDa 和 55kDa 蛋白磷酸化后形成的多肽前体促进入壳过程。由于它们存在于除成熟病毒颗粒之外的所有装配中间体中，因此被认为是一种类似支架蛋白的多肽。L3 编码的蛋白酶是一种需要 DNA 及另一种病毒多肽做辅助因子的苏氨酸蛋白酶，在装配过程的后期起作用。它至少可以裂解处理 4 种病毒组分，促使Ⅳ、Ⅶ、Ⅷ蛋白和 TP 的成熟。这些裂解能稳定病毒颗粒的结构并提供感染能力。

促进子代病毒的逸出和传播方面至少与两种活化的病毒系统有关，这两种系统都涉及细胞中间丝的破坏。中间丝的破坏和病毒感染所致的波形蛋白及细胞角蛋白 18kDa 的裂解密切相关。这些均严重干扰了细胞骨架系统，使受感染细胞更易于裂解并释放子代病毒（图 19-4）。

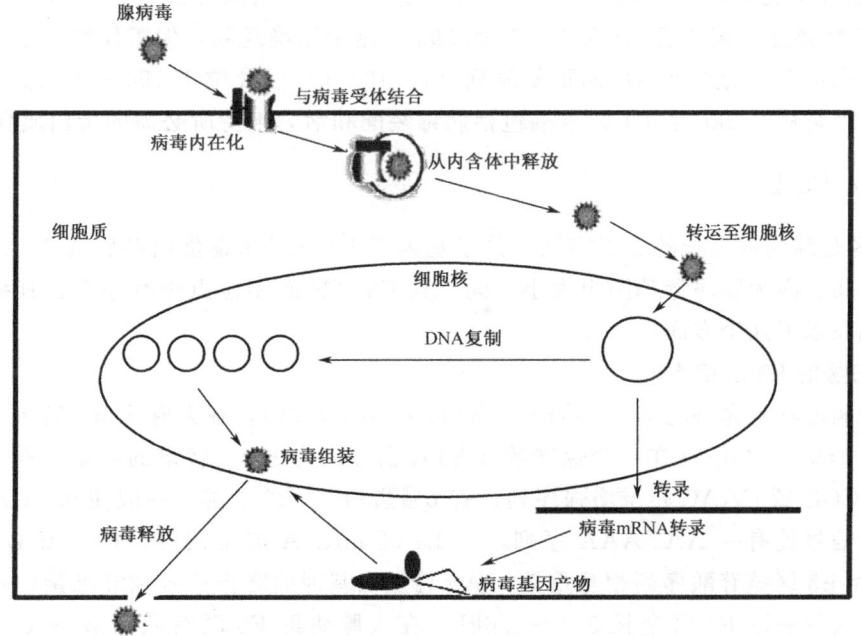

图 19-4　腺病毒复制与增殖过程示意图

第四节 腺病毒反向遗传学系统的建立

随着分子生物学实验技术的发展，我们已经能够在分子水平上有目的地对DNA进行重组或者定点突变（*in vitro* site-directed mutagenesis）等，从而有目的地、精确定位地改造基因的精细结构以确定这些变化对表型性状的直接影响。由于腺病毒的特殊生物学特性，它们最适合于用做载体，也是目前研究得最多、能够用于临床基因治疗的病毒活载体之一。本节具体就腺病毒载体构建的分子基础、构建方法和不同腺病毒载体的构建策略方面对腺病毒载体系统的建立作一概括，并以禽腺病毒载体的构建为例，介绍说明其建立过程，同时也将介绍其他动物腺病毒载体系统的研究进展。

一、腺病毒载体构建的分子基础

对于载体的构建，Adv通过缺失感染后最先表达的 *E1A* 和 *E1B* 基因而使复制缺陷，这些基因可用外源基因代替，通过缺失无义的 *E3* 基因可产生更多的插入空间，通常达8kb左右（Jain，2000）。此外，E4区起始和右侧ITR之间有一个转录沉默区，插入这一区域的转录控制因子具有自我调控功能，且在该区域插入一个外源基因也不影响病毒复制。

（一）E1区

位于腺病毒基因组的最左端1.3～11.2mu，约占基因组左端的11%，长度为3.2kb，它在细胞染色体DNA中经常形成重复，是最常用的外源基因插入位点。缺失E1区的腺病毒能在表达E1区基因产物的293细胞中正确复制，但需保留两个区域：一个是影响病毒活力的左侧端反向重复序列（1～103bp）以及位于194～300bp的包装信号，另一个是从3.5kb至E1区末端包括病毒装配和活力维持所必需的蛋白质Ⅸ基因。

（二）E3区

E3区是腺病毒生长的非必需区，位于基因组L4区的pⅧ蛋白基因和L5区纤维蛋白基因之间。因为腺病毒基因组大小不同，其E3区的起始位点也有差别，其结构特点主要表现在以下几个方面。

1. 完整的E3区结构

人腺病毒具有完整的E3区结构（Signas et al.，1986），在人腺病毒pⅧ蛋白基因终止信号前150～250bp存在一个保守的TATA盒序列为E3区转录的启动序列，附近含有多个CCGG或CAAC转录增强序列，在pⅧ蛋白基因的下游，一般在6.2kDa蛋白基因的终止信号处有一AATAAA序列，为L4区mRNA加工信号，标志着L4区的结束。L4和E3区核苷酸序列相互重叠，从pⅧ蛋白基因的终止信号到纤维蛋白基因的起始信号，人腺病毒E3区全长3.4～4.6kb。在人腺病毒E3区有两个poly（A）信号，据此将E3区分为E3A区和E3B区。由于血清型不同，人腺病毒E3区含有9～12个可读框（ORF），其中E3B区编码两个蛋白质，其余由E3A区编码。E3区编码产物的分子质量为 6~24kDa；功能性蛋白基因多为从左到右方向，野生型腺病毒 E3 区的编码产物十分保守，提示 E3 区编码产物对维持人腺病毒毒力是必要性的。血清型不同，其 E3 区结构也存在差异，具有致癌作用的 Ad3 比非致癌性腺病毒 Ad2 多 950bp 的富含 A/T 的序列，其中含有分别编码 20.1kDa 和 20.5kDa 两个蛋白质的序列，目前还不知道这两个蛋白质的生物学功能。

2. 部分缺失的 E3 区结构

猪腺病毒（PAV）、牛腺病毒（BAV）、犬腺病毒（CAV）和鼠腺病毒（MAV）等（Reddy et al.，1996）动物腺病毒具有不完整的 E3 区，其长度为 1~1.9kb，编码 2~6 个多肽，其分子质量为 6~40.7kDa。多数为糖蛋白，有的具有跨膜样结构，与人腺病毒 E3 区编码蛋白具有同源性。这类腺病毒的 E3 区只有一个 poly（A）信号，所以其功能明显减少。该类腺病毒 E3 区的启动子信号与人腺病毒相同，位于 pⅧ基因中部。不同动物腺病毒的 E3 区长度以及编码蛋白都有较大差异，PAV-1 型、2 型和 3 型 E3 区大小为 1.1~1.2kb，具有 3 个大小相似的 ORF；而 PAV-4 型为 1.88kb，可编码 6 个基因产物。CAV-1 和 CAV-2 E3 区大小分别为 1.3kb 和 1.8kb，都编码两个多肽，但分子质量差异较大，CAV-1 编码多肽的分子质量为 13.3kDa 和 22kDa；而 CAV-2 E3 区编码 13.3kDa 和 40.7kDa。13.3kDa 蛋白为糖基化蛋白，与 Ad2 12.1kDa 蛋白同源性 27%，而 CAV-1 E3 区 22kDa 蛋白和 CAV-2 40.7kDa 蛋白 N 端 115aa 和 C 端 48aa 的同源性分别为 62% 和 38%。而 CAV-1 中部的 22aa 和 CAV-2 的 203aa 无同源性。

3. 无明显 E3 区结构

OAV、CELO（Chiocca et al.，1996）和 EDSV 的 L4 区 pⅧ蛋白基因的终止信号至 L5 纤维蛋白起始信号只有 197~245 个核苷酸。L4 与 L5 之间几乎相连，200bp 的核苷酸序列不可能编码有意义的蛋白质，因此 OAV、CELO 和 EDSV 在此区无 E3 区样结构。但在 pⅧ蛋白基因的中下游和纤维蛋白基因起始部仍分别保留着 TATA 框和 poly（A）信号，这些保守序列可能是 E3 区退化变异留下的遗迹。OAV 基因组右侧 L5 区之后，有两个互补链编码区由一 A/T 含量较高的序列隔开，分别是 E4 区和可能的 E3 区。EDSV 由 3 个不同转录方向的 ORF 区组成，其 l 链编码产物与 OAV 有同源性；基因组右侧最末端两个 ORF 具有人腺病毒 E3 区编码产物相似的疏水特征，为糖基化蛋白，可能相当于人腺病毒的 E3 区（李茂祥等，1999）。

（三）转录沉默区

E4 区的上游和右侧 ITR 之间为腺病毒转录的沉默区，可作为外源基因的插入位点。E4 区约占病毒基因组的 10%，其产物是病毒生长所必需的。但用 Vero 细胞构建的稳定表达 E4 区基因的 W126 细胞系，可使基因组中缺失大部分 E4 区的腺病毒仍能在该细胞系上生长（Weinberg and Ketner，1983），并可构建 E3 区和 E4 区双缺失腺病毒载体。

二、重组腺病毒的构建方法

迄今用于构建腺病毒载体的方法主要有：体外直接连接或体内同源重组和位点特异

性重组等方法。

（一）体外连接法

传统的腺病毒载体的构建法即体外直接连接法，也称为 Stow 方法。此法是选 dl309 腺病毒基因组在 3.7mu（早一区内）的 *Xba* I 限制酶位点，切断和分离 3.7~100mu 病毒基因组大片段（*Xba* I 片段），然后将载有外源 DNA 的腺病毒基因组的最左端 0~1.3mu，用连接酶连到 *Xba* I 大片段上。连接产物可用于转染 293 细胞以制备重组腺病毒（张维维，1996）。但该法连接效率较低，需要通过大量的噬斑筛选，程序较复杂。而且往往缺乏所需要的单一酶切位点。

另外一种方法是通过质粒的酶切连接来完成，即在腺病毒质粒中通过连接反应插入一个表达盒，大质粒含有除 E1 和/或 E3 区外的全部腺病毒基因组，其 E1 区缺失部位（外源基因插入位点或基因组中可改造的区域）有两个非常罕见的由内含子编码的限制性内切核酸酶位点（如 PI-*Sce* I 和 I-*Ceu* I）。穿梭载体用于将目的基因表达盒亚克隆到腺病毒骨架质粒载体中，在穿梭载体多克隆位点的两侧也含有上述特殊的酶切位点。首先将目的基因表达盒插入到穿梭载体中，用上述两种酶消化，得到含有目的基因表达盒的穿梭载体片段与腺病毒骨架质粒（用两种酶预消化后）连接，转化 *E. coli* DH5a 即可得到腺病毒重组子克隆，将其用 *Pac* I 消化暴露其反向末端重复序列后转染低代 293 细胞，得到带有目的基因表达盒的重组腺病毒。在这种大质粒中，黏粒载体是研究得较多的。Danthinne 和 Werth（2000）利用黏粒载体系统完成了在 E1 和/或 E3 区插入一个表达盒获得重组腺病毒。该法克隆的效率可达 90%，整个重组过程仅需 10~17 天即可完成；产生体外重组事件和产生非感染性病毒 DNA 的概率小。但由于在大肠杆菌中腺病毒序列的遗传选择压力较小，发生突变导致腺病毒活力下降的可能性要高些，并且可用的酶较少，而稀有酶如 PI-*Sce* I 和 I-*Ceu* I 的价格昂贵，因此这种方法的成本较高。

（二）同源重组法

同源重组法包括细胞内病毒 DNA 同源重组和细胞（包括真核细胞和原核细胞）内质粒 DNA 同源重组，前者与 Stow 方法很类似，将载有外源 DNA 的腺病毒基因组左端（0~1.3）/（9.8~16）mu 片段与 *Xba* I 大片段同时转染到 293 细胞内，通过同源重组制备腺病毒载体。后者主要利用质粒 DNA 的形式，将腺病毒基因组 DNA 的倒置末端相连形成环状。环状腺病毒由于细菌质粒插入其总基因长度超过包装限度，在细胞内不会被包装成病毒体，但可以在细菌内复制，并为载有腺病毒基因组左端和外源 DNA 的穿梭质粒提供同源性病毒 DNA 重组的材料，因此被称为腺病毒基因组质粒。

1. 真核细胞内同源重组

该方法需要两种 DNA 分子，第一个 DNA 分子（穿梭载体，shuttle vector）含有腺病毒左侧的反向末端重复序列（LITR）、腺病毒包装信号（中）等顺式作用元件以及目的基因表达盒和腺病毒基因组的左端一段序列；另一个 DNA 分子（骨架载体，backbone vector）与第一个 DNA 分子的 3′端略微重叠，然后继续向右，包含有大部分的病毒基因组序列。两种 DNA 分子共转染入可以表达腺病毒 E1 区蛋白质的细胞（如

293、911以及PERC6等）进行同源重组，即可得到预期的复制缺陷型重组腺病毒，本方法是构建腺病毒载体的经典方法，目前应用于临床的腺病毒载体都是以这种方法构建的。该法获得的重组病毒容易受到亲代病毒的污染，必须经过2或3次的病毒空斑纯化，并通过多次的噬斑形成方法鉴定重组病毒。另外，重组效率低下，重组腺病毒通常需要花费两周左右的时间。

2. 原核细胞内同源重组

该重组系统由两种质粒组成，一种是包含有全部（或右侧大部分）腺病毒基因组DNA的大质粒（骨架质粒）；另一种是小的穿梭质粒，其带有目的基因表达盒以及在表达盒两侧的与大质粒上的目的基因拟插入部位同源的序列（左、右臂）。首先，将目的基因亚克隆到穿梭载体中，经过一个在穿梭载体左右臂之间的稀有的限制性内切核酸酶消化，暴露其左右臂；其次，与环化（或超螺旋）的骨架质粒载体共转化RecA酶阳性的大肠杆菌（如BJ5183），使二者发生同源重组，得到携带目的基因的腺病毒重组子质粒；然后，用另一稀有的限制性内切核酸酶充分消化腺病毒重组子质粒，切除质粒上的原核细胞内复制元件及抗性基因等，使其线性化并暴露左右末端重复序列（ITR）；最后，转染腺病毒包装细胞系，得到腺病毒感染颗粒。与哺乳动物细胞比较，在大肠杆菌内进行克隆、鉴定等操作要便利得多。

Joel（Crouzet et al.，1997）和Tong-Chuan等（He et al.，1998）先后尝试了该方法。相比而言，He等（1998）的pAdEasy系统更为精巧和简单（图19-5）。在其系统中，若利用同时缺失EIE3E4的骨架载体，则最大可容纳10.2kb的外源基因。该系统不需要进行噬斑纯化，在转染后7～12天即可得到均一的病毒滴度，达10^6～10^8，解决了经典重组腺病毒制备过程中费时的问题。另外，在该系统中，有多种穿梭载体可供选择，如pShuttle、pShuttle-CMV、pTrack、和pTrack-CMV等。其中，pTrack和pTrack-CMV携带有报道基因 EGFP，转染293细胞后可于荧光显微镜下直接挑选阳性克隆，此外，E.coli BJ5183内的RecA酶是一种高效的同源重组酶，正确的同源重组率在60%以上。该法由于在大肠杆菌中腺病毒序列的遗传选择压力较小，发生突变导致腺病毒活力下降的可能性就大大高于真核细胞内重组的方法。因此，应多挑选几个重组子克隆转染293细胞，并从中选出重组病毒活力强、目的基因表达量高的克隆用于实验。

3. 位点特异性重组

位点特异性重组是发生在两条DNA链特异位点上的重组，重组的发生需一段同源序列即特异性位点（又称为附着点）和位点特异性的蛋白因子即重组酶参与催化。重组酶只能催化特异性位点间的重组，不能催化其他任何两条同源或非同源序列之间的重组，因而重组具有特异性和高度保守性。该重组过程不需RecA酶参与。目前应用较多的有Cre/loxP、FLP/FRT和BP/attBP系统，其中，Cre、FLP和BP均为特异性重组酶，属重组酶整合酶家族，它们催化的反应类型、靶位点及重组机制十分相似，loxP、FRT和attBP为特异性位点，也有相似的结构。

其中，研究较多的是Cre/loxP系统。Cre/loxP位点特异性重组系统也是由穿梭载体和骨架载体构成，各含有一个同向排列的loxP位点，其中骨架载体还含有由CMV

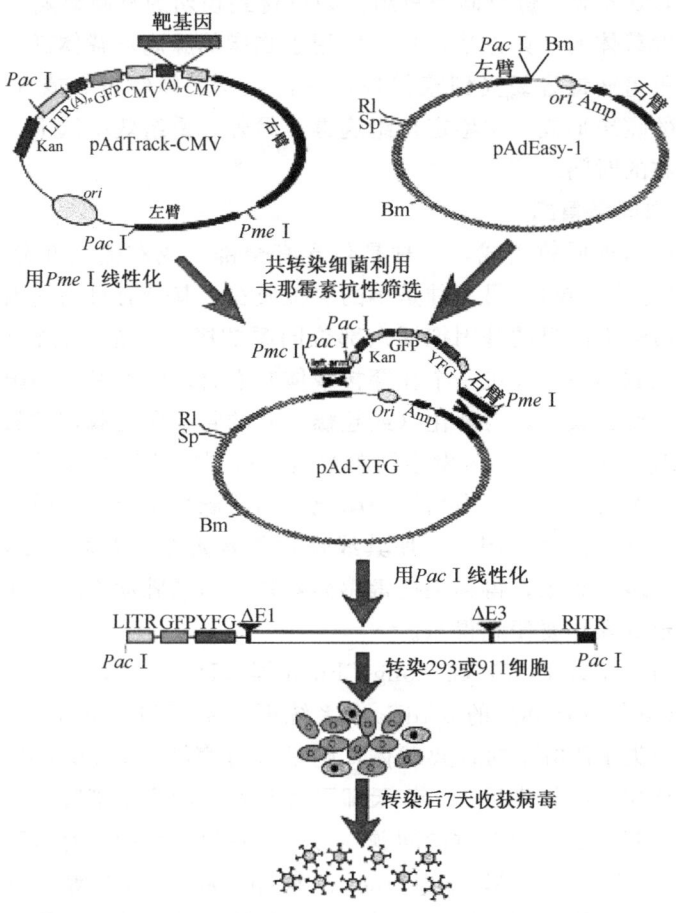

图 19-5　pAdEasy 系统构建流程图（He et al., 1998）

启动子调控的 *Cre* 基因。将穿梭载体与骨架载体共转染包装细胞株，骨架载体所携带的 *Cre* 基因开始表达，介导两个 *lox*P 位点之间的重组，剪切掉骨架载体上的细菌内复制元件、抗性基因以及 *Cre* 基因，同时完成目的基因的插入。由于骨架载体虽然携带有大部分的腺病毒基因组 DNA 却缺少形成有感染能力腺病毒颗粒所必需的包装信号，而穿梭载体则刚好相反，因此只有在两个载体之间发生了重组，才能完成腺病毒生活周期，形成具有感染能力的重组腺病毒颗粒。通过这种方法转染 7～10 天后就能观察到病毒噬菌斑。这种方法比前一方法获得重组腺病毒的效率要高很多（约 100 倍），而且只要插入的外源基因不大于 8kb，那么几乎 100% 的重组腺病毒都携带有目的基因。

三、各类型腺病毒载体的构建策略

随着腺病毒载体研究得不断深入，目前已出现了 3 种类型的腺病毒载体（Polo and Dubensky, 2002），即复制缺陷型、辅助依赖型/无肠型和选择复制型（图 19-6）。其中，复制缺陷型腺病毒载体是目前应用得最广泛的类型。

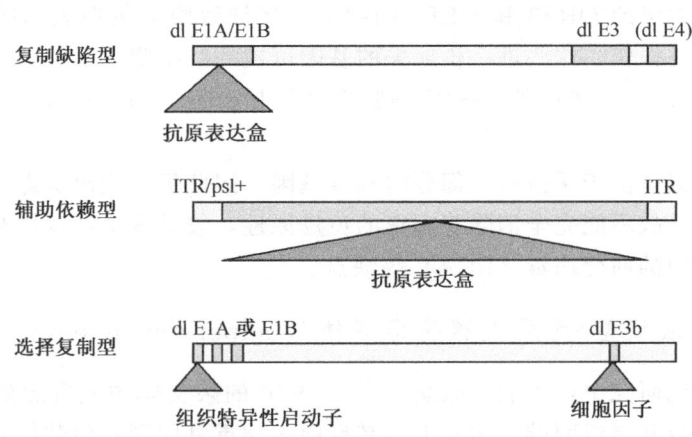

图 19-6 腺病毒载体的三种类型（Polo and Dubensky，2002）

dl 表示 delete

（一）复制缺陷型腺病毒载体 (replication incompetent)

这类载体的一个共同特征是 E1 区缺失，外源 DNA 可插入 E1 区或取代部分 E1 区。这些载体必须在特殊的工程细胞中（如 293 细胞系）或非缺失的腺病毒辅助下才能复制增殖。E1 区可被去除 5.5kb，外源基因的插入容量可达 7.5kb。为了提高腺病毒载体承载外源基因的能力，通常在缺失 E1 区的同时缺失病毒复制非必需区 E3 和起反式激活作用的 E4 区。E3 可去掉的 DNA 片段的最大极限还不十分清楚，但不能延续到位于 E3 区侧翼的结构蛋白基因 p Ⅷ和纤突。

E1 区缺失的载体，外源基因需用同一强启动子相连，才能促使外源基因获得高效表达。启动子一般可用巨细胞病毒（CMV）早期启动子或 Rous 肉瘤病毒（RSV）长末端重复（ITR）增强子序列，还可以用腺病毒主要晚期启动子（MLP）和三联先导序列（TPL）。表达盒的方向对于表达可能不太重要，但有文献报道含 CMV 早期启动子的表达盒右向表达 β-gal 比反向的表达高 7 倍（Addison et al.，1997）。研究发现腺病毒 DNA 能在感染细胞中环化，因此能像细菌质粒那样增殖，并产生腺病毒环化 DNA，两个有重叠腺病毒序列的质粒共转染细胞便能生成有很好感染效率的病毒。此外，腺病毒左末端的顺式作用序列为病毒装配所必需，如 Ad5 194~358bp 这段信号序列被去除，病毒不能装配成病毒颗粒，但能在细胞中复制。

插入 E3 区的外源基因一般不需要再加基因表达调控元件，外源基因可直接插在 E3 区启动子后即可在感染早期获得有效表达。研究表明，在 E3 区构建载体，插入的外源基因与 E3 区和晚期转录同向，即从左向右才能高效表达。此外，可在 E3 区和 E4 区的上游与 ITR 之间的区域同时插入多种外源基因，即双表达载体。

在上述基础上可对 E2A E4 区进行缺失。例如，将重组腺病毒 E2 区进行温敏突变，使 $E2A$ 基因在 37℃时不表达或使 $E2A$ 基因功能失活 （Gorziglia et al.，1996），使病毒不能复制，降低了机体的细胞免疫，并且炎症反应减轻。E4 区的缺失，特别是参与晚期病毒蛋白表达调节的 ORF3 和 ORF6 的缺失，将导致晚期蛋白表达减少，降低机体对转导细胞的免疫损伤。这些进一步缺失的基因可被一些细胞系互补，如 293-ORF6 细胞系（Brough et al.，1996）和 IGRP2 细胞系（Yeh et al.，1996）可互补 E1+E4 缺失的腺病毒载体。

复制缺陷型载体由于保留有大部分的病毒基因，因此仍表现出病毒滴度低，仍有载体病毒蛋白存在，故不能完全消除腺病毒的免疫原性，较易发生同源性基因重组，产生野生型或有复制力的回变病毒（RCA）等缺点。

（二）辅助依赖型/无肠型腺病毒载体（helper dependent）

在腺病毒早期研究中，人们从腺病毒——SV40 的杂交体中发现腺病毒的必需顺式作用元件仅在病毒基因组两端，实际上是其反向末端重复序列和包装信号所在，加起来长度不到 1kb，这部分顺式作用元件称为病毒的最基本结构，即微型（mini-viral）载体基本结构。除此之外的病毒基因组都可以被置换，其功能可用异位作用来补偿，而异位补偿必须能确保病毒基因组的结构和功能像野生型病毒那样有机、高度协调地发挥其复制、转录、拼接、翻译和组装的病毒产生过程，否则就会造成不完全补偿作用，影响载体的产量和滴度。异位补偿作用一般采用 E1 区缺失型腺病毒作为辅助病毒，制备全置换型的微型腺病毒载体，使微型载体能在较自然的环境中伴随辅助病毒的复制一起增殖。由于微型病毒的质量可因插入的外源基因的量不同而不同，在氯化铯超速离心中可以与辅助病毒分离（Fisher et al.，1996）。

微载体系统最大限度地利用了腺病毒的基因载导容量，约 36kb。由于其基因载体容量比早期腺病毒载体容量增加了 4 倍，有许多空间可以用来安排除外源基因表达装置以外的各种功能性 DNA 序列，如有关基因整合和调控的功能片段。但这种设计仍然不能有效地抑制辅助病毒的污染。有研究表明，这种污染使外源基因的存在时间减少 10%（Reddy et al.，2002）。辅助依赖型腺病毒载体在一定程度上仍然不能避免激发机体相应的免疫反应，但研究表明，它们能减少对机体的毒性反应，使外源基因在细胞内的表达时间延长。

（三）选择复制型腺病毒载体（replication selective）

选择复制型腺病毒载体包括改变腺病毒的嗜性。CAR 介导 Ad 进入靶细胞是基因转移中的限速步骤，并且转染效率与细胞表面 CAR 表达水平有关。但是由于 CAR 广泛分布，导致 Ad 宿主范围广，因此非特异性的转导会带来许多负面影响。例如，已经证实了 Ad 载体转导入小鼠的树突状细胞（DC）后，可通过 TC 迅速清除 Ad 而放大免疫排斥反应（Kim et al.，2002）。其次，在某些表皮细胞和肿瘤细胞中，CAR 是不表达的，即表现为细胞对 Ad 载体的抗性作用。最后，作为病毒载体，Ad 还不可避免地存在细胞毒性作用。因此，需要从靶向性（或亲嗜性）对 Ad 载体进行修饰（Amalfitano，2004）。

Ad 载体靶向性修改策略主要包括 CAR 受体结合域的替换和载体膜表面重新整合入新的蛋白质或肽段。通过基因工程学方法在 Ad 纤维结构的羧基端或暴露的 HI 环

（HI-loop）中插入另一配体的肽段，诱导纤维突起上特异氨基酸的突变而导致CAR的脱靶（untarget）。但最新研究表明，单纯的纤维突起的突变不足以导致脱靶，还必须诱导与整联蛋白结合的五邻体基底结构的突变（Leissner et al.，2001）。不过，这种载体靶向作用修改方法尤其适用于局部基因转移。研究表明，使用一些动物腺病毒来源的纤维基因插入人腺病毒基因组中也可达到增强人腺病毒对肿瘤细胞的嗜性的目的（Nakayama et al.，2006）。此外，可通过修饰壳粒的方法达到改变靶向的作用（Rux and Burnett，2000）。病毒学知识提示我们，在腺病毒的6个亚群（A~F）中，B亚群腺病毒的受体不是CAR，Ad35属于B亚属，Ophorst等（2004）将Ad35的纤维蛋白基因取代Ad5载体的衣壳蛋白基因，借此改变Ad5载体的细胞嗜性和克服Ad5载体在应用时被体内抗体中和的危险，但效果不理想。通过CAR的介导，一方面可增加病毒对靶细胞的易感性，从而减少载体用量，减弱细胞毒性，另一方面也可通过上述的靶向修饰作用使APC（抗原提呈细胞）脱靶，从而减轻免疫排斥反应，最终获得有益的效果。

除了从腺病毒毒粒本身着手，还有报道在腺病毒载体中引入组织特异性启动子，限制其在特异组织中的转录（Barnett et al.，2002），另外，改变病毒的基因使其可以在特定病变细胞中复制，但是在正常细胞中复制能力降低，如人们通过肿瘤特异性启动子控制E/A基因转录构建了一些在肿瘤细胞中选择性复制的腺病毒载体，*E1B*基因缺失的腺病毒突变株在正常细胞中的复制受阻，而只能在P53突变的细胞中复制等。

第五节 猪腺病毒的反向遗传学系统的建立

猪腺病毒（*Porcine adenoviruses*，PAV）共有6个血清型。腺病毒对猪的感染率较高，但对猪的病原性还不清楚。PAV-3由于具有低毒性和能在细胞培养中产生高滴度而较多地被用于构建载体。最近完成的PAV-3全基因组序列测定和转录图谱绘制表明PAV-3的基因结构与人腺病毒一致（Reddy et al.，1998）。

Reddy等（1999）首次利用在 *E. coli* BJ5183中的高效同源重组构建了猪腺病毒表达载体，首先将PAV-3基因组以Pac I克隆到一个细菌质粒中，获得质粒pFPAV-200，然后将无任何调控序列的*GFP*基因分别插入pFPAV-200 E3区的*Sac* I和*Sna*B I位点，并使之与E3转录方向一致，释放PAV-3基因组并转染猪睾丸细胞ST细胞，转染后7天即可见到感染性的病毒蚀斑，但仅能得到*GFP*基因插入*Sna*B I位点的病毒，这说明*Sac* I位点所处的E3ORF可能是病毒复制所需的。将E3区缺失595bp，并在缺失部位插入伪狂犬病病毒*gpD*基因，用*gpD*特异性单抗进行检测，证实感染细胞上清中含有该蛋白质，表明E3区插入后不影响病毒的生长，但gpD的表达仅在感染后12h能检测到；在另外一个试验中，在右侧ITR和E4区之间插入外源基因，也能得到有效表达。同时，他们还构建了PAV-3辅助依赖型载体，该载体缺失0.597kb的E3区和0.803kb的E1A区，在表达人Ad5 E1A蛋白的胎猪视网膜细胞中得到有效复制表达。

E1B^{small}对PAV-3的复制是非必需的，E1B^{large}对病毒的复制是必需的（Zhou and Tikoo，2001）。Zakhartchouk等（2003）为了将PAV-3发展成E1完全缺失的疫苗载

体，他们将 HCMV 启动子控制下的 PAV-3 E1^{large} 转染 VIDO R1 细胞，获得被 PAV-3 E1B^{large} 转化的 VRIBL 细胞系，VRIBL 细胞系可被 DNA 有效转染，并使 E1B^{large} 编码区有突变的 PAV507 获得拯救和复制。另外，E1 区完全缺失的重组病毒 PAV227 在该细胞系中也可被拯救。在 PAV227 的 E1 缺失区插入 GFP 表达盒构建了重组病毒 PAV219，该重组病毒能转导一些人的细胞系并使 GFP 获得表达。该细胞系的建立大大方便了将该病毒发展成疫苗载体的研究。Li 等（2004）研究发现，E4 区 ORFp7 对于 PAV-3 的复制是非必需的，缺失后不影响病毒的复制，因此，对于 PAV-3 载体而言，若同时缺失 E1+E3+E4 区，则其对外源基因的承载能力将达到 7kb，并且可同时承载多种外源基因，为构建多基因载体用于基因治疗和多价重组疫苗奠定了基础。

第六节　禽腺病毒的反向遗传学系统的建立

禽腺病毒基因组与人腺病毒基因组存在着很大差异，其复制非必需区不能从基因组序列分析中加以确定，因此，禽腺病毒的重组载体系统构建存在一定的难度。但在构建策略和基本方法上仍与人腺病毒载体的构建相似。

一、真核细胞内同源重组构建禽腺病毒载体

何秀苗（2004）以及何秀苗等（2004）利用 PCR 方法从一株 I 群禽腺病毒的分离物（FAVI-JS）（2005c）中扩增出其基因组的两个末端 L 片段和 R 片段、ITR 片段，然后将 L 片段、R 片段和 ITR 片段同时克隆到 pHC 黏粒载体中，获得质粒 pHC-FAVI-R-ITR-L，再在该克隆片段中插入增强型绿色荧光蛋白（eGFP）基因构建转移质粒载体 pFAVI-eGFP。将 pFAVI-eGFP 转染已被该野生型 I 群禽腺病毒分离物感染了的鸡胚肾细胞，使病毒基因组与转移质粒在细胞中进行同源重组，通过无限稀释法筛选重组病毒，结果获得了表达增强型绿色荧光蛋白的重组 I 群禽腺病毒 rFAVI-eGFP，证明位于基因组右末端 R 片段和 ITR 片段之间的位点为病毒复制非必需区。研究还对重组病毒 rFAVI-eGFP 的体内复制情况和对 SPF 鸡的致病性进行了初步的探讨，结果表明，rFAVI-eGFP 对 1 日龄 SPF 鸡和 10 日龄 SPF 鸡均不具有致病性，病毒能在体内有效复制，并不断刺激机体产生抗体反应，其抗体水平在接种后 8 周仍然保持很高的水平，而且下降趋势不明显。这表明，建立的该禽腺病毒重组系统是有效的，为禽腺病毒的重组基因工程疫苗的研究奠定了基础。

二、原核细胞内同源重组法构建禽腺病毒载体

以虫萤光素蛋白作为标记基因，首先将病毒基因组的左右两末端连起来放在质粒载体中，获得的重组子与禽腺病毒（CELO 株）全基因组在 *E. coli* 中进行同源重组，产生含有 CELO 病毒全基因组的克隆。然后在含有 CELO 左右两末端的质粒中对两末端分别进行修饰，即插入虫萤光素基因表达盒，获得的修饰后的质粒然后又与从全基因组克隆中获得的基因组共转化大肠杆菌，同源重组产生的修饰后的腺病毒基因组克隆直接

转染 LMH 细胞系，获得基因组相应位点/区域被修饰的重组病毒。此外，还鉴定了起反式作用的区域，为建立辅助细胞系提供了实验基础。同样还发现，CELO 载体也与 Ad5 载体一样能转导哺乳动物细胞，因此也表明了 CELO 载体具有用于人类基因治疗的潜力。CELO 载体稳定，能在廉价的鸡胚中生长，可代替 hAd5 载体用于哺乳动物的基因转移。

三、体外直接连接法——质粒的酶切连接法构建禽腺病毒载体

该法用于 CELO 病毒载体构建主要在黏粒载体中完成。首先在黏粒载体中克隆 CELO 全基因组，用限制性内切核酸酶切下所需要的片段并在小的细菌质粒中通过酶切反应进行修饰，然后又通过连接酶放回含 CELO 全基因组的黏粒系统中的相应位置，获得的重组子用于转染 LMH 细胞系，产生重组病毒。Francois 等（2001）利用该方法对 CELO 病毒基因组的 22 个未鉴定的 ORF 中的 16 个进行点敲除突变缺失后用绿色荧光蛋白（GFP）代替，转染后产生的所有具有复制能力的 CELO 重组子均高效表达了 GFP，表明这 16 个 ORF 对病毒的复制都是非必需的，推测可能由于这 16 个 ORF 对于病毒进入细胞不起作用，但在病毒的全身作用中才表现其地位，如在宿主的免疫反应中起作用。16 个 ORF 的缺失使获得的载体骨架含有的最大缺失达 3.6kb，包括基因组中的 ORF9、ORF10、ORF11 的缺失，这些基因的缺失不影响病毒在 LMH 细胞系和鸡胚上的生长繁殖，研究表明，这 3 个 ORF 位于基因组的 r 链，在 l 链中也没有重叠的 ORF，因此这个区域是插入长的 DNA 片段的一个很好的位点。它们在该区域成功插入并表达了 IBDV 的 VP2、VP3 和 VP4 蛋白。所建立的系统仅需 1 或 2 个操作者就能在两个星期内完成 10 个黏粒的克隆，再需要 2~3 个星期就可完成重组病毒的获得。这表明，所建立的禽腺病毒重组系统是有效的。

第七节 反向遗传学在腺病毒科研究中的应用

重组腺病毒的研究起源于 20 世纪 60 年代初，当时病毒学家观察到腺病毒基因组可与猿猴类病毒 40（SV40）基因组杂交，实质上是腺病毒基因组可承载异源性基因。从此以后，腺病毒成为病毒学和分子生物学的重要研究对象，作为基因载体系统的研究也有了突飞猛进的发展。在各类腺病毒载体的应用研究中，由于人腺病毒载体不仅在体外可以转导一系列的细胞系，而且在体内能转导非分裂细胞，如肝脏、肾脏、肌肉（骨骼和心脏）、呼吸系统、支气管上皮组织和神经系统，从这些组织建立的细胞系也能被腺病毒载体高效转导。有研究表明，腺病毒载体能高效感染主要抗原提呈细胞（APC），即树突状细胞（Amalfitano，2004），使得腺病毒作为基因转移载体的优势更加突出。目前人腺病毒载体已经用于人类多种基因治疗的临床试验中，同时也是应用得最广泛的病毒载体之一（Polo and Jr Dubensky，2002）。表达的外源基因有水泡性口炎病毒（VSV）糖蛋白（gp）、单纯疱疹病毒（HSV）gp、人类免疫缺陷病毒（HIV）囊膜蛋白（env）、狂犬病病毒 gp 及 HbsAg、HbcAg 和 HBeAg 等。由于腺病毒的复制能力具有较强的种类特异性，因此为了避免应用不适合的载体，需要应用不同种类的腺病毒载

体系。相对于人腺病毒而言，动物腺病毒在与人类腺病毒相似的领域的发展较迟。此外，重组腺病毒系统还常被用于研究腺病毒基因组的基因功能、病毒与宿主互作关系等方面的研究。

一、在基因功能研究中的应用

为了寻找 CELO 病毒的复制非必需基因，Francois 等（2001）将基因组中的 ORF9、ORF10、ORF11 进行缺失后发现，这些基因的缺失不影响病毒在 LMH 细胞系和鸡胚上的生长繁殖，氨基酸序列分析表明，ORF9、ORF10 与 IL-3 受体有同源性，更有趣的是，ORF9 和 ORF10 的同源性很高，几乎就是一个复制品，ORF11 与 T 淋巴细胞 CD4 受体有同源性，这些同源性很弱，也不能因此推断 CELO 病毒这些可读框的功能，但是 ORF9、ORF10 和 ORF11 很可能参与了病毒对宿主免疫反应的逃逸与调节，这种同源性也发现于 FAV-8，FAV-8 的 ORF RTR4 与 CELO ORF11 具有同源性，并位于 r 链的同一区域。FAV-8 的 ORF RTL1 与 CELO ORF9 具有同源性，但位于 l 链，这些 ORF 在病毒的早期转录中发挥作用，Washietl 和 Eisenhaber（2003）确定了这 3 个 ORF 是工型转膜糖蛋白 IG 样结构，参与免疫调节。Le Goff 等（2005）通过研究缺失 ORF9、ORF10、ORF11 后的重组病毒的生物学分布和免疫反应进一步证实了这 3 个可读框的免疫调节功能。

Poi 等（Tan et al.，2001）为了证实 CELO 病毒的细胞结合功能是存在于一个或全部两个纤维分子上，将 CELO 病毒基因组的长的纤维基因或短的纤维基因突变，发现短纤维基因突变后不能产生重组病毒，表明该基因对于病毒生长的某个阶段是必需的。但是长纤维基因突变后的 CELO 基因组能在鸡的细胞系中产生重组病毒，但失去了有效转导人细胞系和野生型 CELO 病毒具有的 CAR 特异性转导能力。这表明，该重组病毒可能仍然通过短纤维基因结合禽类细胞受体，但该重组病毒在鸡胚中的复制明显受损，表明长纤维基因对于 CELO 病毒的体内生物学活性是很重要的。

为了鉴定 BAV-3 的核定位信号（NLS），Wu 等（2004）构建了纤维基因缺失，并表达 GFP/β-gal 的 BAV-3 重组病毒，通过免疫荧光显微镜观察病毒的亚细胞定位，通过分析发现，NLS 位于 N 端的 41aa，对这 41 个氨基酸的分析鉴定出位于 14aa～20aa 的碱性残基簇，用酸性残基（16EAEE19）代替该碱性残基（16KAKR19）导致纤维蛋白聚集在胞质，但 16KAKR19 或 12VYPYKAKRPNI22 不足以使胞质蛋白 GFP/β-gal 有效运送到核，而表达含有 16EAEE19 纤维蛋白的重组病毒不能在 Madin-Darby 牛肾细胞中有效复制，表明纤维蛋白的 NLS 对于病毒的体内功能起重要作用。

Zhou 和 Tikoo（2001）通过缺失法和插入终止法探索了 E1 区对猪 PAV3 复制的作用，其中，PAV211 为 E1A+E3 缺失，拯救出的重组病毒在 VIDO R1 细胞（E1 转化的细胞系）中生长滴度与野生型 PAV 相当，而在睾丸（ST）细胞中的滴度却不如野生型 PAV；PAV212 为 E1B^{large}+E3 缺失重组腺病毒，在 VIDO R1 细胞和 ST 细胞中的滴度均与野生型相当。因此当 E1A+E1B^{small}+E3 同时缺失时产生了 PAV214 重组腺病毒。但当在 E1B^{large} 中引入三联终止密码子后，不能获得重组病毒。最后在 PAV214 中的 E1A 区引入 GFP 表达盒，获得 PAV216 重组子。结果 PAV216 和 PAV214 在 VI-

DO R1 细胞中的复制能力均与野生型病毒相当。这些结果表明：E1A 对于病毒的复制和其他 PAV-3 早期基因的转录激活是必需的，E1B^{small} 对 PAV-3 的复制是非必需的，E1B^{large} 对病毒的复制是必需的。

二、在病毒致病机制研究中的应用

研究表明（Kratzer et al., 2000），通过出核受体 CRM1，E1B-55K 蛋白可以在核和胞质之间进行穿梭。这种现象可能有小泛肽相关修饰蛋白 1（SUMO1）的共价交联参与。在 Ad5 E1B-55K 蛋白中作为 SUMO1 结合位点的赖氨酸簇正好接近 E1B 的核输出信号 NES，并被 10 个氨基酸分开。因此，他们假设，E1B-55K 蛋白与 SUMO1 结合可能调节依赖 NES 的 Ad 蛋白的核输出。为了验证此假设，Kindsmuller 等（2007）将 E1B-55K 的 NES、SUMO1 结合位点和全部两个结合基序分别进行氨基酸替换，观察替换后的重组病毒在其感染的细胞中，E1B-55K 蛋白核输出功能有何影响。研究表明，在感染细胞中，CRM1 是 E1B-55K 蛋白主要的核输出受体，功能性失活或柔红霉素 B 处理 E1B-55K 蛋白 CRM1 依赖的 NES 均导致病毒蛋白从细胞质到核的重新分布，病毒蛋白在病毒复制中心周围的聚集也发生重新分布现象。但是，若同时失活细胞的 SUMO1 交联位点，野毒和 NES 突变病毒之间产生的这种差异可被完全补偿。SUMO1 结合 E1B-55K 蛋白后可加强 NES 的功能。此外，在核质中与 NES 缺陷完全相反的突变可使 Mre11 进行运输和 p53 的蛋白酶体降解。表明，感染细胞中 E1B-55K 蛋白的核输出通过 CRM1 依赖和非依赖途径发生，SUMO1 的结合和非结合作用为 E1B-55K 蛋白通过 CRM1 非依赖途径进行核输出提供了分子转换。

Ad5 E1B-55K 和 E4orf6 在病毒晚期感染中一起激发病毒晚期核 mRNA 从核运输到胞质，同时限制宿主 mRNA 出核。研究表明（Woo and Berk，2007），这两个病毒蛋白与宿主细胞蛋白延长因子 B 和 C、采集素 5、RBX1 和其他细胞蛋白相互作用形成一个 E3 泛肽蛋白连接酶来泛化 p53 和一个或更多的 MRE11-RAD50-NBS1（MRN）复合物，从而直接导致蛋白酶体降解，MRN 复合物是在 Adv 感染时用于细胞 DNA 双链缺口的修复和诱导 DNA 的损伤反应。为了确定 E1B-55K 和 E4orf6 具有激发病毒晚期 mRNA 核输出的能力是否需要病毒泛肽蛋白连接酶复合物的连接酶活性，在野生型 Ad5 或 E1B-55K 无效突变重组病毒 dl1520 感染之前，将 HeLa 细胞中的采集素 5 进行突变，发现采集素 5 突变稳定了 p53 和 MRN 复合物，表明它阻止了病毒的泛肽蛋白连接酶的活性，但对于病毒早期 mRNA 的合成，早期蛋白合成或病毒 DNA 复制没有影响，但是采集素突变蛋白的表达会引起病毒晚期蛋白合成和病毒核 mRNA 出核下降。这与在原型株中 E1B-55K 突变后产生的结果是相似的。研究结果表明，E1B-55K 和 E4orf6 激发的 Adv 晚期 mRNA 核输出来源于腺病毒泛肽蛋白连接酶复合物的泛肽蛋白连接酶活性。

三、在畜禽基因工程疫苗研究中的应用

（一）在禽类基因工程疫苗中的应用

Francois 等（2001）将 IBDV VP2、VP3 和 VP4 蛋白插入其鉴定出的 FAV-1 复制

非必需区 ORF8、ORF9、ORF10 中并获得成功表达。在此基础上，Baxi 等（1999）对表达 IBDV-VP2 的 CELO 重组病毒对 vvIBDV 攻击的保护效率进行了研究。VP2 由 CMV 启动子控制，插入不同位点后获得了重组病毒：①CELOa-VP2，PCMV-VP2-PA 表达盒插入 A 片段的 329bp 的 Xba I-Xba I 缺失区；②CELOd-VP2，PCMV-VP2-PA 表达盒插入 D 片段中的 Kpn I～EcoR V 缺失区；③CELOad-9-VP2，PCMV-ORF9 cDNA 插入 A 片段的 329bp 的 Xba I～Xba I，PCMV-VP2-PA 表达盒插入 D 片段中的 Kpn I～EcoR V 缺失区；④CELOad-11-VP2，PCMV-ORF11cDNA 插入 A 片段的 329bp 的 Xba I～Xba I，PCMV-VP2-PA 表达盒插入 D 片段中的 Kpn I～EcoR V 缺失区；⑤CELOad-9-II-VP2，PCMV-ORF9-ORF11 cDNA 插入 A 片段的 329bp 的 Xba I～Xba I，PCMV-VP2-PA 表达盒插入 D 片段中的 Kpn I～EcoR V 缺失区。获得的这些重组病毒即使通过不同的途径接种鸡，或使用高剂量（10^8/只鸡）接种，都不表现致病性。重组病毒通过口服-滴鼻免疫后用 IBDV 攻击，产生很低的保护力。而用单剂量或双剂量的 CELOa-VP2 进行皮下免疫后用 vvIBDV 攻击，攻毒鸡不表现任何临床症状，中和抗体滴度达 7～9，法氏囊/体重为 2.5%，与用 BurT06 疫苗免疫的对照鸡相当，但能看到法氏囊有组织学上的损伤。18 日龄鸡胚免疫也获得了免疫保护作用。为了使重组病毒的免疫水平提高，该研究还尝试了其他策略，将 CELOa-VP2 与纯化的 VP2 抗原、含 VP2 编码序列或表达鸡骨髓生长因子（cMGF）的 CELO 载体联合免疫，结果所有联合所产生的免疫保护与双剂量的 CELOa-VP2 所产生的免疫保护相当。表明 CELOa-VP2 载体安全并可诱导对 vvIBDV 较强的免疫保护。Achille Francois 总结了 CELO 载体对 VP2 基因的高效表达的原因，认为 CELO 重组子在 7～10 日龄鸡胚和 1 日龄雏鸡中的复制效率与 wtCELO 相当，重组 CELO 载体在盲肠、滤过性器官和血液中存在 40 天以上，其存在范围比 FAV-10 要广，FAV-10 主要存在于肠道，扩散范围也是很有限的（Francois et al.，2004）；CELO 病毒可能还能在免疫细胞（巨噬细胞和树突状细胞）中复制，不断地呈递 VP2 抗原，从而激发抗 VP2 的免疫反应；免疫的 CELO 载体在 LMH 溶解后释放。因此，载体和 VP2 抗原又可重新感染其他细胞，从而放大免疫反应；此外可能还与 VP2 的包装有关。Rauw 等（2007）也在 CELO 载体系统中高效表达了鸡 γ 干扰素基因，研究结果表明，该系统表达的 γ 干扰素基因的体内外稳定性和活性均优于杆状病毒系统。

Johnson 等（2000）将腺病毒主要晚期启动子/先导序列和 SV40 poly（A）控制下的鸡 γ 干扰素基因（ChIFN-γ）插入 FAdV-8 基因组右末端，重组病毒在鸡肾细胞（CK）上生长，在对 CK 上清进行 ChIFN-γ 的产量检测时发现，细胞在感染后 24h 就能检测到 ChIFN-γ 的表达，48h 达到高峰，而这一高峰状态至少要维持 10 天。用 rFAV-ChIFN-γ 处理的鸡比对照组体重增加，用艾美耳球虫攻毒 rFAV-ChIFN-γ 处理的鸡后，鸡体重减轻的症状缓解。Johnson 等（2003）将 IBV VicS 株的 $S1$ 基因表达盒 MLP-S1-pA 分别插入 FAdV-8 基因组的两个位点，获得重组病毒 rFAV-S1 DA3（ASnabI+XbaI）和 rFAV-S1 CA6-20（ASpeI+MLP-S1-pA），将重组病毒免疫 0 日龄和 6 日龄商品肉鸡，于 35 日龄用 IBV 强毒 Vic S 株（血清型 B）或 N1/62（血清型 C）攻击，结果 6 日龄组有 90%～100% 的保护率，表明该重组病毒对同源毒株和异源毒株都起到保护作用，显示了该重组病毒用于预防 IB 的潜力。更显示了 FAdV 作为载体用于禽类基因工程疫苗研究的潜力。

Ojkic 和 Nagy（2001）将 *EGFP* 基因分别左向和右向插入 FAV-9 较长的重复区 TR-2，获得两株重组病毒 rFDTR2-EGFPinv 和 rFDTR2-EGFP，其中，rFDTR2-EGFPinv 的生长曲线与野生型 FAV-9 没有差别，证实右向插入比左向插入更适宜于重组病毒的生长和外源基因的表达。Ojkic 和 Nagy（2003）通过 PCR 方法检测了 rFATR2-EGFPinv 和野生 FAV-9 在鸡体内的分布情况，并通过 ELISA 检测两者的抗体反应情况，结果表明，无论是重组病毒和野生病毒的体内分布还是产生的抗体反应情况，两者的结果是相似的。

Sheppard 等（1998）将 FAV-10 主要晚期启动子/先导序列（MLP/LS）调控下的 *IBDVVP2* 基因插入 FAV-10 的右末端的 *Nde* I C 片段产生重组病毒 FAV-10/VP2，通过静脉、腹膜、皮下以及肌肉接种 SPF 鸡，表明该重组病毒可诱导抗 VP2 的抗体反应，并能保护鸡免受 IBDV V877 的攻击。

（二）在其他动物基因工程疫苗上的应用

Zakhartchouk 等（1998）将不含外源性启动子的全长或截短的 BHV-1 *gD* 基因插入 BAV-3.E3d 的 E3 区，并与 E3 区同向，获得重组病毒 BAV-3.E3gD 或 BAV-3.E3gDt。经保护性实验发现（Zakhartchouk et al.，1999），犊牛鼻内接种 BAV-3、BAV-3.E3d、BAV-3.E3gD 或 BAV-3.E3gDt 后均不表现出临床症状，BAV-3 能形成隐性感染，且 E3 区的缺失和 *gD* 基因的插入不影响 BAV-3 在犊牛中的致病性。用 BAV-3.E3gD 和 BAV-3.E3gDt 鼻内免疫的牛可获得部分保护而不产生临床症状并减少排毒时间。证明了重组 BAV-3 能在有 BAV-3 特异抗体的牛体内诱导抗原特异性免疫反应。Baxi 等（1999）在 BAV-3 E4 区和右端 ITR 间插入 SV40 早期启动子和 poly（A）调控下 1.9kb 的 BHV-1 gD 基因构建了重组病毒 BAV404，动力学分析表明，重组病毒在感染后的早期和晚期均表达 gD 蛋白。

Wuest 等（2004）将 C 型肝炎病毒非结构蛋白 3（ns3）的表达盒插入 OAV 基因组位点 2，获得重组病毒 OAV-ns3，OAV-ns3 在体外稳定复制并高效表达 ns3 蛋白，将 OAV-ns3 一次注射 BALB/C 小鼠，能诱导产生针对 ns3 蛋白的强而持久的 T 细胞反应，这一反应不受鼠体内预先免疫 HAd5 的影响。Voeks 等（2002）以 OAV 为载体，成功地将人嘌呤核苷磷酸化酶转移到肿瘤鼠模型中，取得显著疗效。

Hammond 等（2000）将 PAV-3 的 MLP/TPL 序列和 SV40 poly（A）控制下的古典型猪瘟 gp55（E2）基因表达盒插入 PAV-3 基因组中，获得重组猪腺病毒（rPAV-gp55）。用 rPAV-gp55 皮下接种 5～6 周龄的猪，免疫和未免疫的猪均未出现临床症状，免疫猪中 PAV 抗体滴度稳定升高，直到免疫后 52 天实验结束。免疫 36 天后进行攻毒，所有对照猪攻毒 3 天后出现高热反应，温度达 40℃以上，第 5 天均出现临床症状；免疫猪攻毒后出现短暂的温度升高达 40℃以上，第 6 天后恢复正常并且不出现临床症状直到实验结束。攻毒实验表明，单剂量接种 rPAV-p55 就能产生对致死性 CSFV 的完全保护。Harmnond 等（2001）将 rPAV-gp55 分别通过口服和皮下两种途径接种商品猪群，然后再通过这两条途径进行攻毒，以检测rPAV-gp55的最佳接种途径，结果，皮下免疫组在皮下途径攻毒后获得100%的保护，而皮下和口服免疫后通过口服攻毒，只有60%的保护。Hammond和Johnson（2005）证实，重组PAV即使在高水平人工诱导的特异性中和血清抗体存在的情况下也能高效运送外源基因。

目前，已有将狂犬病病毒G蛋白（Li et al., 2006）、口蹄疫病毒VPI蛋白（Liu et al., 2006）、禽流感病毒H5N1亚型血凝素（Gao et al., 2006）等的编码基因插入到CAV-2基因组中，重组病毒免疫后均获得良好的免疫效果。

四、在基因治疗研究中的应用

动物腺病毒重组系统在其特有的领域有了很大的应用，作为活载体将抗原基因输送到相应的动物体内，从而获得对相应病原的免疫效果。此外，腺病毒载体在高效表达外源基因的同时能对外源蛋白进行翻译后加工，如剪切、糖基化、磷酸化等，表达的蛋白质具有天然蛋白的特性，因此，动物腺病毒载体在其特有的领域展现出良好的应用前景。

在研究过程中发现，动物腺病毒（AAV）与人腺病毒（HAV）的主要抗原决定衣壳蛋白之间的相似性比HAV亚群间的相似性小，抗AAV的血清与不同血清型的HAV不发生交叉反应。它能够转染人的细胞却不能在人体细胞内复制，而且很少有人感染过，所以人群中不存在针对它们的免疫应答。由于与HAV已知序列缺乏同源性，AAV不能发生与HAV的共复制或重组，因而将AAV载体用于人时更为安全。在人细胞内重组，AAV的病毒基因表达可能不及重组HAV，因而产生较弱的细胞免疫反应，使转移基因的表达延长。此外，一些动物腺病毒，如PAV-3、BAV-3等对一些人细胞系（如肿瘤细胞）的转导不依赖CAR，表明，对于人类肿瘤组织的基因治疗，这些腺病毒将显示出不可比拟的优势（Bangari et al., 2005b）。

以禽类腺病毒为例。由于以禽腺病毒基因组为基础的载体具有一些人腺病毒所没有的优点，如禽腺病毒基因组较大，对外源基因的容纳量较大；病毒粒子的物理稳定性较高；可以感染哺乳动物细胞；在人和动物（除鸡外）体内没有预先存在的免疫反应，病毒能在廉价的鸡胚中进行增殖等，因此，为了克服在人类基因治疗中由于应用人腺病毒载体而遇到的一些免疫反应缺陷，科学家们正在探索是否可以用禽腺病毒载体来代替人腺病毒载体用于人类的基因治疗。在这个领域里，Shmarov等（2002；2005）分别将 *GFP* 基因和人 *IL-2* 基因插入CELO病毒中，检测CELO载体对人和动物细胞的转导能力。结果表明，CELO病毒能将 *GFP* 基因输送到C57BL/6鼠的肿瘤中并在其中表达，而含 *IL-2* 基因的重组CELO病毒也能在鸡胚中进行大量繁殖。之后，Cherenova等（2004）对CELO-IL2的体外、鸡胚和体内特性进行了进一步的研究，发现，CELO-IL2能转导LMH和293细胞系，并不断分泌具有生物学活性的IL-2；对鸡胚尿囊液中CELO-IL2的Western杂交分析表明，表达的IL-2的相对分子质量和抗原性与原始IL-2是一样的。ELISA检测表明，尿囊液中IL-2的量在接种后60h达到了6~8μg/mL，尿囊液IL-2活性超过细胞液IL-2活性1000单位。但是要将CELO载体发展成为一种不断在尿囊液中分泌具有生物学活性的外源基因的表达系统，那么，对该系统进行一些改进是必不可少的，如可通过修饰 RNA 5′端的先导序列，将禽腺病毒的二联先导序列导入表达盒中将可以增加外源基因的表达水平。此外，CELO-IL2 可以转导 B16 肿瘤细胞并表达具有生物学活性的 IL-2，对肿瘤鼠通过多个时期注射 CELO-IL2 后发现，动物的存活时间增加，但是注射 CELO-IL2 并不能完全破坏肿瘤细胞，要获得高效的抗肿瘤活性，必须联合化疗、放疗并联合应用其他治疗基因。此外，CELO 载体与 Ad5 载体的联合应用也可能是一个很好的办法，因为它们之间产生的抗体不能互相被中和。研究表明，CELO 载体将成为基因治疗用的一个很好的载体。但是要使 CELO 载体应用到临床中，必须对 CELO 基因组进行改进，首先，缺失掉两个早期基因 *GAM-1* 和 *ORF22*，它们与 Ad5 的致瘤基因 *E1B*、*E1A* 具有同源性（Lehrmann and Cotten，1999）；最后是要增强 CELO 载体转导哺乳动物细胞的能力，修饰 CELO 的长的纤维基因或用人和动物腺病毒的纤维基因代替（Tan et al.，2001）。

Logunov 等（2002）构建了含 CMV 启动子控制的 SEAP 表达盒的重组 CELO 病毒和重组 Ad5 病毒，并通过人 293、A549 和 H1299 细胞系、鼠（B16）和禽 LMH 细胞系与人 Ad5 重组病毒的比较来检测 CELO 载体的转导效率。结果在 C57BL/6 鼠的体内，重组 CELO-SEAP 通过静脉、鼻内和肿瘤内注射时，SEAP 均被表达，表达产物在具有免疫能力的鼠体内可存活 21 天，这为该重组病毒用于基因治疗的可行性做了初步的探索。Logunov 等（2004）探索了使用禽腺病毒 CELO 载体作为人类细胞基因转移的可能性，他们通过构建一套重组 CELO 病毒证明，CELO 载体能在人体内含有 Ad5 抗体的情况下将外源基因运送到人体许多器官内，其中，CELO-p53 重组病毒在人源肿瘤细胞和异种移植裸鼠中均保留了 p53 的肿瘤抑制功能，更值得注意的是，CELO-p53 在细胞中还导致了 p53 靶基因的激活。因此，认为 CELO 载体有应用于人类基因治疗的潜力。

Avdeeva 等（2004）将血管生成素基因（*ANG*）插入到 CELO 基因组中构建了重组病毒 CELO-ANG，研究表明，CELO-ANG 不仅能在 LMH 细胞系中表达，而且还能在实验鼠的肌肉中表达，诱导新血管形成。Shashkova 等（2005）研究了携带单纯疱疹病毒胸苷激酶基因（*HSV-TK*）的 CELO 重组病毒的体外（人和鼠肿瘤细胞）和体内（皮下移植鼠 B16 黑肿瘤的 C57BL/6 鼠）抗癌活性。研究表明，CELO-TK 可以将 HSV-TK 运送到肿瘤细胞中，与第一代人腺病毒 Ad5 载体相比，两者运送后产生的 HSV-TK 的生物学活性是相当的。在黑肿瘤鼠中，CELO 载体能转导肿瘤细胞，当肿瘤内注射 CELO-TK 后，用更昔洛韦治疗，可使肿瘤生长受到抑制，并能显著提高肿瘤鼠的存活数。研究表明，CELO 载体可以作为一些前药激活基因，如 HSV-TK 进入到肿瘤细胞的一种有效的运送工具。

Stevenson 等（2006）为了提高 CELO 载体对人源细胞的转导效率，采用了一个非遗传机制，即用基础纤维原细胞生长因子（bFGF）聚合体包裹 CELOluc 重组病毒（bFGF-pc-CELOluc），从而改变重组病毒的嗜性。研究表明，bFGF-pc-CELOluc 在 CEF 中显示了高效的转基因表达能力，提高了重组病毒对细胞的结合水平和在一系列人源细胞中的内在化。在 PC-3 人前列腺细胞中，转基因表达水平也高于未被修饰的重组病毒，聚合体包裹后的重组病毒在体外能完全抵抗人血清中的腺病毒中和抗体。在含有腺病毒抗体的鼠体内，CELOluc被清除的速度低于Ad5luc。研究表明，通过适当处理后可提高CELO载体转导人源细胞的能力。

结　　语

　　腺病毒载体是应用反向遗传学技术获得的最成功的病毒载体之一。经过不断的改进和发展，它已成为一种安全而有效的基因工程载体，广泛应用于基因治疗或基因工程疫苗研究之中。尤其是最近又发现腺病毒载体能高效感染主要抗原提呈细胞（APC）——树突状细胞，更加突出了其作为基因转移载体的优势。因此，可以预见，在未来的肿瘤治疗、新型疫苗的研发以及疫病防控等方面，腺病毒载体将会得到更为广泛的应用。

参 考 文 献

何秀苗，秦爱建，刘岳龙，等. 2004. 禽腺病毒江苏株（JS）复制非必需片段的确定. 微生物学报，44：23-27.

何秀苗. 2004. 禽腺病毒载体构建及其部分生物学特性的研究. 扬州大学博士学位论文.

侯云德. 1990. 分子病毒学. 北京：学苑出版社：151-177.

黄文林. 2002. 分子病毒学. 北京：人民卫生出版社：336-385.

李茂祥，章金刚，殷震. 1999. 人和动物腺病毒E3区的结构及其编码蛋白的功能，生命科学，11：1-4.

殷震，刘景华. 1997. 动物病毒学. 第二版. 北京：科学出版社：1104-1129.

Addison C L, Hitt M, Kunsken D, et al. 1997. Comparison of the human versus murine cytomegalovirus immediate early gene promoters for transgene expression by adenoviral vectors. Journal of General Virology, 78 (Pt 7): 1653-1661.

Amalfitano A. 2004. Utilization of adenovirus vectors for multiple gene transfer applications. Methods, 33: 173-178.

Avdeeva S V, Voronov D A, Khaidarova N V, et al. 2004. The CELO-ANG recombinant avian adenovirus with human angiogenine gene inducing neovascularization in the anterior tibial muscle of rat. Molekuliarnaia Genetika, Mikrobiologiiai Virusologiia, (4): 38-40.

Bangari D S, Sharma A, Mittal S K. 2005a. Bovine adenovirus type 3 internalization is independent of primary receptors of human adenovirus type 5 and porcine adenovirus type 3. Biochemical and Biophysical Research Communications, 331: 1478-1484.

Bangari D S, Shukla S, Mittal S K. 2005b. Comparative transduction efficiencies of human and nonhuman adenoviral vectors in human, murine, bovine, and porcine cells in culture. Biochemical and Biophysical Research Communications, 327: 960-966.

Barnett B G, Tillman B W, Curiel D T, et al. 2002. Dual targeting of adenoviral vectors at the levels of transduction and transcription enhances the specificity of gene expression in cancer cells. Molecular Therapy, 6: 377-385.

Baxi M K, Babiuk L A, Mehtali M, et al. 1999. Transcription map and expression of bovine herpesvirus-1 glycoprotein D in early region 4 of bovine adenovirus-3. Virology, 261: 143-152.

Brough D E, Lizonova A, Hsu C, et al. 1996. A gene transfer vector-cell line system for complete functional complementation of adenovirus early regions E1 and E4. Journal of Virology, 70: 6497-6501.

Cherenova L V, Logunov D Y, Shashkova E V, et al. 2004. Recombinant avian adenovirus CELO expressing the human interleukin-2: characterization in vitro, in ovo and in vivo. Virus Research, 100: 257-261.

Chiocca S, Kurzbauer R, Schaffner G, et al. 1996. The complete DNA sequence and genomic organization of the avian adenovirus CELO. Journal of Virology, 70: 2939-2949.

Crouzet J, Naudin L, Orsini C, et al. 1997. Recombinational construction in *Escherichia coli* of infectious adenoviral genomes. Proceedings of the National Academy of Sciences of the United States of America, 94: 1414-1419.

Danthinne X, Werth E. 2000. New tools for the generation of E1-and/or E3-substituted adenoviral vectors. Gene Therapy, 7: 80-87.

Davison A J, Wright K M, Harrach B. 2000. DNA sequence of frog adenovirus. Journal of General Virology, 81: 2431-2439.

Fisher K J, Choi H, Burda J, et al. 1996. Recombinant adenovirus deleted of all viral genes for gene therapy of cystic fibrosis. Virology, 217: 11-22.

Francois A, Chevalier C, Delmas B, et al. 2004. Avian adenovirus CELO recombinants expressing VP2 of infectious bursal disease virus induce protection against bursal disease in chickens. Vaccine, 22: 2351-2360.

Francois A, Eterradossi N, Delmas B, et al. 2001. Construction of avian adenovirus CELO recombinants in cosmids. Journal of Virology, 75: 5288-5301.

Gao Y W, Xia X Z, Wang L G, et al. 2006. Construction and experimental immunity of recombinant replication-competent canine adenovirus type 2 expressing hemagglutinin gene of H5N1 subtype tiger influenza virus. Wei Sheng Wu Xue Bao, 46: 297-300.

Gooding L R, Ranheim T S, Tollefson A E, et al. 1991. The 10,400- and 14,500-dalton proteins encoded by region E3 of adenovirus function together to protect many but not all mouse cell lines against lysis by tumor necrosis factor. Journal of Virology, 65: 4114-4123.

Gorziglia M I, Kadan M J, Yei S, et al. 1996. Elimination of both E1 and E2 from adenovirus vectors further improves prospects for *in vivo* human gene therapy. Journal of Virology, 70: 4173-4178.

Hammond J M, Jansen E S, Morrissy C J, et al. 2001. Oral and sub-cutaneous vaccination of commercial pigs with a recombinant porcine adenovirus expressing the classical swine fever virus gp55 gene. Archives of Virology, 146: 1787-1793.

Hammond J M, Johnson M A. 2005. Porcine adenovirus as a delivery system for swine vaccines and immunotherapeutics. Veterinary Journal, 169: 17-27.

Hammond J M, Mccoy R J, Jansen E S, et al. 2000. Vaccination with a single dose of a recombinant porcine adenovirus expressing the classical swine fever virus gp55 (E2) gene protects pigs against classical swine fever. Vaccine, 18: 1040-1050.

He T C, Zhou S B, Da Costa L T, et al. 1998. A simplified system for generating recombinant adenoviruses. Proceedings of the National Academy of Sciences of the United States of America, 95: 2509-2514.

Hess M C A, Ruigrok R W. 1995. The avian adenovirus penton two fibers and one base. Journal of Molecular Biology, 252: 379-385.

Horowitz M S. In: Field B N, Naise D M, et al. 1990. Adenovirdae and their replication. Virology. 2nd edited. New York: Raren press: 1679-1723.

Jain K K. 2000. 基因治疗学. 任斌译. 世界图书出版社: 32-35.

Johnson M A, Pooley C, Ignjatovic J, et al. 2003. A recombinant fowl adenovirus expressing the S1 gene of infectious bronchitis virus protects against challenge with infectious bronchitis virus. Vaccine, 21: 2730-2736.

Johnson M A, Pooley C, Lowenthal J W. 2000. Delivery of avian cytokines by adenovirus vectors. Developmental and Comparative Immunology, 24: 343-354.

Kim J, Smith T, Idamakanti N, et al. 2002. Targeting adenoviral vectors by using the extracellular domain of the coxsackie-adenovirus receptor: improved potency via trimerization. Journal of Virology, 76: 1892-1903.

Kindsmuller K, Groitl P, Hartl B, et al. 2007. Intranuclear targeting and nuclear export of the adenovirus E1B-55K protein are regulated by SUMO1 conjugation. Proceedings of the National Academy of Sciences of the United States of America, 104: 6684-6689.

Kleinberger T, Shenk T. 1993. Adenovirus E4orf4 protein binds to protein phosphatase 2A, and the complex down regulates E1A-enhanced junB transcription. Journal of Virology, 67: 7556-7560.

Kratzer F, Rosorius O, Heger P, et al. 2000. The adenovirus type 5 E1B-55K oncoprotein is a highly active shuttle protein and shuttling is independent of E4orf6, p53 and Mdm2. Oncogene, 19: 850-857.

Le Goff F, Mederle-Mangeot I, Jestin A, et al. 2005. Deletion of open reading frames 9, 10 and 11 from the avian adenovirus CELO genome: effect on biodistribution and humoral responses. Journal of General Virology, 86: 2019-2027.

Lehrmann H, Cotten M. 1999. Characterization of CELO virus proteins that modulate the pRb/E2F pathway. Journal of Virology, 73: 6517-6525.

Leissner P, Legrand V, Schlesinger Y, et al. 2001. Influence of adenoviral fiber mutations on viral encapsidation, infectivity and *in vivo* tropism. Gene Therapy, 8: 49-57.

Li J W, Faber M, Papaneri A, et al. 2006. A single immunization with a recombinant canine adenovirus expressing the rabies virus G protein confers protective immunity against rabies in mice. Virology, 356: 147-154.

Li X, Babiuk L A, Tikoo S K. 2004. Analysis of early region 4 of porcine adenovirus type 3. Virus Research, 104: 181-190.

Logunov D Y, Ilyinskaya G V, Cherenova L V, et al. 2004. Restoration of p53 tumor-suppressor activity in human tumor cells *in vitro and* in their xenografts *in vivo* by recombinant avian adenovirus CELO-p53. Gene Therapy, 11: 79-84.

Logunov D, Cherenova L V, Shmarov M M, et al. 2002. Delivery of secreted placental alkaline phosphatase (SEAP) gene *in vitro* and *in vivo* as a component of recombinant avian adenovirus (CELO). Molekuliarnaia Genetika, Mikrobiologiiai Virusologiia: 21-25.

Nakayama M, Both G W, Banizs B, et al. 2006. An adenovirus serotype 5 vector with fibers derived from ovine atadenovirus demonstrates CAR-independent tropism and unique biodistribution in mice. Virology, 350: 103-115.

Ojkic D, Nagy E. 2000. The complete nucleotide sequence of fowl adenovirus type 8. Journal of General Virology, 81: 1833-1837.

Ojkic D, Nagy E. 2001. The long repeat region is dispensable for fowl adenovirus replication *in vitro*. Virology, 283: 197-206.

Ojkic D, Nagy E. 2003. Antibody response and virus tissue distribution in chickens inoculated with wild-type and recombinant fowl adenoviruses. Vaccine, 22: 42-48.

Ophorst O J A E, Kostense S, Goudsmit J, et al. 2004. An adenoviral type 5 vector carrying a type 35 fiber as a vaccine vehicle: DC targeting, cross neutralization, and immunogenicity. Vaccine, 22: 3035-3044.

Polo J M, Jr Dubensky T W. 2002. Virus-based vectors for human vaccine applications. Drug Discov Today, 7: 719-727.

Rauw F, Lambrecht B, Francois A, et al. 2007. Kinetic and biologic properties of recombinant ChIFN-gamma expressed via CELO-virus vector. Journal of Interferon and Cytokine Research, 27: 111-118.

Reddy P S, Idamakanti N, Babiuk L A, et al. 1999. Porcine adenovirus-3 as a helper-dependent expression vector. Journal of General Virology, 80: 2909-2916.

Reddy P S, Idamakanti N, Derbyshire J B, et al. 1996. Porcine adenoviruses types 1, 2 and 3 have short and simple early E-3 regions. Virus Research, 43: 99-109.

Reddy P S, Idamakanti N, Song J Y, et al. 1998. Nucleotide sequence and transcription map of porcine adenovirus type 3. Virology, 251: 414-426.

Reddy P S, Sakhuja K, Ganesh S, et al. 2002. Sustained human factor VIII expression in hemophilia A mice following systemic delivery of a gutless adenoviral vector. Molecular Therapy, 5: 63-73.

Rux J J, Burnett R M. 2000. Type-specific epitope locations revealed by X-ray crystallographic study of adenovirus type 5 hexon. Molecular Therapy, 1: 18-30.

Shashkova E V, Cherenova L V, Kazansky D B, et al. 2005. Avian adenovirus vector CELO-TK displays anticancer activity in human cancer cells and suppresses established murine melanoma tumors. Cancer Gene Therapy, 12: 617-626.

Sheppard M, Werner W, Tsatas E, et al. 1998. Fowl adenovirus recombinant expressing VP2 of infectious bursal disease virus induces protective immunity against bursal disease. Archives of Virology, 143: 915-930.

Shmarov M M, Cherenova L V, Shashkova E V, et al. 2002. Eukaryotic vectors of Celo avian adenovirus genome, carrying GFP and human IL-2 genes. Molekuliarnaia Genetika, Mikrobiologiiai Virusologiia: 30-35.

Signas C, Akusjarvi G, Pettersson U. 1986. Region E3 of human adenoviruses: differences between the oncogenic adenovirus-3 and the non-oncogenic adenovirus-2. Gene, 50: 173-184.

Stevenson M, Boos E, Herbert C, et al. 2006. Chick embryo lethal orphan virus can be polymer-coated and retargeted to infect mammalian cells. Gene Therapy, 13: 356-368.

Tan P K, Michou A I, Bergelson J M, et al. 2001. Defining CAR as a cellular receptor for the avian adenovirus CELO using a genetic analysis of the two viral fibre proteins. Journal of General Virology, 82: 1465-1472.

Voeks D, Martiniello-Wilks R, Madden V, et al. 2002. Gene therapy for prostate cancer delivered by ovine adenovirus and mediated by purine nucleoside phosphorylase and fludarabine in mouse models. Gene Therapy, 9: 759-768.

Washietl S, Eisenhaber F. 2003. Reannotation of the CELO genome characterizes a set of previously unassigned open reading frames and points to novel modes of host interaction in avian adenoviruses. BMC Bioinformatics, 4: 55.

Weinberg D H, Ketner G. 1983. A cell line that supports the growth of a defective early region 4 deletion mutant of human adenovirus type 2. Proceedings of the National Academy of Sciences of the United States of America, 80: 5383-5386.

Woo J L, Berk A J. 2007. Adenovirus ubiquitin-protein ligase stimulates viral late mRNA nuclear export. Journal of Virology, 81: 575-587.

Wu Q, Chen Y, Kulshreshtha V, et al. 2004. Characterization and nuclear localization of the fiber protein encoded by the late region 7 of bovine adenovirus type 3. Archives of Virology, 149: 1783-1799.

Wuest T, Both G W, Prince A M, et al. 2004. Recombinant ovine atadenovirus induces a strong and sustained T cell response against the hepatitis C virus NS3 antigen in mice. Vaccine, 22: 2717-2721.

Yeh P, Dedieu J F, Orsini C, et al. 1996. Efficient dual transcomplementation of adenovirus E1 and E4 regions from a 293-derived cell line expressing aminimal E4 functional unit. Journal of Virology, 70: 559-565.

Zakhartchouk A N, Pyne C, Mutwiri G K, et al. 1999. Mucosal immunization of calves with recombinant bovine adenovirus-3: induction of protective immunity to bovine herpesvirus-1. Journal of General Virology, 80: 1263-1269.

Zakhartchouk A N, Reddy P S, Baxi M, et al. 1998. Construction and characterization of E3-deleted bovine adenovirus type 3 expressing full-length and truncated form of bovine herpesvirus type 1 glycoprotein gD. Virology, 250: 220-229.

Zakhartchouk A, Zhou Y, Tikoo S K. 2003. A recombinant E1-deleted porcine adenovirus-3 as an expression vector. Virology, 313: 377-386.

Zhou Y, Tikoo S K. 2001. Analysis of early region 1 of porcine adenovirus type 3. Virology, 291: 68-76.

第二十章 疱疹病毒科的反向遗传学

第一节 疱疹病毒科的基本特征

一、疱疹病毒的分类

疱疹病毒（*Herpesvirus*）是一类宿主范围广泛、种类繁多的病毒科。目前已知有80余种，可感染哺乳类、鸟类、爬行类、两栖类、昆虫及软体动物，主要侵犯皮肤、黏膜和神经组织，导致重要传染病发生。根据国际病毒分类委员会（ICTV）2012年第9次报告，将原来的疱疹病毒科提升为疱疹病毒目（*Herpesvirales*）。在疱疹病毒目中增设了异疱疹病毒科（*Alloherpesviridae*）和软体动物疱疹病毒科（*Malacoherpesviridae*），并将原来的疱疹病毒科（*Herpesviridea*）归入该目。将原来未归入科的鲫鱼疱疹病毒属（*Ichtadenovirus*）和新增的蛙疱疹病毒属（*Batrachovirus*）、鲤鱼疱疹病毒属（*Cyprinivirus*）、鲑鱼疱疹病毒属（*Salmonivirus*）归入异疱疹病毒科。疱疹病毒科仍分为4亚科，包括α-疱疹病毒亚科（*Alphaherpesvirinae*）、β-疱疹病毒亚科（*Betaherpesvirinae*）、γ-疱疹病毒亚科（*Gammaherpesvirinae*）和未命名亚科。每个亚科又分为不同的属，在β-疱疹病毒亚科中增设了象疱疹病毒属（*Proboscivirus*），在γ-疱疹病毒亚科中增设了马疱疹病毒属（*Percavirus*）和恶性卡那热病毒属（*Macavirus*）。具体分类见表20-1（King et al.，2011；张忠信，2012）。

表 20-1 疱疹病毒的最新系统分类

疱疹病毒科 *Herpesviridae*	属	种	常用名/缩写
α-疱疹病毒亚科 *Alphaherpesvirinae*	传喉炎病毒属 *Iltovirus*	禽疱疹病毒1型 *Gallid herpesvirus 1*	鸡传染性喉气管炎病毒（ILTV）
	马立克病毒属 *Mardivirus*	禽疱疹病毒2型 *Gallid herpesvirus 2*	鸡马立克氏病病毒1型（MDV-1）
		鸽疱疹病毒1型 *Columbid herpesvirus 1*	鸽疱疹病毒1（PHV1）
		鸭疱疹病毒I型 *Anatid herpesvirus 1*	鸭瘟病毒（DEV）
		禽疱疹病毒3型 *Gallid herpesvirus 3*	鸡马立克氏病病毒2型（MDV-2）
		火鸡疱疹病毒1型 *Meleagrid herpesvirus 1*	火鸡疱疹病毒（HVT）

续表

疱疹病毒科 Herpesviridae	属	种	常用名/缩写
α-疱疹病毒亚科 Alphaherpesvirinae	盾板病毒属 Scutavirus	海龟疱疹病毒 5 型 Chelonid herpesvirus 5	
	单纯疱疹病毒属 Simplexvirus	人疱疹病毒 1 型 Human herpesvirus 1	单纯疱疹病毒 1 型（HSV-1）
		牛疱疹病毒 2 型 Bovine herpesvirus 2	牛溃疡性乳头炎病毒（BHV-2）
		人疱疹病毒 2 型 Human herpesvirus 2	单纯疱疹病毒 2 型（HSV-2）
		兔疱疹病毒 4 型 Leporid herpesvirus 4	
		猕猴疱疹病毒 1 型 Macacine herpesvirus 1	
		巨足类疱疹病毒 1 型 Macropodid herpesvirus 1	
	未定名病毒属 Unassigned	海龟疱疹病毒 6 型 Chelonid herpesvirus 6	
β-疱疹病毒亚科 Betaherpesvirinae	水痘病毒属 Varicellovirus	人疱疹病毒 3 型 Human herpesvirus 3	水痘-带状疱疹病毒（VZV）
		犬疱疹病毒 1 型 Canid herpesvirus 1	犬疱疹病毒（CHV-1）
		马疱疹病毒 1 型 Equid herpesvirus 1	马流产病毒（EHV-1）
		马疱疹病毒 3 型 Equid herpesvirus 3	马交媾疹病毒（EHV-3）
		马疱疹病毒 4 型 Equid herpesvirus 4	马鼻肺炎病毒（EHV-4）
		猫疱疹病毒 1 型 Felid herpesvirus 1	猫鼻气管炎病毒（FHV-1）
		牛疱疹病毒 1 型 Bovine herpesvirus 1	牛鼻气管炎病毒（BHV-1）
		猪疱疹病毒 1 型 Suid herpesvirus 1	伪狂犬病病毒（PRV）

续表

疱疹病毒科 Herpesviridae	属	种	常用名/缩写
β-疱疹病毒亚科 Betaherpesvirinae	巨细胞病毒属 Cytomegalovirus	人疱疹病毒5型 Human herpesvirus 5	细胞巨化病毒（CMV）
		猕猴疱疹病毒3型 Macacine herpesvirus 3	猕猴巨细胞病毒（Rhcmv）
	鼠巨细胞病毒属 Muromegalovirus	鼠疱疹病毒1型 Murid herpesvirus 1	小鼠细胞巨化病毒（MCMV）
		鼠疱疹病毒2型 Murid herpesvirus 2	
		鼠疱疹病毒8型 Murid herpesvirus 8	
γ-疱疹病毒亚科 Gammaherpesvirinae	象疱疹病毒属 Proboscivirus	象疱疹病毒1型 Elephantid herpesvirus 1	
	玫瑰疱疹病毒属 Roseolovirus	人疱疹病毒6A型 Human herpesvirus 6A	
		人疱疹病毒6B型 Human herpesvirus 6B	
		人疱疹病毒7型 Human herpesvirus 7	
	未定名病毒属 Unassigned	猪疱疹病毒2型 Suid herpesvirus 2	猪包含体鼻炎病毒
	淋巴潜隐病毒属 Lymphocryptovirus	人疱疹病毒4型 Human herpesvirus 4	EB病毒（EBV）
		金丝猴疱疹病毒3型 Callitrichine herpesvirus 3	
	恶性卡那热病毒属 Macavirus	狷羚羊疱疹病毒1型 Alcelaphine herpesvirus 1	
		牛疱疹病毒6型 Bovine herpesvirus 6	
		山羊疱疹病毒2型 Caprine herpesvirus 2	
		马羚疱疹病毒1型 Hippotragine herpesvirus 1	
		绵羊疱疹病毒2型 Ovine herpesvirus 2	

续表

疱疹病毒科 Herpesviridae	属	种	常用名/缩写
未定名亚科 Unassigned	恶性卡那热病毒属 Macavirus	猪疱疹病毒3型 Suid herpesvirus 3	
	马疱疹病毒属 Percavirus	马疱疹病毒2型 Equid herpesvirus 2	马细胞巨化病毒
		马疱疹病毒5型 Equid herpesvirus 5	
		鼬疱疹病毒1型 Mustelid herpesvirus 1	
	细长病毒属 Rhadinovirus	狨猴疱疹病毒2型 Saimiriine herpesvirus 2	
		仓鼠疱疹病毒2型 Cricetid herpesvirus 2	
		人疱疹病毒8型 Human herpesvirus 8	
		猕猴疱疹病毒5型 Macacine herpesvirus 5	
		鼠疱疹病毒4型 Murid herpesvirus 4	
		牛疱疹病毒4型 Bovine herpesvirus 4	
	未定名病毒属 Unassigned	马疱疹病毒7型 Equid herpesvirus 7	
		海豹疱疹病毒2型 Phocid herpesvirus 2	
	未定名病毒属 Unassigned	鬣鳞蜥疱疹病毒2型 Iguanid herpesvirus 2	

二、疱疹病毒科的基本特征

疱疹病毒多呈圆形或者椭圆形，具有囊膜，直径为120～250nm。由含基因组的核心、衣壳和包膜组成，包膜由双层膜（皮层和囊膜）结合形成。核心由双股DNA与蛋白质缠绕而成，衣壳由162个壳粒组成一个排列有序的5∶3∶2轴形对称的正二十面体结构，其中有12个五邻体和150个六邻体。壳粒是一种带中心轴孔的空心细长六边形和五边形邻柱状颗粒。核心和衣壳一起成为核衣壳或裸露的病毒粒子，其直径为85～110nm。衣壳外一层为皮层覆盖，厚薄不匀，超薄切片中的皮层为无定型物质，但在负染标本中常呈纤维样。最外层的囊膜为典型的脂质双层囊膜，上有突起（图20-1）。

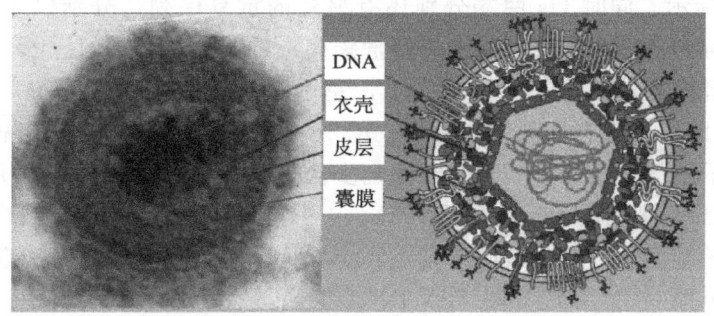

图20-1 伪狂犬病病毒（PRV）电子显微镜图及结构模式图（Pomeranz et al.，2005）

第二节 疱疹病毒基因组结构及编码产物

一、疱疹病毒基因组结构

疱疹病毒基因组为线性双股DNA，其长度和碱基组成在不同的疱疹病毒中变化是多样的，长120～240kb，GC含量为31%～77%。含量高的如伪狂犬病病毒，高达74%；含量低的如犬疱疹病毒，只有32%。多数疱疹病毒基因组由末端重复序列（TR）和内部重复序列（IR）组成。重复序列数量和长度，在不同的疱疹病毒中有较大的差异。同一疱疹病毒也可能由于重复序列拷贝数的不同，而造成基因组10kb以上的差异。病毒株在细胞中传代也可能造成基因片段自然缺失。巨细胞病毒（CMV）其DNA为240kb，而在其高浓度病毒传代中会产生一个DNA分子大小为150kb的缺失性病毒颗粒。疱疹病毒的基因组成大体可以归纳为图20-2所示的6种形式。A、B为α-疱疹病毒基因组结构示意图，水痘带状疱疹病毒基因组只有3'端有末端重复序列。而单纯性疱疹病毒基因组结构较为复杂，末端和内部有多个重复序列，包括长末端重复序列（TR_L），以b标示，对应的长末端内部重复序列（IR_L），以b'标示。短末端重复序列

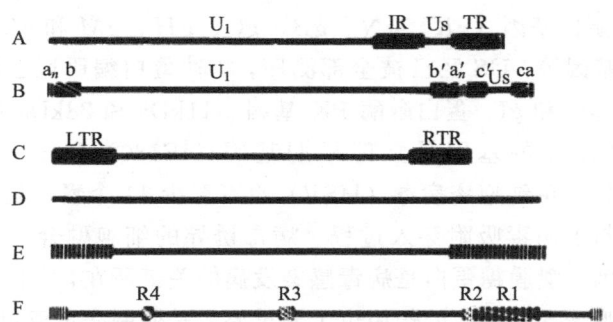

图20-2 疱疹病毒6种典型的基因组结构示意图

A. 水痘带状疱疹病毒；B. 单纯性疱疹病毒；C. 6型人疱疹病毒；
D. 树鼩疱疹病毒；E. 猴疱疹病毒；F. EB病毒

(TRs)，以 a_n、a 标示（n 代表 a 片段有多次重复），对应的短末端内部重复序列 (IRs)，以 a'_n 标示。同时 Us 两端分别还有另外的重复序列，分别以 c' 和 c 标示。C、D 为 β-疱疹病毒中 6 型人疱疹病毒和树鼩疱疹病毒的基因组结构示意图，两者结构相对比较简单，前者只有末端重复序列（LTR，左边末端重复序列；RTR，右边末端重复序列），后者基因组中没有发现序列重复。E、F 为 γ-疱疹病毒中猴疱疹病毒和 EB 病毒的基因组结构示意图，猴疱疹病毒末端序列多次重复。EB 病毒 R1~R4 序列内部重复，且兼有末端重复序列（Knipe et al.，2006）。

疱疹病毒的基因组一般具有以下特点：①异构体结构。多数疱疹病毒基因组由两个互相连接的长节段（L）和短节段（S）DNA 组成，有的疱疹病毒其 S、L 节段可颠倒排列，从而形成不同的异构体。例如，HSV 可以因为 S 片段颠倒、L 节段颠倒、S 和 L 片段同时颠倒，从而形成 4 种异构体：P（原型）、Is（S 节段颠倒）、Il（L 节段颠倒）和 Isl（S 和 L 节段均颠倒）。鸭瘟病毒（鸭病毒性肠炎病毒）基因组目前也发现有 3 种异构体存在，即 P 型、Is 型和 Isl 型，未发现 Il 型的存在，以上 3 种异构体在基因组中所占比例分别为 77.1%、8.6% 和 14.3%（柳金雄等，2011）。②基因组内部串联重复序列。疱疹病毒基因组，除了上述大范围的结构差异外，在内部的序列结构也有差异，特别是串联重复序列结构有很大不同。这些内部重复序列 G+C 含量很高，有些位于编码区，有些是细胞-病毒 DNA 的同源位点。③基因组末端结构：早在 1975 年就发现 HSV 基因组末端有直接重复序列，称为"a"区。不同 HSV1 毒株"a"区大小的变异与内部短串联重复序列的数目有关，HSV1 和 HSV2 的"a"区也很少具备同源性。几乎所有疱疹病毒 DNA 的一个末端都有一段保守序列：CCCCGGGGGGGTGTTTTT-GATGGGGGGG。"a"区可能是病毒 DNA 从复制型切割为成熟 DNA 分子并包装入成熟病毒粒子的信号区域（殷震和刘景华，1997）。

二、疱疹病毒基因组的编码产物

PRV 基因组中 80% 左右的基因功能已经被鉴定和阐明。已知有 72 个可读框（ORF），预测编码 70 个不同的蛋白，其中 IE180 和 US1 蛋白皆有两个拷贝，编码区分别位于内部重复序列区域和末端重复序列。在 UL 区已被定位的基因有 *UL1*~*UL54* 共 58 种，包括囊膜糖蛋白基因（*gK*、*gN*、*gB*、*gC*、*gH*、*gM* 和 *gL*）、DNA 多聚酶基因、主要衣壳蛋白基因等，US 区已被全部测序，7 种蛋白编码区已被解析，分别是囊膜糖蛋白 gD、gE、gG 和 gI、蛋白激酶 PK 基因、11kDa 和 28kDa 蛋白基因等；在 IR 区段中已被鉴定和测序的基因是立即早期基因（IE180）和 RSp40（Klupp et al.，2004）。与 PRV 一样，单纯疱疹病毒（HSV）也有至少 11 个囊膜糖蛋白，它们大部分具有重要功能，参与了病毒吸附穿入过程、病毒诱导的细胞融合过程及病毒从核膜出芽、释放过程等。因此囊膜糖蛋白是病毒感染发病的关键所在，它们在诱导机体的免疫应答作为保护性免疫诱导剂方面的作用也十分重要，是研制病毒亚单位疫苗的主要免疫原（Ramos-Kuri et al.，1992）。

gB 作为疱疹病毒的保守蛋白是病毒囊膜的主要成分之一。它能够诱导体液和细胞介导的细胞免疫，产生保护性免疫，是刺激宿主免疫应答的主要抗原蛋白之一。gB 蛋白其主要的功能之一是在病毒感染细胞过程中，与 gH-gL 复合物一起参与病毒与宿主细胞膜融合，从而介导病毒侵入细胞以及介导病毒释放核衣壳时病毒粒子囊膜与细胞质外膜的融合。HCMV 的 gB 蛋白能够诱导干扰素刺激基因（ISG）的转录（Boehme et al.，2004），此外，HSV-1 的 gB 与 US3 蛋白协同下调感染细胞表面 MHC-I 类似的抗原提呈分子 CD1d 的表达，从而逃避 NKT 细胞识别（Rao et al.，2011）。

gC 是疱疹病毒粒子的主要成分，也是主要的免疫原性蛋白，可以诱导机体产生不依赖补体的中和抗体，而且还可以激活细胞毒性 T 淋巴细胞的增生。在病毒感染细胞，gC 除了组装入病毒粒子外，还可以以分泌型的变体形式存在（Jarosinski and Osterrieder，2012）。gC 是一种重要的吸附蛋白，α-疱疹病毒［如 HSV-1、PRV、牛疱疹病毒 1 型（BHV-1，马疱疹病毒 1 型（EHV-1）、马疱疹病毒 5 型（EHV-5）］gC 蛋白都能与细胞肝素样受体相互作用，从而介导病毒黏附至宿主细胞表面（Mettenleiter et al.，1990；Okazaki et al.，1991；Osterrieder，1999；Azab et al.，2010；Jarosinski and Osterrieder，2012）。此外，gC 蛋白可以促进病毒的穿透即病毒进入细胞的第二过程，也可能参与病毒复制的其他过程，对于 gC 缺失的病毒，gB 替代 gC 与细胞结合（Herold et al.，1994）。虽然 gC 在病毒感染早期起着关键的作用，但是 gC 对于病毒生长并不是必需的，gC 基因缺失的病毒突变体仍具有感染性，但是病毒对细胞的结合能力和感染性显著降低（Spear，2004；Herold et al.，1991）。然而，与以上的病毒不同，HSV-2 gC 蛋白虽能与硫酸乙酰肝素样化合物肝素钠结合，但它不是病毒与细胞结合的关键蛋白（Gerber et al.，1995）。HSV-1 gC 能与补体系统中的 C3b 分子结合，从而抑制补体介导的病毒中和以及对病毒感染细胞的裂解，实现免疫逃避（Friedman et al.，1984；Harris et al.，1990；Lubinski et al.，1998）。与 HSV-1 gC 类似，EHV-5 gC 也能保护病毒免于补体介导的中和反应（Azab et al.，2010）。MDV gC 基因与 US2、UL13 一起参与 MDV 的水平传播（Jarosinski et al.，2007）。

gD 糖蛋白是病毒主要抗原成分之一，能够刺激动物机体产生具有保护能力的中和抗体，同时也能诱导细胞免疫。gD 蛋白位于病毒囊膜及感染细胞的表面，它是病毒进入细胞所必需的（Ligas and Johnson，1988），与 gB、gH 和 gL 一起负责病毒感染过程中病毒与宿主细胞的膜融合（Turner et al.，1998），该过程与 gD 识别并结合细胞受体 TNF 受体家族成员 HveA、免疫球蛋白超家族成员粘连蛋白 1（HveC）和粘连蛋白 2（HveB）、CD155（HveD）、3-O-硫酸化的硫酸乙酰肝素等相关（Montgomery et al.，1996；Whitbeck et al.，1997；Warner et al.，1998；Geraghty et al.，1998；Krummenacher et al.，1998；Shukla et al.，1999；Carfí et al.，2001；Mano et al.，2004）。对于不同的疱疹病毒，gD 识别的受体是不一样的，PRV 能识别 HveC，但不能识别 HveA；而 EBV 对应的 gD 蛋白 gp42 识别的是人白细胞抗原 HLA。因此，gD 蛋白决定了病毒的宿主趋向性。除了启动病毒感染之外，HSV-1 gD 蛋白与 HveA 结合还可以活化 NF-κB 信号途径（Sciortino et al.，2008）。

gI 和 gE 分别由 US7 和 US8 基因编码，两种皆为多功能蛋白，gI 蛋白其核苷酸和氨基酸序列在不同亚科以及种属间都存在较大差异。gI 作为囊膜糖蛋白是病毒颗粒表面的抗原决定簇，具有一定的免疫性，Ghiasi 等（1994）表达了 HSV-1 的 7 种糖蛋白

(gB、gC、gD、gE、gG、gH、gI)，并比较了7种蛋白在小鼠咽部感染中的免疫保护作用，发现接种重组gI蛋白的小鼠在体内产生高滴度中和抗体，具有明显的免疫保护作用。在α-疱疹病毒中，gI常与gE以功能性非共价复合物的形式存在并发挥功能，在单纯疱疹病毒Ⅰ型（HSV-1）、水痘带状疱疹病毒（VZV）、伪狂犬病病毒（PRV）感染的细胞和宿主中，gE/gI复合物促进病毒粒子胞间转染、介导病毒在细胞之间的扩散。没有gI/gE复合体，病毒体外培养时只能产生很少的CPE，在体内组织的扩散也很有限（Dingwell et al.，1994；Husak et al.，2000；Johnson et al.，2001；Berarducci et al.，2009）。与HSV-1、VZV、PRV不同，gE/gI对于马立克病毒（MDV）和鸡传染性喉气管炎病毒（ILTV）在细胞间的扩散是完全必需的。Schumacher等（2001）的研究表明，gI、gE单基因缺失和gI/gE双基因缺失的MDV病毒只能在单个细胞中检测到，而不能形成病毒蚀斑，Devlin等（2006）在ILTV上也观察到了同样的现象。此外，gI蛋白还与病毒免疫逃避机制相关，HSV-1、VZV和PRV gE/gI异源二聚体与通过与IgG的Fc片段相结合，改变或阻断Fc功能，参与免疫逃避（李丽娟等，2010）。HSV-1中gI的128~145位氨基酸是结合IgG Fc段的关键区，gI缺失病毒也丧失了IgG结合能力（Basu et al.，1997）。但BHV-1 gE/gI不能与Fc结合（Whitbeck et al.，1996），其他疱疹病毒gE/gI是否具有该特征尚待研究。gI/gE蛋白因其与病毒扩散能力相关，因此与病毒毒力密切相关。Tsujimura等（2006）分别构建了gI和gE缺失的马疱疹病毒Ⅰ型（EHV-I）突变体，在细胞培养时发现两突变体形成的病毒蚀斑面积小于野生型病毒，但一步生长曲线测定结果表明基因缺失病毒和野生毒没有明显差异。说明gI和gE两蛋白与病毒在细胞间的扩散有关，而与病毒增殖能力无关。重组基因缺失病毒接种小鼠和仓鼠，动物体未出现临床症状，但野生毒接种动物体体重出现下降，而且仓鼠出现了神经紊乱的症状。这些结果说明gI和gE与EHV-I的毒力，包括神经毒力密切相关。此外，对于某些α-疱疹病毒，gI蛋白具有更重要的作用，VZV病毒的gI蛋白是其复制必需的，gI蛋白缺失之后病毒VZV病毒在皮肤和T细胞上的感染性丧失（Moffat et al.，2002）。Tirabassi和Enquist（2000）研究发现PRV gI和gE蛋白位于细胞质的部分与病毒入侵宿主的神经系统的能力、毒力相关，而VZV与之不同，其gI蛋白位于细胞质的部分与病毒的毒力无关，而位于第95位的Cys和105~125位氨基酸是gE/gI复合物形成、病毒粒子组装以及病毒扩散的关键位点（Oliver et al.，2011）。HSV gE/gI复合物还与US9蛋白一起协同促进病毒衣壳蛋白和糖蛋白从神经元细胞体向轴突转移，该过程与潜伏于神经中枢的病毒转化为活跃状态有关（Howard et al.，2013）。

　　gG既是一种分泌性的糖蛋白，也会存在于病毒囊膜和感染细胞的细胞膜。gG首先发现于HSV-2感染细胞中，其分子质量为92kDa（Marsden et al.，1984；Su et al.，1987），之后也发现存在于HSV-1、EHV-1、EHV-3、EHV-4、BHV-1、BHV-5等病毒（Richman et al.，1986；Drummer et al.，1998；Hartley et al.，1999；Crabb et al.，1992；Keil et al.，1996；Engelhardt and Keil，1996），但在VZV中没有发现gG基因的存在（Gomi et al.，2002）。gG是病毒在宿主中合成最多的蛋白，能够刺激机体产生高水平的抗体。gG具有趋化因子结合活性，能够阻断趋化因子与细胞受体、氨基多糖

(glycol-aminoglycan，GAG) 的相互作用，细胞膜上的 gG 也能和各种趋化因子结合。gG 缺失的 BHV-1 突变株因其免疫原性提高而对小牛的致病力下降 (Bryant et al.，2003)。

gH 和 gL 是病毒的结构组成成分，和 gB 蛋白一样，在疱疹病毒中较为保守。gH 在病毒粒子的增殖中起着重要作用，并且具有中和抗体的作用。用复制缺陷型腺病毒作为载体表达鼠巨细胞病毒的 gH 蛋白可以诱导机体产生黏膜免疫及全身性的免疫反应 (Shanley and Wu, 2005)。gH/gL 两者形成二聚体发挥作用，参与病毒进入靶细胞和细胞与细胞之间的传递两个过程中膜的融合 (Barbara et al., 1992)。在没有其他病毒糖蛋白参与的情况下，gH 在细胞表面是不表达的，而在有 gL 的情况下不仅能正常表达、折叠、加工还能正确转运到细胞的表面，gL 在 gH 蛋白成熟过程中充当分子伴侣的角色 (Gompels and Minson, 1989; Forrester et al., 1991; Roberts et al., 1991)。在当与 gB、gD、gL 共表达时，缺失 gH 的 HSV 突变体也不能促进细胞的融合，说明 gH 是能促进病毒与细胞融合的包膜蛋白。*gL* 基因缺失的猕猴巨细胞病毒能够形成病毒粒子，但该病毒丧失了感染性，其机制也与 gL 在促进病毒与细胞融合有关 (Bowman et al., 2011)。Galdiero 和 Subramanian 等的研究表明 gH/gL 复合物自身就具有融合的功能，但是随着 HSV-2 和 EBV gH/gL 复合物、PRV gH 的晶体结构被解析，人们发现其结构与已知具有融合特性的蛋白没有相似性，因此认为 gH/gL 可能在融合过程中起调节作用 (Atanasiu et al., 2010; Chowdary et al., 2010; Matsuura et al., 2010; Backovic et al., 2010)。此外，体外表达纯化的可溶性的 gH/gL 能与天然免疫反应信号系统中的 TLR2 受体结合并活化 NF-κB 信号途径 (Leoni et al., 2012)。

gK 由 *UL53* 基因编码，是病毒的结构组成成分，在病毒粒子形成、侵入宿主细胞、出芽和扩散等过程中起着重要作用。HSV gK 缺失的突变体在细胞上形成的蚀斑较野生型小、病毒粒子产率降低以及病毒粒子从细胞质向细胞间质的转运能力受到限制 (Hutchinson and Johnson, 1995; Jayachandra et al., 1997; Foster and Kousoulas, 1999)。PRV gK 缺失的突变株病毒在 Vero 细胞上只能观察到单个细胞的感染或小的感染灶，增殖滴度大大降低，且病毒进入细胞的时间延迟。因此，gK 对病毒粒子的释放和再次感染有重要作用 (Klupp et al., 1998)。Chouljenko 等 (2009) 的研究表明 HSV-1 gK 蛋白氨基末端具有调节 gB 介导的病毒诱导的细胞膜融合和出芽过程，进一步研究发现，gK 功能的发挥需要 *UL20* 基因编码蛋白 UL20p 参与，gK 与 UL20p 形成复合物，一起辅助 gB、gH 蛋白主导的病毒诱导的细胞膜融合 (Chouljenko et al., 2010)。将 HSV gK 蛋白氨基末端进行位点特异性切割之后，病毒侵入宿主细胞受到影响 (Jambunathan et al., 2011)。此外，HSV-1 *gK* 基因对于病毒在老鼠的角膜上皮细胞和三叉神经节中的复制和扩散是必需的，gK 是病毒感染神经轴突的关键蛋白 (David et al., 2012)。

gM 由 UL10 编码，gN 由 UL49.5 编码，两者以二硫键复合物的形式存在。gM 在疱疹病毒科中具有保守性，但在不同病毒中所起的作用不尽相同，对于 HSV-1、PRV、BHV-1、ILTV、VZV、EHV-1、和 EHV-4 等病毒来说，gM 是其复制非必需的，然而 gM 缺失对不同病毒而言，对其增殖的影响程度也不尽相同 (Baines and Roizman,

1991；Dijkstra et al.，1996；Osterrieder et al.，1996；Fuchs and Mettenleiter，1999；König et al.，2002；Ziegler et al.，2005；Yamagishi et al.，2008）；对于 MDV、HCMV 和鼠疱疹病毒 4 型 gM 是复制必需的（Hobom et al.，2000；Tischer et al.，2002；May et al.，2005）。MDV gN、gM 基因缺失，可以在单个细胞中形成病毒粒子，但病毒扩散能力完全丧失（Tischer et al.，2002）。Ren 等（2012）研究表明 HSV-1 gM 蛋白可以将 gH-gL 蛋白牵引至次次包膜所在地，参与病毒的次次包膜和成熟。gN 是一种小分子质量蛋白，与 gM 蛋白一样，gN 蛋白也是 ITLV 复制非必需的（Fuchs and Mettenleiter，2005），然而对于 MDV 是必需的（Tischer et al.，2002）。此外，gN 蛋白还与病毒逃避宿主的免疫反应有关。在感染细胞内，α-疱疹病毒科的水痘病毒属成员 BHV-1、PRV、EHV-1 和 EHV-4 gN 抑制 TAP 介导的多肽转运到内质网，因而在病毒感染的细胞内阻断 MHC-I 类复合体的装配，最终干扰 CTL 细胞功能的发挥（Koppers-Lalic et al.，2005；2008；Said et al.，2012）。然而，VZV、MDV-1 和 ITLV gN 蛋白不具备干扰 TAP 功能的特性（Verweij et al.，2011）。除了干扰 TAP 对抗原的转运，BHV-1 gN 还可以通过下调 MHC-I 类分子表达及在与 MHC-I 分子结合后引起蛋白的降解来实现免疫逃避（Koppers-Lalic et al.，2005）。

第三节　疱疹病毒科的增殖与复制

疱疹病毒可以以两种形式感染宿主：裂解性感染和潜伏性感染。当病毒处于潜伏状态时，病毒基因组表达受到抑制，其 DNA 可以整合到宿主细胞的基因组内，成为细胞 DNA 的一部分，长期地复制下去，形成长期潜伏感染状态。而在某些因素刺激下，可以转换为裂解性感染。疱疹病毒的繁殖过程主要包括病毒吸附、穿入、脱衣壳、蛋白质合成、DNA 复制、核衣壳装配、包膜形成和病毒的释放等过程。

一、病毒的侵入

HSV 进入细胞的途径根据细胞类型决定，它可以通过膜融合、内吞作用（进入酸性或中性的核内体）、巨胞饮作用进入细胞（图 20-3）。有些疱疹病毒，针对不同细胞除了选择进入途径之外，还需要特殊蛋白的参与，如 EBV 在进入淋巴细胞时，除了常规的病毒蛋白之外，还需要 gp42 蛋白参与膜融合过程。对上皮或内皮细胞具有趋向性的 HCMV，还需要与 gH/gL 结合的蛋白质 UL128-131 参与。与其他疱疹病毒不同，整合素不是通过与 HSV gH/gL 或 gB 蛋白结合发挥作用的，具体与哪个蛋白结合介导病毒进入还是未知的（Campadelli-Fiume et al.，2012）。

病毒囊膜糖蛋白与细胞表面的病毒受体之间的特异性结合在病毒吸附、穿入等过程中起着至关重要的作用。通常情况下，HSV 病毒感染细胞时，首先通过囊膜糖蛋白 gC（或 gB）与细胞表面硫酸肝素样受体等吸附到靶细胞表面，该结合是可逆的，且增强了病毒对细胞的易感性。之后，细胞表面多个黏附位点暴露出来，gD 蛋白通过胞外域 N 端的受体结合位点与细胞受体 HveA、粘连蛋白等结合，gD 构象发生改变，招募 gB、gH-gL 蛋白到结合部位，4 个蛋白一起诱发了病毒包膜与细胞膜发生融合。最后，借助

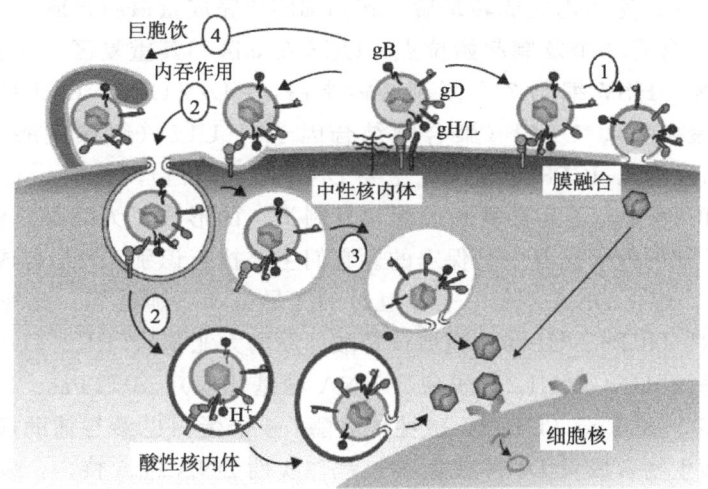

图 20-3　HSV 侵入途径（Campadelli-Fiume，2012）
①在质膜处发生融合；②通过内吞作用进入酸性的核内体；③通过内吞
作用进入中性的核内体；④巨胞饮

于膜融合，病毒进入细胞，核衣壳、皮层蛋白等首先被释放到细胞质，在微管的协助下，核衣壳和部分皮层蛋白被转运至核孔处，随后在其他病毒蛋白协助下完成脱衣壳和病毒 DNA 释放至细胞核内。对于特殊的细胞或结构特殊的细胞受体，HSV 可通过内吞作用或巨胞饮作用进入细胞，而此时 4 个融合蛋白 gD、gB、gH、gL 处于非融合活化状态。随着细胞内小泡的酸化或成熟，融合复合物形成，病毒囊膜与小泡膜发生融合，分送到细胞质的核衣壳随后被转运到细胞核内（Arvin，2007）。核衣壳在核孔释放出衣壳蛋白，DNA-蛋白质复合物进入核孔，线性 DNA 两个黏性末端在宿主来源连接酶作用下黏合、环化。

二、病毒的增殖

病毒 DNA 在细胞核内复制和转录，而其 mRNA 转移至细胞质进行翻译。病毒基因转录是在病毒 DNA 入核并环化后展开的，疱疹病毒基因转录都是在宿主 RNA 聚合酶 II 的指导下进行的。根据转录时序的不同，可分为立即早期（immediate early，IE）、早期（early，E）和晚期（late，L）基因。*IE* 基因的转录出现在病毒 DNA 复制之前，其表达不依赖病毒蛋白的合成。代表性的 HSV-1 *IE* 基因为 *ICP0*、*ICP4*、*ICP22*、*ICP27*、*ICP47* 和 *Us1.5*，这些基因启动子内部都含有 VP16 反应元件（VRE）TAATGARAT，VP16 是 *IE* 基因的主要激活因子。病毒的某些早期基因参与核苷酸代谢和 DNA 合成，如 *TK* 基因、RR、pol 等。除了促进病毒的裂解性感染，一些早期基因还参与了逃避宿主的免疫反应。例如，ICP27 能够通过干扰宿主 RNA 剪接从而抑制宿主 mRNA 的翻译；ICP47 能抑制 TAP 分子功能从而逃避 $CD8^+$ T 细胞的识别。晚期基因编码大约 30 种病毒粒子蛋白，包括主要衣壳蛋白、主要皮层蛋白（αTIF）和囊膜糖蛋白。而在潜伏感染期，病毒仅有很少量的基因表达，唯一能够检测到的转录物是

LAT。病毒基因在细胞核内完成转录后，转到细胞质完成蛋白质合成。

HSV 基因组含有 3 个复制起始位点，OriS 在 c 区和其重复区 c′区各有一个拷贝，OriL 位于 UL 区。HSV 编码 7 个复制必需蛋白：UL9（OBP，ORI 结合蛋白）、pol（UL30，DNA 聚合酶）、UL42（聚合酶结合因子）、UL5（解螺旋酶）、UL8（解旋酶）、UL52（引发酶）、ICP8（UL29，主要 DNA 结合蛋白），其中 pol、UL42、UL5、UL8、UL52、ICP8 参与了病毒复制过程"复制叉"的形成，为病毒复制的核心成分。这 6 个蛋白在已知的疱疹病毒中是保守的。它们主要执行识别 DNA 合成起始位点，解开 DNA 超螺旋，熔化 DNA 双链，合成互补的先导链和后随链等。此外，TK（UL23，胸苷激酶）、RR1（ICP6、UL39、核糖核苷酸还原酶大亚基）、RR2（UL40、核糖核苷酸还原酶小亚基）、UNG（UL2、尿嘧啶-DNA-糖基化酶）、dUTPase（UL50、脱氧尿苷三磷酸酶）和 5′-3′ Exo（UL12、碱性核酸酶）6 个蛋白也参与辅助病毒复制，这些蛋白参与核苷酸生物合成及 DNA 代谢等过程。线性 DNA 进入核内，发生环化，以滚环方式进行复制。DNA 合成可以在任何一个起始位点起始，首先 UL9 和 ICP8 与 DNA 结合，使得位于起始位点附近的富含 AT 的区域变形。之后由 UL5、UL8 和 UL52 形成的螺旋酶/引发酶复合物被招募至变形的 DNA 处，合成短的 RNA 引物启动 DNA 复制。随后，pol 和 UL42 也被招募至"复制叉"处，启动先导链和后随链的合成。病毒 DNA 复制过程中会形成头-尾串联体形式和线环形式的复杂的复制中间体形式。"串联体 DNA"对于病毒 DNA 的正确包装是必需的（Weller and Coen，2012）。

三、病毒核衣壳的装配

病毒核衣壳的装配包括衣壳形成、DNA 加工和衣壳包装 3 个步骤（图 20-4）。与 dsDNA 噬菌体一样，HSV-1 病毒颗粒的装配是一个复杂有序的形态发生过程。核衣壳在不同成熟阶段呈现不同形态。首先由门蛋白 UL6 和主要衣壳蛋白 UL19 通过支架介导的方式聚合在一起组装形成 $T=16$ 二十面体对称的呈球形的前衣壳，HSV-1 利用了由 UL26.5 二聚体和少量 UL26-VP24 复合物构成的内部支架系统和由 VP23（UL18）和 VP19c（UL38）蛋白构成的外部支架系统来完成前衣壳组装。组装完成的前衣壳表面层含有 1 个 UL6 组成的五邻体、11 个 UL19 组成的五邻体、150 个 UL19 六聚体和 320 个 VP23 和 VP19c 组成的 $\alpha_2\beta$ 异三聚体。随着衣壳的成熟，病毒蛋白酶 VP24 被活化，一方面 VP24 从支架结构解离，另一方面支架蛋白在 VP24 蛋白酶作用下移除羧基末端 25 个氨基酸，随之前衣壳构型发生转化，由球形转变成稳定的二十面体。伴随病毒 DNA 的包装，支架蛋白从衣壳解离。在病毒核衣壳的装配过程中，有 A、B、C 3 种构型衣壳形成，其中 C 型为正确装配的衣壳；B 型衣壳含有成熟的表面，但内部的支架蛋白虽然正确加工却没有从衣壳解离，因而最终形成的衣壳较 C 型小而且不规则，不能启动病毒 DNA 包装；A 型也含有成熟的表面，且支架蛋白也成功解离，虽然启动并包装了病毒 DNA，但最终由于某些原因病毒 DNA 又从衣壳脱离。其中，在病毒感染的细胞核中，B 型衣壳所占比例最大，A 型最少，C 型因为大多数已出核的缘故比例也少于 B 型。研究表明核衣壳的装配和出核效率与病毒蛋白 UL25 和 UL17 有关，UL17 缺失病毒形成具有错误构型的 B 型衣壳；UL25 不仅能使病毒 DNA

稳定包装于病毒衣壳内，而且与核衣壳和核孔复合物之间的相互作用相关（Cardone et al.，2012）。

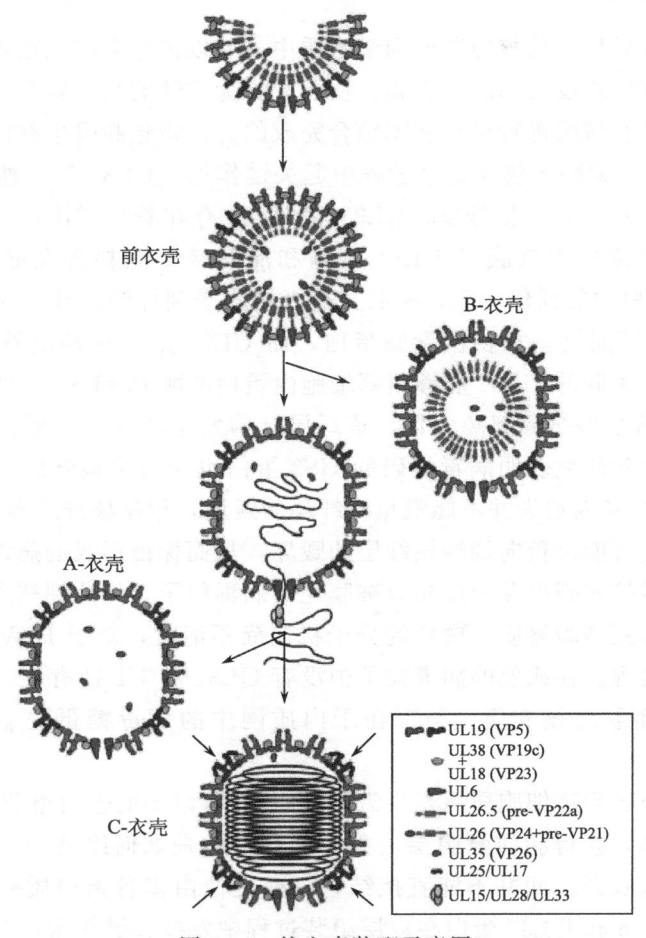

图 20-4　核衣壳装配示意图

HSV-1 病毒 DNA 的裂解和组装需要多个基因、蛋白的参与。最关键的是由 UL28、UL15 和 UL33 编码蛋白组成的末端酶，组装开始时，末端酶能识别"串联体 DNA"上的组装信号并切割出单拷贝基因组，而后通过 ATP 供能，将其拖至不含 DNA 的前衣壳处并锚定于门蛋白上，将 DNA 注入前衣壳，注入完成后末端酶从衣壳上解离下来去参与下一个病毒粒子的组装，组装完成的病毒衣壳由帽蛋白封住入口，结束组装。HSV-1 末端酶由大、小亚基组成，UL 15 为末端酶的大亚基，在病毒组装中所起的作用主要包括：①结合并转移"串联体 DNA"至病毒前衣壳；②与门蛋白结合；③裂解并组装病毒基因组 DNA；④从衣壳上解离并参与另一个病毒的组装等。UL28 为末端酶小亚基，主要在基因组串联体的切割及将其装配入病毒前衣壳等过程中发挥重要的作用。UL33 蛋白具体的功能尚不清楚，但与末端酶功能正常发挥有一定关联，推测其作用可能与末端酶正确的折叠与装配以及准确地转位到细胞核内有关（黎庶和胡福泉，2009）。

四、病毒包膜的形成

核衣壳组装完成后，从核内移位到细胞质中，并以出芽方式从宿主细胞中释放，这两个过程获得了蛋白质皮层和脂质囊膜，从而成长为成熟的病毒颗粒。核衣壳从核内移位到细胞质是通过在核膜进行出芽和膜融合完成的。初级包膜发生在内核膜，两个病毒基因 UL31 和 UL34 编码产物在这个过程中起关键作用。UL34 是一种典型的 II 型跨膜蛋白，跨膜区位于 C 端，无信号肽。UL31 和 UL34 存在着相互作用，这种相互作用对于 UL31 蛋白正确定位于核膜及 UL34 运输和滞留至细胞核都是必需的。只要缺失 UL31 和 UL34 蛋白中的任何一个，核衣壳初级被膜受到抑制，核衣壳滞留在核内无法出核。UL34 蛋白可能是一种初次囊膜蛋白，而 UL31 是一种初次被膜蛋白。MCMV 中研究表明与膜相关联的 UL34 能够招募细胞内蛋白激酶 C（PKC）到病毒初级囊膜发生地，PKC 将核纤层网络局部磷酸化，核纤层结构发生改变，使得核衣壳能够接近初级囊膜发生地。最初研究表明病毒编码的 US3 蛋白也参与了核纤层的破坏，但令人惊讶的是，病毒 US3 基因缺失并不能阻止核纤层的毁坏，相反核纤层形成了更大的空洞，推测其扮演的角色可能是负向调控核纤层的毁坏，从而保证形成的病毒核出芽结构是最小且有效的。随后核衣壳出芽形成初级被膜化的病毒粒子，先达到核周腔，接着通过与外层核膜融合转移到细胞溶质。融合的分子机制尚不清楚，对于 HSV-1 和 PRV，US3 蛋白可能参与该过程。在成熟的病毒粒子中没有 UL31 和 UL34 存在，它们在出核后随即发生脱磷酸化而脱离核衣壳，与存在于内质网中的病毒糖蛋白 gD 一起保留在细胞中。

未成熟病毒粒子到达细胞质后至少需要收集 15 种以上的蛋白组装成病毒皮层结构，然后进行次级包膜，获得脂质囊膜层，关于这些结构是如何组装的，目前还不十分清楚。被膜蛋白与核衣壳之间并不能直接结合，而更像由多种蛋白质一起连成的网状结构。研究表明 UL36 和 UL37 蛋白在皮层组装过程中发挥关键作用，且仅这两种蛋白在所有疱疹病毒中是完全保守的，其中 UL36 蛋白是感染性病毒粒子形成必不可少的。β-疱疹病毒亚科的 HCMV 中还有其他被膜蛋白与核衣壳发生作用，如 pUL32 蛋白在体外可结合 HCMV 核衣壳。因为这一蛋白质只有在 β-疱疹病毒亚科保守，所以可能存在种属特异性。病毒囊膜糖蛋白如 gB、gD、gE、gI、gH、gM 也可能通过其细胞质部分与皮层结构进行互作而介导病毒的次级包膜。PRV 同时缺失 gE 和 gM，次级包膜严重受阻，只是在细胞质中形成皮层包被的核衣壳包含体结构。相反，单独缺失这两个蛋白，病毒包膜只有细微的影响。gE 和 gM 都能通过其细胞质部分与主要皮层蛋白 UL49 结合，从而引导皮层包被的核衣壳到次级包膜所在地。然而，同时缺失 gE 和 gM 对 HSV-1 影响却不是很明显，但同时缺失 gD 和 gE 蛋白使 HSV-1 形态形成受阻，以及细胞质中皮层包被的核衣壳包含体结构大量堆积。因此，对于不同的病毒来说，病毒成熟需要不同病毒糖蛋白参与。次级包膜的发生场地可能在位于高尔基体附近的一些隔区，如早期内体、内质网高尔基体中间区室、反面高尔基体网等（Mettenleiter，2004；Roller，2008）。

五、病毒的释放

成熟的病毒粒子最终被分泌小体包裹，分泌小体被转运到细胞质膜，与之发生膜融合，将病毒粒子从细胞释放。关于这个过程是如何进行的，目前的知识也非常有限。在PRV 和 HSV-1 中发现，UL20 和 gK 蛋白参与了这个过程（Mettenleiter，2004）。

第四节 鸡马立克病毒反向遗传学系统的建立

疱疹病毒由于其基因组比较大，因此按照常规的 RNA 病毒或 DNA 病毒，通过酶切、连接的方法来构建感染性克隆是非常困难的。疱疹病毒反向遗传系统的建立经历了3 个阶段：早期借助于一些基因工程技术和同源重组等手段，建立了一些可对疱疹病毒进行反向遗传操作的系统。例如，1980 年 Mocarski 等通过同源重组和细胞的修复机制突变指定位点，并插入选择性指示剂，以便于筛选和纯化获得突变体病毒。但这种方法费时费力，尤其对于细胞结合型病毒，筛选起来十分困难。随后，以末端重合的多个黏粒克隆重建疱疹病毒的方法逐步建立起来，其策略是，将疱疹病毒基因组分节段克隆到4 个或以上的重叠黏粒中，这些重组黏粒线性化后，再将所有的病毒基因组片段共转染到敏感细胞内重建病毒。该方法对于一些通过同源重组法难以操作的病毒，如在细胞上生长缓慢的病毒是优选的，但也具有其严重的缺陷。首先，选择合适的限制性酶切位点和在黏粒重叠处选择合适的突变区都很困难；其次，黏粒在 $E.\ coli$ 细胞内是高拷贝的，尤其是在含有多个重复序列的情况下具有遗传不稳定性；最后，在靶细胞中，许多重组质粒需要再组装成长链的基因组需要经过多次重组，不仅获得感染性病毒粒子的概率低，而且可能导致不期望重排的产生。20 世纪 90 年代新型 DNA 载体系统——细菌人工染色体（bacterial artificial chromosome，BAC）技术的诞生，使得疱疹病毒基因组的操作经历了飞跃性的发展。BAC 系统具有容量大、遗传稳定性强、易于操作等特点。在基因文库构建和基因功能分析等方面具有广泛应用，适合于大基因组病毒的克隆。利用 BAC 系统进行分子化克隆的病毒必须在增殖周期其基因组有一个环化的过程，这样才能将病毒基因组转化至 $E.\ coli$ 细胞并使其稳定存在于宿主中。而疱疹病毒基因组复制过程有一个自我环化的过程，吻合这一要求。此外，BAC 载体必须含有如下的功能基因序列：调控 F 基因单向复制和控制拷贝数的调节基因（$oriS$、$repE$、$parA$、$parB$、$parC$）；转移位点 oriT；两个筛选标记基因：真核细胞筛选标记如 Eco-gpt、gfp 和原核细胞筛选标记（氯霉素抗性基因 Cam^R 等）。以 BAC 为基础的疱疹病毒反向操作系统的构建是通过同源重组或者 Cre-loxP 特异位点重组等 DNA 重组技术，将BAC 载体插入到病毒基因组复制非必需位点构建而成的。在实际操作中，比较常用的方法有两种，一种是将含有 BAC 及同源臂的转移载体与病毒 DNA 共转染细胞，筛选获得含有 BAC 序列的重组病毒；另一种是先转染转移载体至易感细胞，然后感染野生毒株，筛选获得含有 BAC 序列的重组病毒。迄今为止，HSV-1、VZV、HCMV、EBV、卡波氏肉瘤病毒（HHV-8，KSHV）、PRV、CHV（Canine herpesvirus）、BHV-1、MDV、DEV、EHV-1 等许多疱疹病毒都利用这项技术克隆到 $E.\ coli$ 并稳定保持为感染性克隆。此外,在病毒的 BAC 系统的基础上,利用随机转座子或定点 RecA 或 Rec E/T 介导的克隆,可以在短时间内快速构建病毒突变体。BAC 克隆和突变技术应用于疱疹病毒已经大大加快了疱疹病毒的研究,并将在研究病毒基因功能方面发挥不可替代的作用。

以 MDV-1 型 584Ap80C 病毒株感染性细菌人工染色体克隆为例,详细介绍 MDV 反向遗传学研究系统的建立过程(Schumacher et al.,2000)。其技术路线是通过同源重组技术,在鸡胚成纤维细胞上将携带 BAC 载体的 pHA1 质粒插入到 MDV 基因组非必需位点 *US2* 基因内(图 20-5),通过加压筛选获得带有标记基因的携带 BAC 载体的重组病毒。之后抽提在细胞内环状的重组病毒基因组转化到大肠杆菌细胞内,通过抗性筛选、酶切和 Southern 杂交鉴定获得含有病毒基因组的 BAC 克隆,BAC 克隆转染真核细胞又可以获得重组病毒。这是一个从"细胞-细菌-细胞"的循环操作系统。

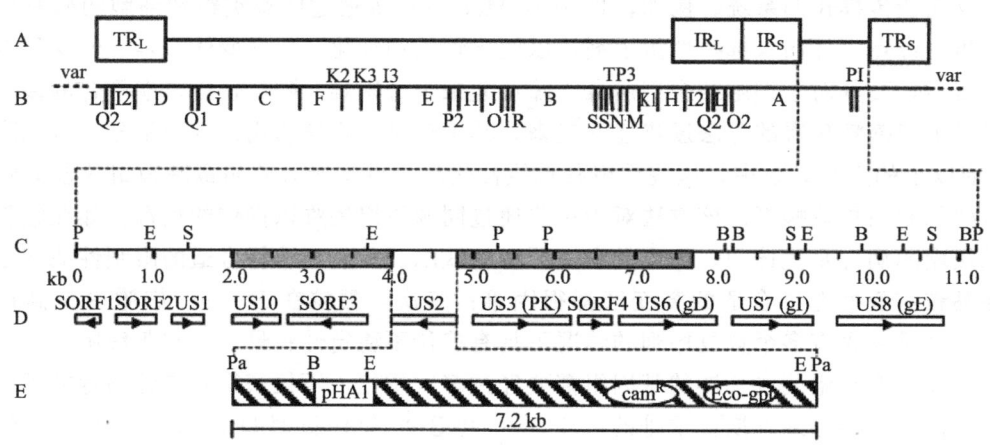

图 20-5 pHA1 质粒通过同源重组插入到 MDV-1 基因组示意图

一、重组病毒转移载体的构建

提取 MDV-1 病毒 DNA 作为 PCR 模板,用引物对 MUS21 和 MUS22、MUS23 和 MUS24(表 20-2)分别扩增 MDV-1 584Ap80C 病毒株 *US2* 基因两侧的同源臂,产物大小分别为 2.1kb、3.0kb,分别定向克隆到 pTZ18R 载体,获得 pDS 质粒。pHA1 质粒经过 *Pac* I 酶切,回收含有标记基因 *Eco-gpt* 的 BAC 载体部分,插入到 pDS 质粒的 2.1kb 和 3.0kb 片段间的 *Pac* I 位点。最终筛选获得重组病毒转移载体 pDS-pHA1。

表 20-2 MDV 转移载体构建所用引物

引物	序列	备注
MUS21	5'-*ACA*ggatccGTGTTTGAATACTGG-3'	左边2.1Kb的片段
MUS22	5'-*ATA*gtcgacTttaattaaCCGGTACTCATTAGC-3'	
MUS23	5'-*ATC*gcatgttaattaaTTTGGCAAAACGGAATAGG-3'	右边3.0Kb的片段
MUS24	5'-*CGC*aagcttAATATGAATCTCTAAAACTTCTCGGC-3'	

二、重组病毒的拯救

参考 Morgan 等（1990）使用的 SDS-蛋白酶 K 法从 MDV-1 584Ap80C 株感染的细胞中提取病毒基因组 DNA；将 2μg MDV-1 DNA 和 10μg pDS-pHA1 以磷酸钙法共转染原代 CEF 细胞，在 37℃培养箱内培养；转染后 5 天，收获细胞，再次接种于提前 1h 更换筛选培养基（含 250μg/mL 霉酚酸、50μg/mL 黄嘌呤和 100μg/mL 次黄嘌呤）的新鲜单层 CEF 上，于 37℃培养箱内培养；重复收获病毒感染细胞并接种 CEF，再经过 4 轮加压筛选；待细胞完全病变时，收获细胞，抽提病毒 DNA。

三、BAC 分子克隆化病毒的筛选、鉴定及病毒拯救

（1）取 1μg 病毒感染细胞 DNA 电转化至 DH10b 感受态细胞中，电击杯直径为 0.1cm，电转化条件是 1250V，200Ω，25μF。

（2）电转化完毕后，向转化电击杯中加入 1mL 含有 0.4% 葡萄糖的 LB，再转移至无菌 EP 管中，37℃培养 1h。

（3）将转化菌涂布于含有 30μg/mL 氯霉素的 LB 平板中，37℃培养至菌落出现。

分别挑取多个单菌落至含 30μg/mL 氯霉素的液体 LB 中，37℃培养过夜。

（4）抽提 BAC DNA，酶切和 Southern 杂交鉴定：采用碱裂解法抽提 BAC DNA，BamH I、EcoR I 酶切鉴定，0.8% 琼脂糖凝胶电泳，EB 染色。BAC19、BAC20 和 BAC24 三个克隆与亲本毒株 MDV-1 584Ap80C 限制性酶切片段长度多态性（RFLP）相似，但这三个克隆 BamH I 酶切的带型比亲本毒株少了一条 20.8kb 的条带，而多出了 17.4kb 和 9.8kb 的条带。这可能是 BAC 的插入且 BAC 片段上又存在着一个 BamH I 位点而造成的。EcoR I 酶切的带型较亲本毒多出了一条 5.8kb 的条带（BAC 序列）以及 US2 基因缺失而造成的某些条带大小的微小差异。之后，BAC 的插入又进一步通过以地高辛标记的 pHA1 片段和 pDS 片段作为探针的 Southern 杂交进行了验证（图 20-6）。结果显示 BAC19、BAC20 和 BAC24 克隆中 BAC 序列按照预期插入并替代了 MDV-1 US2 的 ORF，且发现了 BAC19、BAC20 和 BAC24 三个克隆之间也存在一些差异条带，如 BAC19 BamH I 酶切图谱中较 BAC20 和 BAC24 多出一条 6.2kb 的条带。

（5）以 MDV-1 地高辛标记的 BAC19 DNA，BamH I-C 和 BamH I-D 片段作为探针，用 Southern 杂交方法对 BAC19、BAC20 和 BAC24 克隆的差异条带进行了分析（图 20-7）。结果表明差异条带的产生是 MDV-1 基因组上 TR_L 和 IR_L 区域变化导致的，而 TR_L 和 IR_L 序列变化是 MDV-1 病毒适应细胞培养过程中常见的现象。

（6）将 BAC19、BAC20 和 BAC24 DNA 分别转染至 CEF 细胞。

（7）转染第 1 天，以 MDV-1 阳性血清为一抗，采用 IFA（间接免疫荧光）方法检测拯救的重组病毒。结果显示 MDV-1 病毒拯救成功；转染第 3 天，出现了 MDV-1 病毒噬斑。

四、重组病毒生物学特性分析

（1）重组病毒噬斑大小测定：将含有重组病毒的细胞重新接种于新的单层 CEF 细

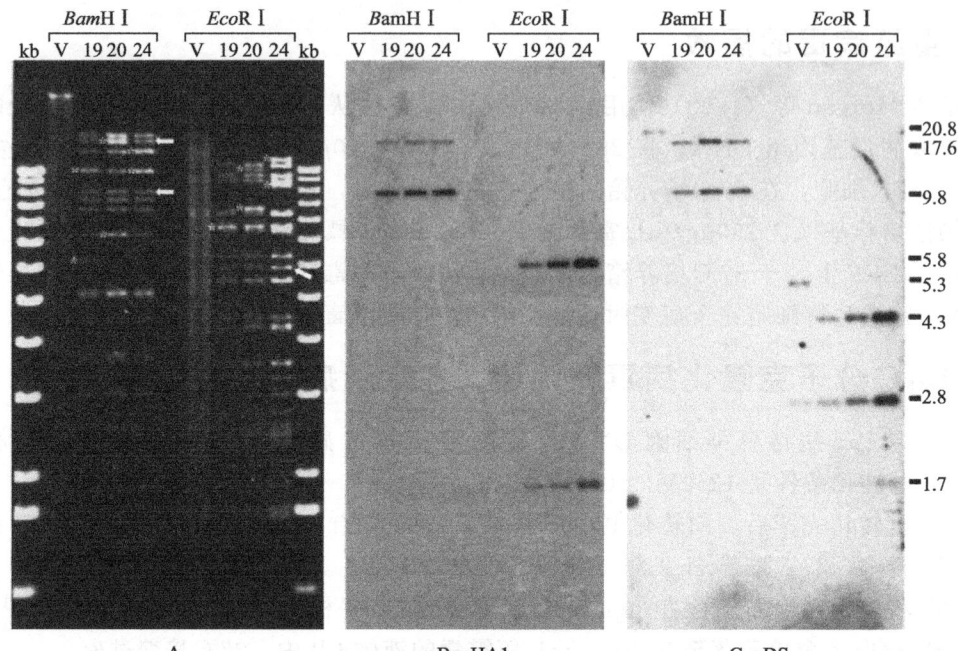

图 20-6 BAC DNA 的 *Bam*H I、*Eco*R I 酶切电泳图（A）和分别以地高辛标记的 pHA1 片段（B）和 pDS 片段（C）为探针的 Southern 杂交

箭头标示由于 BAC 插入所增加的条带。* 标示的是 3 个克隆 BAC19、BAC20 和 BAC24 之间的差异条带。
V. 野生型 MDV-1 584Ap80C 病毒株 DNA；19. BAC19 DNA；20. BAC20 DNA；24. BAC24 DNA

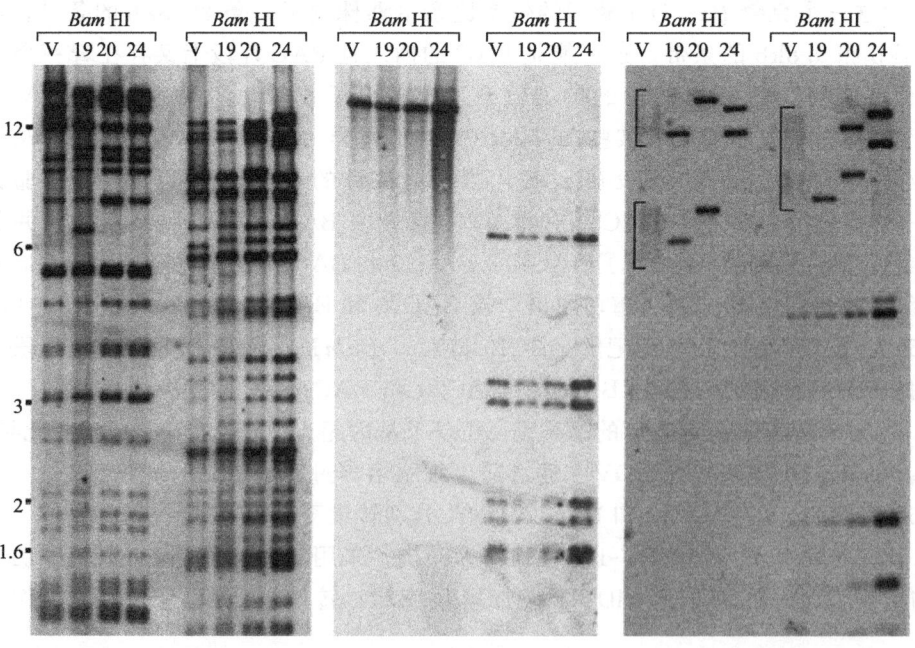

图 20-7 Southern 杂交方法分析 BAC19、BAC20 和 BAC24 克隆的差异条带

A、B、C 分别以地高辛标记 BAC19 DNA、MDV-1 的 *Bam*H I-C 和 *Bam*H I-D 片段作为探针。
V. 野生型 MDV-1 584Ap80C 病毒株 DNA；19. BAC19 DNA；20. BAC20 DNA；24. BAC24 DNA

胞上，接种第 5 天，采用 IFA 检测病毒噬斑并在荧光显微镜下拍摄各 100 个噬斑，测量噬斑面积取其平均值进行大小比较，发现从 BAC19、BAC20、BAC24 拯救出来的病毒与亲本毒株 584Ap80C 噬斑大小差异不大（图 20-8 A）。

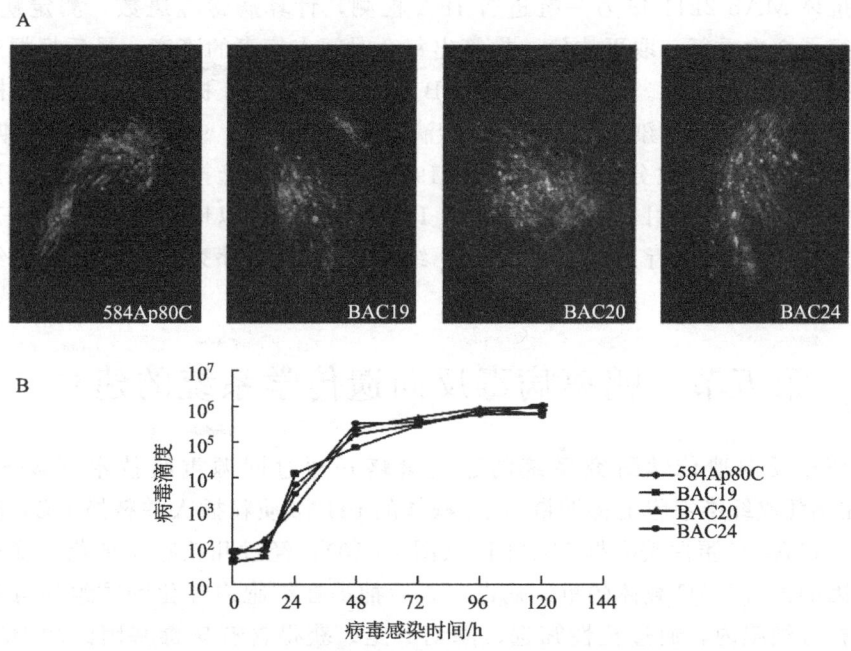

图 20-8　重组病毒噬斑（A）和生长曲线测定（B）

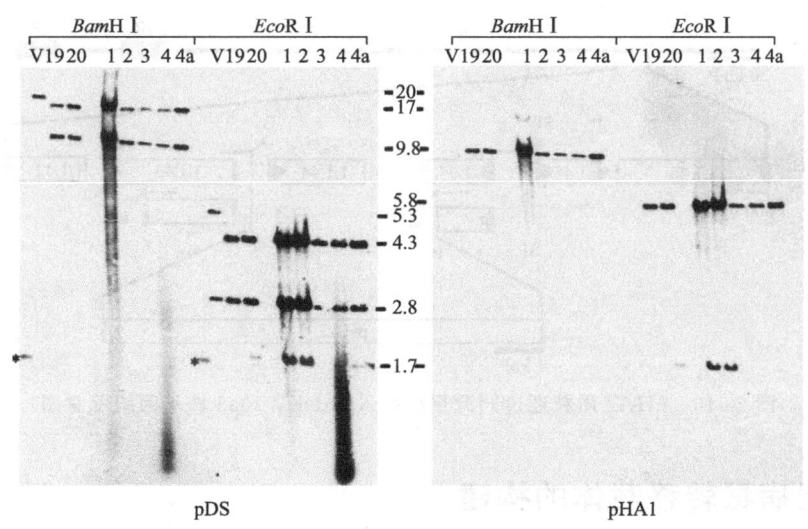

图 20-9　重组病毒稳定性分析

V. 野生型 MDV-1 584Ap80C 病毒株 DNA；19. BAC19 DNA；20. BAC20 DNA；1，2，3，4. 分别在细胞上传了 1 代、2 代、3 代、4 代的重组病毒 BAC19 DNA；4a. 在细胞上传了 4 代的重组病毒 BAC20 DNA

(2) 重组病毒体外增殖特性：每种病毒（584Ap80C、BAC19、BAC20 和 BAC24）以 100 PFU 的剂量接种 2×10^6 CEF 细胞，在病毒感染 0h、12h、24h、48h、72h、96h 和 120h 胰酶消化收集细胞，将病毒感染细胞再次接种于细胞上，以抗 MDV-1 gB 蛋白的单克隆抗体 MAb 2k11 作为一抗进行 IFA 检测，计算病毒噬斑数，测定病毒滴度。该试验进行了 2 次重复，取平均值，换算出每个时间点病毒的滴度，最后根据滴度测定结果绘制病毒的生长曲线。结果如图 20-8 B 所示，拯救的 3 株病毒及亲本毒株生长特性差别不显著。从病毒感染 12~96h，病毒滴度呈稳定增长，96h 时到达平台期。

(3) 重组病毒稳定性分析：将从 BAC19 和 BAC20 克隆拯救的病毒在细胞内传 4 代，抽提病毒 DNA，采用 *Bam* H I、*Eco* R I 酶切鉴定，并以地高辛标记的 pHA1 片段和 pDS 片段作为探针进行 Southern 杂交。结果显示 BAC 序列稳定存在于重组病毒中（图 20-9）。

第五节 鸭瘟病毒反向遗传学系统的建立

鸭瘟病毒反向遗传学研究系统的建立策略是通过同源重组技术（Wang et al., 2011），在鸡胚成纤维细胞上将携带 BAC 载体的 pHA2 质粒插入并替换 DEV 基因组非必需基因，包含 gC 蛋白编码框 UL44 区（图 20-10），经过几轮噬斑纯化，筛选获得带有标记基因的携带 BAC 载体的重组病毒。之后抽提在细胞内环化的重组病毒基因组转化到大肠杆菌细胞内，通过抗性筛选、酶切鉴定，获得含有病毒基因组的 BAC 克隆。BAC DNA 转染细胞又获得了重组病毒，同时通过 Cre/lox 重组在真核细胞内去掉了重组病毒基因组上的 BAC 载体序列，获得了不含外源序列的病毒。

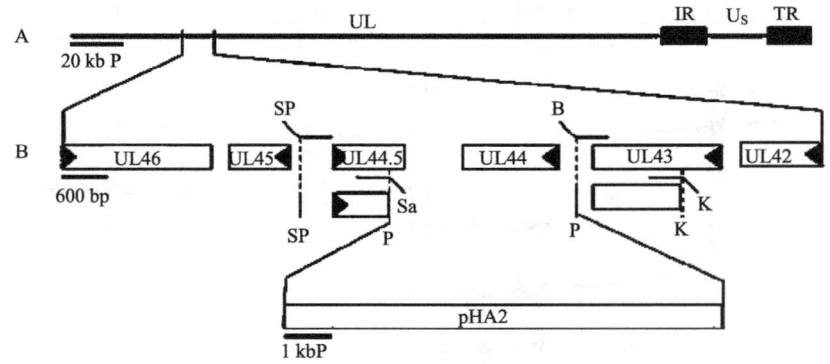

图 20-10 pHA2 质粒通过同源重组插入到 DEV 2085 株基因组示意图

一、重组病毒转移载体的构建

提取 DEV 2085 病毒株 DNA 作为 PCR 模板，用引物对 DEV-HOMO1-for/ DEV-HOMO1-rev 和 DEV-HOMO2-for/ DEV-HOMO2-rev（表 20-3）分别扩增 DEV 2085 病毒株 *UL44* 基因两侧大小皆约为 1kb 的同源臂，分别定向克隆到 pUC19 载体，获得 pUC19-I-II 质粒。含有标记基因 *Eco-gpt* 和 *gfp* 的 mini-F 载体 pDS-pHA2 经过 *Pac* I

酶切，回收含有标记基因 BAC 载体部分，插入到 pUC19-I-II 质粒的 Pac I 位点。最终筛选获得重组病毒转移载体 pDEVgC-pHA2。

表 20-3 DEV 转移载体构建所用引物

引物	序列
DEV-HOMO1-for	5'-*GCA*ggtaccCAAGAACGGAGGTCAAGACAGA-3'ᵃ
DEV-HOMO1-rev	5'-*GAT*aagtccCTttaattaaCGTACTGTTGCAGTCAGTGGTT-3'ᵃ
DEV-HOMO2-for	5'-*GGCG*gtcgacAGttaattaaGCAAATACGCCAAGTCGCTTTG-3'ᵃ
DEV-HOMO2-rev	5'-*GAA*gcatgcGTTCGGAGACTGAAAACTCGTC-3'ᵃ
gC-SEO-for1	5'-GCGTCCCGAATATAATGAATGCTAT-3'
gC-SEO-for2	5'-GCATGGCCCGATTCGAATGTTAAG-3'
gC-SEO-for3	5'-CGGTCGGTTCAAACCCATAATG-3'
gC-SEO-rev1	5'-GCACATAGTCTTCGGCCGGT-3'
gC-SEO-rev2	5'-CGACTGCTCTAGACGAGGGATTGTA-3'
gC-SEO-rev3	5'-GACACAGCTGCGGTTGGAATT-3'

二、重组病毒的拯救

（1）参考 Morgan 等（1990）使用的 SDS-蛋白酶 K 法从 DEV 2085 株感染的细胞中提取病毒基因组 DNA；

（2）将 1.5μg DEV DNA 和 4.0μg pDEVgC-pHA2 以磷酸钙法共转染 $1×10^6$ CEF 细胞，在 37℃培养箱内培养；

（3）转染 4 天，细胞产生病变，用胰酶消化方法收获细胞，将病毒感染细胞稀释，再次接种于新鲜单层 CEF 上，并覆盖含 0.5％甲基纤维素的 EMEM-FBS，于 37℃培养箱内培养；

（4）待荧光噬斑产生时，挑取单个荧光噬斑，稀释后，再次接种于新鲜单层 CEF 上，并覆盖含 0.5％甲基纤维素的 EMEM-FBS，于 37℃培养箱内培养；

（5）重复步骤（4）3 次，获得均质的荧光噬斑，将重组病毒命名为 v2085-GFPΔgC（图 20-11）；

（6）接种纯化病毒 v2085-GFPΔgC 至 CEF 上，培养 3 天后，抽提病毒 DNA。

三、BAC 分子克隆化病毒的筛选、鉴定及病毒拯救

（1）将病毒感染细胞 DNA 电转化至 $E.coli$ MegaX 感受态细胞中。

（2）将转化菌涂布于含有 30μg/mL 氯霉素的 LB 平板中，37℃培养至菌落出现。

（3）分别挑取多个单菌落至含 30μg/mL 氯霉素的液体 LB 中，37℃培养过夜。

（4）采用碱裂解法抽提 BAC DNA，选取两个克隆 S1 和 S2 进行 EcoR I 和 Bgl I 酶切鉴定，在 0.8％琼脂糖凝胶中于 40 V 电泳 17h，EB 染色。参考序列选用 GeneBank 收录的 DEV VAC 株（登录号：EU082088）。酶切结果见图 20-12 A 所示，图 20-12 B 为参考序列预测酶切图谱。两个克隆 EcoR I 和 Bgl I 酶切所得的 RFLP 完全一致，两个克隆 EcoR I 酶切图谱与参考序列的酶切图谱也完全吻合，而 Bgl I 酶切的 RFLP 与基于参考序列预测的有少许差异。分析其原因，可能有以下几方面：①实验采用的 DEV 2085 株来源于欧洲强毒株，而参考序列为中国的疫苗株，两者序列存在差异；

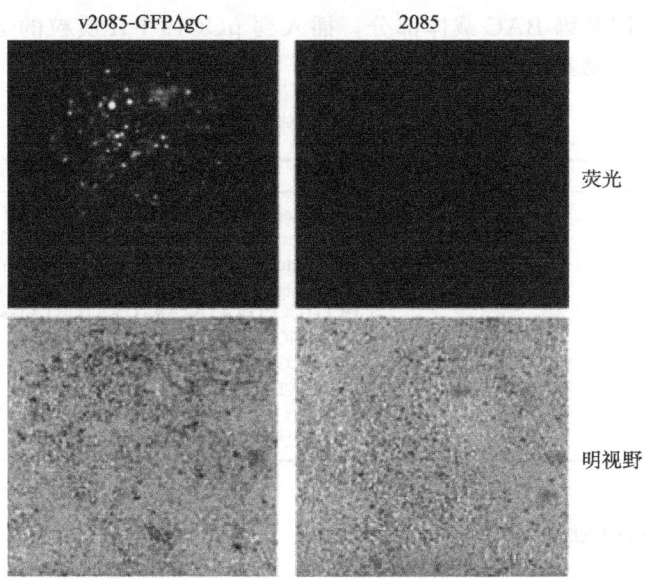

图 20-11 重组病毒（A，C）和亲本毒 2085（B，D）噬斑比较

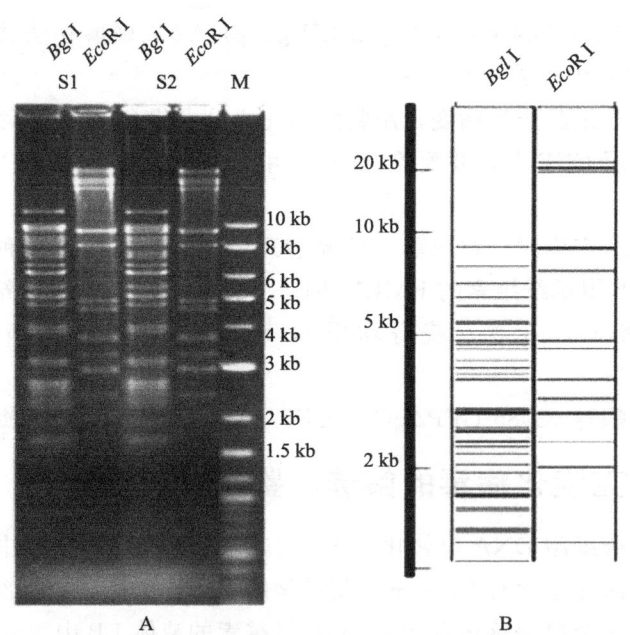

图 20-12 DEV BAC 克隆的酶切鉴定图谱（A）和参考序列的 RFLP 图谱（B）

②BAC 克隆所含的 DNA 序列是 DEV 基因组的部分序列。

（5）DEV BAC 克隆 S1 DNA 转染至 CEF 细胞中拯救获得了重组病毒，该病毒含有 GFP 标记且缺失了 gC 基因。

（6）为了获得不含外源载体序列的病毒，进而利用 Cre/lox 重组去除了重组病毒基因组上的 mini-F 序列。将表达 Cre 重组酶的质粒 pCAggs-NLS/cre 转染 CEF，12h 后接种 v2085-GFPΔgC，当非荧光噬斑出现时，按照前面介绍的方法进行病毒纯化，直到获得均质的非荧光噬斑，病毒命名为 v2085-ΔgC。

（7）为了修复重组病毒上缺失的 gC 基因，首先用 DEV-HOMO1-for/DEV-HOMO2-rev（表 20-3）作为引物进行 PCR 扩增，获得了包含 UL44 基因的片段，将该片段和 S1 DNA 共同转染 CEF，同上方法进行非荧光噬斑筛选，获得了 gC 基因修复病毒，命名为 v2085-ΔgC-R。

（8）最后，通过 PCR 扩增，结合序列测定对载体序列的去除、gC 基因的去除和修复进行了验证（图 20-13）。gC 基因去除和修复鉴定使用的引物对为 gC-seq-for2 和 gC-seq-rev2（表 20-3），如图 20-13 泳道所示；载体序列去除其鉴定引物为 DEV-HOMO1-for/DEV-HOMO2-rev（4～6 泳道）。

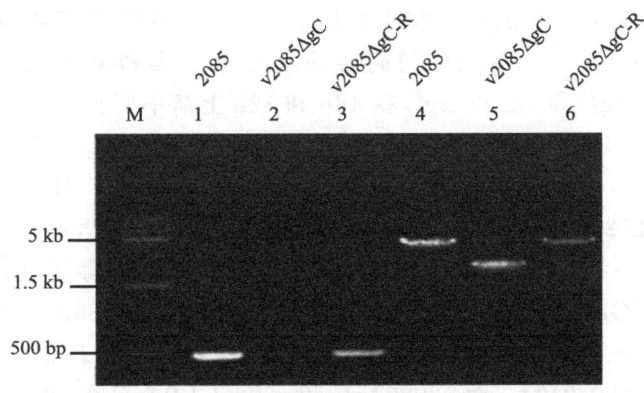

图 20-13　PCR 鉴定重组病毒上的 gC 基因和载体序列

四、重组病毒生物学特性分析

（一）重组病毒斑噬大小测定

将各个重组病毒以 50 PFU 的剂量接种于六孔板（$1×10^6$ 个细胞/孔），2h 之后铺上含有 0.5% 甲基纤维素的培养基。接毒 48h 时，以抗 DEV 2085 的鸭血清为一抗、鼠抗鸭 IgG 单抗为二抗、Alexa488 偶联的羊抗鼠 IgG（H+L）为三抗进行间接免疫荧光检测，在荧光显微镜下每个病毒噬斑各拍摄 150 个图片，用 Image J 软件测量噬斑面积，取其平均值进行大小比较。结果显示，与亲本毒 DEV 2085 相比，v2085ΔgC 噬斑面积增加了 12%（$P=0.003$），而 v2085-GFPΔgC 噬斑面积有所减少（$P=0.0001$），v2085ΔgC-R 与之相当（$P=$

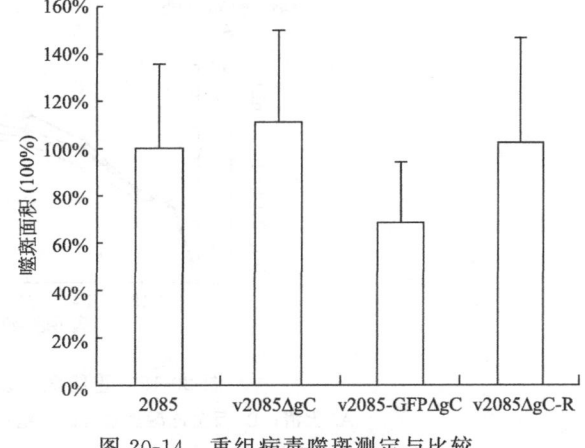

图 20-14　重组病毒噬斑测定与比较

0.424)（图20-14）。该试验结果说明至少在病毒感染48h内，gC缺失增加了病毒在细胞间的传播，然而外源基因 GFP 插入，使得这种增加的细胞间的传播能力被抵消了。

（二）重组病毒多步生长曲线测定

每种病毒以 0.01 MOI 的剂量接种 1×10^6 CEF 细胞，在病毒感染 0h、6h、12h、24h、36h、48h 和 72h 收集病毒感染细胞上清，并采用两种不同方法收集细胞，一种是用细胞刮收集细胞，PBS 洗涤 2 次，重悬于 1mL EMEM-FBS，反复冻融 3 次，离心，取上清，进行滴度测定；另一种为胰酶消化，收获细胞，将细胞接种于新的 CEF 中进行滴度测定。该试验进行了两次重复，结果用 SPSS 软件进行统计学分析。测定结果表明不论是上清还是细胞中的病毒滴度，亲本毒 2085 与 v2085ΔgC-R 增殖曲线基本一致，而 v2085-GFPΔgC 和 v2085-ΔgC 增殖曲线基本一致，且在病毒感染 48h 和 72h 时，上清中 v2085-GFPΔgC 和 v2085-ΔgC 的病毒滴度与亲本毒和 v2085ΔgC-R 相比降低到 1/700（v2085-GFPΔgC 和 v2085-ΔgC 在 48h 和 72h 上清中所含的病毒滴度，与亲本毒相比，$P=0.001$）。48h 时上清中亲本毒的病毒滴度与 v2085ΔgC-R 无显著统计学差异（$P=0.105$），而 72h 时两者之间有统计学差异（$P=0.018$），且 72h 时，v2085ΔgC、v2085GFPΔgC、v2085ΔgC-R 之间上清中病毒滴度也存在统计学差异（$P=0.005$）（图 20-15 A）。测定第一种方法（反复冻融法）收集的细胞中病毒滴度时，发现 48h 时，v2085ΔgC 和 v2085GFPΔgC 的病毒滴度与亲本毒 2085 和 v2085ΔgC-R 相比大大降低，降低至后者的 1/50～1/500（与亲本毒 2085 相比，48h，两者 P 值均为 0.0001；72h，P 值分别为 0.011 和 0.010）。而 v2085ΔgC 和 v2085GFPΔgC 在 48h 和 72h 的病毒滴度

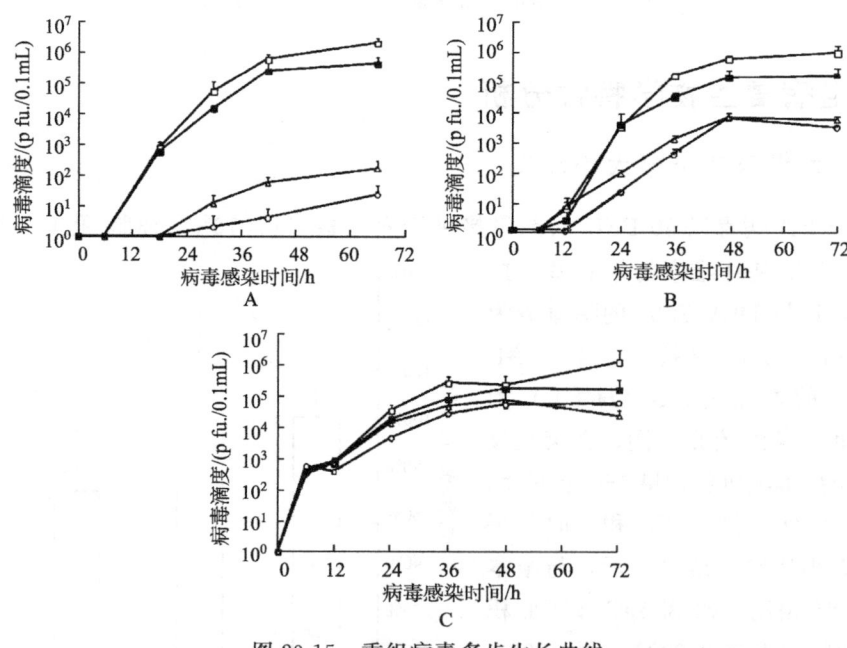

图 20-15 重组病毒多步生长曲线

A. 上清；B. 反复冻融法收集的细胞；C. 胰酶消化法收集的细胞；
2085（□），v2085ΔgC-R（■），v2085ΔgC（△），v2085ΔGFPgC（○）

相当，均没有统计学差异（图 20-15 B）。测定第二种方法（胰酶消化法）收集的细胞中病毒滴度时，发现亲本毒与 gC 修复毒株 v2085ΔgC-R 在 48h 和 72h 时病毒滴度皆相当（P 值分别为 0.611 和 0.158），而 v2085ΔgC 和 v2085GFPΔgC 在 48h 和 72h 时较亲本毒和 gC 修复毒株下降的病毒滴度分别为 1/2～1/7 和 1/20～1/50，与亲本毒相比，48h 和 72h 两个时间点，皆无显著统计学差异（图 20-15 C）。该试验结果说明反复冻融对于 DEV 病毒损伤较大，使病毒滴度大大降低。

重组病毒生物学特性分析的结果表明：DEV gC 缺失基本上不会影响子代病毒的产率和病毒在细胞间的传播能力。

第六节　伪狂犬病病毒反向遗传学系统的建立

以猪伪狂犬病病毒浙江株感染性细菌人工染色体克隆的构建为例，详细介绍 PRV 反向遗传学研究系统的建立过程（尹文玲等，2010）。其技术路线是通过同源重组技术，在哺乳动物 Vero 细胞系上将携带 BAC 载体的 pHA2 质粒插入到 PRV 基因组非必需位点 TK 基因内（图 20-16），经过几轮噬斑纯化，筛选获得带有标记基因的携带 BAC 载体的重组病毒，之后抽提在细胞内环状的重组病毒基因组转化到大肠杆菌细胞内，通过抗性筛选、酶切鉴定，获得含有病毒基因组的 BAC 克隆，BAC 克隆转染真核细胞又可以获得重组病毒。

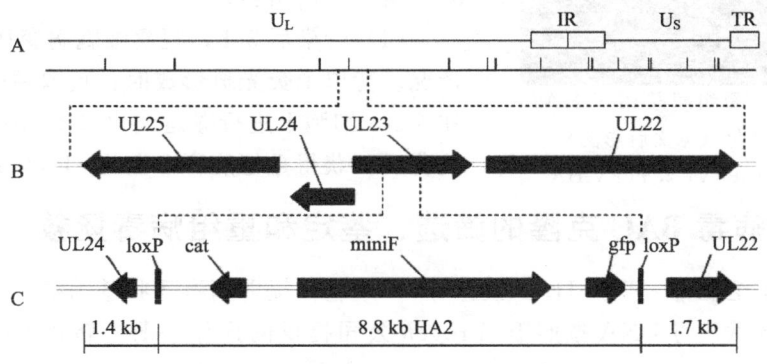

图 20-16　pHA2 质粒同源重组插入 PRV 病毒基因组示意图

一、重组病毒转移载体的构建

提取 PRV 病毒 DNA 作为 PCR 模板，用引物对 PRV-UL22-s 和 PRV-UL22-as、PRV-UL24-s 和 PRV-UL24-as（表 20- 4）分别扩增 PRV 株 TK 基因（UL23）两侧的 UL22、UL24 同源臂，产物大小分别为 1733bp、1439bp，分别定向克隆到 pMD18T 载体，获得阳性克隆 pMD-22 和 pMD-24。pMD-22 和 pMD-24 经过 Pac I 和 EcoR I 双酶切后电泳，分别切胶回收 UL22 DNA 片段和 pMD-24 质粒的载体片段，经过 T4 连接反应后转化大肠杆菌 DH5α，通过酶切筛选和测序验证获得阳性克隆 pMD22-24。pHA2 和 pMD22-24 均以 Pac I 酶切后切胶回收，从 pMD22-24 酶切回收的 518kb 片段与从 pHA2 酶切回收的 818kb 片段连接，最终获得重组病毒转移载体 pMD22-gfp-24-HA2。

表 20-4　PCR 引物和测序引物

引物	产物长度	序列
PRV-UL22-s	1733bp	*TTAATTAA* $_{pacI}$AGCTCCAGGACACCCTCTTTGG
PRV-UL22-as		*GAATTC* $_{EcoRI}$*AAGCTT* $_{HindⅢ}$AGAGGACGTCGAGCAGGCTGAAG
PRV-UL24-s	1439bp	*TTAATTAA* $_{pacI}$GCTGATGTCCCCGACGACGATGAA
PRV-UL24-as		*AAGCTT* $_{HindⅢ}$CAGCAAGTCCAGCGAGAGCTTG
PRV-UL24-seq		GTGGTTCGTCTTCCAGCTCG

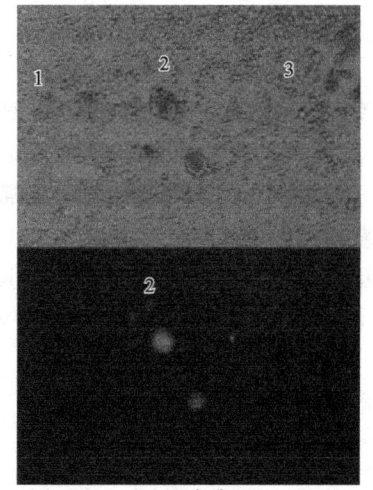

图 20-17　重组病毒 PRV-HA2 噬斑纯化（见文后彩图）
1 和 3. HwtPRV；2. rPRV-HA2

二、PRV 重组病毒的构建、噬斑纯化

（1）从感染 PRV 的细胞提取病毒基因组 DNA；

（2）转移质粒 pMD22-gfp-24-HA2 经 Hind Ⅲ 酶切线性化处理，溶于无菌去离子水，并测定浓度；

（3）将 10μg 线性化的 pMD22-gfp-24-HA2 和 3μg PRV DNA 以磷酸钙法共转染 Vero 细胞，在 37℃培养箱内培养；

（4）转染后 36h，观察细胞病变和荧光斑形成情况。待单个荧光斑形成时，挑取单个荧光噬斑，在 Vero 细胞上进行噬斑纯化（图 20-17）。经 4 轮纯化后，获得重组病毒命名为 rPRV-HA2。

三、PRV 病毒 BAC 克隆的筛选、鉴定和重组病毒拯救

（1）将重组病毒 rPRV-HA2 接种 Vero 细胞，提取病毒环状基因组；

（2）将环状病毒 DNA 按照 Invitrogen 公司提供的操作手册电转化 DH10B 感受态细胞（Invitrogen）；

（3）转化的细胞电击后迅速补入 800μL 37℃预热的 SOC 培养基，转移到 1.5mL 无菌 EP 管之后，37℃振摇培养 1h；

（4）将转化菌涂布于含 34μg/mL 氯霉素的 LB 平板，并在 37℃培养箱继续培养 48h；

（5）挑取单菌落接种于含氯霉素的 LB 培养液中，37℃ 220r/min 振荡培养 20h；

（6）按照碱裂解法提取质粒 DNA，用限制性内切核酸酶 *Bam* H Ⅰ和 *Kpn* Ⅰ酶切以进行片段长度多态性分析（RLFP）（图 20-18），获得的阳性克隆即为 PRV 的 BAC 分子克隆，命名为 pPRV；

（7）取 3μg pPRV 质粒 DNA，以磷酸钙法转染 Vero 细胞。待细胞病变达到约 80% 时，将细胞培养物冻融 3 次以收获重组 PRV 病毒，即为拯救的重组病毒，命名为 rPRV resc。

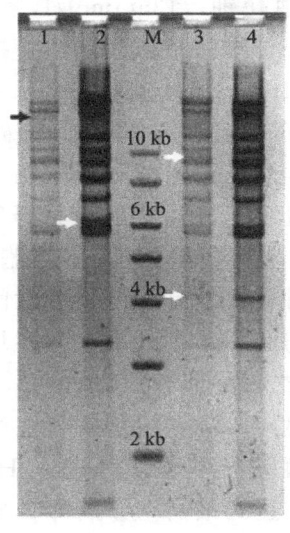

图 20-18 PRV 及其重组病毒基因组 DNA 和 pPRV 质粒酶切电泳图谱

1. pPRV；2. PRV；3. rPRV-HA2；4. rPRV-resc；M. DNA 分子质量标记．白色箭头所示的是由于 HA2 序列插入 UL23 基因导致的野毒株 PRV（2）和 rPRV-HA2（3）间的差异片段；黑色箭头标示的是 rPRV-HA2 环化所导致的差异片段

四、拯救病毒生物特性分析

（一）重组病毒噬斑大小的测定

将重组病毒 rPRV-HA2 和拯救的重组病毒 rPRV resc 分别接种 Vero 细胞单层，病毒经过吸附、PBS（pH 7.2）洗涤后，以含 2% 甲基纤维素的维持液覆盖，37℃、5% CO_2 条件下培养 48h，比较病变细胞形态，并在荧光显微镜下拍摄各 100 个噬斑，测量噬斑面积取其平均值。结果表明，rPRV-2HA2 和 rPRVresc 两株病毒的噬斑形成的时间和形态相似（图 20-19），rPRVresc 和 rPRV-HA2 噬斑面积相近，前者约比后者大 7%，这可能是测定过程中的误差所致。

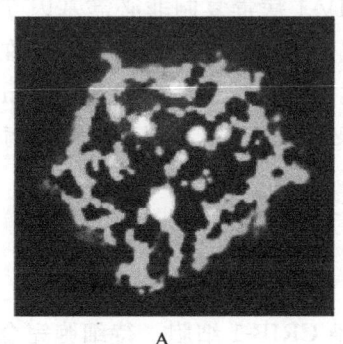 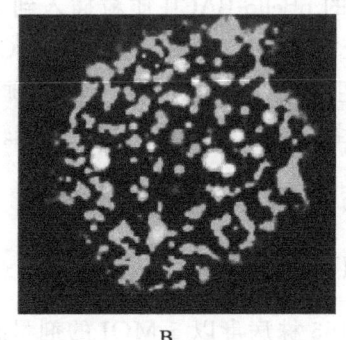

图 20-19 rPRV-HA2（A）和 rPRVresc（B）噬斑（48h，100×）（见文后彩图）

（二）重组病毒体外增殖特性

以常规病毒学方法测定 wtPRV、rPRV2HA2、rPRVresc 病毒的体外增殖特性。Vero 细胞单层接种 1.0 MOI 病毒后，依次吸附 90min，PBS（pH 7.2）洗涤 2 次，以

冰浴的 CBS 缓冲液（40mmol/L 柠檬酸钠，10mmol/L 氯化钾，135mmol/L 氯化钠，pH 3.0）处理 3min，PBS（pH 7.2）洗涤 2 次，加入 1mL 维持液继续培养。接种后 0h、4h、8h、12h、16h、24h、48h 和 72h 分别收集细胞培养物（培养上清液和细胞），冻融 3 次后，3000r/min 离心 5min，收获病毒上清，−70℃冻存。上述病毒液以 10 倍梯度稀释后接种到生长于 24 孔细胞培养板内的 Vero 细胞单层，每个稀释度重复接种 4 孔，计算上述各时间点收获的病毒培养物的毒价，绘制病毒在体外培养下的一步生长曲线。结果表明（图 20-20），3 株病毒在细胞内增殖速度存在差异，但病毒在细胞上增殖达到的最高滴度差异不显著，rPRV-HA2 和 rPRV resc 在 72h 才达到最高，分别为 2.2×10^6 PFU/mL 和 1.8×10^6 PFU/mL，而亲本病毒 PRV 在 48h 就已经达到最高滴度 1.7×10^6 PFU/

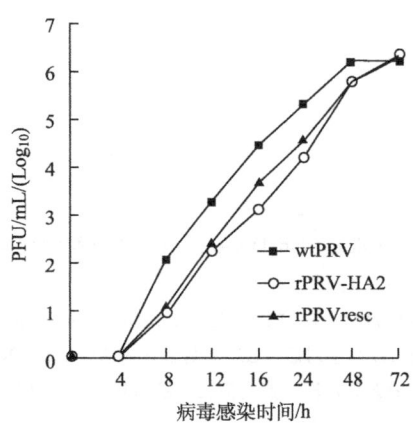

图 20-20　wtPRV、rPRV-HA2 和 rPRVresc 在 Vero 细胞上的生长曲线

mL，即插入 HA2 质粒导致 TK 基因失活的重组病毒 rPRV2HA2 和拯救的病毒 rPRVresc 体外增殖速度比 PRV 要慢一些，说明 TK 基因缺失及外源大片段插入可以延缓 PRV 在 Vero 细胞上的增殖，但对病毒增殖的最高滴度几乎没有影响。

第七节　牛传染性鼻气管炎病毒反向遗传学系统的建立

以牛Ⅰ型疱疹病毒（BHV-1）V155 株感染性细菌人工染色体克隆的建立为例（Mahony et al.，2002），其技术路线是通过同源重组技术，在哺乳动物 CRIB-1 细胞系上将携带 BAC 载体的 pBello-BACⅡ 质粒插入到 BHV-1 病毒复制非必需基因 TK 基因内（图 20-21），拯救获得带有标记基因的携带 BAC 载体的重组病毒，之后抽提在细胞内环状的重组病毒基因组转化到大肠杆菌细胞内，通过抗性筛选、酶切和 Southern 杂交鉴定，获得含有病毒基因组的 BAC 克隆，BAC 克隆转染真核细胞又可以获得重组病毒。

一、重组病毒转移载体的构建

（一）BHV-1 基因组 DNA 提取

BHV-1 V155 株病毒以 5 MOI 的剂量感染 CRIB-1 细胞，待细胞完全病变时，收集培养液上清，5000g 离心 10min，之后 120 000g 离心 2h。弃去上清，收获病毒沉淀。用 Qiagen 基因组 DNA 提取试剂盒抽提病毒 DNA。

（二）转移载体的构建

以提取的病毒 DNA 为模板，用引物对 TKTKleft5′/ TKTKleft3′ 和 TKright5′/ TKright3′（表 20-5）分别扩增 TK 基因上的左右同源臂 TKleft 和 TKright（图 20-21），

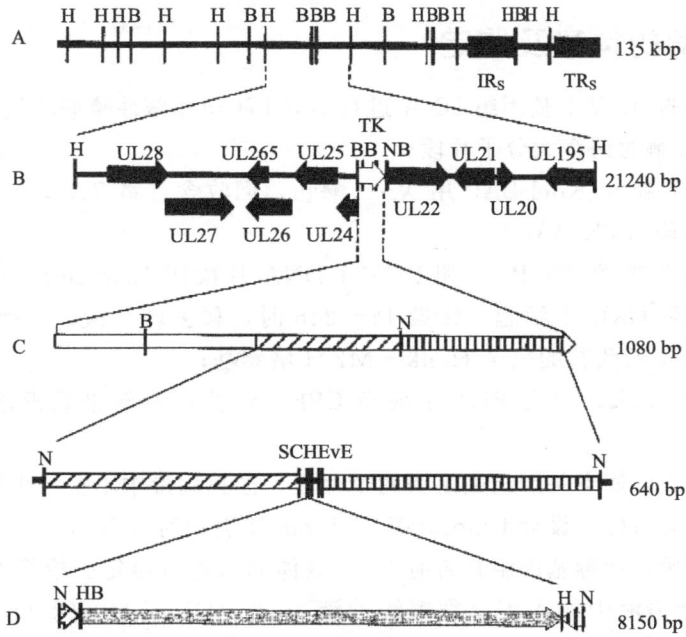

图 20-21 pBelloBACII 质粒同源重组插入 BHV-1 基因组示意图

A. 参考序列 BHV-1 Cooper 株基因组（135 307bp，GenBank 登录号：AJ004801）结构示意图及其 Hind III（H）和 BamH I（B）酶切图谱；B. BHV-1 基因组上包含 TK 基因（白色箭头部分）的 Hind III 基因片段，含有病毒基因组唯一的一个 Nsi I 酶切位点（N）；C. BHV-1 TK 基因。TK 基因独特的交叉区位于立即早期上游区和下游区。利用 PCR 扩增出这两个区域，并经过克隆构建获得了转移载体 pTKdel。该转移载体含有 5 个酶切位点（SCHEvE：Sal I、Cla I、Hind III、EcoR V、EcoR I）；D. BAC 载体 pBello-BACII 克隆进 pTKde 的 Hind III 位点

TKleft 和 TKright 片段分别用 Kpn I/Sal I 和 EcoR I/Spe I 进行双酶切，依次克隆到 pBluescript SK（＋）（Stratagene）载体中，获得的质粒命名为 pTKdel。pTKdel 和 pBello-BAC II 最终通过 Hind III 酶切、连接，氯霉素和氨苄霉素平板筛选以及酶切鉴定获得重组病毒转移载体 pTKdel-BAC。

表 20-5 引物及产物

引物	序列	产物（大小）构建的质粒（或探针）
TKleft5'	5'-GT GGTACC ATGCAT CTGATACCCCTTCGCCCGCTACTG-3' 　　　 KpnI　 NsiI	TKleft (301); pTKdel
TKleft3'	5'-TTTGC GTCGAC CCACTCCAGCGCGTCCCAG-3' 　　　　 SalI	
TKright5'	5'-AT GAATTC GCCGCGCTCGCAGACCCCA-3' 　　　 EcoRI	TKright (337); pTKdel, TK-probe
TKright3'	5'-GGACTAGTCATGCAT CTCTAGCGCGAACTGACG-3' 　　　 SpeI　 NsiI	
ChloramF	5'-TCACTGGATATACCACCGTTGA-3'	CAP[r] gene (402); CAP[r]-probe
ChloramR	5'-TCACCGTAACACGCCACATCTT-3'	

二、重组病毒的构建及鉴定

（1）将纯化的 BHV-1 基因组 DNA 进行 *Nsi* I 酶切和碱性磷酸酶处理，此时 BHV-1 基因组 DNA 裂解为两个大分子片段；

（2）将转移质粒 pTKdel-BAC 用 *Nsi* I 酶切，回收含有将 *TK* 基因失活的 TKleft-BAC-TKright 片段（TK-BAC）；

（3）将上述获得的 TK-BAC 和 BHV-1 DNA 片段用 Lipofectamine（Invitrogen）转染方法共转染至 CRIB-1 细胞，转染 18～24h 时，移去转染液，更换含有 2mmol/L N，N'-环乙烷-*bis*-乙酰胺的完全 Hank's MEM 培养基；

（4）转染 5～7 天，出现 BHV-1 典型 CPE，收获病毒转染病毒液，再次接毒于 CRIB-1 细胞；

（5）因为转染前病毒基因组裂解为两个片段，拯救病毒中不会产生野生毒。选择氯霉素抗性基因区为目标，设计 ChloramF/ChloramR 引物对（表 20-5），采用 PCR 方法对细胞上清液中所含病毒基因组是否有 BAC 载体插入进行鉴定。模板按照如下方法提取：10μL 病毒上清液中加入等量裂解缓冲液 10mmol/L Tris-HCl（pH8.0），0.45% Triton X-100 和 0.45% Tween 20 和 2μL 10mg/mL 蛋白酶 K，60℃放置 2h，之后 95℃ 15min 灭活蛋白酶 K。取 1～2μL 作为 PCR 模板。PCR 结果为阳性。回收 PCR 产物，并进行地高辛标记，标记产物命名为 DIG-CAP[r] 用于后续实验。按上述方法大量提取病毒 DNA。

三、BHV-1 病毒 BAC 克隆的筛选、鉴定和重组病毒拯救

（1）通过标准的连接程序对病毒 DNA 进行环化处理。

（2）将环状病毒 DNA 电转化 DH10B 感受态细胞，转化条件为 1.5 kV，100Ω，25μF。

（3）转化的细胞电击后补入 960μL 37℃预热的 SOC 培养基，转移到 1.5mL 无菌 EP 管之后，37℃轻柔振荡培养 5～6h。

（4）将转化菌涂布于含 12.5μg/mL 氯霉素的 LB 平板，并在 37℃培养箱中继续培养 24～48h。

（5）挑取单菌落接种于含 12.5μg/mL 氯霉素的 LB 培养液中，37℃振荡培养 16h。

（6）按照碱裂解法提取 BAC DNA，用 *Hin*d III 酶切进行片段长度多态性分析，挑取酶切图谱与野毒株 BHV-1 基因组酶切图谱相似的克隆 pBACBHV27 和 pBACBHV37 进行下一步的实验。

（7）将 pBACBHV27 和 pBACBHV37 用 Lipofectamine（Invitrogen）转染方法转染 CRIB-1 细胞，进行病毒拯救。结果显示两个克隆皆能拯救出与亲本毒噬斑大小和形态相似的重组病毒。之后选用克隆 pBACBHV37 进行后续实验。

（8）用 Sourthen 杂交方法对 BAC 载体插入到 BHV-1 基因组进行了验证。将 pBACBHV37 和 BHV-1 基因组 DNA 用 *Bam*H I 和 *Hin*d III 进行酶切，在 0.5×TBE 缓冲液中于 1%凝胶电泳后转移至不带电荷的尼龙膜，分别以 DIG 标记的 TKright 片段

(DIG-TKright) 和以 DIG-CAP' 作为探针进行杂交。结果如图 20-22 (B) 所示，DIG-CAP' 探针能特异地识别 pBACBHV37 经 Hind III 消化而获得的 7.5kb 的片段 (pBeloBACII 载体的一部分)；也能特异地识别 pBACBHV37 经 BamH I 消化而获得的稍微大于 7.5kb 的片段 (BAC 载体+500bp BHV-1 基因组 DNA)。而野生型 BHV-1 基因组没有杂交带。阳性对照采用的是 BAC 载体 pBac108L (大小为 6812bp)，杂交带较 pBACBHV37 BamH I 和 Hind III 消化条带稍微偏小。DIG-TKright 探针不能识别 pBac108L 载体，而能特异地识别 pBACBHV37 BamH I 和 Hind III 酶切片段 (图 20-22A)。

分别以 DIG-TKright (A) 和 DIG-CAP' 作为探针进行 BAC DNA 稳定性分析：为了检测 BAC 克隆在大肠杆菌 DH10B 中的稳定性，分别于培养的 5 天、10 天和 20 天收集含有 BAC 克隆的菌体并提取 BAC DNA，进行酶切分析和感染性分析。结果如图 20-23 所示，不同时间段收集的 BAC DNA 的 BamH I 和 Hind III 酶切图谱都是一致的，且将 BAC DNA 转染 CRIB-1 细胞皆能拯救出病毒。说明 pBACBHV37 能稳定存在于大肠杆菌 DH10B 中。

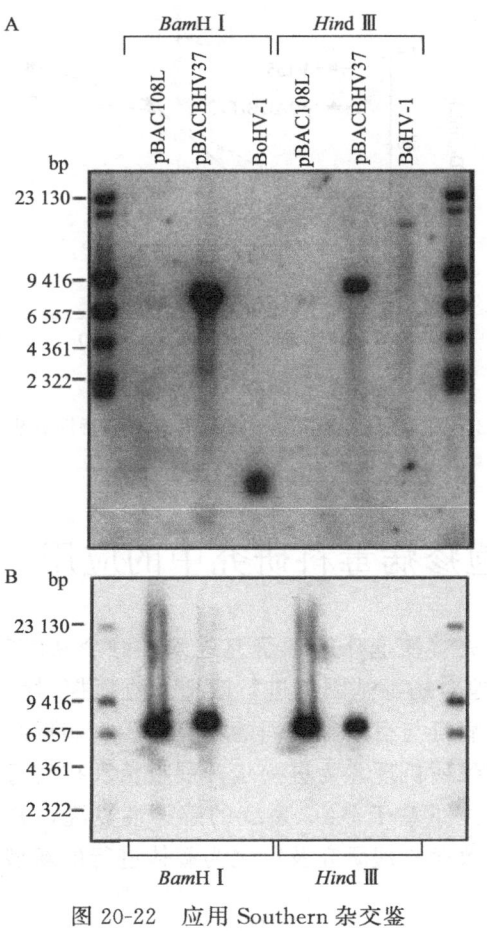

图 20-22 应用 Southern 杂交鉴定 BAC 载体插入到 BHV-1 基因组

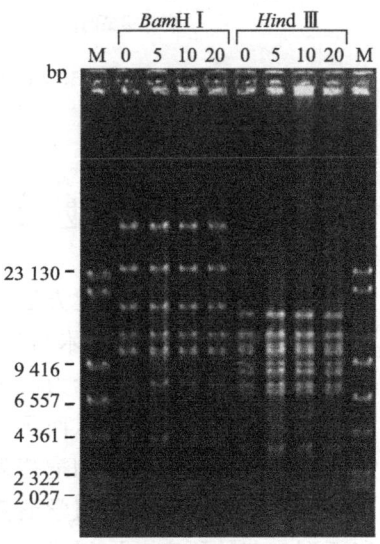

图 20-23 pBACBHV37 DNA 在大肠杆菌 DH10B 中的稳定性分析

四、拯救病毒的增殖特性分析

按照标准病毒学方法测定病毒的增殖特性,具体如下:各个病毒以 1 TCID$_{50}$ 的剂量接种于 24 孔板中的 CRIB-1 细胞（10^5 个细胞/孔）,37℃吸附 90min,用 CBS 缓冲液（40mmol/L 柠檬酸钠,10mmol/L 氯化钾,135mmol/L 氯化钠,pH 3.0）处理 3min,PBS（pH 7.2）处理接毒细胞以使细胞外病毒失活,PBS 洗涤 2 次,加入 1mL 维持液继续培养,于 37℃ 5% CO_2 培养箱中培养。接种后 2h、4h、6h、12h、24h、48h 和 72h 分别收集细胞培养物（培养上清液和细胞）,-70℃冻存备用。进行病毒滴度测定时,收获细胞经过一次冻融循环,上清和细胞中的病毒滴度各进行了 3 次重复。计算上述各时间点收获的病毒培养物的毒价,绘制病毒在体外培养下的生长曲线。结果表明（图 20-24）,亲本毒 V155 和 pBACBHV37 拯救毒在细胞内、外的增殖特性基本上没有差异。说明 BAC 载体的插入以及 *TK* 基因活性的缺失不影响病毒增殖特性。

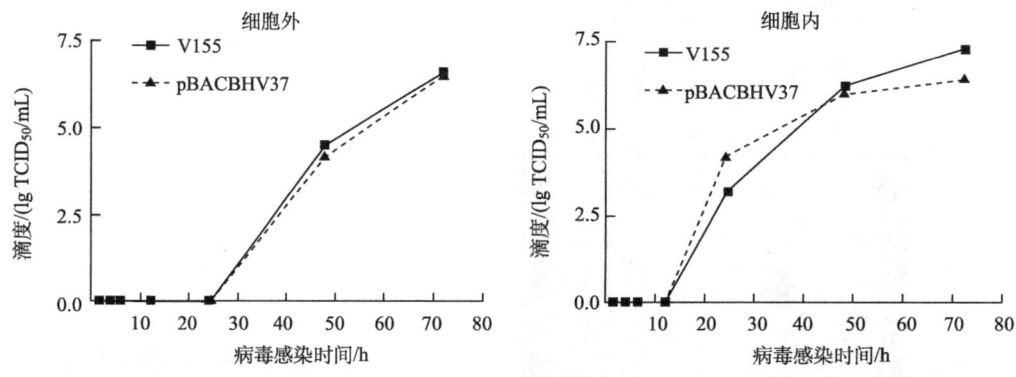

图 20-24　BHV-1 亲本毒 V155 和 pBACBHV37 拯救毒株在 CRIB-1 细胞上的增殖特性分析

第八节　反向遗传学在疱疹病毒科研究中的应用

疱疹病毒感染性克隆构建方法的建立和完善使疱疹病毒研究进入了一个新的时代,结合 Red E/T 重组等修饰技术可以有目的地对病毒基因组进行改造,进而探讨病毒复制、转录和表达调控、病毒毒力决定因子、病毒与宿主细胞间的相互作用、病毒编码蛋白功能等各个方面的内容,从而阐明病毒的致病机理,为进一步开展疫苗和抗病毒药物研发奠定基础。目前许多动物疱疹病毒都建立了基于 BAC 系统的感染性克隆,并在其基础上开展了病毒功能基因组学研究、病毒致病机理研究及以之为载体进行的新型病毒载体和新型疫苗的研究,取得了一定进展。

一、在病毒功能基因组学研究中的应用

在感染性克隆基础上对病毒基因组进行缺失、置换、突变等操作可以了解病毒基因组结构与功能。通过 BAC 系统，*MDV* 基因功能已得到了系统的研究，*gB*（*UL27*）、*UL49*、*gM*（*UL10*）、*UL49.5*、*gE*（*US8*）、*gI*（*US7*）这些基因缺失，对于病毒是致死性的；UL46、UL47、UL48 缺失，病毒在细胞上形成的噬斑明显减小；而将 132bp 重复区、LORF4 和 LORF5a 缺失或置换，对病毒致瘤性等生物学特性无明显影响；UL13 缺失不影响病毒的致瘤性和对羽毛囊的趋向性（Blondeau et al.，2007）；gC 缺失，病毒在宿主体内形成的病毒血症水平明显下降，马立克发病率也显著下降。几种常见疱疹病毒的囊膜糖蛋白功能已被阐明，是否在其他病毒中囊膜糖蛋白也具有类似功能，也有人进行了探讨，Franceschi 等（2013）发现牛疱疹病毒 4 型的 *gB* 基因对于病毒裂殖性复制是必不可少的，且不能被水疱疹口炎病毒相应的蛋白 VSVg 替代；gK 对于马疱疹病毒 4 型（EHV-4）病毒复制也是必不可少的（Azab and El-Sheikh，2012）；猫疱疹病毒 1 型病毒结合型 gG 蛋白也具有趋化因子结合活性（Costes et al.，2006）。关于 *M34* 基因的结构与功能，Baluchova 等（2008）进行了系统研究，MCMV M34 可读框 ORF 缺失，不能拯救获得病毒粒子，然而当 *M34* 基因第 44、第 827 位由于转座子插入而中断其 ORF 时，能够拯救获得病毒，但拯救病毒 RcM34 在细胞和小鼠体内的复制能力减弱。当 *M34* 基因 3'端 44 724～45 647 位核苷酸缺失，拯救病毒 Rc 3'DeltaM34 复制不受影响；而 *M34* 5'端的 43 083～44 896 位核苷酸缺失，病毒无法被成功拯救。分析野生型 MCMV 病毒和 RcM34 感染细胞转录物发现，RcM34 病毒感染细胞中存在一种预测编码 624aa 的转录物是野生型 MCMV 感染细胞中编码 854 aa 的转录物的一种截短形式，两者编码产物氨基末端的 582 个氨基酸是一样的。进一步研究发现，M34 编码区还含有 3 个重叠 ORF（m33.1、m34.1 和 m34.2），而 RcM34 病毒感染细胞中存在着这 3 个转录物。这些研究证实 RcM34 与亲本毒之间存在的差异是 M34 ORF 被干扰所造成的，M34 是病毒的必需基因（Baluchova et al.，2008）。马疱疹病毒 1 型（EHV-1）*EICP0* 基因（基因 63）为病毒复制非必需基因，但该基因缺失使得立即早期基因、代表性的早期和晚期基因 mRNA 水平和蛋白水平降低，但早期向晚期病毒基因表达的转换没有受阻或延迟，说明 *EICP0* 基因缺失没有影响病毒基因表达的时序调控（Yao et al.，2003）。Neubauer 等（2002）研究发现 EHV-1 *UL34* 基因缺失，病毒向细胞外释放的能力严重受损，推断 *UL34* 基因编码产物参与病毒出芽早期的某一个阶段，如从细胞核释放病毒衣壳等。UL6、UL15、UL28、UL32 和 UL33 等基因编码产物在 HSV-1 串联体基因组 DNA 裂解和包装入衣壳中起着重要的作用，是否 PRV 的同源基因有着同样的作用，Fuchs 等（2009）进行了研究，将 5 个基因依次缺失，在细胞上皆不能拯救出有感染性的子代病毒或病毒在细胞上不能产生噬斑。分析病毒 DNA 显示病毒基因组进行了复制，但没能裂解为单体 DNA。电子显微镜检测结果表明，细胞核内仅仅生成了含有支架蛋白的未成熟病毒衣壳。核膜处偶然会发现有空衣壳在进行初级包膜，而且细胞质内有含有皮层结构的颗粒形成，并且该颗粒能释放到细胞外。单个基因的细胞内定位分析表明 pUL6、pUL15 和 pUL32 定位于细胞核，而 pUL28 和

pUL33 主要定位于细胞质。PRV 感染的细胞内及纯化病毒颗粒上都含有 pUL6，而其他几个蛋白的具体分布由于低丰度或者免疫原性等原因无法给出明确的结论。酵母双杂交研究结果表明 pUL15、pUL28 和 pUL33 三个蛋白之间存在着相互作用，提示与 HSV-1 一样，这个三聚体复合物可能参与病毒 DNA 串联体的裂解及 DNA 的衣壳化，而 pUL6 的作用是形成门口。关于 pUL32 蛋白扮演的角色从上述试验未能明确，有趣的是，PRV *UL32* 基因缺失，其功能被 HSV-1 同源基因反式互补，说明两者具有相同的作用，但 HSV-1 UL32 却不能被 PRV UL32 反式互补（Fuchs et al.，2009）。PRV UL54 是 HSV-1 具有多种功能的立即早期蛋白 ICP27 的同源物，研究表明 UL54 定位于细胞核，核定位序列（NLS）为（61）RQRRR（65），核仁定位序列（NoLS）为（45）RRRRGGRGGRAAR（57）。为了探讨 UL54 入核对 PRV 复制的影响，Li 等（2011）在 PRV BAC 的基础上，在 NLS/NoLS 上引入突变，构建了几个突变体病毒，发现在 NLS 或 NoLS 上序列上含有一个突变位点的突变体病毒，与亲本毒株相比，病毒产率明显下降；当 NLS 和 NoLS 序列上同时引入突变，此时突变蛋白 UL54 定位在病毒感染的细胞质内，病毒复制严重受损；此外，突变体病毒缺失 NLS 或 NoLS 时，病毒基因表达和 DNA 合成都存在一定程度的缺陷；同时缺失 NLS 和 NoLS 时，病毒基因表达、DNA 合成和子代病毒合成都存在严重的缺陷。这些研究表明 UL54 定位于核对于有效产生病毒粒子是极其重要的。在 α-疱疹病毒中，*US3* 基因是保守的，US3 编码一种蛋白激酶，具有多种生物学功能，参与了病毒核出芽、凋亡调控、细胞骨架修饰等多个过程。BHV-1 US3 蛋白也具有丝氨酸/苏氨酸激酶活性；它能对细胞骨架进行修饰，从而改变细胞形态。而在 US3 激酶活性区域附近或者内部引入点突变，细胞形态不会发生改变，说明 BHV-1 US3 激酶活性对于其改造细胞骨架是必需的（Brzozowska et al.，2010）。

二、在病毒致病机理方面的研究

病毒感染性克隆的应用，使先前针对单个基因的研究上升到病毒基因组整体水平，其结果更能真实地反映病毒的情况。在病毒感染性克隆基础上，构建具有标记基因的重组病毒，可以更直观地对病毒侵入宿主等过程进行示踪，如 Costes 等（2009）在锦鲤疱疹病毒（*Koi herpesvirus*，KHV）感染性克隆基础上构建了萤火虫荧光素酶 LUC 标记的重组病毒，不同时间段分析重组病毒感染鲤鱼的情况，发现包括鳍和鱼体表面的皮肤是 KHV 的主要侵入口。在疱疹病毒 BAC 的基础上，关于病毒致病因子的研究取得了一定进展。MDV R-LORF10 和 LORF4 分别与 MHC II β 链和 Ii（γ）链具有相互作用，Kim 等（2010）在构建的强毒株 BAC 克隆的基础上，分别对基因组上两个拷贝的 R-LORF10 的部分启动子序列和首位的 17 个氨基酸进行缺失、对 LORF4 进行了点突变（引入的点突变干扰了起始密码子，同时在 LORF4 内部引入终止密码子，但不影响重叠 ORF UL1 编码 gL 蛋白），构建并拯救出了两株突变体重组病毒，两株病毒与亲本毒株在细胞上的生长特性没有明显差异。动物实验表明，R-LORF10 突变株对鸡的致病力与亲本毒相比明显减弱，而令人吃惊的是，LORF4 突变株与之相反。BHV-1 是牛呼吸疾病综合征的一个重要的病原体，从潜伏感染状态活化后，BHV-1 将由三叉神经节的神经元细胞体向鼻和角膜部位的神经末梢迁移，病毒的这种顺行迁移对于 BHV-1 致病及病毒在牛群中流行起着重要的作用。Liu 等（2008）在 BHV-1 BAC 基础上构建了 *gE* 基因细胞质尾区截短的 BHV-1 BAC，并拯救获得了基因结构域缺失病毒，将该病毒分别于不同部位接种牛和兔体，发现缺失病毒能够有效地进行逆行迁移，即由鼻和角膜部位的神经末梢向三叉神经节的神经元细胞体迁移，而顺行迁移能力被损坏。Kasem 等（2010）在具有神经毒力的 EHV-1 Ab4p 株的基础上，构建了 *ORF37*（*UL24*）基因缺失病毒，*ORF37* 的缺失不影响邻近基因 *ORF36* 和 *ORF38* 的转录，以及病毒在 MDBK 细胞上的生长性能。将重组病毒接种 CBA/N1 小鼠，发现小鼠未发生任何神经紊乱或死亡现象。该试验表明 *ORF37* 基因是 EHV-1 Ab4p 株的神经毒力决定因子。EUL47 蛋白是 EHV-1 皮层结构的主要组分，为了阐明 EUL47 的功能，在 EHV-1 Ab4p 株感染性克隆的基础上，结合 Red/ET 技术，对 *EUL47* 基因（基因 13）进行了缺失，并拯救获得了重组病毒 Ab4pattBΔ13。重组病毒能有效地在 RK13 细胞上复制，说明 *EUL47* 是复制非必需的。然而重组毒株在细胞内和细胞外的病毒滴度分别为亲本毒株和 *EUL47* 恢复毒株的 1/10 和 1/100，噬斑面积也较亲本毒株和 *EUL47* 恢复毒株降低了一半，而病毒/噬斑形成单位较后两株病毒高出 21 倍。透射电子显微镜观察显示，基因缺失病毒感染细胞内，没有检测到具有包膜的病毒。基因缺失病毒感染仓鼠 1 天后即有伴随着体重减轻的临床症状出现，但是与接种了亲本毒和基因恢复毒株的仓鼠相比，接种基因缺失病毒的仓鼠仅有较轻的神经症状出现。综上，*EUL47* 对于维持病毒正常复制、病毒形态生成和病毒感染都是需要的，且在仓鼠模型中，*EUL47* 缺失，EHV-1 病毒神经毒力在一定程度上被弱化了（Yu et al.，2012）。病毒对于机体的免疫逃避是病毒在宿主中生存和致病的一个重要环节，研究表明，HCMV UL36 和 *UL37x1* 基因编码的 vICA 和 vMIA 这两个蛋白都能够调控宿主细胞的凋亡，是否 MCMV 的同源蛋白也具有类似功能，Mccormick 等（2005）进行了研究，结果表明，与 HCMV vMIA 一样，MCMV 基因组上与 HCMV UL37x1 同源的基因 *m38.5* 编码的蛋白也具有凋亡抑制活性，病毒蛋白的这一功能与病毒致病密切相关。

三、在新型疫苗和病毒载体研究中的应用

疱疹病毒由于具有容量大、含有多个复制非必需基因、重组病毒稳定等优点，在疱疹病毒感染性克隆及病毒基因结构和功能、病毒致病机理等研究的基础上，可以开展基因缺失疫苗、减毒活疫苗、病毒载体疫苗等新型疫苗的研究。较为成功的例子是 PRV 基因缺失疫苗，该疫苗已发展至第二代，第一代为 *TK* 基因缺失株；第二代是在 *TK* 缺失的基础上，还缺失了一些与毒力相关的非必需糖蛋白（如 gC、gG、gE 等）。TK-/gE-缺失株在欧美、日本等地区广泛使用，在该地区防控和根除 PRV 中发挥了重要作用。近几年基于疱疹病毒 BAC 的新型疫苗的研制也层出不穷。*gG* 基因缺失传染性喉气管炎病毒（ΔgG-ILTV）早在 2006 年就已获得，但胚内接种疫苗这种方式是否可行，一直没有定论，Legione 等（2012）对该病毒胚内接种方式进行了评估，发现在鸡胚 18 日龄时按照 10^2、10^3、10^4 PFU 的剂量接种 ΔgG-ILTV，在鸡孵化出 20 天后，仍能提

供对人工气管接毒的强毒株的保护。接种剂量越高，保护越明显。但是 qPCR 结果显示疫苗株不能阻断强毒株在气管的复制。该研究表明胚内接种疫苗是安全有效的。火鸡疱疹病毒（HVT）一直是被研究者们看好的一类疱疹病毒载体，以之作为载体表达外源基因也取得了良好的进展。Palya 等（2012）评估了以 HVT 为载体表达 I 型新城疫病毒（NDV）F 蛋白的重组病毒 rHVT-NDV 作为双价疫苗的可行性，采用鸡胚或皮下接种刚孵化的肉鸡，在不同日龄时以 V 型强毒 NDV 攻毒，两种接种方式对 20 日龄鸡的保护率分别为 57% 和 81%、对 27 日龄鸡保护率分别为 100% 和 95%，对 40 日龄鸡的保护率皆为 100%。在 3～4 周龄的鸡中能检测到对疫苗株的体液免疫反应。在免疫鸡中，强毒的滴度随着时间延长而减少。尽管 HVT 表达的 NDV F 基因型与攻毒株不同，rHVT-NDV 仍能提供很好的免疫保护。Iqbal 等（2012）以 HVT 表达了高致病性禽流感 H7N1 HA 蛋白，获得的重组病毒 rHVT-H7HA 不仅能保护鸡免受高致病性 H7N1 的攻击，而且能免受强毒 MDV 攻击。此外，该重组病毒还具有可用于鉴别诊断的优点。除了常见的几种病毒如 MDV、HVT、PRV 之外，近几年，EHV-1、BHV-4、BHV-1、羊疱疹病毒 I 型（CpHV-1）、DEV 等疱疹病毒也纷纷用于病毒载体的研究，疱疹病毒作为疫苗和病毒载体的研究其热度有增无减。

结　语

疱疹病毒是一类宿主范围广、种类繁杂、对人类和动物健康构成极大威胁的病毒。由于自身基因组比较大，该类病毒反向遗传学操作系统的建立一直比较艰难。自 20 世纪 90 年代 BAC 技术诞生，疱疹病毒基因组的操作经历了飞跃性的发展，多种疱疹病毒反向遗传学系统已被建立。基于细菌人工染色体的疱疹病毒感染性克隆的建立，以及结合 Red E/T 重组等修饰技术可以将研究对象置于病毒基因组背景中进行研究，为研究者在 DNA 水平上开展疱疹病毒研究和在全基因组水平上解析疱疹病毒奠定了基础。迄今为止，已在病毒基因结构与功能、病毒毒力因子的寻找、新型疫苗及病毒载体等方面也取得了令人瞩目的进展。相信在未来的研究中它将继续发挥更为重要的作用。

参 考 文 献

黎庶，胡福泉. 2009. 单纯疱疹病毒的复制组装机制. 微生物学免疫学进展，1：12.
李丽娟，程安春，汪铭书. 2010. 疱疹病毒 gI 基因及其编码蛋白的研究进展. 病毒学报，26：340-344.
柳金雄，陈普成，邹丽，等. 2011. 鸭病毒性肠炎病毒基因组异构体的研究. 中国预防兽医学报，33：658-660.
殷震，刘景华. 1997. 动物病毒学. 第二版. 北京：科学出版社.
尹文玲，尹龙勃，叶伟成，等. 2010. 猪伪狂犬病毒浙江株感染性细菌人工染色体克隆的构建. 病毒学报，26：330-335.
张忠信. 2012. ICTV 第九次报告对病毒分类系统的一些修改. 病毒学报，5：20.
Arvin A. 2007. Human herpesviruses: biology, therapy, and immunoprophylaxis. Cambridge: Cambridge University Press.

Atanasiu D, Whitbeck J C, De Leon M P, et al. 2010. Bimolecular complementation defines functional regions of herpes simplex virus gB that are involved with gH/gL as a necessary step leading to cell fusion. Journal of Virology, 84: 3825-3834.

Azab W, El-Sheikh A. 2012. The role of equine herpesvirus type 4 glycoprotein K in virus replication. Viruses, 4: 1258-1263.

Azab W, Tsujimura K, Maeda K, et al. 2010. Glycoprotein C of equine herpesvirus 4 plays a role in viral binding to cell surface heparan sulfate. Virus Research, 151: 1-9.

Backovic M, Dubois R M, Cockburn J J, et al. 2010. Structure of a core fragment of glycoprotein H from pseudorabies virus in complex with antibody. Proceedings of the National Academy of Sciences of the United States of America, 107: 22635-22640.

Baines J D, Roizman B. 1991. The open reading frames UL3, UL4, UL10, and UL16 are dispensable for the replication of herpes simplex virus 1 in cell culture. Journal of Virology, 65: 938-944.

Baluchova K, Kirby M, Ahasan M M, et al. 2008. Preliminary characterization of murine cytomegaloviruses with insertional and deletional mutations in the M34 open reading frame. Journal of Medical Virology, 80: 1233-1242.

Basu S, Dubin G, Nagashunmugam T, et al. 1997. Mapping regions of herpes simplex virus type 1 glycoprotein I required for formation of the viral Fc receptor for monomeric IgG. The Journal of Immunology, 158: 209-215.

Berarducci B, Rajamani J, Reichel T M, et al. 2009. Deletion of the first cysteine-rich region of the varicella-zoster virus glycoprotein E ectodomain abolishes the gE and gI interaction and differentially affects cell-cell spread and viral entry. Journal of Virology, 83: 228-240.

Blondeau C, Chbab N, Beaumont C, et al. 2007. A full UL13 open reading frame in Marek's disease virus (MDV) is dispensable for tumor formation and feather follicle tropism and cannot restore horizontal virus transmission of rRB-1B *in vivo*. Veterinary Research, 38: 419-433.

Boehme K W, Singh J, Perry S T, et al. 2004. Human cytomegalovirus elicits a coordinated cellular antiviral response via envelope glycoprotein B. Journal of Virology, 78: 1202-1211.

Bowman J J, Lacayo J C, Burbelo P, et al. 2011. Rhesus and human cytomegalovirus glycoprotein L are required for infection and cell-to-cell spread of virus but cannot complement each other. Journal of Virology, 85: 2089-2099.

Bryant N A, Davis-Poynter N, Vanderplasschen A, et al. 2003. Glycoprotein G isoforms from some alphaherpesviruses function as broad-spectrum chemokine binding proteins. The EMBO Journal, 22: 833-846.

Brzozowska A, Rychlowski M, Lipińska A D, et al. 2010. Point mutations in BHV-1 Us3 gene abolish its ability to induce cytoskeletal changes in various cell types. Veterinary Microbiology, 143: 8-13.

Campadelli-Fiume G, Menotti L, Avitabile E, et al. 2012. Viral and cellular contributions to herpes simplex virus entry into the cell. Current Opinion in Virology, 2: 28-36.

Cardone G, Heymann J B, Cheng N, et al. 2012. Procapsid assembly, maturation, nuclear exit: dynamic steps in the production of infectious herpesvirions, Viral molecular machines. Advances in Experimental Medicine and Biology, 726: 423-439.

Carfí A, Willis S H, Whitbeck J C, et al. 2001. Herpes simplex virus glycoprotein D bound to the human receptor HveA. Molecular Cell, 8: 169-179.

Chouljenko V N, Iyer A V, Chowdhury S, et al. 2009. The amino terminus of herpes simplex virus type

1 glycoprotein K (gK) modulates gB-mediated virus-induced cell fusion and virion egress. Journal of Virology, 83: 12301-12313.

Chouljenko V N, Iyer A V, Chowdhury S, et al. 2010. The herpes simplex virus type 1 UL20 protein and the amino terminus of glycoprotein K (gK) physically interact with gB. Journal of Virology, 84: 8596-8606.

Chowdary T K, Cairns T M, Atanasiu D, et al. 2010. Crystal structure of the conserved herpesvirus fusion regulator complex gH-gL. Nature Structural & Molecular Biology, 17: 882-888.

Costes B, Raj V S, Michel B, et al. 2009. The major portal of entry of koi herpesvirus in Cyprinus carpio is the skin. Journal of Virology, 83: 2819-2830.

Costes B, Thirion M, Dewals B, et al. 2006. Felid herpesvirus 1 glycoprotein G is a structural protein that mediates the binding of chemokines on the viral envelope. Microbes and Infection, 8: 2657-2667.

Crabb B S, Nagesha H S, Studdert M J. 1992. Identification of equine herpesvirus 4 glycoprotein G: a type-specific, secreted glycoprotein. Virology, 190: 143-154.

David A T, Saied A, Charles A, et al. 2012. A herpes simplex virus 1 (McKrae) mutant lacking the glycoprotein K gene is unable to infect via neuronal axons and egress from neuronal cell bodies. American Scoiety of Microbiology, 3 (4): e00144-12.

Devlin J, Browning G, Gilkerson J. 2006. A glycoprotein I-and glycoprotein E-deficient mutant of infectious laryngotracheitis virus exhibits impaired cell-to-cell spread in cultured cells. Archives of Virology, 151: 1281-1289.

Dijkstra J M, Visser N, Mettenleiter T C, et al. 1996. Identification and characterization of pseudorabies virus glycoprotein gM as a nonessential virion component. Journal of Virology, 70: 5684-5688.

Dingwell K S, Brunetti C R, Hendricks R L, et al. 1994. Herpes simplex virus glycoproteins E and I facilitate cell-to-cell spread *in vivo* and across junctions of cultured cells. Journal of Virology, 68: 834-845.

Drummer H E, Studdert M J, Crabb B S. 1998. Equine herpesvirus-4 glycoprotein G is secreted as a disulphide-linked homodimer and is present as two homodimeric species in the virion. Journal of General Virology, 79: 1205-1213.

Engelhardt T, Keil G M. 1996. Identification and characterization of the bovine herpesvirus 5 US4 gene and gene products. Virology, 225: 126-135.

Forrester A J, Sullivan V, Simmons A, et al. 1991. Induction of protective immunity with antibody to herpes simplex virus type 1 glycoprotein H (gH) and analysis of the immune response to gH expressed in recombinant vaccinia virus. Journal of General Virology, 72: 369-375.

Foster T P, Kousoulas K G. 1999. Genetic analysis of the role of herpes simplex virus type 1 glycoprotein K in infectious virus production and egress. Journal of Virology, 73: 8457-8468.

Franceschi V, Capocefalo A, Cavirani S, et al. 2013. Bovine herpesvirus 4 glycoprotein B is indispensable for lytic replication and irreplaceable by VSVg. BMC Veterinary Research, 9: 6.

Friedman H M, Cohen G H, Eisenberg R J, et al. 1984. Glycoprotein C of herpes simplex virus 1 acts as a receptor for the C3b complement component on infected cells. Nature, 309 (5969): 633-635.

Fuchs W, Klupp B G, Granzow H, et al. 2009. Characterization of pseudorabies virus (PrV) cleavage-encapsidation proteins and functional complementation of PrV pUL32 by the homologous protein of herpes simplex virus type 1. Journal of Virology, 83: 3930-3943.

Fuchs W, Mettenleiter T C. 1999. DNA sequence of the UL6 to UL20 genes of infectious laryngotracheitis virus and characterization of the UL10 gene product as a nonglycosylated and nonessential virion protein. Journal of General Virology, 80: 2173-2182.

Fuchs W, Mettenleiter T C. 2005. The nonessential UL49. 5 gene of infectious laryngotracheitis virus encodes an O-glycosylated protein which forms a complex with the non-glycosylated UL10 gene product. Virus Research, 112: 108-114.

Geraghty R J, Krummenacher C, Cohen G H, et al. 1998. Entry of alphaherpesviruses mediated by poliovirus receptor-related protein 1 and poliovirus receptor. Science, 280: 1618-1620.

Gerber S I, Belval B J, Herold B C. 1995. Differences in the role of glycoprotein C of HSV-1 and HSV-2 in viral binding may contribute to serotype differences in cell tropism. Virology, 214: 29-39.

Ghiasi H, Kaiwar R, Nesburn A B, et al. 1994. Expression of seven herpes simplex virus type 1 glycoproteins (gB, gC, gD, gE, gG, gH, and gI): comparative protection against lethal challenge in mice. Journal of Virology, 68: 2118-2126.

Gomi Y, Sunamachi H, Mori Y, et al. 2002. Comparison of the complete DNA sequences of the Oka varicella vaccine and its parental virus. Journal of Virology, 76: 11447-11459.

Gompels U, Minson A. 1989. Antigenic properties and cellular localization of herpes simplex virus glycoprotein H synthesized in a mammalian cell expression system. Journal of Virology, 63: 4744-4755.

Harris S L, Frank I, Vee A, et al. 1990. Glycoprotein C of herpes simplex virus type 1 prevents complement-mediated cell lysis and virus neutralization. Journal of Infectious Diseases, 162: 331-337.

Hartley C, Drummer H, Studdert M. 1999. The nucleotide sequence of the glycoprotein G homologue of equine herpesvirus 3 (EHV3) indicates EHV3 is a distinct equid alphaherpesvirus. Archives of Virology, 144: 2023-2033.

Herold B C, Visalli R J, Susmarski N, et al. 1994. Glycoprotein C-independent binding of herpes simplex virus to cells requires cell surface heparan sulphate and glycoprotein B. Journal of General Virology, 75: 1211-1222.

Herold B C, Wudunn D, Soltys N, et al. 1991. Glycoprotein C of herpes simplex virus type 1 plays a principal role in the adsorption of virus to cells and in infectivity. Journal of Virology, 65: 1090-1098.

Hobom U, Brune W, Messerle M, et al. 2000. Fast screening procedures for random transposon libraries of cloned herpesvirus genomes: mutational analysis of human cytomegalovirus envelope glycoprotein genes. Journal of Virology, 74: 7720-7729.

Howard P W, Howard T L, Johnson D C. 2013. Herpes simplex virus membrane proteins gE/gI and US9 act cooperatively to promote transport of capsids and glycoproteins from neuron cell bodies into initial axon segments. Journal of Virology, 87: 403-414.

Husak P J, Kuo T, Enquist L. 2000. Pseudorabies virus membrane proteins gI and gE facilitate anterograde spread of infection in projection-specific neurons in the rat. Journal of Virology, 74: 10975-10983.

Hutchinson L, Johnson D C. 1995. Herpes simplex virus glycoprotein K promotes egress of virus particles. Journal of Virology, 69: 5401-5413.

Iqbal M. 2012. Progress toward the development of polyvalent vaccination strategies against multiple viral infections in chickens using herpesvirus of turkeys as vector. Bioengineered, 3: 222-226.

Jambunathan N, Chowdhury S, Subramanian R, et al. 2011. Site-specific proteolytic cleavage of the amino terminus of herpes simplex virus glycoprotein K on virion particles inhibits virus entry. Journal of Virology, 85 (24): 12910-12918. doi: 10. 1128/JVI. 06268-11.

Jarosinski K W, Margulis N G, Kamil J P, et al. 2007. Horizontal transmission of Marek's disease virus requires US2, the UL13 protein kinase, and gC. Journal of Virology, 81: 10575-10587.

Jarosinski K W, Osterrieder N. 2012. Marek's disease virus expresses multiple UL44 (gC) variants through mRNA splicing that are all required for efficient horizontal transmission. Journal of Virology, 86: 7896-7906.

Jayachandra S, Baghian A, kousoulas K G. 1997. Herpes simplex virus type 1 glycoprotein K is not essential for infectious virus production in actively replicating cells but is required for efficient envelopment and translocation of infectious virions from the cytoplasm to the extracellular space. Journal of Virology, 71: 5012-5024.

Johnson D C, Webb M, Wisner T W, et al. 2001. Herpes simplex virus gE/gI sorts nascent virions to epithelial cell junctions, promoting virus spread. Journal of Virology, 75: 821-833.

Kasem S, Yu M H, Yamada S, et al. 2010. The ORF37 (UL24) is a neuropathogenicity determinant of equine herpesvirus 1 (EHV-1) in the mouse encephalitis model. Virology, 400: 259-270.

Keil G M, Engelhardt T, Karger A, et al. 1996. Bovine herpesvirus 1 U (s) open reading frame 4 encodes a glycoproteoglycan. Journal of Virology, 70: 3032-3038.

Kim T, Hunt H D, Cheng H H. 2010. Marek's disease viruses lacking either R-LORF10 or LORF4 have altered virulence in chickens. Virus Genes, 40: 410-420.

King A M, Adams M J, Lefkowitz E J, et al. 2011. Virus taxonomy: IXth report of the International Committee on Taxonomy of Viruses. Access Online via Elsevier. Elsevier.

Klupp B G, Baumeister J, Dietz P, et al. 1998. Pseudorabies virus glycoprotein gK is a virion structural component involved in virus release but is not required for entry. Journal of Virology, 72: 1949-1958.

Klupp B G, Hengartner C J, Mettenleiter T C, et al. 2004. Complete, annotated sequence of the pseudorabies virus genome. Journal of Virology, 78: 424-440.

Klupp B G, Visser N, Mettenleiter T C. 1992. Identification and characterization of pseudorabies virus glycoprotein H. Journal of Virology, 66 (5): 3048-3055.

Klupp B G, Visser N, Mettenleiter T C. 1992. Identification and characterization of pseudorabies virus glycoprotein H. Journal of Virology, 66: 3048-3055.

Knipe D M. 2006. Fields Virology. Lippincott Williams & Wilkins.

Koppers-Lalic D, Reits E A, Ressing M E, et al. 2005. Varicelloviruses avoid T cell recognition by UL49. 5-mediated inactivation of the transporter associated with antigen processing. Proceedings of the National Academy of Sciences of the United States of America, 102: 5144-5149.

Koppers-Lalic D, Verweij M C, Lipińska A D, et al. 2008. Varicellovirus UL49. 5 proteins differentially affect the function of the transporter associated with antigen processing, TAP. PLoS Pathogens, 4: e1000080.

Krummenacher C, Nicola A V, Whitbeck J C, et al. 1998. Herpes simplex virus glycoprotein D can bind to poliovirus receptor-related protein 1 or herpesvirus entry mediator, two structurally unrelated mediators of virus entry. Journal of Virology, 72: 7064-7074.

König P, Giesow K, Keil G M. 2002. Glycoprotein M of bovine herpesvirus 1 (BHV-1) is nonessential for replication in cell culture and is involved in inhibition of bovine respiratory syncytial virus F protein induced syncytium formation in recombinant BHV-1 infected cells. Veterinary Microbiology, 86: 37-49.

Legione A R, Coppo M J, Lee S-W, et al. 2012. Safety and vaccine efficacy of a glycoprotein G deficient strain of infectious laryngotracheitis virus delivered *in ovo*. Vaccine, 30 (50): 7193-7198

Leoni V, Gianni T, Salvioli S, et al. 2012. Herpes simplex virus glycoproteins gH/gL and gB bind Toll-like receptor 2, and soluble gH/gL is sufficient to activate NF-κB. Journal of Virology, 86: 6555-6562.

Li M, Wang S, Cai M, et al. 2011. Identification of nuclear and nucleolar localization signals of pseudorabies virus (PRV) early protein UL54 reveals that its nuclear targeting is required for efficient production of PRV. Journal of Virology, 85: 10239-10251.

Ligas M W, Johnson D C. 1988. A herpes simplex virus mutant in which glycoprotein D sequences are replaced by beta-galactosidase sequences binds to but is unable to penetrate into cells. Journal of Virology, 62: 1486-1494.

Liu Z, Brum M, Doster A, et al. 2008. A bovine herpesvirus type 1 mutant virus specifying a carboxyl-terminal truncation of glycoprotein E is defective in anterograde neuronal transport in rabbits and calves. Journal of Virology, 82: 7432-7442.

Lubinski J M, Wang L, Soulika A M, et al. 1998. Herpes simplex virus type 1 glycoprotein gC mediates immune evasion *in vivo*. Journal of Virology, 72: 8257-8263.

Mahony T J, Mccarthy F M, Gravel J L, et al. 2002. Construction and manipulation of an infectious clone of the bovine herpesvirus 1 genome maintained as a bacterial artificial chromosome. Journal of Virology, 76: 6660-6668.

Mano J S, Jogger C R, Myscofski D, et al. 2004. Mutations in herpes simplex virus glycoprotein D that prevent cell entry via nectins and alter cell tropism. Proceedings of the National Academy of Sciences of the United States of America, 101: 12414-12421.

Marsden H S, Buckmaster A, Palfreyman J W, et al. 1984. Characterization of the 92 000-dalton glycoprotein induced by herpes simplex virus type 2. Journal of Virology, 50: 547-554.

Matsuura H, Kirschner A N, Longnecker R, et al. 2010. Crystal structure of the Epstein-Barr virus (EBV) glycoprotein H/glycoprotein L (gH/gL) complex. Proceedings of the National Academy of Sciences of the United States of America, 107: 22641-22646.

May J S, Colaco S, Stevenson P G. 2005. Glycoprotein M is an essential lytic replication protein of the murine gammaherpesvirus 68. Journal of Virology, 79: 3459-3467.

Mccormick A L, Meiering C D, Smith G B, et al. 2005. Mitochondrial cell death suppressors carried by human and murine cytomegalovirus confer resistance to proteasome inhibitor-induced apoptosis. Journal of Virology, 79: 12205-12217.

Mettenleiter T C, Zsak L, Zuckermann F, et al. 1990. Interaction of glycoprotein gIII with a cellular heparinlike substance mediates adsorption of pseudorabies virus. Journal of Virology, 64: 278-286.

Mettenleiter T C. 2004. Budding events in herpesvirus morphogenesis. Virus Research, 106: 167-180.

Moffat J, Ito H, Sommer M, et al. 2002. Glycoprotein I of varicella-zoster virus is required for viral replication in skin and T cells. Journal of Virology, 76: 8468-8471.

Montgomery R I, Warner M S, Lum B J, et al. 1996. Herpes simplex virus-1 entry into cells mediated by a novel member of the TNF/NGF receptor family. Cell, 87: 427-436.

Morgan R W, Cantello J L, Mcdermott C H. 1990. Transfection of chicken embryo fibroblasts with

Marek's disease virus DNA. Avian Diseases: 345-351.

Neubauer A, Rudolph J, Brandm L C, et al. 2002. The equine herpesvirus 1 UL34 gene product is involved in an early step in virus egress and can be efficiently replaced by a UL34-GFP fusion protein. Virology, 300: 189-204.

Okazaki K, Matsuzaki T, Sugahara Y, et al. 1991. BHV-1 adsorption is mediated by the interaction of glycoprotein gIII with heparinlike moiety on the cell surface. Virology, 181: 666-670.

Oliver S L, Sommer M H, Reichel T M, et al. 2011. Mutagenesis of varicella-zoster virus glycoprotein I (gI) identifies a cysteine residue critical for gE/gI heterodimer formation, gI structure, and virulence in skin cells. Journal of Virology, 85: 4095-4110.

Osterrieder N, Neubauer A, Brandmuller C, et al. 1996. The equine herpesvirus 1 glycoprotein gp21/22a, the herpes simplex virus type 1 gM homolog, is involved in virus penetration and cell-to-cell spread of virions. Journal of Virology, 70: 4110-4115.

Osterrieder N. 1999. Construction and characterization of an equine herpesvirus 1 glycoprotein C negative mutant. Virus Research, 59: 165-177.

Palya V, Kiss I, Tat R-Kis T, et al. 2012. Advancement in vaccination against newcastle disease: Recombinant HVT NDV provides high clinical protection and reduces challenge virus shedding with the absence of vaccine reactions. Avian Diseases, 56: 282-287.

Pomeranz L E, Reynolds A E, Hengartner C J. 2005. Molecular biology of pseudorabies virus: impact on neurovirology and veterinary medicine. Microbiology and Molecular Biology Reviews, 69: 462-500.

Ramos-Kuri J. 1992. Envelope and membrane glycoproteins of Herpes simplex virus. Revista Latinoamericana de Microbiologia, 34: 23-31.

Rao P, Pham H T, Kulkarni A, et al. 2011. Herpes simplex virus 1 glycoprotein B and US3 collaborate to inhibit CD1d antigen presentation and NKT cell function. Journal of Virology, 85: 8093-8104.

Ren Y, Bell S, Zenner H L, et al. 2012. Glycoprotein M is important for the efficient incorporation of glycoprotein H-L into herpes simplex virus type 1 particles. Journal of General Virology, 93: 319-329.

Richman D D, Buckmaster A, Bell S, et al. 1986. Identification of a new glycoprotein of herpes simplex virus type 1 and genetic mapping of the gene that codes for it. Journal of Virology, 57: 647-655.

Roberts S R, Ponce De Leon M, Cohen G H, et al. 1991. Analysis of the intracellular maturation of the herpes simplex virus type 1 glycoprotein gH in infected and transfected cells. Virology, 184: 609-624.

Roller R J. 2008. Nuclear egress of herpesviruses. Virologica Sinica, 23: 406-415.

Said A, Azab W, Damiani A, et al. 2012. Equine herpesvirus Type 4 UL56 and UL49.5 proteins downregulate cell surface major histocompatibility complex class I expression independently of each other. Journal of Virology, 86: 8059-8071.

Schumacher D, Tischer B K, Fuchs W, et al. 2000. Reconstitution of Marek's disease virus serotype 1 (MDV-1) from DNA cloned as a bacterial artificial chromosome and characterization of a glycoprotein B-negative MDV-1 mutant. Journal of Virology, 74: 11088-11098.

Schumacher D, Tischer B K, Reddy S M, et al. 2001. Glycoproteins E and I of Marek's disease virus serotype 1 are essential for virus growth in cultured cells. Journal of Virology, 75: 11307-11318.

Sciortino M T, Medici M A, Marino-Merlo F, et al. 2008. Involvement of HVEM receptor in activation of nuclear factor κB by herpes simplex virus 1 glycoprotein D. Cellular Microbiology, 10: 2297-2311.

Shanley J D, Wu C A. 2005. Intranasal immunization with a replication-deficient adenovirus vector expressing glycoprotein H of murine cytomegalovirus induces mucosal and systemic immunity. Vaccine, 23: 996-1003.

Shukla D, Liu J, Blaiklock P, et al. 1999. A novel role for 3-O-sulfated heparan sulfate in herpes simplex virus 1 entry. Cell, 99: 13-22.

Spear P G. 2004. Herpes simplex virus: receptors and ligands for cell entry. Cellular Microbiology, 6: 401-410.

Su H K, Eberle R, Courtney R J. 1987. Processing of the herpes simplex virus type 2 glycoprotein gG-2 results in secretion of a 34 000-Mr cleavage product. Journal of Virology, 61: 1735-1737.

Subramanian R P, Geraghty R J. 2007. Herpes simplex virus type 1 mediates fusion through a hemifusion intermediate by sequential activity of glycoproteins D, H, L, and B. Proceedings of the National Academy of Sciences of the United States of America, 104: 2903-2908.

Tirabassi R, Enquist L. 2000. Role of the pseudorabies virus gI cytoplasmic domain in neuroinvasion, virulence, and posttranslational N-linked glycosylation. Journal of Virology, 74: 3505-3516.

Tischer B K, Schumacher D, Messerle M, et al. 2002. The products of the UL10 (gM) and the UL49.5 genes of Marek's disease virus serotype 1 are essential for virus growth in cultured cells. Journal of General Virology, 83: 997-1003.

Tsujimura K, Yamanaka T, Kondo T, et al. 2006. Pathogenicity and immunogenicity of equine herpesvirus type 1 mutants defective in either gI or gE gene in murine and hamster models. The Journal of Veterinary Medical Science/the Japanese Society of Veterinary Science, 68: 1029-1038.

Turner A, Bruun B, Minson T, et al. 1998. Glycoproteins gB, gD, and gHgL of herpes simplex virus type 1 are necessary and sufficient to mediate membrane fusion in a Cos cell transfection system. Journal of Virology, 72: 873-875.

Verweij M C, Lipińska A D, Koppers-Lalic D, et al. 2011. The capacity of UL49.5 proteins to inhibit TAP is widely distributed among members of the genus Varicellovirus. Journal of Virology, 85: 2351-2363.

Wang J, Osterrieder N. 2011. Generation of an infectious clone of duck enteritis virus (DEV) and of a vectored DEV expressing hemagglutinin of H5N1 avian influenza virus. Virus Research, 159: 23-31.

Warner M S, Geraghty R J, Martinez W M, et al. 1998. A cell surface protein with herpesvirus entry activity (HveB) confers susceptibility to infection by mutants of herpes simplex virus type 1, herpes simplex virus type 2, and pseudorabies virus. Virology, 246: 179-189.

Weller S K, Coen D M. 2012. Herpes simplex viruses: mechanisms of DNA replication. Cold Spring Harbor Perspectives in Biology, 4 (9): a013011.

Whitbeck J C, Peng C, Lou H, et al. 1997. Glycoprotein D of herpes simplex virus (HSV) binds directly to HVEM, a member of the tumor necrosis factor receptor superfamily and a mediator of HSV entry. Journal of Virology, 71: 6083-6093.

Whitbeck J, Knapp A, Enquist L, et al. 1996. Synthesis, processing, and oligomerization of bovine herpesvirus 1 gE and gI membrane proteins. Journal of Virology, 70: 7878-7884.

Yamagishi Y, Sadaoka T, Yoshii H, et al. 2008. Varicella-zoster virus glycoprotein M homolog is glycosylated, is expressed on the viral envelope, and functions in virus cell-to-cell spread. Journal of Virology, 82: 795-804.

Yao H, Osterrieder N, O'Callaghan D J. 2003. Generation and characterization of an *EICP*0 null mutant of equine herpesvirus 1. Virus research, 98: 163-172.

Yu M H H, Kasem S, Yoshizaki N, et al. 2012. Functional characterization of EUL47 in productive replication, morphogenesis and infectivity of equine herpesvirus 1. Virus Research, 163: 310-319.

Ziegler C, Just F T, Lischewski A, et al. 2005. A glycoprotein M-deleted equid herpesvirus 4 is severely impaired in virus egress and cell-to-cell spread. Journal of General Virology, 86: 11-21.

第二十一章 痘病毒科的反向遗传学

第一节 痘病毒科的基本特征

一、痘病毒的分类及宿主范围

痘病毒（*Poxvirus*）是已知可感染人、动物和昆虫的最大、最复杂的线性 dsDNA 病毒家族。根据病毒的特征、自然宿主和抗原特异性，将痘病毒科又分为两个亚科，即脊椎动物痘病毒亚科和昆虫痘病毒亚科。其中脊椎动物痘病毒亚科包括正痘病毒属（*Orthopoxvirus*）、山羊痘病毒属（*Capripoxvirus*）、禽痘病毒属（*Avipoxvirus*）、副痘病毒属（*Parapoxvirus*）、猪痘病毒属（*Suipoxvirus*）、兔痘病毒属（*Leporipoxvirus*）、软疣痘病毒属（*Molluscipoxvirus*）、亚塔痘病毒属（*Yatapoxvirus*）及鹿痘病毒属（*Cervidpoxvirus*）9个属组成（表21-1）。昆虫痘病毒亚科只包括昆虫痘病毒 A、B、C 3个属。目前仍有一些未定属的痘病毒（殷震和刘景华，1997；陆承平，2001；邵一鸣，2012）。

表 21-1 脊椎动物痘病毒亚科的分类及其宿主范围与分布

病毒种属	地理分布	宿主范围
正痘病毒属（*Orthopoxvirus*）		
天花病毒（Variola virus，VARV）	全球已消灭	人
痘苗病毒（Vaccinia virus，VACV）	全世界	人，牛，水牛，兔，猪
牛痘病毒（Cowpox virus，CPXV）	欧亚大陆西部	奶牛，人，猫，大象等
猴痘病毒（Monkeypox virus，MPXV）	西非，中非，美国	人，灵长类，松鼠
骆驼痘病毒（Camelpox virus，CMLV）	亚洲，非洲	骆驼
鼠痘病毒（Ectromelia virus，ECTV）	全世界	小鼠，大鼠等
马痘病毒（Horsepox virus，HSPV）	非洲，南美，欧洲	马，牛，人
沙鼠痘病毒（Taterapox virus，TATV）	西非	沙鼠
田鼠痘病毒（Volepox virus）	美国	田鼠
浣熊痘病毒（Raccoonpox virus）	北美	浣熊
海豹痘病毒（Seal poxvirus）	北欧	灰海豹
山羊痘病毒属（*Capripoxvirus*）		
绵羊痘病毒（Sheeppox virus，SPPV）	非洲，亚洲	绵羊，山羊
山羊痘病毒（Goatpox virus，GTPV）	非洲，亚洲	绵羊，山羊
疙瘩皮肤病病毒（Lumpy skin disease virus，LSDV）	非洲	牛

续表

病毒种属	地理分布	宿主范围
猪痘病毒属（*Suipoxvirus*）		
猪痘病毒（Swinepox virus, SWPV）	全世界	猪
松鼠痘病毒（Squirrelpox virus）	欧洲	红松鼠
兔痘病毒属（*Leporipoxvirus*）		
黏液瘤病毒（Myxoma virus, MYXV）	美洲，欧洲，大洋洲	兔
兔纤维瘤病毒（Rabbit fibroma virus, RFV）		兔，棉尾兔
松鼠纤维瘤病毒（Squirrel fibroma virus）	北美	灰松鼠
副痘病毒属（*Parapoxvirus*）		
口疮病毒（Orf virus, ORFV）	全世界	人，绵羊、山羊等偶蹄动物
牛丘疹性口炎病毒（Bovine papular stomatitis virus, BPSV）	全世界	人，牛
伪牛痘病毒（Pseudocowpox virus）		人，牛
海豹副痘病毒（Seal parapoxvirus）	全世界	人，海豹
马鹿副痘病毒（Red deer parapoxvirus）	全世界	人，驯鹿
禽痘病毒属（*Avipoxvirus*）	新西兰，芬兰	
鸡痘病毒（Fowlpox virus, FPV）		鸡、火鸡及其他禽类
鸽痘病毒（Pigeonpox virus）	全世界	鸽、鸡、火鸡等
鹦鹉痘病毒（Psittacinepox virus）		鹦鹉
麻雀痘病毒（Starlingpox virus）		麻雀
火鸡痘病毒（Turkeypox virus）		火鸡、鸡等
亚塔痘病毒属（*Yatapoxvirus*）		
Tana痘病毒（Tanapox virus, TPV）	非洲	人
Yaba样病病毒（Yaba-like disease virus, YLDV）	非洲	灵长类
Yaba猴肿瘤病毒（Yaba monkey tumor virus, YMTV）	非洲	灵长类
软疣痘病毒属（*Molluscipoxvirus*）		
传染性软疣病毒（Molluscum contagiosum virus, MOCV）	全世界	人
鹿痘病毒属（*Cervidpoxvirus*）		
鹿痘病毒（Deerpox virus, DPV）	北美	鹿

痘病毒具有明显的组织嗜性和宿主特异性。除猫和犬外，几乎各种哺乳动物都有各自的痘病毒，同时一些痘病毒可感染多种不同种的动物。一般认为不同动物的痘病毒属于不同的病毒属，其宿主虽不同，但在病原形态结构、化学组成和抗原性等方面均相似，现认为引起动物痘病的病毒最初可能来源于同一种病毒，由于长期在各种动物间感

染继代适应，逐渐形成了各种动物的痘病毒，并具有一定的组织嗜性和宿主特异性（陆承平，2001；景志忠等，2011a；周涛等，2012）。

在哺乳动物痘病毒中，其中有 10 种痘病毒能感染人类并致病，主要包括正痘病毒属的天花病毒（Variola virus，VARV）、猴痘病毒（Monkeypox virus，MPXV）、痘病毒（Vaccinia virus，VACV）和牛痘病毒（Cowpox virus，CPXV）等，副痘病毒属的羊口疮病毒（Orf virus，ORFV）、山羊痘病毒属的绵羊痘病毒（Sheeppox virus，SPV）和山羊痘病毒（Goatpox virus，GPV）也都有感染人的报道（陆承平，2001；邵一鸣，2012）。其中天花病毒在 19~20 世纪至少造成了 5 亿人的死亡，后因在全球的牛痘疫苗接种运动，使人类在 1980 年宣布成功消灭了天花，但猴痘在欧洲、非洲和美国的出现，这又给人类敲响了警钟（景志忠等，2011a；周涛等，2012）。

二、痘病毒科的形态结构特征

大多数痘病毒粒子呈砖形（如正痘病毒），个别的痘病毒为卵圆形（如副痘病毒）。病毒粒子长 220~450nm、宽 140~260nm、厚 140~260nm，核衣壳为复合对称，由一管状物组成外层结构，外层结构之内是哑铃形的核心，以及两个功能不明的侧体（lateral body）。核心和侧体一起被脂蛋白性表面膜包裹，其间充满着可溶性蛋白。正痘病毒等的表面膜呈现出许多小杆状或小球状结构，副痘病毒等的表面膜上则有规律性的螺旋丝缠绕。病毒粒子核心内含有病毒的 DNA 及核蛋白，病毒囊膜含有宿主细胞的类脂成分或病毒的特殊蛋白。与其他 dsDNA 病毒比较，痘病毒能编码自身的 DNA 复制和转录相关的酶，并在细胞质中复制，产生嗜酸性或嗜碱性的包含体，形成所谓的"病毒工厂"（陆承平，2001）。一旦病毒进入细胞后，裸露的病毒粒子的 DNA 开始复制，病毒基因以一种协调的方式表达，接着组装成子代病毒粒子，并从细胞中释放出来。痘病毒的组装是一个复杂的病毒形态形成过程，它包括 4 种感染性病毒粒子形式（景志忠等，2011b）（图 21-1）：①细胞内的成熟病毒（intracellular mature virus，IMV 或 MV），只有当细胞裂解时才被释放出来；②细胞内的囊膜化病毒（intracellular enveloped virus，IEM），是病毒的一种中间形式，是 IMV 粒子通过转运高尔基体外侧膜以出芽方式产生；③ 细胞相关的囊膜化病毒（cell-associated enveloped virus，CEV），主要负责病毒在细胞间的传播；④细胞外的病毒（extracellular virus，EEV 或 EV），是病毒在宿主内个体间散播的关键形式。

三、痘病毒科的生物学特性

（一）痘病毒的理化学特性

痘病毒粒子在蔗糖中的浮密度为 $1.25g/cm^3$，在氯化铯中约 $1.30g/cm^3$。痘病毒对乙醚的敏感程度取决于其所含脂类量及其特性，其中正痘病毒属和禽痘病毒属对乙醚耐受，副痘病毒属、山羊痘病毒属和兔痘病毒属对乙醚敏感。用非离子去污剂和还原剂处理痘苗病毒粒子，可释放出十多种蛋白，其中大多数是糖蛋白；还有至少 18 种蛋白不被释放出来，可能是形成核心结构的蛋白（殷震和刘景华，1997；陆承平，2001）。

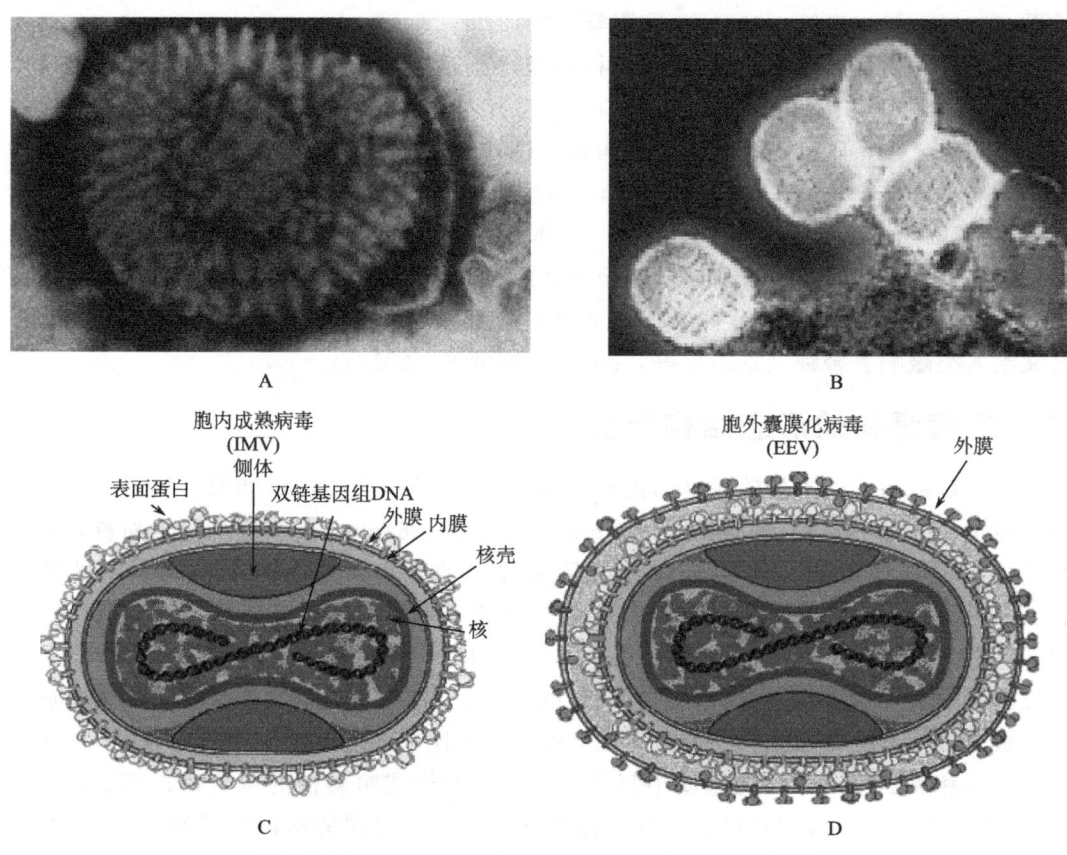

图 21-1 痘病毒的电子显微镜观察图及其结构模式图
A. 电子显微镜实际观察形态；B. 电子显微镜观察荧光形态；
C. 胞内成熟病毒（IMV）粒子的模式图；D. 胞外囊膜化病毒（EEV）粒子的模式图

痘病毒能在干燥、室温条件下，可耐受数月，100℃可耐受 5~10min，但在潮湿条件下 60℃ 10min 即可破坏。在 -70℃ 下，可存活多年。保存在 50% 甘油中的痘病毒，可在 0℃ 以下存活 3~4 年（殷震和刘景华，1997；陆承平，2001）。痘病毒对常用消毒剂具有较强抵抗力，但 50% 乙醇和 0.01% $KMnO_4$ 可在 1h 内灭活。

（二）痘病毒的培养特性

大多数痘病毒易在鸡胚绒毛尿囊膜上生长，并产生溃烂的病灶、痘斑或结节性病灶。病斑的形态和大小随病毒种类或毒株不同而不同。天花病毒和黏液瘤病毒引起小而分散的灰白色痘斑（白斑），痘苗病毒形成大而中心坏死的痘斑，牛痘病毒和某些嗜神经痘苗病毒株产生中央出血性痘斑（红斑）。兔纤维瘤病毒在绒毛尿囊膜上产生极微小的病变，肉眼很难看到。各种正痘病毒在鸡胚中生长的温度上限不同，如天花病毒为 38.5℃，猴痘病毒和鼠痘病毒为 39℃，牛痘病毒为 40℃，痘苗病毒和兔痘病毒为 41℃，培养温度的这些差别常被用于正痘病毒成员的鉴别（殷震和刘景华，

1997；陆承平，2001）。痘病毒易在组织培养细胞内增殖，并产生明显的 CPE 或蚀斑。常用于病毒培养的细胞有牛肾细胞、兔肾细胞、HeLa 细胞和鸡胚成纤维细胞（CEF）等。

（三）痘病毒的血凝性

痘苗病毒、天花病毒、牛痘病毒、猴痘病毒和鼠痘病毒等正痘病毒，以及禽痘病毒属的鸡痘病毒的囊膜表面和感染的细胞膜表面都有血凝素蛋白，故能凝集火鸡和某些鸡种的红细胞，而山羊痘病毒属、兔痘病毒属和副痘病毒属的病毒均无凝集素蛋白，因此其无血凝性。

血凝素分子质量为 85kDa 和 68kDa，它具有 N 和 O 连接的糖分子，而其他病毒糖蛋白只有 N 连接的糖分子。85kDa 蛋白产生于病毒感染的早期，且分布于囊膜表面。68kDa 蛋白则出现在病毒感染的晚期，可能来源于 85kDa 蛋白。应用离心沉淀方法，可将血凝素从病毒粒子上分离下来。以乙醚-乙醇抽提法分开的这两种成分，可再次重新组合成有活性的血凝素。借助红细胞吸附试验，可证明痘苗病毒和天花病毒感染的细胞膜上存在血凝素。疫苗接种的人和动物的血清中，证明有血凝素抗体存在，但其没有中和病毒的作用（殷震和刘景华，1997；陆承平，2001）。

（四）痘病毒的抗原性

痘病毒的抗原结构十分复杂，应用补体结合、中和、血凝抑制和琼脂扩散等试验都可检出许多抗原成分。在同属痘病毒的各成员之间存在着许多共同抗原和交叉中和反应性抗原成分，但在不同属的痘病毒之间常无交叉中和作用。

应用弱碱消化法，可从痘病毒的核心中提取出一种核蛋白即 NP 抗原，系脊椎动物痘病毒中所共有的抗原。应用中和试验可检测出各个种或株间的微小抗原差异，但补体结合试验和琼脂扩散试验不能鉴别这种微小差异。在琼脂扩散试验中，正痘病毒和黏液瘤病毒与相应的抗血清能产生 20 条沉淀线，但这两个痘病毒属中的各成员间的抗原性极为相似，彼此间仅有 1 个抗原的差异。

（五）痘病毒的病原性

痘病毒能引起人和许多动物的全身性或局部性皮肤痘疹，但各类痘病毒的感染范围不同，具有宿主特异性（景志忠等，2011b；周涛等，2012；Mcfadden，2005）。例如，兔黏液瘤病毒、鼠痘病毒和牛丘疹性口炎病毒等均有其专一的宿主，而不感染其他动物；但牛痘病毒和羊口疮病毒等能感染多种动物及人类。鸡痘病毒也可感染多种禽类，但极难感染哺乳动物。

痘病毒易在动物体内产生全身性感染，具有一定的组织嗜性（景志忠等，2011b；Mcfadden，2005；白刚等，2013；Shchelkunov，2012）。病毒血症的出现，引起全身皮肤出疹，最初为皮肤增生，后发生坏死。临床上最初表现为丘疹，随后变为水疱和脓疱，内脏器官如肺脏、肝脏和胃等则产生坏死灶。另外一些病毒如兔纤维瘤病毒则只诱发结缔组织的良性肿瘤。禽类的痘病毒与哺乳动物的痘病毒在致病性上不同，其通常引起结缔组织增生和肿瘤样病变。

  大多数痘病毒感染的特征是在感染的细胞内形成一个或多个细胞质内包含体。包含体呈圆形或卵圆形，Feulgen染色阳性，姬姆萨染色呈红紫色，HE染色呈紫色。用荧光抗体染色时，能发现包含体中含有大量的病毒抗原，呈嗜酸性包含体又称为B型包含体。另外，还有一些痘病毒如牛痘病毒和禽痘病毒等感染时，姬姆萨染色呈淡青色，HE染色呈深亮红色，Feulgen染色阴性，用荧光抗体染色时不能证明包含体中含有大量的病毒抗原，这种包含体称为嗜碱性包含体又称A型包含体。

  在各类痘病毒引起的疾病中，人的天花危害最为严重，传播速度极快，病死率高达15%～30%。在动物的痘病毒感染中，以羊痘和鸡痘最严重。其中羊痘的发病率和死亡率都很高，甚至可达100%（Zhou et al.，2012）。羊痘在印度的发病率和死亡率分别为63.5%和49.5%，经济损失为30%～43%。羊痘病毒被OIE列为必须通报的15种重要动物病原之一，也被美国CDC列为危险二级生物战制剂，被FAO列为因病致贫的前十位动物疫病之一。我国将羊痘列为一类动物疫病，绵羊痘病毒、山羊痘病毒列为二类危险病原进行生物安全管理。

第二节 痘病毒基因组结构及编码产物

  痘病毒基因组为130～375kb，大约编码200多种蛋白，其中150种左右蛋白为痘病毒所共有。目前已完成测序并公布了10属24种112个毒株的痘病毒基因组的信息（http://www.poxvirus.org）（Bratke et al.，2013；Hughes et al.，2010；Hendrickson et al.，2010；Hughes and Friedman，2005；Afonso et al.，2005；Caroline et al.，2004；Tulman et al.，2002）（表21-2）。比较基因组学研究表明，在痘病毒基因组的中间区其基因组成、排列方式及核苷酸序列都高度保守，并在病毒复制和组装等基本生物学过程中发挥着重要作用，主要编码DNA聚合酶、RNA聚合酶、胸苷激酶等成分；而位于基因组两端的基因簇，无论是反向重复序列（ITR）或是其他靠近末端区域的基因，在序列长度和限制酶酶切图谱上都不完全相同，它们决定着痘病毒特殊的生物学属性，如宿主范围、毒力因子和调节宿主免疫应答等（Bratke et al.，2013）（图21-2）。

一、痘病毒基因组的结构、基因数量与遗传关系

  除昆虫痘病毒外，脊椎动物痘病毒各属成员的基因组结构一般比较保守，其基因组中间部分一般很相似，主要编码负责RNA和DNA合成、蛋白质加工、病毒粒子组装和结构形成的蛋白。相反，基因组两末端编码的基因在不同属间、同属不同种间甚至同种不同毒株间差异较大，这些基因对病毒的生长关系不大；其编码的蛋白主要影响病毒的宿主范围、毒力以及调节宿主免疫系统的能力（图21-3，表21-3）。脊椎动物痘病毒基因组的大小为139（羊口疮病毒）～289kb（禽痘病毒），A+T含量36%（副痘病毒属）～75%（山羊痘病毒属）。而昆虫痘病毒（EnPV）基因组的差异更大，其基因顺序与脊椎动物的以及不同昆虫痘病毒属间都有较大差

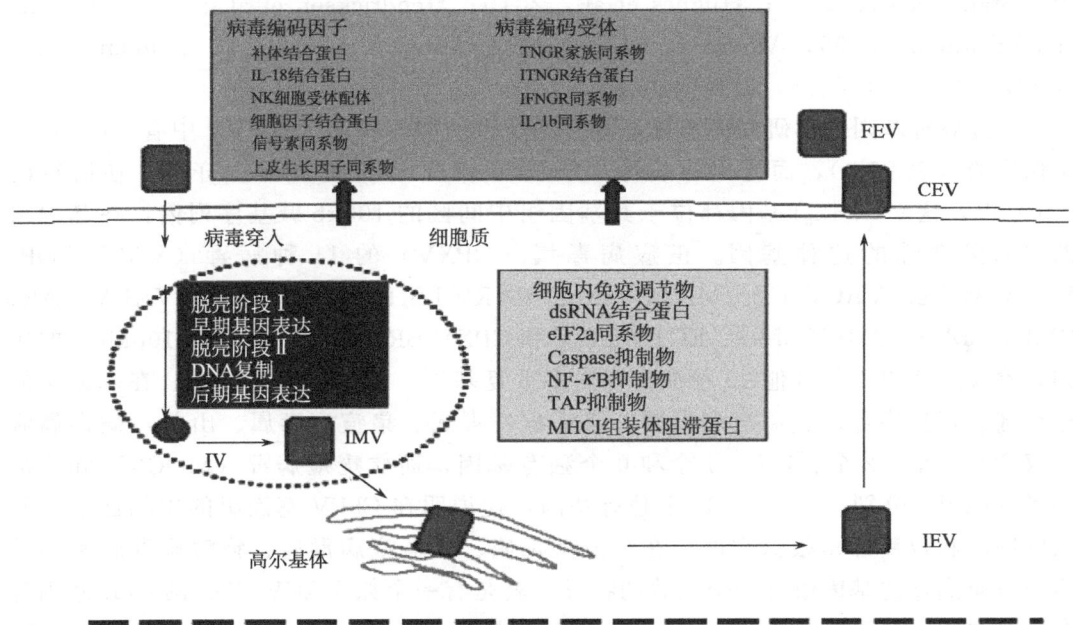

图 21-2 痘病毒编码的免疫调节蛋白及其复制周期模式图

IMV. 细胞内成熟的病毒；IEV. 细胞内囊膜化病毒；
CEV. 细胞相关的囊膜化病毒；EEV. 细胞外病毒

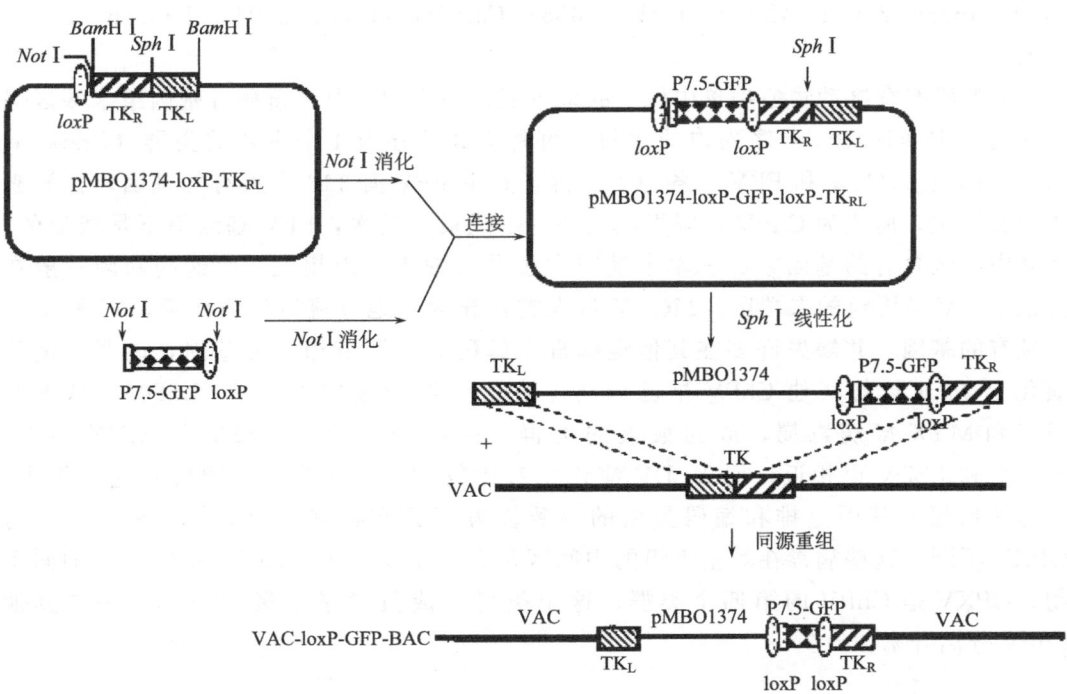

图 21-3 细菌人工染色体 VAC-loxP-GFP-BAC 的构建

异（Bratke et al.，2013；Hughes et al.，2010；Hendrickson et al.，2010；Hughes and Friedman，2005；Afonso et al.，2005；Caroline et al.，2004；Tulman et al.，2002）（表21-2）。

在痘病毒基因组学研究中发现，所有的脊椎动物痘病毒（ChPV）中有90个基因是保守的（表21-4），而昆虫痘病毒（EnPV）仅有49个基因是保守的。在所有的ChPV中，这90个保守基因都位于其基因组中间区的100kb碱基序列内，在基因组两端无保守性的这种基因。正痘病毒属（OPXV）的11种病毒（VACV-COP、VACV-MVA、VACV-TT、MPXV-Zaire、VARV-BSH、VARV-IND、VARV-GAR、CMPV-CM-S、CMPV-M-96、ECTV-NAV和CPXV-BR）基因组的中间100kb区的序列，除VACV-TT外其他10种都含有许多重复基因，且序列是相同的。在基因组的这个区，正痘病毒属、兔痘病毒属、亚塔痘病毒属、猪痘病毒属、山羊痘病毒属病毒仅含有3个、2个、1个、1个和0个独有基因，而软疣痘病毒（MOCV）和鸡痘病毒（FPV）分别有40个、30个独有基因，这说明在ChPV基因组的中间区所有基因的顺序和数量都是很保守的。在兔痘病毒属、亚塔痘病毒属、猪痘病毒属和山羊痘病毒属病毒的基因组有一个显著的特征，就是有一个如VACV-COP的 *C7L* 基因存在于其中间区，而正痘病毒属的存在于其末端区，这说明兔痘病毒、亚塔痘病毒、猪痘病毒和山羊痘病毒4个病毒属形成了一个与正痘病毒属不同的亚群。相反，禽痘病毒属和软疣痘病毒属的基因组与其他ChPV属的病毒不同，并含有许多独有的基因（Bratke et al.，2013；Hughes et al.，2010；Hendrickson et al.，2010；Hughes and Friedman，2005；Afonso et al.，2005；Caroline et al.，2004；Tulman et al.，2002）。

根据所有脊椎动物痘病毒中保守的多重复蛋白序列以及正痘病毒基因组末端区保守序列和中间区100kb序列内的比较，可将ChPV分为4个主要的类群（Bratke et al.，2013）：MOCV和FPV属各为1个群，其中FPV有113个独有的基因，推测来源于其宿主，而成为ChPV基因组最大的一个成员；其次，FPV基因组不是线形的，在其中间区含有的基因家族和单个基因大多数与细胞基因相关，而这些基因一般在其他ChPV基因组的末端区。MOCV是人类特异的呈地方流行的痘病毒，它含有70个独有的基因，并缺失许多在其他痘病毒中编码免疫调节相关的基因，说明在遗传演化上MOCV与其他ChPV早已分离。第三个类群包括YLDV、LSDV、SWPV、SFV和MYX痘病毒属，成为最大的类群。在这个类群中，SFV和MYX相近，SWPV和LSDV也相近，而YLDV演化相对比较远。在这些病毒的所有基因组中，其基因数量、基因重排和编码蛋白的一致性方面具有很好的保守性。显然，这与OPXV不同，这些病毒在其基因组的中间区都含有至少一个VACV基因 *C7L* 的同系物。OPXV是ChPV的第四个类群，这个类群的成员紧紧地聚在一起，并与其他ChPV分离开来。

表 21-2 痘病毒基因组基本结构及特征

属	种	毒株	基因组大小/bp	A+T 含量/%	末端反向重复序列/kb	预测编码蛋白数/个	GenBank 获取号
正痘病毒属	痘苗病毒 (VACV)	Copenhagen	191 636	66.6	12.0	273	M35027
		MVA	177 923	66.6	9.8	—	U94848
		Tian Tan	189 274	66.8	7.5	—	AF095689
	天花病毒 (VARV)	Bangladesh	186 102	66.3	0.7	197	L22579
		Garcia-1966	186 986	67.3	0.6	—	Y16780
		India-1967	185 578	67.3	—	—	X69198
		China-1948	186 668	—	—	—	DQ437582
	猴痘病毒 (MPXV)	Zaire-96-I-16	196 858	68.9	6.4	191	AF380138
		USA2003-39	198 780	—	—	—	DQ011157
	鼠痘病毒 (ECTV)	Moscow	209 771	66.8	—	173	AF012825
	骆驼痘病毒 (CMPV)	CM-S	202 185	66.9	6	214	AY009089
		M-96	205 719	66.8	7.7	—	AF438165
	牛痘病毒 (CPXV)	Brighton Red	224 501	66.6	—	233	AF482758
	沙鼠痘病毒 (TATV)	Dahomey1968	198 050	—	—	—	NC008291
	马痘病毒 (HSPV)		212 633	69.0	7.5	236	DQ792504
山羊痘病毒属	绵羊痘病毒 (SPPV)	MNR-76	149 995	75.0	2.2	148	AY077832
	山羊痘病毒 (GTPV)	TU-V02127	149 935	75.0	2.3	—	AY077835
	疙瘩皮肤病毒 (LSDV)	Pellor	150 733	73.0	2.4	156	AF325528
猪痘病毒属	猪痘病毒 (SWPV)	Neethling2490	146 454	72.0	3.7	150	AF410153

续表

属	种	毒株	基因组大小/bp	A+T含量/%	末端反向重复序列/kb	预测编码蛋白数/个	GenBank获取号
禽痘病毒属	鸡痘病毒（FPV）	17077-99	288 539	69.0	9.5	260	AF198100
		Iowa	266 145	—	—	—	AJ581527
兔痘病毒属	黏液瘤病毒（MYXV）	HP-483	161 774	56.4	11.5	170	AF170726
			161 766	—	—	—	EU552530
	兔纤维瘤病毒（RFV）	Lausanne	159 857	60.5	12.4	165	NC001266
	传染性软疣病（MOCV）	6891	190 289	36.0	4.7	163	U60315
软疣痘病毒属	Yaba样病毒（YLDV）Yaba猴肿瘤病毒（YMTV）	Kasza	144 575	73.0	1.9	152	AJ293568
亚塔痘病毒属	羊口疮病毒（ORFV）	Subtype 1	134 721	—	—	140	NC005157
		Davis	139 962	36.6	—	—	NC005336
副痘病毒属	牛丘疹性口炎病毒（BPSV）	OV-SA00	137 820	—	—	—	DQ184476
	鹿痘病毒（DPV）	NZ2	134 431	—	—	—	NC005337
鹿痘病毒属	桑缘灯蛾痘病毒（EnPVa）	BV-AR02	170 560	73.0	7.1	170	AY689437
乙型昆虫痘病毒属		W-1170-84	232 392	81.5	9.4	294	AF250284

二、痘病毒编码的产物

脊椎动物痘病毒大约编码 200 种蛋白，其中 90 种蛋白是其生存必需的蛋白，150 种左右蛋白为痘病毒所共有（表 21-3）（白刚等，2013）。在痘病毒基因组的中间区，其基因组成、排列方式及核苷酸序列都高度保守，主要编码 DNA 聚合酶、RNA 聚合酶、胸苷激酶以及病毒粒子结构形成相关的分子等，并在病毒复制和组装等基本生物学过程中发挥着重要作用；而位于基因组两末端区的反向串联重复基因簇，在不同属、种间变异较大，不完全相同，主要编码与宿主范围、毒力因子和宿主免疫应答调节相关的分子等，它们决定着痘病毒特殊的生物学属性（表 21-3）。由于痘病毒编码的大部分与宿主范围、毒力因子和宿主免疫应答调节相关的分子等，在其他病毒中是不存在的，有其独特性和复杂性，这里重点进行介绍。而对痘病毒编码的与其复制和粒子结构形成相关的分子，放在第三节中进行简要介绍。

表 21-3 痘病毒编码的控制宿主范围的分子及特性

病毒种属	基因	编码的蛋白	宿主细胞嗜性
痘苗病毒（VACV）	E3L	蛋白激酶 R 抑制物	HeLa 细胞，CEF（MVA-E3L⁻）
	K3L	eIF2α 同源蛋白	BHK-21 细胞
	C7L	细胞质蛋白	PK-15 细胞
	K1L	锚蛋白	RK13 细胞
	B5R	膜糖蛋白	Vero 细胞，CEF，PK-15 细胞
兔痘病毒（RAPV）	SPI-1	丝氨酸蛋白酶抑制物	人肺癌细胞
鼠痘病毒（ECTV）	P28	E3-泛素连接酶	小鼠巨噬细胞
牛痘病毒（CPXV）	CHOhr	锚蛋白	CHO 细胞
黏液瘤病毒（MYXV）	M-T5	锚蛋白	兔 T 淋巴细胞，人肿瘤细胞
	M-T2	肿瘤坏死因子受体	兔 T 淋巴细胞
	M-T4	内质网蛋白	兔 T 淋巴细胞
	M13L	pyrin 区	兔 T 淋巴细胞
	M063	细胞质蛋白	兔细胞系
	M11L	线粒体蛋白	兔 T 淋巴细胞

（一）与宿主范围相关的重要分子

在痘病毒长期进化的过程中，已衍化出一组特有的针对靶细胞抗病毒信号途径而起作用的蛋白，这些蛋白被称为宿主范围因子（host range factor，Hrf），编码这些 Hrf 的基因被称为宿主范围基因（host range gene，Hrg），在整个痘病毒中宿主范围基因家族明显呈现不同的分布。在昆虫痘病毒属、CRV（crocodilepox virus）和 MOCV 中，都没有发现存在已知的宿主范围家族的基因。在禽痘病毒属和副痘病毒属分别只发现了 3 个和 2 个宿主范围家族，其中由 ANK/F-Box 组成的基因家族均存在于禽痘病毒属和副痘病毒属，丝氨酸蛋白酶抑制物（serpin）和 p28 样蛋白仅存在于禽痘病毒，而 E3L 仅存在于副痘病毒属。相反，在正痘病毒属和进化支Ⅱ痘病毒中，至少发现有 11 个宿主范围家族成员；在兔痘病毒属、DPV 以及亚塔痘病毒属、山羊痘病毒属和 SWPV 中，分别发现了 11 个、10 个和 9 个宿主范围家族。宿主范围家族在痘病毒属间的这种不同分布，提示正痘病毒属病毒和进化支Ⅱ痘病毒的宿主范围家族成员使其成为人类和多种动物的重要病原（Bratke et al.，2013；刘铮等，2013 ；Caroline et al.，2004）。

1. serpin 家族

细胞的丝氨酸蛋白酶抑制物（serine protease inhibitor，SPI）简称 serpin，它在炎症、凋亡、血凝和补体激活等生物学网络的调节中发挥重要的作用。许多痘病毒也编码丝氨酸蛋白酶抑制物，它能抵消宿主对病原感染的反应（van Gent et al.，2003）。首次发现的痘病毒 Hrf 是由兔痘病毒（Rabbitpox virus，RAPV）的 *SPI-1* 基因编码的丝氨酸蛋白酶抑制剂，后证实也是正痘病毒属病毒编码的丝氨酸蛋白酶抑制剂的 3 种基因之一。在正痘病毒发现的 SPI-1、SPI-2（crmA）和 SPI-3 三种丝氨酸蛋白酶抑制物，它们表现出不同的分子靶向特异性。其中 SPI-1 针对组织蛋白酶 G（cathepsin G），SPI-2 针对半胱天冬酶-1（caspases-1）、8 和 10 以及粒酶 B（granzyme B），SPI-3 针对纤溶酶原活化因子（plasminogen activator）、纤维蛋白溶酶（plasmin）、凝血酶（thrombin）和凝血因子 Xa 等。

现研究表明，只有 SPI-1 具有决定宿主范围的功能，SPI-2 是否具有这一功能尚未定论（MacNeill et al.，2009）。在 RAPV 感染的过程中，SPI-1 产生类似糜蛋白酶的作用，抑制细胞的凋亡。目前尚未确定与 SPI-1 相互作用的细胞蛋白，但 SPI-1 蛋白是人类嗜中性粒细胞组织蛋白酶 G 的抑制物，且与 SPI-2 蛋白协同阻断粒细胞的杀伤作用。缺失 *SPI-1* 基因的 RAPV 降低对宿主的嗜性，使其不能在猪肾细胞（PK-15）及人的肺癌细胞（CaLu-3）中增殖；VACV Western Reserve 株（WR 株）的 SPI-1 缺失突变体在感染 CB6F1 小鼠时毒力明显下降。SPI-1 缺失的 RPXV 在猪 PK-15 细胞和人 A549 细胞中的复制障碍，而在其他细胞中生长正常，相反 *SPI-2* 缺失的 RPXV 在这些细胞中的复制与野生型病毒一致而不受影响。同样，*SPI-1* 缺失的 VACV-WR 毒株在人 A549 细胞和角质化细胞中的复制障碍，而在非洲绿猴肾细胞（BS-C-1）中的复制不受影响。

在 MYXV 中也有 3 种丝氨酸蛋白酶抑制物，被分别称为 SERP1、SERP2 和 SERP3，但其编号并不直接反映与正痘病毒丝氨酸蛋白酶抑制物间的关系。在所有的正痘病毒都含有 SPI-1、SPI-2 和 SPI-3 3 种同系物，在分化单元（clade）Ⅱ即进化支Ⅱ痘病毒含有一个（YMTV、RFV、SWPV 和山羊痘病毒属）、两个（YLDV 和 TPV）或三个（MYXV 和 DPV）丝氨酸蛋白酶抑制物同系物基因。在昆虫痘病毒、CRV、MOCV 和副痘病毒属基因组中不含有丝氨酸蛋白酶抑制物分子基因。

2. E3L 家族

在 VACV 感染的过程中，抵抗宿主细胞的 IFN 抗病毒作用是由 E3 蛋白与 K3 蛋白决定的。E3 蛋白大小为 25kDa，有 2 个重要的功能区，即在 C 端含有对 IFN 抗性必需的 dsRNA 结合区（Za），以及在 N 端含有与体内致病需要的 Z-DNA 结合区（dsRBD）。

E3 蛋白在细胞质中通过结合 dsRNA 使其彼此分离，从而抑制依赖 dsRNA 的蛋白激酶 R（PKR）以及寡腺苷酸合成酶的活性。此外，E3 蛋白还能抑制 IRF3 与 IFN7 的激活而阻止 IFN-β 的上调表达，现证实为一种宿主范围因子。如果删除它就能导致在 HeLa、Vero 细胞中的严重复制缺陷，但不影响在 CEF 细胞、BHK-21 和 RK13 细胞中的复制。

E3 蛋白是 PKR 的一种很好的抑制物，能阻止 dsRNA 诱导的 PKR 激活（Langland et al., 2006; Toth et al., 2006）。同时，还能阻断包括 dsRNA 激活的编辑酶 ADAR1 以及寡聚 20～50 个腺苷酸合成酶的 dsRNA 结合蛋白的活性。在 HeLa 细胞中，由于敲除的 PKR 能拯救缺失 E3L 的 VACV 的复制，故 PKR 是 E3 蛋白作用的一个主要靶标（Zhang et al., 2008）。除 MPXV、MYXV 和 RFV 外，在所有测序的副痘病毒、正痘病毒和进化支 II 的痘病毒中，都有含 Za 和 dsRBD 的 E3 蛋白同系物，显然 E3L 可能是这些病毒的祖先基因。在兔痘病毒，Za 结构域在其进化的早期就已丢失。在 MPXV，通过 E3 的 Za 结构域起始密码子的突变和小的删除被失活，但它仍存在于基因组中，说明这种失活发生在兔痘病毒丢失 Za 结构域之后。

VACV E3 蛋白的 Za 结构域是其毒力因子，在 HeLa 细胞中的复制关系不大，但在小鼠致病中是必需的。在野生型 VACV 中，其致死能力是 Za 结构域删除毒株（VACV DZa）的 1000 倍。有趣的是，在 VACV DZa 鼻内感染小鼠后，病毒虽在鼻黏膜内复制正常，但不能有效地传播到肺脏和大脑。在颅内感染后，其神经毒性也严重降低。这说明，MPXV、MYXV 和 RFV 的 Za 结构域的失活，可降低其在体内的毒力和改变其组织嗜性。同时发现，在 HeLa 细胞中 SWPV 和 MYXV E3 蛋白同系物能功能性互补 E3 蛋白，但来源于 SPPV 和亚巴猴肿瘤病毒（YMTV）的同系物不能或很少具有互补 E3 蛋白的作用，它与 E3 同系物抑制 PKR 活性的能力密切相关（Myskiw et al., 2011）。

3. C7L/M063R 家族

痘苗病毒 *C7L* 基因编码分子质量为 18kDa 的一种蛋白，其同系物仅存在于痘病毒中，与已知的任何非痘病毒基因无关。一些正痘病毒还拥有第二个与 C7L 相关的基因，其中在 CPXV-GRI 中称为 C4L，在 CPXV-BR 中称为 020。进化支 II 的痘病毒具有一个或三个 C7L 相关的基因。C7L/M63R 相关的基因只存在于正痘病毒和进化支 II 的痘病毒中，其中正痘病毒拥有一个直接的 C7 蛋白同系物，全长的 C4 蛋白同系物只存在于 CPXV-GRI、CPXV-BR（020）和 CMLV（009）。亚塔痘病毒属、山羊痘病毒属、DPV 和 SWPV 只存在一个拷贝的 C7L 同系物，黏液瘤痘病毒属存在 3 个拷贝的 C7 蛋白同系物。

C7 蛋白被鉴定为宿主范围因子，它能够恢复已失活 K1 蛋白的 VACV-WR 毒株在人 MRC-5 和 LLC-PK1 细胞中的复制，但不能恢复在兔 RK13 细胞中的复制。在 MYXV 中，已发现了 M062R、M063R 和 M064R 3 个随机排列的 C7 蛋白同系物。缺失 063R 导致 MYXV 在各种兔细胞中的复制出现严重障碍，而在其他细胞如猴 BGMK 和 BSC-40 细胞中的复制不受影响，或在人 HOS 和小鼠 3T3 细胞中仅有中度的受损（Barrett et al., 2007）。缺失 062R 的 MYXV 在 BSC-40 细胞中复制不影响，但在 BGMK、RK13、RL-5 细胞以及在 21 种细胞株的 18 种细胞中显示复制缺陷（Liu et al.,

2011)。

4. 肿瘤坏死因子受体同系物：T2/Crm 家族

M-T2 蛋白是 MYXV 中发现的第一个 Hrf，其 N 端具有肿瘤坏死因子（TNF）的受体结合区，以单体或者二聚体的形式存在，主要通过富含半胱氨酸的结构域介导其抗 TNF 的作用。一些痘病毒也含有肿瘤坏死因子细胞受体（TNFR）的同系物，其在抗病毒反应和炎症中发挥重要作用。RFV 和 MYXV T2 蛋白其 N 端含有 4 个富含半胱氨酸的结构域（CRD），其与细胞的 TNFR-2 具有最大的序列一致性；它同时含有痘病毒唯一的一个 C 端结构域（CTD），该区与 T2 蛋白的有效分泌相关。除了结合及中和 TNF 外，细胞内形式的 T2 能独自阻断 TNF 结合能力引起的细胞凋亡。T2 缺失的 MYXV 毒株能够强烈降低其对欧洲兔的毒力，并导致在兔 RL-5 细胞而不是 RK13 细胞中的复制障碍。

CPXV-GRI、CPXV-BR、CMLV、VARV、HSPV 和 MPXV 都能编码全长的 CrmB 同系物，除 VARV 外在这些病毒基因组的 ITR 区发现了两个相同的拷贝。有趣的是，在 RPXV 和 VACV 株至少发现了 5 个相同区域的缺失，使其完整的 ORF 中断，与 HSPV CrmB 达 99% 的一致性。在 CPXV-GRI、CPXV-BR 和 ECTV，发现只含有全长的 CrmD 同系物，其中在后者基因组 ITR 区发现了两个相同的拷贝。在 CPXV-GRI、CPXV-BR 以及 VACV 的 DUKE、3737、AC3 和 AC2000 毒株都存在全长的 CrmC。在 VACV 的其他毒株以及 RPXV 和 HSPV 中的 CrmC ORF 被短的和部分独立的删除所打断。在 ECTV 的 CrmC 同系物存在两个区域的缺失（各 1bp）和一个区域的插入（1bp）所打断。在 CPXV-GRI 中鉴定了 CrmE，后在 CPXV-GER、VACV-LIS、VacLc16m8、VACV-Lc16mO 和 VACVUSSR 毒株中发现了与其序列达 99% 一致性的同系物，但在所有的其他 VACV 毒株以及在 HSPV、RPXV、VARV 和 TATV 均未发现该同系物。

有趣的是，MYXV T2 蛋白能特异性地抑制兔的而不是人或小鼠的 TNF 活性。而且，正痘病毒属 TNFR2 同系物在分别结合和激活 TNF 以及 TNF 诱导的细胞死亡时，具有病毒和动物物种的特异性差异（Alejo et al.，2006；Gileva et al.，2006）。因此，这些基因可作为宿主范围因子的候选分子。值得注意的是，在正痘病毒属中 CPXV 具有最大的宿主范围，同时也拥有最多的完整的 TNFR2 同系物。其中 CPXV-GRI 有 CrmB、CrmC、CrmD 和 CrmE 4 个 TNFR2 同系物，CPXV-BR 有 CrmB、CrmC 和 CrmD 3 个 TNFR2 同系物，CPXV-GER 有 CrmB、CrmC 和 CrmE 3 个 TNFR2 同系物。

5. K3L 家族

许多痘病毒都含有在 VACV 感染的早期表达的 K3 蛋白，该蛋白与真核翻译启始因子 2（eIF2）亚基 S1 的结构域类似，在进化支 II 所有的痘病毒以及除 ECTV 和 MPXV 外的正痘病毒都发现含有功能性的 K3L 同系物。研究证实，K3 蛋白作为 PKR 的一个非磷酸化的假底物，与 PKR C 端的部分氨基酸相互作用而抑制 PKR 的磷酸化使其失活，从而抑制 IFN-α、IFN-β 和 IFN-γ 的抗病毒反应。进一步研究发现，K1 蛋白通过阻止 IκBα 的降解从而阻断了 TLR2、TLR4 及 TLR9 介导的 NF-κB 信号途径。在

L929细胞，特别是在干扰素处理后，删除K3的VACV（DK3L）出现复制受损。在仓鼠BHK细胞中，VACV *DK3L* 基因的复制也严重受损，而在人HeLa和兔RK13细胞中复制正常。最近的研究证实，小鼠的PKR对VACV K3的抑制比人的PKR更敏感。更有趣的是，SWPV K3蛋白的同系物C8对小鼠和人的PKR的抑制具有中度敏感性，说明细胞蛋白PKR和病毒蛋白K3蛋白同系物在痘病毒的宿主范围中都发挥重要作用（Rothenburg et al.，2009）。

6. 凋亡抑制物T4家族

T4编码一个25kDa的蛋白，是定位于内质网的一种凋亡抑制物，与非痘病毒蛋白无任何明显的序列同源性，其在MYXV中最具有特征性（Bratke et al.，2013）。缺失T4的MYXV在RK13细胞复制正常，但在兔RL5细胞和外周血淋巴细胞中，由于诱导了细胞凋亡而导致其复制障碍，而且缺失T4的病毒降低了对欧洲兔的毒力。

在兔痘病毒属、山羊痘病毒属以及DPV中都鉴定含有T4的同系物，在其基因组ITR中都含有两个相同的拷贝，但在亚塔痘病毒属和SWPV都缺乏这个成分。完整T4的同系物在CPXV-BR（203）、CMLV（188）、TATV（195）、PXV-GRI（B8R）等正痘病毒以及MPXV的进化支Ⅰ毒株（B10R）都发现含有单一拷贝的基因。在MPXV的进化支Ⅱ毒株LIB、SIE、WRA和COP在218/219位有一个2bp缺失，形成了过早的终止密码子，只编码了72aa的一个分子片段。MPXV USA39和USA44毒株也有一个从142bp～622bp的大缺失，这进一步证实了之前的分析。

7. Bcl-2相关的M11L/F1L家族

许多痘病毒都含有定位于线粒体的抗凋亡蛋白，其在MYXV中编码M11蛋白，在VACV中编码F1蛋白，它能够通过隔离凋亡介导物Bax和Bak阻断凋亡发生（Su et al.，2006；Taylor et al.，2006）。M11和F1编码的蛋白，在结构上与细胞的Bcl-2家族相关，尽管与Bcl-X1序列相似性较低，但采取了相似的蛋白折叠方式（Kvansakul et al.，2008；2007）。尽管缺失M11的MYXV在RK13细胞中复制正常，但在兔脾细胞中复制受损，并显著降低了对兔的毒力，同时伴随着炎症反应的增强。

MYXVM11L的同系物被确定为单一拷贝的基因，主要存在于进化支Ⅱ的痘病毒，而不存在于其他痘病毒中。在进化支Ⅱ不同痘病毒属间的M11L同系物，在蛋白质水平上仅为20%和35%的序列一致性。同时发现，所有的正痘病毒也拥有M11L的同系物，其中VACV的F1L就是代表性的家族成员。由于在正痘病毒和进化支Ⅱ的痘病毒都存在保守的同线性的*M11L/F1L*基因。因此认为其可能来源于细胞的Bcl-2家族基因。

8. 含pyrin区的M13L家族

MYXVM13L编码含pyrin结构域的127aa的（PYD/PAAD）一个小蛋白。在人类，含PYD结构域的蛋白家族有19个成员，它涉及促炎症细胞因子的加工以及在炎症小体的定位（Reed et al.，2003）。M13L能够抑制半胱天冬酶-1的激活以及IL-1β和IL-18在人THP中的加工成熟。缺失M13L的病毒，在兔RK13细胞中复制正常，而在RL5细胞以及原代单核细胞和淋巴细胞中复制障碍。而且，在MYXV感染兔时，这个毒株是减毒的（Johnston et al., 2005）。

在进化支Ⅱ痘病毒中的 RFV（13L）、SWPV（014）、DPV（024）、YLDV（18L）和 TPV（18L）发现含有 M13L 的同系物，而在山羊痘病毒属和 YMTV 丢失了 M13L 同系物。由于 YLDV 和山羊痘病毒属在遗传进化上不是很相关，因此这就提示 M13L 的删除在这两个谱系是独立发生的，或由其他重组事件造成。

9. B5R/VCP 家族

B5R 家族基因编码短的补体样重复序列（short complement-like repeat，SCR）的蛋白，由 60 个氨基酸组成，在补体系统也发现存在这种分子蛋白。正痘病毒的 B5R 同系物，由 4 个随机排列的细胞外 SCR 和 1 个 C 端的跨膜区组成。B5R 是胞外病毒粒子囊膜的一种成分，它的缺失严重影响 VACV 产生胞外囊膜化病毒（EEV）及其对小鼠的毒力。B5R 与细胞表面的某一未知分子的相互作用，可激活细胞 Src 激酶，导致肌动蛋白多聚化，随后增强病毒在细胞间的传播（Newsome et al., 2004）。

由于 VACV LC16m8 毒株是一个来源于 Lister 的减毒株，它含有一个早期终止密码子，在非洲绿猴 Vero 细胞中增殖障碍，而在兔 RK13 细胞中不受影响。在 VACV-LC16m8 毒株中，一旦恢复其野生型的 B5R，病毒感染就可恢复其蚀斑大小和宿主范围，因此认为 B5R 是一个宿主范围因子。在 RPXV 毒株，删除其 B5R 同系物就会在感染的兔 RK13 细胞、大鼠 Rat2 细胞和非洲绿猴 CV-1 细胞中减少蚀斑形成，或在非洲绿猴 Vero 细胞、猪 PK-15 细胞、鸡 CEF 细胞和鹌鹑 QT-6 细胞感染中不形成蚀斑。在低剂量感染 RK13 细胞和 Vero 细胞时，突变体病毒产生的病毒滴度与野生型的差不多，但在感染 CEF 细胞时严重受损。

VACV 补体控制蛋白（complement control protein，VCP/C3L）是一种含 4 个 SCR 而无跨膜区的分泌蛋白，它作为一种毒力因子而抑制补体的激活。在昆虫痘病毒属、禽痘病毒属、副痘病毒属病毒以及 CRV 和 MOCV 中，缺乏 B5R 相关的基因。在进化支Ⅱ痘病毒中发现了单一的 B5R 相关基因，它编码 2 个预测有功能的 SCR 和 1 个 C 端跨膜区的蛋白。亚塔痘病毒属、兔痘病毒属病毒和 DPV 的 N 端部分远离正痘病毒 B5R 和 VCP 的 SCR1，它不能被识别为 1 个 SCR 结构，可能是无功能的成分。已发现进化支Ⅱ痘病毒 B5R 同系物的 2 个 SCR 与正痘病毒属的 *B5R* 和 *C3L* 基因的 SCR3 和 SCR4 密切相关。除 MPXV 和 TATV 外，在正痘病毒属病毒均发现了全长的 VCP/C3L 同系物。

10. ANK/F-box 蛋白（CP77/T5）

许多细胞蛋白含有多拷贝的锚定蛋白重复序列（ankyrin repeats，ANK），它介导蛋白与蛋白的相互作用。含 ANK 的蛋白成为痘病毒编码蛋白的最大家族，其大部分分子含有 C 端的 F-box 样结构域，也称为 ankyrin C 端结构域的痘病毒蛋白重复序列（Sonnberg et al., 2008; Mercer et al., 2005）。

CPXV-BR 毒株的 CP77 和 MYXV 的 T5，这两个含 ANK/F-box 的蛋白被确定为痘病毒的宿主范围因子。CP77 作为一种宿主范围因子，具有拯救 VACV 在 CHO 细胞中能够正常复制的能力，能使病毒感染后因关闭了病毒和宿主蛋白的早期合成而不能正常复制的病毒继续复制。而且，CP77 也能使删除了同源基因的 ECTV 在其他低允许的地鼠细胞如 CHO、CCL14、CCL16 和 CCL39 以及兔细胞如 SIRC 和 RK13 中有效复制。CP77 可通过其 ANK 重复序列结合到 NF-κB 的 p65 亚基以及通过 F-box 结合到细胞 SCF 连接酶复合物，而抑制 TNFa 介导的 NF-κB 激活（Chang et al.，2009）。

在 MYXV 基因组 ITR 区，含有两个相同拷贝的编码 ANK/F-box 蛋白的 T5 基因，它是一个毒力因子，对兔的黏液瘤病的发生至关重要。然而，缺失 T5 的病毒在 RK13 细胞中的复制良好，但在 RL5 细胞和原代兔外周单核细胞中却复制障碍。有趣的是，缺失 T5 的 MYXV 在人肿瘤细胞中复制障碍，而野生型病毒却能正常复制。T5 能结合丝氨酸/苏氨酸激酶 Akt，并促进其磷酸化和激活。在病毒增殖非允许细胞，T5 缺失病毒的复制障碍与其 Akt 磷酸化水平降低相关（Wang et al.，2006）。

11. K1L 家族

正痘病毒属病毒拥有另外一个含 ANK 的蛋白，分子质量为 32kDa，在 VACV 中由 K1L（WR032）编码。在正痘病毒中它只含 ANK 蛋白，而无 F-box 蛋白。除 VARV、CMLV 和 TATV 外，完整的 K1L 同系物存在于所有的正痘病毒属病毒，但其他痘病毒显然没有 K1L 的同系物。缺失 K1L 的 VACV-COP 毒株，在兔 RK13 细胞中复制障碍，而在人 MRC-5、猴 Vero 或猪 LLC-PK1 细胞中复制正常。在 RK13 细胞中，缺失 K1L 的 VACV 的复制障碍与其迅速关闭病毒和宿主的蛋白合成有关。重建 K1L 到 MVA 推测能通过抑制 IκBa 的降解而抑制 NF-κB 信号途径，而缺失 VACV-WR 的 K1L 可降解 IκBa 和激活 NF-κB（Shisler and Jin，2004）。有趣的是，当 VACV 的 K1L 和 ECTV 的同系物 022 分别整合到自身基因组时，其对 RK13 和人 HEp-2 细胞有不同的影响。在 HEp-2 细胞，K1L 和 ECTV 022 对病毒复制的刺激作用相差不大；而在 RK13 细胞，ECTV 022 对病毒复制仅有弱的刺激效应，相反 K1L 对病毒复制有强的刺激效应。由于 VACV-COP K1L 和 ECTV 022 的一致性高达 96%，因此，刺激效应的差异可能反映了其在抑制细胞靶标的宿主种类特异性。

12. p28/N1R 蛋白家族

在进化支 II 的痘病毒和许多正痘病毒属病毒，均发现具有单一拷贝的 p28 同系物基因。除 VACV 的 LC16m8 和 LC16mO 毒株含有全长的 p28 同系物外，在 VACV 的所有其他毒株和 HSPV 都含有截断的 p28 同系物。

含 KilA-N/RING 结构域的 ECTV p28（012）和 RFV N1R（143）是痘病毒蛋白家族的原型成员，其含有 N 端的 KilA-N 和 C 端的 RING 结构域（Iyer et al.，2002）。*p28* 基因缺陷的 ECTV，对其在 BS-C-1 和 RAW264.7 细胞以及原代的 MEF 和原代的小鼠卵巢细胞中的复制不受影响，但在腹膜巨噬细胞中的复制产生障碍，且对小鼠的毒力降低。ECTV p28 以及 VARV、VACV-IHD 和 MYXV 的同系物都具有泛素连接酶活性，这与其 RING 结构域相关（Nerenberg et al.，2005）。

在 FPV（150 和 157）和 CNPV（197 和 205）中，也发现存在两个密切相关的 p28 同系物，它含有病毒特异性的 KilA-N 和 RING 结构域的组合，这种组合可能是通过一个共同祖先的复制而产生。

（二）与宿主免疫反应调节相关的分子

1. 干扰 TLR 信号的相关分子：A46R/ A52R/N1L

VACV 蛋白 A46 是被鉴定的第一个 TLR 信号途径的病毒抑制物，它能直接并特异的靶向 TLR 途径含接头蛋白的 TIR 结构域，通过与 MyD88、MAL、TRIF 和 TRAM 相互作用后抑制 NF-κB 和 IRF 活化而影响 TLR 的信号转导，但不影响 TNF-α 的产生（Hurst and Bowie，2008）。在感染的细胞中，A46 与含 TIR 结构域接头分子间相互作用的亲和力，足以阻止接头分子被招募到 TLR 而抑制宿主的防御机能。A46 不与 SARM 相互作用，它是 TLR 的一个负向调节物，因此有利于 VACV 感染（Stack et al.，2005）。

A52 是 VACV 的另一个特异的靶向 IL-1R 和 TLR 信号途径的病毒蛋白，其赋予了病毒的毒力效应（Bowie and Unterholzner，2008）。A52 与含接头分子 TIR 结构域的下游的 2 个信号转导分子即 TNFR 相关的因子 6（TNFR-associated factor 6，TRAF6）和 IL-1R 相关的激酶 2（IL-1R- associated kinase 2，IRAK2）的相互作用，成为 NF-κB 激活的一个有效抑制物。VACV 的 A52 蛋白结合到 IRAK2，以抑制 TRAF6 依赖的 IKK 和 NF-κB 激活，从而抑制 IL-8 和 RANTES 产生。然而，A52 也能结合到 TRAF6，并促进 TRAF6 多泛素化、TAK1 活化、MAPKK6 磷酸化以及 JNK-p38 MAP 激酶途径的激活，后者再诱导 IL-10 的产生。A52 的突变体能够与 IRAK2 而不是 TRAF6 相互作用，并极大地诱导 NF-κB 的抑制，这揭示了 IRAK2 对 NF-κB 激活的重要性，而且在一些 TLR 信号转导途径中证实 IRAK2 比 IRAK1 更重要。与 A46R 不同，由于 A52R 在 TLR 诱导的 IRF 激活中没有作用，这提示在 TLR-IRF 轴中不涉及 IRAK2 分子，现认为 IRAK1 在这个信号转导途径中具有关键的作用。因此，通过对病毒逃避策略的研究，能使我们更全面、深刻地理解 TLR 信号转导途径，其中 A52 的研究就是一个经典的例子（Kawagoe et al.，2008）。

N1L 是 VACV 的第三个与抑制 TLR 信号途径有关的病毒蛋白，它与 IKK 复合物（IKKα-IKKβ-IKKγ）、TBK1 和 IKKϵ 相互作用，然后抑制 NF-κB 和 IRF3 激活。VACV 不但能抑制促炎性细胞因子的产生，而且能诱导产生一种免疫抑制性细胞因子 IL-10，其能改变 Th1 反应，并抑制细胞免疫（DiPerna et al.，2004）。痘病毒感染的人单核细胞能产生 IL-10，并通过 LPS 的刺激进一步上调 IL-10 的表达分泌（Slezak et al.，2000）。

2. 干扰宿主 I 型 IFN 效应的分子家族

痘病毒能编码大量的可溶性受体蛋白以结合及中和 IFN，如表达 I 型 IFN 及其细胞因子的诱饵受体，以隔离 dsRNA 和干扰 PKR 信号以阻断干扰素反应的起始（Perdiguero and Esteban，2009）。包括 CPXV 在内的所有 OPXV 成员都编码 I 型 IFN 结合蛋白，然而这些蛋白虽然与 INFAR 具有较低的同源性，但在结构上与 IL-1 受体密切相关，并属于免疫球蛋白超家族。VACV 编码的同系物 B18，属于免疫球蛋白超家族的分泌性的糖蛋白，它与 I 型 IFN 受体 α 亚基具有同源性，能竞争性结合并抑制广泛物种的 I 型 IFN，在感染的和非感染的细胞中阻断抗病毒反应的诱导，并能阻止感染小鼠的 IFN-α 反应（Waibler et al., 2009）。

3. 干扰宿主Ⅱ型 IFN 效应的分子家族

正痘病毒也能编码Ⅱ型 IFN 及其诱导的细胞因子如 IL-18 的结合蛋白。正痘病毒都编码 IFN-γ 结合蛋白（IFN-γ-binding protein，IFN-γBP），这种蛋白在正痘病毒中高度保守，有 90% 以上的同源性，能有效阻断 IFN-γ 介导的抗病毒机制（Nuara et al., 2008）。

所有的 OPXV 都编码细胞的 IFNGR 同系物，与种特异性的细胞 IFNGR 蛋白相比，OPXV 的同系物能结合和抑制广泛物种的 IFN-γ。在家兔动物模型上，通过敲除 IFNGR 同系物（B8）的重组 VACV，证实其具有减毒病毒的特性。鼠痘病毒（ECTV）编码的 IFN-γBP 与小鼠 IFN-γ 的受体 1（IFN-γR1）的胞外区同源，与 IFN-γ 形成的复合物的晶体结构分析发现，它由一个 IFN-γR1 配体结合区和一个螺旋-转角-螺旋（helix-turn-helix，HTH）基序组成，在结构上与转录因子 TFIIA 相关。HTH 基序的四聚体化区，使 ECTV 编码的 4 个 IFN-γBP 链与机体编码的 2 个 IFN-γ 二聚体形成了四级结构的 IFN-γBP/IFN-γ 复合物，在细胞水平上证实这个四聚体复合物具有高效的抗病毒的拮抗作用。

4. 抑制宿主 TNF 诱导反应的分子：ANK/Crm/ vCD30

正痘病毒在几个不同的阶段抵抗宿主 TNF 介导的反应：在最初阶段，它能抑制 NF-κB 的激活以阻止 TNF 的表达；通过阻断 TNF 和 LT-a 以破坏 TNF 信号的转导；在感染的细胞中，抑制半胱天冬酶 8 和粒酶 B（granzyme B）以逆转细胞凋亡。其中痘病毒编码的 ANK、Crm 和 vCD30 在抑制宿主 TNF 诱导反应中发挥了重要作用（Mohamed et al., 2009）。

CPXV 至少编码 CP77、CPXV 006 以及在所有 OPXV 中共有的 K1 3 种 NF-κB 抑制蛋白（Chang et al., 2009）。所有这 3 种蛋白在结构上相似，并具有多锚蛋白重复序列（ANK）的基序，这种基序都存在于许多宿主细胞蛋白包括 NF-κB 结合蛋白中。然而，这些蛋白的序列一致性较低，似乎采用了独特的机制发挥功能，并抑制不同阶段的 NF-κB 激活。CPXV 编码的 CrmA 是被发现的第一个痘病毒编码的半胱氨酸酶的抑制物，随后在不同的痘病毒中发现了 CrmB、CrmC、CrmD 和 CrmE 4 种不同的 TNF 和/或 LT-a 的结合蛋白，但只有在 CPXV 发现编码以上 4 种蛋白。

CPXV vCD30 是一个可溶性细胞 CD30 受体的同系物，它是痘病毒 TNFR 家族的第五个成员，与其他 TNFR 蛋白相似，vCD30 拥有 2 个半胱氨酸富集区，与小鼠 CD30 蛋白十分相似（Panus et al., 2002）。CD30 是 TNFR 家族的一个成员，主要低水平表达在静息状态的淋巴细胞、NK 细胞和巨噬细胞上，但它的表达由活化的或病毒转化的细胞诱导。CD153（CD30L）是 CD30 的配体，主要表达在活化的 T 细胞、B 细胞、单核细胞、巨噬细胞和其他造血细胞。CD30 和 CD153 间的相互作用对 T 细胞和 B 细胞的共刺激和增殖是重要的。痘病毒的 vCD30 能特异性和竞争性结合到 CD30L，并干扰 CD30-CD153 的相互作用。在 ECTV 以及最近测序的马痘和鹿痘基因组中也发现了 vCD30 同系物，但在其他痘病毒中并没有发现。vCD30 的 ECTV 重组体抑制 T 细胞的激活以及诱导细胞因子介导的炎症反应，然而在感染的小鼠模型，vCD30 的缺失并不显著影响病毒的毒力。

5. 调节宿主细胞因子信号的分子家族

所有的痘病毒在多种水平上控制机体细胞因子的表达，尤其是 OPXV，它能干扰 NF-κB 激活，这对宿主细胞因子的表达、TNF 和 IFN 信号转导、半胱天冬酶 1 的失活以及 IL-1β 和 IL-18 细胞因子的加工是必需的（Alzhanova and Fr，2010）。除此之外，病毒还能编码分泌性的诱饵受体，以阻断 IL-1β、IL-18 和 CC 趋化因子。由 VACV、CPXV 和 ECTV 产生的 IL-1β 受体，虽然与细胞受体的同源性较低，但它能特异性地与 IL-1β 结合而阻止它与细胞受体的相互作用，并阻断 B、T 细胞的增殖。同样，CPXV、VACV 和 ECTV 编码的 IL-18 结合蛋白（IL-18 binding protein，IL-18BP）与宿主细胞的 IL-18 受体的氨基酸序列不相关，但 IL-18BP 能有效地阻断 IL-18 与细胞受体的相互作用，并干扰 NF-κB 的激活和 IFN-γ 的诱导。有趣的是，虽然 IL-1β 和 IL-18 与其细胞受体是相关蛋白，能使 IL-18BP 和 IL-1βR 高特异性趋向其靶标，但 IL-18BP 不能结合 IL-1β，反之，IL-1βR 也不能结合 IL-18（Smith et al.，2000）。

所有的 OPXV 都能表达病毒的趋化因子抑制物（vCCI），它能特异性地结合并抑制机体趋化因子特有的超家族，证实 CC 趋化因子能吸引巨噬细胞和 T 细胞。另外，vCCI 与已知趋化因子受体的氨基酸序列没有同源性，但它能够有效阻断所有 CC 趋化因子与其细胞受体的结合，并抑制单核细胞的趋化作用。

6. 逃避补体反应的分子：IMP

与许多囊膜病毒一样，痘病毒通过使用宿主补体调节蛋白以避免补体系统的激活（Zipfel and Skerka，2009）。现已证实，与 IMV 蛋白相比，在 EEV 表面的细胞补体调节蛋白对补体激活有抗性。此外，CPXV 和其他 OPXV 编码的蛋白，在结构和氨基酸上与宿主补体调节蛋白相似，与 C4b 结合蛋白有最大的序列同源性。CPXV 的补体调节蛋白，被称为炎症调节蛋白（IMP），与 OPXV 同系物高度相似。这些蛋白能够经过结合 C3 和 C4，并作为因子 I 的共因子而抑制经典和替代途径。其中因子 I 是一种补体调节蛋白，它能酶切和失活 C3b 和 C4b。敲除 IMP 的 CPXV 在感染小鼠后，证实这种蛋白能阻断其补体介导的溶血，并限制炎症反应。

7. 抑制宿主 NK 细胞活化的分子：OMCP/ FCRL5/ IRTA2

对 OPXV 基因组的序列分析发现，CPXV 和 MPXV 编码一种 OPXV MHC I 样蛋白（OPXV MHC I-like protein，OMCP）的分泌蛋白。在体外试验，OMCP 竞争性地阻断 NKG2D 与细胞配体的相互作用，并抑制 NK 细胞介导的细胞毒性作用，这说明 OMCP 蛋白与人和小鼠的 NKG2D 受体以高亲和力方式结合（Fang et al.，2008）。由于 NKG2D 对 NK 细胞和 T 细胞的活化比较重要，通过 CPXV 和 MPXV 表达抑制 NKG2D 的配体是一种少见的选择方法，但比疱疹病毒下调细胞 NKG2D 配体的方法更为有利。最近鉴定了 OMCP 的一种新的细胞受体即 FcR-like 5（FCRL5）/免疫球蛋白受体易位相关蛋白 2（immunoglobulin receptor translocation associated protein 2，IRTA2）。这种受体由幼稚的和记忆性 B 细胞以及浆细胞表达，目前还没有鉴定出 FCRL5 的细胞受体，但受体的功能可能涉及 B 细胞的分化以及作为共受体抑制 B 细胞受体信号（Haga et al.，2007）。

8. 下调宿主细胞 MHC I 表达的分子: 203/BR-012

现已证实, CPXV 编码的 203 和 BR-012 能通过两个不同的机制干扰小鼠和人的 MHC I 分子的表达 (Hansen and Bouvier, 2009)。所有 3 株 CPXV (BR、GRI 和 Ger91) 均可编码 203 蛋白, 但 VACV 编码的是截断形式, 且在 MPXV 中有更多样化的序列。CPXV203 通过与内质网滞留基序 KTEL 的结合, 以保留 MHC I 分子在内质网内。CPXV12 的同系物存在于所有的 3 株 CPXV 中, 但只有 BR-012 能下调 MHC I 分子的表达。BR-012 是 GRI 和 Ger91 同系物的一种截断形式, 其 ORF 编码一个 C 型凝集素区, 它是 NK 抑制受体 NKR-P1B 的一个预测配体, 而逃避 NK 细胞的作用。相反, BR-012 是丢失 C 型凝集素区较多的分子, 并代替它干扰 MHC I 分子的递呈。BR-012 C 端整合到内质网膜凸出到内质网腔, 具有抑制 TAP 介导的多肽转运, 并从荷载多肽复合物中分离 MHC I 分子, 最终导致 MHC I 分子的降解。BR-012 是目前已知仅有的痘病毒 TAP 抑制物。为拯救细胞 MHC I 的表面表达, 删除 203 或 BR-12 后, 结果在突变体病毒感染的细胞中完全恢复了 $CD8^+$ T 细胞的活性, 这说明为阻止抗原递呈和 $CD8^+$ T 细胞介导的杀伤, 存在 2 种不相关的和独立的功能性蛋白。应用小鼠模型, 在体内进行了 203 和 BR-12 作为毒力因子功能作用的评价, 证实删除了 203 和 012 的 ORF 的突变体病毒, 比野生型的病毒表现出显著的减毒特性。

第三节　痘病毒的繁殖与复制

痘病毒为 dsDNA 病毒, 其增殖过程全部在细胞质中进行, 并在 20h 左右完成一个复制周期。与其他 dsDNA 病毒比较, 痘病毒能编码自身的 DNA 复制和转录相关的成分, 并在细胞质中形成所谓的"病毒工厂"。一旦病毒进入细胞后, 裸露的病毒粒子的 DNA 开始复制, 病毒基因以早期、中期和晚期蛋白的形式进行表达, 接着组装成子代病毒粒子, 并从细胞中释放出来。一般病毒复制和增殖过程主要包括病毒的侵入、早期蛋白的合成、DNA 的复制和结构蛋白 (中期、晚期蛋白) 的合成以及病毒粒子的组装、成熟和释放等阶段, 其中病毒粒子的组装、成熟和释放是一个复杂的形态形成过程, 这使其病毒粒子在结构、抗原性和生物学特性上与其他病毒存在明显的差异。

胞内成熟病毒粒子 (IMV) 和胞外病毒粒子 (EEV) 是痘病毒主要的两种感染性病毒粒子, 其中前者病毒粒子由单一膜包裹, 保留在细胞内直到细胞被裂解后才能释放到胞外; 后者病毒粒子由两层膜包裹, 在细胞死亡前可以被释放出。已发现在 IMV 和 EEV 的膜上有不同的病毒蛋白, 这就导致了两种病毒粒子在结构、抗原性和功能等方面的差异。细胞相关的囊膜化病毒 (CEV) 和 EEV 粒子形式在病毒的传播中具有重要作用。另外, CEV 和 EEV 粒子可通过包裹宿主源的囊膜而病毒逃避宿主抗体和补体的中和反应。同时 IMV 和 EEV 粒子的差异可以影响病毒的黏附和侵入。现以 VACV 为例介绍痘病毒的增殖和复制过程 (图 21-2) (Roberts and Smith, 2008; 景志忠等, 2011)。

一、病毒的细胞黏附、脱壳与侵入

首先, VACV 的外层病毒膜与宿主细胞的细胞膜融合, 进行第一次脱壳, 释放病毒粒子到细胞质，接着病毒进行第二次脱壳，释放核蛋白和基因组 DNA，在感染后数分钟内，病毒编码的酶启动病毒基因组 DNA 的 mRNA 转录，此时宿主的 DNA、RNA 和蛋白质合成几乎立即被病毒因子所关闭。

在 VACV 入侵中，存在结合不同（未知）受体和脱掉不同囊膜的两种形式的病毒。IMV 经过 H3、A27 或 D8 与葡萄糖氨基聚糖（glucose aminoglycan, GAG），或者 p4c 与层粘连蛋白的相互作用结合到细胞表面。在结合后，由两种途径入侵细胞（Moss, 2006）：一是通过 IMV 囊膜与胞质膜融合的 pH 非依赖方式使病毒粒子核心进入细胞质。二是 IMV 通过细胞内吞作用，随后病毒与胞内液胞膜融合。在入侵机制中，这两种途径可同时采用，并因病毒株和细胞类型不同而不同。而且，在 IMV 入侵的两条途径中，低 pH 环境是必需的（Townsley and Moss, 2007）。

IMV 囊膜与细胞质膜或内体膜的融合，至少由 9 种蛋白（A16、A21、A28、F9、G3、G9、H2、J5 和 L5）组成的复合物所介导，但该复合物与细胞结合无关。这种情况，不同于其他囊膜病毒入侵时由单一蛋白介导的融合。VACV 融合机制的多种蛋白一般由其祖先基因复制而来，然而每个蛋白对其融合非常重要，说明在功能上这些蛋白不是多余的。由于这些与病毒融合相关的蛋白都比较保守，表明不同痘病毒具有共同的入侵机制。

EEV 粒子的入侵存在拓扑学结构的难题：对 EEV 粒子感染的细胞，病毒衣壳必须从两层病毒囊膜中释放出来，并进入细胞质中。当 EEV 结合细胞后，其囊膜在细胞外被裂开，以暴露 IMV 膜到细胞质膜，导致融合以及病毒衣壳进入细胞质（Law et al., 2006）。现发现，当用某些多阴离子化合物如肝素处理 EEV 时，其对 IMV 的中和抗体敏感。而且更多、更强的阴离子化合物更能有效裂解 EEV 囊膜。此外，EEV 囊膜的裂解也需要 B5 和 A34 蛋白参与。因此，EEV 入侵与其数量以及易碎的 EEV 囊膜有关。

二、病毒蛋白的合成与 DNA 的复制

病毒基因组的早期转录主要由多亚基病毒 RNA 聚合酶承担，在病毒 DNA 复制前大约病毒基因组的一半或 100 个左右的基因参与了早期转录。在 DNA 复制前需产生病毒 DNA 聚合酶这一主要的蛋白。另外一个早期蛋白是痘病毒编码的胸腺嘧啶激酶（TK），其分子质量约 20kDa，约为原核细胞、真核细胞或疱疹病毒 TK 分子质量的一半，且与疱疹病毒间无同源性。

当 IMV 或 EEV 除去包裹病毒粒子的囊膜后，正感染病毒粒子的核心进入细胞，核心表面上的病毒蛋白负责与微管相互作用，经微管转运到细胞质深处。核心含有病毒结构蛋白，其紧密结合的病毒 DNA 和转录酶对病毒复制是必不可少的。核心集聚在细胞核周区，其中部分未包裹的核心能通过病毒相关的依赖 DNA 的 RNA 聚合酶使病毒基因组转录成早期 mRNA，大约 100 个基因在感染早期被转录表达，这些蛋白主要负责病毒 DNA 的复制以及改变宿主细胞以利于病毒和帮助病毒免受宿主的天然免疫反应（Broyles, 2003）。当 DNA 复制开始后，少数中期基因开始转录，并编码主要调节蛋白，以诱导后期基因的转录。后期基因编码大多数病毒蛋白，以组装成新的病毒粒子，并将一些酶包装在病毒粒子内以启动下一代感染细胞的病毒基因的转录（Assarsson et al., 2008)(图 21-2)。

三、病毒粒子的组装、成熟与释放

1. IV 的组装和 IMV 的形成

子代病毒粒子主要在"病毒工厂"中组装完成。初期可见的病毒结构是含脂质和蛋白的半月形，后形成卵圆或球形结构，其包绕着病毒核心组份，被称为未成熟的病毒粒子（IV）。当 dsDNA 被包装到 IV 中，且核心蛋白的水解物使病毒粒子转变为砖形的 IMV 时，第一代感染性子代病毒形成。对于大多数 IMV，病毒粒子组装在此已完成，并随细胞裂解而被释放。其余的病毒粒子从"病毒工厂"中被转运到包裹双层细胞膜的部位，使之成为囊膜化病毒粒子。

2. IMV 的转运和 IEV 的形成

虽然从"病毒工厂"到囊膜包裹部位的平均距离为 1.9mm，单靠扩散到这个部位估计需要 1h，显然这是不行的（Sodeik, 2000）。通过实时可视数字显微镜观察发现，IMV 按照大约 2.8mm/s 的速度双向移动，且 IMV 的转运需要微管的参与。包裹的囊膜来源于细胞的内体或转运高尔基体腔，包裹了这些囊膜的 IMV 被称为胞内囊膜化病毒（IEV）或包裹的病毒（wrapped virus，WV）（Ward, 2005）。虽然 IEV 的形成机制还不完全清楚，但需要包括 A27、B5 和 F13 等蛋白。A27 是一种 IMV 相关蛋白，当其基因被抑制或删除时，IEV 形成被抑制。同样，B5 或 F13 的删除也抑制它的形成。B5 和 F13 是掺入到病毒或与包裹囊膜相关的至少 9 种蛋白中的 2 种，其余的是 A33、A34、A36、A56、F12、K2 和 E2（Wagenaar and Moss, 2007）。这些基因中的任何一个基因的删除（除 K2R 和 A56R）可形成小蚀斑表型，这表明会减少细胞间的传播。删除 B5R 能减少 IEV 以及随后的 EEV 形成。F13 定位在包裹囊膜的胞质边，并通过半胱氨酸的 185 位和 186 位的十六烷酰化锚定到膜上。F13 具有相似的磷脂酶活性，能诱导后高尔基体小囊泡的形成，并以一个 HKD 基序依赖方式发挥磷脂酶作用。这个基序的突变可引起小蚀斑表型产生，且用磷脂酶抑制物处理时，EEV 的产生减少。一旦 IEV 形成后，就会被转运到细胞质外边缘的微管上。

3. IEV 的转运

通过绿色荧光蛋白（GFP）与 B5 或 F13 蛋白融合，观察 IEV 转运到细胞边缘的过程（Geada et al., 2001）。IEV 的转运速度与微管的转运速度一致，而且这种转运可被噻氨酯哒唑（nocodazole）可逆性抑制（Hollinshead et al., 2001）。F12 和 A36 两种痘病毒蛋白参与了 IEV 的转运。在 IEV 粒子形成后，通过共聚焦和电子显微镜技术发现，删除 F12L 能阻止病毒的产生，以至于在细胞表面形成的 CEV 急剧减少。而当缺失 A36 时，对 IEV 转运的影响较小。通过酵母双杂交和谷胱苷肽-S-转移酶（GST）pull-down 试验，发现 A36 的功能是招募和结合驱动蛋白-1 到 IEV。但是在缺失 A36 时，在细胞表面也能看到 CEV 的存在，同时也能产生 EEV。造成这种不一致的原因，推测有 4 种可能性：包裹的 IMV 可接近到细胞质膜；IMV 可出芽到细胞质膜外；除 A36 外，IEV 蛋白可与马达蛋白相互作用；采用了其他胞内转运方式。对 F12 和 A3 在 IEV 的转运作用进行了比较，发现缺失 F12L 对 CEV 的形成产生了重要影响，而 A36R 的缺失对这种影响不大。因此，虽然 A36 可以与马达蛋白结合，但对 IEV 转运到细胞表面并不重要，而 F12 非常关键（Herrero-Martinez et al., 2005）。

4. CEV 肌动蛋白尾的形成

在细胞周边，IEV 必须横穿表面肌动蛋白层，才能到达细胞质膜。一旦 IEV 到达细胞质膜，外层的 IEV 膜可与细胞质膜融合，暴露囊膜化的病毒粒子到细胞表面。在这个过程中，A36 蛋白与大多数细胞质膜胞质侧的多肽链被定位在 CEV 之内，在这里通过 Src 激酶的磷酸化诱导病毒粒子从肌动蛋白上分离，启动信号级联反应，导致 CEV 内的肌动蛋白的多聚化。这种肌动蛋白形式的成核现象（nucleation of actin forms projection）被称为肌动蛋白尾（actin tail），它驱使 CEV 从细胞离开去感染邻近的细胞。对于病毒从细胞到细胞的传播，肌动蛋白尾是十分重要的，其病毒突变体就不能诱导产生肌动蛋白尾以及形成小蚀斑表型。例如，A36R 基因的缺失突变体能够制造 CEV 和 EEV，但不能启动肌动蛋白尾的形成，而产生小蚀斑表型（Ward and Moss, 2004）。

在信号传导中，依赖于 B5 激活 Src，但在缺失 B5R 的病毒感染细胞中仍能够形成肌动蛋白尾，但其比例显著减少。产生这种现象的原因，可能是缺失 B5R 的病毒不能制造 IEV，因此 CEV 是肌动蛋白形成的必要条件，其他病毒蛋白可能间接地参与了肌动蛋白尾的形成。A34 蛋白调控病毒蛋白如 B5 和 A33 掺入到 EEV，同样 A33 伴随着 A36 进入到包裹的病毒囊膜中。因此当 IEV 囊膜上不存在 A34 或 A33 时，就不会形成肌动蛋白尾。在缺乏 A34 或 F13 时，肌动蛋白尾不能形成或形成很少，它导致 A36 的磷酸化降低。因此 A34 和 F13 二者直接发挥肌动蛋白尾形成作用。最近发现在细胞表面的一少部分囊膜化病毒粒子有破裂的外膜，证实 A34 参与这一过程。理论上，从囊膜破裂的 CEV 和 EEV 释放的 IMV 粒子可以融合和再感染细胞，但在 VACV 发现有一方法可以阻止这一过程，后证实病毒的 A56 和 K2 能在细胞表面和 EEV 表面形成一个复合物，抑制新的 IMV 的侵入。

5. EEV 的释放

在细胞表面的囊膜化病毒要么释放成为 EEV，或者滞留在细胞上成为 CEV，二者的比例与宿主细胞和病毒株有关（Arakawa et al., 2007a）（图 21-2）。例如，VACV IHD-J 株的 A34 蛋白的一个点突变比 VACV-WR 株释放的 EEV 增加 50 倍，同样突变 B5 和 A33 也证实增加 EEV 的释放，这说明许多病毒粒子滞留在细胞表面（Earley et al., 2008；Perdiguero et al., 2008）。与其他病毒比较，某些病毒编码一种受体破坏的酶，使病毒从细胞中释放和传播，如流感病毒的神经氨酸酶。一个似乎合理的原因，那就是病毒组装完成后一般要滞留在细胞内，而不是立即释放，CEV 能够使肌动蛋白尾形成以驱使病毒从细胞到细胞感染。然而，CEV 不总能诱导肌动蛋白尾形成，而且某些病毒的突变体不能制造增强 EEV 释放水平的肌动蛋白尾形式。相反，在 IEV 或 EEV 膜表面蛋白的删除或突变能减少 EEV 的释放，虽然这种缺失通常发生在形态形成的早期阶段。IEV 颗粒的胞裂外排（exocytosis）不是形成 EEV 的唯一方式，IMV 可以通过从胞质膜出芽的方式形成，这可能是禽痘病毒释放的重要途径，但在 VACV 上不多见。

四、病毒的传播

在组织培养中,病毒从细胞到细胞的传播能以多种方式发生。在液体覆盖的情况下,释放的 EEV 要么能感染邻近的细胞,或者以对流介导的单向方式传播到远距离的细胞。这种方式能产生特征性的彗星状蚀斑,且二级蚀斑具有彗星尾巴。彗星蚀斑的形成可被 EEV 的抗体所抑制,而且 EEV 产量越大的病毒株能形成更显著的彗星状蚀斑。有趣的是,虽然多克隆抗 VACV 抗体(同时含 IMV 和 EEV 抗体)能够抑制彗星状蚀斑形成,但对初级蚀斑仅能减少其大小,这表明病毒能通过抗体抗性机制传播。这种病毒传播类型不依赖于肌动蛋白尾的形成,如缺失 A56 或 A36 的病毒,不能制造肌动蛋白尾,但仍能通过抗体抗性机制传播病毒(Law et al., 2002)。此外,病毒也可通过抗体敏感性机制传播,如缺失 A33 的病毒,其蚀斑形成被抗 EEV 的抗体直接抑制,病毒也能在感染的细胞被裂解后传播,并释放 IMV(Meiser et al., 2003)。最后,病毒能增加细胞的运动性,这有助于病毒散播感染(Katz et al., 2003)。

第四节 痘病毒反向遗传学系统的建立

痘病毒粒子结构复杂,基因组庞大,自身能编码与病毒 DNA 复制、转录和增殖等相关的一系列重要酶类,主要在宿主细胞质中完成生命周期,且其 DNA 无感染性,并具有复杂的组织嗜性和宿主特异性,因此其反向遗传学研究系统和构建方法不同于其他病毒。此外,由于痘病毒基因组大,可容纳长达 25kb 的外源基因,是一类重要的动物病毒克隆和表达载体,可利用其进行多种病毒功能基因和基因组相对较大病毒的反向遗传学研究。目前,除开展痘病毒自身的反向遗传学研究外,主要利用其作为表达载体进行多种病原的功能基因和基因工程疫苗的研究等。现以 VACV 为例介绍其反向遗传学系统的构建。

一、痘病毒反向遗传学系统的构建

痘病毒在复制过程,基因组 DNA 将经历瞬时的"头-头"或"尾-尾"的环化过程。如果病毒晚期蛋白的合成受到抑制,这种连环体的解环过程就会受到抑制并发生重组,从而导致"头-尾"环化体的产生和累积(Merchlinsky and Moss, 1989)。在痘苗病毒的反向遗传学操作中利用这一特点,通过构建含有完整 VACV 基因组的细菌人工染色体(VACV-BAC),将其转染宿主细胞,在辅助病毒的作用下,获得感染性病毒粒子(Domi and Moss, 2002)。这也是到目前为止,唯一一个通过反向遗传学技术获得感染性痘病毒病毒粒子的报道。现简要介绍痘病毒反向遗传学系统的构建技术。

首先在 VACV 复制非必需区 *TK* 基因设计单一的酶切位点,通过同源重组将 BAC、loxP 和 GFP 序列插入到 VACV 基因组中。将该重组 VACV-BAC 感染细胞后,转染含有 Cre 整合酶重组质粒,利用靛红-β-缩氨基脲抑制病毒晚期蛋白的表达,在 Cre 整合酶的介导下,VACV-BAC 基因组发生 DNA "头-尾"环化体的产生和累积。收集环化的重组 VACV-BAC 病毒,提取基因组 DNA 后,电转大肠杆菌,获得含有 VACV

全长基因的 BAC 重组质粒，再转染感染了 FPV（辅助病毒）的易感细胞，最终获得具有感染性的 VACV 病毒粒子。具体步骤如下（Domi and Moss，2002）：

1. BAC 序列插入 VACV 基因组

首先构建 pMBO1374-loxP-GFP-loxP-TK_{RL} 转移载体质粒：将人工合成的含有 loxP 位点的 DNA 片段插入 pMBO1374（BAC）质粒，构建 pMBO1374-loxP 重组质粒；分段 PCR 扩增 VACV *TK* 基因 ORF，并将其"尾-尾"连接后插入 pMBO1374-loxP 质粒，构建 pMBO1374-loxP-TK_{RL} 重组质粒；以 pSC11-GFP-loxP 重组质粒为模板，PCR 扩增 P7.5-GFP-loxP 片段（VACV P7.5 启动子调节 GFP 的表达），再将其插入 pMBO1374-loxP-TK_{RL} 质粒，构建 pMBO1374-loxP-GFP-loxP-TK_{RL} 重组质粒。将 pMBO1374-loxP-GFP-loxP-TK_{RL} 重组质粒线性化后，分别转染感染了 WR 株（37℃培养）和 TS21 温度突变株（31℃培养）的细胞，经蚀斑纯化，筛选 WR-loxP-GFP-BAC 或 TS21-loxP-GFP-BAC 重组病毒（取决于亲本病毒株 VACV 基因组的环化）（图 21-3）。

2. VACV-BAC 基因组的环化

将 WR-loxP-GFP-BAC 重组病毒感染 BS-C-1 细胞（非洲绿猴细胞）24h 后，转染 pCI-Cre 质粒，加入靛红-β-缩氨基脲，37℃培养（如果利用 TS21-loxP-GFP-BAC 重组病毒，需在 40℃条件下培养），使重组 VACV-BAC 基因组 DNA 在靛红-β-缩氨基脲作用下产生"头-尾"(B-C) 结合的环化体（图 21-4）。

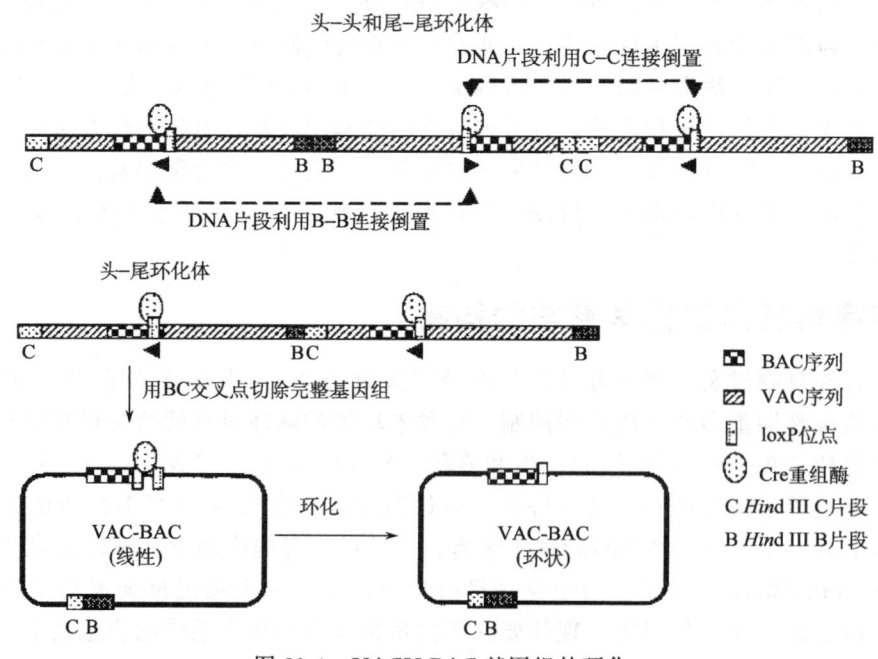

图 21-4　VACV-BAC 基因组的环化

3. 感染性 VACV 粒子的拯救

提取 VACV-BAC 重组病毒基因组 DNA，转染大肠杆菌感受态细胞，并提取、纯化 DNA 后，将其转染感染了 FPV（辅助病毒）的 CV-1 细胞，31℃培养 4～8 天，以获得感染性的重组 VACV 病毒粒子。

二、痘病毒在其他病毒反向遗传学系统中的应用

在功能基因组学、反向遗传学和重组病毒活载体疫苗等相关研究中，VACV 是迄今为止研究得最深入、最广泛的痘病毒。除作为自身生物学特性的反向遗传学研究外，VACV 也可作为表达载体（如改良痘苗病毒安卡拉株——MVA 株）广泛应用于其他病毒功能基因的表达及重组疫苗的研究；另外，还能作为克隆载体，应用于其他病毒全长 cDNA 的克隆及反向遗传学的研究。现以 VACV 在冠状病毒（Coronavirus，CoV）反向遗传学的应用为例，介绍痘病毒在其他病毒反向遗传学系统的构建与相关研究。

（一）VACV 克隆载体的构建

1. VACV 作为病毒感染性克隆载体的优势

VACV 载体适合于大片段 cDNA 分子的克隆，而且在插入 26kb 外源基因后，重组 VACV 基因组仍保持稳定，具有感染性，也不影响其在宿主细胞中的复制。而质粒载体、细菌人工染色体、噬菌体载体等原核克隆系统，在常规策略下不适用于大片段全长 cDNA 的稳定增殖及正常的转录、翻译。目前，已开发构建的 VACV 载体可通过体外连接将外源 DNA 插入 VACV 基因组，避免构建转移载体。质粒 DNA、RT-PCR 产物等外源 DNA 片段均可通过体外连接后高效克隆插入到 VACV 载体中。克隆的 cDNA 插入体易于通过 VACV 介导的同源重组来进行突变，极大地方便了对克隆的 cDNA 片段进行定点突变（Carroll and Moss，1997）。

2. VACV 克隆载体的构建

目前，已成功构建的 VACV 感染性克隆载体是 *Not* I/tk（Nakano et al.，1982）。首先，在 VACV TK 基因区确定单一的酶切位点，在该酶切位点插入 VACV 启动子、筛选标记和外源基因，使外源基因直接与 VACV 的两侧同源臂连接，从而通过基因重组整合于 VACV 基因组中。

（二）CoV 的全长 cDNA 克隆及其感染性病毒粒子的拯救

首先，通常由细菌质粒 DNA 扩增或 RT-PCR 基因操作技术制备亚基因组 cDNA 片段，在体外连接各段 cDNA 以获得含有整个基因组的全长 cDNA。将全长 CoV cDNA 片段和 *Not* I/tk 痘苗病毒载体基因组 DNA 的长短臂体外连接。连接产物转染已感染 FPV（辅助病毒）的哺乳动物细胞。在 FPV 的辅助下，通过重组痘苗病毒 DNA 模板上的 CoV 组分，转录 CoV 基因组 RNA 来拯救重组 VACV-CoV（Thiel et al.，2001）。

三、重组痘病毒表达系统的构建与相关研究

（一）重组痘病毒表达系统构建原理

痘病毒的基因组庞大、结构复杂，且其基因组 DNA 无感染性，不便于在体外直接进行 DNA 重组。因此必须依靠转移载体的协助下以同源重组的方式将外源基因导

入痘病毒基因组。现以重组 FPV 和 CPV 构建为例，介绍重组痘病毒表达载体的研究：

重组痘病毒表达载体首先须构建其转移质粒载体。该载体须含有痘病毒启动子，下游紧接需表达的外源基因及其带有启动子的标记基因，如大肠杆菌半乳糖苷酶基因（escherichia coli β-galactosidase，LacZ）、β-葡萄糖苷酸转移酶（β-glucuronidase gene，GUS）、GFP、黄嘌呤-鸟嘌呤磷酸核糖转移酶（xanthine-guanine phosphoribosyl transferase，gpt）、新霉素磷酸转移酶（neomycin phosphotransferase，neo）等，它们的两侧均为痘病毒特异的 DNA 序列。随后将重组质粒导入野生型痘病毒感染的细胞中，此时痘病毒基因组 DNA 与转移质粒中的同源序列在细胞内发生同源重组，从而将外源基因组装到痘病毒基因组的特定位置。最后根据痘病毒表型或标记基因筛选、纯化重组病毒。

（二）重组痘病毒表达系统的构建方法

1. 同源重组法

外源基因插入到转移载体的痘病毒复制非必需区片段中，通过病毒 DNA 与转移载体上痘病毒的 DNA 片段之间的同源重组而插入到病毒基因组中，同时痘病毒复制非必需区基因的表达被破坏，形成基因缺失的重组痘病毒。由于痘病毒 DNA 本身无感染性，为了实现插入载体与痘病毒 DNA 之间的同源重组，通常先用野生型痘病毒感染易感细胞，再将转移载体导入已感染痘病毒的细胞中。自应用同源重组方法成功构建能够在哺乳动物细胞中表达外源基因的重组 VACV 至今（Merchlinsky and Moss，1989），通过质粒转移载体与病毒基因组 DNA 之间的同源重组而将外源基因导入病毒基因组已成为一种经典的方法，并广泛应用于其他重组痘病毒的构建。

同源序列间的重组主要有单交换重组和双交换重组两种方式。单交换重组主要发生在非必需区同源序列的一端，导致 1 个或多个拷贝的外源基因重组进入病毒基因组。由于痘病毒分子内或与其他分子之间存在很多的同源序列，很容易发生分子内或分子间的再次重组，有可能进一步得到稳定的呈双交换重组形式的重组体，也有可能丢失插入的基因序列而恢复野生型病毒的基因组结构。双交换重组由于重组在同源序列的两端同时发生，一次即可产生稳定的重组体。

同源重组是目前构建重组病毒最成熟、使用最广泛的方法，但也存在不足：首先同源重组效率很低（为 0.01%～0.1%）。若将大片段的外源 DNA 插入到病毒基因组的成功率更低，而且在获得重组痘病毒之前，可能与野生型病毒基因组再次发生重组，而丢失插入的外源基因，因此必须经过多次蚀斑纯化才能获得克隆化的重组病毒。其次需要事先构建转移载体。如果目的基因 DNA 片段比较大或存在特殊结构，则可能会引起重组质粒内部发生基因缺失或重排；如果目的基因对宿主菌具有毒性，则很难成功构建理想的重组痘病毒。目前，在动物重组痘病毒研究中，成功构建的重组 CPV 和 FPV 均是利用同源重组技术获得的。

2. 体外连接法

体外连接法的基本步骤是将外源基因与病毒基因组 DNA 酶切后，在体外进行连接，再将连接产物转染已预先感染辅助病毒的宿主细胞，首先组装为嵌合基因组，并在辅助病毒的作用下包装成重组病毒粒子。

该方法构建重组病毒快速而有效，可以避免同源重组法需要首先构建转移载体的缺陷，并且更适合将大片段的外源 DNA 插入到痘病毒基因组内。虽然该方法较同源重组有较大的改进，但必须在亲本病毒基因组复制非必需区内找到一个单一的限制性内切核酸酶位点以作为外源基因的插入位点。由于痘病毒基因组庞大，确定一个适合酶切的限制性酶切位点难度很大。另外，由于痘病毒基因组 DNA 不具有感染性，所构建的嵌合病毒基因组必须在辅助病毒帮助下才能包装成为病毒粒子。而且所用的辅助病毒一般是复制缺陷性、条件致死性或具有宿主限制性的病毒。

3. 细菌人工染色体法（bacterial artificial chromosome，BAC）

BAC 是 20 世纪 90 年代发展起来的一种载体系统，具有容量大（至少 300kb）、遗传稳定和操作简单等优点。近年来，构建基于 BAC 的 VACV 的分子克隆化病毒已获得成功（Nakano et al., 1982）。其主要是将病毒基因组克隆到细菌载体后，使其仍然具有复制和感染能力的病毒核酸分子（具体原理和方法同前）。

（三）重组痘病毒表达系统转移载体的基本元件

1. 复制非必需区

获得理想的重组病毒，首先要将外源基因插入到病毒基因组中相应的病毒复制非必需区，因此复制非必需区基因或片段的克隆和筛选是获得理想的重组病毒的先决条件。对痘病毒复制非必需区的克隆主要采用定向克隆和随机克隆两种策略。定向克隆适合于背景比较清楚的病毒，而随机克隆法主要是针对遗传背景不清楚的病毒。随着痘病毒基因组测序的陆续完成，为痘病毒复制非必需区的克隆和筛选提供了更加便利的条件。病毒复制非必需区分为严格的非必需区及一般的非必需区，在构建重组痘病毒时应选择严格的复制非必需区，以维持亲本毒株的复制能力及其重组病毒的免疫效力。如目前已知的 FPV 复制非必需区基因有：胸腺嘧啶核苷激酶（thymidine kinase，TK）、血凝素（hemagglutinin，HA）、核苷酸还原酶（ribonucleotide reductase，RR）等（Merchlinsky et al., 1989；Afonso et al., 2000），其中应用最为广泛的非必需区是 TK 基因。

2. 启动子

在复制过程中，痘病毒的 RNA 聚合酶只能识别自身的启动子，因此在重组痘病毒构建中必须使用痘病毒自身的启动子。外源基因的表达水平，主要取决于启动子转录效率的强弱。因此，为了提高外源基因的表达量，必须使用一些比较强的启动子。根据转录的先后，痘病毒启动子分为早期启动子、晚期启动子和早/晚期启动子。晚期启动子的转录效率显著强于早期启动子，有利于外源基因的表达。但外源基因只有在具有早期活性启动子的调控下才能在树突状细胞内表达，而后者在 T 细胞免疫应答过程中扮演着非常重要的角色，因此表达抗原基因应使用活性强的早期启动子（Senkevich et al., 1997）。由于痘病毒的启动子相对比较保守，VACV 的启动子能被大多数其他痘病毒的 RNA 多聚酶所识别，在构建的 FPV 转移载体时外源基因的上游须有 VACV 或其他痘病毒的启动子以控制其表达。因此，在构建重组 FPV 和 CPV 时，VACV 的启动子 P11、P7.5 和 H6 也同样适用。近十年来，随着对痘病毒转录调控机制认识的深入，不断出现大量的人工改造或者合成的启动子，如 ATI-P7.5、PE/L 和 LLEE 等复合启动子，而且这些人工合成或改造的启动子活性显著高于天然的 VACV 启动子 P7.5（Vazquez-Blomquist et al., 2002; Jin et al., 1994; Chakrabarti et al., 1997; 朱爱华等, 2000)。

3. 筛选标记

痘病毒自身编码的 TK 和 HA (CPV 不编码 HA) 可作为重组痘病毒的筛选标记。以 *TK* 基因作为缺失的复制非必需区在痘病毒和疱疹病毒中最常见。根据 *TK* 基因的生物学特性即可作为重组病毒的筛选，在培养基中加入 5-溴脱氧尿苷 (BudR)、阿糖苷 (AraT) 等核苷类似物以形成负选择系统，通过抑制 TK^+ 病毒的复制从而筛选到重组的 TK^- 病毒 (彭大新等, 2000)，第一代的基因缺失重组病毒多是采用此类方法进行筛选，但该方法只适用于 *TK* 基因缺失株的筛选。

为便于病毒重组体的筛选，通常还要在外源基因的下游插入带有启动子的筛选标记基因。常通过引入 LacZ、GUS、GFP、荧光素酶 (luciferase)、gpt、Neo、嘌呤霉素 (puromycin aminonucleoside, PM) 和胸腺嘧啶核苷激酶/胸苷激酶 (thymidine kinase/thymidylate kinase, TK/TMK) 等标记基因。将上述标记基因插入需要缺失的目的基因区域，依据标记基因的表型来筛选重组病毒，可以大大减少筛选的工作量。因此，目前已有的重组痘病毒的筛选均通过引入 *gpt*、*LacZ* 和 *GFP* 等标记基因的方法获得。

4. 外源基因

由于痘病毒只能识别自身的启动子，且 mRNA 无剪接功能，所以痘病毒载体表达的外源基因应无自身启动子和内含子的连续通读编码阅读框。同时，外源基因序列中应不含有与痘病毒早期转录终止信号 TTTTTNT 相同的编码序列，否则将导致转录的提前中止，因此在设计表达引物时应利用兼并密码子进行替换。

（四）重组痘病毒表达系统的优势与开发前景

痘病毒作为病毒表达载体系统与疱疹病毒 (herpes virus, HV)、反转录病毒 (retrovirus) 和腺病毒 (adenovirus) 等其他病毒载体系统相比，具有插入外源基因容量大、细胞质内复制无安全隐患、无需包装细胞就能复制等优点。另外还具有：外源基因表达水平高，其表达产物可以诱导机体产生持续时间较长的体液与细胞免疫反应，这也是将痘病毒作为表达载体创制重组疫苗最主要的优点；痘病毒严格的细胞质中复制，不与宿主细胞的基因组整合，无致癌性，这也是痘病毒作为表达载体和构建重组疫苗的一个重要优点；痘病毒载体容量大，可以插入长达 25kb 的外源基因，且插入的外源基因可稳定遗传和表达 (Moss, 1991)；痘病毒基因组中存在多个复制非必需区，可同时插入多个不同的外源基因，且各基因表达彼此不受干扰 (Moss, 1990)，适合构建多价疫苗；重组痘病毒疫苗具有多种感染途径，可以通过皮内、肌肉和黏膜等多种方式接种；重组痘病毒表达的蛋白能够在细胞质中完成正常的翻译后加工和剪切，其表达的蛋白保持天然的构象和生物学活性（Goebel et al., 1990）；有多种天然或人工合成的启动子可以有效调节外源基因的表达，并且不同时期的痘病毒启动子可以控制外源蛋白在痘病毒复制的不同时期进行表达，以满足不同的研究目的和设计的需要。

但是，并不是所有的痘病毒可作为表达载体构建重组病毒疫苗，如 VACV。由于其宿主范围广泛，能感染绝大多数哺乳动物和禽类，因此利用 VACV 构建的重组疫苗在免疫接种后，可能发生逃逸和跨种间传播。例如，历史上进行的大规模天花免疫接种已经使 VACV 从人传播给印度和巴西的牛。而 FPV 和 CPV 均具有较严格的宿主范围，已被证明是对禽类和哺乳动物安全有效的载体。在非复制情况下，将其接种到动物，仍能完成外源基因的表达及诱导免疫保护。因此，近年来这些病毒表达载体系统成为开发新型人用和兽用疫苗的热点。

第五节　反向遗传学在痘病毒科研究中的应用

一、FPV 反向遗传学系统的应用

随着分子生物学及其相关技术的进步，对 FPV 的研究也不断深入，目前主要将其作为表达载体来表达动物病原保护性抗原基因，特别是禽类病原，并将这些重组病毒作为基因工程活载体疫苗进行了广泛的研究（表 21-4）。

表 21-4　外源基因在 FPV 中表达及其应用

作者	发表时间	外源基因	复制非必需区	启动子	标记基因
Taylor 等	1988	AIV HA（H5N8、H5N2）	TK	P7.5、P11	LacZ
		NDV F	TK	P7.5、P11	LacZ
		RV gB	TK	P7.5、P11	LacZ
Swayne 等	2000	AIV HA（H5N8、H5N2）			
Boyle 等	1988	AIV HA，IBDV VP2			
Webster 等	1991	AIV HA 和 NP（H5N8、H5N2）			
Qiao 等	2009	AIV HN 和 HA（H5N1）			
Ma 等	2006	AIV HA（H5N1）和鸡 IL-18			LacZ
Chen 等	2011	AIV HA（H9N2）和鸡 IL-18		LP_2EP_2、P11	LacZ
Lettellier 等	1991	NDV F	TK	P11、P7.5	LacZ
Boursnell 等	1990	NDV HN	ITR	P7.5	LacZ
Ogawa 等	1990	NDV F 和 HN	5.7K	P7.5	
Bayliss 等	1991	IBDV VP2	TIR		
刘存霞	2009	IBDV VP0 和 VP2			

续表

作者	发表时间	外源基因	复制非必需区	启动子	标记基因
金宁一等	2000	IBDV *VP2/VP243*	TK	ATI-P7.5	*LacZ*
Yanagia 等	1992	MDV *gB*、MDV *pp38*	7.3kb		
William 等	1993	HIV/SIV *Env*、*gag-pol*			
滕红刚等	2007	HIV/SIV *gag-pol*	TK	P7.5	*LacZ*
Radaelli 等	1994	HIV/SIV *env*			
Radaelli 等	2007	HIV-*en* 和人 *IFN-γ*			
张立树等	2005	HIV/SIV *Gp105*	TK	ATI P7.5、P7.5	*LacZ*
Stephen 等	2000	HIV *gag/pol* 和人 *IFN-γ*			
江文正等	2005	HIV/SIV *gpg-gp120*	TK	ATI P7.5、P7.5	*LacZ*
		HIV/SIV *gp120*	TK	ATI P7.5、P7.5	*LacZ*
Zhang 等	2006	FMDV *C* 和 *2A*			
Zheng 等	2006	FMDV *C*			
Ma 等	2008	FMDV *P1*、*2A* 和 *3C*			
Shen 等	2006	PRRSV *GP5/GP3* 和猪 *IL-18*	TK	pUTAL	*LacZ*
Leong 等	1994	猪 *IL-6* 和 *IFN-γ*			
Evans 等	2003	*M. tuberculosis 85A*			
Gaddum 等	2003	BRSV *F*、*N* 和 *M2*			

1. 表达禽类病原抗原基因

1）禽流感病毒（Avian influenza virus，AIV）

高致病性禽流感主要是由 H5 和 H7 两个亚型的 AIV 引起的。HA、NA 和 NP 是 AIV 主要的保护性抗原。利用 FPV 作为载体表达 H5 和 H7 亚型的 HA 和 NP 基因，构建重组 FPV-HA、FPV-NP 和 FPV-HA-NP 病毒，可很好地表达 HA 和 NP 基因，并可将这些重组病毒作为活载体疫苗，用于高致病性禽流感的防治。重组 FPV-HA 疫苗可为家禽和火鸡禽流感提供很好的保护力，在某种程度上大大降低 AIV 的复制和传播。HA 蛋白具有型特异性，重组 FPV-HA 保护也具有型特异性，说明应用 FPV 表达的 HA 基因可很好地保持其生物学活性。而用 FPV 表达的 NP 基因的重组 FPV-NP 疫苗并不能提供有效的免疫保护。而含 NP 和 HA 基因的重组 FPV-HA-NP 病毒与重组 FPV-HA 病毒相比，免疫效果反而降低（Taylor et al.，1988；Tripathy and Schnitzlein，1991；Beard et al.，1991；Webster et al.，1991）。这表明 NP 基因重组禽痘病毒不能给鸡和火鸡提供免疫保护，而含 HA 基因重组 FPV-HA 病毒可使免疫鸡和火鸡获得抵御同亚型高致病性 AIV 致死性攻击。用重组病毒免疫鸡，攻毒前 HI 抗体水平不高，攻毒后抗体效价明显升高，2 日龄雏鸡抗体水平明显低于 5 周龄雏鸡，并证明重组病毒在火鸡体内的免疫效果不如鸡。

2) 传染性法氏囊病病毒（IBDV）

VP2 是 IBDV 的主要宿主保护性抗原。通过将 IBDV 编码 VP2 的基因构建到 FPV，与 β-半乳糖苷酶一起表达成融合蛋白，可诱导家禽产生免疫保护（Bayliss et al., 1991）。将具有保护性免疫的 IBDV VP2 蛋白通过构建重组病毒方法获得重组 FPV 后免疫 1 天和 14 天的鸡，通过同源 IBDV 毒株或强毒株攻击，证实其诱导的免疫保护可降低死亡率，但并没有保护法氏囊免于感染和破坏。在重组 FPV 表达的 IBDV 002/73 毒株 VP2 蛋白研究中，证明这种重组体诱导的抗 IBDV 的抗体以及免疫保护率虽然比油佐剂灭活疫苗的低，但其能保护法氏囊免于同源 002/73 毒株的感染和破坏（Heine and Boyle, 1993）。目前报道的重组体 FPV-VP2 疫苗，在免疫效力上均没有当前使用的油佐剂灭活疫苗有效。

3) 传染性支气管炎病毒（IBV）

利用 VACV 表达的 IBV 病毒粒子和突起蛋白，在免疫接种的小鼠体内可诱导低水平的抗体反应（Tomley et al., 1987）。目前，在禽痘病毒中已成功表达了 IBV M41 毒株的病毒粒子基因，免疫荧光观察表明抗体是通过牛痘病毒 P11 启动子和 FPV PE/L 启动子共同表达的目的分子诱导的。

4) 新城疫病毒（NDV）

HN 和 F 基因是 NDV 的重要抗原基因，研究显示，表达 NDV HN 或 F 基因的重组 FPV-HN 或 FPV-F 可抵御新城疫强毒株的攻击，并且 FPV-F 重组体提供的保护力优于 FPV-HN 重组体（Boursnell et al., 1990；Ogawa et al., 1990；Edbauer et al., 1990）。目前的重组 FPV-NDV 疫苗所提供的保护力没有常规 NDV 疫苗免疫效果好，但是常规 NDV 和重组 FPV-NDV 疫苗的结合使用比单独使用产生的免疫效果好（Taylor et al., 1988）。

5) 马立克氏病毒（MDV）

gB 糖蛋白是 MDV 的重要的抗原分子，可以有效刺激机体产生中和抗体，降低细胞相关的病毒血症。利用 FPV 表达 MDV gB 糖蛋白的重组 FPV-gB 可诱导产生抵抗 MDV 的中和抗体，降低细胞相关的病毒血症，并抵抗淋巴瘤和由同源或异源 MDV 毒株（包括强毒株）引起的死亡（Sang et al., 1997）。构建的有些重组 FPV-gB 疫苗用于预防鸡马立克氏病，保护率可达 90% 以上（Yanagida et al., 1992）。此外，还利用 FPV 表达 MDV *gC*、*gD*、*UL47*、*UL48*（MDV I 型）、*UL48*（MDV II 型）和 *gB*（MDV III 型）基因，构建重组 FPV-MDV 疫苗，接种 SPF 鸡和商品鸡后发现：FPV-gB 可保护 SPF 鸡在强毒攻击不发生死亡和出现淋巴瘤病变；重组 FPV-gC 和重组 FPV-gD 不具有免疫保护力；重组 FPV-gB 和重组 FPV-gC 联合免疫并没有增强重组 FPV-gB 的保护作用；而重组 FPV-gB 对商品鸡不具有免疫保护力，这可能是临床鸡群母源抗体的影响结果（Nazerian et al., 1992）。

6) 禽网状内皮组织增生症病毒（SNV）

编码 SNV 的囊膜蛋白的 *env* 基因是其主要的抗原成分，可以有效刺激机体产生中和抗体。将 SNV *env* 基因分别选择不同的插入位点，同时构建能稳定表达 SNV *env* 基因的重组 FPV-env，用其中的一株免疫 1 日龄鸡，在免疫后一周即能够检测到中和抗体，并有效阻止了鸡群在攻毒后病毒血症和生长迟缓综合征的发生，使应用重组 FPV-env 防控由反转录病毒引起的疾病成为可能（Calvert et al.，1993）。

7）禽白血病/肉瘤病毒（ALV/ASV）

env 基因也是 ALV/ASV 主要的抗原成分，可以有效刺激机体产生中和抗体。将 ALV/ASV *env* 基因插入到 FPV 的非必需区——合成启动子的下游，构建重组 FPV-env，免疫试验结果表明，重组病毒的免疫能够保护鸡群免于 ASV 的攻击，同时也能抵抗 ALV 的攻击（Nazerian et al.，1992）。

8）火鸡出血性肠炎（HEV）

利用 FPV 构建的表达 HEV hexon 蛋白的重组 FPV，与现用疫苗一样能够在机体内诱导特异性体液免疫反应，并能够保护火鸡抵抗强毒的攻击（Cardona et al.，1999）。

9）鸡传染性喉气管炎病毒（ILTV）

gB 糖蛋白是 ILTV 主要保护性抗原，通过利用 FPV 构建的重组 FPV-gB 免疫 SPF 鸡和商品鸡，与现用弱毒疫苗具有同样的免疫效力，且更安全，具有替代传统的弱毒疫苗潜力（张绍杰，2000）。

2. 表达哺乳动物病原抗原基因

1）口蹄疫病毒（FMDV）

利用 FPV 穿梭载体 pUTAL 构建的表达 FMDV 蛋白酶 C 和核衣壳蛋白 P1-2A 的重组载体 pUTAL-P1-2A-C。试验结果表明，经重组 FPV 免疫的小鼠抗体滴度小于商品化灭活疫苗，而细胞免疫水平却高于商品化灭活疫苗。用该重组体疫苗和商品化疫苗免疫猪，重组体疫苗的保护率也可达 75%（Zhang et al.，2006）。在 pUTAL-P1-2A-C 的基础上再插入猪 *IL-18* 基因，将此获得的重组病毒和商品化灭活苗分别免疫接种仔猪，其抗体滴度及 IFN-γ 水平有所提高，在初免后的 31 天保护率达到 75%（Ma et al.，2008）。

2）猪繁殖与呼吸综合征病毒（PRRSV）

GP5 和 GP3 蛋白是 PRRSV 的结构蛋白，也是重要的保护性抗原。利用 FPV 载体 pUTAL 构建了共表达 PRRSV GP5 和 GP3 及猪 IL-18 蛋白的 pUTAL-ORF5-ORF3 和 pUTAL-IL-18-ORF5-ORF3 重组体。免疫接种后，发现重组 FPV-IL-18-ORF5-ORF3 免疫组抗体滴度要高于 pUTAL-ORF5-ORF3 免疫组（Shen et al.，2007）。但是，重组疫苗未与传统的灭活疫苗或弱毒疫苗进行比较，也未见其他后续的研究，因此上述重组疫苗是否具有实际应用价值，有待进一步的研究。

3）狂犬病病毒（Rabies virus，RV）

G 蛋白是 RV 重要的保护性抗原，利用 FPV 载体构建表达 RV G 蛋白的重组 FPV，用其感染 CEF、Vero 和 MAC-5 细胞后，免疫荧光检测结果显示：在这些细胞的表面都有 G 蛋白的表达。通过接种鸡、小鼠、猫、犬、兔和牛的免疫试验，结果表明重组病毒能够诱导体液和细胞免疫反应，并能保护小鼠、猫和犬免受 RV 强毒的致死性攻击（Taylor et al.，1988）。

4）麻疹病毒（Measles virus，MV）

利用 FPV 载体表达 MV F 蛋白，构建重组 FPV，免疫小鼠后保护率高达 100%，但小鼠没有明显的抗体水平，只能检测到细胞免疫反应，这可能是 FPV 表达的 MV F 蛋白能诱导细胞免疫的发生（Wild et al.，1990）。

5）牛呼吸道合胞病毒（BRSV）

利用 VACV 和 FPV 表达 BRSV F、N 和 M2 蛋白，构建重组病毒，动物免疫试验结果证明这 3 种蛋白是 MHC 识别的主要抗原（Gaddum et al.，2003）。

3. 表达人类病原抗原基因

由于重组 FPV 免疫后可以很好地刺激机体产生良好的细胞免疫反应，因此自 20 世纪 90 年代起，研究者一直致力于人类病原及其肿瘤等疾病的重组 FPV 的研究。

1）人/猴免疫缺陷病毒（HIV/SIV）

利用 FPV 载体表达 HIV-1 *gag/pol* 基因和人 *IFN-γ*，构建重组 FPV-gag/pol-IFNγ，免疫接种猕猴后，其可促进对 HIV-1 诱导的细胞免疫，可作为一种 HIV-1 治疗或预防性疫苗，并且是安全的（Stephen et al.，2000）。

2）黑色素瘤

临床前期研究表明，利用 FPV 载体所表达的癌细胞抗原能产生抗癌免疫，同时不产生自身免疫（Hodge et al.，2003）。对黑色素瘤患者的临床研究表明，如果表达的抗原表位被修饰则黑色素瘤抗原可刺激机体产生免疫力。当用 IL-2 处理重组 FPV 时，可使 75%（9/12）的患者的肿瘤完全消退（Rosenberg et al.，2003）。

3）伯氏疟原虫（PBC）

在 PBC 病毒疫苗的研究中，研究者将 PBC 抗原基因插入 FPV 载体，构建重组 FPV。先后接种该重组病毒、改良型痘苗病毒安哥拉株（MVA）和 DNA 疫苗免疫小鼠，证明对小鼠有免疫力和保护意义（Anderson et al.，2004）。

4）结核（Mycobacterium tuberculosis）

利用 FPV 载体构建了表达结核分枝杆菌 85A 蛋白的重组病毒 FPV，接种牛后经 ELISA 检测由 $CD4^+$ 和 $CD8^+$ T 细胞分泌的 IFN-γ，结果显示该疫苗可以很好地刺激机体启动特异性 T 细胞免疫应答（Evans et al.，2003）。

二、CPV 反向遗传学系统的应用

羊痘是动物痘病毒病中最为严重的一种高度接触性传染病，其病原 CPV 也是对山羊和绵羊危害最为严重的病毒。因此，对羊痘疫苗的研究受到了各国研究者的重视，但目前广泛应用于临床羊痘防控的山羊痘弱毒疫苗，其安全性有待进一步研究。另外 CPV 具有与 VACV 和 FPV 其他痘病毒某些同样的生物学特性，可作为克隆或表达载体的潜力外，更具有宿主特异性，安全性是 VACV 和 FPV 无法比拟的，特别是对牛、羊等反刍动物的活疫苗载体更有优势。因此，将 CPV 作为病毒载体用于研究其他功能基因及其牛、羊等反刍动物的活载体疫苗是目前 CPV 应用研究中的热点。

痘病毒基因组的相对保守性决定了重组 CPV 的构建原理、方法与重组 FPV 和 VACV 的基本相似，即在构建重组 CPV 过程中须依靠转移载体的协助，通过同源重组将外源基因导入 CPV 基因组。另外除了目前的 CPV 基因组中尚未发现 HA 的编码基因外，TK 和 RR 均为复制非必需区，用来插入外源基因。用于构建重组 FPV 和

VACV 的启动子、标记基因也可用于构建重组 CPV。因此构建重组 CPV 的方法、原理及其转移载体的基本元件，包括外源基因所具备的必要条件与重组 FPV 和 VACV 的基本一致。目前，将 CPV 作为表达载体，获得了表达 PPRV、RVFV 和 BTV 等牛、羊等反刍动物病原抗原基因，以及 RV 和 HIV 等人畜共患病病原抗原基因的重组 CPV，为相关活载体疫苗的研究进行了大量研究（表 21-5）。

表 21-5 外源基因在 CPV 中的表达

作者	发表时间	外源基因	复制非必需区	启动子	标记基因
Romero 等	1993	RVFV F	TK	P11、P7.5	gpt
	1994	RVFV H	TK	P11、P7.5	gpt
	1995	RVFV F 和 H	TK	P11、P7.5	gpt
Chen 等	2010	PPRV F 和 H	TK	P11、P7.5	gpt、GFP
Wade-Evans 等	1996	BTV VP7			
Perrin 等	2007	BTV NS1、NS3、VP7 和 VP2	TK	P11、P7.5	gpt
Soi 等	2010	RVFV Gn 和 GC	TK	P7.5	gpt、GFP
Wallace 等	2006	RVFV G1 和 G2	TK	P7.5	gpt、GFP
张强	2007	FMDV VP1、2A 和 3C	TK	P7.5	LacZ
David 和 Gerrit	2005	RVFV G1 和 G2	TK	P7.5	gpt、GFP
		BEFV GP	TK	P7.5	gpt、GFP
王芳	2007	FMDV VP1	TK	P11	LacZ
Aspden 等	2005	RV G	RR	P7.5、PE/L	gpt
海岗等	2008	FMDV VP1、山羊 IFN-γ	TK	P7.5	LacZ
Berhe 等	2003	PPRV F	TK	P7.5	gpt
Shen 等	2011	HIV-1 Gag、RT、Tat 和 Nef	—	P11、P7.5 和 mH5	gpt、GUS

1. 牛瘟病毒（Rinderpest virus，RPV）

牛瘟是严重影响畜牧业发展的重要动物疫病（该疫病在我国已根除），利用 CPV 作为载体，构建表达 RPV 抗原基因的重组 CPV 疫苗，可为防止牛瘟和牛疙瘩皮肤病对畜牧业的危害，具有重要意义。将 GPV 作为表达载体，构建表达 RPV F 和 H 蛋白基因的重组 GPV 疫苗。其动物免疫试验表明，表达 RPV F 蛋白的重组 GPV 疫苗不仅能够保护动物不被 RPV 强毒株感染，而且对 LSDV 的感染也有保护作用；表达 RPV H 蛋白基因的重组 GPV，在免疫牛体内能检测到该重组病毒产生的较高水平的抗牛瘟病毒中和抗体，并且能够保护动物抵抗致死剂量的 RPV 强毒株的感染；另外，分别表达 RPV F 和 H 基因的重组病毒也可以抵抗小反刍兽疫病毒（PPRV）的攻击。在免疫的山羊中，H 蛋白能在其体内产生较高滴度的病毒中和抗体，而 F 蛋白产生较少的中和抗体，甚至检测不到。与在牛体内的试验结果一致，该重组苗除能同时预防牛瘟和牛疙瘩皮肤病外，还具有对人无致病性、接触比较安全等优点，其缺点是早期存在的抗山羊痘抗体会影响疫苗的效力（Romero et al.，1993；1994；1995）。

2. 口蹄疫病毒（FMDV）

我国研究者以 GPV AV41 弱毒疫苗株作为表达载体，构建表达 FMDV VP1、VP1-2A 和 3C 抗原基因，以及山羊 IFN-γ 基因的重组 GPV-VP1、$TK^-/EGFP^+$/FMDV P1-2A3C^+/GPV 和 GPV-VP1-IFNγ（王芳，2007；张强，2007；海岗等，2008），但后续动物试验相关研究未见报道。

3. 裂谷热病毒（RVFV）和牛流行热病毒（BEFV）

LSDV 作为 CPV 的主要成员，也可作为表达载体，用于功能基因和重组活载体疫苗的研究。例如，将 LSDV 作为表达载体，构建病毒 RVFV 和 BEFV 抗原基因的重组 LSDV，用于预防裂谷热和流行热。目前的研究，主要是通过构建表达 BEFV GP 糖蛋白和 RVFV G1/G2 糖蛋白的重组 LSDV-BEFV 和 LSDV-RVFV，动物免疫试验表明，LSDV-RVFV 可以保护小鼠免受 RVFV 的感染，而 LSDV-BEFV 虽然可以引起明显的细胞和 BEFV 特异性的体液免疫反应，但不能充分保护小鼠免受 BEFV 的感染（David and Gerrit，2005）。

4. 小反刍兽疫病毒（PPRV）

利用 CPV 作为载体，构建表达 PPRV F 和 H 基因的重组 CPV-PPRV-H 和 CPV-PPRV-F 疫苗（Chen et al.，2010）。经动物免疫试验结果显示：重组 CPV-PPRV-H 比 CPV-PPRV-F 疫苗更有效诱导机体产生中和抗体，免疫接种超过 6 个月的绵羊和山羊，80% 的动物能检测到中和抗体，并可抵御 CPV 强毒的感染。

5. 蓝舌病病毒（BTV）

利用 CPV 载体构建表达 BTV VP7 基因的重组 CPV 疫苗，免疫动物后经 ELISA 未检测到任何血清型的 BTV 中和抗体，BTV 强毒攻击后也未受到保护。但当再次接种重组病毒后，可使 75% 的发病动物完全康复。这说明利用 CPV 表达 BTV 单一抗原基因，既不能产生相应的 BTV 中和抗体，也不能保护动物免受 BTV 的感染攻击（Wade-Evans et al.，1996）。

6. 狂犬病病毒（RV）

利用 LSDV 载体构建表达 RV RG 糖蛋白的重组 LSDV-RG 疫苗（Aspden et al.，2003），其动物免疫试验表明，该重组疫苗可以刺激机体产生很强的体液和细胞免疫反应，可作为防治牛疙瘩皮肤病和狂犬病的候选疫苗。

7. 人免疫缺陷病毒（HIV）

将 LSDV 作为表达载体，构建表达 HIV 编码的 Gag、RT、Tat 和 Nef 蛋白的重组 LSDV-grttn 疫苗。用该重组病毒免疫小鼠，表明这种新型疫苗可能是有用的，尤其可用于增强 HIV 特异性 CD4 IFN-γ 和 IL-2 诱导的免疫反应（Shen et al.，2011）。

参 考 文 献

白刚，贾怀杰，何小兵，等. 2013. 痘病毒宿主范围因子及其作用机制研究进展. 病毒学报，29（6）：655-661.

海岗，韩宗玺，邵昱昊，等. 2008. 共表达口蹄疫病毒 *vp1* 基因和山羊 *IFN-γ* 基因的重组山羊痘病毒的构建. 中国预防兽医学报, 30: 334-338.

景志忠, 何小兵, 房永祥, 等. 2012. 病毒感染对宿主 TLRs 模式识别与免疫应答信号的影响. 病毒学报, 28: 453-461.

景志忠, 贾怀杰, 周涛. 2011a. 痘病毒病: 值得高度重视的一类人兽共患病. 兽医导刊: 7-8.

景志忠, 贾怀杰, 周涛, 等. 2011b. 正痘病毒干扰宿主免疫应答的分子及其作用途径. 畜牧兽医学报, 42: 1503-1512.

刘铮, 刘颖, 邵一鸣. 2013. 正痘病毒基因结构及功能研究的几项进展. 病毒学报, 4: 15.

陆承平. 2001. 兽医微生物学. 第三版. 北京: 中国农业出版社.

彭大新, 刘秀梵, 吴艳涛, 等. 2000. 鸡痘病毒载体复制非必需片段优化及强启动子的筛选. 农业生物技术学报, 8: 129-132.

邵一鸣. 2012. 实用病毒名称. 北京: 人民卫生出版社.

王芳. 2007. 表达 FMDV vp1 基因的重组山羊痘病毒的构建及其生物学特性研究. 中国农业科学院.

殷震, 刘景华. 1997. 动物病毒学. 第二版. 北京: 科学出版社.

张强. 2007. 表达亚洲 1 型口蹄疫病毒 P1-2A3C 基因的山羊痘病毒弱毒株构建及其复制非必需区筛选. 中国农业科学院.

张绍杰. 2000. 表达传染性喉气管炎病毒 gB 基因重组鸡痘病毒的构建及其免疫效力的研究. 中国农业科学院.

周涛, 贾怀杰, 何小兵, 等. 2012. 人兽共患痘病毒病流行现状及其宿主谱研究进展. 中国人兽共患病学报, 28.

朱爱华, 彭大新, 刘秀梵, 等. 2000. 鸡痘病毒载体启动子的优化. 病毒学报, 16: 347-351.

Afonso C, Delhon G, Tulman E, et al. 2005. Genome of deerpox virus. Journal of Virology, 79: 966-977.

Afonso C, Tulman E, Lu Z, et al. 2000. The genome of fowlpox virus. Journal of Virology, 74: 3815-3831.

Alejo A, ruiz-Argü Ello M B, Ho Y, et al. 2006. A chemokine-binding domain in the tumor necrosis factor receptor from variola (smallpox) virus. Proceedings of the National Academy of Sciences of the United States of America, 103: 5995-6000.

Alzhanova D, Fr H K. 2010. Modulation of the host immune response by cowpox virus. Microbes and Infection, 12: 900-909.

Anderson R J, Hannan C M, Gilbert S C, et al. 2004. Enhanced CD8+ T cell immune responses and protection elicited against Plasmodium berghei malaria by prime boost immunization regimens using a novel attenuated fowlpox virus. The Journal of Immunology, 172: 3094-3100.

Arakawa Y, Cordeiro J V, Schleich S, et al. 2007a. The release of vaccinia virus from infected cells requires RhoA-mDia modulation of cortical actin. Cell Host & Microbe, 1: 227-240.

Arakawa Y, Cordeiro J V, Way M. 2007b. F11L-mediated inhibition of RhoA-mDia signaling stimulates microtubule dynamics during vaccinia virus infection. Cell Host & Microbe, 1: 213-226.

Aspden K, Passmore J A, Tiedt F, et al. 2003. Evaluation of lumpy skin disease virus, a capripoxvirus, as a replication-deficient vaccine vector. Journal of General Virology, 84: 1985-1996.

Assarsson E, Greenbaum J A, Sundstr M M, et al. 2008. Kinetic analysis of a complete poxvirus transcriptome reveals an immediate-early class of genes. Proceedings of the National Academy of Sciences of the United States of America, 105: 2140-2145.

Barrett J W, Shun Chang C, Wang G, et al. 2007. Myxoma virus M063R is a host range gene essential for virus replication in rabbit cells. Virology, 361: 123-132.

Bayliss C D, Peters R W, Cook J K, et al. 1991. A recombinant fowlpox virus that expresses the VP2 antigen of infectious bursal disease virus induces protection against mortality caused by the virus. Archives of Virology, 120: 193-205.

Beard C W, Schnitzlein W M, Tripathy D N. 1991. Protection of chickens against highly pathogenic avian influenza virus (H5N2) by recombinant fowlpox viruses. Avian Diseases: 356-359.

Boursnell M E, Green P F, Campbell J I, et al. 1990. Insertion of the fusion gene from Newcastle disease virus into a non-essential region in the terminal repeats of fowlpox virus and demonstration of protective immunity induced by the recombinant. Journal of General Virology, 71 (Pt 3): 621-628.

Bowie A G, Unterholzner L. 2008. Viral evasion and subversion of pattern-recognition receptor signalling. Nature Reviews Immunology, 8: 911-922.

Bratke K A, Mclysaght A, Rothenburg S. 2013. A survey of host range genes in poxvirus genomes. Infection, Genetics and Evolution.

Broyles S S. 2003. Vaccinia virus transcription. Journal of General Virology, 84: 2293-2303.

Calvert J, Nazerian K, Witter R, et al. 1993. Fowlpox virus recombinants expressing the envelope glycoprotein of an avian reticuloendotheliosis retrovirus induce neutralizing antibodies and reduce viremia in chickens. Journal of Virology, 67: 3069-3076.

Cardona C J, Reed W M, Witter R L, et al. 1999. Protection of turkeys from hemorrhagic enteritis with a recombinant fowl poxvirus expressing the native hexon of hemorrhagic enteritis virus. Avian Disease, 43: 234-244.

Caroline G, Stéphane H, Paul K, et al. 2004. Poxvirus genomes: a phylogenetic analysis. The Journal of General Virology, 85: 105-117.

Carroll M W, Moss B. 1997. Poxviruses as expression vectors. Current Opinion in Biotechnology, 8: 573-577.

Chakrabarti S, Sisler J, Moss B. 1997. Compact, synthetic, vaccinia virus early/late promoter for protein expression. Biotechniques, 23: 1094.

Chang S J, Hsiao J C, Sonnberg S, et al. 2009. Poxvirus host range protein CP77 contains an F-box-like domain that is necessary to suppress NF-kappaB activation by tumor necrosis factor alpha but is independent of its host range function. Journal of Virology, 83: 4140-4152.

Chen W, Hu S, Qu L, et al. 2010. A goat poxvirus-vectored peste-des-petits-ruminants vaccine induces long-lasting neutralization antibody to high levels in goats and sheep. Vaccine, 28: 4742-4750.

David B W, Gerrit J V. 2005. Immune responses to recombinants of the South African vaccine strain of lumpy skin disease virus generated by using thymidine kinase gene insertion. Vaccine, 23: 3061-3067.

DiPerna G, Stack J, Bowie A G, et al. 2004. Poxvirus protein N1L targets the I-κB kinase complex, inhibits signaling to NF-κB by the tumor necrosis factor superfamily of receptors, and inhibits NF-κB and IRF3 signaling by Toll-like receptors. Journal of Biological Chemistry, 279: 36570-36578.

Domi A, Moss B. 2002. Cloning the vaccinia virus genome as a bacterial artificial chromosome in Escherichia coli and recovery of infectious virus in mammalian cells. Proceedings of the National Academy of Sciences, 99: 12415-12420.

Earley A K, Chan W M, Ward B M. 2008. The vaccinia virus B5 protein requires A34 for efficient intracellular trafficking from the endoplasmic reticulum to the site of wrapping and incorporation into progeny virions. Journal of Virology, 82: 2161-2169.

Edbauer C, Weinberg R, Taylor J, et al. 1990. Protection of chickens with a recombinant fowlpox virus expressing the Newcastle disease virus hemagglutinin-neuraminidase gene. Virology, 179: 901-904.

Evans L N, Taracha R Bi, Antony J, et al. 2003. Heterologous Priming-Boosting Immunization of Cattle with Mycobacterium tuberculosis 85A Induces Antigen-Specific T-Cell Responses. Infection and Immunity, 71 (2): 6906-6914.

Fang M, Lanier L L, Sigal L J. 2008. A role for NKG2D in NK cell - mediated resistance to poxvirus disease. PLoS Pathogens, 4: e30.

Gaddum R M, Cook R S, Furze J M, et al. 2003. Recognition of bovine respiratory syncytial virus proteins by bovine $CD8^+$ T lymphocytes. Immunology, 108: 220-229.

Geada M A M, Galindo I, Lorenzo M A M, et al. 2001. Movements of vaccinia virus intracellular enveloped virions with GFP tagged to the F13L envelope protein. Journal of General Virology, 82: 2747-2760.

Gileva I P, Nepomnyashchikh T S, Antonets D V, et al. 2006. Properties of the recombinant TNF-binding proteins from variola, monkeypox, and cowpox viruses are different. Biochimica et Biophysica Acta (BBA) -Proteins and Proteomics, 1764: 1710-1718.

Goebel S J, Johnson G P, Perkus M E, et al. 1990. The complete DNA sequence of vaccinia virus. Virology, 179: 247-266, 517-263.

Haga C L, Ehrhardt G R, Boohaker R J, et al. 2007. Fc receptor-like 5 inhibits B cell activation via SHP-1 tyrosine phosphatase recruitment. Proceedings of the National Academy of Sciences of the United States of America, 104: 9770-9775.

Hansen T H, Bouvier M. 2009. MHC class I antigen presentation: learning from viral evasion strategies. Nature Reviews Immunology, 9: 503-513.

Heine H G, Boyle D B. 1993. Infectious bursal disease virus structural protein VP2 expressed by a fowlpox virus recombinant confers protection against disease in chickens. Archives of Virology, 131: 277-292.

Hendrickson R C, Wang C, Hatcher E L, et al. 2010. Orthopoxvirus genome evolution: the role of gene loss. Viruses, 2: 1933-1967.

Herrero-Martínez E, Roberts K L, Hollinshead M, et al. 2005. Vaccinia virus intracellular enveloped virions move to the cell periphery on microtubules in the absence of the A36R protein. Journal of General Virology, 86: 2961-2968.

Hodge J W, Grosenbach D W, Aarts W M, et al. 2003. Vaccine therapy of established tumors in the absence of autoimmunity. Clinical Cancer Research, 9: 1837-1849.

Hollinshead M, Rodger G, Van Eijl H, et al. 2001. Vaccinia virus utilizes microtubules for movement to the cell surface. The Journal of Cell Biology, 154: 389-402.

Hughes A L, Friedman R. 2005. Poxvirus genome evolution by gene gain and loss. Molecular Phylogenetics and Evolution, 35: 186-195.

Hughes A L, Irausquin S, Friedman R. 2010. The evolutionary biology of poxviruses. Infection, Genetics and Evolution, 10: 50-59.

Hurst T, Bowie A G. 2008. Innate immune signaling pathways: lessons from vaccinia virus. Future Virology, 3: 147-156.

Iyer L M, Koonin E V, Aravind L. 2002. Extensive domain shuffling in transcription regulators of DNA viruses and implications for the origin of fungal APSES transcription factors. Genome Biology, 3: RESEARCH0012.

Jin N Y, Funahashi S, Shida H. 1994. Constructions of vaccinia virus A-type inclusion body protein, tandemly repeated mutant 7.5 kDa protein, and hemagglutinin gene promoters support high levels of expression. Archives of Virology, 138: 315-330.

Johnston J B, Barrett J W, Nazarian S H, et al. 2005. A poxvirus-encoded pyrin domain protein interacts with ASC-1 to inhibit host inflammatory and apoptotic responses to infection. Immunity, 23: 587-598.

Katz E, Ward B M, Weisberg A S, et al. 2003. Mutations in the vaccinia virus A33R and B5R envelope proteins that enhance release of extracellular virions and eliminate formation of actin-containing microvilli without preventing tyrosine phosphorylation of the A36R protein. Journal of Virology, 77: 12266-12275.

Kawagoe T, Sato S, Matsushita K, et al. 2008. Sequential control of Toll-like receptor - dependent responses by IRAK1 and IRAK2. Nature Immunology, 9: 684-691.

Kvansakul M, Van Delft M F, Lee E F, et al. 2007. A structural viral mimic of prosurvival Bcl-2: a pivotal role for sequestering proapoptotic Bax and Bak. Molecular Cell, 25: 933-942.

Kvansakul M, Yang H, Fairlie W, et al. 2008. Vaccinia virus anti-apoptotic F1L is a novel Bcl-2-like domain-swapped dimer that binds a highly selective subset of BH3-containing death ligands. Cell Death & Differentiation, 15: 1564-1571.

Langland J O, Cameron J M, Heck M C, et al. 2006. Inhibition of PKR by RNA and DNA viruses. Virus Research, 119: 100-110.

Law M, Carter G C, Roberts K L, et al. 2006. Ligand-induced and nonfusogenic dissolution of a viral membrane. Proceedings of the National Academy of Sciences of the United States of America, 103: 5989-5994.

Law M, Hollinshead R, Smith G L. 2002. Antibody-sensitive and antibody-resistant cell-to-cell spread by vaccinia virus: role of the A33R protein in antibody-resistant spread. Journal of General Virology, 83: 209-222.

Liu J, Wennier S, Zhang L, et al. 2011. M062 is a host range factor essential for myxoma virus pathogenesis and functions as an antagonist of host SAMD9 in human cells. Journal of Virology, 85: 3270-3282.

Ma M, Jin N, Shen G, et al. 2008. Immune responses of swine inoculated with a recombinant fowlpox virus co-expressing P12A and 3C of FMDV and swine IL-18. Vet Immunol Immunopathol, 121: 1-7.

MacNeill A, Moldawer L, Moyer R. 2009. The role of the cowpox virus crmA gene during intratracheal and intradermal infection of C57BL/6 mice. Virology, 384: 151-160.

McFadden G. 2005. Poxvirus tropism. Nature Reviews Microbiology, 3: 201-213.

Meiser A, Sancho C, Locker J K. 2003. Plasma membrane budding as an alternative release mechanism of the extracellular enveloped form of vaccinia virus from HeLa cells. Journal of Virology, 77: 9931-9942.

Mercer A A, Fleming S B, Ueda N. 2005. F-box-like domains are present in most poxvirus ankyrin repeat proteins. Virus Genes, 31: 127-133.

Merchlinsky M, Moss B. 1989. Resolution of vaccinia virus DNA concatemer junctions requires late-gene expression. Journal of Virology, 63: 1595-1603.

Moss B. 1990. Poxviridae and their replication. Virology: 2079-2111.

Moss B. 1991. Vaccinia virus: a tool for research and vaccine development. Science, 252: 1662-1667.

Moss B. 2006. Poxvirus entry and membrane fusion. Virology, 344: 48-54.

Myskiw C, Arsenio J, Hammett C, et al. 2011. Comparative analysis of poxvirus orthologues of the vaccinia virus E3 protein: modulation of protein kinase R activity, cytokine responses, and virus pathogenicity. Journal of Virology, 85: 12280-12291.

Nakano E, Panicali D, Paoletti E. 1982. Molecular genetics of vaccinia virus: demonstration of marker rescue. Proceedings of the National Academy of Sciences of the United States of America, 79: 1593-1596.

Nazerian K, Lee L F, Yanagida N, et al. 1992. Protection against Marek's disease by a fowlpox virus recombinant expressing the glycoprotein B of Marek's disease virus. Journal of Virology, 66: 1409-1413.

Nerenberg B T H, Taylor J, Bartee E, et al. 2005. The poxviral RING protein p28 is a ubiquitin ligase that targets ubiquitin to viral replication factories. Journal of Virology, 79: 597-601.

Newsome T P, Scaplehorn N, Way M. 2004. SRC mediates a switch from microtubule-to actin-based motility of vaccinia virus. Science, 306: 124-129.

Nuara A A, Walter L J, Logsdon N J, et al. 2008. Structure and mechanism of IFN-gamma antagonism by an orthopoxvirus IFN-gamma-binding protein. Proceedings of National Academy of Science of United States of America, 105: 1861-1866.

Ogawa R, Yanagida N, Saeki S, et al. 1990. Recombinant fowlpox viruses inducing protective immunity against Newcastle disease and fowlpox viruses. Vaccine, 8: 486-490.

Panus J F, Smith C A, Ray C A, et al. 2002. Cowpox virus encodes a fifth member of the tumor necrosis factor receptor family: a soluble, secreted CD30 homologue. Proceedings of the National Academy of Sciences, 99: 8348-8353.

Perdiguero B, Esteban M. 2009. The interferon system and vaccinia virus evasion mechanisms. Journal of Interferon & Cytokine Research, 29: 581-598.

Perdiguero B, Lorenzo M M, Blasco R. 2008. Vaccinia virus A34 glycoprotein determines the protein composition of the extracellular virus envelope. Journal of Virology, 82: 2150-2160.

Reed J C, Doctor K, Rojas A, et al. 2003. Comparative analysis of apoptosis and inflammation genes of mice and humans. Genome Research, 13: 1376-1388.

Roberts K L, Smith G L. 2008. Vaccinia virus morphogenesis and dissemination. Trends in Microbiology, 16: 472-479.

Romero C H, Barrett T, Chamberlain R W, et al. 1994. Recombinant capripoxvirus expressing the hemagglutinin protein gene of rinderpest virus: protection of cattle against rinderpest and lumpy skin disease viruses. Virology, 204: 425-429.

Romero C H, Barrett T, Kitching R P, et al. 1995. Protection of goats against peste des petits ruminants with recombinant capripoxviruses expressing the fusion and haemagglutinin protein genes of rinderpest virus. Vaccine, 13: 36-40.

Romero C, Barrett T, Evans S, et al. 1993. Single capripoxvirus recombinant vaccine for the protection of cattle against rinderpest and lumpy skin disease. Vaccine, 11: 737-742.

Rosenberg S A, Yang J C, Schwartzentruber D J, et al. 2003. Recombinant fowlpox viruses encoding the anchor-modified gp100 melanoma antigen can generate antitumor immune responses in patients with metastatic melanoma. Clinical Cancer Research, 9: 2973-2980.

Rothenburg S, Seo E J, Gibbs J S, et al. 2009. Rapid evolution of protein kinase PKR alters sensitivity to viral inhibitors. Nature Structural & Molecular Biology, 16: 63-70.

Sang H S, Wang L, Smith R, et al. 1997. The carboxyl-terminal 120-residue polypeptide of infectious bronchitis virus nucleocapsid induces cytotoxic T lymphocytes and protects chickens from acute infection. Journal of Virology, 71 (10): 7889-7894.

Senkevich T G, Koonin E V, Bugert J J, et al. 1997. The genome of molluscum contagiosum virus: analysis and comparison with other poxviruses. Virology, 233: 19-42.

Shchelkunov S N. 2012. Orthopoxvirus genes that mediate disease virulence and host tropism. Advances in Virology.

Shen G, Jin N, Ma M, et al. 2007. Immune responses of pigs inoculated with a recombinant fowlpox virus coexpressing GP5/GP3 of porcine reproductive and respiratory syndrome virus and swine IL-18. Vaccine, 25: 4193-4202.

Shen Y J, Shephard E, Douglass N, et al. 2011. A novel candidate HIV vaccine vector based on the replication deficient Capripoxvirus, Lumpy skin disease virus (LSDV). Virology Journal, 8: 265.

Shisler J L, Jin X L. 2004. The vaccinia virus K1L gene product inhibits host NF-kappaB activation by preventing IkappaBalpha degradation. Journal of Virology, 78: 3553-3560.

Slezak K, Guzik K, Rokita H. 2000. Regulation of interleukin 12 and interleukin 10 expression in vaccinia virus-infected human monocytes and U-937 cell line. Cytokine, 12: 900-908.

Smith V P, Bryant N A, Alcamí A. 2000. Ectromelia, vaccinia and cowpox viruses encode secreted interleukin-18-binding proteins. Journal of General Virology, 81: 1223-1230.

Sodeik B. 2000. Mechanisms of viral transport in the cytoplasm. Trends in Microbiology, 8: 465-472.

Sonnberg S, Seet B T, Pawson T, et al. 2008. Poxvirus ankyrin repeat proteins are a unique class of F-box proteins that associate with cellular SCF1 ubiquitin ligase complexes. Proceedings of the National Academy of Sciences of the United States of America, 105: 10955-10960.

Stack J, Haga I R, Schr Der M, et al. 2005. Vaccinia virus protein A46R targets multiple Toll-like - interleukin-1 receptor adaptors and contributes to virulence. The Journal of Experimental Medicine, 201: 1007-1018.

Su J, Wang G, Barrett J W, et al. 2006. Myxoma virus M11L blocks apoptosis through inhibition of conformational activation of Bax at the mitochondria. Journal of Virology, 80: 1140-1151.

Taylor J M, Quilty D, Banadyga L, et al. 2006. The vaccinia virus protein F1L interacts with Bim and inhibits activation of the pro-apoptotic protein Bax. Journal of Biological Chemistry, 281: 39728-39739.

Taylor J, Paoletti E. 1988. Fowlpox virus as a vector in non-avian species. Vaccine, 6: 466-468.

Taylor J, Weinberg R, Languet B, et al. 1988. Recombinant fowlpox virus inducing protective immunity in non-avian species. Vaccine, 6: 497-503.

Thiel V, Herold J, Schelle B, et al. 2001. Infectious RNA transcribed *in vitro* from a cDNA copy of the human coronavirus genome cloned in vaccinia virus. Journal of General Virology, 82: 1273-1281.

Tomley F M, Mockett A A, Boursnell M E, et al. 1987. Expression of the infectious bronchitis virus spike protein by recombinant vaccinia virus and induction of neutralizing antibodies in vaccinated mice. Journal of General Virology, 68: 2291-2298.

Toth A M, Zhang P, Das S, et al. 2006. Interferon action and the double-stranded RNA-dependent enzymes ADAR1 adenosine deaminase and PKR protein kinase. Progress in Nucleic Acid Research and Molecular Biology, 81: 369-434.

Townsley A C, Moss B. 2007. Two distinct low-pH steps promote entry of vaccinia virus. Journal of Virology, 81: 8613-8620.

Tripathy D N, Schnitzlein W M. 1991. Expression of avian influenza virus hemagglutinin by recombinant fowlpox virus. Avian Disease, 35: 186-191.

Tulman E, Afonso C, Lu Z, et al. 2002. The genomes of sheeppox and goatpox viruses. Journal of Virology, 76: 6054-6061.

Van Gent D, Sharp P, Morgan K, et al. 2003. Serpins: structure, function and molecular evolution. The International Journal of Biochemistry & Cell Biology, 35: 1536-1547.

Vazquez-Blomquist D, Gonzalez S, Duarte C A. 2002. Effect of promoters on cellular immune response induced by recombinant fowlpox virus expressing multi-epitope polypeptides from HIV-1. Biotechnology and Applied Biochemistry, 36: 171-179.

Wade-Evans A M, Romero C H, Mellor P, et al. 1996. Expression of the major core structural protein (VP7) of bluetongue virus, by a recombinant capripox virus, provides partial protection of sheep against a virulent heterotypic bluetongue virus challenge. Virology, 220: 227-231.

Wagenaar T R, Moss B. 2007. Association of vaccinia virus fusion regulatory proteins with the multicomponent entry/fusion complex. Journal of Virology, 81: 6286-6293.

Waibler Z, Anzaghe M, Frenz T, et al. 2009. Vaccinia virus-mediated inhibition of type I interferon responses is a multifactorial process involving the soluble type I interferon receptor B18 and intracellular components. Journal of Virology, 83: 1563-1571.

Wang G, Barrett J W, Stanford M, et al. 2006. Infection of human cancer cells with myxoma virus requires Akt activation via interaction with a viral ankyrin-repeat host range factor. Proceedings of the National Academy of Sciences of the United States of America, 103: 4640-4645.

Ward B M, Moss B. 2004. Vaccinia virus A36R membrane protein provides a direct link between intracellular enveloped virions and the microtubule motor kinesin. Journal of Virology, 78: 2486-2493.

Ward B M. 2005. Visualization and characterization of the intracellular movement of vaccinia virus intracellular mature virions. Journal of Virology, 79: 4755-4763.

Webster R G, Kawaoka Y, Taylor J, et al. 1991. Efficacy of nucleoprotein and haemagglutinin antigens expressed in fowlpox virus as vaccine for influenza in chickens. Vaccine, 9: 303-308.

Wild F, Giraudon P, Spehner D, et al. 1990. Fowlpox virus recombinant encoding the measles virus fusion protein: protection of mice against fatal measles encephalitis. Vaccine, 8: 441-442.

Yanagida N, Ogawa R, Li Y, et al. 1992. Recombinant fowlpox viruses expressing the glycoprotein B homolog and the pp38 gene of Marek's disease virus. Journal of Virology, 66: 1402-1408.

Zhang H Y, Jin N, Zhang H, et al. 2006. Construction and immunogenicity of a recombinant fowlpox virus containing the capsid and 3C protease coding regions of food-and-mouth disease virus. Journal of Virological Methods, 136 (1-2): 230-237.

Zhang P, Jacobs B L, Samuel C E. 2008. Loss of protein kinase PKR expression in human HeLa cells complements the vaccinia virus E3L deletion mutant phenotype by restoration of viral protein synthesis. Journal of Virology, 82: 840-848.

Zheng M, Jin N, Zhang H, et al. 2006. Construction and immunogenicity of a recombinant fowlpox virus containing the capsid and 3C protease coding regions of foot-and-mouth disease virus. Methods, 136: 230-237.

Zhou T, Jia H, Chen G, et al. 2012. Phylogenetic analysis of Chinese sheeppox and goatpox virus isolates. Virology Journal, 9: 25.

Zipfel P F, Skerka C. 2009. Complement regulators and inhibitory proteins. Nature Reviews Immunology, 9: 729-740.